催化剂制备及应用技术

（第二版）

朱洪法　刘丽芝　编著

中国石化出版社

内 容 提 要

本书系统地介绍了催化剂的一般知识，催化剂开发——从实验室至工业规模，催化剂制备的一般特点及质量控制，固体催化剂的制备方法，催化剂成型，催化剂干燥技术，催化剂焙烧，催化剂还原及硫化，催化剂使用和装填，催化剂失活与防止，催化剂再生及贵金属回收，工业环境治理催化剂及其应用。

本书可供炼油、石油化工、环保及化工行业的工程技术人员、生产管理人员、市场营销人员，以及高等院校从事催化剂研究与教学工作的人员参考。

图书在版编目（CIP）数据

催化剂制备及应用技术／朱洪法，刘丽芝编著. —2 版.
—北京：中国石化出版社，2022. 2
ISBN 978-7-5114-6532-0

Ⅰ.①催… Ⅱ.①朱… ②刘… Ⅲ.①催化剂 Ⅳ.①TQ426

中国版本图书馆 CIP 数据核字（2022）第 018017 号

未经本社书面授权，本书任何部分不得被复制、抄袭，或者以任何形式或任何方式传播。版权所有，侵权必究。

中国石化出版社出版发行

地址：北京市东城区安定门外大街 58 号
邮编：100011　电话：(010)57512500
发行部电话：(010)57512575
http://www.sinopec-press.com
E-mail：press@ sinopec.com
北京力信诚印刷有限公司印刷
全国各地新华书店经销

*

787×1092 毫米 16 开本 33 印张 884 千字
2022 年 2 月第 2 版　2022 年 2 月第 1 次印刷
定价：168.00 元

第二版前言

《催化剂制备及应用技术》在2011年由中国石化出版社出版,在过去的10年间,我国催化剂事业得到很大的发展,一些催化剂生产企业由小变大,催化剂生产品种不断增多,不少催化新材料及新工艺得到广泛应用。

在我国,只有少数大公司建有专业生产线生产本企业所需要的催化剂品种,生产自动化水平相对较高,加工设备也比较先进。由于催化剂品种及类型极多,几乎没有哪个厂能生产各种催化剂产品,特别是一些精细化工生产用催化剂,具有品种多、用量少的特点。所以,国内多数催化剂还是由一些中、小型催化剂厂生产。这些催化剂生产厂通常按专业类型生产几种类别或品种不多的催化剂产品,同时也为一些科研机构及高等院校的实验室成果进行工业放大。生产方式大多为间歇式,所用加工设备有一定灵活性,可以根据不同催化剂的生产需要进行配置或调整。

由于催化剂产品的特殊性和保密性,目前不同催化剂生产企业往往在生产同一种催化剂产品,按用户要求定制专用催化剂产品和压低盈利率是当前一些催化剂厂面临的主要现实。在催化剂生产原料费用不断上涨、劳动力成本不断增高的形势下,通用型催化剂产品的价格竞争将更为激烈。但催化剂毕竟是一种专用性极强、技术性要求很高的产品,它的性能好坏对用户所生产的产品质量及经济效益起着关键性的作用。所以,催化剂厂要在竞争中生存,首要的是要提高催化剂生产水平,采用新工艺、新技术及新设备,所生产的催化剂不仅在性能上必须完全满足用户的要求,而且要有良好的制备重复性。

我国每年会产生大量废催化剂,针对环保法规的日益严格和贵金属资源严重缺乏的形势,如何延长催化剂使用寿命和提高催化剂的再生性,越来越受到催化剂用户的关切。因此,在本书再版时,增补了催化剂使用和装填、催化剂失活与防止、催化剂再生及贵金属回收等相关内容,并结合环境污染的催化治理,增加了工业环境治理催化剂及其应用的内容。

本书由朱洪法、刘丽芝编著,参加本书编写的还有张治芬、朱玉霞等。

由于催化剂知识涉及面广,在叙述中会有不足之处,敬请读者批评指正。

第一版前言

在催化反应中,少量的催化剂可以显著地提高化学反应速度,而催化剂本身并不消耗。催化剂的应用和发展使化学工业及石油化工持续、快速地发展。目前,炼油、石化、环保及高分子化学工业为提高产品产量、增加产品选择性、减少能源消耗,正在不断加大催化剂开发及应用力度,其中环境保护用催化剂已不仅是指处理废气和废水所用的催化剂,而更要求研制及使用清洁型产品及工艺所需要的新催化剂。催化新工艺及新催化剂的开发及应用也一直是炼油、石化技术创新及产品升级换代的最有效手段。

数十年来,催化剂及催化工艺的研究及应用取得了巨大突破,理论及方法也有很大进展,利用计算机研究催化工艺及有关实验,也为新催化剂的开发提供十分有效的手段。尽管如此,由于催化剂品种繁多,制备工艺各异,所使用单元设备类型很多,生产技术及配方又互相保密,致使催化剂生产存在着生产工艺不连续、产品质量不稳定、金属消耗量多、能源消耗高、对环境有污染等特点。

固体催化剂的制备主要分为载体的制备及金属活性组分负载两大部分,两者密切相关,不可分割。作者从事石油化工催化剂的研究及生产数十年,2004 年出版了《催化剂载体制备及应用技术》一书,主要从实用出发,系统介绍了催化剂载体的作用原理及常用载体的性质及制备方法。本书则是从工程角度系统介绍各类固体催化剂的制备方法及所使用的设备,特别对催化剂生产过程中浸渍、沉淀、成型、干燥、焙烧、还源、硫化等单元操作对催化剂性能的影响作了详细介绍,并给出相应的催化剂制备实例。希望本书的出版,能为从事催化剂研究、开发及生产的人员,提供一本有实用价值的参考书。

由于催化剂涉及范围广,限于作者水平,书中错误和不妥之处在所难免,敬请读者批评指正。

目　　录

第1章 催化剂的一般知识

1-1 概 述

石油及石化工业的发展，为人类生活提供了丰富多彩的产品，特别是三大合成材料，满足人们在衣、食、住、行各方面的要求，当今，每个家庭或每个人像每天离不开粮食一样，离不开石油及石化产品。从地下开采出来的原油在炼油厂的加工技术，主要分为无需催化剂的热加工和利用催化剂的催化加工两大类。前者主要包括原油常减压蒸馏、热裂化、减黏裂化、延迟焦化、分子筛脱蜡、溶剂精制等，后者主要包括催化裂化、催化重整、加氢精制、加氢裂化、轻烃的烷基化、异构化、醚化及叠合等。目前，无论是国内或国外的炼油厂，有超过半数的装置使用各种类型的催化剂，特别是随着轻质油品尤其是清洁燃料消耗量的逐渐增加，催化加工能力也随之增多，各种工艺用的催化剂用量也随之上升。表1-1是2000—2013年世界加氢装置变化情况及后期的变化趋势。可以看出，使用催化剂的催化裂化、催化重整、加氢裂化、加氢处理等四类主要二次加工装置的加工能力在逐年增长。而且无论是哪种二次加工技术，其催化剂用量都在逐渐增大。至于在石化工业，绝大多数工艺过程都离不开催化剂，约有90%以上的石化产品是通过催化反应获得的。

表1-1 2000—2013年世界加氢装置变化情况及后期的变化趋势[①]　　　%

装置	2013年占一次加工能力比重	2000—2013年平均增长率	2020年占一次加工能力比重	2013—2020年平均增长率	2030年占一次加工能力比重	2020—2030年平均增长率
催化裂化	21.34	1.75	21.79	1.42	21.81	0.82
催化重整	13.20	1.49	13.87	1.84	15.06	1.64
加氢裂化	9.60	5.02	11.34	3.55	11.44	0.89
加氢处理	70.49	3.16	75.22	2.06	80.13	1.45
延迟焦化	9.41	4.63	10.78	3.10	11.28	1.27
蒸馏能力		1.00		1.10		0.81

① 数据来源：中国石化经济技术研究院。

进入21世纪以来，催化剂开发日臻成熟，由于新的物理和化学测试手段的开发和计算机辅助设计的进步，以及新的分子水平的催化现象的研究，催化剂制造已从"技艺方式"逐渐发展到科学方式。石油化学工业目前已达到它的全盛时期，而石油化工技术的进步，也是催化剂技术的进步。如何充分利用石油资源，寻找石油代用资源，进一步节约能源、清洁生产、避免或消除环境污染等，都离不开催化技术及新催化材料的发展和进步。特别是随着丰富而价廉的石油时代已告结束，原油价格不断上涨，原料费用及能源费用在产品成本中的比例增大，以及由于环境保护法规的加强，工艺过程中的三废排放受到严格控制等，石油化工工艺技术面临不断降低生产成本的挑战。面对这一挑战，只有开发新催化剂和催化工艺，才能达到节约原料、节省能耗、降低投资及生产成本的目的。

　　以乙酸合成为例，传统的乙酸合成工艺是以乙醛为原料，在乙酸锰、乙酸汞或乙酸铜催化剂存在下经液相氧化生成乙酸。反应原料一般是通过乙醇氧化法或乙烯氧化法制备，而乙醇、乙烯都是重要的化工原料。如以甲醇取代乙烯，采用甲醇与一氧化碳合成乙酸的路线，除了能降低生产成本外，还有一个重要优点，即它可以从煤或重质油出发实现乙酸生产，切换为廉价原料的生产方法。但甲醇羰基化制备乙酸的路线系采用羰基钴-碘催化剂，是反应温度为250℃、反应压力为53MPa的高压法，以甲醇计的收率为90%，以后随着铑-碘催化剂体系的开发成功，不仅使反应压力从高压降到低压（2.8~6.8MPa），而且使反应生成乙酸的选择性提高到99%，可见由催化剂发展所产生的变革及效益显著。

　　目前，我国已是世界上的炼油大国，石油化工及石油精细化工都发展迅猛，以前我国很多炼油及石油化工催化剂需要从国外进口。随着催化技术及催化剂研究开发的进展，技术力量的不断壮大，我国已成为催化剂生产大国，无论在炼油及石油化工生产方面都有自己的品种及牌号，且能满足生产需要并有部分品种出口。但从总体上讲，我国催化技术及催化剂的技术水平，与国外先进国家相比，还存在一定差距，催化剂的生产成本在国际市场上竞争能力还不够强，在催化剂生产自动化、连续化，以及性能重复性等方面还需要有更好的发展。

1-2　催化剂的分类

　　催化剂曾称触媒，是一类能改变化学反应速率而在反应中自身并不消耗的物质。有机过氧化物受热时，过氧键发生均裂分解成两个自由基，能引发单体进行自由基聚合，但最终进入聚合物分子链中而被消耗。严格地讲，它不是催化剂而是引发剂。催化剂通过若干个基元步骤不间断地重复循环，参加并加速热力学可行反应的速率，不能改变该反应的平衡常数，而在循环的最终步骤恢复为其原始状态。催化剂不仅能加速具有重要经济价值但速率极慢的反应（如由氮及氢直接合成氨），还能选择加速所希望产物的生成反应（如乙烯氧氯化只生成二氯乙烷）。多数具有重要工业意义的化学转化过程都是在催化剂作用下进行的，生物体内的化学转化（新陈代谢过程）也是利用酶或有机体作为催化剂来实现的。

　　催化是一门科学，也是一门技术或艺术，催化反应的种类和数目与日俱增，同一种催化剂可以催化出不同的反应产物，而不同的催化剂也可催化出相同的反应产物，因此很难对催化剂作出严格分类，而是从不同的研究或应用角度作出大致分类[1]。

1-2-1　按催化反应的物相体系分类

　　根据催化剂的作用状况，催化作用可分为均相催化及非均相催化（或称多相催化）两类。均相催化是在气相或溶液中进行，催化剂是分子或离子；多相催化则发生在催化剂表面上。以酶为催化剂的酶催化实质上也属于均相催化，但习惯上将其单独列为酶催化。

　　（1）均相催化剂

　　均相反应又称单相反应，是在同一相中进行的化学反应，如气相反应及液相反应。气相反应的特点是反应物分子直接按一定的反应机理进行反应，如：

$$2NO + O_2 \longrightarrow 2NO_2$$

　　液相反应的特点是液相的密度比气相大，而且反应分子被溶剂分子隔开，必须通过扩散才能相遇，然后发生反应。通常，液相反应的反应机理远比气相反应复杂。所谓均相催化则是催化剂和反应物同处在均匀的气相或液相中所进行的催化作用。如一氧化氮催化二氧化硫氧化成三氧化硫的反应：

$$SO_2 + \frac{1}{2}O_2 \xrightarrow{NO} SO_3$$

催化剂 NO 与反应物同处于气态。又如硫酸催化乙醇和乙酸酯化生成乙酸乙酯的反应：

$$C_2H_5OH + CH_3COOH \xrightarrow{H_2SO_4} CH_3COOC_2H_5 + H_2O$$

催化剂硫酸与反应物均处于液相。

　　上述 NO 是气相均相催化剂，H_2SO_4 是液相均相催化剂。除上述气相催化反应及液相催化反应外，非水溶液的配位催化也是近期发展很快的一类均相催化，如由羰基钴或铑膦配合物催化烯烃和一氧化碳及氢转化成醛的羰基合成反应：

$$RCH = CH_2 + CO + H_2 \longrightarrow RCH_2CH_2CHO + \overset{\displaystyle \overset{CHO}{|}}{RCHCH_3}$$

$$正构 \qquad\qquad 异构$$

　　配位催化所使用的催化剂是可溶的有机金属化合物。这类催化剂具有高活性、高选择性、有明确设计的结构、易于研究从始态到终态的反应全过程等特点。

　　均相催化剂在催化体系中是以独立的分子形态而分散的，其活性中心也是以独立的分子形态存在，因此易于用现代谱仪手段获得原位反应过程中的信息，可对反应机理作出较确切的描述。但均相催化剂与产物难以分离，催化剂回收困难，有些催化剂对设备腐蚀严重，因而均相催化剂的应用不如多相催化剂那样广泛。

　　（2）多相催化剂

　　多相反应又称非均相反应，是在多相物系的各相间进行的化学反应。反应一般在两相间的界面上进行，按相界面不同可分为气-固、液-固、气-液、液-液及固-固相反应。多相催化是指催化剂和反应物处在不同相的催化作用，相间组合方式多是催化剂为固体，反应物为气体、液体或气体加液体，或催化剂为液体，反应物为气体，而其他组合方式在催化反应中很少出现。

　　多相催化中应用最广的是固体催化剂体系，即催化剂是固体，反应物是气体或液体，反应物分子必须从反应物相转移到固体催化剂的表面上才能发生催化作用。从反应物到产物一般经历如图 1-1 所述五个串联步骤：①反应物分子从气（或液）相扩散到催化剂表面及孔道中；②反应物分子（至少一种）化学吸附在催化剂孔道内表面上；③吸附的反应物分子发生表面化学反应，包括吸附分子之间的反应，吸附分子的分解或吸附分子与气相分子发生反应；④反应产物从催化剂内表面解吸或脱附；

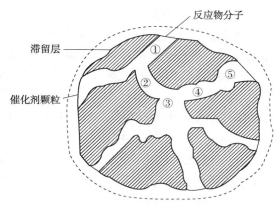

图 1-1　多相催化反应各步骤示意

⑤解吸的反应产物分子从孔内扩散至气（或液）相。其中①、⑤为物理过程，②~④为表面进行的化学过程，与反应工艺条件及催化剂表面结构及组成等因素有关。其中吸附是多相催化的基本步骤，而起主要作用的是化学吸附，它能使被吸附分子的化学键和电子分布发生变

化，有利于进一步在表面上发生化学反应。但化学吸附强度也须适中，吸附太强会使催化剂中毒，吸附太弱反应物分子未能被活化，催化活性也就不高。吸附强度通常可用吸附热来度量。

多相催化剂由于使用寿命长，容易活化、再生，便于工业应用，产品质量高，所以，大多数重要的工业催化过程都使用这类催化剂。

（3）酶

酶是由生物细胞产生的，具有催化化学反应功能的生物催化剂。生物体内存在两类生物催化剂，一类是以蛋白质为主要成分的生物催化剂称为酶，另一类是以核糖核酸为主要成分的生物催化剂称为核酶。酶主要催化生物体内糖、蛋白质、核酸和酯类等物质的合成与分解代谢；核酶则主要催化核糖核酸的剪接反应。生物体内发生的化学变化主要是在酶的作用下进行。通常酶是以亲液胶体形式存在，酶分子大小约为 3～100nm，酶催化可归属为介于均相与多相之间的微多相催化。根据酶所催化的反应类型，将酶分为六大类：氧化还原酶、转移酶、水解酶、裂合酶、异构酶、连接酶。迄今为止，人们已发现和鉴定出 2000 多种酶，其中有 200 多种已得到了结晶。

酶既有一般催化剂的共性，又有催化效率高、高度专一性、活性受多种因素调节控制、作用条件温和及不稳定等特点。与其他催化剂一样，酶也只能催化和加速热力学上可能进行的反应，不影响反应的热力学平衡常数。但酶催化的反应速率比非酶催化的反应速率要快 $10^6 \sim 10^{12}$ 倍。如人体消化道中没有酶，消化一餐食物要花费 50 年的时间。酶可在温和条件下进行催化反应，反应温度为 20～40℃，一般为 30℃左右，反应 pH 值为 5～8，一般为 7 左右。在这样的反应条件下，可减少许多不必要的副反应发生，而传统的化学催化反应，常会发生某些副反应。此外，酶催化剂的用量很少，一般化学催化剂的用量是 0.1%～1%（摩尔），而酶催化反应中酶的用量为 $10^{-4}\%\sim10^{-3}\%$（摩尔）。显然，酶促反应是节省资源又无公害的理想反应，但酶由于结构复杂，目前还难于人工制备，而酶的研究及模拟对于阐明生命现象本质及工农业生产都有重大意义。

1-2-2　按催化剂的作用机理分类

（1）酸-碱型催化剂

酸碱催化是在酸或碱为催化剂作用下涉及电子（对）或质子转移的反应过程。如水合、酯的水解、聚合、醇醛缩合、烷基化等反应，都需要用酸性或碱性的催化剂。这些催化剂都是离子型的。如甲醇和乙酸作用生成酯的反应，即在酸（H^+）的催化作用下发生，其反应为

$$CH_3OH + H^+ \longrightarrow CH_3OH_2^+$$

$CH_3OH_2^+$ 是活泼的反应中间体，很易与乙酸作用生成酯并又释出催化剂 H^+，即

$$CH_3OH_2^+ + CH_3COOH \longrightarrow CH_3COOCH_3 + H_2O + H^+$$

上述反应还可用给出质子（H^+）的物质（也称为质子给体或电子对受体）为催化剂，这类物质统称为广义酸；而把能接受质子（H^+）的物质（也称质子受体或电子对给体）称为广义碱。酸和碱的关系可表示为：

$$酸 \rightleftharpoons 碱 + H^+$$

也即酸和碱具有共轭关系，酸给出质子变成其共轭碱，而碱得到质子变成其相应的共轭酸。酸碱催化所用的催化剂常为酸、碱，而反应物分子则可视为共轭酸-碱，故这类反应称为酸碱型机理的反应。酸可从有机分子中夺取带有电子对的氢负离子（H：）或向它提供质子，使

它变成活泼正碳离子(含一个三配位或五配位的带有一个正电荷的碳离子);碱可使有机分子脱掉一个质子生成活泼负碳离子,正碳离子或负碳离子是涉及质子或电子对转移的有机反应中间物。

早期的酸碱催化剂主要是一些无机酸,如硫酸、盐酸、磷酸、三氯化铝及氢氧化钠等。如水溶液中硫酸催化的乙烯水合成乙醇,由氢氧化钠催化的羟醛缩合等,它们是均相操作且腐蚀严重。以后逐渐出现了固体酸及固体碱催化剂,并在炼油及石油化工中获得广泛应用。固体酸催化剂如负载型硫酸、氧化铝、硅酸铝、沸石等;固体碱催化剂如负载型氢氧化钠、硅酸镁、氧化镁等。

(2) 氧化-还原型催化剂

氧化还原反应是涉及电子转移的化学反应,失去电子是氧化,得到电子是还原。过渡金属氧化物中的过渡金属离子容易改变原子价态,即容易氧化还原,对于氧具有化学吸附的亲和力,适于用作各种氧化反应的催化剂。如苯、甲苯等芳烃在氧化钒催化剂上的氧化反应是按图1-2的反应机理进行的。按这种氧化-还原型机理,反应产物中的氧并非直接来自气相;而是来自金属氧化物催化剂,气相中的氧只是用来补充催化剂在反应过程中所消耗的氧。

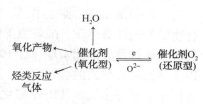

图 1-2 氧化-还原型机理

氧化-还原型氧化物催化剂是目前工业上应用最广的一类催化剂,其主要活性组分常为过渡金属及其化合物。由两种以上的氧化物可以组合成无数种具有催化性能和工业应用价值的催化剂,如用于催化氧化的 Mo-O、V-O、Cu-O 等催化剂,用于催化脱氢的 Cr-O 催化剂等。此外,一些过渡金属硫化物催化剂如 Mo-S、Ni-S、W-S 等也是常用的催化加氢催化剂。

(3) 配合物催化剂

配位催化又称络合催化,其特征是在反应过程中催化剂活性中心与反应体系始终保持着化学结合(配位),并通过在配位空间内的空间效应和电子效应以及其他因素对反应过程、速率及产物等起选择性调变作用,配合物催化剂含有一个或一个以上过渡金属原子以及若干个有机或无机配位体,根据配位体性质,金属原子可能是零价、正价或负价。通常催化剂和反应物共溶于溶剂故属均相催化。在 20 世纪 70 年代以前,石化工业采用的均相配位催化过程为数并不多,在此以后,一些可溶性过渡金属配合物为催化剂的工艺技术,如用于由乙烯氧化合成乙醛的钯配合物,甲醇羰基化合成乙酸的铑配合物,烯烃二聚、低聚及高聚的可溶性齐格勒催化剂等相继问世,从而引起对均相配位催化的广泛重视。配位催化过程可在低压低温下操作,配合物催化剂具有活性高、选择性好等特点,已在烯烃聚合、羰基合成、加氢、异构化、歧化及烯烃氧化等反应中广泛应用。在均相催化中,最经常而又困难的问题是有机产品及配合物催化剂的分离,解决这一难题的一种方法是将催化剂负载于载体表面即所谓均相催化剂的多相化。

(4) 双功能催化剂

所谓双功能催化剂是指含有两种具有不同催化性能的活性组分的催化剂。一种活性组分催化反应的某些步骤,而另一种活性组分则催化反应的另一些步骤。如催化重整催化剂,既含金属组分又含酸性组分,前者提供脱氢功能,后者提供异构化功能。重整催化剂两种功能的调配是保证催化活性的重要环节。金属功能过强，易产生深度脱氢，加速结焦生成积炭的速率，使催化剂稳定性下降，易造成催化剂失活；但如酸性功能过强，则会加剧加氢裂化反应，使烷烃及环烷烃的裂化反应增多，使烷烃及环烷烃转化为芳烃的选择性下降，同时也会促使催化剂结焦，造成催化剂的活性及稳定性下降。

除催化重整以外，加氢裂化过程也是在一定温度及氢压下，借助双功能催化剂使重质油通过裂化、加氢、异构化等反应转化为轻质油品。也即加氢裂化催化剂既有能使烃分子发生裂化、异构化的酸性功能，又有加氢及脱氢功能。

1-2-3 按周期表的元素及其化合态分类

元素周期表是根据元素周期律将已知的元素按原子序数增加的次序排成的表。元素的电离焓、电子亲和焓、原子半径、电负性、金属性、单质的熔点、沸点、密度、氧化物及其水合物的酸碱性等性质，随着原子序数递增都呈现周期性的规律变化。元素周期表将元素分为主族、副族及过渡元素等。在100多种元素中，金属约占80%，在已知的催化反应中，70%以上涉及某种形式的金属组分。图1-3示出了各种可用作催化剂的元素的使用频度[2]。长方框中斜线越多表示其用作催化剂的频度越高，其中左上角斜线表示单质用作催化剂的频度，右下角斜线表示其氧化物及卤化物用作催化剂的频度。非过渡元素的碱金属（Li、Na、K等）及碱土金属（Be、Mg、Ca等）的能带结构是由s、p能带重叠而成，填入s电子，无d电子及d空穴，逸出功较小（为2eV左右），易给出电子而不易接受电子。由于易于吸附外来物种，形成牢固的结合，反应性较大，因此很少用作催化剂的活性组分。它们的化合物几乎不具备氧化还原的催化性质，但却具有酸碱催化性能。而排列在过渡元素以后的一些元素，如In、Si、Ge、Sn、Pb等，也是只有s、p能带，化学吸附能力小，也很少用作催化剂的活性组分。

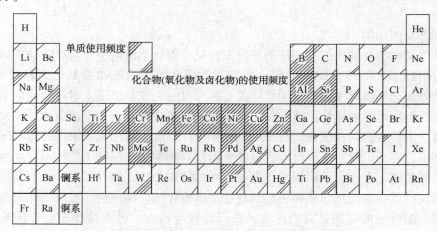

图1-3 元素及其化合物用作催化剂的使用频度

过渡元素通常指长周期表4、5、6周期中ⅢB~Ⅷ族元素。它们都是金属，具有密度大、熔点高、蒸气压低等特点。过渡元素具有易转移的d电子（或f电子），容易发生电子的传递过程。这类元素的单质及离子（氧化物、卤化物、硫化物及其配合物等）都具有较好的氧化还原催化性能，而它们的离子有时还具有酸碱催化性能。

过渡金属的催化活性源自其半充满的d能带结构，d能带上有半充满的空穴，具有从外部接受电子和被吸附分子成键的倾向，因而d空穴的多少会影响吸附性能及催化性能。根据价键理论，可以用 d 百分数（$d\%$）来定量描述过渡金属的 d 电子状态。$d\%$ 是指 d 电子参加形成金属键的分数，或成键轨道中 d 轨道的成分。表 1-2 示出了过渡元素的金属键中的 $d\%$ 数值。金属键的 $d\%$ 越大，表示 d 能带中的 d 电子越多，空穴越少。对一些催化反应进行考察表明，金属催化剂的活性要求 $d\%$ 在一定范围内，$d\%$ 大，表示 d 轨道未充满程度大，吸附能力强，会导致不可逆吸附，不利于反应产物生成。如金属加氢催化剂的 $d\%$ 处于 40%~50%时，其催化活性最好。

表 1-2　过渡元素的金属键中的 $d\%$ 数值

ⅢA	ⅣA	ⅤA	ⅥA	ⅦA	←	ⅧA	→	ⅠB
Sc	Ti	V	Cr	Mn	Fe	Co	Ni	Cu
20	27	35	39	40.1	39.5	34.7	40	36
Y	Zr	Nb	Mo	Tc	Ru	Rh	Pd	Ag
19	31	39	43	46	50	50	46	36
La	Hf	Ta	W	Re	Os	Ir	Pt	Au
19	29	39	43	46	49	49	44	—

根据电子理论，常用的固体催化剂可分为导体催化剂（多数为金属催化剂，如 Fe、Ni、Pd、Pt 等），半导体催化剂（多数为过渡金属氧化物及硫化物，如 NiO、ZnO、Cr_2O_3、MnO_2、WS_2 等）和绝缘体催化剂（多数为金属氧化物，如 Al_2O_3、SiO_2、MgO 等）。

属于绝缘体的氧化物，同氧的相互作用少，一般不作为氧化催化剂使用，但它们与水的相互作用较大，对脱水反应有催化活性。

1-2-4　按催化剂工业应用分类

催化剂按工业应用领域分类，目前并无严格的分类方法，按我国工业催化过程的发展，大致可分为石油炼制、石油化工（基本有机原料）、高分子合成、精细化工、化肥（无机化工）及环境保护及其他催化剂等类别。而每一工业类型的催化剂又可按所催化的单元反应（如氧化、加氢、水合等）分成若干类。图 1-4 示出了工业催化剂的分类情况。

1-3　催化剂的化学组成

催化剂可以有固态、液态及气态等形式，既可由单一组分构成，又可由多种组分构成。由单一组分构成的单组分催化剂可以是单质（如金属铂），也可以是化合物（如硫酸、三氯化硼等）。工业上使用

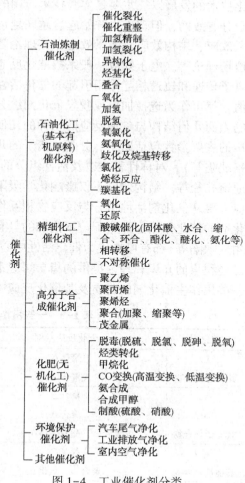

图 1-4　工业催化剂分类

最多的催化剂是多相固体催化剂，其中包括气-固相及液-固相催化剂，而尤以气-固相催化剂应用更广。这类催化剂一般不是单一物质，而是由多种单质或化合物组成的混合体，其中各组分根据其在催化剂中的作用可分为主催化剂、助催化剂及载体三大类。

1-3-1　主催化剂

通常把对加速化学反应起主要作用的成分称为主催化剂。它是催化剂中最主要的活性组分，没有活性组分，催化剂就显示不出催化活性或难以进行所需要的催化反应。如乙烯氧化制环氧乙烷反应中，将银负载于 Al_2O_3 上制得的催化剂是最有效的催化剂。没有银，只有氧化铝，乙烯氧化为环氧乙烷的反应并不进行，因此银是活性组分。

有时，一种催化剂需要将两种或两种以上活性组分共存时才显示较好的催化活性，如烃类脱氢用 MoO_3-Al_2O_3 催化剂，单独的 MoO_3 及 γ-Al_2O_3 都只有很少的催化活性，只有两者组合使用时，催化脱氢活性才很高，MoO_3 及 γ-Al_2O_3 则称为共催化剂。值得注意的是，催化剂在使用前和使用时，主催化剂的形态不一定相同，如氨合成催化剂的主催化剂在使用前为没有活性的 Fe_3O_4 及 $FeAl_2O_4$，使用时转化为活性态的 α-Fe。

活性组分是催化剂的核心，因此选择催化剂的活性组分也是研制催化剂的首要环节。催化技术的发展以往主要是实验技术应用的结果，目前完全靠理论进行活性组分的选择还不是十分有效的，但理论也开始起着越来越重要的作用。影响多相催化作用的三大主要因素是电子效应、结构效应及能量效应，其理论基础是化学键理论、晶体场理论、分子轨道理论及配位场理论等。电子效应一般系指催化反应时由催化剂活性组分之间及其与反应物组分之间的电子传递和轨道相互作用引起的催化活性变化的作用，如上述过渡元素的金属键中的 $d\%$ 数值，就可作为选择加氢或脱氢催化剂组分的定性参考；结构效应又称几何效应，是指催化剂的表面几何结构与参加反应的物种的几何结构之间的相互匹配性对催化作用的影响。几何结构的主要参数包括原子、分子或离子的几何形状与大小、晶格参数(如晶格类型、位错、晶格缺陷等)、对称性种类以及活性组分的分散度、活性中心裸露数目等，对于分子筛还包括通道孔径等。结构效应不仅影响化学吸附热，也会对电子效应及能量效应产生影响；能量效应主要从催化剂活性组分与反应物相互作用对该催化反应所需能量的影响程度大小来考察催化剂的催化作用。那些配位不饱和的具有较高能量的催化剂表面部位(如晶格点、位错、棱角、缺陷等)都有可能成为催化活性中心。所以，在研发新催化剂和选择活性组分时，利用已经积累的知识和理论提供的指导可显著缩短催化剂开发时间，作为参考，表 1-3 示出了一些用作主催化剂的物质及其催化反应[2]。

表 1-3　一些用作主催化剂的物质及其催化反应①

催化剂	催化反应示例	催化剂	催化反应示例
Li	聚合△	BeO	催化重整△，脱氢△
其他锂化合物	聚合○	$BeCl_2$	苯甲酰化△
Na	聚合△	Mg	合成○
NaCl	聚合△	MgO	裂化○，合成○，加氢○
其他钠化合物	聚合○，酯基转移作用○	$MgCl_2$	硫化△
K_2O	脱氢○	Ca	氧化△
其他钾化合物	聚合○，氧化△	CaO	Fischer 反应△
Be	裂化△	$CaCl_2$	合成△

续表

催化剂	催化反应示例	催化剂	催化反应示例
其他钙化合物	合成△，聚合△	Te	卤化△
Ba	氧化△	TeO	氧化△
BaO	氧化△	F	催化重整△，脱硫△
BaCl₂	分解△	其他氟化物	烷基化○，异构化○
其他钡化合物	合成△，分解△	Cl	催化重整△
B₂Cl₃	裂化△，催化重整△	其他氯化物	水解△，烷基化△
BCl₃	聚合◎	Br	分解△，氧化△
其他硼化合物	聚合○	其他溴化物	氧化△，聚合△
C	脱氢△	I	卤化△，异构化△
Al	聚合○，加氢○	过渡元素	
Al₂O₃	裂化◎，脱氢○，催化重整○，异构化○	Ti	聚合△
AlCl₃	聚合◎，异构化◎	TiO₂	合成△，还原△，氧化△，水合△
其他铝化合物	聚合◎，裂化○	TiCl₃	聚合◎，异构化○
Si	合成△	其他钛化合物	聚合○
SiO₂	裂化◎，聚合○，催化重整○	ZrO	催化重整△，合成△
其他硅化合物	裂化○，异构化△	ZrCl₂	聚合△
Sn	加氢△，氧化△	其他锆化合物	聚合△
SnO	氧化○	V	氧化△，合成○
SnCl₂	聚合◎，缩合△	V₂O₅	氧化◎，合成○，其他○
其他锡化合物	聚合△，加氢△	VCl₃	聚合○
Pb	氧化○，聚合△，酯类转移作用△	其他钒化合物	氧化○
PbO	合成△，氧化△，酯化△	Cr	加氢◎，合成○、脱氢○，氧化△
其他铅化合物	氧化○，聚合○	CrO₃	脱氢◎，合成◎，催化重整○，加氢○
NO	氧化○	其他铬化合物	氧化◎，聚合○
其他氮氧化物	氧化○，缩合○，聚合○	Mo	加氢○，脱硫○
P₂O₅	氧化△	MoO₃	催化重整△，脱硫△，加氢△，氧化△
其他磷化物	聚合◎，烷基化○	其他钼化合物	加氢◎，脱硫○，催化重整○
Sb	合成△	W	加氢◎，合成△，水合△
SbO	聚合△	WO	合成○，水合△，羟基化△
SbCl₂	卤化○，聚合△	其他钨化合物	加氢◎，脱氢○，合成△
其他锑化合物	酯基转移作用△	Fe	Fischer 反应◎，合成◎，氧化○，加氢○
Bi	合成△	FeO	合成◎，Fischer 反应◎，脱硫○
其他铋化合物	氧化△		脱氢○，加氢△，氧化△
O	氧化△，聚合△	FeCl₃	卤化○，聚合△
SO₂	聚合○	其他铁化合物	聚合○，Fischer 反应○，加氢○
SCl₂	酯化△	Ru	加氢○，合成△，Fischer 反应△
其他硫氧化物	聚合◎，烷基化◎	RuO	加氢△
Se	氧化△	Os	合成△
SeO	氧化△	OsO	氧化△，羟基化△
其他硒化合物	氧化△	Co	加氢◎，合成◎，氧化◎，Fischer 反应◎

催化剂	催化反应示例	催化剂	催化反应示例
CoO	脱硫◉，加氢○，合成○	Ag	氧化◉，分解○，合成△
CoCl₂	卤化△	Ag₂O	氧化○
其他钴化合物	氧化◉，脱硫◉，加氢◉，羰基化○	AgCl	卤化△
Rh	加氢○，合成△，羰基化◉	其他银化合物	氧化○，聚合△
Ir	加氢△，合成△	Au	脱氢◉，氧化△，分解△
Ni	加氢◉，脱氢◉，合成◉，Fischer 反应◉，裂化○	AuCl	分解△
NiO	加氢○，脱硫○，聚合○	Zn	还原△，氧化△，加氢△
NiCl₂	合成○，聚合△	ZnO	合成◉，加氢○，分解○，脱氢○，Fischer 反应○
其他镍化合物	加氢◉，合成○，聚合○，脱硫○	ZnCl₂	合成○，乙酰化○，聚合○
Pd	加氢◉，催化重整◉，氧化◉，还原○，脱氢○	其他锌化合物	聚合○，合成○
PdO	加氢	Cd	合成△，加氢△
PdCl₂	氧化◉，加氢△	CdO	合成△
其他钯化合物	加氢△	CdCl₂	合成△
Pt	催化重整◉，加氢◉，异构化○，合成○，氧化○，重氢交换○	其他镉化合物	聚合△，合成△
PtO	加氢○	Hg	合成△，聚合△，加氢△，氧化△，卤化△
其他铂化合物	加氢△	HgO	烷基化△，水合△
Cu	加氢◉，氧化◉，脱氢○，合成◉，分解○，Fischer 反应◉	HgCl₂	水合○
CuO	氧化○，加氢○，脱氢○，合成○	其他汞化合物	水合△，氧化△
CuCl₂	氧氯化，合成	La	水解△，合成△
其他铜化合物	氧化◉，加氢○，合成○，分解◉	Ce	水解△，合成△
		Th	合成△，Fischer 反应△
		ThO	合成○，Fischer 反应○

① ◉—使用最多；◎—常用；○——般；△—少用。

1-3-2　助催化剂

助催化剂又称助剂，是加到催化剂中的少量物质，本身没有活性或活性很少，但加入后能提高催化剂的活性、选择性或稳定性。助催化剂可以单质形式或化合物状态加入，也可以只加入一种或加入多种。一种助催化剂可以单独影响催化剂的性质，而多种助催化剂也可协同作用对活性组分产生影响，助催化剂的种类、用量及加入方法不同，其影响效果也有所差别，但在催化剂中存在着最适宜的含量，其多少随催化剂的类型而有所不同。

目前对助催化剂的作用看法尚不一致。按作用机理不同，大致可分为以下几类。

（1）结构性助催化剂

这类助剂的作用是增大催化剂表面，提高主催化剂分散性，防止活性组分的晶粒长大烧结，增强主催化剂的结构稳定性。如乙烯氧化制环氧乙烷的银催化剂，如不添加助剂，催化剂使用过程中很易产生活性组分烧结，导致比表面积下降及催化活性下降，但当加入 BaO、CaO、MgO 等碱土金属氧化物时，就可显著提高催化剂的结构稳定性，减少烧结现象产生，所加入的这种助剂即为结构性助催化剂。

（2）调变性助催化剂

这类助剂的作用是改变主催化剂的化学组成、电子结构（化合形态）、表面性质、晶型结构，从而提高催化剂的活性及选择性。如上述乙烯氧化制环氧乙烷反应中，纯 Ag 虽具有将乙烯氧化为环氧乙烷的催化活性，但金属 Ag 还需要进行一系列调变才能成为可工业应用的催化剂。如加入少量碱金属 Cs 或碱土金属 Ba 可以调变 Ag 的电子性质，使其与 O_2 作用时，给出电子的能力不要过强，以避免形成原子态的吸附氧从而降低催化活性；又如氨合成的铁催化剂中，在 $Fe-Al_2O_3$ 基础上再加入另一种助催化剂 K_2O 后，催化活性会更好。这是由于加入 Fe 中的 K_2O 起到电子给予体作用，Fe 起电子接受体作用。Fe 是一种过渡元素，具有空的 d 电子轨道，可以接受电子，K_2O 将电子传给 Fe 后，增加了 Fe 的电子密度，从而提高了催化剂的活性。

（3）选择性助催化剂

为了抑制催化反应过程中有害活性中心所引起的一些副反应，可在催化剂中加入某种助催化剂，选择性地屏蔽能引起副反应的活性中心，从而提高目的反应的选择性。例如，使用 Pd 或 Ni 催化剂进行选择加氢除去烯烃中的少量炔烃及共轭二烯烃时，通常可加入适量 Pb 以毒化加氢活性高的活性中心，从而达到抑制烯烃加氢的目的。这时，铅即起到选择性助催化剂的作用。

助催化剂的添加量及添加方法对催化剂性能影响很大，是催化剂制备的一个重要环节，同一种助催化剂在不同反应中所起的作用不一定都相同，而同一种反应也可以使用不同的助催化剂。有些反应使用的主催化剂往往比较明确，但常因改变助催化剂的类型来申请新的专利。作为参考，表 1-4 示出了对一些反应的主催化剂可选用的助催化剂种类[3]。

表 1-4　对一些反应的主催化剂可选用的助催化剂①

主催化剂	加氢反应	脱氢反应	氧化反应（脱水反应）	费-托反应（裂化反应）
镍（Ni）	Cu^m、Fe^m、Pt^m、Pd^m、Cr^o、MnO_2、Th^o、Si^o、Mg^o、Be^o、Na^o、KI、K_2CO_3、$RhCl_2$	Cu^m、Fe^m、W^m、Zr^m、Th^o、Al^o、K^o	Fe^m、（Fe^m）	MnO_2、Th^o、Mg^o、Al^o
铜（Cu）	Cr^o	K^m、Na^m、Ca^m、Mg^m、Ni^m、Co^m、TiO_2、TiO_3、Al^o、Mg^o、Ce^o、Cr^o、MnO_2、Fe^o、Zn^o、$Ba(NO_3)_2$	Cr^o+Pb^o	—
铁（Fe）	Cr^o、Al^o	Cu^o、Cr^o、K^o、Na^o、KF、CaF_2、K_2CrO_4、Mn^o、Be^o、Zr^o、Al^o、Ti^o	—	Cu^m、Cu^o、Al^o、Mg^o、B^o、K^o、KF、KBF_4、K_2CO_3、$Na_2Si_2O_5$
铬（Cr）	—	Bb^m、K^m、Na^m、Si^o、Ce^o、Zr^o、Tm^o、Sn^o、Sb_2O_5、Be^o、Mg^o、Ca^o、K^o、$AlPO_4$	—	—

主催化剂	加氢反应	脱氢反应	氧化反应（脱水反应）	费-托反应（裂化反应）
氧化铝（Al_2O_3）	—	Mg^o、Ca^o、Ba^o、K^o、Cr^o、Mo^o、V^o、Ce^o	—	（Fe^o、K^o）
硅铝催化剂 硅镁催化剂	—	Th^o	（Zr^o、Th^o、Cu^o、MnO_2、Na^o）	（Fe^o、MnO_2、Zn^o、Bi^o、Be^o、TiO_2、Zr^o、Th^o、Mg^o、Ca^o、Ba^o、HF、H_3PO_4、$(NH_4)_3PO_4$）
银（Ag）	—	—	Au^m、Cu^m、Fe^m、Mn^m、Cr^o、Co^o、Sn^o、Cd^o、V^o、Ba^o、Rh_2O_3、$CaCO_3$	—
钒（V）	—	Na^o	Rb^m、Tl^m、Ca^m、K^m、Ag^m、Mo^o、Sn^o、SO_3、Ce^o、Ba^o、K^o、KCl、HF、$SnCl_2$、H_3PO_4	—

① 元素符号上角为 m 时表示单质，上角为 o 时表示该金属的氧化物或氢氧化物。

1-3-3 载体

载体是催化剂的重要组成部分。对于一些催化剂来说，活性组分确定后，载体的种类及性质不同往往会对催化剂的活性及选择性产生很大影响。表 1-5 示出了肉桂醛催化加氢的例子[4]。所用主催化剂为 Pd，在甲醇、乙醇及乙酸等不同溶剂中进行肉桂醛加氢时，由于 Pd 负载的载体不同，所得加氢产物氢化肉桂醛产率也有很大的变化。

表 1-5 不同载体对肉桂醛加氢反应的影响①

载体	甲醇		乙醇		乙酸	
	HC/%	mLH_2/min	HC/%	mLH_2/min	HC/%	mLH_2/min
活性炭	55	18	50	21	73	29
硫酸钡	96	17	51	6	60	5
碳酸钡	54	12	中毒	中毒	中毒	中毒
碳酸钙	72	16	95	4	54	11
氧化铝	94	17	100	6	77	24
硅藻土	93	14	中毒	中毒	99	7
碳酸类	56	12	84	6	35	15

① 反应条件：常温常压，主催化剂 Pd 含量为 5%，溶剂分别为甲醇、乙醇及乙酸。HC% 表示加氢产物氢化肉桂醛的百分含量。

载体用于催化剂的制备上，最初的目的是为节约主催化剂（如 Pd、Pt）的用量，即把昂贵的金属材料分散负载在体积松大的物体上，以代替整块材料使用；另一目的是使用强度高的载体可使催化剂能经受机械冲击，使用时不致因逐渐粉碎而增加对反应器中流体的阻力。

所以，开始选择载体时，往往从物理、机械性质、来源容易等方面加以考虑。而随着催化剂研究的进展，以及对催化剂性能要求的提高，发现所用载体及其性质的不同，会对催化剂的活性及选择性产生明显的影响，而且也发现载体的作用是复杂的，它常会与主催化剂或助催化剂发生某种化学作用，改变主催化剂的化学组成和结构，从而使催化剂的活性、选择性及使用稳定性发生变化。根据不同情况，载体在催化剂中可以起到以下几方面的作用。

（1）增加有效表面积和提供合适的孔结构

催化剂所具有的孔结构及有效表面积是影响催化活性及选择性的重要因素。采用适宜的载体及相应的制备方法，可使负载催化剂具有较大的有效表面积及适宜的孔结构，如金属催化剂外形尺寸对液相反应的影响，颗粒尺寸越小，越容易促进反应。表1-6 示出了硝基苯催化加氢的例子，主催化剂为 Pt，载体为活性炭，当活性炭载体的颗粒尺寸由 40～60 目提高至 150 目以上时，反应速率可提高 5 倍以上[5]。

表 1-6　活性炭颗粒大小对硝基苯加氢催化剂活性的影响①

活性炭颗粒尺寸/目	主催化剂 Pt 负载量/%	相同催化剂量下的相对反应速度	活性炭颗粒尺寸/目	主催化剂 Pt 负载量/%	相同催化剂量下的相对反应速率
40～60	1.0	1.0	100～150	1.07	2.5
60～80	1.0	1.6			
80～100	1.02	1.9	大于 150	1.43	5.9

① 反应条件：常温、常压，以乙酸为溶剂。

从表1-6 可以看出，由于载体活性炭颗粒变细，主催化剂 Pt 负载量增多，催化剂活性也就增强。对于气固反应来说，催化剂颗粒变小，有效表面积也可提高，但颗粒越小，流体阻力及能量消耗也就加大，因此颗粒直径应选择适宜的尺寸大小。

（2）提高催化剂的机械强度

无论是固定床或流化床用催化剂，都要求催化剂具有一定的机械强度，以经受反应时颗粒与颗粒、流体与颗粒、颗粒与反应器之间的摩擦和碰撞，运输、装填过程的冲击，以及由于相变、压力降、热循环等引起的内应力及外应力所导致的磨损或破损，很多催化剂只有将主催化剂负载于合适的载体后才能使催化剂获得足够的机械强度。

（3）提高催化剂的热稳定性

不使用载体的催化剂，活性组分颗粒紧密接触，使用过程中易因高温而发生烧结，导致活性下降。将活性组分负载于载体后，能促使颗粒间分散，防止颗粒聚集。同时由于增加散热面积，有利于热量除去，提高催化剂热稳定性，特别是对一些强放热的氧化反应，为了防止催化剂使用过程中因高温而碎裂，常使用刚玉、碳化硅等具有良好导热性及高温强度的材料作载体。

（4）提供反应活性中心

活性中心是指催化剂表面上具有催化活性的最活泼区域。如合成氨用铁催化剂中，表面原子只占全部催化剂的 1/200，而活性中心部分又只占其中的 10%，也就只占 1/2000。发生催化反应时，一个反应物分子中的不同原子可能同时被几个邻近的活性中心所吸附，由于活性中心力场的作用，使分子变形而生成活化配合物，然后活化配合物分子中的键进行改组而形成新的化合物。如载体本身对反应具有某种活性，则制成负载型催化剂后，也可提供某种功能的活性中心。如 Pt 负载在硅铝或分子筛上制得的 Pt/Al$_2$O$_3$·SiO$_2$、Pt/分子筛等就是一些多功能催化剂，它与共催化剂是有一定区别的。

（5）和活性组分作用形成新的化合物

有些活性组分负载在载体上后，由于两者的作用或因形成吸附键，部分活性组分与载体间可形成新的化合物，并对催化活性产生影响。用共沉淀法制备 Ni 催化剂时，如采用 SiO$_2$ 作载体，制得的催化剂对—C≡C—加氢反应及—C—C—加氢分解都有很高活性；如改用 Al$_2$O$_3$ 为载体，催化剂对—C≡C—加氢反应仍有很高活性，而对—C—C—加氢分解反应的活性很低。这是由于用 SiO$_2$ 作载体的催化剂，活性组分 Ni 并不与 SiO$_2$ 形成化合物，Ni 以纯金属状态存在，故对上述两种反应都呈活性。而用 Al$_2$O$_3$ 作载体的催化剂，部分 Ni 与 Al$_2$O$_3$ 形成铝酸镍，使得负载的 Ni 含量减少，故对—C—C—加氢分解只稍呈活性。

（6）提高催化剂的抗中毒性能

重油加氢裂化过程采用双功能催化剂，抗氮中毒的能力是催化剂的重要指标之一。早期的催化剂是将 Ni 负载在 SiO$_2$-Al$_2$O$_3$ 载体上，但重油中的氮化物会使催化剂中毒，故在进行加氢裂化前必须先用 Mo 系催化剂除去氮化物。如将 0.5%Pd 负载在含 H 离子的 Y 型分子筛上制成催化剂，就不会发生由于氮化物的存在而引起催化剂中毒。

（7）减少活性组分用量，降低催化剂生产成本

使用载体可以减少活性组分用量是显而易见的，这对某些贵金属（如 Re、Pt、Pd 等）来说，可以大大降低催化剂生产成本。

由上述可知，一种好的载体应具有适宜的比表面积及孔结构、稳定的晶相结构、较高的机械强度及热稳定性、良好的传热及传质性能，确保活性组分均匀分布及高度分散等。载体的种类很多，作为参考，表 1-7 是常用载体的比表面积及孔容[5]，图 1-5 示出了按比表面积大小分类的载体名称。

表 1-7　常用载体的比表面积及孔容

分类	名称	比表面积/（m^2/g）	孔容/（mL/g）
合成物质	硅胶	200~800	0.2~4.0
	白土	150~280	0.4~0.52
	γ-Al$_2$O$_3$	150~300	0.3~1.2
	η-Al$_2$O$_3$	130~390	0.20
	θ-Al$_2$O$_3$	150~300	0.20
	α-Al$_2$O$_3$	<10	0.03
	硅酸铝		
	低铝	550~600	0.65~0.75
	高铝	400~500	0.80~0.85
	分子筛		
	丝光沸石	550	0.17
	八面沸石	580	0.32
	Na-Y 型	—	0.25
	活性炭	500~1500	0.3~2.0
	碳化硅	<1	0.40
	氢氧化镁	30~50	0.30

续表

分类	名称	比表面积/(m²/g)	孔容/(mL/g)
天然物质	硅藻土	2~30	0.5~6.1
	石棉	1~16	—
	浮石	<1	—
	铁矾土	150	0.25
	刚铝石	<1	0.33~0.45
	刚玉	<1	0.08
	耐火砖	<1	—
	多水高岭土	140	0.31
	膨润土	280	0.46

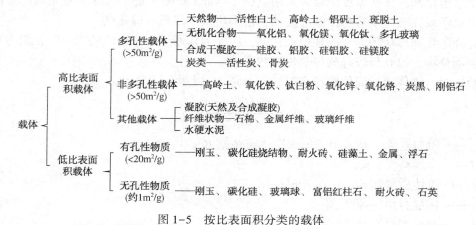

图 1-5　按比表面积分类的载体

1-3-4　催化剂组成的表示方法

（1）用所含元素的原子比表示

如轻油水蒸气转化制氢用催化剂中所含元素的原子比为：$Ni:Mg:Al=1:7:2$，有时也写成 $NiMg_7Al_2$。

（2）用氧化物的摩尔比或质量比表示

如加氢脱硫用的钴钼催化剂，含 MoO_3 15%，CoO 3%，K_2O 0.6%，Al_2O_3 81.4%。将这种质量比分别除以各组分的相对分子质量，即可得到各氧化物的摩尔比。

	MoO_3	CoO	K_2O	Al_2O_3
质量比/%	15	3	0.6	81.4
相对分子质量	143.9	74.9	94.2	102
摩尔比	0.104	0.04	0.006	0.798

如换算成元素的原子比，即为：

$$Mo:Co:K:Al=0.104:0.04:0.012:1.596$$

以 Co 为 1 换算时，就得到 $Mo_{2.6}CoK_{0.3}Al_{39.9}$。

由于负载型催化剂中载体所占比例很大，为了精确表示组分的比例，有时采用混合表示方法。如丙烯氨氧化制丙烯腈用的多组分催化剂 $P_{0.5}Mo_{12}BiFe_3Ni_{2.5}Co_{4.5}K_{0.107}O_{56}$，$SiO_2$ 含量为 50%，这表示催化剂中载体 SiO_2 占总质量的 50%，在其他 50%的负载组分中各组分以原子比表示。

1-4 催化剂的宏观性质

1-4-1 形状和粒度

（1）几何形状

固体催化剂的几何形状随制备方法及成型条件不同而有所不同。常见的催化剂形状是球状、条状、柱状、三叶草状、片状、齿球状，还有网状、粉末状、微球状、纤维状、蜂窝状及无规颗粒等。几何尺寸有小至几个微米，大到几十毫米不等。催化剂成型颗粒的形状及大小，一般是根据制备催化剂的原料性质及工业生产所用反应器要求确定的。固定床反应器常采用球状、圆柱状、三叶草状及片状催化剂；流化床反应器常采用直径 $20\sim150\mu m$ 或更大粒径的微球催化剂，移动床反应器常采用直径 $2\sim4mm$ 或更大直径的球形催化剂；悬浮床反应器则要求颗粒在液体中易悬浮循环流动，常采用微米级颗粒催化剂。

具有合适几何形状和尺寸的理想催化剂，应使流体通过由它构成的床层时，阻力小并呈均匀的流动分布，以获得较好的传热传质效果[6]。

试验表明，流体通过固体颗粒床层的压力降 Δp 可用下式表示：

$$\Delta p = \frac{2f_m LG^2(1-\varepsilon)^{3-n}}{d_p \phi_s^{3-n} g \varepsilon^3 \rho_F} \tag{1-1}$$

式中　f_m——阻力系数，其大小主要决定于雷诺数 Re；

　　L——床层高度，m；

　　G——流体质量流速，$kg/s\cdot m^2$；

　　ε——床层自由空隙率，%；

　　d_p——颗粒当量直径，m；

　　g——重力加速度，$9.81m/s^2$；

　　ρ_F——流体密度，kg/m^3；

　　n——运动状态指数，当 $Re<10$，呈滞流时，$n=1$，当 $10<Re<200$，呈过渡流时，$n=1.6$，当 $Re>200$，呈湍流时，$n=1.9$（见图1-6）；

　　ϕ_s——颗粒形状系数，指球形颗粒外表面积 s 与等体积任意形状颗粒外表面积 s_p 之比，即 $\phi_s=\dfrac{s}{s_p}$，用它表示颗粒球状化的程度，当颗粒为球形时，$\phi_s=1$，当呈其他形状时，$\phi_s<1$，如图1-7、图1-8所示。

如果其他因素不变，则阻力系数 f_m 仅为雷诺数 Re 的函数。如图1-9所示，在滞流区，f_m 与 Re 成正比；在湍流区，f_m 与 Re 的0.1次方成反比。根据这种依赖关系，滞流区内的 Δp 与 d_p 的二次方成反比，过渡区内的 Δp 与 d_p 的1.4次方成反比，湍流区内的 Δp 与 d_p 的1.1次方成反比。由此可见，如果从降低床层的压力降角度考虑，应当尽量选用直径大的颗粒，以减少动力消耗。

在颗粒体积相等的状况下，球形颗粒的外表面积为最小，ϕ_s 值最大（$\phi_s=1$），床层阻力最小。所以，如按床层阻力最小的原则考虑，应当使用球形催化剂。但从内表面利用率考虑，内表面利用率还与单位体积的外表面积成正比。如表1-8所示，当颗粒外径相同时，球体、圆柱体（$d=h$）和立方体单位体积的外表面积相等，而环柱体（$d=2h=2d_0$）则最大，所以环柱体可以获得最高的内表面利用率。因此，如从表面积利用率来考虑，应当选用环柱体催化剂。

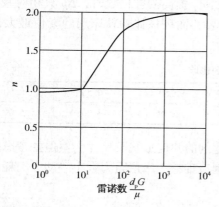

图 1-6　流动状态因素 n

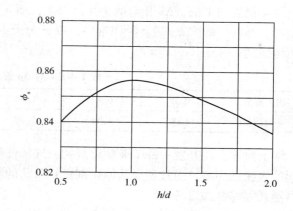

图 1-7　圆柱体颗粒形状系数

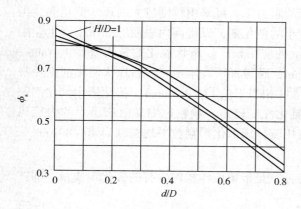

图 1-8　球柱体颗粒形状系数

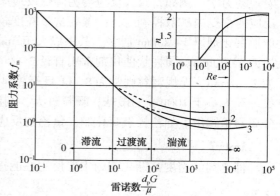

图 1-9　公式(1-1)中的阻力系数

1—铝砂、MgO 等颗粒；2—刚玉、黏土等；3—瓷、玻璃等

表 1-8　颗粒形状及其单位体积的外表面积

形状	外表面积	体积	外表面积/体积
球体(d)	πd^2	$\dfrac{\pi d^3}{6}$	$\dfrac{6}{d}$
圆柱体($d=h$)	$\dfrac{3}{2}\pi d^2$	$\dfrac{\pi d^3}{4}$	$\dfrac{6}{d}$
立方体	$6d^2$	d^3	$\dfrac{6}{d}$
环柱体 $d=h=2d_0$[①]	$\dfrac{15}{8}\pi d^2$	$\dfrac{3}{16}\pi d^3$	$\dfrac{10}{d}$

① d_0——环柱体内径。

另一方面，由式(1-1)可以看出，床层自由空隙率 ε 的指数越大，对压力降 Δp 的影响也越大。相比之下，d_p、ϕ_s 对 Δp 的影响远小于 ε 的影响。表1-9所示数据证实了上述看法。即 ε 提高约1倍，Δp 相对减少4倍以上，而 d_p、ϕ_s 提高同样倍数时，Δp 只相对减少1倍左右。所以，影响 Δp 的各种因素中，以 ε 为最主要，而环柱体颗粒床层的 ε 值最大，其 Δp 值应最小。

表1-9　ε 对 Δp 值的影响

自由空隙率 ε	0.35	0.40	0.45	0.50	0.55	0.60
Δp 相对减少值	1.00	1.50	2.10	2.90	3.90	5.00

综上所述，在开发一种工业催化剂时，选择催化剂的几何形状及尺寸，不但要考虑到催化剂的表面利用率，而且还要从催化剂颗粒形状的制造难易、床层阻力大小、动力消耗、反应器形式等综合加以考虑。

（2）粒度

催化剂的粒度大小既与反应器的结构及单元设备的生产能力有关，还取决于催化反应的宏观动力学。例如，管式反应器为降低反应床的阻力降，可采用粒度较大的环状催化剂。当反应速率受内扩散控制时，一般就选择粒度较小的催化剂，以提高内表面的利用率。工业用球形催化剂以1~20mm居多，其中以大于3mm的应用较广。条状催化剂常用直径1~6mm，长为5~20mm。圆柱状催化剂常用直径2~25mm，高与直径大体相同，圆片状催化剂直径常为2~10mm。无规颗粒则常为8~14目至2~4目（相当于1.17~9.5mm）。流化床用催化剂颗粒一般为小于100μm的微球，颗粒过大，则流化性能较差，颗粒过细易由床层中的内旋风分离器中跑出。如乙烯氧氯化制二氯乙烷反应用流化床催化剂颗粒平均粒度为40~80μm。

1-4-2　密度[1]

催化剂的密度是催化剂的主要使用性能指标，是指单位体积内含有的催化剂质量，即：

$$\gamma = \frac{m}{V} \tag{1-2}$$

式中，γ 为密度；m 为催化剂质量；V 为催化剂体积。

对于多孔性催化剂，外观堆积体积 $V_堆$ 实际上是由堆积时颗粒之间的空隙体积（自由空间体积）$V_空$、颗粒内部实际的孔所占的体积 $V_孔$ 以及颗粒本身所具有的骨架 $V_{骨架}$ 三项所组成，即：

$$V_堆 = V_空 + V_孔 + V_{骨架} \tag{1-3}$$

根据 $V_堆$ 所含有的不同内容，以体积除质量时，催化剂的密度可以有以下几种表示方式：

（1）堆密度 γ_b

当式(1-2)中的体积以 $V_堆$ 表示时，所得的密度称为堆密度 γ_b：

$$\gamma_b = \frac{m}{V_堆} = \frac{m}{V_空 + V_孔 + V_{骨架}} \tag{1-4}$$

测量 γ_b 的方法，是在一容器或量筒中，按自由落体方式，加入一定体积催化剂，然后称取催化剂的质量，经计算即得其（松）堆密度。显而易见，堆密度与催化剂的颗粒大小、形状、粒度分布等因素有关。催化剂的堆密度既是计算反应器床层装填量的重要依据，也是计算催化剂价格的基准。测定堆密度可采用机械振动或在硬橡胶板上用手墩实的办法。

（2）颗粒密度 γ_p

当式（1-2）中体积 V 用（$V_孔 + V_骨架$）表示时，所得密度为颗粒密度，或称假密度，即：

$$\gamma_p = \frac{m}{V_孔 + V_骨架} \tag{1-5}$$

实际测定时先测出 $V_空$，再从 $V_堆$ 减去 $V_空$，$V_空$ 是用汞置换法测定。因为常压下汞只能充满颗粒之间的空隙和进入颗粒孔半径大于 $5 \times 10^3 nm$ 的孔中，从 $V_堆$ 中减去汞置换体积 $V_空$ 以后的体积，就代表孔半径小于 $5 \times 10^3 nm$ 的孔的体积和催化剂骨架的体积。由此得到的密度，也称作汞置换密度。

（3）骨架密度 γ_t

当式（1-2）中的体积用 $V_骨架$ 表示时，所得的密度称为骨架密度，或称真密度，即：

$$\gamma_t = \frac{m}{V_骨架} \tag{1-6}$$

测量时，也是先测出 $V_空 + V_孔$，然后从 $V_堆$ 中减去 $V_空 + V_孔$，就得到 $V_骨架$。因为氦气可以进入并充满颗粒之间的空隙，也可以进入并充满颗粒内部的孔，所以可测得 $V_空 + V_孔$。这样得到的密度一般也称作氦置换密度。

（4）视密度

如果用溶剂（苯、煤油及水等）去充满催化剂中骨架之外的各种空间，然后计算出 $V_骨架$，这样得到的密度就称作视密度，或称溶剂置换密度。因为溶剂分子难以完全进入并充满骨架之外的所有空间，因此所得到的 $V_骨架$ 是一种近似值。如溶剂选择适当，使溶剂分子几乎完全充满骨架之外的所有空间，视密度也就相当于骨架密度，这时也可用视密度作为骨架密度。

上述几种密度表示中，以 γ_b 和 γ_t 比较，其差值反映了颗粒间隙和孔加在一起的体积，γ_b 越小于 γ_t，说明催化剂的颗粒间隙和孔加在一起的体积在整个催化剂的体积内所占的比例越大；而 γ_p 和 γ_t 相比较，其差值只反映了孔的体积，γ_p 比 γ_t 越小，说明孔的体积在催化剂的体积内占的比例越大；γ_b 和 γ_p 相比较，其差值反映了颗粒间隙的体积，γ_b 比 γ_p 越小，说明颗粒间空隙化催化剂的体积内所占的比例越大。

1-4-3　孔结构[5]

工业用催化剂多数是多孔性颗粒，是由微小晶粒或胶粒聚集而成，内部含有许多大小不等、形状各异的微孔。催化剂的孔结构不同时，则造成催化剂的表面积不同，直接影响到反应速率的改变。这是由于孔结构不同时，催化剂表面利用率也就不同，同时影响反应物向孔中的扩散、反应产物向孔外的扩散。此外，催化反应的一系列动力学参数（如反应级数、速率常数、活化能等），催化剂的选择性、机械强度、耐热性、使用寿命等都与催化剂的孔结构有关。所以，如何充分了解所制备催化剂的孔结构特性，以及如何有效控制催化剂的孔结构，对制得好的催化剂至关重要。

（1）孔容

1g 催化剂颗粒内部所有孔的体积总和称为比孔容积，简称为孔容、比孔容或孔体积，以 V_g 表示，单位为 mL/g。

孔容常由测得的颗粒密度与骨架密度按下式计算，即：

$$V_g = \frac{1}{\gamma_p} - \frac{1}{\gamma_t} \tag{1-7}$$

式中, $\dfrac{1}{\gamma_p}$ 为 1g 催化剂内所有含有孔的颗粒所占的体积; $\dfrac{1}{\gamma_t}$ 为 1g 催化剂骨架所占的体积, 两者之差即为 1g 催化剂内孔的纯体积。

孔容常用四氯化碳法测定。其基本原理是在一定的四氯化碳蒸气压力下, 四氯化碳会在催化剂的孔中凝聚并将孔充满。凝聚了的四氯化碳体积就是催化剂内孔体积, 产生凝聚现象所要求的孔半径 r_k 和相对压力 $\dfrac{p}{p_0}$ 的关系可由开尔文(Kelvin)方程给出, 即:

$$r_k = -\dfrac{2\sigma \bar{V}\cos\varphi}{RT\ln\dfrac{p}{p_0}} \tag{1-8}$$

式中 σ——吸附质液体表面张力;

         $\bar{V}$——吸附质液体的摩尔体积;

         φ——弯月面与固体壁的接触角, 在液体可以润湿固体表面时, 取 φ 为 0°;

         R——气体常数;

         T——吸附温度;

         p——测定时液面上达到平衡的蒸气压;

         p_0——大块平坦液面上的饱和蒸气压。

在室温, $T = 25℃$ 时, 液体为四氯化碳的表面张力 $\sigma = 26.1×10^{-5} N/cm$, 摩尔体积 $\bar{V} = 197cm^3/mol$, 接触角 $\varphi = 0°$, r_k 与 $\dfrac{p}{p_0}$ 关系的计算结果列于表 1-10。调节四氯化碳的相对压力 p/p_0, 可使四氯化碳只在真正的孔中凝聚, 而不在颗粒之间的空隙处凝聚。实验表明, 当相对压力高于 0.95 时, 会在催化剂颗粒之间也发生凝聚, 使测得的 V_g 值偏高, 所以通常采用相对压力 p/p_0 为 0.95。为保持 $p/p_0 = 0.95$, 推荐采用向四氯化碳中加入 13.1%(体积)的十六烷, 由监测 86.9 体积四氯化碳和 13.1 体积十六烷组成的混合二元体系吸附质的折射率 $n_D^{20} = 1.457 \sim 1.458$, 以控制四氯化碳的 $p/p_0 = 0.95$。从表 1-10 看出, 这时凝聚液进入的最大孔半径 r_k 为 40nm。半径在 40nm 以下的所有孔都可被四氯化碳所充满。凝聚在孔中的四氯化碳体积通常就认为是该催化剂的孔容。因此, 只要测定四氯化碳在一定温度下和相对压力 $p/p_0 = 0.95$ 时的平衡吸附量, 就可用下式计算催化剂的孔容:

表 1-10 r_k 与 p/p_0 的关系

p/p_0	r_k/nm	p/p_0	r_k/nm
0.995	400	0.95	40
0.99	200	0.90	20
0.98	100	0.80	90

$$V_g = \dfrac{W_2 - W_1}{W_s × d}(mL/g) \tag{1-9}$$

式中 W_2——催化剂样品吸附四氯化碳的质量, g;

         W_1——空称量瓶吸附的四氯化碳质量, g;

W_s——样品质量，g；

d——实验温度下四氯化碳的密度，g/mL。

测定催化剂孔容的装置如图 1-10 所示。

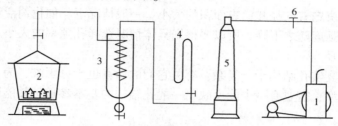

图 1-10　四氯化碳法测定孔容装置

1—真空干燥器；2—吸附器；3—冰盐冷阱；4—水银压力计；5—干燥塔；6—放空阀

测定时先向真空干燥中加入 200mL 四氯化碳-十六烷混合吸附液，10mL 四氯化碳液体。用小称量瓶称取 1~2g 经 450~480℃ 焙烧 1h 的催化剂样品（称准至 0.2mg），置于真空干燥器中，同时放入一已知质量的空称量瓶，以较正吸附在瓶上的四氯化碳质量。盖好真空干燥器，开真空泵抽空到装有冰盐的冷阱中凝结 10mL 四氯化碳时关闭干燥器上端放空阀，在室温下放置 16h，使四氯化碳在样品中吸附达到平衡。到时间后打开干燥器，迅速盖上称量瓶称重，然后按式（1-9）计算该催化剂样品的孔容。

四氯化碳吸附法适用于测定加氢、脱氢、氧化、催化重整等小球或条状催化剂及氧化铝载体的孔容。其绝对误差为 0.005mL/g，对于粉状分子筛或微球状流化床催化剂，由于其孔口较小，而四氯化碳分子较大，吸附速率较慢，所得测定结果的重复性较差，因此常采用水滴定法测定孔容。

水滴定法是基于微球催化剂的颗粒接近于球形，有很好的流动性。同时，粒子内部大量微孔的存在很容易吸水，当加水入催化剂使粒子内孔吸水达饱和时，再加入一滴水会使粒子表面覆上一层水膜，由于水表面张力存在，使粒子相互黏结，失去了流动性，利用这一现象，测定一定质量催化剂的吸水量，即可算出催化剂的孔容，即：

$$V_g = \frac{V_{H_2O}}{W_s} \tag{1-10}$$

式中　V_{H_2O}——消耗水的体积，mL；

W_s——样品质量，g。

（2）孔隙率

如果在颗粒之间没有空隙的催化剂中取出一定体积，则此体积内所有孔的总体积占所取催化剂的体积，即是孔隙率 θ，可由下式计算：

$$\theta = \frac{\dfrac{1}{\gamma_p} - \dfrac{1}{\gamma_t}}{\dfrac{1}{\gamma_p}} = 1 - \frac{\gamma_p}{\gamma_t} \tag{1-11}$$

式中　$\dfrac{1}{\gamma_p}$——颗粒体积；

$\dfrac{1}{\gamma_t}$——催化剂骨架体积。

　　因此分子项是孔的纯体积，分母项是颗粒体积，其中包括颗粒内部孔所占的体积。将式(1-7)代入上式，孔隙率 θ 又可用下式表示：

$$\theta = V_g \gamma_p \tag{1-12}$$

　　孔隙率的大小决定着孔径和比表面积的大小。一般情况下，催化剂活性会随孔隙率的增大而升高，但机械强度随之下降，所以要根据具体情况选择孔隙率的大小。

　　（3）平均孔半径

　　由于催化剂的真实孔结构十分复杂，有关它们的计算也十分困难，为了能够考察孔中的扩散速率和反应速率，需要有一个能反映出一般孔结构的基本参量，并能以实验量表示的孔的简化模型。

　　把实际的孔简化，常采取以下方法。即假设一个颗粒有 N 个孔，其大小相同，并呈圆柱状，自颗粒表面深入至颗粒内部，用这样的孔来代替实际孔。这时设 $\bar{r}$ 为圆柱孔的平均孔半径，$\bar{L}$ 为圆柱孔的平均长度。S_0 为每一颗粒的外表面积，n 为每单位外表面的孔口数，则每个颗粒的总孔口数为 nS_0，而圆柱形颗粒的内表面积就等于 $nS_0 2\pi \bar{r}\bar{L}$。而从实验测得的值可以求出每个颗粒的总表面积为 $V_p \gamma_p S_g$。其中，V_p 为每个颗粒的体积，γ_p 代表颗粒密度，因此 $V_p \gamma_p$ 就代表一个颗粒的质量，S_g 是比表面积。将由所设孔模型所得到的单个颗粒的表面积与由实验值计算的每个颗粒的表面积等同以后，就得到下式：

$$nS_0 2\pi \bar{r}\bar{L} = V_p \gamma_p S_g \tag{1-13}$$

　　上面的计算模型并未考虑颗粒的外表面积，这是因为对多孔颗粒来说，外表面积与内表面积相比较可以忽略不计。同样，再将由模型所得的每个颗粒的孔体积与实验计算值等同以后，得到下式：

$$nS_0 \pi \bar{r}^2 \bar{L} = V_p \gamma_p V_g \tag{1-14}$$

式中　V_g——孔容。

　　将式(1-13)用式(1-14)除后可得到平均孔半径 $\bar{r}$ 的计算式。

$$\bar{r} = \frac{2V_g}{S_g} \tag{1-15}$$

　　由式(1-15)可知，平均孔半径与孔容成正比，与比表面积成反比。因此，借助于实验量孔容及比表面积可以得到描述孔结构的一个参量——平均孔半径。表1-11示出了一些载体及催化剂的实验 V_g、S_g 值及平均孔半径 $\bar{r}$ 的计算结果。

表1-11　一些催化剂及载体的平均孔半径 $\bar{r}$

名　称	比表面积 $S_g/(m^2/g)$	孔容 $V_g/(mL/g)$	平均孔半径 $\bar{r}/nm$
活性炭	500~1500	0.6~0.8	1~2
硅胶	200~600	0.4	1.5~10
$SiO_2-Al_2O_3$	200~500	0.2~0.7	3.3~15
活性白土	150~225	0.4~0.52	10
活性氧化铝	175	0.39	4.5
硅藻土	4.2	1.1	1100
Fe_2O_3	17.2	0.135	157
$Fe_2O_3(8.9\%Cr_2O_3)$	26.8	0.225	168
$Fe_3O_4(8.9\%Cr_2O_3)$	21.2	0.228	215

　　至于平均孔长度 $\bar{L}$ 可用下述方法来求得。假设颗粒中的孔结构是完全无序的，但又处处是均匀的。设有一个催化剂颗粒单元，高度为 1cm，截面积为 1cm²，体积为 1cm³。按照上述孔隙率的定义，θ 为一颗粒中孔空间所占的分数，所以颗粒的孔体积为 θcm³。如将颗粒切成许多薄片，每片高度为 ΔX，由于颗粒孔结构的均匀性，每片有相同的孔口面积 A_p，其孔体积则为 $A_p\Delta X$。由于 ΔX 的总和为 1cm，因此，颗粒单元总的孔体积为 $A_p\times1=A_p$cm³。也即 $A_p=\theta$。这表明一个颗粒中的任一表面，无论是外表面或是假定的一个截面，都是由 θ 部分孔口面积和 $(1-\theta)$ 部分固体实体面积所构成。因此，单位外表面积应有 θ 部分的孔口面积。如果每个孔口面积为 $\pi\bar{r}^2$，则单位外表面积上的孔口数 n 可以表示为：

$$n=\frac{\theta}{\pi\bar{r}^2} \tag{1-16}$$

　　以上讨论都是假设孔与外表面呈垂直状态。实际上，孔是以各种角度与外表面积相接，角度不同，孔口面积也随之不同。为此取 45° 为这些角度的平均值。这相当于一个圆柱体被一个 45° 方向的平面切得的截面与另一个 90° 方向的平面切得截面之间的形状（见图 1-11）。这时，孔口数 n 则为

$$n=\frac{\theta}{\sqrt{2}\,\pi\bar{r}^2} \tag{1-17}$$

　　将式（1-17）代入式（1-14），并以 $\theta=\gamma_p V_g$ 代入，就可得到描述颗粒孔结构的另一参量 $\bar{L}$，也即：

$$\bar{L}=\sqrt{2}\frac{V_p}{S_0} \tag{1-18}$$

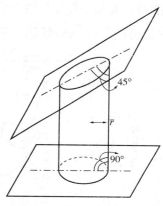

图 1-11　以 45° 与外表面
相接的孔口面积

　　对于球、圆柱及立方体等颗粒，$\dfrac{V_p}{S_0}=\dfrac{d_p}{6}$，$d_p$ 是颗粒直径，于是式（1-18）可写成：

$$\bar{L}=\frac{\sqrt{2}}{6}d_p \tag{1-19}$$

　　孔结构的性质会对催化剂的活性及选择性产生很大影响。实验中，由于习惯上都会测定催化剂的孔容及比表面积，平均孔半径的计算也就比较方便。因此，在考察同一种催化剂由于孔结构不同而对催化活性的影响时，常以比较平均孔半径大小来描述孔结构的影响。

　　（4）孔径分布

　　催化剂是由具有各种半径的孔组成的多孔性物质。为考察催化剂颗粒内孔对反应速率的影响，只知道孔的总容积和平均孔半径这两个参数是不够的，还必须知道其各种孔所占的体积百分数，孔径分布或称孔（隙）分布即是孔容随孔径大小变化的关系。

　　根据国际纯粹与应用化学联合会（IUPAC）的分类，催化剂内孔可分为微孔、中等孔及大孔等三类。孔径小于 2nm 的孔称为微孔，分子筛及活性炭等常含有这类微孔；中等孔又称介孔，系指孔径为 2~50nm 的孔，多数催化剂的孔属于这一范围；大孔是指孔径大于 50nm 的孔，硅藻土等含有这类孔。通常为方便起见，常将催化剂的内孔大小大致分为细孔

(孔径小于 10nm)及粗孔(孔径大于 10nm)两类。

　　理想的催化剂孔结构应该是孔径大小一致或基本一致。实际上，除分子筛之类的催化剂以外，要求孔径非常一致是极难实现的，绝大多数固体催化剂的孔径尺寸范围十分宽广，而且各个孔径微小间隔内所对应的孔体积也不相等。即孔容按孔径分布的曲线会出现若干个高峰。图 1-12 示出了合成甲醇用 $ZnO-Cr_2O_3$ 催化剂的微孔分布图。图中出现三个高峰，表明含有三个微孔体系，左边的峰为一次粒子内的微孔体系，中间的峰为一次粒子间的微孔体系，右边的峰为二次粒子间的微孔体系。对于这类催化剂，在考察孔径大小对反应速率的影响时，就应了解各个微孔体系所占的比例是多少，每个体系内的孔径分布情况如何。

　　又如裂化催化剂及硅胶之类，它们只有一个微孔体系(图 1-13)，其孔径分布曲线是平滑的，大部分孔径与中央平均值相差不远，对这类催化剂，只需知道平均孔半径 $\bar{r}$ 就可以，$\bar{r}$ 值可按式(1-15)计算，其值虽是一个统计参量，但它能粗略描述催化剂的孔隙结构。

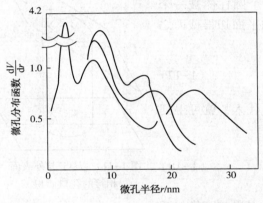

图 1-12　$ZnO-Cr_2O_3$ 催化剂微孔分布

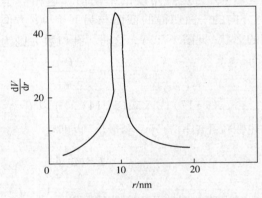

图 1-13　硅胶微孔按其半径的分布

　　催化剂的孔径分布测定可分为细孔半径及其分布和粗孔半径及其分布两种测定方法。细孔半径及其分布测定一般采用气体吸附法，它是以毛细管凝聚现象为基础，并通过开尔文方程计算而得。只需实验测定在不同相对压力 p/p_0[参见式(1-8)]下的吸附量，通过开尔文公式计算出相应吸附相对压力 p/p_0 下的孔半径 r_k，以 r_k 对吸附量作图可得到孔结构曲线。在孔结构曲线上用作图法求取当孔半径增加 dr 时液体吸附量的增加体积 dV(即孔容增加值)，然后以 dV/dr 对 r 作图，即得到催化剂的孔径分布曲线(图 1-12，图 1-13)。

　　催化剂的粗孔半径及其分布常用压汞法测定。压汞法又称汞孔度计法。由于表面张力的原因，汞对大多数固体是不润湿的，因而不能进入催化剂的小孔，必须外加压力克服毛细管阻力才能进入孔内。测定是在特别的汞孔度计中进行。将样品放在样品管中后，用汞把样品浸没，然后加压将汞压入孔中。根据实验测得的压入汞体积与相应压力下计算孔半径的关系式所算出的孔半径，可求出对应尺寸的孔容积，以孔容对孔半径作图，即可得到催化剂粗孔的孔径分布曲线。

1-4-4　比表面积

　　在多相催化反应中，由于催化剂表面参与催化反应过程，在大多数情况下，催化活性与催化剂的表面积有很大关系。为获得较高活性，常将催化剂制成高度分散的固体，为反应提供巨大的表面积。

　　1g 催化剂所具有的总表面积称为该催化剂的总比表面积，简称比表面积。而 1g 催化剂活性组分具有的表面积称为活性组分比表面积。多组分固体催化剂由于具有极大的内表面积，这些内表面是在催化剂孔内，当由细孔组成时，表面积虽大，但反应物分子向孔内扩散却发生困难，催化反应会受到阻滞，这时不是所有表面都能起催化作用，而只有一部分对催化作用有效，这一部分表面就称作有效表面。当催化剂是非孔性时，它的表面可看成是外表面；当催化剂是多孔性时，其表面可分为内表面及外表面。内表面是指它的细孔内壁，孔径越小，孔越发达，内表面积也就越大，总表面积主要由细孔内表面所提供，外表面积则可略去不计。

　　显然，要想提高催化剂的活性，必须选择这样的制备方法，使催化剂具有最大的有效表面。而如何测定有效表面是催化领域中研究的重要课题之一，因为通常测定比表面积的方法只能获得总表面积。有效表面与总表面的差别主要是由于分子在多孔系统中扩散困难引起的。因此，有效表面和多孔性这两种因素是互相联系的，只有密实的固体催化剂，有效表面与总表面才大致相等。

　　在实际催化剂制备中，有少数催化剂，它们的表面积是极其均匀的，所有的吸附中心是等价的。这样的催化剂，它的活性与表面积直接成正比。例如用铬铝催化剂进行丁烷脱氢时，其反应速率与催化剂比表面积几乎成直线关系。而这种现象并不普遍，其主要原因之一，就在于多孔性催化剂的表面积绝大部分是内表面，孔的结构不同，物质传递及扩散作用也会不同，这样必然会影响表面利用率，从而改变总的反应速率。

　　反应物分子在被表面吸附之前，必须穿过催化剂内的细孔，因此，催化剂孔内扩散过程对反应行为有着决定性的影响。反应物分子通过层流边界层进入孔道内时，在孔道内的扩散与在孔壁上的化学反应为平行的竞争过程，如内扩散慢而反应快，则反应物还未达到细孔深处就被完全反应掉，这时内表面没有充分被利用。催化剂内表面的利用程度称为内表面利用率，或称多孔催化剂的有效因子。

　　如催化剂颗粒直径很小，内扩散路径很短，对反应过程的影响可忽略不计，内表面得到充分利用，这时的反应速率最大，用 ω_0 表示。因考虑到床层的压降等原因，而实际使用的催化剂颗粒都有一定的尺寸，因而内扩散影响不可能完全消除，用 ω 代表有扩散影响的反应速率，于是可用下式表示内表面利用率 η；

$$\eta = \frac{\text{有内扩散影响时的反应速率}}{\text{无内扩散影响时的反应速率}} = \frac{\omega}{\omega_0} \tag{1-20}$$

　　η 值越大，内扩散效应越小，表明内表面利用率越高。当颗粒的内外表面都一样充分利用时，$\omega = \omega_0$，则 $\eta = 1$。一般情况下，$\omega < \omega_0$，即 $\eta < 1$。因此，有内扩散影响的反应速率 ω 可写成

$$\omega = \eta \omega_0 \tag{1-21}$$

无内扩散影响的反应速率可通过实验测定。由于催化剂是多孔性物质，内扩散阻力不可避免，外扩散阻力常可忽略不计。因此，可将内扩散阻力对反应速率的影响作为计算催化剂内表面利用率的依据。作为参考，表 1-12 示出了一些催化剂颗粒内表面利用率测定值[7,8]。

表 1-12　催化剂颗粒内表面利用率测定值示例

催化剂	反应	反应条件	催化剂粒径/mm	表面利用率 η
硅酸铝	汽油裂解	480℃，常压	4.4	0.55
硅酸铝	异丙基苯分解	510℃，常压	0.45	0.72
			3.3	0.16
			4.3	0.12
			5.3	0.09
铬/氧化铝	环己烷脱氢	478℃，常压	6.2	0.48
			3.7	0.65
铁/氧化铝 （含 Al_2O_3 10.2%）	氨分解	387~467℃，常压	（10~14）目~ （35~40）目	1.0
铁/Al_2O_3	氨合成	450~550℃，10~60MPa	5.0	>0.8
铁催化剂 （含 2.9%Al_2O_3， 1.1%K_2O）	氨合成	450℃，常压	2.4~2.8	0.05
			0.5~0.7	0.36
		325℃，常压	2.4~2.8	0.78
			0.5~0.7	1.0
		500℃，3MPa	2.4~2.8	0.40
			0.5~0.7	0.89
		400℃，3MPa	2.4~2.8	0.95~1.0
			0.5~0.7	1.0
硅酸铝	乙醇、正丙醇、 正丁醇脱水	260℃，常压	5.0	0.15
			2.3	0.24
			0.4	0.98
		320℃，常压	5.0	0.10
			2.3	0.16
			0.4	0.90
铬/氧化铝	丁烷脱氢	530℃	3.2	0.70
镍催化剂	CO_2+H_2	142℃	4.0	1.0
		300℃	4.0	0.1
镍（5%）/γ-Al_2O_3	氢交换反应	-196℃ 0.6~1.0MPa	4.0	0.43~0.45
镍/氧化铝	乙烯加氢	80~140℃	2.0~5.0	<0.5
ZnO-Cr_2O_3	$CO+2H_2 \longrightarrow CH_3OH$	330~410℃ 28MPa	5×16	0.52~0.96
阳离子交换树脂	甲酸乙酯水解	25℃稀溶液	0.7	0.62

　　催化剂活性与比表面积的关系还可用下述实例加以说明，图 1-14 是使用 V_2O_5-K_2SO_4-SiO_2 催化剂进行萘的气相氧化合成苯酐时，苯酐收率与比表面积的关系。从图中可以看出，使用比表面积大的催化剂时，最佳反应温度有随之降低的趋势。由于抑制了副反应，苯酐收率有所提高。

应该指出，在催化剂制备时，通过一定的方法增加比表面积时，往往也会伴随着比表面积的增大而生成许多细孔。而要提高催化剂活性，不仅要追求总比表面积，而且还要有适合反应物分子进行吸附、扩散、脱附的孔道结构，以使反应物分子和产物分子有自由出入的孔道。

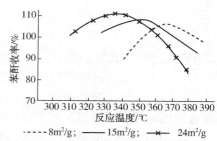

图 1-14　比表面积和苯酐收率的关系

测定催化剂比表面积的方法很多，如气体吸附法、X 射线小角度衍射法、电子显微镜法等，它们各有优缺点，不同的样品可采用不同的方法测定。常用的方法是吸附法，它又可分为化学吸附法及物理吸附法。化学吸附法是通过吸附质对多组分固体催化剂进行选择吸附而测定各组分的表面积；物理吸附法是通过吸附质对多孔物质进行非选择性吸附来测定比表面积，它又分为 BET 法及气相色谱法两类。其中 BET 法是依据 Brunauer、Emmett 及 Teller 三人于 1938 年提出的多分子层吸附模型，并导出与之相应的吸附等温线方程，称为 BET 公式，用于比表面积的测定。是目前用于测定多孔固体比表面积的常用方法。

1-5　催化剂的基本性能要求

一种优良的工业催化剂，必须在反应所需的温度、压力、流速及停留时间等工艺条件下能长期正常运转，有良好的机械强度以抵抗气流冲刷而不粉化，有良好的耐热、抗毒稳定性而保持良好的活性及选择性。也即一种催化剂必须具备高活性、高选择性及高稳定性等指标，才有工业实用价值。因此，在催化剂的化学组成及宏观结构确定后，衡量该催化剂质量最直观和最重要的参量是催化剂的活性、选择性及稳定性等指标。

1-5-1　活性

催化剂的活性是指催化剂加快反应速率的一种量度。它表示催化反应速率与非催化反应速率之差。由于非催化反应速率很低而可忽略不计，故催化剂的活性即相当于催化反应速率。在给定的反应条件(温度、压力、空速等)下，高活性催化剂可以使生产强度增加。所以在研制开发一种新催化剂时，无论是在实验室筛选或评价阶段，或是在工业应用试验过程中，大量的试验工作是围绕催化剂活性进行的。衡量催化剂的活性有多种表示方法，常用的有以下几种。

(1) 用反应速率常数 r 表示

反应速率常数又称比速，是指单位浓度反应物的反应速率，反应速率方程的一般表示式是：

$$r = k c_A^a c_B^b$$

式中　k——反应速率常数；

c_A、c_B——反应物 A、B 的浓度；

a，b——反应物 A、B 的反应级数。

用反应速率常数表示催化剂的活性时又可分为以下两种方法：

① 用单位表面积催化剂上的反应速率常数表示，称为表面比活性(或表面比速率常数)，即：

$$k_S = \frac{k}{S} \qquad (1-22)$$

式中　k_S——表面比活性；

　　　k——反应速率常数；

　　　S——催化剂表面积。

即表面比活性可通过测定的催化反应速率常数与催化剂表面积之比来表示。

② 用单位体积催化剂上的反应速率常数表示，称为体积比活性(或体积比速率常数)，即

$$k_V = \frac{k}{V} \qquad (1-23)$$

式中　k_V——体积比活性；

　　　V——催化剂体积。

即体积比活性可通过测定的反应速率常数与催化剂体积之比来表示。

用反应速率常数比较活性时，要求温度相同，而不要求反应物浓度及催化剂用量相同。但在不同催化剂上进行同一反应时，只有在所测催化剂上有相同的反应速率方程时，用速率常数比较活性大小才有意义。

(2) 用时空收率表示

时空收率是指单位时间内以空间速度 v_0 流过催化剂的原料气可生成某一产物的质量。常以单位时间内每单位体积(或质量)催化剂所获得的目的产物量来表示。有时也称时空得率或产率。

如对于反应 $a\mathrm{A} \rightarrow b\mathrm{B}$，产物 B 的时空收率为：

$$Y_B = \frac{N_B}{V \times t} \qquad (1-24)$$

式中　Y_B——时空收率，$g/(mL \cdot h)$ 或 $t/(m^3 \cdot d)$；

　　　N_B——目的产物 B 的质量，mol；

　　　V——催化剂体积，mL 或 m^3；

　　　t——反应时间，h 或 d。

如以标准状态下原料气的流量(v_r)去除式(1-24)的分子及分母，就可得到：

$$Y_B = \frac{N_B / v_r}{\dfrac{V}{v_r} \times t} = \frac{22.4 \dfrac{N_B}{v_r}}{22.4 \dfrac{V}{v_r} \times t} \qquad (1-25)$$

因为反应物的质量 $N_{A0} = \dfrac{v_r}{22.4}$，因此，式(1-25)可写成：

$$Y_B = \frac{\dfrac{N_B}{N_{A0}}}{22.4 \times \dfrac{V \times t}{v_r}} = \frac{\dfrac{a}{b} \dfrac{N_B}{N_{AB}}}{22.4 \dfrac{a}{b} \dfrac{V \times t}{v_r}} \qquad (1-26)$$

由于 B 的单程收率 $Z_B = \dfrac{a N_B}{b N_{A0}}$，因此式(1-26)又可写成：

$$Y_B = \frac{1}{22.4} \frac{b}{a} Z_B \frac{v_r}{V \times t} \qquad (1-27)$$

因为空速 $v_0 = \frac{v_r}{V \times t}$，代入式（1-27），即得到：

$$Y_B = \frac{1}{22.4} \frac{b}{a} Z_B v_0$$

式（1-28）表示了反应产物的时空收率与单程收率及原料气空速间的关系。

用时空收率表示催化剂活性具有简单直观的特点。但因时空收率不仅与反应速率有关，还与工艺操作条件有关。如空速增长，可使反应物在催化剂床层中的平均停留时间减少，使转化率下降，但时空收率则不一定下降，有时还会增大，而此时催化剂的活性并未发生变化。所以，用时空收率来表示催化剂活性，有时并不十分确切。

（3）用反应速率表示

化学反应时物质的量一定发生改变。反应速率表示反应的快慢。一般以单位时间（t）内反应物消失的速率或产物生成的速率来表示。但采取的基准不同表示的形式也不同，一般采用以下几种形式。

① 以催化剂装填体积为基准时

$$r_v = -\frac{1}{V} \frac{dN_A}{dt} = \frac{1}{V} \frac{dN_B}{dt} \qquad (1-29)$$

式中　V——催化剂装填体积；

dN_A——在 dt 时间内反应物减少量；

dN_B——在 dt 时间内的反应产物增加量。

② 以催化剂的质量为基准时

$$r_m = -\frac{1}{m} \frac{dN_A}{dt} = \frac{1}{m} \frac{dN_B}{dt} \qquad (1-30)$$

式中　m——催化剂装填质量（或重量）。

③ 以催化剂的表面积为基准时

$$r_s = -\frac{1}{S} \frac{dN_A}{dt} = \frac{1}{S} \frac{dN_B}{dt} \qquad (1-31)$$

用反应速率比较催化剂的活性时，应保持反应条件相同，即必须保持反应时的温度、压力及反应物组成相同。工业催化剂的装填通常以体积或质量为基准。实验室中由于催化剂样品较少，测量体积易带来误差，故也常以质量为基准。虽然用表面积为基准更能表征催化剂的催化活性，但因催化剂表面不是所有部位都有催化活性，即使两种催化剂的化学组成及比表面积都相同，其表面上活性中心数也不一定都相同，需要考察表面上的活性中心浓度，故以表面积为基准的方法一般不常用。

（4）用转化率表示

在多相催化反应中，当催化剂用量一定，反应物通入速率也不变时，单位时间内流经单位体积或单位质量催化剂的反应物的体积或质量，就是空间速率，即：

$$v_0 = \frac{V_R}{V \times t} \qquad (1-32)$$

式中　v_0——空间速率；

V_R——反应物体积；

V——催化剂体积；

t——反应时间。

空间速率的倒数是接触时间，它表示反应物在催化剂床层停留的平均时间，常以 τ 表示：

$$\tau = \frac{1}{v_0} \tag{1-33}$$

当接触时间一定时，转化率越大，反应速率也越快，因此可用转化率表示催化剂的活性。设 A 为主要反应物，B 为目的产物，则反应物 A 的转化率 X_A 可写成：

$$X_A = \frac{N_t - N_A}{N_t} \times 100\% \tag{1-34}$$

式中　N_A——反应后反应物 A 剩余的物质的量；

N_t——反应物 A 总的物质的量。

在用转化率比较催化剂活性时，要求反应温度、压力、原料气浓度和反应物在催化剂床层的停留时间相同。而对一级反应，由于转化率与反应物质浓度无关，则并不要求原料气浓度相同。如果反应物不是一种时，按不同反应物计算所得的转化率也不相同，而通常关心的主要是关键组分的转化率。

虽然用转化率表示催化剂活性并不确切，因反应转化率并不和反应速率成正比，但计算简单方便，仍为工业生产上所常用。

1-5-2　选择性

催化剂并不是对热力学允许的所有化学反应都能起作用，而是特别有效地加速平行反应或连串反应中的一个反应。催化剂对这类复杂反应有选择地发生催化作用的性能，就称为催化剂的选择性。

例如，对于反应 $aA \rightarrow bB + cC + dD + \cdots$反应物 A 的转化率可由式（1-34）计算。产物 B 的单程收率 Z_B 为：

$$Z_B = \frac{aN_B}{bN_{A0}} \times 100\% \tag{1-35}$$

式中　N_B——产物 B 的物质的量；

a、b——分别为反应物 A 及产物 B 的化学计量数。

对产物 B 而言，产物 B 的选择性就是其单程收率与反应物 A 的转化率的比值，即：

$$S_B = \frac{Z_B}{X_A} \times 100\% = \frac{aN_B}{b(N_{A0} - N_A)} \times 100\% \tag{1-36}$$

同样，反应产物 C 的单程收率和选择性分别为：

$$Z_C = \frac{aN_C}{cN_{A0}} \times 100\% \tag{1-37}$$

$$S_C = \frac{aN_C}{c(N_{A0} - N_A)} \times 100\% \tag{1-38}$$

反应产物 D 的单程收率及选择性分别为：

$$Z_D = \frac{aN_D}{aN_{A0}} \times 100\% \tag{1-39}$$

$$S_D = \frac{aN_D}{d(N_{A0}-N_A)} \times 100\% \qquad (1-40)$$

举例来说，用 Al_2O_3 催化剂进行乙醇脱水制乙烯时，每通入 10mol 乙醇，可生成 9mol 乙烯，剩余 0.5mol 乙醇，这时乙醇的转化率为：

$$X_{乙醇} = \frac{10-0.5}{10} = \frac{9.5}{10} \times 100\% = 95\%$$

乙烯的单程收率为：

$$Z_{乙烯} = \frac{9}{10} \times 100\% = 90\%$$

乙烯的选择性为：

$$S_{乙烯} = \frac{99\%}{95\%} \times 100\% = 94.8\%$$

表示催化剂选择性的另一种方法是采用选择性因子，其定义是：

$$S_f = \frac{k_1}{k_2} \qquad (1-41)$$

式中　S_f——选择性因子；

　　　k_1——主反应的表观反应速率常数或真实反应速率常数；

　　　k_2——副反应的表观反应速率常数或真实反应速率常数。

以一氧化碳加氢反应为例，一氧化碳在催化剂作用下可以转化为甲醇（联醇反应），也可进一步转化为甲烷（甲烷化反应），即：

$$CO \xrightarrow[k_1]{2H_2} CH_3OH \xrightarrow[k_2]{H_2} CH_4 + H_2O$$

如果使用有高度选择性的联醇催化剂，就可控制反应主要发生在生成甲醇的这一步，而减少副产物甲烷的生成，这时选择性因子为：

$$S_{联醇} = \frac{k_1}{k_2} \qquad (1-42)$$

式中　$S_{联醇}$——联醇催化剂的选择性因子；

　　　k_1——CO 转化为 CH_3OH 的反应速率常数；

　　　k_2——CH_3OH 转化为 CH_4 的反应速率常数。

用选择性因子表示催化剂选择性的方法主要用于催化理论研究中。这种用真实反应速率常数比表示的选择性因子，又称为固有选择性，因为它只决定于催化剂的种类和组成，而不包括其他影响因素。

工业催化过程中，除主反应外，常伴有某种程度的副反应，因此选择性总是小于100%。一方面，催化剂的选择作用在工业上具有特殊意义，选择某种催化剂，就有可能合成出某一特定产品；另一方面，催化剂有优良的反应选择性，就可减少原料消耗和减少反应后处理工序。

有时，催化剂的活性与选择性不能同时满足时，就应根据工业生产过程的要求综合考虑。如果反应原料昂贵或产物与副产物很难分离，最好选用高选择性催化剂；反之，如原料价廉而原料与产物易于分离，则宜采用高活性（即高转化率）的催化剂。

1-5-3 稳定性

催化剂的稳定性是指催化剂在使用过程中的活性及选择性随反应时间变化的情况。测定某种催化剂的活性及选择性较为容易，但要考察其使用稳定性既费时又较复杂。影响催化剂的稳定性因素很多，通常包括以下几个方面。

（1）化学稳定性

指催化剂在使用过程中保持活性组分及助催化剂有稳定的化学组成及化合状态，不因气流作用发生挥发、流失或因高温而发生半熔结、熔结或其他化学变化，保持催化剂有效的活性及选择性。

（2）耐热稳定性

催化剂的热稳定性一般可用耐热性来表示，即从使用温度开始逐渐升温，看它能够忍受多高的温度和多长的反应时间而保持活性不变。耐热温度越高，时间越长，则催化剂性能越稳定。

一个好的催化剂，应能在高温苛刻的反应条件下长期呈现活性。有很多固体催化剂往往能在极高的温度下长时间使用，例如烃类转化制氢的镍催化剂，其使用温度可高达1300℃[9]。可是，多数催化剂都有极限使用温度，温度超过一定范围就会使活性降低甚至完全失活。其主要原因是由于活性组分发生微晶聚集或晶格扩散引起结晶长大，从而引起比表面积或活性点减少的结果。

催化剂的耐热性与选择的助催化剂、载体及制备工艺有关。助催化剂和载体不但对活性相的晶体起着隔热和散热作用，而且可使催化剂的比表面积及孔容增大，孔径分布合理，还可避免在高温下因热烧结而引起的微晶长大使活性很快失去。

（3）抗毒稳定性

在工业生产中，尽管对原料采取一系列净化处理，但仍不可能达到实验室研究所用原料的纯度，不可避免带入某些杂质，催化剂对有害杂质的抵制能力称为催化剂的抗毒稳定性。不同催化剂对各种杂质有不同的抗毒性，同一种催化剂对同一种杂质在不同的反应条件下也有不同的抗毒性。

催化剂中毒本质上多为催化剂表面活性中心吸附了毒物，或进一步转化为稳定的表面化合物，钝化了活性中心，从而降低催化剂的活性及选择性。

衡量催化剂抗毒性能的方法大致可分为以下几种：①在反应原料气中加入一定量的有关毒物，使催化剂发生中毒后，用纯净的原料进行测试，以观察其活性和选择性能否恢复或恢复的程度如何；②在反应原料气中逐量配入有毒物，至活性及选择性维持在给定的水平上，观察毒物的最高允许浓度；③将中毒后的催化剂经一定方法再生处理后，观察其活性及选择性能否恢复或恢复至什么程度。

（4）机械稳定性

固体催化剂颗粒抵抗摩擦、冲击、重力、温度及相变等引起各种应力的程度统称为机械稳定性。一种有工业实用价值的催化剂应具有以下特性：①能经得起在包装及运输过程中引起的碰撞及磨损；②能承受住往反应器装填时所产生的冲击及碰撞；③能经受使用时由于相变及反应介质的作用所发生的化学变化；④能承受催化剂自身质量、压力降及热循环所产生的外压力。

影响催化剂机械稳定性或机械强度的因素很多，例如催化剂制法不同而产生孔隙结构、晶格缺陷，所使用载体的性质，活性组分及助催化剂的组成，以及成型所加的助剂及成型方法等。

一种催化剂的性能再好，但强度很差，也难以用在工业装置中。如使用过程中，因强度不足而引起催化剂大量粉化或碎裂，会造成反应器压力降增大和引起催化剂大量流失。尤其是流化床反应器所使用的微球形催化剂，必须具备足够的耐磨强度，否则大量细催化剂会从反应器的内旋风分离器中跑出，引起损耗。

1-5-4　使用寿命

催化剂的寿命是指催化剂在反应运转条件下，在活性及选择性不变的情况下能连续使用的时间，或指活性下降后经再生处理而使活性又恢复的累计使用时间。催化剂使用寿命也是工业催化剂使用中的一个突出问题，因为对失活的催化剂进行再生或更换，需要消耗大量人力物力，装置停车还会造成工厂减产。从经济效益考虑用户总希望催化剂使用寿命长些。

1. 寿命曲线

催化剂在使用过程中，由于温度、压力及各种物质的综合作用，催化剂的组成、孔结构逐渐发生变化，从而导致催化活性及选择性下降甚至丧失，是催化剂寿命的本质。

工业催化剂的使用寿命各不相同，寿命长的可用十几年，寿命短的只能用十几天，而同一品种催化剂，因操作条件不同，寿命也会有差异。工业催化剂的活性下降趋势可用图 1-15 所示的寿命曲线表示。它大致可分为三个阶段。阶段 I 是初始高活性期，相当于新鲜催化剂上高活性点容易蜕变的阶段，也就是活性不稳定阶段，经过一定诱导期后达到稳定期，也即阶段 II。催化剂在阶段 II 有相当长时间内活性保持不变，工业催化剂通常在此阶段中使用。

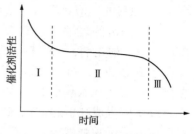

图 1-15　催化剂的寿命曲线

随着使用时间增长，催化剂因吸附毒物、粉碎等原因导致催化剂严重失活，就进入阶段 III，达到衰化期或终末期。在阶段 I，往往由于操作条件波动较大，难以稳定操作，所以往往先将高活性部位通过预处理过程后使其过渡到阶段 II 进行实际操作。

2. 影响使用寿命的因素

催化剂在使用过程中会因多种因素而失活，不论何种催化剂都不能永久使用。根据作用机理，影响催化剂使用寿命的主要因素有以下一些方面。

（1）催化剂中毒

中毒是指催化剂的活性、选择性由于少量外来物质的存在而下降的现象，而这些少量外来物质则称作催化（剂）毒物。中毒可分为可再生的暂时性中毒和不可再生的永久性中毒两种类型。除了催化剂表面某些反应物或反应生成物的吸附，副产物如炭质析出外，原料中混入的毒物、管路中的污垢、泵及压缩机的油沫等也是引起中毒的原因。

（2）发生半熔

半熔这一名词起源于冶金及陶瓷工业中烧结的初期过程中发生的现象，即将粉末预压成型后加热，但不熔融，使颗粒表面发生黏合连结。在催化剂上，半熔可以理解为：催化剂在某种气氛下加热时，在向热稳定状态转移过程中，催化剂比表面积减少，并伴随着易形成活性中心的晶格组织不完整部分发生减少或消失的现象。半熔可以分为量半熔及质半熔两种类型：

① 量半熔：由于受热，催化剂活性物质的晶粒变得粗大（比表面积减小，细孔直径增大），活性点减少的现象称为量半熔。如催化剂的活性下降仅仅由于量半熔所引起，则催化剂活性物质的表面积减少与活性下降成比例关系。

② 质半熔：由于受热，易形成活性中心的晶格组织不完整部分减少、活性点强度减少等现象称为质半熔，这时催化剂活性物质的比表面积基本不变。

发生半熔的机制是颇为复杂的。通常，半熔程度会随加热温度上升而增大，加热气氛也有重要影响。在氧化性及还原性气氛中半熔的机制也有所不同，氧化性气氛中往往易发生量半熔，而还原性气氛中则易发生质半熔。按照热力学的观点，发生半熔的催化剂是难以再生的，因此要尽量使催化剂在不受半熔的条件下操作。至于衡量是否易发生半熔的标准并不十分容易。对于金属催化剂可以熔点作为判断标准，半熔多发生在熔点的 $\frac{1}{4} \sim \frac{1}{5}$ 的温度。负载于载体上的金属催化剂，也可用金属的升华热作为衡量标准，升华热越小的金属，越易引起半熔。

（3）化合形态及化学组成发生变化

催化剂在使用过程中其化合形态及化学组成经常会发生变化，引起这种变化的因素也较多，其中有：

① 原料或反应物混入的杂质。或是反应生成物本身与催化剂发生反应，因这种原因引起催化剂失活的现象称作化合物生成中毒。例如，用 NH_3 还原 NO_x 的废气净化过程用的 CuO/Al_2O_3 催化剂，如燃料油含有硫时，燃烧尾气中生成的 SO_2 氧化成 SO_3 后，会与 CuO 反应生成 $CuSO_4$，Al_2O_3 载体变为 $Al_2(SO_4)_3$，由于生成硫酸盐致使催化剂的化合形态发生变化，致使活性点减小而失活。反应物也会发生类似情况，形成新化合物使催化剂失活。反应物或反应生成物引起催化剂活性下降的现象有时也称作阻滞作用。它们虽不是杂质，但一种反应的分子被强烈吸附而覆盖着大部分催化剂表面时，会阻止另一种反应分子的吸附。例如用亚硫酸镍进行 CS_2 的催化加氢时，反应就会受到 CS_2 的阻滞作用，这是由于硫的化合物在催化剂上的吸附作用比氢强得多。

② 催化剂受热或周围气氛使催化剂表面组成发生变化，引起这种现象的原因也很多。例如催化剂在反应时活性组分部分发生升华（如丙烯催化氧化制丙烯醛用 SeO_2-CuO 催化剂在反应过程中所发生的 Se 的升华）；催化剂活性组分自表面向内部扩散或杂质自内部向表面扩散（如氧化铝之类的一次粒子内部残留的 Na^+，加热后逐渐向表面扩散，导致表面 Na^+ 增多）；因催化剂细孔被杂质或毒物堵塞；因载体与活性组分发生固相反应（如以 Al_2O_3 为载体的 Cu、Ni 加氢催化剂加热时因固相反应生成铝酸铜、铝酸镍之类化合物）等。

（4）形状结构发生变化

所谓形状结构变化是指催化剂在使用过程中，由于各种因素而发生的催化剂外观形状、粒度分布、活性组分负载状态以及所造成的机械强度变化等，对于经成型制得的催化剂，引起形状结构变化的因素可分为：

① 催化剂受急冷、急热或其他机械作用引起催化剂结构破坏及强度降低。反应时由于升温、降温过快或由于停电等原因引起催化剂急冷、急热时，催化剂受到的反复热胀冷缩相当于对催化剂施加外部机械力，从而导致催化剂破碎；催化剂装填时下落距离过高或输送时引起的震动等原因也可导致催化剂崩裂。

② 因催化剂成型时所加入的黏合剂挥发及受热变质而引起颗粒间黏结力降低，固体催化剂通常用挤出或造粒等方法成型，并加入各种黏结剂以使催化剂具有足够的机械强度，如果黏结剂选择不当，或高温下发生挥发流失，催化剂颗粒就会丧失黏结力而粉化。

③ 因污塞引起结构变化。污塞通常指催化剂上炭沉积的形成。烃类及一些有机化学反

应，常会在催化剂上形成不挥发的沉积物，这些沉积物可能是在高温下因有机物分解而形成的一般类似于煤烟或焦炭状的物质，或者是由于较低温度下聚合形成的树脂状物质，这种沉积物覆盖在催化剂活性点上就会使催化剂活性及选择性下降。但积炭所引起的催化剂失活现象往往可通过烧炭的方法使催化剂复活。此外，不纯反应物所带入的污染物也会影响催化剂的正常运转，如水煤气转化反应所使用的氧化铁催化剂就可能因反应气体中带入的微粒尘埃覆盖表面，使其活性下降。

由上可知，影响催化剂使用寿命的因素很多，而且往往也是多种因素综合的结果。因此，要延长催化剂使用寿命也需针对各种失活原因采取综合措施；如尽量除去反应原料中的杂质，在减缓失活的条件下使用催化剂，防止树脂状物质沉积，改进催化剂的配方及制造方法，防止催化剂使用时发生半熔等。

1-5-5　再生性

催化剂的失活是工业催化剂的一个重要特点，催化剂长期使用，活性必然会下降，因此在开发一种工业催化剂时，必须要考虑到再生的可能性。因此，当催化剂的活性和选择性逐渐丧失，不能再继续使用时，就需通过适当的方法进行再生处理，使催化剂全部或者大部分恢复到它原有的催化性能。再生虽然是一种消极的方法，但却常用于工业上，尤其对烃类裂解、脱氢等易发生结炭的反应应用更广。

通常将活性下降甚至失活后的催化剂进行一次或多次处理，使催化剂的活性得以部分乃至完全恢复的特性称作催化剂的再生性。而衡量催化剂再生性能的一个重要标志是催化剂的再生周期，可用下式表示：

$$催化剂再生周期(h) = \frac{末期温度(℃) - 初期温度(℃)}{催化剂失活速率(℃/h)} \tag{1-43}$$

一般认为，催化剂两次再生间隔的时间越短，则催化剂的可再生性就越重要。

催化剂的再生方式大致可分为以下几种方式：

（1）反应过程中连续进行再生

这实际上是一种补充组分法。对于那些在使用过程中因组分流失而失活的催化剂，可在反应过程中不断补充所流失的组分。如使用 Pd-乙酸钾-SiO$_2$ 催化剂进行乙烯合成乙酸乙烯酯时，由于反应过程中乙酸钾易升华而导致催化剂选择性降低，通过不断补充流失的乙酸钾则可维持催化剂的正常操作性能。

（2）反应后再生

对于因结炭而导致催化活性下降的催化剂，可通过氧化烧炭法或通水蒸气反应（C + H$_2$O $\longrightarrow$ CO$_2$+H$_2$）除去结炭。再生操作既可在原反应器内进行，也可将催化剂从反应器中取出后，在其他专用再生装置上进行。前者称为器内再生法，后者称为器外再生法。

（3）使用容易再生的催化剂及容易再生的操作条件

催化剂的再生温度和压力如与正常反应温度及压力不同时，就需要使用更高的反应器材质并消耗更多的操作费用。因此，在开发新催化剂时应预先考虑到使催化剂的反应与再生条件尽可能在相接近的条件下进行。如催化裂化使用泡沸石型催化剂时，用燃烧再生法除去催化剂积炭时，不但会生成大量一氧化碳并造成环境污染，而且废热难以利用。如在催化剂制备中添加 Pt-4A 沸石，由于油分子不能进入 4A 沸石孔中，不会在其中发生裂化反应，而且再生时还可促进氧化反应进行。

第2章 催化剂开发——从实验室至工业规模

2-1 概 述

目前，一些大学、科研机构及石化公司承担着许多催化剂的开发项目，进行间断或连续的研究。其研究结果有时会促成一种新催化剂的诞生，这种催化剂可能是新工艺过程开发的一部分，或者只不过是目前生产上用的催化剂的一种改进。而有些研究则是对国外新催化剂或是大型进口装置上使用的催化剂进行剖析及仿制。

随着催化化学的进步和催化剂开发经验的积累，在科学基础上为某一特定的化学反应研制催化剂已成为现代催化研究的方向之一。有些研究者提出了应用先进测试手段和各种理论概念书面设计催化剂的方法，即所谓"催化剂设计"。例如，早在20世纪60年代的国际化学工程和国际催化会议上，英国科学家D. A. Dowden就提出了"催化剂设计"的概念[10,11]。1980年，由D. L. Trimm编著的第一本《工业催化剂设计》问世。[12]催化剂设计大致可分为三种类型，第一种类型是开发一种以前没有的新催化过程，为此必须设计一种新催化剂，使这一催化过程实现工业应用价值；第二种类型是改进现有催化过程，即现已应用的工业催化过程，由于催化剂的某些性质，如活性、选择性、稳定性等尚有欠缺之处，需要设计一种性能更好的新催化剂；第三种类型主要出现在催化剂生产厂，由于经济效益的关系，希望在保证催化剂质量前提下，通过改进生产工艺或采用价格较低的原料来降低催化剂生产成本。在上述设计类型中，第一种是最复杂而困难的，而第二种及第三种类型只是第一种类型的一些后续部分。

"设计"是指人们按自己的意图制造目的产品的工作。决定制造某种产品（提出设计目的），将设计对象分为几个部分，对每个部分选定具有必要功能的部件及原材料（设计内容具体化），然后指定它们的制造方法及整体组合方法就是设计。显然，在这些过程中既伴有尝试误差法，也存在经整体组合之后需要修改或重新再做。从这一含义考虑，催化剂开发过程也是催化剂设计，催化剂试验工作也是催化剂设计的一个重要过程。可是，催化剂毕竟与其他产品不同，由于催化过程的复杂性及对催化作用的了解还不彻底，使催化剂的选择及开发工作长期处于经验状态，多数工业催化剂是在经验基础上发展起来的。尽管"催化剂设计"概念的应用可能会有助于研究者减少试验的盲目性，减少需要筛选的催化剂数目，然而就目前的催化研究水平而言，由于催化作用的探讨尚未达到分子水平，用预示的方法来选择催化剂还不可能完全准确。在开发一种新催化剂时，还离不开大量实验室筛选及评价工作。因此，在研制一种新催化剂，并将其推向工业应用的过程，采用"开发"而不用"设计"一词，似乎更为实际一些。

2-2 催化剂开发的一般顺序

开发一个新的催化过程或原有的催化过程需要改进时一般都会涉及催化剂的选择及制备

问题。由于开发一种新的工业催化剂往往既费钱又费时，所以需要先搞清开发目的。对于不同目的，开发的顺序及深度也有所差别，而且各个阶段的费用及复杂性也不同，因此要根据人力、物力及现有的技术手段量力而行。图 2-1 示出了催化剂开发的一般顺序。可以看出，催化剂的开发顺序随开发目的而异。而且各顺序可能有交叉及重复进行的情况。特别是评价考核过程，无论是催化剂活性组分及载体的选择，实验室制备催化剂、中试放大制备催化剂及工业应用催化剂都有反复评价考核过程，并根据评价考核结果修正催化剂配方、制备方法及工艺操作条件。

2-2-1　开发的准备阶段

1. 文献调查

在为所设想的目标反应进行初步热力学考察及技术经济分析以后，应及时进行全面文献调查，其目的是：①查找有关反应的热力学数据；②查找目的反应和类似反应的前人研究成果；③确认目的反应的反应类型；④查找与开发顺序有关的，由经验累积的一些催化物质的活性图谱。

此外，在文献调查的同时，应对催化作用的机制做一些了解。多年来，对有关催化剂的作用原理有着不同的认识。一些研究者认为，催化剂

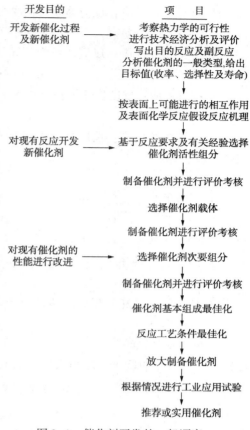

图 2-1　催化剂开发的一般顺序

是一种稳定的物质，它能促使反应物转化为所要求的产物，由此出现了以几何学及电子学为基础的多位理论、电子理论、电荷转移理论及吸附理论等。而另一些研究者则认为催化剂像一种化学物质，它能与反应物形成不稳定的配合物，当转化为反应产物并脱附后又恢复到原始状态。近年来，随着先进的测试手段不断发展，人们对化学吸附配合物及化学键的性质和行为有更深的了解，将催化活性与催化剂表面行为相关联可能更有利于成功开发出一种新催化剂。

2. 列出设想反应的全部化学反应式

每个催化反应过程通常是由目的反应和伴随的副反应所构成。在开发之初应尽量写出一切可能发生的反应式，将反应进行分类，判别要求和不要求的反应类型，从而可假设反应机理，以找出有利或抑止这些反应的催化剂，减少需要筛选的催化剂数量。

例如，对于反应 $A+B \longrightarrow C+D$

对于分子数为 2 或 2 以下的反应可进一步细分为以下反应：

① 基本反应：反应体系中，反应物分子本身进行的单分子反应，如异构化反应或裂解反应：

$$A \longrightarrow A^1 \qquad\qquad B \longrightarrow B^1$$

$$A \longrightarrow A_1 + A_2 \qquad\qquad B \longrightarrow B_1 + B_2$$

② 自身相互反应：反应体系中同种分子间的反应，如：

$$A+A \longrightarrow A_3 \qquad B+B \longrightarrow B_3$$

③ 交叉相互反应：反应体系中不同反应物分子间的反应，如：

$$A+B \longrightarrow C+D \qquad A+B \longrightarrow E$$

④ 接续反应：反应物分子和经基本反应或自身相互反应生成的分子再继续进行反应，如

$$A+A' \longrightarrow J \qquad B+B_3 \longrightarrow K$$

⑤ 交叉持续反应：反应物分子和基本反应、自身相互反应或交叉相互反应生成的产物间的反应，如：

$$A+C \longrightarrow L \qquad B+H \longrightarrow M$$

⑥ 衍生的基本反应：单一产物分子本身进行的单分子反应，如：

$$C \longrightarrow C' \qquad D \longrightarrow D' \qquad E \longrightarrow E'$$

$$C \longrightarrow C_1+C_2 \qquad D \longrightarrow D_1+D_2 \qquad E \longrightarrow E_1+E_2$$

⑦ 衍生的自身相互反应：同一产物分子进行的双分子反应，如：

$$2C \longrightarrow F \qquad 2D \longrightarrow G$$

⑧ 衍生的交叉相互反应：两种产物分子间的反应，如：

$$C+E \longrightarrow H \qquad D+E \longrightarrow I$$

以烃类水蒸气转化反应为例加以说明。转化反应是指水蒸气与烃类在高温下进行生成 CO、CO_2 及 H_2 的反应。烃类水蒸气转化的目的是最大限度地提取水和烃类原料中所含的氢，所用的烃可以是气态烃或液态烃。表 2-1 示出了碳四烃水蒸气转化可能的反应式[13]。

表 2-1 碳四烃水蒸气转化的反应式

分类	反应	$\Delta G_{900K}/(kJ/mol)$	反应形式
目的反应	$C_4H_{10}+4H_2O \longrightarrow 4CO+9H_2$	-210.8	水蒸气转化
	$C_4H_{10}+3H_2O \longrightarrow 4CO_2+13H_2$	-225.6	水蒸气转化
基本反应	$C_4H_{10} \longrightarrow C_4H_8+H_2$	+7.95	脱氢
	$C_4H_8 \longrightarrow C_4H_6+H_2$	+8.79	脱氢
	$C_4H_{10} \longrightarrow C_3H_6+CH_4$	-55.3	脱甲烷
	$C_4H_8 \longrightarrow 2C_2H_4$	-14.6	裂解
交叉相互反应	$C_4H_8+H_2O \longrightarrow C_4H_9OH$	+90.0	水合
	$C_4H_6+H_2O \longrightarrow C_2H_5COCH_3$	-18.0	水合
	$C_3H_4+H_2O \longrightarrow CH_3COCH_3$	-20.1	水合
	$C_4H_8+H_2O \longrightarrow C_3H_8CH_2O$	+32.44	水蒸气裂解
	$C_4H_8+H_2O \longrightarrow C_2H_5CHO+CH_4$	-12.1	水蒸气裂解
	$C_4H_6+H_2O \longrightarrow CH_2O+CH_2CHCH_3$	-12.6	水蒸气裂解
中间体反应	$C_4H_9OH \longrightarrow C_3H_7CHO+H_2$	-120.6	脱氢
	$C_3H_7CHO \longrightarrow C_3H_8+CO$	-33.5	脱羰
	$CH_3COCH_3 \longrightarrow CH_4+CH_2CO$	-33.5	裂解
	$CH_2CO+H_2O \longrightarrow CH_3COOH$	-20.5	水合
	$CH_3COOH \longrightarrow CH_4+CO_2$	-124.3	脱羧

续表

分类	反　　应	$\Delta G_{900K}/(kJ/mol)$	反应形式
平衡反应	$CH_4+H_2O \longrightarrow CO+3H_2$	−2.09	甲烷转化
	$CO+H_2O \longrightarrow CO_2+H_2$	−5.86	水煤气变换
不需要的反应	$C_4H_{10}+H_2 \longrightarrow C_3H_8+CH_4$	−59.87	氢解
	$2C_2H_4 \longrightarrow C_4H_8$	+14.6	聚合

3. 假设反应机理

根据上述大量反应，并考察热力学上的可行性，将其归纳为以下主要反应类型：

裂解反应：　　　　　　　　$C_4H_{10} \longrightarrow C_3H_6+CH_4$

脱氢反应：　　　　　　　　$C_4H_{10} \longrightarrow C_3H_8+H_2$

水合反应：　　　　　　　　$C_4H_8+H_2O \longrightarrow C_4H_9OH$

水蒸气裂解：　　　　　　　$C_4H_8+H_2O \longrightarrow C_2H_5CHO+CH_4$

脱羰反应：　　　　　　　　$C_2H_5CHO \longrightarrow CO+C_2H_6$

水煤气变换：　　　　　　　$CO+H_2O \longrightarrow CO_2+H_2$

聚合反应：　　　　　　　　$2C_2H_4 \longrightarrow C_4H_8$

2-2-2　催化剂主要成分——活性组分的选择

催化剂开发的核心是选择好催化剂主要组分并建立制备方法，若活性组分选择不当，则活性及选择性很难提高。要做好这一阶段工作，不仅要利用现有的文献、专利及前人积累的许多实验数据，还要采用目前已发表的、并行之有效的一些反应机理及催化原理。根据前一阶段的工作，可参照图 2-2 所示过程识别或选择催化剂的主要组分。图中示出了多种选择路线及方法。这些方法的每一步骤可能全部有用，也可能完全无用。其原因在于目前所具有的理论及知识还不十分完善，因此不可能预测十分正确，往往只能依据多种理论，并对预测结果进行实验验证及考察。下面简要介绍从化学角度出发选择主要组分的方法。

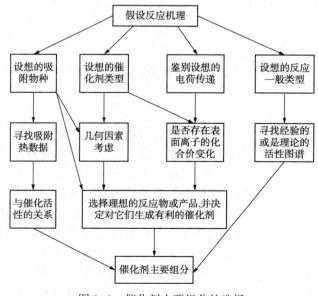

图 2-2　催化剂主要组分的选择

1. 根据吸附热数据作预测

一般认为，多相催化反应中，反应物在催化剂作用下转变成生成物的过程可分为如图 2-3 所示几个步骤：①反应气体通过扩散接近催化剂；②反应气体和催化剂表面发生相互作用，也即发生化学吸附；③由于吸附，反应物分子的键变松弛或断裂，或同其他吸附分子相结合，在催化剂表面发生原子和分子的重排，也即发生表面化学反应；④新生成的分子作为生成物向气相逸散，也即产物脱附。

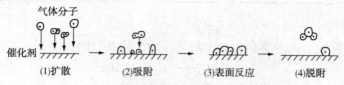

图 2-3　多相催化反应生成产物的过程

由此可见，化学吸附是多相催化过程必经的步骤，也即至少有一种反应物分子在固体表面上进行化学吸附，并在表面被活化。表 2-2 示出了室温下一些气体在金属上的化学吸附状况。

表 2-2　室温下气体在金属上的化学吸附①

金属种类	吸附气体						
	O_2	C_2H_2	C_2H_4	CO	H_2	CO_2	N_2
Ca、Sr、Ba、Ti、Zr、Hf、V、Nb、Os、Ta、Cr、Mo、W、Fe、(Re)	○	○	○	○	○	○	○
Ni(Co)	○	○	○	○	○	○	×
Rh、Pd、Pt、(Ir)	○	○	○	○	○	×	×
Al、Mn、Cu、Au	○	○	○	○	×	×	×
K	○	○	×	×	×	×	×
Mg、Ag、Zn、Cd、In、Si、Ge、Sn、Pb、As、Sb、Bi	○	×	×	×	×	×	×
Se、Te	×	×	×	×	×	×	×

① ○—发生化学吸附；×—不吸附。

从表中可以看出，Fe 及 Os 因能使 H_2、N_2 发生离解吸附，因此可选择用作合成氨催化剂；Ni 对 H_2 能吸附，而对 N_2 却不发生化学吸附，因此它可用作加氢催化剂而不宜用作合成氨催化剂。

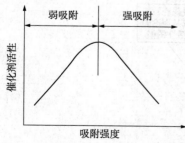

图 2-4　催化剂活性与吸附强度的关系——火山形曲线

伴随吸附过程所产生的热效应称作吸附热，它是吸附强弱的量度，在有些情况中，可根据吸附热数据预测具有最高活性的催化剂。吸附热可使用量热计直接测定。大量例子表明，催化活性与吸附强度呈现"火山形"关系(见图 2-4)。这是因为反应物在催化剂表面上形成活化吸附态时，可以降低反应活化能，加快反应速度。而当吸附过强时，形成的吸附配合物过于稳定，使其难以脱附；反之，如吸附太弱(也即反应物与催化剂间的亲和力太弱)则会立即脱附，而总的反应速度是受配合物的形成速率所控制。所以，只有当反应物在催化剂表面上以适宜的吸附强度进行化学吸附时，其催化活性才是最好的。

采用上述方法预测催化剂主要成分的正确程度主要决定于吸附热数据的有效性。某些反应因缺少吸附热数据而难以正确预测。而且，对于同一个吸附质-吸附剂体系，不同实验者所测得的化学吸附热数值会有所差异。这是因为一种固体的表面结构及形态不仅与表面组成有关，而且还受制备工艺所影响，而吸附热测定则与吸附温度及环境温度都密切相关。作为参考，表 2-3 示出了某些金属上的初始化学吸附热[13,14,15]。从表中可看出，同一种气体(吸附质)在同一种金属(吸附剂)上的吸附热数据有所差别，这是由于不同实验者所得到的结果差别。

表 2-3 一些金属上的初始化学吸附热   kJ/mol

气体 金属	H_2	C_2H_4	O_2	CO	N_2	CH_4
Ta	188.4	577.1	886.4	—	585.4	—
Cr	188.4	426.5	727.5	—	—	—
Mo	167.2	—	719.2	—	—	—
W	217.7	426.5	811.2	—	—	301.4
	188.4	—	—	—	397.2	—
Fe	142.3	284.3	568.7	133.8	292.7	188.4
	150.5	—	—	—	167.2	—
	133.8	—	501.7	—	—	—
Rh	108.7	209.1	418.6	—	—	154.7
Ni	121.2	242.5	447.4	146.3	—	—
	129.6	—	522.7	—	—	—
	179.8	—	627.2	—	—	—
	133.8	—	—	—	—	—
Pd	112.9	—	—	—	—	—
Ti	—	—	986.8	—	—	—
Mn	—	—	627.2	—	—	—
Co	—	—	418.6	—	—	—
Si	—	—	878.3	—	—	—
Ge	—	—	543.6	—	—	—
Cu	—	—	—	37.6	—	—
Au	—	—	—	37.6	—	—

此外，吸附强弱还可以从各种气体在不同金属上的初始吸附热和相应金属在标准状态下生成最高价氧化物的生成热 ΔH_f 加以定性估计，如图 2-5 所示，吸附热与最高价氧化物的生成热呈直线关系，其中每种气体都有自己的斜率，也即气体在不同金属上的吸附能力都不一样。吸附热和生成最高价氧化物的生成热大的，都是强吸附，而小的则属于弱吸附。从图

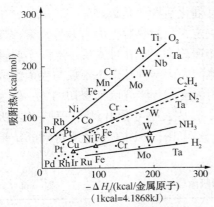

图 2-5　吸附热与金属的最高价氧化物
生成热的关系

中还可看出，各种气体在同一金属上的吸附热数值不同，但这些气体在一系列金属上吸附强弱的顺序是大致相同的，而这种顺序又大致与这些金属在周期表上的顺序相同。这意味着金属对气体吸附的活性与过渡金属的某种性质有密切关系。

2. 根据吸附配合物的性质预测

从图 2-3 所示多相催化反应生成产物的过程可以看出，气体分子被催化剂吸附后发生表面反应，而反应方向主要取决于吸附配合物的性质。由于可能发生的吸附形式通常不止一种，因而在选择活性组分时，选定预期能有利于所要求吸附形式的配合物是颇为重要的。

（1）按所设定的反应机制及已有化学知识将能吸附各种反应物及产物的金属列表，然后从表中选择合适的活性组分

烯烃配位催化反应所用的催化剂大多数是一些过渡金属化合物，或是以过渡金属化合物为主要组分的双金属化合物催化剂。在反应时，这些配位催化剂的活性中心都较明显地反映出过渡金属离子或原子的化学特性。同一类型的催化剂有的可以在溶液中起催化作用，有的以固体催化剂性质起作用，但它们的基本催化性能还是相似的。尽管烯烃配位催化反应类型很多，反应物及产物的形式也多种多样，但不少实验事实证明，在这类催化反应中，烯键的活化是一个必要步骤，而一些过渡金属化合物催化剂的典型性质是它们都有可能配合烯键，并形成 $\sigma\pi$ 配键，从而使这些不饱和反应基团得到活化。

例如，烯烃的氧化反应（如乙烯氧化制乙醛反应），需要以 π 键形式吸附反应物。考虑到表面正方棱锥形配位关系，这种吸附只能在具有 d^1、d^2、d^3、d^8、d^9 及 d^{10} 电子结构的金属上才能形成（见表 2-4），由于限制了所能选择的金属数目，为活性组分的选择提供了依据。

表 2-4　具有 d 电子结构的金属上的吸附

d 电子数	0	1	2	3	4	5	6	7	8	9	10	S¹	S²
		Ti^{3+} V^{4+} Cr^{3+} Mo^{5+} W^{5+}	V^{3+} Cr^{4+} Mo^{4+} W^{4+}	V^{2+} Cr^{3+}	Cr^{3+} Mn^{3+}	Fe^{3+} Mo^{2+}	Fe^{2+} Co^{3+}	Co^{3+} Ni^{3+}	Pd^{2+} Pt^{3+} Ni^{2+}	Cu^{2+}	Sn^{4+} Sb^{5+} Cu^{+} Te^{6+}	Zn^{+}	Sn^{2+} Sb^{3+}
烯烃的吸附　π 键	+	+	+	+					+	+	+		
σ 键					+	+	+	+				+	+
氧　基团			+	+	+	+	+	+	+				
π 键	+	+	+	+					+	+			
未共用电子对给体	+	+	+	+	+	+	+	+	+	+			

（2）应用分子轨道理论定性描述各种吸附配合物的结构及性质

分子轨道对称原理是 20 世纪 60 年代理论有机化学及量子化学的一项重大成就。这一原理说明了分子轨道的对称性质对化学反应进行难易程度及产物构型的作用，把化学反应视为分子轨道改组过程的概念。一个分子体系的变换可近似地看作是起变化的分子轨道变换，强调了分子轨道及其对称性质对于反应进行难易程度的决定作用，指出了分子总是按照保持其轨道对称性不变的方式发生反应。因此，当反应物和产物的分子轨道的对称特征一致时，反应就易于发生，不一致时，反应就难以进行，即在一步的反应中，分子轨道的对称性保持不变。也即分子总是倾向于循着保持其轨道对称性不变的方式发生反应，而得到轨道对称性不变的产物。换言之，一个起始体系的分子轨道与产物体系中相同对称性的分子轨道相关。当一个体系的所有成键轨道都与产物体系的成键轨道相关时，则轨道对称性对反应的限制最小，有利于反应进行；反之，当成键轨道与反键轨道相关时，轨道对称性就会阻止分子变换，使得反应难以进行。

在催化领域中，轨道的对称性已用于考察过渡金属配位的有机配位体的反应，金属不存在时，这些反应是对称禁阻的，过渡金属的特殊作用就是使禁阻变为允许。这种过程既包括有机变换，也包括过渡金属的配位体体系重排这两个方面。例如，在烯烃歧化等反应中，已用分子轨道对称守恒原理来解释催化剂对反应分子的配位活化机理。已有一些论文及专著提出了过渡金属表面化学吸附态的分子轨道模型，以及用分子轨道理论计算过渡金属 d 能级与吸附态的关系[16,17]。但这些计算毕竟比较复杂，而随着电子计算机的应用，这些理论将会有更深的发展。

（3）应用解释无机配合物行为的现代理论——晶体场理论及配位场理论来描述化学吸附及催化作用

配位化合物简称配合物，是由可以给出孤对电子或多个不定域电子的一定数目的离子或分子(称为配体)，和具有接受孤对电子或多个不定域电子的空位的原子或离子(统称中心原子)，按一定的组成和空间构型所形成的化合物。

过渡金属具有部分填充的 d 轨道，它们的化合物常表现出主族元素化合物所不具有的特性。晶体场理论着重考虑配体静电场对金属 d 轨道的影响，认为中心离子的电子层结构在晶体场作用下，引起轨道能级的分裂，从而解释了过渡金属配合物的一些性质。而配位场理论不仅考虑了中心离子和配体之间的静电效应，还考虑了它们的共价性质。

d 态电子具有 d_{xy}、d_{xz}、d_{yz}、$d_{x^2-y^2}$ 及 d_{z^2} 等五个轨道，它们在空间分布上有所不同，但能量却是相同的，这在量子力学中称作简并状态，也即 d 轨道是五重简并的。但在配位数为 4 的正四面体场(或正方形场及配位数为 6 的正八面体场等)作用下，d 轨道会发生不同情况的分裂。d 电子从分裂前的 d 轨道进入分裂后的 d 轨道所产生的总能量下降值称作晶体场稳定化能，表 2-5 示出了一些金属离子的晶体场稳定化能，它与 d 电子组态存在着一定关系[18]。对同一种金属离子，配体不同，将引起电子电离能的变化，从而引起配合物活化分子键能的变化。由于晶体场稳定化能对化学吸附能有贡献，造成不同过渡金属配合物在催化性能上表现出某种差异，因而可通过对晶体场稳定化能的计算，为各种形式的吸附的可能性作出定量的估测，为选择活性组分提供理论依据。

表 2-5　晶体场稳定化能 D_q [①]

d电子数	金属离子	弱场			强场		
		正八面体	正四面体	正方形	正八面体	正四面体	正方形
d^0	Ca^{2+}，Sc^{3+}	0	0	0	0	0	0
d^1	Ti^{3+}，V^{4+}	4	2.67	5.14	4	2.67	5.14
d^2	Ti^{2+}，V^{3+}	8	5.34	10.28	8	5.34	10.28
d^3	Cr^{3+}，V^{2+}	12	3.56	14.56	12	8.01	14.56
d^4	Gr^{2+}，Mn^{3+}	6	1.73	12.28	16	10.68	19.70
d^5	Mn^{2+}，Fe^{3+}	0	0	0	20	8.90	24.84
d^6	Fe^{2+}，Co^{3+}	4	2.67	5.14	24	7.12	29.12
d^7	Co^{2+}	8	5.34	10.28	18	5.34	28.84
d^8	Ni^{2+}，Au^{3+}	12	3.56	24.56	12	3.56	24.56
d^9	Cu^{2+}	6	1.78	12.28	6	1.78	12.28
d^{10}	Cu^+，Zn^{2+}	0	0	0	0	0	0

① D_q 为场强参变数。

3. 以几何因素为基础的预测

预示催化剂活性的另一方法是从几何因素的角度考虑。催化剂的几何形态影响催化活性的概念多年来已为人们所认识，并已成为解释催化作用的多位理论的基础。由于这种方法的数据易得，所以常用作预示催化活性的论据之一。

下面用环己烷脱氢的例子来说明表面原子的几何排布与催化活性的关系。如表 2-6 所示，在 66 种金属中，20 种是面心立方晶体 A_1，17 种是体心立方晶体 A_2，25 种为六方晶体 A_3，4 种为金刚石型晶体 A_4。实验表明，A_1 型金属中除 Cu 以外，Pt、Pd、Ir、Rh、Co 及 Ni（即表 2-6 长方框内的金属），A_3 型的 Re、Te、Os、Zn 及 Ru（即表 2-6 中方框内的金属）对环己烷脱氢都有催化活性，而 A_2 及 A_4 型金属都无催化活性。有催化活性的金属具有二个共同特性：①金属中原子间最小距离都在 0.27746~0.24916nm 之间的范围；②金属中某个晶面的原子排布成等边三角形。表 2-6 中长方框外的金属有的具备①的特点，而没有②的

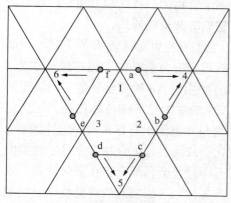

图 2-6　环己烷脱氢的六位模型

特点：有的具备②的特点，却无①的特点，结果都不呈催化活性。但 Ca 却是一个例外，它具有以上两个特点，但也无催化活性。换言之，可用作环己烷催化脱氢催化剂的金属必须具备上述两个条件才有活性，这种原因也可用图 2-6 的六位模型加以解释。环己烷虽然有椅式及船式两种构型，但它吸附在金属催化剂表面后，六个碳原子拉平在一个平面中，形成平面六元环构型。数字表示具有等边三角形排布的金属原子，1、2、3 主要起吸附环己烷的作用，4、5、6 主要起脱氢作用。三个金属原子中每个拉断二个氢原子，共拉断六个氢原子，环己烷便脱氢而生成苯。

表 2-6　金属晶型和晶格核原子间距与环己烷脱氢间的关系

面心立方晶体(A₁)		体心立方晶体(A₂)		六方晶体(A₃)			金刚石型晶体(A₄)	
金属	原子间距/nm	金属	原子间距/nm	金属	原子间距/nm	晶格常数/nm	金属	原子间距/nm
α-Ca	0.3947	C_s	0.5309	β-Sr	0.432	0.4324	α-Sn	0.28
Yb	0.3880	R_b	0.495	α-La	0.3739	0.3770	Ge	0.245
γ-Ca	0.3877	K	0.4544	Nd	0.3573	0.3658	Si	0.2351
Ac	0.3756	Ba	0.4347	Gd	0.3573	0.3616	C	0.1544
β-La	0.3745	γ-Sr	0.420	Y	0.3551	0.3647		
Ce	0.3650	Eu	0.3989	Tb	0.3525	0.3601		
α-Pr	0.3649	Na	0.3715	Dy	0.3503	0.3590		
α-Th	0.3595	β-Tl	0.3362	Ho	0.3486	0.3577		
δ-Pu	0.3279	ε-Pu	0.3150	Er	0.3468	0.3559		
Sc	0.3212	Zr	0.3039	Tm	0.3447	0.3538		
Ag	0.2889	Ta	0.286	α-Te	0.3407	0.3456		
Au	0.2884	Nb	0.2858	Lu	0.3435	0.3503		
Al	0.2863	W	0.2741	α-Po	0.3345	—		
Pt	0.2774	Mo	0.27251	Sc	0.3256	0.3309		
				Mg	0.3192	0.3209		
Pd	0.2751	V	0.2622	α-Zr	0.3179	0.3231		
Ir	0.2714	Cr	0.2498	α-Hg	0.3127	0.3195		
Rh	0.2690	γ-Fe	0.2482	Cd	0.2979	0.3293		
				α-Ti	0.2895	0.2950		
Cu	0.2556			Re	0.2741	0.2760		
Co	0.2560			Tc	0.2703	0.2775		
				Os	0.2675	0.2735		
				Zn	0.2665	0.2913		
Ni	0.2491			Ru	0.2650	0.2706		
				α-Be				

　　由于许多固体晶格参数的数据容易从相关手册中查得，所以这种方法可被用作选择活性组分的参考。但这种方法也只能用于少数场合，这是由于这种理论所应用的金属或金属盐的晶格参数是基于完整结晶所提供的数据，而实际上多数催化反应发生于包含许多缺陷的不完整结晶上。此外，在反应条件下的催化表面易发生重组，所以基于表面几何因素的预测过于简单并在操作条件下是难以存在的，所以这种预测主要提供参考而不能作为决定性的依据。

　　4. 电子态效应

　　金属催化剂的催化活性大都与 $d\%$ 特性有关。所谓 $d\%$ 是表示电子进入 dsp 杂化轨道的百分数，是对金属键的贡献大小，在表 1-2 中已列出了过渡元素的金属键中的 $d\%$。工业上用的加氢催化剂主要是周期表中 4、5、6 周期中的部分元素，这些用作催化加氢的金属的 $d\%$ 差不多在 $40\% \sim 50\%$ 范围内。它又可按表 2-7 所示，划分为三个区域，区域 I 中的元素以氧化物或硫化物的形式用作加氢催化剂；区域Ⅱ和Ⅲ是加氢反应中占重要地位的催化剂区；区域Ⅲ中的四个元素对有 CO 参加的加氢反应比较有效[1]。以此为基准对选择催化剂的活性组分提供有用的判别方法。

表 2-7　加氢催化剂的元素①

第 6 周期	第 5 周期	第 4 周期
Au(10)	Ag(10)氧化物	Zn(10)氧化物
	Pd(10)	
Pt(9)　　　　Ⅱ	Rh(8)	Cu(10)氧化物
		Ni(8)
Ir(7)	Ru(7)　　　Ⅲ	Co(7)
		Fe(5)
Os(6)氧化物	Te(6)	Mn(5)氧化物
Re(5)硫化物　　　Ⅰ	Mo(5)氧化物，硫化物	Cr(6)氧化物
W(4)氧化物，硫化物		V(3)氧化物

① (　)内的数是 d 电子数。

5. 活性图谱

　　前人的研究成果及经验是选择催化剂活性组分十分有效的手段。至今为止，已经清楚某些类型催化反应在使用不同催化剂时所产生的活性变化规律，利用经验积累的一些催化物质活性图谱来选择活性组分的方法已被普遍采用。

　　目前已经总结及识别出各种简单或复杂的活性图谱，包括在一种给定催化剂上有关分子的反应性能、催化剂活性及选择性比较等，如对加氢或脱氢反应有催化作用的各种金属的活性图谱、用于氧化反应的金属氧化物图谱，以及与酸性催化反应有关的金属氧化物图谱等，可参考的相关资料很多。作为例子，表 2-8 示出了金属的相对催化活性，表 2-9 示出了化学反应时对某种化学键或分子进行活化所常用的活性物种[3]。可根据催化反应所确定需要活化的化学键形式，再从表中选择催化剂的适用活性组分。例如，Fe 是由 H_2 及 N_2 合成氨的催化物种，它在一定条件下形成氮化铁固体使 N—N 键断裂，同时形成氢化铁使 H—H 键断裂。Ru、Os、Mo 等金属也有这样的催化作用。Pt、Pd、Rh、Ir 等金属虽能活化 H—H 键，但它们难以使 N—N 键发生断裂，因而合成氨催化剂适宜选用既能活化 H—H 键，又能活化 N—N 键的物种。由 CO 与 H_2 合成甲醇的反应则要复杂些，因为反应还副产甲烷、高级链烷烃及高级醇等产品，要提高催化剂的选择性，必须使 CO 和 H—H 键活化，但 C 和 O 的键不被活化，以抑制上述副产物的生成。因此，催化剂的活性组分应从活化 H—H 键和活化 CO 的物种中加以选择。显然，反应物越多，需要活化的基团越多，选择活化物种就更为复杂。

表 2-8　金属的相对催化活性

反应	相对催化活性
乙烯加氢	Rh>Ru>Pd>Pt>Ni>Co，Ir>Fe>Cu
烯烃加氢	Rh>Ru>Pd>Pt>Ir≈Ni>Co>Fe>Re≥Cu
氢解	Rh≥Ni≥Co≥Fe>Pd>Pt

续表

反应	相对催化活性
饱和烃加氢分解	Rh>W>Ni>Fe>Pt>Co
乙炔加氢	Pd>Pt>Ni，Rh>Fe，Cu，Co，Ir，Ru>Os
芳烃加氢	Pt>Rh>Ru>Ni>Pd>Co>Fe
双键脱氢	Rh>Pt>Pd>Ni>Co≥Fe
烃类重整	负载于 HF、Al_2O_3 上：Pt>Pd>Ir>Rh
烷烃异构化	Fe≈Ni≈Rh>Pd>Ru>Os>Pt>Ir≈Cu
甲酸分解	Pt>Ir>Ru>Pd>Rh>Ni>Ag>Fe>Au
水解	Pt>Bh>Pd>Ni≥W≥Fe

表 2-9　能对各种化学键活化的催化物种

需要活化的化学键	催化物种状态	高活性	中等活性
H—	金属氧化物、硫化物	Pd、Pt、Rh、Ru、Ir	Mo、Fe、Ni、Cu、W、Ag、Cr、Co、Zn、V、Mn
O=	金属或氧化物	Pt、Pd、Mn、Co、Cu	Ag、Ni、Fe、V、Mo、Sb、Cr、Ti
C≡	金属	Fe、Ru、Rh、Os	Ni、Co
N≡	金属	Fe、Ru、Os、Mo	W、Mn、V
S≡	硫化物	Mo、W	Co、Ni、Cu、Fe、Sn、Zn、V
=C=C= } —C≡C— }	金属或氧化物	Pd、Pt、Rh、Ru	Co、Ni、Fe、Ir、W、Mo、Cr、Cu
—C≡C—	盐类	Hg、Cu、Ag	Zn
H^+	氧化物或卤化物	(Cr、W、P、Si、Al)氧化物	(Al、Zn、Zr、Sn、B)卤化物
Cl^-	氯化物	Cu、Zn、Hg、Ag	—
OH^-、H_2O	氧化物或氢氧化物	W、P、V、Ca、Ti、Mg	B、Al、Ti、Hg
HCl	氯化物或卤化物	Si-Al、Al	—
CO	金属或氧化物	Pt、Pd、Cu、Ir	Zn、Co、Fe、Mo、Ag
SO_2	金属或氧化物	Pt、V	Fe、Al

现在再来考察上述碳四烃水蒸气转化的反应，根据所假设反应机理及某些活性图谱，可作如下选择：

① 对于裂解反应的活性顺序是：

金属：W≈Mo>Rh>Ni>Cr>Fe>Co

金属氧化物：NiO_2>MoO_2>V_2O_5>Cr_2O_3

但金属氧化物的酸性会有利于聚合及炭的生成使催化剂的活性下降，因而金属氧化物不宜采用。

② 对于脱氢反应的活性顺序是：

金属：贵金属>Ni>Co>W≈Cr>Fe

一些过渡金属氧化物也具有脱氢活性，但这些氧化物所具有的酸性也会导致聚合和结炭，因而也不宜选用。

③ 根据金属能断裂醇中羟基的能力，其活性顺序为：

贵金属>Ni≫W>Fe>Ag

④ 对于不希望生成炭的反应，其活性顺序为：

Fe>Ni>Co>贵金属

参考甲烷水蒸气转化反应等的活性图谱，结合上述选择因素，对于碳四烃水蒸气转化反应催化剂的适用活性组分应为：

贵金属>Ni>Co>Fe

2-2-3　催化剂载体的选择

许多工业催化剂是负载型的，这是具备活性、选择性和稳定性的高效催化剂所必需的。从其作用机理来看，是载体赋予了催化剂以双功能或多功能。在工业催化剂中，载体影响催化剂的寿命，其作用之大是出乎意料的，特别是在发现金属-载体相互作用后，认真选择载体对于催化剂制备显得更为重要。

在催化剂的活性组分确定以后，载体的选择可从经济、机械、几何观点、化学因素、失活等方面要求进行综合考虑。简单归纳如下：

（1）经济方面

考虑载体能减少活性组分用量从而降低催化剂制造成本。

（2）机械方面

使催化剂具有适当的机械强度，有最佳的堆积密度，有优良的传热性能，并能有效稀释活性相。

（3）几何观点

使催化剂具有适当的比表面积、最佳的孔结构及孔隙率；使催化剂具有最佳的结晶和颗粒大小；使催化剂有适当的外观形状及几何构型。

（4）化学因素

改进催化剂的比活性，提供附加活性中心；与活性组分发生强相互作用及溢流现象；所选择的载体是否具有催化活性。

（5）失活方面

提高催化剂热稳定性及抗熔结性；减少因中毒而失活的可能性；在操作条件下的稳定性等。

上述选择因素很多，而且有些要求是相互矛盾的。因此，选择载体必须依据具体反应的特定要求而定，尽管因素很多，但下列一些因素在选择载体时必须予以重视：

① 载体的几何形状及强度　催化反应的总反应速率常受传质及传热的影响，所以催化剂的形状大小与孔结构的选择显得十分重要，其中载体的比表面积更是重要因素。通常认为，高比表面积的载体可以获得较高的催化活性，但这一认识也要考虑反应情况。例如，环氧乙烷是用途广泛的有机中间体，目前几乎全部由乙烯氧化法制取，而 Ag 是乙烯氧化制环氧乙烷极有效的活性组分。乙烯在 Ag 催化剂上氧化生成环氧乙烷的反应机理是依据 O_2 在 Ag 表面上吸附态的研究成果和 Ag 催化剂上乙烯氧化生成环氧乙烷的选择性限制提出的，根据其反应机理所选择的载体，最重要的要求是完全惰性，并且比表面积要低，以满足对单位体积催化剂在单位时间内产生的热量的限制。载体的比表面积应小于 $1m^2/g$，最好采用开口结构的大孔载体，具有优良的导热性能，如碳化硅、$\alpha\text{-}Al_2O_3$ 等。表 2-10 是考虑催化反应

的传质及传热因素时，如何选择载体的比表面积及孔隙率。

载体的比表面积与孔隙率密切相关，而孔隙率又直接影响催化剂的机械强度。为了确保催化剂具有较长的寿命，必须具有比较稳定的结构。而在考虑稳定性时，同时也必须考虑催化剂的使用环境。表 2-11 示出了不同反应器的操作特点及催化剂的形状选择。

表 2-10　载体比表面积及孔隙率的选择

催化反应产物	温度控制		扩散影响		比表面积	孔隙率	导热性
	重要	不重要	重要	不重要			
最终产物为 CO_2、CH_4 等	√		√		中等	中等，最大孔径 5~10nm	高
		√		√	高	高（温度不太高时） 低（温升很大时）	任何值
同时生成两种产物，其中一种为目的产物	√		√		中等	中等，最大孔径 5~10nm	高
	√				中等	小孔隙率或极大的孔	高
连续生成两种产物，其中一种为目的产物	√		√		中等	中等，最大孔径 5~10nm	高
	√				中等	小孔隙率或大孔	高
生成一种产物但在原料或产物中可能含有毒物	√		√		中等	中等，必须不允许毒物进入孔中，以防毒物累积	高
	√				中等	中等，必须不允许毒物进入孔中，以防毒物累积	高
产物生成过程中温升很高	√				低	无孔	高

表 2-11　不同反应器的操作特点及催化剂形状选择

反应器型式	操作优点	操作缺点	催化剂颗粒形状
气-固相固定床反应器	使用广泛，操作稳定	温度控制较难	颗粒状、有条状、球状、齿球状、片状等，热稳定性好
流化床反应器	床内温度均匀，温度控制方便，传热系数高，适用于经常需再生的催化剂	催化剂易磨损，操作难度大，气固间接触不均匀	微球状颗粒（30~70μm 粒径），耐磨性要好
滴流床反应器	气-液-固三相接触好，温度控制方便	操作难度大，有起泡及喷溅现象	小颗粒，多孔性，比表面积大
均相催化反应器	可在低温下操作，选择性好	产物及催化剂难分离	均相催化剂
浆式反应器	温度控制方便，催化剂便于连续再生，内扩散阻力小	气-液-固三相接触有一定难度，液固比高，催化剂与液相分离较难	悬浮在液相中的微细粒子

② 载体与活性组分的相互作用　在金属催化剂上，载体主要起着负载金属微粒的媒介物作用。随着催化研究的深入及现代能谱技术的发展提供了固体表面特征及其行为的详细信息，发现载体与金属活性组分间存在着相互作用，如当活性金属负载于可还原的金属氧化物（如 TiO_2）载体上时，在高温下还原时会导致金属对 H_2 的化学吸附和反应性能的下降，这是由于可还原的载体与金属间发生了强相互作用，载体将部分电子传递给金属，从而减少了对 H_2 的化学吸附能力。目前，除 TiO_2 外，Al_2O_3、SiO_2 等常用载体与金属的相互作用都已被检验，第Ⅷ族过渡金属 Ru、Rh、Pt、Pd、Os 及 Ir 等与过渡金属氧化物（如 Ta_2O_5、V_2O_5、

MnO、Nb_2O_5 等)之间也都存在着强相互作用。发现载体与金属的强相互作用,不仅在于它所导致的异常氢吸附性能,更重要的是它所引起的或可能引起的催化性质上的变化,因为对于各类反应而言,这种相互作用可能是需要的或者是不需要的。

例如,新戊烷在铂催化剂上进行氢解和异构化反应的选择性与所使用的载体性质有关,其原因就在于这种相互作用所致。有些载体与活性组分因相互作用而形成尖晶石结构时则会发生催化活性的丧失。

此外,加氢反应中发生的氢溢流现象也是由于相互作用发生的。所谓溢流是指固体表面的活性中心经吸附产生出一种离子或自由基的活性物种,从一个相向另一个相转移的现象。如没有原有的活性物种的,另一个相是不能直接吸附生成该活性物种的。发生溢流的必要条件是:有溢流物种发生的主源(原有的活性中心)及能接受新物种的受体(它成为次级活性中心),前者是 Ru、Rh、Pt、Pd、Ni 及 Cu 等金属原子,后者是氧化物载体、活性炭及分子筛等,溢流的结果将导致另一相被活化,也会参与反应。所谓氢溢流是氢分子先被上述金属原子吸附,并发生解离,生成的氢原子(H^+)则通过相界面而转移到氧化物载体上。氢溢流现象的发现,增强了对负载型金属催化剂及催化反应过程的进一步了解,也发现了许多有意义的现象,如氢溢流可使氢吸附速率及吸附量增大,使许多金属氧化物(如 V_2O_5、Ni_2O_3、Co_3O_4、CuO 等)的还原温度下降,使原本是惰性的耐火材料氧化物诱发出催化活性等。氢溢流还能减缓催化剂失活,可使活性中心或载体上沉积的积炭重新加氢而加以去除。

③ 载体对催化剂失活的影响　催化剂在使用过程中常会由于各种因素而引起催化剂失活,特别是一些金属催化剂,如在反应物中含有能与活性组分发生结合反应的组分,形成稳定的化合物时就会使活性显著下降。载体的重要功能之一就是将易熔结的活性组分晶粒分散而阻止其在反应条件下凝聚,从而减少发生熔结的可能性。根据不同的活性组分和反应条件恰当地选择载体或分隔物对提高催化剂的耐熔结性有显著作用,也是选择载体时需要认真考虑的因素之一。

工业催化剂,无论是金属、氧化物、硫化物或是负载型金属催化剂,多数是多孔性物质,它们在反应过程中会因经受高温,使比表面积、孔隙率、孔径分布及金属晶粒大小发生不同程度的变化,而且大多数催化剂在长期受高温时会逐渐发生不可逆的结构变化,只是其变化的快慢及方式会随其组成及受热情况不同而有所不同而已。为了减缓或防止这种现象发生,对于金属催化剂可采用将金属微晶分散在耐熔结的载体表面上,从而使活性组分具有连续的负载结构,同时提高其机械强度及化学稳定性;对于非金属催化剂常采用比催化物种更细小的耐熔结颗粒将活性组分分隔开,也有些催化剂则采用在大孔的载体中充以金属微晶与耐熔的间隔物来实现稳定的耐熔结构,例如,加氢用镍催化剂的载体是由大孔硅藻土与细孔 SiO_2 载体所组成。

工业催化剂在使用过程中,因表面逐渐形成炭沉积物而使催化活性下降的过程称为积炭失活。催化剂表面上积炭的构成通常是烃类无规缩合或聚合反应进行的结果。随着这些反应的进行,烃类形成环状化合物并发生互相结合,由于轻质烃及氢气的逸出,烃类的含氢量逐渐减少,直至形成类似石墨的结构。因此,聚结在催化剂表面上的炭并不是纯单质碳,而是一种高分子缩合物,包括胶质、沥青质及碳化物等,其真实化学组成难以测定。工业催化过程中,特别是涉及烃类的反应过程,如催化裂化、催化重整、加氢裂化、烷基化及异构化等,催化剂表面的积炭是难以避免的。

引起积炭的原因很多，其中一个重要原因是由于催化剂的酸性所引起的。研究表明，酸中心是沸石分子筛上积炭反应的主要活性中心，在空间允许的条件下，积炭将优先发生在酸中心附近。催化剂失活不仅与酸中心被积炭覆盖有关，而且与通向活性中心的孔道被阻塞有关。为减少积炭生成，对某些反应所用催化剂，可在载体中加入少量碱金属以利于炭的气化或减少发生炭沉积。此外，选择有适当孔径分布的载体也是减少积炭发生和提高催化剂稳定性的有效途径。例如，与各种过渡金属离子交换制得的 X 型沸石，可有效地用于一般易使金属催化剂中毒的含硫气氛中；石油烃中含有杂环硫或氮化物的高相对分子质量多环芳烃也由于受到孔径大小限制而不能进入催化剂孔道中。

2-2-4 催化剂次要组分的选择

当催化剂的活性组分及载体选定以后，如催化剂的某些性能还不够理想时，则可加入少量次要组分进行调制，以使催化剂的活性及选择性达到最佳化。所谓次要组分是指催化剂中的助催化剂或各种添加剂(如促进剂、副反应抑制剂等)。次要组分的选择可采用经验方法及基于对反应机理考察的方法。

1. 经验方法

所谓经验方法系应用普通的科学知识去解决问题的症结所在，用这种方法选择次要组分的做法简单方便，而且常能取得效果。在选择助催化剂时应考虑以下数据：①助催化剂的熔点温度应高于催化剂反应的正常温度；②助催化剂金属离子的电负性有利于向活性组分提供电子，可使表面电子逸出功降低；③助催化剂金属离子的化合价和离子半径大小，有利于活性组分形成固熔体，使还原后的主催化剂的分散度增加，防止晶粒长大；④离子的迁移性、升华热、表面张力等，这些因素会影响助催化剂的分布状态和表面偏析现象，从而影响催化剂的活性及选择性；⑤酸碱性质，对于氧化物催化剂，碱可使高价态氧化物稳定，而酸可使低价态氧化物稳定，针对助催化剂的性质，选择助催化剂举例如下：

对于乙烯氧化制环氧乙烷反应，Ag 是极好的催化剂。纯 Ag 虽具有将乙烯氧化为环氧乙烷的催化活性，但金属 Ag 还需进行调变才能成为有实用性的工业用催化剂。特别要调变 Ag 的电子性质，使与 O_2 作用时，给出电子的能力不宜过强，以避免形成原子态的吸附氧，而通过加入助催化剂可对 Ag 的催化性能起到调变作用。所用助剂可以是碱土金属或碱金属，常用的碱金属为 Cs，碱土金属为 Ba。加入助催化剂后不但可提高银催化剂的选择性，而且催化剂不易发生熔结及活性下降。

合成氨催化剂的主催化剂目前只有铁和钌，近百年来对于熔铁催化剂的研究及创新主要都集中在助催化剂的选择上，原因在于主要组分已明确，但在使用方面(如失活较快)还不理想，因此通过调变助催化剂来改进其稳定性。在熔铁催化剂中加入 Al_2O_3 助催化剂时，Al_2O_3 可起到三个重要作用：①Al_2O_3 能均匀地分布在催化剂中，并与 Fe_3O_4 生成 $FeAl_2O_4$ 簇，插到 α-Fe 的结晶中，引起后者的无序分布，提高比活性；②能增大催化剂比表面积，提高对杂质的抗毒性能；③Al_2O_3 是高温难熔氧化物，自身不被还原，在催化剂使用温度下也不会熔结，因而起着分隔物或骨架的作用。

又如，为了提高反应的选择性，可在催化物种上添加一种不与反应物或产物反应的化学吸附物种使催化剂的表面得到修饰，从而抑止不需要的副反应。在烯烃氧化脱氢芳构化的反应中，CO_2 为不需要的副产物，而生成 CO_2 的反应要较其他反应需要更多的 O_2，因此，如在催化剂中加入抗氧添加剂则可减少 CO_2 的生成，提高主反应的选择性。

2. 基于对反应机理考察的方法

近年来，由于超真空技术以及与之相关的各种技术手段(如电子能谱、俄歇能谱、红外光谱、低能电子衍射、高能电子衍射、顺磁及核磁共振、场发射等)的发展及其在催化研究中的应用，特别是将各种现代物理方法与常规分析测试技术结合起来，从分子的水平考虑表面结构及分子吸附态，使得对催化过程表面化学的理解又更进了一步。通过表面反应的机制研究可确定活性中心或理想的中间体形式，然后借添加剂的作用使反应按要求的反应历程进行。

这种基于对反应机理的深入研究，在搞清机理后对催化剂组成作出最后调整，更具科学性，结果也会更有效。但这种做法是相当费时又费钱的。其应用有一定的范围，也就是说，所研究的催化剂必须是十分重要而值得投入必要的人力物力，或者这种催化剂一旦被改进后会产生巨大的经济效益，而且即使需要进行机制研究的反应，也应与经验方法相结合地进行。

2-2-5　催化剂的实验室制备及活性评价

1. 实验室制备

催化剂的主要组分、载体及次要组分选定后，就可进行催化剂的实验室制备。用于实验室制备工作的催化剂所必须满足的要求可以完全不同于工业生产用的催化剂，它可以用各种很不适用于大规模生产的方法来制备，制备的方法决定于希望最终组成具备怎样的物理及化学特性，以及所需要的功能。制备方法可以是简单的(如一般的实验室仪器及玻璃器具)，但如需要对给定的反应具有最大的活性及选择性，就可能需要采用特殊制备方法。所以实验室制备的主要精力在于开发工艺过程所需要的一个具体催化剂样板，而不是催化剂的完善工业制法，其制备方法也可以是多种多样的。

在为一种新的催化反应开发一种新的催化剂时，实验室制备工作大致有以下几个方面：

① 通过所提出的催化反应过程及已有的活性图谱等资料，选择几种最有可能的活性组分，并确定实验室制备路线，对初选催化剂的催化活性及选择性作初步评价，选定值得进一步进行考察的活性组分；

② 通过实验室制备及评价确定载体及次要组分的种类及作用；

③ 对初步筛选的一至两种催化剂进行较详尽的反应动力学研究；

④ 测定新制备的、试验用过的及失活催化剂的化学组成、比表面积、孔结构及机械强度等数据；

⑤ 在催化活性及选择性达到预期要求时进行催化剂中毒性及寿命试验；

⑥ 为催化剂放大试验及工业应用试验提供数据。

对以上各个阶段的实验室试制过程可归结为图 2-7 所示过程。

众所周知，催化剂的制备方法应保证所制得的催化剂具有所要求的物化性质(如化学组成、比表面积、最佳的孔结构及适宜的机械强度等)。同时，催化剂的制备方法应尽量简单和经济，所用原科应价廉且容易获得，并能得到重复结果。而

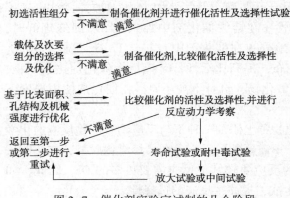

图 2-7　催化剂实验室试制的几个阶段

随着环境保护法规的严格，要求催化剂制备过程应尽量减少或避免有害物质进入周围环境中。尽管催化剂品种很多，化学组成各异，催化作用机理千变万化，但催化剂的活性主要源于各种组分之间所形成的一种或多种化合物或固溶体。制备催化剂的实验方法很多，其中，制备固体催化剂的常用方法有以下几种类型。

（1）沉淀法

所谓沉淀是指一种化学反应过程，在过程进行中参加反应的离子或分子被结合，生成沉淀物从溶液中分离出来。制备催化剂的沉淀法常用的有单组分沉淀法及多组分共沉淀法。

单组分沉淀法是通过沉淀剂与一种待沉淀组分作用以制取单一组分沉淀物的方法。经沉淀产生的水合氧化物或难溶或微溶的金属盐类的结晶或凝胶与溶液分离后，再经洗涤、干燥、焙烧等工序即可制得单组分催化剂。这种方法由于沉淀物是单组分，因此操作简单，常用于制备单组分非贵金属催化剂或载体。

多组分共沉淀法是将催化剂所需两个或两个以上组分同时沉淀的一种方法。其特点是一次可以同时获得几种催化剂组分，而且各组分之间的比例较为恒定，分布也较均匀，常用于制备多组分催化剂或载体。

（2）浸渍法

是在一种载体上浸渍活性组分的技术，是制备负载型催化剂广为采用的方法。一般是将预先制好的载体浸渍含有活性组分及助催化剂的水溶液，当浸渍平衡后，分离剩余液体，此时活性组分以化合物或离子形式负载在载体上，再经干燥、焙烧等处理制得成品催化剂。浸渍法操作简单，而且可使用各种市售载体。根据操作方法不同，浸渍法又可分为等体积溶液浸渍法、过量溶液浸渍法及多次浸渍法等。

（3）热分解法

又称固相反应法，是以原料的热分解作用为基础的一种催化剂制备方法。该法使用可加热分解的盐类（如硝酸盐、乙酸盐、甲酸盐、草酸盐及磷酸盐等）为原料，经焙烧分解得到相应的氧化物。热分解产物是一种微细粒子的凝聚体，其结构及形状与原料性质、热分解温度、分解时间及操作气氛等因素有关。

（4）混合法

一种制造多组分固体催化剂最简便的方法，该法是将两种或两种以上的催化剂组分以粉状粒子形态，在混合设备上经机械混合后，再经干燥、焙烧及还原等操作制成产品。根据被混合物料的物相不同，混合法又可分为干混与湿混两种类型。两者同属单纯的机械混合，所以催化剂组分间的分散程度不如沉淀法及浸渍法。为了提高催化剂的机械强度，可加入适量黏合剂。

上述催化剂制备方法简单可行，无需采用复杂的设备，在实验室即可进行催化剂制备。但应认识到，制备方法不同，催化剂的化学组成及相组成可能会不同，特别是多组分催化剂，这种现象更为严重些。其原因则比较复杂，其中一个原因是多组分之间发生反应而生成某些化合物或固溶体；再者或是在制备过程中带入杂质，特别是掺杂了不完全水解产物的结果。作为例子，表2-12示出了不同制备方法对 $MgO-Al_2O_3$ 催化剂体系相组成的影响[19]。从表中可以看出，采用共沉淀法（序号1）及在氢氧化铝凝胶上沉淀（序号2）的方法，可获得良好的尖晶石结构，而序号3及4的方法就不能生成化学计量的尖晶石结构。显然，相组成不同，也必然会影响所制得催化剂的活性及选择性。

表 2-12　制备方法对 MgO-Al₂O₃ 催化剂相组成的影响

序号	MgO 含量/%	相组成	晶格常数	制备方法
1	47.5	尖晶石型	8.08	铝酸盐与 Mg(NO₃)₂ 溶液共沉淀
2	49.0	尖晶石型	8.09	Mg(OH)₂ 在新制的氢氧化铝凝胶上沉淀
3	50.0	尖晶石+MgO	8.08	MgO 与沉淀法制得的氢氧化铝进行湿混
4	30.4	具有晶格缺陷的尖晶石+疏松的 MgO	4.21	MgO 与水合氧化铝在水存在下混合后热分解

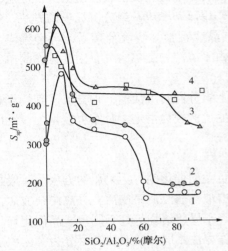

图 2-8　组成对催化剂比表面积的影响

沉淀条件：

1—pH=6，温度 20℃；2—pH=7，温度 20℃；
3—pH=9，温度 20℃；4—pH=9，温度 70℃

此外，催化剂制备方法对催化剂的物化性质（如比表面积、孔结构等）有很大影响。图 2-8 示出了用沉淀法制造硅铝催化剂时，化学组成及 pH 值对硅铝催化剂比表面积的影响。可以看出，SiO₂ 及 Al₂O₃ 的组成比不同，沉淀操作的 pH 值不同，对硅铝催化剂比表面积有很大影响。

上面的一些例子说明，催化剂制备是十分复杂的技术，涉及的影响因素很多。因此，发现实验室所制备的催化剂在催化活性及选择性达不到预期要求时，也不要轻易否定。而应采用多种方法，包括物理化学、胶体化学、结晶化学及现代分析测试方法等多种理论及手段进行分析及判断，找出真正影响催化剂性能的因素，并进行反复测试及评价考核，最后筛选出性能合乎要求的催化剂。如果仓促决定，则有可能淘汰最佳的催化剂配方。

2. 催化剂实验室评价

一个工业规模的催化反应器常需要装填数吨甚至数百吨的催化剂，对于某些工业催化剂有时需要以年计的时间考察其使用寿命。因此，以工业规模的试验来评价催化剂，其风险及代价是极大的。而且，一种催化剂的活性、选择性及稳定性不仅取决于工艺操作条件，也取决于反应器设计、催化剂装填情况、反应进料中所含杂质的性质及含量，以及操作不正常的频繁程度等。除非在实验室评价催化剂时，这些条件无法确切模拟，一般情况下，无人肯冒为评价新开发的催化剂而引起生产损失的风险。

因此，如果能充分了解所开发项目的催化反应机理，那么大多数催化剂都有可能在实验室或中间试验条件下进行有效的考察。在现阶段，催化剂的配方筛选不能完全脱离实验方法，对催化剂进行实验室评价的主要目的有：①对开发一种新工艺过程所研制的各种催化剂进行性能评价；②对改进现有工艺过程的各种催化剂进行性能评价；③为取代现有工艺过程而对催化剂进行质量评价；④为现有工艺过程选择最佳工艺操作条件而发展一种动力学模型；⑤为设计一种新催化过程提供基础数据而开发一种动力学模型。

研制新催化剂需要试验相当大量的各种配方，而评价一种催化剂除了要考察影响催化剂性能的因素以外，有时还应将新试制的催化剂制备工艺与旧催化剂的制备工艺、技术经济指标进行综合比较，所以催化剂评价工作是比筛选更为细致而深入的工作。

催化剂的活性、选择性、稳定性是评价一种实用催化剂的三大主要指标。在这些指标初步达到要求时，作为一种工业催化剂，还应进一步考虑其他因素，如制备条件难易、机械强度大小、抗毒性、外观几何形状及原材料来源和价格等。作为参考，表 2-13 示出了评价催化剂所涉及的一些项目。虽然所包含内容很多，但对于有些催化剂，已有许多可参考的经验数据及资料，可根据对催化剂的影响程度，择其主要进行评价考核。但对开发一种完全新型的催化过程及催化剂时，宁可在小规模试验中多费些人力、物力，也要减少或避免在工业应用试验或生产使用过程中失败的风险。

表 2-13　评价催化剂的项目

序号	项目	影响因素
1	催化活性	活性组分、助催化剂及添加剂、载体、化学结合状态、结构缺陷、比表面积、孔结构等
2	选择性	与影响催化活性的因素相似
3	稳定性	机械强度、耐热性、抗毒性、耐污染性、再生性等
4	物化性质	外观形状、粒度大小及分布、密度、导热性、成型性、耐磨性、流动性、吸水性、吸湿性、粉化性等
5	制造方法	制备条件、活化条件、重复性、保存及储藏条件等
6	使用方法	反应器类型、工艺操作条件、装填方法、腐蚀性、活化及再生条件、分离回收等
7	中毒及失活	原料毒物、活性组分流失、工艺操作条件波动、飞温、结构变化、结炭等
8	价格因素	贵金属、原料来源、制备工序复杂性等

3. 评价用反应器

所有催化反应都需在特定的反应器中实施，同样，催化剂的实验室评价和反应动力学考察，也需在实验室的反应器中运行。目前，用何种反应器型式或方法，或用何种性能指标来衡量一种催化剂的质量优劣性，还没有实现标准化或统一的定义。除去催化裂化、合成氨等少数催化剂有一定的标准评价方法外，其他多数催化剂还是根据反应体系性质、反应速率、过程条件、热性质及所需信息种类来选择评价用反应器，由于评价方法常随催化剂开发的品种而异，有时评价方法的某些细节同样也是不会轻易公开的秘密，像催化剂配方或制备技术一样是催化剂专利技术的一部分。

实验室用反应器实质上是大型工业催化反应器的模拟和微型化，其主要特点是催化剂床小，也即催化剂装入量少，温度可以准确测量及控制，缩小了不希望有的温度梯度及浓度梯度，减少了传热和传质效应的影响。而从另一方面看，由于反应器直径小、催化剂用量少，小的催化剂床对低浓度的毒物却敏感很多，所以反应物必须有足够的净化纯度，否则会对评价数据的准确性造成不利影响。

为适应催化剂开发的需要，目前已开发出许多供催化剂评价用的一般或特殊用途的实验反应器，简要介绍如下[20]：

（1）积分反应器

反应物系连续流入反应器后，其组成有明显的变化，这种反应器就称为积分反应器，是实验室常见的微型管式反应器。如图 2-9 所示，反应器通常是一根细管，用以装填催化剂，管长要比装填的催化剂床层高出许多。使用时，将一定量的催化剂（数毫升至数十毫升）装入反应器中，原料从反应器底部进入，反应后的气体从反应器上部取出。在这种反应器中，催化剂床层上下端的反应速率变化较大，沿催化剂床层纵向有较显著的浓度梯度和温度梯度。所以，这种反应器大多用于转化率较高的反应体系，其反应速率是催化剂床层沿床高各个部位反应速率的积分结果。

如图 2-10 所示，设装入催化剂的总体积为 V_K，反应气流速为 V_r，单位体积催化剂床层的反应速率为 ω，反应物的转化率为 x。假设反应器中反应物的浓度只有纵向变化而无径向变化，则催化剂微小体积元 $\mathrm{d}V_K$ 中的物料平衡关系为：

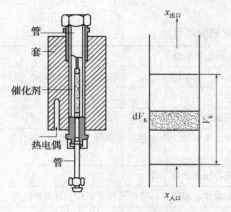

图 2-9　积分反应器示意图

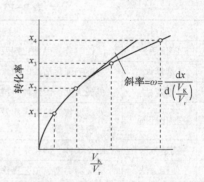

图 2-10　图解微分法求反应速率

$$\omega \mathrm{d}V_K = V_r \mathrm{d}x \tag{2-1}$$

或

$$\omega = \frac{V_r \mathrm{d}x}{\mathrm{d}V_K} = \frac{\mathrm{d}x}{\dfrac{\mathrm{d}V_K}{V_r}} \tag{2-2}$$

因为 V_r 为定值，所以有：

$$\omega = \frac{\mathrm{d}x}{\mathrm{d}\left(\dfrac{V_K}{V_r}\right)} \tag{2-3}$$

根据上述关系，只要在实验中改变 $\dfrac{V_K}{V_r}$，就可测得相应的反应转化率 x，如以 x 对 $\dfrac{V_K}{V_r}$ 作图，取曲线上任何一点的斜率，即得到对应此点的反应速率，此法即为用积分反应器测定反应速率的图解微分法。

当然，也可将上述微分形式的速率方程进行积分，求得反应速率，此法称为积分法，即：

$$\frac{V_K}{V_r} = \int_{x_{入口}}^{x_{出口}} \frac{\mathrm{d}x}{\omega} \tag{2-4}$$

但积分结果只有在知道 ω 和 x 的函数关系后才能得到，即 $\omega = f(x)$，而这种关系只有通过假定机理才能确定，即

$$\frac{V_K}{V_r} = \int_0^x \frac{\mathrm{d}x}{kf(x)} \tag{2-5}$$

ω 与 x 的函数关系随反应机理不同而有所不同。有关不同类型反应速率方程的微分式及积分

式可参见相关文献[21]。

积分反应器常是工业反应器的按比例缩小，对某些反应可以较方便地得到较为直观的评价数据，其数据准确性接近于工业反应器，但采用这种反应器测定动力学数据只适用于等温反应，并有以下缺点：①不能直接测得反应速率，而必须用图解微分法求得，误差较大；②它与理想置换反应器偏离较大，在催化剂床层的径向存在着温度和浓度梯度，在轴向存在沟流与返混，反应器停留时间分布不一。而且由于转化率较高、产生热效应较大，床层难于维持恒温。

在动力学研究中，积分反应器又可分为等温积分反应器及绝热积分反应器。如果整个反应器处于等温状态，称为等温积分反应器；如果反应器与外界绝热，则称为绝热积分反应器。等温积分反应器由于结构简单，在分析精度上要求不是特别高时，一般总是优先选用。为尽可能实现等温操作，可采取以下措施：①减小管径，使径向温度尽可能保持均匀，在管径为催化剂粒径的 1~6 倍以上时，减小管径对改善恒温性能有很大作用；②使用各种恒温导热介质，如用整块金属或流沙浴间接供热；③催化剂用惰性物质稀释。绝热积分反应器为直径均一、绝热良好、催化剂装填均匀的管式反应器，反应体系与外界不发生热交换。对于放热反应，反应体系温度上升所需的热量来源于反应热，吸热反应所需要的反应热来源于反应体系温度降低释放出来的热量。但这种反应器的数据采集及数学解析比较困难。

由上可知，操作积分反应器最简单的方式是等温操作。尤其是在测定动力学数据时，这样做可以限制变量数目，使积分容易。实际上，因受热传递的若干控制，难以实现等温操作，特别对强反应热的反应更是如此。这时也可使用管式绝热反应器来克服上述困难。由于工业规模反应器在正常情况下大多采取绝热操作，因此小型绝热反应器也可用于催化剂寿命试验或用于模拟工业操作。

有时，在缺少动力学数据的情况下，为了在积分反应器中进行催化剂活性的对比，一种简易而有效的方法是在规定的进口和出口条件下测定不同催化剂的空间速度。这时，空速与活性成正比，这样就可用于催化剂性能的对比。由于此时管式反应器既不在等温下也不在绝热状态下操作，称其为假等温。由于反应条件不能严格规定，这种反应器所得的数据不能用于工艺放大的目的，但它可作为控制的目的使用，并对不同催化剂的性能作快速对比。

（2）微分反应器

微分反应器结构形状与积分反应器相似，但催化剂床层更短更细，催化剂装填量更少，而且转化率较积分反应器低得多。它与积分反应器一样，也是固定床反应器。

微分反应器中反应物组分的浓度或组成沿催化剂床层变化很小，故可当作恒定值，所以反应器各点的反应速率也是相同的。它主要用于转化率较小的催化反应体系。与积分反应器相比较，其最显著的特征是催化剂床层内无浓度梯度和温度梯度，整个床层流体性质的均匀度保证了活塞式流动。由于组分的浓度值恒定，床层各部分反应速率都相同，因此改变每一个操作参数(如温度、压力、反应物浓度等)所引起的反应速率改变就可分别加以考察。由于反应速率可以直接从流速、进出口反应物浓度计算出来，因而微分反应器更适合于导出动力学数据。由于转化率低，产生的热效应小。

微分反应器的缺点是需要高的气速以保持微分状态，对于比主反应慢得多的副反应也常难以模拟。此外，由于转化率低，需采用准确而灵敏的分析方法，分析精度要求高，否则难以保证实验数据的准确性及重复性，这常常限制了人们对这种反应器的选用。

在单程管式微分反应器中，由于反应器内催化剂上的反应速率相等，即 ω 为定值，因此反应速率表示式可写成：

$$\int \mathrm{d}\frac{V_K}{V_r} = \int_{x_{入口}}^{x_{出口}} \frac{\mathrm{d}x}{\mathrm{d}\omega} \tag{2-6}$$

$$\frac{V_K}{V_r} = \frac{1}{\omega}(x_{出口} - x_{入口}) \tag{2-7}$$

所以：

$$\omega = \frac{V_r}{V_K}(\Delta x) \tag{2-8}$$

式中，当 $x_{入口} = 0$ 时，$\Delta x = x_{出口}$，即为转化率。在实验中测定一次 V_r、V_K 和与此条件相应的转化率后代入上式，就可求得反应速率 ω。由此可见，采用微分反应器，每测定一次，就可直接求得反应速率。反之，用积分反应器测定反应速率要进行一系列的测定，计算较麻烦。

由上可知，积分反应器比微分反应器的结构简单，尤其是积分反应器可以得到较多的反应产物，便于分析，并可直接对比催化剂的活性，但这两类反应器均不能完全避免因催化剂床层中存在的温度和浓度梯度而导致所测数据的可靠性降低。因此，在准确测定活性评价数据时，特别是进行反应动力学研究时，采用下述无梯度反应器更为有利。

（3）无梯度反应器

所谓无梯度反应器，其特点是反应物料在反应器内呈全混流，化学反应在等温和等浓度下进行，因而可按全混流模型处理实验数据。由于消除了温度梯度及浓度梯度，反应器内流动相接近理想混合，催化剂颗粒和反应器之间的直径比不需要像管式反应器那样严格限制。因此它可以装填不经破碎的原粒度催化剂，甚至只需装填一定原粒度催化剂，即可测定其表观催化活性及考察反应动力学特性，因而这类反应器为实验室所常用。无梯度反应器按气体流动方式，可分为外循环无梯度反应器、连续搅拌釜式反应器及内循环无梯度反应器。

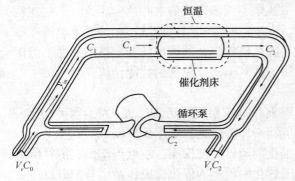

图 2-11 外循环无梯度反应器示意图

① 外循环无梯度反应器　外循环无梯度反应器又称循环流动反应器，如图 2-11 所示，其特点是将反应后大部分出口气通过反应器体外回路进行再循环，并与少量新鲜气混合。推动气流循环的动力是不沾染反应混合物的循环泵。

在这种外循环反应系统中，由于连续引入一小股新鲜物料，同时又从反应器出口放出一股流出物，使系统达到稳定状态。由于连续进料和连续出料时循环气的流量大大超过进料量和出料量，可将系统调至十分趋近于真正的微分操作，即系统内的浓度梯度和温度梯度可小至忽略不计。

设反应系统稳定后原料气所含产物浓度为 C_0，出口处产物的浓度为 C_2，进催化剂床层前，原料气与循环气混合后产物的浓度为 C_1，进料速度为 V_r，则进口处反应产物的物料平衡关系为：

$$V_r C_0 + V_r R C_2 = (1+R)V_r C_1 \tag{2-9}$$

式中，R 为循环比，系循环量与原料进入量之比。

式(2-9)左侧部分为一份体积的反应物与 R 份体积循环气混合后反应产物的总量；右侧部分表示通过催化剂床层后反应产物的总量，经简化后，又可写成：

$$C_1 = \frac{C_0 + RC_2}{R+1} \qquad (2-10)$$

假如通过催化剂床层后反应物浓度的变化为 ΔC，即：

$$\Delta C = C_2 - C_1 \qquad (2-11)$$

将式(2-10)代入上式，即得到：

$$\Delta C = C_2 - \frac{C_0 + RC_2}{R+1} = \frac{C_2 - C_0}{R+1} \qquad (2-12)$$

又设 $\Delta C_A = C_2 - C_0$，则 $\Delta C = \Delta C_A / (R+1)$，因循环比 R 大于 1，所以 $\Delta C < \Delta C_A$，即 $C_0 < C_1$。此外，由式(2-10)，可求得：

$$R = \frac{C_1 - C_0}{C_2 - C_1} \qquad (2-13)$$

所以，由 C_0、C_1 及 C_2 的值就可求得循环比 R。

因单位时间内通过催化剂床层的原料气流量为 $(R+1)V_r$，所以反应速率可表示为：

$$\omega = \frac{(R+1)V_r(C_2 - C_1)}{V_K} = \frac{V_r}{V_K}(R+1)(C_2 - C_1) = \frac{V_r}{V_K}(C_2 - C_0) \qquad (2-14)$$

式中，V_K 为反应器中催化剂的量。

由此可见，外循环无梯度反应器中，反应速率只与反应器进口和出口处产物的浓度有关，而与循环比无关，而实验时为了测定方便，常采用较大的 R 值。

外循环无梯度反应器具有两个特点：一是反应器虽然是微分操作，但原料气和出口气的总浓度差可以很大，这样对分析误差的要求就可以降低。当然，这还要取决于总的转化率如何，如果将其调整得过小，就会失去应用循环系统的好处；二是反应器实现微分操作，所以，反应器内温度梯度很小。反之，它也必须采用大量的循环气，以提供或移走热量。

这种反应器的主要问题是：①很难找到一个合适的循环泵，对泵的要求是不能沾染反应混合物，滞留量要少，循环量要大，中等压差，气密性要好；②外循环反应器具有较大的自由体积与催化剂体积之比，因而组分的变化不灵敏，系统达到稳定的时间较长。当由一个操作条件转换到另一条件时，需较长时间才能达到稳态，而这期间却可能有利于副反应的发生。由于可能造成副产物或杂质浓度的累积，故对可能产生副产物的反应应少用这类反应器。

② 连续搅拌釜式反应器　在这种反应器中，反应物连续通入釜中，并通过搅拌器使其完全混合，同时与催化剂充分接触，为了平衡流进的反应物，应将含反应物和产物的气体不断从系统中除去（如图 2-12 所示）。假定反应器内流体为全混合，器内各处均匀一致，反应器出口处的物料流的浓度与器内一样，就可直接测量作为浓度函数的反应速率，也即反应物进入反应器的流速＝反应物流出反应器的流速＋反应物在反应器中因反应而消失的流速。其反应速率 ω 也可按上述外循环无梯度反应器同样的方法进行分析，并可得到类似的结果，即：

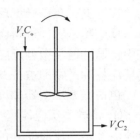

图 2-12　连续搅拌釜式
反应器示意图

$$\omega = \frac{V_r}{V_K}(C_2 - C_0) \tag{2-15}$$

式中，V_K 为催化剂体积。

连续搅拌釜式反应器特别适宜于中毒反应的微分研究。因为它与管式反应器相比，能使全部催化剂同时暴露于同样浓度的毒物中。

③ 内循环无梯度反应器　内循环无梯度反应器是继连续搅拌釜式反应器之后发展起来的一种新型反应器，它不仅克服了外循环无梯度反应器的一些缺点，且具有其他反应器所具有的优点。它是借助剧烈搅拌推动气流在反应器内高速循环流动，达到反应器内的理想混合以消除其中的温度梯度及浓度梯度。根据催化剂的放置及搅拌方式不同有旋转篮式催化反应器、带搅拌桨式催化反应器及旋转槽式连续搅拌反应器等。由于这类反应器的组件都盛在一个容器内，也适用于高压反应体系。图 2-13 为内循环无梯度反应器的示意图，装置上部为催化剂筐及风道，催化剂装在筐内，其下部为涡轮叶轮，当它作高速转动时，强制气流通过催化剂床层后再从风道吸回。也可设计成

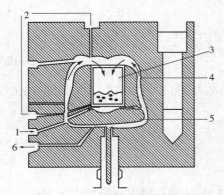

图 2-13　内循环无梯度反应器示意图
1—反应物入口；2—热电偶；3—催化剂筐；
4—导管；5—叶轮；6—反应物出口

为相反方向流动，通过催化剂床层的反应物流速及循环速率可通过转速调节。由于气体混合均匀，完全可以达到温度及浓度的无梯度状态。而且搅拌器一般都用电磁驱动，可将动密封变为静密封，避免渗漏。

（4）色谱微型反应器

随着色谱技术的进展，将微型反应器与色谱仪联用，组成一个统一体用于催化剂活性评价，这种方法称为"微型色谱技术"。现代化的色谱只需几微升样品就能够进行分析，这就为用极少量催化剂作快速筛选测试工作提供了有利手段，而且可在实验室内进行加压操作。这一技术的显著优点是：①可快速提高催化剂或反应原料的测试速率；②只需少量的催化剂及原料；③简化等温操作；④可消除取样误差，因所有产品都能进行分析；⑤能进行脉冲操作；⑥可采用极高的空速，并可在高压下操作。由于这些特点，近些年来，微型色谱技术又进一步发展到与热天平、红外吸收光谱及差热等联合使用，以及与还原和脱附装置的联用等。

实际上，色谱微型反应器初始所指的是"脉冲反应器"，其最简单的形式如图 2-14 所示，反应物是脉冲进料而不是连续进料。将一次脉冲的反应物注射入反应器连续流动的载气流中，脉冲通过微型反应器，同时作为试样进入色谱仪，它安装在管线出口上，脉冲中引出的反应物和产物即被分离和分析。

色谱微型反应器按设计不同有多种类型，下面是几种例子[22]。

① 将微型反应器直接联接在色谱柱上（相当于一般色谱仪进样阀的位置），载气以恒定流速流经微型反应器、色谱柱、检测器后再排空。图 2-15 为其流程示意图。反应物从微型反应器前部周期性地注入，并由载气带进微型反应器中，反应后的产物经色谱柱分离，最后经检测器进行定性定量分析。

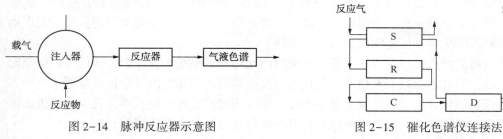

图 2-14　脉冲反应器示意图

图 2-15　催化色谱仪连接法

S—试样进料器；R—反应器；C—色谱柱；D—检测器

② 连续流动法。这种方法的示意流程如图 2-16 所示。反应产物是连续地、以一定流速流经微型反应器进行反应，而尾气或是排空或是经色谱柱分离后进入检测器对产物进行定性定量分析。

采用这种微型催化技术可以研究催化剂的物化性质、催化活性、选择性以及反应动力学及其机理，但采用这种型式反应器时，由于只有少量反应物瞬时地流经催化剂床层，所以反应物的组成有时并不能反映整个催化反应过程的实质。

③ 将所要考察的催化剂装入色谱柱内，使色谱柱处于催化反应所要求的温度、压力、催化剂装填量等条件下，再以惰性气体或反应物之一作载气，反应物以脉冲方式由载气带入色谱柱（即催化剂床层）进行反应，所得产物及剩余反应物立即在色谱柱（即催化剂）上进行分离，再经检测器进行定性定量测定。图 2-17 为其流程示意图。

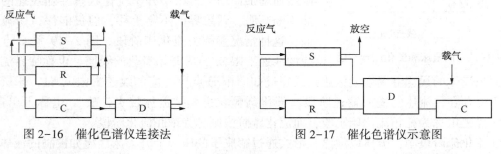

图 2-16　催化色谱仪连接法

图 2-17　催化色谱仪示意图

这种方法的特点是产物（包括中间产物和最终产物）在反应过程中立即分离，所以它们之间的相互作用或逆反应可以略去，从而使转化率显著增大。所以对平衡常数所限制的反应，这种操作技术就特别有利。

作为例子，图 2-18 示出了典型的脉冲反应器的工艺过程。

如图 2-18 所示，在色谱仪的试样注入口及色谱柱之间连入微型反应器，反应器的装填量为 50mg 至几克，反应管内径 3~10mm，反应物通过定量旋塞加入，如为液体时，约为 0.1~50μL，并采用氢气作载气，当反应物加入量增加时，脉冲开始出现，并采用热导型检测器来测定，也可用氢焰型检测器来测定。反应生成物可分别按气体生成物及液体生成物加以分析。

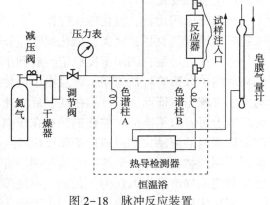

图 2-18　脉冲反应装置

但在脉冲反应器中，有必要时从气体至液体，其沸点范围相差很大的全部成分进行一次测定，但这时用一个色谱柱有一定困难。所以，通常是将几个色谱柱连起来使用，为了能正确计算物料平衡及转化率，反应物的加入量要准确。

脉冲反应器的操作优点是快速简便，所需时间比用稳态系统大为减少，适用于催化剂配方的快速初选，而且也能较直观地考察催化剂与反应物最初作用情况及中毒效应等。这种方法的主要缺点是催化剂表面不能建立平衡条件，脉冲通过催化剂的过程中，反应物的表面浓度在发生变化，从反应器所观察到的选择性有一定局限性，易获得错误信息。

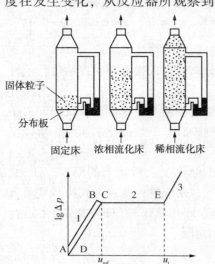

固体粒子
分布板
固定床　浓相流化床　稀相流化床

图 2-19　固定床和流化床示意图

（5）流化床反应器

催化剂的评价，如按催化剂床型来分，可分为固定床及流化床两类。

当液体（气体或液体）以较低的速度穿过固体颗粒层时，流体只穿过处于稳定状态的颗粒之间的空隙，这时床层的高度不发生变化。流体通过床层的压力降 Δp 与流体的线速度成正比，因此阻力是随线速度增加而呈比例上升，这种情况，即为固定床。图 2-19 中直线 AB 与 CD 即代表固定床阶段。

当流体的线速增加，催化剂颗粒就互相离开而不接触，整个床层开始膨胀，此时，床层的压力降 Δp 不再随线速增加而增大，床层处于流化状态并随线速的增加而不断膨胀，料层界面不断上移，但仍能保持明显的界面，这种情况就称为流化床阶段。图 2-19 中 C 点所对应的线速下限（u_{mf}）为开始流化的线速，也称临界流化速度。而当流体的线速继续增大，达到或超过如图中 E 点所对应的线速上限 u_t 时，床层的界面已不复存在，流体已进入输送阶段，催化剂颗粒也就被流体带走，故 u_t 也称带出速度。输送阶段也可称为稀相流化床阶段，而流化床阶段则称为浓相流化阶段。

在流化床阶段中，流体以泡沫状形式通过膨胀了的床层上升，床层宛如沸腾的液体，所以流化床又称为沸腾床。

根据上述流态化原理，可以将催化剂床从固定床转化为流化床，从而使反应过程在很多方面产生质的变化。

与固定床相比较，流化床反应器具有以下特点：①流化床采用的催化剂颗粒直径远小于固定床所用颗粒直径，因此，催化剂颗粒外表面积远大于固定床颗粒的外表面积，因而有利于传质及反应过程，床层温度稳定，有利于控制床温。②由于催化剂颗粒直径较小，催化剂颗粒的内扩散影响可被忽略，而且由于流化床中流体流速较快，外扩散的影响也很小。宏观动力学方程与本征动力学方程相同，反应速率获得提高。③流化床中，流体通过催化剂床层时基本上可看作平推流，催化剂颗粒在床内运动接近全混流，如在床内加入内部构件则容易改变床层内的流动状态以适应不同反应需要。④固定床催化剂在使用过程中会因中毒或活性表面为副产物所覆盖，最终需对催化剂进行更换或再生。而流化床反应器则可将部分消耗的催化剂连续抽出且加入新鲜催化剂，可使催化剂维持在一定水平上。

流化床反应器的主要缺点是：由于催化剂颗粒在反应床层内运动激烈，故要求催化剂有足够的耐磨强度。颗粒在床内被气流带出损失较大，对使用贵金属催化剂的过程是不利的。此外，催化剂对反应器壁的磨损也较固定床严重。

目前，流化床催化反应器已广泛用于考察多种流化床催化剂的反应性能及反应动力学机理，如重油催化裂化、丙烯氨氧化制丙烯腈、乙烯或乙烷氧氯化制二氯乙烷、萘氧化制苯酐等催化反应。考察及测定的变量有反应温度及压力、出口气体组成、催化剂粒度分布、床层密度及黏度、催化剂的活性及选择性、传热及传质状况、气泡尺寸等。流化床反应器可用硬质玻璃或金属材料制造。反应原料的净化精制、计量及产物分析等与固定床反应器类似，只是反应状态不同，因而导致实验测试参数有所不同。

作为参考，图 2-20 为乙烯氧化制乙酸乙烯酯的流化床催化剂评价示意图，其主反应为：

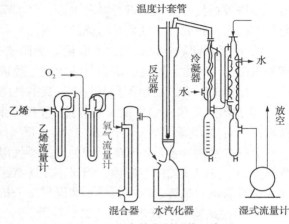

图 2-20 流化床催化剂评价示意图

$$C_2H_4 + CH_3COOH + \frac{1}{2}O_2 \longrightarrow CH_3COOCH = CH_2 + H_2O + 147kJ/mol$$

流化床反应器采用内径为 $\phi 22mm$、高为 400mm（其中上端为扩大部分，高为 100mm）的玻璃制反应器，外部用电热套加热，以控制反应温度。

2-2-6 催化剂的寿命试验

在工业催化剂研制中，催化剂的寿命往往是一个突出的问题。因为，催化剂的活性及选择性通常可以通过实验室评价反应器，在较短的时间内作出精确的评价。而要达到一定的寿命指标，在实验室需要进行大量而又细致的反复试验，有时还需在模型试验装置或中试装置上，模拟工业反应器的条件进行长时间的考核。因此，催化剂的寿命试验是一种耗费人力、物力及时间的工作，如何加速催化剂的寿命试验也是催化研究者十分关心的课题。

所谓催化剂寿命是指催化剂耐用的时间。催化剂在使用过程中由于热和其他物质的作用，其化学组成及孔结构渐起变化，催化剂的活性点及催化性能由此而发生劣化。

对于工业催化剂而言，其"耐用"的含义也是相对的，受技术经济指标的制约。通常随着催化剂活性及选择性等的劣化，反应原料单耗增加，产品中不纯物增多，催化剂粉化则使反应床层压力增高，这样必然会相应提高产品精制及动力消耗等费用。因此，催化剂的劣化会导致原料费用及操作费用都加大。如果费用上升部分大于或等于更换催化剂的价格和所需费用，则催化剂达到了耐用的终期。

如前所述，催化剂的寿命曲线可分为初始高活性期、稳定期及衰化期等三个阶段。因此，催化剂寿命考察的基本原则是，先从了解催化剂在使用过程中引起劣化的因素着手，即先考察清楚影响催化剂寿命的主要原因，然后再寻求相应的对策，以达到延缓劣化、延长使用寿命的目的。

一般情况下，催化剂的寿命试验要经历以下两个阶段。

1. 实验室寿命试验阶段

在这一阶段的考察内容主要包括以下几个方面：

① 将经反应一定时间后的催化剂与新鲜催化剂进行仔细对比，考察催化剂在外观形态、比表面积、孔径分布、化学组成、表面积炭等方面的变化。利用电子显微镜、X 光衍射仪、电子能谱等近代分析技术进行各种测定，仔细研究催化剂上所发生的各种变化，在综合对比分析基础上，判断催化剂发生劣化的原因。

② 根据不同的劣化原因，采取相应的调整手段，如去除混入反应物中的毒物、采用缓和的工艺反应条件、改进反应器传热方式、改进催化剂制备方法、改变催化剂化学组成及孔结构、比表面积等，以使催化剂具有优良的抗劣化性能。

③ 找出发生劣化最主要工艺条件（包括再生条件），并在此条件下进行长时间（如数十至数百小时）的寿命考察，制作该催化剂的寿命曲线。

上述考察内容不是绝对的，因为真正寻找出某一种催化剂劣化原因及防止对策是十分困难的工作。有时找出一些原因，但又不是所有影响因素，所以实验室评价或考察往往是一个反复实践的试验过程，应根据具体情况仔细分析，直至制得合乎目标要求的催化剂。

2. 模型试验或中试装置寿命试验阶段

通常，在实验室条件下取得的寿命数据用以预测工业催化剂寿命时，其精度是不够高的，因而再在模型试验装置或中间试验装置上，模拟工业操作条件下进行长时间的寿命考察更能确保催化剂开发的成功性，特别对新开发的催化剂更应如此。但有些催化剂，只要实验室工作做得十分充分，不经模型试验或中间试验考察，也可以成功地应用于工业反应器上。

3. 寿命加速试验法

如上所述，如何缩短实验室寿命考察时间，又不影响催化剂筛选质量是催化剂开发的一个重要课题。正因如此，寿命加速试验法已成为筛选催化剂寿命指标的一项有效手段。

所谓寿命加速试验法的实质是：在分析判断催化剂劣化原因的基础上，找出影响催化剂寿命的主要因素，对其进行强化以加速劣化作用的进程，从而缩短催化剂寿命试验的时间。由于不同反应过程和不同类型的催化剂其劣化原因及机理有所不同，其寿命加速试验法也有所不同。下面介绍流化催化裂化用沸石分子筛催化剂的寿命加速试验法。

流化催化裂化的工艺原理是在催化剂作用下，使重质油发生分解、异构化、氢转移和芳构化反应，生成对汽油和柴油质量提高有利的烃类结构。催化裂化所用催化剂主要有天然白土催化剂、全合成硅酸铝催化剂、半合成硅酸铝催化剂及分子筛催化剂等。特别是分子筛催化剂目前已占主流地位，品种及数量都在逐年增加。

由于分子筛催化剂的复杂结构，使得在实验室中评价其使用寿命时存在一些困难，其原因有：①在固定的加热通蒸汽条件下，分子筛催化剂中各组成部分的失活速度是不同的；②催化剂某一组分所要求的特性对于另一种组成可能就不需要；③与不含助催化剂的催化剂相比较，分子筛催化剂更易产生积炭。

但对分子筛催化剂的形态结构及物化性质作细致分析，它也具有以下特性：①分子筛的稳定性取决于硅铝比、阳离子交换的性质和程度、残留的钠含量等；②具有严格的、排列整齐的沸石结构，比相应的无定形催化剂可容许有更高的钠含量；③分子筛催化剂的活性与烃分子可以进入的分子筛含量有关，而与基质无关；④使用 722℃ 以上的蒸汽可引起催化剂严重失活；⑤催化剂在 888℃ 左右时，分子筛结构发生破坏。根据以上特性分析，只有控制适宜的条件，在实验室所进行的催化剂失活试验可用于重现工业上失活达到平衡的催化剂的一些性质。

催化剂寿命加速试验法采用蒸汽加热强化加速劣化方法，即在完全模拟工业规模催化裂化反应器操作条件下，在一个简单的固定流化床反应器中进行实验室寿命加速试验。为了模拟一个达到平衡活性的工业催化剂，实验时必须十分严格地控制温度、压力及蒸汽量，其中温度是决定性的控制参数，表 2-14 示出了分子筛催化剂（XZ-25）在 844℃ 及常压下用蒸汽（20%）进行加速劣化试验所得结果与工业催化剂失活时操作数据的比较。从表中可以看出，两者的比表面积、孔容、相对结晶度及积炭值等数据都十分接近。表明用实验至蒸汽失活方法来预测分子筛催化剂 XZ-25 的工业劣化性能是可靠的。

表 2-14　流化催化裂化催化剂实验室与工业条件下的失活比较

催化剂牌号：XZ-25　　　　　　　　原料油：蜡油
C/O=4　　　　　　　　　　　　　反应温度：511℃

失活考察项目	实验室（844℃，20%蒸汽，12h）	工业装置上失活
比表面积/（m²/g）	115	98
孔容/（mL/g）	0.33	0.38
相对结晶度/%	100	100
转化率/%	71.5	70
轻循环油/%	21.5	23.5
苯胺点/℃	57.8	60
H_2 含量/%	0.038	0.067
C_1+C_2/%	1.30	1.20
C_3/%	1.30	1.0
C_4/%	3.9	4.0
正丁烷/%	0.2	0.4
异丁烷/%	5.0	3.9
C_5^+ 汽油/%	55.0	55.0
积炭/%	4.0	3.5

又如烃类水蒸气转化用 Ni 催化剂筛选时，系根据反应机理来设计寿命加速试验法的。在烃类水蒸气转化制合成气的工艺中，气态烃一般包括天然气、油田伴生气及炼厂尾气等；液态烃通常为含有几十种不同的单体烃类，通常采用干点小于 220℃ 的石脑油馏分，其组成可用 C_nH_m 来表示。液态烃在一段炉内水蒸气转化的反应可用下式表示：

$$C_nH_m + nH_2O \longrightarrow nCO + \left(n + \frac{m}{2}\right)H_2$$

转化反应中生成的 CO 会进一步与水蒸气进行水煤气变换反应，同时生成氢气，即：

$$CO + H_2O \Longleftarrow CO_2 + H_2$$

目前，工业装置使用的烃类水蒸气转化催化剂均为 Ni 催化剂，其氧化镍含量一般为 10%~25%。考察反应过程中 Ni 催化剂的结焦现象时，发现烃类首先吸附在 Ni 表面上并发生离解，生成碳原子或含碳原子团，它们可能留在催化剂表面上而将活性点包埋，从而导致催化剂劣化。而烃离解吸附在催化剂上的形态为 CH_x，CH_x 与 H_2O 作用生成 $CO+H_2$。而 CH_x 也可能发生自聚而形成炭质，即：

$$C_nH_m \longrightarrow CH_x \xrightarrow{H_2O} CO+H_2$$
$$\downarrow 综合物（炭析出）$$

经考察后认为，催化剂上烃的中间生成物 CH_x 的结构对催化剂的活性及寿命有极大影响，即 CH_x 中的 x 值越小，碳-镍结合力越强，反应活性越低，越容易结炭；反之，则反应活性高，不易发生结炭。因此就可根据 CH_x 中的 x 值大小来进行寿命加速试验，这时的关键问题是如何确定 CH_x 中的 x 值。根据 Ni 催化剂上在有 H_2 存在时烃类所发生的反应机理：

$$C_2H_6 \longrightarrow CH_x \longrightarrow CH_4+CH_2 \xrightarrow{H_2} CH_4$$

因此，采用下述方法：即催化剂先吸附烃，然后抽去气体中残余的烃，再引入重氢分子（D），催化剂上的 CH_x 就与 D 反应生成甲烷，由生成甲烷中 D 的分布则可确定催化剂上 CH_x 的 x 值。

以上简要介绍二例催化剂寿命加速试验法，但应指出，任何机构对催化剂的开发研究及制备过程都是极为保密的，而催化剂寿命试验，特别是寿命加速试验方法往往属于催化剂开发机构极为重要的技术秘密范围。因此，在开发研制催化剂时，应该有意识地积累有关催化剂寿命的研制经验和实测数据，仔细对实验室研究阶段反应前后的催化剂多进行一些剖析对比，寻找催化剂产生劣化的原因，并结合与工业实际的寿命结果对比联系，找出两者的相关性，为定性或定量地预测催化剂寿命创造条件，缩短催化剂寿命评价时间。

2-3　放大制备催化剂

根据表 2-13 所示催化剂评价项目，对所研制的催化剂进行综合评价后，认为催化剂性能基本达到目标要求时，就可决定催化剂的最佳基本组成及最佳反应工艺条件，并根据要求或条件进行催化剂的放大制备。

如果所研制的催化剂或催化反应工艺，主要着眼点是基础研究，进行此项研究的单位或个人以出售此种发明或专利，或为了发表学术论文，那么，实验室评价工作结束后，此项研究便告完成。但此时既没有产品（由实验室制取的少量样品不能算作产品），也没有实用的工艺及制备过程（因实验室过程与工业生产过程会有相当差别），而对多数公司或企业来说，是希望将实验室取得的发明或专利变为新过程及新产品，从而获得更好的经济效益。

2-3-1　放大制备及试生产的前期工作

一旦催化剂实验室开发已获成果并希望进行工业化时，研发单位就必须作出决定，究竟自己进行放大或生产新催化剂，还是和相关催化剂厂签订协议一起开发以至最终制出合乎工业要求的催化剂。如从经济角度考虑，后一种选择比较明智，因为催化剂生产所用单元操作涉及范围很广，包括混合、沉淀、浸渍、干燥、过滤、粉碎、成型、还原、焙烧等。专业催化剂生产厂常有完善的设备及操作经验，能在较短时间内更经济地将新催化剂推向工业化。与催化剂开发人员自己放大或生产催化剂相比，则获得成功的希望更大。假若选定与催化剂生产厂进行联合开发时，其一般程序如下。[24]

1. 签订合作协议

在联合开发前，双方应尽早签订合作协议。协议内容包括：参加开发单位，催化剂开发项目及内容；放大制备、试生产及工业应用进程；放大制备及试生产催化剂的质量指标及原材料规格；试生产产品的经济核算及交货付款方式；参加开发单位各自应负的责任、权利和义务；相关附录材料等。

在权利和义务中，研究单位往往要求生产厂保护发明者专有技术，而生产厂也同样会要求科研单位向第三者转让科研成果时不得泄露联合开发过程中的关键技术要点。

此外，对有些生产规模较大的石油化工工艺过程，催化剂研制单位和生产厂都难在自己的实验室评价装置上，用模拟工业原料和气氛进行活性或寿命考察，而只能以近似的或代替性的原料和气氛考察，如试生产的催化剂希望在催化剂使用厂装置上开侧线进行考察，当催化剂生产厂与使用厂签订合同时，以上协议则是合同的补充，对三方均有约束力。

2. 进行可行性分析

在双方达成协议后，研发单位则应向催化剂生产厂交底，双方进行可行性分析，其内容大致为：

① 催化剂类型。包括催化反应原理、适用范围、先进性、技术经济分析、市场前景等。

② 使用原材料。包括主要原材料规格、产地、价格，是否使用贵金属，能否采用代用原料等。

③ 工艺流程及设备。生产厂尽可能满足研发单位所提出的制备工艺流程及所需设备，但对各单元操作，在达到产品质量前提下，尽可能利用现有设备和技术，并达到最大生产能力，减少生产费用和降低劳动强度。如对贵金属组分则应考虑循环浸渍充分利用。双方应认真分析实验室制备条件与放大制备条件的差别，放大制备能否重复实验室数据。

④ 中间产品及成品质量指标。催化剂生产厂一般将放大制备的中间产品及成品的质量指标分为必控指标及参考指标。必控指标是可通过工艺参数、操作方法等调控来达到的技术指标，如化学组成、外形及粒度大小、机械强度等；参考指标是难于完全按上述方法调整达到要求的指标，但能反映制备过程综合因素影响的指标，如堆密度、比表面积、孔容、孔径分布等。

对于指标，研发单位应提出适当的波动范围，生产厂从经济及经验角度出发往往要求指标放宽些，在保证产品质量基础上提高产品收率。由于放大制备时，指标分析往往滞后于生产，而且参考指标主要是物化指标，放大制备会与实验室有较大差异。双方一定要细致判定物化指标与催化剂使用性能的关系，确定合理的指标波动范围，以免影响放大制备进度。

⑤ 分析测试方法的核定。催化剂生产厂由于生产催化剂品种较多，对于各相同组分建立了自己一套实践证实可靠的分析检测方法及设备仪器。而研发单位则可能会采用不同的仪器和分析方法，双方应在放大制备前进行核定，统一分析方法及标准。而且分析方法应准确、快速、及时，对生产有指导意义，以免不合格品进入下一道工序而造成损失。

⑥ 生产成本估算。在放大制备前，催化剂生产厂应根据研发单位提出的工艺过程及设备要求、所用原材料及动力消耗等，结合现有生产流程及可用设备，是否需要进行设备投资，进行生产成本估算，以评定催化剂工业化价值。

3. 放大制备及试生产的实施

催化剂研发成果进入中试放大或试生产时，首先须在装置上全面模拟研制单位推荐的工艺条件和操作方法，确认是否能在工业设备中重现实验室结果，即有一个验证过程。在验证过程中常会发现实验室与工业放大装置的差异。这时，双方应共同研究调整工艺条件，改变操作方法，确定修改适当的指标，需要实验室补充数据时，开发单位也应进行补充实验。有些情况下，双方也可在中试时共同拟定较佳工艺条件及配方，制备一批样品带回实验室评价考核，确定该制备条件是否适用。这特别适合实验室无法考察放大效应的场合，可以缩短放大调整时间。

在投入放大制备时，催化剂开发人员与生产厂在工艺过程的各个步骤应继续进行交流，对初期试制产品及中间产品质量共同进行测试评价。由于放大制备过程会出现很多影响产品性能的因素，双方应共同分析，寻找对策，确定最佳操作方案，以保证中试放大过程顺利进行。

2-3-2 放大制备的影响因素

从实验室成果放大到中间试验或工业生产，是催化剂开发真正开始收效之时，可是，将每批数十克至数千克的实验室规模，扩大到每批几十千克以至数百千克的规模时，会产生许多放大问题，主要表现在以下几个方面。

1. 原料纯度的影响

催化剂制备需要的化工原料种类繁多，原料的纯度或质量高低会直接影响催化剂的性能。在实验室里，通常用试剂级的纯化学品作原料，这是因为在实验室制备中，用试剂级化学品作原料所增加的费用有限，而排除原料杂质干扰所带来的好处却很大。而在放大制备直至工业生产中，由于原料用量多、价格贵、来源困难，为了降低成本，原料价格必须越低越好，但催化剂毕竟不是普通化工商品，首先要在保证催化剂质量的前提下，选用或采取代用原料。

理想的情况，是小试和中试放大的原料完全一致，但在实际上是极难做到的，因为制备催化剂的原料多种多样，除了必需的活性组分及载体外，制备过程还需使用许多其他助剂或添加剂，因而不可能全部使用试剂级的纯化学品。但也要注意，在放大制备或工业生产中不要贸然换用另一种质量规格相差极大的原料，这就等于将原料选择的试验推到放大制备中进行，一旦出现催化剂质量问题时，由于原料及设备放大等问题相互交错，反而会造成经济上或时间上的损失。因此，在进行放大制备前，应对催化剂所用各种原料进行细致综合分析，并结合其他催化剂制备经验，哪些原料必须保证其产品质量。因此在中试初期，可先用化学纯试剂之类原料作小批量试验，在逐步认识基础上，并结合评价试验，再从经济上或原料供应上考虑，选择低价原料作重复试验，最终决定所用原料质量规格及生产厂商。

实际上，从经济效益考虑，工业催化剂的生产原料也是在不断演变的。例如，早期的低温变换工业催化剂为铜锌铬型，由于原料铬酐来源紧张，而且对人体毒害较大，后改用药用氢氧化铝代替铬酐生产出铜锌铝型低变催化剂，在保证产品质量同时又降低了生产成本。以后在使用中发现，低变催化剂中的杂质含量对其活性影响较大，特别是 Na_2O 对催化剂的耐热性影响很大，而 Na_2O 的带入主要是在氢氧化铝制备过程中，因此制备时在洗涤工艺上进行了改进，将原来催化剂中的 Na_2O 从 0.5% 降至 0.2% 时，催化活性明显提高。根据这一发现和实验结果，还可用工业氢氧化铝替代药用氢氧化铝，只要将 Na_2O 控制在需要的水平上即可，从而可进一步降低催化剂生产成本。

以上例子说明，在放大制备催化剂时，对于主要原料的改变，一定要作认真仔细的分析，确定影响因素，从而提出解决办法。

2. 工艺条件的影响

在催化剂制备用原料规格、产地及生产厂商选定以后，还须确定足以能保证产品质量、将来在工厂能实施的工艺参数。在放大制备时往往还会暴露出一些在实验室难以预料的矛盾而需在放大制备过程中解决。举例如下：

（1）沉淀操作

在固体催化剂制备中最常见的一个步骤是将一种溶液加到另一种溶液中去以生成沉淀的操作，沉淀过程的影响因素有温度、pH 值、停留时间、搅拌强度及加料方式等。在实验室里，溶液是从一个小烧杯倒到另一个烧杯中去，很可能产生一瞬间混合，测量温度及 pH 值均较简单。而在中试或放大制备时，要将加料速度、温度、停留时间等控制均匀显然要比实验室制备难得多，而沉淀法原本在小试中的重复性就较差，放大制备时工艺条件的差异很有可能成为影响产品性能的因素。

（2）加热操作

加热是制备催化剂必不可少的操作。实验室常用明火加热或电炉直接加热，由于安全或其他原因，工厂更多采用的是蒸汽或电夹套加热。显然，两者的加热效果及控温方式是不同的。

催化剂或载体物质的干燥方式，在实验室常使用烘箱、箱式干燥器，不但干燥时间控制不严格，而且箱内温差较大。所以，在放大制备时，对于干燥方式及干燥时间也需要重新验证，因为干燥速率及干燥方式常对催化剂的物化性质如孔容、堆密度等产生明显影响。

又如催化剂焙烧操作，实验室常使用马弗炉，操作常是密闭的，而放大或工业生产则常用转炉、隧道窑或立式炉，是在有一定气氛下进行，两者在焙烧气氛、分解温度、停留时间方面都会有显著差别，因而焙烧产品的比表面积、晶相、孔结构及孔径分布等都会存在差别。

（3）成型操作

催化剂或载体成型也是固体催化剂制备必不可少的操作。实验室可用手工混料或简单的成型工具单粒成型，对催化剂的颗粒形状可以不十分严格要求。而放大制备或工业生产时，催化剂的颗粒形状及大小，一般是根据制备催化剂的原料性质及工业生产所用反应器的要求确定的，除特殊形状外，放大制备所用成型设备一般是选用市售定型设备，如混料用拌粉机、捏合机、碾压机等，成型用压片机、单螺杆或双螺杆挤出机及滚球机等，微球催化剂采用喷雾干燥成型设备等。这些设备在产品均匀性及制备重复性等方面都优于小试设备。但在放大制备时，由于还需加入各种成型助剂，它的性质及加入量多少会影响产品的孔结构、堆密度等性质，也需进行反复试验及检测。此外，成型条件对产品的机械强度、堆密度等性能也会产生影响。

除了上述工艺操作因素以外，实验室制备与放大制备时的真空操作及加压操作的方式也不同，虽然其影响程度不如上述因素的影响大，但对一些特殊催化剂的加工处理也是有影响的，需要加以注意。

3. 设备的影响

在催化剂放大制备时，要完全采用实验室所选用的工艺条件及所用设备是难以做到的。实验室用设备大多数是由玻璃或陶瓷制作的，除非用于强碱及氟化氢场合，通常不存在腐蚀问题。玻璃器皿，还很容易观察设备中发生的流体运动状况。但这些设备不耐压力，也易破碎。放大制备设备通常是由金属材料制成，碳钢设备价格较低，但不耐酸碱腐蚀，不锈钢设备耐蚀性较好，但价格较高。金属材料设备的优点是不易破碎，耐温及耐压均较高。

设备的扩容不仅会带来传质、传热不均，而且也会影响产品质量。如实验室单批浸渍催化剂时，因数量少，浸渍很均匀。但如在 $1m^3$ 或 $2m^3$ 的罐中浸渍时，就会发生浸渍不匀现象，催化剂颗粒表面颜色有深有浅，或有的浸得不透而有白心。此外，浸渍设备如有腐蚀性，就会在催化剂中带入有害物质，影响反应性能。

4. 废物处理与环保问题

在实验室里，除少数剧毒物质外，一般废水都可直接排入下水道，废渣扔入废料箱或垃圾桶。在放大制备及工业生产中，所有废水废渣的排放须符合环境保护的要求，必要时须经特殊处理。

催化剂制备中常使用各种贵金属和金属盐类，如 Pt、Pd、Mo、Co、Ni、W、Ag、Cu、Zn 等，价格都很贵，含这些金属的废液必须考虑金属回收。放大制备过程产生的有害气体及粉尘也应及时治理，避免污染环境。

由上可知，催化剂放大制备并不是实验室制备的简单重复，它与其他化工过程放大一样，往往会产生由于设备或装置规模的扩大而带来的所谓"放大效应"。如众所知，化工过程是一系列化学和物理变化的过程。一个化学或物理变化的结果取决于两方面因素：一是化学或物理变化的内在规律；二是该变化所处的外部条件。对于某种化学反应而言，反应体系的化学热力学和化学动力学特性是其内在规律，而反应体系各种物质的浓度和温度等则是外部条件。显然，化学和物理变化的内在规律不会因装置规模的放大而改变，而装置规模的放大，不可避免地带来一些工程因素(如流体流动状态、传热、传质状况等)的改变，从而改变了化学、物理变化的外部条件(如浓度及温度分布等)。所以，在催化剂放大制备时，必须先了解催化剂制备中各种化学、物理变化的内在规律，搞清影响这些变化因素的主要外部条件，根据化学工程原理，分析放大制备时，由于设备型式和结构、工艺操作条件变化等而造成外部条件的差异，进而调整这些变化因素，使产生的外部条件尽量符合实验室试验时的要求，以制备出与实验室样品同样水平的催化剂产品。

2-3-3 放大制备举例——甲醇气相脱水制备二甲醚催化剂

1. 二甲醚的用途及制法

二甲醚(C_2H_6O)简称甲醚，结构式为 $CH_3—O—CH_3$，是最简单的脂肪醚，常温下为无色气体，具有与石油液化气相似的蒸气压，可作为民用燃料使用。二甲醚十六烷值高，是柴油发动机的理想代用燃料，而且汽车尾气污染物排放量低。二甲醚的饱和蒸气压等物理性质与氟里昂-12(二氟二氯甲烷)相近，具有优良的环保性能，是氟氯烷的理想代用品。目前，气雾剂商品已成为二甲醚的重要应用市场，二甲醚还可用作制冷剂、萃取剂及溶剂等。

二甲醚早期制法是用浓硫酸脱水剂使甲醇脱水制得，反应在液相中进行，具有反应温度低、转化率高、选择性好等优点，但设备腐蚀严重，操作条件恶劣且污染环境，以后逐渐被甲醇气相催化脱水及合成气直接合成等工艺所替代。

目前，甲醇气相脱水是国内外应用最多的二甲醚工业制法。反应压力为 0.5～1.8MPa，反应温度为 230～400℃，在固定床反应器中进行。其基本原理是将甲醇蒸气通过固体催化剂，发生非均相反应脱水生成二甲醚，是一种操作方便、可连续生产的工艺方法。其关键是催化剂的研制，使用的催化剂有沸石、氧化铝、阳离子交换树脂、磷酸铝等。催化剂的基本特性是呈酸性，对主反应选择性高，副反应少，并具有避免二甲醚深度脱水生成烯烃或析碳的特点。

甲醇脱水生成二甲醚的反应式为：

$$2CH_3OH \Longrightarrow (CH_3)_2O + H_2O$$

主要副反应为：

$$CH_3OH \longrightarrow CO + 2H_2$$
$$CH_3OCH_3 \longrightarrow CH_4 + H_2 + CO$$
$$CO + H_2O \longrightarrow CO_2 + H_2$$

催化剂的催化性能是甲醇脱水合成二甲醚的关键所在，虽然工业上已有多种催化剂类型，但仍在不断开发新的催化剂和改进旧催化剂以提高活性和选择性。

2. 催化剂的放大制备

ZSM-5 分子筛是 ZSM 分子筛系列之一，由于其结构特殊、催化性能优良，在石油炼制及石化工业中得到广泛应用。作为甲醇脱水制二甲醚的催化剂，与 γ-Al_2O_3 比较，具有反应温度低、二甲醚时空收率高等特点。ZSM-5 分子筛最早是用四丙基胺（或铵盐）和硅酸铝（或硅酸）及铝盐等单组分硅铝为原料合成制得，但有机胺原料来源困难，价格昂贵。为降低催化剂制造成本，而采用以无定形硅酸铝、氨水及氢氧化钠为原料，在不添加晶种的条件下合成出无机铵型 ZSM-5 高硅沸石，而用甲醇催化脱水制二甲醚时具有与 ZSM-5 分子筛相同的催化活性。这种方法不仅改变了必须用有机胺才能合成 ZSM-5 分子筛的情况，而且具有原料液氨价廉易得、无有机胺污染及放大制备时单釜产量高等特点。

（1）制备工艺流程

无机铵型高硅沸石的制备工艺过程如图 2-21 所示。无定形硅酸铝经盐酸漂洗脱铝得高硅硅酸铝，后者与液氨、氢氧化钠及水混合后经热压晶化、急冷、水洗得到高硅沸石钠盐，不经干燥直接进行铵离子交换，经洗涤得到铵型高硅沸石，再经干燥、成型、焙烧后制得催化剂成品。影响催化剂性能的最主要工艺过程是晶化及离子交换。放大制备时，晶化釜的公称容积为 1000L，为实验室小试釜容积的 500 倍，单釜可产铵型高硅沸石 170kg；离子交换釜容积 1000L，为小试釜容积的 1000 倍，每釜可交换沸石 170~200kg。主要原料无定形硅酸铝的硅铝比（SiO_2/Al_2O_3）为 10~12，Na_2O 含量低于 0.05%。氢氧化钠为试剂级，液氨及盐酸均为工业级。

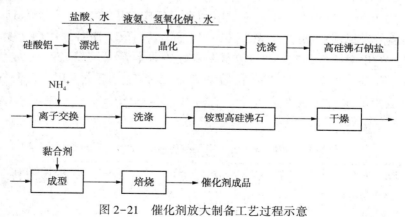

图 2-21 催化剂放大制备工艺过程示意

（2）催化剂物化性质及活性评价结果

制备时，晶化产物经水洗至近中性，经干燥后用 X 光衍射仪测定其物相组成，用红外光谱法测定其晶相结构。所得铵型高硅沸石经 550℃ 焙烧后用 BET 重量法测定其对环己烷、正己烷和水的吸附值，用氟化钾容量法和 EDTA 铜盐法分别测定沸石的 SiO_2 和 Al_2O_3 含量，用原子吸收光谱法测定钠含量，用扫描电镜分析沸石的晶形外貌及晶粒大小。并通过不同晶化时间对沸石相对结晶度及正己烷吸附值的影响进行结晶动力学考察。用差热分析考察了沸石结晶过程中不同晶化时间对产品热稳定性的影响。表 2-15 示出了放大制备所得催化剂与实验室制备所得催化剂的物性比较，可以看出两者的化学组成及硅铝比都十分接近。而从电镜分析知道，铵型高硅沸石的晶粒呈 ⬡ 环状，其长×高×宽 ≈ (4~8) μm×(1.0~2.5) μm×(1.5~4.2) μm，晶粒大小均匀，与小试晶化结果相似。

表 2-15　铵型高硅沸石的物化性质

制备方法　　　　项目	放大制备	实验室小试
原料	工业液氨、工业盐酸、工业硅酸铝、试剂氢氧化钠	原料均为试剂级
晶化釜容积/L	1000	2
晶化时间/h	28	28
化学组成/%		
Al_2O_3	2.81~3.50	3.5~5.1
SiO_2	95.25~97.18	92~95
Na_2O	1.12~2.43	1.5~1.9
SiO_2/Al_2O_3	46.2~58.7	31~45
吸附值/%		
正己烷	9.40~10.02	6.0~10.0
环己烷	1.3~2.9	1.5~3.5
水	6.9~7.8	5.5~10.0
物相	ZSM-5	ZSM-5

将放大制备的铵型 ZSM-5 高硅沸石样品在实验室评价装置上进行甲醇脱水制二甲醚的活性考察，其结果如表 2-16 所示。反应产物简单，冷凝液主要为水及未反应甲醇，并有 0.1%~0.2% 的二甲醚；气相产物主要是二甲醚和未反应的甲醇蒸气，另有微量的乙烯及甲烷；生成二甲醚的选择性>99%。从表 2-16 可以看出，由放大制备的铵型 ZSM-5 高硅沸石制得的催化剂，对甲醇脱水制二甲醚反应具有良好的催化活性、选择性及稳定性，重复了实验室制备结果。此外，用上述方法制得的铵型 ZSM-5 高硅沸石也可用作乙醇气相脱水制乙醚催化剂，在适当的反应温度及空速下，乙醇转化率在 80% 以上，生成乙醚的选择性为 95%~98% 之间，副产乙烯极少。

表 2-16　甲醇脱水制二甲醚催化剂的活性评价结果[1]

累计反应时间/h	0~253	253~533	533~752	752~970	970~1194	总平均
反应温度/℃	160	158~160	158~160	158	165	—
甲醇平均空速/h^{-1}	0.80	0.88	0.97	0.84	0.85	0.87
甲醇单程转化率/%	80.00	83.03	78.14	80.22	87.47	82.14
二甲醚单程收率/%	73.60	81.40	79.04	78.80	87.00	80.00
二甲醚产物中乙烯含量/10^{-6}	<10	<10	<10	<20	—	<20

① 床型：管式固定床，反应器直径 25mm。催化剂装填量 10g。反应温度：158~160℃；反应压力：常压。

2-4　中型评价试验

放大制备的催化剂经实验室评价合格后，有时还须进行中型评价试验或工业装置的侧线试验。

中型评价装置所使用的催化剂，必须是经实验室小试评审或鉴定通过，并由中试放大装置得到重复结果，具有较好稳定性的催化剂。中型评价装置的催化剂装填量一般介于实验室评价装置及工业反应器装填量之间，反应所用原料则必须与工业大装置相一致。

经中型评价装置考核，催化剂应重复实验室小试的催化活性、选择性，并进行较长时间的寿命试验。由于小于中试规模的试验数据一般不能作为工程设计的可靠依据，因此也可通过中型评价装置测定所需要的工程设计数据，或进行宏观动力学考察。

从考察催化剂放大性能出发，国内广泛使用的工业装置侧线试验、工业列管反应器中的单管试验等，其效果与中型评价装置相近，但比后者更为简便、经济。有时还可进行比中试周期更长的试验，而其反应条件则与工业装置完全相同。如侧线试验是在运行的工业装置上以小口径侧线引出部分工艺气体，至侧线催化反应器中进行评价考核，反应后气体则可返回至原工业装置主流工艺气中继续使用。下面给出了碳四馏分选择加氢催化剂侧线评价试验示例[25]。

1. 反应原理

碳四馏分主要来源于石油炼制过程中产生的炼厂气和石油裂解制乙烯的副产品，其含有约 40%~50% 的 1,3-丁二烯，1,3-丁二烯是重要的化工原料，聚合级 1,3-丁二烯要求纯度 >99.7%，炔烃 <2.5×10⁻⁵。因此从碳四馏分中分离出 1,3-丁二烯时必须将易使催化剂中毒的乙基乙炔、乙烯基乙炔及甲基乙炔除掉。工业上除去碳四馏分中炔烃的主要工艺有萃取精馏法及催化选择加氢法。采用碳四馏分选择加氢工艺，可将含有 0.9%~1.3% 炔烃的碳四馏分经催化加氢处理，其炔烃可脱除至 <1.5×10⁻⁵，丁二烯损失 <1.5%。

选择加氢主反应为：

$$CH_2=CH-C\equiv CH + H_2 \longrightarrow CH_2=CH-CH=CH_2$$
$$CH_3-CH_2-C\equiv CH + H_2 \longrightarrow CH_3-CH_2-CH=CH_2$$
$$CH_3-C\equiv CH + H_2 \longrightarrow CH_3-CH=CH_2$$

副反应为：

$$CH_2=C=CH-CH_3 + H_2 \longrightarrow CH_2=CH-CH_2-CH_3$$
$$CH_2=C=CH-CH_3 + H_2 \longrightarrow CH_3-CH=CH-CH_3$$
$$CH_2=CH-CH=CH_2 + H_2 \longrightarrow CH_2=CH-CH_2-CH_3$$
$$CH_3-CH_2-CH=CH_2 + H_2 \longrightarrow CH_3-CH_2-CH_2-CH_3$$

聚合反应

$$nC_4H_6 \longrightarrow (C_4H_6)_n$$

由于原料中 1,3-丁二烯的含量是炔烃含量的近百倍，所以选择加氢除炔烃催化剂的关键性能是保持对炔烃加氢的最大活性，同时又最大限度地抑制 1,3-丁二烯的加氢反应。

2. 催化剂

传统的加氢催化剂活性组分采用Ⅷ族金属，如 Pd、Ni 等，载体为 Al_2O_3。但单一金属活性组分的催化剂，显示加氢活性不高，产物中剩余炔烃含量较高，而且催化剂寿命也较短。

在以 Pd 为主活性组分的基础上，又分别加入 Ag、Cu、Pb 等作为助催化剂组分制成双金属催化剂，其活性评价结果如表 2-17 所示。可以看出，加入助催化剂 Cu 后，加氢活性明显提高，剩余炔烃质量分数可降至 5.1×10^{-5}，但运转不稳定，一段时间后，加氢活性显著下降。加入助催化剂 Pb 时，催化剂负荷增大，但选择性不理想，丁二烯损失仍较大。

表 2-17　单金属及双金属催化剂的反应结果[①]

活性组分	反应温度/℃	剩余炔烃质量分数/10^{-4}	丁二烯损失/%
Pd	36	2.0	2.44
Pd-Ag	42	4.0	2.77
Pd-Cu	41	0.51	3.01
Pd-Pb	40	0.55	2.47

① 液态空速 $10h^{-1}$，H_2/炔=4(摩尔比)。

在双金属催化剂基础上，又加入第三或第四金属组分，使多种金属元素高度分散在 Al_2O_3 载体上，制成多金属催化剂，表 2-18 示出了双金属与多金属催化剂的反应结果。可以看出，多金属催化剂加氢活性明显提高，加氢后剩余炔烃质量分数<1.5×10^{-5}，丁二烯损失<1.5%。

表 2-18　双金属催化剂与多金属催化剂的反应结果[①]

催化剂	反应温度/℃	剩余炔烃质量分数/10^{-6}	丁二烯损失/%
双金属	40	35.6	2.79
多金属	38	9.9	1.47

① 液态空速 $6.7h^{-1}$，H_2/炔=4(摩尔比)。

3. 小试评价及侧线评价试验

（1）评价试验用原料

小试评价用原料为燕山石化公司化工一厂裂解车间生产的混合裂解碳四馏分，侧线评价原料为上海石化公司炼化部 2# 乙烯装置生产的裂解混合碳四馏分，两者的组成如表 2-19 所示。

表 2-19　小试及侧线评价用原料的组成

组分	质量分数/%（小试评价用）	质量分数/%（侧线评价用）
异丁烷	0.43	0.82~1.60
正丁烷	1.58	1.80~3.07
反-2-丁烯	4.73	4.38~5.17
1-丁烯	21.92	13.73~17.24
异丁烯	13.14	17.01~24.84
顺-2-丁烯	3.44	1.87~4.95
1,2-丁二烯	0.15	0.13~0.22

续表

组分	质量分数/%（小试评价用）	质量分数/%（侧线评价用）
1,3-丁二烯	53.89	45.71~53.46
乙烯基乙炔	0.51	0.54~0.82
乙基乙炔	0.16	0.10~0.17
甲基乙炔	—	0.08~0.35
砷	3.45×10^{-6}	—
硫	1.8×10^{-4}	—

（2）小试评价试验

小试评价工艺流程如图 2-22 所示：反应器为固定床，由不锈钢管制成。多金属催化剂装填量为 20~30mL。反应时碳四原料由计量泵注入反应器，反应用氢气由质量流量计控制计量，原料及反应产物均采用气相色谱法分析，加氢后碳四馏分中微量炔烃以外标法定量。

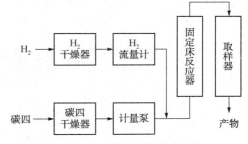

图 2-22 小试评价工艺流程示意

评价时，催化剂活性以加氢后碳四馏分中甲基乙炔、乙烯基乙炔、乙基乙炔的剩余质量分数及炔烃转化率来表示；催化剂选择性以加氢后碳四馏分中生成丁二烯的选择性及丁二烯的损失来表示：

$$炔烃转化率=\left(1-\frac{反应后炔烃含量}{反应前炔烃含量}\right)\times100\%$$

$$丁二烯选择性=\left(\frac{反应后丁二烯含量}{反应前丁二烯含量+参加反应的炔烃含量}\right)\times100\%$$

在不同温度下的小试评价结果如表 2-20 所示。

表 2-20 不同温度的反应结果[①]

反应器入口温度/℃	剩余炔烃质量分数/10^{-4}	丁二烯选择性/%	丁二烯损失/%
40	14	95.30	1.86
50	5	94.10	2.39
60	0.4	86.90	6.28

① 液态空速 $10h^{-1}$，H_2/炔=6（摩尔比）。

从表中看出，反应温度升高，催化剂的加氢活性增加，剩余炔烃的含量减少。但高温会促进聚合反应，造成催化剂表面积炭，加速催化剂失活，反应温度的最佳范围为 30~50℃。

（3）侧线评价装置

侧线评价试验在上海石化公司炼化部 2# 乙烯装置上进行。反应器为两段式固定床，每段的催化剂装填量各为 200mL。反应压力 0.7~0.8MPa。一段床反应入口温度 29~35℃，出口温度 36~48℃；二段床反应器入口温度 30℃，出口温度 35~40℃。液态空速 $4.0h^{-1}$。反应前碳四馏分中炔烃质量分数 0.9%~1.3%。表 2-21 示出了侧线评价试验结果。可以看出，加氢后碳四馏分中炔烃质量分数 $<1.5\times10^{-5}$，同时丁二烯损失 <1.5%，重复小试评价结果，催化剂长时间运转，性能稳定。

表 2-21 侧线评价试验结果

累计反应时间/h	碳四馏分中炔烃质量分数		丁二烯选择性/%	丁二烯损失/%
	反应前/%	反应后/10^{-6}		
32	0.91	15.9	97.47	0.40
106	0.95	9.2	97.87	0.17
207	0.93	8.1	97.12	0.53
266	1.01	11.6	97.28	0.44
331	1.07	<1.0	96.11	0.99
387	1.03	4.4	97.08	0.48
423	1.02	7.3	96.36	0.88
495	1.07	5.1	96.45	0.72
583	1.28	10.0	95.07	1.28
627	1.10	6.2	96.12	0.82
639	1.07	12.4	96.63	0.64

2-5 工业应用试验

催化剂开发过程的最后一步是将催化剂成功地用在工业生产装置上。如果中试放大制备及中型评价试验工作足够细致及深入，则许多催化剂的使用经验证明，经这一步骤充分考察，也可将试制催化剂直接应用于大型工业生产装置上，也即将中试放大制备与工业试生产合二为一。将试生产催化剂在工业装置上考核成功后，进行大批量定型生产。

对于一种新的催化工艺或催化剂，或一些生产规模较大的石油化工催化工艺，一种稳妥的办法还是在大规模工业使用前，有较小规模的工业应用，通过催化剂装填、升温、还原、开停车、事故处理等操作，暴露出一些问题再进行调整后，逐步成为一种性能可靠的新品种或新牌号。下面为 GS-05 乙苯脱氢制苯乙烯催化剂的工业应用示例。

1. 乙苯脱氢制苯乙烯反应机理[26]

苯乙烯是生产聚苯乙烯塑料和合成橡胶的重要原料，也是重要的石油化工产品。乙苯脱氢是生产苯乙烯的工业方法之一。

乙苯在催化剂作用下，高温脱氢生成苯乙烯：

主要副反应有裂解反应及加氢裂解反应。

催化剂是以 Fe、K 为主要活性组分，以少量金属氧化物(如 Mg、Cr、W、Ce、Ca 等)作为结构稳定剂。大量研究表明，乙苯脱氢是在催化剂的表面原子簇上进行，用红外光谱分析考察，其反应步骤如图 2-23 所示。采用 α-碳上的为 D 同位素的乙苯，用红外光谱观察到 Fe—O—D 键，证实了图 2-23 所示反应步骤中存在吸附态（Ⅱ）；同时采用 β-D 同位素的乙苯，在高温下也能观察到 Fe-D 谱，证实了反应步骤中同时存在吸附态（Ⅲ）。

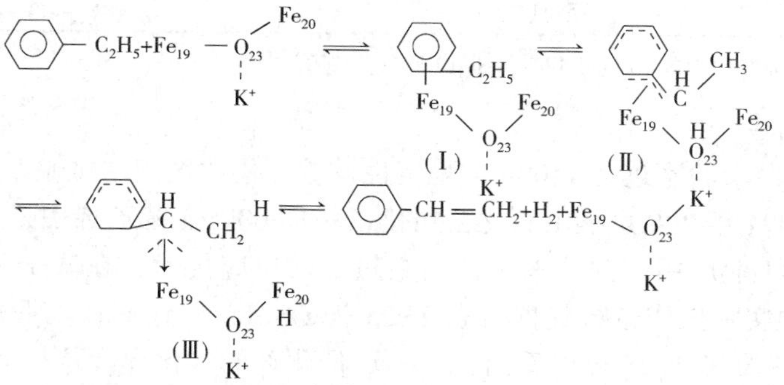

图 2-23　乙苯脱氢的反应步骤

2. 催化剂

乙苯脱氢反应是吸热反应，在常温常压下其反应速率很低，只有在高温下才具有一定反应速率，且裂解反应会比脱氢反应更占优势。因此，要在高温下得到的产物主要是脱氢产物，选择催化剂是关键。其具体要求是：①有良好的活性及选择性，即能在较低温度下，有选择性地加快脱氢的反应速率；②热稳定性高，能经受较高反应温度；③化学稳定性好，要求反应过程中不被氢还原，在大量水蒸气存在下操作稳定而不崩解，保持足够的机械强度；④有良好的抗结焦性及再生性能。

国内乙苯脱氢催化剂研制始于 20 世纪 60 年代，先后有多家科研机构及高等院校研制出多种牌号的催化剂，并进行了工业应用试验。上海石油化工研究院于 1988 年研制成功的 GS-05 型乙苯脱氢制苯乙烯催化剂在国内的中小型苯乙烯装置上广泛试用，效果良好，1994 年后用于引进装置上并替代了进口催化剂，多年工业应用结果表明，其催化活性及选择性已超过以前所使用的进口催化剂[27]。表 2-22 示出了 GS-05 催化剂的物性数据。表 2-23 示出了 GS-05 催化剂的活性评价数据，并与进口催化剂进行比较。可以看出，其活性及选择性均优于进口催化剂。

表 2-22　GS-05 催化剂的物性指标

项目	GS-05 催化剂	进口催化剂
外观	红褐色圆柱体	红褐色圆柱体
颗粒直径/mm	3	3
比表面积/（m²/g）	3±1	3±1
堆密度/（kg/L）	1.20±0.05	1.20±0.05
强度/（kg/mm）	>2.2	>1.4
颗粒完整率/%		
冷水浸泡后	100	100
煮沸后	100	100

表 2-23　620℃下的 GS-05 催化剂活性评价数据[①]

催化剂	转化率/%	选择性/%	单程收率/%
GS-05	75.43	95.65	72.14
进口催化剂 1	70.82	94.41	66.86
进口催化剂 2	75.31	93.10	70.11

① 催化剂装填量 100mL，常压，空速 $1.0h^{-1}$，水比(质量)= 2.0。

3. 工业应用试验

GS-05 催化剂经实验室进行 1500h 的稳定性试验、催化剂浸水试验及催化剂停水试验等评价考核后，于 1994 年在北京燕山石化公司化工一厂 60kt/a 苯乙烯引进装置上进行乙苯催化脱氢制苯乙烯的工业应用试验。采用径向绝热二段反应技术，在低于常压下操作。表 2-24 为进口催化剂的实际操作运行数据。表 2-25 为 GS-05 催化剂在工业应用试验期间的操作数据。从表 2-24 及表 2-25 可以看出，GS-05 催化剂的转化率及选择性优于进口催化剂，而 CS-05 催化剂的年平均苯乙烯单程收率为 63.18%，进口催化剂的年平均苯乙烯单程收率为 60.45%，前者比后者提高 2 个百分点，而且 CS-05 催化剂价格远低于进口催化剂。因此，用 GS-05 催化剂替代进口催化剂，不但可提高苯乙烯收率、增加苯乙烯产量，还可降低生产成本费用，并取得较好的社会效益。

表 2-24　进口催化剂的操作运行数据

项目 ＼ 时间	1993-10	1993-11	1993-12	1994-01	1994-02	1994-03	1994-04	1994-05
第一反应器入口温度/℃	617	632	630	630	630	625	621	637
第二反应器入口温度/℃	622	634	630	635	633	631	625	641
乙苯进料量/kg·h^{-1}	17.93	21.03	20.18	20.57	18.81	20.51	17.49	19.70
主蒸汽量/kg·h^{-1}	14.0	12.41	12.87	11.70	12.26	12.44	11.64	10.42
转化率/%	61.65	63.60	59.56	63.35	62.09	61.43	64.05	67.07
选择性/%	96.35	96.67	97.98	96.08	96.43	96.44	95.35	94.47
单程收率/%	59.40	61.48	58.36	60.37	59.87	59.22	61.07	63.36

表 2-25　GS-05 催化剂的工业应用试验操作数据

项目 ＼ 时间	1994-10	1994-12	1995-01	1995-03	1995-05	1995-07	1995-08	1995-09
第一反应器入口温度/℃	615	619	626	629	624	626	627	625
第二反应器入口温度/℃	618	625	628	629	620	620	618	618
乙苯进料量/m³·h^{-1}	19.50	18.58	20.16	20.03	19.99	19.99	19.50	20.04
主蒸汽量/kg·h^{-1}	13.50	12.11	9.62	7.99	11.32	10.96	12.72	12.35
转化率/%	63.94	66.62	64.46	66.72	64.76	63.94	67.37	68.23
选择性/%	96.10	95.54	95.12	97.37	95.34	96.47	97.16	97.50
单程收率/%	61.44	63.65	61.32	64.97	61.78	61.68	65.82	66.59

2-6　技术资料汇集及技术鉴定

催化剂经放大制备及试生产，并经中型评价试验或工业应用试验合格后，则可建立完备的催化剂制备工艺过程，确定最佳反应工艺条件，作为催化剂开发任务已基本完成，即可提请有关部门进行技术鉴定。而催化剂技术资料编写与汇集是提供技术鉴定及今后工业生产的依据。技术资料通常包括：催化剂实验室研制报告；催化剂分析测试方法；中试放大或试生产总结报告；中型评价试验报告；工业应用试验报告；催化剂再生报告；三废处理及环境保护相关文件。技术鉴定内容一般应包括：催化剂技术规格和简要说明；催化剂制备方法（工艺流程及操作条件等）；催化剂所用原料规格、产地及动力消耗定额；催化剂小试评定及工业装置使用或试生产过程的三废处理与环境保护；鉴定意见；鉴定审查结论；主要技术文件及提供单位。

以上简要介绍了催化剂开发的一般顺序，实际上所介绍的只是开发过程的一部分而已。由于催化剂的种类及反应类型不同，开发过程也有所不同，而且开发途径也并不只有一种。从目前催化研究的水平来看，试验还是不可少的，而且还必须对各个阶段中的试验结果和正确评价进行适当的反馈，并进行适时的调整。此外，在催化剂试生产及工业应用过程中，科研单位与生产厂应互相配合、密切协作、各取所长、互相促进，才能加速催化剂开发进程，达到早日工业化、见成效的目的。

第3章 催化剂制备的一般特点及质量控制

众所周知，催化剂的研制和生产涉及许多学科的专门知识，过去由于分析测试技术不能适应，使催化剂的制备理论发展很慢，在较长一段时期内催化剂的制造技术一直被看成是"捉摸不定的技巧"。近年来，随着先进的测试技术广泛用于催化剂的开发及生产上，以科学理论指导催化剂生产已受到普遍重视，催化剂生产技术也逐渐从"技巧"水平提高到科学水平。所以，了解催化剂制备方法的重要性，不仅在于它产生的实用效果，同时也有助于更进一步了解催化剂的活性本质。

如表3-1所示，用于实验室研究的催化剂所应满足的要求可以完全不同于工业生产用的催化剂。它也可以用各种很不适用于大规模生产的方法来制备，制备方法的选择决定于希望最终的化学组成、物化特性、所需要的催化功能等，制备方法可以是简单的，但如需要对给定的反应具有最大的催化活性和选择性，就可能采用特殊的工艺及操作方法。有些实验室研究人员对生产上一些关键问题有时缺乏认识或关心不多，例如：高纯度原料的价格及供应问题；工艺过程或单元操作的前后衔接及调整方法；大批量生产时设备的择优选择；生产过程中产生的有毒、有害气体的防治；腐蚀性或致癌化学品的安全使用等。其原因是研究开发人员主要精力在于开发一个催化过程所需要的一个具体催化剂样板，而不是催化剂的完善工业制法。而就目前来说，无论哪个催化剂生产厂所拥有的生产技术或设备，要能开发和生产所有催化剂是不可能的。多种多样的催化剂类型，特定催化剂所需的各种型式的单元操作方式及设备，加上高额的投资费用，往往使一些催化剂生产厂在某一领域拥有其特殊擅长的生产方法，而不会对所有催化剂生产方法都包罗万象。

表3-1 实验室催化剂及工业催化剂的要求区别

项目	实验室催化剂	工业催化剂
数量	以 g 或 mL 计量	以 kg 或 t 计量
运转时间	以小时、日计	以月、年计
操作状况	稳定可控制	不稳定有时会很严重
反应	反应机理	反应控制步骤
选择性	主要产物多少	副产物多少
性能表示	反应速率大小	转化率及收率
关心着眼点	过程及数据	产品质量及经济效益

3-1 催化剂制备的一般特点

催化剂与只要符合一定规格就有市场的其他大规模生产的化工产品不同，它必须在实际操作条件下长时期运转中能保持优异性能才有工业应用的价值。所以，即使实验室的各种试验结果都很好的催化剂，也并不意味着工业催化剂制备的完成。

一般所讲的催化剂制法，通常是指以完成该催化剂的成型产品为对象。可是在这一制备阶段，表面上生成的催化物质并不多，即在表面上是以尚未生成催化物质的母体物质形式存在的，只有将它装填到反应系统，经活化操作后方能生成真正的催化物质。因此，作为催化剂的制造方法，如果不包括原料配制、沉淀、浸渍、干燥、成型、焙烧及活化等各种阶段，则不能说是完整的。因此，与一般化工产品相比较，催化剂生产具有以下特点：

1. 要满足用户对催化剂的性能要求

一种工业催化剂，通常是由生产厂与用户签订正式协议后，生产厂才开始组织生产。对于催化剂用户，对催化剂的性能要求有：①良好催化活性；②选择性高；③使用寿命长；④机械强度适中，稳定性好；⑤有高度耐中毒能力，可再生复活等。

一般来说，上述要求的满足取决于：①适宜的比表面积及孔容大小；②适宜的孔径分布；③良好的机械强度；④具有合理流体力学特性的外观形状；⑤基质上活性组分的最佳浓度及分布；⑥要求的晶格大小及相组成等参数。

然而，在催化剂实际生产时，要制备出完全满足上述要求的催化剂是很难的。例如，要提高催化剂的机械强度，就必须牺牲一部分比表面积。又如，为使催化剂具有较高选择性，往往须消除其大部分较细的孔，而这时，催化活性则可能下降。所以，一种成功的工业催化剂，实际上是各种对立因素的合理平衡。如图 3-1 所示，影响催化剂机械强度的因素很多，在生产过程中，发现产品性能不能达到用户要求时，要认真查找原因，分析原材料性质、工艺操作条件及设备因素等，并加强分析检测工作，找出影响产品质量的原因所在。

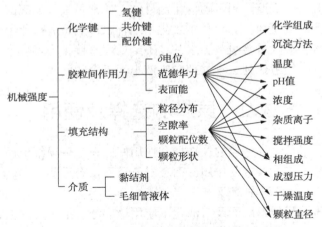

图 3-1　制备方法对催化剂机械强度的影响

对于大规模制造的化工产品，如果产品符合某些预定的规格就可以供应到市场上。可是，催化剂的起始物理和化学性质并不能完全说明其工业应用的价值。因为，催化剂可能具有所有有效的物理化学特性，但在工业反应器上的应用效果却不一定理想。所以，只有那些在实际操作条件下达到所要求的催化活性及选择性，并能稳定运转的催化剂才是用户所能接受的催化剂。

2. 达到良好的制备重复性

催化剂生产中由于原料来源改变或操作控制中极细小的变化都会引起产品性质的极大变

化，制备重复性问题在实验室研究制备工艺阶段就应引起重视。当几种制备技术都能达到同样的性能要求时，应尽量选择操作可变性较大的制备方法。一般来说，在催化剂放大制备初始阶段，会经常出现产品性能重复性不好的现象，这时可从两方面找原因：第一个原因与制备工艺选择无关，主要是由于质量检测及控制手段不完善或由于操作人员不熟练等原因所造成，这时，只要加强质量检测工作，提高操作水平就可以得到改进；第二个原因是选择的工艺条件及单元操作设备不当所引起。一般说来，所选择的工艺参数范围越窄，制备的产品质量越高，重复性就越好；反之，则重复性差。可是，选择的工艺参数范围越窄，会使工艺过程和设备复杂化，控制精度提高，生产投资及操作费用增加。此外，催化剂原料纯度及规格的变化也是影响性能重复性的一个原因。

3. 生产装置有较大的适应性

催化剂生产的吨位数一般不是太大，但产品品种却较多。为了适合品种多、灵活性大的特点，催化剂生产厂常将各类生产设备装配成几条生产线，将使用相同单元操作的几种催化剂按需要量和生产周期的长短安排于同一生产线上生产。这样可以提高设备利用率，降低产品成本，并生产出不同组成及形状的各种催化剂。

4. 生产操作人员技术要求高

催化剂生产厂由于交替生产不同牌号的催化剂，故所用原材料、工艺配方、生产流程及设备类型都会随时发生变化，生产操作人员应具备较好的化工基础知识，熟练掌握多品种生产方法，防止因操作失误造成质量事故或安全事故。

5. 要重视三废处理，减少环境污染

催化剂生产中常会产生大量有毒的废气及废液。如焙烧是负载型催化剂生产中的一个重要制备工序。由浸渍法或沉淀法制得的催化剂母体，通常是金属的硝酸盐、碳酸盐或氢氧化物等，通过焙烧除去氮氧化物、二氧化碳或化学结合水得到金属氧化物。其中氮氧化物是有特殊刺激臭味的气体，吸入后会引起肺水肿，不经处理直接排入环境中会引起大气污染，因此，催化剂生产装置必须考虑到废气处理和废液中无机盐的回收，以免污染环境。

3-2　原料的选择及使用

制造催化剂的原料是多种多样的，选择和使用好原料是一项细致而重要的工作。正确选择原料不仅在技术和经济上有重要作用，而且对产品质量有重要影响。

3-2-1　原料的采购及科学管理

如前所述，固体催化剂是炼油及石油化工应用最广泛、最重要的催化剂。这类催化剂通常主要由活性物质、助催化剂及载体所组成。周期表中的金属元素则是组成催化剂的主要原料。所以经常或大量生产催化剂时应及时了解金属资源及价格变化，对稀有及存在战略意义的矿产资源更是如此。

原材料的采购是科学管理的重要环节，催化剂生产厂应把物资采购作为全面质量管理工作的一项重要内容予以重视。应将生产所需的原材料的质量标准作为采购依据。特别对于重要的原料，应对供方生产能力、产品质量、数量、价格、保证能力进行综合分析评价。对进厂的原料应及时到现场检查外观、包装、数量情况，有条件的企业还可按标准规定的方法取样、检验，对检测记录、质量报告要妥善保存，以便查用。企业在组织生产时，原材料组织管理应考虑的因素如下：

外购或本企业生产，购买单位，供应能力，质量规格，购买价格，购买规格，运输方式，交货时间，保管方式，库存量。

3-2-2　化学试剂

化学试剂简称试剂，是用途广泛的一类精细化学品。在精细化工产品生产中，为了正常生产出合格的产品，需要进行原料、中间品及产品的控制检验。这时，化学试剂就如同卡尺和砝码一样，由分析人员用它来鉴定产品是否符合标准和规格。

在催化剂的实验室研究及制备过程中，由于使用原料量较少，选择面也较宽，通常为了方便或减少工业原料中杂质对催化剂质量造成的影响，一般都购买商品化学试剂作为试验原料。而化学试剂有严格的质量标准，试剂的品种及门类很多，其质量标准也多种多样，而这些标准的制定都是以应用为依据。选择试剂也要根据试剂杂质的含量和对试剂的要求来考虑，不能只追求纯度，纯度高的试剂，其制备过程复杂，价格也就昂贵。

（1）化学试剂的等级

我国的化学试剂规格分为高纯、光谱纯、分光纯、优级纯、分析纯和化学纯等，而国家及主管部门颁布具体指标要求的只是后三种。

优级纯，即一级品。纯度最高，适用于精密分析工作。

分析纯，即二级品。纯度略差于一级品，适用于重要分析工作。

化学纯，即三级品。纯度与二级相差较大，适用于工矿企业、学校及科研单位一般分析工作，也是实验室合成化学及催化剂制备的常用原料。

各厂生产的化学试剂尽管在瓶签上注明的标志不完全统一，但规格和等级都是按国家统一规定的。表 3-2 为我国化学试剂的等级标志，只要看到瓶签上有上述其中的一个标志，就可以知道该化学试剂是几级品。

表 3-2　我国化学试剂的等级标志

级别	一级品	二级品	三级品		
中文标志	优级纯	分析纯	化学纯	实验室试剂	生物试剂
代号	CR	AR	CP	LR	BR 或 CR
瓶签颜色	绿色	红色	蓝色	棕色或其他色	黄色或其他色

（2）化学试剂的包装规格

化学试剂包装单位的规格，是指每个包装容器内盛装化学试剂的净重或体积，我国规定化学试剂有以下五种包装单位。

第一类　0.1g、0.25g、0.5g、1g、5g；

第二类　5g、10g、25g；

第三类　25g、50g、100g 或 25mL、50mL、100mL，以安瓿包装的液体试剂则增加 20mL 的包装单位；

第四类　100g、1kg 至 5kg（每 0.25kg 为一间隔）或 500mL、1L、2.5L、5L。

包装单位大于 5kg 或 5L 的试剂，根据用户要求，在保证储运安全的原则下，可以不受包装类别的限制，适当扩大包装单位。

在催化剂放大制备过程中，从生产成本及经济效益考虑，生产者总希望尽可能多地用工业原料替代化学试剂作为原料。但原料规格的确定也是极需引起注意的重要事项。因为选用的原料对决定生产路线起着重要作用。如沉淀法和浸渍法制备催化剂的原料大多为水溶性的盐类，除应考虑到盐类的溶解度、溶液的稳定性外，还应顾及盐类的可还原性和在后续的干燥、焙烧等操作中的迁移性等问题。在明确了原料中杂质影响的前提下，应尽可能选用供应充沛和价格便宜的工业原料替代实验室用的试剂原料。但值得注意的是，由于催化剂的特殊性，原料规格有时需要经过多年对杂质影响的研究才能搞清原料来源有变化时所产生的影响。如早期生产一氧化碳低温变换催化剂（$CuO/ZnO/Al_2O_3$）时，原料规格只规定了铜的纯度需在 99.5%以上，但后来发现，催化剂活性下降的原因是原料的含铅量高于 0.05%所造成的，所以，后来又增加了铅含量<0.05%的指标后，才使催化剂的性能稳定。

3-2-3　贵金属资源[28,29]

贵金属一般指金、银、铂、钯、铑、铱、锇及钌共 8 种金属，除金和银外的 6 种金属称为铂族金属或铂族元素。铂族元素中的钌、铑、钯称为轻铂族金属，锇、铱、铂称为重铂族金属。这些金属之所以"贵"，除了因其资源缺少、价格昂贵以外，还因为其具有良好的化学稳定性以及其他独特的甚至不可替代的性质而"贵"，它们用于催化反应的历史很久，在多种重要反应中得到广泛应用。如乙烯氧化制环氧乙烷的银催化剂，乙酸乙烯酯合成用钯-金催化剂，甲醇氧化制甲醛用银催化剂，催化重整用铂催化剂，氨氧化制硝酸用铂网催化剂，对苯二甲酸加氢精制用钯-炭催化剂，二氧化碳脱氢用钯或铂催化剂，一氧化碳选择性氧化用铂催化剂，碳二馏分或碳三馏分选择加氢除炔烃用钯催化剂，羰基合成用铑催化剂，汽车尾气净化用铂-钯-铑系催化剂及制取高熔点烷烃的钌催化剂等。

贵金属（特别是铂族金属）广泛用作催化剂，尤其是在加氢反应及脱氢反应中的应用更为广泛，这是由于铂族金属的电子结构及化学吸附能力的特殊性所造成的。表 3-3 示出了铂族金属的主要物理性质。从表中看出，铂族金属的 4d 或 5d 轨道中持有电子，而铂系金属的吸附性质一般都是结合它们的 d 电子来考虑的。d 轨道总共可以容纳 10 个电子，但实际上并非所有的 d 轨道都被填满了。此外，如 1-2-3 节所述，金属键的 $d\%$ 越大，表示 d 能带中的 d 电子越多，空穴越少。金属催化剂的活性要求 $d\%$ 在一定范围内。如金属加氢催化剂的 $d\%$ 处于 40%~50%时其催化活性最好。而铂族金属的 $d\%$ 都处于这一范围中。

表 3-3　铂系金属的主要物理性质

金属元素	Ru	Rh	Pd	Os	Ir	Pt
原子序数	44	45	46	76	77	78
相对原子质量	101.07	102.91	106.40	190.20	192.22	195.09
外层电子结构	$4d^75s^1$	$4d^85s^1$	$4d^{10}5s^0$	$5d^66s^2$	$5d^76s^2$	$5d^96s^1$
$d\%$数值	50	50	46	49	49	44
未成对电子数	4	3	0	4	3	2
原子半径/nm	0.125	0.125	0.128	0.126	0.127	0.130
离子半径/nm	0.069(Ru^{3+}) 0.067(Ru^{4+})	0.068 (Rh^{4+})	0.082(Pd^{2+}) 0.065(Pd^{4+})	0.069($O^{6+}s$) 0.083($O^{4+}s$)	0.068 (Ir^{4+})	0.080(Pt^{2+}) 0.065(Pt^{4+})
第一电离势/eV	7.364	7.46	8.33	8.70	9.0	9.0
第二电离势/eV	16.76	18.07	19.42	19.0	16.0	18.56

续表

金属元素	Ru	Rh	Pd	Os	Ir	Pt
第三电离势/eV	28.46	31.05	32.92	—	—	—
价态	0，Ⅱ，（Ⅲ），（Ⅳ），Ⅴ（Ⅵ），（Ⅶ），（Ⅷ）	0，Ⅰ，Ⅱ，（Ⅲ），Ⅳ，Ⅴ，Ⅵ	0，Ⅰ，（Ⅱ）Ⅳ	0，Ⅱ，Ⅲ，（Ⅳ），Ⅴ，Ⅵ，Ⅶ，（Ⅷ）	0，Ⅱ，（Ⅲ），（Ⅳ），Ⅵ	0，（Ⅱ），Ⅲ，（Ⅳ），Ⅴ，Ⅵ
晶体结构	六方体	面心立方体	面心立方体	六方体	面心立方体	面心立方体
密度/（g/mL）	12.3	12.4	11.4	22.48	22.42	21.45
熔点/℃	2250	1966	1552	3000	2443	1763

注：价态一栏中有括号的为特征价态。

根据表 2-2 所示，对于室温下气体在金属上的化学吸附行为，金属对气体的吸附能力有一定的顺序，而铂族金属对于除二氧化碳和氮以外的气体，都是不可逆的化学吸附。此外从吸附热数据也可看出（见表 3-4），在铂族金属上，氢的吸附热在 75～134kJ/mol 的范围之间，比其他金属的吸附热要小（见表 2-3）。这一现象表明，铂族金属在与氢有关的反应中可显示出高的催化活性。

表 3-4　铂族金属上氢的吸附热

金属	吸附热/（kJ/mol）	金属	吸附热/（kJ/mol）
Rh（蒸发膜）	108.83	Ru（负载于硅胶）	108.83
Pd（蒸发膜）	113.02	Rh（负载于硅胶）	104.65
Pt（铂黑）	75.35	Ir（负载于硅胶）	108.83
Pt（负载于硅胶）	113.02	Pt（负载于活性炭）	133.95

由上可知，贵金属，特别是铂族金属所具有的独特性质在石油化工及有机合成中占有极重要的地位。但作为元素，贵金属在整个自然界中分布虽然很广，但目前值得开采的资源并不很多。特别是铂族金属元素由于含量低而分散，加上彼此之间的化学性质极其相似而极难分离。目前，铂族金属的世界开采量不及黄金的 4%。

通常人们所指的贵金属自然资源是指地球上的矿产资源。它们在地壳中含有率分别为：金 0.005g/t，银 0.1g/t，铂 0.005g/t，钯 0.01g/t，铑、铱、锇、钌各为 0.001g/t。

我国金银矿物资源较为丰富，但属于铂族金属稀少国家，合理利用好现有铂族矿产资源和再生资源已成为十分紧迫的任务。特别是随着我国工业化过程的加快，铂族金属在国防工业、微电子工业、新能源工业、环保产业及石油化工等行业的消费量逐年增大。所以，就工业应用价值来说，铂族金属要比黄金和白银高。正因如此，世界工业化国家都将它列为国防建设中的战略物资，其特殊的性质及其特殊的用途导致贵金属的价值不断攀升。

鉴于贵金属特别是铂族金属的特殊性及价格昂贵，而且我国使用的铂族金属中很大一部分要依赖进口，在使用或选用铂族金属作催化剂活性组分时应考虑以下几个方面：①要反复试验确定铂族金属比例，在不影响催化剂活性及选择性下，减少铂族金属用量；②必须使用铂族金属作活性组分时，要认真选择制备方法，提高铂族金属的分散度及利用率，减少活性组分负载量；③失活的废催化剂中的铂族金属应回收精制，催化剂用户缺乏回收技术及装置时，也应送有回收能力的专业厂进行回收；④有长期而稳定的铂族金属货源供应。

3-2-4　稀土元素及其化合物

稀土元素是指元素周期表中第3(ⅢB)族的钪(Sc)、钇(Y)及镧系共17个元素，它们在自然界中共同存在，性质十分相似。由于这些元素发现较晚，又难以分离成高纯状态，初始得到的是它们的氧化物，外观似土，故称为稀土元素。根据它们在自然界矿石中赋存情况及提取分离的工艺过程，可将稀土元素分为轻稀土元素(铈组稀土)和重组稀土，也可将它们划分为轻、中、重三组，如表3-5所示。

表3-5　稀土元素的分组

原子序数	57	58	59	60	61	62	63	64	65	66	67	68	69	70	71	39
元素名称	La	Ce	Pr	Nd	Pm	Sm	Eu	Gd	Tb	Dy	Ho	Er	Tm	Yb	Lu	Y
分　组	轻稀土元素(铈组稀土)							重稀土元素(钇组稀土)								
	轻稀土元素					中稀土元素		重稀土元素								

稀土元素具有独特的4f电子结构、大的原子磁矩、很强的自旋耦合等特性，彼此间性质十分相似而又有一些差别，这些都是由于它们原子和离子的电子结构，以及在外场作用下电子云的分布和电子在能级间的跃迁规律所决定的。

稀土元素是具有高电荷和高氧化能的大离子，能与碳形成强键，并易获得和失去电子，促进化学反应。此外，由于稀土氧化物具有表面碱性、晶格氧可迁移性、阳离子可变价态等特性，因此，许多稀土材料具有较高的催化活性，无论对于多相或均相反应与传统催化材料比较，稀土催化材料具有催化活性高、选择性及稳定性好等特点。与具有外层d电子结构的过渡元素比较，稀土元素总的催化活性要低，但各稀土元素间的催化性能差别比较小，而d型结构的过渡元素之间却具有显著的选择性差异。

稀土催化剂广泛用于氧化、加氢、脱氢、酯化、脱水等有机合成反应。在现行稀土催化剂中，稀土元素一般以氧化物、盐类、金属间化合物的形式使用。由于稀土元素和其他元素之间有很大的互换性，因此它既可用作主催化剂作为催化剂的主要成分，也可用作助催化剂而作为催化剂的次要成分，还可用作载体对活性组分起着稳定及分散作用。

我国是世界上稀土资源最丰富的国家，储量是国外稀土总量的约2.2倍，且具有分布广、矿种全、品种优良等特点，而我国贵金属资源比较贫乏，因此，在汽车尾气催化净化等使用贵金属催化剂较多的领域，开发含少量贵金属的稀土催化剂，进一步降低贵金属用量，是一项具有战略意义的工作。目前，稀土元素特别是氧化铈已大量用于商业汽车催化剂中，其一般用量约为涂层质量的10%~30%。它在汽车尾气转化的三效催化剂中具有储存及释放氧、稳定载体涂层、改变反应动力学、促进水煤气转化反应($CO+H_2O \longrightarrow CO_2+H_2$)和水蒸气转化反应、减少烃类的排放等作用。因此，稀土已是汽车尾气净化催化剂中不可缺少的成分。

除此以外，在有机合成中，烃类的氧化、甲烷选择性氧化、甲烷的氧化偶联、甲苯氧化等都可用稀土氧化物或复合氧化物作催化剂；在无机合成中，氨合成、水煤气转化的催化剂，以稀土代替部分铬；在氨氧化制硝酸中，以含稀土的ABO_3型催化剂代替铂金属催化剂等，都显示稀土的催化作用。作为参考，表3-6示出了稀土元素的基本性质[30]，表3-7示出了稀土催化剂在一些化工反应中的应用[31]。从表 3-7 看出，稀土金属可广泛用作多种化工催化剂及助催化剂。特别在催化裂化过程中，由于稀土原子具有可变的配位数，稀土离子能稳定 X 型及 Y 型分子筛结构，其催化活性优于不含稀土的分子筛催化剂，目前常用的催化裂化分子筛催化剂，大都含有稀土氧化物，它可以提高重油裂化的汽油收率。在美国，汽车尾气净化催化剂是稀土的最大用户(约占稀土总消费量的 45%)，远高于稀土用量第二的重油裂化催化剂(约占稀土总消费量的 25%)。目前，我国汽车保有量已位居世界前列，汽车尾气净化任务十分严峻。而稀土是我国的优势矿物资源，大力发展稀土汽车尾气净化催化剂及其他稀土化工催化剂，既可保护环境及促进炼油及石油化工发展，又可充分利用我国得天独厚的资源条件，促进我国稀土工业的发展。

表 3-6 稀土元素的基本性质

原子系数	元素名称	元素符号	晶体结构	价层电子结构	原子半径/nm	熔点/℃	沸点/℃	电负性χ	主要化合价
21	钪	Sc	密排六方	$3d^14s^2$	1.641	1539	2730	1.28	+3
39	钇	Y	密排六方	$4d^15s^2$	1.801	1510	2930	1.22	+3
57	镧	La	双密排六方	$5d^16s^2$	1.879	920	3470	1.1	+3
58	铈	Ce	面心立方	$4f^15d^16s^2$	1.825	798	3426	1.12	+2，+3，+4
59	镨	Pr	双密排六方	$4f^36s^2$	1.828	935	3130	1.13	+3、+4
60	钕	Nd	双密排六方	$4f^46s^2$	1.821	1024	3030	1.14	+2，+3，+4
61	钷	Pm	双密排六方	$4f^56s^2$	1.811	1042	(3000)	—	+3
62	钐	Sm	菱形	$4f^66s^2$	1.804	1072	1900	1.17	+2，+3
63	铕	Eu	体心立方	$4f^76s^2$	2.042	826	1440	—	+2，+3
64	钆	Gd	密排六方	$4f^75d^16s^2$	1.801	1312	3000	1.20	+3
65	铽	Tb	密排六方	$4f^96s^2$	1.783	1356	2800	—	+3，+4
66	镝	Dy	密排六方	$4f^{10}6s^2$	1.774	1407	2600	1.22	+3，+4
67	钬	Ho	密排六方	$4f^{11}6s^2$	1.766	1461	2600	1.23	+3
68	铒	Er	密排六方	$4f^{12}6s^2$	1.757	1497	2900	1.24	+3
69	铥	Tm	密排六方	$4f^{13}6s^2$	1.746	1545	1730	1.25	+2，+3
70	镱	Yb	面心立方	$4f^{14}6s^2$	1.939	824	1430	—	+2，+3
71	镥	Lu	密排六方	$4f^{14}5d^16s^2$	1.735	1652	3330	1.27	+3

表 3-7 稀土催化剂在一些化工反应中的应用

反应类型	反应举例	催化剂
加氢	氨合成	$NdFeO_3$，$LaFeO_3$，YFe_3O_3
	水煤气转化	低铬稀土催化剂
	煤气甲烷化	镍钼稀土催化剂
	CO、CO_2 的全甲烷化	$LaNi_3$，$NiO-Re-MgO-Al_2O_3$
	乙烯加氢、碳化链烯烃	$LaNi$
	CO 氢化制异烷烃	CeO_2

反应类型	反应举例	催化剂
脱氢	烷烃脱氢、醇类脱氢 烯烃芳香化 环烷烃脱氢制芳烃 四氢基萘脱氢为萘	TbO_2，Sm_2O_3 Cu-K-Ce 氧化物负载在 Al_2O_3 上 CeO_2，La_2O_3，Nd_2O_3，Sm_2O_3 Cu-K-Ce 氧化物负载在 Al_2O_3 上 RE_2O_3（RE＝Ce、La、Pr、Tb 等）
氧化	甲烷氧化、丁烷氧化 烯烃氧化为不饱和醛 醇氧化成醛、酮、酸 甲烷氧化偶联为乙烷、乙烯等 甲烷选择氧化为醛或酸 甲苯完全氧化 乙烯氧氯化制二氯乙烷 二氧化硫制硫酸	RE_2O_3，CeO_2 负载在 Al_2O_3 上 $Ce-MnO_3$ CeO_2，$Mo-Ce/SiO_2$ $LiCl/La_2O_3 LaAlO_3$，$La_{1-x}PbxAlO_3$ $La_3(PO_4)_4$-磷酸铁 稀土和非金属硝酸盐负载在 $\gamma-Al_2O_3$ 或 SiO_2 上 Cu-K-Ce 或 Cu-Ce 负载在 Al_2O_3 上 $Nd_2O_3-V_2O_5$，$Ce(SO_4)_2$
脱水	醇类脱水 有机羧酸与醇的酯化反应	Sc_2O_3、ThO_2、Y_2O_3 Ln_2O_3（除 Ce 以外的镧系元素）
酯化	邻苯二甲酸二辛酯合成 乙二醇单乙醚乙酸酯 乳酸乙酯合成 乙酸乙酯合成	稀土氧化物，稀土盐 $Ce(SO_4)_2 \cdot 4H_2O$ 稀土硫酸盐 稀土氯化物
重整	烷烃→芳烃 正庚烷转化	铂锡稀土，铂铼稀土 铂铥催化剂
催化裂化	重质油分解、异构化、氢转移及芳构化反应	稀土 Y 型分子筛，稀土 X 型分子筛，稀土 H 型分子筛
聚合	乙烯聚合	稀土氧化物-$LiAlH_4$、$CeCl_3$-Grignard 试剂，$AlEt_3+LaCl_3$
其他反应	氢的正-仲转化反应，H-D 交换反应 磷酸酯水解反应	Nd_2O_3、Dy_2O_3、Er_2O_3、Sm_2O_3 La_2O_3、Ce_2O_3

3-3　催化剂生产中的质量控制

　　催化剂生产需要的化工原料种类繁多，所用原料的质量好坏会直接影响成品催化剂的质量。有的催化剂对原料要求很苛刻，这在实验室里往往可以使用杂质含量很低的化学试剂，而在工业生产中，由于原料用量大，考虑到生产成本及经济效益，能用工业原料就尽可能不用化学试剂。而即使使用工业原料，在催化剂生产的各个单元操作过程中也都明确规定了质量控制项目。因此，原料、工作溶液、半成品及成品的质量检查对生产合格产品起着眼睛作用，也是保证催化剂质量的关键因素。为了确保生产的催化剂达到性能指标要求，并有很好的重复性，在催化剂质量控制上应注意以下几个方面。

3-3-1　化工原料的入厂检验

对已定型生产的催化剂，其所用原材料都有严格的规格要求。原料进厂时应严格按照所要求的产品技术标准进行验收。质检部门在接到供应部门进货通知后，应及时到现场检查外观、包装、数量情况，然后按标准规定的方法进行取样，并按生产部门的要求安排进行检测，尽快将准确的检测数据报告给供应及有关生产部门，化工原料的检测记录应妥善保存。对经质量检测不合格的化工原料，应立即填写质量异常反馈单，将结论和意见及时反馈至供应及生产等有关部门，以便采取相应的处理措施。一般来说，质量不合格的化工原料不能入厂，特别是关键原料或主要质量指标不合格的原料绝不允许投入生产。

对质量合格的原料，企业应制定严格的仓库管理制度，实行标准化管理。对一般化工原料与易燃、易爆、剧毒等原料应按原料的性质及要求分别存储。

3-3-2　化学组成分析

固体催化剂生产原料主要是各种无机酸、碱、金属盐类及载体材料，它们大都是一些无机化合物，对原料、工作溶液、半成品及成品的分析主要是无机分析。在选择分析方法时，应从以下几个方面来考虑。

（1）所选用的方法在满足测定准确度这一前提下，能在较短时间内完成测定工作，也即分析要起到催化剂生产的眼睛作用，分析必须快速而又准确，特别对关键项目的分析要准确无误，以确保催化剂产品质量。

（2）从大量的原料、工作溶液、半成品及成品中取样时，取得的样品应有代表性，以使分析结果更符合物料的真实组成。对于气体、液体、金属及某些较为均匀的原料或产品，可以任意采取一部分稍加混合后取出一部分即可成为具有代表性的样品。对一些颗粒大小不匀、成分混杂不齐、组成极不均匀的物料，为取得具有代表性的均匀试样，就应按照一定的顺序，自物料的各个不同部位，分别取出一定数量大小不同的颗粒，经破碎、过筛、混匀、缩分等步骤制备可供分析化验用的具有代表性的均匀试样。常用的手工缩分法是"四分法"，即先将已破碎的样品充分混匀，堆成圆锥形，将它压成圆饼状，通过中心按十字形切为四等份，弃去任意对角的两份，将剩余两份取出进一步破碎，过筛后混合均匀堆成一堆，再按如上所述进一步缩分，直至达到需要的细度和数量为止。

（3）根据被测组分含量的多少来选用适当的分析方法。根据被测组分的含量不同，可粗略地分为常量组分（大于 1%）、微量组分（0.01%～1%）和痕量组分（小于 0.01%）的分析，不同含量的组分各有适用的方法。

重量分析法和滴定分析法常用于常量组分的测定。由于滴定法简便快捷，对两种方法都能适用的分析，一般选用滴定法。但滴定法需要配制标准溶液，当需要测定某一组分，而测定次数不多时，则还是用重量法为好。

对于微量组分的测定可以选用灵敏度较高的其他分析方法，如光电比色法、分光光度法等。

由于大部分金属离子能与 EDTA 形成稳定的配合物，因此大多可选用配位滴定法来测定金属离子。

催化剂往往是由许多元素混杂的化合物组成的，因此不能采用简单的纯物质的鉴定法来进行组成分析。在考虑被测组分的同时，还应考虑共存组分对于测定的影响，这时就应选用特效的方法，否则应设法分离或掩蔽共存的干扰组分来保证测定的顺利进行。

作为参考，表3-8示出了固体催化剂常见分析项目及分析方法。

表3-8　固体催化剂常见分析项目及分析方法

试样名称	分析项目	分析方法	试样名称	分析项目	分析方法
盐酸	HCl	中和法	工作溶液中	Na_2O	容量法
硫酸	H_2SO_4	中和法	工作溶液中	MoO_3	配位滴定法或容量法
硝酸	HNO_3	中和法	工作溶液中	WO_3	重量法
磷酸	H_3PO_4	中和法	工作溶液中	Ni	光电比色法
氢氟酸	HF	中和法	工作溶液中	W	光电比色法
氢氧化钠	NaOH	中和法	工作溶液中	Co	配位滴定法或容量法
氨水	NH_3	中和法	工作溶液中	Pt	比色法
工作溶液中	NH_3	中和法	工作溶液中	Pd	比色法
工作溶液中	NaOH	中和法	滤饼或固体试样中	Na_2O	火焰光度计法
工作溶液中	HCl	中和法	滤饼或固体试样中	Al_2O_3	配位滴定法
工作溶液中	H_2SO_4	中和法	滤饼或固体试样中	WO_3	重量法
工作溶液中	HNO_3	中和法	滤饼或固体试样中	MoO_3	配位滴定法或容量法
工作溶液中	H_3PO_4	中和法	滤饼或固体试样中	SiO_2	灼减法
工作溶液中	HF	中和法	滤饼或固体试样中	Fe	光电比色法
工作溶液中	Al_2O_3	配位滴定法	滤饼或固体试样中	Co	光电比色法
工作溶液中	SiO_2	容量法	滤饼或固体试样中	Ni	光电比色法

在催化剂生产过程中，要保持不同批次催化剂的质量均匀，不仅在成品阶段，而且对半成品或中间步骤都应进行化学组成分析。无论是半成品或最终产品，其杂质含量都应保持在所要求的极限以下。

3-3-3　相组成分析

除化学组成外，催化剂的相组成很大程度上决定其表面性质及表观性能，并对催化剂的活性、选择性及稳定性产生很大影响。以烃类水蒸气转化用镍催化剂为例，工业上烃类水蒸气转化反应条件极为苛刻，催化剂要经受高温、高压、高流速气速的冲刷，这要求烃类水蒸气转化催化剂不但要有良好的催化活性及选择性，还需具备良好的机械强度及稳定性。通过对镍催化剂制备过程的相组成分析，发现铝酸镍尖晶石还原时比镍以氧化物存在得到较细的镍颗粒，细颗粒镍表面利用率高，具有较好的催化活性。此外，催化剂中尖晶石结构的化合物存在，使催化剂在操作条件下难以粉碎而保持较好的机械强度。

催化剂制备过程中，载体的相组成对催化剂的结构性质及机械强度起着重要作用。仍以烃类水蒸气转化的镍催化剂为例，催化剂的活性组分化合物为 $Ni(NO_3)_2$，助催化剂为 MgO，载体为 Al_2O_3、CaO 等。制备催化剂的方法可以是沉淀法、浸渍法或混合法等，这三种方法都需经过高温焙烧，使活性组分、助催化剂及载体之间进行固相反应，如 Ni 与 Al_2O_3 生成铝酸镍尖晶石、NiO 与 MgO 生成固溶体等。而经相组成分析发现，在同样处理条件下，镍-氧化铝体系中的镍微晶增大，而镍-氧化铝-氧化钙体系中的镍微晶则保持不变。这表明载体相组成对活性组分镍的分散性及其稳定性有较大影响。

有时制备出的催化剂可能具有所要求的物理化学特性，但活性评价时却没有显示出高的催化活性及选择性，这时，分析半成品或成品的相组成也是判别催化剂质量的一种手段。以固体催化剂最常用载体氧化铝为例，它有 χ-、β-、γ-、δ-、κ-、θ-、ρ-、η-、α-Al_2O_3 等晶型，因此将氧化铝用作载体时，仅知道其化学组成是远远不够的，只有知道其晶型，才能更了解其作用及性质。

三水氧化铝（$Al_2O_3 \cdot 3H_2O$）在空气中的热转化过程为[5]：

三水铝石 $\xrightarrow{250℃}$ χ-Al_2O_3 $\xrightarrow{900℃}$ κ-Al_2O_3 $\xrightarrow{1200℃}$ α-Al_2O_3

$\xrightarrow{粗晶粒，200℃}$ 一水软铝石 $\xrightarrow{450℃}$ γ-Al_2O_3 $\longrightarrow$ $\begin{matrix}\delta\text{-}Al_2O_3\\\theta\text{-}Al_2O_3\end{matrix}$ $\xrightarrow{1200℃}$ α-Al_2O_3

湃铝石 诺水铝石 $\xrightarrow{230℃}$ η-Al_2O_3 $\xrightarrow{850℃}$ θ-Al_2O_3 $\xrightarrow{1200℃}$ α-Al_2O_3

通过相组成分析可以判别上述热转化过程，并在生产过程中进行控制。

催化剂或载体相组成的测定主要采用 X 射线衍射技术。每种结晶物质都有自己的特征粉末衍射图谱，据此和标准衍射谱对照就可对它进行测定。标准图谱已汇编成粉末衍射卡片（称为 JCPDS 卡片，以前称为 ASTM 卡片）集。每张卡片都列出卡片编号、样品的化学名称及分子式、矿物学名称及结构式、样品的化学性质、物性数据、晶体学数据、实验条件等。目前卡片内容已汇编成一个包括几千万种标准物质的数据库，利用这种数据库可对已知化合物的相组成进行鉴定，也可对已知化合物的混合物进行鉴定。

3-3-4　物化性质分析

催化剂物化性质分析的目的是通过对半成品及成品等的物化性质测试，为生产提供该制品的理化性质，从而能在生产过程中随时掌握和控制催化剂的质量。生产过程检测的物化性质一般包括吸水性、堆密度、真密度、粒度、筛分组成、比表面积、孔容、孔半径、孔径分布及机械强度等，不同种类或用途的催化剂，对物化性能的要求也有所差别，所以应根据不同品种及用途，灵活进行物化性质分析。此外，由于催化剂生产的单元操作及生产步骤较多，当某一中间步骤所得半成品的物性出现偏差或达不到质量要求时，要及时查找原因，调整制备方法，切忌在原因不明的情况下继续生产，否则会造成更大的损失。

（1）吸水性

固体催化剂大多是多孔性物质，具有较强的吸附水分及吸附某些气体的能力。在浸渍法制备催化剂时，为了准确确定浸渍工艺条件，一般预先要测定催化剂载体的吸水性，以使催化剂活性组分的组成符合质量指标的要求。

测定吸水性的方法是：取 100g 经预先烘干的载体，加入 100mL 净水或浸前液，按工艺要求的需要在常温、常压下浸一定时间，然后分离出液体，用量筒测量浸后溶液的体积（mL），吸水性可用下式计算：

$$吸水性 = \frac{载体吸收净水（或浸前液）体积（mL）}{100g\ 载体}$$

表示吸水性的单位为 mL/g 载体。

（2）堆密度及真密度

单位体积催化剂的质量定义为催化剂密度，是催化剂的主要使用性能。密度有多种表示方法，其中堆密度表示反应器中密实堆积的单位体积催化剂所含的质量。真密度又称骨架密度，为单位体积催化剂的实际固体骨架质量。它们的测量方法可参见第一章1-4-2节。但要注意，测定紧堆密度必须在振动密实的条件下，或是在有一定流速的气流条件下进行，否则只能称作松堆密度。同时要注意，堆密度与颗粒粒度大小及粒度分布等有关。

（3）粒度

粒度或称颗粒度，是指催化剂颗粒的大小。它是在反应器中操作条件下不可再分割的最小基本单元，也是装填在反应器中的催化剂实际存在的形状和大小。反应器操作的一些物理特性（如堆密度、床层空隙率、形状系数等）的测定与计算也常与粒度这一基本单元密切相关。

单一颗粒的粒度用颗粒粒径表示，也称颗粒直径，球形催化剂的粒度就是球的直径。条状或圆柱形催化剂以直径和长度（或高度）表示，单位为 mm，一般用千分尺测量。

（4）筛分组成

工业用催化剂其颗粒大小并不一致，催化剂的产品规格中一般都有粒度分布的质量指标。而对流化床用微球催化剂，粒度分布更是影响催化剂活性的一项重要指标。测定粒度分布也称筛分组成。一般方法是使催化剂通过一组有适当孔目的标准筛，称出留在筛中的催化剂质量，算出它们各占总质量的百分数，这些百分数便为筛分组成。筛分法也是测定粒度分布最通用而简单的方法，可测范围一般为 $37 \sim 5000 \mu m$，特别适用于 $80 \mu m$ 以上的较粗颗粒。但在测定颗粒粒度分布时，必须使用能装配标准筛组的转动-击打振动机，用以模拟人工用筛的往复摇动和轻轻敲击。

催化剂的筛分组成也常用扬析气动沉降法测定。所用测定装置称作扬析颗粒度分布测定仪或气动筛分仪。当在一个底部有多孔板的圆筒形容器中加入一定量有一定颗粒度分布的粉体（或微球）时，让压缩空气强行通过多孔板而进入粉体层，当空气流速超过粉体流化的流速值时，床层开始流化，如继续提高空气流速而达到某一值时，就会有较小的粉体颗粒离开流化床上部界面而被空气带走。通常将这种混合粉体中较小颗粒被气流带走，而较大颗粒仍呈流化态的现象称为扬析。

扬析颗粒度分布测定仪（图3-2）是由4个不同直径的沉降筒按串联方式固定组成的。1号至4号筒的管径逐个增大。进行分析试验时，将样品放在1号筒的底部，在最后一个沉降筒的出口安装一个纸质的滤纸筒以收集最细粉末。然后通入净化空气，使具有一定湿度的空气顺次通过各沉降筒，由于各沉降筒的内径按空气流通方向逐次增大，故各沉降筒空气流速逐次减小，于是将粉体样品分为粒度不同的五个粒级，即 $2 \sim 20 \mu m$、$20 \sim 40 \mu m$、$40 \sim 80 \mu m$、$80 \sim 110 \mu m$ 及 $>110 \mu m$。分别称取各粒级的质量，以各组分总质量为基准，计算各组分百分率，即得到筛分组成。用扬析沉降法可测定 $5 \sim 150 \mu m$ 的颗粒度分布。

（5）比表面积

固体催化剂主要用于多相催化反应，反应发生在催化剂表面上，因此表面积大小直接影响催化剂的活性好坏。如果催化剂的表面性质是均匀一致的，或者说表面上的活性中心的分布均匀，则催化剂的活性大小就直接与比表面积成正比。而大多数催化剂的活性大小与比表面积不存在正比关系，但比表面积依然是反映催化剂性能好坏的一个直观物理量，一般在催

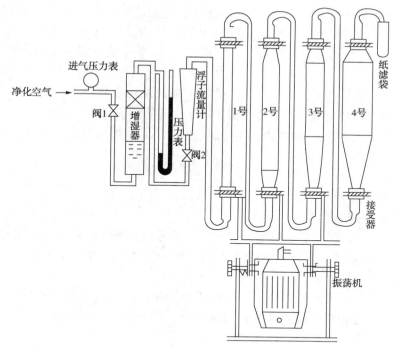

图 3-2　扬析颗粒度分布测定仪原理图

化剂生产的各阶段都需要测定比表面积。目前，催化剂比表面积的测定和计算已经仪器化、规格化。但测定时要注意的是，比表面积的测定是利用吸附质的物理吸附性质，所以必须避免一切化学吸附现象的发生，并须采用低温和惰性吸附质的条件。测定比表面积大于 $1m^2/g$ 的催化剂，用低温氮吸附法较合适；而测定比表面积小于 $1m^2/g$ 时，则应采用低温惰性气体吸附法。有关测定催化剂比表面积方法的著作较多，本书不再详述。

（6）孔容

孔容又称比孔容，是 1g 催化剂颗粒内部所有孔的体积总和，也是催化剂生产各阶段常需要测定的质量控制指标。常用四氯化碳法测定，其测定原理参见第 1 章 1-4-3 节。对于流化床用微球催化剂的孔容则可用水滴定法进行测定。

（7）平均孔半径及孔分布

平均孔半径及孔分布都是催化剂的一种孔结构特性。孔径大小与反应中催化剂的表面利用率有关。对于目的产物是不稳定的中间物时，孔径大小还会影响催化剂的选择性。所以，对于给定的反应条件及催化剂组成，应该使所制备的催化剂有适宜的孔分布。而当催化剂组成物质确定后，制备方法就成为决定因素。关于平均孔半径及孔分布的测定原理及方法可参见第 1 章 1-4-3 节。

（8）机械强度

催化剂的机械强度虽然不是催化剂的一种本质性质，但对工业反应装置的正常运转具有十分重要的作用。强度不好的催化剂在运输或装填进反应器过程中就可能产生破碎，或使用不久就产生细粉，使床层压力降增大，造成工厂早期停车。而在使用过程中，催化剂必须能承受以下机械应力或冲击，如催化剂本身质量产生的重力，高速流体流动时产生的摩擦阻力及压力降，生产操作不正常时引起的热应力及机械震动力，活化或再生过程中发生相变化而产生的内应力等。在一些工业生产过程中，由于催化剂的机械强度较差也是导致过程停车和造成比因催化剂失活需要更高频率更换催化剂的原因。因此，在催化剂生产过程中，必须对催化剂的机械强度作精确测定，并在生产的不同阶段，使半成品或成品的机械强度保持在特定的指标以上。

催化剂的机械强度与化学组成、载体性质、微观结构及制备均匀性等因素有关，河野等[32]认为催化剂的压碎强度(σ)主要由构成该催化剂的粒子间接触点数(n)及每一接触点的强度所决定，增大空隙率(θ)时将会减少接触点数目，从而降低强度。河野实验式为：

$$\sigma = \frac{nF(1-\theta)}{\pi d^2}$$

式中　d——颗粒大小；

　　　F——接触点间结合力。

由上式也可看出，催化剂颗粒越大，压碎强度越小，催化剂易破碎；接触点数目越多，其结合力也大，则不易发生破碎。而制备时的不均匀性会导致内应力不平衡，从而造成催化剂有碎裂的倾向。

催化剂由于成型形状多种多样，使用目的也不相同，因而测定机械强度的方法也不一致，表3-9示出了催化剂机械强度的常用试验方法。通常，催化剂机械强度测定法主要分为固定床用及流化床用两类催化剂的测定。

表3-9　催化剂机械强度常见试验法

反应器型式	催化剂形状	强度指标	强度试验方法	举例
固定床	圆柱体（条状或片状）	N/颗或 N/cm	垂直或水平抗压试验	CO 中温变换甲烷化催化剂
			破碎最小降落高度试验	
	小球	N/颗	抗压强度试验	碳二或碳三馏分选择加氢除炔催化剂
	无规则颗粒或球、条、片状	磨损率/%	磨损强度试验（滚落法）	合成氨催化剂
流化床	微球	未破碎率/%	抗磨强度试验（气升法）	丙烯氨氧化、乙烯氧氯化催化剂
移动床	小球	N/颗	抗压强度试验	催化裂化催化剂

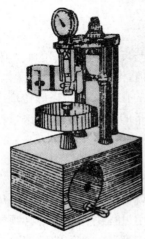

图3-3　抗压强度测定仪

① 固定床催化剂抗压强度的测定。固定床催化剂有片状、圆柱状、三叶草状、齿球状、球状及环状等，应用较广的是有规则的圆柱状、三叶草状、球状及片状等，不规则的颗粒较少用。对具有规则形状的催化剂常用加压法测定其强度，即对被测催化剂样品以手动或自动均匀施加压力直到催化剂颗粒破碎为止，由最大耐受压力读数便可指示其强度大小。测定抗压强度的仪器有多种型式，但原理基本相似，图3-3示出了催化剂抗压强度测定仪的外形结构。

测定时，将单颗催化剂试样放在可升降的平台上，转动下部把手，样品台即以一定的速度上升。当试样与弹簧测力计的下端接触后，试样开始承受压力，其压力由压力表显示。当压力达到一定值时，试样开始碎裂，压力表的指针突然回转，这表示催化剂的抗压强度小于此压力，读出并记录破碎的瞬间压力即为该试样的抗压强度或压碎强度。除手动操作外，测定仪也可由一套合适的机械液压或气动系统驱动，以使加压速率在要求范围内均匀可控。球形催化剂由点压碎强度表示，单位为 N/颗；圆柱条状、锭片催化剂由它们的侧压(径向)压碎强度和正压(轴向)压碎强度表示，单位分别为 N/cm 和 N/cm²。为减少测量误差，单颗粒催化剂的压碎强度，应取均匀一致的 50~200 粒测定，以它们的平均测定值作为测定结果。

单颗粒催化剂抗压强度测定，有时不能反映实际反应过程中的破损状况，因此，有时采用堆积压碎强度试验法进行测定。即将 20~40mL 催化剂堆放于压碎仪的油压活塞下方，采用不同的固定压力测量催化剂的破损率，并以此表示堆积压碎强度的测定数值，在同一压力下，破碎率大者，则堆积压碎强度低。

② 固定床催化剂磨损强度的测定。固定床催化剂磨损强度常用旋转滚落法测定。测定装置为一装有挡板的转鼓容器，转鼓内装有要测的球、条或片状催化剂。当转鼓转动时，催化剂在其内上下滚落而磨损。转鼓直径为 304mm，长为 254mm，内设有一块高度为 47.5mm 的挡板。转鼓转速 40~50r/min，可装催化剂试样 100g。磨损试验前须将样品经 ASTM 20 号筛(850μm)除去细粉后称量($G_{样}$，g)，经磨损试验 1h 后，再称出留在 20 号筛上的催化剂质量(G_{20}，g)，由磨损前后两质量比按下式计算出磨损率：

$$磨损率 = \left(1 - \frac{G_{20}}{G_{样}}\right) \times 100\%$$

式中 $G_{样}$——ASTM 20 号筛除去细粉后样品的质量，g；

G_{20}——磨损试验后留在 20 号筛上的样品质量，g。

③ 流化床催化剂磨损性能的测定。测定流化床微球催化剂的磨损性能常采用高速空气喷射法，是将被测催化剂微球在空气流的喷射作用下使其呈流化态，测量微球催化剂因内摩擦产生的细粉量，并以此量作为磨损性能的指标。乙烯氧氯化制二氯乙烷用微球催化剂及重油催化裂化催化剂的磨损性能均用此法测定。图 3-4 示出了微球催化剂磨损指数测定原理图，其测定方法如下[33]：

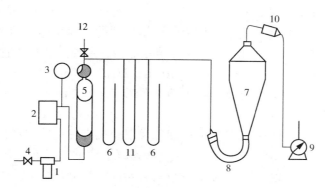

图 3-4 磨损指数测定原理图

1—空气过滤器；2—定值器；3—压力表；4—进风针形阀；5—空气增湿器；6—水银压差计；
7—沉降室；8—鹅颈管；9—湿式流量计；10—抽提滤纸筒；11—浮子流量计；12—放空阀

a. 将空气增湿器 5 加水至一定高度，打开进风针形阀 4，使增湿器中的压力 p_1 为(52±0.4)kPa，并将湿式流量计 9 调节在(21±0.1)L/min。通气 15min，使抽提滤纸筒 10 增湿，然后关闭进风针形阀，打开放空阀 12。

b. 将 20g 试样经 530℃ 高温焙烧后放入干燥器内冷却至室温，取 7.5g 试样装于鹅颈管 8 中，关闭放空阀 12，打开进风针形阀 4，使流量升至 20L/min，通气 15min，期间经常用橡皮锤敲击沉降室。然后在压力 p_1 为 52kPa 的条件下，调节流量至 21L/min，继续通气 45min，以除去催化剂原带的细粉，此期间也每隔 15min 敲击沉降室一次。然后打开放空阀，关闭进风针形阀，取下抽提滤纸筒称量得 G_2，弃去滤纸筒中的细粉后，称量得 G_1。

c. 将称量过的滤纸筒装回原处，在流量为 21L/min 及 p_1 为 52kPa 的条件下继续通气 4h。期间每隔 30min 敲击沉降室一次，测试结束后全面敲击沉降室将粘附于壁上的样品全部收集于鹅颈管 8 中，然后取出抽提滤纸筒称量得 G_3。将鹅颈管中的试样倒入称量瓶中称量得 G_4。最后按下式计算磨损指数 K：

$$K = \frac{G_3 - G_1}{4 \times G_4} \times 100 \quad \% \cdot h^{-1}$$

式中　　$G_3 - G_1$——后 4h 内抽提滤纸筒收集的小于 15μm 的试样细粉质量，g；

　　　　G_4——鹅颈管中收集的大于 15μm 的试样质量，g。

显然，磨损指数 K 值越大，表明微球催化剂的抗磨性能越差。

3-3-5　活性评价

如前所述，一种催化剂可能具有所有有效的物理化学特性，但在投入工业反应器运行时，其催化性能不一定能达到所需要求。因此，在工业反应器的实际操作条件下进行所需运转时间的特性试验是评价催化剂工业适用性最为直接的方法。然而这种评价方法的代价是十分巨大的。在催化剂生产中为了质量控制也是不可能采用的方法。实际上，决定催化剂的活性及稳定性的影响因素很多，除去反应操作条件外，反应器结构型式、催化剂装填方式及装填量、原料的杂质及含量、操作波动状况等都会影响催化剂运行状态。这些条件，在评价催化剂时是无法完全模拟的。

在催化剂生产过程中，为了质量控制的目的，通常在常规基础上尽可能模拟操作工艺条件，在实验小型反应器中进行催化剂的初始活性评价，并选定适当批数在小试验或中试规模的反应器中进行长时间的寿命评价试验，有的则可能通过工业反应器的侧线进行考核。

催化剂的活性、选择性及稳定性是评价各种催化剂的主要指标。但对不同催化剂类型，其活性评价方法也不同，有固定床、流化床、高压釜及一些专用评价装置等。在实验室常用评价装置中，按装入催化剂的体积有 5mL、10mL、25mL、50mL、100mL、150mL 及 200mL 等多种评价装置，下面以加氢裂化催化剂为例，介绍其评价方法。

（1）催化剂制备

在现代炼油技术中，加氢裂化是指通过加氢及裂化反应使重质油料（如减压蜡油及渣油等）中的大分子烃类裂解成小分子烃类，以生产液态烃、汽油、煤油、柴油等轻质油品或润滑油料的二次加工过程。加氢裂化催化剂一般由金属加氢组分（如 Ni、Mo、W、Co、Pt 等）的氧化物或硫化物和酸性载体（如无定形硅酸铝、分子筛等）组成的双功能催化剂，它既有促进异构化及裂解的功能，又有加氢、脱氢的功能[34]。

加氢裂化催化剂品种较多，如工业牌号为 3652 的催化剂是中国科学院大连化学物理研究所于 20 世纪 60 年代开发成功，并用于我国第一套工业加氢裂化装置上。催化剂的活性组分是 W、Ni，载体为无定形硅酸铝。

载体的制备是先以三氯化铝与水玻璃为原料，以氨水为沉淀剂，在一定 pH 值下反应生成硅铝胶。所得硅铝胶经过滤、洗涤除去 Na^+ 及 Cl^- 等杂质离子后，经成型、干燥、焙烧后制成 3652 载体。

制备 3652 催化剂时，先根据载体的吸水率大小，配制钨-镍-铵浸渍液，浸渍后经干燥、活化即制得 3652 催化剂，所制得的 3652 载体及催化剂，其物性测定数据如表 3-10 所示。

表 3-10　3652 催化剂及载体的物化性质

项目	载体	催化剂
SiO_2/%	25~35	—
Al_2O_3/%	65~75	—
Na_2O/%	<0.035	—
Fe/%	<0.07	—
活性金属	—	W-Ni
堆密度/(kg/L)	0.45~0.55	0.70~0.85
压碎强度/(N/颗)	>60	50~60
比表面积/(m²/g)	280~320	100~160
孔容/(mL/g)	0.65~0.75	0.3~0.45
平均孔径/nm	9~12	—
粒度/mm	$\phi6\times6$	$\phi6\times6$

（2）催化剂活性评价

催化剂活性评价是在实验室高压固定床反应装置上模拟工业加氢裂化操作条件进行的。所用反应装置为 100mL 微型加氢裂化反应装置，反应管直径 $\phi25mm$，高 1m，管中心有外径为 $\phi8mm$ 的轴向热电偶套管，供测定催化剂床层温度之用。反应管内装入 100mL 催化剂样品，所用催化剂为工业生产催化剂经预先破碎成 2~3mm 的细颗粒。反应用氢气可采用工业氢气或工业加氢装置引出的循环氢气，最好采用低氨和低一氧化碳含量的氢气。

评价反应用原料油为直馏含蜡重柴油馏分，其一般性状如表 3-11 所示。原料油在使用前添加 0.5% 单质硫。

表 3-11　原料油一般性质

相对密度(d_4^{20})	馏程/℃					凝点/℃
	初沸点	10%	50%	90%	终沸点	
0.8581	343	362	388	446	471	40

工业生产用加氢裂化催化剂大都是氧化型的，如 3652 新催化剂，其所含的活性金属组分 W、Ni 是以 WO_3、NiO 的氧化态形式存在。因此须先用硫化剂将催化剂的活性金属由氧化态转化为相应的硫化态，即进行催化剂硫化后，催化剂才具有更高的加氢活性及活性稳定性。所以催化剂应先用加氢裂化生成油或其他低含氮的中间馏分油（使用前每 1L 油中加入 33mL 的二硫化碳）进行湿法硫化。

① 评价工艺条件。

氢分压：11.5~12MPa

反应温度：425℃

空速：1.0h⁻¹

气油比(体积)：1500∶1

② 评价操作方法。反应管中装好催化剂样品后就可进行升温及硫化。在反应操作压力下，逐渐升温，于5h内升温至200℃，然后以空速0.5h⁻¹的油量向反应器中送入硫化油，同时将气体量与硫化油体积比调节成2000∶1，再以每小时(15±3)℃的升温速度将反应器升温至390℃，保温4h，分析排出废气中的H_2S含量，当H_2S含量超过0.6%时，硫化结束。

当硫化结束时，就可向反应器改送原料油，同时逐渐升温至405℃，空速仍保持为0.5h⁻¹，在此条件下稳定9h，然后加大原料油进油量至空速为0.75h⁻¹，同时升温至415℃，继续稳定9h，最后加大进油量至空速为1.0h⁻¹并升温至425℃。在此正式评价条件下，保持稳定操作连续进行72h的长时间评价考核，并对每天(24h)的混合生成油进行分析。

③ 评价结果。将一天(24h)的生成油混合样品用小型实沸点分馏柱分割其中初沸点~130℃、130~260℃、260~320℃三个馏分，分别计算出各自的收率(对生成油之质量分率)。三种馏分收率的总和即代表该催化剂的加氢裂化活性(一般应达到50%~56%)。而130~260℃馏分对初沸点~130℃馏分收率的比值即代表该催化剂的选择性(一般应在2%~3%之间)。此外，还应测定130~260℃馏分的冰点、260~320℃馏分的凝点(一般分别为-60℃以下及-30~25℃)代表催化剂的异构化性能。

第4章　固体催化剂的制备方法

4-1　概　　述

由于催化剂的制备工艺随催化剂的使用目的而异，即使是具有同样化学组成的催化剂也因具体要求不同而有多种多样的制备及控制步骤，一种在工艺上看起来比较合理的制备方法在实际生产中可能会遇到意想不到的问题。因而制备方法的选择不能以单纯减少生产步骤为基准，而需要在制备工程中不断摸索、总结，或是在制备规模逐级放大过程中探求能满足催化剂性能要求的简单而经济的生产工艺。

以无载体混合氧化物催化剂的制备为例，如图4-1所示，它有8种制法，都可制得活性催化剂。制备方法的选择主要取决于活性组分前体和成品催化剂的物化性质、活性相结构及结构稳定性等因素。图4-1中，①是共沉淀法，主要用于各活性组分盐的溶液在沉淀时的pH值一致的场合；②是多金属配合物结晶法，它能形成极均匀的氧化物前体，但此法只有在微晶结构的化学当量与催化剂需要的最佳组成相适应时才能使用；③是胶凝法，此法的主要缺点是原料盐在复分解反应时生成的挥发性或易分解的盐类易包藏于水凝胶中，从而使洗涤困难并引起催

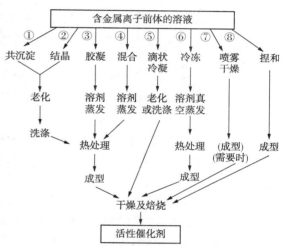

图4-1　混合氧化物催化剂的各种制备方法

化剂组成的波动，而杂质的存在会对催化剂的活性及机械强度产生不利影响；④是混合法，也存在类似于③法的缺点；⑤为滴状冷凝法，它仅适用于亲液性的活性组分前体，但此法将胶凝与成型操作结合在一起，广泛用于 SiO_2-Al_2O_3、Al_2O_3-ZrO_2 及 Al_2O_3-TiO_2 等混合氧化物催化剂或载体的制造；⑥为低温干燥法，它是将原料盐溶液喷入 $-50 \sim -80℃$ 的 $C_4 \sim C_6$ 脂肪族烃中而快速凝结成固体，在这种状态下形成的固体不会发生破坏产品均一性的区域熔融现象，各种有尖晶石型结构的铝酸盐、铁酸盐等可按这种方法制备；⑦是喷雾干燥法，主要适用于制造微球催化剂或载体；⑧是捏和法或混浆法，是将一种粉状氧化物与另一活性组分溶液捏合成糊状后再成型、干燥和焙烧而制成催化剂，此法虽较简单，但需要较高的最终焙烧温度以完成固相反应并改善催化剂前体分布的均匀性。

从上述例子看出，对于各不相同的催化反应，需要不同的催化剂，甚至对于同一种选定的基本原料，也会有不同的制备方法。从图4-1也可看出，虽然催化剂制备路线不同，但它们的制备过程可以分为一些连续的基本阶段或单元操作，如沉淀、结晶、老化、干燥、成型、焙烧等。对于某种催化剂的制备，将某些单元操作的二种或几种按一定方式组合起来就

形成一条具体的生产工艺路线。催化剂制备工艺要求不同，各种单元操作的组合方式可以是多种多样的。根据所制备催化剂的特点划分，可将催化剂制备类型分为无载体催化剂及负载型催化剂两大类。表4-1示出了这两类催化剂的传统制法及所采用的单元操作。

表4-1　催化剂传统制法及所用单元操作

无载体催化剂		负载型催化剂	
主要制法	单元操作	主要制法	单元操作
沉淀与胶凝法	沉淀与共胶	浸渍法	浸渍
水热合成法	老化	吸附法	吸附
热分解法	洗涤	离子交换法	离子交换
熔融法	过滤	均相催化剂负载化法	干燥
沥滤法	干燥		焙烧活化
	成型		
	焙烧活化		
	还原活化		

无载体催化剂又称非负载型催化剂，完全由活性物质所组成，如石油催化裂化早期使用的硅酸铝催化剂、氨合成的熔铁催化剂、甲醇氧化制甲醛的钼酸铁催化剂等。负载型催化剂是将活性组分负载于载体上所组成，常用载体有氧化铝、硅胶、硅酸铝、活性炭及分子筛等。如前所述，由于载体在催化剂中具有许多作用及功能，通过载体可以灵活地调节催化剂的物化性质及孔结构，因此，在石油化工及炼油等领域，更多使用负载型催化剂。

此外，从制备催化剂的原料来看，催化剂可以由天然出产的物料制得，也可由半合成或纯粹是合成的方法来制得。

常用于催化剂生产的天然物料有铝土矿、各种白土（如膨润土、高岭土、硅藻土等）。由天然物料制备催化剂的典型例子是炼油工业中使用的移动床催化裂化催化剂，如活性高岭土、硅藻土则是许多加氢催化剂常用的载体物质。可是，并不是天然产出的物料就直接能用于制造催化剂，通常也需经过各种形式的进一步加工，如经分级除去杂质、干燥、活化等处理。

所谓合成催化剂是指用高度精制、纯的化工原料经一定反应过程所制得的催化剂，如各种化学的和催化等级的氧化铝，是由溶解精制后的铝土矿为原料经沉淀反应而制得。

半合成催化剂是天然和合成物料的混合物或掺和物，所用原料常是天然活性物质甚至是惰性物质，目的是为了降低合成催化剂的生产成本，而不影响其总的催化性能。与合成催化剂相比较，这类催化剂的价格较低，如一些脱硫剂、脱氯剂等。

根据上述说明，对于固体催化剂的制备过程可用图4-2所述的一般形式来描述。对于一种催化剂，可以按其制备性质的需要采用其中一种或多种单元操作过程。而不论选用那个单元操作进行催化剂制备时，都应考虑以下问题：①影响单元操作的各种因素，如压力、温度、停留时间、pH值、物料浓

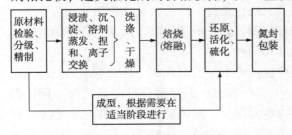

图4-2　固体催化剂的一般制备过程

度等；②制备过程中发生的化学或物理变化规律；③根据制得的产品性能，选用的设备类型及操作工艺条件是否合适，一旦发现半成品的物化性质出现偏差或质量不合格时，应及时调整工艺及单元操作设备，以免最终产品出现质量问题而造成更大的经济损失。

4-2　沉淀法制备催化剂

工业上几乎所有固体催化剂在制备时都离不开沉淀操作，它们大都是在金属盐的水溶液中加入沉淀剂，从而制成水合氧化物或难溶或微溶的金属盐类的结晶或凝胶，从溶液中沉淀、分离，再经洗涤、干燥、焙烧等工序处理后制成。即使是用浸渍法制备的负载型催化剂，在其生产过程中也会使用沉淀操作。

4-2-1　沉淀法制备催化剂的基本原理

所谓沉淀是指一种化学反应过程，在过程进行中参加反应的离子或分子彼此结合，生成沉淀物从溶液中分离出来。沉淀法制备催化剂即是将某些化合物溶液（主要是水溶液）在一定条件下生成不溶性氢氧化物、碳酸盐、硫酸盐或有机盐等沉淀，再经过滤、洗涤、干燥、热分解等过程制取单组分或多组分的金属氧化物型催化剂。

沉淀的形成是一个复杂的过程，并有许多副反应发生。一般情况下，沉淀的形成会经过晶核形成和晶核长大两个过程，可表示为：

$$构晶离子 \xrightarrow{成核作用} 晶核 \xrightarrow{长大过程} 沉淀微粒 \begin{cases} \xrightarrow[成长]{定向排列} 晶形沉淀 \\ \\ \xrightarrow{凝聚} 非晶形沉淀 \end{cases}$$

晶形沉淀与非晶形沉淀的最大差别在于颗粒大小不同。晶形沉淀（如 $BaSO_4$）的颗粒直径约为 $0.1\sim1\mu m$，具有明显的晶面；非晶形沉淀无明显的晶面，它又可分为无定形沉淀（如 $Fe_2O_3 \cdot xH_2O$），颗粒直径仅 $0.02\mu m$，以及凝乳状沉淀（如 $AgCl$），颗粒大小介于晶形沉淀及无定形沉淀两者之间。

生成沉淀是晶形还是非晶形，决定于沉淀过程的聚集速率及定向速率的相对大小。所谓聚集速率是指溶液中加入沉淀剂而使离子浓度乘积超过溶度积时，离子聚集起来生成微小晶核的速率；定向速率是离子按一定晶格排列在晶核上形成晶体的速度。如果聚集速率大，定向速率小，即离子势必很快地聚集起来生成大量沉淀微粒，却来不及进行晶格排列，则得到的是非晶形沉淀。反之，如果定向速率大，而聚集速率小，即离子较缓慢地聚集成沉淀，并有足够的时间进行定向晶格排列，则得到的是晶形沉淀。

聚集速率主要由沉淀时的条件所决定，其中最重要的是溶液中生成沉淀物质的过饱和度，聚集速率与溶液的相对过饱和度成正比，并可用下述经验式来表示：

$$v = K\frac{Q-S}{S} \tag{4-1}$$

式中　v——聚集速率，即形成沉淀的初始速率；

Q——加入沉淀剂的瞬间所生成沉淀物的浓度；

S——沉淀的溶解度；

K——比例常数，与沉淀的性质、温度、介质及溶液中存在其他物质等因素有关。

在式（4-1）中，$Q-S$ 即为沉淀物质的过饱和度，而 $\dfrac{Q-S}{S}$ 即为相对饱和度。可以看出，聚集速率随 $\dfrac{Q-S}{S}$ 增大而变大，如果 v 大，就得不到理想的晶形沉淀。如想要 v 小，就应使 $\dfrac{Q-S}{S}$ 小，即要求溶解度 S 大，加入沉淀剂一瞬间生成沉淀物的浓度 Q 不太大，则溶液过饱和度小，这样就可获得晶形沉淀。由此可知，要想获得粗大的晶体，在沉淀反应开始时，溶液中沉淀物质的过饱和度不应太大，而且沉淀反应进行时，应维持适当的过饱和度。

定向速率主要决定于沉淀物质的本性，极性较强的盐类一般具有较大的定向速率，因此常生成晶形沉淀，如 $NiCO_3$、$MgNH_4PO_4$ 都有较大的定向速率，容易形成晶形沉淀。在适当的沉淀条件下，溶解度较大的就易形成粗晶形，溶解度小的常形成细晶形。

某些金属氢氧化物和硫化物沉淀大都不易形成晶形，尤其是高价金属离子的氢氧化物，如氢氧化铝、氢氧化铁等。它们结合的 OH^- 越多，越难定向排列，很易形成大量晶核，以致水合离子来不及脱水就发生聚集，形成质地疏松、体积较大的非晶形或凝乳状沉淀；二价金属离子（Mg^{2+}、Ca^{2+} 等）的氢氧化物由于 OH^- 较少，如果条件适宜，还可形成晶形沉淀。同一金属离子硫化物的溶解度一般都比氢氧化物小，因此硫化物的聚集速率很大，定向速率很小，即使是二价金属离子的硫化物，也大多数是非晶形或凝乳状沉淀。

晶形沉淀和非晶形沉淀的条件在许多方面是不同的，根据催化剂表面结构、杂质含量、机械强度等要求不同，有些参数是要通过晶形沉淀来达到，也有的性能只有通过非晶形沉淀才能满足。因此，在制备催化剂时，应根据催化剂性能对结构的不同要求，注意控制沉淀类型及晶粒大小，以得到预定组成和结构的沉淀物[1]。

一般来说，形成晶形沉淀的条件如下：

① 沉淀作用应在适当的稀溶液中进行，这样使沉淀作用开始时溶液的过饱和度不至于过大，可以使晶核生成速度降低，有利于晶体长大，但溶液也不宜太稀，以免增加沉淀物的溶解损失。

② 沉淀剂应在不断搅拌下缓慢地加入，使沉淀作用开始时过饱和度不太大而又能维持适当的过饱和，避免发生局部过浓，生成大量晶核。

③ 沉淀应在热溶液中进行，这样可使沉淀的溶解度增大，过饱和度相对降低，有利于晶体成长。此外，温度越高，吸附杂质越少，沉淀也可以更纯净。

④ 沉淀作用结束后应经过老化。沉淀在其形成之后发生的一切不可逆变化称为沉淀的老化。这些变化主要是结构变化和组成变化。老化作用可使微小的晶体溶解，粗大的晶体长大。老化是将沉淀物与母液一起放置一段时间，经过老化后沉淀不但变得颗粒粗大易于过滤，而且使表面吸附现象减少，使沉淀物中的杂质容易洗涤掉，结晶形状变得更为完善。

形成非晶形沉淀的条件如下：

① 沉淀作用应在较浓的溶液中进行，在不断搅拌下，迅速加入沉淀剂，这样可获得比较紧密凝聚的沉淀，而不至成为乳胶状溶液。

② 沉淀应在热溶液中进行，可使沉淀比较紧密，减少吸附现象。沉淀析出后，用较大量热水稀释，减少杂质在溶液中浓度，使部分被吸附的杂质转入溶液。

③ 为防止生成胶体溶液，应在溶液中加入适当的电解质。

④ 沉淀结束后一般不宜老化，而应立即过滤，以防沉淀进一步凝聚，使原沉淀在表面

上的杂质更不易洗掉。但有些产品也可加热水放置老化，以制取特殊结构的沉淀，如生产活性氧化铝时，先制取无定形沉淀，再根据需要选择不同老化条件生成不同类型的水合氧化铝。

4-2-2　沉淀剂的选择

所谓沉淀剂是使要制备的催化物质从溶液中以沉淀形式分离出来所用的化学品。制备工业催化剂时，采用什么沉淀反应和选择什么样的沉淀剂，首先应该使沉淀反应完全，所需物质都能沉淀出来，同时还应保证催化剂性能指标及满足技术经济要求。在选择沉淀剂时应考虑以下几个方面：

① 尽可能选用易分解并含易挥发成分的物质作沉淀剂。常用的沉淀剂有碱类（氢氧化钠、氢氧化钾等）、尿素、氨气、氨水、铵盐（碳酸铵、碳酸氢铵、硫酸铵、草酸铵等）、二氧化碳、碳酸盐（碳酸钠、碳酸钾、碳酸氢钠等）等。这些沉淀剂的各个成分，在沉淀反应结束后，经过洗涤、干燥或焙烧时，有的可以被洗去（如 Na^+），有的可转化为挥发性气体（如 CO_2 气体）而逸出，一般不会遗留在催化剂中。

② 在保证催化剂活性的基础上，形成的沉淀物必须便于过滤和洗涤。粗晶形沉淀带入的杂质少，便于过滤和洗涤。例如用 OH^- 沉淀 Fe^{2+} 时，生成的 $Fe(OH)_2$ 颗粒细，可使催化剂活性提高，但颗粒过细，就难以过滤及洗涤。而用 CO_3^{2-} 沉淀 Fe^{2+} 时，所得 $FeCO_3$ 颗粒较粗，便于过滤洗涤，但所得催化剂活性却有所下降。

③ 沉淀剂本身溶解度要大，这样可以提高阴离子浓度，使金属离子沉淀完全。溶解度大的沉淀剂，可能被沉淀物吸附的量较少，也容易被洗脱。

④ 沉淀物的溶解度要小，使原料得以充分利用，这对镍、银等价格较高的金属更显重要。而且沉淀物溶解度越小，沉淀反应越完全。

⑤ 尽可能不带入不溶性杂质，以减少后处理工序。沉淀剂应该无毒，避免造成环境污染。

4-2-3　沉淀法制备催化剂的工艺过程

沉淀法广泛用于制备高含量的金属氧化物、非贵金属及金属盐催化剂，也常用于氧化铝、硅胶等常用催化剂载体。

沉淀法的关键设备是沉淀槽（或称成胶罐），其结构如一般的带搅拌的釜式反应器。可以是无顶盖开启式沉淀槽，或是带顶盖的密闭式沉淀槽。沉淀槽的设计应满足工艺需要（如容量、搅拌方式、物料停留时间等），加热方便，便于控制，同时可随时用肉眼观察沉淀过程中溶液颜色及胶体稠度的变化，并便于测量溶液的 pH 值。

沉淀法的一般工艺过程是在不断搅拌的状况下，将碱类物质（沉淀剂）加至金属盐类溶液中，再将生成的沉淀生成物经老化、洗涤、过滤、干燥、焙烧、粉碎、混合、成型、活化等过程制成催化剂。图 4-3 示出了沉淀法制备催化剂的一般工艺过程，对于不同类型及性质的催化剂，可根据要求对图中所示单元操作进行相应的组合或增减。

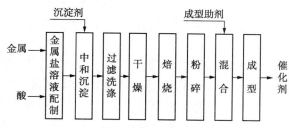

图 4-3　沉淀法制备催化剂的工艺过程示意

4-2-4　沉淀条件对催化剂性能的影响

沉淀的生成过程实质上是晶核形成和成长的过程。沉淀条件，如金属盐类溶液的性质及浓度、加料顺序、温度、pH值及搅拌强度等对催化剂的结构性能或化学组成均有显著影响，因此，这些条件是否选择适当，都会使催化剂的表面结构、热稳定性、选择性、机械强度及成型性能产生很大差别。

1. 金属盐类溶液的性质及浓度

催化剂生产常用各种金属作为原料，需将金属溶解制成溶液。除在实验室或少量生产场合，采用已制成的金属硝酸盐、硫酸盐外，一般盐类，特别是有色金属盐类，大多用酸溶解金属和金属氧化物制取。由于硝酸盐易溶于水，并且在后工序易于除去，不影响催化剂质量，所以多用硝酸溶解金属。硫酸价格虽比硝酸便宜，但硫酸根易被催化剂溶液中的沉淀物及盐类吸附而不易洗净，而且有些化工工艺过程不允许催化剂本身含硫量高，以防催化剂发生不可逆中毒。盐酸和金属生成的卤化物，除特殊用途以外（如 $TiCl_3$ 催化剂），大部分催化剂都不应有氯根（Cl^-）。所以，工业上用沉淀法制取催化剂，大多数采用硝酸溶解金属，容易制得高纯度的催化剂。

配制金属盐类溶液时要掌握溶液的浓度。浓度过稀，有些沉淀物溶解于水的量就会增加，而且生产设备的体积相应增大，经济上不合算；但要使溶液产生沉淀的首要条件之一是浓度要超过过饱和浓度，溶液浓度提高，即过饱和度增大有利于晶核生成。但浓度过高，不但会增加杂质的吸留，不易洗净，而且会影响催化剂的活性。

在进行沉淀反应时，原料中如含有可溶性杂质，则会随生成的沉淀被带下来而混杂于沉淀物中，产生这一现象的原因是由于表面吸附、包藏和吸留、生成混晶等原因所造成，如用 $BaCl_2$ 沉淀 SO_4^{2-} 时，溶液中所含少量的 Fe^{3+}，本来与 SO_4^{2-} 不形成沉淀，而是生成可溶性 $Fe_2(SO_4)_3$，但当 $BaSO_4$ 沉淀时，$Fe_2(SO_4)_3$ 也会混杂于沉淀中而一起析出。因此，减少原料液中杂质离子的浓度对于提高催化剂的纯度也是十分重要的[35,36]。

2. 加料方式

沉淀用金属盐溶液配制好后，下一步工序就是在沉淀槽中进行中和沉淀，它是沉淀法制造催化剂的重要单元操作过程。沉淀的温度、pH值、物料停留时间及搅拌转速等对成品催化剂的性质有很大影响。所用搅拌器型式有桨式、推进式、涡轮式等，根据物料黏度、搅拌强度及混合速度等要求进行选择。

催化剂生产采用的沉淀技术主要有：①沉淀剂加入金属盐（需要沉淀组分）溶液的直接沉淀法；②金属盐溶液加入沉淀剂中的逆沉淀法；③两种或多种溶液同时混合在一起引起快速沉淀的超均相共沉淀法等。而根据中和沉淀时的加料顺序，可分为"顺加法""逆加法"及"并加法"三种。

将沉淀剂加入金属盐溶液中的操作称为"顺加法"；将金属盐溶液加入沉淀剂中的操作称为"逆加法"；将沉淀剂及金属盐溶液同时按比例加入沉淀槽中的操作称为"并加法"。

加料顺序是影响沉淀物结构和颗粒分布的重要因素。例如，把沉淀剂 NaOH 溶液加入悬浮着硅藻土的硝酸铜溶液中，所得成品的比表面积为 $27m^2/g$；但如将硝酸铜溶液加入 NaOH 溶液中，则比表面积可达到 $110m^2/g$。又如，用共沉淀法制造合成甲醇催化剂时，加料顺序与催化剂活性的关系如表 4-2 所示。

表 4-2　加料顺序与甲醇催化剂活性的关系

催化剂活性温度/℃	催化活性/（mL 甲醇/h）		
	顺加法	逆加法	并加法
350	25	14	23
380	30	17	30
400	28	15	28

　　用"顺加法"中和沉淀时，由于几种金属盐溶液的溶度积不同，就要分层先后沉淀；而用"逆加法"沉淀时，则在整个沉淀过程中 pH 值是一变值。为了避免以上两类情况，工业生产上，可将盐溶液及沉淀剂分别放在高位槽中，并用调节阀控制，在充分搅拌下按比例将两种溶液同时流入沉淀槽中，使溶液一接触就产生沉淀，此即"并加法"操作。"并加法"的特点在于整个沉淀过程中 pH 值保持稳定，制得的催化剂无论活性、机械强度都较好；而用"顺加法"操作时，由于整个沉淀过程的 pH 值处于酸性条件下，因此沉淀物的干燥制品较为疏松，成型性能较差；"逆加法"操作时，整个沉淀过程的 pH 值处在强碱性范围，对有些催化剂来说，其活性会显得差些。

　　此外，还应注意到，沉淀操作时，沉淀剂不应加入过快，否则会产生包藏及吸留现象。所谓包藏是指母液机械地包藏在沉淀中，吸留则指被吸附的杂质机械地嵌入沉淀中。沉淀剂加入过快，沉淀表面吸附的杂质来不及离开就被随后生成的沉淀所覆盖，使杂质或母液被包藏或吸留在沉淀内部。这样产生的沉淀沾污物不能借洗涤方法将其除去，而只有通过改变沉淀条件或沉淀老化等方法来减免。

　　3. 沉淀 pH 值

　　由于经常选用碱性或酸性物质作沉淀剂，所以，pH 值的影响特别显著。pH 值的改变可使晶粒的大小与排列方式及结晶完全度产生变化，从而使成品催化剂的比表面积和孔结构产生很大差别。如制备活性氧化铝时，pH 值的影响就是最突出的例子。在相同制备条件下，pH 值不同，所得产品的晶相就会有显著差别。表 4-3 示出了制备活性氧化铝时，沉淀 pH 值与晶体结构的关系。

表 4-3　活性氧化铝制备时沉淀 pH 值与晶体结构的关系

沉淀 pH 值	7	8	9	10	11	12
不老化	无定形→	纯假一水软铝石		——→	主要为假一水软铝石及部分湃铝石	
在水中老化	无定形→	假一水软铝石及微量湃铝石→假一水软铝石及 25%湃铝石→湃铝石及 25%假一水软铝石				
在母液中老化	准无定形→	假一水软铝石及湃铝石→纯湃铝石→			纯湃铝石及湃铝石	

　　由盐类溶液用共沉淀法制备氢氧化物沉淀物时，由于不同氢氧化物的溶度积不同，故开始沉淀和沉淀完全时的 OH⁻ 浓度或 pH 值也不相同。因此各种氢氧化物一般并不是同时沉淀下来，而是在不同 pH 值下先后沉淀下来。即使发生共沉淀，也仅限于形成沉淀所需 pH 值

相近的氢氧化物，表4-4示出了一些金属氢氧化物沉淀的理论 pH 值[37]。如果不考虑到形成氢氧化物沉淀所需 pH 值相近这一因素，则很可能制得的是不均匀的产物。例如，当两种金属硝酸盐溶液用氨水进行中和沉淀时，氨会先沉淀一种氢氧化物，然后再沉淀另一种氢氧化物，这时，如要使所得共沉淀物更为均匀时，可以采用两种方法：一是将两种硝酸盐溶液同时加入氨水溶液中去，这时两种氢氧化物就会同时沉淀；二是将一种原料溶解在酸性溶液中，而将另一种原料溶解在碱性溶液中。如 $SiO_2-Al_2O_3$ 的共沉淀可以由硫酸铝与硅酸钠的稀溶液混合制得。

表 4-4　形成氢氧化物沉淀所需的 pH 值

氢氧化物	形成沉淀的 pH 值	氢氧化物	形成沉淀的 pH 值
$Mg(OH)_2$	10.5	$Be(OH)_2$	5.7
$AgOH$	9.5	$Fe(OH)_2$	5.5
$Mn(OH)_2$	8.5~8.8	$Cu(OH)_2$	5.3
$La(OH)_3$	8.4	$Cr(OH)_3$	5.3
$Ce(OH)_3$	7.4	$Zn(OH)_2$	5.2
$Hg(OH)_2$	7.3	$Al(OH)_3$	4.1
$Pb(OH)_2$	7.1	$Th(OH)_4$	3.5
$Nd(OH)_2$	7.0	$Sn(OH)_2$	2.0
$Co(OH)_2$	6.8	$Zr(OH)_4$	2.0
$Ni(OH)_2$	6.7	$Fe(OH)_3$	2.0
$Pd(OH)_2$	6.0		

氢氧化物共沉淀时有混合晶体形成，其原因是少量的一种氢氧化物进入另一种氢氧化物的晶格中，或是生成的沉淀包藏或吸留另一种沉淀所致。

4. 沉淀速度

如上所述，沉淀的生成可分为成核作用及晶核长大两个过程。当生成晶核的速度大于晶核长大速度时，常会生成胶体粒子或微细的沉淀粒子。对于沉淀速度快的冷沉淀，所得沉淀物的粒子密度大，成型后的机械强度高。

此外，沉淀速度也会对沉淀物的纯度产生影响，表4-5示出了用碳化法进行氢氧化铝沉淀时，沉淀速度对产品中钠含量的影响。

表 4-5　不同沉淀速度对氢氧化铝中钠含量的影响

序号	沉淀速度(以沉淀反应时间计)	滤饼含水率/%	滤饼中的 Na_2O 含量/%
1	3h	88	9.0
2	2h	88	6.0
3	1.5h	81	4.7
4	20min	79	3.1
5	10min	75	2.8
6	5min	60	2.4

5. 沉淀温度

如上所述，溶液的过饱和度对晶核的生成与长大有直接影响，而溶液的过饱和度又与温度有关。当溶液中溶质数量一定时，温度高，过饱和度下降，从而使晶核的生成速度减小；而当温度低时，由于溶液的过饱和度增大，使晶核的生长速度加快。由于晶核生成最大时的温度比晶核最快长大所需温度要低得多。因此低温沉淀并增加过饱和度有利于晶核生成，这时会形成极细的沉淀，所得产品粒子的堆密度大，成型后机械强度高。但通常为使得到的沉淀物结合稳定而且均匀，常在加温（如 $50\sim60℃$）下沉淀。沉淀温度高时，所得沉淀物容易过滤及洗涤。

不同沉淀温度会获得不同产品，这在制备活性氧化铝的例子中也很明显。如使 CO_2 通入 $NaAlO_2$ 溶液制备氢氧化铝沉淀时，低于 $40℃$ 时生成的是湃铝石，高于 $40℃$ 时则生成三水铝石。

6. 搅拌速度

沉淀时提高搅拌速度，可增强溶液湍动，增大扩散系数，有利于晶粒生成及晶粒长大。因为从热力学角度来看，这些动能供应形成新相所需的能量，因而促进晶核成长。但搅拌速度达到某一极大值时，搅拌速度再继续提高，晶核长大速度基本保持不变。这表明，在此时的控制步骤正由扩散控制转变为表面反应控制。

7. 沉淀物的老化

沉淀法生产催化剂时，沉淀反应结束后，沉淀物与母液在一定条件下还需接触一定时间，沉淀物的性质在这期间会随时间而发生变化，它所发生的不可逆结构变化称为老化（或称陈化、熟化），老化过程从形成沉淀直到过滤、洗涤以至除去水分为止。老化期间发生的变化主要有：

（1）初生沉淀颗粒进行再结晶

同一种沉淀，在相同质量时，其晶粒越小，则总表面积就越大。这是由于小晶粒较之大晶粒有更多的角、边和表面，位于这些地方的离子受晶体内部离子的吸引力较小，而易于在溶剂分子的作用下进入溶液中，因此小晶粒沉淀的溶解度比大晶粒的大。而将沉淀物和母液一起放置老化时，同一溶液如果对大晶粒是饱和的，那么对小晶粒就是不饱和的，则晶粒将发生溶解，这时溶液对大晶粒而言是过饱和的，溶液中的构晶离子就要在大晶粒的表面上沉积下来。这样，溶液对小晶粒又将呈不饱和，小晶粒就继续溶解，如此反复，晶粒逐渐长大，因而老化作用将使小晶粒逐渐转变成大晶粒。

此外，初生沉淀中结合杂质离子较多，这种杂质离子的存在也增大了再结晶的趋势。杂质离子易溶于母液中，在晶体表面留下了空位，使晶格中的构晶离子失去相邻离子对它的作用，比完整晶格中的离子更易溶解而沉积在较完整的晶体上，因此老化的再结晶作用也可使沉淀物更加纯净。

有时初生的沉淀晶形不完整，有更多的棱角而易逐渐溶解，再结晶在晶体比较完整的部分，从而形成结构更加完整的晶体。

（2）发生晶形转变

用沉淀法生产活性氧化铝时，沉淀新生成的水合氧化铝通常是无定形的，有较高的水合度，易被稀酸和水胶溶，对阴离子吸附能力很强。而经过室温下 14h 的老化，则变成结晶完整的湃铝石和诺水铝石。

对于氢氧化铝、氢氧化铁之类多晶态沉淀物，常可通过控制老化条件来制得不同晶形的物质，如：

$$
\text{无定形氢氧化铝沉淀}\ \underline{\text{老化}}\
\begin{cases}
\xrightarrow{\text{室温，pH=7}} \text{假一水软铝石}(\alpha'\text{-AlOOH}) \\[4pt]
\xrightarrow{\text{室温，pH>10}} \text{三水铝石}(Al_2O_3，3H_2O) \\[4pt]
\xrightarrow{\text{70℃，pH=9}} \text{一水软铝石}(\alpha\text{-AlOOH})
\end{cases}
$$

加热与搅拌将增加沉淀的溶解速率和离子在溶液中的扩散速率，从而可以缩短老化时间。而 pH 值对老化过程的影响与沉淀过程中 pH 值的影响类似，pH 值增加将加速老化。

应该注意的是，老化对伴随有混合晶体的沉淀，不一定能提高纯度；而对伴随有后沉淀（指沉淀放置过程中，溶液中的杂质离子慢慢沉淀到原来沉淀上的现象）的沉淀则有时反而会降低纯度，有时后沉淀引入的杂质会较多。因此应根据沉淀的类型及性质来决定对所得到的沉淀是否进行老化或如何进行老化。

4-2-5　沉淀的过滤与洗涤

在制备催化剂及载体时，一般对杂质离子的含量要进行一定的限制。因为，即使很少量的杂质离子也会影响催化剂成品的性质。在实际生产过程中，往往由于经济或其他原因，在制备催化剂的原料中不可避免地会带进杂质离子，这时就需用过滤及洗涤方法除去沉淀物中的杂质离子。而在用浸渍法制备催化剂时，有时浸渍液配制时也会出现某些不溶物，这时也需通过过滤制得澄清的浸渍液。

沉淀法制备催化剂时，在沉淀之后就是过滤及洗涤，过滤可使沉淀物与水分离，同时除去硝酸根（NO_3^-）、硫酸根（SO_4^{2-}）、氯根（Cl^-）、铵（NH_4^+）及钠离子（Na^+）、钾离子（K^+）。酸根与沉淀剂中的 Na^+、K^+、NH_4^+ 生成的盐类都溶解于水，在过滤时可大部分除掉，过滤后的滤饼含有 60%～90% 的水分，这些水分中仍含部分盐类。因此，对过滤后的滤饼还必须进行洗涤。

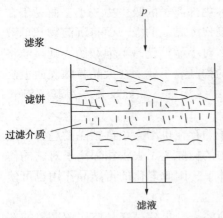

图 4-4　过滤操作示意

1. 过滤分离原理

过滤是从固液混合物中分离固体颗粒的最常用而又有效的方法。它对沉淀中要求含液量较少的液固混合物的分离特别适用。其作用原理是利用一种能将悬浮液中固体微粒截留，液体能自由通过的多孔介质，在一定的压力差的推动下，达到分离固液两相的目的。所处理的悬浮液常称为滤浆或浆液，所用多孔介质称为过滤介质。通过介质的浆液称为滤液，被截留的物质称为滤饼。图 4-4 所示为过滤操作示意。为了过滤能够进行并获得通过过滤介质的液流，必须在过滤介质两侧保持一定的压差以克服过滤过程的阻力。实现过滤操作的推动力 p 有重力、真空度、压力及离心力等四种类型。相应地，过滤操作可分为重力过滤、真空过滤、加压过滤及离心过滤等四种型式。

重力过滤是指滤浆借助于本身的静液柱高度来作为过程推动力而进行的操作方式。由于料浆液柱所能提供的压差一般较低，约为 4.9×10^4Pa，因此，这类过滤操作较少用于沉淀物的过滤。

真空过滤借助于过滤介质两侧的真空度大小不同来实现，接触滤浆的一侧为大气压，而过滤面的背后侧与真空源相通，常用真空度为 $(5.33 \sim 8.00) \times 10^4 Pa$。

加压过滤是借助于压缩机或泵所提供的压力来完成。如用压缩机供压，常用过滤压差为 $(4.9 \sim 29.4) \times 10^4 Pa$；用泵来供压时，通常不超过 $4.9 \times 10^5 Pa$。

离心过滤的压差则由载有过滤介质的离心机来提供，常用压差为 $1.5 \times 10^6 Pa$。

2. 滤饼过滤及深层过滤

工业上过滤操作过程主要分为滤饼过滤及深层过滤两种形式。

（1）滤饼过滤

滤浆过滤时，液体通过过滤介质而颗粒沉积在过滤介质的表面而形成一层厚度约 6mm 或大于 6mm 的滤饼，不过，当颗粒尺寸比过滤介质小时，在过滤开始阶段会有少量颗粒穿过过滤介质而与滤液一起流走，有的则会在过滤介质的网孔中发生架桥现象，形成滤渣层。随着滤渣的堆积，过滤介质上面会形成滤饼层，此后，滤饼层就成为有效的过滤介质而得到澄清的滤液，这种过滤称为滤饼过滤。

一个完整的滤饼过滤操作包括过滤、洗涤、去湿及卸料四个步骤。如此循环进行。

当过滤结束时，由过滤得到的滤饼，往往会有一部分母液借表面张力的作用而保持在滤饼颗粒之间，这部分母液一般需用另一种不含杂质或接近于不含杂质的液体（又称洗液或洗涤液）穿过滤饼层而将其置换出来，这一操作称为滤饼洗涤过程。催化剂生产中，洗涤的目的是为了除去沉淀中的母液，以及洗去沉淀表面吸附的部分杂质。

滤饼洗涤有两种方式，一种是将滤饼在过滤机上直接用洗涤液进行洗涤；另一种是将滤饼从过滤机上卸除下来，放在储槽中用洗涤液混合搅拌洗涤，然后再用过滤方法除去洗涤液。具体操作时又常采用以下三种方法：

① 单纯的置换洗涤。它是将洗涤液直接洗涤滤饼表面，随后又渗入滤饼孔隙内进行置换与结合的过程，从而将被溶解的杂质洗除。

② 逆流洗涤。是使洗涤液与滤饼处于逆向流动系统的一种操作方式，通常用于有效地利用有价值的洗涤液的场合。

③ 滤饼用洗涤液再制成料浆，而后进行二次或三次过滤。在某些情况下，当液流通过滤饼的阻力太大以致不可能进行置换洗涤；或置换洗涤需要的时间太长，以致无法达到预期的杂质排除效果；或因滤饼发生龟裂而无法使用置换洗涤时，可采用这一方法。

洗涤后的滤饼一般湿含量都较高，因此需进一步脱水或去湿，以排除截留在滤饼孔隙中的洗涤残液。滤饼脱水有以下几种方法：①在滤饼的一侧用真空抽吸或用空气（不能用空气时可考虑用过热蒸汽或其他气体）吹过滤饼，带走滤饼中的液体；②使用机械力、水力等作为推动力将滤饼中的液体压榨出来的压榨法；③利用离心甩干脱水法等。其中压榨脱水是一种行之有效的方法，如在板框压滤机中，在过滤阶段的后期以更高的压力挤压料浆脱水；或者采用橡胶膜挤压原有的滤饼，以挤出滤饼空隙中的水分。

滤饼过滤主要适用于固体颗粒物浓度较高（体积分数大于1%）的浆液，这是因为浆液较细时，其中存在的颗粒粒径较小的固体物有可能穿过过滤介质的孔隙，或沉积于孔隙内造成堵塞。

滤饼过滤的缺点是：过滤过程中，滤液流动的阻力会逐渐增大，因而使得过滤一定量的浆液时，必定增加过滤时间，或者需提高过滤推动力。

（2）深层过滤

当悬浮液中所含颗粒很小，而且含量很小（料液中颗粒的体积分数<0.1%）时可用较厚的粒状床层做成的过滤介质（如0.4~2.5mm的砂料层）进行过滤。由于悬浮液中的颗粒尺寸比过滤介质孔道直径小，当颗粒随液体进入床层内细长而弯曲的孔道时，靠静电及分子力的作用而附着在孔道壁上，过滤介质床层上不形成滤饼，这种过滤就称为深层过滤。由于它用于从稀悬浮液中得到澄清液体，故又称作澄清过滤。深层过滤的缺点是过滤介质的堵塞，为维持所需流量，须不断增大能量以克服不断增长的阻力，当所需能量增大到可用的最大数值时，就应采取措施清洗过滤介质。深层过滤常用于水的净化及污水处理等方面。催化剂生产中需过滤的悬浮液浓度一般都较高，选用深层过滤较少。

3. 过滤介质

过滤介质是在过滤操作中用来截留浆液中的固体粒子的多孔性物质。它是过滤机的极重要组成部分，几乎全部过滤设备都需要使用过滤介质，过滤介质选择得当，不仅能提高过滤机的生产能力和液固分离效果，而且能简化结构；但如选择不当，即使结构先进的过滤机也难以发挥其作用。

按作用原理，过滤介质可分为表面过滤介质及深层过滤介质。表面过滤介质的特点是：截留的固体颗粒沉积在介质表面或在介质上流过，液体渗入介质的孔隙。属于这类的过滤介质有滤纸、滤网、滤布等，其用途主要是回收有价值的固相产品。深层过滤介质则用于获得澄清液体，它的特点是：悬浮液中的固相微粒基本上都渗入介质的孔隙内被截留，当悬浮液中固相浓度低，颗粒难以在介质孔隙的入口处形成架桥，固相颗粒便渗入介质的孔隙中，受到吸附、沉淀及阻滞作用而被截留，属于这类过滤介质的有砂滤层、多孔塑料、多孔金属等。

按制造材质不同，过滤介质可分为棉织、毛织、玻璃、陶瓷、金属及合成的过滤介质等。

按结构性质不同，过滤介质可分为挠性、刚性及松散性过滤介质。挠性介质可以是金属或非金属的，也可以是由两者的混合材料制成的。非金属过滤介质如石棉织物、玻璃织物、合成纤维织物、棉或丝纤维织物等；刚性过滤介质是由黏结的固相颗粒制成的，如陶瓷、玻璃、塑料及金属等；松散性过滤介质是由非黏结的固相颗粒所构成，如细砂、珍珠岩、硅藻土等。在各类过滤介质，实验室常用滤纸作为过滤介质，工业上则以滤布为应用最广的过滤介质。

过滤介质的选取对获得良好的过滤操作有着重要意义。过滤机型式多样，过滤介质种类繁多。通常，对过滤介质的基本要求是：①具有多孔性，过滤阻力小，滤饼容易剥离，不易发生堵塞；②耐热、耐腐蚀，有足够的机械强度（耐磨、抗弯曲、抗拉），容易加工，易于再生，廉价易得；③过滤速度稳定，适应所使用的过滤机的型式及操作条件。

为了正确选择过滤介质，使用者首先要了解过滤目的，是为获取滤饼还是获取滤液，或者两者都要。同时还应了解以下资料或数据：①固体颗粒的性质（如颗粒的尺寸大小、形状及相对密度等）；②浆液的性质（如黏度、温度、酸碱性、固液比、相对密度等）；③滤饼的性质（如结晶性、松散性、黏性、可压缩性、含液程度及比电阻等）；④产量大小，以确定过滤推动力（加压、真空或重力等）。作为参考，表4-6示出了各类过滤介质能截留的最小颗粒，表 4-7、表 4-8、表 4-9 分别示出了催化剂生产中常用的工业用滤纸、微孔薄膜及滤布等三种过滤介质的性质。

表 4-6　各类过滤介质能截留的最小颗粒

过滤介质类型	举例	截留的最小颗粒/μm
滤布	天然及人造纤维编织滤布	10
滤网	金属丝编织滤网	75
非织造纤维介质	纤维素为材料的纸 玻璃纤维为材料的纸 毛毡	5 2 10
多孔塑料	薄膜	0.005
刚性多孔介质	陶瓷 金属陶瓷	1 3
松散固体介质	硅藻土 膨胀珍珠岩	<1 <1

表 4-7　工业用滤纸的性质

种类		厚度/mm	质量/(g/m)	滤水速度/(mL/min)	湿润强度	截留颗粒的尺寸/μm	颜色
标准用	No. 24	0.75	300	240	中	5	白
	25	0.90	380	150	中	4	白
	26	0.70	310	75	中	3	白
	27	0.65	310	33	中	1.5	白
	28	0.70	360	20	中	1	白
	37	0.65	300	15	中	1	褐
皱纹状	No. 102	0.30	100	230	中	3	白
	102K	0.25	70	300	强	7	白
	105	0.30	140	100	强	1	白
	126	0.90	310	200	强	4	白
	136	0.90	250	75	强	2	褐
湿强度	No. 400	0.10	50	75	中	3	褐
	401	0.25	80	40	强	5	褐
	402	0.26	110	75	强	1.5	白
	405	0.26	140	25	强	1	白
	424	1.00	370	150	极强	4	白
	426	0.70	310	75	强	3	白
	250	0.70	310	60	极强	2	白
黏稠液用	No. 63	1.00	350	240	中	4	白
	60	0.30	130	5000	强	10	白
	65	0.55	145	2000	强	5	白
	202	0.30	110	400	中	7	白
	462	0.50	165	1000	强	4	白
精密过滤用	No. 1640	0.40	170	70	中	1	白
	1650	0.50	290	8	中	0.8	白
	CW. 20	0.70	1300	3	中	0.7	白

表 4-8　微孔薄膜的性质

材料	孔隙尺寸/μm	流速(水)/[mL/(min·cm²)]	厚度/μm	孔率/%	抗拉强度/(kgf/cm²)
标准纤维素酯膜	8.0±1.4	950	130±10	74	12.21
	5.0±1.2	560	130±10	84	6.98
	3.0±0.9	400	150±10	83	10.47
	1.2±0.3	300	150±10	82	20.93
	0.80±0.05	220	150±10	82	24.42
	0.65±0.03	175	150±10	81	27.91
	0.45±0.02	65	150±10	79	31.24
	0.30±0.02	40	150±10	77	34.88
	0.22±0.02	22	135±10	75	41.86
	100nm±8nm	3.0	130±10	74	69.77
	50nm±3nm	1.5	130±10	72	104.65
	10nm±2nm	0.5	130±10	70	—
尼龙增强的纤维素酯	3.0±0.9	200	150±20	45	—
	0.45±0.02	55	150±20	43	
聚乙烯	10±3.0	500	280±25	—	6.98
	1.5±0.5	70	127±13	—	27.91

表 4-9　滤布的性质

纤维名称	安全使用温度限/℃	拉伸强度(湿润)/(g/den)[1]	耐酸性	耐碱性	过滤消耗比率/%	纱的种类[2]
棉	100	3.3~6.4	不可	可	54	S
聚酯(涤纶)	150	6.0~6.2	优	良	2	H、S
丙烯腈与氯乙烯共聚物	93	3.0	优	优	5	S
玻璃(短丝)	400	3.0~4.6	优	可	7	S
玻璃(长丝)	290	3.9~4.7	优	可	7	F
尼龙(锦纶)	120	2.1~8.9	可	优	9	F、M、S
聚丙烯腈(腈纶)	150	1.8~2.1	优	可	2	S
聚乙烯醇(维纶)	74	1.0~3.0	优	优	<1	M
聚丙烯(丙纶)	80	3.5~8.0	优	优	—	F、M、S
聚四氟乙烯	246	1.9	优	优	<1	F、M
聚氯乙烯(氯纶)	74	1.0~3.0	良	优	<1	F
羊毛	100	0.76~1.6	优	可	<1	S
人造纤维	100	1.9~3.9	可	可	20	F、S

① 1den=0.111×10⁻⁶kg/m。

② S—定长纤维；F—多纤丝；M—单丝。

　　滤纸的制造原料主要是纤维素，诸如棉、木材及禾本科植物等，近来已有用玻璃纤维、石棉及金属纤维来制造滤纸。薄的滤纸(0.2~0.3mm)常用于重力或抽真空为推动力的小规模过滤；厚的滤纸(0.5~1.0mm)则可用于加压式的大规模过滤。采用滤纸作为过滤介质的有管型过滤机、精密型过滤机、水平带式过滤机及转鼓真空过滤机等。

　　用作过滤介质的微孔薄膜是一种很薄的极细孔的膜，厚度为 0.2~150μm。早期是用硝酸纤维素制作，现在用于制作薄膜的材料主要是纤维素酯、聚氯乙烯、聚乙烯及碳氟化合物等。采用薄膜型过滤介质的设备应有合适的支持件及防护装置，通常用于小规模过滤，也偶尔用于大规模过滤。

编织滤布是品种最多、用途最广的过滤介质。制作材料可以是棉、毛、丝、麻等天然纤维及各种合成纤维。滤布的过滤性能取决于所用材质、织法、温度及滤浆成分等。其中合成纤维的许多性质都超过天然纤维。合成纤维具有很高的机械强度，耐热及耐化学腐蚀性好，对微生物的作用有较好的稳定性，接触液体时不会出现收缩等性能。所以采用这类纤维作为过滤材料已越来越多。用于制作滤布的合成纤维主要有锦纶（聚酰胺纤维）、涤纶（聚酯纤维）、腈纶（聚丙烯腈纤维）、维纶（聚乙烯醇纤维）、丙纶（聚丙烯纤维）及氯纶（聚氯乙烯）等。

4. 洗涤及洗涤液

洗涤是指将夹带在被洗物表面上的有害物或杂质除掉，从而使被洗物洁净的过程。在催化剂生产中，洗涤的目的是为了除去沉淀物表面吸附的少量杂质，或是除去沉淀物中的母液。用于洗涤的溶液或净水称为洗涤剂或洗涤液。用沉淀法制备催化剂过程中，洗涤也是老化过程的继续。洗涤看起来简单，但影响洗涤过程的因素却很多，采用不同的洗涤条件及洗涤液对所得催化剂或载体的性质会产生一定的影响，所以也不容忽视。

如上所述，在沉淀过程中，由于表面吸附、包藏和吸留及形成混晶等原因，沉淀物中常会带入一定量的杂质。而在酸性或碱性条件下进行中和沉淀时，形成的晶体颗粒也会附着大量酸根或氢氧化物。这些杂质或氢氧化物等都必须通过洗涤除去，否则会影响成品催化剂的性能。

洗涤过程既希望洗除不希望有的杂质，也应减少沉淀物的溶解损失，同时要避免形成胶体溶液，增加洗涤难度。因此要根据沉淀的性质及洗涤的目的来选择适用的洗涤液，其选用原则大致如下：①对于仅仅洗除剩余的氢氧化物或酸根离子可用自来水或净水；②对于溶解度很小而又不易形成胶体的沉淀，可使用净水、去离子水洗涤；③溶解度较小的非晶形沉淀，应选用去离子水或易分解、易挥发的电解质稀溶液（如硝酸铵稀溶液）；④溶解度较大的晶形沉淀，宜用沉淀剂的稀溶液来洗涤，但沉淀时所用的沉淀剂应是易分解或易挥发的。

工业上最常用的洗涤液是由电渗析器或离子交换树脂柱产生的去离子水（或称纯水）。有时在去离子水中还加入适量可分解、易挥发的洗涤剂，以增强洗涤效果。由于沉淀洗涤的用水量很大，水的纯度越高，生产成本也越大，所以应根据产品的纯度要求来选用洗涤水的等级。作为参考，表 4-10 示出了各种水的水质要求。

表 4-10　各种水的水质

项目	水质状况
原水	未经处理的水。如由水源进入澄清池处理的水，或指进入水处理工序前的水
自来水	通过城镇公共供水设施，由自来水厂供给的水，可分为生活用自来水及工业用自来水
软化水	指将水中硬度（主要指水中 Ca^{2+}、Mg^{2+}）去除或降低到一定程度的水。水在软化过程中，仅硬度降低，而总含盐量不变
纯水	指水中的强电解质及弱电解质（如 SO_2、CO_2 等）去除或降低到一定程度的水。其电导率一般为 $1.0\sim0.1\mu S/cm$，电阻率$(1.0\sim10.0)\times10^{6}\Omega\cdot cm$，含盐量<1mg/L
超纯水	指水中的导电介质几乎完全去除，同时不离解的气体、胶体及有机物质（包括细菌等）也去除至很低程度的水。其电导率一般为 $0.1\sim0.055\mu S/cm$，电阻率$(25\,^{\circ}\mathrm{C})>10\times10^{6}\Omega\cdot cm$，含盐量<0.1mg/L

原则上讲，温热的洗涤液容易洗除沉淀中的杂质，而且通过过滤介质也较快，同时能防止胶体溶液的生成。洗涤液温度越高，洗涤效果越好，洗涤时间也越短。但温度高，热能消耗大，热洗涤液中沉淀损失也加大。所以，对溶解度很小的非晶形沉淀，宜用热洗涤液洗涤；而对溶解度很大的晶形沉淀，以冷洗涤液洗涤为宜，至于前述表面吸附现象，是由于沉淀时固体颗粒表面吸附了其他杂质离子或分子所致。离子吸附的一般规律是：①同浓度的几种离子，高价离子优先吸附；②同价的几种离子，高浓度的离子优先吸附；③同价、同浓度的几种离子，能和沉淀中和的离子生成较小溶解度或生成电离度较小的化合物者优先吸附。吸附作用发生在沉淀表面，细小粒子的沉淀由于其总表面积大，吸附的杂质也多。由于吸附作用是一个可逆的放热过程，提高温度可以减少杂质吸附量，这也是许多沉淀采用热水洗涤的原因。

此外，洗涤操作应该连续进行，如果中途停顿时间过长，或沉淀物干涸或凝聚时，就很难将杂质洗除，特别对一些非晶形沉淀更是如此，通常用尽量少的洗涤液而分多次洗涤，并在每次洗涤后过滤。

洗涤条件有洗涤液的性质、温度、pH 值及洗涤次数等。洗涤条件不同，对洗涤后沉淀物的性质会产生不同影响。表 4-11 示出了以偏铝酸钠与硝酸经中和沉淀制备水合氧化铝时，水洗 pH 值对拟薄水铝石生成情况的影响。从表 4-11 可以看出，在 pH = 6.0 ~ 9.3、t = 50℃的条件下中和成胶时，采用水洗温度40℃，pH = 6.9 ~ 9.0 的条件进行水洗时，均可获得纯的拟薄水铝石（$\alpha'\text{-Al}_2\text{O}_3 \cdot \text{H}_2\text{O}$）。而且水洗 pH 值偏上限时，产品质量较好，而水洗 pH 值偏下限时，浆液较难过滤。

表 4-11　水洗 pH 值对拟薄水铝石生成的影响

序号	中和条件		水洗条件		产品晶相
	pH 值	温度/℃	pH 值	温度/℃	
1	6.0	50	6.0　7.5　9.0	40	均为纯拟薄水铝石
2	7.1	53	6.5　7.5　8.5	40	均为纯拟薄水铝石
3	9.3	50	6.0　7.5　9.0	40	均为纯拟薄水铝石
4	9.9	50	7.0　7.5　9.5	40	零次滤饼有三水氧化铝出现，老化后产生湃铝石

又如以水玻璃、硫酸、硫酸铝及氨水等为原料制造硅酸铝催化剂时，对所形成的硅酸铝凝胶进行洗涤时，洗涤水温度不同，沉淀物的组成也有所不同（表 4-12）。

表 4-12　不同洗涤温度对硅酸铝凝胶组成的影响

序号	洗涤条件		组成/%			
	温度/℃	pH 值	Al_2O_3	Na_2O	Fe_2O_3	SO_4^{2-}
1	40	4.8	13.36	0.038	0.04	0.16
2	43	4.8	13.03	0.034	0.08	0.38
3	46	4.8	12.63	0.032	0.09	0.29
4	50	4.8	12.24	0.028	0.12	0.24

5. 常用过滤设备

为适应性质各异的悬浮液和不同洗涤要求，已开发出多种型式的过滤设备。工业上应用的过滤设备称为过滤机，可按操作方法不同分为间歇式及连续式两类。间歇式过滤机的特点是操作的间歇性：滤浆的进入和滤饼的卸除均间歇进行；连续式过滤机是所有操作过程，包括进料、洗涤以及卸料等，均连续不断地而且同时进行。而根据过滤推动力的产生方法，过滤机又可分为重力过滤机、加压过滤机、真空过滤机及离心过滤机。在催化剂及载体生产中，使用最多的是板框压滤机、真空转鼓过滤机及离心过滤机等过滤设备。

（1）板框压滤机

板框压滤机分为间歇式及自动式两种。应用较多的是自动式压滤机，它们都是由许多块滤板及滤框交替排列而成，板和框架在支架上，一端固定，另一端可以让板框移动。板和框之间隔有滤布，用压紧装置自活动端向固定端方向压紧或拉开。图 4-5 为板框过滤机的外形图，图 4-6 示出了板框压滤机装配简图，图 4-7 示出了压滤机的滤板及滤框。板和框都制作成正

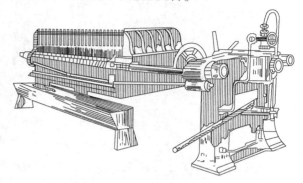

图 4-5 板框压滤机的外形

方形，在其角端均有开孔，它们组合并压紧后即构成了供滤饼和洗涤液流通的孔道。框的两侧覆以滤布，空框与滤布围成了容纳滤浆及滤饼的空间。滤板的作用有二：一是支撑滤布；二是提供滤液流出的通道。为此板面上制成各种凹凸纹路，凸起的起支撑滤布的作用，凹者形成滤液通道。滤板又分为洗涤板和非洗涤板两种，滤板外缘有一个钮的称为非洗涤板，有三个钮的称为洗涤板，有两个钮的为滤框。图 4-8 示出了板框压滤机的操作简图。过滤操作时，悬浮液或浆液在压力下经悬浮液通道和滤框的暗孔进入滤框的空间内［图 4-8（a）］，滤液透过滤布，沿板上沟槽流下，汇集于下端，经滤液出口阀流出，而固体微粒在滤框内逐渐形成滤饼，待滤饼充满全框后即停止过滤。

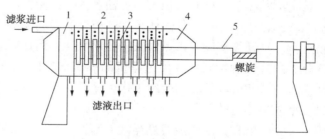

图 4-6 板框压滤机装配简图

1—固定端板；2—滤布；3—板框支座；4—可动端板；5—横梁

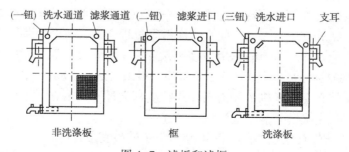

图 4-7 滤板和滤框

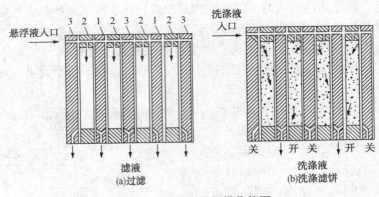

图 4-8　板框压滤机操作简图
1—过滤板；2—滤框；3—洗涤板

如滤饼需要洗涤，则将洗涤液压入洗涤液通道，并经由洗涤板角端的暗孔进入板面与滤布之间，此时应关闭洗涤板下部的滤液出口，洗涤液便在压差推动下横穿一层滤布及整个滤框厚度的滤饼，然后再横穿另一层滤布，最后由非洗涤板下部的滤液出口排出。这样既可提高洗涤效果，又可减少洗涤液将滤饼冲出裂缝而造成短路。

板框压滤机的操作表压一般不超过 0.8MPa，个别有达 1.5MPa 的。滤板和滤框的材料可用多种金属材料、木材、增强塑料等制作。滤液的排出方式有明流及暗流之分，如滤液经由每块滤板底部的小管直接排出，称为明流；明流便于观察每块滤板工作是否正常，如见到某块板出口滤液混浊，即可关闭该出口管旋塞，以免影响全部滤液质量。如滤液不宜暴露于空气之中，则需将各板流出的滤液汇集于总管后排出，称为暗流。在洗涤结束后，旋开压紧装置并将板框拉开，卸出滤饼，清洗滤布，重装后进入下一个循环。

板框压滤机的优点是结构简单、过滤面积大并可任意改变，操作压力及推动力大，适应范围广，便于检查操作状况，使用可靠。其缺点是装卸板框的劳动强度大、生产效率低、洗涤不均匀，滤布磨损严重。自动板框压滤机可以减轻劳动强度，用计算机控制的自动板框压滤机还能自动收集变化着的滤浆的性状，并使过滤机的操作(如压力、循环时间等)很好地适应滤浆的性状，从而保证过滤机以最高的效率工作，而且在系统发生故障时，控制系统能立即作出反应，发出警报或停止运转。

板框过滤机适用于过滤黏度较大的浆液或悬浮液、腐蚀性物料及可压缩物料，如用于活性氧化铝、硅酸铝及分子筛等制备过程中的过滤洗涤操作。

(2) 转鼓真空过滤机

又称真空转鼓过滤机，是回转式过滤机的一种。一般以真空度作为过滤推动力，过滤元件连续回转，依次完成过滤、洗涤、脱水、卸料等过程，完成一个过渡循环操作。处于过滤区时，过滤面两侧受到不同压力的作用，接触滤浆的一侧为大气压，而过滤面的背后一侧与真空源相通，常用推动力大小为 0.05~0.08MPa，最大可达 0.09MPa 左右。催化剂生产中应用最广的连续式转鼓真空过滤机主要为浸没式转鼓真空过滤机，它又可分为刮刀卸料式转鼓真空过滤机、滤布行走式转鼓真空过滤机。

① 刮刀卸料式转鼓真空过滤机。图 4-9 示出了转鼓真空过滤机的外形图，图 4-10 示出了刮刀卸料式转鼓真空过滤机的工作原理。过滤机主要结构包括转鼓、分配头、刮刀、料浆

槽及搅拌器等，转鼓里有 10~30 个彼此独立的扇形小滤室，每个小滤室都有通向分配头的管路，转鼓表面筛板上铺以滤布。搅拌器的作用是使浆液不沉淀而保持均匀的浓度。过滤时，浸没在滤浆中的小滤室与真空源相通，滤液透过滤布向分配头汇集，固体颗粒则被截留在滤布表面上形成滤饼层。滤饼转出液面后，开始进入洗涤区，洒向滤饼的洗涤液透过滤饼和滤布，经管线流向分配头，但不会和滤液相混。洗涤后的滤饼接着进入脱水区，在真空作用下脱水，最后滤饼转入卸料区。处于卸料区的滤室因分配头的切换而与压缩空气源相通，于是，压缩空气经管线转鼓内部反吹，使滤饼隆起，再被刮刀卸除。其卸料情况如图 4-11 所示，至此完成一个过滤操作循环，然后小滤室进入料浆内开始下一个循环。

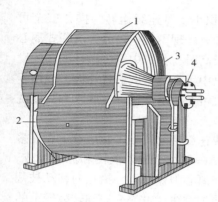

图 4-9　转鼓真空过滤机外形

1—转鼓；2—槽；

3—主轴；4—分配头

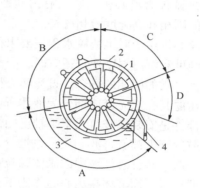

图 4-10　刮刀卸料式转鼓真空
过滤机工作原理

1—转鼓；2—滤室；3—滤浆槽；4—滤饼；

A—过滤区；B—洗涤区；

C—脱水区；D—卸料区

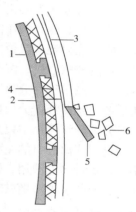

图 4-11　刮刀卸料情形

1—滤室；2—滤布；3—滤饼；

4—孔板；5—刮刀；

6—卸除的滤饼

　　刮刀卸料式转鼓真空过滤机结构简单，维护方便，可连续操作。压缩空气反吹不仅有利于卸除滤饼，也可防止滤布堵塞。但由于空气反吹管和滤液管为同一根管，因而反吹时会将滞留在管中的残液回吹到滤饼上，因而增大滤饼的含湿率。这种过滤机主要适用于分离含 0.01~1mm 颗粒的、易于过滤且不太稀薄的浆液或悬浮液。而且悬浮液中的固体颗粒沉降速度要快，在 4min 内形成滤饼厚度应大于 5mm，滤液内允许有少量固体颗粒。

　　② 滤布行走式转鼓真空过滤机。上述刮刀式转鼓真空过滤机在更换滤布及洗涤滤布时需要较多的人力和时间，滤布行走式转鼓真空过滤机（也称折带式转鼓真空过滤机）是借助于行走的滤布而卸除滤饼，可克服刮刀卸料式过滤机的不足。其设备组成与刮刀式一样，所不同的是滤布为一无端的滤布，并且不固定在转鼓上，转鼓的圆柱体表面一部分被滤（布）带包覆，一部分裸露在外（见图 4-12）。滤（布）带被转鼓所带动，因而在运动过程中有时

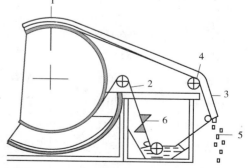

图 4-12　滤布行走式转鼓真空过滤机的原理

1—转鼓和滤室；2—滤布；3—滤饼；

4—反应辊；5—卸除的滤饼；

6—洗涤装置和滤布的洗涤

和转鼓面接触，有时离开转鼓面。过滤时，转鼓浸在滤浆槽中，随着转鼓的回转，搅拌使滤浆保持悬浮状态，在真空作用下，固体颗粒被吸附在滤（布）带上，滤液则经过转鼓内部的管线汇集到分配头处，然后排出机外，滤（布）带离开转鼓后，便托看滤饼移向卸料辊，并利用在卸料辊处的突然转向卸掉滤饼。因此，滤（布）带同时起到过滤介质及运载滤饼的作用。卸掉滤饼后，滤（布）带随即受到喷嘴的两面洗涤，又返回到转鼓面上，开始新的过滤操作。

这种过滤机适用于过滤速度中等或较慢的浆液，滤饼厚度最好在 3mm 以上。另外由于滤布能得到充分洗涤，因而适用于过滤物易于堵塞滤布的浆液。

（3）过滤式离心机

实现离心分离操作的机械称为离心机。它具有占地面积小、可连续运转、操作安全可靠，而且能得到含湿量低的固相和高纯度液相等特点。按分离原理不同，可分为沉降式离心机及过滤式离心机。沉降离心机用于对沉渣脱水程度要求很高时，分离中等分散性的高浓度悬浮液；或用于对分离液纯度和沉渣湿度要求适宜时，分离中等和低浓度的悬浮液，或用于从低浓度悬浮液中分离出高分散的固相的场合。过滤离心机可在要求滤饼深度脱水和高度洗涤时分离悬浮液用，以及压滤其孔隙完全或部分为液体所填充的非流动物料使用。

过滤式离心机的主要部件是安装在竖直或水平轴上的快速旋转的转鼓，转鼓壁上有许多小孔，供排出滤液用，转鼓内壁上铺有过滤介质，过滤介质一般由金属丝底网和滤布组成。加入转鼓的悬浮液随转鼓一起旋转，悬浮液中的固体颗粒在离心力作用下，沿径向移动被截留在过滤介质表面，形成滤饼层；而液体在离心力作用下透过滤饼、过滤介质和转鼓壁上的孔被甩出，从而实现固体颗粒与液体分离。过滤式离心机由于支撑型式、卸料方式及操作方式不同而有多种类型。表 4-13 示出了常用过滤式离心机的种类及其运转方式。表 4-14 示出了各种过滤式离心机的使用范围。离心机按其所产生的离心力与重力之比，即分离因数 a 值的大小，有常速（$a<3000$）、高速（$3000<a<50000$）及超速（$a>50000$）之分。过滤式离心机的分离因数 a 值一般较低，图 4-13 及图 4-14 分别为应用十分广泛的三足式离心机及刮刀卸料离心机。

表 4-13　各种过滤式离心机的分类

类别	型号	运行方式	滤饼型式	卸出周期	滤饼卸出方式	滤网型式	备注
三足式	SS、SX、SXG、SSZ、SXZ	间歇	固定型	间歇	人工、自动、刮刀	各种滤网	
上悬式	XZ、XJ	间歇	固定型	间歇	人工、自动、刮刀	各种滤网	
刮刀卸料式	WG	连续	固定型	间歇	刮刀	各种滤网	
活塞推料式	WH	连续	移动型	脉动	推料盘	条网、板网	
离心力卸料	立式 LI	连续	移动型	连续	物料离心力	板网	有单级、多级
振动式	—	连续	移动型	连续	物料惯性力	板网	
进动式	—	连续	移动型	连续	物料惯性力	板网	
螺旋卸料式	—	连续	移动型	连续	螺旋	板网	
翻袋式	—	间歇	固定型	间歇	翻袋		

表 4-14　各种过滤式离心机的使用范围

机型\性能	间歇式		半连续式		连续式		
	三足式、上悬式	卧式刮刀卸料、三足自动卸料、上悬机械卸料	单级活塞推料	双级活塞推料	离心力卸料	振动卸料	螺旋卸料
分离因数	500~1500	~2500	200~700	300~1000	1500~2500	400	1500~2500
进料固含量/%	10~60	10~60	30~70	20~80	≤80	≤80	≤80
能分离的颗粒直径/mm	0.05~5	0.05~5	0.1~5	0.1~5	0.04~1	0.1	0.04~1
分离效果	优	优	优	优	优	优	优
滤液固含量	少	少	较少	较少	有小颗粒进入	有小颗粒进入	有小颗粒进入
滤饼洗涤	优	优	可	优	可	可	可
颗粒磨损程度	小	大	中~小	中~小	中~小	中~小	中
应用场合	过滤、洗涤甩干	过滤、洗涤甩干	过滤、洗涤甩干	过滤、洗涤甩干	过滤、甩干	过滤、甩干	过滤、甩干

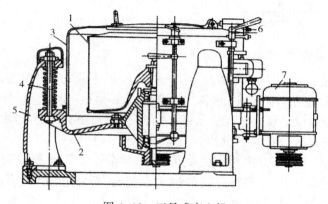

图 4-13　三足式离心机

1—转鼓；2—机座；3—外壳；4—拉杆；5—支柱；6—制动器；7—电动机

① 三足式离心机　外形结构如图 4-13 所示，为间歇操作的离心机。为了减轻转鼓的摆动和便于拆卸，将转鼓、外壳和联动装置都固定在机座上，机座则借拉杆挂在三个支柱上，故称三足式离心机。转鼓的摆动由拉杆上的弹簧承受。转鼓主要由鼓底、鼓壁及拦液板三部分组成，鼓壁内侧衬有支承滤布的金属网，滤布常制成袋形铺在金属网上，有时在转鼓与滤布上下两端压紧的部位制出环形槽，用压条压紧滤布，形成迷宫式密封。转鼓各部分结构主要因卸料方式不同而异。根据卸料方式不同，有上部人工卸料离心机（型号为 SS）、三足式下部人工卸料离心机（型号为 SXG）、三足式自动上部卸料离心机（型号为 SSZ）及三足式自动下部卸料离心机（SXZ）等。

三足式离心机的主要优点是：a. 对物料适应性强，可分离粒径仅为微米级的细颗粒，对滤饼洗涤有不同要求时也易适应；b. 结构简单，安装及维修方便，操作容易，易于保持产品的晶粒形状；c. 设备运转平稳，易于实现密封防爆。

三足式离心机的主要缺点是：间歇式分离，生产能力低，人工上部卸料的机型劳动强度大，操作条件差，主要适用于中小规模的生产。

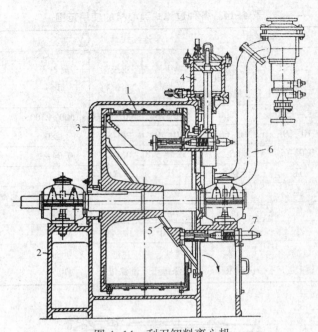

图 4-14　刮刀卸料离心机

1—转鼓；2—机座；3—刮刀；4—油压缸；5—溜槽；6—加料管；7—气锤

② 刮刀卸料离心机　外形结构如图 4-14 所示。其特点是在转鼓连续全速运转的情况下，能自动依次循环，间歇地进料、分离、洗涤滤饼、甩干、卸料、洗网等工序的操作，每工序的操作时间可根据设定要求电气液压系统按程序进行自动控制，也可用手工直接控制液压系统进行操作。它具有产量大、分离洗涤效果好、操作周期长短可视物料工艺要求而定、适应性强等优点。但卸滤饼时因受刮刀的刮削作用使固体颗粒有一定程度的破碎，振动较大，刮刀易磨损，刮刀卸料后转鼓网上会留有薄滤饼，所以不适用于易使滤网堵塞而又无法再生的物料。由于这种离心机优点较多，是工业大规模生产上应用最为广泛的一种离心机。

4-2-6　沉淀物的干燥及焙烧

经洗涤、过滤后的滤饼，含水率一般为 60%～90%，需加热以进行脱水，脱水过程中水分从沉淀物内部借扩散作用而到达表面，再从表面借热能汽化而脱除掉，催化剂的部分孔结构也就在这时候形成。

焙烧是催化剂的热处理过程，其目的主要有：①通过热分解反应除去物料中易挥发组分及化学结合水，使之转化为所需的化学成分，形成稳定的结构；②通过焙烧时发生的再结晶过程，使催化剂获得一定的晶型、晶粒大小和孔结构；③通过微晶适当烧结，提高机械强度。

关于催化剂的干燥、焙烧机理及所使用的设备，可参见第 6 章"催化剂干燥技术"及第 7 章"催化剂焙烧"有关章节。

此外，催化剂成型也是催化剂生产过程常见的共用步骤之一。用沉淀法制备催化剂时，也会在不同阶段进行催化剂成型。有关催化剂成型机理、成型方法及使用设备等，可参见第 5 章"催化剂成型"。

4-2-7　沉淀法制备催化剂示例

1. 碳化法制备氢氧化铝(单组分沉淀法)

氧化铝是一种用途很广的化学品,由于它具有热稳定性好、强度高、孔结构可调以及具有表面酸性等特点,广泛用作催化剂及催化剂载体,如加氢、氧化、水合、异构化、重整等催化过程,大多采用氧化铝作催化剂或载体。

催化领域所用氧化铝,主要由氢氧化铝经热转化制得。制备氢氧化铝的工艺有酸法、碱法、烷基铝法及铝汞齐法等,烷基铝法及铝汞齐法由于原料价格高,除制备特殊要求的高纯产品外,一般很少用这两种制法。工业上制备氢氧化铝的一般工序为:

原料配制──→沉淀(成胶)──→老化──→洗涤──→干燥──→(成型)──→氢氧化铝

各工序因其制备条件不同,都会影响氢氧化铝的晶相、晶粒大小及孔结构,其中沉淀工序是最主要的影响环节。

碳化法是以二氧化碳及偏铝酸钠为原料生产氢氧化铝的方法,也是一种常用工业制法,它可在有 CO_2 气体排放的工业生产中进行综合性生产,从而可减少碳排放。这种生产方法生产成本较低,所生成的产品中不含其他无机酸作为沉淀剂时带入的有害阴离子(如 NO_3^-、SO_4^{2-}、Cl^- 等)。

碳化法是以偏铝酸钠($NaAlO_2$)为原料,以 CO_2 为沉淀剂,经上述制备工序制得氢氧化铝。在沉淀过程中,在一定温度及 pH 值下的转化规律为:

$$NaAlO_2 + CO_2 \longrightarrow 无定形氢氧化铝 \xrightarrow{pH>7, \ 20℃} 假一水软铝石 \xrightarrow{pH>9, \ 20℃}$$

$$湃铝石 \xrightarrow{pH>12, \ 20℃} 三水铝石 \xrightarrow{pH>12, \ >80℃} 一水软铝石$$

由此可见,制备不同种类的氢氧化铝,主要是控制 pH 值及温度等操作条件。下面为制备实例。

① 将 60kg 氢氧化钠(纯度为 97%)加入 $2m^3$ 的不锈钢溶解釜中,加入 750L 脱离子水溶解。在不断搅拌下加入 75kg 工业氢氧化铝粉,将此溶液加热至沸腾,保温 2h,然后加脱离子水,将溶液稀释至 750L,制成偏铝酸钠溶液。

② 将制得的偏铝酸钠溶液经真空过滤除去胶状铁沉淀物,再加入热的脱离子水将滤液稀释至 $1m^3$,并冷却至 30℃待用。

③ 将②放入中和釜中,在强烈搅拌下通入 CO_2 气体,并在 5min 内将 CO_2 气通完,使中和反应结束时 pH 值为 10.5。然后将温度升至 43℃。

④ 将③制得的浆液于真空下进行过滤,滤饼用 65℃的热脱离子水洗涤三次,每次洗涤用水为 250L。

⑤ 将洗涤后的滤饼在 105℃下干燥 4h,再经粉碎机粉碎即制得水合氧化铝粉,其主要物性指标为:比表面积 $400m^2/g$,堆密度 0.6~0.8g/mL,孔容 0.6~0.8mL/g,Fe_2O_3 含量 0.002%,SiO_2 含量 0.017%,Na_2O 含量<0.001%,颗粒直径 4~5μm 占 87%。

由上法制得的氢氧化铝粉具有很高的比表面积。如将沉淀物用丙酮处理,其比表面积可更高。

2. 共沉淀法制造乙烯氧氯化催化剂

氯乙烯(VCM)是十分重要的基本化工原料,主要用于生产聚氯乙烯(PVC),VCM 有多种生产方法。国内生产 VCM 主要是两条路线：一条是电石路线(乙炔法)，另一条是石油路线(乙烯法)，而以乙烯为原料生产 VCM 的方法是当今全世界 PVC 工业的发展方向及潮流。其中乙烯氧氯化法是以 C_2H_4、HCl、O_2(或空气)为原料，乙烯来自石油裂解，该反应过程是乙烯和氯化氢、氧气反应生成 1,2-二氯乙烷，后者经热裂解生成氯乙烯和氯化氢，产生的氯化氢又用于氧氯化反应。另外，还会有一些乙烯直接与氯反应生成二氯乙烷，各工艺过程的反应如下：

直接氯化 $\qquad\qquad\qquad C_2H_4+Cl_2 \longrightarrow C_2H_4Cl_2$ $\qquad\qquad\qquad\qquad$ (4-2)

二氯乙烷裂解 $\qquad\quad 2C_2H_4Cl_2 \longrightarrow 2CH_2\!\!=\!\!CHCl+2HCl$ $\qquad\qquad$ (4-3)

氧氯化 $\qquad\qquad C_2H_4+2HCl+\dfrac{1}{2}O_2 \longrightarrow C_2H_4Cl_2+H_2O$ $\qquad\qquad$ (4-4)

总反应 $\qquad\qquad 2C_2H_4+Cl_2+\dfrac{1}{2}O_2 \longrightarrow 2CH_2\!\!=\!\!CHCl+H_2O$ $\qquad$ (4-5)

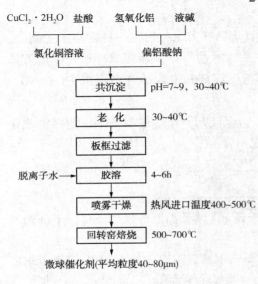

图 4-15　共沉淀法制造
乙烯氧氯化催化剂工艺过程

乙烯氧氯化制二氯乙烷的关键是制造适宜的催化剂。常用乙烯氧氯化催化剂是 $CuCl_2/Al_2O_3$，主要活性组分是 $CuCl_2$，载体是 Al_2O_3，有的也加有少量 K、Ce、Mg 等助催化剂。在工业生产装置中，无论在固定床或流化床反应器中，二氯乙烷的选择性都较高，按乙烯计算的二氯乙烷收率超过 98%，而以 HCl 计算的收率超过 98%。制备乙烯氧氯化催化剂的方法有浸渍法及共沉淀法。浸渍法是制得氧化铝载体，然后向载体上喷浸活性组分氯化铜，经干燥后即可制得乙烯氧氯化催化剂。用这种方法制得的催化剂，其铜含量较低，一般为 5%~7%，但使用过程中，铜容易挥发流失。用共沉淀法制得的催化剂，其铜含量较高，活性组分不易脱落，而且活性组分与载体之间的 Cu-Al 分布十分均匀。其制备过程如图 4-15 所示，具体制备过程如下[38,39]：

①　在配制釜中加入工业氢氧化铝及液碱，使制得的偏铝酸钠溶液 Al_2O_3/NaOH 为 1.2~1.8(质量比)，在 100~120℃下反应 2h，经板框压滤机滤去未溶解物后作为共沉淀的原料。

②　将氯化铜溶于浓度为 25%~33% 的盐酸中制成氯化铜溶液，所加氯化铜量按催化剂所需组成计算。

③　在中和釜中先加入氯化铜溶液②，升温至 30~40℃，然后缓慢加入计量的偏铝酸钠溶液①进行共沉淀反应，反应时将 pH 值控制为 5.5~9.5，优先为 7.0~9.0，在保持 30~40℃温度下反应 1h。反应结束后继续搅拌 1h，进行老化。

④　共沉淀溶液老化结束后将沉淀物用板框压滤机过滤。

⑤　将滤饼加入为其体积 2~4 倍的脱离子水中，在室温下打浆 4~6h，进行胶液均化。

⑥　将胶溶好的浆液用高压泵送至压力式喷雾干燥塔中进行喷雾干燥成型。干燥塔操作条件是：热风进口温度 400~500℃，出口温度 80~150℃。

⑦　将喷雾干燥得到的微球催化剂半成品再送至回转窑，于 500~700℃下焙烧 1~2h，使

催化剂具有稳定的相结构。

经上述共沉淀法制得的乙烯氧氯化催化剂具有以下物性：

铜含量　　　　　8%～13%

相结构　　　　　$Cu_2(OH)_3 \cdot Cl-\gamma-Al_2O_3$

堆密度　　　　　0.8～1.2g/mL

比表面积　　　　130～200m²/g

孔容　　　　　　0.3～0.4mL/g

平均粒度　　　　40～80μm

3. 分步沉淀法制造中温变换催化剂

变换催化剂用于使烃类水蒸气转化法以及重油或煤部分氧化法所制得的原料气中 CO 经与水蒸气进行变换反应而生成 CO_2 及 H_2。CO_2 经分离后可作制造碳酸氢铵或尿素的原料，H_2 则作为制氨用合成气的主要组分。根据所适用的温度范围，CO 变换催化剂分为中温变换、低温变换及宽温变换三类。中温变换又称高温变换，是在 350～500℃下进行，中温变换的基本反应是：

$$CO+H_2O \Longrightarrow CO_2+H_2 \quad \Delta H^{\ominus}_{298} = -41.2kJ \tag{4-6}$$

中温变换催化剂以 Fe_2O_3 为主要活性组分，但在使用前将 Fe_2O_3 还原成活化态的 Fe_3O_4 时，由于孔径分布增大，会造成催化剂结构不稳定及活性下降，因此需添加 Cr_2O_3 等结构型助催化剂来改善结晶结构的稳定性。催化剂中加入 Cr_2O_3 时，在 Fe_3O_3 还原成 Fe_3O_4 时，可抑制铁氧化物晶粒的长大，并能提高 Fe_3O_4 活性相的分散度，从而增大催化剂的比表面积和提高催化剂的使用稳定性。一氧化碳中温变换催化剂有共沉淀法、机械混合法及分步沉淀法等，其中分步沉淀法是将催化剂中某一组分沉淀好后，再将其他组分或含有该组分的溶液加到所得的沉淀或悬浮液中，通过各组分的相互反应、混合或进行再沉淀。由于这种催化剂制法主要步骤是沉淀，但因还含有再沉淀及混合等步骤，故与共沉淀制法又有所不同，因此称作分步沉淀法或混沉淀法。分步沉淀法也常用于催化裂化用硅酸铝催化剂。分步沉淀法制备 CO 中温变换催化剂过程如图 4-16 所示。

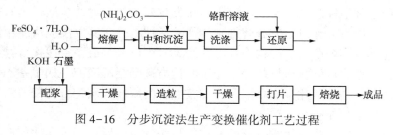

图 4-16　分步沉淀法生产变换催化剂工艺过程

4-3　浸渍法制备催化剂

4-3-1　浸渍法制备催化剂的一般过程

将预先制备或选定的载体浸没在含有活性组分的溶液中，待浸渍平衡后，把剩余的液体除去，再经干燥、焙烧、活化等步骤，使活性组分均匀地分布在载体上，这种制备催化剂的方法称作浸渍法。有时负载组分以蒸气相方法浸渍载体，就被称为蒸气相浸渍法。浸渍法广泛用于制造加氢、脱氢、氧化、重整、汽车尾气净化等负载型催化剂。尤适用于制备稀有贵金属催化剂、活性组分含量较低的催化剂，以及需要高机械强度的催化剂。与沉淀法制备催化剂相比较，浸渍法具有以下特点：

① 可利用商品载体无需再进行催化剂成型操作，可使催化剂制备过程简化；

② 载体物化性能预先知道，利用质量合格的载体，不会发生像沉淀法制备时那样，一旦载体性质不合格会使整批催化剂报废；

③ 载体可预先经焙烧处理，提供需要的机械强度及孔结构，有利于提高催化剂的使用稳定性；

④ 可根据需要，调节催化剂颗粒中活性组分的分布状态，从而降低催化剂制造成本，而且也能将一种或几种活性组分负载在载体上。

⑤ 只要改变浸渍液种类，就可制成各种类型的催化剂，生产灵活性好。

浸渍法制备催化剂的一般过程及影响参数如图 4-17 所示。

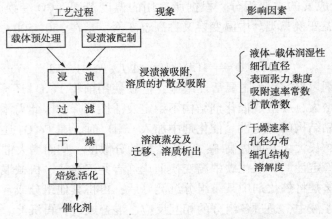

图 4-17　浸渍法制备催化剂的一般过程及影响参数

4-3-2　浸渍法的基本原理

采用浸渍法制备催化剂时，多数情况下并不是直接应用含活性组分本身的溶液来与载体接触，而是使用这种活性组分的易溶于溶剂的盐类或其他化合物的溶液，这些盐类或化合物负载在载体表面上以后，加热时就分解得到所需的活性组分。所以浸渍法所用溶液中含活性组分的物质，应具有溶解度大、结构稳定且在焙烧时可以分解成稳定性化合物的特性，通常是用硝酸盐、乙酸盐、草酸盐或铵盐等可分解的盐类来配制浸渍液。如制备乙烯氧化制环氧乙烷的银催化剂时，是将氧化银、草酸及乙二胺混合配制成银胺配合物浸渍液，在真空下浸渍于 $\alpha\text{-Al}_2\text{O}_3$ 载体上而制得。

有时为了节约原料，也可用难分解的盐作原料浸渍载体后再用沉淀法使活性组分沉积在载体上。如制备催化裂化用硅酸铝催化剂时，可以先用硫酸铝溶液浸渍硅凝胶，然后加入氨水，使产生氢氧化铝沉积在硅凝胶上，再洗去 SO_4^{2-} 及 Na^+ 等杂质离子。

如图 4-17 所示，用浸渍法制备催化剂一般都有三个主要过程：①浸渍过程，即将预先制成的干或湿的载体与溶有活性组分的浸渍液接触；②干燥过程，即在一定温度下将浸渍好的催化剂中的溶剂通过加热使其挥发掉；③焙烧及活化过程，即在一定温度下经空气高温焙烧或用氢气等还原剂使催化剂活化。最后的焙烧及活化过程，虽然对催化剂形成活性十分重要，但对活性组分在载体上的宏观分布则并不起多大作用。所以浸渍及干燥过程是用浸渍法制备催化剂的决定性步骤。在这两个步骤中所发生的现象又可归结为：①毛细管浸渍，即当载体浸没入浸渍液中时，由于毛细管作用，浸渍液被吸入载体的细孔中，这时，溶解于溶剂中的活性组分由于毛细管吸力造成对流而从外部进入催化剂颗粒内部；②扩散浸渍，即当浸渍液进入颗粒孔中心后，上述对流作用就停止，这时溶质的活性组分则是依靠扩散及吸附作用进入颗粒内部；③干燥固定，即在浸渍过程中，溶质的活性组分并未完全固定在颗粒孔道内部，在干燥过程中随着溶剂的蒸发及转移，活性组分就会随之再分布，并最后在孔道中析出及固定。

根据多孔物质的吸附机理，多孔载体与浸渍液接触时，多孔物质的每一微孔都可看作是一根毛细管，液体就是通过毛细力渗透到内孔中去。一般载体的微孔直径很小，平均孔半径 $\bar{r}$ 可用式(1-15)计算，它们通常是几十纳米大小。其毛细力可用 $\left(\dfrac{2\sigma}{r}\right)\cos\theta$ 来表示，式中 σ 为液体的表面张力，θ 为液体与固体间的接触角，对于 SiO_2、Al_2O_3、TiO_2 等氧化物载体都是亲水性的，因此 $\theta=0$，$\cos\theta=1$。如设载体的平均孔半径为 2nm 时，当它与水接触时，其毛细力可达 70MPa，可见渗透的推动力是很大的。

实际上，由于毛细管很细，加上液体黏度的影响，渗透阻力还是很大的。液体渗透到微孔中心所需时间可用下式估算：

$$t_{L}=\frac{2\eta}{\sigma}\frac{y^{2}}{\bar{r}} \tag{4-7}$$

式中　η——浸渍液黏度；
　　　y——t 时间内的渗透距离（或毛细管长度）；
　　　σ——液体的表面张力；
　　　$\bar{r}$——载体的细孔平均孔半径。

由于载体的微孔不是直线形，有效长度大于直管长度，所以应用上式计算可以加入一个弯曲系数 $\sqrt{2}$ 进行修正，用这种方法计算结果，通常载体的渗透时间约为半分钟至几分钟。例如，比表面积为 350m²/g 的硅铝小球，经计算毛细力为 64MPa，按上式计算渗透 2mm 长微孔长度所需时间为 105s，而实测值为 100s 左右。从式(4-7)也可知道，载体的细孔平均孔半径 $\bar{r}$ 对渗透时间有很大影响，所以改变平均孔径或溶液黏度会影响活性组分的分布状态。

不同的载体对溶质的吸附能力也不一样，一种载体在溶液中吸附溶质的同时也会吸附溶剂，而载体对溶质的吸附情况最终也影响活性组分在载体上的分布情况。因此，研究一种载体在溶液中吸附时的等温线，对于指导浸渍过程是有益的。因为不同载体对同一种溶液有不同的吸附能力，而同一载体对不同溶液也会产生不同的吸附等温线。

根据吸附等温线可以推知，一种载体对某一溶质有一饱和吸附值，吸附量超过饱和值后，即使增大溶液中溶质的浓度也不会再增加吸附量，这时再提高溶液浓度，只是增加载体孔体积中所含有的溶液中的溶质量。所以这对于选择适宜的浸渍液浓度有一定意义。当对活性组分所要求的浸渍量高于饱和吸附量时，只有采取多次浸渍才能达到；反之，当饱和吸附量高于所要求的浸渍量时，当浸渍液浓度高于与其吸附量相对应的平衡浓度时，就不会得到均匀的吸附，这时载体颗粒外层吸附的溶质量总要高于平均吸附量。

载体对活性组分的饱和吸附量也可粗略地根据载体对活性组分的吸附性能进行估算，并可分成下面几种吸附情况。

（1）溶剂很快被吸附。当溶液的渗透速度和溶质在溶液中的扩散速度慢于溶质被载体表面吸附的速度时，溶质在载体细孔中向前渗透，溶液中的溶质被吸附在孔壁，而溶剂就渗透到孔内部的壁上。例如，用钼盐和钴盐的水溶液浸渍 Al_2O_3 载体来制备 MoO_3-CoO/Al_2O_3 时，溶剂水在 Al_2O_3 上吸附很快，浸渍不久水量就会减少，使溶液变浓，结果使浸渍不均匀。为了改进这种状况，可将 Al_2O_3 先用水处理，使载体将水吸附饱和到某种程度后，再在活性组分溶液中浸渍。

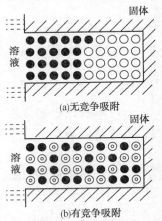

图 4-18　催化剂内或
细孔内活性成分浓度分布
　○—空着的吸附位置；
　●—吸附了活性组分吸附位置；
　◎—吸附了竞争吸附物的位置

（2）产生竞争吸附的情况。所谓竞争吸附是指在浸渍液中加入第二种组分时，载体在吸附第一种组分的同时，也吸附第二组分，两种组分在载体表面上被吸附的机率完全相同，所加入的第二种组分就称为竞争吸附剂。如图 4-18 所示，其中（a）是无竞争吸附的情况，（b）是有竞争吸附的情况。例如，制备铂重整催化剂时，由于浸渍液氯铂酸在活性氧化铝上的吸附速度比溶液在孔中的渗透速度快得多，载体会对氯铂酸产生选择吸附，使活性组分只吸附在载体外表面部分，不容易达到均匀分布，这时就可加入乙酸作为竞争吸附剂来改善活性组分的分布情况，由于加入了竞争吸附剂，载体表面一部分吸附了氯铂酸，一部分却被乙酸所占据，这样就可使少量活性组分不光分布在载体外表面，也能渗透到颗粒的内部去。乙酸加入量适宜，能使活性组分均匀分布，从而提高催化剂活性。

（3）多种活性组分的浸渍。当浸渍液含有两种或两种以上活性组分时，由于载体对各种组分的吸附能力不同，而且不同组分在载体上的扩散速度及解吸速度也不一样，加上不同溶质在溶液中的溶解度也不同，这些因素都会导致多活性组分在载体上难以达到均匀分布。这时可采用分步浸渍，即先浸渍一种活性组分，经干燥或焙烧后再浸渍另一活性组分。也可将多种活性组分制成杂多酸溶液一次浸成，但无论用何种方法，多种活性组分的浸渍要比单组分溶液的浸渍复杂得多。

4-3-3　活性组分的不均匀分布

在催化反应中，为了充分发挥活性组分的作用，往往希望活性组分均匀地分布在载体上以获得有效的活性表面。实际上，如前所述，在固体催化剂表面上进行的催化反应要经历内扩散、吸附、脱附及外扩散等步骤，由于存在着扩散阻力，催化剂内表面的活性组分不能全部有效利用。因此，在制备催化剂时，对活性组分在载体表面上的不均匀分布提出了不同要求。特别是根据反应控制步骤、中毒和烧结行为、耐磨性要求，以及制备过程的经济性（如节约贵金属活性组分用量）等多种因素，对活性组分的浓度分布作出特别设计的负载型催化剂均属于这种类型。

浸渍过程中，由于存在着溶质迁移、扩散及竞争吸附等现象，因而可以使活性组分在载体上产生各种不同分布的状况。以球形载体浸渍为例，可产生如图 4-19 所示的四种分布形态。[40,41]

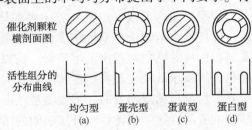

图 4-19　活性组分的分布形态
（斜线部分表示活性组分沉积区）

① 均匀型分布，如图 4-19（a）所示。是一种理想制备的催化剂，因为催化剂的内表面也得到利用。尤其当催化反应是由动力学控制时，这种分布型式更为有利。而在要求催化剂活性不太高时，这种分布也最为有利，它无扩散限制。此外，由于催化反应是表面化学反应，表面积越大，活性中心越多，催化活性也相应越高，而且活性组分均匀分布还有利于提高催化剂的抗烧结性能，即在高温下反应和再生时，活性组分也不易发生凝聚。

② "蛋壳"型分布，如图 4-19（b）所示，活性组分主要浓集在颗粒的外表层上。由于活性组分分布在颗粒外表面及外表面的浅处，反应物分子易于到达并相接触，因此呈现出催化反应活性高，尤对外扩散控制的催化反应有利，也即有利于快反应和提高反应的选择性。

③ "蛋黄"型分布，如图 4-19（c）所示。活性组分集中在载体颗粒中心，当载体孔隙足够大，催化剂又可能接触有毒物质或受强烈腐蚀时，其外层的载体可以起到毒物"过滤器"的作用，防止催化剂发生中毒，从而延长催化剂使用寿命。

④ "蛋白"型分布，如图 4-19（d）所示。活性组分集中于远离载体颗粒中心和外表面的某一区域中。其分布介于"蛋壳"型分布与"蛋黄"型分布之间，当向颗粒中心的扩散受到限制和外表面处于有毒的环境中或受到腐蚀时可采用这种形式的分布。

通常将"蛋壳""蛋黄"及"蛋白"型三种分布情况，称为活性组分的不均匀分布；而将由"蛋黄"型及"蛋白"型分布方法制成的催化剂称作隐匿型催化剂。

制备活性组分不均匀分布的催化剂一般都采用浸渍法。但对不同的活性组分及不同的载体要制成各种不均匀分布状态都有其特殊的制备方法。

4-3-4　浸渍法制备催化剂的影响因素

浸渍法制备催化剂的基本原理实质上就是固液界面的吸附作用，也即液体中的一种或多种组分可在固液界面上富集，这时固体表面不是被溶质占据，就是被溶剂所占据。因此，在固液吸附时，各组分间的竞争作用是不可避免的。这种竞争吸附实际上是溶质-溶质、溶剂-溶质、溶剂-溶剂间综合作用的结果。对于多组分溶液这些相互作用就更为错综复杂。有时这些相互作用又与温度、pH 值、浓度等影响因素交织在一起。当多孔载体浸泡到含有活性组分（溶质）的浸渍液中时，由于竞争吸附及溶质迁移等因素会产生上述不均匀分布现象。所以，影响活性组分在载体上的分布状况的因素很多，下面作简要讨论。

1. 浸渍液性质的影响

（1）金属盐类

浸渍法制备催化剂所用浸渍液是由各种金属盐类的水溶液所组成。当所用盐类不同时，所得催化剂颗粒中的活性组分浓度分布是不同的，如制备 $Pt-Al_2O_3$ 催化剂时，采用不同铂的氯化物所制得催化剂中 Pt 的浓度分布是不同的（见图 4-20）。氯铂酸由于与 Al_2O_3 有强的吸附作用，浸渍后 Pt 高度集中在颗粒外表面（曲线 B）；而二氨基二亚硝基铂 $[Pt(NO_2)_2(NH_3)_2]$ 由于几乎不被 Al_2O_3 吸附，催化剂中 Pt 近于呈均匀分布（曲线 A）。表 4-15 示出了其他一些贵金属配合物在 Al_2O_3 上的吸附量及分布深度，产生这种差别的主要原因是由于这些配合物与 Al_2O_3 浸渍时所产生的配位基置换反应机理不同所致。

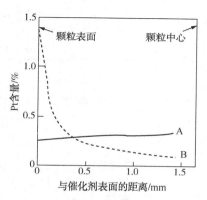

图 4-20　不同浸渍液时 Pt 在 Al_2O_3 上的浓度分布

（2）浸渍液所用溶剂

浸渍液所用溶剂多数采用脱离子水，但当载体成分在水溶液中容易洗提出来时，或者是要负载的金属盐类或化合物难溶于水时，就需使用醇类或烃类溶剂。这时不仅要注意溶剂的易燃性及毒性，而且溶剂对活性组分在载体上分布的影响会随载体性质的不同而有较大的差异。例如，用活性炭及 $\gamma-Al_2O_3$ 作为载体浸渍氯铂酸溶液，当用水为溶剂时，铂在活性炭上呈"蛋壳"型分布，而在 $\gamma-Al_2O_3$ 上呈均匀分布；而当采用丙酮作溶剂时，所得结果正好相反，铂在活性炭上呈均匀分布，而在 $\gamma-Al_2O_3$ 上则呈"蛋壳"型分布。这是由于活性炭为疏水性载体，有机溶剂丙酮可与氯铂酸进行竞争吸附，使活性组分形成均匀分布；$\gamma-Al_2O_3$ 为亲水性载体，用上述两种不同的溶剂就会得到相反的结果。又如，用丙酮等极性较低的有机溶剂溶解铂金属盐，经不同多孔载体浸渍干燥后，于 700℃ 焙烧，得到活性组分铂在载体上的分布情况如表 4-16 所示。从表中看出，使用不同的溶剂和载体可以获得活性组分不同的分布形态及表层深度。

表 4-15 贵金属配合物在 Al_2O_3 上的吸附量与渗透深度

	配合物	60min 后所吸附金属的质量分数/%	金属渗透度/μm
强反应性	H_2PtBr_6	96.7	224±16
	$(NH_4)_2PtCl_6$	83.9	205±46
	$(NH_4)_2PdCl_6$	96.7	227±35
	$(NH_4)_3RhCl_6$	75.0	189±35
	NH_4AuCl_4	97.0	—
	$(NH_4)_4RuCl_6$	63.8	—
弱反应性	$(NH_4)_2PtCl_4$	32.4	均匀
	$(NH_4)[Pt(C_2H_4)Cl_3]$	20.0	均匀
	$(NH_4)_2Pt(NO_2)_4$	45.5	均匀
	$(NH_4)_2PtCl_6$	29.6	均匀
	H_2PtCl_6	33.4	均匀
	$K_2Pt(CN)_4$	22.9	均匀
	$K_2Pt(SCN)_4$	22.5	均匀
	$[Pt(NH_3)_4]Cl_2$	23.2	均匀
	$[Pd(NH_3)_4]Cl_2$	36.4	均匀
	$[Rh(NH_3)_5Cl]Cl_2$	27.0	均匀
	$(NH_4)_2IrCl_6$	28.8	均匀

表 4-16 活性组分 Pt 表层分布深度[①] μm

溶剂	$H_2PtCl_6/\gamma-Al_2O_3$	$H_2PtCl_6/SiO_2 \cdot Al_2O_3$	$PdCl_2/\eta-Al_2O_3$
丙酮	45	60	40
异丁醇	35	30	35
正己烷-甲醇	30	25	30
甲醇	B	B	B
水	A	A	A

① A 为活性组分分布到内部；B 为表层活性组分较多，而有一部分浸入内部。

（3）浸渍液浓度

如上所述，不同载体对同一种溶质（活性组分）的吸附能力是不同的，而同一种载体对不同溶质也有不同的吸附量，但一种载体在给定条件（如温度、溶剂性质）下则有一个确定的饱和吸附量，在到达饱和吸附量之前，吸附量随浓度的增加而增大，到达饱和吸附量以后，吸附量则趋于平衡，不随浓度增加而变化。图 4-21 示出了氯铂酸在不同载体上的吸附等温线。从图中看出，活性炭对氯铂酸的饱和吸附量为 22%Pt，而活性氧化铝的饱和吸附量仅为 2.1%Pt。由此可知，在浸渍制备催化剂时，如果要求的负载量大于饱和吸附量时，最好采用最小饱和吸附浓度的浸渍液反复多次浸渍，提高浓度只能增加浓缩结晶沉积的那部分负载量，而且容易得到较粗的金属晶粒，并使催化剂中金属晶粒的粒径分布变宽；如果要求负载量低于饱和吸附量，则应采用稀浓度浸渍液浸渍，并延长浸渍时间或使用竞争吸附剂，使吸附的活性组分均匀分布。

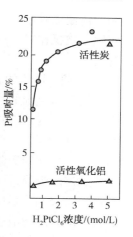

图 4-21　氯铂酸的吸附等温线

在浸渍法制备催化剂时，如果溶质的活性组分不吸附于载体上，或不发生离子交换，这时，至少在溶质分子能进入的细孔里，浸渍液的组成可以认为是相同的。在这种情况下，浸渍液的浓度系取决于催化剂中活性组分的含量。设所制备的催化剂要求活性组分含量（以氧化物计的质量分数）为 $a\%$，载体的孔容为 V_P（mL/g），以氧化物计算的浸渍液浓度为 C（g/mL），则 1g 载体中浸入溶液所负载的氧化物量为 $V_P C$，因此有：

$$a = \frac{V_P C}{1 + V_P C} \times 100\% \tag{4-8}$$

对于多组分催化剂，其浸渍过程及溶质的吸附或迁移状况要比单组分催化剂复杂得多，但也可用下述计算式大致估算各组分的分布情况：

设所浸渍的固体催化剂中含有三种活性金属组分，A、B、M 分别为每克催化剂中这三种活性金属含量，单位为 g。以活性金属 A 为例，则可用下式计算出活性金属 A 在浸渍液中的浓度 C_A：

$$C_A = \frac{A}{(1 - A - B - M) \times V_P} \tag{4-9}$$

由上式则可导出：

$$A = \frac{(1 - B - M) \times C_A \times V_P}{1 + C_A V_P} \tag{4-10}$$

同理，可推导出活性金属 B、M 的计算式：

$$B = \frac{(1 - A - M) \times C_B \times V_P}{1 + C_B V_P} \tag{4-11}$$

$$M = \frac{(1 - A - B) \times C_M \times V_P}{1 + C_M V_P} \tag{4-12}$$

式中　C_A、C_B、C_M——分别为活性金属在浸渍液中的浓度，g/mL；

　　　　V_P——制备催化剂所用载体的吸水孔容，mL/g。

根据以上一些计算公式，就可按催化剂所要求的活性组分含量及载体的孔容数值，来配制所需浸渍液浓度。理论上讲，采用这样计算的浸渍液浓度是符合载体孔容所要求的量，但实际浸渍操作时，这种计算量有时会达不到浸渍所需要的量，故通常采用溶液稍稍过量来解决。

2. 载体性质的影响

浸渍催化剂的物化性能在很大程度上取决于载体的性质，载体甚至还会影响催化剂的化学活性。而载体的吸附性质、孔结构及与活性组分前体间的作用性质决定了影响活性组分分布的控制步骤。

(1) 载体的吸附性质

载体的吸附性质是决定金属分散度及分布均匀性的基础。如图 4-21 所示，不同载体对于活性组分的吸附能力是不同的。根据吸附等温线可找到载体对某一溶质的饱和吸附值，从而选取适宜的浸渍条件实现要求的分布。对吸附作用较强的物系，由于溶质的吸附速率远大于溶质在孔中的渗透速率，所以当浸渍量低于饱和吸附量并当浸渍液浓度高于其吸附量所对应的平衡浓度时，分布常是不均匀的，活性组分主要集中于外层。但也可以通过改变载体吸附容量的方法来改变活性物质的渗透深度，如浸渍液中加入竞争吸附剂或将载体先经预处理改变其吸附容量。

常用载体为一些无机氧化物，它们在水溶液中的等电点(见表 4-17)也是表征其吸附特征的重要参数。已经知道，悬浮在水溶液中的氧化物粒子能极化而带电，多数氧化物载体是既能带正电、又能带负电的两性化合物。因此，粒子所带电荷的性质决定于所在溶液的 pH 值，如 S—OH 代表粒子表面吸附剂，在酸性介质中：

$$S—OH+H^+A^- \rightleftharpoons S—OH_2+A^-$$

式中，H^+A^- 为酸。按照双电层理论，任何两个物相接触时，过剩电荷集中于界面，形成双电层，粒子带正电荷时，在其周围有一带电的反离子(A^-)的扩散层；而在碱性介质中，则为：

$$S—OH+B^+OH^- \rightleftharpoons S—O^-B^+ + H_2O$$

此时粒子带负电，而其周围为带正电的反离子扩散层。

表 4-17　各种氧化物的等电点

氧化物名称	等电点	吸附离子	氧化物名称	等电点	吸附离子
Sb_2O_3	<0.4	阳离子	ZrO_2	~6.7	阳离子或阴离子
WO_3	<0.5		CeO_2	~6.75	
SiO_2	1.0~2.0		Cr_2O_3	6.5~7.5	
UO_3	~4	阳离子或阴离子	$\alpha, \gamma-Al_2O_3$	7.0~9.0	
MnO_2	3.9~4.5		Y_2O_3	~8.9	阴离子
SnO_2	~5.5		$\alpha-Fe_2O_3$	8.4~9.0	
TiO_2	~6		ZnO	8.7~9.7	
UO_2	5.7~6.7		La_2O_3	~10.4	
$\gamma-Fe_2O_3$	6.5~6.9		MgO	12.1~12.7	

因此，在这两种情况之间有一 pH 值，在该 pH 值下，粒子带的正负电荷相等，或称带零电荷，这一状态称为等电点状态。而这时的 pH 值表征着氧化物的等电点。测定载体在浸

渍液中的电泳速度，通过 ξ 电势和 pH 值的关系可求得载体氧化物的等电点。由此可见，由氧化物的等电点值可预测它对某种离子的吸附能力并大致估计浸渍液的 pH 值范围。

例如，SiO_2 载体的等电点很低，为 1.0 左右，表明 SiO_2 氧化物是酸性的，在浸渍液 pH>1 时，其表面具有负的 ξ 电位。故对等电点极小的酸性氧化物，可选用浸渍液 pH>1 及阳离子配合物作活性组分的前体。

同样道理，对于等电点大于 10 的碱性氧化物（如 MgO 等），可用阴离子配合物溶液作浸渍液。

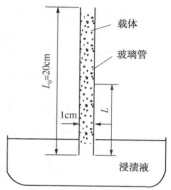

图 4-22　浸渍液吸附
特性试验柱

对于 Al_2O_3 等两性氧化物则可选用 pH<8 和阴离子配合物溶液，或 pH>8 和阳离子配合物溶液作浸渍液。

考虑载体的吸附性质时，既要考虑吸附平衡，又要考虑吸附速率这两方面的问题，但实际上是颇为复杂的。因此，也可用下述实验方法来判别浸渍液对某种载体的吸附特性。如图 4-22 所示，将某种载体颗粒或粉末放入一玻璃管内，然后将此管垂直插入浸渍液中，稍待一会儿，观察载体料层中的浸渍液浓度分布。根据浸渍液性质及载体吸附性能的不同有可能会产生图 4-23 所示几种现象。根据对所产生的某种现象的观察及分析，就可大致推断所制备催化剂中活性组分的分布状态。

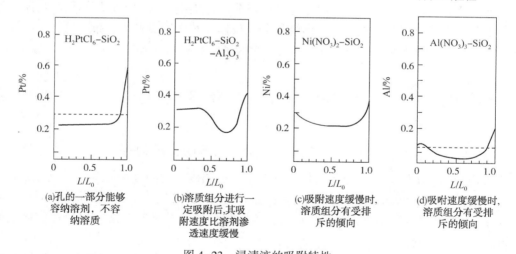

图 4-23　浸渍液的吸附特性

--------表示溶质吸附不产生排斥的情形

（2）载体的孔结构

载体的孔结构对活性组分分布的影响是显而易见的。一般情况下，孔容及孔半径大，有利于浸渍液从表面扩散到内层，缩短达到吸附平衡所需的时间。而载体的比表面积越大，可容纳的活性组分越多；载体结构致密，堆密度大时，较难浸渍；反之，结构较松，堆密度小时，则易于浸渍。以 $RuCl_2$ 溶液用不同载体浸渍为例，由于所用载体的孔结构不同，浸渍后经干燥、焙烧后 Ru 在不同载体颗粒中的分布状态是不同的（见表 4-18）。表中所示相对表面分布指数等于 1 时为均匀分布。使用 SiO_2-Al_2O_3 及 Al_2O_3 载体时，该指数值均大于 1，表明 Ru 化合物在这些载体上具有不均匀分布。

（3）载体的预处理及初始状态

载体的预处理及初始状态对活性组分分布状态会产生一定影响。例如，将 Na_2O 含量为 0.35% 的 Al_2O_3 先用 0.05% 的稀盐酸处理 1min，再经 927℃ 焙烧，然后将其浸渍在 $PdCl_2$ 溶液中，结果 Pd 负载在颗粒表层，渗透深度为 90μm。如果上述 Al_2O_3 未经处理而直接浸渍上 $PdCl_2$ 溶液时，则会在载体表面产生含水氧化物沉淀而堵塞细孔孔道。此外，载体的干、湿程度不同也会影响浸渍速率从而对分布产生影响。一般来说，经预湿的载体比干载体更易导致不均匀分布，在浸渍时间短的情况下其影响更为显著。

表 4-18　不同载体时 Ru 在颗粒中的分布情况

载体名称	载体比表面积/ (m^2/g)	催化剂体相化学分析/%			催化剂表面化学分析/%			相对表面分布指数
		Ru	Cl	Cl/Ru	Ru	Cl	Cl/Ru	
SiO_2	680	3.0	0.9	0.3	2.5	—	—	0.8
Al_2O_3	320	2.9	9.9	3.4	27.5	10.1	0.4	9.5
$SiO_2-Al_2O_3$	620	3.1	0.9	0.3	13.2	—	—	4.2
MgO	230	3.2	—	—	3.0	—	—	0.9

注：相对表面分布指数=表面 Ru 量/体相 Ru 量。

3. 竞争吸附剂的影响

如上所述，在浸渍液中加入一些不是活性组分、对催化剂活性无破坏作用的物质，使之和活性组分发生竞争吸附，从而迫使活性组分在载体上实现按要求的分布，这种与活性组分前体作竞争吸附的物质称作竞争吸附剂或中心屏蔽剂。

无机酸（如 HCl、HNO_3、HF 等）、有机酸（如结构式为 $HO-\overset{O}{\underset{}{C}}-(\overset{R}{\underset{}{C}})_n\overset{O}{\underset{}{C}}-OH$ 的二元酸或多元酸）及其衍生物（如草酸、己二酸、庚二酸、柠檬酸、酒石酸等）、一些表面活性剂及氨水均可用作竞争吸附剂。竞争吸附剂的选择主要根据体系的固有特性及活性组分分布的要求而定。例如，对于 γ-Al_2O_3-H_2PtCl_6 体系宜用酸或酸式盐作竞争吸附剂；而对 SiO_2-$Pt(NH_3)_4Cl_2$ 则可用过量氨作竞争吸附剂。竞争吸附剂的性质不同，活性组分在载体上的分布状况也会有所不同。

① 竞争吸附剂的分子大小。如果选用的竞争吸附剂的分子直径比浸渍载体的孔径大时，竞争吸附剂就不可能进入载体内孔，所以也就失去竞争吸附的作用；此外，竞争吸附剂分子直径虽然小于载体的孔径，但它吸附取向时不是吸附在孔壁上，而是集中在孔道上，这时就会阻挡活性组分分子的正常扩散，从而造成活性组分上量不够或分布不匀。因此选用的竞争吸附剂的分子大小应该尽量与载体内孔的几何形状及孔分布相适应。

② 竞争吸附剂的吸附平衡常数。用浸渍法制备催化剂时，存在着吸附及脱附的动态平衡。知道活性组分与竞争吸附剂的吸附平衡常数对了解活性组分的分布趋势是有益的。如果活性组分的脱附速度大于竞争吸附剂时，则最终活性组分会全部解吸出来，而当竞争吸附剂的量较大时，其位置会被竞争吸附剂所占据，结果活性组分会浸不上去或浸得很少；反之，

当竞争吸附剂的脱附速度大于活性组分时，竞争吸附剂的作用就很弱，也就难以制得活性组分均匀分布的催化剂。

③ 竞争吸附剂的扩散性能。当载体浸入浸渍液时，如果竞争吸附剂的扩散速度大于活性组分的扩散速度，竞争吸附剂就会比活性组分优先到达载体表面，并首先吸附在载体外表面及其细孔内表面的浅层，这就迫使后续扩散到载体的活性组分进到未被吸附的空白表面上，从而形成"蛋白"型或"蛋黄"型的分布；反之，如果活性组分的扩散速度大于竞争吸附剂的扩散速度，活性组分将先行扩散至载体表面并占据吸附位，竞争吸附剂也就失去竞争吸附的作用，从而导致活性组分富集在载体外表面及其浅层附近，形成活性组分的"蛋壳"型分布。

④ 竞争吸附剂的化学作用。使用竞争吸附法制备催化剂时，竞争吸附剂选择适当，可以改善活性组分在载体中的分布状态。但若竞争吸附剂选择不当，如所选择的竞争吸附剂与活性组分或载体有化学作用时，则有可能破坏或减弱催化剂的活性。这时，即使活性组分在载体中分布十分均匀，但其活性很差，催化剂就失去使用价值。所以，选用的竞争吸附剂务必不使在催化剂中带入毒物。

下面以浸渍法制备 Pt-Al$_2$O$_3$ 催化剂为例，说明选用竞争吸附剂的活性组分分布的影响。

先将活性组分氯铂酸水溶液与竞争吸附剂柠檬酸混合，然后浸入直径为 φ1.5～3.5mm 的 Al$_2$O$_3$ 小球中。但要注意在加入柠檬酸之前，不要使 Al$_2$O$_3$ 小球与氯铂酸接触，浸渍过程中也不能有氨、含氮化合物及碱金属存在。浸渍后的 Al$_2$O$_3$ 湿颗粒经 105℃ 干燥至表干后，再在 H$_2$ 流中还原 2h，但不经焙烧处理。这时，所制得的 Pt-Al$_2$O$_3$ 催化剂，其活性组分分布与柠檬酸含量的关系如图 4-24 所示。当柠檬酸占载体的质量分数为 <0.1% 时，活性组分分布如图 4-24(a)所示，为"蛋壳"型分布；当柠檬酸的质量分数为 0.1%～1.5%/载体时，得到的是"蛋白"型分布，如图 4-24(b)所示；而当柠檬酸含量的质量分数 >1.5%/载体时，得到的是"蛋黄"型分布，如图 4-24(c)所示；尽管柠檬酸浓度为 0.1%～1.5%/载体，但如存在 NH$_3$ 或其他碱性物质时，则得到均匀型分布，如图 4-24(d)所示。

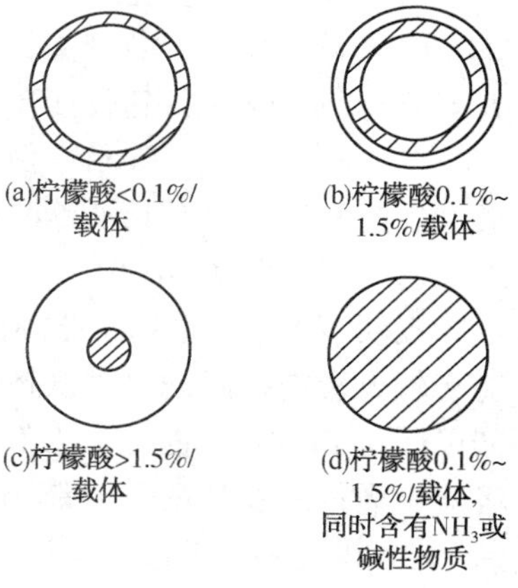

(a)柠檬酸<0.1%/载体

(b)柠檬酸0.1%～1.5%/载体

(c)柠檬酸>1.5%/载体

(d)柠檬酸0.1%～1.5%/载体，同时含有NH$_3$或碱性物质

图 4-24　不同柠檬酸浓度对
Pt 分布的影响

在上述制备例子中，如用酒石酸或草酸等代替柠檬酸时可以获得相类似的结果。

4. 浸渍条件的影响

（1）浸渍时间

如上所述，干燥载体浸没于浸渍液时，首先由于毛细管的作用，浸渍液被吸入载体的细孔中称为毛细管浸渍。此时溶解于溶剂中的活性组分是由于毛细管吸力造成对流从外部渗透到颗粒内部，当浸渍液进入孔中心后，这种对流也就停止。以后溶质的活性组分进入颗粒内部是依靠扩散及呼吸作用，此时称为打散浸渍。在毛细管浸渍时，浸渍液达到颗粒中心的时间 t_L，或是液体渗透到微孔内部所需时间可用式(4-7)计算而得。

当毛细管浸渍的时间超过浸渍液达到颗粒中心的时间 t_L 或将预先浸过溶剂的载体投入

浸渍液中，此时就进行扩散浸渍。这时的浸渍时间 t_d 可用下述经验式来表示[42]：

$$t_d = \frac{R^2(1+P)}{D} \qquad (4-13)$$

式中　R——载体颗粒半径；

　　　P——载体中吸附了的组分和孔溶液中的组分的比例；

　　　D——扩散系数。

浸渍所需要的时间可由参数 a 所决定：

$$a = \frac{t_d}{t_L} \qquad (4-14)$$

当 $a \leqslant 1.0$ 时，活性组分分布取决于毛细管作用；而当 $a \geqslant 1.0$ 时，分布取决于扩散过程中的选择性吸附。

因此，无论是毛细管浸渍或是扩散浸渍都可用浸渍时间来控制活性组分的分布形态。如对毛细管浸渍，使浸渍时间 $t \ll t_L$，对扩散浸渍使 $t \ll t_d$，都可得到"蛋壳"型分布形态。而在不发生不可逆吸附反应的情况下，则在 $t \gg t_L$ 或 $t \gg t_d$ 的条件下浸渍，一般可获得均匀分布的形态。而从式(4-7)可知，细孔半径 $\bar{r}$ 对 t_L 有很大影响，所以改变平均孔径会影响活性组分的分布形态。

从表观上看，多孔载体与浸渍液接触时，由于毛细管作用，浸渍液向载体颗粒中心浸透时，由于微孔很细，溶液又具一定黏度，渗透阻力很大，所以浸渍液从孔口扩散到颗粒内深处需要有一定时间，延长浸渍时间会有利于达到吸附平衡，使活性组分分布均匀且负载量增加；浸渍时间过短，吸附平衡尚未建立，则会得到不均匀分布，而且负载量也较少。但当浸渍达到饱和后，再延长浸渍时间，对提升催化剂性能影响不大。

（2）浸渍液的 pH 值

浸渍液的 pH 值对保证浸渍液不会产生沉淀或结晶有着重要作用，而且对载体的吸附性能有较大影响。对同一种载体，由于浸渍液的 pH 值不同，会有不同的活性组分分布状况。如以制备 Pd-SiO$_2$ 催化剂为例，所用载体为 $\phi 5 \sim 6$mm 的硅胶小球，浸渍液为 PdCl$_2$ 的盐酸溶液，通过改变盐酸浓度调节浸渍液的 pH 值，按硅胶球测定的吸水孔容进行等体积浸渍后，在 $80 \sim 100$℃下进行干燥，再经还原后其活性组分的分布形态如表 4-19 所示。

表 4-19　浸渍液 pH 值对活性组分分布的影响

浸渍液 pH 值	硅胶球剖面上 Pd 分布形态	备注
0.2	"蛋壳"型分布。外层为黑色；内层为白色	
0.5	"蛋壳"型分布。外层为黑色；内层为白色	
1.0	"蛋白"型分布。外层为灰色，极薄；中层为黑色；内层为白色	所谓白色即硅胶本身的颜色，黑色指还原后的金属 Pd 层
1.5	"蛋白"型分布，外层为灰色，极薄；中层为黑色；内层为白色	
5.2	"蛋白"型分布。外层为灰色，较厚；中层为黑色；内层为灰色	

从表中看出，浸渍液的 pH 值不同，既可得到"蛋壳"型也可得到"蛋白"型分布。对于"蛋壳"型分布，Pd 处于载体球粒的外层，制备及使用时，活性组分容易磨损或脱落。

（3）浸渍液温度

吸附是放热反应，通常在浸渍时可观察到由于吸附放热而使浸渍温度明显上升的现象，所以，浸渍液的温度高不利于活性组分的吸附。因此，可采用载体预处理的方法来事先取走部分吸附热，如载体用水泡或抽真空脱气净化载体表面。但浸渍液温度过低会造成活性组分结晶析出，甚至难以进行喷浸操作。

5. 干燥过程的影响

载体浸渍了活性组分后就成为催化剂，由于浸渍液多为稀溶液，所以，浸渍后总是需要进行干燥，以除去不属于催化剂组成的水或溶剂。

在浸渍过程中，一部分活性组分是沉降吸附在载体颗粒细孔壁表面，另一部分活性组分仍存留在细孔体积内的溶液中，有时甚至全部活性组分存留于细孔体积的溶液中，在干燥过程中，随着大量水或溶剂的蒸发，不可避免地携带着溶质分子（活性组分）从载体内孔深处慢慢移到表面或表层以内的深处，使原来均匀分布的溶质进行再分布。所以，干燥过程对活性组分的最终分布形态有重要影响。

活性组分在载体细孔壁上的吸附量与残留于细孔体积内的量之比可用参数 q 来估计[43]：

$$q = C_a S / \theta C \tag{4-15}$$

式中　C_a——单位表面积载体所吸附的溶质的浓度；

　　　S——载体比表面积；

　　　θ——载体的体积孔隙率；

　　　C——溶质在液相中的浓度。

当 $q \ll 1$ 时，表明浸渍结束时，载体孔体积中保留大多数溶质，在干燥过程中会沉积下来，从而决定了活性组分的最终分布形态；而在 $q \gg 1$ 时，表明溶质大多数在吸附相中，浸渍时形成的活性组分的分布形态将不受干燥过程的影响。

在干燥过程中，由于水分的蒸发速率不同，对活性组分在载体颗粒多孔体内的分布和聚结产生不同的影响。所谓干燥速率的快或慢可由气液界面的水汽蒸发速率 v_e 和毛细孔中的溶液流动速率 v_c 之比来决定，当 $\dfrac{v_e}{v_c} \ll 1$ 时，为快速干燥；$\dfrac{v_e}{v_c} \gg 1$ 时，为慢速干燥。

在慢速干燥时，热量从颗粒的外表面传递到颗粒的内部，产生一个温度梯度。而水分或液体通过颗粒内的沟通体系从粗孔到细孔进行毛细流动，这一流动作用可使大孔蒸发区中的浓度不均匀性有效地均匀化。水分的蒸发则先在颗粒外表面上进行，并在孔口形成一新月形液面。从小孔蒸发的水分由于毛细管作用从大孔得到补充，从外部供给的热量和水分蒸发散失的热量，在靠近颗粒外表面的孔口处建立一种稳态的平衡。随着水分的不断蒸发，活性组分在此处不断积累，结果形成活性组分在孔口处的沉积，形成"蛋壳"形的分布状态。

在快速干燥时，载体中形成蒸发面，而且水分的蒸发速度大于毛细管内的流动速度，孔内新月形的液面在干燥过程中不断下降。随着时间的增加，蒸发面不断向颗粒内部转移，当活性组分的浓度达到饱和浓度时，活性组分开始析出，并沉积在孔壁或扩散到剩余的溶液中。随着蒸发面的不断收缩，在载体上形成细密的分散相。因此，快速干燥的结果，活性组分有形成均匀分布或向颗粒中心富集出现"蛋黄"型分布的倾向。

在浸渍操作中，由于溶质的活性组分尚未在载体上固定化（包括吸附、离子交换、沉淀等），当干燥时，随着液体蒸发，溶质发生迁移，最后被析出，如果该溶质的溶解度大时，即使大部分液体被蒸发掉，但它还会留存在溶液里，最后在残余溶液里析出来。由于在孔径小的细孔内蒸气压低，故对活性组分具有浓缩的倾向，因此，了解载体的细孔结构构成状态，对于搞清楚活性组分的分布形态是十分有益的。

由于控制活性组分分布的问题会涉及许多方面，仅仅通过控制干燥速度来实现特定的分布还存在着许多困难。例如制造 Pt-Al$_2$O$_3$ 催化剂时用竞争吸附法进行浸渍，然后在干燥时通过控制干燥速度，既可获得均匀型或"蛋白"型分布，还可获得"蛋壳"型分布。在不同的报道中往往有相互不同的解释。其原因在于不同试验所用载体的细孔组织的特性是不同的，而且干燥方式不同，所得结果也有相当差别。如在广泛采用的固定床干燥装置中，无论从温度或从相对湿度考虑，在进口处的干燥速度最大，相对地在出口处的干燥速度逐渐减小。由于干燥速度不同必然会影响活性组分的分布，所以，对同一批催化剂，也会在质量上存在某些差别。

此外，在用竞争吸附法制备催化剂时，由于所使用的竞争吸附剂的挥发、分解（或升华）温度往往比水或溶剂的沸点要高，因此，催化剂干燥后还需适当继续升温，以将竞争吸附剂从催化剂上赶净。

在干燥后，催化剂上的活性组分一般仍处于盐类状态，当它长时间与水接触或浸泡于水中时，活性组分仍可因溶解而发生流失。为防止催化剂在使用、储存等过程中不致产生活性组分流失或发生再分布现象，所以，多数催化剂在干燥后需进行焙烧或还原活化等过程，使活性组分由盐类状态转变成氧化物状态。通过焙烧过程中的热分解反应除去催化剂中的易挥发组分及化学结合水，并通过焙烧时发生的再结晶过程，使催化剂中的金属获得一定的晶型、晶粒大小和稳定的结构，有关这方面的问题可参见"催化剂的热处理"有关章节。

4-3-5　浸渍法主要工艺

1. 浸渍液的配制

如上所述，浸渍法制备固体催化剂包括载体预处理（干燥或抽空）、浸渍液配制、浸渍、除去过量液体、干燥及焙烧等步骤。其浸渍液配制，特别是多组分浸渍溶液的配制，其配制液的均匀性对活性组分的均匀分布及催化剂外观颜色的均匀性都有一定影响。浸渍法制备催化剂的品种很多，所用原材料也各不相同，浸渍液的黏度也相差很大。特别对于金属含量较高的催化剂，浸渍液的浓度较高、黏度较大，属于非牛顿流体，其流变性质与低浓度料液有很大差别，若混合分散不好，就会造成浸渍困难或影响产品质量。

催化剂浸渍液配制常在带搅拌的不锈钢釜或内衬搪瓷的搪瓷釜中进行，其外形结构如图 4-25 所示。釜体一般为圆柱形，顶部成开启式，底部大多为蝶形、球形或锥形。釜体上部装有搅拌传动装置。搅拌桨多采用上支承方式，下端装有各种结构形状的桨叶。此外还设有夹套、人孔、温度计插孔、进出口管路及挡板等附件。

搅拌可以使两种或多种不同的物质在彼此之中互相分散，从而达到均匀混合，也可以加速加热及传质过程。

在催化剂制备中，搅拌操作颇为常见，就其操作目的来看，有以下各过程：①制备均匀混合物。即通过搅拌，使互溶液体间液-液混合，使液-液达到浓度、温度等物性

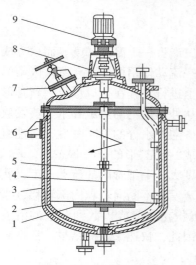

图 4-25　搅拌釜结构

1—搅拌器；2—罐体；3—夹套；
4—搅拌轴；5—压出管；6—支座；
7—人孔；8—轴封；9—传动装置

的均匀状态。②促进传质。如固体物质的溶解、分散及结晶等。③促进传热。如加速釜内物料的加热或冷却等。④不互溶液体的液-液分散。通过搅拌，将分散相的液滴直径细化，得到均匀的分散相。⑤固-液相间悬浮。通过搅拌，使固体微细颗粒在液相中悬浮起来。其中悬浮程度又可分为部分悬浮、完全悬浮及均匀悬浮等类型。⑥促进反应。对有反应的情况，搅拌作用可使参加反应物质接触良好，提高反应速度，控制反应温度或反应。

将不同的流体混合在一起，形成均匀的混合物，其作用机理可分为对流混合、扩散混合及剪切混合。对流混合又可分为主体对流扩散及涡流扩散两种情况。因此，对于不同黏度的物料，其混合机理是不同的。

（1）低、中黏度物料的混合机理

对于低、中黏度的物料，其混合机理可分为主体对流及涡流对流两种情况，主体对流是指搅拌器将动能传给四周的液体，产生一般高速液流，这股液流又推动周围的液体，逐步使全部的液体在釜内流动起来，这种混合过程是在搅拌釜这样大的空间范围内进行的。涡流对流是指当搅拌产生的高速流在静止或运动速度较低的液体中通过时，分界面上的流体受到强烈的剪切作用，从而在此处产生大量的旋涡，旋涡再迅速向周围扩散引起物质传递，这种混合过程是在涡旋的空间范围内进行的。

（2）高黏度物料的混合机理

对于高黏度物料的混合，既无明显的分子扩散现象，又难以造成良好的湍流，混合的主要作用是剪切力。通过剪切力将待混合的物料撕成越来越薄的薄层，使得某一组分的区域尺寸减小。此时，流体的剪切力主要由运动的物体表面造成，而剪切速度取决于物体表面的相对运动及表面之间的距离。因此，高黏度物料的搅拌釜，一般取搅拌器直径与釜体内径的比值几乎接近 1∶1，就是基于这一原因。

要制备出均匀的液体混合物，既与所处理的物料性质有关，又涉及搅拌器的型式选择。与搅拌有关的物料性质主要是处理物料的溶解性、密度、黏度、表面张力等。

桨叶是搅拌机的重要部件，其作用是提供搅拌过程所需的能量及适宜的流型，由于搅拌目的不同，对桨叶结构有不同的要求，图 4-26 示出了常用的搅拌器结构，按桨叶的结构特征分为桨式、涡轮式、推进式及锚式等。

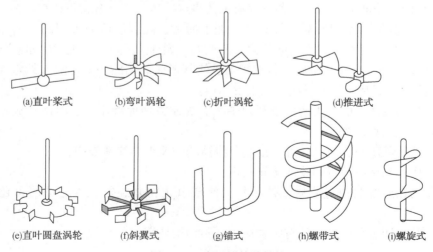

(a)直叶桨式　(b)弯叶涡轮　(c)折叶涡轮　(d)推进式

(e)直叶圆盘涡轮　(f)斜翼式　(g)锚式　(h)螺带式　(i)螺旋式

图 4-26　常用搅拌桨结构

① 桨式搅拌器。结构简单，搅拌叶一般以扁钢制造，有 2~8 个叶片，大多采用对称安装。它又可分为平叶式、折叶式及框式等型式，平桨直径与搅拌釜内径之比为 0.3~0.7；桨叶宽与桨叶直径之比为 0.1~0.3；搅拌轴转速一般在 20~150r/min 之间，平叶式主要产生径向液流和切向液流；折叶式的桨叶与旋转方向成一夹角，主要产生轴向液流；框式桨叶适用于浓度特别高的液体搅拌或容器直径较大的情况使用。桨式搅拌器的剪切力较小，主要用于促进传热、可溶性固体的混合与溶解，以及需在慢速搅拌的情况下，如搅拌被混合的液体及带有固体颗粒的液体都有较好的效果。

② 涡轮式搅拌器，与桨式相比，涡轮式搅拌器的桨叶数量及种类较多，桨的转速高。它又可分为开启式及带圆盘的。桨叶分为直叶、弯叶及折叶等。涡轮直径与搅拌釜内径的比为 0.2~0.5。涡轮搅拌器使流体均匀地由垂直方向运动改变成水平方向运动。自涡轮流出的高速流体沿圆周运动的切线方向散开，使整个液体得到充分搅拌。适用于固体物料的溶解、不相溶液体的分散、氢氧化铝滤饼胶溶、黏性物料打浆等。

③ 推进式搅拌器。由 2~3 个螺旋叶片组成，常为整体铸造。叶轮直径与搅拌釜内径的比为 0.2~0.5，转速较高，为 100~500r/min。搅拌时能使物料在釜内循环流动，剪切作用小，上下翻腾效果好，叶轮的排出液体能力强。主要适合于低黏度液体混合、固-液混合液中固体粒子悬浮、防止结晶及沉淀等。

④ 锚式搅拌器。多用于搪瓷或玻璃釜中，叶轮直径与搅拌釜内壁的间隙小，叶轮直径与釜内径的比为 0.7~0.95。叶片宽度与釜内径的比为 1：12，转速低，一般为 10~80r/min。由于锚与釜内壁间隙小，在锚外缘处存在强烈的剪切作用，产生局部旋涡，引起液体物料间的不断交换。适合于带夹套的搅拌釜内液体物料的传热、高浓度易沉淀物料的混合，能较好地防止釜壁上物料结晶和釜底物料沉淀。

除上述几种常见搅拌器外，尚有一些结构特殊的搅拌器，如图 4-26 所示的螺带式搅拌器。其搅拌叶是宽度一定和螺距一定的螺旋带。螺带的外廓接近釜体的内壁，螺带的方向通常是螺带旋转时沿釜体壁上升。螺带的宽度不大，但长度较大。搅拌时螺旋紧贴釜体内壁，间隙很小，因而常能将粘于器壁的沉积物料刮下来。

在浸渍法制备固体催化剂时，活性组分不是直接与载体相接触，而是先配制含有金属盐类或其化合物的浸渍液，然后通过各种浸渍工艺将这些盐类或化合物负载在载体表面上，而后再经干燥、热分解而得到所需活性组分。如上所述，配制浸渍液常用的金属盐类有硝酸盐、碳酸盐、铵盐、有机酸盐（如草酸盐、乙酸盐、乳酸盐等）及氯化物（如氯化钾、氯化铜）等。对于铂、钯、金等贵金属，常利用王水使其形成氯铂酸、氯钯酸及氯金酸溶液再使用。在用这些盐类配制浸渍液时应注意以下几点：

① 选择配制浸渍液的盐类溶解度尽可能大，配制方便而稳定，长时间存放不出现结晶或沉淀，以利于多次浸渍；

② 浸渍液的黏度小，流动性好，以利于浸渍均匀及提高浸渍效率；

③ 浸渍后的剩余溶液可回收或重复利用；

④ 催化剂在后续焙烧过程中，盐类易分解成氧化物并经氢气等还原时可还原成活性金属；

⑤ 配制及浸渍过程中产生的有害物质少，不污染环境。

2. 常用浸渍工艺

（1）过量溶液浸渍法

又称浸没法或湿法。是将事先处理好的载体浸泡于过量的活性组分溶液中，经一定时间吸足浸渍液后取出，然后沥去过剩溶液，再经养生、干燥、焙烧，使溶液蒸发及盐类分解后制得催化剂成品。在操作过程中，如载体孔隙吸附大量空气，就会使浸渍溶液不能完全渗入，因此可以先对载体进行抽空处理，使活性组分更易渗入孔内而获得均匀分布。但多数情况下，载体不经预先抽空处理，而是依靠液体的毛细管压力而将吸附的空气逐出。

这种浸渍法常用于颗粒状载体的浸渍，或用于活性组分负载量较高的多组分催化剂的分段浸渍。通常是借助调节浸渍液的浓度和体积控制负载量。负载量的计算有下述两种近似方法：一种方法是从载体结构考虑。令载体对某一活性组分的比吸附量为 W_a（即载体如对活性组分有吸附时，每克载体的吸附量），由于载体颗粒的孔径大小不一，活性组分只能进入大于某一孔径的孔隙中，以 θ_1 代表这部分孔隙的体积，设 C 为活性组分在溶液中的浓度，则浸渍吸附平衡时，载体上活性组分的负载量 W_i 可由下式计算：

$$W_i = \theta_1 C + W_a \qquad (4-16)$$

如果吸附量很小，则：

$$W_i = \theta_1 \cdot C \qquad (4-17)$$

另一种计算方法是从浸渍液考虑，活性组分的负载量等于浸渍前溶液的体积与浓度之乘积，减去浸渍后溶液的体积与浓度之乘积。

显然，上述计算方法的准确性与孔隙体积及浓度的分析准确性有很大关系。

过量溶液浸渍法的间歇操作可在桶或盘中进行，连续生产时可采用带式浸渍机或螺旋式浸渍机，带式浸渍机是在不断循环运转的运输带上悬挂着由耐蚀材料制成的网篮。干燥的载体装在网篮中，随着运输带移动，网篮随之浸没于盛有浸渍液的槽中。经一定停留时间提起网篮时，多余溶液就从网孔中流出，然后再由输送带直接送至隧道式干燥炉中进行干燥处理。过量的浸渍液在严格控制浓度恒定和防止载体污染的前提下可多次循环使用，但此法会因载体掉粉而生成泥浆状物质，而且催化剂上活性组分的浓度也不易精确控制。

（2）等体积溶液浸渍法

又称喷洒法或干法。它是先将干燥载体放在转动的容器或捏合机中，然后将预先配制好的浸渍液通过喷枪不断喷洒到翻滚着的载体上进行浸渍。工业上广泛使用的转鼓如图 4-27 所示。

这种浸渍法容易控制催化剂中活性组分的含量，又可避免多余浸渍液的过滤操作，此法生产的关键是喷洒溶液的质量（或体积）应等于载体完全润湿所需的溶液质量（或体积）。这一液固比可用简单的实验方法测得，也即按 1-4-3 节的水滴定法测定干燥载体的吸水率，单位为 g/mL。根据所需浸渍的载体量和吸水率便可算出需要加入溶液的体积，再按活性组分的负载量配制所需浓度的浸渍液。浸渍操作时间决定于载体结构、浸渍液的温度及浓度等条件，通常为 30~90min。

就活性组分在载体上的均匀分布而言，本法不如过量溶液

图 4-27　转鼓外形图

浸渍法。如希望活性组分在载体上获得均匀分布时，可在浸渍前对载体进行真空处理，抽出载体细孔内吸附的气体，或同时提高浸渍液温度，以增加浸渍深度。

采用本法制备催化剂时，要特别重视浸渍液的制备，所配制浸渍液的金属盐类溶解度好、结构稳定，不易出现结晶或沉淀，以免堵塞喷枪的喷嘴及影响浸渍操作的正常进行。同时浸渍液的黏度不要太大，流动性要好，以利于浸渍均匀，缩短达到吸附平衡的时间。

（3）流化床浸渍法

实际上这也是一种喷洒浸渍法或等体积溶液浸渍法。它是将预先配制好的浸渍液直接喷洒到流化床中处于流化状态的载体上。它可以改善催化剂制备条件，减少浸渍组分分解产生的有害气体对人体健康的危害，提高工效。

流化床浸渍法制备催化剂系在一流化床内依次完成浸渍、干燥、分解和活化过程。操作时先在流化床内放置一定量的多孔载体颗粒，通入气体使载体流化，再通过喷嘴将浸渍液向下或切向喷入床层，溶液即被载体吸附。当浸渍液喷完后，再用热空气或烟道气对浸好的载体进行流化干燥，然后升高床温使沉积在载体上的盐类分解，逸出不起催化作用的成分，最后，用高温烟道气活化催化剂，活化后通入冷空气进行降温冷却，然后卸出催化剂。

图4-28是这一方法的示意流程。空气由叶氏风机1鼓出，通过缓冲罐后分成两路：一路经转子流量计3后进入电加热器加热，然后进入流化床5使载体颗粒流化，废气在床顶接管6放空；另一路通过转子流量计7至两流式喷嘴8的套管内，用以雾化浸渍液或水。载体由床顶加料口9加入，催化剂由分布板上卸料口10卸出，例如用这种方法来制备的丁烯氧化脱氢催化剂及烯醛一步法合成异戊二烯催化剂。催化剂性能指标与过量溶液浸渍法基本相同，但它显示出流程简单、操作方便、周期短及劳动条件好等特点。此法一般适用于耐磨强度较好的多孔载体的浸渍，无孔载体在流化浸渍时会使表面催化物质磨落。

无论是等体积浸渍法或流化床浸渍法，浸渍液雾化技术对催化剂浸渍均匀性有重要作用。因为在这些浸渍法中，载体吸附浸渍液的量是预先测定的，良好的喷雾状态有助于所有载体都有相同的负载量，雾化喷嘴形式很多，图4-28所示喷嘴局部图12是其中一种二流式喷嘴，它利用高速气流使液膜产生分裂，然后断裂而形成微小的雾滴。其分散度决定于气体从喷嘴流出的喷射速度及原料液物理性质、气液比等。

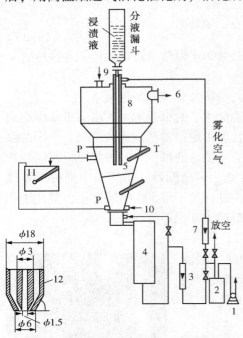

图4-28　流化床浸渍法流程示意
1—叶氏风机；2—缓冲罐；3,7—转子流量计；
4—电加热器；5—锥形流化床；
6—废气排出管；8—二流式喷嘴；
9—载体加料口；10—卸料口；
11—倾斜式压力计；12—喷嘴局部图

（4）多次浸渍法

为了制备活性组分含量高的催化剂，可通过多次浸渍、干燥或焙烧操作，以达到载体负载活性组分含量的要求。

采用多次浸渍的原因有：①配制浸渍的金属盐类或化合物的溶解度小，一次浸渍时载体负载量小，需重复多次浸渍；②载体的孔容小，一次负载量过多时，易造成活性组分分布不均；③多组分溶液浸渍时，由于各活性组分在载体上的吸附能力不同，吸附能力强的组分易富集于孔口，而吸附能力弱的组分则分布在孔内，也会造成分布不均。采用多次浸渍法时，第一次浸渍后将载体干燥（或焙烧），使吸附的活性组分固定下来而成为不可溶性的物质，从而防止第二次浸渍时又将第一次浸渍的组分溶解下来，既可提高活性组分负载量，又提高其负载均匀性。例如，用于裂解汽油加氢的 Mo-Co-Ni/Al$_2$O$_3$ 催化剂，Mo、Co、Ni 等活性组分含量（以氧化物计）高达 23%。氧化铝载体孔容为 0.3mL/g 左右，如采用一次浸渍，难以达到所要求的活性组分含量，这时如通过多次浸渍法则可制得活性组分负载量达到要求的催化剂。

多次浸渍法的主要缺点是工艺过程复杂，生产周期长、成本高，损耗率增大，不是特别需要应尽量少用这种制备工艺。此外，还应注意，随着浸渍次数增加，每次的负载量将会递减，浸渍液的浓度应适时调整。

（5）溶剂蒸发法[44,45]

在制备多组分催化剂时，如果某一组分的原料难以制成可溶性溶液时，这时可将该组分悬浮于可溶性组分的溶液中，制成悬浮液。然后用多孔载体浸渍，浸渍后通过加热除去溶剂，使难溶性活性组分负载于载体上。为与上述所有活性组分均溶于溶剂中，待溶剂加热蒸发后活性组分也就负载在载体上的方法相区别，这种方法也称作悬浮蒸发法。Mo、W、Sb 等难溶性盐类都可使用这种浸渍方法，浸渍后经蒸发、干燥、焙烧制成催化剂。如正丁烯氧化脱氢催化剂（如 Ni-S、Ni-W、Ni-Mo、Co-Mo、Mg-Mo 等）就是用这种方法制备。表 4-20 示出了用这一方法制备的催化剂示例。

表 4-20　用溶剂蒸发法制备的催化剂示例

活性组分	制备原料	焙烧温度/℃	催化反应
Ni-Sb	Ni(NO$_3$)$_2$，Sb$_2$O$_3$（粉）	400	正丁烯氧化
Ni-Si	Ni(NO$_3$)$_2$，NiSiO$_3$（粉）	400	正丁烯氧化
Fe-Sb	Fe(NO$_3$)$_3$，Sb$_2$O$_3$（粉）	750	丙烯氧化
Mo-Sb	钼酸铵，Sb$_2$O$_3$（粉）	400	丙烯氧化
Co-Bi-Mo	硝酸铋，硝酸钴，钼酸	320~420	丙烯氧化
Pb-Bi-Mo	硝酸铋，硝酸铅，钼酸	—	丙烯氧化
Fe-Sb	Fe(NO$_3$)$_3$，Sb$_2$O$_3$（粉）	900	烯烃氧化
Ni-Cr[①]	Ni(NO$_3$)$_2$，Cr(NO$_3$)$_3$，NH$_4$OH	500	正丁烯氧化
Ni-P[①]	Ni(NO$_3$)$_2$，(NH$_4$)H$_2$PO$_4$，H$_3$PO$_4$	420	正丁烯氧化

① 先制成沉淀，然后再将悬浮体系加热除去溶剂。

（6）蒸气相浸渍法

这是借助浸渍化合物的挥发性，以气态形式负载在载体上。如制备正丁烷异构化催化剂 AlCl$_3$/铁钒土时，可预先在反应器内装入铁钒土，然后用热的正丁烷气流将活性组分 AlCl$_3$ 气化并引入反应器中，当铁钒土负载足够量 AlCl$_3$ 时，便可进行异构化反应；又如制备乙烯聚合用 CrO$_2$/SiO$_2$ 催化剂时，可先将 SiO$_2$ 进行真空处理（1.33×10^{-3}Pa、470℃、8h），然后

通入 CrO_2Cl_2 蒸气使其吸附（440℃、12h），吸附结束后排除体系内残留气体，再使吸附物进行水解（N_2+水蒸气，440℃，12h）即制得具有下述分子态活性中心分布的催化剂：

$$\equiv Si—OH + CrO_2Cl_2 \longrightarrow \equiv Si—O—CrO_2Cl + HCl（吸附）$$

$$\equiv SiO—CrO_2Cl + H_2O \longrightarrow \equiv SiO—CrO_2OH + HCl（水解）$$

当表面羟基浓度大时，吸附形态为：

$$\equiv Si—OH \atop \equiv Si—OH \quad +CrO_2Cl_2 \longrightarrow \quad {\equiv SiO \diagdown \atop \equiv SiO \diagup} CrO_2+2HCl$$

　　Te 的蒸气压高，因此可采用本法来制备催化剂，如将 Na-13X 载体与 Te 粉一起放入球磨机中粉碎碾匀后，再在干燥 H_2 中加热（500℃，3h），Te 就以气相负载在载体上。由此制得的催化剂可用于石蜡烃的脱氢环化反应。用类似方法将 Te 以气相负载在 MgO 上，所制得的 Te/MgO 具有很强的给电子性能，可用作乙苯脱氢催化剂。[46]

　　采用蒸气相浸渍法制备催化剂可省去沉淀、干燥、热处理等操作，但催化剂使用过程中活性组分易发生流失。

　　（7）孔内沉淀法

　　使用竞争吸附法制备浸渍型催化剂时，活性组分在浸渍后仍会以原有化合物形态均匀分布于载体细孔孔道中。如按常规方法浸渍后送去干燥，在干燥过程中因溶质的活性组分迁移，会使分布破坏而造成活性组分的不均匀分布。为了避免这种溶质迁移现象，提出了采用改变干燥和还原条件或顺序的方法，使活性组分在干燥前进行固定。所谓孔内沉淀法就是为克服上述缺陷而确立的方法，它又可分为浸渍沉淀法及浸渍还原法两种类型，它们常用于制备贵金属浸渍型催化剂。

　　浸渍沉淀法是先将载体放入活性组分溶液中浸渍，在浸渍液吸附达到饱和后，再以碱性物质（如碱金属氢氧化物、碳酸盐或硅酸盐等）为沉淀剂，使充满于载体孔内的液体因生成沉淀而逐渐发生溶质的浓度耗尽而产生一种反向浓度梯度，导致溶质从孔的内部向外部迁移并在孔的外部沉淀而形成"蛋壳"型分布。浸渍还原法则是对浸渍好的载体在干燥前，先进行还原操作，使活性组分还原为金属而沉积在颗粒的一定部分。所以孔内沉淀法主要用于制备"蛋壳"型及"蛋白"型分布。

4-3-6　浸渍法制备催化剂示例

　　1. 乙烯气相氧化制乙酸乙烯酯催化剂（二次浸渍法）

　　乙酸乙烯酯是一种重要的基本有机化工原料，大量用于制造聚乙酸乙烯酯、聚乙烯醇、维纶、涂料、胶黏剂及乙烯基共聚树脂等。生产乙酸乙烯酯的工艺路线有乙烯气相法、乙炔气相法及乙醛乙酐法，而以乙烯法由于技术经济合理而占主要地位。下面介绍乙烯气相法生产乙烯乙酸酯的催化剂制备方法。

　　乙烯气相氧化法生产乙酸乙烯酯主要采用负载在硅胶上的贵金属钯和金为催化剂，并添加一些乙酸钾（或乙酸钠）为助催化剂，原料乙烯、乙酸及氧气一步合成乙酸乙烯酯的主反应式为：

$$C_2H_4+CH_3COOH+\frac{1}{2}O_2 \longrightarrow CH_3COOCH=CH_2+H_2O \qquad (4-18)$$

主要副反应是原料乙烯的深度氧化。

催化剂所用载体首先应是耐乙酸腐蚀的材料，SiO_2、Al_2O_3 均为两性物质，而在水悬浮液中，SiO_2 的等电点为 1.0~2.0，Al_2O_3 为 7.0~9.0，故选用 SiO_2 更为适宜。

催化剂的活性与 Pd 含量有关，也与 Pd 在载体表面上的分布形态及分散度有关。催化剂中加入一定量的 Au 可防止 Pd 的氧化凝聚，使 Pd 在载体上有良好的分散度，从而提高催化剂的活性及使用寿命。助催化剂乙酸钾能抑制生成二氧化碳的深度氧化，提高反应的选择性。

在高活性 Pd-Au 催化剂上，乙烯合成乙酸乙烯酯的反应主要发生于催化剂的表面，因此，如选用均匀型分布时，大部分活性组分未参与反应，使单位质量活性组分的利用率降低，此外，分布在颗粒内部的贵金属也难以回收再利用，在经济上也很不利。另一种分布型式是 Pd 及 Au 基本上未浸入载体内部，而大部分负载在载体表面，即具有"蛋壳"型分布。这种催化剂的使用寿命较短，反应选择性差，难以获得高收率的乙酸乙烯酯。实验表明，活性组分具有"蛋白"型分布的催化剂具有较高的催化活性及选择性。

具有 Pd、Au "蛋白"型分布的一种制法是采用两次浸渍工艺，第一次浸渍是使 Pd（或 Pd、Au）的负载量为载体质量分数的 0.01%~0.1%，但占总 Pd 负载量的 10% 以下。浸渍结束后需先将金属盐类还原后才能进行第二次浸渍；第二次浸渍是将剩余的大部分 Pd 及 Au 负载在载体上。在将 Pd、Au 负载在载体表面所定位置后，再负载助催化剂乙酸钾。下面为其具体制备方法。

活性组分溶液：$PdCl_2$ 及 $HAuCl_4$ 溶液。

载体：$\phi3.5mm$ SiO_2 或 Al_2O_3，比表面积>100m²/g，孔容>0.85mL/g，孔径主要集中于 21~63nm 的范围。

制备方法：先将 35 份载体浸于含 0.03 份浓盐酸、0.06 份 $PdCl_2$ 和 0.04 份 $HAuCl_4$ 的 50 份水溶液中，然后在蒸汽浴中将溶液蒸发至干，再用联氨水合物还原后，经水洗、干燥制得含 0.1%Pd 及 0.067%Au 的催化剂前体。分析结果有 97.5%Pd 和 95.5%Au 集中于深度为 0.2mm 以内的载体颗粒表面上。

将上述催化剂前体第二次浸于含有 1.2 份 $PdCl_2$、0.86 份 $HAuCl_4$ 及 0.3 份浓盐酸的水溶液中，干燥后用联氨水合物还原，再经水洗、干燥，即制得含 Pd 2.2%、Au 1.5% 的催化剂。分析结果，97.5%Pd 和 95.5%Au 集中分布在相当于载体颗粒半径 11.4% 以内区域到 0.2mm 深度的表面上，呈"蛋白"型分布，其后再浸渍乙酸钾（负载量为 3%）溶液、干燥，即制得乙烯氧化制乙酸乙烯酯催化剂。经这样制得的催化剂，具有催化活性高、反应选择性好、贵金属用量少、机械强度高及使用寿命长等特点。

对于同一种载体，如采用一次浸渍法制备，Pd 与 Au 的负载量也分别为 2.2% 及 1.5%，但分析结果表明，自载体表面至中心的 0.2mm 内，Pd 量只占总负载量的 21.3%，Au 为 18.5%。这样制得的催化剂，在同样的反应条件下，其催化活性及使用寿命显著低于二次浸渍法制备的催化剂。

2. 加氢裂化催化剂（等体积溶液浸渍法）

现代炼油工业中，加氢裂化是在一定温度及压力下，借助催化剂的作用使重质原料油通过裂化、加氢、异构化等反应，转化为轻质油品或润滑油料的二次加工方法。其优点是：①生产灵活性大，原料油范围广，可选择性地生产目的产物；②产品质量高，可以生产优质汽油、低凝柴油、高烟点喷气燃料及高黏度指数润滑油等；③液体产率高，生焦量低。其缺点是：操作压力高，耗氢量大，设备投资及操作费用高。

加氢裂化催化剂具有加氢、脱氢及酸性功能，常称为双功能催化剂。加氢功能通常由贵金属（Pt、Pd）或非贵金属（W、Mo、Ni、Co 等）及其氧化物或硫化物提供；酸性功能由无定形硅铝或晶形硅铝等载体提供，并具有裂化和异构化活性。

加氢裂化催化剂品种繁多，按金属组分不同，可分为贵金属及非贵金属催化剂；按酸性载体组分不同，可分为无定形硅铝载体催化剂及晶形分子筛载体催化剂；按操作压力不同，可分为高压加氢裂化催化剂、中压加氢裂化催化剂；按所采用的工艺流程不同，可分为单段催化剂、一段串联的裂化催化剂、两段法中的第二段催化剂、三段法中的第二段催化剂等；按生产目的产品不同，可分为液化气型催化剂、石脑油型（或称轻油型）催化剂、中油型催化剂、高中油型催化剂及重油型催化剂；而按催化剂形状不同，又可分为固体催化剂、浆液催化剂等。

生产加氢裂化催化剂的方法主要有浸渍法、共沉淀法及混捏法。由于浸渍法的载体制备及催化剂制备可在各自最佳的条件下进行，活性组分分布在催化剂表面，利用率高，是常用的制备方法。下面给出的是一种高压加氢裂化催化剂的制备方法。其制备过程分为载体制备及催化剂制备两个部分，也即制备出合乎性能要求的载体后，再通过浸渍的方法将活性金属负载在载体上。

（1）载体制备

本催化剂所用载体为 Al_2O_3，制备 Al_2O_3 的主要原料是氢氧化铝粉。所用氢氧化铝粉可以工业氢氧化铝粉为原料，用硝酸法或碳化法经中和成胶、过滤洗涤、干燥、粉碎而制得。这种制法工艺过程较长，目前国内已有多家专业生产厂。因此本法所用氢氧化铝原料采用市售小孔氢氧化铝粉，其主要物性指标如下：

Al_2O_3 干基含量：≥72%；

堆密度：1.0~1.2g/mL；

粒度：>200 目（>95%）；

Na_2O：<0.01%；

Fe_2O_3：<0.05%。

其他所用原料为成型用助剂，如柠檬酸、田菁粉及硝酸等。载体制备工艺过程如图 4-29 所示。

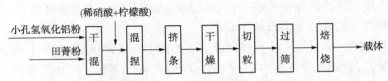

图 4-29　加氢裂化催化剂载体制备工艺过程

挤条是目前国内加氢裂化催化剂成型中最常用的方法。它是将小孔氢氧化铝粉加入田菁粉、稀硝酸及柠檬酸等成型助剂捏制成糊膏状后，从料斗喂入螺杆挤条机，迫使物料通过机头的孔板，挤出成三叶草或细圆柱状，其形状及尺寸由所选定的孔板决定。从挤条机挤出的条通过孔板外侧的旋刀，将其切成一定的长度。也可将挤出的条经 100~110℃ 干燥后，用切粒机切成 3~8mm 的细条。切粒后过筛，再经 500~600℃ 焙烧即制成载体成品，焙烧后的制品应在低于 60℃ 下装袋封口，以免载体吸湿受潮。

以上制得的催化剂载体具有以下物性：

外形：三叶草或圆柱条形；

尺寸：$\phi 1.6 \times 3 \sim 8mm$；

比表面积：$>300m^3/g$；

孔容：$>0.60mL/g$；

堆密度：$1.0 \sim 1.2g/mL$；

压碎强度：$>95N/cm^2$。

（2）催化剂制备

加氢裂化催化剂是固体催化剂，是将制得的成型载体经引入活性金属组分后，再经干燥、活化等工序而制得。本催化剂制备工艺过程如图 4-30 所示。

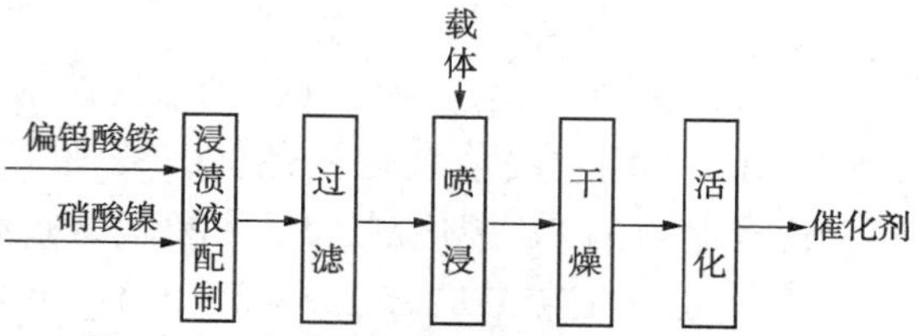

各制备工序简要说明如下：

图 4-30　加氢裂化催化剂制备工艺过程

① 浸渍液配制　本催化剂的活性组分主要是 W、Ni。配制 W、Ni 浸渍液的主要原料是偏钨酸铵及硝酸镍。配制时先根据加氢裂化催化剂中活性组分的含量，计算出所需配制浸渍液的浓度。

设所需制备的催化剂要求活性组分的含量（以氧化物计）为 a，所用载体的孔容为 V_p，以氧化物计算的浸渍液浓度为 C。当 a 及 V_p 确定时，则可按式（4-8）或式（4-9）~式（4-12）计算出所需配制浸渍液的浓度。

配制时以水为溶剂，在带搅拌的配制釜中，按计算量分别加入脱离子水、偏钨酸铵及硝酸镍，在室温下搅拌至铵盐及镍盐完全溶解，然后滤去不溶解物待用。

② 喷浸　载体浸渍采用等体积溶液浸渍法，将一定量载体放入转鼓中，根据预先测定的载体吸水孔容，在转鼓转动下对鼓内的载体进行喷浸，按计算量喷完浸渍液后，再适当转动片刻，即可送去干燥。

③ 干燥　干燥脱去浸渍液中的水分，同时还存在活性组分的再分配作用，干燥温度 $100 \sim 120℃$，最好采用振动干燥机进行快速干燥，以减少活性金属迁移而造成分布不匀。

④ 焙烧　干燥后的催化剂还不呈催化活性，需在不低于催化剂使用温度下加热焙烧，焙烧在隧道窑中进行，焙烧温度控制在 $500 \sim 600℃$。焙烧过程使催化剂中的金属盐分解，转化为氧化物，并分解出 NO_2、NH_3 等气体。同时，通过焙烧使催化剂的孔结构稳定，并提高机械强度。经上述工序制得的加氢裂化催化剂具有以下物性：

WO_3 含量：$21\% \sim 26\%$；

NiO 含量：$3\% \sim 7\%$；

Na_2O 含量：$\leqslant 0.10\%$；

比表面积：$>180m^2/g$；

孔容：$>0.30mL/g$；

堆密度：$0.76 \sim 0.88g/mL$；

抗压强度：$>110N/mm$；

外形：三叶草或圆柱体；

尺寸：$\phi 1.6 \times 3 \sim 8mm$。

3. 活性组分为"蛋壳型"分布的制法示例

用浸渍法制备催化剂，活性组分为"蛋壳型"分布时，活性组分主要浓集在催化剂颗粒的外表层上，反应物分子易于到达并与其接触。因此呈现出催化反应活性高，尤对外扩散控制的催化反应有利。而从经济上考虑，这种负载方法可以节省活性组分用量，特别是对贵金属催化剂的制备有重要意义。另外，从废催化剂回收金属组分的过程考虑，不仅可以提高金属回收率还可简化回收操作。下面是以 H_2PtCl_6、$PdCl_2$、$PdNO_3$ 等配制的溶液为浸渍液，以高温焙烧过的氧化铝为载体，采用不同浸渍方法制取活性组分呈"蛋壳型"分布的示例。

（1）在浸渍液中加入添加剂的方法

① 添加碱的方法。在 $PdCl_2$ 的盐酸溶液中加入适量碳酸钾溶液，使溶液 pH 值在 2.8～4.8 之间。并用它浸渍氧化铝载体，浸渍后进行干燥，干燥后再在乙酸钠水溶液里进行还原。这样制得的 Pd 催化剂，Pd 主要负载在载体外部表层，负载深度为 30～100μm。

② 添加含硫羧酸的方法。将一份 H_2PtCl_6 溶液和三份硫化羟基丁二酸溶液混合而成的溶液作为浸渍液，用它浸渍氧化铝载体后，经干燥及氢气还原，活性组分 Pt 就负载在载体的外表层。如果浸渍液不加含硫羧酸时，Pt 载体就成为分散状。

③ 添加柠檬酸铵的方法。先按氧化铝载体吸水量的二分之一浸渍尿素溶液，然后再用等摩尔浓度配制的硝酸钯-柠檬酸铵溶液浸渍载体。经干燥、焙烧后，所制得的 Pd/Al_2O_3 催化剂的 Pd 负载深度为 120μm，呈"蛋壳型"分布。如载体不预先吸附尿素溶液，则会呈"蛋白型"或均匀型分布。

④ 添加表面活性剂的方法。先在 H_2PtCl 溶液中加入适量相对分子质量为 1000 以上的聚氧乙烯型非离子表面活性剂配制成浸渍液，用它浸渍氧化铝载体，浸渍结束后经干燥及用氢气还原。这样制得的 Pt/Al_2O_3 催化剂中，颗粒外层负载深度为 100μm 的 Pt 达到 95% 以上。如果浸渍液中不添加表面活性剂，负载深度为 100μm 的 Pt 量不到 50%，其他的 Pt 会浸渍到 500μm 以上的深度。

（2）用有机溶剂配制浸渍液的方法

将贵金属盐（如 H_2PtCl_6、乙酸钯）用极性较低的有机溶剂（如丙酮、甲醇、异丁醇等）溶解所制得的溶液作为浸渍液，浸渍多孔性载体时也能得到"蛋壳型"分布。例如，在制造乙酸乙烯酯合成催化剂时，将乙酸钯和乙酸钾溶解在丙酮和水（7：3）的混合溶剂中所得溶液作为浸渍液，用它浸渍 $SiO_2-Al_2O_3$ 球形载体，浸渍后干燥并经高温焙烧，所制得的 Pd 催化剂中，约有 90% 的 Pd 负载在载体的外表层上，负载深度不到 200μm。如果活性组分不用有机溶剂溶解，仅用水溶解时，Pd 的分布会呈"蛋白型"或均匀型，而且催化剂的活性也会比用有机溶剂的要差。

（3）闪燃法

这是将多孔载体用加有可燃性溶剂的金属盐溶液浸渍，在浸渍过程中进行点火闪燃，以使活性组分负载在载体外表层上。例如，将 φ3mm 的球形氧化铝载体加入转鼓中，一边转动，一边喷入相当于载体吸水率约 80% 的甲醇溶液。喷完甲醇溶液后再喷入 H_2PtCl_6 溶液，并在转鼓不断转动状态下进行点火，使甲醇溶液闪燃。喷浸结束后再用氢气进行还原，就可制得 Pt 的负载深度为 200μm 左右的"蛋壳型"催化剂。采用这种制备方法还具有能减少金属盐类损失及不需要再进行后处理等优点。但使用这种方法具有一定的安全隐患，必须做好安全防护措施。

（4）飞溅法

这是利用氩离子光束射到 Pt 靶上产生飞溅进行涂膜的方法，可在载体表面负载呈单分子层原子态分散的 Pt。这种方法特别适用于载体比表面积很小（$<20m^2/g$），而又希望获得活性组分高度均匀分布的情况。

4-4　滚涂法及喷涂法制备催化剂

许多氧化反应中，为了防止反应物深度氧化，在用浸渍法制备催化剂时，不使活性组分浸入载体所有可以达到的内孔，而尽量利用载体的外表面。这时虽然可以选用孔容及比表面积小的载体来解决，但考虑到其他因素，如传热等因素，而不得不采用多孔性、比表面积大的载体时，也可采用滚涂法或喷涂法将活性组分负载于载体上。

滚涂法的操作类似于制药厂制造糖衣片时外层包衣的操作。它是将活性组分先放在一个可滚转的容器中，常见的容器形状有荸荠形及莲蓬形，片状载体包衣时以采用荸荠形为适宜，球形载体包衣时则采用莲蓬形为好。将载体放入后，转动容器，活性组分就逐渐黏附在载体上，有时还可添加一定的黏结剂来提高滚涂效果。然后加热、鼓风使其干燥。

喷涂法可以看成是由浸渍法派生出来的一种操作。对于低表面积载体上负载多种活性组分的"蛋壳"型催化剂可采用喷涂法来制备。因为用上述孔内沉淀法制备时，具有操作费时而又复杂、活性组分渗透深度难以准确控制的缺点，特别对负载几种具有不同等电点的金属化合物时，采用喷涂法更具优越性。

喷涂法操作与滚涂法类似，不同的是活性组分不与载体混在一起，而是用喷枪或用其他手段喷洒于载体上。如将颗粒大小为 $20\sim300\mu m$ 的低表面积载体先用少量液体部分润湿（对于亲水性活性组分可用水作润湿剂，对于憎水性活性物质一般可用有机溶剂如石油醚等作润湿剂），然后在一定温度及喷洒速度下将活性组分喷涂于载体表面。喷涂法具有活性组分分布均匀、厚度易于控制等特点，常用于高度放热的氧化反应，如 α-烯烃→α、β-不饱和酸→不饱和酸，C_4 经氧化制顺酐，邻二甲苯氧化制苯酐，烃或醇类的氧化脱氢等反应的催化剂制备。下面给出的是用喷涂法制备邻二甲苯气相氧化制苯酐催化剂的示例[47,48]。

苯酐又称邻苯二甲酸酐，为白色半透明絮状或针状结晶，是一种大吨位的有机化工产品，主要用于生产增塑剂、醇酸树脂、聚酯树脂、染料、医药及杀虫剂等。工业上，苯酐主要以萘或邻二甲苯为原料，用空气催化氧化制取。其中邻二甲苯固定床催化氧化技术占主导地位，其主反应式为：

$$\text{（结构式）} \quad +3O_2 \longrightarrow \text{（结构式）} \quad +3H_2O \tag{4-19}$$

早期用于邻二甲苯氧化制苯酐的催化剂是以 V_2O_5 为基础的，但因在高邻二甲苯浓度下，这种催化剂的效率较低，以后又开发了以 V_2O_5/TiO_2 为基础的球形载体催化剂。有时还添加微量 P、K、Mo、Sb、Cs、Mo 等元素，以提高催化剂的产率，降低副产物生成，同时可提高锐钛矿型 TiO_2 的稳定性，防止其由于向金红石型 TiO_2 的转变而使催化剂失活。因此，目前在工业上使用的邻二甲苯气相氧化制苯酐催化剂的制备方法，是在惰性、无孔的球形或环形载体上喷涂一催化剂薄层，催化剂的主活性组分组成为 V_2O_5/TiO_2。在催化剂层与非孔载体之间通过黏结剂（二甲基甲酰胺、甲胺、丙烯酸及硬脂酸等）黏结。其特点是，惰性无孔的载体能吸收反应热，改善催化反应的温度条件。下面为其制备示例。

① 将粉碎的锐钛矿与硫酸（浓度 80%）充分反应后用水稀释得到硫酸氧钛。然后加入铁片将其中的铁元素还原为亚铁离子，经冷却后硫酸亚铁生成沉淀并分出。所得溶液于 150℃下喷雾形成含水的钛氧化物，用水洗涤多次后，经干燥、800℃ 焙烧、粉碎制成锐钛矿型 TiO_2，其平均粒径为 0.5μm，比表面积约 $22m^2/g$。

② 在带搅拌的配制釜中，加入 60L 脱离子水，加入 2kg 草酸搅拌溶解，然后再加入 0.45kg 偏钒酸铵、58g 磷酸二氢铵、185g 氢化铌、78g 硫酸铯、48g 五氧化二锑，维持温度 50~75℃，搅拌得到溶液，冷却至室温后再加入适量二甲基甲酰胺及 18kg 锐钛矿型 TiO_2，用乳化器搅拌成淤浆。

③ 一外带加热的旋转炉或滚筒中放入瓷球载体，并维持瓷球温度为 200~250℃，将以上制得的活性组分淤浆用喷枪喷到瓷球表面上，这时旋转炉或滚筒应不断转动并维持所需操作温度。

④ 将喷涂完的催化剂放入烘炉中在 200℃ 下保温 2h，然后再升温至 450~550℃，焙烧 2~4h，即制得成品催化剂。

4-5　溶胶凝胶法制备催化剂

溶胶凝胶法又称胶体化学法，其历史可以追溯到 19 世纪中叶，当时发现正硅酸乙酯水解时形成的 SiO_2 呈玻璃状，而 SiO_2 凝胶中的水可以被有机溶剂所置换，这些现象引起了材料科学界的重视，以后历经数十年的研究开发，这种方法已成为一种制备新材料的湿化学方法，已广泛用于制备氧化物膜、纳米催化材料、催化剂、催化剂载体、功能陶瓷材料等。

4-5-1　溶胶的性质

溶胶又称胶体溶液，是指有胶体颗粒分散悬浮其中的液体。根据分散介质不同来分，分散介质为任何一种液体时称为液溶胶或简称溶胶；分散介质为水时称为水溶胶；分散介质为气体或气体混合物时称为气溶胶；分散介质为结晶物质时称为晶溶胶；分散介质分别为固体、熔体及玻璃质时，则分别称为固溶胶、高温溶胶及玻璃溶胶等。其中以液溶胶最为普遍。溶胶中的固体粒子大小常为 1~5nm，溶胶一般具有以下性质[5]：

（1）溶胶的运动性质

溶胶是高度分散的不均匀的多相体系。这种体系的分散相粒子是由许多分子或原子聚集而成。与分子或离子的大小相比，胶体粒子要大得多，因而其运动强度也比分子或离子要小。胶体粒子的大小可以从其相对分子质量加以推断。例如，胶状二氧化硅的相对分子质量超过 50000，而 SiO_2 的相对分子质量为 60.06。所以，二氧化硅的胶体粒子中含有几百个 SiO_2 分子。

如果将溶胶、真溶液、悬浊液在同一条件下保存时，悬浊液的粒子下沉很快，溶胶在一定的时间后也会发生沉淀，而真溶液却永远不产生沉淀。溶胶中的粒子聚集、长大，最后从介质中沉出的现象称为聚沉。影响聚沉的因素很多，如加入电解质、加热、辐射以及溶胶本身的一些因素都可影响溶胶的聚沉。

　　和真溶液中的小分子一样，溶胶中的胶体质点也具有从高浓度区向低浓度区的扩散作用，而且浓度梯度越大，质点扩散越快；质点半径越小，扩散能力越强，扩散速度越快，最后使浓度达到均匀。而胶体质点之所以能自发地从高浓度区向低浓度区扩散，其主要原因是由于存在着化学位。胶粒的扩散方式与布朗运动有关。由于布朗运动是无规则的，因而就单个质点而言，它们向各方向运动的概率均等。在高浓度区域，单位体积内质点数较四周多，势必存在着使浓度降低的倾向；而低浓度区则正好相反，这就表现为扩散运动。

　　分散于气体或液体介质中的微粒，都受到重力及扩散力（由布朗运动引起）两种方向相反的作用力。当微粒的密度比介质大时，微粒就会因重力而下沉，即所谓沉降现象；而扩散力能促进体系中粒子浓度均匀。两种作用力相等时，就达到平衡状态，即所谓沉降平衡。达到平衡时，各水平面粒子浓度保持不变，但从容器底部向上会形成浓度梯度。溶胶中的胶体粒子也会有随高度变化的分布规律。但因胶体粒子很小，扩散力很强，达到沉降平衡时，浓度分布要均匀得多。如粒子直径为 1.86nm 的金溶胶，几乎不产生明显的沉降现象。

　　（2）溶胶的颜色及光学性质

　　多数溶胶是无色透明的，但也有许多溶胶具有各种颜色，如 CdS 溶胶呈黄色、$Fe(OH)_3$ 溶胶呈红色，金溶胶因粒子大小不同可以是红色、紫色或蓝色。溶胶产生各种颜色的主要原因是溶胶中的质点对可见光产生选择性吸收，此外还与粒子大小、分散相与分散介质的性质、光的散射等因素有关。

　　溶胶能显示出丁达尔（Tyndall）现象。当一束汇聚的光线通过溶胶时，在其侧面可以看到一个发光的圆锥体，这种现象就称为丁达尔现象。丁达尔现象说明光线在溶胶中遇到了分散粒子，产生光的吸收、反射和散射等现象。利用散射光的强度测定溶胶浓度及胶粒大小的浊度法，以及用超显微镜确定胶体粒子的大小和形状都是以丁达尔现象的原理为基础。

　　（3）溶胶的电学性质

　　将两个电极插入溶胶中，就可看到胶粒的迁移。这时，胶体中分散相质点向带有相反符号的电极移动，而分散介质向另一电极移动。这种在电场作用下，分散相质点在分散介质中的移动称为电泳。若固相不动，分散介质的移动称为电渗。这些现象统称为电动现象。电动现象的存在，表明胶体质点在液体中是带电的。在水溶液中，质点表面电荷的来源是由于电离、离子吸附及晶格取代等原因所造成。如硅溶胶在弱酸性和碱性介质中带负电，是由于质点表面硅酸电离的结果；用 $AgNO_3$ 及 KBr 反应制备 AgBr 溶胶时，AgBr 质点容易吸附 Ag^+ 或 Br^- 而呈带电状态；而黏土胶粒表面上的电荷起因则主要在于晶格取代。

　　因为胶体粒子的大小常在 1~100nm 之间，故每一胶粒必然是由许多原子或分子聚结而成，称为胶核，它是胶体颗粒的核心。包围胶核的是由吸附层和扩散层所构成的双电层，如用稀 $AgNO_3$ 溶液与 KBr 溶液制备 AgBr 溶胶时，由反应生成的 AgBr 首先形成不溶性的质点，即上述所说的胶核。AgBr 胶核也具有晶体结构，其表面积很大，当 $AgNO_3$ 过量时，胶核从溶液中选择吸附 Ag^+ 而荷正电。留在溶液中的 NO_3^-，因受 Ag^+ 的吸附必围绕于其四周，但离子本身又有热运动，因而只能有一部分 NO_3^- 紧密地吸引于胶核近处，并与被吸附的 Ag^+ 一起组成吸附层；而一部分 NO_3^- 则扩散到较远的介质中去，形成所谓扩散层，胶核与吸附层组成胶粒，而胶粒与扩散层中的反离子组成胶团。胶团分散于液体介质中便是通常所说的溶胶。例如，由氯化铁水解得到的氢氧化铁溶胶的粒子带有正电荷，组成中除铁外还含有氯，其所含的氯是由于吸附了氯化铁之故。其胶团结构可表示成：

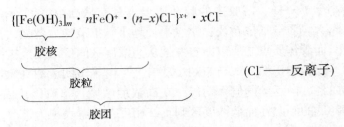

（4）溶胶的稳定性

通常将溶胶保持其分散度不变的性质称作溶胶的稳定性，它对溶胶的储存、运输及使用都有重要意义。

如上所述，溶胶中的胶体粒子是由大量分子或离子聚结而成。表面上看，溶胶像是均匀的溶液，实际上在胶体粒子与分散介质之间存在很大的界面。巨大的界面和表面自由能，具有使胶体粒子合并而降低其表面自由能的趋向。因此，溶胶是一个热力学不稳定体系而具有聚结不稳定性。

另外，由于胶体粒子很小，它具有强烈的布朗运动，即受重力作用也不易发生沉降，这种布朗运动使溶胶具有动力稳定性。稳定的溶胶应该同时具有聚结稳定性及动力稳定性，且前者更为重要。因为布朗运动虽然使溶胶趋于动力上稳定，但也促使粒子不断发生碰撞，如果粒子一旦失去聚结稳定性就会促使粒子聚集而逐渐增大，布朗运动速度降低而成为动力不稳定体系。

虽然溶胶中的胶体粒子具有自发聚结长大为大颗粒的趋势，但胶粒表面所形成的扩散双电层结构，使得溶胶可以保持相当长时间而不发生沉淀。而一旦溶胶稳定的条件被破坏，溶胶中的粒子就会聚集、长大，最后从介质中沉出，这种现象称为聚沉。影响聚沉的因素很多，而以加入电解质的影响最为显著。

在溶胶中加入能提供正、负离子的电解质时，电解质中与扩散层反离子电荷符号相同的那些离子由于排斥作用将把反离子压入到吸附层，从而减少了胶粒的带电量，使动电位（即扩散层两端的电位差）降低，故溶胶易于聚沉。当电解质浓度达到某一定数值时，扩散层中的反离子被全部压入吸附层内，胶粒处于等电状态，动电位为零，胶体的稳定性最差。

加入电解质引起聚沉作用不仅与电解质性质及浓度有关，还与溶胶所吸附的电解质有关。当溶胶中加入任何一种电解质时，胶体粒子的电荷就要分别被正离子或负离子所中和。电解质负离子对带正电的溶胶起主要聚沉作用，正离子对负电性溶胶起主要聚沉作用，而聚沉能力则随离子价的增加而增加。对于同价离子来说，虽然聚沉能力大致相同，但也有差别，如碱金属正离子对负电性溶胶的聚沉顺序为：

$$Li^+ < Na^+ < K^+ < Rb^+ < Cs^+$$

这种顺序与离子的水化半径有关，Li^+半径最小，水化能力最强，水化半径最大，故聚沉能力最小。

具有相同阳离子的各种负离子，其对正电性溶胶的聚沉顺序为：

$$Cl^- > Br^- > NO_3^- > I^-$$

当胶体受电解质混合物的影响发生聚沉时，除了在少数情况下，聚沉能力为两种离子单独存在时的聚沉能力之和，多数情况下，往往可见到各种离子的聚沉作用剧烈地互相削弱，这种现象就是离子的对抗作用。

当然，上面所讲的电解质聚沉作用，是指将电解质一次全部加足时的情况。如果电解质是经过长时间少量而一点点地加入溶胶中，那么聚沉就不会发生。

加入带有相反电荷的溶胶或将溶胶加热也能引起溶胶聚沉。例如，当带正电荷的金溶胶和带负电荷的五氧化二钒溶胶这两种电性相反的溶胶混合时，便会发生聚沉作用，但在混合两种溶胶时，应使一种溶胶所带正电荷的总数恰好能中和另一种溶胶所带负电荷总数。如一种溶胶过多，另一种溶胶粒子就会发生重新充电而形成另一种具有混合成分的溶胶。如将负电性 SiO_2 溶胶加到正电性 $Fe(OH)_3$ 溶胶中时，当前者加入量超过互相凝聚所需量时，$Fe(OH)_3$ 就会形成一种负电性溶胶，凝聚也就不再发生。

加热能增加胶体粒子的动能和相互碰撞的机会，同时降低了它们对离子的吸附作用，因而降低了胶体粒子所带的电量，在它们相互碰撞时就更容易结合而聚沉下来。

一些离子型有机物（如季铵盐、脂肪酸盐等表面活性剂）及一些高分子絮凝剂（如聚丙烯酰胺）几乎与溶胶的电性无关，它们对溶胶有很强的聚沉能力，其原因是它们能在胶粒表面上强烈地吸附，并使大量胶粒通过聚合物的链节联成质量较大的聚集体而发生聚沉。

（5）溶胶的流变特性

流变性质是指物质在外力作用下的变形和流动的性质。分散体系的流变性质反映了构成该体系的各组分间的相互作用及外界条件对体系结构的影响。油漆、钻井泥浆、陶瓷粉胶体等浓分散体系的流变性质对它们的生产和应用有直接关系；而溶胶、大分子溶液等稀分散体系的流变性质常可用来估算分散相质点大小、形状及其与分散介质的相互作用。

黏度是物质最基本的流变性质。所谓黏度在表观上是指物质的黏稠程度，它表示物质在流动时内摩擦的大小。对于稀胶体溶液，黏度与分散相质点形状、质点溶剂化层厚度等因素有关。液体流动时，为克服内摩擦需要消耗一定的能量。如液体中有质点存在，则液体的流动在质点附近受到干扰，因而需消耗更多的能量，这就是溶胶或悬浮液的黏度要高于纯溶剂的原因。对于稀胶体溶液，分散相浓度、质点的形状及大小、温度、电荷等都会对黏度产生影响。人们所熟知的是，温度升高，液体或溶胶的黏度随温度升高而降低。

4-5-2　胶凝作用与胶溶作用

溶胶在聚沉过程中，在某些情况下，胶体粒子互相黏结成连续的网状结构，这种网状结构包住了全部液体，使胶体体系逐渐变得黏滞，失去流动性，最后形成半固体的所谓凝胶。这就是胶凝作用，也称胶凝化作用或絮凝作用。平常我们看到硅酸溶胶放置一定时间会出现"冻"起来而失去流动性，所以又将凝胶称为冻胶。

新形成的凝胶都含有大量液体，其液体含量有时可高达 99.5%。所含液体为水的凝胶称为水凝胶。所有水凝胶的外表相似，无流动性而呈半固体状，表面上是固体而内部仍含水，水的一部分可通过凝胶的毛细管作用从其细孔逐渐排出。凝胶与一般的浆糊不同，它是由大量胶束组成的三维网络，有一定的几何外形，并具有一定的强度、弹性和屈服值等固体力学性质；而浆糊是失去流动性的高浓度悬浮体，所以又称其为假凝胶。

根据凝胶的性质，它可分为弹性凝胶及非弹性凝胶。

弹性凝胶又称弹性冻胶。由柔性的线型大分子物质（如明胶、琼脂等）形成的凝胶属于弹性凝胶。它在干燥时体积虽然缩小很多，但并不发脆，且仍保持弹性，可以拉长而不破裂。一般又可分为两类：一类以水为分散介质，如动植物组织中的蛋白凝胶；另一类以有机液体为分散介质，如人造橡胶等。

非弹性凝胶。由刚性质点（如 Al_2O_3、SiO_2、TiO_2 等）溶胶所形成的凝胶属于非弹性凝胶，又称刚性凝胶。这类凝胶脱水干燥后再置水中加热时不会恢复成原来的溶胶，所以又称不可逆凝胶。而上述弹性凝胶在脱水干燥后形成的干胶经在水中加热溶解后，冷却时又会变成凝胶，故称为可逆凝胶。在催化剂或载体制备中主要使用的是一类非弹性凝胶。

使沉淀物或凝胶重新分散成胶体颗粒，再转变成溶胶的过程称为胶溶作用，它是聚沉作用的逆过程。$Al(OH)_3$、$SiO_2 \cdot nH_2O$ 等凝胶经脱水后，变成脆性，即使再浸入介质中，也难以恢复原状，即为上述不可逆凝胶。能引起胶溶作用的物质称为胶溶剂，它们通常也都是电解质。

胶溶作用也可分为溶解的胶溶作用和吸附的胶溶作用两种类型。溶解的胶溶作用中首先发生的是凝胶成为分子微粒溶解，然后发生这种分子溶解产物被凝胶所吸附的过程；吸附的溶解作用并不伴随着凝聚物的分子溶解。例如，新生成的氢氧化铁用氯化铁胶溶时，所发生的是氯化铁在这种氢氧化铁基团中起着离子基作用的化合物的吸附。

4-5-3　溶胶-凝胶法的基本原理

溶胶-凝胶法的基本过程是：易于水解的金属化合物（无机盐或金属醇盐或酯）作前驱体，在液相下将这些原料均匀混合，并进行水解、缩合（或缩聚）反应，在溶液中形成稳定的透明溶胶体系，溶胶经过一定时间老化（或称陈化）或干燥处理，胶粒间缓慢聚集，形成连续的三维空间网络结构，网络间充满了失去流动性的溶剂，形成凝胶。凝胶由固体骨架和连续相组成，经干燥除去液相后凝胶收缩为干凝胶，干凝胶经焙烧后即制得所需材料或粉体。这一技术的关键是了解溶胶、凝胶的性质并获得高质量的溶胶及凝胶。

1. 常用原料及其作用

溶胶-凝胶法主要原料是金属化合物，其他还会用到溶剂、水、催化剂及添加剂等。金属化合物一般是易水解的金属化合物，它可分为金属有机化合物、金属无机化合物及金属氧化物等三类。而金属有机化合物又可分为金属醇盐、金属乙酰丙酮盐和金属有机酸盐等三种。

金属醇盐又称金属烷氧基化合物或金属酸酯，可用一般式 $M(OR)_n$（M 是价态为 n 的金属、R 为烷基）表示，它是有机醇—OH 上的 H 为金属所取代的有机化合物，与一般金属有机化合物的差别在于金属醇盐是以 M—O—C 键的形式结合，金属有机化合物则是以 M—C 键结合，金属醇盐的称呼是取对应的醇名称的词干，如 $M(OC_2H_5)_n$ 称为乙氧基金属 M。所以，金属醇盐可以看成是醇类的衍生物，也可看成是金属氢氧化物 $M(OH)_n$ 中的氢被烷基所取代的产物。因此，金属醇盐的性质是由金属原子的性质及烷基的结构形式所决定的。

金属醇盐具有共价化合物的特征，还具有易蒸馏、重结晶技术提纯、可溶于一般有机溶剂、易水解等特性。水解形成聚合物、氧化物或氢氧化物时，只存在易挥发的醇类产品，不产生杂质污染，而且还有利于反应的性质。所以，金属醇盐成为溶胶凝胶法制备材料的广泛使用的最好金属起始原料。金属醇盐可通过金属与醇直接反应、金属氢氧化物或氧化物与醇反应、金属卤化物与醇和碱金属醇盐反应、醇解法、金属有机盐与碱金属醇盐的反应以及金属二烷基胺盐与醇反应等方法合成而得[49,50]。

金属醇盐种类很多，可分为单金属醇盐、双金属醇盐及多金属醇盐等，表 4-21 示出了一些单金属醇盐及双金属醇盐的实例，表 4-22 示出了催化剂制备所常用的金属醇盐[51]。

表 4-21　单金属醇盐及双金属醇盐示例

	族	金属元素	金属醇盐
单金属醇盐	ⅠA	Li, Na	$LiOCH_3$, $NaOCH_3$
	ⅠB	Cu	$Cu(OCH_3)_2$
	ⅡA	Ca, Ba, Sr	$Ca(OCH_3)_2$, $Ba(OC_2H_5)_2$, $Sr(OC_2H_5)_2$
	ⅡB	Zn	$Zn(OC_2H_5)_2$
	ⅢA	B, Al, Ga	$B(OCH_3)_3$, $Al(OC_3H_7)_3$, $Ga(OC_2H_5)_3$
	ⅢB	Y	$Y(OC_4H_9)_3$
	ⅣA	Si, Ge	$Si(OC_2H_5)_4$, $Ge(OC_2H_5)_4$
	ⅣB	Pb	$Pb(OC_4H_9)_4$
	ⅤA	P, Sb	$P(OCH_3)_3$, $Sb(OC_2H_5)_3$
	ⅤB	V, Ta	$VO(OC_2H_5)_3$, $Ta(OC_3H_7)_5$
	ⅥB	W	$W(OC_2H_5)_6$
	稀土元素	La, Nb	$La(OC_3H_7)$, $Nb(OC_2H_5)_3$
双金属醇盐	La-Al		$La[Al(iso\text{-}OC_3H_7)_4]_3$
	Mg-Al		$Mg[Al(iso\text{-}OC_3H_7)_4]_3$, $Mg[Al(sec\text{-}OC_4H_9)_4]_2$
	Ni-Al		$Ni[Al(iso\text{-}OC_3H_7)_4]_2$
	Zr-Al		$(C_3H_7O)_2Zr[Al(OC_3H_7)_4]_2$
	Ba-Zr		$Ba[Zr(OC_2H_5)_9]_2$

表 4-22　常用金属醇盐

金属元素	金属醇盐
Si	$Si(OCH_3)_4$, $Si(OC_2H_5)_4$, $Si(iso\text{-}OC_3H_7)_4$, $Si(iso\text{-}OC_4H_9)_4$
Al	$Al(OCH_3)_3$, $Al(OC_2H_5)_3$, $Al(iso\text{-}OC_3H_7)_3$, $Al(iso\text{-}OC_4H_9)_3$
Ti	$Ti(OCH_3)_4$, $Ti(OC_2H_5)_4$, $Ti(iso\text{-}OC_3H_7)_4$, $Ti(iso\text{-}OC_4H_9)_4$
Zr	$Zr(OCH_3)_4$, $Zr(OC_2H_5)_4$, $Zr(iso\text{-}OC_3H_7)_4$, $Zr(iso\text{-}OC_4H_9)_4$

　　如上所述，金属醇盐是溶胶凝胶法最为合适的前驱物或母体原料。其他可用的金属无机化合物有硝酸盐、氯化物或氧氯化物等可溶性盐。其他原料中，水是为了发生金属化合物的水解反应；溶剂的加入是为了溶解金属化合物及调制均匀溶胶，常用溶剂有甲醇、乙醇、丙醇、乙二醇、丁醇、三乙醇胺及二甲苯等；使用催化剂可促进金属化合物的水解作用，常用的有酸(如盐酸、硫酸、硝酸、乙酸等)及碱(如氨水、氢氧化钠等)两类；所用添加剂有分散剂(如聚乙烯醇)、水解控制剂(如乙酰丙酮等)及凝胶防开裂剂(如甲酰胺、二甲基甲酰胺、草酸等)。

　　2. 溶胶-凝胶过程的主要反应

　　利用溶胶-凝胶法制备催化剂是一种需要精确控制的湿化学过程。根据起始原料和得到溶胶的方法不同，可分为胶体凝胶法及聚合凝胶法，前者又称为胶凝法或胶体工艺，后者又称为分子聚合法或聚合工艺。

　　胶体凝胶法的前体是金属无机盐，利用盐溶液的水解，经化学反应产生金属水合氧化物胶体沉淀，再利用胶溶剂（酸或碱）的胶溶作用使沉淀转化为溶胶，并通过控制溶液的 pH 值、温度来控制胶粒大小，然后通过使溶胶中的电解质脱水或改变溶胶的浓度，溶胶凝结转变成三维网络状凝胶。胶粒间的相互作用力是静电力（包括氢键）及范德华力；聚合凝胶法的前体是金属醇盐，将醇盐溶解在有机溶剂中，加入适量水控制醇盐水解，在金属上引入 OH 基，水解后的羟基化合物继续发生缩聚反应，靠化学键形成网络，转变成凝胶。将凝胶干燥、焙烧除去有机成分，最后获得金属氧化物[52~54]。

(1) 金属无机盐的水解-缩聚反应

任何物质的溶解必定伴随有溶剂化，即溶质分子或离子通过静电作用、氢键、范德华力甚至配键与溶剂分子作用产生溶剂化的粒子，促进了溶解过程。所以，在金属盐水解时，二价金属阳离子 M^{2+} 在水中会发生如下的溶剂化反应：

$$M^{2+}: O \overset{H}{\underset{H}{\big<}} \longrightarrow \left[M \leftarrow O \overset{H}{\underset{H}{\big<}} \right]^{2+} \tag{4-20}$$

水有很强的溶剂化能力，溶剂化对过渡金属阳离子起作用，使化学键由离子键向部分共价键过渡，水分子也变得更加显示相对酸性。溶剂化分子发生如下变化：

$$[M{-}OH_2]^{2+} \rightleftharpoons [M{-}OH]^+ + H^+ \rightleftharpoons [M{=}O] + 2H^+ \tag{4-21}$$

在通常的水溶液中，金属离子可能存在三种配体，即 H_2O、羟基（OH^-）和氧基（$=O$），对不同的配体，可形成羟基配合物、羟基-水配合物及氧-羟基配合物等多种配合物形式。在不同条件下，这些配合物可通过不同方式缩聚形成二聚体或多聚体，有些则可缩聚进一步形成骨架结构。

从水羟基配位的无机母体来制取凝胶时，凝胶性质与 pH 值、温度、加料方式、浓度及成胶速度等操作条件有关，因为成核和生长主要是羟桥缩聚反应，而且是扩散控制过程，所以需对各种操作条件进行认真分析。如有些金属可形成稳定的羟桥，进而生成一种有确定结构的 $M(OH)_x$，而有些金属不能形成稳定的羟桥，因而当加入碱时只能生成水合的无定形凝胶沉淀 $MO_{x/2}(OH)_{z-xy} \cdot H_2O$。这类无确定结构的沉淀当连续失水时，通过氧缩聚最后形成 $MO_{x/2}$。

缩聚反应的另一种方式是氧基聚合，形成氧桥 M—O—M，这种缩聚过程要求在金属的配位层中不存在水配体、如 $[MO_3(OH)]$ 单体（M 为 W、Mo 等）按亲核加成机理可形成四聚体 $[M_4O_{12}(OH)_4]^{4-}$，反应中形成氧桥。

(2) 金属醇盐的水解-缩聚反应

金属醇盐与水充分反应可形成氢氧化物或水合氧化物：

$$M(OR)_n + nH_2O \longrightarrow M(OH)_n + nROH \tag{4-22}$$

金属醇盐在水中的性质受金属离子半径、电负性、配位数等因素影响。一般情况下，金属原子的电负性越小、离子半径越大，最适配位数越大，配位不饱和度也越大，金属醇盐水解的活性就越强。此外，溶剂化效应、溶剂的极性等对水解过程也有重要影响。在酸催化与碱催化条件下，两者的水解反应也有所不同。所以，金属醇盐的实际水解及缩聚反应是十分复杂的，一般情况下，水解是在水、水和醇的溶剂中进行并生成活性的 M—OH，反应可按下述方式进行：

$$H-O+M-OR \longrightarrow \overset{H}{\underset{H}{O}}:\rightarrow M-OR \longrightarrow HO-M\leftarrow \overset{R}{\underset{H}{O}} \longrightarrow M-OH+ROH \quad (4-23)$$

随着烃基的生成，进一步发生缩聚作用，按照操作条件不同，可按以下三种方式进行缩聚：

① 按烷氧基化作用方式：

$$M-O+M-OR \longrightarrow M-\overset{}{\underset{H}{O}}:\rightarrow M-OR \longrightarrow M-O-M\leftarrow \overset{R}{\underset{H}{O}} \longrightarrow M-O-M+ROH$$

$$(4-24)$$

② 按氧桥合作用方式：

$$M-O+M-OH \longrightarrow M-\overset{}{\underset{H}{O}}:\rightarrow M-OH \longrightarrow M-O-M\leftarrow \overset{H}{\underset{H}{O}} \longrightarrow M-O-M+H_2O$$

$$(4-25)$$

③ 按羟桥合作用方式：

$$\begin{cases} M-OH+M\leftarrow \overset{R}{\underset{H}{O}} \longrightarrow M-\overset{H}{\underset{}{O}}-M+ROH \\[3em] M-OH+M\leftarrow \overset{H}{\underset{H}{O}} \longrightarrow M-\overset{H}{\underset{}{O}}-M+H_2O \end{cases}$$

$$(4-26)$$

缩聚反应结果可生成线型聚金属氧化物或体型缩合物。所以，金属醇盐的水解-缩聚反应非常复杂，它无明显的溶胶形成过程，而是水解与缩聚同时进行而形成凝胶。

根据上述讨论，以金属醇盐为前体，通过图 4-31 所示过程，控制相应的工艺条件可制取催化剂、载体、气凝胶、干凝胶、晶须、透光膜等各种材料。

3. 溶胶-凝胶法制备催化剂的主要操作控制

如上所述，用溶胶-凝胶法制备催化剂或载体的主要操作包括金属盐或金属醇盐水解、胶溶、老化、胶凝、干燥、焙烧等步骤。

（1）制取包含金属醇盐和水的均相溶液

以金属醇盐为前体时，第一步是制取一种包含金属醇盐和水的均相溶液，以保证醇盐的水解反应在分子均匀的水平上进行。由于金属醇盐在水中溶解度不大，一般选用醇作溶剂，因为醇可与醇盐及水互溶。同一种元素的不同醇盐的水解速率不同，如用 $Si(OR)_4$ 制备的 SiO_2 溶胶的胶凝时间随烷基中碳原子数增加而增大，这是因为随着烷基中碳原子数增加，醇盐的水解速率下降。在制备多组分氧化物溶胶时，不同元素醇盐的水解活性不同，但如选择合适的醇盐品种，可使它们的水解速率达到较好的匹配，从而保证溶胶的均匀性。

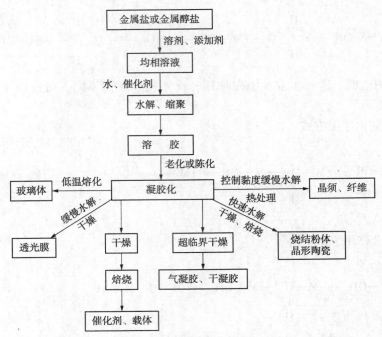

图 4-31　溶胶-凝胶法合成各种材料的过程示意

　　起始溶液中的醇盐浓度必须保持适当，作为溶剂的醇加入量过多时，将导致醇盐浓度的下降，使已水解的醇盐分子之间的碰撞概率下降，将会延长凝胶的胶凝时间。但醇的加入量过少，醇盐浓度过高，水解缩聚产物浓度过高，容易引起粒子的聚集或沉淀。

　　通常，是将醇盐溶解于母醇中，如异丙醇铝用异丙醇作溶剂，仲丁醇铝以仲丁醇为溶剂。在某些情况下，当醇盐不完全溶于母醇时，可通过醇交换反应（醇解反应）进行调整，显然，它会受到位阻效应的影响。反应速率依 MeO>EtO>iso-PrO>iso-BuO 顺序下降。

　　溶剂对溶胶-凝胶合成过程的影响是通过烷基的取代反应或其他基团的取代配位反应等产生的，通过烷基的斥电性、位阻效应及配位能力来影响金属醇盐的水解和缩聚程度。同时，在凝胶热处理过程中，不同溶剂的分解及燃烧温度不同，也会影响制品的晶化过程。如以钛酸丁酯 $[Ti(OC_4H_9)_4]$ 为前体，在相同工艺条件下（pH=3），比较不同溶剂（乙醇、异丙醇、正丁醇）对溶胶-凝胶法合成 TiO_2 表观物性的影响，其结果如表 4-23 所示。试验表明，对于这些溶剂，钛酸丁酯的溶胶凝胶过程都有一个凝胶化的"临界值"，其中乙醇溶液的凝胶化时间最短，凝胶过程较易控制；异丙醇溶液的凝胶化时间稍长，凝胶过程难控制；正丁醇溶液的凝胶时间最长，产品外观不理想。

表 4-23　不同溶剂对合成 TiO_2 物性的影响

物理性质	无水乙醇	异丙醇	正丁醇
溶胶外观	接近无色、透明	乳黄色、半透明	浅黄色，带有白色絮凝物
凝胶时间	2~3min	5~10min	<1h
产品粒子外观	白色细粉，手感滑	白色粉末，手感粗糙	白色粉末，较粗糙
平均粒径	10~15nm	20nm	>20nm
过程变化	凝胶过程较易控制	凝胶过程难控制	有絮凝，产品外观不理想

（2）水解

金属醇盐在水中完全水解后生成金属氧化物或水合金属氧化物的沉淀。水解过程中存在着水解及聚合反应。水解-聚合反应如上所述，无论是金属无机盐的水解-聚合反应，或是金属醇盐的水解-聚合反应，水解和聚合反应几乎同时发生，难以用独立方式描述水解反应或聚合反应，反应生成物是不同大小和结构的溶胶胶体粒子，影响水解反应的主要因素是水的加入量、水解温度及 pH 值等。

水的加入量习惯上是以水与醇盐物质的量比计量。由于水也是一种反应物，加水量对醇盐水解缩聚物的结构有重要影响。

如上所述，溶胶的制备分为胶体胶凝法及聚合凝胶法。两种方法的差别就是加水量的不同。在胶体凝胶法中，醇盐先在过量水中快速水解，形成胶状沉淀，然后加入酸或碱解胶，使沉淀胶溶并分散成大小在胶体范围内的粒子，形成稳定的溶胶。加水量少，醇盐分子被水解的烷氧基团少，水解的醇盐分子间的缩聚易形成低交联度的产物；反之，则易于形成高度交联的产物。在聚合凝胶法中，是在严格控制水解速率及水解程度下，使水解产物与部分未水解的醇盐分子之间继续聚合而形成聚合溶胶。水的加入量对溶胶的黏度、溶胶向凝胶的转化及胶凝作用的时间均有影响。

在用溶胶凝胶法制备钛酸钡（$BaTiO_3$）时，以氢氧化钡及钛酸丁酯为前体，加水量与所得制品物性的关系如表 4-24 所示。加水量用物质的量之比 $Q = [H_2O] : [M(OR)]$ 表示。由于所加水量都超过化学计量水量，随着 Q 的增加，胶体的浓度下降，胶凝时间延长。粉体的晶粒尺寸随加水量的增多而增大，而比表面积在 $Q = 40$ 处有一极大值。

表 4-24　加水量对钛酸钡物性的影响

序　号	1	2	3	4	5
$[H_2O] : [Ti(OC_4H_9)_4]$	10	20	40	60	100
晶粒尺寸/nm	11	13	19	25	33
比表面积/（m^2/g）	15.85	17.28	18.43	10.65	8.53

水解温度的影响。提高水解温度有利于提高醇类水解速率。特别对水解活性差的醇盐，常在加温下操作以缩短水解时间，从而明显缩短溶胶制备时间及胶凝时间。

为控制水解速率而调整溶胶 pH 值所加入的酸或碱实际上起催化剂的作用。加酸或加碱所起的催化机理不同，因而对同一种醇盐的水解、缩聚会产生结构和形态不同的水解产物，因而选择适宜的催化剂就显得重要。以正硅酸乙酯 $Si(OC_2H_5)_4$ 为例，用酸催化时，醇盐水解是由 H_3O^+ 的亲电机理所引起，水解速度快，但随着水解的进行，醇类水解活性因其分子上 —OR 基团数量减少而下降，因而难以形成 $Si(OH)_4$，其缩聚反应在完全水解前，即 $Si(OR)_4$ 完全转变为 $Si(OH)_4$ 前就已开始，因而缩聚产物的交联度低，容易形成一维链状结构。在碱催化时，水解是由 —OH 的亲核取代所引起，水解速度较酸催化慢，但醇盐水解活性却因分子上基团数量减少而增大，因而所有 4 个 —OR 基团都容易完全转变为 —OH 基团，即容易生成 $Si(OH)_4$，进一步缩聚时，便会生成高交联度的粒子沉淀。因此，用硅醇盐制备纤维状制品时须采用酸催化剂，而制备粉体时则应在碱催化下进行。

加入催化剂的种类不同，不仅会影响醇盐水解-缩聚反应速率，而且对最终产品的结构会产生影响。如以钛酸丁酯为前体制取 TiO_2 时，在用盐酸催化条件下，600℃ 焙烧时就可发生锐钛矿相向金红石相的转变；用乙酸催化可使锐钛矿相稳定到 800℃；而用草酸催化时，在 900℃ 时还可保持完整的锐钛矿相结构。

为了控制水解速率有时需要加入添加剂或抑制剂。不同抑制剂也会对产品粒子外观及性能产生影响。如由钛酸丁酯为前体制取 TiO_2 粉体时，使用乙酰丙酮及冰乙酸为抑制剂时，对 TiO_2 物性的影响如表 4-25 所示。产生差别的原因是由于不同抑制剂对溶胶状态及凝胶时间会产生不同影响所致。

表 4-25　抑制剂对 TiO_2 物性的影响

物性	冰乙酸抑制剂	乙酰丙酮抑制剂
溶胶外观	浅黄透明	橙色透明
凝胶时间	3h	45d
产品粒子外观	白色粉末，较细	白色粉末，较细
操作控制	凝胶过程易于控制	凝胶过程难于控制

（3）胶溶

向水解产物中加入一定量的酸或碱，使形成的沉淀分散为大小在胶体范围内的粒子，形成金属氧化物或水合氧化物溶胶，这个过程称为胶溶或解胶，所加入的酸或碱则称为胶溶剂。

胶溶是胶体凝胶法制备催化剂的必经步骤，只有加入胶溶剂才能使生成的沉淀呈胶体颗粒并被稳定下来。胶溶作用是静电相互作用的结果。在向水解产物中加入胶溶剂酸或碱时，H^+ 或 OH^- 吸附在沉淀物粒子表面，反应离子在液相中重新分布，从而在粒子表面形成双电层，双电层的存在使粒子间产生相互排斥作用，当排斥力大于粒子间的吸引力时，聚集的粒子便分散为小粒子而形成溶胶。

酸是常用的胶溶剂，无机酸（硝酸、盐酸等）及有机酸（乙酸、柠檬酸等）均能使体系胶溶，但硫酸、氢氟酸则不起胶溶作用。酸的种类及加入量对胶粒大小、溶胶黏度及流变性能等都有一定影响。显然，胶溶剂有一最佳加入量，加入量过低时会造成粒子沉淀，而加入量过高则会引起粒子团聚，只有酸加入量适当时才能获得稳定的溶胶。

在溶胶-凝胶法制备催化剂或载体时，最终产品的结构及性能在溶胶中已初步形成，而且后续制备工艺与溶胶性质有直接关系。特别在制取一些要求粒径小且粒径分布均匀的产品时，溶胶制备的质量尤其显得重要。此外，多孔性材料可能形成的最小孔径也取决于溶胶一次粒子的大小，而孔径分布及孔的形状则与胶粒的形状及粒度分布有关，这些也与胶溶剂的种类及加入量有关。

（4）老化、胶凝

从溶胶变为凝胶的胶凝作用是一种不完全的絮凝，故胶凝产物中分子聚集得比较松散，包含了所有的液体介质，所以凝胶不是平衡体系。

老化或称陈化，是以一定方式向溶胶体系提供能量，使胶粒的分散与聚集尽快地达到相对稳定的平衡，从而使胶体具有单一的粒度分布。老化过程包括将金属醇盐水解生成的醇（如异丙醇、仲丁醇）全部蒸出，然后在搅拌下，保持在一定温度及回流条件下进行老化。影响老化结果的主要因素是老化时间及老化温度。

缩聚反应形成的缩聚物在聚集长大时成为小粒子簇，它们相互碰撞连接成大粒子簇，同时，液相被包裹于固相骨架中失去流动性，并形成凝胶。凝胶在老化过程中，由于粒子接触时的曲率半径，导致它们的溶解度产生差异，也即大小粒子因溶解度的不同而造成平均粒径的增大。老化时间过短，颗粒尺寸分布不均匀；时间过长，粒子长大、团聚，也就不易形成超细结构。因此，老化时间的选择对粉体微观结构的形成影响很大。

提高温度可加速胶凝，这是化学反应的基本规律。提高温度可以形成大胶球粒子的堆积，从而获得大孔径的产品。但温度过高，也可能使缩聚的凝胶解聚。

溶胶浓度也会影响凝胶化过程。溶胶浓度高，胶粒间缩聚的机率大，易于胶凝；浓度低则难胶凝。所以，一般情况下，提高溶胶浓度有利于缩短胶凝时间，并提高凝胶的均匀性。

（5）凝胶干燥

凝胶经干燥脱去包含在凝胶骨架中的液体后，就形成具有多孔结构的干凝胶，或称干胶。原先被液体所占有的地方就形成干凝胶的孔穴或空腔。胶体粒子组成的网状骨架就成了干凝胶的壁，所以，SiO_2、TiO_2 等凝胶都具有三维的网状结构。凝胶的体积也会在干燥过程中收缩，干凝胶的孔隙率与这种收缩程度有关。收缩越大，平均孔径越小，孔隙率也就越小。干凝胶的孔结构就是凝胶在干燥过程中形成的，网络骨架是由组成溶胶的基本胶粒无序排列而成，它宛如葡萄串一般，构成巨大的比表面积和适宜的孔结构。采用不同的凝胶制备条件及选择合适的后处理条件，就可制得在孔结构、比表面积及其他物性方面有相当大变化范围的产品。

凝胶在干燥过程中的收缩是由于毛细管力的作用而引起的。毛细管力是由于那些比表面积特别大的细分散体系所特有的表面现象所致。如前所述，这种毛细管力可以达到几兆帕至几百兆帕的压力，可见这是一个很大的数值，凝胶壁就是在这样大的压力下被压缩或压碎。

凝胶干燥时除了受到毛细管力作用使凝胶骨架收缩外，随着骨架的收缩和脱液，其强度不断提高，从而逐渐增强抵抗毛细管力的能力。这两种相反的力达到平衡时，凝胶的收缩就开始停止，干凝胶的孔结构也就最后固定下来。如果凝胶骨架的弹性较大，则易于收缩，因而得到较细的孔结构。反之，当凝胶骨架强度较大时，就得到较粗的孔结构。假如凝胶的弹性和强度都不足以对抗毛细管力的作用，则凝胶在干燥过程中将发生龟裂或粉碎，使凝胶的粒度较小或降低产品的完整率。

显然，采用一般的干燥方法难于阻止凝胶中微粒间的接触、挤压与聚集作用，因而也就难以制得具有结构稳定的介孔材料或分散性好的纳米级超微材料。这时可通过以下一些措施，以减少结构破坏的驱动力和增强凝胶网络的机械抵抗力。这些措施是：①减少液相的表面张力，如使用低表面张力的溶剂或加入表面活性剂；②增大凝胶的孔径，如通过改变凝胶的制备条件或加入适量的添加剂；③增强凝胶机械强度，如改变老化条件或加入活性硅；④使凝胶表面疏水，如加入有机溶剂；⑤采用超临界干燥技术，超临界干燥利用了物质在临界温度和压力条件下液体无液-气界面的原理，在临界条件下对凝胶干燥，可消除界面张力对结构的作用，也可减少粒子发生团聚；⑥采用冷冻干燥法蒸发溶剂，与超临界干燥法相反，冷冻干燥是在低温低压下将液-气界面转化为气-固界面，可减少粒子在干燥过程中发生团聚；⑦采用共沸蒸馏法，是将沉淀物中的水分以共沸物的形式脱除来防止形成硬团聚的方法。如正丁醇与水在 93℃ 形成的共沸物中水量达 44.5%，能有效地脱除胶体间的多余水分子。

（6）焙烧

在用溶胶-凝胶法制备催化剂或载体时，常需进行干燥、焙烧等热处理过程，这些处理条件的控制，对制品的粒径大小、粒度分布及骨架与孔结构都有很大的影响。其中有些过程是可逆的，有些是不可逆的。有关干燥及焙烧的机理可参见"催化剂热处理"有关章节。

综上所述，溶胶-凝胶法是一种湿化学制备材料的方法，它主要利用液体化学试剂（或将粉状原料溶于溶剂中）或溶胶为原料，而不是用粉状物体，反应物在液相中均匀混合并进行反应，反应生成物是稳定的溶胶体系，经放置或采用一定的方法转变为凝胶，凝胶中含有大量液相，借助蒸发而不是机械脱水除去液体介质，在溶胶或凝胶状态即可成型为所需制品，再经焙烧制得符合需要的产品。相对于传统的催化剂制备方法，溶胶-凝胶法具有以下特点：①制备的材料组分均匀、产品纯度高、不带难以洗涤的杂质，尤其是多组分体系的产物均匀性有保证；②反应过程易于控制，虽然影响溶胶-凝胶过程的因素很多，包括原料性质、溶剂、水量、反应工艺条件、后处理方式等，但可通过这些因素的调节，制取有一定微观结构及不同性质的凝胶；③可制取比表面积很大的催化剂或载体，而且焙烧温度低、催化剂活性好；④通过在反应体系中加入一些表面活性剂或模板剂，使其按一定方向缩聚，形成具有特定孔结构的金属氧化物纳米粒子，制取纳米级催化材料；⑤从同一原料出发，通过改变反应工艺条件可获得不同的制品，最终产物的形式多样，包括粉末、纤维、块状物、薄膜、圆棒状等。

但是，溶胶-凝胶技术也存在诸多不足之处，主要是：①所用原料多数为有机化合物，因而成本较高，而且有些对人体及环境有害；②工艺过程较长，反应涉及大量操作变量，如温度、浓度、pH 值，对过程机理难以完全掌握，因而也影响合成材料的功能性；③凝胶后处理条件对制品影响较大，如干燥条件掌握不好，所得半成品易产生开裂，焙烧不完善，制品细孔中因残留 HO— 或 C，使产品变黑色。

4-5-4　溶胶-凝胶法制备催化材料示例

1. 胶体凝胶法制备 MgO 及 $MgAl_2O_4$

氧化镁（MgO）是典型的碱土金属氧化物，具有 NaCl 型晶体结构，根据制法不同有轻质氧化镁及重质氧化镁之分。由于氧化镁活性很低，与其他活性金属（如铜、铬、锌、镍等）组合可制得性能优良的催化剂。用胶体凝胶法制得的氧化镁粒子具有纳米尺度，不仅可用作负载型甲醇及低碳醇合成的催化剂载体，也可用作陶瓷、搪瓷及航空材料。

尖晶石是一种复杂配位型的氧化物矿物，属立方晶系，可用作规整催化剂载体，尤用于催化燃烧反应，也大量用作耐火材料的原料以及搪瓷和釉的着色剂。镁尖晶石（$MgAl_2O_4$）是尖晶石材料的主要物相，用胶体凝胶法人工合成的纳米 $MgAl_2O_4$ 是一种优良的耐高温催化材料，有很强的抗机械及抗热冲击性能。

（1）MgO 纳米材料制备

用溶胶-凝胶法制备 MgO 的过程如图 4-32 所示。

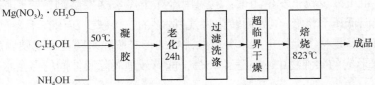

图 4-32　溶胶-凝胶法制备 MgO 工艺过程

先将一定量的 $Mg(NO_3)_2 \cdot 6H_2O$ 溶解于无水乙醇溶剂中，将 1:1 的氨水加入反应釜中，在强烈搅拌下将 $Mg(NO_3)_2 \cdot 6H_2O$ 乙醇溶液缓慢滴加至氨水中，并保持反应温度为 50℃。水解-缩聚反应结束后，将制成的 MgO 凝胶先在母液中老化 24h，然后用高速离心机及无水乙醇反复过滤及洗涤，至洗涤液中检测不到硝酸根（NO_3^-）为止。然后将 MgO 醇凝胶移入高压反应釜内，密封紧固后，用氮气吸扫置换反应釜中的空气后，用程序控温仪分段控制升温速率，使系统升温升压，将系统温度和压力处于乙醇的临界温度及临界压力以上（乙醇的临界点为 $T_c = 243℃$，$p_c = 6.37MPa$）进行超临界干燥，干燥时间为 14~40min。在此过程中，系统气-液共存，表面张力消失，系统的传质及传热系数比非临界状态下大几百倍甚至上千倍，各种平衡可迅速建立。停留一段时间后，停止加热，缓慢卸压放出乙醇。待乙醇全部排完后，切换成用氮气吹扫。打开反应釜取出于凝胶，最后将 MgO 凝胶在 823℃ 下高温焙烧 3h，冷却后即制得纳米级白色 MgO 粉体，其平均粒径为 50~100nm，松堆密度 0.2085g/mL，比表面积为 37m²/g。

（2）$MgAl_2O_4$ 尖晶石纳米材料的制备[56]

整个制备过程与制备 MgO 纳米材料相同，所用原料前体为 $Al(NO_3)_3 \cdot 9H_2O$ 及 $Mg(NO_3)_2 \cdot 6H_2O$，按图 4-33 类似的过程所制得的 $MgAl_2O_4$ 的平均粒度为 30~150nm，松堆密度 0.1079g/mL，比表面积 194m²/g。

2. 聚合凝胶法制备二氧化钛

二氧化钛（TiO_2）是一种广为使用的化工原料，可用作颜料、吸附剂、光催化剂及催化剂载体等。由于构成 TiO_2 的原子排列方式不同，天然存在的二氧化钛有三种结晶形态，即板钛矿型、锐钛矿型及金红石型。板钛矿型由于结构不稳定，故应用极少；金红石型具有很高的分散光射线的能力，并具有很强的遮盖力及着色力，广泛用作白色颜料，用于油漆、造纸、橡胶、塑料等行业。锐钛矿型有良好的光催化活性，可用作光催化剂及载体，尤在环境保护领域展示出广阔的应用前景[57]。

合成 TiO_2 可用物理和湿化学方法制得。其中溶胶-凝胶法可制取粒径分布窄的纳米 TiO_2。

以钛酸丁酯 $Ti(OC_4H_9)_4$ 为前体，乙酰丙酮为抑制剂，以乙醇为溶剂，盐酸为催化剂制备 TiO_2 的过程如图 4-33 所示[58]。

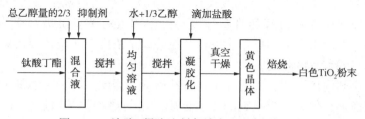

图 4-33　溶胶-凝胶法制备纳米 TiO_2 工艺过程

反应时，先将钛酸丁酯与总乙醇量的 2/3 混合制成 A 液，剩余 1/3 乙醇与水混为 B 液，在不断搅拌下按一定流速将 A 液加入 B 液中。这时产生的水解-缩聚反应如下：

水解：$Ti(OC_4H_9)_4 + 3H_2O \longrightarrow TiOC_4H_9(OH)_3 + 3C_4H_9OH$　　　　（4-27）

缩聚：$TiOC_4H_9(OH)_3 \longrightarrow TiO_2 \cdot xH_2O + (3-x)H_2O + C_4H_9OH$　　　　（4-28）

水解温度为 33℃，反应物配比为钛酸丁酯:乙醇:水:盐酸 = 1:9:3:0.28（摩尔比）。凝胶经真空干燥后进行焙烧，焙烧温度为 550℃时得到锐钛矿型 TiO_2，焙烧温度为 800℃时获得金红石型 TiO_2，所得 TiO_2 粉体外观为球形，平均粒径为 8~25nm。

由以上溶胶-凝胶法制得的超细粒子，粒径在 1~100nm 范围，其所含原子或分子数一般为 $10^2~10^5$ 个，如粒子细到 10nm 以下，即进入纳米级，则每个微粒将成为含约 30 个原子的原子簇。纳米粒子表面原子或分子的化学环境和体相内部的完全不同，表面原子缺少相邻原子，存在许多悬空的键，具有不饱和性质，因而易于与其他原子相结合，呈现出较大化学活性。此外，超细粒子因具有高密度表面晶格缺陷及高比表面积，因而能显现极高的催化活性。

4-6　离子交换法制备催化剂

离子交换是一种特殊吸附过程，是溶液和离子交换剂间交换离子的过程，利用离子交换反应作为制备催化剂主要工序的方法称为离子交换法。其基本原理是采用离子交换剂作载体，引入阳离子活性组分，制备高分散度、大表面积、均匀分布的负载型金属或金属离子催化剂。如分子筛为晶体硅铝酸盐，它具有均匀窄小的、相互贯通的孔道网状骨架的晶体结构，为了获得特定的催化性能，常在保持原有晶体基本结构的基础上，将溶液中的金属离子去交换分子筛中的金属离子。与浸渍法制备催化剂相比较，离子交换法所载的活性组分的分散度高，特别适用于制备 Pd、Pt 等贵金属催化剂，能将 0.5~3nm 微晶直径的贵金属粒子负载在载体上，而且分布均匀，在活性组分含量相同时，催化剂的活性及选择性一般比用浸渍法制备的催化剂要好。由于离子交换反应是在离子交换剂上进行，因此，离子交换法制备催化剂的关键是离子交换剂的选择及制备。

4-6-1　离子交换剂

所谓离子交换剂是指能与溶剂中的阳离子或阴离子进行交换的物质，离子交换剂与低分子酸、碱、盐的区别在于离子化基团电离结果形成的氢离子或羟基不能向溶液中自由扩散，因为它处在不能游动的阳离子（或阴离子）基团的静电引力作用下。离子交换过程可以看作是两种电解质的作用，而其中之一则是含有实际上不能游动的阳离子（或阴离子）的复合体。离子交换过程一般由以下四个作用组成：①已溶电解质离子向离子交换剂颗粒表面的扩散作用；②已溶电解质离子在离子交换剂孔道内的扩散作用；③离子交换剂游动离子脱离离子交换剂阳离子（或阴离子）基团作用力的取代作用；④从离子交换剂中取代出的游动离子向溶液的扩散作用。而离子交换过程的难易程度与以下因素有关：①进行交换的离子的电荷；②连接离子到晶体上的引力的性质；③进行交换的离子浓度；④两种交换离子的大小；⑤晶格可接近的程度；⑥溶解度效应。

显然离子交换剂内离子化基团是其主要特性指标，据此，离子交换剂可区分为阳离子交换剂及阴离子交换剂，但离子交换剂的更多性质是由与离子化基团连接在一起的"骨架"部分所决定的。因此，离子交换剂可分为无机离子交换剂及有机离子交换剂[59]。

1. 无机离子交换剂

绝大多数无机离子交换剂是弱酸性阳离子交换剂或弱碱性阴离子交换剂。具有阳离子交换作用的无机离子交换剂可分为天然的及合成的两大类。天然无机离子交换剂主要是一些天然的硅铝酸盐，如黏土、沸石、漂白土、斑脱石及海泡石等；合成的无机离子交换剂有人造沸石、磷酸锆、碱性硅胶、有阳离子交换作用的氧化铝等。

（1）天然沸石

天然沸石是一族架状构造的含水铝硅酸盐矿物，其化学组成十分复杂，并因种类不同而有很大差别。一般的化学组成为：$Na_2O \cdot CaO \cdot Al_2O_3 \cdot nSiO_2 \cdot mH_2O$。目前已知的天然沸石有 80 多种，分布最广的有方沸石、斜发沸石、片沸石、浊沸石、交沸石、菱沸石、丝光沸石、钠沸石等。沸石这类矿物晶体由于具有很开旷的硅氧格架，在晶体内部形成许多孔径均匀的孔道和内表面很大的空穴，从而具有独特的吸附、筛分、离子交换及催化等性能。

沸石的重要性能之一是可以进行可逆的阳离子交换。离子交换一般是在水溶液中进行的，交换反应可用下式表示：

$$Na(Z) + M(I) \longrightarrow M(Z) + Na(I)$$

式中，Z 表示沸石相，I 表示溶液相，M 是溶液中取代沸石钠离子的交换离子。斜发沸石、丝光沸石等都具有很高的阳离子交换容量，其理论交换容量分别为 213mmol/100g 及 223mmol/100g。

沸石的离子交换性能主要与沸石结构中的硅铝比、孔穴大小及阳离子位置的性质等有关，沸石中的阳离子完全是由于沸石中部分硅被铝置换后，产生不平衡电荷而进入其中的。硅铝比高，则铝替代硅少，$[AlO_4]$ 四面体所形成的负电荷较小，格架电荷也较低，为平衡这些电荷而进入沸石中的阳离子也少，因此影响离子交换。

沸石孔穴的大小，直接影响离子交换的进行，如 A 型沸石主要孔道直径约为 0.42nm，因此凡直径小于 0.42nm 的阳离子都可以取代 Na^+。碱金属 K^+、Rb^+、Li^+、Cs^+、碱土金属 Ca^{2+}、Sr^{2+}、Ba^{2+} 以及 Ag^+ 直径都小于 0.42nm，故都可交换 Na^+。

沸石的阳离子交换作用也与阳离子的性质有关，在斜发沸石上，一些阳离子的交换选择性顺序为：

$$Cs^+ > Rb^+ > K^+ > NH_4^+ > Pb^{2+} > Ag^+ > Ba^{2+} > Na^+ > Sr^{2+} > Ca^{2+} > Li^+ > Cd^{2+} > Cu^{2+} > Zn^{2+}$$

斜发沸石内部各阳离子与溶液中的 NH_4^+ 发生交换的顺序为：

$$Ca^{2+} > Na^+ > NH_4^+ > K^+$$

即 Ca^{2+} 最容易与溶液中的 NH_4^+ 进行交换。

又如在丝光沸石上，碱金属阳离子交换顺序为：$Cs^+ > Rb^+ > K^+ > Na^+ > Li^+$；而碱土金属阳离子交换顺序为：$Ba^{2+} > Sr^{2+} > Ca^{2+} > Mg^{2+}$。

（2）合成沸石

合成沸石又称分子筛、沸石分子筛。自然界存在的天然沸石种类虽然很多，但因天然沸石杂质较多、性能不够理想、质量好的天然沸石矿资源有限，因此，市场上的沸石产品主要通过人工合成方法制得。沸石的人工合成是在模拟成矿的条件下进行的，最早合成出的是丝光沸石、方沸石及钡沸石，目前随着分子筛合成技术的迅速发展，用人工合成方法不仅能制造出自然界有的各种天然沸石，而且还开发出许多自然界未见到的新型结构分子筛。

合成沸石所用原料有硅源（如水玻璃、硅溶胶、正硅胶钠、白炭黑及硅酸酯等）、铝源（如偏铝酸钠、水合氧化铝、硫酸铝、硝酸铝等）。多数沸石是在碱性条件下合成的，碱是有效的矿化剂，除碱以外，也可用氟化物作矿化剂。无机阳离子如 Na^+、K^+ 及 NH_4^+ 等主要用于平衡分子筛骨架负电荷和充当模板剂。模板剂对分子筛骨架结构的形成有导向作用。所以模板剂不同，所得合成沸石类型也就不同。许多有机化合物，如胺、二胺、季铵碱、醇胺、季鳞碱及醇等也常用作模板剂。

在合成沸石时，根据 Na_2O、Al_2O_3、SiO_2 三者的数量比例的不同，可制成不同类型的分子筛。而按晶型和组成中硅铝比不同，将分子筛分为 A 型、X 型、Y 型、L 型及 ZSM 等各种类型；而按分子筛的孔径大小不同，又可分为 3A 分子筛(孔径为 0.3nm 左右)、4A 分子筛(孔径比 0.4nm 略大)及 5A 分子筛(孔径比 0.5nm 略大)等类型。表 4-26 示出了常见分子筛的化学组成及孔径大小。

表 4-26　常见分子筛的化学组成及孔径大小

名称	化学组成	孔径/nm
3A 分子筛	$K_2O \cdot Al_2O_3 \cdot 2SiO_2 \cdot 4.5H_2O$	0.30
4A 分子筛	$Na_2O \cdot Al_2O_3 \cdot 2SiO_2 \cdot 4.5H_2O$	0.40
5A 分子筛	$0.66CaO \cdot 0.33Na_2O \cdot Al_2O_3 \cdot 2SiO_2 \cdot 6H_2O$	0.50
X 型分子筛	$Na_2O \cdot Al_2O_3 \cdot 2.5SiO_2 \cdot 6H_2O$	0.80
Y 型分子筛	$Na_2O \cdot Al_2O_3 \cdot (3\sim6)SiO_2 \cdot (\sim9)H_2O$	0.80
合成丝光沸石	$Na_2O \cdot Al_2O_3 \cdot (10\sim12)SiO_2 \cdot (6\sim7)H_2O$	—
ZSM-5	$Na_2O \cdot Al_2O_3 \cdot (5\sim50)SiO_2$(失水物)	—

分子筛与某种金属盐的水溶液相接触时，溶液中的金属阳离子可以进入分子筛中，而分子筛中的阳离子可被交换下来进入溶液中。所以，为了适应分子筛的各种不同用途，特别是用作催化剂时，常将表 4-26 中常见的 Na 型分子筛中的 Na^+ 用离子交换的方法将其交换成其他阳离子，而交换速率与交换程度则与交换离子的类型、大小、电荷、温度、pH 值、分子筛硅铝比及结构特性等因素有关。因此，在离子交换过程中，不同的阳离子交换到分子筛上的难易程度是不同的。一般情况下，一价阳离子比二价或多价阳离子容易交换，但也不都如此。一些分子筛的离子交换顺序如下：

A 型分子筛：$Ag^+>Tl^{3+}>K^+>NH_4^+>Rb^+>Li^+>Cs^+>Zn^{2+}>Sr^{2+}>Ba^{2+}>Ca^{2+}>Co^{2+}>Ni^{2+}>Cd^{2+}>Hg^{2+}$、$Mg^{2+}$；

4A 分子筛：$Ag^+>Cu^{2+}>Ti^{4+}>Al^{3+}>Zn^{2+}>Sr^{2+}>Ba^{2+}>Ca^{2+}>Co^{2+}>Au^{2+}>K^+>Na^+>Ni^{2+}>NH_4^+>Cd^{2+}>Hg^{2+}>Li^+>Mg^{2+}$；

X 型分子筛：$Ag^+>Tl^{3+}>Cs^+>K^+>Li^+$；

13X 分子筛：$Ag^+>Cu^{2+}>H^+>Ba^{2+}>Al^{3+}>Ti^{4+}>Sr^{2+}>Hg^{2+}>Cd^{2+}>Zn^{2+}>Ni^{2+}>Ca^{2+}>Co^{2+}>NH_4^+>K^+>Au^{2+}>Na^+>Mg^{2+}>Li^+$；

Y 型分子筛：$Tl^{3+}>Ag^+>Cs^+>Rb^+>NH_4^+>K^+>Li^+$；

X、Y 型分子筛上稀土阳离子的交换顺序为：$La^{3+}>Ce^{3+}>Pr^{3+}>Nd^{3+}>Sm^{3+}$

(3) 磷酸锆

化学式 $ZrO(H_2PO_4)_2$，白色无定形粉末，是一种具有强酸性离子基团的合成无机阳离子交换剂，由锆盐溶液和磷酸混合沉淀出磷酸锆再经烘干而制得。这种交换剂在 200℃下也不会改变自身的离子交换性质，而且还明显地表现出对单电荷离子的选择性。磷酸锆在 500℃焙烧时，可获得较高的酸度和比表面积，催化活性也较高。

(4) 氢氧化锆

化学式 $Zr(OH)_4$。白色重质无定形粉末，是一种耐水两性电解质及无机阴离子交换剂。

由氯化锆在氨水中再结晶，经 300℃烘干而制成。它是一种网状结构的不溶性化合物，对酸、碱、氧化剂溶液具有很高的稳定性。可在酸性溶液中参与同氯、溴等阴离子的交换反应，且它的吸附能力随介质酸性的增高而增大。在 pH>7 时，还可用作无机阳离子交换剂。

（5）海泡石

一种纤维形态的多孔性含水镁质硅酸盐，理论结构式为：$Si_{12}Mg_8O_{30}(OH)_4(OH_2)_4 \cdot 8H_2O(OH_2$ 为结晶水，H_2O 为沸石水）。海泡石呈白色、灰色、黄色、蓝色等，斜方晶系。常成软性致密的白土状或黏土状，有时成纤维状。体质较轻浮，干燥矿石可浮于水面上，故得名。海泡石的比表面积随纤维细度的减少而增加，其外表面积可达 200m^2/g，内表面积可达 250m^2/g。加热至 100~150℃时，吸附水及沸石水析出，表面积增大。海泡石具有阳离子交换性，其阳离子交换容量可达 20~45mmol/100g。海泡石表面存在着 Si—OH 基，对有机分子有强的亲和力。其表面特征及微孔结构有利于有机反应中的正碳离子化反应，并且有酸碱协同催化及分子筛择形催化作用，可用作催化剂及催化剂载体。

2. 有机离子交换剂

有机离子交换剂可分为碳质和有机合成离子交换剂两种。

碳质离子交换剂，主要是磺化煤。它是用煤经发烟硫酸处理，再经洗涤、干燥而制得。煤的磺化使其结构中富有附加的酸性基团—SO_3H，磺酸基中的氢具有很高的离解度，这就提供了阳离子交换过程在强酸介质中进行的可行性，并大大提高了交换剂的交换能力，交换能力的数值随进入煤中磺酸基数目的增加而增大。磺化煤的交换容量（以 $CaCl_2$ 溶液中交换钙离子计）为 20~30mg/g 或 350~400mg/L。磺化煤的制造工艺简单、原料便宜易得，交换能力比天然无机离子交换剂大。但因具有不耐热、机械强度低、化学稳定性差、交换容量低等缺点，使磺化煤的应用受到限制。

离子交换树脂是有机离子交换剂中最重要、应用最广泛的一种，它几乎克服了以往离子交换剂的所有缺点，为离子交换技术的发展奠定了基础，并广泛用于有机合成工业。

4-6-2　离子交换树脂

1. 离子交换树脂的组成

离子交换树脂是一类带有功能基的网状结构高分子化合物，主要由三部分构成：不溶性的三维空间网状骨架、连接在骨架上的功能基团和功能基团所带的相反电荷的可交换离子。根据树脂所带的可交换离子的性质，离子交换树脂大体上可区分为阳离子交换树脂及阴离子交换树脂。

阳离子交换树脂是一类骨架上结合有磺酸基（—SO_3H）及羧酸基（—COOH）等酸性功能基的聚合物。将此树脂浸于水中时，交换基部分可如同普通酸那样发生电离。以 R 表示树脂的骨架部分，阳离子交换树脂 R—SO_3H 或 R—COOH 在水中时的电离如下：

$$RSO_3H \longrightarrow RSO_3^- + H^+ \tag{4-29}$$

$$RCOOH \longrightarrow RCOO^- + H^+ \tag{4-30}$$

R—SO_3H 型的树脂易电离，具有相当于盐酸或硫酸的强酸性，故称为强酸性阳离子交换树脂；而 R—COOH 型树脂类似有机酸，较难电离，具有弱酸性质，故称为弱酸性阳离子交换树脂。

阴离子交换树脂是一类骨架上结合有季铵基、伯胺基、仲胺基、叔胺基的聚合物，其中以季铵基上的羟基为交换基的树脂具有强碱性，称为强碱性阴离子交换树脂。用 R 表示树脂中的聚合物骨架时，强碱树脂在水中会发生如下电离：

$$R—N^+(CH_3)_3OH^- \longrightarrow R—N^+(CH_3)_3+OH^- \tag{4-31}$$

具有伯胺、仲胺、叔胺基的阴离子交换树脂碱性较弱，称为弱碱性阴离子交换树脂。

离子交换树脂按功能基的性质可分为强酸、强碱、弱酸、弱碱、螯合、两性及氧化还原等七类。表 4-27 示出了这些离子交换树脂的功能基类型。

表 4-27　离子交换树脂的功能基

名称	功能基
强酸	磺酸基($—SO_3H$)
弱酸	羧酸基($—COOH$)，膦酸基($—PO_3H_2$)等
强碱	季铵基($—N^+(CH_3)_3$，$—N^+(CH_3)_2$ 等) CH_2CH_2OH
弱碱	伯、仲、叔胺基($—NH_2$，$=NH$，$≡N$ 等)
螯合	胺羧基($—CH_2—N—CH_2COOH$，$—CH_2—N—C_6H_8(OH)_5$ CH_2COOH CH_3
两性	强碱-弱酸($—N^+(CH_3)_3$，$—COOH$) 弱碱-弱酸($—NH_2$，$—COOH$)
氧化还原	硫醇基($—CH_2SH$)，对苯二酚基(HO—⬡—OH 等)

离子交换树脂按骨架结构不同，可分为多孔型及凝胶型，多孔型树脂由于内部孔的存在而呈乳白色，不透明；凝胶型树脂在干态下由于聚合物链的收缩作用而没有孔存在，一般是透明的。按骨架母体材料不同，离子交换树脂可分为苯乙烯系、丙烯酸系、酚醛系、环氧系、乙烯吡啶系、脲醛系及氯乙烯系等。

2. 离子交换容量[60]

衡量离子交换树脂的物理性质有外形与粒子大小、密度、树脂交联度、比表面积、树脂含水量、使用稳定性、溶胀性、离子交换容量及离子交换树脂的选择性等。其中离子交换容量是重要的质量指标之一，其定义为一定质量(g 或 mg)的离子交换树脂所带有的可交换离子的数量。一般用 1g(或 1mg)树脂所含的可交换离子的毫克当量或每千克树脂的克当量数来表示，也可用摩尔数来表示可交换离子的量。工业上常用单位体积树脂所含的可交换基团(或离子)的当量数来表示。因此离子交换容量可分为质量交换量及体积交换量两种。根据测量方法不同，离子交换容量还可用总交换量、表观交换量、工作交换量、弱酸及弱碱交换量、碱盐交换量、穿漏交换量等方式表示。

其中，总交换量是指经干燥恒重的单位质量或单位体积的离子交换树脂在水中所具有的可交换离子的摩尔数；表观交换量是指在某实验条件所表现出来的离子交换量。如树脂粒度较小，同时会伴有吸附作用发生的情况下，其表观交换量通常会大于总交换量。如离子交换树脂的功能基未完全电离，或树脂的孔径太小，离子难以进行扩散交换时，其表观交换量小于总交换量。工作交换量是指在某一工作条件下，树脂所表现出来的交换量，其数值一般低于总交换量。

3. 离子交换树脂的交换作用

离子交换树脂最重要的性能是离子交换作用，这种交换作用可用图 4-34 进行描述。首先，离子交换树脂含有合成母体的固定中性层和与之有化学结合的固定阴离子层或固定阳离子层。为使得这些固定离子层保持电的中性，相反电荷的可动阳离子层或可动阴离子层与固定离子层形成了离子复合层。当将树脂放入电解质溶液中时，可动离子层的离子，由于热运动的原因而向溶液内扩散，但由于树脂中存在着相反离子的静电引力，使可动离子在溶液内就不能扩散，而只能在树脂内部自由运动，只有当溶液中的相同电荷的离子靠近树脂取代了可动离子时，这个可动离子才能脱离树脂中相反离子的吸引，而向溶液内扩散，发生了离子交换现象。

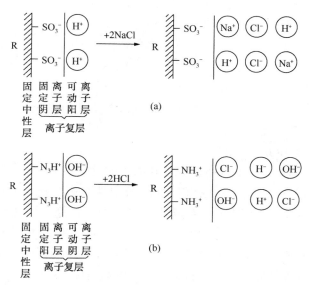

图 4-34　离子交换树脂的交换作用

从离子交换树脂的化学性能看，离子交换树脂的离子交换反应是可逆反应，但这种可逆反应并不是在均相溶液中进行，而是在固态的树脂和溶液界面间发生的（见图 4-34）。在水溶液中，连接在离子交换树脂中的固定不变的骨架（如苯乙烯-二乙烯苯共聚物）上的功能基（如—$SO_3^-H^+$）能离解出可交换离子 B^+（如 H^+），后者在较大范围内可以自由移动并能扩散到溶液中。同时，溶液中的同类型离子 A^+（如 Na^+）也能扩散到整个树脂结构内部，这两种离子之间的浓度差推动着它们之间的交换。其浓度差越大，交换速度越快。当这种交换反应进行到一定程度时，就建立了离子交换平衡状态（见图 4-35），结果离子交换树脂上和溶液中都同时含有 A^+ 和 B^+ 两种离子。

（1）离子交换的选择性[61]

一个离子交换平衡反应是否有实际意义，在很大程度上依赖于树脂的选择性。离子交换树脂的选择性是指树脂对不同离子所表现出的不同吸附性能及交换系数。它与树脂本身的功能基、骨架结构及交联度等因素有关，也与溶液中离子的性质有关。树脂对不同离子的交换能力差异可用选择系数来表示，其数值等于树脂和溶液相中交换的 A 和 B 离子对的摩尔分数或浓度。以浓度为基准表示时：

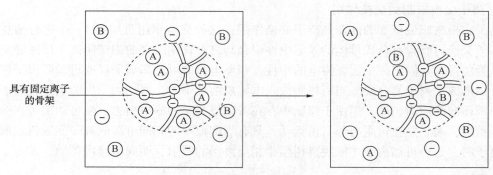

图 4-35 离子交换平衡示意图

ⒶⒷ为反离子；⊖为同离子

$$K_A^B = \frac{[R_B]^a [A]^b}{[R_A]^b [B]^a} \qquad (4-32)$$

式中　　K_A^B——树脂对 B 离子的选择系数；

$[R_A]$、$[R_B]$——离子交换平衡时树脂相中 A 离子和 B 离子的浓度；

　$[A]$、$[B]$——溶液中 A 离子和 B 离子的浓度；

　　a、b——A 离子和 B 离子的离子价。

当选择系数 K_A^B 越大时，离子交换树脂对 B 离子的选择性越大（相对于 A 离子）；反之，K_A^B 越小时，树脂对 A 离子的选择性大，因此 K_A^B 可定性地衡量离子交换剂的选择性，也称 K_A^B 为分配系数或交换势。由此可知，树脂对不同离子亲和能力的差别表现在选择系数的大小。

不同的离子与离子交换树脂的离子交换平衡是不同的，即离子交换树脂对不同离子的选择性不同。离子交换树脂总是选择高价的反离子，也就是说，离子交换树脂对价数较高的离子的选择性较大，如对二价的离子比一价离子的选择性高。对于同价离子，原子序数较大的离子的水合半径小，因此对其选择性高。在含盐量不太高的水溶液中，一些常用离子交换树脂对一些离子的选择性顺序如下：

苯乙烯系强酸性阳离子交换树脂：

$Th^{4+} > Fe^{3+} > Al^{3+} > Ca^{2+} > Na^+$

$Tl^+ > Ag^+ > Cs^+ > Rh^+ > K^+ > NH_4^+ > Na^+ > H^+ > Li^+$

$Ba^{2+} > Pb^{2+} > Sr^{2+} > Ca^{2+} > Ni^{2+} > Cd^{2+} > Cu^{2+} > Co^{2+} > Zn^{2+} > Hg^{2+} > Mn^{2+}$

丙烯酸系弱酸性阳离子交换树脂：

$H^+ > Fe^{3+} > Al^{3+} > Ca^{2+} > Mg^{2+} > K^+ > Na^+$

苯乙烯系强碱性阴离子交换树脂：

$SO_4^{2-} > NO_3^- > Cl^- > OH^- > F^- > HCO_3^- > HSiO_3^-$

苯乙烯系弱碱性阴离子交换树脂：

$OH^- > SO_4^{2-} > NO_3^- > Cl^- > HCO_3^- > HSiO_3^-$

稀土元素在阳离子交换树脂上的交换顺序是原子序数越小，交换作用越强：

$La^{3+} > Ce^{3+} > Pr^{3+} > Nd^{3+} > Pm^{3+} > Tb^{3+} > Dy^{3+} > Ho^{3+}$

浓度、温度及溶剂等因素对离子交换的选择性有一定影响。在低浓度电解液中，树脂对不同离子的选择性大；在高浓度电解质溶液中，离子交换的选择性有减小的趋势，有时差异几乎消失，甚至还会使原来的选择性顺序颠倒。所以，离子交换一般以使用较稀溶液为宜。

温度升高，水合倾向大的离子容易交换吸附，而且离子的活度系数也随温度升高而增大。因而温度上升，则交换速度会加快，但温度对不同树脂的影响是不同的。如在低浓度时，温度对强酸性阳离子交换树脂的选择性影响极小。但对弱酸性阳离子交换树脂，H^+ 交换或配位结合的阳离子的交换作用受温度影响非常大。

阳离子交换也因溶剂的种类而受到影响，在极性小的溶剂中，选择性减小，但这种情况下碱金属阳离子的交联量有所增大。

（2）离子交换速度

离子交换速度一般都是很快的，如无机阳离子的交换作用在数分钟或稍长一点时间就能完成。交换速度一般受温度、颗粒大小、离子电荷、离子大小、交联程度、交换基种类、浓度及搅拌速度等因素影响。如粒子越小或温度越高，则离子交换速度也越大，这是由于交换速度受离子在树脂颗粒内部的扩散所支配。

磺酸型阳离子交换树脂的阳离子交换速度十分迅速，而且它的特征是对各种离子间的交换速度的差别很小，但是只要这些阳离子在树脂相中的扩散系数有稍微差别，就能在阳离子交换速度的差异中体现出来。

羧酸型阳离子交换树脂中，离子的种类对阳离子交换速度有极大影响，如 $R—COO^-H^+ +Me^+ \longrightarrow R—COO^-Me^+ + H^+$ 的交换中达到交换平衡需一周左右时间，而 $R—COO^-Me_1^+ + Me_2^+ \longrightarrow R—COO^-Me_2^+ + Me_1^+$ 的交换中达到平衡只需几分钟。这是因为羧酸型阳离子交换树脂是弱电解质，它的胶体密度比强电解质盐型树脂大，结果使羧酸型的交换速度比其盐型树脂小了很多。

磺酸型阳离子交换树脂中酸型、盐型树脂都是强电解质，它们的胶体密度无很大差别，从而使阳离子的交换速度相差不多。

交换速度除受树脂颗粒的内扩散控制外，也受液相离子的扩散速度所控制。在稀溶液中，对于强碱性树脂，离子从溶液向树脂颗粒表面的质量转移是主要的，而在中等浓度溶液中颗粒内扩散是主要的。

对于电离常数小的阴离子交换树脂（如 OH 型的弱碱性阴离子交换树脂），除非大的表面积或微粒状者外，一般阴离子交换速度是较慢的。反之，电离常数大的阴离子交换树脂（如强碱性阴离子交换树脂或盐型树脂）的阴离子交换速度则较快。

4. 离子交换树脂的催化作用

离子交换树脂最重要的性质是离子交换作用，由于它们是不溶的多价酸或多价碱，因此，又有催化作用。

阳离子交换树脂在水中离解时产生 H^+，如：磺酸型阳离子交换树脂（如 Amberlite IR-120）$R—SO_3^-H^+$，丙烯酸基磺酸阳离子交换树脂（如 Wofatitp）$R—CH_2SO_3^-H^+$，磷酸型阳离子交换树脂（如 Duolite C-60）

$$R—\overset{\displaystyle O^-H^+}{\underset{\displaystyle O}{\overset{|}{\underset{||}{P}}}}—O^-H^+$$

，羧酸型阳离子交换树脂（如 Amberlite IRC-50）

$R—COO^-H^+$。

　　阴离子交换树脂在水中离解产生 OH^-，如：季铵基型阴离子交换树脂（如 Amberlite IRA-400）……$R\equiv N^+OH^-$。

　　伯、仲、叔胺型阴离子交换树脂在水中的离解反应：

$$\cdots\cdots R-NH_2+H_2O \longrightarrow R-NH_3^+OH^- \tag{4-33}$$

$$\cdots\cdots R=NH+H_2O \longrightarrow R=NH_2^+OH^- \tag{4-34}$$

$$\cdots\cdots R\equiv N+H_2O \longrightarrow R\equiv NH^+OH^- \tag{4-35}$$

　　由上可知，酸性阳离子交换树脂具有盐酸、硫酸及磷酸等的催化作用；阴离子交换树脂有相同于 KOH、$Ba(OH)_2$、$Ca(OH)_2$、KCN 等碱的催化作用。所以，离子交换树脂作为固体酸碱催化剂广泛用于有机合成工业。

　　（1）阳离子交换树脂的催化作用

　　阳离子交换树脂作为催化剂的形式，主要是磺酸型的交联聚苯乙烯树脂，其催化的反应有水解、水合、脱水、环氧化、缩合、酯化、醚化、异构化、烷基化、聚合等反应，在合成工业上尤其具有突出的重要性。在这些反应中有许多所用的催化剂就是常规的强酸树脂。下面示出一些催化反应的例子（式中 R—H 表示游离的酸型阳离子交换树脂）：

　　酯的水解反应：

$$\underset{\text{乙酸乙酯}}{CH_3COOCH_3}+H_2O \xrightarrow{\text{R—H}} \underset{\text{乙酸}}{CH_3COOH}+\underset{\text{甲醇}}{CH_3OH} \tag{4-36}$$

　　酯的醇解反应：

$$\underset{\text{乙酸戊酯}}{CH_3COOC_5H_{11}}+\underset{\text{甲醇}}{CH_3OH} \xrightarrow{\text{R—H}} \underset{\text{乙酸甲酯}}{CH_3COOCH_3}+\underset{\text{戊醇}}{C_5H_{11}OH} \tag{4-37}$$

　　酯化反应：

$$\underset{\text{油酸}}{C_8H_{17}-CH=CH-C_7H_{14}-COOH}+\underset{\text{丙醇}}{C_3H_7-OH} \xrightarrow{\text{R—H}}$$

$$\underset{\text{油酸丁酯}}{C_8H_{17}-CH=CH-C_7H_{14}-COOC_3H_7}+H_2O \tag{4-38}$$

　　醇的脱水反应（分子内脱水）：

$$\underset{\underset{\text{异丁醇}}{CH_3}}{CH_3-\overset{|}{CH}-CH_2-OH} \xrightarrow{\text{R—H}} \underset{\underset{\text{二甲基乙烯}}{CH_3}}{CH_3-\overset{|}{C}=CH_2} + H_2O \tag{4-39}$$

　　缩醛化反应：

$$\underset{\text{丙三醇}}{\overset{\displaystyle CH_2OH}{\underset{\displaystyle CH_2OH}{\overset{|}{\underset{|}{CHOH}}}}} + \underset{\text{多聚甲醛}}{(HCHO)_n} \xrightarrow{\text{R—H}} \underset{\text{甘油甲醛}}{H_2C-CH-CH_2OH}+H_2O \tag{4-40}$$

（2）阴离子交换树脂的催化作用

阴离子交换树脂依据其所带胺基的性质可分为伯胺（—NH$_2$）、仲胺（＝NH）、叔胺（≡N）和季铵（≡N$^+$X$^-$）型，其中伯、仲、叔胺型树脂为弱碱型树脂，季铵（包括季磷型≡P$^+$X$^-$）为强碱型树脂。这些胺基的不同，碱性差别较大，在催化反应过程中具有不同的催化性能。一般地说，强碱型离子交换树脂当它的反离子是 OH$^-$ 基时，可以解离出强碱性的 OH$^-$ 负离子而呈普通碱的催化作用，而带其他胺基的弱碱性树脂只能起到普通碱的作用。下面示出一些催化反应例子（式中 R—OH、R—CN 等各表示游离碱型及氰化物型的阴离子交换树脂）：

醇醛缩合反应：

乙醛　　　　　　　　　　　　　　　3-羟丁醛

$$\qquad(4-41)$$

酸醛缩合反应：

苯基甲醛　　　　　　　　安息香

$$\qquad(4-42)$$

氰醇合成反应：

丙酮　　氢氰酸　　　　丙酮氰醇

$$\qquad(4-43)$$

氰乙基化反应：

$$CH_2=CH-CN + C_2H_5OH \xrightarrow{\text{R—OH}} C_2H_5O-CH_2-CH_2-CN$$

丙烯腈　　　　　乙醇　　　　　乙氧基丙腈

$$\qquad(4-44)$$

此外，季铵型阴离子交换树脂也是一种相转移催化剂。如用季铵树脂作催化剂，可由苯酚钠与溴辛烷反应生成苯基辛基醚；由苯酚钠与溴化苄反应可生成酚醚化合物；由苄腈及溴丁烷反应可生成苯基乙腈等。

（3）使用离子交换树脂作催化剂的优点

离子交换树脂作为固体酸碱催化剂用于催化反应时具有以下优点：

① 反应后的催化剂容易用过滤方法分离；

② 催化剂可采用动态操作方式连续使用；

③ 催化剂可反复使用，而且生成物纯度高；

④ 可用于易于树脂化的反应系统中。

5. 离子交换树脂的选用

离子交换树脂品种较多、应用广泛，选择合适的离子交换树脂、确定最佳操作条件是充分发挥离子交换技术的重要因素。一般选用原则如下：

① 在分离、精制、抽提及催化剂制备等用途时，如果交换物质是无机阳离子或有机碱时，宜用阳离子交换树脂；如果交换物质是无机阴离子或有机酸时，则宜用阴离子交换树脂。用于酸或碱催化作用的离子交换树脂应尽可能选用耐热性高、对有机溶剂不溶的多孔性树脂。尽管小颗粒树脂对反应速度有利，但在动态交换反应中压降大，应以粒度合适的强酸型与强碱型的苯乙烯系树脂为宜。

② 当决定用阳离子或阴离子交换树脂后，必须决定交换基的种类与型式。它可分为四类，各类中分为游离型与盐类两种：

　　a. 强酸性阳离子交换树脂　　　　　　　$\begin{cases}\text{游离酸型}\\\text{盐型}\end{cases}$
　　　（交换基：—SO_3Me、—CH_2SO_3Me）

　　b. 强碱性阴离子交换树脂　　$\begin{cases}\text{游离碱型}\\\text{盐型}\end{cases}$
　　　（交换基：$\equiv NX$）

　　c. 弱酸性阳离子交换树脂　　$\begin{cases}\text{游离酸型}\\\text{盐型}\end{cases}$
　　　（交换基：—$COOMe$）

　　d. 弱碱性阴离子交换树脂　　　$\begin{cases}\text{游离碱型}\\\text{盐型}\end{cases}$
　　　（交换基：—NH_2、$=NH$、$\equiv N$）

对这几类离子交换树脂，按以下原则选用：

对交换性强的离子，应采用弱酸或弱碱性离子交换树脂；对交换性弱的离子，则应采用强酸或强碱性离子交换树脂。

在构成盐的离子交换反应中，用盐型树脂；进行碱、酸的离子交换时，分别用酸型、碱型树脂。

如用于完全脱盐过程，可将强酸性离子交换树脂与强碱性离子交换树脂配合使用。

对于特殊用途，应按交换要求选用树脂。如与配合物进行交换作用时，所用的树脂多为弱碱性离子交换树脂的伯、仲、叔胺型离子交换树脂。

4-6-3　离子交换法制造分子筛

分子筛首先是作为高效的吸附剂而著称，最初用于流体的干燥和净化，后来用于流体的分离，广泛用于石油产品、干气、天然气等的干燥及脱硫、脱蜡等方面。由于分子筛具有规整的晶体结构、尺寸均匀的微孔结构、巨大的比表面积、平衡骨架负电荷的阳离子可被一些具催化特性的金属离子所交换，以及可能存在于晶体结构的非骨架组分等特殊的结构性质，也使得分子筛成为有效的催化剂及催化剂载体。

传统的分子筛合成方法按原料不同大致可分为水热合成法及碱处理法两类。水热合成法是在适当温度下，以含硅化合物、含铝化合物、碱性物质与水按一定比例配制成均匀的反应混合物，于密闭容器中加热一定时间，生成分子筛结晶；碱处理法也称水热转化法，是在过量碱存在下，将固体铝硅酸盐水热转化成分子筛的方法，操作工序与水热合成法基本相同，差别是反应原料、原料配比与晶化条件不同，所以已合成的各种分子筛中多数是以碱金属（主要是钠和钾）铝硅酸盐为主，有些合成品种的组成中含有烷基铵离子，至于含有其他各种阳离子的分子筛，大多不直接合成，而是用离子交换法制备。

　1. 分子筛的离子交换方法

利用分子筛的可逆离子交换能力，可调节分子筛晶体内的电场及表面酸性，从而改变分子筛的吸附及催化特性。例如，Y型分子筛中的钠离子被多价阳离子取代后，可以完全改变分子筛的催化性能。分子筛的离子交换法主要有水溶液交换法、非水溶液交换法、熔盐交换法及蒸气交换法等[62]。

（1）水溶液中交换

一种常用离子交换方法。这种交换方法要求欲交换上去的金属离子在水溶液中以阳离子（简单的或配位的）状态存在，水溶液的 pH 值范围应不会导致沸石晶体结构的破坏。交换溶液的浓度、pH 值、用量及阴离子类型等因素都会影响交换过程的进行。

在这种交换法中，采用间歇的多次交换方法或连续交换法，可以达到较高的交换度。多次交换法是分子筛经过一次交换后进行过滤、洗涤，然后再进行第二次交换以至多次重复交换；连续交换法是将分子筛装在填充柱内，使金属盐溶液连续通过交换，直至交换度达到要求。

采用这种交换法，也可将多种阳离子同时交换到分子筛上以制得含有多种阳离子分子筛。为了较好地控制各种阳离子交换量的比例，除用混合溶液进行交换外，也可根据各种阳离子交换选择性的强弱，逐次交换。先交换选择性高的阳离子，再交换第二种阳离子。如制备含 Ag$^+$ 及其他阳离子的 X 型分子筛时，可先在硝酸银溶液中与 NaX 型分子筛进行交换，达到所要求的 Ag$^+$ 交换度后，再与第二种阳离子（Mg^{2+}、Ba^{2+}、Cu^{2+} 等）进行交换，使达到所需交换度，在第二次交换时，第一次交换上去的 Ag$^+$ 几乎没有损失。

（2）非水溶液中交换

当所需要交换的金属处于阴离子中，或者金属离子是阳离子但它的盐不溶于水，或者虽然盐类溶于水（如 AlCl$_3$），但溶液呈强酸性，容易破坏分子筛骨架结构等情况下，此时可采用非水溶液中离子交换方法。一般常使用二甲基亚砜、乙腈等有机溶剂配制成交换溶液。

如将 2g WCl$_6$ 溶于 100mL 乙腈中，再加入混有 12g NaY 型分子筛的 100mL 乙腈，在不断搅拌下于室温下交换 7d。然后过滤，再用 50mL 乙腈洗涤三次后，用水洗涤一次。经 110℃ 干燥，343℃ 焙烧 3h，所得产品含 W 为 13.8%。

（3）熔盐交换法

碱金属的卤化物、硝酸盐或硫酸盐等具有高离子化性的熔盐可用作提供阳离子交换的熔盐溶液，但形成熔盐溶液的温度必须低于沸石结构的破坏温度，利用熔盐进行离子交换时，除在熔盐溶液中进行阳离子交换反应外，还有一部分盐类会包藏在分子筛笼内，因此可能形成有特殊性能的分子筛。

如将 Li、K、Cs、Ag 等金属的硝酸盐与硝酸钠混合，加热至 330℃ 与 NaA 型分子筛进行交换时，其中 Li、Ag 及 Cs 的硝酸盐可包藏到 β 笼中，因此可将沸石中的 Na$^+$ 全部交换。

稀土金属离子也可用类似方法交换到分子筛上去。如 Nd 盐和低熔点的 NaNO$_3$+KNO$_3$ 可形成熔盐溶液，用高浓度的 Nd 盐熔盐溶液和 A 型或 X 型分子筛交换后，可制得有高分散度的高 Nd 含量分子筛。

（4）蒸气交换法

某些酸类在较低温度下就能升华为气态，分子筛也可在这种气态环境中进行离子交换，如氯化铵在 300℃ 会升华呈气态，分子筛中的 Na$^+$ 可和氯化铵蒸气进行离子交换。

尽管分子筛的离子交换有多种方法，但非水溶液中交换、熔盐交换及蒸气交换等方法，在催化剂制备中使用不多，故下面主要介绍水溶液中交换的一些影响因素。

2. 离子交换过程的影响因素

当分子筛与某种金属盐的水溶液相接触时，溶液中的金属阳离子可以进入分子筛中，而分子筛中的阳离子可被交换下来进入溶液中。这种离子交换过程可用下述通式表示：

$$A^+Z^- + B^+ \rightleftharpoons B^+Z^- + A^+ \tag{4-45}$$

式中　A^+——交换前分子筛中含有的阳离子(通常为 Na^+)；

　　　B^+——水溶液中的金属阳离子；

　　　Z^-——分子筛的阴离子骨架。

分子筛的钠离子都以相对固定的位置分布于分子筛结构中，在不同位置上的 Na^+ 不但能量不同，而且有不同的空间位阻。因此，在离子交换过程中，交换速度主要受扩散过程控制，位于分子筛小笼中的 Na^+ 就难以被交换下来。

分子筛的离子交换过程中，常用离子交换度(简称交换度，即交换下来的 Na^+ 量占分子筛中原有 Na^+ 总量的百分数)、离子交换容量(简称交换容量，以 mmol/g 树脂表示)、残钠量[分子筛中未被交换下来的氧化钠(或钠)的质量分数]等表示离子交换反应的结果；用交换效率(溶液中的阳离子交换到分子筛上的质量分数)表示溶液中金属阳离子的利用效率。

进行离子交换时，通常是将金属盐(常用氯化物、硝酸盐、硫酸盐及乙酸盐等)配制成一定浓度的水溶液，然后用热压釜或柱式交换器进行离子交换。用釜式可以进行多次交换，即每次交换后，滤去母液，再加入新鲜的盐溶液继续交换，这样反复多次，直至达到预定的交换度。釜式交换的优点是容易控制交换度，并可用分子筛晶粉直接进行交换；缺点是手续比较繁琐。柱式交换是将已成型好的分子筛颗粒装入交换柱中，然后将金属盐溶液连续地通过交换柱进行离子交换。柱式交换操作简便，不易损坏沸石颗粒，但有时易造成交换柱上下端的交换度不一致。柱式交换也可以用一定量的溶液循环通过交换柱，这样既不损坏沸石颗粒，又可使各部位交换度比较均匀。交换过程中影响离子交换质量的主要因素有：

(1) 交换溶液的浓度及用量的影响

交换溶液的浓度不宜过大，否则会影响阳离子在溶液中的解离度、淌度等，不利于交换反应进行。对于强酸性盐类，溶液浓度过高，还会引起分子筛晶体结构的破坏。如用 $FeSO_4$ 溶液交换 NaY 型分子筛时，用稀溶液多次交换，可提高 Fe^{2+} 的交换度，但如用浓溶液交换，则会使分子筛晶格发生破坏，所以，对于强酸性盐类，要求交换液的浓度较一般的盐溶液更低些。但溶液太稀也会因溶液体积过大给操作造成困难。

交换溶液的浓度固定后，溶液用量对交换度也有影响。溶液用量常用交换摩尔比(即溶液中阳离子物质的量与分子筛中 Na^+ 物质的量之比)表示。开始交换时，交换度会随交换摩尔比的增大而增大，在接近等摩尔时(交换摩尔比为 1.0)其增大速度就很有限。所以，溶液用量控制在交换摩尔比 1.0 以下即可。

(2) 温度的影响

离子交换的温度一般采用室温~100℃的范围，亦可在压力下在更高的温度下进行交换。但在制备分子筛催化剂时，往往采用较高的温度进行离子交换。如制备稀土 X 型或稀土 Y 型催化剂时，有时要求分子筛的残钠量很低，这就要求将 X 型或 Y 型分子筛中 β 笼和六方柱笼内的 Na^+ 交换下来。由于扩散因素的影响，要想在较低温度下交换 β 笼和六方柱笼内的 Na^+ 是困难的，这是由于 β 笼或六方柱笼中的 Na^+ 只能通过孔径为 0.22~0.24nm 的六元环进行交换。虽然金属阳离子一般都小于六元环的孔径，但有时它们的水合离子却远远大于六元环的孔径，因而不能进入这些小笼中。如 La^{3+} 的离子半径只有 0.1016nm，但水合离子的半径则有 0.396nm，要使 La^{3+} 进入 β 笼，就必须在较高的温度下去除其水合的外壳。因此，在 80℃以上，La^{3+} 就容易交换到 β 笼和六方柱笼中，这也就是为什么多数离子交换是在 60～100℃的温度范围内进行的原因。但对不同的分子筛及不同的金属阳离子，温度影响也有所不同。如 Ba^{2+} 或 La^{3+} 在室温下仅能部分地交换 X 型或 Y 型分子筛中的 Na^+，而在温度升到 50℃时，分子筛中的 Na^+ 可全部被 Ra^{2+} 交换，La^{3+} 的交换度也可提高，但在此温度下仍不能交换分子筛中全部的 Na^+。

（3）交换溶液 pH 值的影响

交换溶液 pH 值的选择要考虑所交换分子筛的抗酸能力，对于高硅分子筛（如 ZSM、丝光沸石等），其结构不会因溶液的酸性而遭到破坏，但要考虑此时可能产生的 H^+ 交换对分子筛催化剂性质的影响。对低硅分子筛（如 A 型、X 型分子筛等），pH 值太低就有可能使分子筛的晶体结构遭到破坏。用离子交换法制造分子筛时，一般是在 pH 值为 4～12 的溶液中进行，溶液的 pH 值变化对交换度也有影响。如用 Ca^{2+} 交换 NaA 型分子筛时，如在中性溶液中进行，交换度约为 70%～80%，而当溶液的 pH 值提高到 11～12 时，交换度可达 90% 以上。又如用 $ReCl_3 \cdot 6H_2O$ 的水溶液与 NaY 分子筛交换时，当溶液的 pH 值由 3.5 降至 3.0 时，稀土交换度下降，而分子筛的残钠量也明显下降，这表明在发生稀土交换的同时，也有一部分 Na^+ 是被 H_3O^+ 交换下来的。

（4）阴离子的影响

在离子交换过程中，交换的金属盐类阴离子对交换度也有一定的影响。如用 Mg^{2+} 交换 NaY 型分子筛中的 Na^+ 时，用浓度 1% 的 $Mg(NO_3)_2$ 溶液，在 70℃的温度下交换 6 次，可使分子筛中的 Na_2O 降至 2.5%；而用浓度 1.2% 的 $MgSO_4$ 溶液，在同样条件下交换 6 次，分子筛中的 Na_2O 含量还剩 4.6%，这表明盐类中的阴离子对交换度产生一定影响。

（5）中间焙烧的影响

离子交换和高温焙烧交替进行可以提高交换度及交换效率。例如，将含 Na_2O 为 10% 的 Y 型分子筛（硅铝比为 4.7）用硝酸铵水溶液于 100℃交换 20 次（每次交换 1h），才能使 Na_2O 含量降至 0.3%。如先将分子筛于 350℃处理 3h，然后与 NH_4^+ 交换 2 次，再经 550℃焙烧 3h，进行第三次 NH_4^+ 交换，就可使分子筛中的 Na_2O 含量降至 0.3% 以下。中间焙烧还可以减少已交换到分子筛上的阳离子再被其他阳离子顶替下来的机会，如 NaY 型分子筛与混合氯化稀土溶液在 90℃交换 0.5h 后再与硫酸铵溶液进行交换时，未经中间焙烧的样品含 Re_2O_3 为 11.7%，而中间经过 754℃焙烧的样品含 Re_2O_3 为 16.5%。这是由于在焙烧过程中分子筛内部的阳离子发生了迁移，Re^{3+} 一旦进入 β 笼和六方柱笼之后就不易被顶替出来。

3. 离子交换与催化活性的关系[63]

（1）不同阳离子对分子筛催化性能的影响

一般情况下，分子筛上交换上不同阳离子后，其催化性能会产生很大变化，如红外光谱测定表明，在 NaX 型及 NaY 型分子筛上不存在酸性中心，因而这些分子筛在正碳离子反应中基本没有催化活性。而当分子筛的 Na^+ 被二价或多价金属阳离子交换以后，就会显示出较高的催化活性，表 4-28 示出了不同硅铝比的 NaX 型及 NaY 型分子筛中的 Na^+ 被 Ca^{2+} 交换后对催化活性的影响。从表中可以看出，NaX 型及 NaY 型分子筛在正己烷、环己烷及苯的异构化反应中几乎没有催化活性，而当 Na^+ 被 Ca^{2+} 交换后就产生明显的催化活性。表 4-29 为用各种阳离子交换后的 Y 型分子筛对丙烯-苯烷基化反应催化活性的影响，可以看出，NaY 型分子筛上的 Na^+ 被两价或多价金属阳离子交换后，对丙烯-苯烷基化反应的催化活性都有明显提高，而且对两价的碱土金属阳离子而言，其催化活性随离子半径的增大而下降。其反应活性顺序为：MgY>CaY>SrY>BaY。

表 4-28　不同阳离子对烃异构化反应活性的影响

催化剂		转化率/%		
组成	硅铝比	正己烷①	环己烷②	苯③
Pd(0.5%)NaX	2.5	微	微	微
Pd(0.5%)CaX	2.5	12.5	9.3	10.3
Pd(0.5%)NaY	3.4	微	微	微
Pd(0.5%)CaY	3.4	28.9	18.0	20.1
Pd(0.5%)NaY	4.5	微	微	微
Pd(0.5%)CaY	4.5	70.3	57.0	67.0

注：① 350℃，3MPa，液体空速 $1.0h^{-1}$，H_2/正己烷（摩尔比）为 3.2。

　　② 350℃，3MPa，液体空速 $1.0h^{-1}$，H_2/环己烷（摩尔比）为 3.2。

　　③ 320℃，3MPa，液体空速 $0.5h^{-1}$，H_2/苯（摩尔比）为 5.0。

稀土金属离子与二价金属离子半径相近，但前者有较高的电荷密度，在催化裂化、芳烃烷基化等正碳离子型反应中的催化活性一般都高于二价阳离子分子筛。如在丙烯-苯烷基化反应及正癸烷裂化反应中，稀土金属离子交换的 Y 型分子筛的催化活性明显高于二价阳离子分子筛催化剂（见表 4-29 及表 4-30），而且前者还有较高的热稳定性及抗水蒸气能力。

表 4-29　不同阳离子对丙烯-苯烷基化反应的影响

催化剂①	离子交换度/%	反应温度/℃	产品组成/%		异丙苯产率（对丙烯）/%	阳离子半径/nm
			异丙苯	多烷基苯		
NaY	—	250	微	—	微	0.098
DeY②	75	200	20.9	7.0	39.9	—
	75	250	27.4	3.7	51.2	—
MgY	80	250	19.8	9.8	37.4	0.078
CaY	75	250	16.6	11.9	32.8	0.106
CaY	76	250	17.6	10.5	35.4	0.103
SrY	80	250	6.5	7.8	10.6	0.127
BaY	63	250	0.8	—	1.1	0.143
LaY	60	200	15.1	13.5	28.0	0.122
CeY	61	200	23.4	5.7	4.3	0.118
PrY	60	200	24.5	4.9	46.1	0.116
NaY	63	200	26.9	4.3	51.6	0.115
SmY	60	200	22.9	7.0	43.9	0.113
ReY	Re_2O_3(15%)	200	20.0	10.8	38.2	—

注：反应条件：液体空速 $0.6h^{-1}$，苯/丙烯（摩尔比）为 2.5。

　　① Y 型分子筛的硅铝比为 4.2。

　　② 脱阳离子 Y 型分子筛。

表 4-30　正癸烷在不同阳离子的 Y 型分子筛的裂化反应

催化剂	硅铝比	交换度/%	转化率/%
NaY	5.1	—	7.1
CAY	5.1	85	74
DeY	5.1	85	88
LaY	5.1	53	89

注：反应条件：温度 475℃，液体空速 1.0h⁻¹。

　　如果分子筛中的阳离子被 H^+ 取代就得到氢型分子筛。氢型分子筛具有更高的正碳离子反应活性。例如，用氢型分子筛作催化剂，异丙苯的裂化反应在较低温度下就有很高的转化率（见表 4-31）。虽然氢型分子筛有较高的正碳离子反应活性，但热稳定性不及多价阳离子分子筛，因此，常将具有高热稳定性的多价阳离子分子筛与高活性氢型分子筛结合起来，制成稀土氢型分子筛催化剂后再使用。

表 4-31　异丙苯在不同阳离子的 Y 型分子筛上的裂化结果

催化剂	NaY	MeY	CaY	SrY	BaY	MgHY	HY
交换度/%	0	72	73	77	77		
反应温度/℃	260	260	260	450	450	260	260
转化率/%	8.4	68	48	78.9	48.9	96	96

（2）阳离子交换度对分子筛催化性能的影响

　　分子筛的催化性能除与金属阳离子类型有关外，还与阳离子的交换度密切相关，几种阳离子在 Y 型分子筛上的交换度对催化活性的影响如图 4-36 及图 4-37 所示。从图中看出，用二价阳离子 Ca^{2+}、Cd^{2+} 及 Ni^{2+} 交换的 Y 型分子筛，当交换度达到 40%~50% 时出现活性突增；用三价阳离子 Nd^{3+} 交换的 Y 型分子筛，当交换度达到 25%~30% 时出现了催化活性的突增，与这种突增的转折点相对应的交换度对不同阳离子、不同的反应条件会有一些差异，但总的规律是相似的。此转折点的交换度称为"阈值"，表明分子筛的交换度达到阈值时，原来的钠型分子筛失去原来的性质，而催化活性则发生突增。

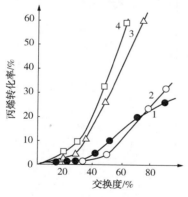

图 4-36　Y 型分子筛上的阳离子交换度
对丙烯-苯烷基化活性的影响

1—Ca^{2+}；2—Cd^{2+}；
3—NP^{2+}；4—Nd^{3+}

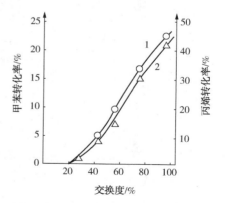

图 4-37　CaY 型分子筛上离子交换度
对催化活性的影响

1—丙烯-苯烷基化反应，反应温度 200℃；
2—甲苯歧化反应，反应温度 450℃

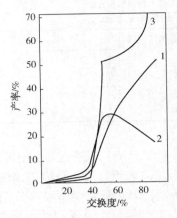

图 4-38　CaY 型分子筛上阳离子交换度
对丙烯-苯烷基化反应选择性的影响
1—异丙苯；2—多烷基苯；3—总转化率

阳离子交换度除影响催化剂的反应活性外，对反应选择性也有影响，如图 4-38 所示，丙烯-苯在 CaY 型分子筛上的烷基化反应中，当交换度达到 50%时活性有一突增，继续提高交换度时，总转化率增长速度减慢，产物中多烷基苯含量下降，异丙苯的选择性却不断提高。

图 4-39 及图 4-40 分别为 HNaY 型和 HKY 型分子筛催化剂上进行苯酚-甲醇烷基化反应的数据，从图中可以看出，在两种分子筛催化剂上，苯酚的转化率和甲基苯酚在产物中的比例都随 H$^+$ 交换度的增大而提高，而苯甲醚在产物中的含量随离子交换度的增大而显著下降。对 HNaY 型分子筛催化剂来说，当交换度达到 70%时，对甲基苯酚在产物中的比例出现了一个最大值，其产率为 19%（摩尔）；对 HKY

分子筛催化剂来说，当交换度达 84%时，对甲基苯酚在产物中的比例出现了一个最大值，其产率为 22%（摩尔）。将图 4-39 及图 4-40 的数据相比较就可发现，对苯酚-甲醇的烷基化反应而言，用 HKY 型分子筛催化剂比 HNaY 型分子筛可获得更高的甲基苯酚产率。这表明在分子筛上的阳离子，除了对催化活性起决定作用的第一阳离子（本例中是 H$^+$）外，第二阳离子的选择也很重要，它可以调节催化剂的表面酸度、热稳定性等，从而改进分子筛的催化性能。

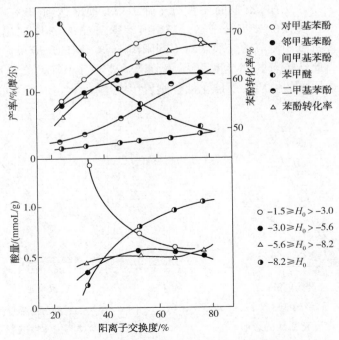

图 4-39　HNaY 分子筛上交换度对表面酸性和苯酚-
甲醇烷基化产物的影响

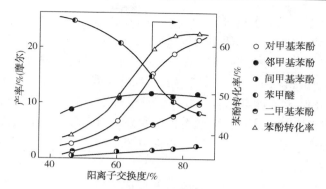

图 4-40　HKY 分子筛上交换度对苯酚–甲醇烷基化产物的影响

4-7　水热法与溶剂热法制备催化剂

水热合成与溶剂热合成是指在一定温度及压强下利用溶液中的物质化学反应所进行的合成，水热合成反应是在水溶液中进行，溶液热合成是在非水有机溶剂热条件下的合成。水热与溶剂热合成是一种重要的无机合成方法，可以用这种方法合成沸石分子筛、介孔分子筛、纳米催化材料及水晶单晶等新型材料。

4-7-1　水热法

"水热"原本用于地质学中描述地壳中的水在温度和压力联合作用下的自然过程。因此，早期的水热合成主要是模拟地质条件下的矿物合成，并成功地合成出沸石分子筛及相关的中孔和微孔物质，现在水热合成已扩展到功能性复合氧化物及氯化物材料、电子及离子导体材料、原子簇化合物、特殊无机配合物等合成领域。

水热法是在特殊的密闭反应器中，采用水溶液作为反应介质，通过对反应器进行加热，创造一种热、压反应环境，使得难溶或不溶的物质溶解并发生重结晶或转晶反应。按处理对象及目的不同，水热法可分为水热合成、水热反应、水热处理、水热晶体生长及水热烧结等，分别用于生长各种单晶，制备超细、无团聚或少团聚、结晶完好的粉体催化材料及其他功能性材料。水热法又可分为普通水热法及特殊水热法，所谓特殊水热法指在水热条件反应体系上再增加其他作用力场，如直流电场、磁场、微波场等。其中水热合成是分子筛合成的主要方法，也可用于合成一些晶型氧化物等纳米材料。

1. 水热条件下的特性[64,65]

在水热条件下，作为反应介质的水具有不同于常温、常压的性质，水的蒸汽压变高，密度降低，表面张力下降，离子体积变大，特别是与水热反应有关的参数（如黏度、介电常数、膨胀系数等）发生了较大的变化。图 4-41 示出了水的黏度 η 与水的密度及温度的关系，从图中可看出，在稀薄气体状态，水的黏度随温度的升高而增大，但被压缩成稠密液体状态时，其黏度随温度的升高而降低。曲线中存在一个区域（此时水的密度约为 $0.8 \times 10^3 kg/m^3$），在此区域内，水的黏度不因温度的

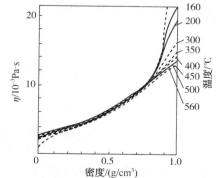

图 4-41　水的黏度 η 与水密度和温度的关系

改变而发生很大的变化。假设水热溶液(例如，1moL/L NaOH 或 Na_2CO_3 或 NH_4F)的性质与水热条件下纯水的性质相似，水热体系的填充度为 100%，即水热体系完全被溶液充满，此时，水热溶液的密度范围约为 $0.7 \sim 0.9 \times 10^3 kg/m^3$，在选用的水热反应温度 $300 \sim 500°C$ 时，水热溶液的黏度约为 $9 \sim 14 \times 10^{-5} Pa \cdot s$。与室温下水的黏度 $1 \times 10^{-3} Pa \cdot s$ 和 100°C、常压下水的黏度 $3 \times 10^{-4} Pa \cdot s$ 相比较，水热溶液的黏度较常温常压下溶液的黏度约低 2 个数量级。由于扩散与溶液的黏度成正比，因此在水热溶液中存在有效扩散，从而使水热晶体生长较其他水溶液晶体生长具有更高的生长速率，生长界面有更窄的扩散区，以及减少出现过冷和枝晶生长的可能性等优点。

以水为溶剂时，介电常数是一种十分重要的性质。表 4-32 示出了水热法常选用的温度和压力范围内水的介电常数 ε，从表中看出，在水热条件下，水的介电常数随温度升高而下降，水的介电常数下降会对水作为溶剂的能力和行为产生影响。例如，在水热条件下，由于水的介电常数降低，电解质就不能更有效地分解。但因介电常数下降，水溶液仍具有较高的导电性，这是因为水热条件下溶液的黏度下降，造成了离子迁移的加剧，抵消或部分抵消了介电常数 ε 值降低的效应。

表 4-32 水热法常选用的温度、压力范围内水的介电常数

温度/°C	300	300	500	500	25
压力/10^5Pa	1750	703	1750	703	常压
介电常数 ε	28	25	12	5	80

表 4-33 是水热法常选用的温度、压力范围内水的压缩因子的数值，可以看出，温度越高或压力越低(此时溶液密度越低)，水的压缩因子越小，压缩因子可用来确定溶液密度随压力改变而变化的程度。表 4-34 示出了水热条件下水的热扩散系数值，水热条件下，水的热扩散系数较常温、常压有较大的增加，这表明水热溶液具有较常温、常压下溶液更大的对流驱动力。

表 4-33 水热法常选用的温度、压力范围内水的压缩因子

温度/°C	300	400	300	25
压力/10^5Pa	1750	1750	703	常压
压缩因子 β	0.068	0.16	0.16	0.045

表 4-34 水热法常选用的温度、压力范围内水的热扩散系数

温度/°C	350	450	25
压力/10^5Pa	1750	1750	常压
热扩散系数	1.2	1.9	0.25

2. 各种化合物在水热溶液中的溶解度

各种化合物在水热溶液中的溶解度是采用水热法进行合成、单晶生长时必须要考虑的问题，化合物在水热溶液中的溶解度可用一定的温度、压力下其在溶液中的平衡度来表示。温度对固体的溶解度有明显影响，绝大多数固体的溶解度随温度升高而增大，但个别也有减小的。由于水热法涉及的化合物在水中的溶解度都很小，因而常在体系中引入称之为矿化剂的物质。矿化剂通常是一类在水中的溶解度随温度的升高而持续增大的化合物，如一些低熔点的盐、酸及碱等。加入矿化剂不仅可以提高溶质在水热溶液中的溶解度，而且可以改变溶解度随温度的变化状况。如 $CaMnO_4$ 在纯水中的溶解度在 $100 \sim 400℃$ 温度范围内是随温度的升高而减小，但在体系中加入高溶解度的盐（如 $NaCl$、KCl 等），其溶解度不仅提高了一个数量级并且随温度升高而增大。当然，某些物质溶解度随温度变化的状态还与矿化剂种类及溶液中矿化剂的浓度有关。

3. 水热反应形成机理

水热反应形成机理是一个令人感兴趣而颇有争议的课题，根据经典的晶体生长理论，水热条件下晶体生长包括以下步骤：①前驱物在水热介质中溶解，以离子、分子团的形式进入溶液（溶解阶段）；②由于体系中存在十分有效的热对流以及溶解区和生长区之间的浓度差，将这些离子、分子或离子团输送到生长区（输送阶段）；③离子、分子或离子团在生长界面上的吸附、分解或脱附；④吸附物质在界面上的运动；⑤产生结晶（③、④、⑤统称为结晶阶段）。

水热条件下生长的晶体晶面发育完整性及晶体的结晶形貌与生长条件密切相关，同种晶体在不同的水热生长条件下可能会产生不同的结晶形貌，简单套用经典晶体生长理论难以解释许多实验现象，为此在大量实验基础上产生了"生长基元"理论模型[66]。"生长基元"理论模型认为，在上述运输阶段，溶解进入溶液的离子、分子或离子团之间发生反应，形成具有一定几何构型的聚合体——生长基元。生长基元的大小和结构与水热反应条件有关。在一个水热反应体系中，同时存在着多种形式的生长基元，它们之间建立起动态平衡，某种生长基元越稳定，其在体系中出现的几率也就越大。在界面上叠合的生长基元必须满足晶面取向的要求，而生长基元在界面上叠合的难易程度也就决定了该面簇的生长速率。而从结晶学观点考虑，生长基元中的正离子与满足一定配位要求的负离子相联结，因此又进一步被称为"负离子配位多面体生长基元"。生长基元模型将晶体的结晶形貌、晶体的结构和生长条件有机地统一起来，较好地解释了许多实验现象。

4-7-2　溶剂热法

溶剂热法是在水热法基础上发展起来的一种新型纳米材料制备方法。其基本原理与水热法相同，只是改用有机溶剂代替水作为热液法中的溶剂。但它的反应条件比较温和，可以稳定亚稳相，制取新物质。水热法与溶剂热法有时两者会混合使用，并且分类方法也不易严格区分。

在溶剂热反应中，溶剂作为一种化学组分参与反应，既起溶剂作用，又是矿化的促进剂，同时又是压力的传递媒介。在反应时，一种或几种前驱物溶解在非水溶剂中，在液相超临界条件下，反应物在溶液中并且在热环境中变得更为活泼，诱发反应产生，产物缓慢生成，使过程变得简单且易于控制，而且在密闭体系中可以有效地防止有毒物质的挥发。此外，物相的形成、粒径的大小形态也能有效地控制，而且产物的分散性更好。

在有机溶剂热中进行合成，可选择的溶剂种类很多且性质差异很大，这也为合成需要提供更多的选择余地，如与水性质相近的醇类作为合成溶剂也很多。选择溶剂时必须先考虑溶剂的性质及作用，因为溶剂不仅为反应提供一个场所，而且会使反应物溶解或部分溶解，生成溶剂化物，溶剂化过程对化学反应速率有一定影响。按溶剂性质对溶剂进行分类有多种方式，主要是根据宏观和微观分子的相关常数来分类，如相对分子质量、密度、沸点、冰点、蒸发热、介电常数、偶极矩等；反映溶剂的溶剂化性质的最主要参数为溶剂极性、氢键、色散力及电荷迁移力等。溶剂热反应中常用的溶剂有：甲醇、乙醇、乙二醇、二乙胺、三乙胺、苯、甲苯、二甲苯、苯酚、吡啶、四氯化碳及甲酸等。

4-7-3　水热与溶剂热的特点

水热法与溶胶凝胶法、共沉淀法等其他湿化学方法的主要区别在于温度和压力，水热法操作的温度范围在水的沸点和临界点（374℃）之间，常用的温度范围是 130~250℃，相应的水蒸气压力为 0.3~0.4MPa，而特殊的高温、高压水热合成温度可高达 1000℃，压强可高达 0.3GPa。

水热与溶剂热合成化学侧重于水和其他溶剂热条件下特定化合物与材料的制备、合成与组装，它与固相合成反应的差别在于"反应性"的不同，这种"反应性"的不同主要反映在反应机理上。水热与溶剂热反应主要以液相中化学个体间的反应为其特点，而固相反应机理主要以固相扩散为其特点。归结起来，水热与溶剂热合成化学有如下特点：

① 由于在水热与溶剂热条件下，反应物反应性能将发生改变，活性的提高，使得水热与溶剂热合成方法有可能替代固相反应以及难于进行的合成反应，并产生一系列新的合成方法；

② 在水热与溶剂热的溶液条件下，有利于生长缺陷少、取向好的完美晶体，而且合成产物的结晶度好、晶体的粒度大小易于控制；

③ 由于在水热与溶剂热条件下，某些特殊的氧化还原中间态、介稳相及某些特殊物相易于生成，因此能合成及开发出一系列有特殊介稳结构及特种聚集态的新材料或新物种；

④ 由于易于调节水热与溶剂热条件下的环境气氛，因而有利于低价态、中间价态及特殊价态化合物的生成；

⑤ 能够使低熔点、高蒸气压且不能在溶体中生成的物质在水热与溶剂热条件下晶化生成。

4-7-4　水热法制备催化材料的主要技术

1. 水热晶化

是指采用无定形前驱物经水热（或溶剂热）反应后形成结晶完好的晶粒。如以 $ZrOCl_2$ 水溶液中加沉淀剂（尿素、氨水等）得到的前驱物 $Zr(OH)_4$ 经晶化反应，可制得 ZrO_2 晶粒材料。水热晶化技术也大量用于制备沸石分子筛、杂原子磷铝分子筛等催化材料。

2. 水热合成

是以一元金属氧化物或盐在水热条件下反应合成二元甚至多元化合物的方法，也可以是通过几种组分在水热（或溶剂热）条件下直接化合或经中间态进行化合反应，以合成单晶或多晶材料。例如，$BaTiO_3$ 的合成一般是以 $TiCl_4$ 或钛醇盐为钛的原料，以 $TiCl_4$ 为原料时，最终产物中的 Cl^- 不易除尽，以钛醇盐为原料水解时又另引入有机杂质。如采用 TiO_2 粉体和 $Ba(OH)_2 \cdot 8H_2O$ 粉体为前驱物，经水热合成反应即可制得高纯 $BaTiO_3$ 晶粒，用于制备光催化剂。

3. 水热氧化

是采用金属氧化物为前驱物，经水热氧化反应，制取相应金属氧化物粉体的方法，例如，以金属钛粉为前驱物，以水为反应介质，在温度高于 600℃、压力 100MPa 的水热条件下反应，可制取用作光催化剂的 TiO_2 晶粒。

4. 水热沉淀

指在水热(或溶剂热)条件下通过特定沉淀反应制取新化合物或物相的方法。例如，通过水热沉淀反应制得的金属氢氧化物或金属碳酸盐，再经焙烧处理，可制得高纯金属氧化物催化剂或载体。

5. 水热离子交换

例如，沸石分子筛催化剂在水热高压条件下通过离子交换反应进行改性。

6. 水热转晶

是利用水热(或溶剂热)条件下物质热力学或动力学稳定性的差异所进行的相变反应，如介稳态微孔氧化铝在不同水热条件下的晶体转变过程。

7. 水热水解

指在水热(或溶剂热)条件下所进行的加水分解反应，如醇盐水解制取高纯金属氧化物。

如按反应温度进行分类，水热反应与溶剂热反应可分为亚临界合成反应和超临界合成反应。大多数沸石分子筛晶体的水热合成属于典型的亚临界合成反应，这类反应中水的温度范围为 100~240℃ 之间，适合于工业或实验室条件下进行反应。当水的温度和压力高过临界点($T_c = 647.3K$ 和 $p_c = 22.11MPa$)，即为超临界水。超临界水的性质如密度、黏度、扩散系数、介电常数都因高温和高压而发生极大的变化，有利于控制水解和老化环境，从而有利于控制颗粒大小、晶体结构和形貌，制备出具有特殊功能的晶体材料。由于超临界水热合成设备比较昂贵，多数材料还是通过亚临界合成反应来实现的。

此外，上述非水体系的溶剂热合成法是指在乙醇、苯、乙二胺等常用有机溶剂中进行的合成反应，故又称有机溶剂热法。而以绿色溶剂——离子液体或低共熔物为介质的非水体系合成方法，又称为离子热合成法。离子液体又称室温熔融盐、非水离子液体、有机熔融盐，是由一种烷基季铵阳离子(如 NR_4^+、PR_4^+、SR_3^+)与一复合阴离子(如 $AlCl_4^-$、BF_4^-、$CF_3SO_3^-$ 等)组成的复合盐，在常温及相邻温度下是一种完全由离子组成的有机液体物质。离子热合成法用于分子筛合成具有以下特性：①离子液体溶解能力强、挥发性低、不易燃，因此离子热合成可以在常压下进行，从而可降低分子筛合成压力；②离子液体保持液体状态的温度范围宽，一般可从 -70~400℃。常温下不会挥发，不会对环境造成污染；③离子液体的有机阳离子与分子筛合成常用的有机胺结构导向剂的结构相似，可以兼作溶剂和结构导向剂，而且分子结构可设计，有利于合成新的产品；④离子液体具有导电性和强极性。采用离子热合成易于与微波、电化学法等技术结合，赋予合成以新的特性。目前，采用离子热合成技术，不仅能制备出已知结构的磷酸铝和杂原子磷酸铝分子筛，在合成具有新型结构的有机膦酸盐、亚磷酸盐分子筛或有类分子筛空旷骨架结构材料上也取得很大进展。由于离子液体种类极多，因此，在离子热合成体系中，改变离子液体种类和胺等物质，调变合成变量，可以合成出许多有特定功能的分子筛材料。

4-7-5　水热与溶剂热合成装置

水热与溶剂热合成技术包括反应釜等反应容器、反应控制系统、水热与溶剂热合成程序以及合成与原位表征技术等。反应釜的性能优劣对水热与溶剂热的合成起决定性的作用，要求它耐高温高压、密封性好、机械强度大、耐腐蚀、易于安装和清洗、结构简单等。反应控制系统的作用是对试验安全性的保证，并为合成操作提供安全稳定的环境。反应釜的型式较多，主要类型如下：

① 按密封方式，分为自紧式高压釜及外紧式高压釜；

② 按压强产生方式，分为内压釜（靠釜内介质加温形成压强）、外压釜（压强由釜外加入并控制）；

③ 按密封的机械结构，分为法兰盘式、内螺塞式、大螺帽式、杠杆压机式；

④ 按加热条件，分为外热式（由釜体外部加热）及内热式（由釜体内部安装加热装置）；

⑤ 按试验反应体系，分为高压釜（用于封闭体系的试验）及流动反应器和扩散反应器（用于开放体系的试验，能在高温高压下使溶液缓慢地连续通过反应器，并可随时取出反应液）。

作为参考，图 4-42 示出了典型的水热与溶剂热反应实验装置的结构及外形。

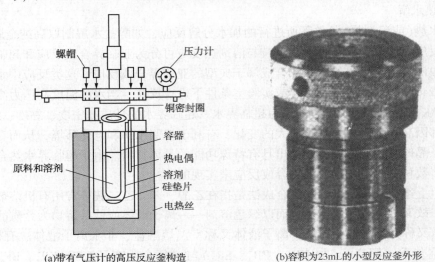

(a)带有气压计的高压反应釜构造　　　　(b)容积为23mL的小型反应釜外形

图 4-42　典型的水热反应装置结构及外形

4-7-6　水热与溶剂热的合成程序

水热与溶剂热合成是指在一定温度及压强下利用溶液中的物质化学反应所进行的合成。在高温、高压条件下，水或其他溶剂处于亚临界或超临界状态，反应活性提高，因此水热或溶剂热反应异于常态。在合成中，反应混合物占密闭反应釜空间的体积分数称为填充度或充满度，它与反应安全性有关。操作时既要保持反应物处于液相传质的反应状态，同时又要防止填充度过高而使反应系统的压力超出安全范围，一般填充度为60%~80%之间。

压力的作用是通过分子间碰撞的机会而加快反应速度。正如气、固相高压反应一样，高压在热力学状态关系中起着改变反应平衡方向的作用，如高压对原子外层电子具有解离作用，因此固相高压合成促进体系的氧化。在水热反应中，压力会促进晶相转变。

一般来说，水热与溶剂热合成试验的程序决定于产品研制目的，试验程序大致为：①选择所需反应物料；②确定反应配方；③摸索并决定加料顺序，混料搅拌；④装入反应釜，封釜；⑤确定反应工艺条件（如温度、压力、反应时间等）；⑥进行反应；⑦冷却，开釜取样；⑧过滤、干燥、产品分析等。

图 4-43 示出了水热与溶剂热法制备粉状产品的典型工艺过程，先将金属的无机盐或有机盐原料按所需配比称量后放入容器中，加入一定的介质（如脱离子水）及促进剂（如表面改

性剂或沉淀促进剂等），充分溶解并混合均匀后，将混合液移至反应釜内，密封后在一定温度下热处理。反应原料在高温且密闭的水或溶剂中进行各种化学反应。经一定时间反应后用水冷或随空气冷却，所得产物经过滤、洗涤、干燥后即制得成品。

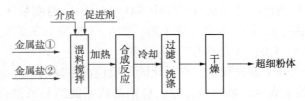

图 4-43　水热与溶剂热法制备粉体的工艺流程

4-7-7　水热法合成分子筛

1. 水热法合成分子筛的主要过程

水热法合成分子筛是制备分子筛最广的一类方法。它是模拟天然沸石矿物条件进行的一种合成方法，可分为静态合成与动态合成。静态合成即在合成过程中，合成胶液处于静止状态，一般合成时间较长，适合于实验室合成；动态合成即在合成过程中使胶液处于处力扰动之下（如搅拌），合成时间一般较短，适合于规模化合成或工业生产。

合成分子筛所用主要原料是含硅化合物、含铝化合物、碱和水。含硅化合物有水玻璃、硅酸、硅溶胶、卤化硅烷及无定形硅石；含铝化合物是各种氧化铝水合物、偏铝酸钠、异丙醇铝及铝盐；所用碱有 Na_2O、K_2O、Li_2O、CaO 及 SrO 等。显然，制备分子筛一般都采用硅酸钠、硅溶胶、铝酸钠、三水氢氧化铝等高活性物质，这是因为这类物质具有很高的化学位，容易发生反应或转变，使得反应体系具有很高的过剩自由能，易形成中间亚稳状态。反之，使用低活性物质为原料就不利于亚稳相的形成。

沸石分子筛的生成与所用硅源类型有很大关系。其原因是硅源不同，硅酸盐阴离子的状态不同。而溶液中硅酸根离子的存在状态及分布主要由体系的 pH 值和 SiO_2 浓度所决定。在溶液中硅酸盐阴离子的结构（聚合态）有：SiO_4^{4-}、$Si_8O_7^{6-}$、$Si_3O_{10}^{8-}$、$Si_4O_{13}^{10-}$、$Si_5O_{15}^{16-}$、$Si_6O_{16}^{8-}$、$Si_7O_{19}^{10-}$、$Si_8O_{20}^{8-}$ 等，当 SiO_2 浓度越低、碱浓度越高时，低聚合态硅酸根离子越多。反之，当 SiO_2 浓度越高、碱浓度越低时，高聚合态的硅酸根离子越多。

由铝源产生的铝酸根离子的存在状态也与溶液的 pH 值有关，在 pH 值<1 时，是以八面体水合离子 $Al(OH)_6^{3-}$ 的形式存在；pH 值为 1~4 时，以 $Al(OH)^{2+}$、$Al(OH)_2^+$、$Al(OH)_4^-$ 为主；pH 值为 2~5 时，存在着 $[Al_{13}O_4(OH)_{24-y}(H_2O)_{12-y}]^{(7-y)+}$ 等离子；在 pH 值>6 时，$Al(OH)_4^-$、AlO_2^- 等占多数；而在碱性溶液中主要以 $Al(OH)_4^-$ 的形式存在。

溶液中的硅酸根和铝酸根在一定条件下可发生聚合反应，由溶液变为凝胶。

通常，用水热法制备沸石分子筛的主要过程如下。

（1）原料配制

硅酸钠一般采用模数（SiO_2/Na_2O）为 2.5~3.3 的工业水玻璃，使用时应用水稀释、澄清、过滤后再使用。

偏铝酸钠溶液是由 $Al(OH)_3$ 与 NaOH 在加热下反应制得，为防止偏铝酸钠水解，苛性比（Na_2O/Al_2O_3）应控制在 1.5 以上，且不宜久放，以免水解析出氢氧化铝。

液碱是 Na_2O 含量为 1.0~1.2mol/L 的氢氧化钠溶液，可由固体氢氧化钠稀释制得。

（2）成胶

指在一定配料比、投料顺序及反应温度下使水玻璃、偏铝酸钠、氢氧化钠反应生成硅铝酸钠凝胶的过程。

① 配料硅铝比。所谓硅铝比是指分子筛中 SiO_2 与 Al_2O_3 的质量比，可用化学分析方法测定。投料硅铝比取决于所生产的沸石分子筛，如生产 X 型分子筛要求的硅铝比为 2.1~3.0；Y 型分子筛为 3.1~6.0；丝光沸石为 9~11 等。

② 碱度。是指生产分子筛过程中，在晶化阶段反应液中碱的浓度。习惯上是以 Na_2O 的浓度或过量碱的百分数来表示。碱度很低时，硅铝凝胶不能结晶成沸石分子筛。碱度提高，可以缩短晶化时间和降低晶化温度，但碱度过高也会引起晶型转变。制备 X 型分子筛时，碱度控制在 Na_2O 为 1.0~1.4mol/L；制备 Y 型分子筛时，Na_2O 为 0.75~1.5mol/L。

③ 配料钠硅比。它是指 Na_2O 与 SiO_2 的质量比。通常存在某一最佳钠硅比，过高或过低时都会使产品的硅铝比发生变化，制备 X 型分子筛时，Na_2O/SiO_2 为 1.0~1.5。

在成胶过程中，硅酸根和铝酸根离子之间发生缩聚反应，从而形成 Si-O-Al 键。生成的凝胶颗粒含有硅氧四面体和铝氧四面体的四元环、六元环等多元环及无序的硅（铝）氧骨架。成胶时应剧烈搅拌，将生成的胶链打碎，使 Si 和 Al 成均匀分布，以使结晶成的颗粒均匀。

（3）晶化

晶化是指晶体生成过程。分子筛的晶化过程可分为诱导期和晶化期两个阶段。在诱导期中，凝胶中开始生成晶核，并成长到一定的临界大小。当晶核成长为超过一定临界大小的晶体时，就进入晶化期。这时，凝胶的组成及液相的组成均发生变化。在一定温度下，晶化产物仅由凝胶所决定，但当制备凝胶的条件发生变化时，也可导致生成不同的产物。晶化温度对分子筛晶化过程的影响十分重要。温度过高，容易生成杂晶；温度过低，晶化时间较长。为操作方便，一般采用反应液的沸点左右为晶化温度。例如，生产 X 型分子筛的晶化温度控制在 80~100℃；Y 型分子筛为 97~100℃。成胶时要求剧烈搅拌，而晶化时不宜搅拌过剧，否则会破坏晶体生长。

（4）洗涤

分子筛是从过量碱的硅铝凝胶中结晶出来的，晶体颗粒中会附着大量氢氧化物，它们会影响分子筛的吸附、催化性能及热稳定性。所以需先通过过滤将分子筛晶体与母液分离。晶体可用自来水洗涤，水温为 60~80℃，洗涤终点的 pH 值控制在 9 左右。

（5）离子交换

硅铝比的分子筛开始合成时一般都是钠型的。用于平衡铝氧四面体负离子的钠离子，可以进行离子交换。例如，NaA 型（4A）分子筛通过 KCl 和 $CaCl_2$ 溶液的交换后，分别生成 KA 型（3A）分子筛和 CaA 型（5A）分子筛。由于分子筛晶体中的阳离子数目、大小和位置对分子筛进口孔道的大小和形状有重要影响，所以通过阳离子交换可改变其孔道的大小，以达到适用于各种催化反应的目的。

（6）成型

人工合成的分子筛系白色粉末，不能直接用作催化剂，需加入一定量的黏结剂予以成型。由于分子筛粉体本身的黏结性很不好，挤出成型时除加入黏结剂外，还需加入助挤剂、胶溶剂等。所用黏结剂有黏土、硅铝凝胶及有机聚合物等；助挤剂有田菁粉、多元羧酸等；胶溶剂一般采用酸性胶溶剂。此外，水粉比对挤出强度也有一定影响。

（7）活化

成型后的分子筛要在一定条件下焙烧进行活化。活化的目的是除去分子筛晶格中的水分以形成空穴结构，使其具有吸附其他分子的能力，而且分子筛的多价阳离子所残留水分子，会使其产生固体酸性，促进催化作用。活化温度在 450~600℃ 之间，高于 600℃ 时会影响分子筛的使用性能，温度达到 700℃ 时，会使分子筛的晶格受到破坏。但分子筛在焙烧前应先进行干燥处理，以防止焙烧时大量水急剧逸出而影响分子筛的强度。

以上即为水热法合成沸石分子筛的主要过程。随着沸石分子筛用途快速发展及合成技术的进步，其合成方法也不断进行改进。首先是在原料加入顺序、混合方式、升温速率及搅拌等方面进行改进；以后增加了老化工序，即当反应混合物在某个温度下静止一定时间，再升温到晶化温度；接着采用接种技术，即在反应混合物中加入欲合成的分子筛晶体，以促进其晶化和成长；之后又发展为使用部分晶化的反应物作为晶种；随后又发展为使用非晶态的物质作晶种，也就是导向剂。在晶化过程中起着一种"定向"作用，可以大大缩短晶化时间，提高产品纯度，如 NaY 分子筛导向剂的制备比较简单，即按一定的配比将水玻璃和高碱偏铝酸钠溶液放入釜内，控制一定的温度和时间，并静置老化即可制得，使用时将制好的导向剂与其他所需原料按一定比例混合后进行成胶、晶化，即可制得结晶度高于 90% 的 NaY 分子筛。

在 20 世纪 60 年代以前，沸石分子筛的人工合成仅使用无机反应物；而在 1961 年人们开始在反应物中使用季铵离子，在合成中引入了有机组分；在 1967 年用四乙基铵合成了高硅 β 型沸石（5<Si/Al<100）；接着在 1972 年又合成出 ZSM 沸石。这些沸石的结晶都是含有有机阳离子的产物，从而产生了使用有机物作为结构导向剂的"模板"合成技术。自此以后，沸石分子筛的合成经历了从低硅沸石到高硅沸石以至全硅沸石的全面发展，人工合成出大量新结构的沸石，并获得广泛应用。

有机结构导向剂的类型很多，包括许多含氮和含氧、磷等的有机物，如胺、铵、铵+胺、胺+醇、胺+醚、乙缩醛、醇、膦、表面活性剂及聚合物等。它们作为导向剂在沸石合成中所起的作用如下：

① 结构导向作用。对分子筛中一些小的结构单元、笼和孔道的形成产生导向作用。从而影响晶体整个骨架的生成。

② 模板作用。有机结构导向剂在孔道或笼中只有一种取向，使有机分子和无机骨架之间产生相当紧凑的配合。

③ 平衡骨架电荷。有机结构导向剂可以调节骨架结构，以达到电荷平衡。

④ 空间填充剂。有机结构导向剂具有空间充填作用，稳定生成产物的结构。

2. A 型分子筛的合成

A 型分子筛是一类人工合成分子筛，在自然界不存在，其化学组成通式为：$Na_2O \cdot Al_2O_3 \cdot 2SiO_2 \cdot 5H_2O$，硅铝比为 2，有 3A、4A 及 5A 分子筛，即孔径分别为 0.3nm、0.4nm、0.5nm 的钾型、钠型及钙型分子筛。A 型分子筛广泛用于气体和液体的干燥、吸附分离和净化过程，也用作催化剂及催化剂载体。

合成分子筛可以胶体硅酸、铝酸钠、碳酸钠或氢氧化钠等为原料，按一定比例配制成一定浓度的溶液，在搅拌下于热压釜中经水热反应而制得。合成 A 型分子筛常用原料是水玻璃、铝酸钠、氢氧化钠及水，也可使用各种黏土类等作为原料。其制备过程大致如下：

（1）原料溶液配制

① 将模数（即 SiO_2/Na_2O）为 2.5 左右的工业水玻璃（硅酸钠）用水稀释至相对密度为 1.20~1.25，然后加热至沸腾约 0.5h，再静置使杂质沉降，取上部清液（其中 SiO_2 含量为 2.5~3.0mol/L，Na_2O 含量为 1.0~1.2mol/L）备用。

② 配制铝酸钠溶液。先将含 Na_2O 为 6~8mol/L 的氢氧化钠溶液加热至沸腾，再在苛性比（Na_2O/Al_2O_3）为 1.8~2.0 的条件下，缓慢加入工业氢氧化铝粉，在搅拌下至氢氧化铝全溶解后，停止加热。然后加水稀释至铝酸钠溶液中含 Na_2O 为 2.0~2.7mol/L，含 Al_2O_3 为 1.0~1.3mol/L，经过滤后所得清液备用。

③ 将固体氢氧化钠或液碱，配成含 Na_2O 为 3.0~4.0mol/L 的氢氧化钠溶液备用。

（2）反应混合物配制

按照 $3Na_2O \cdot Al_2O_3 \cdot 2SiO_2 \cdot 185H_2O$ 的配比配制反应混合物，其中各组分的浓度为：Na_2O 0.9mol/L，Al_2O_3 0.3mol/L，SiO_2 0.6mol/L。

将上述①、②、③溶液及净水分别送入计量罐中，然后先将铝酸钠溶液、氢氧化钠溶液及净水加入混胶釜中，在搅拌下将釜内溶液预热至 30℃ 左右，再将水玻璃溶液①快速加入釜内，继续搅拌 30min 左右，使成均匀的凝胶。

（3）水热反应

将上述混合物加入合成反应釜（也可将混胶釜同时用作反应釜）中，在搅拌下加热升温至（100±5）℃，然后停止搅拌，在此温度下静置晶化 6h。

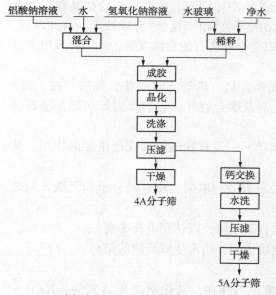

图 4-44　A 型分子筛制备工艺过程

（4）过滤、洗涤、干燥

晶化结束后将料液用板框压滤机过滤出滤液，再用水洗涤至 pH=9~10 左右，将结晶物于 100℃ 的干燥箱中干燥，干燥后即为 4A（钠-A 型）分子筛原料。如欲制备 5A 分子筛，可将 4A 分子筛不经干燥，而经离子交换、水洗、压滤、干燥后制得（见图 4-44）。

（5）分子筛生产过程中影响质量的主要因素

① 硅铝比的影响。分子筛的组成硅铝比是影响分子筛质量的主要因素。因各种型号的分子筛都有一定的组成硅铝比，如 A 型分子筛在 2.0 左右，X 型分子筛为 2.2~2.3，Y 型分子筛为 3.3~6.0。为了制得所需型号的分子筛，投料时必须严格控制硅铝比，否则就不能制得所需型号的分子筛，而生成其他型号的分子筛或者根本就不能生成结晶。通常 A 型分子筛的投料硅铝比为 2.0~2.05，低于 1.8 时将不能结晶。一般说来，硅铝比越高，晶化所需时间越长，而热稳定性也越好。

② 碱度的影响。碱度是指晶化反应时，反应液中碱的浓度。它决定于体系中的水钠比，当体系中水量固定时，过量碱越多，则碱度越大。分子筛的晶化反应须在一定的碱度下才能进行，碱度过高或过低都不能使分子筛很好地晶化。碱度的作用有两个：一是控制硅酸盐阴

离子的状态(特别是它的聚合度)；二是控制体系中各组分平衡状态的位置，以保证在一定条件下反应向生成某种分子筛的方向进行。在其他条件不变时，碱度越大，则晶化速度越快，产品的硅铝比越低；反之，碱度越低，则晶化速度越慢，而产品的硅铝比越高，粒度也越大。在 A 型分子筛生产中，通常碱过量为 200% ~ 300%。

③ 温度的影响。分子筛合成的晶化过程大致分为两个阶段，即诱导期与晶化期。在诱导期阶段，中和成胶形成凝胶时开始生成晶核，并成长到一定的临界大小，此时用 X 射线分析不能检出有晶体存在；当晶核成长为超过一定临界大小的晶体时，即进入晶化期。由于分子筛的晶化过程如同自动催化过程，因此常出现骤然间生成大量晶体的现象。分子筛类型不同，其诱导期及晶化期也有所不同。一般情况下，升高温度可促进凝胶中固相溶解及液相浓度升高，从而加速晶核生成，进而生成分子筛晶体，如 A 型分子筛在 0 ~ 20℃ 之间成胶时，成胶很慢，甚至不能成胶，晶化也不完全；而在 30℃ 以上成胶时，则易于成胶，晶化完全。

分子筛的晶化温度有较大的范围，但它直接影响晶化时间。晶化温度低，晶化时间就长；反之，晶化温度高，则晶化时间缩短。A 型分子筛在室温下也能进行晶化反应，但需 6 天左右时间，如在 100℃ 晶化，则需 3 ~ 6h 就可以，如在 150℃(加压)时则晶化更快。

④ 晶化时间的影响。晶化时间长短与晶化温度密切相关，在一定晶化温度时，晶化时间过短，分子筛晶形成长不完全会影响分子筛的质量；晶化时间过长会有其他类型分子筛的结晶或杂晶出现，使分子筛质量下降。如在制备 A 型分子筛时，晶化时间超过 115h，就会出现 B 型分子筛。

⑤ 搅拌速度的影响。晶化时反应釜的搅拌速度对分子筛质量也有很大影响。成胶反应时希望搅拌速度越高、搅拌越剧烈越好，剧烈的搅拌可将胶链打碎，有利于晶化时的晶体生长；而在晶化反应时则不需要搅拌，剧烈搅拌反而会破坏晶体成长。但由于反应釜的容积大，汽套加热或蒸汽盘管加热，反应釜内温度可能有时不均匀，因而采用缓慢的搅拌或者间歇搅拌有利于温度分布均匀，从而提高分子筛的质量。

⑥ 洗涤水温度的影响。洗涤有两个主要作用，一是提高分子筛的热稳定性，大量的 Na^+ 存在会降低分子筛的热稳定性；二是为进行金属阳离子交换创造条件，如果有大量的 Na^+ 存在，在进行阳离子交换时，有些交换会发生沉淀[如 4A 分子筛的钙交换生成 5A 分子筛时，大量 Na^+ 存在会生成 $Ca(OH)_2$ 沉淀，从而影响交换效果及分子筛的质量]。洗涤水的温度对洗涤效率及洗涤时间都有影响，水温越高，洗涤效率越高，洗涤时间也越短，一般洗涤水的温度在 60 ~ 80℃ 之间为宜。洗涤也不能过分，过分洗涤会使分子筛发生水解，一般要求最终洗涤液的 pH = 9 ~ 10 为宜。

⑦ 交换温度与交换液浓度的影响。由 4A 分子筛原粉制取 5A 分子筛时，提高交换温度有利于交换反应的进行，并能缩短交换时间，但对交换率影响不大，通常交换温度控制在 40 ~ 80℃。交换浓度越低，则越易提高交换率，但交换次数增多，大规模生产不经济，导致产量降低。在一般工业生产中，交换液浓度控制在与晶化时的基数一样或略高一些。

3. ZSM-5 分子筛的合成

以 Zeclite Socony Mobil 缩写命名的 ZSM 分子筛是美国 Mobil 公司研究和开发的一系列高硅沸石分子筛，其中研究及应用最广的是 ZSM-5 分子筛。以有机铵为模板剂制得的 ZSM-5 分子筛，以氧化物摩尔比表示的化学组成为：

$$0.9 \pm 0.2 M_{2/n} \cdot Al_2O_3 \cdot (5\sim100)SiO_2 \cdot (0\sim40)H_2O$$

（M 为 Na$^+$ 和有机铵离子，n 为阳离子的价数）

ZSM-5 分子筛晶体属理想的斜方晶系，晶格常数 $a=2.01nm$、$b=1.99nm$、$c=1.34nm$。它的骨架是一种连续四面体结构，由八个五元环组成。骨架含有两种交叉孔道系统，一种是走向平行的正弦形孔道，另一种是直线型孔道，纵横孔道都是十元氧环。由于孔道大、内孔不易结焦，所以是一种不易失活的沸石催化剂。ZSM-5 也是一种热稳定性很好的酸性沸石，对烃类有良好的选择吸附性，并具有良好的阳离子交换性能。

ZSM-5 分子筛用作催化剂主要用于以下几个方面：①炼油。如用于催化脱蜡、催化裂化、催化重整、烷基化、异构化、脱氢及芳构化等。②石油化工。如苯与乙烯烃化生产乙苯、甲苯歧化制苯与二甲苯、二甲苯异构化、甲苯与甲醇甲基化生产对二甲苯等。③天然气及合成气工业。如甲醇脱水制二甲醚、甲醇催化制烯烃、芳烃、甲醇制汽油、合成气制汽油等。

ZSM-5 分子筛均来自人工合成，它没有相应的天然品种。根据合成时是否使用模板剂，可分为有胺合成及无胺合成。有胺合成是指合成中使用有机胺作模板剂；无胺合成是指分子筛合成中无有机胺存在，由硅源和铝源直接合成。

有胺合成所用的有机胺模板剂有季铵碱（如四丙基氢氧化铵、四乙基氢氧化铵）、脂肪胺（如乙胺、乙二胺、正丙胺、正丁胺等）。使用有机胺作模板剂所合成的分子筛的硅铝比可以在很宽的范围内调变，如 40~1000。而且分子筛的晶粒大小也可在很大范围内调变，小的可以达到纳米级，大的可到 5~6μm。所得分子筛结晶度高、稳定性好。此法的缺点是，有机胺有一定毒性，合成时产生的废气及废液排放会造成环境污染。

无胺合成的优点是它不使用有机胺，其缺点是分子筛的硅铝比较低，约为 20~60，而且无定形含量也较高，难以满足市场对各种规格 ZSM-5 分子筛的要求。

下面是采用水热法有胺合成 ZSM-5 分子筛的示例。

（1）原料配制

所用原料有水玻璃、硫酸铝、硫酸、氢氧化钠、正丙胺（模板剂）及水等。

将上述原料先配制成 A、B 两种溶液。A 溶液：水玻璃+氢氧化钠+正丙胺+水；B 溶液：硫酸铝+硫酸+水。

配料比控制在以下范围：

OH^-/SiO_2	0.20~0.75
SiO_2/Al_2O_3	10~60
H_2O/OH^-	10~300
$R_4N^+/(R_4N^++Na^+)$	0.4~0.9

其中，R 为正丙基。

（2）成胶

在快速搅拌下，将 B 溶液加入 A 溶液中，并加入晶种搅匀，形成胶体溶液。

（3）晶化

将胶体溶液转移到搪玻璃或内衬四氟乙烯的高压釜中，于 150℃ 下进行晶化，晶化时间 40~60h。然后把所得固体产物冷却到室温。经过滤后，滤饼用脱离子水洗 3~5 次。经干燥后，就制得钠型 ZSM-5 粉体（含有模板剂正丙胺）。

（4）离子交换

由于晶化所得的分子筛粉体含有模板剂正丙胺，因此需采用一定的方法除去结晶骨架中的模板剂，以使分子筛晶体的孔道系统畅通，可让反应物分子能吸附或脱附。脱除模板剂的方法有热分解及燃烧等方法。常用的方法是将粉体在流动的氮气中进行一定时间的焙烧，焙烧温度控制在 300℃ 左右。在焙烧过程中，有机阳离子的分解会导致分子筛上质子位的生成。

脱除模板剂后，就可进行离子交换。常用的是常压水溶液法。如制备氢型分子筛时，可采用 NH_4NO_3 溶液，用 NH_4^+ 交换，交换后再分解脱除 NH_3 得到 H^+，形成氢型分子筛($HZSM-5$)。交换条件，通常为室温至 100℃，10min 至数小时，NH_4NO_3 溶液浓度为 $0.1 \sim 1mol/L$。离子交换完成后，还要进行高温焙烧除去其中的阴离子，有时因受平衡的限制，一次交换达不到要求的交换度，这时可采用多次交换与多次焙烧的方法，直至达到要求的交换度为止。多次交换过程的中间焙烧还可减少已交换到 $ZSM-5$ 分子筛中的阳离子被其他阳离子交换下来的可能性。所以，工业用分子筛，很多是用多次离子交换和多次焙烧的方法制得的。由于 $ZSM-5$ 分子筛具有能与许多阳离子交换的性质，通过交换改变其孔道大小以适应各种化学反应的要求。目前使用的一些新型改性 $ZSM-5$ 沸石分子筛中，有许多是采用离子交换制得的。

（5）成型

$ZSM-5$ 分子筛本身黏结性较差，挤出成型时需加入黏结剂、助挤剂等，所用黏结剂有一水氧化铝及硅铝胶等。$HZSM-5$／一水氧化铝的比例一般为 65/35，也可以为 80/20，依反应所要求而定，所用助挤剂有乙酸、有机聚合物等。

（6）焙烧

成型后的 $ZSM-5$ 条状物先经真空干燥后，再在 550℃ 下焙烧。为防止在空气中焙烧产生的强放热反应，破坏分子筛的骨架结构及孔道，焙烧最好在惰性气氛(如氮气)中进行。

4-8　微波法制备催化剂

4-8-1　微波法的特点

微波是指波长 1mm～1m 范围的电磁波，频率范围是 300MHz～300GHz。通信和雷达设备中应用微波的频率占据了大部分。为防止微波功率对无线电讯、电视、广播及雷达等造成干扰，国际上规定科研、医学、工业及家用等民用微波功率的频段如图 4-45 所示。为避免与通信及雷达的电磁波干扰，国际公约规定了工业及民用的微波频率为 2450MHz 及 915MHz。

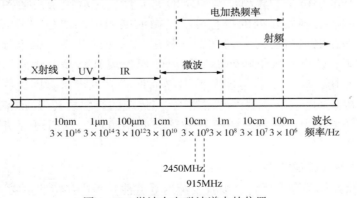

图 4-45　微波在电磁波谱中的位置

通常情况下，微波可穿透玻璃、陶瓷、聚四氟乙烯等材料，因而这些材料可用于制作微波炉的炊具、窗口材料及支架等。微波也可被水、食品、木材、湿纸、橡胶等介质材料所吸收，因而微波也可作为一种能源用于工业、民用及科研等领域。

微波作为一种安全的能源，可以使某些无机物在短时间内急剧升温到1800℃，所以可用于微波化学合成，如用于合成沸石分子筛、超导材料以及制造超微粉体等，这种合成方法也称为微波法。它具有以下特点：

① 加热速度快。由于微波能深入物质内部，而不是依靠物质本身的热传导，因而只需常规加热方法的 $\frac{1}{10} \sim \frac{1}{100}$ 的时间就可完成加热过程。

② 控制方便。电热、热空气、蒸汽等常规加热方法，都需要有一定加热时间才能达到所需温度。而利用微波加热时，只需调整微波输出功率，就可方便地加热，并且便于控制。

③ 热能利用率高。由于升温快、加热时间短，因而可节省能源，而且劳动条件好。

④ 产品质量高。加热均匀、里外一致，合成出的产品均匀。

4-8-2 微波加热机理[67,68]

通常所见的常规加热方法，是由热源经热辐射对物体由表及里的传导式加热。而微波加热是指在工作频率范围内对物体加热，是材料在电磁场中由介质损耗而产生的加热，一般认为微波加热存在以下两种机理。

（1）离子传导机理

假设在相同加热功率及加热时间下，对同样量的去离子水与自来水分别在微波场中进行加热时，那么加热结果，自来水的温度肯定比去离子水的要高。根据这一现象推理，加热是由于离子传导的作用所致。

在溶液中的离子由于带有一定的电荷，因此容易被与其极性相反的电场加速，导致离子的动能增大，离子间相互碰撞时将动能转变为热能。在微波电磁场频率作用下会产生多次碰撞，而且溶液浓度越高，碰撞频率也越高，则加热也就越快。

（2）偶极转动机理

当分子中正、负电荷的重心因某种原因不重合时，空间的两个大小相等、符号相反的点电荷便构成一个电偶极子，电量与距离的乘积为偶极矩。在电场作用下，具有永久或诱导偶极矩的分子，其电偶极子的转动具有一定的方向性，这就使杂乱运动的电偶极子变成了具有一定取向的、有规则排列的极化分子。微波能的电场增强时，电场使极性分子具有一定的取向，而在电场减弱时，则重新恢复运动的无序状态，由于分子的热运动和相邻分子的相互作用，使电偶极子随外加场的改变而作规则摆动时受到干扰和阻碍，就产生了类似摩擦的作用，使分子获得能量而以热的形式表现出来。因此，微波对物质的加热是从物质分子出发的，故又称为"内加热"，与传统的热辐射传导加热有本质上的不同。这种热能是从分子水平上产生的，能够被分子有效地吸收，从而可促进分子之间发生化学反应。

4-8-3 微波合成机理[69]

微波与物质相互作用存在反射、吸收及穿透等特性。而这些特性主要取决于材料的介电常数、介电损耗因子、含水量多少、比热容及形状大小等特性，因此，不是所有物质都能与微波产生热效应。理论上讲，只有极性分子才能被微波极化而产生热效应，这就是微波对物质加热的选择性效应。

微波对介质的穿透性会直接影响到微波加热的均匀性。对于一般吸收性介质，微波穿透深度大致和微波波长为同一数量级。以 915MHz（波长 $\lambda = 33$cm）及 2450MHz（$\lambda = 12.2$cm）的常用微波加热频率而言，一般吸收性介质的微波穿透深度大约为几厘米到几十厘米的范围，故除特大物体外，大致可使物体表里均匀加热。

20 世纪 80 年代以来，微波技术在催化领域中的应用获得了较快的发展。微波技术不但可以极大地提高化学反应速度而且可以提高产率，有的反应最大可以促进一千多倍。有关微波合成的机理目前仍存在着不同的观点。一种观点认为，虽然微波是一种内加热，具有加热速度快、加热均匀、无温度梯度及无滞后效应等特点，但微波应用于化学合成只是一种加热手段，对于特定反应来说，无论是微波加热或是常规加热方式，在反应物、催化剂及产物不变的情况下，反应动力学并不发生变化，并与加热方式无关。而且微波用于化学反应的频率为 2450MHz，属于非电离辐射，在与分子的化学键发生共振时尚不能引起化学键断裂，也不能使分子激发到更高的振动或转动能级，所以，微波辐射与传统的加热并无动力学上的区别。微波对化学反应的加速主要由于对极性物质的选择加热，也即微波的致热效应。

另一种观点则认为，微波对化学反应的作用并非这么简单，存在着多种复杂因素。微波合成时，一方面是反应物分子吸收了微波能量，提高了分子运动速度，致使分子运动变得杂乱无章，从而使熵增加；另一方面，微波对极性分子的作用迫使其按照电磁场作用方式运动，每秒变化达 2.45×10^9 次，导致熵的减少。所以微波可催化反应进行，降低了反应的活化能，也即改变了反应动力学。因此，微波合成机理是不能仅用微波致热效应来解释的，它还具有某种非热的特殊微波效应在起着作用。尽管上述哪一种观点正确，目前还无法定论，但微波技术在催化领域中的应用已显示出其独特的性能，为催化剂制备及活化提供了一条新途径，突破了传统方法，无论在理论上或是应用上均具有重要意义。

4-8-4　微波合成装置

微波加热系统一般是由电源、变压器、整流器、磁控管、波导管、微波反应腔等组成，如图 4-46 所示。反应器放在微波反应腔内。

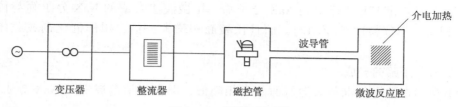

图 4-46　微波加热系统

对于常压间隙式合成反应，可采用图 4-47 所示的带回流微波反应体系。反应溶液装在圆底烧瓶反应器内，反应器置于微波腔体内，并通过玻璃管连接外部的回流冷凝装置。这是由于传统的回流装置不能放在微波加热体系内，因回流水也会被微波加热而失去回流冷却作用。而图示的回流系统可以防止反应溶液在加热过程中喷出反应器，同时还可保持反应组分浓度不变。虽然微波加热的热效应有时会很大，由于采用回流装置，可使反应体系的温度保持在一定范围内。

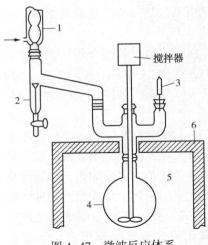

图 4-47　微波反应体系

1—冷凝管；2—混合器；3—滴管；
4—反应器；5—微波腔体；6—微波炉壁

对于加压或高压合成反应，由于温度及压力与微波能的大小、反应溶液的介电损失、溶液的挥发性、溶液占反应器体积比及反应体系是否会产生气体等因素有关，为安全起见微波合成装置应专门设计，并应有很好的温度及压力控制装置。

4-8-5　微波法制备催化剂

1. 分子筛的合成

自从 Mobil Oil 公司首先报道微波可用于分子筛合成后[70]，许多研究相继报道用微波技术成功地合成出 A 型分子筛、X 型分子筛、Y 型分子筛、ZSM-5 型分子筛、中孔 MCM-41 分子筛以及 CoAPO-44，CoAPO-5、AlPO$_4$ 等分子筛。微波辐射在分子筛合成过程中主要应用于其晶化阶段，与传统加热方法相比较，不但可节约能源、节省合成时间，还可制得均匀性好的制品。下面为一些制备例子[71]。

（1）NaX 分子筛的合成

NaX 分子筛在结构上与天然八面沸石相似，其化学组成具有以下通式：

$$Na_2O \cdot Al_2O_3 \cdot 2.5SiO_2 \cdot 6H_2O$$

合成 NaX 型分子筛的反应混合物的组成范围较窄，一般只有在以下配比范围内可以生成纯的 NaX 分子筛：

$$SiO_2/Al_2O_3 = 3 \sim 5$$
$$Na_2O/SiO_2 = 1 \sim 1.5$$
$$H_2O/Na_2O = 35 \sim 60$$

NaX 分子筛的微波法合成是以工业水玻璃作硅源，铝酸钠作铝源，以氢氧化钠调节反应物的碱度，按一定配比将上述反应物料搅拌均匀，在一定 pH 值下成胶后封在聚四氟乙烯反应釜中，将釜置于微波炉中接受辐射，微波频率为 2450MHz，以一定功率辐射约 10~30min。然后冷却、过滤、洗涤、干燥，即制得 NaX 分子筛原粉。而用传统的电烘箱加热方法在 100℃下需晶化 17h 才能得到 NaX 分子筛。用微波法合成的 NaX 分子筛与传统法合成的产品相比，不仅粒度细而均匀，而且比表面积增大一倍，用作催化剂或载体时更具优势。

（2）Y 型分子筛的合成

Y 型分子筛在结构上也和天然八面沸石相类似，但在化学组成上与 NaX 分子筛不同，其通式为：

$$Na_2O \cdot Al_2O_3 \cdot (3\sim6)SiO_2 \cdot (1\sim9)H_2O$$

当硅铝比在 3.9 以下时，称为低硅 Y 型分子筛，而硅铝比在 4.0 以上时称为高硅 Y 型分子筛。Y 型分子筛广泛用作炼油及石油化工的催化剂及吸附分离剂。

微波法合成 Y 型分子筛方法与 NaX 分子筛相似，将硅源、铝酸钠、氢氧化钠等原料以一定比例搅拌混匀，在一定 pH 值下成胶、老化后，倒入聚四氯乙烯反应釜中，将釜置于微波炉中接受辐射，微波频率为 2450MHz，在 100~120℃下加热 10min，然后冷却、过滤、洗涤、干燥，即可制得具有以下组成的 Y 型分子筛：

$$x\mathrm{SiO_2\text{-}Al_2O_3} \cdot y\mathrm{Na_2O} \cdot 40y\mathrm{H_2O}$$

其中，$x=5\sim30$，$y=3\sim10$，所得产品颗粒小且均匀，最大粒径为 $0.5\mu m$。用这种方法制取 Y 型分子筛时，晶化时间只需 10min，而传统方法需要 $10\sim50h$，并避免了脱铝过程，所得分子筛无传统加热方法中经常出现的杂晶。

（3）中孔 MCM-41 分子筛的合成

MCM-41 分子筛是一类以表面活性剂季铵碱或季铵盐为模板剂，液晶模板机理合成，孔道六方有序排列、孔径大小可因合成条件调节的中孔硅铝分子筛材料。其孔径可以在 $1.5\sim30nm$ 范围内调节，最典型的孔径为 4nm。介孔孔道的纵横比可以很大，孔壁厚度为 1nm 左右，比表面积可达 $1200m^2/g$ 以上。

MCM-41 分子筛所具有的酸性为中强酸，适合裂化烃类大分子，可望用于渣油的裂化中多产馏分油，以提高目的产物的选择性，也可用于离子交换、吸附分离等领域。

MCM-41 分子筛的制备普遍采用水热合成法，因反应混合物配比不同，以及采用的反应温度不同，晶化时间为几到几十小时不等。而用微波法合成 MCM-41 分子筛，可大大缩短晶化时间，简化操作过程。下面是以硅溶胶为硅源、溴代十六烷基吡啶为模板剂，采用微波辐射法合成 MCM-41 分子筛的示例[72]。

先配制 40mL pH 值约为 12 的氢氧化钠水溶液，在搅拌下将一定量的溴代十六烷基吡啶及铝酸钠溶于氢氧化钠水溶液中。再将 5.0mL 硅溶胶滴加至上述物系中进行成胶。成胶结束后继续搅拌 1h，将此分子筛前体转移到微波反应釜中，将反应釜置于微波炉中接受微波辐射。微波反应釜压力为 0.2MPa。微波反应系统带有恒压控制系统，试验时通过控制反应釜的自生压力来间接控制温度，晶化反应时间为 120min。晶化结束后冷却，生成物用脱离子水反复洗涤多次，并在离心沉淀机上高速离心分离至澄清液的 pH 值<9。然后在空气中于 100℃干燥，即制得 MCM-41 分子筛原粉。将原粉经 200℃焙烧 2h，再升温至 550℃焙烧 4h，即制得 MCM-41 分子筛成品。

在溴代十六烷基吡啶/Si 比为 $0.1\sim0.5$、反应压力 0.2MPa、晶化时间 120min 的条件下，所得 MCM-41 分子筛产品的晶形以球状为主，晶粒大小为 $0.5\sim2.0\mu m$，分布均匀。如采用同样配比的反应混合物，采用传统的电烘箱加热晶化方法，在 80℃下晶化时间需 72h。可见采用微波法可大幅地节约操作时间及能耗。

2. 在催化剂载体上负载活性组分

负载型催化剂是指活性组分、助催化剂及载体组合一起的一类固体催化剂。活性组分负载在载体上的分散度会直接影响催化剂的活性、选择性及使用寿命。浸渍法、离子交换法等是在载体上负载活性组分的常用方法，与这些传统制备方法比较，采用微波辐射将无机金属盐类负载于载体上的制法有以下特点：①负载量及分散度高；②效率高，处理时间短（$10\sim20min$）；③处理样品过程简单，可采用固相反应法处理；④无机金属盐易于分散在多孔分子筛上。如稀土 Y 型分子筛是优良的催化裂化催化剂，工业上采用的制备方法是将稀土盐与 NaY 型分子筛在水溶液中进行多次离子交换。如采用微波辐射条件下进行交换，不仅交换度可提高 20% 以上，而且交换时间也可大为缩短（见表 4-35）[73]。

表 4-35　活性组分在 Y 型分子筛上的不同负载方法

交换条件	La(NO₃)₃溶液浓度/(mol/L)	固液比	交换温度/℃	交换时间/min	交换度/%
常规离子交换	1.0	1.10	373	60	62.32
微波辐射	1.0	1.10	373	20	82.50

注：固液比系指固体质量(g)与液体体积(mL)之比。

又如，Cu^{2+} 交换的 NaZSM-5 分子筛对 NO 分解反应具有很好的催化活性，但反应活性及选择性取决于 Cu^{2+} 的负载量，采用常规的离子交换法可制得 $n(Cu)/n(Al)$ 接近 1 的 CuZSM-5 分子筛；而采用微波辐射技术则可制得 $n(Cu)/n(Al)$ 为 7.5 的 CuZSM-5 分子筛，可见使用后者的方法可显著提高 Cu 的负载量。

4-9　冷冻干燥法制备催化剂

4-9-1　冷冻干燥技术特点

冷冻干燥法是 20 世纪初发展起来的，开始用于保存生物样品，以后用于药品及食品工业，如用于血浆、咖啡、奶粉、干蔬菜等的制备及生产。由于冷冻干燥法可以直接从溶液中提取细小、分散均匀、不团聚的超细粉(包括纳米粉末)，因此此技术在冶金、陶瓷材料科学中用来制取极细的粉状金属、合金及氧化物。以后，冷冻干燥法又逐渐应用于催化领域，用于制取高比表面积的催化剂，如 Ni-Co 氧化物催化剂、汽车尾气净化用的稀土复合氧化物催化剂、介孔碳及 SiO_2 气凝胶等。用冷冻干燥法制备催化剂具有以下特点：

① 能制备粒子大小在 10~500nm 的极细粉催化材料。

② 产品组成十分均匀，最终产品与初始溶液的均匀性相同，可达分子程度。

③ 产品质量可由所用试剂纯度精确控制，由于不需要人工或机器研磨，可避免产生污染。

④ 产品比表面积大。用常规法制取氧化物催化剂时，为了保证充分的离子间相互扩散，需采用高温焙烧工序，但高温焙烧会使催化剂的比表面积下降。而冷冻干燥法因冰升华时留下细孔，在焙烧前已是十分均匀的多孔极细微粒，故无需高温即可达到要求。由于焙烧温度降低，催化剂比表面积也就增大。

⑤ 冷冻干燥技术具备设备简单、操作简单、技术要求不高等优点。

尽管如此，冷冻干燥技术目前还存在以下不足之处：

① 利用冷冻干燥技术制备催化材料的研究工作在理论及工艺上还存在许多要解决的问题，如关于喷雾冷冻造粒过程中的气液两相流动雾化理论、雾滴喷入液氮时的急冷炸裂理论、冰珠超急速传热时应力的产生及分布理论等都还需进一步扩展。

② 在制备工艺上，由于不同材料性质和要求上的差别，适合于工业化生产的冷冻干燥过程的加热方式、防止粉体飞散的方法等问题还需进一步解决。

③ 多数研究工作及制备方法目前主要限于实验室小规模试验阶段，存在着成本高、效率低的缺点。

4-9-2　冷冻干燥原理

物质有固、液、气三种聚集态，物质的每一种聚集态只可能在一定的外部条件下，即在一定的温度、压强范围内存在。当想从某种溶液中提取某种以颗粒状存在的物质时，简单的方法之一是直接把水分除去，剩余的即为所需的无水物，如将盐水晒干、煮干可得到盐等。这种方法的特点是将水分从溶液中蒸发掉，但直接蒸发除去水分时，所得产物往往是团聚板结的块状物质。这是由于粒子在聚沉过程中为降低表面能，表面还吸附大量分散介质(水)，相应地产生大量的毛细管，在干燥过程中由于表面张力及表面能的作用使粒子收缩聚结，从而发生颗粒间的团聚。因此，采用常规的由液态蒸发变为气态的干燥方法所制取的粉体一般都团聚严重，需经过粉碎或球磨等工艺分散成细小颗粒后再投入使用。

　　冷冻干燥法的特点是利用水的三相点，将水分通过升华除去。常规水分干燥工艺实质上是液体→气体的过程，而冷冻干燥过程是液体→固体→气体的过程。

　　图 4-48 为水的相平衡图，图中，OL、OK 及 OS 三条曲线将相图分为液相、气相及固相三个区域。OL 曲线为液-固两相平衡共存的状态；OK 曲线为气-液两相平衡共存的状态；OS 曲线为气-固两相平衡共存的状态，这时的水蒸气压强为水的饱和蒸气压。三条曲线将图面分为三个区，分别称为液相区、气相区及固相区。K 为水的临界点，K 点温度为 374℃，压力为 $2.11×10^7$Pa，在此点液态水不存在；O 点为三条曲线的交点，即三相点，三相点温度为 0.01℃，压力为 610.5Pa，是水的三相平衡共存的状态。对于一定的物质，三相点是不变的，即存在一定的温度及压强。

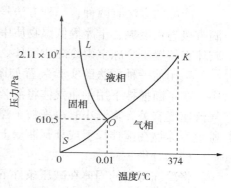

图 4-48　水的相平衡图

　　升华是物质从固态不经液态而直接转变为气态的现象，从图 4-48 可知，只有压力低于三相点压力以下，升华才有可能发生，当压力高于三相点压力时，固态转变为气态必须经过液态方能达成。

　　溶液冷冻时一般不是在某一固定温度完全凝结成固体，而是在某一温度下开始析出晶体，随着温度下降，晶体数量不断增多，直到全部凝结。因此，溶液并不是在某一固定温度时凝结，而是在某一温度范围内凝结。当冷却时开始析出晶体的温度称为溶液的冰点，而溶液全部凝结的温度称作溶液的凝固点。因为凝固点就是融化的开始点(即熔点)，对于溶液来说也就是溶剂和溶质共同熔化的，故称作共熔点。在此温度以下，有关组分均呈固相，所以此温度也称作低共熔点。

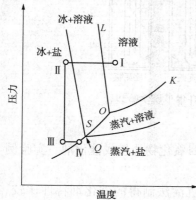

图 4-49　冷冻干燥法制催化剂
原理示意图

　　用冷冻干燥法制备催化剂的技术关键是：①必须在低共熔点 Q(见图 4-49)以下升温，因为 Q 点以上会出现液相，熔化会使粒子长大，产生溶质分离，从而使产品不均匀；②溶液必须骤冷，这样可使溶质离子快速被冰晶固定，使盐浓度变化减到最小，以保证冷冻物的均匀性，从而使最终产物粒子既细又均匀；③过程中要避免由于相变和粒子生长引起产物组成分离。

　　这样，按所需组成配制的一种或几种可溶性金属盐(硝酸盐、硫酸盐、碳酸盐等)溶液，自图 4-49 中由 Ⅰ 骤冷到Ⅱ，使成冰冻状态，再由Ⅱ减压到低于 Q 点的Ⅲ，最后在减压下慢慢由Ⅲ升温到Ⅳ，此时冰升华，留下多孔的金属盐微粒，最后将冷冻干燥产物热分解、焙烧成金属复合氧化物[74]。

4-9-3 冷冻干燥法制备催化剂的主要步骤

（1）原料配制

按所期望制得的微粉或催化剂配制前驱体的溶液（通常为可溶性无机金属盐溶液）或胶体。例如配制浓度为 2mol/L 的各种硝酸盐溶液，按所需比例计量混合，配成总阳离子浓度为 1mol/L 的混合溶液。

（2）冷冻

冷冻的方法有两种，一种方法是利用雾化装置将溶液或溶胶喷吹雾化，雾化后的微小液滴直接进入液氮、干冰等低温物质中，被急冻成溶液的固体小颗粒；另一种方法是将溶液或胶体直接置于冷冻室内冷冻成固体。

采用前一种方法的实验装置如图 4-50 所示。在杜瓦瓶中注入液氮，溶液放入喷雾器中，在不断搅拌下用钢瓶气体将混合溶液喷入液氮中，喷雾时产生的雾滴大小与喷嘴直径及气流速度有关。雾滴小时冷冻粒子浮于液氮面上，雾滴大时冷冻物沉入杜瓦瓶底。喷雾时要避免冷冻物在搅拌棒上或杜瓦瓶壁上结块，如结成大块会使后续的干燥过程减慢。

（3）升华

将冷冻得到的固体在减压条件下进行冷冻干燥，使溶剂升华，溶质析出。实验装置如图 4-51 所示。先将冷冻物与液氮分离，移入已用液氮冷却的样品瓶中。样品瓶连入真空系统，然后抽气。抽出的水汽用两个液氮冷阱捕集。样品温度依次由 -190℃ → -80℃ → -50℃。在 -50℃ 恒温下抽气。直至样品变松变干，待体系压力下降到 0.667Pa 时，再将样品逐渐升至室温。最后慢慢升温到 60℃。至压力 <0.133Pa 后，在 60℃ 恒温下再抽气 1h，即可制得蓬松多孔的干燥硝酸盐均匀混合物。

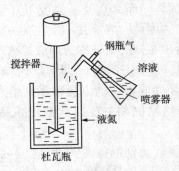

图 4-50　冷冻实验装置

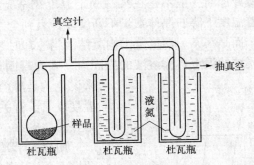

图 4-51　升华干燥实验装置

（4）热分解、焙烧

将升华干燥产物在一定温度下热分解、焙烧即可制得金属氧化物微粉或催化剂。实验例中热分解温度为 300℃ 恒温 4h，焙烧温度为 700℃ 恒温 2h。

表 4-36 示出了以稀土硝酸盐为原料用冷冻干燥法与共沉淀法制得的催化剂特性比较。从表中看出，冷冻干燥法的焙烧温度低，比表面积大，催化活性高。其中由冷冻干燥法制得的 $LaCu_{0.5}Mn_{0.5}O_3$ 催化剂的比表面积比共沉淀法提高约 17 倍。在转化率相同的条件下，反

应温度下降约 130℃。图 4-52 为用冷冻干燥法制备的催化剂活性，其中 LaCu$_{0.5}$Mn$_{0.5}$O$_3$ 及 Pr$_{0.7}$Sr$_{0.3}$MnO$_3$ 催化剂的活性相近而且均较高，La$_{0.5}$Sr$_{0.5}$MnO$_3$ 的活性低一些。

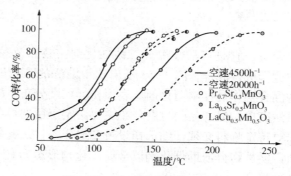

图 4-52　CO 转化率和温度关系

表 4-36　不同制备方法的催化剂特性

催化剂组成	冷冻干燥法			共沉淀法		
	焙烧温度/℃	比表面积/(m²/g)	80%CO 转化时的温度/℃	焙烧温度/℃	比表面积/(m²/g)	80%CO 转化时的温度/℃
La$_{0.5}$Sr$_{0.5}$MnO$_3$	700	25.90	167.8	1100	4.14	215.9
Pr$_{0.7}$Sr$_{0.3}$MnO$_3$	700	46.86	119.6	1600	3.31	160.5
LaCu$_{0.5}$Mn$_{0.5}$O$_3$	700	26.35	113.7	1100	1.56	240.5

注：催化剂用于汽车尾气中的 CO 转化。

4-10　混合法制备催化剂

混合法是制备多组分工业固体催化剂最简便的方法。该法是将两种或两种以上的活性组分，以粉状细粒子形态在球磨机或碾压机上经机械混合后，再经成型、干燥、焙烧和还原等操作制得产品。传统的合成氨和合成硫酸催化剂就是用这种方法生产的。

混合法制备催化剂的关键操作之一是混合操作：混合操作的第一个目的是保证催化剂各个组分能充分混合均匀。混合是否均匀除与所采用的设备类型有关外，还与物料颗粒所具有的形状、粒度、粒度分布、密度、流动性、表面性质及所添加的助剂等有关。混合是否均匀，不能以每批产品或半成品的平均样的化学分析数据与配料是否一致来确定。因为化学分析的取样方法所得的分析结果是整批产品的算术平均值，例如，取 1000 颗催化剂，按四分法取平均样分析，即使分析结果与配料比例一致，也还无法确定各个颗粒之间是否一致，如果不一致，就会影响催化剂的质量。因此，对于某种特定的混合设备，通常需作必要的多次实验，通过在不同部位及不同混合时间取样分析，以得出合适的工艺条件，即加料量、加料顺序、助剂添加量、混合时间等。通常，在其他条件固定时，总是混合时间越长越均匀。但在达到一定时间后，再延长也无多大实际意义。如果物料的均匀度不随混合时间的增加而提高，分析方法确实是正确时，那就应该考虑混合设备的结构问题，或改变操作方法。

混合操作的第二个目的是增加催化剂的机械强度，这对采用碾压机混合时尤其如此。此外，添加助剂(如黏合剂、润滑剂等)的性质及用量对机械强度有一定影响。

混合法的特点是过程简单、操作方便、产品化学组成稳定，但它毕竟是一个物理混合过程，所以催化剂组分间的分散程度不如沉淀法及浸渍法。根据被混合物料相态的不同，混合法又可分为干混法及湿混法两类。

4-10-1　干混法

干混法又称机械混合法，它是将活性组分、助催化剂、载体及黏结剂等组分加入混合器、研磨机或碾压机中进行机械混合，图4-53示出了干混法的工艺过程示意图。采用这种方法制备催化剂，研磨混合操作是控制催化剂比表面积、粒度分布、机械强度及催化活性的关键步骤。此法操作虽然简单，但产品的粒度分布主要决定于所选设备的类型、研磨时间以及产品本身性质，所以对特定物料必须仔细选择设备和操作条件。此外，干混法通常采用先成型后焙烧的工艺，所以活性组分或助催化剂以金属氧化物形态为宜，如采用易分解的金属盐类，就容易造成催化剂碎裂。

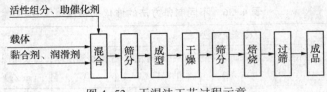

图4-53　干混法工艺过程示意

机械混合法也可以用于制备纳米催化材料，它是将金属氧化物或无机金属盐按一定比例充分混合、研磨后进行高温焙烧，发生固相反应后，直接或再研磨而制得超微粒子的催化材料；也可将碳酸盐、草酸盐混合后通过热分解反应，再经研磨，从而制得无机非金属氧化物纳米粒子，这种制备超细催化材料的方法也称作固相合成法。它主要是利用高性能球磨设备对需混合的宏观尺寸的物体进行球磨，以达到物料尺寸减小化的目的，形成混合物或合金。

如对一定量的Ni、Al、Ti等金属粉末混合体在不同球磨时间的X射线衍射谱分析发现，纳米晶相是在球磨过程中缓慢形成的。在球磨初期，只有镍、铝、钛元素衍射峰的存在，并无新相形成，只是粉末经历应变及晶粒细小的过程。当球磨时间足够长（如100min），原位热分析可监测到大量热量的释放，说明粉末混合体系中发生了一个放热的化学反应。对刚反应完成的粉末进行X射线分析表明，绝大部分粉末已转变为NiAl及TiAl化合物，只有少量的元素粉末依然存在。如再进一步球磨，NiAl及TiAl化合物的衍射峰会逐渐宽化，强度提高。

高能球磨法也用于制备非晶态合金催化剂。例如，将细度为200目的镍粉和铌粉以原子比为60：40的配比加入微粉球磨机中，在氩气保护下球磨10~12h，再加入重量为合金60%的硅胶，再继续球磨1~2h，就能方便地制得Ni-Nb非晶态合金材料。将其用氢气还原后，可用作苯乙烯加氢用催化剂。在镍粉及铌粉研磨过程中，加入非金属氧化物SiO₂的作用是：SiO₂既可用作非晶态合金的负载材料，而且它与球磨机缸壁和钢球的亲和力很小，从而可提高金属粒子的分散性，增强Ni和Nb的接触机会，加快合金的非晶化速度。

用混合球磨的方法制备超细催化材料时，具有工艺简单、产量高等特点，但要制备出分布均匀的超细粉体则并不是一件易事，球磨过程中还会产生介质的表面和界面污染问题，空气气氛中的氧、氮等对球磨粉体的化学反应、掺杂等会影响制品性能。

4-10-2　湿混法

湿混法也称混浆法。此法是将一种固态组分与其他几种活性组分的溶液捏和后，再经成型、干燥、筛分、焙烧等工艺制得成品。图 4-54 示出了硫酸生产用氧化钒催化剂的制备工艺过程。将预先制备好的 $V_2O_5+K_2SO_4$ 混合浆液与已精制的硅藻土加入适量水及硫黄，在轮碾机中经充分碾压成可塑性物料，然后加入螺旋挤条机中成型 5mm 的圆柱体，通过链式干燥机干燥后经过筛送入高温窑中焙烧，最后经过筛、包装即得成品。

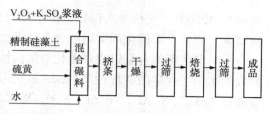

图 4-54　氧化钒催化剂制造工艺示意

在氧化钒催化剂制造过程中，焙烧工艺条件的控制十分重要，一般焙烧温度为 500～550℃，焙烧时间为 90min。通过焙烧，可以除去造孔剂硫黄和杂质有机物，并形成良好的孔结构，使 V_2O_5 与 K_2SO_4 共熔并在载体上重新分配，同时提高催化剂的机械强度。

如上所述，在用混合法制备催化剂时，都需经过热分解或焙烧工序。固体的热分解是吸热和体积增大的反应，提高温度及降低压力都有利于热分解反应的进行，而影响热分解的因素很多，如对多价氧化物，分解温度不同，所得到的氧化物价态也会有所区别。以 CrO_3 热分解为例，铬有 +2、+3、+4、+5、+6 多种氧化值，CrO_3 的热分解温度为 434～511℃，在低于这一温度时就会生成其他价态的氧化物：

$$CrO_3 \rightarrow Cr_2O_4 \rightarrow Cr_2O_5 \rightarrow CrO_2 \rightarrow Cr_2O_3$$

所以用混合法生产金属氧化物催化剂时，由于焙烧温度不同，有些金属化合物可能生成多种金属氧化物。因此制备条件，特别是焙烧温度及气氛对产物的性质及状态有较大影响，需要严格控制这些制备条件，才能制得预期质量的催化剂。

4-11　沥滤法制备催化剂

沥滤法是为制备骨架催化剂而创立的方法。这种方法是将具有催化活性的金属（如 Ni、Co、Cr、Cu 等）与能溶于碱的金属（如 Al、Si）熔融制成合金，再粉碎成粉末，然后用碱沥滤出不需要的金属组分，即得到有骨架结构的金属。这种金属呈现很高的加氢、脱氢、氧化、脱硫等催化活性，特称为骨架催化剂。

Raney 于 1925 年首先用沥滤法从 Ni-Al、Ni-Si 合金制得骨架镍催化剂，故又称雷尼镍或 Raney 镍，1934 年 Fisher 用沥滤法由 Ni-Co-Si 三元合金制得 Ni、Co 骨架催化剂，以后许多骨架催化剂，如 Co、Cu、Fe、Mn、Cr、Ru 及 Ni-Cu、Ni-W、Ni-Mo、Ni-Fe 等都是采用沥滤法制造，而工业上应用最多的则是骨架镍催化剂，如用于不饱和化合物的加氢、芳香族化合物的加氢、杂环化合物的加氢、羰基化合物的加氢及油脂加氢等，也可用于脱氢、脱卤、脱硫及脱水等反应。

骨架催化剂的制备一般可分为合金制取、合金粉碎及合金溶解等几个步骤[75]。

4-11-1　合金的制备

合金是指一种金属与另一种金属所组成的具有金属通性的物质，制备骨架催化剂的合金一般是将活性组分的金属和不活泼的金属在高温下混合熔融后制成，溶出金属以 Al 用得最多，因为它和其他金属制成合金时，会产生大量的反应热，这样容易制成合金。例如制备 Ni-Al 合金时，镍的熔点虽为 1452℃，但无需将它单独熔融，可先将铝（熔点为 650℃）加热至 400~1200℃，然后加入镍粒，由于反应放出热量，温度上升到 1500℃左右，合金就很容易制成。制备骨架催化剂常用的合金种类如表 4-37 所示。

骨架催化剂的合金组成对催化剂的活性有很大影响，其中最直接的因素是合金组成中各组分的比例、合金的物理性质（如结晶状态、硬度、脆性、粉碎及分散性能）等。如 Ni-Al 合金有 $NiAl_3$、Ni_2Al_3、Ni_2Al、$NiAl_2$ 及 $NiAl$ 等多种金属化合物，当用含 Ni 质量分数为 30%~50% 的合金（富含 $NiAl_3$），可制得活性较高的催化剂。而当含 Ni 量超过 50% 时，所得催化剂的活性反而与 Ni 含量成反比例地降低。在 Ni 含量达到 65%~70% 时，即成为 NiAl 组成的稳定金属化合物，用碱处理也不发生分解，因而也就不能制得有催化活性的 Ni 催化剂。

表 4-37　骨架催化剂常用合金种类

二元合金	活性金属	Ni、Fe、Co、Cr、Mn、Ag
	溶出金属	Al、Si、Zn、Mo 等
三元合金	活性金属（二元）	Fe-Ni、Ni-Cu、Fe-Co、Ni-Co、Ni-W、Ni-Mo、Ni-Ag 等
	溶出金属（一种）	Al、Si、Sn 等
	活性金属（一元）	Ni
	溶出金属（二种）	Al-Si、Al-Zn 等

此外，在用熔融法制取合金时，选择适合的合金冷却条件也十分重要。因冷却温度会影响合金的显微组织，只有在缓慢冷却的过程中，合金才能形成完好的晶格。如果冷却速度过快，合金会产生很大的内部应力，造成晶格不完整。

4-11-2　合金的粉碎

上述制得的合金，直接用碱处理时会影响碱溶效果，所以需先进行粉碎。合金粉碎的难易程度主要取决于组成。如含 Ni 及 Al 各为 50% 的合金，其性脆而易于粉碎，而随着含 Al 量的增加，合金会变得非常坚硬，甚至将其破碎为大块也会有困难。为了制备小颗粒的合金，也可用锍床将其锍成碎片。

4-11-3　合金的溶解

为了制备有催化活性的催化剂，需要将合金中无催化活性的物质（如 Al、Si 等）溶出。最常用的方法是用氢氧化钠溶液将非活性物质溶出。

氢氧化钠用量为所处理合金质量的 2%~5%，溶液浓度为 20%、25%、30% 等。氢氧化钠用量与合金中 Al 含量的关系，理论上可由下述反应式推算出：

$$2Al + 2NaOH + 2H_2O \longrightarrow 2NaAlO_2 + 3H_2 \tag{4-46}$$

而实验用碱量应为计算值的 140%~190%。

在溶解的初始阶段，溶解伴随着氢气和大量热的放出，因此需要外加冷却系统。而在溶解最后阶段，为了将合金中的铝完全溶出而需要加热。溶解的温度对于催化剂的活性影响很大，一般认为，温度低可以使催化剂含氢量大，而催化剂表面含氢量大时，其催化活性就高，这是由于氢是催化剂活性表面的必要组分。此外，碱浓度对骨架镍的晶粒大小会产生影响，表 4-38 示出的即为颗粒分散度与浸渍合金时的温度和碱溶液浓度之间的关系。

用碱处理后的合金，有的将铝全部溶出，也有的未完全除去，这需视对骨架催化剂的要求而定。通常经碱处理后的骨架催化剂上的活性组分十分活泼，在干燥状态下，与空气接触时会燃烧，这并不是金属本身的燃烧，而是吸附氢的燃烧，所以应采取措施，将氢部分除掉或除净。用水煮可使吸附氢除去，这种处理过程称为钝化。即使钝化后的骨架催化剂仍很活泼，还不能暴露于空气中放置，最好放在酒精、甲基环己烷、植物油等液体中，而且在使用催化剂时应在潮湿的状态放入反应器中。

表 4-38　颗粒分散度与碱浓度和溶解温度的关系

催化剂编号	NaOH 溶液浓度/%	溶解温度/℃	晶粒大小/nm
1	20	103~107	17.6
2	20	50	11.6
3	20	20	10.3
4	20	10	8.8
5	10	50	9.9
6	10	20	5.2

4-11-4　骨架催化剂制备示例

1. 实验室制备法

在 2L 的瓷烧杯中加入 190g NaOH 及 750mL 去离子水，瓷烧杯上装有强力搅拌器(采用防爆电机传动)。在冰浴中将 NaOH 溶液冷却至 10℃后，在搅拌下逐渐少量加入 150g Ni-Al 合金(1∶1)，并注意使氢氧化钠溶液温度不超过 25℃。操作时如发生因 H₂ 的生成而引起泡沫溢出时，可加入 1mL 正辛酸消泡剂，以消除泡沫。在 1h 左右加完 Ni-Al 合金后停止搅拌。从冰浴上取出烧杯并在常温下放置，当 H₂ 的发生停止后，再将烧杯放入热水浴中加热至 90~95℃，开始加热时不可太猛，否则会因激烈反应而使泡沫溢出，直至 H₂ 的生成结束而变为平静状态为止。在加热过程中应经常补加去离子水，使溶液的体积保持不变。

加热结束而使 Ni 产生沉淀后，倾出大部分溶液，然后重新加入去离子水到原来的体积，充分搅拌后再使 Ni 沉淀。用相同方法除去上部澄清液后，然后加水将催化剂移入 1L 烧杯中，除去上部澄清液，并向其中加入溶有 25g NaOH 的 250mL 水溶液。充分搅拌，再静置并除去上部澄清液，再次用水洗涤至洗液对石蕊呈中性为止。为了彻底除尽碱，还需用脱离子水多次洗涤，即每次用 750mL 去离子水洗涤催化剂 10~20 次。倾出洗涤水后，再用 100mL 95%乙醇洗涤 3 次，用无水乙醇洗涤 3 次。最后将催化剂保存在充满无水乙醇的带盖玻璃瓶中，因催化剂很易着火燃烧，应低于液面下保存，并避免与空气接触。催化剂可密封保存 6 个月，但其活性会逐渐下降。催化剂用于加氢反应时，可采用甲基环己烷为溶剂。

2. 苯加氢制环己烷用钝化型骨架镍催化剂制法

环己烷是重要的石油化工中间产品之一，大部分用于制造己二酸、己内酰胺及己二胺，少量用于制造环己胺及用作纤维素醚类、树脂、沥青、蜡类等的溶剂。工业上生产环己烷的方法有从石油分中蒸馏分离出环己烷的蒸法及苯加氢制环己烷的方法。而目前极大部分环己烷是通过苯加氢制得的。而苯加氢制环己烷的方法也很多，其区别只在于催化剂性质、操作条件、反应器型式及反应热移出方式等的不同。通常又可分为液相法及气相法两大类。其中 IFP 法是法国石油研究院(简称 IFP)开发的悬浮液相加氢法，在骨架镍催化剂存在下生产高纯度的环己烷，其反应式为：

$$\text{C}_6\text{H}_6 + 3\text{H}_2 \longrightarrow \text{C}_6\text{H}_{12} \tag{4-47}$$

苯与氢在 2.5~3.0MPa 压力、220℃的工艺条件下，经催化剂作用生成环己烷。我国辽阳石油化纤公司有一套采用 IFP 法生产环己烷的装置，其所用钝化型骨架镍催化剂的制造工艺过程示意如图 4-55 所示。

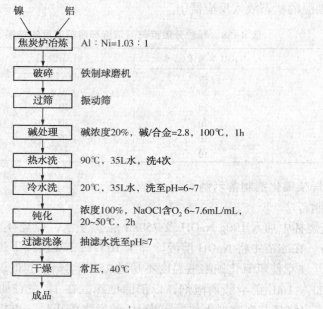

图 4-55　钝化型骨架镍催化剂制造工艺过程示意

4-12　熔融法制备催化剂

　　熔融法是借高温条件将催化剂组分进行熔合，使其成为氧化物固溶体、合金固溶体等均匀的混合体，在熔融温度下，金属或金属氧化物均呈流体状态均匀混合或发生晶相转变，并使各种助催化剂组分分布于主活性相上，冷却后形成混晶或固溶体。熔融法制备催化剂虽然应用不太普遍，但对某些催化剂，如氨合成催化剂的制备还是十分重要的。前述沥滤法制造骨架催化剂时，熔融制合金也是十分重要的一个步骤，下面以氨合成催化剂为例，说明熔融法制造催化剂的工艺过程。

　　合成氨是化学工业的支柱产业，合成氨极大部分用于制造氮肥，也用于制造硝酸、铵盐、氰化物及用作冷冻剂等。

　　目前，氨合成催化剂主要是以金属铁为主要成分。工业用铁系氨合成催化剂一般都是用熔融法制取，所得产品也称为熔铁催化剂，熔融操作可在电阻炉、电弧炉及感应炉中进行，工业上以采用电阻炉较为普遍。熔融温度一般为 1550～1600℃。

　　工业合成氨催化剂是由具有一定 Fe^{2+}/Fe^{3+} 值的铁氧化物和少量助催化剂所组成。由铁氧化物还原得到的 α-Fe 是氨合成的主催化剂，但由纯铁氧化物还原而得的催化剂在合成氨过程中很易失活，而少量以助催化剂形式加入的 Al_2O_3、K_2O、MgO、SiO_2、CaO 等难熔金属氧化物，虽然对氨合成不具催化活性，但对最终催化剂的性能有重大作用。它们可以改善 α-Fe 的催化活性，增强催化剂的耐热性及抗毒能力，防止活性铁的微晶在还原时及使用过程中长大，延长催化剂使用寿命。

制备经典 Fe_3O_4 基催化剂时，原料磁铁矿在高温熔融条件下与还原剂发生下述反应：

$$Fe_2O_3 + 还原剂 \longrightarrow Fe_3O_4 \tag{4-48}$$

$$Fe_3O_4 + 还原剂 \longrightarrow FeO \tag{4-49}$$

反应式(4-48)是制备 Fe_3O_4 基催化剂的主要反应。由于磁铁矿中 Fe_2O_3 的含量很低，因此 Fe_3O_4 基催化剂的制备主要是物理熔融过程。一般工业用 Fe_3O_4 基催化剂要求 Fe^{2+}/Fe^{3+} 在 0.5~0.7 之间，但在精制的磁铁矿中 Fe^{2+}/Fe^{3+} 在 0.5 以下，加上 Fe^{2+} 极易被空气中的氧进一步氧化为 Fe^{3+} 而使铁比进一步下降：

$$2Fe_3O_4 + \frac{1}{2}O_2 \xrightarrow{加热} 3Fe_2O_3 \tag{4-50}$$

因此在熔炼过程中，必须加入还原剂来调节 Fe^{2+}/Fe^{3+}，所用还原剂可以是铁条、铁粉等纯铁，也可以是碳物质，其反应有：

$$4Fe_2O_3 + Fe \xrightarrow{加热} 3Fe_3O_4$$

$$Fe_2O_3 + Fe \xrightarrow{加热} 3FeO$$

$$6Fe_2O_3 + C \xrightarrow{加热} 4Fe_3O_4 + CO_2 \uparrow$$

$$2Fe_2O_3 + C \xrightarrow{加热} 4FeO + CO_2 \uparrow$$

生产熔铁催化剂的原料主要为天然磁铁矿，经球磨、分级、磁选及干燥等处理制成的精制磁铁矿，在催化剂含量中占 90%~95%。用作助催化剂的原料有 KNO_3、K_2CO_3、Al_2O_3、$CaCO_3$、MgO、$Ce(NO_3)_3$ 等及调节 Fe^{2+}/Fe^{3+} 用的纯铁等。

虽然不同型号的熔铁催化剂的化学组成及物化性质有所不同，但其制造过程大致分为以下步骤：

① 原料精制；

② 各种原料按配比混合；

③ 混合物料高温熔融；

④ 熔料排出及冷却；

⑤ 冷却物料破碎并筛分；

⑥ 还原(制备预还原催化剂)。

图 4-56 示出了熔融法制造熔铁催化剂的工艺过程示意[76]。

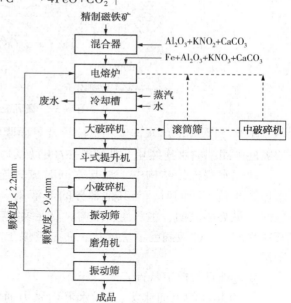

图 4-56　熔融法制造熔铁催化剂的
工艺过程示意

4-13　微乳液法制备催化剂

4-13-1　微乳液的基本特性

一般将颗粒大小在 0.2~50μm 之间，呈乳白色、不透明的液状体系称为"宏乳状液"，简称乳状液。1943 年，Schulman 等往乳状液中滴加醇，制得透明或半透明、均匀并长期稳定的体系，这种体系中分散颗粒很小，常在 0.01~0.20μm 之间，称其为微乳液。

微乳液是由水、油、表面活性剂及助表面活性剂等组分在适当配比下自发生成的一种外观透明、低黏度的热力学稳定体系。由于是自发形成的，不需要外功，故形成时需要的设备少、能耗低。常用的离子型表面活性剂（如羧酸盐、磺酸盐、硫酸酯及季铵盐）和非离子型表面活性剂（如聚氧乙烯基类），在适当的条件下都能生成微乳液[77,78]。

制备微乳液的关键是配方，它的性质只与配方有关，而与制备条件无关，即微乳液的形成主要依靠该体系中各种成分的匹配。

微乳液的结构有三种：水包油型（O/W）、油包水型（W/O）及油水双连续型。图 4-57 示出了微乳液的三种结构示意图。W/O 型微乳液是由油连续相、水核及界面膜三相组成，如图 4-57（a）所示，水核内含有少量助表面活性剂，油连续相内含有一些助表面活性剂与少量水，界面膜由表面活性剂与助表面活性剂组成，且体系中的表面活性剂仅存在于界面膜上。界面膜上表面活性剂与助表面活性剂的极性基团朝向水核，两者分子数之比一般为 1:2。

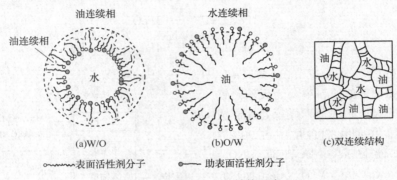

图 4-57　微乳液三种结构示意

O/W 型微乳液由水连续相、油核及界面膜组成，界面膜上表面活性剂与助表面活性剂的极性基团朝向水连续相，如图 4-57（b）所示。

油、水双连续结构中，油与水同时成为连续相。体系中任一部分油在形成油液滴被水连续相包围的同时，与其他部分的油液滴一起组成了油连续相，将介于液滴之间的水包围，最终形成油、水双连续结构。双连续结构具有 W/O、O/W 两种结构的综合特性。但其中水液滴、油液滴已不呈球状，而是类似于水管在油基体中形成的网络，如图 4-57（c）所示。

微乳液具有以下特性：

① 有超低的表面张力，油/水界面张力通常为 70mN/m，加入表面活性剂后能降低至 20mN/m，而在微乳液体系中，油/水界面张力可降至超低值 10^{-3}mN/m。

② 有很大的增溶量。O/W 型胶束对油的增溶量一般为 5% 左右，而 O/W 型微乳液对油的增溶量可高达 60% 左右。

③ 粒径小。胶束溶液的大小一般为 1~10nm，而微乳液液滴的大小一般为 10~100nm，介于胶束溶液与宏观乳状液之间。

④ 有良好的热力学稳定性。微乳液十分稳定，长时间放置也不会分层和破乳，如将它放置在超速离心机中旋转 5min 也不会分层，而宏观乳状液在这种条件下就会发生分层。

作为比较，表 4-39 示出了微乳液与宏观乳状液、胶束溶液之间的性质比较。

表 4-39 微乳液、宏观乳状液、胶束溶液的性质比较

项目	微乳液	宏观乳状液	胶束溶液
外观	透明或半透明	不透明	一般透明
质点大小	10~100nm	大于 0.1μm，一般为单分散体系	1~10nm
质点形状	球状	一般为球状	稀溶液中为球状，浓溶液中可呈各种形状
热力学稳定性	稳定，用离心机不能使之分层	不稳定，用离心机易于分层	稳定，不分层
与油、水混溶性	与油、水一定范围内可混溶	O/W 型与水混溶，W/O 型与油混溶	能增溶油或水直至达到饱和
表面活性剂用量	用量多，一般需加助表面活性剂	用量少，一般不需加助表面活性剂	浓度大于临界胶束浓度即可，增油量或水量多时要适当多加

4-13-2 微乳液形成机理

微乳液与普通乳状液在分散类型方面，虽然都有 W/O 型及 O/W 型，但微乳液与普通乳状液的根本不同是：①微乳液的形成是自发的，不需要外界提供能量；而普通乳状液的形成一般需要外界提供能量，如用搅拌、胶体磨处理等。②微乳液是热力学稳定体系，不会发生聚结；而普通乳状液则是热力学不稳定体系，在存放过程中会发生聚结而最终分成油、水两相。

关于微乳液的本质及形成机理有多种学说[79,80]，关于微乳液的自发形成机理，Schulman 等提出了瞬间负界面张力形成机理。这一学说认为，油/水界面张力在表面活性剂的存在下大大降低，一般为几个 mN/m，在这样低的界面张力下只能形成普通乳状液，但由于助表面活性剂的作用产生混合吸附，界面张力进一步下降至超低值(10^{-3}~10^{-5} mN/m)，以至产生瞬间负界面张力。由于负界面张力是不能存在的，因此体系将自发扩张界面，使更多的表面活性剂和助表面活性剂吸附于界面而使其体积浓度下降，直至界面恢复至零或微小的正值，这种由瞬间负界面张力而导致的体系界面自发扩张的结果就形成了微乳液。如果微乳液发生聚结，则界面面积缩小，又会产生负界面张力，从而对抗微乳液的聚结，以使微乳液保持其稳定性。

根据这一学说，助表面活性剂在微乳液的形成中是必不可少的。制备微乳液的助表面活性剂通常是中碳链(C_4~C_8)的直链醇，它主要有以下作用：

① 降低界面张力。微乳液的自发形成需要表面活性剂或其混合物吸附在油/水界面上，以降低其界面张力至最低值，甚至为负值；而使用单一表面活性剂时，常在界面张力降低至零值以前就已达到临界胶束浓度或受到溶解度的限制。适量加入助表面活性剂可使界面张力进一步降低直至负值。这时，界面扩展生成了完好的被分散相的液滴，引起更多的表面活性剂、助表面活性剂在界面上吸附，使得本体溶液中表面活性剂、助表面活性剂的浓度充分降低，界面张力重新成为正值，生成微乳液。

② 提高界面流动性。微乳液的液滴生成时，界面要弯曲，需要对界面张力和界面应力做功，由大液滴分散为小液滴时，需要界面变形、重组，这些都需要有界面弯曲能。助表面活性剂的加入，降低了界面的刚性，提高了界面的流动性，减少了微乳液生成时所需的弯曲能，从而使微乳液能自发形成。

③ 制备微乳液时，为使表面活性剂在油/水界面上具有强的吸附，需使用有合适的 HLB 值（亲水亲油平衡值）的表面活性剂；而当 HLB 值不合适时，可用助表面活性剂调整至适用的范围。

显然，表面活性剂是形成微乳液所必需的物质，其作用主要是降低界面张力和形成吸附膜，促进微乳液形成。表面活性剂的选择决定于所形成微乳的特性及使用目的。如 HLB 值为 4~7 的表面活性剂可形成 W/O 型微乳液，而 HLB 值为 9~20 的表面活性剂则可形成 O/W 型微乳液。

上述负界面张力学说虽然可以解释微乳液的形成和稳定性，但尚有许多现象还不能清楚地解释，如为什么微乳液有 W/O 型及 O/W 型，或者为何有时可能形成液晶相等，为此又有双重膜学说、几何填充或排列学说等，可参见相关文献[77, 81]。

4-13-3 微乳液法制备催化剂机理

如上所述，微乳液是由油（通常为碳氢化合物）、水（或电解质溶液）、表面活性剂及助表面活性剂（通常为醇类）组成的透明的、各向同性的热力学稳定体系。微观上是由表面活性剂界面膜所稳定的一种或两种液体的微滴所构成。根据油和水的比例及微观结构，又可分为 W/O 型、O/W 型及双连续结构微乳液。其中 W/O 型微乳液常用于制备纳米催化剂。这是因为在 W/O 型微乳液中，其水核被表面活性剂和助表面活性剂所组成的界面所包围，其大小可控制在几纳米至几十纳米之间，且彼此分离，是理想的反应介质。故可以将水核看作是一个"微型反应器"（或称作纳米反应器）。当微乳液体系确定以后，超细粉的制备就是通过混合两种不同的反应物实现的。

微乳液法制备催化剂目前主要用于制备负载型金属纳米催化剂、金属氧化物纳米催化剂及复合氧化物纳米催化剂等。

用微乳液法制备超细粒子催化剂时，需要了解并注意的事项是：①确定所需催化剂的组成及制备超细粒子所适合的化学反应，选择能增溶反应所用试剂的微乳体系，并确定构成微乳体系的各个组分（如油相、表面活性剂、助表面活性剂等）；②确定适宜的沉淀条件，以制得分散性好、粒度均匀的超细粒子，沉淀条件包括表面活性剂、助表面活性剂及反应物的浓度，表面活性剂与水的相对比值等；③确定适宜的后处理条件（如洗涤、干燥、焙烧等操作条件），以保证所得产品有良好的分散性及均匀性。

根据上述原理，用微乳液法制备超细催化剂粒子的一般方法是将催化剂的反应物溶解于微乳液的水核中，在快速搅拌下使另一反应物进入水核发生反应（如氧化还原、沉淀等），产生催化剂的前体或催化剂的晶粒，待水核内的粒子长到最终尺寸时，表面活性剂就会吸附在粒子表面，使粒子保持稳定并防止其进一步长大。微孔液中反应完成后，通过超离子或加入水和丙酮混合物的方法，使超细颗粒与微乳液分离，再用有机溶剂（丙酮、四氢呋喃等）洗涤，以除去附着在粒子表面的油和表面活性剂，最后在一定温度下干燥、焙烧制得纳米或超细催化剂。

4-13-4 微乳液法制备负载型催化剂示例

燃料电池不同于一般的蓄电池，其特点是电池的正、负极活性物质分别储存在电池本身之外的容器中，负极活性物质即燃料（将被氧化），正极活性物质通常为空气或氧（氧化剂），两者不断分别输入燃料电池的两极，将化学能直接转化为电能。由于它无排放污染，是一种理想的化学电源。其中直接甲醇燃料电池是一种以液体甲醇为燃料的质子交换膜燃料电池，具有比功率高、可低温启动及清洁环保等特点，有望作为电动汽车、电动摩托车及手提电脑、移动电话等的电源，具有广阔的应用前景。而催化剂是该电池的重要组件，所有催化剂主要是 Pt-Ru/C 催化剂，而 Pt 及 Ru 均为稀有金属，价格昂贵，因此限制其推广应用。本催化剂是以硝酸镍、硝酸锆为原料，以聚苯胺为载体，OP-10[辛基酚聚氧乙烯(10)醚]为表面活性剂，正戊醇为助表面活性剂，环己烷为油相，采用 W/O 型微乳法制得的 Ni-Zr/聚苯胺电催化剂。在 Ni 和 Zr 原子比为 1∶1 时，所得催化剂具有球形非晶态结构，在常温 2mol/L 的甲醇硫酸溶液中，催化剂呈现良好的电催化氧化性能，其氧化电位为 1.046V，氧化电流密度为 4.44mA/cm^2，具有成本低廉及催化性能好等特点。

　　催化剂制备方法如下[82]：先配制硝酸镍、硝酸锆的浓度为 0.1472mol/L，肼浓度为 1.5mol/L。将 13.8g 的 OP-10、41mL 的环己烷、1.5mL 的硝酸镍、1.5mL 的硝酸锆加入烧杯中混合搅匀。然后在搅拌下滴加适量的正戊醇，至体系澄清形成微乳液体系。再将微乳液转移至三口烧杯中并不断搅拌。同样称取 10.5g 的 OP-10 加入 2.4mL 肼溶液，物质的量约为反应物的 10 倍。将制得的微乳液慢慢加入上述微乳液体系中，约 1h 内加完，继续搅拌 3h。加入定量的聚苯胺，搅拌 12h。用丙酮在超声条件下破乳，高速离心分离。用大量丙酮、乙醇和去离子水清洗样品 3 次，滤干后在 40℃下真空干燥即制得负载型 Ni-Zr/聚苯胺电催化剂。

第5章 催化剂成型

5-1 成型的目的及对催化剂性能的影响

"成型"是一门古老而又新颖的技术，早在窑业制作陶器的时代就已采用成型技艺。随着生产和科学技术的发展，"成型"工艺已渗入许多重要行业，如建筑材料、耐火材料、医药、橡胶、塑料加工、电瓷、催化剂等工业。对催化剂成型技术更为深入的研究中，各种实验手段及近代分析测试仪器的使用，加强了对粉体微观纹理结构、组成及成型过程动力学、固体表面几何结构之间相互关系的认识，从而促进了粉体成型技术的发展。

如前所述，对一种工业多相催化剂而言，必须具备以下几个方面性能：①活性好；②选择性高；③活性稳定，使用寿命长；④具有适宜的物化性能（比表面积、孔体积、孔径等）；⑤具有必要的强度（压碎强度、磨损强度）；⑥有适宜的几何形状（粒径或粒度分布）等。

上述各项催化剂使用性能，都与催化剂成型方法有不同程度的关系。例如，根据反应动力学理论，可以确定反应的最佳孔结构。对于缓慢进行的反应，细孔结构是有利的，孔的最小限度是由反应物和反应产物扩散的可能性决定的，一般为 $10^{-6} \sim 10^{-7}$ cm；对于快速反应，决定于扩散速度，最佳结构相当于孔径接近于反应分子的自由程，常压下约为 10^{-5} cm，30MPa 时约为 10^{-7} cm。而催化剂的孔隙率及孔结构与成型方法及成型条件密切相关。一般来说，孔体积及平均孔半径随成型压力提高而降低[83]。

在固定床催化反应过程中，为使催化剂充分发挥效率，就应使催化剂在反应床层中的颗粒形状、大小、装填等情况处于最佳状态，才能使催化剂的效率因子在实际工业应用中达到最大值，从而大大提高催化剂的使用效率。

催化剂生产需要的化工原料种类繁多，制备过程复杂。有时，实验室研究初步取得具有良好活性、选择性的催化剂，在扩大规模时却发现试验过程中催化剂容易碎裂或粉化；引起活性组分脱落，造成反应装置阻力增大、传热状态恶化，或者造成催化剂夹带损失。这时往往又需要不断改进催化剂的配方及成型工艺，直至制得适合工业反应要求的催化剂为止。在工业操作中，因催化剂强度差而造成装置停车的例子也是屡见不鲜的。

前述用各种方法制得的催化剂或所使用载体的前体，经洗涤、干燥后，绝大多数都是粉状固体，当用于各类气-固催化反应时，需加工成一定的形状和大小才能投入工业反应器中使用。现在已越来越清楚，催化剂成型是工业催化剂制备的重要步骤之一。催化剂的前体粉状产品经过成型加工，就能根据催化反应及反应装置的要求，提供适宜形状、大小及机械强度的颗粒状催化剂，从而使催化剂充分发挥所具有的催化活性和选择性，延长其使用寿命。

随着成型工艺研究的深入及测试仪器的发展，已经认识到，同样的粉体物料由于成型工艺及所使用设备的不同，所制得的催化剂的孔结构、比表面积、强度及表面纹理结构等会产生显著差别，从而会产生不同的使用效果。

氧化铝（Al_2O_3）是用途最广、用量最大的催化剂载体，也用作一些催化反应的催化剂及干燥剂、吸附剂等。就分子式 Al_2O_3 而言，它似乎是一种很简单的氧化物，但当考虑晶体结构及空间因素时，发现它是一种形态变化复杂的两性化合物，有多种晶型。在各种晶型的 Al_2O_3 中，某些过渡形态（如 γ-Al_2O_3、η-Al_2O_3 等）具有酸性功能及特殊的孔结构，是使用量最大的一类催化剂载体。催化剂用氧化铝通常是由氢氧化铝（或称水合氧化铝）加热脱水制得。氢氧化铝是氧化铝的"母体"。氧化铝的物化性能及孔结构与氢氧化铝原料粉（如拟薄水铝石粉）的结晶度、晶粒大小与分布、化学纯度等有密切关系。表 5-1 示出了含 74.3% α-$Al_2O_3 \cdot H_2O$ 结构的拟薄水铝石粉。这种粉末具有晶相纯（不含有 β-$Al_2O_3 \cdot 3H_2O$）、杂质含量低的特点，是优良的加氢催化剂载体制备原料。在常温下，用这些粉作原料，添加适量的胶溶剂、助挤剂，经挤出成型，可制得条状制品。表 5-2、表 5-3 分别示出了这种粉体挤出前后的物性变化。

表 5-1　拟薄水铝石粉的性质

项　目	测 定 值	项　目	测 定 值
化学组成/%		物化性质	
Al_2O_3	72.7	平均晶粒度/μm	50.7×10^{-4}
Na_2O	<0.01	表面总酸度/(mmol/g)	0.045
Fe_2O_3	<0.01	堆密度/(g/mL)	0.75
SO_4^{2-}	<0.01	孔容/(mL/g)	0.45
物化性质		比表面积/(m²/g)	297
晶相	α-AlOOH	平均孔径/m	29.8×10^{-4}
结晶度/%	74.1		

表 5-2　拟薄水铝石粉挤压成型前后的物性变化

试　样	孔容/(mL/g)	比表面积/(m²/g)	堆密度/(g/mL)	挤出机型式
拟薄水铝石粉	0.45	297	0.75	
实验室挤的氧化铝条	0.41~0.44	240~290	0.78~0.85	双螺杆
工业挤的氧化铝条	0.37~0.39	230~280	0.80~0.89	双螺杆

表 5-3　拟薄水铝石粉挤出成型前后的孔径分布变化

试　样	孔径分布/%							最可几半径/nm
	1.5~2.5nm	2.5~3.0nm	3.0~4.0nm	4.0~5.0nm	5.0~10nm	10~20nm	20~25nm	
拟薄水铝石粉	40.91	31.29	12.47	2.71	2.52	0.80	0.25	2.3
实验室挤条的氧化铝条	5.50	8.70	55.78	26.22	5.80	0.53	0.47	3.5
工业挤条的氧化铝条	2.78	5.50	81.21	25.03	2.14	0.37	0.80	3.9

从表 5-2、表 5-3 的数据可以看出成型前后氧化铝性质变化，以及实验室挤出成型与工业挤出成型对产品性能的影响。拟薄水铝石粉经挤出成型后，孔容及比表面积显著减小，堆积密度增大。实验室挤条结果与工业挤条结果相比较，前者所得产品孔体积较大，堆密度较小；后者则正好相反。说明挤出条件及所用设备不同，所得氧化铝产品性质也有所不同。

从表 5-3 看出，成型前的氢氧化铝粉，其孔径分布范围较宽，堆积密度较小，经挤出成型后，孔径分布趋向集中。挤出条件及挤出设备不同，孔径分布的集中趋向也不相同，上述例子说明，对同样的物料配方，成型方式不同，所得产品物性也不同。

图 5-1 是工业挤条氧化铝条的电镜照片，图 5-2 是放大 4 万倍的表面纹理结构；图 5-3 是这种条的内部孔道结构。上述氢氧化铝粉也可采用转盘式成球机制成球形，作为对比，图 5-4 给出了球形氧化铝的电镜照片；图 5-5 是放大 4 万倍的表面纹理结构；图 5-6 是这种球的内部孔道结构。这两组对比照片明显看出，对相同原料，成型方法及工艺条件不同，成型产品除外形不同外，内部孔结构及表面纹理结构也会产生显著差别，这种差别也导致机械强度及使用性能上有所不同。

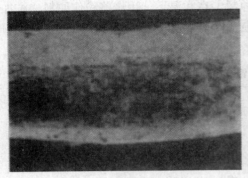

图 5-1　圆柱形条电镜照片

图 5-2　圆柱形条的表面纹理结构

图 5-3　圆柱形条的内部孔结构

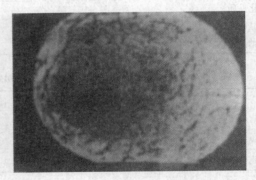

图 5-4　球形氧化铝的电镜照片

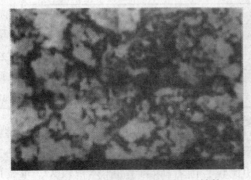

图 5-5　球形氧化铝的表面纹理结构

图 5-6　球形氧化铝的内部孔结构

此外，从机械强度的角度考虑固体催化剂使用效果时，每种催化剂在使用过程中应具有抵抗以下五种型式的应力而不发生破碎：

① 催化剂应具有足够的机械强度以抵抗装桶、搬运过程中因滚动、坠落而引起的磨损；

② 能经受催化剂装填至反应器时发生的冲击负荷而不致碎裂或粉化；

③ 能承受反应装置开工、停工时，催化剂床层的热膨胀、沉降、收缩等引起的相对运动，以及流体流动对催化剂颗粒的磨损；

④ 不致因催化剂使用过程中所产生的物理、化学变化(如催化剂中某些组分的氧化或还原)而发生破碎；

⑤ 某些过程使用流化床或移动床反应器，催化剂能经受流动或冲击时产生的磨损。

为满足上述要求，除正确选择催化剂组成配方外，选用适宜的成型方法也十分重要。选择催化剂成型方法要考虑多方面的因素，但主要取决于成型粉料的流变性能，如某些物料能成球而不能挤出，有些物料能用环滚筒处理而不能用螺旋挤出机。在某些情况下，当物料难以成型时，适当改变黏结剂、润滑剂等成型助剂，或调整操作条件，也能使不能成型的物料很好地成型。在催化剂放大制备过程中，可选择各种型式的小型试验设备进行对比研究，以决定在工业生产中选用合适的成型设备。

5-2　固体催化剂的形状分类

目前，工业上常用的催化反应器有四种类型：固定床反应器，流化床反应器，移动床反应器及悬浮床反应器等。

（1）固定床反应器

这是催化剂在床层内基本保持不动的一类反应器，工业上大规模的催化反应大都用固定床反应器进行操作。固定床所用催化剂的强度、粒度允许范围较广，可以在较宽的界限内操作。早期的催化剂成型是将块状催化剂敲碎，通过适当筛分变成小粒状催化剂，这样制得的催化剂由于形状不一，气体通过不匀。目前工业上常用球状、圆柱状、三叶草状、片状等直径在 3mm 以上的成型催化剂。

（2）流化床反应器

又称沸腾床反应器。指由于受反应物料的推动，催化剂颗粒始终处于流化状态的反应器。在流化床反应器中，为了保持稳定的流化状态，微球形颗粒具有类似流体的良好流动性能。所以，流化床反应器常使用直径为 $20 \sim 150 \mu m$ 或更大直径的微球颗粒，而且催化剂必须具有良好的耐磨耗性能。

（3）移动床反应器

固定床反应器有难以进行催化剂周期再生的缺点，所以对某些反应过程，常采用移动床来连续进行催化剂再生。移动床反应器所使用的催化剂为颗粒或小球状，常用直径为 $3 \sim 4mm$ 或更大一些。催化剂在反应器内与反应物一起由上向下同向流动并进行反应，然后在反应器底部分离，反应物进入下一工序，催化剂送去再生。再生后的催化剂再送回反应器顶部，形成循环。由于催化剂需要不断移动，对强度要求较高。

（4）悬浮床反应器

这种反应器应用并不广，如重油催化脱硫采用这种反应器。为了在反应时使催化剂颗粒在液体中易悬浮循环流动，通常用微米级至毫米级的球形颗粒。

所以，根据催化过程所使用的反应器型式不同，所用催化剂有不同的形状要求及颗粒大小。颗粒的大小或尺寸也称为颗粒度，它是在反应器实际操作条件下不可再人为分开的最小基本单位，是反应器中实际存在的形状和大小，也是催化剂的某些物理特性（如堆积密度、形状系数、床层空隙率等）的测定和计算基本单元。目前，工业上常用的催化剂颗粒主要有以下一些形状。

① 粒状（无定形）。将块状催化剂破碎，经适当筛分制成。由于形状不定，气体流通阻力不均匀，且大量筛下的小颗粒难以利用，所以随着成型技术的进步，这种形状催化剂的使用日趋减少。尽管有上述缺点，由于制法简便，有时强度也较高，因此工业上目前仍有沿用，如合成氨熔铁催化剂、浮石、天然白土、硅胶及其他难成型的催化剂。

② 圆柱状。这种形状催化剂还包括空心圆柱形、多孔圆柱形及片状催化剂。规则而表面光滑的圆柱体在填充催化剂床层时很容易移动，因此充填均匀，有较均匀的自由空间分布、均匀的流体流动性能以及良好的流体分布。圆柱形催化剂也是工业催化剂应用最广的一种类型。

与一般圆柱形催化剂相比，空心圆柱形具有表观密度小和单位体积表面积大的优点。通常用于热流密度大的反应，如烃类蒸汽转化制合成气过程及部分氧化反应过程；也用于要求流速大、压力降小的场合，如用于大气净化处理过程。

③ 球形。这种形状催化剂包括小球及微球状催化剂、齿球形催化剂等。球形颗粒具有充填均匀、流体阻力均匀而稳定的特点。当反应器的一定容积内希望充填尽量多催化剂时，球形是最适宜的形状（一般球形颗粒充填反应器时，颗粒占有空间的体积可达到70%，而直径和高度相等的圆柱形颗粒，只达到63%~68%）。球形颗粒耐磨性能也较佳，故近年来球形催化剂的应用日趋广泛，成型技术也得到相应的发展。

微球形催化剂具有类似流体的良好流动性能，是流化床反应器常用的颗粒形状。与固定床反应器比较，流化床反应器所用催化剂的粒子细小，有利于物质扩散，提高催化过程总速度，也便于传热，有利于控制反应温度，可使反应温度接近于最适温度范围内进行。

④ 三叶草形。自1977年美国氰胺公司开始出售三叶草形催化剂以后，三叶草形或四叶草形催化剂在国际上迅速推广。三叶草形催化剂床层空隙率高、压降小，比圆柱形或小球催化剂有更多的外表面可以利用。在反应器压降相同的条件下，三叶草形比圆柱形可多60%的外表面，比球状多50%外表面。而且由于三叶草形催化剂上有小槽，在气液相的滴流床中使物料流向不断改变，从而可使反应器中持液量多，提高催化剂的利用率，故在多种馏分油加氢处理过程中应用日益广泛。

⑤ 其他形状。蜂窝状陶瓷很早以来就用作换热器，而近来用于汽车尾气净化催化剂引起人们注意。所谓蜂窝状是一种具有无序细微孔和有序轴向通道的结构，它的外形和轴向通道可以制成多种几何形状。有些通道形状为六角形，具有类似于蜂窝形状。目前，汽车尾气催化转化器的90%都是采用这种整体块状的陶瓷蜂窝状载体，其余为金属基蜂窝状整体式块状载体。

颗粒状催化剂由于受传质限制，其转化率不仅取决于颗粒大小，也取决于反应器高度。一般要求反应器直径应为催化剂颗粒直径的10倍以上，反应器长径比也应在3~5以上。因此，水平反应器不适合使用颗粒状催化剂。而蜂窝状整体催化剂的外形与极限传质转化率无关。也就是说，在流速相同时，瘦长形的整体式催化剂与粗短形的整体催化剂的性能是相同的，这就使蜂窝状整体式催化剂能用于水平式反应器，这一特点使其尤适用于汽车尾气催化转化器。

　　由无机材料制成的纤维状催化剂也是近来引起注意的催化新材料。吸附测定结果表明，纤维状催化剂物理性质接近于同材料的颗粒催化剂，但纤维状催化剂的传质效果常优于颗粒状催化剂。这是由于纤维状催化剂直径小（只有几微米），内孔长度很短，因此可以消除或减少内扩散阻力的影响，提高表面利用率。对于快速反应，使用纤维状催化剂可以提高反应速度。由上所述，催化剂种类及形状较多，作为参考，图 5-7 示出了常用催化剂的一些形状。

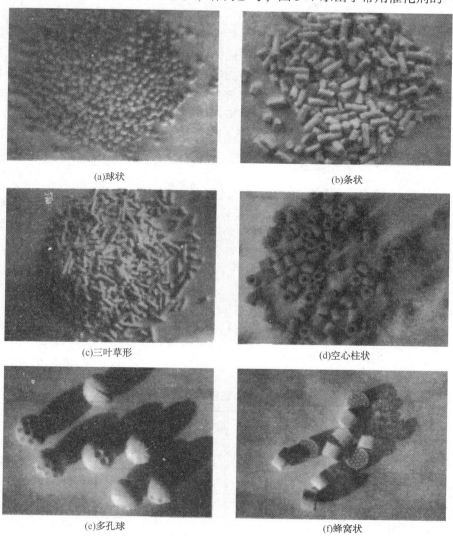

图 5-7　催化剂的各种形状

5-3　粉体的特性

　　如前所述，固体催化剂或载体在成型前多数是一些粉体材料，而在喷雾干燥制微球催化剂前则是一些胶体或悬浮液。从较为基础的观点来看，催化剂的成型主要决定于粉体的基本物性。粉体的物性有形状、粒径、密度、粒度分布、堆积构造、流动性、孔结构、附着性及力化学性质等。

5-3-1　粉体的形状

一般所说粉体是粉末颗粒的堆积体，所以常将颗粒集合体归结为粉体，粉末颗粒的形状因粉体生产方法而不同。颗粒的形状对粉体的流动性、混合性及与流体相互作用性能有重要影响。表5-4示出了粉体颗粒的常见形状。近来，由于计算机及微处理技术的发展，用图像分析仪进行颗粒形貌分析工作有很大进展，这对于更深刻了解粉体流动特性及流化状态有着重要意义。

粉体颗粒的形状随制备方法及粒子生成条件而异。表5-5示出了常见粉体制备方法。制备方法不同，所获得的性能也不同。举例来说，固体块料的机械破碎是常见的粉体单元操作。粉体颗粒因受摩擦、冲击、剪切、压缩或受热应力等外力而引起破碎，破碎后的颗粒形状及粉体性质常与破碎方法、温度、碎度、压力及气氛等条件有关。表5-6示出了粉碎颗粒破碎时产生的各种形状。根据粉体原料及破碎方法不同，所产生的形状大致可归纳成以下几种类型。

表5-4　粉体颗粒的形状

外形	特征
球状	圆球形体
针状	针形体
多角状	带清晰边缘的多面形体
树枝状	树枝状结晶
片状	板状体
纤维状	规则或不规则线状体
结晶状	在流体介质中自由成长的几何形体
不规则状	无任何对称性的粉体

表5-5　粉体制备方法

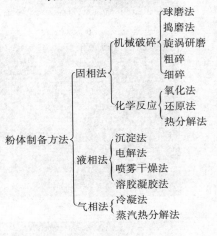

表5-6　粉体颗粒的破碎形态

形态名称	说明	形态名称	说明
裂痕	外形不变，内部或表面产生裂缝	崩溃	本体崩溃，形成粉状
裂纹	表面形成裂纹	剥落	发生在表面及内部含有夹杂物的界面上
碎片	散落部分远小于本体部分，并发生在颗粒外部	凸凹	发生塑性变形，形成压痕状态
裂缝	散落部分与本体部分大小相近	磨耗	因摩擦而使粒径减小，并呈球状

① 龟裂形（裂痕、裂纹）。这是颗粒内部或表面产生裂痕及裂缝的情况，一些硬的矿物质或结晶形物质，如矿石、岩盐破碎时常产生这种形态。

② 分裂形(碎片、裂缝、崩溃)。龟裂进一步发展，颗粒就会部分或大部分分裂成小粒子，一些由矿物质及结晶物质为起始原料的二次加工产品，如活性炭、树脂等破碎时常产生这种形态。

③ 剥离形(剥落)。这种情况常发生在表面或内部含有夹杂物的那类物质，如锭剂等破碎时，在界面上产生剥落。

④ 变形形(凸凹)。对软质树脂颗粒、造粒炭等软质材料，受外力时会因塑性变形而成凸凹状。

⑤ 磨耗形。粉体颗粒相互摩擦时，因表面棱角磨耗而会形成不同大小的微球形粉体。

一般来说，由气相法及液相法转变成的粉体，颗粒多呈无规则形状。

5-3-2 粒度及粒度分布

1. 粒度及粒度测量法

如上所述，一般的粉体均是由不同粒径尺寸颗粒组成，这些颗粒粒径的平均值称为粉体的粒度。粒度和粒径习惯上可通用。按粒径分，粉体颗粒可分为块状颗粒、粒状颗粒、粉体及纳米颗粒等四类，其中粉体颗粒又可分为粗粉体、细粉体及超细粉体。表 5-7 示出了这一分类。

粒度是粉末颗粒最基本的性能之一。粉体粒度的测定方法可分为群体法及非群体法两种。群体法是指对众多粉末颗粒的宏观测量而求得的样品特征，如沉降法、激光光散射法等测量法；非群体法是指通过测量众多单个颗粒的特性而得到的样品特征，如筛分法、显微镜法等。群体法测量具有快速、统计精度高、动态范围大的特点，其缺点是分辨率较低；非群体法测量具有分辨率高的特点，其缺点是速度较慢、统计精度差、动态范围小。图 5-8 示出了常用粉体粒径测定方法及测量范围。不同的测定方法所得到的颗粒粒度表示结果也不同，如采用重量平均粒径、个数平均粒径、中位粒径等。同样，不同的测定方法对粉体的应用领域也有所不同，如粒度仪所表征的颗粒类型通常为团聚颗粒或二次颗粒；显微镜表征的一般为一次颗粒及二次颗粒；X 射线衍射表征的则是纳米晶体颗粒。

表 5-7　粉体颗粒的分类

颗粒类型		粒径范围
块状颗粒		>3mm
粒状颗粒		$100\mu m \sim 3mm$
粉体	粗粉体(微米级)	$10 \sim 100\mu m$
	细粉体(微米级)	$1 \sim 10\mu m$
	超细粉体(亚微米级)	$0.1 \sim 1\mu m$
纳米颗粒		$1 \sim 100nm(<0.1\mu m)$

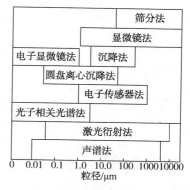

图 5-8　常用粉体粒径测定方法及测量范围

目前工业上应用较广的粉体粒度测定方法主要是筛分法、显微镜法及沉降法，较为先进的粒度仪大都是基于激光散射技术的衍射法及光子相关光谱法。

（1）筛分法

筛分法是一种最传统而又应用广泛的分析方法。它是将分散性较好的粉体用一定大小筛孔(目数)的筛子过筛，筛子将被测定样品分为两部分：留在筛面上粒径较粗的不通过部分(筛余量或筛上物)和通过筛孔粒径较细的通过部分(筛过量或筛下物)。筛过量与被测定粉体的总质量之比称为过筛率。按操作方式分为机器筛及手工筛。机器筛有机器振动筛、空气喷射筛等。

当一个粉体颗粒通过筛孔时，其截面积必须小于筛孔的截面积。因此，颗粒的筛分直径主要表征或取决于粉体颗粒的二维尺度，而不反映颗粒的第三维尺度(长度或高度)。为此，筛分测量结果主要与测量颗粒的形状有关。

系列标准筛中，筛孔大小有不同的表示方法。如在编织筛的方形孔情况下，美国泰勒(Tyler)系列中以目(mesh)表示筛孔大小。目的基本含义是每英寸(=25.4mm)长度内筛网编织丝的根数，也就是每英寸长度上的筛孔数。筛子的目数越大，筛孔越细，反之亦然。

国际标准化组织(ISO)编织筛系列与美国泰勒系列基本相同，但不是采用目，而是直接标出筛的筛孔尺寸，且以 $2\sqrt{2}$ 为等比系数递增或递减其他各个筛子的筛孔宽度。表5-8示出了 ISO 与 Tyler 系列标准筛的对比情况。美国除 Tyler 系列筛以外，还有 ASTM 标准系列筛。

表5-8　ISO 标准筛系列与 Tyler 标准筛系列

Tyler 系列		ISO 系列	Tyler 系列		ISO 系列
筛孔尺寸/目	筛孔尺寸/mm	筛孔尺寸/mm	筛孔尺寸/目	筛孔尺寸/mm	筛孔尺寸/mm
5	3.962	4.00	42	0.351	0.355
6	3.327	—	48	0.295	—
7	2.794	2.80	60	0.246	0.250
8	2.362	—	65	0.208	—
9	1.981	2.00	80	0.175	0.180
10	1.651	—	100	0.147	—
12	1.397	1.40	115	0.124	0.125
14	1.168	—	150	0.104	—
16	0.991	1.00	170	0.088	0.090
20	0.883	—	200	0.075	—
24	0.701	0.710	250	0.061	0.063
28	0.589	—	270	0.053	—
32	0.495	0.500	325	0.043	0.045
35	0.417	—	400	0.038	—

筛分法中的"目"作为一种尺寸概念，它与 μm 的对应关系如图5-9所示。总的来讲，目数越大，表明颗粒的粒径越小。目前，最细的标准筛只到500目(相当于25μm左右)。新研发的电沉积筛网虽然可以筛分至2500目(约5μm)的粉体物料，但因易发生堵塞，很少用于粒度分析。一般来说，少于10μm(相当于1250目)的超细粉体，不能用传统的筛分法进行粒度测定。

筛分法的仪器设备较简单，测量方法又较直接，主要用于下述情况的粉体粒度测定：①颗粒粒径较粗，且细粉量很少的粉体粒度测定；②粉体具有较好的流动性及分散性；③测量精度不高，需要进一步将试样按粒径分级的场合；④对由不同性质的颗粒所组成的粉体进行粒度测定等。

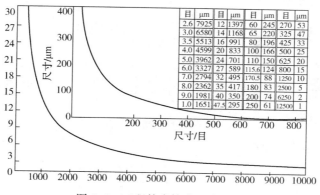

图 5-9　工程技术筛孔尺寸对照

（2）沉降法

沉降法粒度测定技术是指通过粉体颗粒在液体中的沉降速度来测量粒度分布的方法。它又分为重力沉降法及离心沉降法。沉降法所测得的是等效粒径，即等同于具有相同沉降速度（末速度）的球体的直径。测定时，一般要将粉体样品与液体混合制成一定浓度的悬浮液。粉体颗粒不同，质量也就不同。液体中的粉体颗粒在重力或离心力的作用下发生沉降。它们在作用力场中的运动速度与其质量有一定关系，对于同种类的颗粒（密度相同），颗粒的沉降速度与颗粒的大小有关，即沉降速度是颗粒粒径大小的函数。小颗粒沉降速度慢，大颗粒沉降速度快。通过测量颗粒的沉降速度就可得到反映颗粒大小的粒度分布。

颗粒的沉降速度与粒径之间的关系可由斯托克斯（Stokes）定律[式（5-1）]得到。即在一定条件下，颗粒在液体中的沉降速度与粒径的平方成正比，与液体的黏度成反比：

$$u = \frac{(\rho_s - \rho_t) g D^2}{18\eta} \tag{5-1}$$

式中　u——颗粒的沉降速度；

　　　ρ_s——粉体样品密度；

　　　ρ_t——介质密度；

　　　g——重力加速度；

　　　D——颗粒粒径；

　　　η——介质的黏度系数。

斯托克斯定律表达了颗粒在流体中处于层流状态下沉降速度与粒径的关系，是沉降法测量粒子的理论基础。

由于重力作用下的沉降速度很慢，加上布朗运动，测量误差较大。为此，常用离心方法来加快细颗粒的沉降速度。目前的沉降式粒度仪常采用重力沉降和离心沉降结合的方式，既可用重力沉降测量较粗的粉体，也可用离心沉降测量较细的粉体。

图 5-10 示出了某种离心沉降式粒度仪结构示意图，其基本原理为：将配制好的粉体悬浮液移到样品池中。测定时用一束平行光在一定深度处照射悬浮液，将透过的光信号接收、转换并输入到计算机中，同时显示该信号的变化曲线；随着沉降的进行，悬浮液中的浓度逐渐下降，透过悬浮的光量逐渐增多。当所有预期的颗粒都沉降到测量区以下时测量结束。通过计算机对测量过程光信号进行处理，就得到粒度分布结果。

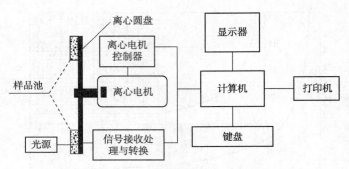

图 5-10　离心沉降式粒度仪结构示意

（3）显微镜法

显微镜法是检测粉体颗粒大小、形态及其分布的常用而又直观的手段，也是少数能对单个颗粒同时进行观察及测量的方法。除颗粒大小外，还可对颗粒形状、结构状态（如实心、空心、多孔状等）及表面纹理等进行观察和了解。

从工作原理上讲，显微镜法属于成像法，它所观察和测量的只是颗粒的一个平面投影图像。对于球形颗粒，可以直接由投影图像测量其粒径；对于不规则颗粒，其测量结果主要表征该颗粒的二维尺寸（长度及宽度），而不能表征其另一维尺度（高度）。

显微镜法具有以下特点：①测量精确度高，可对单个粉体颗粒同时进行直观观察及测量，并可用作对其他测量方法的标定或校验；②测量范围广，光学显微镜的测量范围为 $0.5 \sim 200 \mu m$，透射电镜为 $0.01 \sim 10 \mu m$，扫描电镜为 $0.005 \sim 50 \mu m$；③所用样品量少，约为 $0.001g$；④对球形颗粒的测量较准确，对球形度较差的颗粒需引入某些参数对其进行表征；⑤试样制备繁琐，测量时间较长，而且测定结果与其他测量方法无直接对比性；⑥粒度测定结果一般无统计规律。

由上看出，显微镜法测量粉体颗粒最主要的缺点是很难具有统计意义上的结果。如要得到有统计意义的结果，须对尽可能多的颗粒进行测量，被测的颗粒数越多，测量结果越可靠，一般要求被测量的颗粒数不少于 600 个，且取自数十个不同的样区。

2. 粒度分布

由于粉体是微小粒子的集合体，不同粒度范围的粒度组成即是粒度分布。在数值上可分为微分型及积分型两种类型。微分型又称频率分布，积分型又称累积分布。在粉体样品中，某一粒度大小或某一粒度大小范围内的颗粒在样品中出现的质量分数，即为频率。频率与颗粒大小的关系即为频率分布；而将颗粒大小的频率分布按一定方式累积，便得到相应的累积分布。表 5-9 及表 5-10 分别示出同一种颗粒系统的频率分布及累积分布值，每种分布又用质量分数及颗粒百分数两种不同形式表示。

表 5-9　频率分布

粒度/μm	质量分数/%	颗粒/%	粒度/μm	质量分数/%	颗粒/%
<20	6.2	19.4	35~40	14.6	7.5
20~25	15.7	25.6	40~45	8.2	3.5
25~30	23.1	24.0	>45	7.2	2.3
30~35	23.8	17.1			

表 5-10　累积分布

粒度/μm	质量累积/%		颗粒个数累积/%	
	大于该粒度的累积质量分数	小于该粒度的累积质量分数	大于该粒度的累积颗粒百分数	小于该粒度的累积颗粒百分数
<20	100.0	6.5	100.0	19.5
20~25	92.4	21.8	80.7	44.9
25~30	77.4	45.2	54.7	68.7
30~35	53.7	69.2	30.9	87.1
35~40	31.2	82.9	14.1	93.9
40~45	16.4	92.7	6.1	97.4
>45	7.5	100.0	2.4	100.0

将表 5-9 及表 5-10 的粒度分布数据绘成曲线时，就可得到图 5-11 及图 5-12 的粒度频率分布曲线及粒度累积分布曲线。较之频率分布，累积分布更有用。许多粒度测定技术，如筛分法、重力或离心沉降法所得的分析数据，常以累积分布表示。其优点是消除了直径的分组，特别适用于确定中位直径。

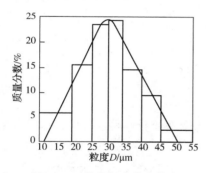 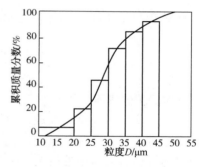

图 5-11　粒度频率分布曲线　　　　　图 5-12　粒度累积分布曲线

5-3-3　粉体的填充特性

了解粉体的填充特性，对于成型用粉体的进料、送料都有实际意义。

（1）视比容

又称表观比容，是指单位质量粉体所占的填充体积。

$$U = \frac{V}{m} \tag{5-2}$$

式中　U——视比容；

　　　V——粉体（松装）体积；

　　　m——粉体质量。

（2）视密度

又称表观密度或松装密度，是指单位体积内含有的粉体质量，是视比容的倒数，即：

$$\rho = \frac{m}{V} \tag{5-3}$$

式中　ρ——视密度。

质量通常用重量代替。上述松装密度是松散装填的粉体单位体积重量。用振动方法使粉体密实后单位体积粉末的重量，就称摇实密度或紧堆密度。

（3）空隙率

粉体是粉末的集合体，粉体间充满气体（或液体）。粉末颗粒与颗粒之间的空隙体积 V_1 与粉体体积之比，称为空隙率或自由空间率。

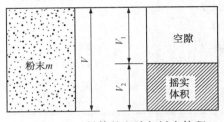

图 5-13　粉体的空隙与摇实体积

$$\varepsilon = \frac{V_1}{V} = 1 - \frac{V_2}{V} \qquad (5-4)$$

式中　ε——空隙率；

V_2——摇实体积，是用振动方法使粉体密实后粉末所占的体积（见图 5-13）。

（4）空隙比

指粉体空隙体积与摇实体积之比。

$$e = \frac{V_1}{V_2} = \frac{V - V_2}{V_2} \qquad (5-5)$$

式中　e——空隙比。

（5）填充率

指粉体摇实体积与粉体（松装）体积之比。

$$\psi = \frac{V_2}{V} \qquad (5-6)$$

式中　ψ——填充率。

5-3-4　粉体颗粒的堆积结构

粉体是由不同大小的颗粒堆积而成，粉体的每个颗粒看作是这种堆积体的骨架。颗粒与颗粒之间充满着空隙。

球形颗粒间的堆积是最简单的情况，图 5-14 示出了这种堆积模型，图中（a）、（b）、（c）为正方形堆积，（d）、（e）、（f）为六方堆积，其中（a）和（d）的堆积方式是上层球体直接排置在下层球体上，而（b）和（e）的堆积方式是上层球体排置在下层球体与球体的接点上，而（c）和（f）的排列方式是上层球体排置在下层球体接触的间隙中心上。根据这种堆积方式，每个球的中心与相邻八个球的中心相连后，都可构成平行六面体，

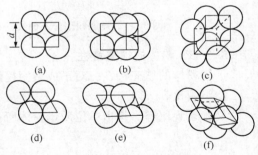

图 5-14　球形颗粒堆积模型

这种平行六面体称作单元体积。图 5-15 示出了这六种堆积方式的单元堆积。根据这种球形颗粒堆积模型，粉体颗粒的填充率及空隙率都能用几何学的方法进行计算。表 5-11 示出了这种球形颗粒的填充特性。

实际上，粉体颗粒不会完全呈球形，而采用由长轴径、短轴径及厚度等几个尺寸表征的椭圆形颗粒（图 5-16）要比球形模型更符合实际。图 5-17 为相应的单元体积。表 5-12 为按这种模型计算的空隙率。

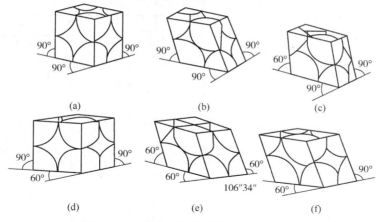

图 5-15　球形颗粒堆积模型的单元体积

表 5-11　大小均一球形颗粒的填充特性

堆积方式[①]	单元体积	空隙体积	空隙率/%	填充率/%	颗粒配位数	名称
a	d^3	$0.4764d^3$	47.64	52.36	6	正方形填充
b	$\dfrac{\sqrt{3}}{2}=0.866d^3$	$0.3424d^3$	39.54	60.46	8	正斜方形填充
c	$\dfrac{1}{\sqrt{2}}=0.707d^3$	$0.1834d^3$	25.95	74.05	12	菱面体形填充
d	$\dfrac{\sqrt{3}}{2}=0.866d^3$	$0.3424d^3$	39.54	60.46	8	正斜方形填充
e	$\dfrac{3}{4}=0.750d^3$	$0.2264d^3$	30.19	69.81	10	楔形四面体形填充
f	$\dfrac{1}{\sqrt{2}}=0.707d^3$	$0.1834d^3$	25.95	74.05	12	菱面体形填充

① 相当于图 5-14。

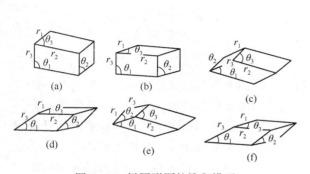

图 5-16　椭圆形颗粒堆积模型

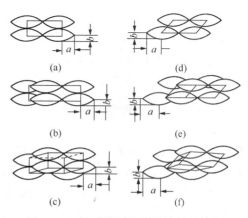

图 5-17　椭圆形颗粒体积的单元体积

表 5–12　椭圆形颗粒堆积的空隙率

堆积方式	边长[①]			面角			空隙率/%
	r_1	r_2	r_3	$\cos\theta_1$	$\cos\theta_2$	$\cos\theta_3$	
a	$2b$	$2a$	$2c$	0	0	0	47.64
b	$2b$	$2a$	$\sqrt{a^2+3c^2}$	$\dfrac{a}{r_3}$	0	0	39.54
c	$2b$	$2a$	$\sqrt{a^2+b^2+2c^2}$	$\dfrac{a}{r_3}$	$\dfrac{b}{r_3}$	0	25.95
d	$\sqrt{a^2+3b^2}$	$2a$	$2c$	0	0	$\dfrac{a}{r_1}$	39.54
e	$\sqrt{a^2+3b^2}$	$2a$	$\sqrt{a^2+3c^2}$	$\dfrac{a}{r_3}$	$\dfrac{a^2}{r_1 r_3}$	$\dfrac{a}{r_1}$	30.19
f	$\sqrt{a^2+3b^2}$	$2a$	$\sqrt{a^2+\dfrac{1}{3}b^2+\dfrac{8}{3}c^2}$	$\dfrac{a}{r_3}$	$\dfrac{a^2+b^2}{r_1 r_3}$	$\dfrac{a}{r_1}$	25.95

① a、b、c 各是椭圆柱的长轴、短轴及厚度的三等分值。

　　从表 5–11 看出，球形颗粒有规则堆积时，粉末的空隙率 $\varepsilon=25.95\%\sim47.64\%$，而无规则任意填充时，空隙率 ε 可取 $\varepsilon=40\%$ 左右。

　　由于粉体是由不同大小的颗粒所组成，当大颗粒粉体中掺混小颗粒粉末时，空隙率就会减少，图 5–18 示出了两种不同大小颗粒混合填充时，空隙率大小与混合比例的关系。从图中看出，当粗颗粒的比例为 65% 时，具有最小的空隙率。

　　此外，当大小不同的粉体颗粒混合填充时，平均粒径越大，空隙体积就越小，图 5–19 示出了一些粉体物料填充的例子。可以看出，当混合粉末的平均粒径大于某一数值时，空隙体积就相应保持不变。

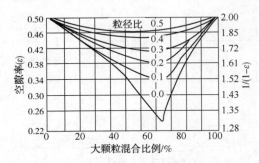

图 5–18　两种不同大小粉体颗粒填充时的
空隙率（单种颗粒时，$\varepsilon=0.5$）

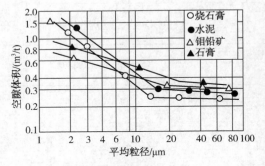

图 5–19　平均粒径和
空隙体积的关系

5–3–5　粉体的流动性

　　粉体的流动性是指粉体在重力、摩擦力等外力作用下具有改变原先稳定态趋势的一种性质。它不但与单一粉体颗粒的物料性质有关，也与粉体储存、给料、输送、混合等单元操作密切相关。有的粉体性质松散，能自由流动，即可通过小孔而自由流动出来；有的粉体有较强的附着性或黏着性，不能通过小孔而流动。日常生活常见到粉尘、烟雾等细小粉体容易沾污器具或衣物上，这是由于粉体具有黏着性的原因。工业上处理的各种大小粒径及不同性质的粉体都会产生这种黏着现象。粉体储槽及加料管道的堵塞现象也都可用这种附着性加以解释。

1. 影响粉体流动性的因素

（1）颗粒形状

如上所述，粉体颗粒有多种形状，对于呈球形或近似球形的粉体颗粒流动时，颗粒多发生滚动，颗粒间摩擦力小，有利于提高粉体的流动性。如粉体颗粒的球形度较差，如树枝状、多角状等，粉体流动时，颗粒间多发生滑动，摩擦力增大，加上发生镶嵌作用，使流动性变差。此外，对光滑性差、表面粗糙的粉体颗粒，其流动性也不好。

（2）粉体颗粒大小及其分布

一般来说，粉体粒径大于 $200\mu m$ 时，其流动性较好。而当粉体颗粒的粒径小于 $100\mu m$ 时，由于粉体的比表面积增大，内摩擦力也随之增大，因而流动性变差。粒径较大的粉体中掺和细粉体时，常会使其流动性变差。加入的粉体颗粒越细、加入量越多，则对其流动性的不良影响越大。

（3）含水量

粉体在干燥状态时，其流动性相对较好，但吸湿后，颗粒表面吸附一层水膜，因水的表面张力、毛细管等作用力使颗粒间的引力增大，致使流动性较差。粉体中的水分大致有以下几种存在方式：

① 化学结合水。如含水硫酸铜晶体中存在的结晶水。

② 物化结合水。属于这类的有吸附、渗透和结构水分，其中以吸附水分与物料的结合强度最大，但在胶体毛细多孔物质中，渗透水分与结构水分的量却远较吸附水分的量要多。

③ 机械结合水。属于此类的有毛细管水分、润湿水及孔隙中的水分，这类水分在物料中的结合强度一般都比较差。

属于②及③类的结合水都属于附着水，当粉体颗粒存在这种附着水时，颗粒与颗粒之间、颗粒与器壁之间会发生图 5-20 所示的附着现象。这时，粉体颗粒之间因表面张力的作用，而产生下式所示毛细力：

$$F=\frac{4\pi rT}{1+\tan(\theta/2)} \qquad (5-7)$$

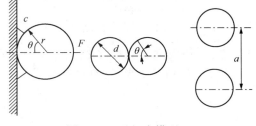

图 5-20　毛细力模型

式中　T——水的表面张力。

由上式可知，当 θ 相等时，毛细力与粒径 d 及表面张力 T 成正比。而 θ 越小，即水分含量越少，附着力越大。但实际现象中，往往是水分越多，附着现象越严重，流动性越差，这是因水不仅含湿量与附着性有关，而且对分子的吸附性也有作用。

含水量对流动性的影响也因粉体品种不同而异。吸湿性强的粉体，提高粉体的含水率会显著降低粉体的流动性，而吸湿性差的粉体，含水率对流动性的影响相对较小。

④ 其他组分的影响。在粉体中加入适量其他粉体（如微粉硅胶、滑石粉等），一般可改善其流动性。这种可改善粉体流动性的物料也称为助流剂，其作用是充填于颗粒表面的凹陷处或孔隙中，使粉体颗粒的表面趋于平滑，同时也具有将相互吸附力较强的颗粒隔离开的作用。但助流剂的加入量应适当，加入量过多会增加粉体的内摩擦力，起到相反的作用。

⑤ 其他因素。除上述因素外，影响粉体流动性的因素还有：a. 粉体及器壁的物理化学性质；b. 温度及化学变化，高温时颗粒结块或软化，而冷却时可能产生相变，从而影响其流动性；c. 冲击及振动。粉体加料时的冲击应力，细颗粒物料受振动时趋于密实等都会影响粉体的流动性。

2. 粉体流动性评价方法

粉体有许多流动方式，如受重力流动、压缩流动、振动流动及流化流动等。对不同流动方式，对其评价方法也有所不同，表 5-13 示出了不同流动方式所采用的评价方法。当然，测试粉体流动性时，应与具体的粉体处理相结合起来考虑。

表 5-13　流动方式与流动性评价方法

项目	处理或操作	流动性评价方法
重力流动	容器、加料器、充填等	安息角、壁面摩擦角、流出速度
压缩流动	挤出、压片	内摩擦角、壁面摩擦角、压缩度
振动流动	振动加料、振动筛、充填	安息角、表观密度、压缩度
流化流动	流化干燥、流化造粒、空气输送	安息角、最小流化速度

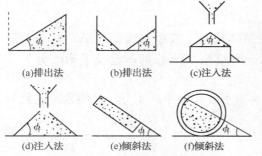

(a)排出法　　(b)排出法　　(c)注入法

(d)注入法　　(e)倾斜法　　(f)倾斜法

图 5-21　安息角的测定方法

（1）安息角

又称休止角或自然堆角。将粉体放在水平板上自然堆放成堆，颗粒的棱线与水平的夹角 ϕ_r 即为安息角[图 5-21（a）]。安息角又可分为注入角和排出角两种。图 5-21（a）所示 ϕ_r 即为注入角。如果在颗粒堆的堆轴和水平板的交点处打一小孔，粉体颗粒便会从小孔排出，从而使颗粒堆的中部形成一个倒圆锥形的坑穴，这一坑穴的棱线与水平的夹角就是排出角[图 5-21（b）]。安息角是测定粉体流动性的最常用方法之一。安息角不但可以直接测定，也可通过测定粉体层的高度（堆高 H）和圆盘半径（堆底的半径 r）后计算而得到，即：

$$\tan\phi_r = \frac{H}{r} \tag{5-8}$$

安息角的测定方法很多，图 5-21 示出了安息角的各种测定方法，但测定结果易受测定容器的影响。

安息角与粉体粒径有关，粒径越小，安息角就越大，如图 5-22 所示，这是因为粒径越小，颗粒间的黏着性越大所致。一般来说，安息角越小，粉体的流动性越好，如果粉体的安息角 $\phi_r<$ 30°，其流动性良好；如粉体的安息角 $\phi_r>40°$，则流动性较差。

粉体颗粒在堆积层的自由斜面上滑动时，受到重力和颗粒间摩擦力的作用，如颗粒密度小，则重力作用小而流动性差。如果为黏性粉体或粒径小于 100μm 的粉体，其颗粒间的相互作用力较大，则流动性差，相应地安息角也较大。

此外，粉体受振动时，安息角就变小，这是因为受振动时，

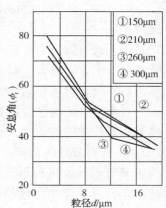

①150μm
②210μm
③260μm
④300μm

图 5-22　粉体安息角
与粒径的关系

流动性增大，而且粉体颗粒越接近球形，这种现象越显著。此外，振动条件也会对安息角大小产生影响，如表 5-14 所示。对多数粉体，在松填状态，最大空隙率 ε_{max} 与安息角存在下述关系：

$$\phi_r = 0.05(100\varepsilon_{max} + 15)^{1.57} \tag{5-9}$$

应该指出，安息角只是检验粉体流动性的一个参数，而不是粉体的一个物理常数。

表 5-14   振动条件对氧化铝粒子安息角的影响

振动数/(次/min)	0	50	100	200
振幅/cm	0	0.75~1.25	0.2	0.5
振动时间/s	0	5	8	20
安息角/ϕ_r	41	15	21	7

（2）内摩擦角

也称粉体层内平面摩擦系数。是粉体颗粒层内静止的颗粒层与沿着静止颗粒层移动的颗粒群相平衡的界面之间的夹角，以 ϕ_i 表示。当粉体层受力时，粉体层外观上不产生什么变化。这是由于摩擦力具有相对性，相对于作用力的大小产生了克服它的应力，这两种力是保持平衡的。但压应力与剪应力之间存在着一个引起破坏的极限。即在粉体层的任意面上加一定的垂直应力，如沿这一面的剪应力逐渐增加，当剪应力达到某一极限值时，粉体将沿此面产生滑移，粉体层将突然出现崩坏，该崩坏前后的状态即为极限应力状态。内摩擦角即表示该应力状态下剪应力与垂直应力的关系。

内摩擦角的测定方法有流出法、棒拉出法、活塞法、腾涌法、压力法及剪切法等（见图 5-23）。其中图 5-23（a）所示为流出法测定装置，是在一个长与高均比宽度大得多、前后均嵌有玻璃的长方形箱子中，将粉体试样充填好，使其表面成水平，然后把箱子底板中心的小孔打开，粉体颗粒中心部分的部分颗粒就下落，移动部分与不移动部分形成一个相平衡的界面，这一界面与水平的夹角就是 ϕ_i。其测定方法与安息角测定法完全相同。关于其他测定方法的详细说明可参阅有关文献[84]。

（3）壁面摩擦角与滑移角

壁面摩擦角 ϕ_w 是衡量粉体层与容器壁面摩擦性质的一个参数，而滑移角 ϕ_s 则是表征单个颗粒与壁面的摩擦性质。

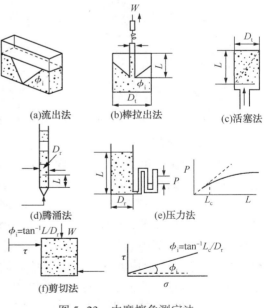

(a)流出法   (b)棒拉出法   (c)活塞法

(d)腾涌法   (e)压力法

$\phi_i = \tan^{-1} L/D_r$

$\phi_i = \tan^{-1} L_c/D_r$

(f)剪切法

图 5-23   内摩擦角测定法

对于一般性粉末，存在着 $\phi_s > \phi_w$ 的关系，而对附着性很差的粉体，$\phi_i \geqslant \phi_w$，$\phi_r \geqslant \phi_s$，当器壁的粗糙度与颗粒尺寸相当时，上式以等号成立。壁面摩擦系数对于粉体输送装置、储槽设计都是重要的参数，需要有确切的数值。

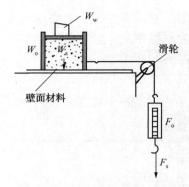

图 5-24　壁面摩擦角测定装置

图 5-24 示出了测定壁面摩擦角的实验装置。将三边长度各为 100mm×100mm×100mm 左右的玻璃板箱放在同样材料的玻璃板上，箱内装入一定量的粉体试样，粉体上部负载各种大小的负荷。箱体通过弹簧秤牵引。通过箱体滑移时弹簧秤的读数可以测得壁面摩擦系数 ζ_w，表 5-15 示出了一些粉体物料及不同壁面材料所得到的壁面摩擦系数。测得壁面摩擦系数后就可由下式算得壁面摩擦角 ϕ_w。

$$\zeta_w = (水平力总和 \sum F)/(垂直力总和 \sum W)$$
$$= (F_o + F_s)/(W_o + W_w + W_s) \tag{5-10}$$
$$\phi_w = \tan^{-1}\zeta_w \tag{5-11}$$

式中　F_o——弹簧秤质量；

F_s——弹簧秤读数；

W_o——玻璃板箱质量；

W_w——砝码质量；

W_s——粉体质量。

表 5-15　一些粉体的壁面摩擦系数测定值

粉体名称	平均粒径/mm	松装密度/(g/mL)	壁面摩擦系数 ζ_w		
			玻璃板	铁板	钢板
氧化铝	0.376	—	—	0.528	—
白土	0.370	—	—	0.507	—
硅酸盐	0.338	—	—	0.513	—
碎玻璃粉	0.3~0.6	—	—	0.748	—
氧化硅	0.51	1.37	0.442	0.564	0.540
碳酸钙	0.57	—	0.276	—	0.484
耐火土	0.29	1.15	0.404	0.592	0.500
聚氯乙烯粉	0.171	—	0.499	—	—
合成树脂	3.46	—	—	0.549	—

（4）流出速度

粉体的流出速度或称流动速度，是指粉体通过一定孔径的孔流出的速度，是将粉体物料加入漏斗中，用全部粉料流出所需时间来衡量，测定装置如图 5-25 所示。其测定原理是在圆筒容器的底部中心开一小孔（开孔大小依粉体直径而定），形成漏斗，测定单位时间内流出粉体的质量，即为粉体的流出速度。

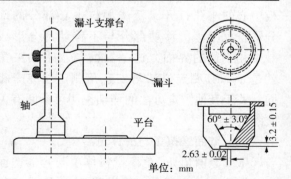

图 5-25　粉体流出速度测定装置

粉体流出速度快，表示粉体的流动性好。反之，则流动性差，一般粉体的流速快，其流动的均匀性也好。流出速度的测定可直接模拟粉体从料斗流出后进入成型生产线的流动状态。

5-3-6　粉体的附着性质

微细颗粒，特别是微米级的粉体颗粒，在空气中极易黏着成团，这种现象会对粉体的加工和应用带来不利影响。

影响粉体附着性的原因很多。当粉体颗粒产生的附着力大于分离力时，颗粒就会附着。而当分离力大于附着力时，颗粒就不会产生附着现象。附着力和粉体的摩擦力一样是衡量粉体流动性的重要特征值，对附着性粉体更是决定性因素。

1. 附着力的种类及性质

影响粉体附着力与分离力的主要因素有：

① 粉体及器壁的物理、化学性质；

② 粉体、器壁及空气的物理状态，如湿度、温度、荷电性及表面状态等；

③ 粉体的粒径大小及粒度分布；

④ 粉体及空气的运动状态等。

引起粉体颗粒间的附着力主要有以下几种：

①分子间的作用力。分子间的作用力也称作范德华力。已经知道，化学键是分子中相邻原子间的强烈吸引力，是决定分子化学性质的主要因素。但在物质聚集态中，分子与分子间还存在着一种较弱的吸引力。这种吸引力是导致实际气体并不完全符合理想气体状态方程式的原因之一。这种分子间力就是范德华力，它也是决定物质的沸点、熔点、溶解度、表面张力及黏度等物化性质的主要因素。

一般将分子间作用力看作是球形颗粒间、平板之间及平板与球之间的作用力。图 5-26 即为分子间力作用模型。分子间力是一种吸力，并与分子间距（图中 a）的 7 次方成反比，故作用距离极短（约 1nm），是典型的短程力。而对由大量分子集合体构成的体系，随着颗粒间距离的增大，其分子作用力的衰减程度则明显变缓，这是因为存在着分子的综合相互作用之故。颗粒间的分子作用力的有效间距可达 50nm，因此是一种长程力。所以，对一般粉体而言，分子间作用力比其他附着力要小得多，它只在特别微细的粉体中才比较显著。

② 颗粒间的毛细管引力[85,86]。当粉体颗粒间夹持有水或液体时，颗粒间会因形成液桥而大大增强黏着力。液桥的几何形状模型如图 5-27 所示。液桥黏着力主要由因液桥曲面而产生的毛细压力及表面张力引起的附着力组成。

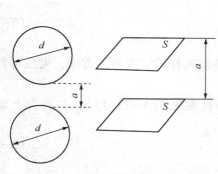

图 5-26　分子间力作用模型

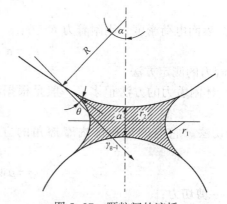

图 5-27　颗粒间的液桥

R—颗粒半径；γ_{g-l}—气液界面张力；θ—颗粒与
液桥曲面的夹角；a—颗粒间距；α—液桥与颗粒切面与
液桥中心的夹角；r_1—液桥曲面半径；r_2—液桥半径

　　如上所述，粉体中的水分存在方式有化学结合水、物化结合水及机械结合水等。后两者都属于附着水。

　　此外，当空气的相对湿度超过65%时，水气会在颗粒表面及颗粒间凝集，粉体颗粒间也会因形成液桥而显著增强黏着力。

　　液桥黏着力可用下式计算：

$$F_{K} = 2\pi\gamma_{g-1}R\left[\sin(\alpha+\theta)\sin\alpha+\frac{R}{2}\left(\frac{1}{r_1}-\frac{1}{r_2}\right)\sin^2\alpha\right] \tag{5-12}$$

式中　F_{K}——液桥黏着力。其他符号的意义见图5-27。

　　如粉体颗粒对水的润湿性较好，表面亲水，则$\theta\to0$；在颗粒与颗粒接触时（$a=0$），则$\alpha=10°\sim40°$，上式可写成：

$$F_{K} = (1.4\sim1.8)\pi\gamma_{g-1}R（颗粒-颗粒） \tag{5-13}$$

$$F_{K} = 4\pi\gamma_{g-1}R（颗粒-平板） \tag{5-14}$$

　　一般来说，液桥黏着力会比分子作用力大1~2个数量级。因此，含湿颗粒间的黏着力主要源于液桥力。

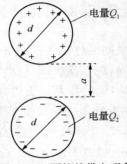

图5-28　颗粒的带电现象

　　③ 颗粒间的静电作用力。运动着的或空气中浮游的粉体颗粒表面会产生图5-28所示的带电现象。荷电的途径有：a. 粉体颗粒在其生产过程中因表面摩擦而带电；b. 与荷电表面接触而使粉体颗粒带电；c. 由电晕放电、光电离及火焰的电离作用产生的气态离子的扩散作用而使颗粒带电。

　　这些静电作用在粉体输送时也常会发生。因静电作用而产生的粉体附着力F_{S}可用下式计算：

$$F_{S} = \frac{Q_1Q_2}{d^2}\left(1-2\frac{a}{d}\right) \tag{5-15}$$

　　当颗粒直径大于颗粒间距a时，则有：

$$F_{S} = \frac{Q_1Q_2}{d^2} \tag{5-16}$$

　　设φ为表面电荷密度，则附着力F_{S}为：

$$F_{S} = \pi^2\varphi^2d^2 \tag{5-17}$$

　　2. 附着力的测定方法

　　测定粉体附着力的方法很多，一般是根据粉体性质选择适宜的测定方法，大致可归结如下。

　　① 剪切法。它与测定粉体内摩擦角的方法相同［参见图5-23(f)］，存在着下面的关系：

$$\tau = \mu W + C \tag{5-18}$$

式中　τ——剪切力；

　　　　W——垂直负荷；

　　　　μ——粉体内摩擦系数，$\mu=\tan\phi_i$（ϕ_i为内摩擦角）；　　　　　　（5-19）

　　　　C——与粉体附着性有关的特性值、一般也称作黏附力。

　　② 滑移角法。其测定原理与剪切法相似，它是通过变化粉体试样的数量来测定粉体与

板面间的滑移角 ϕ_s。设粉体的质量为 m，粉体与板面的摩擦系数为 ζ，则附着力 F 可用下式求得：

$$mg\sin\phi_s = \zeta mg\cos\phi_s + F \tag{5-20}$$

③ 套筒法。这是在两个具有同心轴的圆筒中间加入粉体试样，然后使外侧圆筒以一定转速转动，通过求得对内圆筒的作用转矩 τ_r，就可按下式求得粉体的内摩擦系数 μ_i：

$$4\left(\frac{\tau_r}{\rho \cdot a_1}\right)\mu_i^3 + \mu_i^2 + 2\frac{\tau_r}{\rho \cdot a_1}\mu_i - \left(\frac{\tau_r}{\rho \cdot a_1}\right)^2 = 0 \tag{5-21}$$

式中　a_1——决定于试验条件的常数；

　　　ρ——粉体视密度。

④ 填充法。将粉体填充到容器中时，粉体粒径越小，越易填充密实。显然，这种现象也与附着力有很大关系。因此，通过粉体的填充性质，也即粉体密度与填充时间的关系就可衡量粉体的附着性质。

⑤ 流化床法。它是将粉体试样放在流化床中，通过测定粉体流化时的最小流化速度来比较粉体的附着性质。

⑥ 离心力法。这是将堆放在玻璃、木板或金属板上的粉体试样，放在离心机上通过离心力将其分散，然后通过转速与分离颗粒的粒径间的关系求出附着力。

3. 粉体的附着状态及影响附着力大小的因素

通常认为，粉体颗粒间发生附着现象是由于颗粒间存在着附着力，这种附着力又可分为一次附着力及二次附着力二种类型。一次附着力主要包括上述分子间力、附着水产生的毛细管力及静电引起的附着力。二次附着力则是由于熔结、熔融及其他物理因素所产生的力。为此，可将粉体附着状态分为以下几种类型：

① 熔点及软化点较低的物质。如硫黄、蜡、热塑性树脂等低熔点或低软化点物质，往往因摩擦产生的少量热量就可使表面产生熔结现象，引起颗粒间的热粘附。

② 因受热及压力导致流动或熔融部分发生粘附的物质，如含油及含油脂物质受热或受压时，其流动或熔融部分会发生粘附现象。

③ 小于 $1\mu m$ 的细颗粒粉体。如氧化铝、二氧化钛、炭粉等，通常是由于分子间力而引起颗粒间附着。

④ 吸湿性粉体物质。对那些吸湿性物质或含有吸附水的粉体，如盐类、芒硝等，往往是由于粉体的表面吸附水产生的附着力使粉体发生附着现象。

⑤ 带电性物质。如铁粉、合成树脂等物质，在输送时，会因与器壁及空气摩擦而产生荷电现象，粉体颗粒就因相反电荷而发生附着。

⑥ 由于机械力而发生附着的物质。如粉体破碎、混合、分级、成型、造粒时因受外力作用等都可产生颗粒间的附着。

如上所述，产生附着力的原因比较复杂，而影响附着力大小的因素也较多，这些因素主要如下：

① 粒径大小的影响。关于粒径大小的影响，各研究者的实验结果虽不太一致，而一般情况下是粉体粒径越大，附着力也大些。

② 湿含量的影响。粉体的湿含量有湿基及干基两种方法。

湿基湿含量 W_m 可用下式计算：

$$W_m = \frac{W_w}{W_s + W_w} \times 100\% \qquad (5-22)$$

干基湿含量 W_d 可用下式计算：

$$W_d = \frac{W_w}{W_s} \times 100\% \qquad (5-23)$$

式中　W_s——粉体质量；

　　　W_w——水分质量。

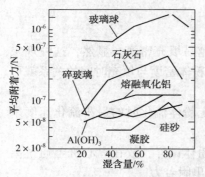

图 5-29　湿含量与附着力的关系

工业上以湿基湿含量的表示方法较多。水分测定方法也很多。最简便的方法是将一定量粉体试样（如 100g），放在温度高于水的沸点（约 105℃）的恒温干燥箱中，经一定时间使水分蒸发后，称量水分失重就可计算湿含量。

图 5-29 示出了粉体湿含量与附着力的关系，可以看出，湿含量在 60%~70% 时，附着力显著增大，而且这种现象与物料性质及放置时间有关。

③ 空隙率的影响。如上所述，空隙率是表征粉体填充状态的重要因素。填充状态越密实，颗粒间的接触点（配位数）也就增多，粉体的抗拉强度也就相应越大。所以粉体的附着力大小也可相应用粉体的抗拉强度大小来表征。对于一个接触点的颗粒附着力 F 与抗拉强度 σ_2 之间存在下述关系：

$$F = \frac{8}{9} \frac{\pi}{(1-\varepsilon)k} d_p^2 \sigma_2 \qquad (5-24)$$

式中　ε——空隙率；

　　　k——颗粒配位数；

　　　d_p——粒径。

所以，空隙率增大，抗拉强度随之减小。

粉体的聚结性及松软状态也可用粉体的压缩度来衡量。压缩度 C_p 可用下式计算：

$$C_p = \frac{\rho_t - \rho}{\rho} \times 100\% \qquad (5-25)$$

式中　ρ_t——粉体摇实密度或紧堆密度；

　　　ρ——粉体松装密度。

压缩度低于 20% 的粉体，附着性差，流动性较好；而 C_p 达到 40%~50% 时，粉体很难从容器中自由流出。

5-3-7　粉体的润湿

润湿又称浸润，是液体与固体接触时，接触面能扩大而相互粘附的现象。如水能润湿玻璃而不能润湿石蜡。液体能否润湿固体，系由它们之间的粘附作用和液体内聚作用的相对大小而定。如粘附作用大于内聚作用，则液体能润湿固体；反之，则不能。

粉体的润湿对粉体在液体中的分散性、混合性及液体对多孔物质的渗透性等都有重要的作用。

粉体层中的液体存在位置有如图 5-30 所示几种情况。即一部分液体粘附在粉体颗粒表面上，这种液体称为粘附液；另一部分滞留在粉体颗粒表面的沟槽或凹穴内，称为楔形液；另有一部分保留在颗粒之间的间隙中，称为毛细管上升液；还有一部分是颗粒浸没在液体中，称为浸没液。

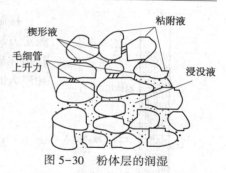

图 5-30 粉体层的润湿

粉体颗粒之间的间隙部分存在液体时，称为液桥（参见图 5-27）。粉体加工处理时，液桥除了在成型、造粒、过滤、离心分离等单元操作过程中形成外，在空气湿度超过 65% 的环境中也会形成。

粉体的润湿性可用接触角表示，当液滴滴至固体表面时，由于润湿性不同而会产生不同形状（见图 5-31）。假设液体在固体（粉体）表面形成液滴，达到平衡状态时，在气、液、固三相交界处，气-液界面和固-液界面之间的夹角即为接触角 θ，它实际上是液体表面张力 γ_{g-1} 与液-固表面张力 γ_{1-s} 间的夹角。θ 的大小可用实验方法求得。接触角最小为 0°，最大为 180°。接触角小则液体容易润湿固体表面，而接触角大则不易润湿。在图 5-31（a）中，在 A 点处有三种表面张力在相互作用。γ_{s-g} 力图使液滴沿 NA 方向铺展开，而 γ_{s-1} 及 γ_{g-1} 则力图使液滴收缩。在达到平衡时，各种表面张力的作用关系可用杨氏（Yong's）方程表示为：

$$\gamma_{s-g}=\gamma_{s-1}+\gamma_{g-1}\cos\theta \tag{5-26}$$

或写成：

$$\cos\theta=\frac{\gamma_{s-g}-\gamma_{s-1}}{\gamma_{g-1}} \tag{5-27}$$

式中　γ_{s-g}——固-气间的表面张力；
　　　γ_{s-1}——固-液间的表面张力；
　　　γ_{g-1}——气-液间的表面张力；
　　　θ——液滴的接触角。

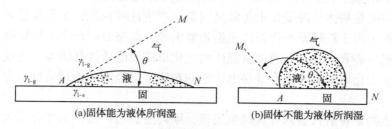

(a)固体能为液体所润湿　　　(b)固体不能为液体所润湿

图 5-31 粉体的接触角与润湿作用

从上式可知，当 $\gamma_{s-g}-\gamma_{s-1}=\gamma_{g-1}$ 时，则 $\theta=0°$，$\cos\theta=1$，这是完全润湿的情况，并称为扩展润湿；当 $(\gamma_{s-g}-\gamma_{s-1})<\gamma_{g-1}$ 时，则 $\theta<90°$，$0<\cos\theta<1$，即固体能为液体所润湿，称为浸渍润湿，图 5-31（a）即为这一情况；如果 $\gamma_{s-g}<\gamma_{s-1}$，则 $\theta>90°$，$\cos\theta<0$，这时固体不为液体所润湿，水银在玻璃板上的接触 θ 约为 140°，属于这一情况，也如图 5-31（b）所示。

粉体分散在液体中的现象相当于浸渍润湿。而且，当液体浸透到粉体层中时，与毛细管中液体浸渍情况相似。通常将能被液体所润湿的粉体称为亲液性粉体；不被液体所润湿的粉体，则称为憎液性粉体。常见的极性液体是水，氧化铝粉、石英粉、硫酸盐等都是亲水的粉体；而石墨、石蜡等则是憎水性粉体。

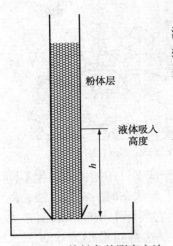

图 5-32 接触角的测定方法

粉体层

液体吸入高度

接触角有多种测定方法，图 5-32 示出了一种接触角的简单测定方法。测定时，在玻璃圆筒中填充粉体试样，下端用滤纸轻轻堵住后浸入水中，经一定时间，测定水在玻璃管内上升的高度和浸入时间 t，就可用下式计算接触角：

$$h^2 = \frac{r\gamma_1\cos\theta}{2\eta} \tag{5-28}$$

式中　h——液体在 t 时间内上升的高度；

　　　r——粉体层内毛细管半径；

　　　γ_1——液体的表面张力；

　　　η——液体的黏度。

5-3-8　粉体的力化学性质[85]

固体物质受挤压、撞击、研磨等力学操作时，由于外加机械能而会发生固体变形及粉化现象。所谓力化学效应，就是固体受力学处理而使物质的构造特性及物理化学性质发生变化的现象。能引起力化学效应的过程很多，而且效果也随设备的种类而异，而有效的力化学效应，设备的作用应与物质的物理性质很好相对应。通常，因力化学效应使物质产生结构变化包括以下几个方面：使晶粒破坏；增大表面自由能；使表面结构发生变化，在表面形成无定形层、氧化物层；表面结构变化传至晶体内部，使总的晶体结构产生变化，发生多晶形转变。

不难理解，粉体超细化后其表面积增大，同时表面能也相应增加。表面能是表面自由能的简称，是指生成 $1cm^2$ 新的固体表面所需做的等温可逆功。粉体颗粒表面是十分不均匀的，有一定的粗糙度。处于表面凸出的高峰、台阶或棱角处的原子或分子的力场极不均衡，这些部位具有更高的能量，在吸附及催化反应中有重要作用。通常将表面能较高（$100\sim1000mJ/m^2$）的表面，如金属及其氧化物、硅酸盐等无机粉体表面称为高能表面；而将表面能较低（小于 $100mJ/m^2$）的有机物粉体表面，如塑料、石蜡等称为低能表面。

力化学效应引起粉体活性变化也是常见现象，产生这种现象也是不难理解的。物料在磨碎的过程中，除了由于粒径减小使得比表面积增大外，晶格破坏产生晶格缺陷，表面状态变化形成新的吸附中心及活性点，表面官能团的变化形成新的活性基团等。这些因素都可能使物料的活性发生变化。如高岭土本身是电中性的物质，但经磨碎处理后可以产生固体酸而呈催化活性。

对一些黏土类矿物进行磨碎处理时也发现，磨碎过程对矿物的物性有很大影响。如将高岭土磨碎时，由于发生粉体劈裂，晶体的三维结构会变成二维结构，结构水也会脱掉，而形成类似于硅铝胶的无定形结构。在这种磨碎过程中开始还能看到壁裂的粒子具有单位晶胞结构，以后就又发生凝聚而无定形化变成球状粒子。而这种变化程度又与磨碎前高岭土矿的结晶度高低有关。对一些金属粉进行磨碎处理时，含百分之几十的面心立方晶体，经 40 分钟磨碎处理，可几乎全部变成六方晶体。

5-3-9　粉体的团聚、分散与偏析

1. 粉体的团聚

如前所述，固体物料经细化或超细化处理后，会呈现与原物料不同的一些性质，其典型特征是比表面积增大、表面能升高。同时，微细粉体颗粒的表面原子或离子数的比例也大为

增多，从而使其表面活性增大，颗粒之间的吸引力加大。此外，随着粒径变小，粉体颗粒自身重力的减弱程度远远超过分子作用力。如当颗粒粒度为毫米级时，重力的作用显著大于表面团聚作用力；反之，当颗粒粒度小于毫米级时，重力作用衰减很快，而表面团聚作用力则起着支配作用。

由于包括重力在内的所有质量力，如惯性力、静电力、磁力等都是与颗粒粒径的 3 次方成正比，所以随着粒径减小，衰减程度极快。反之，分子作用力、静电作用力等表面力与颗粒粒径的一次方成正比，因而随粒径减小，其衰减程度较慢。而对几十微米以下的微细粉体颗粒，起作用的主要是各种表面力及与表面相关的物理力，而质量力的影响则是极微小的。因此，与粉体的附着力相似，引起微细粉体团聚的推动力主要是分子间作用力（范德华力）、静电作用力（库仑力）及液桥黏着力等。此外，粉体颗粒之间的表面氢键及其他化学键的作用，也是易导致粉体颗粒之间发生团聚的因素之一。

2. 粉体的分散

在粉体加工及催化剂成型操作中，保持粉体颗粒具有良好的分散性具有重要意义。许多过程的成败往往与粉体颗粒能否良好分散有关。在超细粉体制备过程中，粉碎与反粉碎过程实际上也是新生颗粒的分散与团聚过程，它对最终产品的细度起着至关重要的作用。由于超细粉体极易产生团聚，分散性很差的粉体在实际应用过程中使用十分困难，从而失去了超细粉体的许多优异性能，使其作用不能充分发挥。而且分散性差的粉体，对输送、混合、均化及包装等都会产生许多不便。由于超细粉体具有较大的比表面积及较高的表面能，彼此之间极易产生团聚及自发凝并现象，形成粒径较大的二次颗粒，因此，防止超细粉体团聚也是粉体技术的一项难题。

如上所述，粉体颗粒往往是由大小不同的粒子堆积而成，并按图 5-33 所示，分为以下几种类型：

① 原级颗粒。指粒径极小的单个晶体或一组晶体。

② 凝聚体。指由原级颗粒以面相接形成的颗粒，其表面积比其单个颗粒组成之和要小得多，这类颗粒分散起来十分困难。

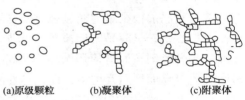

(a)原级颗粒　　(b)凝聚体　　(c)附聚体

图 5-33　颗粒的形态示意

③ 附聚体。指以点、角形式相接的原级颗粒团簇或是由小颗粒附着在大颗粒形成的复聚体。其总表面积比凝聚体大，但小于单个颗粒组成之和，再分散则比较容易。通常将凝聚体及附聚体称为二次颗粒或二次粒子。

粉体的分散体系大致可分为两类：一类是由粉体本身与空气介质所构成的分散体系；另一类是由粉体分散在液体介质中的分散体系。不同分散体系其分散方法也有所不同。

（1）粉体在空气中分散的方法

粉体（特别是超细粉体）在空气中的分散是粉体技术自始至终存在的重要课题，特别随着超微粉体及纳米催化材料的发展，解决粉体团聚问题显得尤为重要。

如上所述，分子间作用力、静电作用力及液桥黏着力等对粉体在空气中的团聚行为是最主要的。一般来说，静电作用力比分子间作用力及液桥黏着力要小得多。在空气中，微细粉体的团聚主要是由液桥黏着力所造成，而在十分干燥状态下则是由分子间力所引起的。因此，在空气状态下，保持粉体干燥是防止团聚十分重要的措施。一般来说，粉体在空气中的分散可采用以下几种方式：

① 干燥分散。由于湿空气中形成的液桥是细粉团聚的主要原因。因此防止或消除形成液桥作用是保证粉体分散的有效手段。如将粉体加温至 150~200℃ 以除去水分的干燥处理是一种简单而有效的分散方法。

② 机械分散。是指采用机械力将团聚粉体打散的方法。所施加的机械力是由高速旋转的叶轮或高速气流的喷嘴及其他冲击作用引起气流强湍流运动而产生的。但分散的必要条件是机械力应大于粉体团聚的黏着力。机械分散的方法是一种强制性分散方法，虽然容易实现，但经机械力分散的粉体，在排出分散设备后有可能重新黏结聚团。

③ 表面改性。这是通过物理或化学方法对微细粉体进行处理，有目的地改变其表面化学性质，以赋予粉体新的功能并提高其分散性。表面处理可分为干法及湿法两种。以碳酸钙粉体为例，用干法处理时，是将碳酸钙微粉放入高速捏合机内，启动旋转时，再投入表面处理剂进行表面包覆，所用表面处理剂可按碳酸钙的用途选择，如脂肪酸盐、磷酸酯及钛酸酯等；湿法处理是直接将表面处理剂或分散剂加入碳酸钙悬浮液中，充分搅拌使表面处理剂均匀地涂覆于碳酸钙粉体表面，然后再经脱水、干燥而得。

除了用上述分散方法以外，还可采用同性电荷相排斥、异性电荷吸引的原理，采用静电分散的方法对粉体进行分散。但这种方法只对粒径 2~25μm 范围的粉体较有效，而对粒径小于 2μm 的粉体分散性不太有效。

（2）粉体在液相中的分散

无论是工业上或日常生活中常会遇见一种或几种粉体分散在液体介质（最常见的是水）中的分散体系。使粉体在液相中良好分散的常用方法是通过添加适当的分散剂来实现。所谓分散剂是指添加极少量即能显著改变物质表面或界面性质的表面活性剂。分散剂一般具有两个基本特性，一是容易定向排列在物质表面或两者界面上，从而使表面或界面性质发生变化；二是分散剂在通常使用浓度下大部分是以胶团状态存在。分散剂的表面吸附润湿、分散、乳化等界面性质及增溶、催化等性能均与上述两种基本特性相关。

分散剂一般是一个双亲分子，由两个部分组成，其一是一个较长的非极性基团，称为疏水基；另一个是较短的极性基团，称为亲水基。常用分散剂可分为无机电解质（如硅酸钠、六偏磷酸钠、聚磷酸钠等）、表面活性剂（如十二烷基硫酸钠、脂肪醇聚氧乙烯醚、十六烷基三甲基溴化铵等）及有机高聚物（如丙烯酸共聚物、聚丙烯酰胺等）。

粉体中添加分散剂可以强化粉体间的相互排斥作用，从而起到分散作用。分散剂增强排斥作用主要通过以下三种方式来实现：①增大粉体表面电位的绝对值，以提高粉体间的静电排斥力；②增强粉体表面对分散介质的润湿性，以提高表面结构化、加大溶剂化膜的强度及厚度；③通过高分子分散剂在粉体表面形成吸附层，产生并强化位阻效应，便粉体间产生位阻排斥力。尽管不同分散剂对粉体的分散机理不尽相同，作为参考，表 5-16 示出了粉体在水介质中分散时可选用的适宜分散剂。

表 5-16　粉体在水介质中分散时适用的分散剂

粉体名称	分散剂	粉体名称	分散剂
氧化铝	斯盘 20	二氧化钛	六偏磷酸钠
氧化镁	六偏磷酸钠	氧化铁	六偏磷酸钠

续表

粉体名称	分散剂	粉体名称	分散剂
硫酸钡	六偏磷酸钠	碳酸锰	斯盘 20，六偏磷酸钠
刚玉	酒精	碳酸镍	六偏磷酸钠
磷酸钙	酒精	钛酸钡	吐温 20
氢氧化铜	六偏磷酸钠	硫酸钙	乙二醇、柠檬酸

3. 粉体的偏析

密度与形状不同及粒径较大的粉体，在运动、成型给料和排料时，粗粉和细粉、密度大与密度小的会产生分离，这种现象称为偏析。偏析现象在粒度分布范围宽、流动性好的粉体物料中会经常发生，但在粒径小于 70μm 的粉体中却很少见到。黏性粉料一般不易发生偏析，而含黏性及非黏性两种成分的粉料易发生偏析。操作过程中出现偏析现象时，就会使粒度分布失去均匀性，从而影响成型物或产品的质量。

根据粉体发生偏析的机理，它可分为：附着偏析、填充偏析及滚落偏析几种情况（见图 5-34）。图中（a）是沉降时发生粗细粒分离，这时微粉附着在壁上，在受振动或外力作用时，这种粉层会剥落而产生粒度不匀。（b）是在倾斜状堆积层移动时的情况，这时填充状态下的粗粉体粒子会产生筛分作用，细粉从间隙中漏出而被分离出来。在这种状态下，如粒子填充状态较为致密，而且当粉体中的微粉直径小于大粒子的 1/10 时，微粉就可漏出。但若填充疏松时，大粒子

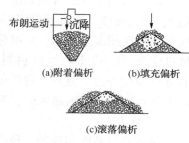

图 5-34　偏析的形态

也会流下而被分离出来。（c）是滚落偏析。这时因粒子形状不同和滚动摩擦状态不同而引起。通常情况下，大粒子粉体的摩擦系数小，且多聚集在器壁附近，而微粉往往留于中心部位。

防止粉体产生偏析的方法，主要应充分了解混合粉料的性质、粒径大小等，并采取相应的预防措施。如在加料时，采取某些能使加入物料重新分布或能改变内部流动模式的措施，如采用多头加料或活动加料管等。

5-4　固体物料的粉碎[86~88]

粉碎是将物料（原料及加工的中间产品）用机械方法粉碎为小粒度物料的过程。通常将粉碎产品粒度在 1~5mm 以上的作业称为破碎，粒度在 1~5mm 以下的作业称为磨碎。破碎和磨碎统称为粉碎。对于细度在微米级的超细粉体一般多采用机械粉碎法制备，而对纳米级的超细粉体大多采用化学合成法（颗粒从小到大的生成过程）。粉碎也是催化剂及载体制备中常见的单元操作。如制备氨合成熔铁催化剂时，冷却后的熔料一般用颚式破碎机破碎后再经多级振动筛筛分成不同粒级的不规则颗粒。熔铁催化剂的生产效率很大程度上取决于破碎效率，并根据不同的合成塔选择破碎粒度及粒度范围；又如在制备一氧化碳中温变换催化剂时，要通过碾磨降低 Fe_2O_3、Cr_2O_3 等固体粒子的大小，并使几种固体组成均匀紧密地进行机械混合。在用球磨辊压碾料时，随着固体粒子逐渐被粉碎，粒子逐渐减小时不断生成新的

表面，新生成的表面与原先的表面相比具有更高的表面能。而且，碾磨粉碎过程也是一个由机械能转变为表面能的过程。新形成的表面性质与原先的表面性质也不相同，会形成更多的晶格缺陷，获得较高活性的催化剂。至于许多载体，如氧化铝、活性炭及分子筛等制备过程中都会涉及粉碎这一单元操作。

5-4-1 被粉碎物料的基本物性

在催化剂制备过程中，物料经粉碎后，其粒度显著减小，比表面积增大，因而有利于多种不同物料的均匀混合及输送，也可为制备球形、条形等催化剂奠定基础。

生产催化剂或载体的原料，根据来源不同，可分为天然的及人工合成物。通常以块状、粒状、无定形及结晶等形式存在，衡量这些被粉碎物料的基本物性有：

1. 硬度

硬度是衡量材料抵抗其他物体刻划或压入其表面的能力，也可理解为在固体表面产生局部变形所需的能量。这一能量与材料内部化学键强度及配位数等有关。

硬度的测定方法有刻划法、压入法、磨蚀法及弹子回跳法等，相应地有莫氏硬度（刻划法）、布氏硬度、史氏硬度（压入法）及肖氏硬度（弹子回跳法）等。而对无机非金属材料的硬度常用莫氏硬度来表示，并可分为 10 个级别。如滑石粉的莫氏硬度定为 1，金刚石的莫氏硬度定为 10。通常将这些材料分为三类，莫氏硬度为 7~10 时为硬质材料，莫氏硬度为 4~6 时为中等硬质材料，莫氏硬度为 1~3 时为软质材料。硬度也可作为材料耐磨性的间接评价指标，即硬度值越大时，其耐磨性能也越好。

2. 脆性

脆性是与塑性相反的一种性质。晶体物料具有一定的晶格，如硅酸铝、分子筛、氧化铝等均具有相当的脆性，易于粉碎，一般易沿晶体的结合面碎裂成小晶体。脆性物料抵抗动载荷或冲击的能力较差，它们的抗拉能力远低于抗压能力。正是由于脆性材料的抗冲击能力较弱，采用冲击粉碎的方法可有效地使其粉碎。

3. 韧性

韧性是介于脆性与柔性之间的一种材料性能，是指在外力作用下，塑性变形过程中吸收能量的能力。韧性越强，吸收能量越大，反之亦然。与脆性材料相反，韧性材料的抗拉及抗冲击性能较好，受外力作用时虽然变形但不易折断，而抗压性能则较差。

5-4-2 影响粉碎的主要因素

1. 物料特性

如上所述，固体物料本身的特性是影响粉碎效果的首要因素，因此要根据被粉碎物料的基本物性选择粉碎的作用力，也即决定粉碎设备的选型。

2. 粉碎比

又称粉碎度。物料粉碎前的平均粒径 D 与粉碎后的平均粒径 d 之比称为平均粉碎比或简称粉碎比。粉碎比 i 可用下式表示：

$$i = D/d \tag{5-29}$$

粉碎比是衡量物料粉碎前后粒度变化程度的一个指标，也是粉碎设备的重要技术经济指标。当两台粉碎机粉碎同一物料且单位电耗相同时，粉碎比大者工作效率好。各种粉碎设备的粉碎比都有一定限度。一般来说，破碎机械的粉碎比为 3~100；粉磨机械的粉碎比为 500~1000 或更大。当粉碎比要求更大时，可采用二台或多台粉碎机串联起来粉碎。多台粉碎机串联粉碎过程称为多级粉碎，串联的粉碎机台数称为粉碎级数。这时，原料粒度与最终粉碎产品的粒度之比称为总粉碎比。如粉碎机的粉碎比已经知道，则可根据总粉碎比要求确定合适的粉碎级数。

3. 水分

物料的含水率会影响粉碎效能，显然，物料含水量越低越易于粉碎，当物料含水率在 5% 以下时，一般尚无粉碎困难，但当含水量超过 10% 时，容易引起黏着而堵塞设备。对含湿量较高的物料，应先进行烘干处理或采用湿法磨碎。

4. 细粉团聚

通常，物料在粉碎初期阶段，物料的粒度迅速变小，而比表面积相应增大。而粉碎至一定时间后，粒度和比表面积不再明显变化而稳定在某一数值附近。这是物料颗粒在机械力作用下的粒度减小与已细化的微小颗粒在表面力、静电力及分子间力等作用下相互团聚成二次颗粒导致的粒度"增大"达到的某种平衡。这种粉碎过程中颗粒微细化过程与微细颗粒的团聚过程的平衡称为粉碎平衡。当粉碎达到平衡时，即使继续进行粉碎，颗粒的粒度大小也不会发生大的变化，但作用于颗粒的机械能将使颗粒的结晶结构不断破坏，晶格应变及扰乱增大。此外，细粉增多还会引起升温等不利影响，因此，应随时排出已达到细度的粉末，如在粉碎机上装筛网或其他措施进行分离。同时还应严格控制进料粒度范围，优化粉碎过程中的操作条件。

5. 粉碎助剂

粉碎助剂是指在粉碎过程中为加速粉碎而添加的化学品。由于粉碎助剂主要用于磨碎作业中，故又称为助磨剂，其添加量一般为磨碎物料量的 1% 以下，具有提高磨碎效率、减小产品粒度、降低能耗等作用。

助磨剂按物态可分为固体助磨剂(如硬脂酸盐类、胶体二氧化硅、氧化镁、胶体石墨及碳酸钠等)、液体助磨剂(如三乙醇胺、水玻璃、三乙醇胺的盐类与木质磺酸钙的混合物以及一些表面活性剂等)及气体或蒸气的助磨剂(如丙酮、硝基甲烷、水蒸气等蒸气状的极性物质，以及四氯化碳、苯等蒸气状的非极性物质)。而按助磨剂的作用则可分为助磨剂、阻蚀剂、降黏剂及分散剂等。

助磨剂的助磨作用是一种机械力化学作用，其主要作用机理为：①助磨剂分子吸附于固体颗粒表面上，改变了颗粒的结构性质，降低了颗粒的表面自由能、强度或硬度，促使粉碎裂纹扩大。物料的粉碎是由于颗粒表面的裂缝产生应力集中，使裂缝扩大而最终导致粉碎，当裂缝吸附其他物质时，则结合力降低，促使裂缝扩展而粉碎。②改变颗粒的分散度。由于助磨剂对细粒物料有一定穿透力，可降低细粒物料的黏附性，阻止颗粒间的相互团聚，并使团聚粒得到分裂、疏散，有利于粉碎。③降低料浆的内摩擦力并提高流动性，在湿法磨碎时，添加降黏剂可降低料浆的内摩擦力，减少黏度，提高磨碎效率。④在超细磨碎时，添加具有多价离子的无机盐时，颗粒吸附后使颗粒间的电斥力增强，在表面生成易碎裂的表面薄膜，从而提高磨碎效率。

5-4-3　粉碎工艺及方法

粉碎的目的是将大颗粒物料粉碎成为小颗粒，根据原料粒度及性质、产品细度不同，粉碎的方式也不同。按粉碎过程所处的环境可分为干式粉碎及湿式粉碎；按粉碎工艺可分为开路粉碎及闭路粉碎；按外力作用方式不同，可分为挤压粉碎、冲击粉碎、研磨及磨削粉碎等；按产品细度可分为粗粉碎、中粉碎、细粉碎及超细粉碎，催化剂行业主要是细粉碎及超细粉碎，成品粒径小于 $100\mu m$ 的粉碎操作为细粉碎，成品粒径小于 $30\mu m$ 的粉碎操作为超细粉碎。基本的粉碎方式有以下几类：

① 挤压粉碎。这是利用粉碎设备的工作部件对物料施加挤压作用，产生巨大的压应力，使其大于物料的抗压强度极限，将物料粉碎。颚式破碎机、挤压磨等属此类粉碎设备。挤压粉碎主要适合于脆性物料，通常多用于物料的粗碎。

② 冲击粉碎。这是利用物料与工作构件的极高的相对速度，使物料在瞬间受到很大的冲击力而被粉碎。它包括高速运动的粉碎构件对被粉碎物料的冲击和高速运动的物料向固定壁的冲击，粉碎过程中会在短时间内发生多次冲击碰撞，颗粒在碰撞时因受到压缩作用会发生变形。对于脆性材料而言，碰撞后的颗粒总能量减少了，而这部分减小的能量由于克服了颗粒间的结合能，从而引起粉碎。所以，这种方法主要适合于脆性物料的粉碎。

③ 剪切粉碎，是利用工作构件对物料的剪切作用，使剪切力大于物料的剪切强度极限，从而将物料粉碎。这种方法主要用于塑性物料的粉碎。

④ 研磨、磨削粉碎。这是利用物料与研磨介质或工作构件表面间相对运动的挤压和摩擦，使物料产生压应力及剪应力，从而将物料粉碎。与施加强大粉碎力的挤压及冲击粉碎不同，研磨和磨削是靠研磨介质（如钢球、氧化铝球、玻璃珠等）对物料颗粒表面的不断磨蚀而实现粉碎的。球磨机、振动磨、搅拌磨等都属此类粉碎设备。

5-4-4　物料粉碎时的物理及化学性质变化

固体物料在被粉碎过程中，除了颗粒粒径逐渐变小、比表面积增大外，其晶体结构、表面形态及物理化学性质均会相应发生变化，这就是粉碎机械力化学现象，这种现象会导致粉体颗粒在机械粉碎时会产生如下物理及化学性质变化。

① 晶格畸变。颗粒在粉碎过程中，受机械力的作用，表面乃至内部晶格会发生晶格畸变及结晶程度的减弱，其中储存了部分能量，使表面层能位升高，活化能降低，活性增强。当表面层破坏并趋向于无定形化时，表面层能位更高，活化能更小，表面活性更强，晶格畸变的宏观物性反映则是物料密度的变化，通常表现为密度的减小。

② 晶型转变。具有同质多晶型的物料在常温下受机械力的作用常会发生晶型转变。如锐钛矿型 TiO_2（四方晶系，晶体呈双锥形），经粉碎后可转变为同质多相变体——金红石型 TiO_2（四方晶系，晶体常呈柱状或针状）；又如 Fe_2O_3 在粉碎过程中会发生 γ-Fe_2O_3 向 α-Fe_2O_3 的转变。这种转变是由于机械力的作用，使晶格内积聚的能量不断增加，从而导致结构中某些结合键发生断裂并重新排列成新的结合键。

③ 由于颗粒粒度减小及生成新表面，表面自由能增大，活性增强，使得许多在常规室温条件下不能发生的反应成为可能，如固相反应：

$$TiO_2 + BaO \longrightarrow BaTiO_3$$

$$SiO_2 + MgO \longrightarrow MgSiO_3$$

④ 颗粒经粉碎而微细化后，由于表面活性提高，其吸附能力增大，同时由于表面含有大量不饱和键和残余电荷活性点，使离子交换能力大大提高。如将金属 Mg 与 CuO 粉末混合物进行高能球磨，可发生下述置换反应：

$$Mg + CuO \longrightarrow MgO + Cu$$

此外，颗粒经机械力粉碎后，可使许多难溶或不溶物料的溶解度或溶解速率显著提高。

⑤ 利用机械力粉碎时，也与加入其他能量一样，可促使粉体发生化学反应而引起化学性质的改变。如将石英及方解石混合粉磨时，会产生二氧化碳及碳酸钙就是一例。有些含 OH^- 的化合物[如 $Mg(OH)_2$]，其中所含 OH^- 不易脱除，如将 $Mg(OH)_2$ 中加入 SiO_2 进行一定时间粉磨时，就可脱除 $Mg(OH)_2$ 中的结晶水。其原因是机械力的作用加速了 $Mg(OH)_2$ 与 SiO_2 的固相反应。

⑥ 利用机械力化学法可制备纳米金属及纳米催化材料。机械研磨法是目前用于制备非晶态合金类催化剂的最经济方法。机械研磨主要通过金属粒子的塑性变形来实现，在一定的应力作用下，研磨会使金属粒子产生诸多位错、滑移等结构变化，最终导致晶粒越来越小，形成金属纳米粒子。

5-4-5　粉碎机械的分类及选用

由于物料的粉碎要求及被粉碎的物料性质不同，因而所采用的粉碎机械也不一样。粉碎机械可分为破碎机械及磨碎机械两大类，简要介绍如下。

1. 破碎机械的分类

破碎机械类型较多，常用的有颚式破碎机、旋回破碎机、圆锤破碎机、锤式破碎机、冲击式破碎机和辊式破碎机等。

（1）颚式破碎机

颚式破碎机的主要部分是两块颚板，其中一块颚板固定，而另一块颚板能作往复运动，犹如动物的上下颚似的。当活动颚板在传动机构的作用下推向固定颚板时，加入机内的物料将受到两颚板的挤压作用而破碎。当活动颚板退回时，被破碎的物料即从颚板间掉下。颚式破碎机按动颚运动轨迹可分为简摆型及复摆型。

颚式破碎机的构造牢固、更换零件容易，使用简便，可用于对各种强度、腐蚀性强、脆性的物料和韧性物料进行粗、中、细碎，更多用于坚硬物料的粗碎和中碎。

（2）旋回破碎机和圆锥破碎机

这类破碎机是利用一个直立的圆锥体(称轧头)在另一个固定的外圆锥形轧压面(称轧臼)中作偏心转动，使轧压空间的物料受挤压而破碎。其破碎腔是动锥与定锥之间的空间。动锥固定于主轴上，主轴的上端通过悬挂装置由横梁支承，下端插入偏心轴套内，当偏心轴由电机带动时，动锥即产生以悬挂点为中心的旋摆运动；对于定锥而言，动锥时而靠近，时而远离，物料由上部进入破碎腔。当动锥靠近时，物料受到挤压而破碎；当动锥远离时，该部分物料向下排卸。与颚式破碎机比较，这种破碎机具有生产能力高且能耗低的特点，而且操作均匀、振动小、可连续操作、破碎比较大；可用于粗碎及中、细碎坚硬物料，但不适用于破碎易堵塞的韧性物料。

（3）锤式破碎机及冲击式破碎机

这两种破碎机是以打击力或冲击力粉碎物料的高转速破碎机，是催化剂及载体粉碎应用较多的机型之一。粉碎机一般由转子、冲击元件(锤头、销棒、叶片)、外衬板、粉碎室、进料口及电机等元件组成。粉碎时物料由进料口进入粉碎区，受到转子上冲击元件的高速撞击、剪切、摩擦后而粉碎，并以一定速度反弹，冲向外衬板，再次粉碎，继而与后续的高速颗粒相撞，使粉碎过程反复进行。同时，定子衬圈和转子端部的冲击元件之间形成强有力的高速湍流场，产生的强大压力可使颗粒受到交变压力作用而粉碎和分散，粉碎后较细的颗粒在气流的携带下经筛网排出。这类机械，按锤头的周围速度(线速度)大小，可分为慢速

（17～25m/s）、中速（30～40m/s）及高速（大于40m/s）；按转子的数目可分为单转子型及双转子型；而按转子的布置方式又可分为立式及卧式两类。图5-35及图5-36分别示出了立式锤式粉碎机及卧式锤式粉碎机的结构简图。

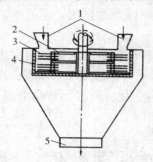

图5-35　立式锤式粉碎机结构简图

1—进料口；2—转子辐板；

3—锤片；4—筛片；5—出料口

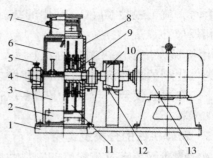

图5-36　卧式径向进料锤式粉碎机结构简图

1—机座；2—进风板；3—下机体；4—轴承座；

5—油杯；6—门；7—料斗；8—齿板；9—转子；

10—联轴器；11—筛片；12—护罩；13—电动机

锤式破碎机及冲击破碎机由于锤头是任意设计而且是处于自由运动状态，使黏性物料不易黏贴于锤头，因此这类机械具有结构简单、磨损零件更换方便、粉碎程度高、粉碎物料范围广等特点。可对中硬、磨蚀性弱的物料及纤维结构、弹性和韧性较强的物料进行中碎、细碎及磨碎。

（4）辊式破碎机

又称辊压式破碎机。是利用转动辊子与砧板之间（单辊破碎机）或两辊之间（双辊破碎机）对物料施加压力、剪切、劈碎等联合作用而使物料破碎。按辊子数目可分为单辊、双辊、三辊及四辊破碎机；按辊面类别可分为光面辊碎机及齿面辊碎机。这类粉碎机的结构简单，制作方便，运行可靠，易于调节粉碎度。缺点是产品颗粒不均匀，生产能力低，且可能压成扁块。常用于坚硬和磨蚀性强的物料、脆性物料、强塑性物料进行粗、中、细碎。

2. 破碎机械的选用

破碎机械的种类及型号很多，选用的原则大致如下。

① 各种破碎机都有各自的技术特征，一些技术指标对正确选用破碎机的类型及型号有重要意义，如给料尺寸、出料尺寸、出料口尺寸调节范围、生产能力、功率等技术参数应综合考虑，在满足破碎的前提下还需考虑破碎流程的投资及操作费用等经济性问题。

② 粒度是破碎作业的基本要求。但选择破碎机时在满足粒度要求基础上还常有粒度分布的要求。这就要求在选择破碎机时还要考虑各种破碎机破碎产品的粒度分布。有些破碎产品还对颗粒的形状有要求，这就要认真区别不同破碎机的破碎效果。

③ 破碎物料的一些性质（如硬度、磨蚀性、含水量及不稳定性等）对破碎机都有一定的要求，在选用破碎机时要加以考虑。

④ 对一些特殊要求的破碎可直接选用专业粉碎机，如实验室专用小型锤式破碎机、冲击式破碎机等。

3. 磨碎机械的分类及选用

磨碎机械也很多，常用的有以下一些。

（1）球磨机、棒磨机及管磨机

球磨机与棒磨机主要由钢制的圆筒和装在筒内的磨损介质（简称磨介）或研磨体（如钢球、钢棒及氧化铝球等）组成。通过筒内磨介的冲击、研磨而将物料逐渐粉碎。按传动方式可分为中心传动球磨机及边缘传动球磨机；按生产方式可分为干法球磨机及湿法球磨机，还可分为开路球磨机及闭路球磨机。表 5-17 示出了球磨机及棒磨机的类型。球磨机的磨介为直径 25~150mm 的钢球，装入量为筒体有效容积的 25%~45%；棒磨机用直径为 50~100mm 的钢棒作磨介。

表 5-17　球磨机及棒磨机的类型

类型	球磨机				棒磨机
磨介	钢球	钢球	钢球	钢球	钢球
筒体形状	短筒	长筒	管形	锥形	筒形
筒体长度 L 与直径 ϕ 的关系	$L \leqslant 1.5\phi$	$L=(1.5\sim3.0)\phi$	$L=(3\sim6)\phi$	$L=(0.25\sim1.0)\phi$	$L \leqslant 2\phi$
排料方式	(1)溢流排料 (2)格子排料	(1)溢流排料 (2)格子排料	(1)溢流排料 (2)格子排料	溢流排料	(1)溢流排料 (2)周边排料 (3)筒体中部周边排料

管磨机是一个长转筒，筒体长度远远大于其直径 ϕ，通常 $L=(3\sim6)\phi$。由于长度较大，物料通过筒体的时间较长，磨碎产品的粒度较小。管磨机还可用格子板分作多仓管磨机或分室磨，每个仓室可填装不同的磨介。

这类磨碎机械是应用最广泛的磨碎机，它具有结构简单、处理量大、应用范围广、磨介易更换、粉碎比大（可达 300 以上）、对干、湿法磨碎均可适用等特点，所得产品颗粒很细，其直径在 0.1mm 以下。

（2）射流磨

是利用空气、蒸汽或其他气体以一定压力高速射入机内，产生高速的紊流及能量转换流，使机内的物料颗粒之间在高速气流作用下多次碰撞、冲击、研磨而粉碎。射流磨有多种型式，图 5-37 及图 5-38 示出了两种射流磨的结构简图。跑道式射流磨又称作立式环形喷射气流粉碎机（图 5-37），是由立式环形粉碎室、分级器及文丘里给料装置等组成，下部粉碎区设有多个喷嘴，上部分级区设有百叶窗式惯性分级器。物料经文丘里喷嘴送入粉碎区，射流经气流喷嘴高速射入环形管粉碎室内，加速颗粒并使其相互冲击、碰撞、摩擦而粉碎。气流携带粉碎的颗粒进入分级区，由于离心力场作用使颗粒分流，粗粒在外层沿下行管落入粉碎区继续粉碎，细粒在内层经分级器分级后排出。颗粒磨碎粒度可达 0.2~3μm。

对喷式射流磨又称对冲式气流粉碎机（图 5-38）。主要由冲击室、分级室、喷嘴、喷管等组成。在射流磨下部设有两个喷嘴，由加料喷嘴送入的物料遭受由对立方向射入机内的射流产生的紊流及冲击、研磨作用，射流及粉末产品向上运动至分级室内分级，粗粒的离心力较大，经环形空间外壁向下运动至下导管入口处被粉碎喷嘴喷出的气流送至粉碎室继续粉碎；细粒的离心力较小，处于内壁，随气流吸入出口。颗粒磨碎粒度可在 0.5~10μm 之间。

除上述磨碎机外，还有振动磨、搅拌磨及锤磨机等多种类型。由于磨碎机械较多，选用时也应按磨碎机的适用性、技术性能、物料性质、粒度要求、产量以及经济性等方面综合考虑后选用合适的磨碎机械。

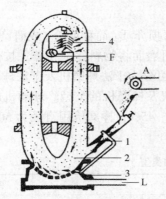

图 5-37 立式环形喷射气流粉碎机工作原理图
1—文丘里喷嘴；2—气流喷嘴；3—粉碎室；4—分级器；
L—压缩空气；F—细粉；A—粗粉

图 5-38 对冲式气流粉碎机结构简图
1—产品出口；2—分级室；3—衬里；4—料斗；
5—加料喷嘴；6—粉碎室；7—粉碎喷嘴

5-4-6 筛分与筛分设备

筛分是将不同尺寸的各种形状(如球状、条状、片状等)物料分成若干粒级的过程。每个粒级中所包括的颗粒均在规定粒度的最大和最小尺寸限度之内。也就是说，它是借助孔径不同的两种筛孔来限定一个粒级范围，其中较大的孔径使这一粒级的所有颗粒全部通过，而较小的孔径则将所有颗粒全部截留。

工业筛分设备取决于筛分的物料，并有很广的分级范围，可从大的数十厘米的粒块到小于 200 目(74μm)以下的粉体。筛面可由金属丝或塑料纤维等材料编织成网状，或在金属板上作成圆孔或正方形孔。

1. 常用筛分设备

筛分设备按操作方式可分为固定筛及运动筛两类。固定筛只适用于生产能力低的场合，其优点是设备简单和操作容易；运动筛则广泛用于大规模生产。按筛网的形状，又可分为平板式及转筒式两类。平板式运动筛又可分为摇动式、振动式及簸动式等；转筒式运动筛又可分为圆盘式、圆筒式及链式等。下面为常用筛分设备。

(1) 固定栅式筛

又称栅筛。是由许多倾斜放置的钢制栅条构成，栅条间的间隔较大，栅条截面为梯形且通常是上宽下窄，故栅条间的空隙为上窄下宽，从而可使过筛物料不致堵塞空隙。栅条的倾斜角由物料性质而定，一般为 30°~50°，筛分时将待筛分物料放在栅筛上，小颗粒物料从栅条间漏下，未通过栅筛的大块物料则沿筛面滑入破碎设备中。这种设备适用于极粗物料的筛分。

(2) 回转筛

又称滚筒筛。它是一个稍微倾斜转动的带孔圆筒，筒面上装有筛网，如图 5-39 所示。由轴承 6 支撑的主轴 5 从圆筒中心穿过，并借助于轴毂及放射状的辐条与圆筒相连，电动机 8 带动圆筒作旋转运动。物料由溜管 1 从圆筒的一端加入，通过筛孔的筛下料汇集于料斗 10 中，筛上的物料则由于筛面的倾斜而沿着筛面向圆筒的另一端移动，最后从筛上料卸出溜管 9 卸出。

回转筛由于筛面作回转运动，在筛分时物料与筛面之间的相对运动很小，使相当大一部分细粒分层停留在上层，没有被分离出去，即本来可以筛下去的细粒由于分层浮在上面而不能筛下去，故筛分效果较差。且回转筛的转速不能太快，否则物料会紧贴在转筒的内壁上而失去筛分作用。

（3）摇动筛

是一种平放或略带倾斜度的筛（见图 5-40）。操作时，利用偏心轮或凸轮装置使其发生往复运动。当筛摇动时，筛过物经过筛孔，未筛过物则顺筛移动而落入料槽中。为了使物料同时筛分成若干部分，摇动筛可制作成多层式。筛板上的筛孔从上至下依次减小。筛分时物料最先通过筛孔最大的上层筛板（或筛网），筛过物则落到下层筛板（或筛网）上，再经筛分后该层筛过物又落到更小的筛板（或筛网）上，这样即可同时得到粒度不同的产品。摇动筛广泛用于细料的筛分，其摇动频率为 50～400 次/min，摇摆长度为 5～225mm。

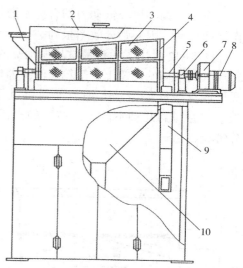

图 5-39 回转筛结构简图

1—溜管；2—外壳；3—筛网；4—回转筒；5—主轴；6—轴承；7—减速器；8—电动机；9—筛上料卸出溜管；10—料斗

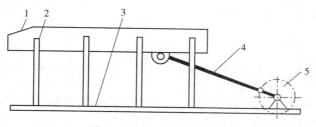

图 5-40 摇动筛结构简图

1—筛框；2—弹簧支杆；3—底座；4—连接杆；5—偏心轮

（4）振动筛

一种应用最广的筛机。它与摇动筛的主要区别在于振动筛的筛面振动方向与筛面成一定角度。而摇动筛的运动方向基本上平行于筛面。筛面在一定角度方向急速振动，从而防止粗大粒子堵塞筛孔并使附着在筛孔上的微粒子通过筛孔落下，因而具有筛分效率高、单位面积处理能力大、维护费用低等特点。根据产生振动的方式分为电磁式振动筛及机械式振动筛。电磁式振动筛采用激振器，使筛面在与筛面垂直的方向上往复运动，每分钟振动数为 900～7200 次，适用粒度范围一般为 0.5～2.4mm。细筛时宜用小振幅高频率；粗筛时宜用较大振幅和较低频率。机械式振动筛是由棘轮、凸轮、偏心轴、不平衡重等构成，使筛面在垂直的面内作圆、椭圆或往复运动。常用的有圆振动筛、椭圆振动筛、直线振动筛及共振筛等。

图 5-41 示出了具有两个激振器的圆形惯性振动筛的结构简图。这种振动筛运动平衡、噪声小、筛分效率高。具有双轴伸的电动机 7 与支架 4、底座 8 连接成为一个整体，筛框 10 装在底座上面，两者之间用夹子夹紧。底座通过支撑弹簧 3 支撑在机座 5 上。在电动机两端装有下偏心块 6 及上偏心块 11，两偏心块之间的夹角可以调节。当电动机转动时，在偏心块产生的离心力作用下，电动机机架、底座、筛框及筛网等均作高频率的振动，由于振动器

有上下两个偏心块。振动力的合力不通过振动部分的质心，振动筛在作圆轨迹振动的同时还作旋回运动，因而筛分效率很高。

图 5-42 示出了一种最常见振动筛的主要结构。其主要部件是具有长方形的筛面，筛面装在有钢结构的筛箱上，筛箱与激振器连接。操作时，在激振装置作用下筛箱带动筛面作圆形或直线反复振动，细粒通过筛孔落下，粗粒顺筛面向前运动，自粗粉排出口排出。为了同时得到几种不同粒级范围的产品，筛面可有多层。所以这种振动筛也可用作粉体分级设备。

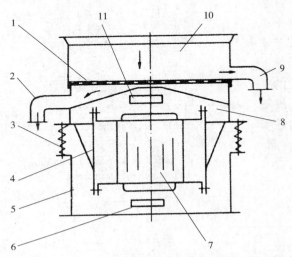

图 5-41　具有两个激振器的圆形惯性振动筛
1—筛网；2—细料出料管；3—支撑弹簧；4—支架；
5—机座；6—下偏心块；7—电动机；8—底座；
9—粗粒出料管；10—筛框；11—上偏心块

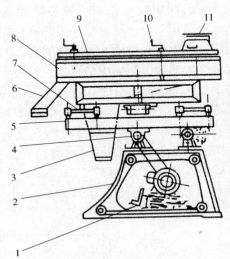

图 5-42　振动筛的主要结构
1—调节转速手轮；2—机座；3—微粉出料口；
4—回转轴；5—台架；6—粗粉排出口；
7—支撑；8—筛樺；9—上盖；
10—上盖固定板；11—原料入口

所谓分级，就是利用粉体大小和形状的差别将其分离的操作。例如，用于流化床反应器的催化剂或载体，其产品粒度有一定粒级要求，这种粒级要求主要通过喷嘴设计来实现，但有时很难使其一次达到所需粒级要求，产品往往处于一种较大的粒度分布范围，这时也可采用适当的分级机或筛分机对粉体进行分级处理。

2. 影响筛分能力的主要因素

筛分操作的主要目的是筛出粗粒、细粒及整粒。由于筛分机的种类及型式很多，影响筛分能力及过筛效率的主要因素有：

（1）筛的尺寸

一般来说，筛面越宽，它的筛分能力就越大；筛子越长，则过筛效率就越高。所用筛面要耐磨损、抗腐蚀、可靠性要好，以保证筛分机能长时间可靠运行。

（2）进料粒度分布

筛分设备所用的筛网规格应按筛分粒径选取。在操作中，物料的粒度与筛孔孔径比较接近(颗粒直径是筛孔孔径的 0.75~1.5 倍)的那些颗粒最难分离。这种物料所占比例越大，过筛效率也就越低。

（3）开孔面积

筛面是筛分设备的主要部件。所用筛面一般按被筛分物料的粒度和筛分作业的工艺要求采用棒条筛面、板状筛面、编织筛面、波浪形筛面及非金属筛面等。筛的开孔面积所占的百分数（即单位面积筛面上筛孔的总面积）越大，则过筛效率也越高。筛孔的数量则取决于筛孔间距、筛孔形状、筛面材料及筛面支承方式，表 5-18 示出了各种筛面开孔面积的关系式。

表 5-18　筛面开孔率

筛孔	计算公式
1. 短形筛孔	$F_{oa} = \dfrac{a_1 a_2}{(a_1 + d_1)(a_2 + d_2)} \times 100\%$ 式中，F_{oa} 为以%表示的开孔率，d 为金属丝直径（或筛板棒条的水平宽度），a 为净开孔或孔径尺寸
2. 正方形筛孔 （相当于 $a_1 = a_2$，$d_1 = d_2$ 的矩形筛孔）	$F_{oa} = \left(\dfrac{a}{a+d}\right)^2 \times 100\%$
3. 以网目数 m 表示的正方形筛孔	$F_{oa} = a^2 m^2 \times 100\%$ 式中，$m = \dfrac{1}{a+d}$
4. 楔形或平行筛孔	$F_{oa} = \dfrac{a}{a+d} \times 100\%$
5. 倾斜筛筛孔 倾斜筛的有效孔径实际上为筛孔孔径的水平投影	$A_{水平} = a_s \cos\alpha$ 式中，a_s 为倾斜孔径，α 为倾斜角

例如，一直由直径 0.3mm 不锈钢丝编制成的具有 1.0mm 见方筛孔的筛面，其开孔率为：

$$F_{oa} = \left(\frac{1}{1+0.3}\right)^2 \times 100\% = 59\%$$

（4）筛面倾角

筛面倾角的影响与筛的形式有关，对于固定筛，筛分是完全靠筛面的倾角来实现；而对运动筛而言，则是通过筛面倾角与输送装置的协调配合才能完成满意的筛分操作。如对于振动筛，增大筛面倾角可以提高颗粒向下滑动动力，还可减少筛的负荷强度。因此，筛面倾角在给定范围提高时，则筛分能力及过筛效率都会增大。但如倾角增加超过一定限度时，由于颗粒运动速度加快，会使颗粒从筛孔上滑越过去，从而降低过筛效率。

（5）筛的速率及冲程

筛的振动频率或往复速率对运动筛的筛分能力及效率都有影响。多数情况下，升举作用可以增进分选效率。这时，由于细小的物料逐渐穿流，促使筛下粒级能通过筛孔。如果设备运行过于猛烈，则会造成较大的筛上粒级黏附在筛面上而形成堆积，筛下粒级会借此从筛面上越过而降低筛分能力及效率。此外，筛受力状态过大时，则会使筛的轴承及框架产生严重磨损。

筛的冲程或振幅对筛分能力及效率也有影响。冲程太短，则筛孔易被物料堵塞；冲程太长，则会增大颗粒的回跳作用，致使过筛效率下降。

此外，过筛效率还与物料形态、湿含量及均匀度等有关。球形物料较长条形物料易于过筛孔。对于非球形物料，采用长方形、椭圆形或正方形筛孔较合适；湿含量大的物料易导致筛孔堵塞，影响过筛效率；加料速度过快或过小也会降低筛的生产能力。物料过筛的极限速度可用下式计算：

$$\omega \leqslant \sqrt{\frac{rg}{2}} \tag{5-30}$$

式中　ω——物料运送速度，m/s；

　　　r——筛过物颗粒半径，m；

　　　g——重力加速度（$g = 9.81 \text{m/s}^2$）。

5-5　粉体的混合及捏合

5-5-1　混合机理

粉体的混合是指混合两种或两种以上粉体的操作。在催化剂制备中，特别是一些载体制备中，常需混以数种不同粒度或性质的粉末进行成型。例如，在重油加氢处理技术中广泛使用以大孔氧化铝为载体的加氢脱金属催化剂，为了减少大分子反应所遇到的扩散阻力，以便容纳更多的积炭、金属沉积物等，催化剂应具有较大的孔径和孔容。由于大孔径孔道可起到通道和容纳沉积物的作用，使催化剂内表面得到更为有效的利用，从而提高催化剂的活性及稳定性，因而，用大小孔并存的双重孔径分布的载体所制得的催化剂具有优越的性能。采用氢氧化铝干胶粉中加入炭黑粉，经捏合、成型、焙烧后则可制得双重孔氧化铝载体。

在催化剂成型时，混合目的大致有以下几种：①同一成分而粒度不同的粉末的混合；②不同种成分的粉末相混合；③为调节产品比表面积、孔容、孔径分布而添加某些粉末；④添加各种成型助剂所进行的混合等。

由于固体粒子的形态变化很大，粒子表面的粗糙度、粒径、密度等有所不同，因此，无论是压片、挤条、滚球等成型时，都离不开对原料粉体的混合操作。通过混合使各组分的含量均匀，混合不好，不仅会给成型操作带来困难，也会影响产品的均匀度。因此，选择合理的混合操作对保证成型顺利进行和保证产品质量都是十分重要的。

混合操作是利用混合设备中的构件，使各种粉体颗粒之间不断产生相对运动，不断改变其相对位置，不断克服由于颗粒性质差异导致的物料分层的趋势。依粉体粒子在混合机内的混合运动状态，混合操作的机理有：

① 对流混合。由于混合机外壳或混合机内的叶轮、螺带等内部构件的旋转运动，促使粒子群大幅度地移动位置形成循环流动而同时进行的混合。

② 剪切混合。由于粒子群内有速度分布，各粒子相互滑动或碰撞，又由于搅拌叶轮尖端和机壳壁面、底面间的间隙较小，对粉体凝聚团作用的压缩力、剪切力，促使不同区域厚度减薄而破坏粒子群聚集状态所进行的局部混合。

③ 扩散混合。是相邻粒子相互改变位置所引起的局部混合，与对流混合相比，混合速度显著降低。但由于扩散混合最终可达到完全均匀混合。

设有 A、B 两种同数量的粉体粒子进行混合，如混合状态类似于食盐结晶中 Na 与 Cl 原子交替排列的状况，A、B 两种粒子交替地混在一起，就可称为理想混合。但要实际检验混合状态却较为困难，当将少量混合粉末放在显微玻璃片上，用显微镜观察后，当能分辨 A、B 粒子时，就可大致判别其混合状态，但若混合并不理想，就难以用数量来衡量。

因此，有些研究者提出用分离尺度（$S \cdot S$）来表示未混合部分集合块的大小，而为比较未混合部分与已获得某种程度混合的部分，用分离强度（$I \cdot S$）表示各主要成分间的浓度差，在图 5-43 中，越接近原点说明混合状态越好。混合时，由于机械搅拌使物料产生长距离移动的对流混合，使 $S \cdot S$ 值相应减少。在混合情况下，则因界面的扩散混合而使 $I \cdot S$ 减小。对于具有黏性的物料而难以实现扩散混合时，系靠剪切作用使物料拉伸为薄层，以至最终达到难以判别层厚的均质层，结果使 $I \cdot S$ 下降。图 5-44 示出了混合状态的变迁状况。在对流混合过程中，颗粒群从料堆中的一处传递至另一处，在扩散混合过程中，颗粒散布在不断展现的新料面上。而在剪切混合过程中，系依靠物料内部滑移面进行混合。一般情况下，也不能将上述三种混合机理绝然分开。例如，在对流混合时，同时也会形成几个滑移面。而扩散混合及剪切混合往往是在颗粒性质相同的混合过程中发生，对有粒度差的混合，颗粒在料面上的运动以及剪切时的颗粒块运动，则会造成既有混合又有分离的现象。

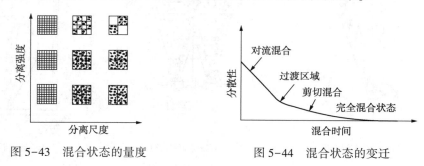

图 5-43　混合状态的量度　　　　　图 5-44　混合状态的变迁

5-5-2　常用混合设备[89,90]

混合设备的种类及型式很多，按操作方式分为连续式及间歇式两类。连续式混合设备可实现自动化、连续化，减少环境污染，但参与混合的物料组分不宜过多，而且微量组分的加料难以准确计量。在催化剂成型中，以使用间歇式混合机为多。间歇混合的缺点是加料与卸料容易产生粉尘，劳动条件较差。

混合设备按工作原理分为重力式及强制式两类。重力式混合机是物料在绕轴（常为水平轴）转动的容器内，通过重力作用产生复杂运动而相互混合。按外形可分为圆筒式、鼓式、双锥式及 V 形等。为减少物料聚结成团，有些设备还设有旋转桨叶；强制式混合机是通过旋转桨叶的强制作用或在气流作用下，使物料产生复杂运动而强行混合。按所采用轴的传动形式可分为水平轴（带式、桨叶式等）、垂直轴（如盘式）、斜轴（如螺旋叶片式等）等形式。这类混合机的混合强度较重力式为大。

按混合设备的容器是否转动，可分为旋转容器式及固定容器式两类。旋转容器式的主要特点是混合容器为旋转的转鼓形状，有圆筒式、双锥式或 V 形等。这类混合机的生产能力小，装料系数一般为 30%～50%。几乎全部为间歇操作。对于流动性较好而其他物理性质差异不大时，可获得较好的混合均匀度。其中尤以 V 形混合机的混合均匀度较高。其缺点是加料及卸料易产生粉尘，而且要求容器停止在固定位置上，故需装定位机构；固定容器式的主要特点是机壳不转动，是通过器内搅拌叶片或螺杆的旋转对物料进行混合，混合速度较高，可获得较好的混合均匀度。其缺点是内部较难清理，搅拌部件磨损较大。

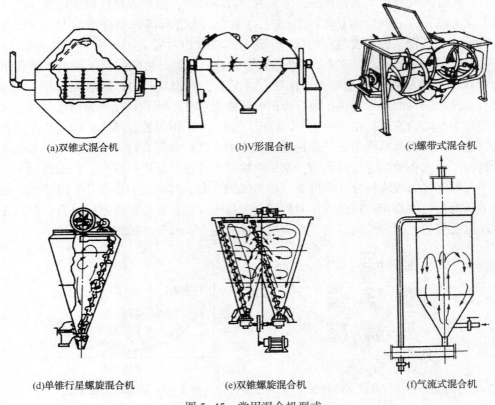

(a)双锥式混合机　　　　　　(b)V形混合机　　　　　(c)螺带式混合机

(d)单锥行星螺旋混合机　　　(e)双锥螺旋混合机　　　(f)气流式混合机

图 5-45　常用混合机型式

此外，按混合方式可分为机械混合机及气力混合设备两类。机械混合机大致可分为重力式(转动容器型)和强制式(固定容器型)两类。气力混合设备是通过脉冲高速气流使物料受到强烈翻动或由于高压气流产生的对流流动而使物料混合，它又可分为重力式、流化式及脉冲旋流式等多种型式。作为参考，图 5-45 示出了常用混合设备的一些类型。

图 5-45(a)为双锥式混合机。是由短圆筒两端各与一个锥形圆筒结合而成，旋转轴与容器中心线垂直。混合机内的粒子运动状态以对流混合为主，混合速度快，对粒状物料的破坏作用小。机内可加装挡板或加液装置。机内有效容积较大，也易于清洗，适用于细粉轻度混合情况。

图 5-45(b)为 V 形混合机。是由两个圆筒成 V 形交叉结合而成，交叉角为 80°~81°，直径与长度比为 0.8~0.9，当混合机从正 V 形旋转成倒 V 形时物料在器内被分成两部分，回落时再使这两部分物料重新混合成一起，以此反复循环，可使物料在较短时间内混匀，是应用较广的一种混合机。操作时最适宜转速可取临界转速的 30%~40%，最适宜填充量为30%。它主要适用于密度相近且粒度分布较窄的物料混合。

图 5-45(c)为螺带式混合机。属于容器固定型混合机。其主要结构为一固定卧式容器，机内有一转轴，轴上有螺带，轴转动时，物料被螺带驱动，既有轴向运动，又有径向运动而

使物料混合，混合速度较高，但容器内部较难清理，螺带磨损较大，主要适用于密度相近的物料混合。

图 5-45(d)及(e)为螺旋混合机。也属容器固定式混合机。其主要由一倒锥筒体、驱动横臂、电动机及螺旋桨所组成，其中(d)为单锥式，(e)为双锥式。螺旋桨在容器内既有自转又有公转。所以在操作时，物料在机内有三种运动：一是以螺旋桨轴心为中心的自转；二是受驱动横臂带动绕设备中心的公转；三是物料随螺旋桨上升到一定高度，受自重力作用而散落下来的运动。通过这些运动，不断改变物料的空间位置及相互位置而达到充分混合。这类混合机可使物料在短时间内混合均匀，多数情况下仅需 7~8min 即可使物料达到最大程度的混合。但在混合某些物料时可能会产生分离作用，采用非对称双锥螺旋混合机时可减少这种分离作用。

图 5-45(f)为气流式混合机。是以空气作为推动力，利用气流的能量带动粉体实现混合。工作时，空气流从容器下部高速进入，带动物料上、下沸腾，物料顺空气到达容器上部时，气速减慢，物料沿器壁下降，物料不断在容器内循环、运动以达到混合目的。具有结构简单、混合速度快的特点，但它不适合对黏性物料的混合。

除上述混合机外，物体混合设备的机型还很多，国内外有许多厂家不断推出新型高效混合机。如石油化工科学研究院开发了一种固体粉料连续混合机[41]，如图 5-46 所示，它综合了机械混合、离心分洒盘分洒、曲道折流板折流掺混三种掺混技术，具有连续、在线等特点，在原理上保证其混合粉料的均匀性优于一般的混合机。用于流化催化裂化催化剂粉料混合时，混合物料的均匀度达到 95% 以上。其工作原理是：先将需要混合的物料输送到预混合室，在预混合室先进行初步搅拌混合，然后经过旋转分洒盘将搅拌混合后的通过其边缘的底部小孔随机地分洒在圆柱形筒体内。粉体在重力作用下，经过曲道折流混构件导流，经多次变化其流动方向、折流掺混，最后经底部出口排出。

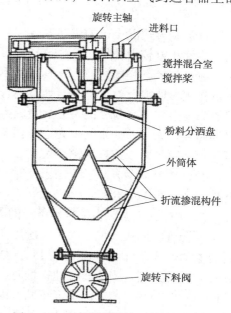

图 5-46　固体粉料混合机结构示意图

5-5-3　混合的影响因素

粉体混合看起来简单，实际上固体粒子混合操作还是十分复杂的。许多因素都会影响混合操作，特别是随着混合设备的大型化，物料性质，如固体粒子的压缩性、流动性、离析、偏流、磨耗、结块等现象都会发生较大变化，故现用的相似放大方法并不十分可靠。所以，为了不影响产品质量，如有可能，应在小型装置上用尝试误差法进行试验，测定某种混合机的操作性能，再依据试验数据最终选定混合机。

在实际混合操作中，混合过程不仅受物料性质的影响，同时也受混合机结构及操作条件等影响。

1. 物料性质的影响

物料性质的影响因素有颗粒形状、粒度及粒度分布、密度、流动性、含水量、黏结性及安息角等。

在混合过程中，混合状态是混合与反混合的平衡，两组分粉体粒子进行混合的同时，还有分料作用或粒子离析现象的发生使物料进行着反混合。混合状态是离析与混合之间的平衡。离析会妨碍良好混合，或使已混合好的混合物重新分层，降低混合物的混合程度。

在混合机内，在相同的操作条件下，混合大小均一、密度相同的粉体物料，其中任一物料的运动状态都是相同的，而且混合快速且均匀。即使发生离析现象，其分离也很慢，这有赖于两种物料的表面粗糙度。

对于两种颗粒大小相差较大的物料混合时，不同的粒子会有不同的混合运动状态，从而有相互分离的倾向。对于容器固定式混合机，当两种物料的粒径比（d_A/d_B）或密度比（ρ_A/ρ_B）大于 0.8~1.3 范围时，较小的或较重的粒子将透过较大的或较轻的粒子，沉积于器底上，产生离析现象。对于容器旋转式混合机，因可防止粉体附着和凝聚，此 d_A/d_B 或 ρ_A/ρ_B 值可高达 1.5 左右。

表面光滑的球形粒子，流动性好，易滑过表面粗糙的、非球形粒子而产生离析现象。离析对容器旋转式混合机的最终混合度影响较大，而对容器固定式混合机的影响不太大。故在处理物性相差较大的物料时，选择容器固定式混合机更为有效。

粒径与形态相同的粒子，其密度不同时，由于粒子向下流动速度的差异会造成混合时的离析作用，使混合效果下降。如被混合的两种物料的粒径及密度均有差异，将使离析作用变得更为复杂。因为粒径的差异会造成类似筛分机理的离析，而密度差异会引起粒子流动速度差异而发生离析。如果能事先适当调节粒径及密度，使一种因素能抵消另一因素所引起的离析作用，则可减少或避免离析发生。

粉状物料中湿分超过一定限度时，因细粉的附着及凝集，会使器内粒子的流动状态发生变化，从而影响混合均匀性。

2. 混合机结构形式及操作条件的影响

混合机的形式及尺寸大小、所用搅拌部件的几何形状及尺寸、表面加工质量、进料和卸料装置的形式等都会影响混合过程。如混合机转速不同，混合机理也会有所不同，以圆筒形旋转混合机为例，当圆筒转速很低时，粒子在粒子群表面层向下滑动，如各组分的粒子物性不同，则粒子下滑流动的速度不同，因而会发生严重的离析现象。而当转速达到适当的速度时，转筒将粒子带到较高位置，粒子会因惯性及重力的作用沿抛物线轨迹落下，互相堆积促进混合，这时物性的影响则较小。筒体转速过高时，粒子会受离心力作用随转筒一起旋转而几乎不产生混合作用。

操作条件还包括混合料内各组分的多少及所占混合机体积的比率，各组分进入混合机的方法、顺序及速率等，如将两种粉体物料混合时，物料的加入方式有以下几种：一是将两种粉料分上下放入，这时物料迅速上下混合，属对流混合；二是将两种粉料分左右放入，这时物料较缓慢地左右混合，大致属于横向扩散混合；三是将两种粒子部分分为上下加入，部分分为左右错开加入，这种情况下往往混合速度最快。

总的说来，混合过程虽然古老，但理论研究落后于实际应用。有关混合机的放大数据发表不多，一般是由制造厂提供放大或应用的判定数据，如几何相似的大小型转鼓式混合机，当调整转速，使大小型混合机内的粒子运动流型相同、装填率相同，则放大结果会很准确。但如器内装有转动构件，在放大时，会因器内净空间、转动构件的面积与混合物料的容积比值、转动构件的大小与转速等参数，与小型机相比会发生较大变化，使得放大结果变得复杂。此外，物料性质不同时，也不可能达到与给定过程时相似的混合效果。

5-5-4　粉体的捏合

在固体粉末中加入少量液体(水或其他液态物料)，使液体均匀润湿粉末的内部和表面，以制得糊状、黏稠或具有塑性的均匀物料的操作称为捏合，或称捏和、掺和。其操作与混合基本相同，所不同的是通过粉末与少量液体混合，并靠液体的黏合作用成球或成粒。捏合是催化剂或载体成型过程的重要操作之一，捏合的好坏对于成型操作是否顺利及制品性质有很大的影响。

1. 固液混合特性

催化剂或载体成型时，通常需加入水、胶溶剂、扩孔剂等液态成型助剂。当在固体粉末中加入少量液体进行混合时，在短时间内，所加的液体不会全部均匀地分散在固体粉末中，有一部分会集中在一起形成糊团，即使加入量很少也会引起结团现象。如将液体一次性集中加入，则会在粉末的局部结成大团，对物料均匀混合造成很大不利，故应分次加入。如能采用喷洒方式加入翻腾的粉料中，则不仅可提高混合速率也能提高捏合均匀性。

图 5-47 示出了加液过程的捏合能量变化示意图。A 区表示捏合开始时，先加入少量液体时的状态，这时一部分粒子形成小糊团，干燥的粉体颗粒与湿的糊团共存，捏合所需能量系随液体量的增多而增大；B 区是当液体量继续增大时，随着糊团的形成增多，糊团在运动中破碎形成小颗粒，因而捏合所需能量有所下降；C 区是液体量再增大时，颗粒间因相互黏附形成一个外观均一的大团，这时捏合阻力上升很大，如对团块缓慢地施以外

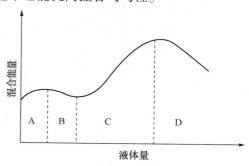

图 5-47　固液混合能量曲线

力则可引起变形；D 区是当液体量再继续增大时，粒子团就形成糨糊状，捏合所需能量则急剧下降。所以，在捏合操作过程中，准确掌握液体加入量十分重要，它对后续成型操作有很大影响。如图 5-48 所示，如果加入的液体量过少[图 5-48(a)]，则结合力弱，不易成型或成型制品强度很差，易粉化；而当液体量加入过多时[图 5-48(c)]，则形成糊状物而黏性过大，这时也难以成型或使成型制品会自发黏结在一起；只有当液体加入量适宜时[图 5-48(b)]，不仅成型操作顺利，而且所得制品外观光滑，相互间不易黏结，也有利于下一步干燥。

(a)液体量过少　　　　(b)液体量适中　　　　(c)液体量过多

图 5-48　捏合时液体量与成型情况

2. 捏合设备

捏合操作要求将原料粉末与适量成型助剂(如润滑剂、胶溶剂及黏合剂等)有效而均匀地混合在一起。捏合操作设备有锥形垂直螺旋混合机、搅拌槽型混合机等，而在催化剂制备中，应用较多的是捏合机。图 5-49 示出了常用捏合机的结构示意。在机内两端轴上安装两个 Z 形桨叶的转子，通过传动装置可使两转子在槽内以相反的方向旋转，盛料槽的底部制成两个半圆形，操作时，由一个桨叶卷起的物料立即被另一桨叶卷下，经反复捏合而使物料达到均匀混合的目的。

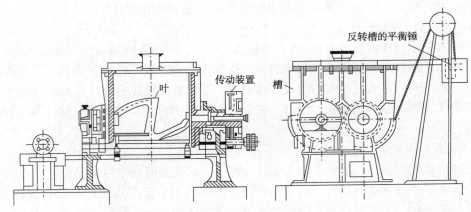

图 5-49　捏合机结构示意

对有些难以挤条或压片成型的物料，为提高捏合料的密实性、混合均匀性，有时将经捏合机捏合好的物料再经轮碾机碾压，或不用捏合机而采用轮碾机进行混合及碾压。

轮碾机是利用碾轮和碾盘(水平圆盘)之间的相对运动和碾轮的重力作用使碾盘上的物料受到碾压和研磨作用的混合机械。被混合物料加到碾机中部，由于碾轮的压力及碾轮转动时的研磨作用将物料进行混合。在混合过程中对物料有碾揉及拌和作用，有利于改善成型物料的工艺性能。

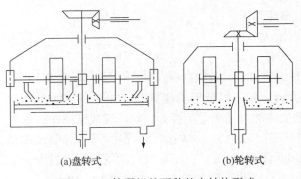

(a)盘转式　　　　　(b)轮转式

图 5-50　轮碾机的两种基本结构形式

轮碾机有两种结构类型：盘转式及轮转式，如图 5-50 所示。两者的主要构成部分是碾轮、碾盘、刮板机构及动力驱动装置，图 5-50(a)为盘转式，碾轮的轴固定，碾盘旋转，碾轮由于摩擦力作用只绕本身的水平轴旋转；图 5-50(b)为轮转式，碾盘固定，碾轮除绕垂直主轴旋转外，还绕自身的水平轴转动。碾轮的材料有不锈钢、铸铁或石轮等。盘转式轮碾机操作平稳、安全，但结构复杂，主轴轴承的载荷较大，安装及维修比较复杂，同时由于结构上的原因，一般只用于干法混碾；轮转式轮碾机结构简单，主轴轴承的载荷较小，安装及维修方便，常用于成型物料的混合及碾压。

5-6　成型助剂

5-6-1　成型助剂的选用目的[92]

催化剂成型方法很多(如压缩成型、挤出成型、滚动成型、滴球成型、喷雾成型等)。各种方法的选择主要从下述两个方面考虑：一是成型前粉体物料或基质的理化性质；二是成型后对催化剂或载体物性的要求。因此，一旦催化剂的活性组分及载体组成确定以后，就要根据成型主料的理化性质、成型工艺及设备，添加某些数量较小、称作助剂或添加剂的物质，以改善成型主料的粉体附着性、凝集性，使达到满意的成型效果，得到符合要求的成型制品。

松散的粉体在加入一定量助剂后，经成型制得球形、条状或其他形状的大颗粒制品时，粉粒聚集所产生的结合力大致有以下一些。

① 粉体粒子间的吸引力。当固体粒子间距离足够短时，则分子间力、静电作用力等可导致粉粒黏附在一起。

② 流动性液体的架桥作用。由粒子间的水或液体的毛细管吸力及表面张力所产生的结合力也可使粉体颗粒黏附在一起。

③ 非流动性液体产生的黏结力。如成型时加入的黏合剂（如淀粉、树胶、石蜡等）的吸附作用所产生的结合力。

④ 机械齿合力。由于粉体受搅拌、碾压、挤出、压缩时，使粉粒间齿合而结合在一起的结合力。

⑤ 因压力或摩擦而产生的局部熔融液的固化、化学反应而使一个颗粒的分子向另一个颗粒扩散所引起的结合力。

⑥ 粉体粒子间溶液经干燥后析出的结晶及粒子间的黏结剂固化等所形成的结合力。

显然，颗粒间的这些结合力大小与粉体性质、成型方法及所添加的助剂种类及性质有关。下面以催化领域使用最广的氧化铝载体成型为例，说明选用成型助剂的目的及其效果。

成型主料采用拟薄水铝石粉，其物化性质参见表 5-1。在这类粉体制备过程中，由于干滤饼粉碎时形成许多新的表面，具有较大的比表面积，并存在表面层离子极化变形及表面晶格畸变、有序性降低。粉体粒子越是微细化，表面结构有序程度受扰乱程度越大，并向粒子深部扩展。

氢氧化铝与分子筛、二氧化硅等粉体都属于瘠性物料，它与低熔点粉体不同之处，在于后者的硬度及强度较低，成型比较容易，而瘠性物料必须掺和适量的成型助剂才能顺利地进行成型。为此将拟薄水铝石粉掺和适量水、助挤剂及黏结剂，经充分混合研磨或捏合成可塑形态，然后将这种可塑湿团送至带多孔板的挤出机中挤出成型时，就可制得条状产品。

1. 成型物料中水粉比对产品性能的影响

水是常用的润滑剂、黏合剂，加入氢氧化铝粉中还起着较弱的胶溶作用，拟薄水铝石粉挤出成型时，水粉比（即水量与原料粉量的比值）对成型产品性能有一定影响。

所谓可塑形态是指氢氧化铝粉（如拟薄水铝石粉）与一定量的水在捏合机中捏合后，在机械力作用下塑成一定形状，并且在外力解除以后保持已有的形状而不变形及开裂。从物理意义上讲，主要内因在于氢氧化铝粉和水形成胶体的分散系统，氢氧化铝粉体颗粒在不同水分下具有不同的流动程度，也就是对外力作用所引起的变形具有不同的抵抗作用。所以在实际上，常采用下述概念。

流限——即液限，加水甚多，氢氧化铝具有像液体一样的流动性能；

塑性上限——黏性流动，可塑；

塑性下限——黏性流动，可塑，接近半固体；

固限——具有固体性质。

因此，加入的水量在上下限之间时，氢氧化铝是处于可塑状态。

实验表明，水粉比过低，挤出物固含量高，造成挤出压力剧增，降低挤出速度，且影响产品强度。水粉比过高，则会使物料严重抱杆，挤出困难，成型物易变形，也影响产品强度。图 5-51 及图 5-52 分别示出了水粉比对挤出成型速度及强度的影响。可以看出，在相同酸粉比(用酸量与原料粉质量比)、剂粉比(助挤剂用量与原料粉质量比)下，水粉比在一定范围内，挤出速度都随水粉比增加而增加，达到某一最大值后，随着水粉比增大，挤出速度及强度也随之减小。对分子筛进行成型时，水粉比对产品性能的影响也有相同的趋势。

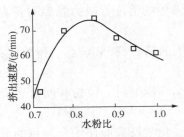

图 5-51　水粉比对挤出速度的影响

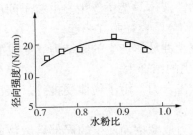

图 5-52　水粉比对挤出强度的影响

2. 胶溶剂对氧化铝孔结构及强度的影响

为了提高氧化铝粒子间的黏结性，提高成型产品的机械强度，改善产品的孔结构，在成型过程中通常要加入少量胶溶剂。加入胶溶剂的目的是使捏合过程中少量氢氧化铝干胶与胶溶剂反应生成假铝溶胶，它能将干胶黏结起来，便于成型。可用作氢氧化铝干胶胶溶剂的有硝酸、盐酸、甲酸、乙酸、柠檬酸、三氯乙酸及丙二酸等。

表 5-19 示出了用作胶溶剂的一些酸的离解常数，表 5-20 是对同一氢氧化铝干胶粉，使用不同酸性胶溶剂对成型产品性能的影响。从表 5-20 看出，酸性胶溶剂明显地提高产品的机械强度，改善了孔结构。不过无机酸具有较强的胶溶能力，例如，硝酸、盐酸的胶溶不仅速度快，而且可大幅度改善成型产品的孔结构及强度。Jiratova 等[93]认为，胶溶剂的胶溶性能是 Hammett 酸性因子的函数，在同样条件下，无机酸离解氢离子的浓度高于有机酸，所以胶溶能力也强。

表 5-19　一些酸的离解常数

名称	pK_a(25℃)	名称	pK_a(25℃)
硝酸	-1.34	三氯乙酸	0.70
盐酸	-6.1	二氯乙酸	1.30
乙酸	4.70	柠檬酸	3.13(Ⅰ), 4.76(Ⅱ)
甲酸	3.75	丙二酸	2.86

从表 5-19、表 5-20 的数据还可以看出，尽管氯代乙酸的离解性能低于无机酸，但也能有效地改善产品的孔结构及强度。Jiratova 等认为极化离子在氧化铝固体表面的物理吸附有可能影响载体的性能，一般无机酸比有机酸易极化，吸附能力也强些。而氯代乙酸，由于氯离子的取代，极性增强，易于在氧化铝表面吸附，胶溶性能接近于无机酸，这说明胶溶剂阴离子的性质也影响产品的物理性能。

多元羧酸对氢氧化铝也具有较好的胶溶性能，表 5-21 示出了丙二酸与硝酸胶溶剂对氧化铝孔结构的影响。从表中看出，二元羧酸作胶溶剂制备氧化铝载体的强度及孔结构基本上类似于无机酸。

表 5-20　胶溶剂类型对成型产品性能的影响

名称\物性	比表面积/ (m^2/g)	孔容/ (mL/g)	可几孔半径/ nm	孔径分布/%			压碎强度/ (kg/cm^2)	磨损率/%
				6~8nm	8~10nm	10~40nm		
水	122	0.54	6.8	46.0	30.5	22.9	8.5	—
硝酸	208	0.48	7.4	95.0	2.1	2.9	19.7	1.41
盐酸	222	0.48	7.4	96.9	1.8	1.2	19.6	1.03
乙酸	243	0.51	5.8	70.2	25.0	4.9	13.3	1.51
甲酸	233	0.54	7.6	70.3	22.9	6.9	13.0	4.98
柠檬酸	231	0.50	6.8	68.8	24.4	6.8	10.3	13.60
三氯乙酸	252	0.50	7.6	88.0	7.5	4.6	18.4	0.93

表 5-21　丙二酸与硝酸胶溶剂的比较

名称	比表面积/ (m^2/g)	孔容/ (mL/g)	可几孔半径/ nm	压碎强度/ (kg/cm^2)	孔径分布/%			
					2~3nm	3~4nm	4~5nm	5~20nm
硝酸	225	0.42	3.1	24.7	25.9	63.6	9.8	0.9
丙二酸	223	0.43	3.1	24.1	23.9	67.0	8.2	0.8

3. 助挤剂对氧化铝孔结构及强度的影响

对催化剂或载体进行挤出成型研究发现，在成型物料中添加助挤剂不仅关系到物料能否顺利成型，而且对产品物理性能影响很大。在制造氧化铝载体时，采用工业上普遍使用的田菁粉、多元羧酸及复合助剂这三种助挤剂进行成型时，在其他条件完全相同的情况下，使用的助挤剂不同，所得产品性能也有所差异。

（1）田菁粉助挤剂

田菁粉又称田菁胶、豆胶，是由 D-半乳糖和 D-甘露糖两种单糖构成的多糖。两者的比例为 1:2.1。相对分子质量为 20600~39100，是由豆科植物田菁种子的胚乳经粉碎制得，外观为奶油色松散粉末。溶于水，不溶于醇、酮、醚等有机溶剂，常温下分散于冷水中，形成高黏度的水溶胶溶液，其黏度比一般天然植物胶、淀粉及海藻酸钠等高 5~10 倍。其溶液属假塑性非牛顿型流体，黏度随剪切率增加而降低，显示出良好的剪切稀释性能，pH 值为 7 时的黏度最高，pH 值为 3.5 时的黏度最低。

田菁粉常用于氧化铝载体的挤出成型，可提高挤出速度并改进载体的物理化学性能，但只添加田菁粉作助挤剂时，所得产品表面粗糙而疏松。因此常与柠檬酸、酒石酸等多元羧酸并用，可提高挤出物表面光洁性及机械强度，改善载体孔结构性能。表 5-22 示出了用田菁粉作助挤剂时所得氧化铝载体的物化性能，同时还列出用多元羧酸作助挤剂时的结果。图 5-53 示出了不同助挤剂对成型载体孔分布的影响。

（2）多元羧酸助挤剂

羧酸是烃分子的氢被羧基（—COOH）取代的化合物，依分子中羧基数分为一元酸、二元酸及多元酸。用作挤出成型的助挤剂多元羧酸有柠檬酸、酒石酸及草酸，它们也是一种孔

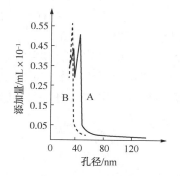

图 5-53　不同助挤剂
对孔分布影响
A—田菁粉；B—柠檬酸

结构改性剂及氢氧化铝干胶粉的弱胶溶剂。多元羧酸与田菁粉助挤剂相比，可改善田菁粉成型时载体的表面粗糙状态，消除大孔，提高挤出速度及氧化铝载体的强度。其结果如表5-22所示。与田菁粉助挤剂相比较，成型产品的孔分布较集中，半径大于5nm的孔明显减少，压碎强度相应提高，但另外也发现，采用多元羧酸助挤剂成型的产品在用水浸泡时，易炸裂破碎。

表5-22　田菁粉及多元羧酸助挤剂对氧化铝载体物化性能的影响

名称	比表面积/ (m^2/g)	孔容/(mL/g)	可几孔 半径/nm	孔径分布/%			压碎强度/ (kg/cm^2)	磨损率/%
				3~4nm	4~5nm	5~20nm		
田菁粉	228	0.54	3.5	49.3	44.4	6.5	12.7	0.39
草酸	190	0.46	3.7	86.8	10.8	2.4	19.6	1.17
酒石酸	222	0.50	3.7	67.5	27.7	4.7	16.8	1.73
柠檬酸	208	0.48	3.5	95.0	2.1	2.9	19.7	1.41

（3）复合助挤剂

考虑到采用田菁粉助挤剂具有产品强度较差的特点，多元羧酸助挤剂具有产品浸泡时易破碎的缺陷，而采用复合助挤剂则有利于改善这些缺点。试验结果表明，采用复合助挤剂时，只要较好地控制各组分的比例，不但能提高挤出速度，而且可明显地改善产品的强度和孔结构。其结果如表5-23所示。

表5-23　复合助挤剂中各组分用量对产品物化性质的影响

柠檬酸/%	田菁粉/%	比表面积/ (m^2/g)	孔容/ (mL/g)	可几孔 半径/nm	孔径分布/%				压碎强度/ (kg/cm^2)
					<3nm	3~4nm	4~5nm	5~20nm	
1.0	2.5	209	0.48	34	0	55.6	35.4	9.0	8.4
3.0	2.5	260	0.52	36	2.3	65.4	27.6	4.7	13.1
5.0	2.5	235	0.45	31	28.5	65.4	5.6	0.5	24.7
5.0	5.0	212	0.46	37	0	84.2	11.3	4.5	20.5

从表中看出，柠檬酸、田菁粉复合助挤剂中各组分的比例对氧化铝的压碎强度和孔结构有重要影响。如柠檬酸用量增加，有利于提高产品机械强度。

5-6-2　成型助剂的类别

从上述氧化铝载体成型的一些例子看出，在成型主料确定以后，选用不同成型助剂对产品物性影响很大，在分子筛、活性炭等载体及其他催化剂成型时，通常也要根据成型主料的物性、成型工艺及所选用的设备，添加适量成型助剂，以改善产品性能及成型工艺性能。

催化剂形状很多，不同使用场合对催化剂的物性要求也有所不同，因此，成型工艺及设备应根据催化剂使用要求来选定。一般来说，催化剂或载体成型时所使用的成型助剂有以下一些类别。

1. 黏合剂

将两个固体物质表面通过化学力或物理力结合在一起的状态，称为黏合，黏合所用材料称为黏合剂。早期人类受自然界粘接现象的启发，一些天然物质，如天然沥青、淀粉、石灰、骨胶等已广泛用作黏合剂。根据黏合剂在催化剂或载体成型中的作用原理，可将黏合剂分为基体黏合剂、薄膜黏合剂及化学黏合剂等三种类型(见表5-24)[94]

表 5-24　黏合剂的分类及示例

基体黏合剂	薄膜黏合剂	化学黏合剂
沥青	水	$Ca(OH)_2+CO_2$
水泥	水玻璃	$Ca(OH)_2+$糖蜜
棕榈蜡	合成树脂(聚苯乙烯、聚乙烯等)	$MgO+MgCl_2$
石蜡	动物胶	水玻璃$+CaCl_2$
微晶蜡	淀粉糊	水玻璃$+CO_2$
黏土	树胶	硝酸
干淀粉	皂土	铝溶胶
树胶	糊精	硅溶胶
聚乙烯醇	糖蜜	其他化学品
甲基纤维素	乙醇等有机溶剂	
羧甲基纤维素		
聚乙酸乙烯酯		

（1）基体黏合剂

这类黏合剂主要用于压缩成型及挤出成型。成型前将少量黏合剂与主料充分混合，黏合剂填充于成型物空隙中。以这些黏合剂为基体，将粉体颗粒均匀地混合在其中制成复合颗粒。一般情况下，成型物的空隙占 2%～10%，黏合剂用量应能占满这些空隙。这样在压缩成型时，足以包围粉粒表面不平处，增大可塑性，提高粒子间结合强度，同时还兼有稀释及润滑作用，减少内摩擦作用。

以石蜡为例，它是一种热塑性材料，有在受热时具有可塑性、冷却时又固结的特点，其熔点为 55～60℃，相对密度为 0.88～0.90，在高于 150℃时就可挥发脱蜡而不影响成型后的焙烧工序。如进行氢氧化铝粉成型时，氢氧化铝一般是有极性的，而且是亲水性的。如所用热塑性材料也是极性、亲水性材料，则两者相混的吸附层是很厚的多分子层。但石蜡是憎水性、非极性物质，只能通过单分子吸附形成薄层。因此使用石蜡等热塑性材料作黏合剂时，应以充满氢氧化铝粉末的空隙为宜。

又如制造柱状煤质活性炭时，需将一种或两种煤粉与一定数量的黏合剂及水在一定温度下进行捏合，使煤粉在黏合剂及水存在下产生界面化学凝聚成膏状物料后，再经挤出成型。在捏合过程中加入黏合剂的作用有：一是使原料煤粉与黏合剂均匀混合后易于加压成型；二是容易在炭化时形成活性炭所要的强度，因此，黏合剂不仅要求与原料煤粉有很好的相容性，而且需要含有在较高温度下不易挥发及分解的组分，以使黏合剂在活性炭炭化及活化过程中能成为活性炭的骨架，使产品具有足够的机械强度。可用作煤质活性炭的黏合剂有煤焦油、木质磺酸钠、淀粉及纸浆废液等。其中以煤焦油与煤粉的相容性最好，其分子能以单分子层的形式将煤粉颗粒黏结在一起，而填充在煤粉颗粒空隙间的煤焦油在炭化时所形成的沥青焦能起到活性炭中煤粉颗粒的骨架作用，保证制品有足够的强度及发达的孔隙结构，可用作氧化、卤代、脱氢、裂解等反应的催化剂载体。

由于制备催化剂或载体的原料多为没有塑性的化工原料，为保证成型需要，通常还可在配料中加入一些有机物质作为基体黏合剂（或称塑化剂）。常用的有甲基纤维素、羧甲基纤维素、聚乙烯醇及聚乙酸乙烯酯等。

甲基纤维素又名纤维素甲醚，白色颗粒或粉末，无臭、无味，相对密度 1.26~1.31，是构成纤维素的葡萄糖中三个羟基中的氢全部或部分被甲基取代后的产物。取代度越高，溶解性越差。其中以中取代度(1.5~2.0)的产品应用最广。其溶液呈中性，为非离子型，溶于冷水，不溶于热水和一般有机溶剂。具有优良的润湿、分散性能，性质稳定，200℃下不分解，常温下不变质。使用时可按一定配比与水调和后加入配料中。

羧甲基纤维素是一种离子型纤维素醚，通常所用的是它的钠盐。纯品系白色或乳白色纤维状粉末或颗粒，无臭、无味，溶于水，不溶于酸和甲醇、乙醇、苯等有机溶剂。溶解度主要取决于聚合度和取代度，取代度大于 0.4 即为水溶性，溶于水后形成一定黏度的胶体溶液。温度升高，溶液黏度下降；冷却时，黏度即回升；但当温度升到一定程度时，将发生永久性黏度降低。吸湿性很强，含水率达 20% 时，部分粒子会发生黏附，有良好的分散及乳化能力。使用时可按一定配比与水调和后加入配料中，但这种黏合剂在制品焙烧后会留下氧化钠及氧化铁组成的灰分。

聚乙烯醇是由聚乙酸乙烯酯部分或完全醇解制得的水溶性聚合物，白色粉末状、絮状或片状固体，相对密度 1.21~1.31，熔点 228~256℃。常温时不溶于水，加热至 70℃ 时可溶解 96%~98% 以上，还可溶于乙醇、甘油等有机溶剂中。聚乙烯醇的相对分子质量大小对性质有很大影响，聚合度 n 与相对分子质量有关，选用时一般取 n 在 1500~1700 之间。n 值过大则弹性太大；n 值太小，则强度低、脆性大，对成型不利。将聚乙烯醇加入含有 BaO、ZnO、MgO、B_2O_3 等氧化物及硼酸盐、磷酸盐等盐类的配料中时，因为会生成不溶于水的脆性化合物或像橡胶一样有弹性的聚合物，会影响成型操作，因而在含有上述组分的配料中不宜使用。聚乙烯醇使用时可按一定配比溶于热水或甘油等溶剂中，加热搅拌均匀。1%~5% 水溶液稳定，浓度更高时，静置后会出现凝胶，加热可使凝胶消失。聚乙烯醇加热至 130~140℃ 时性质基本不变，200℃ 时因分子内脱水而失重，300℃ 时分解成水、乙酸、乙醛等。

聚乙酸乙烯酯又称聚醋酸乙烯酯，是由乙酸乙烯酯聚合制得的聚合物，相对密度 1.191，为无色透明珠状体或黏稠物，溶于醇、酯、苯，不溶于甘油，在水中可溶胀。低聚合度的聚乙酸乙烯酯可作黏合剂。聚乙酸乙烯酯乳液是乙酸乙烯酯的均聚物，固含量一般为 55% 左右，粒径在 100~1000nm 之间。聚乙酸乙烯酯在含有 BaO、Al_2O_3、MgO、ZnO、$BaSO$、$CaCO_3$ 及硼酸盐等无机化合物和高岭土的配料中作黏合剂具有较好的效果。通常情况下，在碱性(pH>7)的配料中使用效果更好，而在酸性条件下使用时，则不如聚乙烯醇。

沸石分子筛是 20 世纪 50 年代以后发展起来的一种新型化工产品，由于其特殊的晶体结构及反应中的分子择形作用，除用作气体、液体物料的高效干燥剂、选择性吸附剂外，也广泛用作多种催化反应的催化剂及载体。但合成沸石分子筛的晶体粉末很少直接使用(用作洗涤剂的沸石粉除外)，一般需将沸石分子筛加工制成一定的形状，并要求成型制品有足够的强度，以适应反应温度变化及流体的冲击。通常用于固定床反应装置的为球、条或三叶草形等成型品，用于流化床反应器的为微球状。

工业上常用的分子筛成型方法是在分子筛中加入基体黏合剂进行成型。所用黏合剂分为无机类及有机类二种。无机类黏合剂如黏土、高岭土、水合氧化铝、硅溶胶、水玻璃、硅铝胶、铝溶胶等；有机类黏合剂为各种合成树脂、聚氨酯及一些表面活性剂等，但通常多与无机类黏合剂混合使用。其成型方法一般是将沸石分子筛粉末与黏合剂粉末混匀后，再加入适量水，经捏合、成型、干燥、焙烧而制得分子筛成型制品。采用这种成型方法，黏合剂加入量通常要加至分子筛质量的 10%以上，甚至达到 20%~30%，因而会影响分子筛的纯度及应用性能。随着成型技术的研究进展，出现一些新的分子筛成型方法，如采用有机黏合剂及添加金属氧化物的成型方法。

所谓采用有机黏合剂的方法是指添加一种或多种含有二个以上羧基的羧酸作为黏合剂的分子筛成型技术，所用羧酸为含十个碳以下的多元羧酸、脂肪族或芳香族多元羧酸等，羧酸加入量为 1%~10%，同时添加适量水。使用这种黏合剂时，成型制品经焙烧后可使有机酸完全分解而除去，不影响沸石分子筛的基本特性。

添加金属氧化物的成型方法是将分子筛粉末与一定量金属性较强的金属氧化物混合后再加入硅酸盐溶液及水，经捏合后挤出成型，成型制品再经碱交换、干燥、300~400℃焙烧而制得最终产品。添加金属氧化物不仅可提高分子筛的机械强度，还可使分子筛的吸附能力显著提高。所用金属氧化物有氧化镁、氧化镍、氧化铬、氧化钛等，加入量为 10%以上。所用硅酸盐多是硅酸胍，但也可使用水玻璃等，加入量以 SiO_2 计，也应在 10%以上。

（2）薄膜黏合剂

这类黏合剂多数是液体，黏合剂呈薄膜状覆盖在原料粉体的粒子表面上。水分或液体蒸发，或黏合剂固化后在微颗粒界面上形成一层吸附牢固的固化膜，制成以原料粉体为基体的颗粒，黏合剂用量主要根据粉体的孔隙率、粒度分布及比表面积而确定。特别是比表面积的因素更为重要，对多数粉体来说，0.5%~2%的用量就可使物料表面达到满意的湿度。很细的颗粒需要多些，有可能达到 10%，微细或亚微细颗粒的用量会更多。对于低堆密度、高比表面积的粉体，如木炭粉成型时，黏合剂用量可超过 10%。

水是最普遍使用的黏合剂，乙醇、丙酮、四氯化碳等溶剂有时也可用作黏合剂。用这类黏合剂时，湿成型物的强度可能较低，但干燥后强度会有所增高。

单独使用水作黏合剂时，如物料有可溶性，水能使结晶的颗粒表面发生溶解，当蒸发时，产生越过颗粒界面的重结晶；如物料为有机物，由于范德华力的作用，水可以促进结合，从而增加颗粒的实际接触面积。

（3）化学黏合剂

化学黏合剂的作用是使黏合剂与原始颗粒表面发生化学反应或因黏合剂组分之间发生化学反应而固化，从而提高颗粒间界面的结合强度，如对氧化镁成型时，加入氯化镁溶液，因颗粒间生成氯氧化物使产品有很好的机械强度。在氢氧化铝粉成型时，常用水、稀硝酸、铝溶胶等作黏合剂。在用大孔氢氧化铝粉为原料时，如用水作黏合剂，则产品强度较差。如使用稀硝酸作黏合剂时，由于硝酸对氧化铝有胶溶作用，从而增加氧化铝粒子的黏结强度。所以，改变硝酸黏合剂的浓度，可以在一定范围内调节成型产品的强度。

采用硝酸胶溶的氢氧化铝成型时，常会产生一种触变现象，即氢氧化铝溶胶在外力作用下（如搅拌、振动）能获得较大的流动性（稀化现象），而在外力解除后，又会重新稠化，这种现象称作触变性。由于这一原因，氢氧化铝在捏合后，外观看起来很干硬，而成型时却会变得很稀薄。

触变原因可由胶体粒子双电层中的扩散层水分子排列有规则、H^+ 与 OH^- 排列定向、有一定结合力来解释。当施加外力、振动破坏这种结合时，就使其容易流动。这一现象与离子种类、浓度、ζ 电位及扩散层厚度等因素有关。

在成型时，控制触变的方法是适当掺入旧料、控制一定的酸性（如加入草酸、氨水）等。

在用硝酸作胶溶剂进行催化剂或载体成型时，硝酸溶液浓度变化会对催化剂机械强度、物化性质及催化性能产生一定影响。例如，以氨水合成的 ZSM-5 沸石分子筛为活性组分，以 $\alpha-Al_2O_3 \cdot H_2O$ 为载体，二者按一定比例混合，分别用 2%、3%、6%、9%、10%、13% 及 15% 的硝酸水溶液作黏合剂进行捏合、挤条成型、干燥及焙烧，再用硝酸铵水溶液交换两次，用稀盐酸交换一次，洗净氯离子后干燥并焙烧制得七种氢型催化剂，代号分别为 A、B、C、D、E、F、G。不同酸浓度成型时，对所得催化剂物性影响如表 5-25 所示。[96] 从表中看出，随着胶溶剂硝酸溶液的酸浓度增加，催化剂强度增大，但当浓度高达 15% 时，催化剂强度反而变小；催化剂比表面积随酸浓度增加而降低，当酸浓度在 9%~13% 范围时，比表面积变化不大，当达到 15% 时比表面积降低较大；催化剂的孔体积随酸浓度增加时稍有下降；用比表面积和孔体积计算求得的平均孔半径 $\bar{r}$ 随酸浓度变化略有下降趋势；催化剂吸附正己烷量随酸浓度增加有所降低，而环己烷吸附量变化不大，只在浓度为 15% 时有较大降低。产生上述现象的原因是由于硝酸溶液浓度增大时，质子浓度增高引起对氢氧化铝的胶溶作用增强，使载体与 ZSM-5 分子筛之间的结合更紧密。但酸浓度有一适宜范围，酸浓度过低，会影响氢氧化铝与分子筛粒子之间的胶溶；但酸浓度过大，胶溶作用会渗透到氢氧化铝粒子的深层，使初级粒子的堆积状态受到破坏，大孔变少，微孔剧增，从而使载体内应力加大，故催化剂强度反而下降。

表 5-25 成型时不同酸浓度对催化剂物性的影响

催化剂编号		A	B	C	D	E	F	G
硝酸溶液浓度/%		2	3	6	9	10	13	15
机械强度/(kgf/cm²)		0.51	0.66	2.73	3.58	3.71	4.36	4.02
比表面积 S_g/(m²/g)		293	273	259	244	243	242	230
孔容 V_g/(mL/g)		0.17	0.17	0.16	0.15	0.15	0.15	0.14
平均孔半径 $\bar{r}$/nm		116	125	124	123	123	124	122
吸附量/%	正己烷	7.97	7.88	7.86	7.82	7.72	7.71	7.53
	环己烷	5.90	5.98	5.91	5.90	5.93	6.08	5.75

注：$\bar{r} = \dfrac{2V_g}{S_g}$。

成型中酸浓度变化除影响催化剂的物性外，也会影响催化剂的表面化学性质及催化活性，其结果如表 5-26 所示。从表中看出，成型所用酸浓度增大时，催化剂表面总酸量也增加；而从酸强度分布来看，强酸中心未发生变化，而中强酸中心减少，弱酸中心增多。这与乙苯与乙醇的烃化反应时乙苯转化率（催化剂活性）增加的趋势是一致的。对二乙苯选择性随酸浓度增大而增加的原因，可能是由于酸浓度增大时，胶溶作用增强，使二次孔变少，孔体积变小，从而使反应物从 ZSM-5 分子筛孔道中扩散出来后迅速离开反应区，避免了烷基化反应生成的对二乙苯异构化为间二乙苯。

选用成型用黏合剂时一般应考虑以下问题：黏合剂与原料粉体的适应性及产品颗粒的潮解问题；黏合剂能否湿润原始颗粒的表面，并具有足够的湿强度；黏合剂是否会造成产品污染问题，也即应选择在干燥或焙烧过程中可以挥发或分解的物质。如氢氧化铝成型时所加入的硝酸黏合剂，可在高温焙烧过程中分解为氧化氮气体而挥发掉；黏合剂的成本及来源问题等，通常可在选择几种可行的黏合剂后，根据试验及产品性能分析，以确定最好的种类、添加方式及添加量。

表 5-26　成型时不同酸浓度对催化剂表面性质及活性的影响

催化剂编号		A	B	C	D	E	F	G
硝酸溶液浓度/%		2	3	6	9	10	13	15
催化剂总酸量/(mmol/g)		0.50	0.55	0.60	0.65	0.65	0.70	0.80
酸强度分布(H_o)	+6.8	0.50	0.55	0.60	0.65	0.65	0.70	0.80
	+4.8	0.38	0.35	0.36	0.35	0.35	0.25	0.25
	+3.3	0.33	0.30	0.31	0.30	0.33	0.25	0.25
	-3.0	0.25	0.25	0.25	0.25	0.25	0.25	0.25
乙苯与乙醇的烃化反应	C_{EB}/%	—	16.28	16.07	17.25	17.73	21.75	24.86
	S_p/%	—	85.53	85.65	90.68	89.94	94.85	93.87

注：C_{EB} 表示乙苯转化率；S_p 表示催化剂选择性。

2. 润滑剂

润滑剂是用以润滑、冷却和密封机械的摩擦部位的一类物质。在催化剂或载体成型时，特别是采用压缩成型时，为了使粉体层所承受压力能很好地传递、成型压力均匀及产品容易脱模，以及使壁和壁之间的摩擦系数变小，而需添加极少量润滑剂。表 5-27 示出了常用成型润滑剂。

表 5-27　常用成型润滑剂

液体润滑剂	固体润滑剂	液体润滑剂	固体润滑剂
水	滑石粉	聚丙烯酰胺	油酸酰胺
甘油	石墨	矿物油	干淀粉
润滑油	硬脂酸及硬脂酸酯		田菁粉
可溶性油及水	硬脂酸镁或其他硬脂酸盐		石蜡
硅树脂、硅油	二硫化钼		

成型过程中，润滑剂在物料之间起润滑作用，称为内润滑作用；如果用于润滑模板表面，就称为外润滑作用。用于内润滑时，润滑剂用量一般为 0.5%~2%。外润滑时，润滑剂用量可更少一些。内润滑剂与成型物料有一定的相容性。加入后可减少粉体分子间的内聚力，削弱粉体间的内摩擦。一般常用的内润滑剂如水、甘油、田菁粉、油酸酰胺及硬脂酸等。外润滑剂与粉体有很小的相容性，在成型过程中易从内部析至表面而黏附于设备的接触表面，形成一个润滑剂层，降低了粉体与接触表面的摩擦，防止物料对设备的黏接，属于这类的有石蜡、硅油及硬脂酸等。

实际上，所谓"内润滑"与"外润滑"是相对的，主要取决于润滑剂与物料之间的相容性。大多数润滑剂既有内润滑作用又有外润滑作用，仅少数润滑剂只具有单一性质。很多润滑剂不只表现出润滑作用，而且还具有黏结作用。

关于润滑剂的作用机理，一般认为物料在捏合及成型过程中将受到很高的剪切作用，从而使分子间的摩擦力加大，料温升高，并易使制品表面出现缺陷。这是由于成型物料与设备表面的摩擦系数随着温度升高而加大之故。严重的摩擦会使制品(如挤出物)表面变得十分粗糙或出现流纹。加入润滑剂能使粉体分子间及与设备间的摩擦力减小,使物料受到的剪切变得较均匀,移动变得平稳,有利于提高制品的表面质量,也可使成型操作易于进行。但润滑剂能降低物料的移动温度,增加其流动性,如加入量过多,在高剪切作用下会缩短物料在成型设备中的停留时间,也会使产品的均匀性变差。

水常可起到黏合剂和润滑剂的双重作用,其他液体也可用作润滑剂。事实上,任何液体在成型过程中都可以形成或多或少的薄膜,从而减少颗粒间的摩擦,不过大多数液体形成薄膜的强度低于成型过程的压力。

固体润滑剂可用于较高压力成型,石墨是常用的固体润滑剂。在压片物料中加入足够的冲模模壁润滑剂可降低壁摩擦,从而使上冲和下冲所产生的压片压力更均匀地传递到整个片剂,产生均一压紧而不会有差别的应力。否则在压片负荷移去时,应力松弛,使排出的片剂破裂,产生"脱帽"和"断腰"现象。但润滑剂加入量过多反会使催化剂结构破坏。淀粉、硬脂酸等有机物润滑剂还有另一重要作用,即可以调节催化剂或载体的孔结构。

有些有机及无机化合物在成型过程中,由于摩擦发热使局部发生表面熔化,对于这种情况也可不添加润滑剂。

挤出成型时广泛使用的助挤剂(如田菁粉)也是润滑剂的一种类型。助挤剂具有减少小料团与螺杆及缸壁之间的摩擦作用,使压力能均匀地传递到整个物料上,避免物料"抱杆"或"打滑"作用,使高固含量物料能顺利连续挤出,同时还可起着调整或控制产品孔结构的作用。

在挤出成型中,有时采用单一助挤剂,产品不能达到满意的性能。如生产直径为 2mm 的圆柱形含磷氧化铝载体时,采用单一田菁粉助挤剂虽然也能进行工业生产,但制得的条状产品中,弯条现象十分严重,并易断条出粉,造成催化剂机械强度差。如改为生产三叶草形含磷氧化铝载体时,上述现象更为严重。这时,如采用加有柠檬酸、草酸的复合助挤剂时,不但能顺利地挤出三叶草形载体,而且还可提高产品强度,改善孔结构。

与黏合剂选择相同,在选择润滑剂时,也应考虑到最终成型产品不受润滑剂所污染,加入的润滑剂或助挤剂在产品焙烧时,能挥发除去。

3. 孔结构改性剂

如前所述,催化剂的孔结构对催化剂的活性及选择性有重要影响。催化剂的孔结构,除了在制备过程中加以控制外,在成型过程中加入少量孔结构改性剂也是调节产品孔结构的一种有效方法。

以渣油加氢脱硫催化剂为例,所处理渣油中含有不同种类及不同结构的硫化物、有机金属化合物,它们的含量及分布随原油种类不同而有显著差异。进行渣油加氢脱硫时,在脱硫反应的同时还会发生脱金属、脱氮、脱氧等反应,不同催化剂对这些反应的选择性是不同的。设计及制备催化剂时需要针对硫化物分子的大小选择最合适的孔大小及孔径分布。而采用浸渍法制造这类催化剂,其活性及选择性受载体的性能影响很大,特别是控制氧化铝载体的孔大小及孔径分布是制造加氢脱硫催化剂的关键。调节及控制氧化铝的微孔结构,可以在制备氧化物水合物时添加有机聚合物扩孔剂(如聚乙二醇、聚氧化乙烯、聚乙烯醇、聚丙烯酰胺及甲基纤维素等)的方法来实现。也可在氢氧化铝基料成型时添加扩孔剂的方法对氧化铝进行扩孔,制备所需要孔结构的载体。下面为两种孔结构改性剂的示例。

（1）使用有机溶剂的方法

在氢氧化铝成型时，添加有机溶剂（如乙醇、硅酸四乙酯等）改性剂，可制得比表面积在 $100\sim450\,m^2/g$、孔容为 $0.2\sim3mL/g$、孔径相对集中在 $1\sim15nm$ 的氧化铝载体，其试验结果数据如表 5-28 及表 5-29 所示。

表 5-28　有机溶剂对氧化铝孔结构的影响（一）

氧化铝			TA$_1$	TA$_2$	A$_1$	A$_2$	A$_3$	A$_4$	A$_5$	A$_6$	A$_7$	A$_8$	A$_9$	A$_{10}$	A$_{11}$	A$_{12}$
氢氧化铝干胶量/g			未挤条	76	76	38	76	38	38	38	38	38	38	38	38	38
改性剂	乙醇溶液	加水量/mL	—	123	105	69	177	57	81	54	48	7.2	0	0	0	0
		乙醇量/mL	—	0	35	23	59	19	27	18	16	64.8	126	118	99	94
		乙醇含量/%	—	0	25	25	50	50	75	75	75	90	100	100	100	100
		硝酸量/mL	—	1	1	2	1.5	2.2	2.2	4.4	4.4	6.6	1.1	2.2	3.3	6.6
氧化铝孔结构	比表面积/(m^2/g)		313	243	279	248	302	318	311	301	275	246	320	301	274	290
	孔容/(mL/g)		2.56	0.62	0.72	0.52	0.70	0.82	1.53	0.75	0.95	0.97	1.8	2.5	1.6	0.70
	最可几孔半径/nm		13.5	4.0	3.9	3.0	3.5	4.5	7.6	4.4	5.1	7.2	20.0	10.7	10.6	3.3
	强度/(kg/cm^2)		—	—	—	4.0	—	2.3	—	—	—	1.2	—	9.4	7.8	
	孔径分布/%															
	1~2nm		8.0	12.1	26.7	32.3	4.2	17.8	6.3	20.0	11.0	12.6	0.2	3.4	5.4	3.7
	2~3nm		3.1	17.0	19.3	39.3	33.0	21.7	6.7	26.4	14.5	9.2	3.7	3.0	4.2	46.2
	3~4nm		2.7	53.5	38.5	26	59.2	24.5	8.4	27.7	22.3	6.4	3.2	4.0	4.0	41.5
	4~5nm		2.8	16.8	10.0	1.6	0.7	21.5	11.4	18.0	23.6	6.1	4.0	4.0	5.4	4.9
	5~6nm		3.8	0.2	2.2	0.4	1.0	8.5	1.52	2.6	20.1	7.7	4.4	5.2	7.5	1.4
	6~7nm		4.8	0.2	2.4	0.2	0.5	2.9	12.8	1.3	4.7	9.2	5.1	5.9	8.1	0.7
	7~8nm		5.8	0.1	0.7	0.2	0.5	1.2	13.3	0.9	1.5	9.9	6.2	8.1	10.5	0.3
	8~9nm		9.7	0	0.1	0.1	0	0	11.3	1.1	1.2	8.9	6.8	8.6	9.9	0.3
	9~10nm		7.7	0	0.1	0	0	0	7.9	0	0.8	7.9	5.7	12.2	8.9	0.2
	10~11nm		11.3	0	0	0	0.2	0	3.0	0	0.3	6.7	6.9	10.6	10.0	0.2
	11~12nm		11.7	0	0	0	0	0	1.1	0	0	5.3	6.9	9.9	6.5	0.2
	12~13nm		8.9	0	0	0	0	0.3	1.1	0	0	3.6	5.4	6.9	0.8	0.1
	13~14nm		15.5	0	0	0	0	0	1.1	0	0	2.7	6.3	5.8	4.3	0.1
	14~15nm		4.2	0	0	0	0	0	1.0	0	0	1.4	6.1	0	0.1	0.1
	≥15nm		0	0	0	0	0	0	1.5	0	0	1.8	27.3	8.5	5.7	0.1

表 5-29　有机溶剂对氧化铝孔结构的影响（二）

氧化铝		TD$_1$	D$_1$	D$_2$	D$_3$	D$_4$	D$_5$	D$_6$	D$_7$	D$_8$
氢氧化铝干胶量/g		40	160	40	40	20	20	20	20	50
改性剂	硅酸四乙酯/g	4.65	12.6	5.1	10.2	2.55	5.1	10.2	20.4	6.87
	乙醇/mL	0	360	90	80	52	42	35	25	143
	硝酸/mL	0	14	3.5	3.5	0	0	0	0	0
	加水量/mL	59	0	0	0	0	0	0	0	0

续表

氧化铝		TD$_1$	D$_1$	D$_2$	D$_3$	D$_4$	D$_5$	D$_6$	D$_7$	D$_8$
二氧化硅(SiO$_2$)在氧化铝中含量/%		5	3	5	10	5	10	20	40	5
氧化铝孔结构	强度/(kg/cm^2)	—	7.1	5.3	6.3	8.4	9.1	10.6	12.6	—
	比表面积/(m^2/g)	416	401	380	380	344	398	275	390	422
	孔容/(mL/g)	0.96	1.20	1.55	1.95	1.35	1.17	0.93	1.03	1.98
	最可几半径/nm	4.4	6.3~9.9	0.8~10	6.8~9.8	4.5	3.7~8	4.3	2.9~4.6	10
	孔径分布/%									
	1~2nm	14.5	9.8	2.9	8.1	13.4	5.2	10.9	12.9	3.8
	2~3nm	14.9	9.3	2.6	7.3	12.7	8.1	14.6	11.4	4.3
	3~4nm	22.9	14.7	2.3	6.0	23.0	19.1	24.7	19.8	4.1
	4~5nm	27.9	16.7	2.8	8.6	34.8	14.2	35.8	49.9	5.8
	5~6nm	16.4	20.9	3.4	10.0	11.5	14.3	7.8	4.2	8.2
	6~7nm	1.50	15.8	49.2	14.5	2.8	10.0	2.7	1.2	9.2
	7~8nm	0.8	7.2	7.9	7.9	1.4	16.9	1.5	0.6	9.0
	8~9nm	0.6	4.6	5.7	7.5	0.4	8.4	1.0	0	11.5
	9~10nm	0.4	1.0	5.7	9.0	0	0.4	0.5	0	7.8
	10~11nm	0.1	0	4.0	4.4	0	0.4	0.4	0	9.5
	11~12nm	0	0	2.6	2.8	0	0.5	0.1	0	5.7
	12~13nm	0	0	2.0	3.6	0	0.5	0	0	3.2
	13~14nm	0	0	1.8	4.3	0	0.5	0	0	2.7
	14~15nm	0	0	2.6	5.0	0	0.5	0	0	2.7
	≥15nm	0	0	4.5	1.0	0	1.0	0	0	0.7

在表 5-28 中，所得产品氧化铝的制法是：

TA$_1$ 制法是将一定量的铝酸钠溶液与一定量的氯化铝溶液在激烈搅拌下进行中和成胶反应，反应所得沉淀物先用水洗后再用丙酮洗涤，经过滤后将滤饼在 120℃ 干燥，最后再于 600℃ 下焙烧而制得；

TA$_2$ 的制法与 TA$_1$ 基本相同，只是在 120℃ 干燥后从其中取出 76g 样品，加入 125mL 硝酸溶液(含 63%HNO$_3$)捏合后进行挤出成型，成型制品再经 600℃ 焙烧后得到氧化铝成品；

A$_1$、A$_2$、A$_3$、A$_4$、A$_5$、A$_6$、A$_7$、A$_8$、A$_9$、A$_{10}$、A$_{11}$、A$_{12}$ 氧化铝的制法也与 TA$_1$ 基本相同，只是在 120℃ 干燥后所得水合氧化铝中加入一定量的水、硝酸、乙醇进行捏合后再挤出成型，成型制品再经 600℃ 烧焙后得到氧化铝成品。

从表 5-28 可以看出，表中所示各个氧化铝制品是在水合氧化铝基料中先加入一定量的水、乙醇、硝酸进行捏合后再经挤出成型而制得，其比表面积、孔体积、最可几孔半径及孔径分布会随这些助剂添加量不同而发生变化。如在挤出成型中，只添加硝酸溶液而不加有机溶剂改性剂时，产品经热处理后所得孔容为 0.62mL/g(见编号 TA$_2$)。而在加入乙醇改性剂后，随着乙醇用量的不断增加，产品的比表面积和孔容也相应增大，而且乙醇用量增多时，中孔径含量百分数有明显增多。

在表 5-29 所得产品氧化铝的制法是：TD$_1$、D$_1$、D$_2$、D$_3$、D$_4$、D$_5$、D$_6$、D$_7$ 及 D$_8$ 的前

体水合氧化铝制备方法与 TA_1 相同。对于 TD_1 在挤出成型前先加水捏合，而 $D_1 \sim D_8$ 是在挤出成型前除加入硝酸、乙醇外，还加入硅酸四乙酯改性剂，经捏合、挤出成型后再经 $600℃$ 焙烧而制得氧化铝成品。从表中所示氧化铝的比表面积、孔容、最可几孔半径、强度及孔径分布等数据可以看出，D_4、D_5、D_6 及 D_7 等氧化铝不仅有较好的孔径分布，而且有很高的机械强度，它比不含硅的氧化铝（参见表 5-28），在强度上有明显提高，在氧化铝 A_{11} 中，其强度也达到较高值（$9.4 kg/cm^2$），这可能是由于挤出成型时，加入硝酸量较多，使强度提高，但其比表面积只为 $224 m^2/g$。而氧化铝 $D_1 \sim D_7$ 的比表面积为 $350 \sim 400 m^2/g$。

从上述例子说明，在氧化铝成型时，通过加入有机溶剂或聚合物改性剂，可以有效改善氧化铝载体的孔结构性能，提高比表面积，制备出有高比表面积的产品。

（2）使用表面活性剂的方法

① 表面活性剂的类别。表面活性剂是在很低浓度下能显著降低水的表面张力的两性有机物质。所有表面活性剂分子都是双亲化合物，分子一般由极性基及非极性基两部分组成，具有不对称性。极性基易溶于水，具有亲水性，称作亲水基；非极性基难溶于水而易溶于油，具有亲油性，称作亲油基或疏水基。亲水基及亲油基分别位于分子的两端，造成分子的不对称。分子中的亲油基团一般是烃基，而亲水基团种类很多。各类表面活性剂的性质差别除与烃基大小、链的性质有关外，更主要是取决于亲水基团。所以表面活性剂的分类一般是以亲水基团的结构为依据，通常可分为离子型及非离子型两大类，其中离子型又可分为阳离子型、阴离子型及两性离子型三类。各类可细分如下[96]：

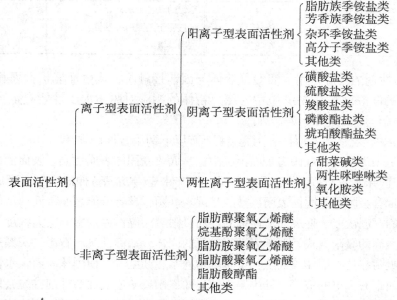

除上述类别以外，还有一些特殊类型表面活性剂，如氟表面活性剂、硅表面活性剂、高分子表面活性剂、有机金属表面活性剂等。在每一类表面活性剂中又有许多市售品种。

② 表面活性剂的增溶作用。表面活性剂分子由于疏水作用，在水溶液内部发生自聚，即疏水链向里附聚在一起形成内核，远离介质水，而亲水基朝外与水接触，这种排列有序的分子聚集体称为胶束。胶束的形状有球形、棒状、层状及椭球形等，其形成受表面活性剂结构、浓度、温度及添加剂等多种物理化学因素的影响。

　　表面活性剂在溶液中形成胶束后，能使某些难溶或不溶于水的有机物在水中的溶解度显著增大，这种现象称为增溶作用，也是表面活性剂溶液所具有的一种独特性质。如乙基苯在水中的溶解度极低，但在 1L 浓度为 0.3mol/L 的十六酸钾水溶液中的溶解量可达 50g。对于离子型表面活性剂，加入电解质(如 HNO_3、NH_4Cl 等)会抑制其电离作用，降低其水溶性，使胶束容易形成；对于非离子型表面活性剂，加入电解质可增大胶束的聚集数，提高其对非极性有机物的增溶性。表面活性剂的增溶作用在胶束催化及用作成型的孔结构改性剂方面具有重要作用。

　　表面活性剂除有优良的增溶作用外，还具有润湿、分散、乳化及洗涤等功能。但不同结构的表面活性剂其性质有显著差别，如有的表面活性剂有良好的润湿作用，但乳化能力较差。这些性质的差异都是由表面活性剂的分子结构所决定的。为了综合考虑表面活性剂分子结构(亲水基及疏水基)对其性能的影响，而使用一种经验值，即亲水亲油平衡值(简称 HLB 值)。根据表面活性剂分子 HLB 值的大小可以大致判别其亲水、亲油的能力及潜在的用途。HLB 值可由分析测定或用计算方法求得。

　　表面活性剂的 HLB 值范围为 1~40。通常规定亲油性强的油酸的 HLB 值为 1；亲水性强的十二烷基硫酸钠的 HLB 值为 40。以这些表面活性剂的 HLB 值为标准就可确定其他表面活性剂的 HLB 值。根据表面活性剂在水中的溶解状态，可粗略估计其 HLB 值的范围。用此法估测的表面活性剂的 HLB 值如表 5-30 所示。

表 5-30　由水中溶解性估测的表面活性剂的 HLB 值

加入水中后的溶解状态	HLB 值	加入水中后的溶解状态	HLB 值
不分散	1~4	稳定的乳色分散体	8~10
分散性不良	3~6	半透明至透明的分散体	10~13
激烈振荡后形成乳色分散体	6~8	透明溶液	>13

　　③ 表面活性剂的润湿作用。润湿是液体与固体接触时，接触面能扩大而相互黏附的现象。有关粉体的润湿已在 5-3-6 节中介绍。粉体的润湿对粉体加工性能有重要影响，而表面活性剂的润湿作用是其另一重要特性。

　　表面活性剂改变固体或粉体浸润性能主要有以下两个方面的作用：

　　一种状况是表面活性剂在固态表面上吸附，从而改变固体表面性质。表面活性剂是两亲分子，它的极性基(亲水基)易吸附于固体表面，非极性基(亲油基)伸向空气，形成定向排列的吸附层，这种带有吸附层的固体表面裸露的是碳氢基团，具有低能表面特性，从而有效地改变了原固体表面的润湿性能。但表面活性剂的界面吸附对润湿作用的影响很大程度上取决于表面活性剂在固体表面的吸附方式。对于表面能较低的固体，如活性炭、石墨、炭黑等，表面活性基以其亲油基吸附在这些固体表面上，亲水基指向水相或空气，使固体表面亲水性增强而易润湿。而对于表面带有负电的玻璃、纤维等固体表面，阳离子型表面活性剂首先会以亲水基吸附在其表面，亲油基指向水相，结果降低了固体的润湿能力。但如表面活性剂浓度增大时，其在固体表面发生双层吸附，构成新的亲水表面，接触角变小，则固体的润湿能力又会变好。

　　表面活性剂的另一种作用是提高液体的润湿能力。对于低能固体表面，由于水的表面张力高于低能固体的临界表面张力，所以水不能在低能表面上铺展，如要用水润湿低能表面，必须设法降低水的表面张力，并使之小于固体的临界表面张力，这时水可以在固体表面发生铺展并润湿固体。

④ 表面活性剂的改性作用。利用表面活性剂的增溶及润湿作用可作为孔结构改性剂对氧化铝载体进行改性，结果如表5-31所示。其方法是在氢氧化铝粉成型前的捏合过程中加入少量表面活性剂，加入量为1%左右。所用表面活性剂可以是阳离子型、阴离子型、非离子型及两性表面活性剂等。适用的阴离子型表面活性剂包括长碳链的一级、二级及三级胺的盐类(如十七胺盐、十八胺盐等)；适用的阴离子型表面活性剂包括羟乙磺酸钠的油酸酯、羟乙磺酸钠的椰油酸酯等；适用的非离子型表面活性剂包括脂肪族链烷醇酰胺，如二乙醇胺的月桂酸酰胺等；适用的两性表面活性剂包括 N-3-羧基丙基十八胺钠盐等。

表 5-31　添加表面活性剂对氧化铝性能的影响

表面活性剂类型	加入量/%	挤出速度/(kg/min)	氧化铝物性		
			孔容/(mL/g)	比表面积/(m²/g)	压碎强度/(kg/cm²)
未添加	0	1.13	0.805	333	0.54
非离子型 I	1	0.10	0.900	348	7.29
非离子型 I	3	0.95	0.940	315	5.76
非离子型 I	5	0.95	0.950	328	5.04
非离子型 II	1	0.10	0.900	331	5.09
非离子型 II	3	1.13	0.990	307	6.17
非离子型 II	5	1.13	1.00	331	5.45
阴离子型	1	1.18	0.915	352	7.61
阴离子型	3	1.13	0.960	332	5.13
阴离子型	5	1.04	1.02	335	4.59

从表5-31看出，添加表面活性剂的类型不同，所得氧化铝的物性也有所不同，但通过添加表面活性剂，不但可调变氧化铝的孔结构，还可大幅度提高挤出物的压碎强度。

（3）使用其他孔结构改性剂的方法

除了上述孔结构改性剂外，许多无机或有机固体物质也可用作孔结构改性剂，如炭黑、松香皂、环氧树脂、酚醛树脂等。

如以炭黑粉为孔结构改性剂(扩孔剂)可制备双重孔径分布的氧化铝载体，而且与其他扩孔剂相比较，炭黑粉具有生成的孔较集中、载体强度好等特点。

一般方法制备的氧化铝载体，是将氢氧化铝干胶粉和胶溶剂(如硝酸等)充分混合、胶溶，然后成型。由于酸的作用，所得载体的孔径大都集中于直径小于10nm的范围。其孔径大小主要取决于干胶粉原有的胶溶性能及一次、二次粒子的大小。如在氢氧化铝干胶粉中加入一定配比的炭黑粉混匀后，再加入胶溶剂混捏至胶溶完全，然后经挤出成型、干燥、高温焙烧所制得的氧化铝载体，则会形成较多的直径大于10nm的粒间孔。采用加炭黑粉的方法制得的典型双重孔径分布如图 5-54 所示[97]。

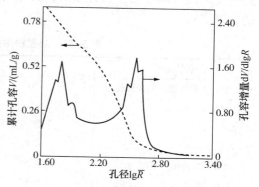

图 5-54　以炭黑粉为扩孔剂的
载体孔径分布(压汞法)

炭黑粉因制备方法不同，在结构及性质上也有很大差异，通常可根据吸油值来判别其网状或链状结构的发达程度。试验所用炭黑粉的性质如表5-32所示，可以看出，乙炔炭黑粉具有最发达的链网状细孔结构。使用不同种类炭黑粉时的扩孔效果见表5-33，可见炭黑粉的性质对氧化铝载体的孔结构有很大的影响。从表5-33看出，空白试验氧化铝载体本身具有较大的孔，但较为弥散，而在每100g干胶粉中加入5g炭黑粉后，载体的大孔（>10.0nm）数量减少，5.0~7.0nm孔相对集中。集中的程度则与炭黑粉结构有关，吸油值大的炭黑粉，所保留小孔数量较多。

表5-32 试验所用的炭黑粉性质[97]

炭黑粉类型	粒径范围/μm	比表面积/（m²/g）	吸油值/（mL/g）
槽法炭黑	23~30	100~125	0.95~1.25
高耐磨炭黑	26~45	70~100	1.0~1.2
乙炔法炭黑	35~45	55~70	2.5~3.5

表5-33 不同炭黑粉对氧化铝载体孔分布的影响

载体编号	1	2	3	4
炭黑类型	—	槽法炭黑	高耐磨炭黑	乙炔法炭黑
炭黑加入量/（g/100g 粉）	0	5	5	5
孔分布/%（压汞法）				
5.0~7.5nm	45.9	92.4	87.3	67.6
7.5~10.0nm	22.4	2.0	3.4	5.6
10.0~20.0nm	20.7	2.6	4.9	14.0
20.0~50.0nm	7.8	1.5	1.2	7.9
>50.0nm	3.1	1.3	3.2	3.8

注：所用氢氧化铝为普通干胶粉。

除了炭黑粉的类型以外，炭黑粉的用量多少也会对氧化铝载体孔结构产生影响，如表5-34所示。当炭黑粉用量为20g时，5.0~7.5nm的孔占85.6%；用量为25g时，5.0~7.5nm孔下降到32%，而7.5~10.0nm孔则增至61.0%；当再进一步增大炭黑粉用量时，孔径向更大的方向移动。也有报道，炭黑粉即使添加量达到70%，所制得的氧化铝仍有较好的强度[98]。

表5-34 炭黑粉用量对氧化铝载体孔结构的影响

载体编号	5	6	7
每100g干胶粉加入的炭黑粉/g	20	25	30
孔分布/%（压汞法）			
5.0~7.5nm	85.6	32.0	27.5
7.5~10.0nm	4.4	61.0	24.7
10.0~15.0nm	3.5	2.3	42.6
15.0~20.0nm	2.1	0.9	1.2
20.0~25.0nm	1.9	0.6	0.9
>25.0nm	3.7	3.2	3.2

除炭黑粉用量外，炭黑粉本身的酸碱性对氧化铝载体的孔分布也有很大影响。表 5-35 是经酸或碱处理的炭黑粉进行扩孔的结果，可以看出，经碱处理的炭黑粉，使产品的孔体积增大许多，而使用酸处理的炭黑粉则使产品的孔体积减少了。其原因是加入酸处理的炭黑粉相当于增加了干胶粉胶溶的胶溶剂用量，而碱处理炭黑粉则是中和了部分胶溶剂的硝酸，使氧化胶团聚，从而形成了较大的颗粒间孔隙，使孔体积显著增大。

表 5-35　酸或碱处理后的炭黑粉对氧化铝载体孔结构的影响

载体编号	8	9	10
处理方法	未处理	用酸处理	用碱处理
孔容/(mL/g)	0.289	0.162	0.563
孔分布/%(压汞法)			
5.0~7.5nm	85.6	71.6	47.1
7.5~10.0nm	4.4	9.3	19.9
10.0~20.0nm	5.6	6.8	20.2
20.0~25.0nm	1.1	6.6	8.4
25.0~50.0nm	1.3	4.3	1.4
>50.0nm	1.9	1.4	3.0

除了使用炭黑粉改变氧化铝的孔结构外，还可使用其他改性剂。如将经 1500℃ 焙烧后的刚玉粉料，用少量黏土作黏合剂，再加入松香皂(松香、明胶、纯碱)和明矾发泡成型，经干燥硬化后，在 1580℃ 焙烧，就可制得高孔率、大孔径的轻质氧化铝，适用作要求大孔、小比表面积反应的催化剂载体。

又如在氢氧化铝成型时，在水凝胶中加入一定量干凝胶，然后挤出成型，比起不添加干凝胶的情况，孔体积可从 0.45mL/g 增加到 0.61mL/g。

5-7　压缩成型法

压缩成型法又称压片法，是将要成型的催化剂或载体粉末放入一定体积的模子中，通过加压压缩的方法成型。它是工业上应用较早而又普遍应用的成型方法之一。与其他催化剂成型法相比较，压缩成型法具有以下特点：

① 成型产物粒径一致，质量均匀；

② 可以获得堆密度较高的产品，催化剂强度好；

③ 催化剂或载体颗粒的表面较光滑；

④ 可以采用干粉成型，或添加少量水及黏合剂成型，因此可以省去或减少干燥动力消耗，并避免催化剂组分蒸发损失；

⑤ 工艺简单、操作方便。

压缩成型法的缺点是：

① 由于采用加压成型，即使使用润滑剂，压片机的冲头及冲模磨损仍较大；

② 每台机器的生产能力低，尤其是生产小颗粒催化剂时更甚；

③ 难以成型球形颗粒及粒度小于 3mm×3mm 的催化剂，一般认为 5mm 左右颗粒是压片

机的经济成型下限。如生产 6.4mm×6.4mm 颗粒催化剂，改为生产 3.2mm×3.2mm 颗粒催化剂时，设备生产能力会降低 87%。

　　近来，随着成型方法的发展及设备结构的改进，每台设备的生产能力有了显著提高。同时，冲头及冲模使用高级耐磨合金钢，使磨损性大为降低。

5-7-1　压缩成型机理

1. 压缩成型过程

　　在压缩成型过程中，随着压力增加，粉料颗粒产生移动和变形而逐渐靠拢，粉料中所含的气体同时被挤压逐出，粉体的空隙减少，颗粒之间接触面展开，粉体致密化而使颗粒间黏附力增强。这种过程可用图 5-55 所示的几个阶段加以说明。

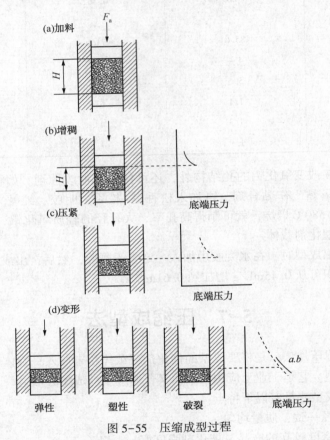

图 5-55　压缩成型过程

　　① 充填阶段：压缩成型一般是由冲头和冲模所构成的压片机来完成的。当压片机的机头以一定速度旋转时，位于冲模上的加料器将粉料充填至空模内。加至空模内的粉体体积决定于固体粉末的密度及所需片剂成品的几何尺寸。通常，充填前的粉体已对粉体各成分及添加剂进行充分混合。

　　② 增稠阶段：随着压片机的冲头向下移动，粉体体积减小，空隙随之减少，密度增大。由上冲头所施加的压力 F_a 大部分为粉末颗粒所吸收，传至底端的压力增加较慢。

　　③ 压紧阶段：成型压力进一步增加，粉体颗粒的架桥现象破坏，颗粒压紧而形成黏结键。键的强度决定于粉体水含量及颗粒大小和形状。

④ 变形或损坏阶段：这时粉体发生弹性或塑性变形、引起粉体致密化及孔隙闭合。图 5-56 示出了粉体孔隙闭合方式示意图。某些粉体原子通过压扁的孔隙内表面扩散会化学键合。随着底部压力连续上升，如粉体发生损环，则压力偏离原曲线。

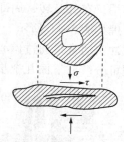

图 5-56　孔隙闭合方式示意

⑤出片阶段：当上冲头到达死点时（位置决定于压缩比），压力突然下降，上冲头上升，下冲头向上推移，将成型物顶出。这时，根据粉体性质及压缩变形情况，也会产生微小的弹性膨胀，即所谓弹性后效。在少数情况下，这种弹性膨胀也会引起成型物破裂。

实际操作过程中，上述阶段并不能明显加以区分，有些阶段几乎是同时发生。

2. 粉体压缩时的压力分布

压缩成型一般是将粉体放入密闭容器内进行压缩，但它不像液体或气体那样，能使压力均匀地传至器内各个部位。根据粉体物质、容器形状、压力施加方式等不同，其传递状态也有所不同。由于成型过程中成型压力是通过颗粒间接触来传递的，当颗粒移动和重新排列时，颗粒之间产生的内摩擦力、颗粒与模壁间产生的外摩擦力会导致传递过程中产生一定的压力损失，在物料内部会产生不均匀的压力分布。图 5-57 示出了单面加压时片体内部的压力分布情况，从图中看出，压力分布状况与压片厚度（H）及直径（D）的比值有关，H/D 值越大，压力分布则越不均匀。因此厚而小的制品不宜用压缩成型，而较薄的制品则可用单面加压方式成型，而且施压时的压力中心线必须与片体和冲模的中心对正，如出现错位则会造成压力分布的不均匀性，影响成型物的质量。如果成型物料颗粒级配合适，黏合剂选用适当，加压方式合理，则使用压缩成型法可以获得较为理想的片体密度。图 5-58 示出了碳酸镁压缩成型时所测得的粉体层内密度分布的结果。

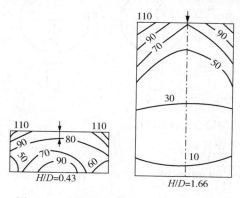

图 5-57　单面加压时片体内部压力分布

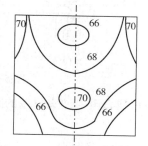

图 5-58　碳酸镁压缩成型时的密度分布情况（压力为 200MPa）

5-7-2　压缩成型机械

催化剂或载体的压缩成型是生产片状制品。压片操作主要由压片机完成。用于压片的压片机有单冲压片机、旋转式多冲压片机及对辊式压块机等。

1. 单冲压片机

又称单一压片机，一种早期使用的压片机，它只有一副冲模，利用偏心轮及凸轮机构等的作用，在其旋转一周即完成充填、压片及出片三个程序。其外形结构如图 5-59 所示，工作原理如图 5-60 所示。它是通过上下冲头在冲模的上下运动而对粉料进行压缩成型。因为上下冲头通常是通过偏心曲轴的作用而上下运动，所以它也称作偏心曲柄式压片机。其工作过程可分解成下面几个步骤：

图 5-59 单冲压片机的外形

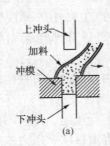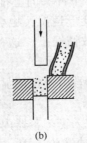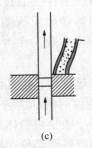

图 5-60 单冲压片机的工作过程

① 下部冲头下落到最低位置，粉料进料器的下料口则向左移动到冲模上口，在冲模上填充一定量粉料后，进料器下料口从冲模上口向右平移，冲模中填充好所需成型的粉料；

② 上冲头向下移动，接着下冲头也向上移动而进行压缩成型；

③ 上下冲头同时向上移动，下冲头将成型物顶至冲模上口；

④ 下冲头又开始向下移动，进料器下料口又开始向左移到冲模上口，它在填充粉料的同时又将成型好的压片推至机外。

图 5-61 示出了单冲压片机的偏心轮带动冲头上下运动的过程示意。

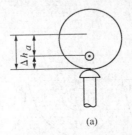

图 5-61 单冲压片机的偏心轮运动过程

偏心轮轴心至上冲头顶端的距离 Δh 可用下式计算：

$$\Delta h = \sqrt{r^2 - a^2 \sin^2 \omega t} - a \cos \omega t \qquad (5-31)$$

式中　　r——偏心轮半径；

　　　　ω——偏心轮角速度；

　　　　a——偏心轮的偏心距；

　　　　t——任意运动距离下所需时间。

单冲压片机的特点是，即使少量粉料也可压片，成型压片的直径可根据模具大小变化，根据需要可在较高压力下进行成型。

这类压片机的偏心轮转速一般低于 100r/min，由于一次只能压片一个，产量为 100 片/min，适用于小批量、多品种生产。此外，这种压片机生产的压片，是由于采用上冲头冲压而成，压片受力不均匀，上面的压力大于下面的压力，压片中心的压力较小，使片剂内部的密度及硬度不一致，片的表面也易出现裂纹。

2. 旋转式多冲压片机

又称旋转式压片机，其结构简图如图 5-62 所示。压片机主要由动力部分、传动部分及工作部分组成。工作部分中有绕轴而旋转的机台，机台分为三层，上层装着上冲头，中层装模圈，下层装着下冲头；另有固定不动的上压轮、下压轮、压力调节器、片重调节器、料斗、推片调节器、刮粉器等。机台装于机器的中轴上并绕轴转动时，机台上层的上冲头随机台转动并沿固定的轨道有规律地上下运动，同时下冲头也会随机台转动并沿固定轨道作上下运动；在上冲头上面及下冲头下面的适当位置上装有上压轮及下压轮，在上冲头和下冲头转动并经过各自的压轮时，被压轮推动使上冲头向下、下冲头向上运动并施加压力。机台中层之上有一位置固定不动的刮粉器，固定位置的加料器的出口对准刮粉器，粉体物料可源源不断地流入刮粉器中，由此流入模孔。下压轮的高度可由压力调节器进行调节，下压轮的位置高，则压缩时下冲头抬得高，上下冲头间的距离小，压力增大；反之则压力小。片重调节器装于下冲头轨道上，调节下冲头经过刮板时的高度则可以调节模孔的容积。

旋转式压片机的压片过程如图 5-63 所示，当下冲头转到给粉器之下时，其位置较低，粉体流满模孔；下冲头转到片重调节器时，再上升到适宜高度，经刮粉器刮去多余的粉体。当上冲头及下冲头转到两个压轮之间时，两个冲头之间的距离最小，将粉体压制成片。而当上、下冲头继续转动到推片调节器时，下冲头抬起并与机台中层的上缘相平，所压片剂被刮粉器推开而移出。

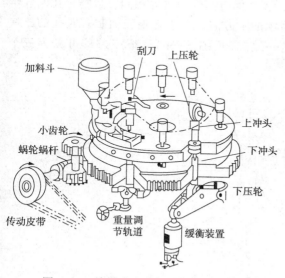

图 5-62　旋转式多冲压片机结构简图

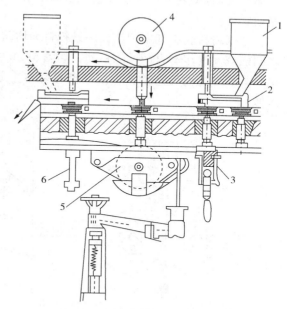

图 5-63　旋转式多冲压片机的压片流程

1—加料斗；2—刮粉器；3—片重调节器；
4—上压轮；5—下压轮；6—出片调节器

旋转式压片机按冲数（转盘上模孔数目）可分为 16 冲、19 冲、27 冲、33 冲、55 冲等多种型号。压片时转盘速度、粉料充填深度、压片厚度均可调节，机内还通常配有吸风箱，可

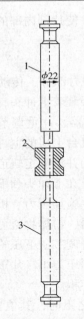

图 5-64　压片机的冲和模
1—上冲头；2—中模圈；
3—下冲头

通过吸嘴吸取操作时所产生的粉尘，避免黏结堵塞，并回收原料以重新使用。

冲和模是压片机的基本部件，如图 5-64 所示，由上冲头、中模圈及下冲头所构成，冲模加工尺寸为统一标准尺寸，具有互换性，通常以冲头直径或中模孔径表示冲模的规格，一般为 5.5~12mm，以 0.5mm 为一种规格。冲头和冲模在压片过程中受力很大，常用轴承钢制作。冲头的类型很多，共形状决定于所需压片的形状，常用冲头的形状有凹形（圆形）、平面形、圆柱形等，压制异形片的冲和模有三角形及椭圆形等。

3. 对辊式压块机

对辊式压块机的主要部件是一对轧辊，两辊直径相同，彼此留有一定间隙，两者以相同的转速作反向旋转，轧辊表面上有规则地排列着许多形状、大小相同的穴孔（见图 6-65）。两轧辊呈水平布置。成型粉料从两轧辊上方连续均匀地加入，靠自重或强制喂料进入两轧辊之间，物料先是作自由流动，从轧辊表面的某点失去其自由流动的性质，被轧辊咬入。随着轧辊的连续旋转，物料占有的空间逐渐减少，因而逐渐被压缩，并达到成型压力最大值，随后则压力逐渐降低。所压得团块（或称作型球）因弹性回复而产生尺寸增大，团块与穴孔壁的贴合受到破坏，加上其本身的重量而顺利地脱落。

根据粉料轧制基本理论，假设粉料为均质，在任何方向的内聚力相同，且物料在两轧辊之间横截面内作垂直平行的移动，如图 5-66 所示的 y 方向。对于轧辊表面制有穴孔的压块机，其成型过程与光滑轧辊压制条带基本上是一致的（见图 5-66）。整个过程可分为三个区域。

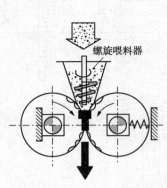

图 5-65　对辊式压块机简图

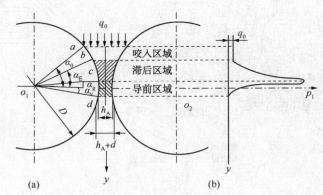

图 5-66　成型过程及压力分布

（1）咬入区域——粉体粒子重排阶段

粉料从轧辊表面的某一点 a（图 5-66）开始失去其自由流动特性而被轧辊咬入，a 点所对应的 a_0 角称为进料角，b 点所对应的 a_E 角称为辊压角。$\angle aob$ 所对应的被两轧辊咬入物料的区域称为咬入区域。在这一区域内，由于粉体粒子的重排或聚集而使物料空隙率有所减少。

（2）滞后区域——条带所压缩区域

从辊压角 a_E 所对应的 b 点开始物料受到压缩。随着轧辊的继续转动，物料在两轧辊之间所占有的空间逐渐减少，则成型压力逐渐提高，直到转到 c 点所对应的极限角 a_g 压力上升到最高值。在 $\angle boc$ 所对应的条带被压缩的区域内，由于此时条带的圆周速度滞后于轧辊的圆周速度，$\angle boc$ 所对应的条带区域称为滞后区域，在这个区域内，物料粒子之间的相对运动大大降低，且粒子发生了弹性变形和塑性变形。如果是脆性材料则粒子发出断裂破碎状态，如果是韧性材料则粒子发生塑性变形。

（3）导前区域——条带弹性回复阶段

随着物料在 y 方向垂直平行移动，$\angle cod$ 所对应的条带区域[图 5-66(a)]，由于从压缩到弹性回复而产生条带的圆周速度稍导前于轧辊的圆周速度故称为导前区域。a_v 称为弹性变形角，这时条带厚度 h_A+d 比轧辊间隙厚度 h_A 为大。

按粉料在两轧辊之间的成型过程，可以从理论或实验上相应求得粉体的压力分布，图 5-66(b)为压力分布示意图。粉粒状物料从料斗进入两轧辊间咬入区前，有一预压力 q_0，随后，轧辊转到 a_E，物料受压缩，从 $a_E \rightarrow a_g$，物料成型压力从最高点降低到零。

对辊式压块机除轧辊部件外，其余都属通用零部件。轧辊的设计除确定直径、宽度外，还必须考虑轧辊的结构、材质及轧辊表面的穴孔形状及大小，同时还必须充分注意型球能否顺利地从穴孔内脱落下来，即脱模。这也是压块机使用效果好坏的关键，如脱模不良也就不能投入正常生产。

轧辊的结构，可以制成整体式，也可以制成轧辊套（即辊皮）与轧辊芯两体。原因是辊皮需使用不锈钢材料或耐磨损高强度合金钢等材料制成。为了节省贵重材料和便于制造及检修，可将辊皮采用热套法固定在轧辊芯棒上。

轧辊表面上穴孔形状及大小选择必须考虑有利于成型、易脱模，同时还须考虑穴孔制造的工艺性。穴孔的形状有多种，图 5-67 所示为三种基本型式，穴孔的尺寸大小则决定于型球容重。为了充分利用轧辊表面，穴孔要呈正三角形布置（见图 5-68）。

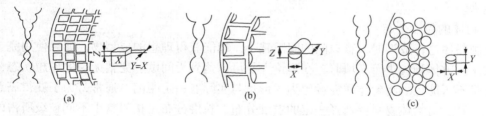

(a)　　　　　　(b)　　　　　　(c)

图 5-67　穴孔的三种基本型式

影响脱模的因素有穴孔形状及尺寸、穴孔表面和物料间的摩擦系数大小等。

影响成型压力的因素有粉料种类、流动性质、轧辊直径、两轧辊间隙等。

对辊式压块机通常属于干式加压成型，只需添加少量水或黏合剂，成型制品强度较高，生产能力比压片机高，适于压制卵球形催化剂颗粒。压制球形颗粒时，成型物脱模较难。

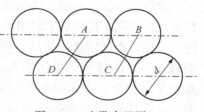

图 5-68　穴孔布置图

5-7-3 压缩成型的影响因素

1. 成型压力

成型时加于粉料上的压力主要消耗在克服粉体的阻力(包括克服颗粒之间的内摩擦力和使颗粒变形所需的力)及克服粉料颗粒与模壁间的外摩擦力上,上述两者之和即是通常所说的成型压力。它是影响压制片剂质量的一个极重要的因素。成型压力不够,则片剂密度低、强度小、收缩率大,从而导致成型物变形、开裂以及规格不准等缺陷。采用多大压力应根据所需成型压力及粉料的含水量、流动性、片剂形状大小等因素通过试验予以确定,对于某一成型物而言,要压制一定致密度的片剂所需的单位面积上的压力为一定值,而压制片剂所需的成形总压力等于所需单位压力乘以受压面积。成型时加压速度不能过快,开始加压时不能过大,否则,由于粉料中的气体没有充分的时间排出,易造成片剂开裂。

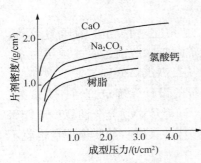

图 5-69 不同的成型压力下的
成型物密度

2. 粉体的压缩性

如上所述,填充在冲模中的粉体用冲头进行压缩时,开始时粉体的空隙率随压力增加而显著减少,以后减少幅度逐渐减慢,至最后阶段,即使仍施加压力,空隙率变化也很小。最终成型产品的密度与粉体密度相接近。

粉体的这种压缩性随粉体性质而异,图 5-69 示出了某些粉体的成型压力与成型物表观压力的关系。可以看出,在不同成型压力下,成型物的密度也不同,尤其在低压力下,这种差别更为显著。

对初始充填的粉体容积而言,压缩成型时容积减少率越大的粉体,一般越难成型。对这类粉体压片时,冲头压缩速度要慢,因相对来说,它的冲头行程要长一些,如果压缩速度过快,就易夹带较多的空气。另外,压缩速度慢,生产能力就相应降低,为了改变这一现象,可将要成型的粉体先在储料罐中脱气后再进行压缩成型,这样就可提高成型速度,从而提高生产能力。

3. 粉体的粒度分布

充填粉体进行成型时,颗粒间的间隙越小,越能获得理想的成型物。如果使用完全大小相同的正六方体颗粒进行充填时,在理论上是可以达到无间歇、完整无缺的理想状态,但实际上这是不可能的。将粉体颗粒设想为球形也与实际有一定距离。通常,为了获得满意的催化剂成型物,对粉体物料要选择一定的粒度分布。粒度分布是指粉料中不同粒级所占的质量百分数。要求粉体有适当的颗粒级配,即有适当比例的粗、中、细颗粒,这样可减少粉料堆积时的空隙率,提高自由堆积密度,有利于提高成形时粉料的初始密度及制品的致密度。用太细或太粗的粉体,都难以获得密度高的制品。由于实际粉料并不是圆球形,粉体颗粒一般都表面粗糙,结果颗粒互相交错咬合,形成拱桥形空间(见图 5-70),增大空隙率,这种现象也称为拱桥效应。细颗粒粉体由于它们的自重小、比表面积大、颗粒间附着力大,因而堆积在一起更易形成拱桥。

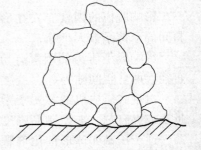

图 5-70 粉料堆积的拱桥效应

4. 粉体颗粒的表面状态

在电子显微镜下观察粉体颗粒时，其表面是十分粗糙的。图 5-71 给出了氧化铝颗粒在电镜下放大 4 万倍时的表面纹理结构，其表面好像许多的峰及空穴，一些重要物理现象，如摩擦、吸附、黏合等都是通过这些表面发生的。

图 5-71　氧化铝颗粒的电镜照片

通常，在这些颗粒表面都会含有某些夹杂物，这些夹杂物一部分主要来自原料，另一部分则是吸附的蒸汽、水分等。这些吸附的蒸汽及水分会减弱成型时粉体的结合力。而对某些超细粉末，一旦接触空气，表面就易氧化，这些氧化物一般都较硬，会影响产品的均匀性。

一般来说，粉碎后的粉体放置一定时间成型后所得产品的强度，要比粉碎后立即成型的产品强度要差。

粉体颗粒的形状、表面状态及粒度分布等也会影响粉体的流动性及颗粒之间的内摩擦力大小，有良好流动性的粉料在成型时能较快地填充冲模的各个角落，制得均匀性好的产品。

5. 成型助剂

压缩成型一般在较高压力下进行，为了避免成型物产生层裂、锥状裂纹、缺角或边缘缺损等现象，一般在成型原料中加入少量非金属黏合剂，这些黏合剂应对催化剂性能无害、使用时稳定，或在高温焙烧时能自行挥发掉。

通常，黏合剂用量大时，成型制品的强度高，但在成型压力高时，黏合剂用量可少一些。水是最常用的黏合剂。此外，根据原料性质，可以使用糊精、淀粉、水溶性树脂等作黏合剂。由于黏合剂会使粉末颗粒产生结晶、黏结及表面张力等现象而增加成型物料的塑性，故黏合剂加入量应适当，加入量过多，会造成粉末流动性变差、填充量减少、成型困难，且所得产品的压碎强度较低；添加量过少时，则会使产品表面不光滑，有时形成鳞片状。当然，粉料不同时，黏合剂种类及用量也应各不相同。

润滑剂也是压缩成型中的重要加工助剂。由于压缩成型时，摩擦起着决定性作用，即粉末的摩擦既阻碍粉体充满于冲模各部分而难于制成密度均匀的产品，又会缩短冲头和冲模的寿命，同时还会使成型产品难以脱模。表 5-36 示出了压缩成型时，由于使用润滑剂而使压力传递速率增加的一个例子，从表中看出，添加润滑剂后，由于摩擦系数减小，使粉体层压力传递速率增大，同时使脱模推出力减少。

表 5-36　不同润滑剂对脱模推出力的影响

润滑剂种类	添加量/%	粉体层上部（加压面）和底部压力比	脱模推出力/kg
未添加	0	0.69	100
硬脂酸镁	0.4	0.93	14
	2.0	0.95	8
硬脂酸	0.4	0.83	50
	2.0	0.90	30
十八碳酰胺	0.4	0.77	50
	2.0	0.87	34

5-7-4　压缩成型对催化剂性能的影响[92]

1. 催化剂强度

催化剂的机械强度与成型压力、粉体粒度及粒度分布、黏结剂性质及加入量等因素有关。压缩成型时，粉体之间主要靠范德华力结合，有水存在时，毛细管压力也增加黏结能力。对于大小均匀的球形（粉末）颗粒互相聚集中的聚集力，即颗粒的抗拉强度可用下式计算：

$$\sigma_z = \frac{g(1-\varepsilon)}{8\pi d^2}KH \tag{5-32}$$

式中　σ_z——抗拉强度；

　　　d——颗粒直径；

　　　ε——粉体的自由空隙率；

　　　K——一个颗粒与四周颗粒的接触数（即配位数）的平均值；

　　　H——两个颗粒间的范德华力。

根据实验，$K\varepsilon = 3.1 \approx \pi$，当颗粒间距离 $a < 100nm$ 时，

$$H = \frac{Ad}{24a^2} \tag{5-33}$$

式中　A——随粉体种类而不同的常数。

将式（5-33）及 $K = 3.1/\varepsilon$ 代入式（5-32）时，即得到：

$$\sigma_z = 0.05\frac{1-\varepsilon}{\varepsilon}\frac{A}{da^2} \tag{5-34}$$

由上式可知，压缩成型制品的抗拉强度与粉末颗粒直径和粒子间距离的平方乘积成反比，也即成型压力越大，粉体颗粒间距越小，成型制品的抗拉强度也越高。

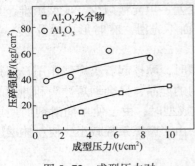

图 5-72　成型压力对压碎强度的影响

通常，常用压碎强度 σ_D 来衡量固体催化剂的机械强度，当 σ_D 与 σ_z 增加到某一定值之前，σ_z/σ_D 的比值变化不大，约为 0.5。而在超过一定数值后，σ_z 值虽增加，但 σ_D 值变化不大。

例如，Al_2O_3 水合物在不同成型压力下成型时 σ_D 的变化关系如图 5-72 所示。即成型压力低时，σ_D 随压力增大而增大；当压力超过一定值时，σ_D 基本保持不变。由此可见，压缩成型时必须选择好颗粒直径及成型压力。成型压力小，产品不能达到要求的强度；压力过大，对 σ_D 增加无用，在经济上反而不利。

2. 细孔结构变化

催化剂压缩成型时，孔结构会发生显著变化。例如，将硅胶在 39.2～245MPa 压力下压缩成型时，其吸附等温线的滞后现象明显增加，而比表面积却随成型压力升高而降低。如图 5-73 所示，在压力为 98MPa 左右时，比表面积迅速下降，至一定高压时趋向不变。产生这一现象的原因是由于粉末颗粒间距离接近时，减少了能吸附气体的表面，比表面积因此减少。有些粉体在比表面积下降至一定值时，再增加压力，比表面积又增加，这是因为压力更高时引起某些颗粒压碎，因此比表面积又增大（见图 5-74）。

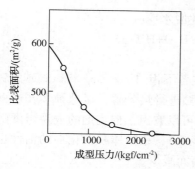

图 5-73　成型压力与比表面积关系

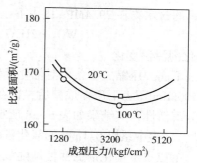

图 5-74　Fe_2O_3-Cr_2O_3 催化剂成型压力
与比表面积的关系

同一催化剂在不同成型压力下所获得的孔结构是不同的。例如，Fe_2O_3-Cr_2O_3 催化剂在较低压力（196MPa）成型时，具有粗孔与细孔结构的混合孔型，如图 5-75 曲线 a 所示。而在高压力（588MPa）下成型时，所得孔结构属于均匀孔径型（曲线 b）。一般工业中使用的压缩成型压力为 745MPa，粗孔结构完全遭到破坏，这时所得成型产品基本上为均匀孔径。

表 5-37 还可看出细孔平均孔半径及孔容随成型压力和成型时间不同而发生的变化。它是合成甲醇用 ZnO-Cr_2O_3-CuO 催化剂经氢气还原后在 98~400MPa 压力下成型所得结果。细孔半径及孔容随成型压力增加而减少，而且成型时间长短也会产生类似影响。

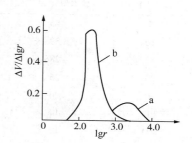

图 5-75　压力对 Fe_2O_3-Cr_2O_3
催化剂孔结构的影响
a—196MPa；b—588MPa

表 5-37　成型压力及时间对孔结构的影响

成型压力/MPa	孔容/（mL/g）		平均孔半径/nm	
	成型时间 2min	成型时间 10min	成型时间 2min	成型时间 10min
98	0.297	0.295	6.039	5.990
294	0.250	0.230	5.046	4.570
490	0.210	0.214	4.303	4.252

3. 化学组成变化

催化剂压缩成型一般在 98~980MPa 的压力下进行，在这种压力下，催化剂化学组成也会变化。例如，在 Bi_2O_3 上施加 490MPa 的压力，就会发生下述变化：

$$Bi_2O_3 \longrightarrow 2Bi + \frac{3}{2}O_2$$

氧化铅在 1176MPa 下压缩时会转变为金属铅。钨酸体系在 98MPa 压力下压缩时会由黄色变为蓝色，表明有低价氧化物生成。

在压缩成型时引起的化学变化中，以脱水反应更引人注目。如带结晶水的硫酸盐在加压时会发生下述脱水反应：

$$CaSO_4 \cdot 2H_2O \longrightarrow CaSO_4 \cdot H_2O + H_2O$$

而且，许多硫酸盐在压缩时会发现其表面酸性有所增加。

氧化钨的含水物在29.4MPa压力下也会发生下述脱水反应：

$$WO_3 \cdot 2H_2O \longrightarrow WO_3 \cdot H_2O + H_2O$$

4. 催化剂活性变化

催化剂不同，压缩成型条件对催化活性的影响也各不相同。例如，将碱式碳酸锌或草酸锌在50~500MPa压力下压缩成型后，再在300~400℃进行热分解，对这种多孔性催化剂测定其甲醇分解活性，其结果如表5-38所示。从表中可以看出，催化剂的表观密度随成型压力增加而增大(表中系以0.1mol的氧化锌表观体积表示)，单位体积催化剂的活性也随之增大；反之，单位质量催化剂的活性却随成型压力增高而减少。

表5-38　氧化锌催化剂压缩成型时的甲醇分解活性

压力/MPa	表观体积/(mL/mol)	活性/$[mLCH_3OH/(0.1mol\ ZnO \cdot h)]$	活性/$[mLCH_3OH/(100mL\ ZnO \cdot h)]$
5	45	9.00	200.00
10	32	8.20	256.25
15	28	7.60	271.40
20	25	6.30	252.00
50	20	6.03	301.25
100	14	4.75	440.05
200	12	4.75	455.80
300	9	4.10	455.50
400	9	4.25	472.15
500	9	4.30	550.00

表5-39示出了其他一些催化剂的压缩成型结果。多数情况下，也是压缩成型后，单位体积催化剂的活性增加，而单位质量催化剂的活性减少。只有$ZnO-Cr_2O_3$催化剂是例外，随着成型压力提高，单位质量催化剂的活性也提高。单位体积活性增加是由于催化剂装填量增多之故，而单位质量催化剂活性增大则是由于加压、压缩而使催化剂结构性质发生变化之故。

表5-39　一些催化剂的压缩成型结果

催化剂类型	压力/MPa	反应	结果
ZnO	500	甲醇分解	单位体积活性增加 单位质量活性降低
硫化钨-硫化镍-氧化铝	500	油品脱氢	单位体积活性增加 单位质量活性不变
$ZnO-Cr_2O_3$	10~1000	甲醇分解	单位体积活性增加 单位质量活性增加
$CuO-Al_2O_3-WO_3$	2000	乙醇酯化	活性增加
氧化铝	2000	乙醇脱水	单位体积活性增加 强度及稳定性增加
氧化铝-钼	200~2000	正庚烷脱氢环化	单位体积活性增加 单位质量活性降低
		环己烷脱氢	稳定性增加

也有人对压缩成型条件对 Fe_2O_3-Cr_2O_3 催化剂活性的影响进行考察，其结果如图 5-76 所示。可以看出，成型压力对催化剂的活性影响不大明显，其原因是在该成型条件下，成型条件对催化剂的比表面积及孔结构的变化影响不是太大，其变化率只不过 3%左右。

压缩成型条件对催化剂的稳定性也有影响。图 5-77 及图 5-78 分别示出了成型压力对氧化铝催化剂及氧化铝-钼催化剂稳定性的影响。可以看出，随着成型压力的提高，催化剂的稳定性也相应提高。

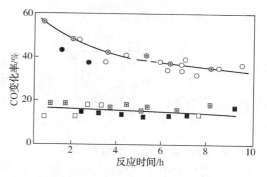

图 5-76　活性和成型压力的关系

■—>1280MPa；◉—>3200MPa；○—>5120MPa

图中 β 为催化剂的稳定系数。设 C_0、C 分别代表单位质量催化剂的初始活性及经过反应时间 τ 后的活性，则存在下述关系式：

$$\lg C_0 / C = \tau / \beta \tag{5-35}$$

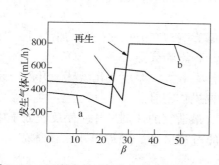

图 5-77　压缩成型对氧化铝催化剂稳定性影响
（280℃时的乙醇脱水反应）

a—成型压力，98kPa；b—成型压力，1960MPa

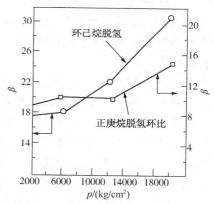

图 5-78　压缩成型对氧化铝-钼催化剂稳定性的影响

注：1 kg/cm² ≈98kPa

5-7-5　压缩成型法制备催化剂示例

1. 一氧化碳中温变换催化剂的制备

一氧化碳变换是烃水蒸气转化制氢过程之一。是在催化剂作用下，将混合气中一氧化碳与水蒸气进一步反应变换为二氧化碳和氢，生成的混合气称为变换气，除含二氧化碳和氢外，还含有氮和少量未变换的一氧化碳。通常采用中温和低温二段变换流程。其中一氧化碳中温变换催化剂的主催化剂是铁的氧化物，主要为 γ-Fe_2O_3，助催化剂为 CrO_3、MgO 及 K_2O 等。催化剂的制备方法很多，不同的制备方法可得到不同组成及晶相的铁的氧化物，图 5-79 为共沉淀法生产一氧化碳中温变换催化剂的示意流程。

制备时将废铁用 H_2SO_4 溶解制成硫酸亚铁，加入铬酐，使其氧化。然后加入 MgO 及沉淀剂氨水进行中和，将沉淀物进行过滤洗涤除去 SO_4^{2-}，再经干燥、焙烧、粉碎后，最后混入 KOH 及石墨进行压片成型制成催化剂。

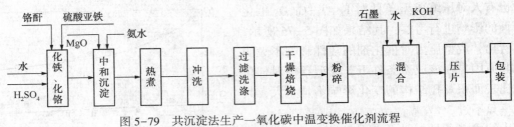

图 5-79　共沉淀法生产一氧化碳中温变换催化剂流程

2. 压片成型条件的选择

一氧化碳中温变换催化剂的制备工序较多，各工序操作条件的控制对催化剂性能有密切关系，下面主要讨论压片成型条件对催化剂性能的影响。

（1）片剂形状大小

一氧化碳变换反应速率受内扩散过程所控制。因而，催化剂的形状及孔结构对催化剂活性有一定影响。催化剂片剂大小对内扩散的影响可用内表面利用率来说明，而内表面利用率主要与催化剂的孔隙率有关。孔隙率一定时，内表面利用率与单位体积的外表面成正比。对相同外形尺寸的柱形及环状催化剂而言，环形催化剂的内表面利用率远大于柱形催化剂。为了减少流体阻力、提高内表面利用率及减少催化剂用量，最好选用环形催化剂。但生产环形催化剂在设备设计上要比柱形困难得多，在催化剂床层不高时，仍可考虑选用柱形（高径比相接近）催化剂。

催化剂片剂形状和大小对反应器床层压力降也有影响，在高径比一定的情况下，压力降随催化剂颗粒直径减小而增大。在低气流速度下，这种影响会更大。

片剂大小也会影响反应传热效率，片剂小时给热系数大，温度变化敏感，升温、还原等容易控制；反之，片剂大时给热系数小，升温及降温操作困难。

根据报道，一氧化碳中温变换反应所用催化剂，最适宜的片剂尺寸应使反应处于内表面利用率相当于 $0.75 \sim 0.85$ 的动力学和内扩散控制的过渡区中。颗粒过小，流体阻力增大；颗粒过大，流体阻力减少，但催化剂用量增多。

（2）粉体粒度

通常，催化剂片剂强度与粉体原料的粒度大小有关，粒度越细，成型压力提高，片剂强度也越大。但粒度过小，填充困难，尤其是快速成型时，压缩比大，潜入空气可能性也大，容易引起片剂密度不匀现象。适宜的粒度分布，可使加料容易、填充量适宜，压缩时减少潜入空气的可能性，保证片剂强度及密度均匀。

催化剂片剂密度增加，可以提高催化剂填充量。成型压力高时，片剂密度高，强度好，单位体积的活性可随成型压力增大而提高；密度大时，粉体孔径减少，内表面利用率降低。但在较高成型压力下，这种变换催化剂的细孔半径变化不大，对催化剂的活性影响不大。

（3）黏合剂

催化剂成型所用黏合剂是水，水分过多，粉体流动性差，填充量少，难以成型，片剂强度差；水分过少，片剂表面不光滑而呈鳞片状。因此，变换催化剂成型时，水分要控制适当，一般控制在 5%～10% 左右。

图 5-80 示出了粉体含水量对压片强度的影响。可以看出，水含量少时，压片强度随水量增加而增大；但当水含量超过 10% 时，压片强度反而下降。

（4）润滑剂

为了减小压片成型时冲模壁的摩擦力，使上冲头和下冲头所产生的压力更均匀地传至整个片剂上，粉料承受均匀的压力，需添加石墨作成型润滑剂。石墨加入量过少，在片剂脱模时易发生破裂现象；加入量过多，则会使催化剂结构性能降低。石墨加入量一般控制在 0.9%~1.2%（石墨/粉体的质量比）。

5-7-6　压片操作出现的问题及其对策

由于催化剂或载体的配方、生产工艺及使用设备等方面的综合因素，在用压缩成型法生产片状催化剂或载体时，可能出现裂片、松片、黏冲及片重差异等不良状态时，对其产生的原因作如下分析并提出一些对策。

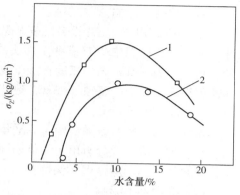

图 5-80　粉体含水量对压片强度影响
（成型压力 627MPa）
1—比表面积 298m^2/g；
2—比表面积 217m^2/g

1. 裂片

又称顶裂，是指片剂由模孔推出后，因振动而使面向上冲的一薄层裂开脱落的现象。产生裂片的原因是粉体颗粒的压缩行为不当以及压力分布不均匀等多种因素所引起。

（1）粉体细度的影响

粉体原料的结晶形状对压缩成型有直接影响，如果针状、球状等原料晶体不作处理直接压片，就有可能出现裂片问题。通过对原料充分粉碎，过 100~200 目的筛目，粉体粒径小、比表面积大时，结合力强，成型的制品硬度高，不易发生裂片。

（2）含水量过少或过多

原料所含结晶水或颗粒粉末和中适量的水分是压缩成型不可缺少的条件，它使颗粒增加可塑性，减少弹性回度。同时，在压缩过程中挤出的水分，能在粉料外表面形成薄层，以使颗粒互相接近，产生足够的内聚力，水分过多或过少都会影响制品的强度。此外，某些原料干燥后其弹性较大，压片时易产生裂片，有适量水分可以增加其塑性。

（3）黏结剂及润滑剂选择不当

对可压性较差的粉体难以成型，必须加入适当的黏结剂以增加颗粒的内聚力。羟丙基纤维素、甲基纤维素等都是内聚力较高的亲水性高分子化合物，常用作压缩成型用黏结剂。粉体颗粒中的黏结剂的黏结力不够，以及颗粒过细、过粗或细粉过多，都可能造成模孔内的容量不匀而影响制品强度。而为保证压缩成型正常进行，操作时常需加入一定量润滑剂。但润滑剂的加入也会对片剂性质产生某些不良影响，颗粒表面黏附润滑剂后会削弱粒子的结合力，使片剂强度降低，所以，为保证制品质量，黏结剂及润滑剂要选择适当，而且两者的使用比例要在合理的范围内。

（4）冲模影响

冲模使用过久，逐渐磨损，冲头产生向内卷边，压力不均匀，或压力过大，都可能使片剂部分受压过大而产生裂片。

2. 黏冲

系指压缩成型时，冲头和模圈上常有细粉黏着，致使制品表面不平整或有凹痕状态。其产生原因有：

（1）冲模的影响

在压缩成型时，压片设备既复杂又精密，它关系到制品或片剂的产量和质量，冲模包括冲头和模圈。模圈中央有模孔。冲头与模孔的直径差距不超过 0.06mm。一般模孔多为圆形，圆形冲头可有不同的弧度，能压成不同形状的片剂。如果新制冲头表面粗糙，或久用不慎遭到损坏、表面受腐蚀等因素，致使操作时会发生黏冲现象。

（2）粉体湿含量太高

粉体中的结晶水或颗粒中含有适量的水分，也是压缩成型不可缺少的因素。但湿含量过高，或因含水溶性成分析出至粉体表面，以及室内温度、湿度过高等都易产生黏冲现象。对粉体原料作适当干燥处理、保持室内干燥，以及适当添加一些润滑剂可以减少黏冲发生。

（3）润滑剂的影响

润滑剂主要作用于粉体颗粒与模圈壁之间，降低颗粒与模圈壁间的摩擦力，在实际操作中，常是将润滑剂与全部原料粉体混合均匀。但如润滑剂选择不当，或是润滑剂用量不足或混合不匀，容易发生黏冲现象，而润滑剂用量过多也会影响制品的性质及强度。

3. 制品质量差异

压缩成型法制造催化剂或载体时，常会发生制品的机械强度、形状大小不匀，严重时还会出现松散易碎的现象。产生这一现象的影响因素较多，其中主要因素有：

（1）物料混合

用于催化剂或载体生产的物料，常是由两种或两种以上不均匀组分组成。混合是在外力作用下使物料均匀化的操作，其中包括固–固、固–液、液–液等组分的混合。混合操作看起来简单，但影响因素较多（参见 5-5 节"粉体的混合及捏合"），混合不好会带来后续工序及产品质量等很多问题，应予以重视。

（2）成型助剂的影响

压缩成型是在压力作用下把粉状物料压实的过程，最后成为具有一定强度和孔隙率的片剂。成型助剂包括黏结剂、润滑剂及孔结构改性剂等。这些助剂除了降低物料内部及冲模之间的摩擦力，改善物料的成型性能，还起到提高催化剂强度、改进孔结构的作用。成型助剂选用不当、加入量过多或过少、混合不匀等都会影响制品的最终性能。

（3）成型设备的影响

早期使用的压缩成型设备是单冲压片机，由于生产效率低，只用于小批量生产。以后出现了旋转式多冲压片机及高速压片机。这些设备构造复杂、自动化程度高，但对物料有一定适应性。使用这类设备对片剂成型影响最大的是压片过程的物料形变阶段。因为每一种粉体颗粒都具有弹性改变和塑性形变两种性能。弹性形变较强的颗粒，结合力较差，而且当外力解除时，由于片剂内部存在较多的弹性内应力，未压实的颗粒具有恢复原形的倾向，对片剂成型不利，制品质量较差；塑性形变较强的物料，受压时易产生塑性变形，由于新生表面较多，可压性好，制品质量较高。因此，使用这类设备进行大量生产时，要搞清成型物料的理化性质等相关资料，如物理性状、晶型、稳定性、润湿性、粒径及粒度分布、流动性、压缩性、含水率等。经反复进行小量试制，并具有较好重复性后，再投入大批量生产。

（4）操作条件的影响

压缩成型时的压力大小及压缩时间对制品的强度影响较大。因为，物料的塑性变形需要有一定的时间，压缩速度太快，塑性很强的物料的弹性变形趋势也将增大，容易发生制品碎裂。此外，加料时粉料流速不匀，致使流入模孔的物料量不均匀，造成制品的质量差异。

5-8 挤出成型法

挤出成型法是将催化剂或载体粉料和适量水分或成型助剂(黏合剂、润滑剂及孔结构改性剂等),经充分混匀后,然后将湿物料送至带有多孔模板或金属网的挤出机中,粉料经挤出机构被挤压入模头的孔中,并以圆柱形或其他不规则形状的挤出物挤出,在模板外部离模面一定距离装有切刀,将挤出物切断成适当长度,获得直径固定、长度范围较广的催化剂成型产品,是常用催化剂成型方法。

5-8-1 挤出成型过程

常用挤出成型机有两种结构:连续螺旋挤条机及活塞式挤条机。无论是哪一种结构,挤出成型过程大致可分为原料输送、压缩、挤出、切条四个步骤。图 5-81 示出了挤条机的大致结构及挤出成型过程[92]。

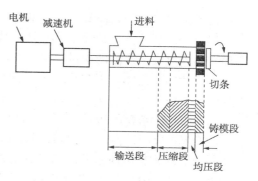

图 5-81 挤条机结构及挤出过程

(1)输送过程

粉体物料或经捏合、碾压好的料团经料斗送入圆筒后,经旋转螺杆(或活塞)将物料向前推动,其推进速度决定于螺杆转速、螺杆叶片的轴向推力和粉体与螺旋片间的摩擦力大小,在输送段筒内压力较低且较均匀。

(2)压缩过程

随着粉体物料向前推进,螺旋叶片对粉体产生很强的压缩力。这种压缩力可剪切和推动物料,剪切应力一方面在物料和螺杆间展开,另一方面又在粉体和圆筒之间扩大,且后者作用大于前者,致使物料受到压缩,紧密度增大。这样物料就以低于或相当于螺杆本身的速度向前推进,筒内压力逐渐增大。为了保证模头四周挤出速度与中心处挤出速度相近,并得到长度和密度均匀的制品,在螺杆及筒体结构上应使物料的压力在模头前有大致相等的均压段。

(3)挤出过程

粉体物料经压缩、推进到模头时,物料多孔板挤出成条状,这时的物料压力迅速下降并产生少量径向膨胀。

(4)切条过程

从模头挤出的条状催化剂或载体,常选用特别的切条装置将其切成一定长度的条柱状产品。切条装置的刀具刃口旋转平面与模板端面平行,通过调整刀具的旋转速度和产品挤出速度间的关系来获得所需产品的长度。

5-8-2 挤条机的组成

根据上述挤出成型过程,挤条机(或称挤出机)一般由下列各部分组成。

(1)进料装置

对于连续挤出成型过程所采用的进料装置应具有下列基本功能:排出、移送、放出,如图 5-82 所示。料斗虽是一般的装置,但要求料斗的排料必须是定量的,所以它与粉体输送的定量密切相关,流动性差的粉体可能会架桥,振动有利于防止架桥面使物料可连续排出。

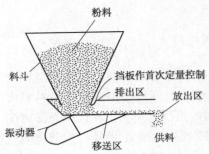

图 5-82　进料装置的三项基本功能

挡板可对粉体排出量作首次定量控制,而振动槽的移送速度则可进一步定量控制,粉体移至槽的终端处即行放出,并很快被圆筒内的螺旋叶片所攫取。

对于间歇生产或小批量生产的挤条机,也可采用不带移送装置的进料机构,可直接将经混合或捏合的物料加至料斗中经挤出机挤出成型。

（2）挤压系统

螺杆挤条机主要由挤出圆筒及螺杆组成。挤出筒的作用不仅在于输送物料,还可初步挤压物料。为了防止物料在圆筒内有圆周方向旋转,筒板也可衬以护板制成纵向的一条条凹槽。

螺旋叶片是挤条机的最重要部件,其形状及尺寸不仅直接影响挤条机的生产能力及能量消耗,而且对成型产品的质量有很大影响。

螺旋叶片有连续与不连续之分,后者由于对物料的挤出力不均匀且有中断现象,因此已很少使用。前者则使物料在圆筒内沿整个截面均匀向前推进,得到均匀而致密的产品。

图 5-83 为等直径和等螺距的叶片对物料推进的运动分析。如图所示,当螺杆轴转动 1/2 圈时,叶片周边上的物料轴向移动距离为 A'_1-10',而实际移动距离为 $A'-10'$。叶片靠近轴套处物料质点的轴向移动距离为 B'_1-10',实际距离为 $B'-10'$。两者的轴向移动距离或速度是相等的。从这一分析结果看出,螺旋叶片在整个圆筒截面上几乎都能均匀地推动物料前进。但实际上,由于物料与圆筒内壁以及物料颗粒之间存在一定的摩擦力,因此,物料在圆筒横截面上的轴向移动速度并不相等。中心的物料运动速度比周边的要大,使得物料的组织或密度不够均匀,在纵向上会产生分层现象,因而可能在干燥后出现裂纹。

为了改善上述不良状态,可以采用圆锥形(不等直径)的螺旋叶片。这种叶片在周边上的物料具有最快的轴向移动速度,使整个截面接近于均匀推进,从而改善挤出制品的质量。

由于距离圆筒轴越远的物料层旋转得越严重,因此螺旋叶片轴的直径不宜过小。也即轴径加粗,粉料层的相对旋转性越小,从而有利于改善挤条机的操作。通常,圆筒直径越小,物料的质地越均匀。

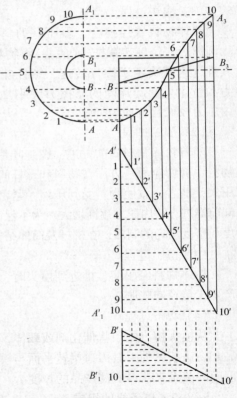

图 5-83　物料的运动分析

螺旋叶片的螺线导角大小主要应从螺旋推进的效率来考虑,同时为了使物料不在圆筒内旋转,导角应小于物料与金属的摩擦角。一般螺旋叶片的导角在 17°~22° 之间。

（3）机头

挤条机的机头一般是多孔板模头,模板装在挤出机的终端,模板上开有型孔,通过型孔使挤出的物料具有要求的截面及密度。更换不同型孔的模板就可调整挤出条的直径及形状。挤出条的形状以圆柱状最多，也有三叶草状、空心圆柱状等。

（4）模板

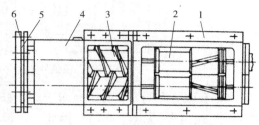

图 5-84 挤出筒结构示意
1—齿轮箱；2—传动轴；3—螺杆；
4—挤出筒；5—模板；6—压板

模板又称筛板、孔板或多孔板，是挤条机的关键部件，安装在挤条机挤出圆筒的终端。图 5-84 示出了双螺杆挤出筒结构示意，当物料由加料口进入挤出筒，通过双螺杆强制输送至模板时，料流背压增大，模板上开有型孔（孔眼），通过型孔挤压成有一定形状和尺寸大小的产品。模板是影响挤出压力和生产能力大小的重要部件。挤出的催化剂产品在光洁度、致密度、强度等方面均会受模板的影响。

模板的设计制造主要考虑模板的材质、形状、厚度、孔眼的形状、分布、尺寸大小及结构等[99]。

① 模板的材质。模板除承受较大的挤出压力外，还应考虑到催化剂物料的腐蚀性。所以，模板一般都采用耐腐蚀的不锈钢，如 1Cr18Ni9Ti、1Cr13、2Cr13、3Cr13。1Cr18Ni9Ti 的防腐蚀性能好，在一定程度上能防止物料在模板上的粘连，但切削性能差，强度与刚度不如 1Cr13～3Cr13，但 1Cr13～3Cr13 的防锈能力较差。表 5-40 示出了各种模板材料的性能对比。

表 5-40 模板材料性能对比

钢号	机械性能						基本性质
	抗拉强度/MPa	屈服强度/MPa	延伸率/%	收缩率/%	冲击韧性/（kJ/m²）	硬度 HB	
	≥						
1Cr13	590	412	20	60	882	187～211	有良好的抗大气腐蚀性，中等的机械强度
2Cr13	647	441	16	55	784	197～248	有良好的抗大气腐蚀性，中等的机械强度
3Cr13	834	637	12	45	490	≥241	有较高的机械强度，机械加工性能较差
1Cr18Ni9T	539	196	40	55	980	≤192	耐酸、耐热加工性能好，但强度低

② 模板形状及厚度。双螺杆挤条机模板主要采用平板状模板（见图 5-85）。平板状模板加工简单，表面光洁度较好，能有效防止因模板与挤出筒端面之间的挤出（即"侧漏"现象）。同时由于是平面，可为切粒提供有利条件。

模板的厚度主要由挤条机的挤出能力及其承受的压力大小而定。模板应有一定的厚度才能保证足够的刚性，但也不能过厚，以免影响物料顺利挤出和增加孔眼加工难度。模板厚度一般为 3～15mm。

③ 孔眼的形状和尺寸。双螺杆挤条机除用于催化剂及载体成型外，也常用于脱硫剂、脱氯剂、陶瓷材料等生产过程。常用的制品截面形状有圆形、三叶草形或其他异形孔（见图 5-86）。对于圆形孔眼，直径大小大多为 $\phi 0.5～8mm$。

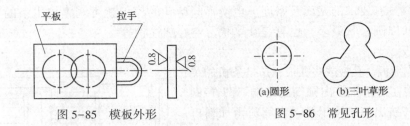

图 5-85　模板外形　　　　　　　　　　图 5-86　常见孔形

④ 孔眼分布与布置方式。对于双螺杆挤条机而言，物料主要由两个 C 形区域(即"∞"形区域)送出来(见图 5-87)。因此，模板的孔眼主要应集中分布在两个 C 形区域上。如果双螺杆的旋转方式为向内反向旋转，则出料时绝大部分集中在两个 C 形区域的上半部，特别是上中部。因此两个 C 形区域上的孔眼分布为下半部疏些，上半部密些，中上部更密。图 5-88 为这种分布的示意图。

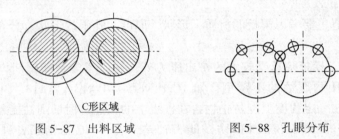

图 5-87　出料区域　　　　　　　图 5-88　孔眼分布

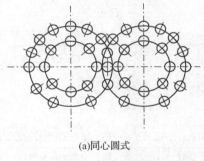

(a)同心圆式

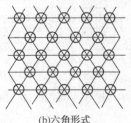

(b)六角形式

图 5-89　孔的布置方式

孔眼的布置方式主要有两种：同心圆和六角形(或称蜂巢状)布置方式(见图 5-89)，一般情况下，孔数较少时宜采用同心圆式；孔数较多时，既可采用同心圆式，也可采用六角形式。孔数越多，采用六角形的布置方式越易使出料均匀。

⑤ 孔眼数量。孔眼数量多少主要与孔的截面积和两个 C 形区域的面积有关。C 形区域的面积则决定于挤条机的螺杆直径大小。孔数的多少与孔的截面积、C 形区域的面积间的关系可用开孔率来表示。开孔率定义为孔眼的总面积占两个 C 形("∞"形)区域面积的分率。一般开孔率为 10%~30%。开孔率过小，难以保证出料顺畅均匀，甚至引起物料滞留及挤出负荷增大；开孔率过大，则会减弱孔板的强度及刚性，易产生孔板变形及物料"侧漏"现象。

⑥ 孔眼结构。孔眼的基本结构如图 5-90 所示，大体上可分为进料口、成形段及出料口等三段。其中成形段是关键部分，其截面形状即为催化剂或载体产品的截面形状。这一段的加工光洁度直接影响到产品的表面光洁度。这一段的长度也受到一定限制，长度过长，影响出料的顺畅程度，一般长径比(L/D)不超过 3。由此产生了孔的几种常见结构形式(见图 5-91)。当孔板厚(H)与孔径(D)之比小时采用图 5-91(a)的结构；反之则可采用图 5-91(b)、(c)的结构形式。

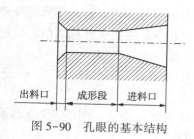

图 5-90　孔眼的基本结构

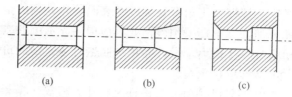

图 5-91　孔眼的几种常见结构形式

（5）切割装置

如果由挤条机挤出的条状催化剂靠自然断裂，则生产出的催化剂长短不匀，严重影响装填效果及使用效率。所谓切割装置通常是高速旋转的刀具，用来将挤条机连续挤出的条状物切割成一定长度的制品。有关条状催化剂切粒机结构及切粒效果将在后面叙述。而对于细条（≤1.6mm）产品，由于在干燥及输送过程中会自然断裂，也可不用切割装置。

不论采用何种切割装置，除了要求能将挤出的条状物切成一定长度的制品外，还要求作垂直于条状物运动方向的切割面。

除了上述主要部件外，挤条机还有传动系统、加热及冷却系统等。

5-8-3　常用挤出成型机

1. 螺杆挤条机

螺杆挤条机是最常用的挤出成型机。它有单螺杆、双螺杆、水平式及垂直式等多种型式。

（1）单螺杆挤条机

单螺杆挤条机是挤出成型机最标准的型式。图 5-92 给出了水平式单螺杆挤条机的外形图。图 5-93 为这类挤条机的结构示意图。图 5-94 为不同螺杆的形式。

这类单螺杆挤条机的主要特点是：①在螺杆的加料端有一对自动压料器，可将料斗中的

图 5-92　单螺杆挤条机外形

物料自动连续地压入旋转的螺杆中，且自动压料器的压料速度系随螺杆转速的调整而同步调整；②螺杆直径从 $\phi 30 \sim 200$mm 不等，螺杆的螺矩是变距的，即进料端的螺距大于挤出端的螺距，以形成较高的挤出压力，提高产品强度，可制得 $\phi 0.7 \sim 20$mm、长度不等的圆柱形或

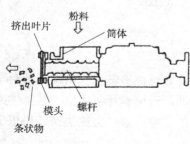

图 5-93　单螺杆挤条机结构示意

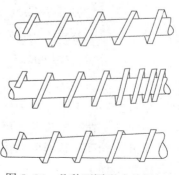

图 5-94　几种不同形式单螺杆

其他形状的催化剂产品：③可在挤出端安装切粒装置，在挤出同时完成切粒；④为提高螺杆耐磨强度，螺杆采用耐磨合金或经表面硬化处理的金属材料制作；为防止螺杆表面黏结粉体增加功率消耗，螺杆采用镀铬或其他提高光洁度的方法加工处理。

单螺杆挤条机由于设计简单、制造容易，因此价格也较便宜。

（2）双螺杆挤出机

双螺杆挤条机是由两根螺杆及料斗、机筒、模板、传动装置等构成。图 5-95 给出了双螺杆挤条机的外形图。图 5-96 为双螺杆挤条机的结构示意图。

图 5-95　双螺杆挤条机外形

图 5-96　双螺杆挤条机结构示意

1—机头连接器；2—模板；3—机筒；4—冷却套；
5—螺杆；6—下料器；7—料斗；8—进料传动装置；
9—联轴节；10—减速机；11—电机

根据两螺杆间的配合关系又可将双螺杆挤条机分为全啮合型、部分啮合型及非啮合型（见图 5-97）。根据螺杆传动方向，双螺杆挤条机可分为同向旋转型和异向旋转型两大类（见图 5-98）。

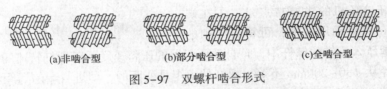

(a)非啮合型　　　　(b)部分啮合型　　　　(c)全啮合型

图 5-97　双螺杆啮合形式

(a)向内反旋转　　　(b)向外反向旋转　　　(c)同向旋转

图 5-98　双螺杆的旋转方式

非啮合型双螺杆挤条机又称为外径接触式或相切式双螺杆挤条机，两螺杆轴距至少等于两螺杆外半径之和，在一定程度上可看作是相互影响的两台单螺杆挤条机。其工作原理也与单螺杆挤条机基本相同，物料的摩擦特性是控制输送的主要因素。但这类挤条机很少用于催化剂或载体的挤出加工。

啮合型双螺杆挤条机是两根螺杆的轴距小于两螺杆外半径之和，一根螺杆的螺旋伸入另一根螺杆的螺槽。根据啮合程度不同，又分为全啮合型及部分啮合型。全啮合型是指在一根螺杆的螺旋顶部与另一根螺杆的螺槽根部不设有任何间隙。部分啮合型是指在一根螺杆的螺旋顶部与另一根螺杆的螺槽根部设有间隙，以作为物料的流动通道。

双螺杆挤条机与单螺杆挤条机的功能相似，但在工作原理上有着较大差异。主要体现在强制输送、强烈混合，物料加入容易，物料在双螺杆中停留时间短，物料中的气体容易排除。对于相同产量来说，双螺杆挤条机的能耗比单螺杆挤条机要低得多。但双螺杆挤条机内的挤出过程则因螺杆结构、配置关系及运动参数等差异而大不相同。

① 同向旋转型双螺杆挤条机。这类挤条机的两根螺杆旋转方向相同，当物料进入螺杆的输送段后，在两根螺杆的啮合区所形成的压力分布如图 5-99 所示。在挤压过程中，螺杆和机筒共同将物料分割成若干个 C 形区域或 C 形扭曲单元(见图 5-100)。

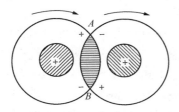

图 5-99　同向旋转双螺杆啮合区压力分布

图 5-100　C 形扭曲形物料料柱

在同向旋转型双螺杆挤条机的挤压室内，由于无法形成封闭腔，连续的螺纹通道允许物料从一个螺杆的螺槽进入到另一个螺杆的螺槽，形成漏流，切向压力建立不起来。物料本身使螺杆处于料筒中央，螺杆与料筒之间和螺杆与螺杆之间允许间隙存在，仍具有自洁作用。但在啮合区不存在局部高剪切作用，从而减少机械磨损。螺杆的自洁作用则可防止物料黏附在螺杆上，从而促进物料的扩散分布和缩短停留时间。这时，物料在双螺杆螺槽内的流动状态如图 5-101 所示。

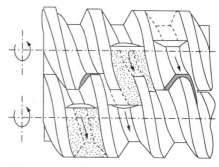

图 5-101　双螺杆螺槽内物料的流动

提高产量和降低螺杆转速能缩小扩散速度分布，使剪切更为一致，物料更加均匀。这类挤条剂的混合效果好，但输送作用不如反向旋转型挤条机。由于可能产生的漏流会使螺杆与料筒壁间的摩擦减小，所以这类挤条机的转速可高达 500r/min，可通过转速来弥补产量的不足。此外，为了加强对物料的剪切作用，也可在压缩段的螺杆上安装 1~3 段反向螺杆及混捏元件。总的说来，这类同向旋转型挤条机具有混合特性好、产量大、剪切率大、磨损小、使用方便灵活等特点。

② 异向旋转型双螺杆挤条机。这类挤条机的两根螺杆的旋转方向相反，又分为向内旋转及向外旋转两类状况。向内异向旋转时，进料口处物料易在啮合区上方形成堆积，加料性能差，会影响输送效率，甚至会发生起拱架空现象；向外异向旋转时，物料可在两根螺杆的带动下，很快向两侧分开而充满螺槽，易于输送。

这类挤条机在挤压过程中，螺槽间的漏流很小，而在螺杆啮合处的螺旋顶部与螺槽根部之间会形成较高的压力。这种压力迫使螺杆压向机筒壁而产生摩擦，而且摩擦力将随螺杆转速增加而增大。所以，反向旋转双螺杆一般仅适用于产量相对较低、螺杆转速较低的挤出过程，由于螺槽内的物料不能受到完全相同的剪切作用和实现较好的扩散作用，所以，这类挤条机的结构特点是挤压作用强、输送效率高、停留时间分布窄，但混合不好、产量低、产品的均匀性差，而且螺杆与料筒的使用寿命较短。通常这类挤条机适用于剪切力较低、输送作用强、停留时间分布较窄的热敏性物料的挤出成型。

2. 柱塞式挤条机

柱塞式挤条机又称活塞式挤条机，是利用柱塞或活塞在缸内或模槽中的往复运动，使柱塞或活塞与缸壁形成的容积改变，将物料向前推进、压实，最后从前端模板型孔中挤压出圆柱形或其他形状的条状物。在机头端部也同样可设置切条装置，将条切割成一定长度。

柱塞式挤条机可分为立式及水平式两种类型，立式柱塞式挤条机是以液压机作为驱动机构，机头装有孔板，向下挤出圆柱形或三叶草形条；水平式柱塞式挤条机是由曲轴连杆机构带动多个冲头或柱塞，有双模、三模及四模等结构。

活塞式挤条机与螺杆挤条机的不同之处，在于物料是用柱塞推进而不是螺旋推进，物料在压力的作用下，强制穿过一个或数个带孔的孔板。活塞的推进速度与机头的切割装置的速度可以根据要求设计。这种挤条机可以获得长短非常均匀的产品，特别适合于生产环形催化剂。由于挤条机的物料是活塞强迫推进，因此对物科性质的选择不如螺杆挤条机那样严格。如果在设计时充分考虑设备强度，它可用于难成型的活性炭粉末挤出成型。这类挤条机的主要缺点是间歇加入物料，间歇操作，生产能力较低。

3. 自成型式挤出机

图 5-102 及图 5-103 示出了这种类型挤出成型机的两种型式。图 5-102 是齿轮式自成型挤出机，它是利用两个互相啮合的旋转齿轮，齿轮的齿底钻有所需成型形状的很多小孔，当物料从上部送到两个齿轮辊子上后，由于齿轮的啮合力而通过一个齿轮的齿顶将物料从另一个齿轮的齿底小孔挤出，齿轮既起辊子挤压作用，又起模头作用，所以称为自成型式挤出机。在齿轮内侧装有刀具，可将挤出的成型产品切割成一定长度的制品，所得产品强度较好。

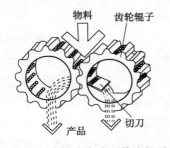

图 5-102　齿轮式自成型挤出机示意

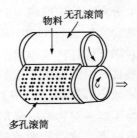

图 5-103　滚筒式自成型挤出机示意

一般情况下，这种挤出机可以生产直径为 3~10mm 的圆柱状产品，长度一般为 3~20mm。对容易挤出成型的物料，也可生产直径 1~3mm 的圆柱状产品。

图 5-103 是滚筒式自成型挤出机，其挤出机理与齿轮式自成型挤出机相似，它是利用两个相对转动的滚筒来代替齿轮，其中一个滚筒上钻有无数成型小孔，由前处理工序调制好的湿物料送至两个滚筒之间时，通过滚筒的挤压作用将物料从带孔滚筒的内侧挤出，再由滚筒内侧的刀具将其切割成一定长度。这种成型机适用于 1~6mm 的催化剂挤条，但产品强度比齿轮式要差些。

4. 环滚筒式挤出机

环滚筒式挤出机的工作原理如图 5-104 所示，它的基本结构是一个转动的圆筒形模子，圆筒形模子上钻有许多给定大小的孔。在圆筒形模子的内部有多个压滚，进料落在有压滚的位置。每当转动时物料被压进模子的小孔，由于物料通过小孔的摩擦作用提供了压实需要的阻力，在模子外边挤出圆柱形条状物，通过与模子表面保持固定距离的刀片切断挤出的条，改变刀片的位置可以调整颗粒的长度。环滚筒式挤出机的生产能力较高，模子孔径一般在 2~20mm 之间。

环滚筒式挤出机有水平式及垂直式两种。图 5-105 是水平式环滚筒挤出机。物料由螺旋输送机送至混炼机后再送至水平式环滚筒挤出机进行挤出成型。

图 5-106 为垂直式环滚筒挤出机，与水平式不同的是物料由旋转叶轮送至由垂直轴带动的圆筒形模子内，经压滚挤出机外。

一般来说，水平式环滚筒挤出机使用方便，可用于密度大的物料成型、对湿含量较高的物料有较高的生产能力。

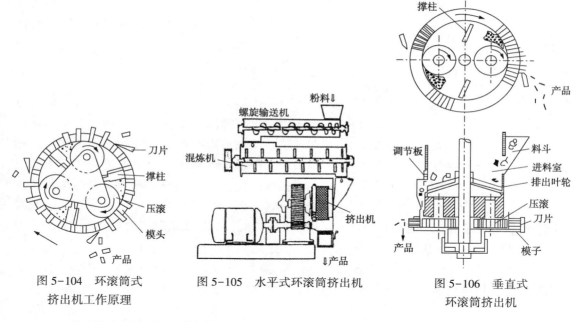

图 5-104　环滚筒式
挤出机工作原理

图 5-105　水平式环滚筒挤出机

图 5-106　垂直式
环滚筒挤出机

5-8-4　影响挤出成型的因素

如上所述，挤条机型式很多，影响挤出成型的因素较多。图 5-107 示出了催化剂挤出成型过程的主要工序及影响因素。

1. 原料的影响

（1）粒度

与转动成型等方法相比，原料粉体粒度对挤出产品性能的影响并不明显突出。一般来说，粉体粒子直径大于模孔型孔的孔径就难以挤出。粉体粒度细时容易挤出成型，而且有利于强度提高。图 5-108 给出了氢氧化铝粉体粒度对挤出产品机械强度的影响。在乙酸胶溶剂用量相同时，粉体粒径 $d<47\mu m$ 原料粉制备的产品强度远大于 $d=195\mu m$ 原料粉的产品强度。其原因可能在于粒度较小的原料粉胶溶效果好，形成产品时粉体颗粒间的接触点更多，

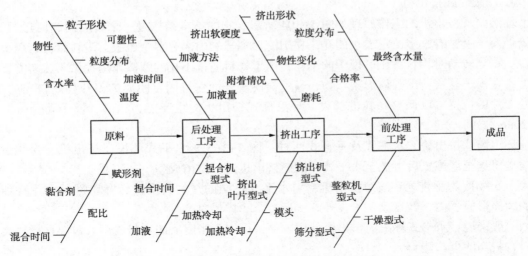

图 5-107　影响挤出成型的各种因素

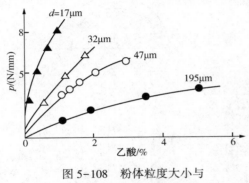

图 5-108　粉体粒度大小与
挤出产品强度的关系

有利于提高产品强度。通常，挤出成型所用粉体粒度以 $100\sim200\mu m$ 或更细时为宜。粒度均匀的粉末，经捏合后润湿为均一的泥状物容易成型。

（2）流动性

流动性是粉体的特性之一，它与液体的流动性不同，也与固体的塑性变形不同。在挤出成型时，流动性也是影响产品性能的一种因素。一般情况下，粉末流动时的阻力是由于粉体粒子相互间直接或间接接触而妨碍其他粒子自由运动所引起的。这主要由粒子间的摩擦系数决定。由于粒子间暂时黏着或聚合在一起，从而妨碍互相运动，因此，这种流动时的阻力与粉体种类、粒度及其分布、形状、所吸收水分等因素有关。

在挤出成型时，由于湿度及温度变化而使粉体粒子架桥而引起固结现象，固结会使产品失去均一性。粉体经预干燥、调湿均匀有利于克服固结现象。

（3）触变性

触变性是浓分散体系黏度与施加切应力时间长短有关的性质，如有的体系在搅动时成为流体，停止搅动后则变稠，直至胶凝。催化剂制备中，有些物料如氢氧化铝凝胶中加入少量硝酸胶溶后，放置一定时间就会胶凝成冻胶，但如对这种冻胶再经搅动或振荡以后，又可回复溶胶状态，这种状态反复多次也无变化的现象就是触变作用。具有这类触变性的物质，如 $Fe(OH)_3$、$Al(OH)_3$ 挤出成型往往较困难，为了便于挤出成型，常需加入一些成型助剂（如赋形剂、黏合剂等），以改善成型性质。

（4）加热变性

成型物料受挤压及从模板挤出时，由于摩擦而发热，因此挤出成型物料在受热状态下应保持良好的黏合性。对热敏性物料挤出成型时，应在螺杆部分用夹套通冷却水冷却。

2. 前处理工序

催化剂或载体挤出成型常采用湿法成型，即粉体原料按配方混合后需先加入水或黏合剂等助剂，再经捏合机捏合或碾压机碾压后，送至挤条机进行挤出成型。在这种前处理工序中，使用的助剂种类，特别是所用黏合剂性质及加液方式等都可能对产品性能产生影响。

（1）黏合剂

与压缩成型相比较，挤出成型时粉料所受挤出压力要比压缩成型时的压力小得多，为了使成型物获得需要的强度，黏合剂的选择也十分重要，表 5-41 为催化剂或载体挤出成型常用的黏合剂。黏合剂用量过多时，在挤出过程中，被挤出的条易重新黏合在一起；而黏合剂用量过少时，则不能制成规整的产品并易成粉状。理想的黏合剂用量是只使黏合剂在粒子间起到架桥作用。所以，在挤出成型中，选择适合的黏合剂品种及用量十分重要。对于不同的配方，黏合剂的种类及用量是不同的，有时则需要用经验来判断。

表 5-41　挤出成型常用黏合剂

序号	名称	物性			使用形式	使用目的
		结合力	溶剂	吸湿性		
1	水	弱	—	—	液体	普通黏合剂
2	羟丙基纤维素	强	水、甲醇	有	液体、固体	增黏剂
3	甘油	无	水、甲醇	有	液体	增黏剂
4	淀粉	中	水	无	液体、固体	增黏剂、增量剂
5	甲基纤维素	中	水	有	液体、固体	增黏剂
6	聚乙烯醇	中	水	有	液体、固体	增黏剂
7	微晶纤维素	无	水	无	固体	增黏剂、可塑剂
8	铝溶胶	中	水	无	液体	增黏剂
9	水玻璃	中	水	无	液体	增黏剂

（2）加液方式及捏合周期

挤出成型产品的质量均匀性及机械强度与物料捏合情况有很大关系。捏合在捏合机中进行，捏合作用是使干粉与黏合剂及其他加工助剂充分和匀。如果捏合不好，有些干粉中加入黏合剂或助剂量过多，有些则加入量过少。这样不仅会影响挤出产品的质量，产品强度高低不一，而且也会使挤条操作造成一定困难。

一般情况下，挤出物的机械强度会随原料捏合周期的增加而增大（见图 5-109）。如平均粒度为 $23\mu m$ 的拟薄水铝石粉用质量分数 1.6% 的乙酸胶溶时，则挤出物机械强度与捏合周期的关系可用下式来描述：

$$\ln \frac{p_{\infty}}{p_{\infty}-p}=kt \qquad (5-36)$$

式中　p_{∞}、p——捏合时间为 t_{∞} 及 t 时的捏出物机械强度；

　　　　k——常数，与原料性质有关。

从图 5-109 来看，虽然延长捏合周期有利于提高挤出

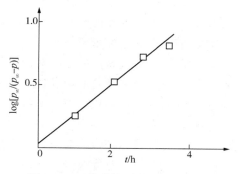

图 5-109　挤出物机械强度 p 与捏合周期的关系

物的机械强度，但如捏合时间过长，则有可能使物料难以挤出。因此，对每一物料有一个最佳捏合周期。

捏合操作可分为间歇式及连续式两种。间歇操作是在捏合机中加入所需要的干粉，然后开动捏合机逐渐加入水、黏合剂及其他成型助剂。物料经充分捏合均匀后停止捏合，然后出料送至挤出成型岗位进行挤条。间歇操作劳动强度及粉尘大，生产效率低。

连续捏合是将干粉与各种成型助剂先加至储料罐中，再通过螺旋给料器及液体计量泵将干粉及液体成型助剂(如黏合剂、胶溶剂等)同时定量地送至捏合机中进行连续捏合。图5-110给出了干粉及液体成型助剂自动给料控制流程示意图。连续捏合适合于大规模连续性生产。

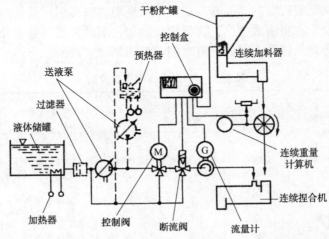

图5-110 干粉及黏合剂自动给料控制流程示意

3. 挤出工序

如前所述，催化剂产品种类很多，形状各异，因此要根据产品所要求的性能来选择适用的成型方法及适用的成型机械。对于同一类型的挤出机而言，影响挤出效果的主要因素是机械因素及原料因素。

（1）机械因素

机械因素主要指挤出成型机的结构配置，以螺杆挤条机为例，螺杆及模板是螺杆挤条机的主要关键部件，有关它们的类型及设计已在前面作了介绍。下面对其影响因素作粗略说明。

在螺杆挤条机中，螺杆起着对成型物料的输送及压实作用。螺杆的长径比是一项重要技术参数，增大长径比能改善产品的外观和内在质量，提高制品的机械强度。但长径比增加会对螺杆的制造和装配带来困难。

螺槽深度对成型产品的质量及产量也有影响，螺槽深度浅，挤出量均匀。一般而言，螺槽深度取决于成型物料的流动性及热稳定性。对流动性好的物料采用浅螺槽螺杆为好，而对热稳定性差的物料适用深螺槽螺杆。

螺杆转数增大，挤出量增多，但转数过高因摩擦热会使产品表面粗糙，呈现波纹状。

螺杆冷却可以减少内摩擦，使产品表面光滑，同时增大挤出量。因为过高的摩擦热会使挤出物温度升高、黏度改变，从而影响产品外观形状及质量。

机头使成型物料由螺旋运动变为直线运动，同时产生必要的成型压力，保证产品密实度，因此机头表面要光滑、无伤痕。

（2）原料因素

原料因素除粉体本身性质及粒度分布外，主要是润滑剂及黏合剂添加量的影响。

在挤出成型时，水分兼有润滑剂及黏合剂的作用。图 5-111 示出了螺杆挤条机挤出时，加水量与处理能力间的关系。区域 A 是加水量不足的情况，这时，挤出物不形成圆柱状，产品表面粗糙，处理能力较低；区域 B 为加水量适宜的情况，不但处理能力高，而且能制得软硬度适中的产品；区域 C 为加水量过多的情况，这时处理能

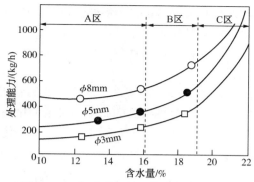

图 5-111　加水量与处理能力间的关系

力提高，但刚从模板挤出的产品由于发黏而会彼此团聚，从而影响产品的外观及表面光滑性。

在制备分子筛催化剂时，在滤饼干燥和成型时，常出现一种现象，即干燥后的滤饼或成型物料，经反复触动，特别是受振动就会变软，继而变稀，严重时变为可流动，尤以颗粒度较小的 X 型和 Y 型分子筛最为显著，这种现象即为触变现象。为了消除这些现象，在滤饼干燥时可通过水蒸气吹扫进行预处理，或在挤条成型时加入成型助剂，如用聚丙烯酰胺作助挤剂时，可以增加物料的黏度，提高物料颗粒之间的摩擦力，同时又能减少物料与挤条机机筒金属表面间的外摩擦力。除添加聚丙烯酰胺外，加入田菁粉也可获得较好的结果，表 5-42 示出了添加田菁粉前后成型状况及产品物化性质比较。从表中可以看出，加入田菁粉作助挤剂，可以消除生产分子筛成型时所发生的触变现象，同时也能改善产品的吸附容量及机械强度，提高生产能力和降低成型机损坏率。

表 5-42　添加田菁粉前后成型状况及产品物化性质比较

项目 成型前后	挤条	设备运转	机头模板 更换	产量	成品 外观	吸附容量/ （mg/g）	机械强度/ （kg/cm²）
未加入田菁粉的分子筛挤出成型	成型艰难，挤不出条或稀烂	成型机链条损坏频繁	平均每 5～10 次更换一次	产量低	毛糙	160~170	70.3
加入 3.7% 田菁粉的分子筛挤出成型	成型顺利出条光滑	成型机运转良好	4 小时更换一次	提高3~4 倍	光滑	170~180	85.4

5-8-5　挤出成型法制备催化剂示例

1. 润滑油加氢裂化催化剂的制备方法

润滑油加氢处理是润滑油生产工艺中近年来发展起来的临氢转化生产工艺，其主要作用是用来改善润滑油基础油的黏温性能，所采用的工艺方法是在催化剂及氢的作用下，通过选择加氢裂化反应，将非理想组分转化为理想组分，来提高基础油的黏度指数。因此需要选用一种开环选择性好的加氢催化剂，使润滑油中作为非理想组分的多环芳烃经加氢饱和后开环裂解，形成黏度指数高的单环长侧链芳烃，但又不使烷烃及烷基侧链过分裂解。

润滑油加氢裂化催化剂是一种既具加氢活性又具裂解活性的双功能催化剂。加氢组分的作用主要是使原料中的芳烃，尤其是多环芳烃进行加氢饱和，使烯烃（主要为裂化反应生成的烯烃）迅速加氢饱和，防止不饱和分子吸附在催化剂表面上缩合生焦而降低催化活性。常

用的催化剂加氢组分为硫化过的ⅥB族金属及Ⅷ族金属(如 W、Ni、Mo 等);酸性载体是催化剂中的裂化组分,其作用在于促进碳-碳链的断裂及异构化,使多环环烷烃选择性加氢开环以及直链烷烃和环烷烃异构化以提高润滑油的黏度指数,所用载体如无定形硅铝及含氟氧化铝等。

图 5-112 示出了这类催化剂的制备工艺过程,制备催化剂的关键是选择一种能获得良好强度和适当堆密度的高金属含量催化剂制备工艺。

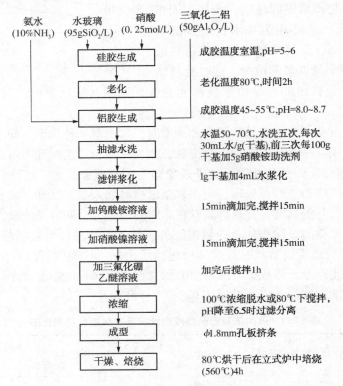

图 5-112　催化剂制备工序

为了充分发挥硅铝胶的黏结性能,以提高催化剂强度,在催化剂成型工艺中不采用干粉压片或干粉挤条工艺,而是采用湿滤饼挤条成型工艺,采用这种湿滤饼成型工艺时,由于物料在干燥后不再受外力作用,因此产品的物化性质(主要是孔体积及堆密度)更多地依赖于载体制备等成型前湿滤饼的制备条件。

制备润滑油加氢裂化催化剂时强度及堆密度的选择。

(1)催化剂及其载体堆密度的选择

催化剂的强度和堆密度存在一定的关系,耐压强度随堆密度的增加而增大,但当堆密度大于一定值时,挤条制品在干燥时会崩裂破碎。表 5-43 列出了部分催化剂的强度和堆密度的关系。

所以,要制得强度良好的催化剂,首先必须对产品的堆密度加以控制。如兼顾到催化剂的强度及其单位容积的处理量,则堆密度应控制在 0.8～1.0g/mL。影响催化剂堆密度的因素很多,但主要受载体性质的影响。图 5-113 示出了载体堆密度与成品堆密度的关系,即成品催化剂堆密度随载体堆密度增大而增大。部分点偏离直线较远是因成型条件不同所造成。从图中可以看出，如选择载体堆密度为 0.35~0.50g/mL，再适当控制其他制备条件，就可使成品催化剂具有较好的强度和堆密度。

用分步沉淀法制备含 15%（质量分数）SiO_2 的氧化铝载体，采用湿滤饼挤条成型。铝胶成胶温度对载体物化性质的影响见表 5-44 及图 5-114。

表 5-43　部分催化剂的物化性质

序号	堆密度/(g/mL)	孔容/(mL/g)	比表面积/(m²/g)	强度(kg/粒)
1	0.55	0.378	171	2.2
2	0.71	0.272	170	4.8
3	0.89	0.256	182	5.4
4	1.07	0.249	168	6.2
5	>1.1	0.206	—	干后崩裂

表 5-44　成胶温度对载体物化性质的影响

序号	成胶温度/℃	堆密度/(g/mL)	比表面积/(m²/g)	孔容/(mL/g)	平均孔径/nm
1	18	0.78	326	0.411	5.0
2	40	0.74	310	0.406	5.2
3	45	0.65	317	0.428	5.4
4	50	0.34	327	0.595	7.4
5	60	0.31	353	0.969	11.0
6	80	0.15	—	1.256	—

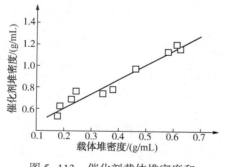

图 5-113　催化剂载体堆密度和
成品堆密度的关系

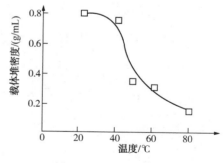

图 5-114　成胶温度对
载体堆密度的影响

铝胶的成胶温度对 SiO_2-Al_2O_3 载体的物化性质有明显的影响，在低于 40℃ 时成胶，胶体洗涤时过滤困难，黏稠性高，胶体粒子较细，经干燥焙烧后的制品，外观呈半透明的玻璃状，硬而脆，堆密度大；高于 60℃ 成胶时，胶体易于沉淀，洗涤过滤容易，滤饼体积较小，胶体粒子较粗，经干燥焙烧后的制品，外观为呈白色松散的白垩体，堆密度小，孔体积大。为了制取堆密度为 0.35~0.50g/mL 的胶体，成胶温度应选择 48~52℃。

（2）成型条件对催化剂强度和堆密度的影响

采用湿滤饼挤条成型工艺时，成型条件对产品物化性质的影响，表现在增加滤饼捏合程度或挤条次数时，会使产品的堆密度增大；成型物料中加入少量表面活性剂除能减少产品在干燥时的破碎外，还能降低催化剂的堆密度，提高孔体积，表5-45示出了挤条次数对产品物化性质的影响。表5-46为添加表面活性剂对产品物化性质的影响，可以看出，适当控制挤条物料的捏合程度或捏合次数，以及在挤条湿滤饼中加入适量表面活性剂，可作为控制催化剂强度和堆密度的辅助手段。成型过程中，湿滤饼的捏合程度加深（即挤条次数增多）产品的堆密度增大，产生这种现象可以用次生粒子受到破坏、松散的结构变为较紧密的结构来解释。

表5-45　挤条次数对催化剂物性的影响

挤条次数	堆密度/(g/mL)	孔容/(mL/g)	比表面积/(m²/g)	机械强度/(kg/粒)
1	0.77	0.324	165	5.1
2	1.04	0.267	132	9.6
3	1.11	0.248	165	9.0
3	0.64	0.391	—	4.9
4	0.81	0.315	212	8.2

表5-46　表面活性剂加入量对催化剂物性的影响

表面活性剂加入量/%	0	0.1	0.3	0.5	1.0
堆密度/(g/mL)	1.34	1.22	0.18	1.13	1.12
孔容/(mL/g)	0.320	0.224	0.243	0.252	0.266

　　工业上，为了制取高密度及高质量产品，通常采用连续挤出成型装置，如图5-115所示。原料经混合均匀后经斗式提升机送至缓冲罐，经定量加料器送入捏合机捏合后再送入螺杆挤条机挤条。挤出的条经连续式干燥机干燥后，再经整粒过筛而获得催化剂成品。

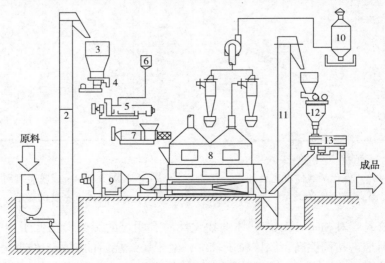

图5-115　催化剂连续挤条装置
1—搅拌机；2—提升机；3—缓冲罐；4—加料器；5—捏合机；6-加液装置；7—挤条机；
8—连续式干燥机；9—热风发生器；10—集尘器；11—提升机；12—切断整粒机；13—振动筛

2. 三叶（草）形催化剂的挤出成型

在催化加氢处理过程中，扩散控制往往有重要影响，特别在以重质原料油为进料的加氢过程，这种影响尤为突出。如在滴流床中，重油加氢过程常受内扩散控制，内扩散速度常数与催化剂颗粒平均直径的平方成反比。催化剂颗粒直径减小，扩散速度则可大为增大，从而可提高催化剂的使用效率。但是，当催化剂颗粒直径减小时，却会引起反应床层压力降的迅速增加。为了克服这种缺点，美国氰胺公司研制成三叶形催化剂，其主要特点是催化剂外形发生变化，应用于中馏分或重油加氢处理的催化剂，直径为 1.2~1.6mm 的三叶形或四叶形催化剂，特别是直径为 1.2mm、1.35mm 的小尺寸三叶形催化剂已得到普遍采用。

以往的加氢装置一般使用直径为 2~3mm 的圆柱形、片状或球状催化剂，催化剂实际使用效率受到很大影响。如果在保持现有的加氢催化剂的制备方法及活性组分的情况下，只需改变催化剂的外观形状，就可使一些现有加氢催化剂的使用效率提高一个等级。对于其他受内扩散控制的催化反应，也具有类似的效果。

（1）三叶形催化剂的主要特点

自三叶形催化剂获得工业应用以后，已发现这种形状的催化剂对多种油品的加氢处理有良好性能，与一般圆柱形催化剂相比较，三叶形催化剂具有以下特点：

① 压碎强度高。表 5-47 给出了以相同氢氧化铝粉为原料制得的三叶形和圆柱形 γ-Al$_2$O$_3$ 载体的强度对比结果，可以看出，三叶形的压碎强度要比同直径的圆柱形高 3~5kgf/cm^2。这是由三叶形的形状特征所决定。

表 5-47　不同形状载体的强度对比

名称	外观形状	压碎强度/（kgf/cm^2）
1#氢氧化铝粉	$D^②$ = 1.2mm 三叶形	16.4
制成的 γ-Al$_2$O$_3$①	直径 1.2mm 圆柱形	13.2
2#氢氧化铝粉	$D^②$ = 1.2mm 三叶形	13.7
制成的 γ-Al$_2$O$_3$①	直径 1.2mm 圆柱形	7.8

注：① 两种氢氧化铝粉物性不同。
　　② D 为沿直径方向，横过两叶直径测量的尺寸（见图 5-117）。

② 扩散速度快。在 21℃，在消除外扩散影响的条件下，对直径为 1.2mm 的圆柱形及 D = 1.2mm 的三叶形两种形状的载体进行内扩散试验，其结果如图 5-116 所示。可以看出，扩散介质在三叶形 γ-Al$_2$O$_3$ 中的扩散速度要比相同直径圆柱形大，原因是前者扩散途径短所致。

③ 反应器床层压降低。采用空气加水为介质，在冷模装置中实验表明，由于三叶形催化剂的床层空隙率高，因而 D = 1.2mm 三叶形 γ-Al$_2$O$_3$ 单位床层压降比直径 1.2mm 圆柱形 γ-Al$_2$O$_3$ 床层压降低 50%~100%，在工业装置中实际使用时也可观察到这一现象。

④ 反应活性高。在焦化柴油加氢装置中分别装填直径 2.0mm 的圆柱形 Mo-Ni-P 催化剂及

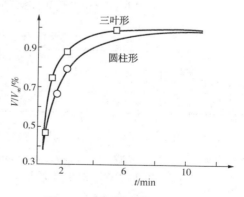

图 5-116　不同形状 γ-Al$_2$O$_3$
载体的内扩散试验
（扩散介质为 1,3,5-三甲苯，溶剂为环己烷）
V—扩散介质在溶剂中的体积分数；
V_∞—扩散介质在溶剂中达到扩散平衡时的体积分数

$D = 1.2$mm 三叶形 Mo-Ni-P 催化剂时，在同样反应条件下，原料油中碱氮含量及脱氮率相近的情况下运转一年后，采用三叶形催化剂的反应器入口温度要比采用圆柱形催化剂的低$5 \sim 10$℃。这是由于三叶形催化剂上有小槽，在气液相的反应床中使物料流向不断改变，从而使反应器中持油量多，提高了催化剂的利用率。对圆柱形及非圆柱形催化剂的一系列对比试验表明，油品越重，即扩散控制越严重的情况下，三叶形催化剂的相对活性越高。

此外，在反应器压降相同的情况下，三叶形可比圆柱形多 60% 外表面，比小球形多 50% 外表面。

（2）三叶形催化剂的挤出成型

图 5-117 给出了三叶形催化剂的截面形状，可以想象，这种封闭曲线的形状采用一般机械加工是难以保证精度的，所以，制取三叶形催化剂的关键，是制造有较好加工精度的三叶形模板。只要模板材质强度符合要求，就可用双螺杆或单螺杆挤条机进行挤出成型。

最近三叶形催化剂的尺寸向小尺寸发展，特别像 $D = 1.2$mm 这种小尺寸的三叶形催化剂，采用先进的激光加工技术可以达到制造精度要求，但制造成本较高。国内一些单位采用了比较经济而又适用的电火花加工工艺，制得 $D = 1.2$mm 及 $D = 1.8$mm 的三叶形孔板[100]，其模板加工的工艺过程如图 5-118 所示。表 5-48 给出了 $D = 1.2$mm 及 $D = 1.8$mm 三叶形模板的开孔尺寸示例。

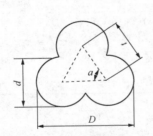

图 5-117　三叶形催化剂的截面形状

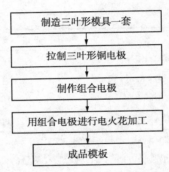

图 5-118　模板加工工艺过程

表 5-48　三叶形模板的开孔尺寸

模板规格	板厚/mm	开孔数/个	开孔率/%	孔间距/mm	排列方式
$D = 1.2$mm	4.0	1400	12.3	3.0	菱形（60°角）
$D = 1.8$mm	4.0	1200	21.0	3.5	菱形（60°角）

由于三叶草金属模板加工困难，成本较高，目前市场上已有塑料模芯出售，它是在由增强塑料制造的圆柱形薄片（如 $\phi20$mm×6mm）上开有许多三叶草型孔（型孔大小可按用户要求加工），使用时将这些圆柱形模芯镶嵌在挤条机机头专用模板上，更换方便，但这种模芯在挤出成型时容易变形及磨损。

除了孔板不同以外，三叶形催化剂与普通圆柱形催化剂的挤出成型原理是一样的。例如，以含磷拟薄水铝石粉为原料，以硝酸为胶溶剂，以田菁粉及多元羧酸为助挤剂，用双螺杆挤条机进行挤出成型时，所得三叶形氧化铝载体在扫描电镜下的宏观外貌如图 5-119 所示。

表5-49给出了使用不同助挤剂对所得氧化铝载体物化性质的影响，从表中可以看出，只使用田菁粉作助挤剂时，由于田菁粉是以粉末状加入，难以与含磷拟薄水铝石粉混合均匀，因此产品的孔结构分布范围很宽，形成特大孔，压碎强度差。而加入多元羧酸作助挤剂，由于是以水溶液形式加入，与原料粉混合均匀，因而有效地减少特大孔，使产品压碎强度提高。

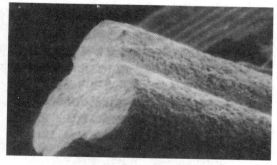

图5-119　三叶形氧化铝载体的宏观外貌

表5-49　不同助挤剂对成型载体物性的影响

胶溶剂硝酸/%[①]	田菁粉/%	多元羧酸/%	比表面积/（m²/g）	可几孔半径/nm	压碎强度/（kgf/cm）	孔容/（mL/g）	孔半径分布/%			
							<3.0nm	3~4nm	4~5nm	5~20nm
3.0	3.0	—	302	—	12.3	0.61	8.8	46.1	26.8	18.3
3.0	1.5	柠檬酸2.0	330	2.1	14.6	0.54	54.9	23.1	9.6	12.4
3.0	1.5	草酸2.0	334	2.1	14.6	0.54	56.2	23.0	8.9	11.9

注：① 均为质量分数。

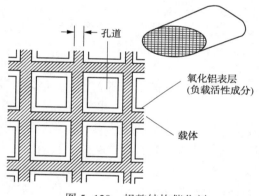

图5-120　规整结构催化剂

3. 规整结构催化剂或载体的挤出成型

（1）规整结构催化剂的组成

所谓规整结构催化剂是指具有众多相互平行的、规则的直通孔道，活性组分被制成极薄的涂层结构（10~300μm）负载在载体孔道内壁上的一类催化剂（见图5-120）。由于这类催化剂所具有的特殊蜂窝状孔道结构，使装填规整结构催化剂的反应器床层具有催化剂分布均匀、压力降低、催化剂磨损小、操作方便等特点。

目前，规整结构催化剂最主要的应用领域是环保及催化燃烧所涉及的气固相催化反应，其中又以汽车尾气净化是应用量最大、技术又最成熟的领域。通常汽车尾气净化催化剂的生产线，规整结构催化剂已能连续地、大批量进行生产。由于规整结构催化剂体系所表现出的低压力降、高催化剂活性及选择性，以及具有更大的反应器产量等特性，这类催化剂也在合成、制氢、气化等气相催化反应中开展广泛的应用研究。

规整结构催化剂通常是由金属活性组分（Pd、Rh、Pt等）、助催化剂、分散载体及骨架基体等四部分组成。其中骨架基体是一种规整结构载体，一般为一个整块陶瓷或金属块，内部成型有大量的宏观尺度上的中空孔道结构。活性组分、助催化剂及分散载体是以涂层结构形式负载在骨架基体的内部孔道壁内表面上。如从活性组分的负载方式来看，起骨架基体作用的规整载体可看作是这类催化剂的第一载体（规整结构载体），起到涂层催化剂的支撑体的作用；分散载体则可看作是第二载体，它起到分散及负载活性组分并提高催化剂比表面积的作用，一般使用常规的催化载体材料，如氧化铝、氧化硅、分子筛、氧化钛等。

图 5-121　规整结构载体孔道截面示意

规整结构载体的外形截面直径可从几厘米到几十厘米不等，内部的孔道截面直径一般为 1~6mm，其结构有蜂窝型（直通孔道，轴向平行而无径向连通）、泡沫型（具有三维连通的海绵状结构）及交叉流动型（相邻孔道互成十字形交叉）。其中应用最广、制备技术成熟的是蜂窝型规整结构载体。这种载体具有两端开放的结构，内部孔道全是一端到另一端直通的，孔道间相互在轴向上平行排列，并具有相同的几何孔形状。已商品化的孔道截面有圆形、正方形、长方形、三角形、六边形、梯形、正弦波形等（见图 5-121）。用于汽车尾气净化的主要为六边形、三角形、正方形及圆形等。

（2）规整结构催化剂的制备

规整结构催化剂大致可分为混合掺入型及涂层型两类[101]。

混合掺入型催化剂是将构成催化剂的活性组分、助催化剂及载体材料等直接掺入黏合剂，经挤出成型、干燥、焙烧等工序制得有规整孔道结构的催化剂。由这种方法制得的催化剂，孔道壁的活性组分含量远大于涂覆方法，但由于活性组分被深深固定在载体中，其中有一些还会被埋入闭孔中，因此会延长活性中心的扩散路径，催化效率远低于涂覆方法制得的同类型催化剂。

涂层型催化剂的制备是先制取有特定孔道形状及尺寸的规整结构载体。然后在规整结构载体上涂覆单一的第二载体，接着用活性组分负载第二载体，也可先在第二载体上负载活性组分，然后将已负载的第二载体层涂在规整结构载体上。最后经干燥、焙烧等热处理过程将活性组分前驱体转变为活性物种。在其制备过程中，十分重要的一个步骤是第二载体被涂到规整结构载体上的过程，所用涂覆材料有胶体溶液、浆液、溶胶-凝胶及聚合物等，不论采用何种材料，黏度控制很重要，涂层与规整结构载体本体间的黏结性与催化剂的使用寿命密切相关。利用涂覆技术制备的催化剂由于活性中心的扩散距离短，催化剂有效利用率提高，广泛用于制造汽车尾气净化催化剂。

制备涂层型催化剂的第一步是制取有规整结构的载体。陶瓷规整结构载体多数采用挤出成型法制造，图 5-122 示出了蜂窝型规整结构载体的制造过程。第一步是原料粉的充分混合，所用原料粉体是粒度极细的无机金属氧化物及非金属矿物，如堇青石、莫来石、氧化锆等，尤以堇青石使用最为广泛。堇青石的化学组成为 $2MgO \cdot 2Al_2O_3 \cdot 5SiO_2$，各组成的质量分数分别为 12%~15%MgO、32%~40%Al_2O_3、45%~55%SiO_2。制备堇青石的主要原料为高岭土（$Al_2O_3-2SiO_2 \cdot 2H_2O$）、氧化铝及滑石（$3MgO \cdot 4SiO_2 \cdot H_2O$）等，表 5-50 给出了基础陶瓷堇青石的配方示例。

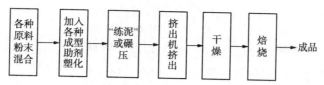

图 5-122　蜂窝型规整结构载体制造过程

表 5-50　基础陶瓷堇青石配方　　　　　　　　　　　　　%（质量分数）

原料	配方 1	配方 2	原料	配方 1	配方 2
高岭土	21. 74	40. 2	水合氧化铝	11. 80	16. 9
滑石粉（生）	39. 24	19. 4	滑石粉（煅烧）	—	19. 8
α-氧化铝	11. 23	3. 68	氧化硅	9. 99	—

第二步是塑化，加入水、溶剂、黏合剂或增塑剂等经充分混合形成可塑泥料。

塑化后进行湿法"练泥"或捏合碾压，在此过程中主要使各种物料分散均匀，避免出现夹生现象，并通过水量调节控制适合的挤出成型条件。"练泥"工序也是挤出成型中十分重要的操作过程。

"练泥"或碾压后的可塑泥料送至装有特殊模板的挤出机进行挤出成型，成型物为长度500~1000mm 的湿坯体，然后根据要求切割成一定尺寸的小块。接着进行干燥及焙烧。为保证充分而均匀地除去水分而不破坏成型所得规整结构载体本体，大多采用微波干燥技术。干燥后送入高温窑于 1350~1550℃下进行焙烧，以完成固相反应并获得所需要的产品物理特性，对于堇青石来说，在 1400℃下焙烧处理，即可使混合物获得相态稳定、低膨胀的烧结体，用作制备规整结构催化剂载体。当然，影响规整结构载体制备性能的因素很多，如原料组成、混合及碾压工艺、成型方法、干燥及焙烧条件等都会对制品的孔结构、热传导性能、机械强度及比表面积等性能产生影响。

此外，采用类似的工艺技术，用挤出成型方法还可制造碳规整结构载体，不同之处在于挤出成型过程中使用了酚醛树脂及合成纤维，挤出固化后，再经碳化、活化等步骤制得。

5-8-6　条状催化剂切粒机

用单螺杆或双螺杆挤条机生产的条状催化剂需经切割装置切割成一定长度。如在挤出过程中对切粒技术不能很好配套，就会给催化剂的使用带来不利影响。所以，在大批量连续生产催化剂时都设有配套的切粒工序，使挤出的催化剂达到长度基本一致的效果。因而，切粒技术也是催化剂制备过程的重要一环。

1. 催化剂切粒的重要性

已经知道，催化剂在反应器中的装填状态对固定床催化剂的使用效果有很大影响。这是因为在固定床反应过程中，特别是滴流床中气液相物流的分配均匀性对于催化剂活性的充分发挥有很大关系。而气液相物流的分配又与催化剂在反应器中的装填好坏直接相关。当催化剂长短不均匀时，其形成的装填状态会使物流流动阻力不同，引起物流走短路，形成沟流和床层温度分布不均，致使部分催化剂起不到催化作用而成为反应器中的死角，降低催化剂的使用效率。

在催化剂生产过程中，如让其自然断条，不但很难达到预计的长度，颗粒也很难均匀。如在催化剂挤出成型时，将挤出的条状催化剂切割成一定长度，就会避免上述缺点而产生以下好处。

① 条状催化剂经过切粒后，长度较短而又比较均匀，在催化剂的装填过程中不易产生"架桥"现象，床层空隙率比较均匀，防止产生沟流。

② 催化剂长度减小后等于颗粒变小，对于同一反应器来说，催化剂装填量可增多，在装置处理量不变的情况下，催化剂的使用效率提高，可生产更多的产品。

③ 长条经切断变短后，条状催化剂在操作过程中不会因为物流冲击或紧急放空产生大的压降使条再次折断成粉状，避免所产生的粉尘引起床层堵塞的危害。

④ 由于切粒工艺是在挤条后进行，被切粒条状物只需稍加干燥就被切成均匀的条，这时条状物的强度最薄弱部分易被切断，因而可避免催化剂制备过程中后几步工序中重新断裂出粉，有利于操作和减少含金属组分的粉尘量。

④ 由此可见，在生产条状催化剂的工艺过程中，采用切粒技术是十分重要的。

2. 转鼓式切粒机

切粒装置形式很多，常见的有钢丝式、刀片式等，下面所介绍的是一种结构简单、易于制造而且操作时可随时根据物料实际情况调节操作参数，达到所希望切粒效果的转鼓式切粒机[102]。

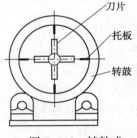

图 5-123　转鼓式
切粒机截面示意

图 5-123 给出了转鼓式切粒机的截面示意图，它主要由圆筒形转鼓、装在筒内的托板及刀片组成、转鼓安装在托辊上。操作时，转鼓及刀片均由电机带动而发生转动。需切粒的催化剂，由转鼓一侧上口加入，当转动的转鼓把条状催化剂带到最高点下落时，被转动的刀片所切断。切条长度可控制在 3~10mm。影响切粒效果的主要因素有刀片结构、刀片转速、转鼓转速及被切条的固含量。表 5-51 及表 5-52 分别给出了这种切粒机的切粒结果。表 5-51 为转速比(刀片转速/转鼓转速)较低情况下的切粒效果，表 5-52 为转速比较高时的切粒结果，不论那一种情况，切粒后长度在 3~10mm 范围内的条都在 80% 以上。一般来说，只要在操作过程中控制好固含量及适宜的操作参数，得到 3~10mm 长度范围的数量可大于 85%，其他小部分长度虽稍短些，但也可使用。

表 5-51　低转速下的切粒结果

名称	转速比(刀片转速/转鼓转速)	切粒后长度分布/%			
		<2mm	2~3mm	2~10mm	>10mm
ϕ1.6mm 圆柱条	1.1	1.0	6.0	93.0	0
ϕ43.0mm 圆柱条	1.5	0	6.0	94.0	0
D1.2mm 三叶形条	1.2	1.0	6.0	91.0	0

表 5-52　高转速下的切粒结果

名称	转速比(刀片转速/转鼓转速)	切粒后长度分布/%			
		<3mm	3~10mm	10~20mm	>20mm
ϕ2.2mm 圆柱条	7	6.5	93.5	0	0
D1.8mm 三叶形条	7	8.4	89.0	2.6	0
D1.2mm 三叶形条	7	10.3	80.7	0	0

切粒后的出粉率也是切粒机的重要指标。出粉率与被挤条的含水量有很大关系，表 5-53 给出了氢氧化铝挤出条切粒时的粉化情况，从表中看出、小于 1mm 的条及粉末质量约占 2%（质量分数）左右，它们可以回收利用。

表 5-53　切粒过程的粉化情况

名称	固含量/%	<1mm 粉末颗粒/%	转速比（刀片转速/转鼓转速）
ϕ2.2mm 圆柱形	67.5	2.1	7
D1.8mm 三叶形条	69.0	2.1	7
D1.2mm 三叶形条	72.0	2.3	8

5-9　转动成型法

转动成型法是将催化剂或载体粉料和适量水（或黏合剂）送至转动的容器中，由于摩擦力和离心力的作用，容器中的物料时而被升举到容器上方，时而又借重力作用而滚落到容器下方，这样通过不断滚动作用，润湿的物料互相黏附起来，逐渐长大成为球形颗粒。根据成型时所使用的容器形式不同，又有不同类型的转动成型机。转动成型法也是催化剂常用成型方法之一，可生产 2~3mm 至 7~8mm 的球形颗粒。

5-9-1　常用转动成型机械

1. 转盘式成球机

转盘式成球机的结构如图 5-124 所示，它是在倾斜的转盘加入粉体原料，同时在盘的上方通过喷嘴喷入适量水分（或黏合剂），或者向转盘中投入含适量水分（或黏合剂）的物料，在转盘中的粉料由于摩擦力及离心力的作用，被升举到转盘上方，然后又借重力作用而滚落到转盘下方。通过不断转动，粉料反复滚动使粉体粒子互相黏附长大，产生一种滚雪球效应，最后成长为球形颗粒。当球长到一定大小，就从盘边溢出成为成品。

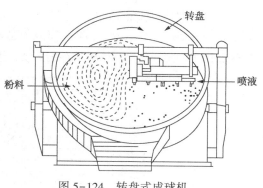

图 5-124　转盘式成球机

图 5-125 示出了粉体在转盘式成球机中的运动状态及操作情况，原料粉体一般由 A 处或 C 处供给，大型转盘成球机常设在 C 处，B 处为喷液区。

河野[32]将成球过程分为二个阶段，称为 α、β、γ 三部分，其成球模型如图 5-126 所示。在 γ 部位，粉体的含水率低，其中一部分和成长的球粒相结合，另一部分由于局部喷入过量水分（或黏合剂）而和附近的粉末结合，它就成为球粒成长的核（或称作种子）。在这一部位，球的成长速度快，一般是制作种子。除非有特殊情况，一般不宜在这部位喷水（或黏合剂），而粉体在这一部位加入最好。在 β 部位，呈月牙状态的部位，喷入水（或黏合剂）时得到最稳定状态，由于粉体-液体的表面张力及负压吸引力作用，粉体直接附着在润湿的球表面上，使球不断增长，由于旋转运动，球不断进行固结，将水分本身挤到球表面，使粉体互相压紧。如在这一部位自动连续加入粉料时，就一边长种子、一边出料，成为连续生产的最佳位置。在 α 部位，由于球表面压力及负压液柱作用，使干粉黏结在表面含有水分的球上，并促使球内部水分不断减小，使球进一步固结，当球成长到一定大小时，由于分级作用，而将大粒成品从转盘边缘抛出，这一部位的球因表面较湿，有时会产生互相聚结现象，而呈不稳定状态。

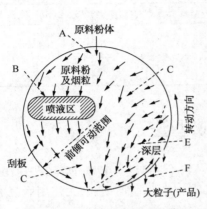

图 5-125　盘内粉体运动状态

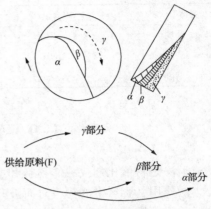

图 5-126　转盘成型机理

设转盘直径为 $D(\mathrm{m})$，盘的深度为 H（取 $0.1\sim0.25D$），盘的倾斜角 $\theta=40°\sim60°$，常采用 $45°\sim56°$，转盘的转速为 $N(\mathrm{r/min})$，临界转速 $N_c=42.3\sqrt{\sin\theta/D}(\mathrm{r/min})$，在 $\theta=45°\sim56°$ 范围，$N=14\sim26/\sqrt{D}$。

对同一转盘成球机来说，因 D 不变，所以变化 H，就可调节盘的存料量 S。图 5-127 即为求转盘成球机存料量的线图。假设 H 变化时，只要停留时间 t 相同，就可制得同样性质的小球，因此就可通过变化 H 及存料量 S，来调节生产能力 $Q(\mathrm{t/h})$。即有[32]：

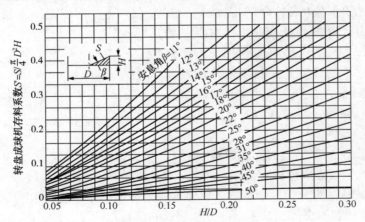

图 5-127　求转盘成球机存料量的线图

$$Q/\rho=S/t \tag{5-37}$$

$$S=\frac{D^3}{3}\tan\beta\left(\frac{2+B^2}{3}\sqrt{1-B^2}-B\cos^{-1}B\right) \tag{5-38}$$

其中，

$$B=1-(2H/D)\cos\beta \tag{5-39}$$

或写成

$$S = S'(\pi/4)D^2H \tag{5-40}$$

式中　ρ——粉体表观密度，t/m^3；

　　　β——粉体安息角；

　　　S'——成球机存料系统；

　　　B——系数。

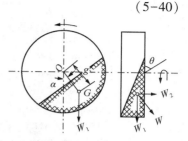

图 5-128　粉体运动
所必需的轴扭矩

　　设计转盘成球机所需功率时主要考虑转盘内粉体运动所必需的轴扭矩 T_1 及克服刮板阻力所需的轴转矩 T_2。设粉体质量为 W，W_1、W_2 为重力的分力，如图 5-128 所示，由此可得到下式：

$$T_1 = W_1 x_G \sin\alpha = \rho(S) x_G \sin\alpha \sin\theta$$

$$= \rho(D^4/192)\tan\beta[1.5\pi - 2B\sqrt{1-B^2}(2.5-B^2) - 3\sin^{-1}B] \times \sin\alpha\sin\theta \tag{5-41}$$

式中　x_G——重心 G 与转盘中心间的距离。

也可直接按图 5-129 求取 T_1。

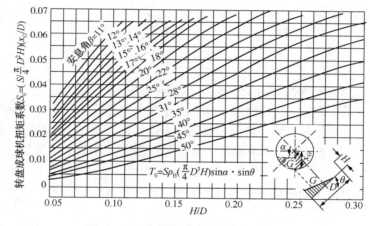

图 5-129　求转盘成球机轴扭矩的图表

$$T_1 = S_0\rho(\pi/4)D^2H\sin\alpha\sin\theta \tag{5-42}$$

转盘式成球机的主要特点为：

① 操作直观，操作者可以直接观察成球情况，根据需要调节操作参数；

② 生产能力较大，产品球形度好，外观较光滑，强度也较高；

③ 成型产品依靠分级作用出料，所得产品的粒度也比较均匀；

④ 设备占地面积较少。

但这种成型机也有以下一些缺点：

① 操作时粉尘较大，操作条件较差；

② 操作者的操作经验对产品质量有一定影响，特别是黏合剂的最佳喷液位置，粉末加入位置需要根据球成长情况加以调节；

③ 与挤出成型相比较，产品强度不如挤条产品高。

表 5-54 示出了一些转盘成型机的设备参数以供参考。

表 5-54 一些转盘成型机的设备参数

序号	直径×盘高/mm	倾斜角 θ	N/N_C	$Q_0{}^{①}$/(kg/h)	$P/Q^{②}$/$\left(kW/\dfrac{t}{h}\right)$
1	$\phi2200\times300\sim560$	$30°\sim60°$	0.56	316	4.4
2	$\phi3600\times700$	$30°\sim60°$	$0.4\sim0.58$	114	2
3	$\phi2800\times500$	$55°(40°\sim75°)$	0.60	350	1.15
4	$\phi2800\times480\sim710$	$57°(30°\sim60°)$	$0.50(0.3\sim0.6)$	164	2.5
5	$\phi4000\times600\sim900$	$40°\sim70°$	0.54	205	1.4
6	$\phi5000\times750\sim1120$	$45°\sim56°$	$0.4\sim0.6$	196	0.82
7	$\phi3200\times800$	$50°(30°\sim60°)$	0.48	172	2.2
8	$\phi3600\times500\sim800$	$45°\sim60°$	$0.51\sim0.75$	114	3.7
9	$\phi3600\times425\sim700$	$52°(30°\sim60°)$	0.55	114	2.2
10	$\phi2800\times375\sim710$	$50°(45°\sim60°)$	0.63	$280\sim410$	$1\sim1.5$
11	$\phi4500\times530\sim1000$	$51°(40°\sim60°)$	0.40	41.6	13.75
12	$\phi5000\times700\sim900$	$49°(45°\sim56°)$	0.42	79	3.0
13	$\phi5400\times700\sim1100$	$56°(45°\sim60°)$	0.48	48.3	3.3
14	$\phi2000\times260\sim460$	$46°(35°\sim60°)$	0.59	254	1.8
15	$\phi5500\times700\sim900$	$48°(40°\sim55°)$	0.51	103	2.5

注：① Q_0 为生产能力指数，$Q_0=Q/D^{3.5}$。
　　② P/Q 为单位生产能力下的设备功率消耗。

2. 转筒式成球机

转筒式成球机的结构如图 5-130 所示。它的主要组成部分之一是一个长的圆形筒体。圆筒的全部重量支承于滚轮上，筒体轴线常与水平线呈一个很小的角度。欲成型的粉体物料由较高一端的加料槽中加入筒内，筒内物料连续不断地被筒壁带上和翻下，并与以雾化方式喷入的黏合剂接触，粉料借圆筒的回转而不断前进，粒子不断长大，最后以较大的球形粒子从较低的一端排出。

从图中可以看出，这种成球机除圆形筒体外，还包括滚圈、托轮、挡轮与传动装置，以及加料等附属装置。

图 5-131 示出了粉体在回转圆筒内的运动状态。加入筒内的粉体由于受转筒的离心力及粉体重力作用而被挤至筒的内壁，因筒壁摩擦作用而发生上升运动（Ⅰ），上升的粉体在重力分力大于离心力的区域（Ⅱ）发生转向运动，粉体表层以一定自然倾角发生雪崩式下落运动（Ⅲ），粉体下落至区域（Ⅳ）后又发生下一个循环。在循环轨迹中心还存在一个相对静止区域（Ⅴ）。粉体粒子的长大成球是在区域（Ⅲ）发生，黏合剂雾化液喷洒在（Ⅲ）的表面上，

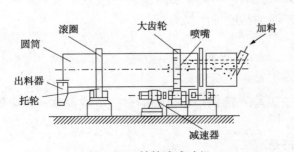

图 5-130 转筒式成球机

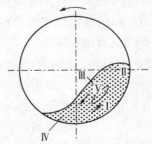

图 5-131 转筒截面上的粉体运动情况

由于粉体-液体的表面张力及负压吸引力作用，粉体直接附着在润湿的球表面上，使球不断增长，加上旋转运动，球不断进行固结，在转筒内经历一定停留时间后，从筒体较低一端出料。

根据实践经验，转筒式成球机的主要参数如下：

长径比：$L/D = 2 \sim 5$

倾角：$2° \sim 6°$

停留时间：$2 \sim 10 \text{min}$

回转速度：临界转速 N_c 的 $30\% \sim 60\%$，而 N_c 为 $42.3\sqrt{D}$

而停留时间也可用下式计算：

$$t = \frac{1.77\sqrt{\beta}L}{\theta DN} \tag{5-43}$$

式中　t——粉体停留时间，min；

　　　β——粉体物料的安息角，(°)；

　　　L——转筒长度，m；

　　　D——转筒内径，m；

　　　θ——转筒倾角，(°)；

　　　N——转筒转速，r/min。

被粉体物料占有的截面对转筒全部横截面之比称为填充系数，转筒式成球机的填充系数一般取 $5\% \sim 10\%$。

设计转筒式成球机所需功率时主要应考虑筒内粉体运动所必需的轴扭矩 T，并可用下式计算：

$$T = WL\sin\beta$$
$$= (1/12)\rho_B D^3 L \sin^3\varphi \sin B \tag{5-44}$$

式中各符号的意义如图 5-132 所示。

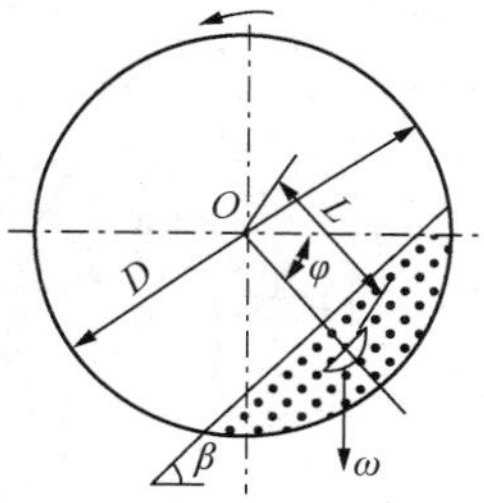

图 5-132　粉体运动所必需的轴扭矩

3. 转鼓式成球机

转鼓式成球机的结构如图 5-133 所示。其主要组成部分是荸荠形或莲蓬形的转鼓，类似于用喷浸法制备催化剂的转鼓，通常由不锈钢或紫铜等性质稳定并有良好导热性的材料制成。其大小及形状可根据生产规模加以设计，一般直径为 100cm，深度为 55cm。

转鼓安装在轴上，由动力系统带动轴一起转动。为了使物料在转鼓中既能随转鼓的转动方向滚动，又有沿轴方向的运动，该轴常与水平呈 $30° \sim 40°$ 角倾斜，轴的转速可根据转鼓的体积、粉体性质及不同成球阶段加以调节，常用转速范围为 $12 \sim 40 \text{r/min}$。

加热器 4 主要对转鼓物料表面进行加热，以加速成球时水分或黏合剂中溶剂的挥发，常用的方法是电热丝或煤气加热，并根据成球过程调节温度，同时采用排风装置吸除湿气及粉尘。

成球时将细粉或预先加工的种子(或母粒)加到转鼓中，转鼓转动的同时由喷枪供给适量水分(或黏合

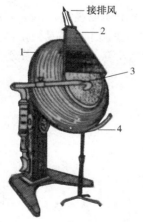

图 5-133　转鼓成球机

1—转鼓；2—吸粉罩；3—喷枪；4—加热器

剂）。转鼓中的细粉或种子由于受到离心力及摩擦力的作用被带到上部，然后在重力作用下又使其下落（见图5-131），利用这种转动作用将细粉互相黏合或由种子逐渐黏合细粉而长大成为一定尺寸的球形颗粒。

转鼓成球时，粉料及黏合剂有时用勺子分次一勺勺加入，这种操作方法加料不匀。为了提高加料均匀性，粉料可通过加料器逐渐加入，黏合剂可采用无气喷雾或空气喷雾方式加入。无气喷雾是利用柱塞泵使黏合剂达到一定压力后再通过喷嘴小孔雾化喷出。采用这种方法，黏合剂的挥发不受雾化过程的影响，但黏合剂的喷出量一般较大，主要适用于大规模生产。空气喷雾方式是通过压缩空气雾化黏合剂，故少量黏合剂就能达到理想的雾化程度，常适用于小规模生产。

此外，为了改善粉体物料在转鼓内的运动状态，也可在转鼓内设置挡板，挡板的形状及位置可根据成球大小、形状及碎裂性进行设计及调整。由于挡板对滚动小球的阻挡，可克服成球过程中转鼓内的死角，提高成球均匀性及缩短成球时间。

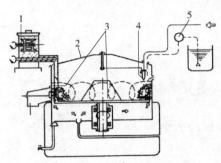

图 5-134　离心式成球机结构示意

1—给粉机；2—定子盖；3—定子与转手；
4—喷枪；5—定量泵

4. 离心式成球机

离心式成球机又称离心式造粒机，其结构如图 5-134 所示。它是由离心机、给粉机、喷液系统、抽风系统等所组成。这类成球机的工作原理是依靠高速旋转的离心机转子，使产生的离心力和摩擦力将粉体粒子制成结实的球形颗粒。成球操作时，可以通过给粉机直接将一定粒径的粉料加入，通过转子转动而制得微丸，也可以在机内放入粉料，通过对粉体流表面喷洒雾化的黏合剂，使粉料相互聚结滚动成为微型小球（母粒或种子），然后再按一定比例对成球机内的母粒喷洒雾化浆液及粉料，使定子与转子之间的过渡曲面上形成涡旋回转的粒子流，而使母粒逐渐长大成为符合一定尺寸的小球。采用这种成球机可制得比沸腾造粒机真球度更高、大小更均匀的小球颗粒。

5-9-2　转动成型机理

如上所述，转动成型是将适量粉料加到转动的容器中，同时由喷枪供给适量水分或黏合剂，粉料由于受到摩擦和离心力的作用而被带到上部，然后在重力作用下又使其向下滚落，利用这种转动作用将细粉互相黏合长大成为球形颗粒。这种成球过程大致可分为以下几个阶段。

1. 核生成

在转动容器中粉体粒子与喷洒液体相接触时，液体在一些粉体粒子的接触点四周形成不连续的凹透镜样架桥，使得局部粒子黏结成松散的聚集体，称为核[图5-135(a)]，随着容器转动，粒子互相压紧而空隙减少。这种聚集体进一步与喷洒液体及粉体粒子接触时，又能进一步生成更大的聚集体[图5-133(b)]。这种聚集体有时也称作"种子"或"母粒"，并将这种长"种子"阶段称为核生成阶段。由此形成的"种子"就成为下阶段小球生长的核心。在催化剂或载体生产时，有时也采用挤出造粒再经整形而造成细小的"种子"。

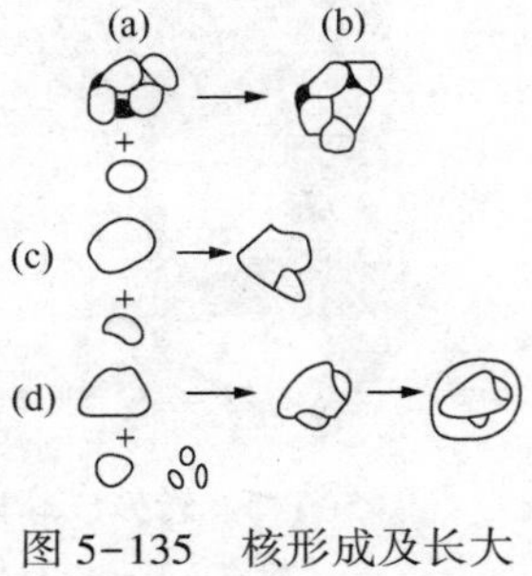

图 5-135　核形成及长大

2. 小球长大

生成的"种子"中，如粒子间隙的液体量分布均匀，就具有可塑性。由于液体表面张力及负压吸引作用，粉体直接附着在转动的"种子"润湿表面上，使"种子"不断长大成小球[图5-133(c)]。同时，由于旋转运动及生成小球的压实作用，使成型物一边长大，一边压得更密集，并成长为球形颗粒[图5-133(d)]。这一阶段就是小球长大阶段，也是转动成型的主要过程。为了在转动成型过程中制得高质量产品，应在这一过程认真控制操作参数。

3. 生长停止

生长的圆球，随着球体直径变大，摩擦系数随之减小，转动过程中逐渐浮在表面。在转盘成球过程中，符合粒度要求的小球，便自动从圆盘的下边沿滚出，成为所需产品，这一阶段就称为成球终止阶段。

5-9-3 影响转动成型产品的主要因素[92]

催化剂经各种生产单元而完成其最终状态后，将经受装桶、运输、储存以及装填反应器等操作所带来的损伤。而与压缩成型法及挤出成型法相比较，转动成型产品的强度较差，而且在成型时要加入大量水或其他溶液作黏合剂，因而单位产品的除水量较挤出成型及压缩成型的除水量要多些。为了使转动成型产品获得较好的机械强度及形态保存性，就必须认真调节物料性质，选择合适的黏合剂及操作工艺条件，避免产品颗粒分层脱皮。

1. 粉体原料的影响

（1）粒子形状

粉体粒子为球形或接近球形粒子时，在粉体转动成型的互相压实过程中，由于空隙率较高，因此，颗粒成长速度慢，难以获得高强度成型产品。所以，采用无规则形状的粉碎粉料有利于转动成型。

（2）原料粉体的粒度分布

采用转动成型法制造球形催化剂或载体时，所得球形产品的强度可用下述经验式来表示：

$$\sigma = a \cdot \frac{1-\varepsilon}{\varepsilon} \cdot \frac{1}{d} f(\cos\delta) \varphi(\psi) \tag{5-45}$$

式中　σ——形成小球的聚集体拉伸强度；

　　　a——黏合剂表面张力；

　　　ε——小球孔隙率；

　　　δ——黏合剂对固体粒子的接触角；

　　　ψ——黏合剂充满度；

　　　d——粉末颗粒直径。

从式（5-45）可知，在其他参数不变的情况下，小球强度与粉体粒径 d 成反比，图5-136示出了小球抗压强度与原料细粉比例的关系。随着原料中细粉比例增大，小球抗压强度也随之增大。但实际上由于动力消耗等原因，工业粉体原料不可能全部采用微粉，而是含一定量粗粉的粉体原料。从实际操作来看，粒度大小较为一致的粉体成型时，由于压紧程度较差，较难成型。而细粉比例较大，具有一定粒度分布的原料就容易成型。图5-137示出了小球内细粉与粗粉的结合状态，细粉聚集在粗粉四周，进而长大成球，如果粗粉过多，小球成长速度虽快，但液膜结合力变小，使产品强度降低。

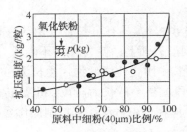

图 5-136 细粉比例对小球抗压
强度的影响

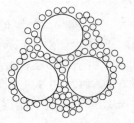

图 5-137 小球中细粉与
粗粉的结合状态

（3）原料含水率

在转动成型时，粉体适宜的水分含量范围比较窄，因而水分的调节十分重要。这种情况下，物料中既包含粉体原料又包含水分。成型操作时又会供给水分，所以其平衡关系十分复杂。有时，在操作过程中加入一些保水性能较好的助剂，如淀粉、羧甲基纤维素、聚乙烯乙酸酯等，可起到使成型适用范围扩大的效果。

2. 黏合剂的影响

转动成型时加入黏合剂的目的是为了使粉体粒子在转动时互相黏结在一起，并提高成型产品的强度。使用的黏合剂可以是固体粉末，也可以是液体。粉末黏结剂一般是预先混入成型用粉体原料中，液体黏合剂则是直接喷洒在转动粉料上。黏合剂用量与粉体的比表面积及孔容等有关。

在转动成型中，液体黏合剂的作用主要有以下几个方面：①填充粉体粒子孔隙，起着基质的作用；②在粉体粒子四周形成液膜，兼有黏合及润滑的作用；③与粉体反应生成另一种物质，如氧化镁加氯化镁溶液。

转动成型操作过程中，粉末在回转容器中随之转动。与此同时在粉体表面喷洒水或黏合剂，这时可看作是固体、液体及气体三相共存的状态。表 5-55 给出了这种状态的模型。当水分供给量少时，水在粒子接触点中心附着，液相是不连续的，随着水分增加，粒子表面形成水膜。特别当水量增大时，固液两相就变为黏性状态。

表 5-55　固-液相状态模型

固体	粒子	连　续	连　续	连　续	不连续	不连续
液相	水	不连续	连　续	连　续	连　续	连　续
气相	空气	连　接	连　续	不连续		
模　型						
状　态		粉　体	粉　体	丸状	发黏	糊状
外　观		粉　体	丸+粉	丸	堆积体	泥浆

所以，在转动成型操作时，存在着黏合剂最适宜加入量，其量值多少决定于粉体性质及操作条件，黏合剂加入量不足时会难以成球，即使勉强制成球状，但在离开成型机时就又会发生碎裂。黏合剂加入量过少时，所得球形产品的表面呈图 5-138（a）所示形状；而当黏合

剂过多时，球形产品变软发黏，其表面呈图 5-138(b)所示形状。

使用水作黏合剂时，将球的空隙中水分所占比例称作黏合剂充满度，并以 ψ 表示，这时存在以下关系式：

$$\omega = \psi \cdot \frac{\varepsilon}{1-\varepsilon} \cdot \frac{\rho_w}{\rho_s} \qquad (5-46)$$

(a)黏结剂过少　　(b)黏结剂过多

图 5-138　球的表面状态

式中　ω——球的含水率(干基)；

　　　ρ_s——干粉真密度；

　　　ρ_w——水的密度。

表 5-56 示出了用式(5-46)求 ω 的示例。

表 5-56　黏合剂充满度 $\psi=80\%$(不变)时 ε 和 ω 的关系

孔隙度 $\varepsilon/\%$	20	25	30	35	40
永含量 $\omega/\%$	7.38	9.84	12.65	15.9	19.7

注：试样为氧化钙与水。

3. 操作条件的影响

（1）操作条件对球的孔隙率 ε 的影响

转动成型产品要求具有一定强度及形状保持性。而球的孔隙率越小，则因粒子间黏合剂的毛细作用越强，所以球的强度也越好。孔隙率小，黏合剂用量相应减少，这有利于成球产品缩短干燥时间及能源消耗。但如孔隙率过小，则在快速加热干燥时，由于析出气体受到抑制，容易使产品发生龟裂。

影响孔隙率的因素，除了粉体原料的粒度分布及比表面积等性质以外，成型时的停留时间及转盘倾角等操作条件也影响很大。

转盘成型时，转盘直径越大，由于转动时下落距离变长，球的动能变大，有利于球的压实，因此球的孔隙率变小。表 5-57 为同一粉料在不同转盘直径下成球时所得孔隙率大小。

表 5-57　转盘直径 D 和球的孔隙率 ε 的关系

	转盘直径 D/m	球的孔隙率 $\varepsilon/\%$		转盘直径 D/m	球的孔隙率 $\varepsilon/\%$
小型机	0.4	20~35	大型机	4.0	20
小型机	0.8	25~30			

直径相同的转盘，盘的倾角小时，球转动时的落差随之减少，因此球的压实程度变差，ε 也相应增大。尽管如此，通过调节倾角来调节 ε 的幅度不是太大，而有一定限度。

转盘转速 N 增加，可使球转动时落差加大，有利于球的压落，从而使孔隙率减少。

转盘倾角变化，球在容器中的停留时间相应发生变化，倾角变小，停留时间加长，促使球压实，孔隙率变小。

所以，影响球的孔隙率的因素很多，操作时应根据粉体性质及产品要求进行适当调节。

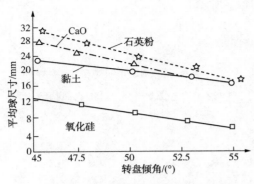

图 5-139　转盘倾角与球的尺寸的关系

（2）操作条件对球的大小的影响

转动成型产品的球形度较好，而球的大小则受多种因素支配。如黏合剂加入量越多，停留时间越长，则球的尺寸越大。而停留时间与转盘的倾角有关。图 5-139 示出了一些粉体原料成型时，转盘倾角与球的尺寸大小的关系。可以看出，倾角加大时，球的尺寸相应减小。

表 5-58 是转盘直径为 $\phi800mm$、盘的深度为 135mm 进行成型时，盘的倾角与成型状态的关系。表中 β 为粉料对盘底面的倾角，δ 为粉料底层边缘与盘底面垂直线的夹角。

表 5-58　转盘成型机的操作结果①

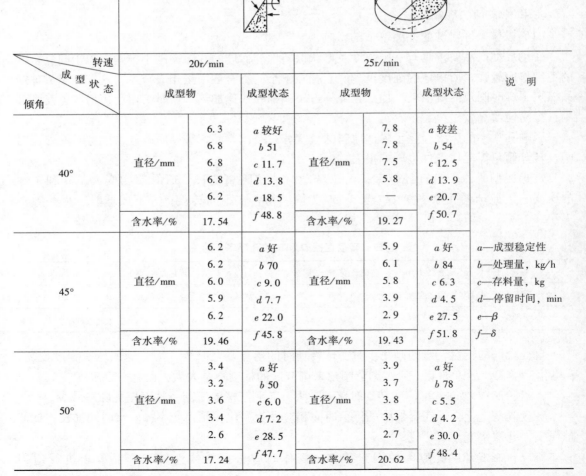

倾角 / 成型状态 / 转速	20r/min		25r/min		说　明
	成型物	成型状态	成型物	成型状态	
40°	直径/mm	6.3　　a 较好	直径/mm	7.8　　a 较差	
		6.8　　b 51		7.8　　b 54	
		6.8　　c 11.7		7.5　　c 12.5	
		6.8　　d 13.8		5.8　　d 13.9	
		6.2　　e 18.5		—　　e 20.7	
	含水率/%	17.54　f 48.8	含水率/%	19.27　f 50.7	
45°	直径/mm	6.2　　a 好	直径/mm	5.9　　a 好	a—成型稳定性
		6.2　　b 70		6.1　　b 84	b—处理量，kg/h
		6.0　　c 9.0		5.8　　c 6.3	c—存料量，kg
		5.9　　d 7.7		3.9　　d 4.5	d—停留时间，min
		6.2　　e 22.0		2.9　　e 27.5	e—β
	含水率/%	19.46　f 45.8	含水率/%	19.43　f 51.8	f—δ
50°	直径/mm	3.4　　a 好	直径/mm	3.9　　a 好	
		3.2　　b 50		3.7　　b 78	
		3.6　　c 6.0		3.8　　c 5.5	
		3.4　　d 7.2		3.3　　d 4.2	
		2.6　　e 28.5		2.7　　e 30.0	
	含水率/%	17.24　f 47.7	含水率/%	20.62　f 48.4	

① 成型原料为直径小于 100μm 的细粉。

球的大小与处理量、停留时间及水分含量间的关系，可用图 5-140 所示的模式加以表示。即球的大小随处理量增大而减少，随停留时间加长而增大，并随含水率增大而减少。

转盘成型时，球的大小也可用下述经验式来估算：

$$\phi = \frac{CH^k}{N^m\theta^n} \qquad (5-47)$$

式中　　ϕ——球形成型产品的直径，mm；

　　　　H——转盘深度，m；

　　　　N——转盘转速，r/min；

　　　　θ——转盘的倾角，(°)；

C、k、m、n——与粉体原料性质等有关的常数。

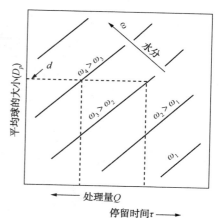

图 5-140　同一转盘的情况下，球的大小与停留时间 τ、处理量 Q 及含水率 ω_n 间的关系

5-9-4　转盘成型法制备催化剂示例

1. 加氢除炔烃催化剂的制备方法

目前国内外以石油化工为基础的有机合成工业大力发展的一个特点是乙烯规模猛烈增长，但石油烃裂解制得的乙烯气体中常含有少量乙炔等反应性杂质，它们会直接参与或改变反应过程，不利于乙烯进一步加工及聚合。

从石油烃裂解所得的乙烯馏分脱除微量乙炔的催化加氢法，早期系采用非钯型催化剂 Ni-Cr。以后发现钯型催化剂能适应高乙炔含量的较苛刻操作条件，所以近年来都倾向于使用含钯催化剂。

碳二馏分催化加氢时，主反应为：

$$CH\equiv CH + H_2 \xrightarrow{\text{催化剂}} CH_2 \equiv CH_2$$

副反应主要有：

$$CH_2\equiv CH_2 + H_2 \xrightarrow{\text{催化剂}} CH_3-CH_3$$

$$nCH\equiv CH \longrightarrow \{C_2H_2\}_n (绿油)$$

乙炔在催化剂存在下可加氢生成乙烯，或进一步反应生成乙烷，乙炔在高温或氢气不足的情况下可以聚合成油状物，因此要求催化剂的选择性好，使主反应进行完全，尽量减少副反应发生。为此，选择的催化剂应能满足：①吸附乙炔的能力大于乙烯；②使吸附的乙炔能发生加氢反应生成乙烯；③乙烯脱附速度快于乙炔。要能满足上述三个要求，除需考虑反应设备及工艺条件外，要求催化剂具有大孔容、大孔径，并有适宜的比表面积及堆密度[103]。

为制得符合上述要求的催化剂，选择并制备合适的载体是关键步骤之一，并从下述几个方面制备碳二加氢催化剂：①制备出孔容大、堆密度适中的氢氧化铝胶；②采用适宜的成型方法进行载体成型；③对成型载体进行适当热处理，制成具有大孔容及适宜比表面积的氧化铝载体；④采用 $PdCl_2$ 作催化剂的活性组分，载钯后在适宜温度下进行催化剂活化。图 5-141 示出了加氢除炔烃催化剂制备工艺过程。

2. 氢氧化铝胶制备条件对催化剂性能的影响

为了获得大孔容及有适中比表面积的氧化铝载体，由不同原料及工艺条件制备的氢氧化铝胶所制成的催化剂，考察其加氢性能，其结果如表 5-59 所示。可以看出，1 号催化剂由于孔容大，又有适宜的比表面积，因此加氢性能较好。

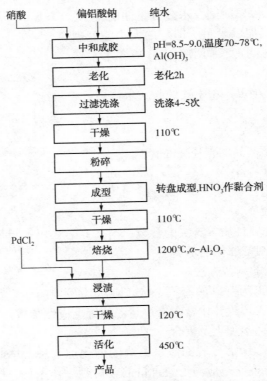

图 5-141　碳二加氢催化剂制备过程

表 5-59　不同氢氧化铝制得催化剂的加氢性能

序号	氢氧化铝制法	催化剂物性			反应温度/℃	C₂H₂ 含量		转化率/%
		比表面积/ (m²/g)	孔容/ (mL/g)	α-Al₂O₃/ %		原料中/ %	尾气中/ (μg/g)	
1	硝酸中和偏铝酸钠，温度 78℃	56	61	20	45~70	0.67	<1	67~80
2	硝酸中和偏铝酸钠，温度 70℃，以 α-Al₂O₃·H₂O 为主	80	48	22	50~60	0.68	<5	54~72
3	氨水中和 AlCl₃，β-Al₂O₃·3H₂O 为主	34	42	22	50~60	0.62	<5	52~68

3. 成型方法对催化剂性能的影响

目前，碳二馏分加氢除炔烃催化剂多数使用球形催化剂，其优点是：①没有棱角、不易磨损，尤其对活性组分集中在载体表面的催化剂有利；②在反应器中易装填均匀，减少沟流；③制备工艺简单。

采用转盘直径为 1.2m 的转盘成球机成型时，转盘倾角为 45°~60°，转速 16~19r/min。成型时，氢氧化铝干粉由加料器加入，从喷枪喷入黏合剂，粉料先制出"种子"。再调节干粉加料量及黏合剂用量，就可制得光滑而又强度较好的小球。这样制得的小球，经干燥焙烧后就可用来浸渍 PdCl₂ 活性组分。表 5-60 示出了球形催化剂的加氢性能，作为比较，同时列出了条形催化剂的加氢性能。

表 5-60　球形催化剂与条形催化剂加氢性能比较

序号	成型方法	反应温度/℃	反应压力/MPa	C₂H₂ 含量		转化率/%
				原料中/%	尾气中/(μg/g)	
1（球形）	高温中和成胶制得的氢氧化铝粉用 HNO₃ 作黏合剂，在转盘成球机成球	40~45	2±0.2	0.38~0.52	<1	70~80
2（条形）	高温中和成胶制得的氢氧化铝粉用 HNO₃ 作黏合剂，经捏合后，用挤条机挤条	40~50	2±0.2	0.38~0.52	1~2	60~80

4. 载体成球时所用黏合剂的选择

用转盘成球机进行载体成球时，需在氢氧化铝干粉中不断喷入黏合剂。通常，可用水、稀硝酸及铝溶胶等作黏合剂。对于胶黏性较好的氢氧化铝粉可用水作黏合剂，但对大孔容氢氧化铝粉因产品强度原因不能用水作黏合剂，应使用稀硝酸或铝溶胶作黏合剂。表 5-61 示出了使用不同黏合剂所得催化剂的物性比较。从表中可以看出，采用铝溶胶作黏合剂所制得的催化剂，其抗压强度较高。

表 5-61　不同黏合剂制得催化剂的物性

序号	成型用黏合剂	堆密度/(g/mL)	孔容/(mL/g)	比表面积/(m²/g)	平均孔径/nm	抗压强度/(kgf/颗)	晶　相
1	铝溶胶	0.74	0.53	69	15.5	4.3	α-Al₂O₃
2	3%硝酸	0.71	0.54	71	15.3	3.7	α-Al₂O₃

5-9-5　球形整粒法

对于单组分物料或虽然是多组分但各组分的密度相近的物料，采用转盘成球是一种比较好的成球方法。对于各种组分的密度相差较大的多组分物料，就较难用这种方法成球。因为各组分密度的差异在转动过程中必然有离心力的差异，因而得到的小球很难保证有均匀的组成。这时可先将物料经捏合机捏合，再经挤出机挤条和切粒，然后将挤出的断面有棱角的小颗粒圆柱体放在整粒机中经整形成球，这种方法就称为球形整粒法。挤出成型产品的强度一般比转动成型产品为高，有时为了获得强度更高的球形催化剂或载体，也可将物料先经挤条机挤出条状产品，经切粒及预干燥后，用整粒机经整形后制得高强度球形产品。

1. 球形整粒原理

球形整粒是在整粒机中进行，其结构如图 5-142 所示，它是在一固定圆筒容器底部装有一个凸凹面的高速旋转圆盘。其成型机理与转动成型相类似，都是应用圆盘转动所产生的离心力及摩擦力，通过物料之间的相互摩擦及物料与圆盘的相互摩擦，圆条被分成长度均匀的小球，并滚圆成为球形颗粒。球形整粒机除高速旋转的圆盘外，还设有加料斗及调温夹层，对于一些含水量较大的物料成球有困难时，可从料斗中加入粉末，使其在物料表面吸附并吸收水分，或在调温夹层中通入蒸汽或冷水，以达到要求的操作温度。

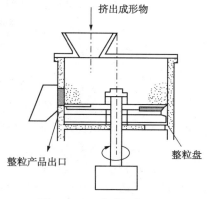

图 5-142　球形整粒机

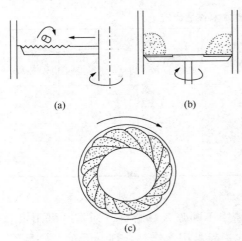

图 5-143　物料在整粒机中的运动状态

球形整粒机的转速比转盘成球快得多，每分钟可达几百转，并设有多个速度调节开关，可以根据物料的性质和质量要求控制机器的运行。原来是圆柱形的颗粒经 2~20min 就可整形成较好的球形。

物料在整粒机中的运动状态如图 5-143 所示，经预干燥处理后而含有适量水分的圆柱形挤出条投入高速旋转的圆盘上[图 5-143(a)]，物料因受旋转力与离心力的作用，而沿着合力作用方向移动[图 5-143(b)]，时而被外壁碰回，时而又被驱使向外。这样，物料靠内壁做环状的旋转，并沿着类似一条被扭转的绳子那样的轨迹反复运动[图 5-143(c)]，也即产生一种环形绳状运动。条状颗粒在运动过程中，首先与整形板的沟槽冲击而被剪断成长度与直径相近的圆柱体，如果只需整理长短，这时就可出料。进一步停留时，圆柱体逐渐被磨成球形，成球直径大致和挤出颗粒直径相当，粒径分布很窄，图 5-144 示出了球形整粒过程中不同时间下的整粒示意情况。显然，在整粒过程中，有球状端的圆柱体、哑铃形、椭圆形、有凹槽的球形以及最终的球形等形式存在，而中间产物是通过物料之间的碰撞以及与转盘和整粒机内壁的摩擦而形成的。

球形整粒机所得球径大小与挤条直径大小、物料固含量、转盘转速及停留时间等因素有关。图 5-145 示出了挤条直径与成球直径的关系。

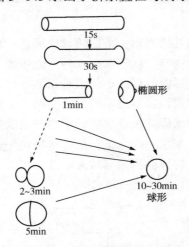

图 5-144　不同时间的整粒情况

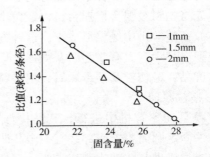

图 5-145　挤条直径和整球直径的关系

在整个成球过程中，还应注意物料在转盘中能保持离散状态，物料与转盘不能有粘连，而且被整形的条状物还要有足够的强度及黏性，以保证成球过程中不会被打碎或成粉。

2. 连续球形整粒装置

球形整粒机一般是间歇生产，如连续生产时，则将几台串联起来，图 5-146 是连续球形整粒装置流程示意图。物料混合均匀后，经斗式提升机送入缓冲罐，经定量加料器进入捏合机，捏合后送入挤条机，挤出的条经预干燥机干燥到一定含水率后，用皮带输送机送到球形整粒机，再经切断和整形成小球，然后送到连续流动床干燥机进一步干燥后用斗式提升机送到振动筛，过筛后即得到产品。

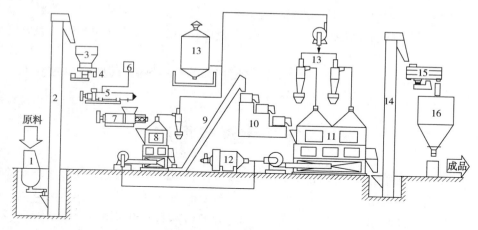

图 5-146　连续球形整粒装置

1—搅拌机；2—提升机；3—缓冲罐；4—加料器；5—捏合机；6—加液装置；
7—挤条机；8—预干燥机；9—皮带输送机；10—球形整粒机；11—流动干燥机；
12—热风发生器；13—集尘器；14—提升机；15—振动筛；16—料罐

下面以大孔氧化铝制备为例加以说明：

初始原料是用拜耳法从铝矿石制得的 $Al_2O_3 \cdot 3H_2O$ 粉末，粒度为 $0.5 \sim 30\mu m$，经 $500 \sim 600℃$ 焙烧得到灼减 $<5\%$ 的活性氧化铝，比表面积为 $240m^2/g$。

先取 9kg 上述活性氧化铝和 1kg 木粉加到捏合机中混合 1min，再加入 7L 含 10g NaOH 的水溶液。在捏合机中捏合 10min，然后加入 200g 纤维素和 500mL 水再继续捏合 15min。

将捏合好的物料放入挤条机中挤出，挤条机模板型孔孔径为 3mm。挤出的条被切刀切成 $2.5 \sim 9mm$ 的条，然后移至容器中密封存放 $24 \sim 48h$。

将放置后的物料放入球形整粒装置或转鼓中，转动整粒 $10 \sim 20min$，除去圆柱体棱角。然后再经干燥、焙烧、过筛就可制得粒径为 $5 \sim 7$ 目的椭圆形颗粒氧化铝，比表面积约为 $200m^2/g$，孔容为 $0.81 \sim 0.84mL/g$，可用作汽车尾气净化催化剂及其他催化剂的载体。

3. 干法制粒机

对于球形度要求不是很严格的小颗粒制品，也可采用干法制粒机进行制备。干法制粒机的工作原理如图 5-147 所示。它是根据机械挤压制粒原理，先用压轮将加有适量水分或黏合剂的干粉状或微细晶体状的原料挤压成薄片，随后通过粉碎机粉碎、整粒、过筛、制成规定大小

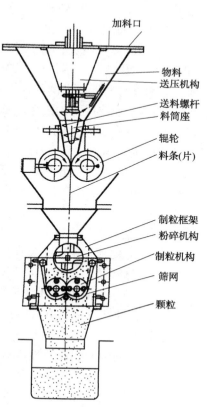

加料口

物料
送压机构

送料螺杆
料筒座

辊轮

料条(片)

制粒框架
粉碎机构
制粒机构

筛网

颗粒

图 5-147　干法制粒机的
制粒工作原理

的均匀颗粒。

干法制粒机的主要部件有辊轮及制粒机构，辊轮（又称压轮）的材质、表面处理硬度会直接影响到物料的压片效果及辊轮的使用寿命。制粒机构上装有多片刮刀，并紧贴筛网，经粉碎的物料由于刮刀的挤压及剪切作用，将物料挤过筛网成粒。筛网可根据需要方便地调节其松紧。

物料的可压缩性、流动性及含水率等因素直接影响该物料能否进行干法制粒加工，增加或调节黏合剂用量可调节制品的硬度及强度。

5-10 喷雾成型法

喷雾成型是利用喷雾干燥原理进行催化剂或载体成型的一种方法。喷雾干燥是喷雾与干燥两者密切结合的工艺过程。所谓喷雾，是将原料浆液通过雾化器的作用喷洒成极细小的雾状液滴；干燥，则是通过热空气与雾滴均匀混合后通过快速热量交换和质量交换使水分蒸发的过程。喷雾干燥技术发展至今已有一百多年历史，广泛用于染料、食品、医药、合成洗涤剂等工业来制取粉末状或颗粒状制品。

自从流态化技术成功地应用到催化反应后，许多重要的催化反应过程，如流化催化裂化、丙烯氨氧化、乙烯或乙烷氧氯化、正丁烷氧化制顺酐、萘氧化制苯酐等都采用流化床反应器。这是由于流化床反应器具有许多独特的优点：

① 与其他反应装置相比较，细颗粒流化床具有相对精确的温度控制，其原因是：第一，流化床内物料的激烈搅动，破坏与分散了床中各处的任何热点或冷点。虽然床层中每个催化剂颗粒的催化活性并不相同，那些具有较大活性的颗粒，使四周的反应加速，因此它们的温度与周围具有较低活性的颗粒不同，然而由于激烈的混合，高的传热速度与高的床热容量，使单个颗粒与床中平均温度的偏差远低于固定床催化反应器。第二，与床层中的气体相比较，催化剂颗粒具有高的热容量，这使它能吸收相当多的热量而温度变化很小，从而使床层中温度稳定。第三，具有高的传热速率。这是由于单位体积流化床具有大量的热传递面积，致使任何温度波动都能快速达到平稳，而不管此温度波动是来自床中的反应或来自进入床层的气体，虽然通常传热系数并不大，但由于每单位体积的表面积非常大，因此床层具有较高的热传递速率。

② 可使催化剂保持均匀的催化活性，并能方便地实现催化剂连续再生。

③ 能方便地供给吸热反应所需的热量，并易实现过程的自动控制。

④ 固体颗粒副产物可以从流化床中连续地除去。

⑤ 设备结构简单，可移动部件少。

尽管流化床反应器有许多优点，但催化剂的颗粒性质，包括颗粒粒径及其分布，颗粒的密度、形状、流动性、耐磨性以及在反应过程中是否会聚集长大或缩小等都是影响流态化正常操作的重要因素。由于喷雾成型可以通过调节工艺参数来获得有一定粒度分布的微球颗粒，所以已发展成为制备微球催化剂的重要手段。

在流化床反应器中，完全均匀的催化剂颗粒在流化时流动性差，容易发生腾涌现象，加剧催化剂颗粒及反应器的磨损，而且操作气速的范围也很狭窄。如在大颗粒催化剂床层中填加适量细催化剂颗粒有利于改善流化质量，细催化剂颗粒在床中如同润滑剂一样，可以减轻催化剂颗粒之间的磨损以及颗粒对反应器的磨损，从而使操作较为平衡，但细催化剂量也不能太多，有一合适的比例。在采用喷雾成型法制备催化剂时，只要选择和使用适宜的雾化器，就可制得粗、细催化剂有合适级配的粒度分布，而无需用筛分的方法按粒径进行级配。

5-10-1　喷雾成型基本原理

喷雾成型是在圆筒形的喷雾塔中，将制备催化剂的料液通过雾化器喷成雾状，分散在热气流中，料液与热空气以并流、逆流或混流等方式相互接触，使料液的水分迅速蒸发，经失水干燥的物料以细颗粒形式部分落入塔底，部分由抽风机吸入旋风分离器，塔底产品与旋风分离器收集的产品合并后成为最终产品。喷雾成型主要包括空气加热系统、料液雾化及干燥系统、成型干粉收集及气固分离系统。图 5-148 示出了喷雾成型的一般工艺流程，由送风机 1 送入的空气经燃烧炉 2 加热后作为干燥介质进入喷雾成型塔中，需要喷雾成型的料液由泵 9 送至雾化器 3，雾化液与进入塔中的热风接触后水分迅速蒸发，经失水干燥后形成粉状或颗粒状产品。废气及较细的成品在旋风分离器 5 中得到分离，最后由抽风机 7 将废气排出。主要成型产品由喷雾成型塔塔底收集，而较细的成品则由旋风分离器下部的集料斗 6 收集。通常将二者混合均匀后作为最终产品[104]。

1. 空气加热系统

喷雾成型所用干燥介质通常是热空气。将空气加热到所需温度的热风炉，可分为烧油式、燃气式以及用烟道气体干燥介质等方式。

烧油式热风炉是用油燃烧产生的高温预热空气的设备，所用燃油可以用轻柴油或煤油。它又可分为间接式及直接式两种，间接式是燃烧气体通入管内，空气在管外，主要通过辐射传热，空气出口最高温度约为 400℃，温度更高时，热损失大而热效率降低；直接式烧油的热风炉由一个以耐火材料为衬里的燃烧室及一个混合室所组成，烧油喷嘴安装在燃烧室内（见图 5-149）。这种热风炉热效率高，烧柴油时可获得 200~700℃ 的热空气。燃烧气体的清洁程度主要取决于柴油质量及油的雾化程度。如生产乙烯氧氯化制二氯乙烷的微球催化剂就是采用这种型式的热风炉。

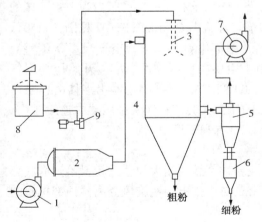

图 5-148　喷雾成型工艺过程

1—送风机；2—热风炉；3—雾化器；
4—喷雾成型塔；5—旋风分离器；6—集料斗；
7—抽风机；8—浆液罐；9—送料泵

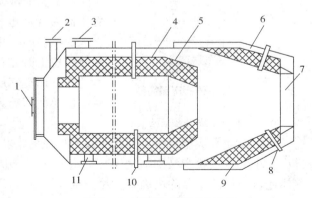

图 5-149　直燃式燃油热风炉

1—烧油喷嘴接口；2—助燃空气进口；3—二次空气进口；
4—燃烧室；5—耐火砖；6—混合室；7—热风出口；
8—尾部测温口；9—保温层；10—炉膛测温口；11—支柱

燃气式热风炉系通过燃烧天然气或煤气来加热空气。间接燃气热风炉可将空气温度加热至 200~300℃。直接式燃气热风炉可将空气加热到 800℃ 甚至更高。其炉型结构与直燃式燃油热风炉类似，也具有热效率高、设备结构简单的特点。

以烟道气作干燥介质的热风炉是将高温烟道气掺入空气后获得高温热载体，它可以节省设备投资。但采用固体燃料煤燃烧时，常含有未烧尽的颗粒和灰分，需尽力除去以避免污染成型产品。

2. 料液雾化系统

料液雾化是喷雾成型的关键，雾化的目的在于将料液分散成平均粒径为 20~60μm 的微细雾滴，当雾滴与热空气接触时，雾滴迅速气化失水而干燥成粉末或颗粒状产品。使料液雾化有三种不同方式：①利用高压泵将料液压送至细孔喷嘴，使液体分散成为雾滴，所用喷嘴称为压力式雾化器或压力式喷嘴；②利用压缩空气（一般为 0.2~0.5MPa）从喷嘴喷出，将料液分散成雾滴，所用喷嘴称为气流式雾化器或气流式喷嘴；③利用高速旋转圆盘（圆周速度为 75~150m/s）将料液从转盘中甩出，使料液形成薄膜后再断裂成细丝和雾滴，所用转盘称为旋转式雾化器。三种雾化方法各有其特点，将在以后进一步叙述。

采用压力式雾化器雾化料液的必备设备是高压泵（10.1~20.2MPa），料液必须经高压泵加压后进入雾化器才能雾化。目前使用的高压泵有两种形式，一种是柱塞式高压泵，系通过柱塞的位移运动，料腔内的容积发生变化，压力也随之改变。泵的进出料阀为单向阀，从而达到吸排料的作用。另一种是隔膜泵，是属于活塞和隔膜并用的一种泵，其结构与柱塞泵相似，只是通过膜片将料腔和活塞分开，不仅可防止杂质污染料液，而且不用考虑活塞的防腐问题。隔膜常用耐腐蚀的橡胶、塑料等柔性材料制造，柱塞泵及隔膜泵均有单缸、双缸及三缸等形式，泵缸越多，液体的脉冲也就越小。为了防止从雾化器喷出的雾焰发生闪动或引起料液粘壁，经高压泵输出的料液应经过稳压后再进入压力式雾化器进行雾化。料液的稳压可借助于稳压器完成，稳压器为一耐高压的圆筒，安装于高压泵与雾化器之间的管路中（见图 5-150）。稳压器为下部进料，中部出料，上部为空气层。高压料液进入稳压器时，由于空气的可压缩性，液体开始压缩空气层使液位上升到排出口上方，当泵停止输出液体时，泵压力为零，而空气层的压力又会使料液从稳压器中连续排出。稳压器的体积越大，越有利于压力稳定。

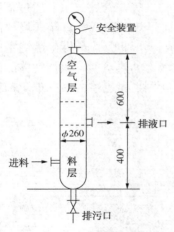

图 5-150 液体稳压器简图

3. 气体-粉粒分离系统

料液在喷雾成型塔中经雾化干燥而形成粉末状或颗粒产品。较大粒子的粉料落到塔底部排出，小部分细粉产品则随气体带至旋风分离器中由集料斗排出。经旋风分离器顶部排出的气体还可通过洗涤器除去尚未除尽的细粉。

旋风分离器又称作离心力分离器，它是利用含细粉气流作旋转运动时产生的离心力，将细粉从气流中分离出来。气流在旋风分离器中的气流运动状态如图 5-151 所示。当含细粉的气流进入旋风分离器后，一面沿内壁旋转一面下降，由于到达圆锥部后旋转半径减小，旋转速度随之增大，气流中的粒子则受到更大的离心力。由于离心力产生的分离速度要比受重力作用的沉降速度大几百倍至几千倍，使细粉从旋转气流中分离，并沿着旋风分离器的壁面下落而被分离。气流在到达圆锥部分下端附近就开始反转，在中心部分逐渐旋转上升，最后从升气管排出。

旋风分离器结构简单、制造方便。只要设计合理，在正常情况下可以获得很高的分离效率，理论上能捕集 5μm 以上的粉体，分离效率可达 90% 以上。实际运行中，由于设计、制造不当，分离效率会低于 90%，但也能捕集 10~20μm 的细粉。

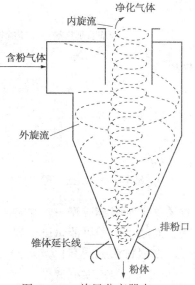

图 5-151　旋风分离器中气流运动示意图

5-10-2　喷雾成型的主要优缺点

喷雾成型法用于制备微球催化剂或载体时具有以下优点：

① 喷雾成型时，料液经雾化器雾化后，其比表面积瞬间增大很多，与热空气的接触面积加大，传热及传质速率大为加快，仅几秒到几十秒时间就可蒸发掉 90%~95% 的水分，可快速成型为微球产品。

② 改变工艺操作条件，容易调节或控制催化剂的颗粒直径、粒度分布及最终湿含量，所得产品具有良好的分散性及流动性。

③ 简化工艺流程，在成型塔内可直接将料液或浆液经瞬间干燥制成微球状产品，省略掉其他催化剂成型方法所必需的工序(如过滤、干燥、粉碎等)，简化了生产流程。

④ 操作可在密闭系统中进行，以防止混入杂质，保证产品纯度，减轻粉尘飞扬及有害气体逸出，保护环境。

⑤ 生产控制方便，系统可实现自动化操作，产品质量稳定。

喷雾成型的主要缺点有：

① 热效率低。当热风温度低于 150℃ 时，热容量系数较低，蒸发强度较小，需要的设备体积大。在低温操作时空气消耗量大，因而动力消耗也随之增大。在热风温度不高时，热热率约为 30%~40%。

② 对黏稠的膏糊状物料，由于用泵输送困难，也难以直接雾化，故需将物料稀释后才能进行喷雾成型，这样也就增大了成型设备塔的负荷。

③ 对气-固分离的要求较高，对于微细的粉状产品，要选择可靠的气-固分离装置，以免产品损失。

④ 设备庞大。占地面积及空间较大，一次性投资及运转费用也较高。

5-10-3　喷雾成型的分类

1. 按生产流程分类

喷雾成型按生产流程可分为开式及闭式两种工艺。开式喷雾成型系统流程如图 5-148 所示，热空气在系统中只通过一次，不再循环使用，空气由热风机送至热风炉，经换热升温后进入喷雾成型塔，经失水干燥后与蒸发的水蒸气和粉状产品一起进行气固分离，高湿低温气体排入大气。这种系统的优点是流程简单、设备投资少；缺点是空气消耗量多，能耗较大。由于制备催化剂或载体时，所挥发成分主要是水，所以这种流程也是最常用的工艺方法。

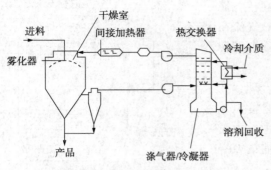

图 5-152　闭式喷雾成型系统流程

闭式喷雾成型系统的工艺流程如图 5-152 所示。其特点是系统组成一个封闭的回路，干燥介质或载热体可以循环使用，主要适用于料液中含有有机溶剂或产品是易燃、易爆的物料。所用干燥介质或载热体大都使用氮气或二氧化碳等惰性气体。由于运转费用很高，很少用于制备催化剂或载体。

2. 按雾化器形式分类

喷雾成型是采用雾化器将料液分散成雾滴，并用热风干燥雾滴而成型为微球状产品。雾化效果关系到喷雾成型方案的选择、产品质量及技术经济指标，雾化不好，粗大粒子可能粘壁，而细小粒子可能过度干燥，甚至受热而被破坏。因此，雾化器是喷雾成型的主要部件之一。根据料液不同雾化方式，可将喷雾成型分为下面几种类型[105]。

（1）压力式喷雾成型

压力式喷雾成型配置的雾化器为压力式雾化器（又称压力式喷嘴）。雾化器可以安装在喷雾成型塔的上部、中部或下部，大型装置也可安装多个雾化器，料液输送主要采用高压泵，使料液具有很高压力（2~20MPa），并以一定速度沿切线方向进入喷嘴旋转室，或经有旋转槽的喷嘴心再进入喷嘴旋转室，形成绕空气旋流心旋转的环形薄膜，然后再从喷嘴喷出，生成空心圆锥形的液雾层。雾化程度受下列因素影响：

① 操作压力增加，雾滴直径变小，滴径分布均匀；

② 喷孔越小，雾滴直径越小；

③ 料液黏度越大，平均雾滴直径越大，黏度过高时，难以雾化；

④ 料液表面张力增加，雾滴变大。

由于压力式雾化器的喷嘴孔很小（如有的孔径为 0.6~1.0mm），故用于雾化的料液需经过滤，且过滤后的物料输送需用不锈钢管道，以防止产生铁锈，堵塞喷嘴。

（2）离心式喷雾成型

离心式喷雾成型所用雾化器是高速离心雾化器，它是将有一定压力（较压力式的料液压力低）的料液，送到高速旋转的分散盘上，由于离心力的作用，液体被拉成薄膜，并从盘的边缘抛出而形成雾滴。

在料液量大、转速高时，料液的雾化主要靠料液与空气的摩擦来形成，这时称作速度雾化。在料液量少、转速低时，料液的雾化主要靠离心力的作用来形成，这时称作离心雾化。一般情况下，这两种雾化同时存在，但在工业生产中，大都采用高速旋转分散盘大液量操作，液体的雾化以速度雾化为主。

在进料量一定时，液滴雾化均匀性受下列因素影响：

① 分散盘的转速越高越均匀；

② 分散盘表面越平滑越均匀；

③ 分散盘运转时振动越大越不均匀；

④ 进料越稳定及分配越均匀，雾化也越均匀；

⑤ 分散盘的圆周速度小于 50m/s 时，所得雾层不均匀。

（3）气流式喷雾成型

气流式喷雾成型的雾化器是气流式雾化器（又称气流式喷嘴），它是利用速度为 200~300m/s 的高速压缩气流对速度不超过 2m/s 的料液流的摩擦分裂作用，达到雾化料液的目的。雾化用压缩空气的压力一般为 203~709kPa。

根据所用雾化器结构又可分为：

① 内混式：气体和液体在喷嘴内部混合后再从喷嘴喷出，由于操作温度高，喷嘴易被未干粉团堵塞。

② 外混式：液体在喷嘴出口处与气体混合而被雾化，操作相对稳定。

内混式或外混式雾化器都称为二流式雾化器。

③ 三流式：液体先与二次空气在喷嘴内部混合，然后在喷嘴出口处再与一次空气混合而被雾化。这种结构特别适用于高黏度料液及膏糊状物料。与一般内混式或外混式相比较，在相同的压缩空气用量情况下，可增加雾化量，提高雾化均匀性。

雾化分散度与气流喷射速度、料液和气体的物理性质、气液比及雾化器结构等因素有关。通常气液流向相对速度越大，雾滴越细，气液质量比就越大，雾滴越均匀。溶液黏度越大，越不易得到粉状产品而得到絮状产品。

上述三种喷雾成型工艺的优缺点如表 5-62 所示。

表 5-62　三种类型喷雾成型的主要优缺点

雾化方式 优缺点	压力式	离心式	气流式
优点	1. 雾化器价格便宜 2. 大型塔可同时使用几个雾化器 3. 适于逆流操作 4. 适于产品颗粒粗大的操作，也可获得不同粒度分布的产品	1. 操作简单，对不同物料适应性强，操作弹性也大 2. 产品粒度分布均匀，颗粒较细 3. 操作压力低 4. 操作时不易堵塞	1. 能处理黏度较高的物料，生产弹性大 2. 可制取小于 5μm 的细颗粒产品 3. 适于小型或实验室设备
缺点	1. 操作弹性小，供液量随操作压力而变化 2. 喷嘴易磨损，影响雾化效果 3. 需使用高压泵，对腐蚀性物料，需使用特殊材料 4. 制备细颗粒时有一定下限	1. 塔径较大 2. 雾化器加工安装精度要求高，动力机械价格高 3. 不适于逆流操作 4. 制备大颗粒产品时有一定上限	1. 动力消耗大 2. 不适用于大型设备

5-10-4　雾化器的结构及设计

料液的喷雾成型是在极短时间内完成的，必须最大限度地增加其分散度，即增加单位体积料液的表面积，才能加速传热和传质过程。因此，使料液雾化所采用的雾化器是喷雾成型的关键。不同类型的雾化器具有不同的雾化机理及设计方法。

1. 压力式雾化器

压力式喷雾成型常用于制备微球催化剂或载体，产品具有良好的流动性及粒度分布。压力式喷雾成型主要是由压力式雾化器的工作原理所决定。

压力式雾化器也称机械式雾化器，它有多种形式，其中常见的是切线旋涡式和离心式两种。

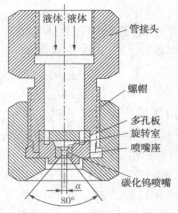

图 5-153　切线旋涡式雾化器

切线旋涡式又称旋转压力式雾化器,其典型结构如图 5-153 所示。液体从轴向进入雾化器后,通过多孔后沿径向平面切向进入旋转室(进入旋转式的通道可以是多通道或单通道),产生高速旋转后从雾化器的喷嘴孔喷出。考虑高速料液喷出的磨损问题,喷嘴可由碳化钨材料制造,或采用镶人造宝石的喷嘴孔。

离心压力式雾化器是在雾化器内部安装有导流用的插头,料液从任意角度进入雾化器后经插头使液体改变原来的运动方向产生离心运动,常用插头如图 5-154 所示,图中(a)为斜槽式插头,(b)为螺旋槽式插头。插头与料液接触面上有与轴线倾斜成一定角度的沟槽,液体通过沟槽后呈螺旋状进旋涡式产生离心作用,在雾化处出口雾化时形成旋转的空心圆锥形雾群。

无论是切线旋涡式或离心式雾化器,料液在雾化器内的运动情况如图 5-155 所示。经高压泵送至雾化器的高压料液,在旋转室切线方向进入后,产生旋转运动。其旋转速度与旋涡半径成反比,越靠近轴心,旋转速度越大,静压强越小。结果在喷嘴中心形成一股压力等于大气压的空气旋流,而液体则形成绕空气心旋转的环形薄膜从喷嘴孔喷出,然后液膜伸长变薄并拉成细丝,最后细丝断裂而形成小液滴。

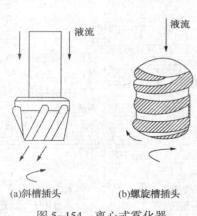

(a)斜槽插头　　　(b)螺旋槽插头

图 5-154　离心式雾化器

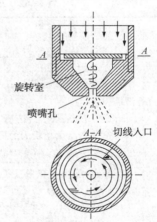

图 5-155　雾化器内料液运动示意

(1) 喷嘴截面积计算

设料液离开喷嘴孔时的速度为 W,则料液流出的速度可按孔口流出公式计算:

$$W = C_0 \sqrt{\frac{2g\Delta p}{\gamma}} \tag{5-48}$$

式中　g——重力加速度,9.81m/s^2;

　　　C_0——喷嘴流量系数,它与设计参数 K_t 有关(见图 5-156);

　　　γ——料液密度,kg/m^3;

　　　Δp——进入喷嘴处的料液压力与喷嘴出口处容器的压力之差。

设计参数 K_t 可用下式计算:

$$K_t = \frac{\pi R R_1}{A_1} \quad (5-49)$$

式中 R——喷嘴出口半径，mm；

$\quad\quad R_1$——（旋转室半径）$-1/2$（切向导管宽度），mm；

$\quad\quad A_1$——切向导管总截面积，mm^2。

其中，$A_1 = nbh$ $\quad\quad\quad\quad (5-50)$

$\quad\quad n$——切向导管数；

$\quad\quad b$——切向导管宽度，mm；

$\quad\quad h$——切向导管高度，mm。

设喷嘴口截面积为 A，则溶液通过喷嘴的流量为：

$$V = C_0 A \sqrt{\frac{2g\Delta p}{\gamma}} \; m^3/s \quad (5-51)$$

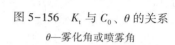

图 5-156 K_t 与 C_0、θ 的关系

θ——雾化角或喷雾角

或

$$A = \frac{V}{C_0 \sqrt{\dfrac{2g\Delta p}{\gamma}}} \quad (5-52)$$

$$\Delta p = p_1 - p_2 \quad (5-53)$$

式中 p_1——进入喷嘴处的料液压力，Pa；

$\quad\quad p_2$——喷嘴出口处塔的压力，一般接近常压，Pa。

计算 K_t 值后，由图 5-156 查出流量系数值 C_0 值，从而可计算喷嘴流量，通常 $K_t = 0.8 \sim 1.3$，$h/b = 1.30 \sim 3.0$。

图 5-156 中的 θ 称为雾化角或喷雾角，是雾化器喷出液雾所形成的锥形角，θ 越大，相应的喷雾成型塔的塔径也应越大，否则就会产生料液粘壁的不利影响。

（2）平均滴径计算

如上所述，雾化器的作用是将料液分散成微小的料雾，当料雾中物料还存在表面水分时，就认为料雾是由雾滴所组成，雾滴直径与成型塔的设计及产品粒度密切相关，因为粒子是雾滴水分蒸发后所得到的微小球状固体。

影响雾滴滴径的因素很多，也十分复杂，通常是用实验方法建立关联式，因此某一关联式往往适用于某一种喷嘴结构。

对切线旋涡式雾化器可采用下述关联式计算平均滴径。

$$D_{VS} = 41.4 (d_0^{1.589})(\sigma^{0.594})(\mu_1^{0.220})(Q^{-0.537}) \quad (5-54)$$

上式各符号意义及适用范围为：

$\quad D_{VS}$——雾滴的体积-面积平均直径，μm；

$\quad d_0$——喷嘴孔径，$1.4 \sim 2.03$mm；

$\quad \sigma$——料液表面张力，$26 \times 10^{-5} \sim 37 \times 10^{-5}$N/cm；

$\quad Q$——进料量，$3.785 \times 10^{-3} \sim 113.55 \times 10^{-3} m^3/s$；

$\quad \mu_1$——料液黏度，$0.9 \sim 2.03$Pa·s。

对于喷嘴内带有螺旋槽插头的压力式雾化器，可用下式计算平均滴径：

$$\lg D_{VS} = 1.808 + \frac{0.487}{\Delta p} + 0.318 (FN) \quad (5-55)$$

其中，$$FN=Q/p^{0.5}$$ (5-56)

式中　FN——流动准数，表示料液操作条件；

　　　Q——体积流量，L/h；

　　　p——操作压力，MPa。

上式适用于 0.7MPa>Δp>0.17MPa，2.0>FN>0.05 的情况。

（3）影响雾滴大小的因素

① 进料量。进料量小于设计额定进料量时，滴径随进料量增加而变小。进料量超过额定进料量时，滴径将随进料量增加而增大。

② 操作压力。高压下雾滴具有较大能量，因此滴径随压力增加而减小。估算时，在中等压力（小于 19.6MPa）下，滴径随压力的（-0.3）次方而变化。高压下如继续增加压力，对雾滴大小基本上不发生影响。

③ 料液黏度。料液黏度增加，平均滴径增大。一般平均滴径随料液黏度的 0.17~0.20 次方增大。

④ 雾化角。雾化角决定于雾层的水平和垂直方向速度。喷嘴加工好坏也会影响雾化角。雾化角增大可产生较小的雾滴，这是由于雾化角增大，喷嘴流量系数 C_0 变小，从而使进料量减少，因此在同样压力下可产生较小的雾滴。

2. 离心式雾化器

又称旋转式雾化器。离心式喷雾成型也是生产微球催化剂或载体的常用设备，它由于配置离心式雾化器而得名。离心式雾化器是将料液送到高速旋转的分散盘上，由于液体受离心力作用而在旋转面上被拉成薄膜，并以不断增长的速度由盘的边缘甩出而形成雾滴。它与压力式雾化器不同之处，是料液的压力小而又具有很高的喷射速度。

一般情况下，料液在分散盘表面上的液滴形成状态与许多条件有关（如料液黏度、表面张力、分散盘转速等），其雾化形式大致可分为图 5-157 所示三种情况。

① 料液直接分裂成液滴。当料液进料量少时，因受离心力作用，料液快速向分散盘的边缘移动，并在盘边上隆起半球状的液体环，其形状决定于料液黏度、表面张力及分散盘的形状和所产生的离心力大小。在离心力大于液体表面张力时，盘边的球状液滴将被抛出而分裂雾化［图 5-157(a)］，这时的液滴常会含有少量大液滴。

② 丝状断裂成液滴。当料液进料量加大而且分散盘转速加快时，半球状料液会被拉成许多丝状液体线。随着液量增多，分散盘周边的液丝也随之增加。当液量达到一定数量后，液丝就会变粗而成为带状［图 5-157(b)］。受离心力作用在分散盘边缘附近断裂而抛出，但因受表面张力的作用收缩成球状。

③ 膜状分裂成液滴。当分散盘上的液量继续增大时，液丝数量随之增多，并会互相黏合而形成膜片状的液膜［图 5-157

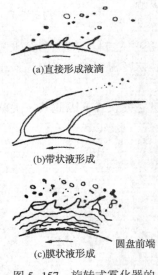

(a)直接形成液滴

(b)带状液形成

(c)膜状液形成　　圆盘前端

图 5-157　旋转式雾化器的微粒化原理

(c)］。液膜受分散盘离心力作用而抛出盘周边一定距离后，被分裂成无数液滴。进一步提高转速可使液膜以高速度从分散盘周边甩出，并因与盘周边的空气发生激烈摩擦而分裂成极细的雾滴。

所以，离心式雾化器的雾滴大小和喷雾均匀性，主要决定于分散盘的圆周速度、料液分散状态及料液性质。喷雾均匀性随分散盘转速增加而增大，分散盘圆周速度小于 50m/s 时，喷雾很不均匀，通常操作时，分散盘的圆周速度取 90~140m/s 为宜。

离心式雾化器的分散盘有多种类型，常用的有光滑分散盘、叶片式分散盘及多层分散盘等。

光滑分散盘又称作光滑轮，它包括平板式、盘式、杯式、碗式等，其流体通道是光滑的，没有任何限制流体运动的结构。

平板式分散盘的结构如图 5-158 所示，它是表面加工得很光滑的圆板，结构最简单，当料液送到高速旋转的圆板中心时，由于离心力作用，从边缘甩出并雾化。

碗式、盘式及杯式结构相似，图 5-159 为碗式结构。它们与平板式相比，可获得较大的离心力，雾化效果更好。

叶片式分散盘又称作叶片轮，图 5-160 为矩形通道分散盘，在两圆板之间装有许多叶片构成矩形通道，料液被限制在通道内流动，基本上无滑动现象。雾化效果比光滑盘好，通道有的也可以制成圆孔状。

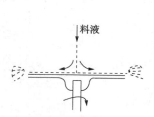
图 5-158　旋转平板式分散盘

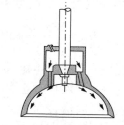
图 5-159　旋转碗式分散盘

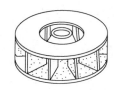
图 5-160　矩形通道分散盘

多层分散盘是在分散盘的周向上开出两层或三层通道，但不增加分散盘直径，在喷炬相同的情况下，可提高物料处理量，产品的粒度分布也变化不大，主要用于处理量要求较大的喷雾成型系统。

对于光滑分散盘的离心式雾化器，在低转速及低进料速率下，所形成的雾滴平均滴径可用下式计算：

$$D_{AV} = 1.43 \times 10^5 \left[\frac{Q\mu_1}{\gamma d^2 N^2} \right]^{1/3} \tag{5-57}$$

式中　D_{AV}——雾滴平均直径，μm；

　　　Q——体积进料速率，m^3/min；

　　　μ_1——料液黏度，$mPa \cdot s$；

　　　γ——料液密度，kg/m^3；

　　　d——分散盘直径，m；

　　　N——分散盘转速，r/min。

3. 气流式雾化器

气流式雾化器是利用高速气流对于液膜产生摩擦分裂作用而将料液雾化。高速气流可以采用压缩空气，也可以采用蒸汽。当气流以很高的速度从喷嘴喷出时，料液流的速度并不大，因此气流与液流间存在相当高的相对速度，由此而产生摩擦，使液体被拉成一条条细长丝。这些丝状体在较细处很快地断裂，而形成球状小雾滴。丝状体存在时间决定于气体的相对速度和料液黏度。相对速度越高，丝越细，存在时间就越短，所形成的雾滴也越细。料液黏度越大，丝状体存在时间就越长，往往未断裂就失水干燥了。因此，以气流式雾化器喷雾成型某些高黏度物料时，往往所得产品是絮状而不是粉状。气流式喷雾的分散度，取决于气体从雾化器流出的喷射速度、料液与气体的物理性质、雾化器的几何尺寸及气液两相混合形式等。其中气液比对雾化黏度较大的料液尤为重要，增大气液比，一般可获得较细的雾滴。

（1）气流式雾化器的几种型式

气流式雾化器有多种结构型式。但不论何种型式，基本结构为进液管、进气管、调节部件及气体分散器等部件。调节部件主要是调节进气管端面与进料管端面的相对位置，以调节气液两相的相对位置。气体分散器是促使进入的气体均匀分布，同时还可使气体产生旋转，以强化料液分散效果。

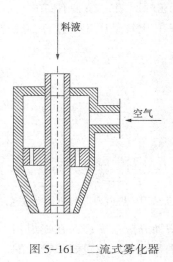

① 二流式喷嘴。系具有一个料液通道和一个气体通道，即具有两个流体通道的喷嘴，如图 5-161 所示。根据气-液两相混合情况又分为内混式及外混式两种。

i）内混式雾化器。这类雾化器雾化时的平均滴径可用下式计算：

$$D_{VS} = \frac{585\sqrt{\sigma}}{V\sqrt{\gamma}} + 597\left(\frac{\mu_L}{\sqrt{\gamma}}\right)^{0.45} \times \left(1000\frac{Q_L}{Q_a}\right)^{1.5} \tag{5-58}$$

图 5-161 二流式雾化器

式中　D_{VS}——雾滴的体积-面积平均直径，μm；

　　　　V——气液相对速度，m/s；

　　　　σ——料液表面张力，$10^{-5}N/cm$；

　　　　γ——料液密度，g/cm^3；

　　　　μ_L——料液黏度，$10^{-1}Pa \cdot s$；

　　　　Q_L——液体体积流量，m^3/h；

　　　　Q_a——气体体积流量，m^3/h。

由上式可知，当 Q_a/Q_L 之比值很大时，雾滴大小主要决定于 $\frac{\sqrt{\sigma}}{V\sqrt{\gamma}}$ 值；反之，当 Q_a/Q_L 之值小时，则雾滴大小主要由 $\left(\frac{\mu}{\sqrt{\gamma}}\right)^{0.45} \times \left(1000\frac{Q_L}{Q_a}\right)^{1.5}$ 之值决定。

上式一般适用于料液密度 $\gamma = 0.7 \sim 1.2g/cm^3$、表面张力 $\sigma = 19 \times 10^{-5} \sim 73 \times 10^{-5}N/cm$、料液黏度 $\mu_L = 3 \sim 50mPa \cdot s$ 的情况。

ii）外混式雾化器。这种雾化器的平均滴径可用下式计算：

$$D_{mm} = 2600\left[\left(\frac{M_L}{M_a}\right)\left(\frac{\mu_a}{G_a d}\right)^{0.4}\right] \tag{5-59}$$

式中　D_{mm}——质量平均滴径（以质量为基准的累积分布曲线上相当于 50% 时的雾滴直径），μm；

　　　　M_L——料液质量流量，kg/h；

　　　　M_a——气体质量流量，kg/h；

μ_a——气体黏度，mPa·s；

G_a——气体质量流速，kg/(m²·s)；

d——雾化器出口外径，cm。

上式适用于料液黏度 $\mu_L = 1 \sim 30 \mathrm{mPa \cdot s}$、表面张力 $\sigma = 5 \times 10^{-4} \mathrm{N/cm}$、雾化器出口气体密度 $\gamma_a = 2 \times 10^{-3} \sim 5 \times 10^{-3} \mathrm{g/cm^3}$ 的情况。

② 三流式雾化器。系指具有三个流体通道的雾化器，如图 5-162 所示。其中一个为流体通道，另二个为气体通道，料液夹在两股气流之间而被雾化。雾化效果比二流式更好，适用于膏糊状或滤饼之间黏稠物料雾化。由于料液两面受到气流冲击，增加了液膜和空气的接触面积，使能量获得充分利用，因此，液膜被拉得很薄而获得较细雾滴。

③ 气流-压力式雾化器。这是在气流式雾化器及压力式雾化器雾化机理及其特点的基础上开发出的一种复合型雾化器，其结构如图 5-163 所示。动力气由进气管从内管由气体旋转器以一定导向角右旋进入雾化室，形成旋转气膜，料液经进料管由环隙从料液旋转器也以一定导向角左旋进入雾化器，形成一定厚度的环形旋转液膜，料液走气管外侧，能扩大液膜表面积，易于料液雾化。料液与气体的水平分速度正好相反，相对动能较大，增大撕裂力，可使高黏度料液易于雾化。气液垂直分速度方向相同，共同决定雾滴的喷射高度，撕裂雾化后的雾滴。在雾化室内旋转的气波相互碰撞，按气流旋转方向，从雾化器旋转喷出，形成旋转的空心锥形雾锥。雾化压力为 0.3~0.8MPa，具有气流式雾化器的特点；料液从旋转雾化器喷出，故又具离心式压力雾化器的特征，雾化机理为膜状雾化。

（2）气流式雾化器设计

对于气流式雾化器，气体通道内径，即为料液喷嘴外径 d，当压缩气体量 V_s 已知时，只要选定气体喷射速度 W（一般可取 300m/s 左右），便可求出气体通道外径 D（见图 5-164）。

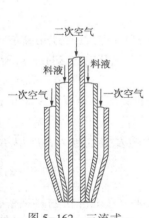

图 5-162　三流式
雾化器

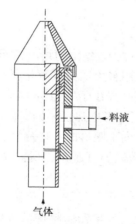

图 5-163　气流-压力复合式
雾化器结构示意

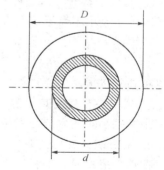

图 5-164　喷嘴尺寸示意

因为：

$$V_s = \frac{\pi}{4}(D^2 - d^2)W \tag{5-60}$$

即得到：

$$D = \sqrt{\frac{4V_s}{\pi W} + d^2} \qquad (5-61)$$

则气体通道的环隙宽度为：

$$S = \frac{D-d}{2} \qquad (5-62)$$

上述计算方法一般适用于小型气流式雾化器。

气流式雾化器常用于催化剂或载体喷雾成型的小型试验或中间放大试验，在制作及使用气流式雾化器时应注意以下事项：

① 在制作气流式雾化器时，液体出口管径应大一些，这样能增大气-液接触周边，使液膜变薄，更有效地雾化液体。在相同气-液质量比时，液体出口管直径越大，雾滴越细。在雾滴大小保持一定时，则液体出口管直径越大，气体用量越少。此外，大喷嘴不易被料块或杂质所堵塞。

② 雾化器加工时，气体喷嘴与液体喷嘴必须保证同心，否则会导致气体分布不匀，由此引起雾化不均，严重时会发生粘壁现象。此外，喷嘴出口壁太厚也会影响气液接触，进而影响雾化效果。适宜的壁厚为 0.5~0.6mm 左右。

③ 操作时，雾化用压缩气体的压力及流量应保持稳定，过大波动会引起雾化不匀。

5-10-5　喷雾成型塔塔径及塔高的选定

1. 塔径及塔高选定原则

喷雾成型塔的塔高及塔径选定时，必须考虑到传热空气与雾化液滴之间具有足够的接触时间，以使雾滴干燥成型为具有一定湿含量的干粉。而雾化液滴所需停留时间，一般是先经小型喷雾成型试验求取。通常假定雾滴在干燥塔内的最短停留时间等于热空气停留时间，但因雾滴实际飞行不规则及近塔壁质点的速度低于平均速度等原因，它比热空气停留时间要长，设计时热空气停留时间为 8~15s。

选定塔径及塔高时应注意以下事项：

① 必须使雾滴在未干燥时不碰壁，为此在使用离心式雾化器或单个压力式雾化器时，塔径应等于或小于喷炬最大直径。当采用多个压力式雾化器时，相邻雾化器的中心距一般应小于喷炬最大直径，但不小于 1m(喷嘴孔径小于 1.5mm 时)。

② 塔高必须大于喷炬长度，同时还应考虑保证干燥时间所必需的高度。料液浓度越低，塔也越高。在采用离心式雾化器并由上向下喷雾时，塔高通常等于塔径。

③ 塔的容积还与热风温度有关，进风温度越高，所需单位容积蒸发强度越大，所以塔的大小按每小时的水分蒸发量来确定。

2. 粘壁现象及其危害

在喷雾成型时，经常发生的现象是物料粘壁。粘壁的成因最常见的是半湿状物料粘壁，是由于喷出的雾滴在未达到表面干燥之前就和器壁接触，从而粘在塔壁上。粘壁位置通常是对着雾化器喷出的雾滴运动轨迹的平面上，粘壁造成的不良影响是：

① 粘壁物料积到一定厚度时，会以块状自由脱落，落入塔底的产品，会影响产品湿含量要求。

② 块状物料落入成品中，影响产品粒度要求。

③ 粘壁严重时，会使喷雾成型操作难以进行，而需停工清理。

半湿性物料粘壁是由于较大液滴在飞向塔壁过程中，干燥时间不够碰到塔壁造成的，不同形式雾化器的粘壁状态如图 5-165、图 5-166 及图 5-167 所示。

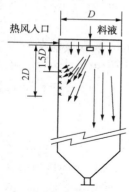 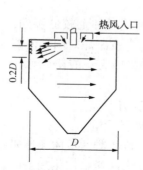 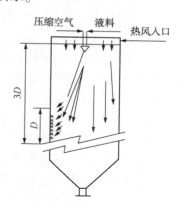

图 5-165　压力式雾化器
的粘壁位置

图 5-166　离心式雾化器
的粘壁位置

图 5-167　气流式雾化器
的粘壁位置

为了减少或避免操作时发生粘壁，可以从下述几个方面加以注意。

① 喷雾成型塔结构。压力式雾化器所形成的雾滴，直接喷射距离较小，面雾化角则较大。所以粘壁位置偏上（如图 5-165 所示）。如果塔径小于雾锥的最大直径，则在雾滴运动最大轨迹平面的塔壁上会产生严重粘壁现象。因此，塔径要留有一定余量。

采用离心式雾化器时，雾滴离开雾化器的运动是径向运动，因此主要粘壁区域是对着雾化器的径向的塔壁上（如图 5-166 所示）。为避免粘壁，喷雾成型塔的结构应短而粗，高径比 $H/D = 1.0 \sim 1.2$。

气流式雾化器形成的雾滴是由压缩气体夹带前进的，由于雾化角较小（约 20°），喷射距离长（约 3~4m），雾滴粘壁的部位较低（如图 5-167 所示）。因此，成型塔要有足够的高度。此外，在气流式雾化器中，喷雾膨胀时，雾化气体包围着雾滴，阻碍了热空气与雾滴的密切接触，致使初始蒸发速率降低。因面，半湿性物料粘壁的可能性要比压力式雾化器大。

② 雾化器的结构、安装及操作。料液雾化时，雾化不好的粗液滴不易干燥而易粘壁，因此，雾化器的结构应使其喷出的雾滴均匀细小。

压力式雾化器加工圆度不好时，喷雾时产生的雾锥不对称，就容易发生粘壁。此外，因压力式雾化器的喷嘴磨损大，长时间使用会产生偏流而引起粘壁。所以，压力式雾化器的喷嘴要采用耐磨性材料制造。

离心式雾化器的分散盘转速很高，要获得均匀的雾滴，分散盘转动时要无振动，流体通道表面要加工平滑，进料速度要均匀。

气流式雾化器的加工及安装，应使气体通道和液体通道的轴心同心。因为轴心不同心，喷出的雾滴会形成不对称的圆锥形，在气体通道狭窄处会产生粗液滴而易发生粘壁，因此要避免发生这种偏流现象。

③ 热风在塔内的运动状态。喷雾成型时，热风在塔内产生旋转运动，这种旋转运动增加了颗粒在塔内的停留时间，同时也产生粘壁的倾向。

因此，在喷雾操作时既要保持热风旋转，又要避免由此产生的粘壁现象。如采用压力式雾化器以并流向下的方式喷雾成型时，在塔上部安装旋转角可调节的热风导向板，使热风产生向下的旋转运动，成为旋转风，只有在旋转风操作时，在塔壁四周会产生粘壁现象。为此，在易粘壁部位另设一股与塔壁平行的"顺壁风"，则可防止液滴接近塔壁，从而减少粘壁现象。

提高进风温度，或在提高进风温度同时加上较低温的二次风，也可减少或避免物料粘壁。这是因为提高进风温度能缩短滴液蒸发干燥时间，使液滴未到达塔内壁前就在表面形成结壳层。增加二次风使喷嘴口周围气速增大，液滴失水干燥速度加快，也使物料能较快逸出。

5-10-6　喷雾成型法制备催化剂示例

1. 流化床丙烯腈催化剂的离心式喷雾成型

丙烯腈是合成纤维、合成橡胶及合成树脂的单体和重要原料。采用流化床丙烯氨氧化生产丙烯腈是目前的主要工艺过程。流化床丙烯腈催化剂主体是磷钼铋、钒钼铋等组分，载体为硅胶。下面列举流化床丙烯腈催化剂的离心式喷雾成型试验情况，可作为离心式喷雾成型制备其他微球催化剂或载体的参考。

（1）喷雾成型试验设备

试验采用塔内径为 1200mm、总高度为 1800mm 的离心式喷雾成型设备。与料液接触的部分均采用不锈钢材料制造。离心式雾化器分散盘直径为 210mm，可采用几种转速。

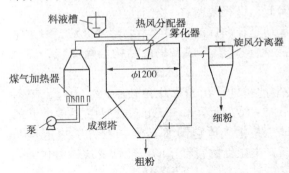

图 5-168　丙烯腈催化剂喷雾成型工艺流程示意

图 5-168 示出了丙烯腈催化剂离心喷雾成型的工艺流程示意图。热空气由引风机抽入，经过煤气或天然气加热器加热至 200℃左右，从喷雾成型塔顶部沿切线方向进入形如蜗壳的热风分配器。进入塔内的热风旋转方向与离心式雾化器的分散盘转向一致。预先制好的催化剂料浆从高位槽经流量计控制，或用螺杆泵定量地送入雾化器的分散盘上。雾化的催化剂料液经热风干燥后制得成型产品。粒度大的产品留于塔底，粒度小的产品经旋风分离器捕集后而落入成品罐。收集塔底和成品罐底部的催化剂一起作为催化剂成品。

（2）工艺条件对催化剂粒度分布的影响。

催化剂粒度分布是流化床催化反应器中影响流化质量的关键因素，也是丙烯腈催化剂喷雾成型所要控制的主要指标。对本实验研究的丙烯腈流化床反应器，要求催化剂粒度分布达到下述要求：

<44μm	25%~45%（质量分数）
>74μm	5%~25%（质量分数）

实验表明，离心式雾化器的转速、热风进口温度、进风量及料液固含量都对催化剂的粒度分布产生影响。

对催化剂粒液固含量为 48%~53%、密度为 1.45~1.50g/cm³、黏度为 100~400mPa·s 的物料所得试验结果如下所述。

表 5-63 示出了离心式雾化器分散盘转速对催化剂粒度分布的影响，可以看出，分散盘转速增加，<44μm 的产品随之增多，而>74μm 的产品相应减少。可见，分散盘转速对催化剂粒度分布影响很大。

表 5-63　雾化器分散盘转速对粒度分布的影响①

序号	转速/(r/min)	粒度分布/%	
		<44μm	>74μm
1	12000	86.3	5.7
2	10500～12000	37.6	31.0
3	9700	28.0	14.4

① 试验条件：进风温度 200℃，风量 300m³/h，加料速度 3.8L/h。

热风进风量对催化剂粒度分布的影响如表 5-64 所示。风量增大，粒度变细，选择 300m³/h 进风量，可使产品达到预期要求。

表 5-64　热风进风量对粒度分布的影响①

序号	进风量/(m³/h)	粒度分布/%		催化剂表观密度/(g/mL)
		<44μm	>74μm	
1	300	37.4	6.4	1.108
2	400	46.8	10.0	1.040
3	500	51.4	10.2	1.012

① 试验条件：分散盘转速 9700r/min；加料速度 4L/h；热风进口温度 200℃。

热风进口温度对催化剂粒度分布的影响如表 5-65 所示。进口温度从 200℃ 升到 250℃ 时，对催化剂粒度分布影响不明显，但表观密度下降，这是因为进口温度只对产品的干燥特性有关，温度提高，使蒸发速度加快，有利于形成疏松产品。料液固含量对粒度分布的影响如表 5-66 所示。料液固含量提高，大粒子数量增多，细粒子变少。在恒定的干燥温度及进料速度下提高料液的固含量时，由于蒸发负荷减少，可使产品水分含量降低，并获得表观密度较低的产品。固含量提高有利于提高生产能力。但固含量过高，料液流动性差，会使进料变得困难。

表 5-65　热风进口温度对粒度分布的影响①

序号	进风温度/℃	出风温度/℃	粒度分布/%		催化剂表观密度/(g/mL)
			<44μm	>74μm	
1	200	125	37.4	6.4	1.108
2	250	150	36.0	6.4	1.032

① 试验条件：分散盘转速 9700r/min；风量 300m³/h；加料速度 4L/h。

除此以外，进料温度及料液表面张力对产品性能也会产生影响。一般情况下，料液黏度低时，雾化产生的雾滴细，细粒产品相应增多。表面张力小的料液，也生成较细的雾滴，雾滴中含有比例较大的很细液滴，使得雾滴分布趋于较为宽广。表面张力较大的料液，生成较大的雾滴，雾滴大小的分布趋于均匀。

表 5-66 料液固含量对粒度分布的影响[①]

序号	料液固含量/%	粒度分布/%	
		<44μm	>74μm
1	41.3	71.2	1.0
2	49.4	37.4	6.4
3	53.4	30.0	13.8

① 试验条件：分散盘转速 9700r/min，进风温度 250℃，加料速度 4L/h。

综合上述工艺条件，选择雾化器转速 9700r/min，热风风量 300m³/h，热风进口温度 200℃，料液固含量为 48%~53%（质量分数），加料速度 4L/h 的工艺条件下，可制得外观光滑、粒度分布符合要求的实心或厚壁空心的微球催化剂。使用这种微球催化剂在流化床反应器中进行氨氧化反应时，可得到表 5-67 所示结果。可以看出，丙烯腈单程收率、丙烯转化率及丙烯腈选择性都获得较高水平。

表 5-67 丙烯氨氧化反应评价结果

单程收率/%						丙烯转化率/%	丙烯腈选择性/%
丙烯腈	乙腈	氢氰酸	丙烯醛	二氧化碳	一氧化碳		
77.4	1.5	4.4	1.3	7.2	2.6	93.4	82.9

2. 气相法聚乙烯催化剂硅胶载体的制备

气相法生产高密度聚乙烯由于聚合过程不需要溶剂，是一种投资费用少、操作费用低的工艺路线。工业上采用的乙烯聚合催化剂主要以负载型催化剂为主，载体主要有 $MgCl_2$、SiO_2 以及少量的聚合物载体。催化剂的活性组分主要为过渡金属 Ti、V、Cr 等的化合物，其中以 Ti 及 Cr 的化合物所制取的催化剂应用最为广泛。目前，工业上每年采用硅胶作载体的负载型铬系催化剂所合成的高密度聚乙烯仍占据聚乙烯相当的份额。

硅胶（SiO_2）是一种具有很大比表面积的多孔性物质，其微孔表面具备催化作用所要求的某些特性，如吸附性能、表面羟基等。其结构式如下：

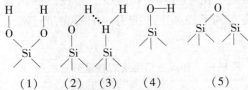

（1）　（2）　（3）　（4）　　（5）

上述五种结构的硅胶在潮湿空气中，表面会有物理吸附水，加热至 100~115℃ 后即可除去。其中结构（1）不稳定，主要以结构（2）、（3）、（4）、（5）的形式存在。（2）、（3）加热至 150~550℃ 时形成（5）。（4）称为自由硅羟基，加热至 700℃ 以上开始脱水。硅胶的表面化学反应大多在自由硅羟基上进行。

硅胶表面上的羟基（—OH）与二茂铬[$(C_5H_5)_2Cr$]反应，放出环戊二烯分子。在这种催化剂中，硅胶不仅增加了表面的催化作用，使活性组分高度分散，而且对活性也起着决定性影响。单独使用的[$(C_5H_5)_2Cr$]对乙烯聚合反应（140℃；3.5MPa）无催化活性，而当二茂铬负载在大孔容（如 1.75mL/g）、大比表面积（如 350m²/g）的二氧化硅上时，便形成高活性的乙烯聚合催化剂。所以，以硅胶作催化剂载体时，不仅对宏观物性有一定要求，而且还需要有适宜的细孔结构。下面介绍气相法聚乙烯催化剂硅胶载体的制备过程，并重点介绍喷雾成型条件对硅胶物性的影响。

　　图 5-169 示出了硅胶生产工艺流程。原料水玻璃用泵抽到沉降槽，经用水稀释至 SiO$_2$ 一定含量后，用泵抽到配制槽中备用。

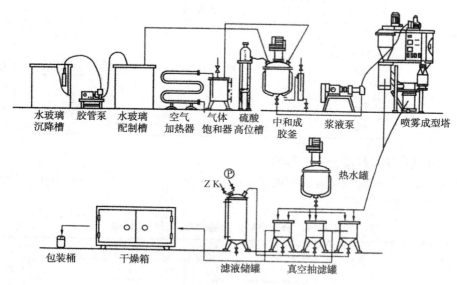

水玻璃　　胶管泵　水玻璃　　空气　气体　硫酸　中和成　浆液泵　　喷雾成型塔
沉降槽　　　　　配制槽　加热器　饱和器　高位槽　胶釜

热水罐

ZK

包装桶　　干燥箱　　　　　　　滤液储罐　真空抽滤罐

图 5-169　硅胶生产工艺流程

　　中和成胶时，先在成胶釜中加入调配好的水玻璃溶液，升至一定温度后逐渐加入质量分数为 40% 的硫酸溶液，直至出现白色凝胶，待 pH 值达到中性后停止加酸。凝胶经老化后加氨水氨化，然后将氨化好的水凝胶送入喷雾成型塔中进行喷雾成型。所得微球硅胶经酸洗、水洗后再经干燥而制得成品。中和成胶工艺条件、溶液的 SiO$_2$ 含量、老化时间及酸化 pH 值等都会对硅胶物性产生影响。下面主要介绍喷雾成型条件对硅胶物性的影响。

　　(1) 喷雾成型工艺对硅胶性能的影响

　　用于流化床乙烯气相聚合的催化剂载体硅胶，除了具备有良好的物化性能外，还需要有良好的球形度。表 5-68 为气流式喷雾成型与离心式喷雾成型时所得硅胶的物性。从产品比表面积及球形度来看，以离心式喷雾成型工艺所制得产品具有更合适的性能。

表 5-68　不同喷雾成型工艺所得硅胶物性

工艺方法	热风进口温度/℃	硅胶孔容/(mL/g)	硅胶比表面积/(m^2/g)	球形度	备注
气流式喷雾成型	280	1.87	280	较差	二流式雾化器，压缩空气雾化
离心式喷雾成型	350	1.80	325	好	分散盘直径 120mm，转速 15000~24000r/min

　　(2) 热风进口温度对产品物性的影响

　　凝胶骨架的收缩程度不仅与其脱水量有关，而且也与水平蒸发速率有关。因此，选择适宜的失水干燥条件使骨架的强度增加到足以抵抗毛细压力的影响时，骨架结构就趋于稳定。表 5-69 示出了离心式喷雾成型时，热风进口温度对硅胶物性的影响。可以看出，温度在

300～400℃时，硅胶的比表面积和孔容变化很小，表明硅胶的骨架结构已趋向稳定。维持一定出口温度下，提高热风进口温度能提高生产能力，但温度过高易造成进料分配器堵塞，温度一般选用340℃左右为宜。

表 5-69　热风进口温度对硅胶物性的影响

序号	热风进口温度/℃	喷雾成型塔出口温度/℃	比表面积/(m²/g)	孔容/(mL/g)
1	400	110	241	2.02
2	380	110	240	2.07
3	360	110	245	2.13
4	340	110	246	2.07
5	320	110	249	2.03
6	300	110	245	1.93

（3）分散盘转速对粒度分布的影响

离心式雾化器不同转速对硅胶粒度分布的影响如表 5-70 所示。可以看出，分散盘转速越低，平均粒径越大。

表 5-70　分散盘转速对硅胶粒度分布的影响

筛分目数	粒径/μm	转速/(r/min)		
		24000	21400	15500
60>d>100	>154	0.54	5.52	5.39
>150	>100	1.64	22.60	24.82
>200	>71	2.66	31.30	40.65
>260	>56	40.74	19.68	14.91
>320	>45	41.04	13.39	6.43
<320	<42	12.32	1.68	2.80
平均粒径 $\bar{d}_p$/μm	—	50.82	73.78	78.66

（4）浆液固含量对硅胶粒度分布的影响

在不影响料液输送的情况下，浆液固含量提高，所得硅胶的平均粒径增大，其结果如表 5-71 所示。

表 5-71　浆液固含量对硅胶粒径的影响

筛分目数	粒径/μm	浆液固含量/%		
		9.6	11.2	12.2
60>d>100	>154	2.45	6.65	6.66
>150	>100	4.03	3.02	46.15
>200	>71	21.77	46.03	31.17
>260	>56	30.00	6.72	10.73
>320	>45	33.91	7.74	3.95
<320	<42	8.14	2.66	2.34
平均粒径 $\bar{d}_p$/μm	—	50.60	81.48	87.31

在热风进口温度为 340~345℃，分散盘转速为 15000~20000r/min，浆液固含量为 10%~12%（质量分数）的操作条件下，由离心式喷雾成型所得微球硅胶载体的物性如表 5-72 所示。表中同时列出了这种硅胶制得的催化剂用于气相法乙烯聚合时的催化活性。

表 5-72　硅胶物性及其负载催化剂的聚合活性

硅胶物性			负载催化剂聚合活性①			
孔容/ （mL/g）	比表面积/ （m²/g）	粒度分布/ %	催化剂用量/ g	聚乙烯得率/ g	活性/ （10⁴g/g Cat.）	表观密度/ （g/mL）
1.55~1.70	300~350	60~100 目<5%； <325 目，<15%	12.5	590	57.5	0.334

① 催化剂体系：三苯基硅烷铬酸酯；聚合条件：操作压力 105MPa，反应温度 80℃。

5-11　油中成型法

这是利用溶胶（如铝胶、硅铝胶、二氧化硅等）在适当的 pH 值和浓度下凝胶化的特性，将溶胶以小滴的形式滴入煤油等介质中时，由于表面张力的作用而形成球滴，球滴凝胶化形成小球。将此凝胶小球老化后，再进行洗涤、干燥、焙烧等过程而制得产品。利用这种方法不仅可以获得孔容较大、强度比转动成型法好的产品，而且还可制得孔径大于几百纳米的大孔产品。

油中成型法由于利用凝胶化的特性，所以对具有凝胶性质的一些物料特别适用，如氧化铝、硅胶等的成型。由于成型过程中不需要添加黏合剂，用于沸石分子筛成型时，可充分显示出沸石本身的晶型结构特性。

油中成型法又可分为烃-氨柱成型及油柱成型等方法[92]。

5-11-1　烃-氨柱成型法

又称作油-氨柱成型法，图 5-170 示出了用烃-氨柱成型法制备球形氧化铝的过程原理，操作时将预先制备的水合氧化铝假溶胶从平底加料器的细孔流入成型柱中，成型柱的上层是煤油 A，下层是氨水层 B，所以称这种方法称为烃-氨柱成型。假溶胶液滴入煤油层中，由于表面张力而收缩成球状，穿过油-氨水界面，进入氨水层发生固化（胶凝）后，依靠位差而随氨水一起流入分离器，经筛网而使湿球与氨水分离，氨水再用泵送入高位槽后又回送到成型塔中。筛网上的湿球定期取出后经洗涤、干燥、焙烧而制得球形氧化铝产品。采用这种方法时，所得氧化铝小球的形状与油层及氨水层的性质、表面活性剂用量及性质、操作条件等因素密切相关。

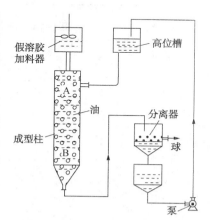

图 5-170　烃-氨柱成型原理

1. "油"层

假溶胶液滴进入油层后是靠液体的表面张力收缩成球型，故油的主要作用是成型，所得球形粒子的大小与加料方式、假溶胶的黏度和分散方法以及假溶胶-油之间的表面张力等有关。可用"油"的种类很多，如汽油、煤油、润滑油、机油、变压器油、乙醚、石油醚、苯、己烷、联苯与联苯醚混合物、醇、酮及卤代烃等。它们可以单独使用，也可混合使用。选用"油"时，应满足以下要求。

① 密度应小于氨水及假溶胶，并与水不互溶（氧化铝固含量为10%~15%的假溶胶的密度为1.25g/mL；固含量为3%~5%的密度为1.05g/mL，表面张力为$75×10^{-5}$N/cm）。

② 与假溶胶间的界面张力要足够大，以保证产品形成球形，而与水间的界面张力要保证湿球在油-水界面上不停留或受冲击时不发生变形。即油-水界面张力应小于$25×10^{-5}$N/cm，最好低于$15×10^{-5}$N/cm。

③ 氨在油中的溶解度不应使假溶胶在成型前发生胶凝，且油本身对假溶胶也无任何作用。

④ 杂质含量要低，以避免成型过程中被吸附而导致催化剂中毒。

为便于选用"油"时参考，表5-73及表5-74分别示出了一些有机液体与水的界面张力，以及有机液体与空气或其本身蒸气的表面张力。表5-75示出了不同浓度的氨水对空气的表面张力；表5-76示出了水的表面张力（对空气）随温度的变化。

表5-73 有机液体与水的界面张力

名称	界面张力/（N/cm）	名称	界面张力/（N/cm）
汽油和石油醚	$41.5×10^{-5}$~$46.40×10^{-5}$	苯（25℃）	$34.1×10^{-5}$
煤油（150~300℃）	$34.3×10^{-5}$~$38.6×10^{-5}$	四氯化碳（20℃）	$46.5×10^{-5}$
药用凡士林	$51.4×10^{-5}$	乙醚（20℃）	$10.7×10^{-5}$
矿物凡士林	$40.3×10^{-5}$	辛烷（20℃）	$50.98×10^{-5}$
变压器油	$45.1×10^{-5}$	己烷（20℃）	$51.5×10^{-5}$
机油	$29.3×10^{-5}$	环己烷（20℃）	$51.1×10^{-5}$
甲苯（25℃）	$35.7×10^{-5}$	庚烷（25℃）	$50.85×10^{-5}$

表5-74 有机液体与空气或其本身蒸气的表面张力和密度

名称	温度/℃	表面张力/（10^{-5}N/cm）	密度/（g/cm³）	名称	温度/℃	表面张力/（10^{-5}N/cm）	密度/（g/cm³）
丙酮	20	23.30	0.7908	甲替苯胺	20	39.60	0.982
氯苯	20	33.30	1.107	邻二甲苯	20	28.90	0.8812
环己酮	20	25.00	0.779	间二甲苯	20	30.10	0.8670
正辛醇	20	32.50	0.827	对二甲苯	20	28.37	0.8610
苯胺	20	42.90	1.022	四氯化碳	20	26.80	1.5942
甲苯	20	28.54	0.866	苯	20	28.90	0.8786
乙苯	20	29.10	0.867	庚烷	20	20.30	0.6837
二苯胺	20	36.60	1.160	松节油	18	31.78	0.8533
辛烷	20	21.20	0.7025	橄榄油	18	33.06	0.9151
乙醚	20	17.00	0.7192	蓖麻油	18	36.40	0.9621

表 5-75　不同浓度氨水对空气的表面张力(18℃)

氨水浓度/%	1.72	3.39	4.99	9.51	17.37	34.47	54.37
表面张力/(10⁻⁵N/cm)	71.65	70.65	69.95	67.85	65.25	61.05	57.05

表 5-76　水的表面张力(对空气)随温度变化

温度/℃	5	10	15	18	20	25	30
表面张力/(10⁻⁵N/cm)	74.10	74.22	73.49	73.05	72.15	71.97	71.18

2. 氨水层

氨水层使从油层中落下的球状溶胶在电解质(NH_4OH)作用下发生胶凝，使小球固化到足够硬度。此外，也可选用其他电解质如(NH_3)$_2SO_4$、NH_4Cl 等。选用氨水是因在催化剂焙烧处理时不会残留有害杂质。

氨水浓度选用 1%~30%，常使用 15% 的浓度，在对催化剂活性无影响时也可使用溶有部分铵盐的氨水。

氨水层高度决定于溶胶球固化和进一步老化所需时间。有时还在氨水中添加一些惰性亲水性物质如甘油、乙二醇等之类来调节氨水密度，也可加入氨的硫化物或多硫化物等作为胶凝剂或活性组分的分散剂或稳定剂。

3. 表面活性剂

表面活性剂是在很低浓度能显著降低水的表面张力的两性有机物质；加入表面活性剂是为降低"油"-水界面上的表面张力，使溶胶在"油"中成球以后能够顺利地通过此界面，不致因界面张力过大而发生停留或引起溶胶球变形，同时还可防止产品干燥后发生破碎或干裂。所使用的表面活性剂应具有以下特点：

① 其表面张力小于溶剂的表面张力；

② 有较小的溶解度，不含对催化剂有害物质；

③ 在其分子上存在双重性基团，即一个分子上存在着极性基及非极性基。

对水常用的表面活性剂是高级烃类脂肪酸及其磺酸盐、高级醇或胺等，如 C_{12}~C_{18}脂肪醇聚氧乙烯醚、琥珀酸二仲辛酯磺酸盐等。

表面活性剂加入水中后，其极性基被水分子吸引，而非极性基受排斥而定向地排列在水的表面上，使水表面层中的表面活性剂浓度大于其体积内的浓度。从表 5-75 及表 5-76 可以看出，氨水的表面张力大于"油"层的表面张力，如在氨水中加入适当的表面活性剂，就可使氨水层的表面张力降低。如采用己烷/四氯化碳为 3：1(体积比)的混合液作"油"层(其表面张力等于 $28×10^{-5}N/cm$)，在向氨水中加入 0.05g/L 的十二烷基磺酸钠后，就可使"油"-氨水界面上的张力降低到 $12×10^{-5}N/cm$。

表面活性剂加入量要适当，加入量过少，会发生黏球、连球及出现扁球等现象；加入量过多，会使氨水易挥发并乳化，还会呈油膜状浮在表面上。只有表面活性剂的浓度较低，在溶剂表面未被全部覆盖时，增加浓度才能有效地降低表面张力。一般使用浓度为 0.1g/L 氨水。

应该注意，选用的表面活性剂分子中必须不含使催化剂中毒的元素，以免在洗涤、成型过程中被凝胶吸附，对催化剂使用产生不利影响。

4. 假溶胶制备对烃氨柱成型过程的影响

在油中成型时常会发现，从氨水层卸出的湿氧化铝水凝胶的湿球强度及最终焙烧产品的强度与假溶胶制备条件有关。一般情况下，胶溶时酸的用量增多，湿球变形小，焙烧后球的堆密度和抗裂强度增加。此外，假溶胶的固含量对产品强度也有影响。

为使油中成型能平稳地进行，必须使溶胶有适宜的稳定性及流动性，以顺利地进行滴球操作。酸化后浆液的黏度及流动性与加酸量及酸浓度等有关。如以氯化铝-氨水为原料生产氧化铝载体时，其浆液黏度与加酸量的关系如表 5-77 所示，浆液稳定性及滴球时间与加酸量的关系如表 5-78 所示。可以看出。浆液黏度受加酸量影响较大，黏度过小或过大都会使成球操作难以正常进行。

表 5-77　浆液黏度与硝酸加入量的关系

铝胶滤饼质量/kg	过滤时间/min	硝酸加入量/mL	gHNO$_3$/kg 滤饼	浆液黏度/s
1.93	15	250	6.6	14.8
2.90	15	400	7.1	13.5
2.90	15	460	8.0	12.8
1.0	25	237	11.9	13.0
1.0	25	250	12.5	12.5
1.0	25	260	13.0	12.0

表 5-78　加酸量与滴球时间的关系

湿铝胶加入量/kg	每 kg 湿铝胶加酸量/mL	硝酸浓度/(g/100mL)	浆液性质		滴球时间/min
			pH 值	流动性/s	
30	120	9.93	4.56	20	30
50	140	10.24	4.58	24	49
70	135	10.74	5.05	18	39
100	155	10.40	4.54	16	70
120	150	10.40	4.70	17	70

5. 滴头直径的影响

油中成型操作所采用的滴头(注射器针头)有多种规格：如 14G(ϕ2.0mm×0.2mm)、16G(ϕ1.6mm×0.2mm)、18G(ϕ1.2mm×0.2mm)等。使用这些滴头都可制得一定尺寸的小球产品。但所用原料，即酸化后浆液的黏度要适当。浆液的黏度较小，所得的球易呈扁球形，反之，所得的球较圆。在不影响成球速度与成球筛分率合格的条件下，以采用黏度稍大的浆液为宜。如对 ϕ1.2mm 滴头，最佳作用 12~12.5s 的黏度的浆液；对 ϕ1.6mm 的滴头，最佳使用 13.5~14.5s 黏度的浆液。表 5-79 示出了滴头直径、浆液黏度与产品筛分合格率的关系。

在烃-氨柱成型操作时还应注意到，烃-氨界面在操作时间较长时，会引起界面阻力增大，致使小球会漂浮在界面上，球的下半部浸入氨水先发生固化，而当小球全部落入氨水后，球的上半部在其后发生固化，因而会造成固化不匀而产生扁球。产生界面阻力增大的原因是由于烃中溶解部分氨气，致使烃介质变重、氨水浓度下降。因此，在操作一定时间后，适当补充或更换新鲜的烃、氨可以避免这一现象发生。

表 5-79　滴头直径、浆液黏度与产品筛分合格率的关系

滴头直径/mm	浆液黏度/s	硝酸加入量/(g/kg 湿滤饼)	小球产品筛分合格率/%		
			$\phi1.0\sim\phi1.6mm$	$\phi1.6\sim2.0mm$	$\phi2.0\sim2.5mm$
1.6	14.5	7.5	—	92.7	7.3
1.6	13.5	6.9	0.6	93.4	6.0
1.2	12.5	12.3	0.9	92.9	6.2
1.2	12.0	18.0	—	98.2	1.8

用烃-氨柱成型的球状氧化铝在空气中较快干燥时能得到硬而脆的小球,适用于固定床反应器;而在蒸汽中缓慢干燥时,所得球状氧化铝的堆密度、硬度和强度均有所下降,适用于移动床反应器。

5-11-2　油柱成型

这是将氢氧化铝溶胶与乌洛托品的水溶液在室温下混合后,用滴头滴入加热的油浴中生成氢氧化铝凝胶球,卸出后在油和碱性介质中老化,再在高湿度空气中干燥后,经焙烧制得强度较好的球形氧化铝。

铝溶胶可用 99.99% 的金属铝与 12%HCl 反应或用 $AlCl_3$ 溶液电解方法制备。如将金属铝加入 16%$AlCl_3$ 中,在 88~115.6℃ 的温度下加热几十小时,可制得铝氯比为 (1.0~1.5):1(质量比)、含 Al_2O_3 为 15%~35% 的铝溶胶。

乌洛托品学名六亚甲基四胺,为无色有光泽结晶或白色粉末,相对密度 1.27(25℃)。溶于水时放出热量 20kJ/mol,在温度不高时,溶解度随温度升高而下降,而当水中有氨时,溶解度明显下降。其水溶液呈弱碱性,5%~40% 水溶液的 pH 值为 8~8.5。pH 值为 4~10 的水溶液有强烈缓冲作用,水溶液稳定,在酸性溶液中会分解成氨及甲醛。通常是将乌洛托品制成 15%~40% 的水溶液后使用。

油柱成型时先将铝溶胶与乌洛托品的水溶液相混合,混合温度一般为 5~7℃。混合时应使乌洛托品在溶液中不致很快发生水解,以避免放出气体和发生胶凝。

成型用油可使用白润滑油、中性溶剂油、润滑油与脂肪烃的混合物等。油温为 50~105℃,常采用 90~95℃。在此温度下可促使乌洛托品以一定速度水解释放出氨,从而使铝溶胶很快发生胶凝。

胶凝后接着进行老化,老化在保持一定温度的油中进行,以使过量的乌洛托品按下述反应分解生成 NH_3、CO_2 及胺等。

$$(CH_2)_6N_4+4HCl+6H_2O \longrightarrow 6HCHO+4NH_4Cl$$

$$NH_3 \cdot HCl+HCHO(溶液) \longrightarrow CH_2 {=\!=} NH(HCl)+H_2O$$

$$CH_2 {=\!=} NH(HCl)+HCHO(溶液)+H_2O \longrightarrow CH_3NH_2 \cdot HCl+HCOOH$$

其中 $CH_3NH_2 \cdot HCl$ 又和 HCHO 溶液及水反应生成仲、叔胺的盐酸盐及甲酸。甲酸加热时又分解成 H_2O、CO_2 及 H_2 等。

在油和弱碱介质中老化也是使氧化铝水合物的晶体发生转变的过程之一。老化介质的 pH 值、温度及老化时间对老化产物性能都有影响。一般在弱碱性介质中老化可制得高密度氧化铝小球;在浓氨水中老化得到中等密度氧化铝小球;在 4%~5% 氨水中老化时可得到低密度小球。在压热釜中,于 118~260℃、3~11 表压下老化 1~5h,可制得高强度、低密度球形氧化铝。

在油柱成型中，胶凝剂在球成型前就与铝溶胶相混时，可以避免上述烃-氨柱成型时胶凝剂从介质向球内扩散所造成的性质上非均一性，而且操作简单、劳动强度小。

采用油柱成型，也可用硫酸铝浓液、乙酸和碳酸钙制成含 Al_2O_3 10.8%、乙酸 0.41% 及三氧化硫 9.96% 的碱性乙酸硫酸盐铝溶胶，而不需使用乌洛托品。直接将上述铝溶胶滴入温度为 90℃、高为 5m 的多氯苯混合物柱中，将得到的凝胶球继续老化 10min，然后水洗，再用不同浓度的氨水洗，除去凝胶球中的 SO_3，经干燥、焙烧后可制得强度高而不龟裂的球形氧化铝。

5-11-3 油中成型法制备催化剂及载体

1. 微球氧化铝的制备

油中成型法可用于生产高纯氧化铝球、硅酸铝球及微球硅胶等，下面为制备含 SiO_2 微球氧化铝示例，其制备过程如图 5-171 所示，大致分为以下几个工序。

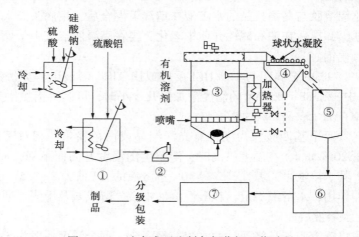

图 5-171 油中成型法制备氧化铝工艺过程

①—混合槽；②—定量泵；③—油中成型塔；④—分离机；⑤—洗净槽；⑥—干燥机；⑦—焙烧炉

① 将硫酸铝溶液在不断搅拌下逐渐加入碳酸钙粉末制得碱式硫酸铝：

$$Al_2(SO_4)_3 + 2CaCO_3 + H_2O \longrightarrow Al_2O_3 \cdot SO_3(溶胶) + 2CaSO_4 \cdot 2H_2O \downarrow + 2CO_2$$

所制得的溶胶在室温下即使放置数十天也不发生凝胶化而十分稳定。

② 在不断搅拌下，在冷的硫酸溶液中逐渐加入硅酸钠溶液，制取 pH 值为 1～3 的硅溶胶：

$$H_2SO_4 + Na_2O \cdot 3SiO_2 \longrightarrow 3SiO_2(溶胶) + Na_2SO_4 + H_2O$$

将上述溶胶在室温下放置几天进行凝胶化。

③ 取 100 份碱式硫酸铝溶胶与 2～15 份(体积比)硅溶胶进行充分混合，然后将这种混合溶胶从成型塔上部滴到加热的"油"层中。选用的"油"可以是有机溶剂。溶胶可以滴入有机溶剂中，也可以浮在有机溶剂层上。溶胶由于界面张力而收缩成球状，经受热后发生凝胶化。

④ 将凝胶球进行水洗除去硫酸根及钠离子后，经干燥、焙烧即制得微球氧化铝。

用这种方法制得的含 SiO_2 约 10% 的微球氧化铝，其平均粒径为 1～5mm，粒度分布如下：

>4.76mm	1.4%	3.36~4.76mm	79.4%
2.38~3.36mm	18.8%	<2.38mm	0.4%

所得微球氧化铝的部分物性值如下：

松密度　　　　0.588g/mL

平均孔径　　　10nm

比表面积　　　280m²/g

孔容　　　　　0.79mL/g

抗压强度　　　13.2kgf/粒

上述制备过程也可通过改变溶胶加入方法来调节制品成球直径。例如，在成球时，通过有机溶剂层下部的喷嘴送入混合好的溶胶时，溶胶在有机溶剂上升过程中会逐渐凝胶化而成球状，这时，有机溶剂层高度、温度、溶胶密度差与成球粒径之间存在着下述实验式：

$$h > \frac{(\gamma_2 - \gamma_1) \times d}{t - 40} \times 30000 \tag{5-63}$$

式中　h——加热至40℃以上时有机溶剂层的高度，cm；

　　　γ_1——t℃时有机溶剂的密度；

　　　γ_2——20℃时原料溶胶的密度；

　　　d——球形粒子的粒径，cm；

　　　t——有机溶剂的平均温度，℃。

工业上常选用有机溶剂层平均加热温度为70℃，层高为3~5m，制取的凝胶化小球的球径为0.8~1.5mm。

2. 球状分子筛的制备

合成分子筛的晶体粉末除用作洗涤剂外，很少直接利用。一般是将分子筛粉加工成一定的形状（如球、条等），并具有一定的机械强度后用于各种工业用途上。

目前工业上多数采用加入无机类或有机类黏合剂的方法使分子筛成型。成型时，将分子筛粉末与一定量细粉状黏合剂混合，并加入一定量的水，混合均匀后再进行挤条、滚球等方法成型，成型制品再经干燥、焙烧后成为分子筛成品。这种制法所得分子筛强度不是太高，如果达到较好的强度，黏合剂用量必须很多，添加量要加至分子筛质量的10%以上，甚至更多，这就会使分子筛的纯度下降，从而降低分子筛的应用性能。

烃-氨柱成型也可用于分子筛的成型工艺中。由于本法在分子筛成型中不添加任何添加剂，从而能充分利用分子筛本身的晶型结构特性，提高其使用性能。下面以 A 型分子筛及八面沸石为例，说明用烃-氨柱成型法制取高机械强度球形分子筛的制备工艺过程。

① 先将含 SiO_2 为 100~200g/L 的碱金属硅酸盐与含 Al_2O_3 为 50~100g/L 的碱金属铝酸盐在一定温度及 pH 值下混合[SiO_2：Al_2O_3 = 4：10（摩尔比）]成胶，制得硅铝酸盐溶胶。

② 在成型塔的上部装入不与溶胶混溶的有机溶剂（如润滑油或变压器油等），底部装入可循环使用的铵盐溶液（如硝酸铵、硫酸铵等溶液），浓度为每升含 20g 左右。

③ 使用一种带50~120个直径为几毫米的波纹面的圆锥形分流液滴分流器，将溶胶①呈液滴状滴入成型塔内，当溶胶液滴落入有机液体层内时，由于表面张力作用，立即生成直径为 1~6mm 的球形液滴，并经凝胶化形成凝胶粒子。粒子在重力作用下通过有机油层而进入铵盐溶液中，此时球的强度迅速增大。

④ 将凝胶粒子随铵盐溶液一起移至另一容器中，再经二次铵盐溶液处理。二次铵盐溶液的浓度依次为 10~1000g/L 与 5~30g/L。经此处理可将铵盐溶液中的阳离子与凝胶粒子中的阳离子进行充分离子交换。

⑤ 将经离子交换的凝胶粒子水洗、干燥及热处理。热处理温度为 80~800℃。经热处理后得到的是脱水无定形硅酸盐粒子。将此分子筛粒子在碱性铝酸钠水溶液中浸渍，并在室温下静置 24h，再于 75~100℃下加热 24h，沸石分子筛晶化过程即结束。

⑥ 将所得晶化成型粒子用水洗，洗至 pH 值为 9~11，经干燥后即可制得球径约为 2~4mm 的高强度 A 型分子筛或八面沸石，对于 A 型分子筛或八面沸石球粒制法的主要区别在于晶化时所用铝酸钠溶液的钠铝比有所区别。制取 A 型分子筛时，$Na_2O：Al_2O_3$（摩尔比）= 1.5~2.5，而制八面沸石时，$Na_2O：Al_2O_3 = 3.0~9.0$。

采用烃-氨柱成型法进行分子筛成型时，其主要特点是：所制得的分子筛球粒中几乎不含其他结晶相杂质或无定形杂质，为单纯的沸石晶体。而且球形度好、机械强度高，有更强的静态及动态吸附能力。表 5-80 示出了用烃-氨柱成型法制得的 NaA 型分子筛及八面沸石的部分性质。

表 5-80　NaA 型分子筛及八面沸石的部分性质

项目	NaA 型粒状分子筛	粒状八面沸石
吸附能力（20℃水蒸气）/（cm^3/g）		
分压：0.1MPa	0.24	0.29~0.30
分压：0.5MPa	0.25	0.30~0.31
动态活性：		
粒径 2~4mm，空气露点达-70℃时		
吸附水蒸气量/（mg/cm^3）	140~150	150
吸附苯蒸气量/（mg/cm^3）	—	90~100
破碎强度/（kgf/粒）	10~15	6~8

5-12　喷动成型法

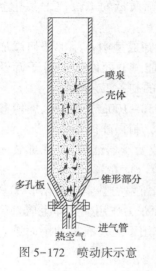

图 5-172　喷动床示意

喷动（床）成型又称喷动（床）造粒，是由喷雾和流态化干燥组合而成的成型技术，也是流态化干燥技术基础上发展起来的一种催化剂成型方法。操作时，粉体处于流态化，同时喷雾黏合剂使粉体发生凝聚造粒。

5-12-1　喷动成型原理

喷动成型是在一种称作喷动床（又称喷泉床）的装置中进行。喷动床是一种特殊条件下的流化床，其形态类似于一个稀流化相与固体颗粒移动床相结合，如图 5-172 所示。热空气或热风由下部锥形开口或喷嘴通入设备中，在床层中央形成一个强大的射流，在气体还未能在整个设备的横截面上产生显著的侧向分布时，即由设备外喷出，同时形成一个中央沟道，其中的固体颗粒也随之夹带而上，形成稀相。固体颗粒主要是从床层底部补充进入沟道，也有一部分是在不同层次进入的。

在中央沟道中，固体颗粒的浓度随高度增加而增加，同时沟道的轮廓也变得越来越模糊。床层四周是一个向下的移动床。在中央沟道中，固体颗粒与气体的比例，与典型稀相流化系统中的固、气比例属一个数量级。在沟道顶部，固体颗粒沿径向溢流进入环形空间，该空间为下降固体粒子所充满，它们的相对位置基本不变。床的空隙率及颗粒运动的形态与充气移动固定床相似。

两相共存产生一种特有的固体循环状态，即固体物料在中央被夹带向上，并借重力通过周围环形空间中的密相床层而下降。显然，这时气体在床截面上的分布是不均匀的。这与有严重沟流趋向的流化床情况相似。

图 5-173 示出了喷动床的压降-流量关系示意图。在气体流量低时，其形态类似于固定床，如图 5-173 中的 $\overline{ab}$ 段。当流量超过 b 点时，锥体底部的粉体粒子被举起，并形成一个小范围内部沟道或喷泉。由于此喷泉中固体颗粒的浓度低于床层其余部分的浓度，因此伴有压降的减小。当空气速度进一步增大时，喷泉高度增加而压降则进一步减少到 c

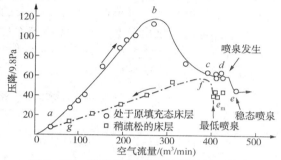

图 5-173　喷动床的压降-流量关系示意

点。由于有相当多的固体颗粒由中央沟道被夹带出，因此，床面在 c 点显著上升。当流量进一步增大到 d 点，压强不再变化。喷泉完全限制在床层内部。流量再增大到 e 点时，喷泉穿透床层，喷泉中固体颗粒的浓度急剧下降，压降也显著下降，在 e 点床层的喷泉处于稳定状态。

气体流量降低时，在 e_m 点以前，床层仍保持喷泉状态，流量再降低，压降将突然上升，喷泉将被淹没于床层中。显然，e_m 点是床层最低喷动状态，流量进一步降低时，压降将上升至 f 点，喷泉处于瓦解状态，即在 $\overline{fg}$ 段，床层又具有固定床的特性。

根据喷动床工作原理，喷动成型有以下两种方式。

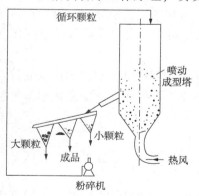

图 5-174　喷动成型流程示意

1. 溶液在晶种颗粒喷动床中的成球过程

图 5-174 示出了这种方法的工艺过程。首次运行时，需在喷动成型塔中先加入部分晶种或母粒。喷动热空气及溶液由床层底部喷入。在晶种颗粒穿过液体喷雾区时，颗粒表面便会沉积一层液体薄膜。以后颗粒继而在喷泉区上升，继而在环形区下降，由于和热空气相接触，液膜得到干燥。这样，当颗粒在床层中循环时，便逐渐长大，生成的大球沉至下部，一定时间可由锥底侧部的出料口排出，部分强度较差的大球在不断碰撞过程中被破碎成细粒或碎片，形成新的晶种或母粒。此外，随成品排出的小颗粒，经粉碎后也可循环回送到塔中作为晶种。

这种成型过程也可在流化床中进行，但在喷动床中进行时，能制得粒径为 3~10mm 的球形颗粒，为表面圆滑、结构密实的均匀产品。这是由于喷动中颗粒的运动规律比流化床更强，在喷动床底部存在着一个高速度区，是整个床层中温度最高的部分，从而提供一个喷入液体的理想位置，在该区中水分迅速蒸发，使热风与床层颗粒相接触前，温度已显著下降。因此，喷动床可采用比流化床更高的气体入口温度而不至于使床层颗粒受到热损失。

实际操作中，黏性物料也可由床顶喷入，成型过程需采用适宜的床温及溶液喷入速度。

2. 在惰性颗粒喷动床中的成型过程

这种方法的基本原理与上述喷动成型过程相似，只是床层由石英砂之类惰性颗粒组成。溶液经喷嘴雾化后与热空气一起由底部喷入而涂敷在惰性颗粒上。当颗粒在床层内循环运动时，涂层逐渐变脆，最终因惰性粒子间相互碰撞而从颗粒表面上剥落下来，形成粉状物料。它适用于溶液干燥的最终形态是粉末状的场合。用以处理膏状物料时，物料一边被粉碎成颗粒，一边随气流从设备中带出，最后在旋风分离器中收集。与喷雾成型相比，设备尺寸可以大大缩小。但操作时，床温控制是十分重要的因素。

与压缩成型、挤出成型及转动成型等方法比较，喷动成型时，成型及干燥都在单一密闭装置中进行，使生产工艺流程简化，设备减少，热能利用率提高。表 5-81 示出了喷动成型与其他一些成型方法的比较结果。

表 5-81 喷动成型法与其他成型法的比较

工艺过程		单元设备	
其他成型法	喷动成型法	其他成型法	喷动成型法
混合	向单一容器投料	混合机	喷动成型装置
加水		捏合机	
搅拌捏合	流化混合 喷雾成型 流化干燥 在同一容器内进行		
成型		成型机	
干燥		干燥机	
破碎	从容器中卸料	破碎机	
筛分	筛分	筛分机	筛分机

5-12-2 喷动成型法制备球形钒催化剂

使二氧化硫氧化为三氧化硫的接触法制造硫酸工艺，最早采用纯铂作催化剂，由于铂的来源有限且价格昂贵，20 世纪 60 年代后，各主要工业国家都先后采用钒催化剂替代铂催化剂，目前钒催化剂已成为接触法制造硫酸的唯一催化剂。

早期的钒催化剂主要采用机械混合挤条成型工艺生产柱状催化剂。这种催化剂在硫酸转化器中使用时，床层阻力较大，气流分布不够均匀。所以，后来逐渐使用球形钒催化剂来替代柱状催化剂，以降低转化器的床层阻力。

生产球形钒催化剂的工艺可概括为以下三种类型：

① 采用活性组分和载体湿法混合，然后经喷雾干燥，所得干粉再加适量水或黏合剂在转盘中成球，或湿法混合打浆后直接进行喷动成球。

② 采用活性组分和载体等进行机械混合，并捏合成塑性物料，再制成小颗粒，然后滚抛成球形。

③ 用胶凝法使载体液滴成球，再将球形载体浸渍活性组分钒溶液后制成产品。

采用喷雾干燥、转盘成球工艺制成的钒催化剂在使用时，具有床层阻力低的特点。但使用过程中表皮易脱落，使床层气阻逐渐升高，影响正常操作。而采用喷动成球工艺制得的催化剂可以克服这一缺点。钒催化剂的制备工艺较长，下面主要介绍喷动成型法制备球形钒催化剂的工艺过程及影响因素。

1. 球形钒催化剂生产工艺

钒催化剂是一种典型的负载型液相催化剂，它在 SO_2 氧化的工业条件下，其活性组分是熔融的液体，黏度很大，负载在 SiO_2 的载体表面上。钒催化剂的常用载体是硅藻土，硅藻土的主要化学组分是 SiO_2，并含有不同数量的 Fe_2O_3、Al_2O_3、CaO、MgO 及有机物等。通常需通过酸处理等精制过程除去对催化剂有害的杂质。

钒催化剂的生产工艺过程如图 5-175 所示。将经过计量的精制硅藻土、KOH 及 KVO_3 的混合溶液、硫黄粉等，放入带有搅拌器的打浆桶 1 中进行打浆，使之形成均匀的悬浮液。悬浮液经过滤器滤去粗渣后，由活塞式双缸泥浆泵 3 经缓冲器 4 送入喷动塔 6。悬浮液由喷动塔内的压力式喷嘴分散成液滴，以一定的锥度向下喷洒，煤气和空气在燃烧炉中燃烧，生成的烟道气由喷动塔底部进入，通过筛板时使筛板上的催化剂球形成喷动状态。在首次开工时，喷动塔先加入部分晶种或母粒(小于 $\phi 4mm$ 的小球)，以后即进入连续操作。晶种逐渐黏附长大形成球形颗粒。经双层振动筛 7 筛去大颗粒及小粒子(小粒子作为晶种返回喷动塔，大颗粒经破碎后也可用作晶种)，颗粒度符合要求的球粒($\phi 5 \sim 8mm$)经转炉干燥及初步焙烧后，送至焙烧活化炉 17 进行高温焙烧及活化。最后经滚筒筛 18 过筛后得到成品催化剂。由喷动塔顶部排出的废气经旋风分离器 10 回收带出的粉料后，经文丘里洗涤器 11 及旋风分离器 12 进一步净化后由排风机 14 排至大气中。而由焙烧活化炉排出的废气经吸收塔 19 除去其中的 SO_2 及 SO_3 后排放至大气中。

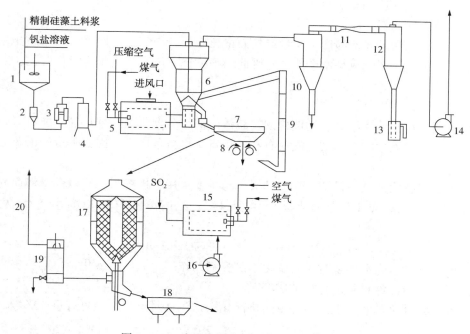

图 5-175　球形钒催化剂生产工艺流程示意

1—打浆桶；2—过滤器；3—双缸泥浆泵；4—缓冲器；5, 15—燃烧室；6—喷动塔；7—双层振动筛；
8—破碎机；9—斗式提升机；10—旋风除尘器；11—文丘里洗涤器；12—旋风除沫器；13—水封；
14—抽风机；16—风机；17—焙烧活化炉；18—滚筒筛；19—吸收塔；20—烟道

2. 主要工艺条件的选择

（1）喷动床温度

在喷动成型时，粉状或粒状料层是由热风流态化，使粉体在悬浮混合及分散流动状态下一边成型，一边进行干燥。

雾滴和热风接触所需实际蒸发时间，取决于雾滴形状、化学组成及固含量等，如温度过高，温度推动力使液滴水分快速蒸发，一开始就不能保持表面湿润，液滴很少经历恒速干燥阶段，在液滴表面上会瞬间形成干燥固体层，对水分传递产生难以克服的阻力，而液滴内部水分却难以蒸发，从而影响产品性质。

温度过低，初始干燥速率就低，液滴表面会在较长时间内保持湿球温度，干燥效果不好，雾滴量相互黏结成块而影响流化和成球，未干物料与器壁接触还易发生粘壁现象。因此，温度控制是影响成球的关键因素之一，制备球形钒催化剂时，床内温度选择为 $200 \sim 250℃$，床底部温度选为 $400 \sim 500℃$ 为宜。

（2）喷嘴孔直径

对于压力式喷嘴，在其他喷嘴参数保持不变时，雾滴尺寸随喷嘴孔直径的平方而增加，因此，生产能力也与喷嘴孔直径的平方成正比。但当喷嘴孔直径大于 6mm 时，则受喷动床干燥能力限制，因此，实际工业生产选用直径为 $5 \sim 6mm$。

（3）喷雾压力

在较高喷雾压力下，雾滴具有较大能量，雾滴尺寸将随压力增加而减小。在压力大于 980kPa 时，由于经喷嘴雾化的物料太细，成球率下降，成品收率下降。在钒催化剂制备时，采用 $785 \sim 980kPa$ 的雾化压力。

（4）喷嘴插入床层深度

喷嘴插入床层深度过低易产生大量湿料而堵死床层，影响正常操作。插入深度过高则易产生较多干燥细粉，影响成型生产能力。因此，喷嘴插入深度与流化连续化有关，以喷嘴距离多孔板 $450 \sim 500mm$ 为宜。

（5）悬浮液性质

钒催化剂是包括活性组分、助催化剂及载体的多组分催化剂。催化剂的配料可以采用酸性配料，也可采用碱性配料。酸性配料有利于用挤条机挤条成型，因为少量的稀硫酸是很好的润滑剂。

但考虑到设备耐蚀性及投资，在喷动成球时主要采用碱性配料。即以偏钒酸钾、氢氧化钾混合溶液与精制硅藻土滤饼一起进行混合打浆，这时溶液中的 KOH 与 SiO_2 发生下述反应：

$$2KOH+SiO_2 \longrightarrow K_2SiO_3+H_2O$$

生成的硅酸钾在喷动成型时可起着化学黏合剂的作用，然后再酸化，可明显提高产品强度。故选择碱性悬浮液料浆进行喷动成型。

除此以外，催化剂酸化工艺条件及焙烧活化操作条件对产品性能也有重要影响。

5-13　熔融喷洒成球法

合成氨是化学工业的支柱产业。传统合成氨催化剂是熔铁催化剂，主要组分为 Fe_3O_4，其含量为 90% 左右，助催化剂有 Al、K、Mg、Ca 等金属氧化物，通常用磁铁矿为原料，由熔融法制备，为不规则形状。

与使用非规则形状催化剂相比，球形氨合成催化剂颗粒规整，表面光滑，能减少床层阻力及避免架桥现象，从而使气流分布均匀、避免短路，缩小同平面温差，提高合成塔生产能力。

生产球形或其他规则形状的氨合成催化剂大致可分为两类：一类是压制烧结成型法，即采用熔融、凝固冷却、粉碎、压制成型后再经烧结而成。这种方法的主要缺点是工艺复杂、生产成本及能耗高、产品机械强度低，而且难以实现工业化批量生产。另一类是一步成型法，即采用熔融、分散、冷却、热处理、筛分的工艺路线，与前一类方法比较，工艺有所简化，并也已实现工业化生产。但分散工艺采用机械撞击或高速流体冲击使熔体分散成小滴，小滴熔浆借助其自身表面张力，收缩成球形或接近球形，所得催化剂颗粒大小不匀，未成球的碎片及细粉较多，成品得率不高。此外，在该工艺过程中，因有大股高温（约 1550℃）熔融物冲入水或液体中，极易发生强烈爆溅，危及人身安全。熔融喷洒成球法则克服了上述成球工艺的不足，而能高效、安全地制备球形氨合成催化剂。

熔融喷洒成球法的基本原理是将制备球形催化剂的原料置于电熔融炉中高温熔融，熔融后的物料由熔融炉出料口流入位于其下方的特制喷头中，通过喷头上的喷孔将催化剂熔浆均匀地喷洒成多股细流，细流在重力或离心力的作用下很快撕裂成液滴，并依赖于其自身凝聚力收缩成球，球体颗粒则在造粒塔内由一定流速（小于悬浮速度）的逆向气流按螺旋线轨迹下落，在被气流冷却的同时，输送到分级筛筛分或直接落入冷却池中的水或其他溶液中快速冷却，将所得小球与溶液分离后，经热处理、分级，就可制得不同粒度等级的球形催化剂。这种生产方法具有工艺简单、成球率高、产品机械强度好及操作安全等特点，尤适用于制造球形氨合成催化剂。根据喷头结构不同，球形氨合成催化剂又可分为以下两种制法[106]。

1. 固定造粒喷头直落法

采用这种方法制备球形合成催化剂的装置如图 5-176 所示。先将精洗磁铁矿粉、氧化铝、硝酸钾、氧化镁、碳酸钙等原料按一定比例混匀后，放入电熔炉 1 中熔制成熔浆，熔浆经出料口 2 流入固定造粒喷头 3，通过喷头底部的喷孔 4 喷洒而下，依靠其自身的凝聚力凝缩成球，球体颗粒在造粒塔 5 内由一定流速的逆向气流悬托下缓慢下降并被气流冷却（干法成球），然后输送到分级箱或落入冷却池 4 中的水或其他溶液中冷却（湿法成球）。通过分离设备将球和溶液分开，经热处理、分级制得不同粒度的催化剂成品。

2. 旋转造粒喷头离心法

这种方法制备球形合成氨催化剂的装置如图 5-177 所示。按以上的方法制取催化剂熔浆后，熔浆经出料口 2 流入转速为 200~500r/min 的旋转造粒喷头内，熔浆进入旋转喷头 3 内，液体受旋转运动产生离心力而向外扩散，从而在喷头内形成具有一定厚度并与锥壁同步呈抛物面旋转的液层。该液层由里向外厚度越大则具有的离心压力也越大，故壁面受到最大离心压力。锥壁孔口靠此离心力作用向外喷射液流。在离心力及重力作用下，细流很快撕裂成液滴，而后在造粒塔内呈抛物线轨迹下落，同时被气流冷却或直接落入冷却池 4 中的水或其他液体中进行急冷。后工序与固定造粒喷头法相同。

作为参考，表 5-82 示出了熔融喷洒法制备的球形氨合成熔铁催化剂的球形系数及机械强度。表 5-83 示出了熔融喷洒成型的成球率及粒度分布。

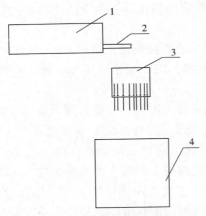

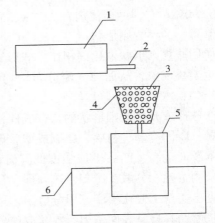

图 5-176　固定造粒喷头成球装置　　　　　　图 5-177　旋转造粒喷头成球装置
1—电锌炉；2—出料口；　　　　　　　　　1—电熔炉；2—出料口；3—旋转喷头；
3—固定喷头；4—冷却池(造粒塔)　　　　　4—喷孔；5—电机；6—冷却池

表 5-82　球形氨合成催化剂的球形系数及机械强度

项目　序号	1	2	3	4	5	6	7	8
颗粒直径/mm	6.05	4.52	5.30	3.10	4.15	5.02	6.10	3.82
球形系数(ϕ_s)	0.98	0.95	1.0	1.0	1.0	1.0	0.98	0.99
机械强度/(N/粒)	192.1	403.8	372.4	198.0	250.9	87.2	229.3	294.0

注：$\phi_s = (ac/b^2)^{1/3}$，式中 a、b、c 分别为颗粒三个方向的尺寸。

表 5-83　熔融喷洒成型的成球率

成球方法	喷孔直径/mm	粒度分布/%					成品得率/% (直径≥2mm)
		>3mm	2~3mm	1.4~2mm	1.2~1.4mm	<1.2mm	
固定造粒喷头	$\phi4$	57.64	26.50	9.08	2.82	3.97	84.14
	$\phi5$	43.41	38.54	18.05	—	—	83.03
旋转造粒喷头	$\phi4$	46.75	46.75	4.41	1.12	0.97	93.9
	$\phi4$	81.29	15.67	1.92	1.13	—	93.5
	$\phi4.7$	65.22	29.43	5.35	—	—	96.96
	$\phi4.7$	74.3	20.8	3.2	1.8	—	95.10

5-14　特殊形状催化剂或载体的成型

5-14-1　蜂窝型催化剂或载体的成型

蜂窝型催化剂或载体是一种规整结构的催化剂或载体，其外形结构参见图 5-121。蜂窝型催化剂最早应用于汽车尾气净化上，以后又用于催化燃烧法处理有毒工业废气。

催化燃烧是当有机废气通过催化剂时，碳氢化合物分子和混合气体中的氧分子分别被吸附在催化剂表面上而活化，降低了活化能，因此，碳氢化合物与氧分子可在较低温度下迅速氧化。作为工业废气处理的氧化催化剂的活性物质有两大类：一类是 Pd、Pt 等贵金属，另一类为金属和稀土元素。

催化燃烧催化剂载体常用的有金属、陶瓷及天然矿石等，几何形状有条、球及蜂窝状等。蜂窝状催化剂与一般颗粒催化剂相比具有下述特点：①可以制得孔壁薄、孔道密度高、自由截面和几何外表面较大的载体；②气流阻力小，通常只为颗粒状的二十分之一；③负载的催化活性物质涂层薄，内表面利用率高，特别适用于反应速度快、空速高、处于传质控制的反应过程；④气流分布均匀，无热点及沟流现象；⑤机械强度及热稳定性好，不产生粉尘；⑥安装简便，既可水平安装（气流上下通过），也可垂直安装（气流水平方向通过）。

早期的蜂窝状载体采用浇铸法制备，即将氧化物与过量水研磨成的黏稠状悬浮液，倾入成型模具中经浇铸、干燥及焙烧制成。

规整式载体也可采用波纹法制造，即先将粒度为 $1 \sim 50\mu m$ 的初始原料与有机黏合剂、增塑剂一起混匀，放入球磨机中研磨数小时，再将黏性浆液涂在纸板上，将纸板叠成波纹状，然后一层波纹层和一层平板层交替卷成卷并交叉排列，最后经高温烧尽纸板，即可制得具有波纹状孔隙的规整式载体。但这样制得的载体孔壁不均匀，机械强度也较差。

目前，规整式载体大多采用挤压成型法制造，即将起始原料细粉中加入增塑剂、黏合剂等制成可塑性混合物，然后在特制压模中挤压成整体块状，经干燥、焙烧制得成品。有关这种制法可参见 5-8-5 节有关介绍。

采用陶瓷材料作为规整式或蜂窝状载体有上述许多优点，但也存在以下不足之处：①对于一般制作工艺，蜂窝的孔径及壁厚还不能制得很小，因而单位体积催化剂的几何外表面及自由空间还不够大，使进一步提高催化剂强度和降低气体阻力受到限制；②陶瓷材料的急冷急热性能较差；③陶瓷材料的导热性差、热容量大；④陶瓷材料的机械强度较差，难以承受较强的气流冲击及机械震动。

为此，开发出一种金属蜂窝型催化剂，以克服陶瓷蜂窝催化剂产生的不足。例如，用 0.05mm 不锈钢带制成的蜂窝载体，每平方厘米截面的孔数达 60~90 个，每升催化剂的几何外表面达 $3.2 \sim 3.9 m^2$，自由截面达 83%~89%。这些指标是一般陶瓷载体难以达到的。此外，金属载体的导热性、机械强度、耐急冷急热性也比陶瓷载体优异。但是金属蜂窝催化剂制备也存在一定困难。首先是金属载体必须能耐高温氧化腐蚀。其次是在载体表面能牢固黏附一层高比表面积的氧化铝，以便能在上面负载催化活性物质，并在使用时不会脱落。下面举例说明金属蜂窝型催化剂的简要制法。

（1）金属载体成型

用厚度为 0.05~0.1mm、宽度为 50mm 的不锈钢带在滚齿机上压成等边三角形波纹板，再于其上铺一相同宽度的不锈钢带，混合卷成所需直径的圆柱体，也可以用一波纹板与一块平板相间放置，叠成方形蜂窝。

（2）不锈钢渗铝

为使不锈钢能抗温氧化并能与氧化铝涂层相结合，可采用包埋渗铝方法使不锈钢载体渗铝，然后再在空气中高温焙烧，使合金均化，同时也使表面氧化。经这样处理的合金，抗高温氧化能力很强。合金表面的氧化铝膜对下一步黏附氧化铝层起着重要作用。

（3）负载催化活性物质

黏附氧化铝层的方法也有多种。一种方法与处理陶瓷载体相似，即将渗铝并氧化铝的金属载体直接浸涂氢氧化铝溶胶，经干燥、焙烧转变成氧化铝。也有的方法是将金属载体浸在铝酸钠溶液中，使表面沉积一层三水氧化铝晶体，经过焙烧即能转变成 $\gamma\text{-}Al_2O_3$。经这样制得的载体就可用浸渍法负载钯盐溶液等活性物质。表 5-84 示出了陶瓷载体与金属蜂窝载体的性能对比示例。

表 5-84　两种载体性能比较

名称　项目	载体材料	孔形	孔数/（个/cm³）	孔壁厚/cm	外形尺寸/cm	几何外表面积/（m²/L）	自由截面/%	堆密度/（kg/L）
陶瓷载体	75 瓷	φ3mm 圆孔	6.5	0.05	5×5×5	0.85	63	0.92
金属蜂窝载体	渗铝不锈钢	三角形波纹孔	35	0.01	φ11×5	2.53	84	1.22

5-14-2　纤维催化剂成型

纤维催化剂的出现可追溯到早期的铂石棉催化剂，因其有易于粉碎的缺点而未获得工业应用。到 20 世纪 70 年代后半期，用无机纤维作为催化剂载体又重新引起人们的兴趣。首先报道的是应用玻璃纤维作为汽车废气净化催化剂载体的试验结果。以后陆续出现将碳纤维用作脱氧催化剂载体，将玻璃纤维、氧化铝纤维用于裂解汽油加氢及微量氧的脱除反应。一些实验结果表明，纤维催化剂与常用粒状催化剂比较有其特定效能。

以氧化铝纤维为例，吸附测定结果表明，各氧化铝纤维载体物理性质与颗粒状氧化铝相似，但孔容与平均孔径稍低。X 射线晶相分析表明，氧化铝纤维为 $\eta\text{-}Al_2O_3$ 时，随着焙烧温度增加，其结构变化与一般含水氧化铝不同，在焙烧温度由 850℃ 升至 1200℃ 时，其比表面积由 114m²/g 降至 22.4m²/g，但直至 1200℃ 仍未完全转变为 $\alpha\text{-}Al_2O_3$。

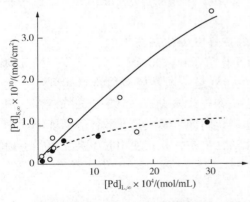

图 5-178　25℃时的吸附等温线
○—纤维氧化铝；●—颗粒氧化铝

已经知道，多种贵金属配离子在载体表面上吸附扩散过程是制备高分散度金属催化剂的重要步骤。贵金属 Pd、Pt 配离子在纤维氧化铝和颗粒氧化铝上的吸附能力是不同的。图 5-178 给出了不同氧化铝的吸附等温线，图中 $[Pd]_{S,\infty}$、$[Pd]_{L,\infty}$ 分别表示固相钯和液相钯的平衡浓度。由图可见，在相同的浸渍条件下，纤维氧化铝单位表面平衡吸附量较 $\eta\text{-}Al_2O_3$ 小球的吸附量要大，这种差异不能用比表面积大小来解释，可能与载体表面性质有关。

纤维催化剂可分为两种，一种是微粒状纤维，表面上与粒状相同，有关这方面的应用报道较少。另一种是一般纤维催化剂，也即通常所指的纤维催化剂，它包括纤维载体制备及负载纤维催化剂制备两步。常见的纤维载体有碳纤维、氧化铝纤维、玻璃纤维及硅酸铝纤维等。

用作保温材料和工程材料的原纤维一般经过高温处理，因此没有催化剂所必需的多孔性，直接用它作催化剂载体是不适宜的。但如将原纤维作适当预处理，就能产生载体所必需的多孔性。预处理的方法随纤维种类而异。碳纤维一般采用空气氧化、硝酸氧化，也可以使用水蒸气、二氧化碳作氧化剂的高温氧化处理来产生多孔性。玻璃纤维及硅酸铝纤维一般采用酸腐蚀方法，如用盐酸或氢氟酸来腐蚀硼玻璃纤维使其具有多孔性。氧化铝纤维可以用与粒状氧化铝相似的方法来获得多孔性。通常，这些无机纤维系采用熔纺成型。下面介绍一些纤维载体或催化剂的制法。

1. 纤维催化剂的制法

（1）碳纤维的制法

碳纤维的形状很多，它可以是缕丝状、线状、经过编织的网状等。例如，对一氧化碳具有催化氧化活性的碳纤维可以采用多种方法制造。

方法一：将可熔融和碳化处理的树脂与钯、钌等金属活性组分混合，制成金属元素状或配合物状催化成分，再把这种混合物在熔融状态下从喷嘴中喷出，喷出的纤维丝用卷筒牵引。为了将纤维制成难熔纤维，先进行硬化处理，然后将纤维碳化成碳纤维，最后进行活化。

可使用的树脂有：酚醛树脂、甲酚甲醛树脂及沥青等。碳化温度为 500～1000℃，一般在不产生氧化反应的大气中进行。活化是在氮气气氛下，通过二氧化碳或水蒸气来处理。活化处理时间越长，碳纤维活化程度越高，表面积也越大。所以，碳纤维的表面积可以由活化处理时间来调节。

方法二：将可以碳化和难熔的聚合材料放在溶剂中溶解成黏滞的纺丝溶液，再将金属元素状或金属配合物状的催化成分放入黏滞溶液中，然后将溶液喷成丝状，接着对碳纤维进行碳化处理，最后进行活化处理。

聚合材料可以使用聚丙烯纤维或再生纤维素纤维，碳化和活化处理时，先在 200～300℃的空气中预氧化，然后在氮、氩等惰性气体中加热至 850～1000℃，再导入水蒸气、二氧化碳，在 850～1000℃下进行活化处理。

方法三：先将酚醛树脂、聚丙烯腈、再生纤维素等经熔融纺丝成纤维状，也可使用棉花及羊毛等天然纤维，然后将金属元素状态或金属配合物状态催化成分，采用喷镀、浸镀、滚动包覆等方法涂覆在纤维上，再按上述同样方法进行碳化及活化处理。

用上述方法制成的碳纤维催化剂甚至在低温下也有很强的催化氧化能力，可用来处理含一氧化碳废气，将其氧化成二氧化碳。

由上可知，制取纤维状催化剂的成型关键是根据所需纤维直径设计喷丝头，同时在喷丝过程中将喷出的丝以一定速度经过凝结池再缠绕在转动的卷筒上，凝结池的溶液系根据纤维性质选定。

（2）氧化铝纤维制法

氧化铝是应用最广的一类催化剂载体，将氧化铝制成纤维形态就是氧化铝纤维。由于氧化铝纤维的强度及弹性率高于一般碳纤维及玻璃纤维，工业上主要用作金属、塑料、橡胶及陶瓷的增强材料及耐火绝缘材料。以后发现氧化铝纤维也是耐高温的优良催化剂载体，特别适用于 CO 及烃的转化反应中。如在内燃机排烟的催化转化中，用氧化铝纤维作载体的铂催化剂，可将 CO 高效地转化成 CO_2。

按原料、工艺及产品结构等不同，氧化铝纤维有多种制法，下面简要介绍几种制法。

① 熔融法。这一方法是将氧化铝放入钼坩埚中熔融后，插入钼制细管，通过毛细管力

的作用，使熔融液上升到毛细管顶端，长出 α-Al_2O_3 晶种，再以每分钟 150mm 的速度引伸时，可制得 α-Al_2O_3 单晶纤维，含 Al_2O_3 为 100%。但采用这种制法需使用特种坩埚及高温操作条件，其实用性受到限制。

② 溶液抽丝法。这是将铝化合物(盐类或氧化物)与其他有机或无机化合物混合，制成纺丝液，抽丝后经焙烧、氧化即制得氧化铝纤维。

如将含有 CH_3COO^-、$HCOO^-$ 等离子的氢氧化铝溶胶与硅溶胶、硼酸等混合，浓缩后制成黏性适当的纺丝液，经纺丝喷嘴挤出后，置于输送带上，在高于 1000℃ 温度下焙烧，然后将纤维束一端切断，再焙烧制得连续 γ-Al_2O_3 纤维。它含 Al_2O_3 75%、SiO_2 约 25%，以及少量 B_2O_3，为结晶性低的凝聚体，具有耐高温、抗张强度大的特点。

③ 浸渍法。这是将有特种性能的有机聚合物纤维织品或成型物用铝化合物浸渍，再经加热制得氧化铝纤维。

如将一定量人造丝轮胎帘子线在水中浸泡约 1~2h，使帘子线吸水，然后放入 $AlCl_3$ 溶液中浸泡 1~2h，把吸有 $AlCl_3$ 的帘子线先在空气中加热至 400℃，保温 2h，制得氧化铝纱，再经 800℃ 加热 6h，除去所含的全部碳，即制成氧化铝纤维。

2. 纤维催化剂的应用

纤维催化剂的应用虽然还处于不断发展的状态，但它在脱氧、加氢、氧化等反应中显示出优异的性能，下面为其应用示例。

裂解汽油是乙烯工业的副产物，按裂解所用原料不同，其产量约占乙烯生产能力的 40% 左右，其中芳烃含量占 40% 以上，是芳烃的主要来源。此外，裂解汽油中还含有大量的双烯烃、烷烯基芳烃、茚等各种不饱和烃以及硫、氮、氧等杂质，为了有效利用这部分资源，工业上主要切割 C_6~C_8 馏分，采用两段加氢的方法对其加工处理。一段选择加氢除去其中易聚合的双烯烃及苯乙烯，再经二段加氢脱硫，去除单烯烃及硫、氧、氮的有机化合物后作为芳烃抽提工艺的原料，用于生产苯、甲苯、二甲苯。

裂解汽油一段加氢催化剂大致分为两类。一类是以 Pt、Pd 等贵金属作为活性组分的负载型催化剂，其特点是加氢活性高、处理量大、催化剂使用寿命长，但价格较高，对砷等杂质较敏感；另一类是以非贵金属 Mo、W、Ni、Co 等为活性组分，以氧化铝为载体，其特点是活性较低、操作温度较高，但价格较便宜，对砷等杂质的敏感性较低。表 5-85 示出了纤维钯催化剂与球形钯催化剂的裂解汽油一段加氢活性对比结果。

表 5-85 纤维催化剂与球形催化剂加氢活性的比较

催化剂载体形式	钯含量/%	反应条件			产品分析	
		温度/℃	压力/MPa	进油量/[mL 油/(g·h)]	二烯价/(gI₂/100g 油)	溴价/(gBr₂/100g 油)
碳纤维	0.3	80	0.4	20	0.25	26.3
氧化铝纤维	0.3	70	0.4	60	0.22	25.6
	0.75	70	0.4	40	0.18	21.79
氧化铝小球	0.5	70	0.4	40	0.78	22.7

5-14-3 异形催化剂的成型

常用的催化剂或载体是球形、圆柱形及片状等。所谓异形催化剂是指具有特殊形状的一类催化剂，除前述三叶草形、蜂窝形催化剂外，还有其他形状，如齿球形、多孔球形、梅花形以及具有特殊横截面的一些催化剂或载体。图 5-179 示出了一些具有特殊形状的异形催化剂或载体示例。

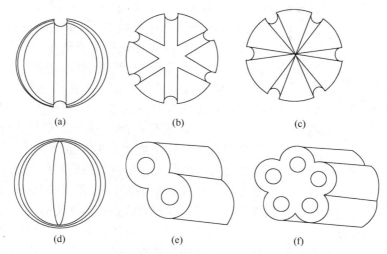

图 5-179 一些异形催化剂或载体形状

（a）—具有 6 条等宽沟槽的球形催化剂的主视图；（b）—具有 6 条等宽沟槽催化剂的俯视图；
（c）—具有 6 条非等宽沟槽的催化剂俯视图；（d）—具有六条非等宽沟槽催化剂的主视图；
（e）—二圆弧花瓣形催化剂；（f）—五圆弧花瓣形催化剂

　　催化剂的使用，除了要求有良好的活性及选择性之外，还要求有适宜的颗粒尺寸及机械强度。传统形状的催化剂由于床层空隙率小，在使用过程中阻力降增加速度较快。特别是在烃类氧化的气固相催化反应中，所用催化剂颗粒形状大多为球形或圆柱形，由于它们的外表面积较小，难以提高催化剂的生产能力。为此，寻求既能适应高流速下操作，又不致增大催化剂床层阻力的有效方法，就是寻求改变催化剂的外观形状和尺寸，用这种方法增大外表面积成为提高催化剂生产能力的重要手段之一，也是近些年来发展起来的催化剂或载体成型技术。

　　例如，在 $C_4 \sim C_8$ 烃类氧化制顺丁烯二酸酐的催化反应中，特别是正丁烷氧化制顺丁烯二酸酐的反应，使用图 5-179 所示圆弧花瓣形的催化剂，其相对活性比常规的圆柱形催化剂有很大提高。其结果如表 5-86 所示。

表 5-86 不同形状催化剂的相对活性

催化剂形状	催化剂尺寸/mm	外表面积/m²	相对活性/%
圆柱状（$D \times L$）	3×5	61.7	100
二圆弧二孔状（$D \times d \times L \times H$）	2.2×0.5×5×4.04	87.74	108
三圆弧三孔状（$D \times d \times L \times H$）	1.8×0.5×5×3.6	107.9	115
五圆弧五孔状（$D \times d \times L \times H$）	1.5×0.5×5×3	111.6	120

　　注：① 相对活性是指在正丁烷浓度为 1.5%（摩尔），空速 2500h⁻¹，反应温度 435℃时的顺丁烯二酸酐收率。
　　② D、d、L、H 分别代表催化剂颗粒圆弧外径、孔内径、长度及外径。

　　异形催化剂或载体的制备通常是在球形、圆柱形或条形催化剂或载体基础上，采用特殊模具或刀具加工而制得。

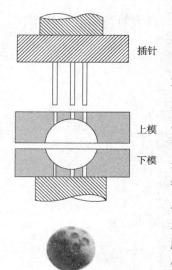

图 5-180　多孔球成型
过程示意

例如，以图 5-180 所示的多孔球（如七孔球、五孔球）为例，这种形状的催化剂的空隙率大、流体阻力小，常用于流体黏度大的反应体系。七孔球或五孔球催化剂或载体，一般直径为 8～30mm，均匀分布七个或五个直径 2～6mm 的圆柱孔。其成型方法如图 5-180 所示。成型时先将碳化法或硝酸法生产的氢氧化铝干胶粉放入捏合机中，然后加入成型助剂（胶溶剂、黏合剂及润滑剂等），捏合成有良好可塑性的料团，再由活塞挤出机挤出圆柱形条，切割成与七孔球或五孔球相接近的圆柱体，然后将小圆柱体物料放入下模中，由液压传动向上移动下模与相应的上模接触，压紧后，再通过液压传动上模上方的插孔针向下移动，并穿过在上模、下模中已开好的孔中，将模具内的料团打成七孔或五孔等。脱模后经抛光、干燥及焙烧后制得七孔球或五孔球载体，用此载体浸渍活性组分后即制成相应的多孔球催化剂。

对于齿球形或图 5-179（a）、（c）所示的球形催化剂或载体，是以挤出成型的圆柱体为基础，沿经线方向开设一条或多条沟槽。沟槽可以有各种形状，如半圆形、三角形、正方形、梯形、长方形等。沟槽的深度小于催化剂或载体半径的二分之一，沟槽的宽度也小于催化剂或载体半径的二分之一。制备这类异球形载体的材料可以是碳化法或硝酸法制备的氢氧化铝粉、无定形硅铝粉、二氧化钛粉、沸石分子筛粉以及天然矾土和各种黏土等。

制备时，先在成型用原料粉中加入各种成型助剂，然后经混合、捏合、挤条制成所需长度及沟槽的异形条，再经特制刀具旋切成球形颗粒，后经养生、干燥、焙烧制成异形载体。将此载体浸渍所需活性组分后，再经干燥、活化制成异形催化剂。

图 5-181 示出了一种异形催化剂或载体的制备装置[107]。它由拌料机、挤压机、导向轮、切粒机构、敞口容器及烘干器等组成。从拌料机 1 的出料口输出已拌成的膏状物料直接落到挤出机 2 的进料口，在挤出机 2 的出口处装有可拆卸的出料模 3。出料模 3 截面形状按加工催化剂颗粒载体截面形状设计，其截面形状主要有圆形、环形、梅花形、齿轮形、叶草形、南瓜形、多孔形等。从挤出机出料模 3 不断挤出的柱形膏状料坯在导向轮 4 的引导下，沿切粒机构 6 中相互平行放置的刀轴上方向移动。刀轴表面轴向等间距密排列可同向或反向旋转的同轴圆刀片，圆刀片之间形成 50 个圆环形凹槽，凹槽间距等于催化剂颗粒载体设定长度或直径。当出料

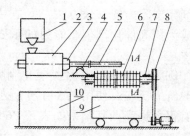

图 5-181　催化剂或载体颗粒制造装置
1—拌料机；2—挤出机；3—出料模；
4—导向轮；5—挤出膏状料坯；
6—切粒机构；7—轴承；8—电动机构；
9—敞口容器；10—烘干器

模 3 挤出的柱形膏状料坯 5 达到刀轴有效切制长度时被切断，切下的料坯在重力作用下，掉至敞口容器 9 中，积累到一定量后送至烘干器进行烘干，即制成所需形状的催化剂或载体。

第6章 催化剂干燥技术

干燥操作含义极广，除去气体水分是干燥，某些液体脱水也称为干燥。通常来讲，干燥常指热能使湿物料中湿分汽化，并由惰性气体带走所生成的蒸气，从而将湿分除去的过程。

在化工或催化剂生产中，某些半成品或固体产品因使用或进一步加工的需要，须除去其中的湿分(水分或有机溶剂)，这种除去物料中湿分的操作称为去湿。去湿的方法较多，有机械去湿法(如前述的过滤、沉降、离心分离等方法)、物理去湿法(如采用氧化铝、分子筛、硅胶的吸附法)及化学去湿法(如使用浓硫酸、烧碱、无水氯化钙等吸湿性物料吸收湿分的方法)。

采用去湿操作后的物料中，大量湿分已被除去，为了进一步除去物料中仍含有的少量湿分，常用加热或其他方法使固体物料中的湿分(水分或其他溶剂)汽化并除去的操作过程称为干燥。所以，在催化剂生产中，经过滤所得沉淀物(如水凝胶)、各种成型方法制得的载体、用浸渍法制备的催化剂等，都含有不同程度的水分及其他活性组分、助剂等。在催化剂活化或使用前都需要先进行干燥。对于催化剂或载体的干燥，除了脱水以外，尚存在着活性组分的再分配、细孔结构的收缩及聚集等过程。所以干燥也是催化剂制备的一个重要操作步骤。

在实验室中，催化剂或载体干燥常是一种简单的操作，即在空气存在下，在100℃左右的电烘箱中进行。如果操作手续有很大变化，会对催化剂的最终物性产生某些影响。

工业上使用的干燥方式及干燥设备很多，在众多的干燥设备类型中，干燥物料体积对干燥器体积的比例、干燥介质的循环方式与循环速度、干燥器中的水蒸气分压、升温速率及干燥温度、干燥物料的物化性质等，都是会对产品质量产生影响的因素。所以，在干燥操作中，严格控制这些条件对获得高质量的产品是十分重要的。

6-1 物料与水分的结合形式

催化剂或载体多数是一些多孔性物料，其内部结构十分复杂。根据制备条件不同，这些物料中所含的水分可能是水溶液或纯液态。

根据水分在物料中的结合状态及位置不同，可分为化学结合水、物化结合水及机械结合水。

① 化学结合水。是指参与粉体物料晶体的水分，也即晶态水合物中存在的水，又称为结晶水。根据晶体中水的作用和存在形式可分为：a. 骨架水，指水作为构建晶体的主要组分组成骨架，如天然气水合物(又称可燃冰)的化学通式为 $M \cdot nH_2O$(M 表示甲烷)；b. 配位水，指在晶体中水作为配位体和正离子配位，如钾明矾 $KAl(SO_4)_2 \cdot 12H_2O$；c. 结构水，指水用作填补晶体结构中的空间，并通过氢键和其他组分结合，如 $CuSO_4 \cdot 5H_2O$ 中有一个 H_2O 分子起这种作用。除此以外，还有沸石水、层间水(层间化合物中层间存在的水)等。通常，结构水的结合形式最牢固，排出时需要较大的能量，如高岭土的结构水要在 400~650℃ 之间才能排出。

② 物化结合水，又称吸附水。指依靠催化剂或载体中的粉体颗粒的分子间引力(范德华力)和质点间毛细结构形成的毛细管力，存在于物料颗粒表面或微毛细管(直径小于 1×

10^{-4}mm 的毛细管)中的水分。物料越细或成型时黏合剂用量越多，分散度越大，则所吸附水量越多。对于确定的成型物料，吸附水量还会随周围环境的温度和相对湿度的变化而变化。环境温度越低，相对湿度越大，其吸附水量也越多。这种水分在干燥过程中借毛细管的吸引作用，转移到物料表面。

③ 机械结合水，又称自由水。指附着于物料表面的水分，或是分布于颗粒之间较大空隙中，靠内聚力与物料松散地结合。这种水分易于排除，并在排出过程中由于颗粒相互靠拢而发生收缩。

根据物料中水分被除去的难易程度，可将物料中的水分分为结合水与非结合水。

① 结合水。指借化学力或物理化学力与固体颗粒相结合的水，如上述结晶水、吸附水等属于结合水。它与固体物料的结合力强，其蒸气压低于同温度下纯水的饱和蒸气压，在干燥过程中较难除去。

② 非结合水。指存在于物料表面的吸附水分以及较大空隙中的水，也即上述机械结合水。这种水分与固体物料结合力弱，其蒸气压等于同温度下纯水的饱和蒸气压，是较易干燥除去的水分。

根据在一定干燥条件下，物料的水分能否用干燥方法除去，又可分为平衡水及自由水分。

① 平衡水分。在物料和所用干燥介质一定的条件下，如物料中水分所产生的蒸气压大于空气中水蒸气的分压，则物料中的水分将汽化，直到产生的蒸汽压与空气中水蒸气的分压相等为止，这时物料中的水分达到平衡，物料中的水分不再减少，这时仍然存留于物料中的水分，称为平衡水分。又称平衡含水量或不能再干燥的水分。

平衡水分的数值与物料的性质有关，非吸水性物料的平衡含水量要比吸水性物料小得多。此外，物料接触的空气的温度越高，平衡含水量越大；相对湿度越大，平衡含水量也越大。

② 自由水分。凡是大于平衡含水量而能够通过干燥方法除去的水分称为自由水分或称自由含水量。自由水分的数值大小与平衡水分一样，与空气状态有关。自由水分是在该条件下能用干燥方法除去的水分。

6-2　干燥过程及原理

6-2-1　干燥过程的物料衡算

1. 物料含水量的表示方法

（1）湿基含水量

以湿物料为基准的物料中水分的质量分率称为湿基含水量，是指在整个湿物料中水分所占的质量分率或质量百分比，用符号 ω 表示，即

$$\omega = \frac{湿物料中水分的质量}{湿物料的总质量} \times 100\% \tag{6-1}$$

上式是常用含水量表示方法，但用这种方法表示物料在干燥过程中初始及最终含水量时，由于干燥过程中湿物料的总量是变化的，计算基准不同会给计算带来不便。

（2）干基含水量

以绝对干料为基准的湿物料中的含水量称为干基含水量，是指湿物料中水的质量与绝对

干料质量的比值，用符号 x 表示，即：

$$x = \frac{湿物料中水的质量}{湿物料中绝对干料的质量} = \frac{湿物料中水的质量}{湿物料总质量-湿物料中水的质量} \times 100\% \quad (6-2)$$

湿物料的干基含水量的定义与空气湿度的定义相仿，是湿物料中水的质量对绝对干料的质量比值，故在物料衡算中用干基含水量计算则较方便。

两种含水量之间的换算关系为：

$$x = \frac{\omega}{1-w} (\text{kg/kg 绝干料}) \quad (6-3)$$

$$\omega = \frac{x}{1+x} (\text{kg/kg 湿物料}) \quad (6-4)$$

（3）含水量的测定

待干燥物料含水量的多少，是干燥前必须知道的基本数据，而干燥后物料终了含水量的多少，则是是否达到干燥目的重要依据之一。

测量含水量的方法很多，常用的直接测量法是物料加热烘干法。即将已知质量的湿物料放在称量皿中，然后放入烘箱中恒温加热直至物料达到恒重，烘干温度取决于物料的耐热性能。即在烘出水分时，确保物料不发生化学变化（氧化或分解）。对于耐热的物料可在微波炉中加热，以缩短干燥时间；对于热敏性物料，则需要在真空干燥箱中低温加热真空脱水。

2. 水分蒸发量

设在干燥过程中，湿物料的质量及含水量分别为 g_1、ω_1，干燥后的物料质量及含水量分别为 g_2、ω_2。则干燥后，物料中的绝对干料的物料衡算式是：

$$g_干 = g_1(1-\omega_1) = g_2(1-\omega_2) \quad (6-5)$$

干燥设备的总物料衡算式是： $$g_1 = g_2 + \omega_水 \quad (6-6)$$

水分蒸发量的物料衡算式是：

$$\omega_水 = g_2 - g_1 \frac{\omega_1-\omega_2}{1-\omega_1} = g_2 \frac{\omega_1-\omega_2}{1-\omega_1} \quad (6-7)$$

设已知物料初始和最终的干基含水量为 x_1 和 x_2，则水的蒸发量可用下式计算，即：

$$\omega_水 = g_干(x_1-x_2) \quad (6-8)$$

6-2-2 干燥过程

干燥过程中排出水分的多少与快慢、湿料的温度变化及干燥介质的温度变化等情况，可用干燥过程曲线描述，如图 6-1 所示。全部干燥过程可分为以下几个阶段。

1. 升速阶段

这一阶段的特征是，随着干燥时间增加快，干燥速度逐渐加快，直至最大值（点 A）。与此同时，物料的温度也逐渐由起始温度（或常温）升高到某一数值，并与点 A 相对应，这一阶段的时间长短取决于

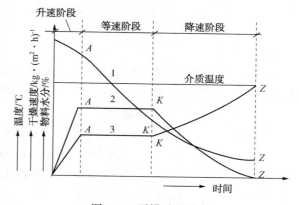

图 6-1 干燥过程示意
1—物料含水量；2—干燥速度；3—物料表面温度

物料厚度，厚度越大，时间越长。由于升速阶段时间较短，所以此阶段排出水量不是太多。

2. 等速干燥阶段

当物料所吸收的热量与蒸发消耗的热量达到平衡时，物料的湿度不再升高，而进入等速干燥阶段。在此阶段，物料内部水分能顺畅地移向表面，使表面的蒸发过程连续进行。这一阶段的主要特征表现为：物料温度保持恒定，干燥速度固定不变。与此同时，随着物料水分的不断排出，孔结构开始形成，而对于湿滤饼成型的湿颗粒，骨架会有所收缩。这一阶段也称为外部条件控制过程。这是因为干燥速度快慢，是由外部可人为控制的因素，如温度、干燥介质的流速、流量、湿度及搅拌状态等所决定。

3. 降速干燥阶段

干燥过程中，由等速干燥阶段进入降速干燥阶段的转折点（图 6-1 中的 K 点），称为临界点。进入降速干燥阶段后，滤饼或湿颗粒中的粉体粒子已相互接触、靠拢，使形成的间隙孔道更加窄小，以致增大了内部水分向表面扩散、渗透的阻力，并制约了表面蒸发的正常进行，造成蒸发水量减少。这一阶段的主要特征表现为：干燥速度随时间增加而不断下降，直至终止，物料温度逐渐增高，最后达到介质温度。此外，随着粉体粒子相互靠拢及水分排出，气孔率不断增加。

临界点是干燥过程的重要状态点，达到此点后，物料不再因水分蒸发而产生收缩或只有微小收缩。再继续干燥时，仅增加物料内部的孔隙。当物料与介质的热交换达到平衡时的状态点（图 6-1 中 Z 点）时，物料水分达到平衡水分时，干燥速度降为零。这时物料与周围介质达到平衡状态。平衡水分的多少取决于物料本身的性质和周围介质的温度与湿度。过时物料中的水分称为干燥最终水分。

根据上述干燥过程，湿物料的水分运行是分两步进行的。第一步是水分由湿物料或物料内部移至表面，这一过程称为内扩散；第二步是移到表面的水分蒸发为空气所吸收，这一过程又称为外扩散。故总干燥速度取决于内扩散及外扩散的速度。

6-2-3 干燥原理

催化剂或载体的干燥方法很多，有热风干燥、远红外干燥、微波干燥、辐射干燥等，其中以热风干燥最为常用。下面主要介绍热风干燥原理。

热风干燥是利用热气体作干燥介质对物料进行干燥的方法。它包括水分蒸发和扩散两个方面。其干燥速度大小主要取决于物料表面所处的蒸发条件及内部水分的扩散、迁移状况等。

1. 外扩散

外扩散是湿物料在干燥时，水分由表面蒸发至周围气体介质的过程。通过外扩散，物料表面水分依靠干燥介质连续提供热能，持续不断地转移至周围气体介质中，进而达到干燥的目的。影响外扩散的主要因素为：

① 物料本身的温度。温度越高，水的饱和蒸气压越大，蒸发速度也越快。

② 干燥介质的流速。流速越快，越有利于水蒸气扩散，蒸发速度也越快。

③ 物料周围介质的相对湿度。相对湿度越小，其中水蒸气的浓度越低，水蒸气的分压也就越小，有利于水分蒸发速度的提高。

④ 干燥介质与物料接触状况。接触面积越大，蒸发水量越多。当干燥介质的流动方向与物料的蒸发表面垂直时，蒸发速度最快；与表面平行时，则蒸发速度较慢。

2. 内扩散

湿物料表面水分不断蒸发，必然导致水分由内层不断向表层迁移补充。这种水分由内部迁移至表面的过程称为内扩散。在干燥过程中，如果内扩散速度等于外扩散速度，则外扩散是控制因素；如果内扩散小于外扩散速度，就会使蒸发表面逐渐移向物料内部，使蒸发面积减小、扩散困难、干燥速度降低，内扩散成为控制因素。内扩散又是由湿扩散及热扩散所构成。

① 湿扩散。干燥过程中由于表面水分蒸发，物料表层与内部之间会形成水分浓度差，致使水分由浓度高的内层向浓度低的表面渗透、迁移。这种由水分浓度差或湿度梯度所引起的水分迁移就称为湿扩散。湿扩散与物料性质、结构、温度及含水量等因素有关。物料组成中粗粒子越多，结构越疏松，扩散阻力就越小，就越有利于加快水分的扩散。此外，如果黏性物料越高，物料中的毛细管越细，则扩散阻力增大。随着水分含量逐渐减少，内部水分越来越集中于较细的毛细管中，排出时其阻力也必然越来越大。

② 热扩散。通常催化剂载体材料的导热性一般都较差，加之物料干燥时，表面水分蒸发时需要吸收大量热量，在物料厚度方向上往往因温度不同而有一个温度梯度。热扩散即是指在温度梯度作用下引起的水分迁移，其方向与热流方向相同，即水分由温度高处移向温度较低处。当热扩散方向与湿扩散方向一致时，热扩散加速湿扩散进行。如果热扩散的方向与湿扩散的方向相反，则热扩散成为湿扩散的阻力。因而，热扩散的方向对整体内扩散的影响至关重要。由于湿扩散引起的水分迁移方向总是由内至表，所以要使热扩散成为湿扩散的推动力，就要设法提高物料内部温度，使之形成内高表低的温度梯度，进而保证热扩散的方向与湿扩散一致。只有这样，才能提高物料整体内扩散速度，从而加快物料的干燥过程。

6-3　干燥条件对催化剂或载体性能的影响

干燥虽然简单，但干燥制度的合理与否，直接关系到干燥周期的长短及产品的干燥质量。干燥制度的工艺参数主要有干燥介质的温度、湿度、流量、流速及升温速度等。而这些参数的确定又取决于干燥物料的性质、组成、形状及含水量等。

6-3-1　干燥对多孔性物料孔结构的影响[108]

多孔性物料，如硅胶、硅铝胶、铝胶等湿凝胶，它们大都含有复杂的网状结构，结构中孔道互相连接。在干燥初期，凝胶结构中含有大量的结合水（见图 6-2）。干燥时，水分最初是因毛细管作用向表面移动，并维持表面完全润湿，在大孔中的水分由于蒸气压较大，首先开始蒸发，而当较小孔中水分蒸发时，由于毛细管作用，所减少的水分从较大孔中吸附过来而得到补充。干燥中，大孔中的水分总是先减少，大孔中没有水分时，较小孔中可能还会存在水分。此时如采用快速干燥常会导致产生很大的毛细压力，这种压力可以导致凝胶的龟裂。

凝胶干燥时，其中的水分蒸发会导致孔隙的产生，气孔一般认为是两种情况（见图 6-3）。一类气孔为四面体形状，另一类为连通管形状。随着干燥过程

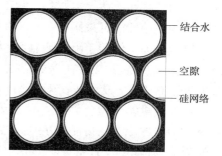

图 6-2　干燥初始阶段凝胶
表面的结构示意

的进行，这些气孔骨架脱水收缩，抗力不断增大。当毛细管压力与抗力达到平衡时，凝胶停止收缩，成为干凝胶后，孔结构也就固定下来。骨架内部的水分在干燥失水时，如果凝胶骨架的弹性较好，易收缩，则可获得较细的孔结构；反之，如果凝胶骨架的强度较大，弹性较差时，则得到较粗的孔结构。如果凝胶的弹性和强度不足以对抗毛细管压力的作用，则在干燥过程中会发生凝胶的龟裂及破碎。

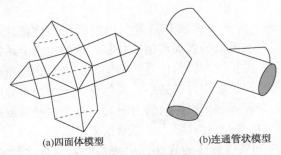

(a)四面体模型   (b)连通管状模型

图 6-3   凝胶体中的气孔模型示意

防止凝胶在干燥过程中发生开裂可采用以下一些方法。

① 干燥温度不宜太高，干燥速度不宜太快。采用传统的干燥方法，开裂通常是由于干燥速度太快所引起。最好采用慢升温、阶段式升温和保温的长时间干燥工艺。同时，在干燥过程中还应适当保持环境的湿度，采用先高湿后低湿的湿度条件，并且最好将湿物料不断进行翻动。

② 由于传统干燥方法难以阻止凝胶中微粒间的接触及挤压作用，可采用更有效的干燥方法。如使用超临界干燥技术，可使得毛细管压力所产生的破坏力降至为零。也可采用先冻结凝胶体再气化干燥的冷冻干燥法等。

③ 减小液相表面张力、增大凝胶孔径有利于增强凝胶网络的抗力来维持凝胶的结构。这时可采用加入添加剂进行干燥的方法提高产品的孔隙率，例如添加活性硅等无机物破坏表面张力以形成一种开放结构或添加表面活性剂降低所含液体的表面张力。又如，向水合凝胶中添加聚乙二醇、聚乙烯醇、甲基纤维素等水溶性有机聚合物，在低温下脱水干燥，直到无机结构凝固成型，最后用焙烧方法除去有机物而形成细孔结构。

6-3-2   干燥方式对晶粒形貌的影响

自然界的固体物质绝大多数都是结晶物质，用作催化剂或载体的物质也大都是由微小晶粒组成的结晶性物质。在制备过程中，初始粉料的粒径、相组成、化学均匀性等性质都会对催化剂的使用性能带来影响。

以碳酸钡及钛酸丁酯为原料采用溶胶凝胶法制备的偏钛酸（$BaTiO_3$）粉体为例，在成胶时，其晶体在高于120℃时所得晶体具有立方对称结构，温度降至120℃时具有立方结构，温度降至0℃时，成为正交对称结构。常温下，晶体的稳定相为四方相。当沉淀物经水洗后，用一般烘箱干燥、共沸蒸馏法及冷冻干燥法三种干燥方式对沉淀进行干燥处理时，所得粉体均为立方相，所得晶粒平均尺寸分别为 30nm、24nm 及 20nm。这三种干燥方法所得微粒形貌的透射电镜(TEM)照片如图 6-4 所示[108]。

从图中可以看出，三种干燥方式得到的粉体形貌特征有较大差异。其主要原因是粉体的团聚程度不同，一般认为，团聚体的强度取决于相邻颗粒表面上的吸附水分子和氢键键合

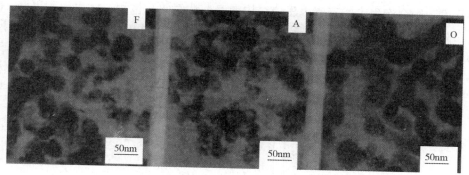

图 6-4　三种干燥方法制备的偏钛酸钡粉的 TEM 照片

的—OH 基团相互间形成桥接或键合的程度。不同的干燥方式在除去水分子和表面自由非桥接羟基的作用有所不同。

　　一般的烘箱干燥是在一定温度下将沉淀物进行脱水。这种干燥方法较经济而又简单，但容易引入杂质，且干燥不均匀，团聚较严重，得到线度在 80nm 左右的颗粒（图 6-4 的衍射图 O），显然其颗粒较粗大，有些粒子是由更小的晶粒所组成。共沸蒸馏法是将沉淀中的水分以共沸物的方式脱除，从而防止硬团聚的形成（图 6-4 的衍射图 A）。共沸蒸馏后，多余的水分被脱除，表面的—OH 基团被—OC$_4$H$_9$ 基团所取代，因此颗粒间的相互接近和形成化学键的可能性降低，硬团聚减少，但有些颗粒呈空心结构。冷冻干燥法是将粉体中包含的水分从冷冻液中直接升华，故能有效地防止收缩及硬团聚的形成（图 6-4 的衍射团 F），可得到线度为 30nm 左右的晶粒，且晶形规整。

6-3-3　干燥方式对比表面积及孔容的影响

　　湿凝胶中含有大量水，在干燥过程中，随着水的脱除，凝胶的孔体积也在缩小。以铝凝胶（含水可达 75% 以上）为例，在 80℃ 干燥时，其凝胶含水量与干燥速率的关系如图 6-5 所示。所示曲线与上述干燥过程较为符合（参见图 6-1）。在等速干燥阶段 I，单位面积上的蒸发速率不随时间变化。此阶段凝胶减少的体积与液体蒸发的体积相等，且由于毛细管压力的作用易使凝胶收缩变形。在这一阶段，凝胶的体积、密度及结构都会发生极大变化。

　　在阶段 I 和阶段 II 的开始点即为临界点。在临界点由于网络强度增加，毛细管压力达到极大值，凝胶不再收缩，孔内水分开始减少，进入至第一降速阶段 II。在阶段 II 蒸发主要集中在表面部分，蒸发速

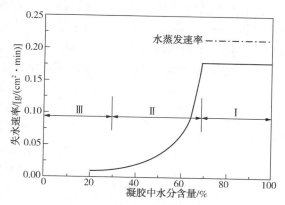

图 6-5　凝胶含水量与干燥速率的关系

率与环境温度及水的蒸气压直接相关，孔内水蒸气将通过温度梯度及浓度梯度的作用，进行扩散达到干燥；由阶段 II 进入到阶段 III（称作第二降速阶段），这时蒸发主要集中在胶体内部，蒸发速度明显下降。

　　由上可知，凝胶干燥失水，体积在收缩，毛细管的孔径在变小，如果蒸发进行时，水分

闭锁在小孔内，则会产生大的蒸气内压使结构崩溃，从而使孔体积、比表面积下降。图6-6及图6-7分别示出了干燥对二氧化硅水凝胶孔体积及比表面积的影响。图6-6为干燥时，随着水的脱除，凝胶孔体积减少的趋势；表6-7则为不同干燥温度对凝胶比表面积的影响。可以看出，干燥温度低，蒸发速度慢，比表面积减少也慢。所以，慢速干燥有利于保证凝胶孔结构。

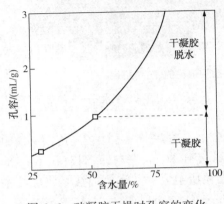

图6-6　硅凝胶干燥时孔容的变化

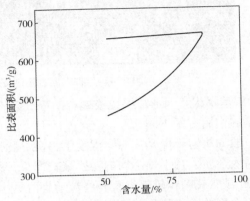

图6-7　干燥温度对比表面积的影响

从上述讨论可知，用胶凝法生产干凝胶时，孔结构是在水凝胶的干燥过程中形成的，干燥方式及干燥温度对孔容及比表面积都会产生影响。如果干燥操作不当，凝胶的弹性及强度不足以抵抗毛细管压力的作用时，凝胶就会在干燥过程中产生龟裂或破碎，使干凝胶的粒度减少、产品完整率降低。

6-3-4　干燥方式对活性组分分布的影响

如前所述，浸渍法是制备固体催化剂的常用方法。浸渍操作后通常需对催化剂进行干燥。这种干燥操作需引起十分重视，因为在去溶剂的干燥过程中常伴随有溶质的迁移现象，使活性组分分布不均，大部分沉积于催化剂颗粒的外表面，严重时甚至会使催化剂颗粒粘成大粒或大块，干燥后破碎为细粉而剥落损耗。这种溶质迁移现象在载体对浸渍液中的溶质无吸附能力时尤为严重。这时，干燥操作甚至成为比浸渍更为重要的关键步骤。

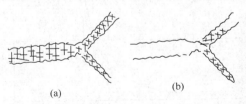

(a)　　　　　　　　　(b)

图6-8　不同孔径大小的蒸发状况

浸渍用的催化剂载体大多数都是具有不同细孔结构的多孔性物质，图6-8为三个相连的孔径各不相同的微孔结构模型。(a)图表示干燥前孔道全部被浸渍液充满的情况；(b)图表示孔中部分浸渍液蒸发后的状况，经干燥后，颗粒最大孔因浸渍液全部蒸发而变空。中等孔径的孔中液体部分变空，而孔径最小的孔仍被液体所充满。产生这一现象的原因可以这样来解释：假设干燥时不产生载体对溶液的吸附，如果采用快速干燥而使溶剂瞬间蒸发，这时载体细孔内浸渍液中的溶质，不存在选择析出地点的余地，而是相应于浸渍时所产生的浓度分布而析出。而在缓慢干燥时，蒸发先从载体的外表面开始，大孔中液面蒸气压较大，优先蒸发。小孔中液面蒸气压小，蒸发迟缓。同时由于小孔毛细管压力大于大孔毛细管压力，小孔因蒸发减少的液体，能从吸引大孔中残存的液体来补充。这样大孔已经蒸发干了，而小孔内仍有液体。伴随着浸渍液的这种移动，浓缩了的溶质也发生移动。所以，在干燥过程中，溶质会在载体内部进行再分配，也即活性组分倾向于移向载体中心部位或在小孔内析出。对于这种弱吸附情况，采用快速干燥较为有利，这是由于快速干燥时，由于毛细管压力的影响，溶剂的迁移和再分布可忽略不计，容易获得活性组分的均匀分布。

当在载体上发生溶质组分的吸附时，其情况会变得更加复杂。而且在干燥加热时，细孔内溶液的 pH 值等因素发生了变化，如此时同时产生载体组成的离散，随着干燥时溶剂的减少、载体组分的析出，则会使活性组分的分布更为复杂化。所以，在强吸附时，活性组分的分布主要由浸渍过程所决定。

6-4　干燥方式及常用干燥方法

6-4-1　干燥方式

根据加热方式或热能传给湿物料的方式不同，干燥可分为以下几类。

（1）传导干燥

这是热源将热能以热传导的方式通过器壁传给湿物料，故又称间接加热干燥。这种干燥方式的能源利用率较高，但热敏性物料常因过热而变质。

（2）对流干燥

热量通过干燥介质（或某种热气流）以对流方式传给湿物料。干燥过程中，干燥介质与湿物料直接接触，干燥介质供给湿物料汽化所需要的热量，并带走汽化后的湿分蒸气。故干燥介质在干燥过程中既是载热体又是载湿体。这种干燥方式，温度容易调节，物料不会过热，但干燥介质在离开干燥器时，会将相当大的一部分热能带走。因此，热能利用程度比传导干燥要差。

（3）辐射干燥

热能以电磁波的形式由辐射器发射至湿物料表面，被湿物料吸收后再转变为热能将湿物料中的湿分汽化并除去。辐射器可分为电能的及热能的两种，电能的辐射器如专供发射红外线的灯泡；热能的辐射器是用金属辐射板或陶瓷辐射板产生红外线。辐射干燥生产强度大，产品洁净且干燥均匀，但能耗大。

（4）介质加热干燥

是将湿物料置于高频电磁场内，在高频电磁场作用下，物料吸收电磁能量，在内部转化为热量，用于蒸发湿分而达到干燥目的。电场频率在 300MHz 以下的称为高频加热；频率在 300MHz 至 300GHz 之间的超高频称为微波加热。这种干燥方式加热速度快、加热均匀、能选择性加热、能量利用率高，但操作费用较高。

在上述四种干燥方式中，以对流干燥用于催化剂干燥最为普遍，图 6-9 为对流干燥流程示意。空气经预热器加热至一定温度后，进入干燥器，当温度较高的热空气与湿物料直接接触时，热能就以对流方式由热空气传给湿物料表面，同时物料表面上的湿分升温汽化，并通过表面处的气膜向空气中扩散，而空气温度则沿其行程下降，但所含湿分增加，最后由干燥器另一端排出。

按操作压力来分，干燥可分为常压干燥及真空干

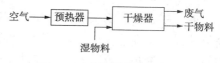

图 6-9　对流干燥流程示意

燥。真空干燥主要用于易氧化、热敏性及要求干燥后含水量极低的物料。

按操作方式分类，干燥可分为连续式干燥和间歇式干燥。连续干燥的特点是生产能力大、热效率高、产品质量高、劳动条件好，但设备投资大；间歇式干燥的特点是干燥品种多、操作控制方便、设备投资少，但干燥时间长、劳动条件差，主要适用于小批量物料的干燥。

6-4-2　厢式干燥

厢式干燥器是一种外壁绝热、外形像箱子的干燥器，一般小型的称为烘箱，大型的称为烘房，是最古老的干燥器之一。由于这类干燥器适用性强，对大多数物料都能进行干燥，加上它适用于小批量、多品种物料的干燥，因此，在实验室、中间试验厂及工厂都会使用大小不同的这种干燥器。

厢式干燥器主要由一个或多个室或格组成，其内部主要结构有：逐层存放物料的盘子（或可移动的盘架、小车等）、框架、裸露电热元件加热器或蒸汽加热翅片管。采用一个或多个风机来输送热空气，使盘子上湿物料干燥。

厢式干燥器按气体流动方式可分为平行流箱式干燥器（图 6-10）及穿流厢式干燥器（图 6-11）。平行流厢式干燥器的热风流动方向与物料平行，风速范围为 $0.5 \sim 3\text{m/s}$，可依湿物料物性选取，一般取 1m/s。物料在料盘上的堆积厚度为 $2 \sim 3\text{cm}$。

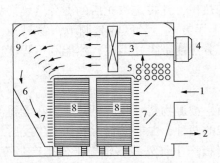

图 6-10　平行流厢式干燥器

1—空气进口；2—废气出口及调节阀；3—风扇；
4—风扇马达；5—空气加热器；6—通风道；
7—可调空气喷嘴；8—料盘及小车；9—整流板

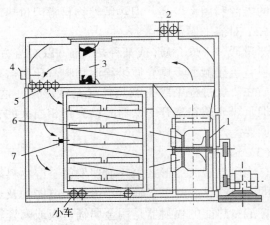

图 6-11　穿流厢式干燥器

1—送风机；2—排气口；3—空气加热器；
4—指针式温度计；5—整流板；6—容器；7—小车

穿流厢式干燥器的底部为多孔板或金属网，可使热风均匀地穿流通过料层。干燥物料应以易使气流穿流过的颗粒状、条状、片状等为主。糊状物料经过成型为直径 $0.5 \sim 1\text{cm}$ 的柱形也可使用。通过料层的风速为 $0.6 \sim 1.2\text{m/s}$。料层的压降取决于物料形状、堆积厚度及穿流风速，一般 $196 \sim 490\text{Pa}$。料层厚度一般为 $3 \sim 10\text{cm}$。由于干燥过程中热风穿过料层，故干燥速度可达平行流式的 $3 \sim 10$ 倍，但其动力消耗较大。

厢式干燥器大多为间歇操作，常用盘架盛放物料。其优点是设备结构简单、投资少、物料易装卸、料盘易清洗、对不同干燥物料适应性强，较适用于小批量或经常更换产品品种的物料干燥。这种干燥方式的主要缺点是物料不能进行分散、干燥时间长、劳动强度大、卫生条件差、热效率低（一般为 40% 左右）、产品质量不稳定。

6-4-3　带式干燥

带式干燥机由若干个独立的单元段组成，每个单元段包括加热装置、循环风机、新鲜空气抽入系统及尾气排放系统。要干燥的湿物料由进料端进入，经加料装置被均匀地分布在输送带上。输送带可由钢丝网或金属多孔薄板制成，其移动速度可通过变速箱调节。带式干燥机有单级、多级、多层等形式。

图 6-12 为单级带式干燥机的结构示意。常用干燥介质为空气，经过滤及加热后的清洁空气由循环风机抽入，分别对不同的单元段进行上吹或下吹，以达到对湿物料层上下脱水均匀的目的。空气流经湿物料后，物料中水分汽化，空气增湿，温度下降。部分湿空气排出机体，其余的则在循环风机吸入口前与新鲜空气混合后再循环。干燥好的物料经在隔离段及冷却段中与外界低温空气接触降温后，由出口端卸出。通过调节输送带速度，可对每个单元段的温度、湿度、尾气循环量等操作参数进行单独控制及优化操作。

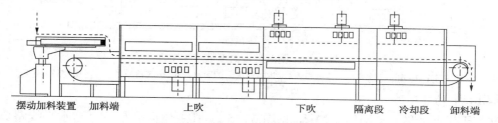

摆动加料装置　加料端　　　　上吹　　　　　下吹　　隔离段　冷却段　卸料端

图 6-12　单级带式干燥机结构示意

将多个单级干燥机串联就可组成多级带式干燥机(图 6-13)。多级带式干燥机为一常压连续干燥机，其主要特点是操作连续、干燥时间长、热量利用合理。物料经干燥后可基本保持原形，适用于不允许破碎的粒状、圆柱状、球状或其他成型湿物料的干燥。

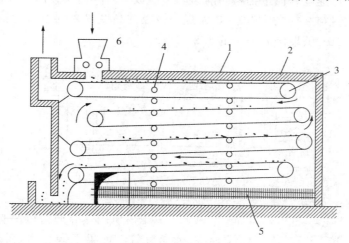

图 6-13　多级带式干燥机
1—干燥室；2—运输器；3—转滚；4—支承轮；
5—蒸汽翅片管式预热器；6—进料器

对于挤出成型的膏状物料的干燥还可用连续的链式翻板或链网式带式干燥机(图 6-14)进行干燥。其内部载运物料的是链板或链网组成的输送机。要干燥的物料由螺杆挤出机挤成一定尺寸的条状，自动均匀地装载在回转的链板或链网上。热空气通过物料层进行干燥。干物料在出口端通过链板的翻动而卸下或从链网上落下。单层的链板或链网干燥器，由于物料对链板是静止的，干燥均匀性较差。而多级带式干燥机，物料从最上层加料，经过一层链板干燥后，物料翻落在下一层链板或链网上干燥，经过多次翻动，物料干燥更为均匀，干燥强度也高。

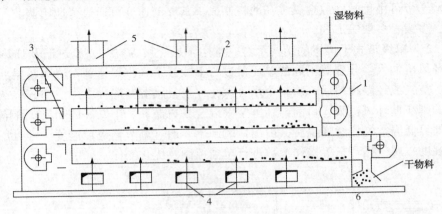

图 6-14　附有翻板的多带式干燥机

1—干燥室；2—钳式运输器；3—翻板；4—热空气进入的通道；5—废气排出处 6—干燥物料运输器

6-4-4　转筒干燥

转筒干燥器又称回转圆筒干燥器（见图 6-15），其主体部分是一个与水平线略成倾斜（一般为5°~6°）的旋转圆筒，圆筒支承在滚轮上，筒身由齿轮带动而回转。圆筒的转速一般为 1~8r/min。湿物料从圆筒较高的一端的加料口加入，随圆筒的回转不断前进，经干燥后从较低一端排出。筒体内壁上装有抄板，抄板可将物料抄起又洒下，使物料与热风的接触表面加大，以提高干燥速度并促进物料向前移动。抄板有多种型式，图 6-16 所示的是三种常用型式。抄板的数量与筒径之比以 6~8 为宜。抄板的高度要大到不致于被干燥器底部的料层将其尖端埋起来，一般取圆筒内径的 1/8~1/12。

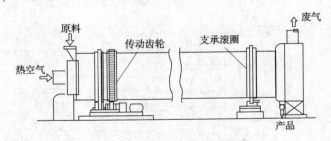

图 6-15　转筒干燥器的结构示意

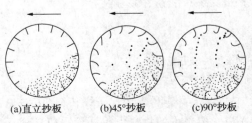

(a)直立抄板　　(b)45°抄板　　(c)90°抄板

图 6-16　常用抄板的型式

干燥所用热介质可以是热空气、烟道气或水蒸气等。如果干燥介质直接与物料接触，则经过干燥器后，通常用旋风分离器将气体中夹带的细粒物料捕集后再排出。

根据湿物料与干燥介质的接触方式不同，转筒干燥器可分为直接加热式、间接加热式及复合加热式等三种类型。

　　直接加热式转筒干燥器是使热风与被干燥物料直接接触，以对流传热的方式进行干燥。按热风与物料之间的流动方向又可分为并流式及逆流式。热风与物料轴向移动方向相同的为并流式；热风流动方向与物料轴向移动方向相反的为逆流式。对于耐热性物料，逆流式干燥的热利用率高。

　　间接式转筒干燥器中，干燥介质不直接与被干燥物料接触，热量是通过筒壁传给被干燥物料，通常是整个干燥筒砌在炉内，外壳用烟道气加热。汽化的水分可由风机排除，所需风量比直接加热式要小得多。因风速较小（一般为 $0.3 \sim 0.7 m/s$），废气夹带粉尘量很少。

　　复合加热式转筒干燥器是所需热量的一部分由热空气通过筒壁以热传导的方式传给湿物料，而另一部分则通过热风与物料直接接触，以对流传热方式传给湿物料。这样可提高热量利用率，加速干燥速度。

　　转筒干燥器的自动化程度较高，生产能力较大，流体通过筒体阻力小，对物料适应性强，产品干燥的均匀性较好，操作方便，操作费用也较低。其主要缺点是设备庞大，一次性投资较高，传动部件需经常检修，而且热效率较低（一般为 50% 左右，如使用高温热风，可提高至 80%）。

　　国内所用的转筒干燥器，直径 $0.6 \sim 2.5 m$，长度 $2 \sim 30 m$，所处理物料原始水分 $3\% \sim 50\%$，最终水分可降到 0.5% 甚至更低。物料在筒内停留时间可调。

6-4-5　流化床干燥

　　又称沸腾床干燥，它是用热气流以一定的速度通过物料层，使物料颗粒悬浮而不被吹走，呈流化（或沸腾）状态。物料在被热气流吹起翻滚的过程中得到干燥。

　　在其他条件一定时，流化床上物料流化状态的形成和稳定主要取决于气流的速度。流化床上物料层的状态与气流速度的关系如图 6-17 所示。

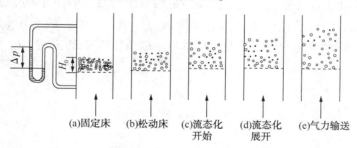

图 6-17　流化床上物料层状态与气流速度的关系

　　① 固定床阶段。当气流速度很小时，气流从颗粒间穿过，气流对物料的作用力还不足使颗粒运动，物料层静止不动，高度不变[图 6-17(a)]。

　　② 松动床阶段。当气流速度逐渐增大至接近临界速度 u_0 时，床层压力降等于单位面积上物料层的实际质量时，颗粒开始松动，床层高度略有增加，物料空隙率也稍有增加，但床层并无明显的运动[图 6-17(b)]。

　　③ 流态化开始阶段。当气流速度达到临界流速 u_0 时，颗粒开始被气流吹起，并悬浮于气流中作自由运动，颗粒间相互碰撞、混合。床层高度明显上升，床上物料呈近似于液体的沸腾状态，即流态化开始阶段[图 6-17(c)]。在这一阶段，床层处于不稳定阶段，易形成"沟流"而使气流分布不均，引起干燥不均匀[图 6-17(c)]

　　④ 流态化展开阶段。当气流的速度进一步增大，床层将继续膨胀，空隙率也随之增加，

此时气流的压力降只是消耗在托起固体颗粒的质量上，即床层阻力等于单位面积床层的实际质量。器内物料处于稳定的流化状态，颗粒间强烈混合[图6-17(d)]。

⑤ 气力输送阶段，如果气流速度进一步增加，超过最大流化速度，床层高度大于容器高度，固体颗粒将被气流带走[图6-17(e)]。

流化床干燥一般适用于粒度为0.05~15mm的颗粒物料干燥，或是由溶液被干燥成该范围内粒度的产品。虽然流化床内颗粒的搅拌很激烈，但颗粒之间的磨损还是较小的，这是因为气流在其间产生一种缓冲作用。由于物料在流化床中停留时间长，所以能除去物料中的结合水分，可达到较高的干燥程度。流化床干燥的缺点是物料在床内停留时间不够均匀，操作条件要求严格，控制较困难，而且耗能也大。

采用流化床干燥物料的设备称为流化床干燥器或沸腾床干燥器，型式很多，有单层、多层、立式及卧式等不同结构，下面为其示例。

（1）双层流化床干燥器

图6-18示出了这种干燥器的结构示意。干燥时将湿物料由供料装置散布在多孔板上，形成一定料层厚度。冷空气由干燥器的下层多孔板的下方送入，穿过多孔板对物料进行冷却，同时使空气得到预热，然后由风机抽出经加热器加热后，再进入干燥器上层，对湿物料进行干燥，最后进入旋风分离器，分离出气流中带出的物料粉尘后放空。

（2）振动流化床干燥器

是在普通流化床上增加了床层的振动功能，使物料在床层振动产生振幅和热风作用下达到低床层流化的效果，物料在动态下得到干燥。图6-19示出了振动流化床干燥器的结构示意图，利用安装在机体两侧的振动电动机产生直线振动，振动电动机安装相位角决定振动方向，更换固定偏心块或改变偏心块之间的夹角可调节激振力大小。由于振动，强化了物料颗粒的流态化及输送，明显地减少了物料流化所需的热空气用量，热空气主要用来传热与传质，并带走湿分。振动流化床所需热空气用量是一般流化床的20%~30%。

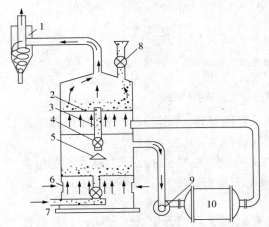

图6-18　双层流化床干燥器结构示意

1—旋风分离器；2—多孔板；3—逆流管；4—旋转阀；
5—分散板；6—空气进口；7—产品排出机；
8—旋转加料器；9—送风机；10—加热器

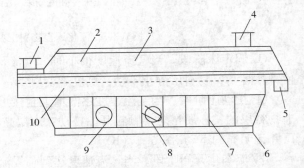

图6-19　振动流化床干燥器结构简图

1—加料口；2—风罩；3—孔板；4—排风口；5—出料口；6—底座；7—振动元件8—振动电机；9—进风口；10—流化室

　　振动流化床干燥器的主要特点是：①流化状态及停留时间易控制，床层的振幅可调，操作灵活；②借助于床层的振动，可分散团块物料，有利于传热传质，提高工效；③通过振动使物料流化，可减少风压及风量，降低能耗；④低床层流化颗粒的破碎磨损小；⑤设备占地面积小，维修方便。

　　振动流化床干燥器能适用于各种不同物料，目前在催化剂制备中已广泛应用。其主要缺点是噪声较大。同时由于振频通常高于固有频率，在启动和停车过程中，频率经过固有频率时，会产生共振，机体会产生较大振幅，尤其在停车时，剧烈的摇晃会产生较大的冲击力，需采用适当措施，减轻这种现象。此外，它对黏性物料的干燥效果也不是太好。

6-4-6　气流干燥

　　气流干燥是一种在常压条件下的连续、高速的流态化干燥方法，也称作瞬间干燥法。其基本原理是利用高速的热气流将细粉或颗粒状物料分散悬浮于气流中，并和热气流作并流流动，在此过程中物料受热而被干燥。使用的干燥介质可以是不饱和热空气、烟道气或过热蒸汽。

　　图 6-20 示出了气流干燥的基本流程。操作时，将湿物料用螺旋加料器加入干燥管，由送风机送入的热空气与物料在干燥管中接触，并使物料悬浮于流体中，干燥后的物料经旋风分离器及袋式除尘器回收，废气经引风机排除。

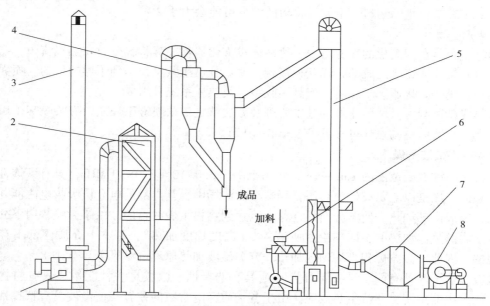

图 6-20　气流干燥基本流程

1—引风机；2—袋式除尘器；3—排风管；4—旋风除尘器；5—干燥管；6—螺旋加料器；7—加热器；8—送风机

　　气流干燥具有以下特点：

　　① 干燥强度大。由于固体颗粒在气流中高度分散，使气固相间传热传质的表面积大大增大。粒子表面的水分几乎全部是以表面汽化方式进行，同时由于干燥管的分散和搅拌作用，汽化表面不断更新，因而干燥强度较大。

　　② 热效率高。由于气固相间是并流操作，可以使用高温的热介质进行干燥，而且物料的湿含量越大，干燥介质的温度可以越高。例如，活性炭的气流干燥可以使用 600℃的热空

气，氢氧化铝滤饼可以高达 700℃ 以上。高温干燥介质的应用，不仅提高气固相间的传热传质速率，而且在干燥等量物料时，可以大大降低干燥介质的用量，从而使设备体积变小，更有效地利用热能，提高干燥器的热效率。

③ 干燥时间短。气流干燥器常用风速为 10~20m/s，干燥管长度一般为 10~20m，湿物料的干燥时间仅为 0.5~1s，最长的也不超过 5s。由于干燥时间极短，对热敏性物料或低熔点物料不会造成过热或分解而影响产品质量。

④ 装置结构简单、操作方便。气流干燥器除干燥管外，只需加料器、风机、热源及产品捕集器等。与回转圆筒干燥器相比，占地面积可减少 60% 左右。热损失一般占总传热量的 5% 以下。由于气固悬浮，故干燥产品可直接用风送，操作方便。

⑤ 适用范围广。除用于干燥粉状或颗粒状物料外，对于干燥膏糊状物料时，可在干燥器底部串联一粉碎机，湿物料及高温热风可直接通入粉碎机内部，使膏糊状物料边干燥边粉碎，而后进入气流干燥器进行干燥，从而可对膏糊状物料进行连续干燥。

气流干燥器也存在一些缺点，如较高的气速，系统的流动阻力较大，一般为 3000~4000Pa，必须选用高压或中压风机，动力消耗大，噪声也大。由于气固悬浮并流操作，气速高、流量大，需选用较大尺寸的旋风分离器及袋式除尘器；易产生静电或干燥时放出有毒、易燃、易爆气体的物料不宜使用；由于干燥时间极短，要求湿物料的水分以非结合水为主，而对于有结合水的物料，干燥后物料的湿分可能会大于 2%。

6-4-7 喷雾干燥

喷雾干燥是在圆筒形的喷雾塔中，物料通过雾化器喷成雾状，分散在热气流中，物料与热空气以并流、逆流或混流的方式互相接触，使水分迅速蒸发，达到干燥的目的。喷雾干燥器由供料系统、雾化器、干燥塔、产品回收系统及热风系统等组成。

喷雾成型法制备微球催化剂的基本原理及方法就是依据喷雾干燥法。有关喷雾干燥的基本原理及雾化器的结构设计可参见第 5 章 5-10 节。

6-4-8 微波干燥

微波是一种波长范围为 1mm~1m、频率范围为 $3.0×10^2~3.0×10^5$ MHz，具有穿透性的电磁波。微波干燥是以电磁波作为热源，物料在微波场中，其内部的电介质吸收电磁能并转换成热能，形成内部加热，使湿分向外迁移，以达到物料干燥的目的。由于微波辐射下介质的热效应是内部整体加热的，即理论上所谓的"无温度梯度加热"，基本上介质内部不存在热传导现象，因此，微波可相当均匀地加热。有关微波加热原理可参见第 4 章 4-8 节。

微波加热干燥具有两个重要特征：一是具有选择性。微波是一种能量，只有与物质接触，才能发生能量转移和产生热效应，由于各物质介电常数的差异，使微波具有选择性加热的特性。也即微波加热与物料性质密切相关，介电常数由高至低，吸收微波的强度逐次下降，水的介电常数特别大，水能强烈吸收微波。二是具有穿透性。微波能对极大多数的非金属材料穿透到相当的深度。因此，用微波加热，热是从被加热物料内部和靠近表层处同时产生，表里一致。

根据以上特征，微波加热具有热效率高、干燥速度快、干燥器体积小、干燥均匀等特点。微波干燥也是一项新的干燥技术，随着技术的成熟，在催化剂或载体干燥中会得到更多的应用。

微波干燥所用的频率一般在 300MHz 以上。微波干燥设备主要由电源、微波管、连接波导、微波加热器及冷却系统等部分所组成。如图 6-21 所示，微波管由电源提供直流高压电流并使输入能量转换成微波能量，微波能量通过连接波导传输到微波加热器，对湿物料进行加热。冷却系统用于对微波管的腔体及阴极部分进行冷却，冷却方式主要有风冷及水冷两种。

微波干燥设备的类型很多，常用的有箱式及隧道式。

（1）箱式微波干燥器

箱式微波干燥器的结构如图 6-22 所示，它由谐振腔、输入波导、反射板及搅拌器等组成。箱壁由不锈钢或铝板制作，箱壁上钻有排湿孔，以避免湿蒸汽在壁上凝结成水而消耗能量。谐振腔为矩形空腔，被干燥物料在谐振腔内各个方面都受热。微波在箱壁上损失极小，未被物料吸收掉的能量在谐振腔内穿透介质到达壁后，由于反射而又重新回到介质中形成反复的加热过程，这样，可将微波全部用于加热物料，在波导入口处装置金属叶片搅拌器及反射板。每分钟转动数十至数百转的搅拌器可使腔体内电磁场分布均匀，达到物料均匀干燥的目的。这种微波干燥器的谐振腔是密闭的，很少有微波泄漏，对操作人员比较安全。由于采用间歇操作，箱式微波干燥器特别适用于催化剂或载体的小批量干燥或进行干燥试验。

（2）隧道式微波干燥器

又称带式微波干燥器或连续式谐振腔加热器。图 6-23 示出了常压隧道式微波干燥器结构示意图。这种干燥器可以连续加热待干燥物料，为强化加热，常采用功率容量较大的多管并联的谐振腔式加热器。为防止微波能的辐射，在干燥器出口及入口处加上了吸收功能的水负载或其他微波能吸收器，待干燥的物料通过输送带连续输入，经微波加热后连续输出，由于腔体的两侧有入口和出口，会造成微波能的泄漏，在输送带上安装了金属挡板；也有在腔体两侧开口处的波导里安装上许多金属链条，形成局部短路，防止微波能的辐射，加热物料产生的水分由排湿装置排出。

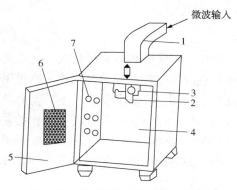

图 6-22 箱式微波干燥器结构示意

1—输入波导；2—搅拌器；3—反射板；
4—谐振腔；5—门；6—观察窗；7—排湿孔

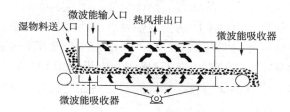

图 6-23 常压隧道式微波干燥设备示意

目前，微波干燥之所以还未在催化剂或载体干燥上得到大规模应用，主要还是微波能的泄漏对人体危害的问题，但随着微波技术的发展及防泄漏技术的提高，微波干燥将会获得更广泛的应用。

6-4-9　红外线辐射干燥

红外线辐射干燥与微波干燥一样，均属于电磁辐射干燥。红外线辐射干燥是将电能或热能转变成红外辐射能，从而实现高效加热或干燥，其干燥方式也是从物料外部、内部同时均匀加热，因而具有干燥时间短、干燥产品质量好等特点。

根据供热方式不同，这类干燥器有直热式及旁热式两种类型。

1. 直热式辐射加热器

这是指电热辐射元件既是发热元件又是热辐射体。通常是将远红外辐射涂料直接涂在电阻线、电阻网、电阻片、硅碳棒或金属氧化物电热层上，型式上制成板式、灯式、管式及其他形状的发热元件。这类加热器升温快、重量轻，多用于快速供热及中低温加热干燥，使用寿命长，维修方便。

2. 旁热式辐射加热器

这是指由外部供热给辐射体而产生红外辐射，其能源可借助电、煤气、燃气及蒸汽等。辐射加热器升温慢、体积大，但可制作成各种形状，且寿命长，故仍广泛应用，如板式远红外辐射加热器是将电阻线夹在碳化硅板的沟槽中间，在碳化硅板外表面涂覆一层红外涂料，当电阻线通电加热至一定温度后，即能在板表面发出远红外辐射，具有热传导性好、省电等特点。

如乙烯氧氯化制二氯乙烷的微球催化剂，平均粒度 $30\sim80\mu m$，活性组分为氯化铜，载体为 $\gamma-Al_2O_4$。制备催化剂时，氧化铝微球载体浸渍氯化铜溶液后，采用带式红外线辐射干燥器进行干燥时，与厢式干燥器比较，具有活性组分分布均匀、干燥速度快、能耗低、劳动条件好等特点。这种红外线带式干燥机的结构与带式干燥机相类似，只是加热元件由红外线辐射器组成而已。

6-4-10　冷冻干燥

冷冻干燥法是将物料冻结到共晶点温度以下，然后通过升华除去物料中水分的干燥方法。利用这种方法可以直接从溶液中提取分散均匀、不团聚的超细粉及高比表面积的催化剂。关于冷冻干燥法的原理可参见第 4 章 4-9 节。

6-4-11　超临界流体干燥技术

1. 超临界流体的特性

任何一种物质都存在三种相态——气相、液相、固相。气液两相能够平衡共存的最高温度和最高压力的状态，称作临界状态或临界点。在临界点时的温度和压力分别称为临界温度及临界压力。不同物质其临界点所要求的压力及温度各不相同。在临界温度以下，物质的液相和气相有明显的差异，如密度不同，液相有表面张力而气相没有。温度升高，两相的差异逐渐减小，到临界温度(压力为临界压力)时差异完全消失，界面也就不存在。温度高于临界温度时不能再观察到气液两相共存的状态，这种处于其临界温度和临界压力以上的流体即称为超临界流体。

超临界流体具有一些特殊性能。由于有类似于液体的密度，具有特殊的溶解能力，而其传递性质(如黏度、扩散系数)则类似于气体，输送时所需的功率较液体为小。又如表面张力接近于气体，接近零表面张力使它很易渗入到多孔性物质之中。表 6-1 示出了气体、液体及超临界流体的一些传递性质比较。

表 6-1　气体、液体及超临界流体的传递性能比较

性能 \ 介质	气体(常温、常压)	液体(常温、常压)	超临界流体	
			T_c、p_c	T_c、$4p_c$
密度/(kg/m³)	2~6	600~1600	200~500	400~900
黏度/10⁻⁵Pa·s	1~3	20~300	1~3	3~9
扩散系数/(10⁻⁴m²/s)	0.1~0.4	(0.2~2)×10⁻⁵	0.7×10⁻³	0.2×10⁻³

注：T_c、p_c——分别为临界温度及临界压力。

　　从表 6-1 看出，超临界流体的密度比气体大数百倍，而与液体相近，其黏度与气体相当，而比液体则小两个数量级；扩散系数介于气体与液体之间，约为气体的 1/100，而比液体大数百倍。因而超临界流体兼具气体及液体的性质。在临界点附近，温度及压力的微小变化都可引起超临界流体密度很大的变化，并表现为溶解度的变化。

　　所以，超临界流体密度大、黏度大、扩散系数较大，有良好的溶解性能及传递性能。它既是良好的分离介质，又是良好的反应介质。由这些特性发展了一系列新兴技术，如超临界流体萃取、超临界化学反应、超临界液体色谱、超细颗粒及超细微粒催化剂制备等。利用超临界流体的特性，还可将溶入的溶质分离，达到干燥的目的。

　　2. 超临界流体干燥过程

　　在催化剂或载体制备中，溶胶或凝胶的干燥常使用加热蒸发的常规干燥方法。如前所述，在这种干燥过程中，由于毛细管作用力及表面张力的作用，凝胶骨架会发生收缩变形、团聚、开裂等现象，也即采用一般干燥方法难以阻止凝胶中微粒间的接触、挤压与聚集作用，因而也就难以制得具有结构稳定的介孔材料，也不可能制取分散性好的纳米级催化材料。采用超临界流体干燥技术，在高压釜中使被除去液体处在超临界状态，除去了溶剂中的气-液两相界面，从而消除了毛细管作用力及表面张力，可使凝胶中的流体缓慢释出，防止了凝胶中微粒的挤压、聚集及骨架塌陷。

　　超临界流体干燥一般需经过以下几个步骤：首先加热使体系的温度和压力升至临界点以上的超临界状态；接着使体系在超临界状态下达到平衡或稳定；再就是使溶剂蒸气在恒温下释出；最后将体系降至室温。

　　图 6-24 示出了超临界流体干燥过程的示意图。当体系的温度、压强高于临界温度及压强时，气-液两相界面消失，原流体变为超临界流体。要使流体达到超临界状态有两种方法[108]。一种方法是将装有凝胶的高压釜内加入同凝胶孔内相同的流体，加热使温度从 A 到 B 达到超临界状态；另一种方法是为防止凝胶内流体蒸发，先用惰性气体加压使压强从 A 升至 A′，再升温使温度从 A′至 B 点超临界状态。达到超临界状态后，将系统恒温减压排出溶剂蒸气，减压至常压 D 点后可降温至室温。从而

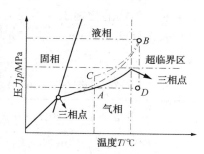

图 6-24　超临界流体干燥过程示意图

能获得结构稳定、粒径分布窄的超细颗粒。显然，影响产品结构的因素有超临界温度及压力、升温速率、干燥介质、蒸气排放速率等。其中升温速率及蒸气排放速率对凝胶结构影响很大，操作不当也会引起凝胶局部破碎。

第7章　催化剂焙烧

经干燥后的催化剂，活性组分通常是以硝酸盐、碳酸盐、铵盐、草酸盐或氢氧化物、氧化物等形式存在。这些化合物形态一般不是催化剂所需要的化学状态，也即没有形成一定数量的活性中心。而作为催化剂载体也未形成合适的孔结构，焙烧是成型后已经干燥催化剂或载体在加热炉内按一定的升温速度进行加热的热处理过程。通常将300℃以下称为低温焙烧，300～700℃为中温焙烧，700℃以上为高温焙烧。

催化剂或载体的焙烧处理的目的可归纳为：

① 通过热分解反应除去催化剂或载体中的易挥发组分及化学结合水，使之转化为需要的化学组成，形成稳定的结构。

② 通过焙烧时发生的固相反应、互溶及再结晶过程，使催化剂或载体获得一定的晶型、晶粒大小、孔结构及比表面积。

③ 通过微晶烧结，提高机械强度。

在焙烧过程中，催化剂内部发生较复杂的物理化学变化，并可概括为热分解、固相反应、晶相变化、再结晶及烧结等过程。而这些变化过程，与催化剂组成、焙烧温度及气氛、升温速度等因素有关。

7-1　焙　烧　过　程

7-1-1　热分解

用浸渍、沉淀等方法制得的催化剂，经干燥后含有硝酸盐、碳酸盐、铵盐、草酸盐等易分解的化合物，当在一定温度下加热一定时间后，即可分解除去化学结合水及一些挥发性成分，转化成所需的化学态，不同金属活性组分，其热分解温度是不同的。表7-1示出了用浸渍法及沉淀法制造 Cu、Ag、Au 催化剂时，经干燥后一些金属盐类的热分解过程及其化学形态变化。

表 7-1　Cu、Ag、Au 催化剂在焙烧过程中的化学形态变化

浸渍法制备	(1) 硝酸铜 $\xrightarrow{干燥}$ $Cu(NO_3)_2 \cdot 3H_2O$ $\xrightarrow{110～120℃}$ $Cu(NO_3)_2 \cdot 3CuO \cdot nH_2O$ $\xrightarrow{170～400℃}$ $CuO+NO_2+H_2O$
	(2) 乙酸铜 $\xrightarrow{干燥}$ $(CH_3COO)_2Cu \cdot H_2O$ $\xrightarrow{干燥}$ $(CH_3COO)_2Cu+H_2O$ $\xrightarrow{240℃}$ $CuO+CO_2$
	(3) 碳酸铜 $\xrightarrow{干燥}$ $CuCO_3$ $\xrightarrow{200℃}$ $CuO+CO_2$
	(4) 硝酸银 $\xrightarrow{干燥}$ $AgNO_3$ $\xrightarrow{444℃}$ $Ag+NO_2+O_2$
	(5) 碳酸银 $\xrightarrow{干燥}$ Ag_2CO_3 $\xrightarrow{218℃}$ Ag_2O+CO_2
	(6) 氯金酸 $\xrightarrow{干燥}$ $H[AuCl_4] \cdot nH_2O$ $\xrightarrow{加热}$ $AuCl_3+H_2O+Cl_2$ $\xrightarrow{加热}$ $AuCl+Cl_2$ $\xrightarrow{加热}$ $Au+Cl_2$

续表

沉淀法制备	(1) 硝酸铜 $\xrightarrow{(碱)}$ Cu(OH)$_2$ + (NaNO$_3$) $\xrightarrow{100℃}$ 4CuO · H$_2$O $\longrightarrow$ CuO
	(2) 硝酸银 $\xrightarrow{碱金属碳酸盐}$ Ag$_2$CO$_3$ $\xrightarrow{218℃}$ Ag$_2$O $\longrightarrow$ Ag
	(3) 氯金酸 $\xrightarrow{Mg(OH)_2 或碱}$ Au$_2$O$_3$ · 7H$_2$O $\xrightarrow{加热}$ HAuO$_2$ $\longrightarrow$ Au
	(4) 硝酸银 $\xrightarrow{(碱)}$ AgOH $\xrightarrow{加热}$ Ag

注：以上反应式的原子数未配平，只是定性地表示催化剂活性组分的化学形态变化。

所谓热分解实质上是化合物在受热时分解成新的几种化合物的化学反应，如硝酸银加热分解成银、二氧化氯和氧。因此，焙烧过程的化学变化可用下面的通式来表示：

$$A(固体) \longrightarrow B(固体) + C(气体)$$

固体 B 一般是焙烧后的微细粒子聚集体，其性质决定于起始物固体 A 的化学性质及焙烧条件(如焙烧温度、时间、气氛等)。

热分解一般为吸热反应，提高温度有利于热分解进行，通常焙烧温度应不低于该化合物的热分解温度，以使物料尽可能分解完全，但焙烧温度过高，则会产生烧结等不良现象。此外，降低气体 C 的压力(抽真空)或分压(以惰性气体稀释)，其效果也如提高温度一样。

焙烧过程中，随着热分解的进行，催化剂颗粒内的水分及易挥发成分不断逸出，出现微小微孔结构，使内表面积有所增加，但这种过程对内表面积的贡献并不太大。便比表面积及孔结构发生变化并得到稳定的，主要还是随后发生的基体物质的再结晶过程。

7-1-2　固相反应

固相反应又称固态反应，是指有固态物质参加并有固相产物生成的反应。固体催化剂是由金属活性组分、助催化剂及载体等所组成，在焙烧过程中，催化剂有可能发生固相反应而生成新相。固相反应可发生在两种或多种活性组分之间，也可发生在活性组分与载体或助催化剂之间。如 MgO-Al$_2$O$_3$ 催化剂在高温焙烧时，可发生 MgO + Al$_2$O$_3$ $\longrightarrow$ MgAl$_2$O$_4$ 反应，生成 MgAl$_2$O$_4$ 尖晶石结构，这种固相反应有利于催化剂结构的稳定。

当两种固体反应生成一种产物时，一般存在两个步骤：产物的成核及其随后的生长。在这两个步骤中均存在着不同的影响因素。如果晶核太小，则表面积和体积之比就太大，这样晶核就不稳定，成核就会困难。为了形成稳定的晶核，需要有大量离子以正确的排列聚集在一起。如果产物与反应物中的一种或两种结构类似，则容易发生成核，这是因为结构相似减少了成核作用所必需的结构重排位置，如 MgO 和 Al$_2$O$_3$ 反应生成产物尖晶石 MgAl$_2$O$_4$ 时，尖晶石中氧离子的立方密堆积排列与 MgO 中的相似，因此尖晶石核就容易在 MgO 晶体四周或表面上生成。

固相反应的速率取决于催化剂各组分的粒子形状、大小、混合程度及焙烧温度等，采用极细粉末均匀混合及提高焙烧温度可以促进固相反应进行。虽然组分之间可以在个别粒子的水平上充分混合(如在 1μm 或 10^{-2}mm 的尺度上)，但在原子的尺度上它们还是十分不均匀的。如碾细了的 MgO 和 Al$_2$O$_3$ 粉末混合物，肉眼上看起来是均匀的，但在原子尺度上仍然是隔离的反应物。所以，固相反应发生时，大量的原子或离子是通过固体互相扩散的方式进行混合，提高焙烧温度可促进扩散的进行。

7-1-3　晶相变化

"相"是指物质所处的特定状态，物质状态的质的变化称为相变。当温度、压力或电磁场等条件变动时，固体的特性或结构在一定的关节点上发生突变，从而产生固体的相变。影响相变的因素主要是温度及压力，其次是外场(电场和磁场)，虽然引起各种形式相变的物理机制有所不同，但其本质都是有序和无序之间的转化，而这种转化则与热运动密切相关，相变前后化学键的类型也可能发生改变。

一些亚稳态晶体，在压力一定时，在某一温度区间很不稳定，只是暂时存在，会立即转变为另一相，这种情况称为过渡相。例如，氧化物晶体 $LiIO_3$ 的 $\alpha-\gamma-\beta$ 相变系列中，已证实 γ 是过渡相。

在炼油及石油化工领域中应用最广的催化剂载体氧化铝(Al_2O_3)含有多种变体，目前已知的有九种，即 $\alpha-Al_2O_3$、$\beta-Al_2O_3$、$\kappa-Al_2O_3$、$\delta-Al_2O_3$、$\gamma-Al_2O_3$、$\eta-Al_2O_3$、$\chi-Al_2O_3$、$\theta-Al_2O_3$ 及 $\rho-Al_2O_3$ 等，其中 $\gamma-Al_2O_3$ 及 $\eta-Al_2O_3$ 具有酸性功能及特殊的孔结构，特称为活性氧化铝，它们都是一些过渡相。

上述各种氧化铝变体可通过相应的水合氧化铝加热失水而制备，表 7-2 示出了一些水合氧化铝在不同焙烧温度及焙烧气氛中加热时其晶相转变过程。可以看出，所有其他氧化铝变体加热至 1200℃ 以上时都转变为 $\alpha-Al_2O_3$，其他氧化铝都为过渡形态，而终态氧化铝 $\alpha-Al_2O_3$(又称刚玉)，其晶体结构最稳定，基本上属于惰性物质，可用作高温、低表面、高强度的催化剂载体。

表 7-2　水合氧化铝的加热变化

焙烧过程中的晶相转变机理是十分复杂的，固体相变的一种机理是所谓有序-无序的转变，如离子晶体是高度有序的。以 NaCl 晶体为例，Na^+ 和 Cl^- 相间的排列十分整齐，很少错位，这是因为正、负离子间有很强的静电相互作用，破坏它们这种有序排列所需的温度早已使晶体熔化。而催化剂中复杂金属组分的情况就不同了。以丙烯氨氧化制丙烯腈催化剂为例，早期的催化剂的活性组分 Mo、Bi 二元氧化物，载体为硅胶，并加有少量助剂(K_2O、P_2O_5 及 TeO_2 等)。目前工业上用的催化剂都是多元氧化物，其组成十分复杂。其中又以钼酸铋和其他钼酸盐催化剂是研究考察最为深入的复合氧化物，也是丙烯氨氧化的主要活性组分。在催化剂焙烧过程中，$Bi_2O_3 \cdot nMoO_3$ 存在三种晶相：即当 $n=3$ 的 α 相，这种晶相十分稳定(熔点为 700℃)；当 $n=2$ 时为 β 相，这种相不均匀，只在 550~670℃ 的温度范围内稳定，温度低于 550℃ 时缓慢分解为 α 相和 γ 相，而高于 670℃ 时又迅速分解为 α 相及 γ' 相(为 γ 相的异构体)；当 $n=1$ 时形成 γ 相，它在低于 550℃ 温度下稳定。所以，在催化剂焙烧过程中，由于组成较为复杂，组成中原子的排列通常处于无序状态，所发生的是有序-无序相变。这种相变不仅与催化剂组成有关，也与活性组分的分布状态、焙烧时的升温速度、气氛等因素有关。

7-1-4　再结晶

催化剂焙烧过程中发生的再结晶现象可由固溶体的形成来解释。所谓固溶体是一种容许可变组成的结晶相，催化剂的一些性质往往会由于形成固溶体的途径改变而发生变化。简单的固溶体系按其结构特点可分为填隙固溶体及取代固溶体两类。如果加入的离子或原子并未取代母体结构中的任何离子或原子，而是占据了晶体结构中正常的空位，则称为填隙固溶体；如果加入的离子或原子直接取代了母体结构中具有相同电荷的离子或原子，便称为取代固溶体。在催化剂焙烧过程中，各种金属盐类形成固溶体的现象是颇为普遍的，只是其形成机理十分复杂。

三氧化二铬（Cr_2O_3）广泛用作加氢、脱氢、氧化、脱水及异构化等催化剂的活性组分。氧化铬的催化作用是在焙烧过程中通过以下作用显示出来：①晶间促进作用。加入催化剂的铬酸盐，通过焙烧生成微细的 Cr_2O_3 晶粒，使催化剂具有很大的比表面积，也即通过晶间促进作用使催化剂赋予活性。这在三氧化二铬用作甲醇氧化催化剂、糠醛脱一氧化碳催化剂时，都可观察到这种作用。②晶内促进作用。这种作用又可分为两种类型。第一类情况是，含铬催化剂在焙烧过程中，三氧化二铬与其他组分反应生成新的晶体，而形成的新晶体具有高活性，同时，新晶体的析出还能有效地促进和保持催化剂晶粒的微细化。例如，在铜锌铬（$CuO/ZnO/Cr_2O_3$）系甲醇合成催化剂中，Cr_2O_3 的加入不仅可以阻止一部分 CuO 还原，从而保护铜催化剂的活性中心，还可发现催化剂铜晶粒尺寸减小，活性提高。第二类情况是由原子价控制效应引起的促进作用，也即在焙烧过程中，由于发生再结晶，使微量的三氧化二铬固溶于主要成分的晶体中。而这一过程往往决定着所制备催化剂晶格缺陷的多寡。显然，这种晶格缺陷数量的变化必然会对催化剂的活性产生影响。

在高温焙烧中，如果催化剂组成中两个终端产物的晶体结构相同，则有可能在整个组成范围因再结晶而生成固溶体，如 Al_2O_3 及 Cr_2O_3 都具有刚玉晶体结构，即在近似为氧离子六方密堆积的结构中，Al^{3+} 或 Cr^{3+} 占据了 2/3 的八面体位置。它们所形成的固溶体可以用化学式（$Al_{2-x}Cr_x$）O_3 来表示，其中 $0 \leqslant x \leqslant 2$。在 x 为 1 左右时，Al^{3+} 和 Cr^{3+} 随机地分布于 $Al_2O_3^-$ 的正常被占的八面体位置。但在任何一特定的位置究竟是由 Cr^{3+} 占据或是被 Al^{3+} 占据，则与组成 x 有关。所以，只有当催化剂组成中具有相同晶体结构的组分，在高温焙烧过程中因再结晶而有可能形成全范围的固溶体，但多数情况下，只是部分或有限范围的固溶体系。

在焙烧过程中，许多金属组分能形成填隙固溶体，其中一些小原子，如硼、碳、氮等能进入金属主体结构内空着的间歇位置。

7-1-5　烧结

焙烧温度对催化剂结构的影响还表现在烧结上。所谓烧结是指固体加热到低于其熔点的温度时，固体颗粒黏结成聚集体，而使固体的比表面积减少的现象。烧结是十分复杂的过程，因为在烧结过程中往往可能连续或同时发生多种类型的物质迁移。

固体催化剂大多是一些多孔性物质。因此，在烧结过程中往往会发生颗粒间结合、小孔道闭合、致密化及孔粗化等现象，固体的总表面能也随之减少。所以，有时将固体表面能的减少当作烧结的推动力，这似乎与固体粒度的增长和液体微滴在表面张力的影响下聚结有一定的相似性，不同的是在于液体没有刚性。

烧结与上述再结晶过程是不能截然区分的。因为烧结是由于微晶迁移后经碰撞聚集而发生，或是由于原子或离子物种自小的微晶迁移至大的微晶上而产生，所以，在再结晶发生时多少也会产生烧结现象，只是程度不同而已。通常将焙烧温度低于 Tamman（塔曼）温度（固体熔点温度的 2/3 以上）之前，再结晶过程占优势；而在 Tamman 温度之后，烧结现象就显得突出。由于烧结过程需要微晶的互相接触、黏结或重排，也是缓慢的扩散过程。当催化剂处于烧结温度时，焙烧时间越长，烧结越严重。这在催化剂使用过程中，随着使用时间的延长，催化剂也会因烧结而逐渐老化。

影响烧结的因素主要是焙烧温度，但焙烧时间及气氛对烧结也有重要影响。催化剂中杂质的存在对烧结也有一定影响，杂质的作用是通过改变熔点高低来影响烧结速度的。如果包含的杂质使基体物料熔点降低就会使烧结加速，从而引起比表面积剧烈下降。通常，混入像 F、Cl、Br 等阴离子杂质常会使烧结温度降低。反之，如果加入耐高温的稳定剂，它对易烧结组分起着隔离作用，就可防止微晶相互接触，从而提高烧结温度。在制备催化剂时，有时加入某些结构性助催化剂，也是起着这种作用。

总的说来，催化剂的烧结一般使微晶长大、孔径增大、比表面积及孔体积减少、机械强度提高。对于有些催化剂，其活性要求并不太高，而机械强度却要求高时，也可在焙烧过程中有意使催化剂发生部分烧结，以提高它的机械强度。

7-1-6　活性组分的再分配

催化剂在焙烧过程中，由于发生上述热分解、固相反应、晶相变化、再结晶及烧结等现象，从而使催化剂结构稳定、机械强度提高。除此以外，在焙烧过程中还会产生活性组分在载体上的重分配作用。例如，接触法生产硫酸用钒催化剂是一种典型的负载型液相催化剂，主要活性组分是 V_2O_5，载体是精制硅藻土。催化剂的成型和干燥同时在喷动塔中完成。这样制得的催化剂在未焙烧以前，活性组分的分配总是不够均匀。造成这种不均匀性是由配料、混合操作及其他一些因素，如硅藻土中的碳氢化合物常与 SiO_2 表面紧密相连，当焙烧过程中碳氢化合物形成 CO_2 及水汽逸出后，这部分 SiO_2 表面上就没有活性组分，如果焙烧温度达到一定值时，使活性组分熔融为液相，就可使活性组分在载体上进行再次重分配，达到均匀负载的目的。如对于 K_2SO_4/V_2O_5 为 2~3 的活性组分，焙烧温度为 500℃ 时，就可全部熔融为液相。而对碱金属原子/钒原子的比值更高时，所需要的焙烧温度可更低一些。所以，制备这类催化剂时，焙烧处理对活性组分的均匀分布有重要作用。

7-2　焙烧条件对催化剂性能的影响

在固体催化剂制备中，焙烧也可理解为是在氧化气氛中进行的催化剂热处理。这种操作常用于分解金属盐类或进行活性组分的固相反应而制取所需化学组成并具一定机械强度的产物（多数为氧化物）。所以，焙烧也是控制或调节催化剂结构的重要手段。焙烧温度、时间及气氛等则是影响催化剂化学组成、比表面积大小、活性组分微晶大小、晶形变化及机械强度的主要因素。但至今尚无具体的理论可用以选择为达到给定性能所需要的确切的焙烧条件。这是由于为满足催化剂某种特定性能（如活性、比表面积、机械强度等）所需要的条件是各不相同的。如从获得较大比表面积的角度考虑，焙烧温度不宜过高以防止发生烧结，而从催化剂机械强度方面要求则需要有适当的烧结以使强度增加。又如焙烧在真空中进行，烧结温度较高，产品比表面积也较大，而机械强度较低，但采用的设备比较复杂。反之，焙烧在空气中进行时，设备比较简单，烧结温度较低，所得产品比表面积较低，而机械强度较高。

所以，焙烧条件的确定必须是在全面分析考察各项性能要求的前提下作出恰当的选择。而在满足催化剂性能的基础上则应尽量缩短焙烧时间，以期提高设备利用率和降低能耗。焙烧过程释放出的气态产物一般需尽快除去以减少烧结现象的发生。对于释放出的有毒气体（如氮氧化物）则需进行净化处理，以保护环境。

7-2-1 焙烧温度的影响

1. 对比表面积、孔体积、孔径的影响

硅胶（SiO_2）是一种多孔性物质，常用作吸附剂、干燥剂、色谱用载体等，也用作催化剂及催化剂载体。催化领域所使用的硅胶，常以孔径大小来区分，即细孔硅胶、粗孔硅胶及介于二者之间的中孔硅胶。习惯上将平均孔径在 1.5~2nm 以下的硅胶称为细孔硅胶；平均孔径在 4~5nm 以上的硅胶称为粗孔硅胶；此外，将平均孔径在 10nm 以上的硅胶称为特粗孔硅胶，平均孔径在 0.8nm 以下的称为特细孔硅胶。

工业上制备硅胶，通常是以水玻璃及硫酸为初始原料，二者反应生成硅酸。但生成的硅酸很不稳定，通过分子间缩合作用而形成多聚硅酸，以至硅溶胶。硅溶酸经胶凝后便成为硅胶。硅胶的制备工艺条件一般还是较成熟的，它的宏观结构可以用一定的制备方法来控制，制备过程中，凝胶老化、干燥及焙烧温度对硅胶的孔结构及表面性质都有重要影响。表 7-3 示出了硅胶的表面性质与焙烧温度的关系，图 7-1 示出了比表面积（S）、孔体积（V_p）及平均孔径（$\bar{r}$）与焙烧温度的关系[109]。从表 7-3 及图 7-1 看出，比表面积及孔体积均随焙烧温度升高而逐渐减小，而且二者的变化规律相似。而平均孔径在低于 870℃ 时变化不大，而在高于 870℃ 时

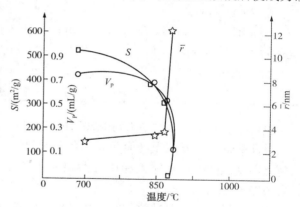

图 7-1 V_p、S、$\bar{r}$ 与焙烧温度的关系

则发生突变，说明这一点的温度使硅胶的孔结构产生显著变化。

表 7-3 硅胶的表面性质与焙烧温度的关系

样品号	焙烧温度/℃	比表面积/（m^2/g）		孔体积 V_p/（mL/g）	平均孔径 $\bar{r}$/nm
		压汞法	流动色谱法		
1	700	502	511	0.7524	3.0
2	850	389	387	0.6735	3.46
3	870	317	336	0.5512	3.47
4	885	19.20	280，287，276	0.1167	12.16

注：焙烧时间 5h。

表 7-4 示出了不同焙烧温度下的比表面积及孔体积的分布关系。表 7-5 示出了孔径分布与焙烧温度的关系。从表 7-4 看出，随着焙烧温度升高，孔体积与比表面积的降低是相

对的。在低于某一温度(870℃)时，主要是微孔区和过渡孔区的变化。大孔区和特大孔区的分布几乎不变。说明在此条件下，小孔受温度的影响较大，孔敏感。而且也可看出，硅胶的比表面积及孔体积主要是由过渡孔提供的[110]。

表 7-4　比表面积与孔体积的分布关系

焙烧温度/℃	$S/(m^2/g)$					$V/(mL/g)$					$V/\%$		$S/\%$	
	$S_总$	$S_微$	$S_过$	$S_大$	$S_特大$	$V_总$	$V_微$	$V_过$	$V_大$	$V_特大$	$V_微$	$V_过$	$S_微$	$S_过$
700	502	127	333	35	6.2	0.7524	0.1374	0.4508	0.0925	0.0720	18.3	60.0	25.4	66.2
850	389	92	261	33	4.2	0.6735	0.1086	0.4066	0.1016	0.0567	16.1	60.4	23.5	66.9
870	317	81	211	21	4.4	0.5512	0.0937	0.3230	0.0558	0.0787	17.0	59.0	25.6	66.4
885	19	—	7.3	5.1	6.8	0.1167		0.0129	0.0149	0.0889	—	11.0	—	38.0

表 7-5　孔径分布与焙烧温度的关系

焙烧温度/℃	微　孔			过　渡　孔			大　孔			特　大　孔		
	孔半径 γ/nm	$\Delta V_微/$ (mL/g)	$\Delta V_微/$ $\%$	孔半径 γ/nm	$\Delta V_过/$ (mL/g)	$\Delta V_过/$ $\%$	孔半径 γ/nm	$\Delta V_大/$ (mL/g)	$\Delta V_大/$ $\%$	孔半径 γ/nm	$\Delta V_过/$ (mL/g)	$\Delta V_特大/$ $\%$
700	2.1~2.5	0.1374	18.3	2.5~4.4	0.4508	60.0	4.4~10.7	0.0925	12.3	10.7~7500	0.0719	9.6
850	2.1~2.5	0.1086	16.1	2.5~4.4	0.4066	60.4	4.4~10.7	0.1016	15.1	15.7~7500	0.0567	9.9
870	2.1~2.5	0.0937	17.0	2.5~4.4	0.3230	59.0	4.4~10.7	0.0557	10.1	10.7~7500	0.0787	14.3
885	2.1~2.5	—	—	3.0~4.3	0.0129	11.0	4.4~10.7	0.0149	12.8	10.7~7500	0.0889	76.1

表 7-5 的数据表明，在低于 870℃ 的各温区，尽管各孔径分布区的孔体积、比表面积都呈规律性降低，但不同温区而为同一孔径区间的孔体积、比表面积的百分含量几乎一样，说明在此温度区间内，孔体积和比表面积随孔径分布的变化规律相同，对总孔体积的贡献主要集中在过渡孔区。

上述结果表明，对硅胶进行焙烧处理时，低于某一焙烧温度时，虽然由于焙烧而引起硅胶中一次粒子直径的增大，进而使一次粒子间的接触点状态、聚集状态及细孔结构发生变化，使表面化学结构水和凝胶网络中的羟基逐渐消失，同时伴随着发生基本粒子的凝集，但所生成的骨架结构仍处于稳定状态。所以孔径分布的变化不明显。而当焙烧温度高于某一温度时(如 870℃)，仅高出 15℃(如 885℃)，但孔径分布变化明显，孔体积主要集中在大孔区和特大孔区，孔体积显著减少，孔半径突然增大，说明高于此温度时，硅胶的骨架受到破坏。这时的温度已接近硅胶烧结的体相温度。

2. 对表面酸性的影响

固体酸，又称表面酸。在催化领域中，是指有质子酸中心和路易斯酸中心的固体酸催化剂。其催化机理与有机反应物和固体酸作用生成的正碳离子有关。固体酸通常可分为：硅铝酸盐(无定形硅酸盐、沸石分子筛、黏土等)、氧化物(氧化铝、氧化锌等)、硫酸盐(硫酸镍、硫酸钙等)、卤化物(氯化铝、氯化锌等)以及其他盐类。非晶态的硅酸铝、氧化铝、氧化钛、氧化硅等单一氧化物也是石油化工及炼油工业常用的固体酸催化剂。检验固体酸的性质主要包括三个方面：首先是酸中心的类型，是 B 酸(Brönsted 酸)或是 L 酸(Lewis 酸)；第二是酸强度，也即测定表面酸中心的酸强度；第三是酸的的浓度，也即测定酸中心的表面密度。

固体酸广泛用作催化裂化、催化重整、加氢、脱氢、烷基化等反应的催化剂，而固体酸的催化活性常与表面酸中心的类型及表面酸中心的酸量等有关。下面以甲苯歧化催化剂为例进行说明。

对二甲苯是聚酯工业的重要原料，工业上可由催化重整轻汽油经分馏而得，也可用甲苯或甲苯与碳九芳烃为原料经歧化与烷基转移反应，再经异构化和分离而得。工业上应用最广的歧化与烷基转移工艺的催化剂之一是丝光沸石，得到的产物是苯和接近热力学平衡组成的混合二甲苯，其主反应为：

甲苯歧化反应：

$$2 \text{（甲苯）} \rightleftharpoons \text{（苯）} + \text{（二甲苯）}$$

烷基转移反应：

$$\text{（甲苯）} + \text{（均三甲苯）}(CH_3)_2 \rightleftharpoons 2 \text{（二甲苯）}CH_3$$

甲苯歧化及烷基转移反应是在固体酸催化剂丝光沸石存在下进行的，属于正碳离子反应机理。

丝光沸石催化剂的生产工艺与其他分子筛催化剂相似，主要包括分子筛合成、离子交换、催化剂成型、焙烧与活化等工艺过程，丝光沸石所起的催化作用是与沸石的表面酸性相关联，而制备过程的焙烧温度与酸中心的形成有一定影响。表 7-6 示出了催化剂活性与酸量的关系。在丝光沸石中，存在 B 酸中心及 L 酸中心，而起歧化反应的主要是 B 酸中心。从表中也可以看出，B 酸高，催化活性也高。表 7-7 是催化剂在不同焙烧温度及焙烧时间下处理时的酸量变化。从表中可以看出，焙烧温度在 450℃时已开始形成 B 酸及 L 酸，500℃时 B 酸的形成量对催化剂的活性有益，随着焙烧温度的升高，在 550℃时 B 酸量开始下降，L 酸量上升，活性随之下降 10%左右。在 600℃时，L 酸/B 酸的酸值比为 0.45，几乎等于 500℃时的 L 酸/B 酸酸值比 0.25 的两倍。这时的催化活性更低，表明 L 酸的酸量增大对歧化反应不利。

表 7-6　催化剂活性与酸量关系

催化剂编号	二甲基吡啶测定的酸量/（mmol/g）Ⓐ	吡啶测定的酸量/（mmol/g）Ⓑ	Ⓐ/Ⓑ酸量比值	Ⓑ-Ⓐ不同吸附质的差值	Ⓐ/（Ⓑ-Ⓐ）酸量比值	微反活性/（B+X）%	50mL 催化剂反应考察活性/（B+X）%
1	0.232	0.283	0.82	0.051	4.55	43.61	45.51
2	0.164	0.222	0.74	0.058	2.83	42.25	—
3	0.189	0.239	0.79	0.050	3.78	43.29	42.79
4	0.142	0.186	0.76	0.044	3.23	41.68	41.81
5	0.106	0.152	0.70	0.046	2.30	38.31	38.10
6	0.096	0.136	0.71	0.040	2.40	37.82	38.50
7	0.084	0.117	0.72	0.033	2.55	31.81	—

注 1：Ⓐ表示 B 酸；Ⓑ-Ⓐ表示 L 酸；Ⓑ表示总酸量。

注 2：B+X＝苯+二甲苯。

表 7-7　焙烧温度对催化剂酸量的影响

催化剂编号	焙烧温度/℃	焙烧时间/h	焙烧气氛	B 酸量/(mmol/g)	催化活性/(B+X)%	备　注
1	450	1.0	空气中	0.123	36.30	
2	500	4.0	空气中	0.189	43.29	
3	550	1.0	空气中	0.115	35.33	L 酸/B 酸 = 0.23
4	600	1.0	空气中	0.106	34.10	L 酸/B 酸 = 0.45
5	500	1.0	空气中	0.193	40.76	
6	550	8.0	空气中	0.115	34.42	

3. 对晶粒大小的影响

如上所述，催化剂或载体在焙烧过程会发生晶相变化。特别对有多种变体的氧化铝，可通过调节焙烧温度获得不同晶相的氧化铝。同时，由于焙烧过程产生再结晶及烧结等过程，催化剂的微晶大小也会发生变化。

例如，一氧化碳与水蒸气作用生成二氧化碳和氢气，是一种典型的气固相催化反应，并广泛应用于合成氨、制氢、合成甲醇等工业。能对上述一氧化碳变换反应起催化作用的物质主要有周期表 I B 族金属（如 Cu 等）、Ⅷ族元素（Fe、Co、Ni 等）的氧化物，其中以金属铜及 Fe_3O_4 催化剂既能加快一氧化碳变换的反应速度，又有较好的选择性。金属铜的催化活性优于 Fe_3O_4，它在 250℃ 的较低温度下已具相当高的活性，但在温度较高时会迅速失活，故只能用于较低的反应温度；Fe_3O_4 的稳定性好，抗杂质毒害能力较强，价格又低，但必须在 380℃ 以上的高温下才有足够的活性。目前工业上使用的一氧化碳中温变换催化剂是以 Fe_2O_3 为主活性组分（使用过程中还原为 Fe_3O_4 后才具有活性），并加有 Cr_2O_3、MgO、Al_2O_3、K_2O 等助催化剂。在适当的使用温度范围内，这类催化剂具有催化活性高、抗硫化物毒害能力强、耐热性好、使用寿命长等特点，而且失活后仍可再生使用。

一氧化碳中温变换催化剂有多种制法，如混合法、共沉淀法、浸渍法等。但不论何种制法都需有焙烧过程，焙烧的目的是使活性组分及助催化剂进行分解，产生所需的物相并获得适当的孔结构及机械强度。

例如，在用混合法制造 Fe_2O_3-Cr_2O_3 催化剂时，$FeCO_3$ 沉淀在焙烧时发生热分解而释放出 CO_2，并进一步使氧化亚铁氧化成 Fe_2O_3。

$$FeCO_3 \xrightarrow{\triangle} FeO + CO_2 \uparrow$$

$$4FeO + O_2 \longrightarrow 2Fe_2O_3$$

加入的铬酐也在焙烧过程中分解为所需要的 Cr_2O_3。

$$4CrO_3 \longrightarrow 2Cr_2O_3 + 3O_2 \uparrow$$

如果焙烧不完全，催化剂中含有 $FeCO_3$ 时，其催化活性就降低。焙烧过程中由于热分解及再结晶作用，氧化铁微晶粒子的大小随着焙烧温度升高而增大（见图 7-2）。而且发现氧化铁粒子的长大符合下述经验式。

$$d^6 = kt \tag{7-1}$$

式中　d——氧化铁粒子平均粒径；

　　　t——焙烧时间，h；

　　　k——常数。

如用 lg$d$ 对 lg$t$ 作图可得到一直线，如图 7-3 所示。

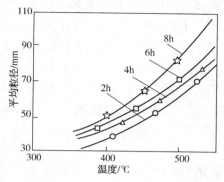

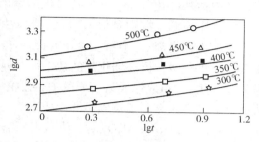

图 7-2　焙烧温度对氧化铁粒子大小的影响　　　图 7-3　氧化铁粒子的长大速度

从图 7-2 也可看出，随着焙烧温度升高，由于原子的迁移，氧化铁微晶粒子彼此聚集而使粒子长大，其结果也使比表面积减少。

二氧化钛（TiO_2）是一种多晶型化合物，用作有机合成催化剂、光催化剂及催化剂载体。在自然界它有三种结晶形态：金红石型、锐钛矿型及板钛矿型，板钛矿型是不稳定晶型，在650℃左右即转化为金红石型。在这三种 TiO_2 晶型中，锐钛矿型表现出高的活性，其原因之一是在结晶过程中锐钛矿晶粒具有较小的尺寸及较大的比表面积，对催化反应有利。

在以 $TiCl_4$ 为原料采用液相沉淀法制取 TiO_2 时，将沉淀物干燥后，经 350℃、400℃、450℃、500℃焙烧 2h 的 X 射线衍射图如图 7-4 所示。从图中看出，较低温度时，只出现锐钛矿相 TiO_2，在 400℃焙烧时即出现金红石相 TiO_2，而且随着焙烧温度升高，金红石相衍射峰逐渐加强，相含量逐渐增高，而锐钛矿相含量逐渐减少。

图 7-5 是 TiO_2 的晶粒尺寸随焙烧温度的变化情况，随着焙烧温度升高，TiO_2 粒子逐渐凝聚，晶粒尺寸也越来越大。而这种变化也会带来催化活性的改变。

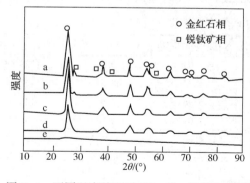

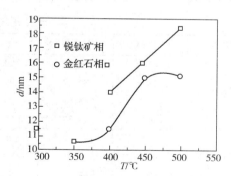

图 7-4　不同温度处理后 TiO_2 的 x 射线衍射图　　　图 7-5　TiO_2 晶粒尺寸随焙烧温度的变化趋势

a—500℃；b—450℃；c—400℃；d—350℃；

e—冷冻法直接合成的粉末

4. 对催化剂活性的影响

以煤炭、天然气等为原料制备合成气，通过费-托（Fischer-Tropsch）合成将合成气转化为重质烃，然后对重质烃加氢裂解及异构化，可获得清洁的液体燃料和化学品。但费-托合成得到的烃类产物碳数分布相当宽，难以获得所需要的某一馏分的产物，在所用的催化剂金属中有铁、钴、镍及钌等，通过依赖于反应条件和选用的催化剂，形成各种不同的产物。

费-托合成反应可认为是表面聚合反应，单体 CH_x 由反应物 H_2 和 CO 在催化剂表面原位生成。其中钴基催化剂费-托合成催化加氢活性高，不易积炭中毒，含氧化合物生成量小，CO_2 的选择性低，特别是对 C_5^+ 烃的选择性高。用浸渍法制备的 $Co-Ru-ZrO_2/\gamma-Al_2O_3$ 催化剂，是在主催化剂 Co 中添加少量 Ru，不仅能提高催化活性及重质烃 C_5^+ 的选择性，还能抑制反应过程积炭，提高催化剂的稳定性及使用寿命，加入 ZrO_2 可减弱 Co 与 Al_2O_3 载体间的强相互作用，与 Co 形成易还原的 $Co-ZrO_2$ 物种，使一氧化碳容易解离，从而提高费-托合成的反应速率，有利于重质烃的生成。

制备 $Co-Ru-ZrO_2/\gamma-Al_2O_3$ 时，为获得所需要催化剂氧化物前驱体，对浸渍和干燥后获得的含前驱体的制品往往需要在不低于其使用温度下，在空气或惰性气氛下进行焙烧处理，使前驱体和助剂在高温下进行热分解。在热分解过程中，组分间以及组分与载体间发生固相反应，晶相转变以及烧结等。因此，催化剂的焙烧对获得与良好催化性能密切相关的物相、晶型、晶粒大小、比表面积及孔结构等十分重要。

在原料气 $n(H_2):n(CO)=2.0$，反应压力 1.5MPa 和空速 $800h^{-1}$ 的条件下，不同焙烧处理的催化剂的反应性能及反应产物分布情况如表 7-8 及表 7-9 所示[111]。从表中看出，在相同反应温度下，催化剂活性随焙烧温度的提高而下降；总烃选择性变化不大（$\geqslant 99.46\%$）；CH_4 选择性上升；重质烃 C_5^+ 选择性和每立方米标准状态合成气转化成重质烃的质量先升高后下降。从产物分布上看，催化剂不焙烧有利于汽油馏分 $C_5 \sim C_{11}$ 的选择性提高，而 673℃焙烧有利于柴油馏分 $C_{12} \sim C_{18}$ 及 C_{19}^+ 的提高，链生长概率较大。923℃焙烧，甲烷等低碳烃的选择性明显提高，重质烃 C_5^+ 的选择性下降，链生长概率降低，每立方米标准状态合成气转化成重质烃的质量显著降低。因此，较低焙烧温度有利于反应速率的提高和重质烃的合成，较高焙烧温度时，Co 物种和载体间的相互作用加强，形成难还原的铝酸钴化合物，同时氧化钴晶粒聚集或烧结，Co 物种的还原程度下降，导致 Co 加氢活性下降，有利于低碳烃的生成。

表 7-8　催化剂的 F-T 合成性能

催化剂	温度/K	CO 转化率/%	总烃选择性/%	CH_4 选择性/%	C_5^+ 选择性/%	$Y_{C_5^+}$[①]/(g/m³)
未焙烧	473	71.90	99.71	4.05	90.26	124.64
	483	80.27	99.62	4.77	88.54	127.36
	493	83.61	99.58	5.96	85.67	138.49
	503	95.32	99.46	7.09	82.94	143.76
673℃焙烧	473	70.16	99.81	4.60	90.43	129.84
	483	78.41	99.77	5.50	88.57	135.30
	493	82.54	99.74	6.87	85.63	144.63
	503	93.27	99.66	8.38	82.56	147.72
923℃焙烧	473	54.77	99.85	6.46	81.81	93.03
	483	61.14	99.81	7.83	77.95	98.92
	493	63.69	99.79	9.78	72.43	95.74
	503	71.97	99.70	12.72	64.14	95.76

① $Y_{C_5^+}$ 为每立方米标准状态合成气转化成重质烃的质量。

表 7-9　F-T 合成反应产物分布

催化剂	温度/K	$\omega(C_1)/\%$	$\omega(C_2 \sim C_4)/\%$	$\omega(C_5 \sim C_{11})/\%$	$\omega(C_{12} \sim C_{18})/\%$	$\omega(C_{19} \sim C_{25})/\%$	$\omega(C_{26}^+)/\%$	α
未焙烧	473	4.64	5.10	35.71	27.36	17.35	9.84	0.89
	483	5.46	6.00	35.89	28.81	15.95	7.89	0.87
	503	8.13	8.93	37.20	32.66	10.22	2.85	0.80
673℃ 焙烧	473	5.25	4.32	29.53	28.73	20.54	11.63	0.90
	483	6.27	5.16	30.17	31.55	18.33	8.53	0.87
	493	7.88	6.49	29.97	32.13	16.61	6.92	0.86
	503	9.57	7.88	31.52	35.49	12.14	3.41	0.81
923℃ 焙烧	473	8.21	9.98	35.79	37.96	6.84	1.09	0.74
	493	12.44	15.13	34.17	33.11	4.54	0.55	0.71
	503	16.18	19.68	33.22	28.23	2.49	0.19	0.67

注：α 为链增长概率。

5. 对机械强度的影响

焙烧可使催化剂结构稳定，从而提高其机械强度。表 7-10 示出了二氧化硫氧化的钒催化剂的焙烧温度与机械强度的关系，可以看出，随着焙烧温度升高，催化剂的机械强度有所增加，其原因是高温能使催化剂粒子进一步紧密结合所致。

表 7-10　焙烧温度与钒催化剂机械强度

焙烧温度/℃	焙烧时间/h	相对强度	焙烧温度/℃	焙烧时间/h	相对强度
不焙烧	—	65	500	1	84
450	1	70	500	2	84
450	2	72			

焙烧通常可以改变催化剂的孔分布，形成活性相及稳定机械强度，因此，焙烧温度也必须满足催化剂相变的要求。不同催化剂有不同的适宜焙烧温度。表 7-11 为一氧化碳中温变换催化剂的焙烧温度与机械强度的关系，可以看出，$Fe_2O_3-Cr_2O_3$ 催化剂在 250℃ 时的强度最好，焙烧温度继续升高，强度反而下降；而在 500℃ 以后，强度不再下降。

表 7-11　焙烧温度对 $Fe_2O_3-Cr_2O_3$ 催化剂机械强度的影响

焙烧温度/℃	200	250	275	300	350	400	500	600
机能强度/(N/cm)	240	280	210	160	140	120	96	96

注：焙烧时间为 3h。

7-2-2　焙烧时间的影响

焙烧时间对催化剂性能的影响，不如焙烧温度那样明显。图 7-6 为一氧化碳中温变换催化剂的焙烧时间与比表面积的关系。从三种焙烧温度和不同焙烧时间对氧化铁比表面积的影响关系看出，随着焙烧温度升高，由于发生烧结作用，比表面积随之降低。但在一定温度下，延长焙烧时间，比表面积下降至一定值后就不再发生改变。

在上述硅胶制备例子中，焙烧时间对硅胶孔结构的影响如表 7-12 所示。图 7-7 为焙烧时间对硅胶孔体积、比表面积及孔半径的影响。从表 7-12 可以看出，焙烧时间对硅胶孔结构会产生一定影响，只是这种体相变化是一个较慢的过程。

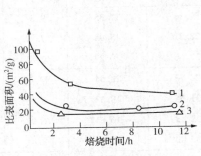

图7-6　焙烧时间对氧化铁
的比表面积的影响

1—400℃；2—500℃；3—550℃

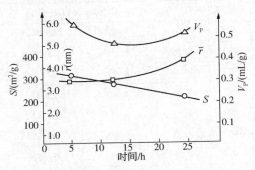

图7-7　焙烧时间对 V_P、
S、F 的影响

表7-12　焙烧时间对硅胶孔结构的影响

焙烧温度/℃	焙烧时间/h	比表面积 $S/(m^2/g)$	孔体积 $V_P/(mL/g)$	孔半径 r/nm
870	5	317.5	0.550	3.47
870	12	273.5	0.457	3.34
870	24	213.0	0.518	4.50

7-2-3　焙烧气氛的影响

制备负载型固体催化剂时，催化剂中活性金属的分布、晶粒大小及其分散度，都希望能按预期要求加以实现。通常，通过选择适当的制备方法及工艺条件，如在浸渍法制备催化剂时，选择合适的溶液浓度、浸渍时间及干燥、焙烧条件，可以达到需要的活性金属负载量及分布状态。但对每一步操作都需认真对待。如前所述，干燥过程看来简单，如果干燥条件选择不适当就会发生溶质组分在干燥过程中的再分配。在焙烧过程中，活性金属组分(有时也包括载体组分)在转变为氧化物的同时，将不需要的组分(如 Cl、N 等)挥发掉。焙烧作为调节催化剂内部金属粒子浓度分布的手段，除了焙烧温度、焙烧时间外，焙烧气氛也是其中一个影响因素。

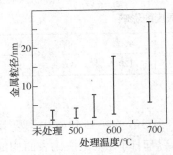

图7-8　在氧气中加热的粒径变化
（4.67%Pt-Al₂O₃，焙烧时间16h）

例如，制备 Pt-Al₂O₃ 催化剂时，先将催化剂在氧气中于500℃下焙烧16h，然后再经通入氧气(500℃、10h)及氢气(500℃、2h)焙烧处理时，Pt 的分散度会发生较大变化。图7-8为不同温度的氧气中焙烧处理时，金属钯粒径变化。可以看出，随着焙烧温度升高，金属粒径变大，这种金属粒子成长速度与气氛有关，在 O_2、N_2、H_2 三种气氛中，其成长速度是 $O_2 > N_2 > H_2$。

对于钯-炭催化剂，焙烧气氛对金属粒径的成长影响如图7-9所示，可以看出，在不同焙烧气氛中，金属平均粒径的长大情况有所不同，但都随焙烧温度升高而变大。

除焙烧温度外，焙烧气氛对催化剂的反应活性也会产生影响。例如，低温液相合成甲醇的铜铬硅催化剂，其制备方法是将 $Cu(NO_3)_2$ 溶液与氨水先配制成深蓝色的 $Cu(NH_3)_4-(OH)_2$ 络合溶液（A），将 $(NH_4)_2Cr_2O_7$ 与 Na_2SiO_3 配制成混合溶液（B），然后将（A）缓慢滴至（B）中，并用体积比为 1:1 的 HNO_3 溶液调节 pH 值至 6.0 左右，在不断搅拌下进行共沉淀反应。沉淀物经老化、洗涤、干燥、焙烧后制成合成甲醇催化剂。将该催化剂在不同温度及气氛下进行焙烧处理时，其反应活性如表 7-13 及表 7-14 所示。可以看出焙烧温度及焙烧气氛对催化剂反应活性均有影响，低温焙烧对合成甲醇催化剂的反应活性有利。而在氮气氛中焙烧时，其反应活性高于在空气中焙烧。

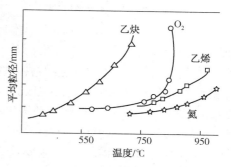

图 7-9　不同焙烧气氛时金属粒径的变化（Pd-C 体系）

表 7-13　焙烧温度对催化剂反应活性的影响

焙烧温度/℃	反应活性/[g/(h·L)]
800	62.1
350	159.0

表 7-14　焙烧气氛对催化剂反应活性的影响

焙烧气氛	反应活性/[g/(h·L)]
空气	159.0
氮气	185.0

7-3　常用焙烧设备及其特点

在实验室里，催化剂焙烧通常采用马弗炉，它具有升温、降温方便，温度可自动调节控制等特点，但多为间歇操作，催化剂装量较少。工业生产催化剂，焙烧是在专用的焙烧设备中进行。焙烧设备的结构型式较多，按操作方式可分为间歇式及连续式；按加热方式可分为电加热、烟道气加热及天然气加热等；按加热温度可分为低温焙烧窑及高温焙烧窑；按结构可分为厢式、网带式、回转式、隧道式等。下面介绍一些常用焙烧设备。

7-3-1　立式焙烧窑

这是一种一定尺寸的圆筒式竖窑。经干燥的催化剂颗粒由储斗分批放入窑内，用直接烟道气或燃气加热，经升温、保温一个周期，焙烧结束后，催化剂颗粒由活动炉篦掉入储斗，再进行下一批催化剂的焙烧。其特点是生产能力大，设备投资少，制作简单，不需要传动设备，设备的容积填充系数可达到 90%。这种窑的主要缺点是，由于它是一个绝热炉，焙烧过程不能配入二次空气。如用空气配气，则空气中氧将与催化剂中的有机物在高温下发生燃烧反应，而使窑温猛升，操作不当会将催化剂烧坏。因此，二次气体必须配入 N_2 或 CO_2 等惰性气体，在没有廉价惰性气体来源时，采用这种焙烧窑难以保证催化剂质量。

7-3-2　厢式焙烧窑

这是一种外壳由铁板制成，内衬耐火砖及保温材料的方形或长方形窑，炉膛为长方形。焙烧的催化剂或载体放在不锈钢板或网制成的料盘上。数排料盘堆放在铁制小车上。小车可由炉内的轨道进出。炉膛采用电加热，尾部设有自然抽风风管。这种焙烧窑控温方便，结构简单，设备投资小，但间歇操作，劳动强度大，生产能力较低。

7-3-3　连续回转式焙烧窑

这种焙烧窑的外形与转筒干燥器相似(参见图 6-15)。其主体部分是一个与水平线略成倾斜的旋转圆筒，圆筒支承在滚轮上，筒身由齿轮带动而回转，圆筒转速由电机调速控制。用烟道气、煤气或天然气直接加热。物料从圆筒较高的一端加入，随圆筒的回转不断前进，焙烧气则与物料逆向流动，高温段温度可达 650℃，低温段(物料进口)约 400℃，焙烧时间 1~2h。这种设备的优点是能自动进出料，连续操作，窑温可调。其主要缺点是由于物料进转窑时立即与 350~400℃ 的高温燃气接触，会因分解过快而影响催化剂质量，此外，这种设备的焙烧时间有一定限度，对于要求焙烧时间较长的物料不太适用。

7-3-4　间接加热式回转窑

这种设备的结构与连续回转式焙烧窑相似，物料也在转筒内焙烧。但烟道气或燃气不与催化剂接触，也可采用外部电加热。物料所接触的气体组分还可由一个小管引入，因而是可以控制的。物料进入焙烧段焙烧后，经冷却段从尾部出料。经焙烧释放出的湿气及分解气体由头部烟囱自然拔风排出。其明显优点是温度调节方便，可以由低温逐渐升温到高温，焙烧时间可调节，与催化剂接触的气体数量及组分也可调节，对物料的适应性强，焙烧的催化剂质量高。根据产量要求，圆筒直径可大可小，圆筒长度也可根据需要增长或缩短。但由于是间接加热，热能的利用要比直接加热式低。

7-3-5　立式管式焙烧炉

炉体为由不锈钢板卷制的圆筒，筒外有保温层，物料从顶部加料口加入。通过电热器加热的热风也从顶部通入，热气体由上而下通过催化剂层，经焙烧释出的湿气及分解气体随焙烧气从下部引出管排出。通常是将催化剂装满一炉后，然后升温、保温、降温完成一个焙烧周期。由于是间歇操作，生产能力不高，适用于小批量催化剂的焙烧处理。

图 7-10　网带式焙烧窑

7-3-6　网带窑

又称网带式焙烧窑。图 7-10 为这种窑的外形结构。它是由直径为 1~1.5mm 不锈钢丝编成的网带及电加热隧道两部分组成。网带由滚筒带动，滚筒由可控硅调速电机或无级变速电机经链轮带动，网带速度在 0.5~20m/h 内可调。网带宽度在 800~1000mm 之间，窑长 15~40m。焙烧炉的隧道加热部分内衬耐火材料。外壳为钢板，热源为电热或烟道气，焙烧物料可直接加至网带上，也可放入特制不锈钢匣钵上再由网带传送。整个窑炉可分为预热段、焙烧段、降温段。物料通过网带传动依次经过预热、焙烧、冷却后从窑尾排出，焙烧产生的高温气体由窑炉上部的烟囱或引风机排出。这种窑的温度调节方便，窑内温度分布均匀且较稳定，生产连续化，产品质量好，目前已广泛用于各种催化剂及载体的焙烧。由于网带为不锈钢制成，因此焙烧温度不能超过 700℃。如焙烧温度要求更高则需使用隧道窑或辊道窑。

7-3-7　隧道窑

隧道窑窑体由钢板制作，内衬高铝耐火砖，用刚玉异形砖筑成两条轨道，一定数量的窑车带滑盘嵌在刚玉轨道上，硅碳棒或硅钼棒电加热元件放在隧道两侧。图 7-11 为隧道窑的剖面图。隧道窑内前后彼此连接，装有物料的窑车在轨道上推移构成了可活动的窑底面。焙烧物料随窑车由预热带推向焙烧带、冷却带(见图 7-12)，并在与气流逆向运行的过程中经过预热、焙烧、冷却三个过程，完成一系列物理化学变化。焙烧过程产生的高温烟气在隧道窑前端烟囱或引风机的作用下，沿着隧道向窑头方向流动，同时逐步地预热进入窑内的物料，这一段构成了隧道窑的预热带。在隧道窑的窑尾鼓入冷风，冷却隧道窑内后一段的物料，鼓入的冷风经物料而被加热后，再抽出送入干燥器作为干燥催化剂的热源，这一段构成了隧道窑的冷却带。采用硅碳棒加热的隧道窑，最高焙烧温度可达 1300℃，而用硅钼棒加热时，焙烧温度可更高。

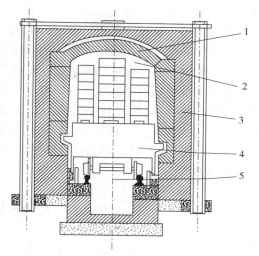

图 7-11 隧道窑的剖面
1—窑拱；2—隧道；3—窑墙；
4—窑车台面；5—窑车

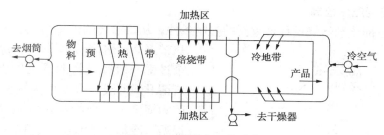

图 7-12 隧道窑工作示意

隧道窑的长短要适宜。太长时，流体阻力增大，建筑费用高，热量散失也较大；太短时，产量减少，产品质量不易稳定，废气温度高，匣钵、窑车衬砖等的使用寿命短。因而要根据窑的生产量、产品种类、焙烧周期、窑车尺寸等因素综合考虑决定。

隧道窑的特点是：热利用率较高、生产连续化、窑内温度相对稳定、焙烧产品质量好，还改善了劳动条件。其主要缺点是生产灵活性较差，对多品种、小批量产品，这种窑较难适应。此外，由于隧道窑是一种平焰式窑炉，气流在隧道中流动时，总的方向近于水平，这样就容易产生气体分层，增大上下温差。所以，就焙烧温度均匀性而言不如辊道窑。

图 7-13 全自动高温焙烧辊道窑

7-3-8 辊道窑

辊道窑也称辊底窑，图 7-13 是一种全自动高温焙烧辊道窑的外形图。这种窑的窑底是由许多耐温瓷管作为辊子的许多辊子组成，辊子由调速电机通过链轮带动。物料装在匣钵中，匣钵平放在辊子上，通过辊子的传动，靠摩擦力带动匣钵向前移动，依次通过窑的预热带、焙烧带及冷却带，完成焙烧过程。焙烧产生的高温气体由窑炉上部的烟囱或引风机排出。

辊道窑是一种小截面的隧道窑，具有许多普通隧道窑所没有的优点。它的通道截面呈扁口形，故又称扁口或缝式辊道窑。可以在辊道的上下同时加热，升温快，温度分布均匀，便于控制。用硅碳棒上下加热的辊道窑，最高操作温度可达1300℃，上下温差不超过±5℃。而且具有占地面积小、投资少等特点。催化剂的高温焙烧以往多采用隧道窑，由于温差较大，催化剂上下层分解不均匀。故很多催化剂生产厂，已采用辊道窑替代一般隧道窑来焙烧催化剂或载体。

7-4　焙烧操作条件的控制

如前所述，焙烧是固体催化剂制备的一个重要工序，催化剂在焙烧过程中会发生一系列的物理化学变化，是一个十分复杂的过程，而且物理变化与化学变化交错进行，并受焙烧温度、时间及气氛等操作条件的影响，所以，焙烧条件的正确控制对催化剂质量有很大影响。下面就连续操作的焙烧窑（如网带窑、隧道窑、辊道窑）的操作条件控制进行分析。

7-4-1　焙烧温度控制

焙烧温度是催化剂焙烧过程最重要的控制条件。从待焙烧的催化剂或载体入窑，进入预热带至高温焙烧带都是一个加热过程。在这个过程一般都是按照既定的温度曲线升温。所谓升温曲线是以温度为纵坐标，以焙烧时间为横坐标，把物料由入窑经预热、焙烧、保温、冷却至室温这一过程中，温度随时间的变化制成一条曲线。操作人员按此曲线要求控制窑内各区域的温度。图7-14示出了一般隧道窑进行催化剂载体焙烧的升温曲线。

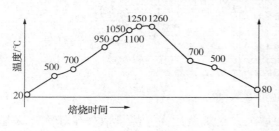

图7-14　一般高温隧道窑升温曲线

制定升温曲线，应该考虑以下因素：①物料的含水率，在焙烧过程中的物理化学变化的反应速率；②物料的大小、形状、装填厚度；③窑炉的结构、容量、装窑密度、最高工作温度；④各阶段的升温速度、气氛状况等。

根据焙烧温度不同，焙烧过程大致可分为以下几个阶段。

1. 低温阶段

这一阶段的温度大致是室温至300℃，其作用是将物料中的机械水及吸附水排除。所谓机械水是指催化剂或载体成型等工序中为了工艺的需要而加入的水分，这些水分在干燥过程中已大部分排除，残余部分则随物料进入窑中；所谓吸附水，是指物料经干燥工序后，在静置待焙烧的过程中，从周围大气中吸收的水分。如果将干燥设备与焙烧设备直接相连，就可大大减少这一部分的水分。

低温阶段的作用，实质上还是干燥设备的作用，在这一阶段，主要是物理变化，较少有化学变化，也有一些物料的结晶水会在这一阶段被脱除。当然，在一些特定情况下也会有化学变化产生。例如，窑内通风不良时，用烟道气直接加热物料，烟道气中的 SO_2 气体就有可能在有水存在的条件下与物料中的金属盐作用，生成有害杂质。因此，在这一阶段的升温应保持均匀、平缓，不宜过快过猛。要尽量降低物料入窑水分，如入窑水分过高，当物料温度高于 120℃时，物料内水分会强烈汽化，如升温过快，会在催化剂颗粒内形成过大的蒸气压力，加之物料本身干燥不均匀而产生的应力，会导致颗粒产生开裂、掉皮，这对直径较大的颗粒尤为严重。此外，加强通风，有利于饱和水蒸气及时排除。

2. 氧化分解阶段

这一阶段一般从 300℃开始，在这一阶段主要发生催化剂活性组分的氧化、分解、晶相转变及脱结晶水等过程。如碳酸盐的分解反应：

$$NiCO_3 \xrightarrow{300℃} NiO + CO_2 \uparrow$$

$$MgCO_3 \xrightarrow{400 \sim 900℃} MgO + CO_2 \uparrow$$

$$CaCO_3 \xrightarrow{600 \sim 1000℃} CaO + CO_2 \uparrow$$

碳、氢、硫的氧化反应：

$$C + O_2 \longrightarrow CO_2 \uparrow$$

$$2H_2 + O_2 \longrightarrow 2H_2O$$

$$S + O_2 \xrightarrow{250 \sim 920℃} SO_2 \uparrow$$

一水软铝石（$\alpha\text{-AlOOH}$）的热转化：

$$\alpha\text{-AlOOH} \xrightarrow{450℃} \gamma\text{-Al}_2\text{O}_3 \xrightarrow{600℃} \delta\text{-Al}_2\text{O}_3$$

除了上述变化外，催化剂颗粒还会发生比表面积及孔体积增大、质量减轻、机械强度增加等现象。

在这一阶段应尽量保持良好的空气流动状态，使氧化或分解反应能顺利地进行。同时应合理地控制窑内温度，尽量减少窑内的上下、水平温差，使上述反应进行得更为完全。

3. 高温阶段

这一阶段的温度系根据催化剂负载的金属盐类性质而定。特别是对分解温度较高的金属盐类，在这一阶段继续进行氧化分解反应，并排除结构水。完全排除结构水的温度与物料性质有关，同时还会发生金属盐类的熔融、再结晶及烧结等过程，外观颜色也随之发生改变。由于催化剂晶粒发生聚结，因而产生体积收缩、密度及机械强度增大。

在这一阶段的升温要适当缓慢一些，因为完成上述反应需要较长的时间，如果快速升温，突然出现液相，会使催化剂产生结构缺陷，同时应尽量减少窑内的上下、水平温差，使焙烧的催化剂质量均匀。

4. 保温阶段

或称恒温阶段。这一阶段是在保持高温焙烧温度的条件下进行的。高温保温的作用是拉平窑内上下、水平温差，使催化剂或载体的不同部位、同一部分的表层与内部的温度均匀，保证催化剂体相内部的物理化学反应进行得更完全，组织结构趋于均一，在表观上，使焙烧后的催化剂颜色均匀，匣钵中的催化剂表、里层或上、下层的颜色基本相同。

在这一阶段，恒温时间要适当，恒温时间长短与窑炉结构、升温速度、装料多少、催化剂组成及结构、要求达到的物化性能（如比表面积、孔体积、孔径分布等）等因素有关。恒温时间过长或过短都不好。恒温时间过长会引起烧结严重,恒温时间过短则会使焙烧不完全,产品质量及颜色不均一。二者都会影响催化剂的最终物性及催化活性。

5. 冷却阶段

恒温阶段结束后,物料进入冷却带进行冷却。在这一阶段也应根据所焙烧物料的性质控制冷却速率。在高温焙烧时,由最高温度至700℃,属于冷却带的急冷阶段。在这一阶段会存在一定的液相,快速冷却会使物料产生碎裂、变形等缺陷;700~400℃时液相已经凝固,但仍须注意物料内外温差及晶相转变时所产生的应力对催化剂结构的不利影响,冷却速度必须缓慢,使物料截面温度均匀,消除热应力,防止催化剂使用时发生炸裂;400℃以后,由于催化剂或载体的机械强度增加,热应力变小,冷却速度又可加快。

7-4-2　焙烧气氛控制

如上所述,焙烧气氛对催化剂的性能也会产生影响。焙烧时,窑炉内催化剂金属盐分解产生的废气排除有两种方式,一种是自然排气(借助于烟囱),另一种是通过引风机排出。后者排气一般不受气候的影响,而自然排出时,由于烟囱的抽力会受到气候变化的影响,从而影响窑内的气氛及焙烧温度。

烟囱抽力冬天大于夏天,对同一烟囱,冬天抽力会比夏天增大15%~30%;夜里抽力大于白天;晴天大于雨天。一般来说,烟囱的抽力应有富余。操作中可通过烟道的闸板来调节烟囱的抽力,故在气候变化时,注意即时调节闸板开启度以保证窑内的焙烧气氛不受影响。

通常,隧道窑的预热带都为负压,使废气排出通畅。窑头压力一般控制在0~-10Pa,如负压过大,会吸入过多冷风,增大预热带前段上下温差,预热带中部一般控制在-10~-40Pa;焙烧带保持微正压,使外界空气难以入窑,以稳定窑内气氛及高温,恒温区保持微正压,以有利于催化剂正常热分解及晶相转变;冷却带一般处于正压下操作,但抽热风处为负压。但正压不宜过大,窑尾气最大正压为15Pa以下。

操作时要经常注意窑内风量平衡,如出现烟气倒流现象,表明冷却带的风量平衡系统受到破坏。在特殊情况下,也可能是冷却带风量基本无异动,而是由于排烟出现故障,致使焙烧带压力增大,造成烟气倒流。这时会严重影响催化剂焙烧质量,造成制品颜色发花或色泽不匀等现象。

窑内的压力可分为负压、正压及零压。这是相对于外界大气压来说的:

窑内压力小于窑外大气压时,为负压;

窑内压力大于窑外大气压时,为正压;

窑内压力等于窑外大气压时,为零压。

图7-15示出了一般隧道窑的压力曲线。

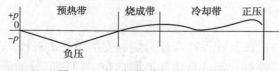

图7-15　一般隧道窑的压力曲线

从图中看出,如烟囱或引风机抽力过大,零压往后移;抽力过小,则零压往前移。二者都会因焙烧气氛变化而影响催化剂的分解状况。所以,在隧道窑等操作中,风量调节是不可轻视的操作,它会直接关系到窑内温度高低、气氛浓度及焙烧产品的质量好坏。

7-4-3　焙烧时间控制

如上所述，焙烧时间对催化剂及载体的结构组成也有一定影响。焙烧时间通常按温度曲线来控制。在焙烧设备结构一定时，对于不同的催化剂品种及不同的焙烧温度要求，其对预热、焙烧、恒温及冷却的速率也有所不同。因此要通过不同升温速度所得到催化剂产品的性能分析，制定最适宜的温度曲线。在批量生产催化剂时，操作人员应根据温度曲线控制各阶段的升温及保温时间，才能确保批量催化剂焙烧时的质量重复性。

第8章 催化剂还原及硫化

8-1 催化剂还原

催化剂在反应状态必然要求有高活性，但在运输、储存过程为了稳定和安全起见，则要求呈非活性状态。所以，相当一部分催化剂在出厂时以高价的氧化物形态存在，未呈催化活性。在催化剂装入反应器后，进入使用状态前先要用氢气或其他还原性气体还原成为活泼的金属或低价氧化物。所以，还原操作实质上也是催化剂制备过程的继续。

8-1-1 氧化物还原机理

金属氧化物的还原是还原剂（如 H_2）与其中的氧作用使金属的化合价降低的过程，如下述还原反应：

$$FeO+H_2 \longrightarrow Fe+H_2O$$

Fe 的化合价由+2 变为 0。

上述反应实质是一种气固相反应，或称为非催化气固相反应。反应是在气体与固体之间进行，最终生成物也是气态与固态两种反应产物。

气固相反应的最小代表单元是单个颗粒与运动气流之间的相互作用，但单个颗粒的原理可以推广应用到复杂的多颗粒群体上，因此可将单一颗粒系统的气固相反应表示为：

$$aA(g)+bB(s) \Longleftrightarrow cC(g)+dD(s) \tag{8-1}$$

式中，a、b、c、d 为化学计量系数；g、s 分别代表气态及固态物质。

气固相反应系统的共同特点是其总过程可能包含几个中间步骤：

① 气态反应物从主气流向固体颗粒外表面转移的气相传质；

② 气态反应物通过固体块（包括固态反应物及固体生成物的混合物）孔隙的扩散；

③ 气态反应物在固体块表面的扩散；

④ 吸附的气体与固体之间有效的化学反应；

⑤ 气态生成物从固体块表面的解吸及扩散。

根据上述总过程，金属催化剂的前驱体——金属氧化物的还原可细分为以下一些过程。

（1）气体还原剂向催化剂颗粒的扩散（外扩散）

所谓外扩散是指还原气体由流体主体相传递到固体颗粒外表面的过程，并从浓度较高的地方向浓度较低的地方转移，这种情况下，扩散服从 Fick（费克）定律。即分子扩散中组分 A 的扩散速率可用下式表示：

$$J_A=-D_{AB}dC_A/dz \tag{8-2}$$

式中　J_A——物质 A 在单位时间内垂直通过单位面积的扩散通量；

　　　C_A——物质 A 的浓度；

　　　z——扩散方向上的距离；

　　　D_{AB}——物质 A 在物质 B 中的分子扩散系数（分子扩散度）。

式中的负号表示物质 A 的扩散是沿着 A 浓度降低的方向进行的；dC_A/dz 是物质 A 在 z 方向上的浓度梯度。故 Fick 定律表示扩散速率与浓度梯度成正比，比例系数即为分子扩散系数，通常将这种扩散称为分子扩散或自由扩散。分子扩散系数取决于相互扩散的两种物质的物理性质，两种气体相互扩散的分子扩散系数多数在 $10^{-5} \sim 10^{-4}\,m^2/s$ 之间，与温度的 1.5 次方成正比，与压力成反比。

至于外扩散过程可能对催化剂还原总速度的影响到底有多大，目前还未能作严格的测定，一般认为，外扩散的影响与还原反应器的结构有关。对于还原气体从轴向流过催化剂床层的轴向型反应器，由于气体流通截面积小，气流线速度大，外扩散效应一般可以忽略；而对还原气体从径向流过催化剂床层的径向型反应器，由于气体流通截面积很大，气流线速度很小，外扩散效应不可忽视。

（2）气体还原剂在多孔催化剂内的扩散

多相催化反应所用催化剂大多是细孔结构十分丰富的多孔性物质，催化剂的表面积大部分藏在孔中，也即以内表面形式存在，还原剂必须进入孔中，才能与金属氧化物表面接触，而还原剂进入孔中的主要形式是扩散。

在细孔中的扩散，除了存在分子自由碰撞这一阻力外，还可能受到分子与孔壁碰撞所产生的阻力。对于粗大大孔或高压气体，后一阻力可以略去不计，而对于细小的微孔或低压气体，这一阻力就十分显著。

因为 1 atm 下，分子的平均自由行程是 $10^{-6}\,cm$，对于细孔半径远小于分子平均自由程的扩散，分子在和另一个分子碰撞之前首先和孔壁碰撞，和孔壁碰撞更易改变运动方向，因而使分子和孔壁碰撞的几率大于分子之间碰撞几率，分子和孔壁的碰撞就成为分子的主要"阻力"，这种扩散称为微孔扩散或 Knudsen（努森）扩散，相应的扩散系数 D_k 为：

$$D_k = \frac{2}{3}v\,\bar{r} = \frac{2}{3}r\sqrt{\frac{8RT}{\pi M}} = 9700\bar{r}\sqrt{\frac{T}{M}} \tag{8-3}$$

式中　v——分子运动的平均速率，$v = \sqrt{\dfrac{8RT}{\pi M}}$，cm/s；

　　　$\bar{r}$——平均孔半径，cm；

　　　R——气体常数；

　　　M——扩散物质的相对分子质量；

　　　T——体系的绝对温度，K。

从上式可知，微孔扩散与催化剂颗粒的平均孔半径成正比，而与总压力无关。对于常温下的双原子分子气体，其 D_k 大致在 $0.01\,cm^2/s$（平均孔半径为 1nm）至 $1\,cm^2/s$（平均孔半径为 100nm）之间。

另一种情况是细孔半径远大于分子平均自由程的扩散。分子进入孔中，每个分子与其他分子碰撞的次数比与孔壁碰撞的次数大得多，单位时间单位自由截面的扩散速度与在气相本体中的扩散速度相同，这种扩散称为普通扩散或容积扩散。普通扩散的扩散系数 D_B 为：

$$D_B = \frac{1}{3}v\lambda \tag{8-4}$$

式中　v——分子运动的平均速率，cm/s；

λ——分子的平均自由程，$\lambda = \dfrac{0.707}{\pi d^2 c}$，其中 c 为总浓度，d 为分子直径。

将 λ 值代入式(8-4)可得到：

$$D_B = \frac{0.707 v}{3 \pi d^2 c} \tag{8-5}$$

可以看出，容积扩散与孔径无关，而和总浓度(或总压力)成反比，所以，气体压力高的体系主要起作用的是普通扩散。

考虑到以上两种扩散情况，也可以用半经验公式计算扩散系数，即：

$$D = \frac{1}{3} v \lambda \left(1 - e^{-\frac{2\bar{r}}{\lambda}} \right) \tag{8-6}$$

上式既包括了以上两种扩散的过渡区域，兼有容积扩散及微孔扩散，同时又表明，当 $\bar{r}$ 比 λ 小得多时，式(8-6)可还原成式(8-3)；而当 $\bar{r}$ 比 λ 大得多时，式(8-6)可还原成式(8-4)，即为容积扩散的情况。此外，如果提高压力，直至 λ 远小于 $\bar{r}$，D 便还原成容积扩散情况，降低压力直至 λ 远大于 $\bar{r}$，则 D 还原成分子扩散的情况。

从上述分析可知，颗粒的平均孔半径小时，微孔扩散占优势，压力没有影响；孔半径大时，容积扩散占优势，孔径没有影响。

(3) 气体还原剂在氧化物表面的吸附

许多实验及研究表明，固体表面上的催化作用或表面反应无例外地包含有反应分子的吸附。这种吸附作用可分为物理吸附及化学吸附两种类型。物理吸附是反应物分子靠范德华力吸附在固体表面上。物理吸附的作用力较弱，吸附发生时所放出的热通常和气体液化的热相当。所以，物理吸附的分子结构变化不大，而且吸附物的化学活性并不因吸附而有显著改变。

化学吸附类似于化学反应，吸附物分子是被化学键力固着在固体表面上。这种力的强度远远超过物理吸附中的范德华力。吸附后，反应物分子与催化剂表面原子之间发生了电子转移并形成共价键、离子键及配合物型等吸附化学键，生成表面中间物种。吸附发生的热是和化学反应放出的热同一数量级。从化学吸附中能量变化的大小来看，吸附状态的分子活性可能已大为改变，并可能显著地升高。例如，氢分子吸附在钨上，氢原子间的键就发生断裂，产生的吸附原子远比自由的氢分子活泼。因为，在金属表面上，每一金属原子至少存在一个自由价电子。所以，每一个表面原子就可以至少和一个氢原子结合，当一个氢原子移近一个空白的钨表面时就能形成一个键并放出将近 293kJ 的热量。如果是一个氢分子移近该表面，吸附过程就还包含有分子的离解，产生的原子就分别地吸附着，因为氢分子的离解作用要吸收的热量是 431kJ/mol，因此，带离解作用的化学吸附的净释放热量约为 $293 \times 2 - 431 = 155$kJ/mol。但一氧化碳在金属表面上的吸附不一定包含离解，因为一氧化碳已具备可以形成共价键的电子。

分子离解吸附时，电子对可以均分，吸附中间物种为自由基，即所谓均裂过程；电子对也可以一方独自占有，吸附中间物种可为正离子或负离子，这类过程称为非均裂过程。例如，氢分子在过渡金属及其氧化物的表面上，可按上述两种不同方式形成吸附态：

$$\text{金属上吸附：Me—Me} \underset{}{\overset{H_2}{\rightleftharpoons}} \overset{\displaystyle H \quad\; H}{\underset{}{\underset{|\quad\;\; |}{\text{Me—Me}}}}$$

$$\text{H} \qquad \text{H}$$

$$\text{或} \qquad \text{Me} \qquad （均裂过程）$$

在金属氧化物上吸附：

$$\text{H} \qquad \text{H}$$

$$\text{O—Me—O} \xrightleftharpoons{\text{H}_2} \text{O—Me—O}（非均裂过程）$$

对于过渡金属之前或在过渡金属周期一开始的元素，以及绝缘体氧化物的金属元素，如不供给大量能量，既不能达到较低的氧化态，也不能达到较高的氧化态，也即，它们既不能被还原，也不能被氧化。因此绝缘体氧化物（如 Al_2O_3）既不能化学吸附氢或一氧化碳，也不能化学吸附氧。

从上述分析可知，物理吸附不可能成为金属氧化物还原的控制步骤。所以，应该是化学吸附促使氢分子离解而后发生夺取氧的金属还原反应。

（4）固相中还原剂的扩散及夺取氧的作用

金属氧化物或固体催化剂的还原过程与其他固相反应有所不同，其特点是在过程的开始阶段就形成反应生成物层。还原过程的进行在很大程度上与这种反应生成物层的特性密切相关。例如，对于下述还原反应：

$$Fe_3O_4 + H_2 \longrightarrow 3Fe + 4H_2O$$

当还原剂氢分子与 Fe_3O_4 表面相接触时，固体表面的力将氢分子拉向表面附近，使表面浓度比气相浓度大，并从 Fe_3O_4 的表面夺走氧进行还原反应。而要进一步反应，就必须在固体还原生成物中进行扩散。如果形成的是多孔性生成物层，则可以使气体还原剂扩散到颗粒内部；而当形成致密性生成物层时，如果没有固相反应及扩散，就难以发生还原反应。实际上，除了扩散外，未还原的反应物中还会发生固相反应，即：

$$Fe_3O_4 + Fe \longrightarrow 4FeO$$

在有晶格缺陷的金属氧化物中，扩散也可通过晶格缺陷的迁移进行。

还原过程中，还原剂从金属氧化物中夺走氧时，发生 Me-O 比例关系的区域性变化。开始还原出来的金属是游离的，以单个晶核的形式分离出来。晶粒的分布与数量与氧化物结构有关，为使晶核长大，必须从夺氧地点向晶核输送金属，这种输送过程则是靠氧化物晶格内和沿氧化物表面的金属离子和电子的扩散来实现。夺氧速度和金属扩散决定了在初生晶核之间的区域内是否有形成下一批晶核所必需的金属过饱和度，以及相应的晶核密度是否增大。晶核密度的形状及晶核发展的类型限制着晶核向新相的致密层转化。这种新相将基本氧化物从气相中分离，当还原成金属时经常会看到多孔的海绵体。图 8-1 示出了氨合成铁催化剂还原后的电镜照片。

图 8-1　氨合成铁催化剂还原后的电镜照片

所以，还原反应包括从氧化物中夺取氧原子以及还原生成物晶核的形成和长大，依靠固相反应和固相中的扩散维持反应生成物层的持续增长。

（5）还原生成物的解吸及扩散

这一过程包括还原生成物气体分子从还原后的催化剂表面解吸或脱附下来，然后由颗粒细孔向外表面扩散，最后扩散进到气流主体中。

因此，催化剂的还原是各个过程的总和，其中的每个过程都是以其本身的平衡为特征，依靠偏离于这些平衡产生各个阶段推动力。例如，扩散推动力的大小是以扩散历程的起始和终了期间反应物浓度（或压力）下降表示的。

8-1-2　还原条件对催化剂性能及活性的影响

同其他反应一样，催化剂还原既存在着反应平衡及动力学问题，也有还原方向、程度及速度等问题。因此，温度、压力、空速、还原气组成、还原时间等工艺操作参数都会对还原效果产生影响。

1. 还原温度的影响

每一种催化剂都有特定的初始还原温度、最快还原温度及最高允许还原温度。从化学平衡的角度看，如果催化剂的还原是一种吸热反应，提高温度，有利于催化剂还原。如氨合成催化剂，通常是以 Fe_3O_4 的形式供货的，使用时必须将 Fe_3O_4 还原为金属铁。

上述 Fe_3O_4 用氢气还原的反应是一个可逆的吸热反应，提高温度有利于加快反应速度及催化剂彻底还原。反之，如果还原是放热反应，提高温度就不利于彻底还原，需要注意控制温度。如一氧化碳低温变换用 CuO-ZnO 催化剂还原时会放出大量的热，而铜又对温度十分敏感，极易烧结，这就需要严格控制还原温度。

例如，对于由正丁醇与氨在常压下一步直接合成正丁胺的 CuO-NiO/分子筛催化剂，分别于 100℃、150℃、200℃、240℃、275℃、300℃ 及 350℃ 下通入 N_2 气 80mL/min，H_2 气 50mL/min 还原24h，用 X 射线衍射仪扫描得到图 8-2 所示图谱。

从图 8-2 看出，在还原前，2θ 为 37.12°、43.3°附近出现的衍射峰分别对应于 NiO 的特征衍射峰 NiO(111)，NiO(200)；2θ 为 35.5°，38.7°的衍射峰对应于 CuO 的特征衍射峰 CuO(111)，CuO(200)。在温度达到 200℃ 以前，峰形基本与未还原时一样，说明在 200℃以前尚未发生还原作用。在温度达到 240℃ 时 CuO 的特征峰基本消失，而在 43.3°处的峰有较大的增加。在 2θ 为 50.5°处开始出现一衍射峰。这是由于 CuO 还原为 Cu^0 而出现的特征衍射峰 Cu^0(111)，Cu^0(200)；而 43.3°的峰恰好与 NiO 的(111)的峰重叠，故出现峰的明显增大。当温度达到 275℃ 时，NiO 的(111)峰消失，而在 2θ 为 44.3°和 51.6°开始形成一小峰，这说明 Ni^0 开始形成。44.3°和 51.6°分别为 Ni^0(111)、Ni^0(200)的特征衍射峰，并且随着还原温度的升高，Ni^0 的峰增加较大。衍射峰的高度变化见表 8-1[112]。

表 8-1　不同温度下的 XRD 图的峰高值

项　目	CuO		NiO		Cu^0		Ni^0	
2θ	35.5	38.7	37.1	43.3	43.3	50.0	44.3	51.6
还原值	971	778	619	626	0	0	0	0
100℃	988	788	629	638	0	0	0	0
150℃	994	815	674	681	0	0	0	0
200℃	940	789	639	738	0	0	0	0
240℃	459	598	588	1306		490	0	0
275℃	0	0	0	1485		595	835	439
300℃	0	0	0	1297		485	906	448
350℃	0	0	0	1309		550	1130	488

图 8-2 中 2θ 为 35°~38°之间在 350℃还原后仍有一漫峰，这可能是因为还有少量 CuO。NiO 的颗粒很小，量又较少，信号较弱。在 X 衍射仪的检测范围之下的无定形部分，说明 CuO、NiO 的还原度还比较高。

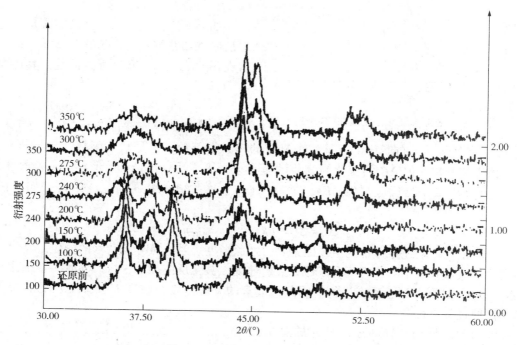

图 8-2　不同还原温度下的 XRD 图

将 CuO-NiO/分子筛催化剂分别于 225℃、275℃、300℃及 350℃下还原 24h 后，通入正丁醇及氨进行反应时，所得反应结果如表 8-2 所示。

表 8-2　不同还原温度时合成正丁胺的反应活性

还原温度/℃	转化率/%	选择性/%	收率/%
225	61.83	80.59	49.83
275	67.68	83.93	56.78
300	88.66	88.09	78.11
350	72.70	79.90	57.90

正丁醇与氨合成丁胺的反应机理主要为加氢、脱氢过程。Ni^0 为典型的加氢、脱氢催化活性组分，故 Ni 的还原效果直接影响合成正丁胺的活性，而 Ni^0 的还原度是随着还原温度的升高而增大，故反应活性随还原温度升高而增大。但 Ni 的颗粒随还原温度的升高而变粗，从而使反应活性下降。从表 8-2 也看出，当还原温度不同时，其反应活动有所不同，但存在着一个最佳还原温度，也即在 300℃时反应的转化率及选择性均最佳，此温度即为最佳还原温度。

上述现象也出现在催化裂化轻汽油低温选择性加氢催化剂上。这种 Ni-γ-Al$_2$O$_3$ 催化剂的还原温度对催化活性的影响如图 8-3 所示。

从图中看出，还原温度升高，催化活性也随之升高。但还原温度有一最佳值，温度过高

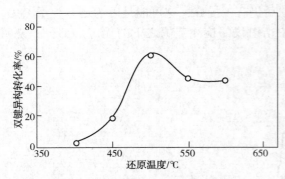

图 8-3　还原温度对催化活性的影响

时，由于镍晶粒容易发生迁移及聚集，使晶粒增大，活性表面减少，因而催化活性反而下降[113]。

2. 还原压力的影响

如上所述，氢还原过程的实质是一种还原反应，如铂重整催化剂的金属活性组分只有在还原状态才具有良好的活性，其还原反应为：

$$PtO_2 + H_2 \rightleftharpoons Pt + H_2O$$

上述还原反应能否进行，可用吉布斯自由能（ΔG）来判断。吉布斯自由能是一个复合的热力学函数，也是状态函数，它与焓一样，其绝对值无法确定，但 ΔG 的变化与物质的量有关，正逆反应的 ΔG 数值相等，符号相反。对于上述反应，ΔG 与反应温度（T）、氢分压（p_{H_2}）及系统水分压（p_{H_2O}）等具有如下函数关系：

$$\Delta G = \Delta G_0 + RT \ln(p_{H_2}/p_{H_2O}) \qquad (8-7)$$

由此看出，影响还原过程的主要因素是：还原温度、系统氢分压和水的分压。显然，系统温度太低或氢分压不够，将不利于还原反应速度，甚至反应难以进行。同时，系统含水量（即水汽分压）过高不利于反应进行。因此，适宜的反应温度、较高的氢分压及低的含水量有利于还原过程进行。

在动力学区域内，提高还原气体的总压，相应地提高了氢分压，将会提高还原反应的速率。因此，通常可以借助于提高还原气体的总压或提高氢气的分压来达到在较低的还原温度时保持一定的还原速率，这样可以避免金属微晶的烧结。但是，提高还原气体的总压力，将会降低还原产物或系统中水汽的扩散系数，造成催化剂微孔中水汽分压上升，从而引起还原的金属晶粒反复氧化，使催化剂活性下降。

铂重整催化剂还原时，还原压力及还原介质中含水量对环己烷脱氢催化剂活性的影响如图 8-4 所示[114]。从图中看出，在还原介质为干燥氢气的情况下，还原压力由常压提高到 0.7MPa 时，其环己烷转化率由 73% 下降到

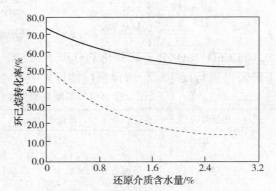

图 8-4　还原压力及还原介质中含水量
对环己烷脱氢催化剂活性的影响
——在常压下还原的催化剂；
……在 0.7MPa 压力下还原的催化剂

51%，下降幅度为 22%；如果还原介质中含水量为 1% 时，转化率下降幅度达 33.5%；如含水量进一步增大至 3% 时，则转化率下降幅度进一步增大至 38.7%。显然，还原压力越高，还原介质中含水量对催化剂环己烷脱氢活性的影响就越大。因此，还原压力越高对催化剂活性并不利，压力低一些对催化剂的性能提高有利。但因工业还原过程是采用氢气循环方式进行，因此还原压力应在能满足还原的传热传质需要及氢气循环压缩机所允许的条件下进行。

3. 还原气空速的影响

所谓空速是指单位时间通过单位体积催化剂的气体流量（标准体积下的体积）。催化剂还原是从颗粒的外表面开始的，然后向内扩散，如还原气的空速越大，即流过催化剂的氢气量也越大，使气相中水汽浓度降低，从而加快还原时生成的水从颗粒内部向外部的扩散速度，把水汽的中毒效应减至最低，也有利于还原反应向右移动，提高还原速度。所以，还原剂的空速是控制还原生成物水的浓度，避免还原所生成的金属晶粒产生反复氧化，保持微晶大小的重要因素。所以，还原的整个过程内，应尽可能提高空速，有利于将孔内表面还原产生的水汽带出，防止已还原的催化剂部分发生可逆中毒。但工业还原过程中，提高空速受加热炉热量及受还原温度要求所限制。

4. 还原气组成的影响

一些催化剂多用氢气还原，有些催化剂，则用不同种类气体还原，所得效果就会不同。例如，用铜箔反复氧化和还原制备的铜催化剂，在分别用 H_2 和 CO 还原氧化铜而制得的两种金属铜，用 H_2 还原的催化剂活性要优于用 CO 还原的催化剂活性。原因是氢气的导热率远大于一氧化碳，使用氢气的还原剂比较容易散热，从而减少催化剂因再结晶而引起比表面积下降。

又如，铂重整催化剂还原时，采用电解氢还原的催化剂的活性及稳定性均优于重整氢还原的催化剂，在稳定性方面的优越性更为明显。重整氢是催化重整反应的副产品，它含有一定数量的烃类。用含烃氢气还原催化剂会导致催化剂的表面结构改变，金属功能降低，从而使催化剂的活性、选择性及稳定性变差。而且还原用氢气中的烃类含量越高，烃类分子的碳数越多，对催化剂性能的影响也越大。

例如，用不同烃含量的氢气还原催化剂时，通过测定催化剂上金属的氢吸附量，可以表征氢气中烃类含量对催化剂金属功能的影响。图 8-5 是还原用氢气中的丙烷含量对铂-铼重整催化剂金属功能的影响。从图中看出，随着还原用氢气中丙烷含量的提高，催化剂上金属的氢吸附量显著下降。这表明，催化剂还原后铂金属表面积随着还原用氢气中丙烷含量增加而减少。催化剂活性的高低与还原后的金属表面积的大小有关，表面积越大活性越高。催化剂活性的下降与铂晶粒增大有关，因此铂金属表面积是影响催化剂性能的一个重要因素。

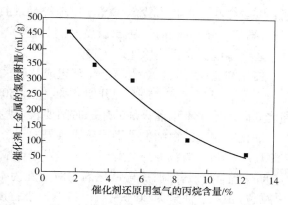

图 8-5　还原用氢气中的丙烷含量对
铂-铼重整催化剂金属功能的影响
催化剂：工业铂-铼重整催化剂，Re/Pt = 2

含烃氢气还原催化剂导致催化剂性能恶化的原因之一是，还原时微量的烃类会与氧化态的铂反应，产生极为稳定的炭而覆盖在铂的表面，使铂表面减少，从而严重影响催化剂的活性及选择性，在氢还原气氛下，烃类产生的氢解反应可使还原过程氧纯度下降，严重时可下降 10%~20%，因而降低了还原反应速率。氢解反应产生大量的热还会导致部分金属晶粒产生烧结、长大，也会影响催化剂活性。

从实践中已经知道，水是重整催化剂还原过程的一大危害，微量存在的水就可使催化剂的选择性变差。如果系统存在烃，在一定条件下，氧与烃反应会生成水，增加还原系统含水量。

在还原过程中，系统中不可避免地会带入微量氧气。这些氧气可以来自催化剂、干燥剂等残存的吸附氧，或是系统氢置换后残存在装置中的氧。这些微量氧也会在还原过程中与氢气反应生成水。除了系统中残存烃、氧反应生成水外，还有催化剂干燥后残存水、氮气置换及补充氢气带入的水等，减少还原系统中水的主要方法是依赖于还原前对系统过程的高温、高氧干燥及快速置换过程。

此外，重整氢或从轻油制氢来的氢气中可能带入少量 CO 及 CO_2；系统含烃及氧时，在还原过程中，氧与烃类反应也可生成 CO、CO_2。在还原条件下，CO 与 Pt 和 Cl 能生成羰基铂氯化合物，从而使金属 Pt 失去活性，而 CO_2 则可在还原条件下转化成 CO。

由上所知，同一种还原气，因组成含量或杂质不同，还原后催化剂的性能也是不同的。一般还原过程对还原气的组成要求都十分严格而且也比较复杂。在用氢气还原时，对一些催化剂可以用含有一氧化碳、水汽的氢气，如变换催化剂的还原。而用氢气还原合成氨催化剂时，则要控制水汽及一氧化碳的含量。至于重整催化剂对水汽的要求则十分严格。尤其是双金属重整催化剂还原时要采用"干氢"，也就是在还原操作中要求严格控制氢气中水汽的含量，因为氢气中水汽高时，会使催化剂上的氧容易流失，酸功能下降，活性组分分散度变坏，造成催化剂活性损失。

5. 催化剂组成和颗粒度大小的影响

催化剂的还原行为与催化剂的组成有关，如有载体的氧化物比纯氧化物前驱体所需的还原温度要高些，负载于载体的 NiO 比纯粹的 NiO 显示出较低的还原性。当催化剂前驱体为两种独立存在的物相时，还原温度升高，还原速度变慢，而在两种物相以等物质的量共存时，还原温度更高，还原速度更慢。

催化剂还原时间长短也与催化剂组成及所采用的还原工艺条件有关。如铂重整的单铂催化剂于常压氢气中在 150℃ 就开始还原，在 250℃。10min 就还原基本完全。而双金属重整催化剂的还原比单铂催化剂的还原时间要长一些。

催化剂颗粒的粗细也是影响还原效果的一个因素。在还原过程中，无论是扩散控制或是化学反应控制，颗粒度都会对还原过程发生影响。如对合成氨催化剂还原时，粒度为 0.6～1.2mm 的催化剂还原时所得催化剂相对活性为 100%，而改用粒度为 6.7～9.4mm 的催化剂还原所得相对活性只为 20% 左右。显然，小粒度催化剂还原后活性高。这是由于在催化剂床层压力降许可的情况下，使用颗粒细的催化剂，可以减轻水分对催化剂的反复氧化、还原作用，从而减轻水分的毒化作用。颗粒越大，上述反复氧化还原作用越严重，活性下降也越严重。

8-1-3　还原条件的选择

工业上，催化剂的还原既要考虑到还原速度，但更重要的目的是催化剂的还原质量，也即要实现反应器中全部催化剂都得到彻底还原，并确保还原后的催化剂活性不受损失。如上所述，确保催化剂还原质量的关键因素是控制影响催化剂活性及选择性的各种工艺条件及还原介质的性质。所以，选择还原条件时，既要考虑热力学及反应动力学因素，也要考虑工艺及设备条件、还原介质的来源及性质。其中还原温度及水汽浓度是最重要的影响因素。

工业还原装置中常用生成水的速度或水汽浓度来表示催化剂的还原速度，并用此来控制操作时的还原速度。水汽浓度与还原速度间的关系可由下式求得。

设催化剂装填量为 $W(t)$、还原后催化剂质量为 $\omega(t)$，还原出水量为 $\omega_{H_2O}(kg)$，则得到下述关系式：

$$\omega = W - \frac{16}{18}\omega_{H_2O} \tag{8-8}$$

设还原时间为 $t(h)$，则可得到：

$$-\frac{d\omega}{dt} = \frac{16}{18}\frac{d\omega_{H_2O}}{dt} \tag{8-9}$$

则还原速度可写成：

$$r_{H_2O} = \frac{d\omega_{H_2O}}{dt} = V_{in}\theta = S_V V_k \theta \tag{8-10}$$

或

$$\bar{\theta} = \frac{\omega_{H_2O}}{tV_{in}} = \frac{\omega_{H_2O}}{tS_V V_k} \tag{8-11}$$

式中　r_{H_2O}——还原速度，kgH_2O/h；

S_V——还原空速，h^{-1}；

V_k——催化剂装填体积，m^3；

V_{in}——反应器还原气进口流量，$m^3(标)/h$；

θ——水汽浓度，$10^{-3}kg/m(标)$；

$\bar{\theta}$——有效还原时间内的平均水汽浓度，$10^{-3}kg/m^3(标)$。

从式（8-11）看出，催化剂的有效还原时间与反应器大小及催化剂装填量没有直接关系，平均水汽浓度则与还原空速及还原时间成反比。因此，工业上，一般是通过严格控制水汽浓度来控制还原速度及确保催化剂的还原质量。

上述还原时间 t 是指有效还原时间，也即实际出水时间，不包括还原时升温、降温及不正常操作的停车时间。而出水量可以在还原条件下从热重分析的 TC 曲线测量得到的实际失氧量换算，也可按催化剂组成化学分析数据计算而得。

催化剂还原条件的选择可参照以下原则进行：

（1）升温速度控制

温度是催化剂还原的重要控制因素，还原时，升温速度快，会使生成水的速度加快，水汽浓度大，这会使还原后的催化剂微晶长大，比表面积减小，催化活性下降；如果升温速度太慢，则会使还原时间加长，还会使已还原好的催化剂经受反复氧化还原，也会影响催化剂性能，因此要根据催化剂的组成结构及用途选择适宜的升温速度。

（2）空速及压力控制

一般来说，采用高空速及较低的压力有利于还原反应的进行。因为，空速大，水汽水压相应降低，可加快还原反应速度；压力高，氢气分压相应增高，对还原有利。但压力高，水汽分压也高，水汽滞留在催化剂微孔内部不易扩散选出，从而导致催化剂经受反复氧化还原，会对催化剂性能产生不利影响。因此，在可能的条件下，应尽可能采用高的空速及在较低压力下进行还原操作。

（3）还原介质（氢气）的选择

还原过程所用的还原介质（氢气）纯度对催化剂的还原效果影响极大。高纯氢（99.999%的电解氢）的纯度高、杂质少，因而还原速度快，催化剂还原效果好。但实用中操作麻烦，危险性大，成本高，难以在工厂广泛应用。采用工业氢或重整氢要注意氢气中的杂质含量，因为还原介质中的任何杂质（如 CO、H_2S、O_2 及烃类等）对催化剂的活性都会产生危害。

（4）水汽浓度控制

还原过程中，水汽浓度过高会抑制还原反应速度，使还原后的催化剂微晶长大，也会使还原好的催化剂又发生氧化还原，导致催化剂活性下降。因此，水汽浓度应低一些为好，但水汽浓度过低时，不仅会延长还原时间，也会使反复氧化还原的时间相对延长，从经济上考虑是不利的。所以，也应根据实际情况，控制好水汽浓度。

（5）合理利用反应热

催化剂升温还原初期，热量主要是由加热炉供给，在还原前期阶段应抑制反应热以保证反应器顶都还原完全，后期则要利用反应热以保证反应器底部还原彻底。

还原后的催化剂一般很容易与氧接触产生氧化作用。当不用时，要隔绝空气，用惰性气体覆盖。氮是最常用的覆盖气体，但要注意其含氧量不能太高。

8-2　催化剂硫化

一些固体催化剂（如加氢处理催化剂，钴-钼一氧化碳变换催化剂等）出厂时其活性组分是以氧化物状态存在，活性很低，稳定性较差，只有经过预硫化处理，将金属氧化物转化为金属硫化物后，催化剂方显示其最高活性。例如，用于原油加工的加氢处理催化剂，新出厂催化剂的活性物多数为 W、Mo、Ni、Co 的氧化态。原料油中的硫化物虽可在加氢过程中将催化剂的氧化态活性组分转变为硫化态，但原料油中的硫化物浓度较低，不能使催化剂完全硫化，致使部分金属氧化物被还原而失去催化活性，所以必须对加氢催化剂进行预硫化处理后才具有良好的加氢活性及活性稳定性。

除此以上，Pt-Re/Al_2O_3 及 Pt-Ir/Al_2O_3 双金属重整催化剂还原后，具有很高的氢解活性，如不进行硫化，将在进油初期发生强烈的氢解反应，放出大量反应热，使催化剂床层迅速升温，出现超温现象，则会严重损害催化剂的活性及稳定性，重则还会烧坏催化剂及反应器。而将催化剂硫化后，能在催化剂金属活性中心产生临时性的可控制的硫中毒，从而抑制其过度的氢解反应，保护催化剂的活性及稳定性，延长重整催化剂的使用寿命。因此，硫化操作实质上也是催化剂制备过程的继续。

8-2-1　硫化原理

催化剂硫化的基本原理是：催化剂在与反应物接触前，先在氢气存在下，与硫化剂（如二硫化碳、二甲基二硫）临氢分解生成的硫化氢反应，使催化剂氧化态转化为相应的金属硫化物。催化剂硫化过程中的硫化反应极为复杂，对于 Mo、W、Ni、Co 等金属氧化物，其硫化反应可定性地表示如下：

硫化剂的临氢分解反应：

$$CS_2 + 4H_2 \longrightarrow 2_2S + CH_4 - 232.4kJ/mol$$

或　　　$$(CH_3)_2S_2 + 3H_2 \longrightarrow 2H_2S + 2CH_4 - 166.6kJ/mol$$

金属氧化物的硫化反应：

$$MoO_3+2H_2S+H_2 \longrightarrow MoS_2+3H_2O-163.3kJ/mol$$

$$WO_3+2H_2S+H_2 \longrightarrow WS_2+3H_2O$$

$$3NiO+2H_2S+H_2 \longrightarrow Ni_3S_2+3H_2O$$

$$9CoO+8H_2S+H_2 \longrightarrow Co_9S_8+9H_2O$$

从以上反应式可知，硫化反应是放热反应，并伴有水的生成。基于以上反应，按催化剂组成的金属含量及催化剂实际装填量，就可估算出催化剂硫化时需要的理论硫量及生成水量。通常，硫化剂的备用量应按理论需要量的 1.25 倍或更多一些考虑。

8-2-2　常用硫化剂及硫化方法

能用于催化剂硫化的硫化剂品种较多。选用硫化剂的依据主要从分解温度、价格及使用安全性等方面考虑。一般原则为：

① 在临氢及催化剂存在条件下，硫化剂能在较低反应温度下分解生成硫化氢（H_2S），以有利于硫化操作顺利进行，提高硫化效果；

② 硫化剂的硫含量应高，以减少硫化剂用量，并减少其他成分对硫化过程的不良影响；

③ 硫化剂的毒性小、使用安全，价格便宜并容易得到。

一些常用硫化剂的物化性质如表 8-3 所示。

表 8-3　常用硫化剂的物化性质

名　称	二硫化碳	二甲基硫醚	二甲基二硫化物	正丁基硫醇	乙基硫醇	叔壬基多硫化物
相对分子质量	76.14	62.13	94.19	90.2	62.1	414
密度/(g/cm^3)	1.26	0.85	1.07	0.84	0.84	1.04
沸点/℃	46.5	38	109.7	98	35	160
分解温度/℃	175	250	200	225	200	160
闪点(闭杯)/℃	-30	-17.8	15	-7	<-17	121
蒸气压(40℃)/(kg/cm^2)	0.78	1.05	0.04	0.11	1.14	0.01
放热量/[MJ/(kgH$_2$S)]	—	1.95	1.28	0.837	0.875	—
耗氢量/[Nm^3/(kgH$_2$S)]	—	1.39	1.04	0.69	0.69	0.85
含硫量/%	84.1	51.5	68	35.6	51.6	37

从表中看出，二硫化碳的硫含量高，分解温度低，价格便宜，在炼油工业的加氢装置上广泛使用。其缺点是沸点低、挥发性大，易燃，当空气中含 0.8% ~ 52.6% 的 CS_2 即可引起爆炸，而且有刺激性气味，使用时要采取相应的安全防护措施。

二甲基二硫化物的硫含量次之，分解温度也较低，安全性较好，也是使用较多的硫化剂。但重复或长时间接触会刺激皮肤及眼睛，装填时要注意防护。二甲基硫醚的硫含量低，分解温度相对较高，易燃易爆，又有难闻的气味，应用较少。其他硫化剂不如上述三种硫化剂使用多，有些已基本不用。

炼油工业的加氢催化剂的硫化分为器内硫化及器外硫化两种类型。器内硫化是先将氧化态加氢催化剂装填至加氢反应器中，然后通入氢气和硫化剂，或氢气和含有硫化剂的原料油进行硫化；器外硫化是将氧化态加氢催化剂与硫化剂结合后装填到反应器中，然后通入氢气或氢气和原料油进行硫化。

8-2-3　器内硫化法

加氢催化剂的器内硫化是指在加氢反应器内硫化的方法，它又分为干法(气相)硫化及湿法(液相)硫化两种。

1. 干法硫化

干法硫化是在氢气存在下，将外加硫化剂直接注入反应系统，由硫化剂临氢分解生成的H_2S进行气相硫化。干法硫化具有不需要硫化油的优点，但因无携带热量的硫化油以及无预湿吸附过程，故在硫化过程中，硫化速度相对较慢，硫化时间要长，而且需注意控温，防止发生超温。对于操作压力在5.0MPa以下的馏分油加氢装置，由于气相硫化操作压力低于5.0MPa，催化剂硫化速度将明显减慢，在正常注硫速度下，反应系统循环氢中的H_2S浓度会增高，从而增大对设备腐蚀性，并容易造成温度失控或超温引起事故，因而不宜采用干法硫化。

对于含分子筛的加氢裂化催化剂，其裂化活性很强，对反应温度特别敏感。无论是新鲜或再生后的催化剂，在与油接触之前，均需要在严格控制的条件下进行硫化。对这类催化剂适于选用干法硫化。

2. 湿法硫化

湿法硫化是在氢气存在下，采用含有硫化物的馏分油或烃类在液相或半液相状态下硫化。催化剂湿法硫化的主要优点是在低温进油阶段有一个预湿过程。预湿技术的好处在于：①使催化剂颗粒均处于润湿状态，防止催化剂床层中"干区"存在，而"干区"的存在将降低催化剂的总活性；②是使含硫化油中的硫化物吸附在催化剂上，防止活性金属氧化物被氢气还原为硫化带来困难，有利于提高催化剂活性，同时还可避免水对催化剂质量的影响。对于裂化性能较小的馏分油加氢精制催化剂一般都采用湿法硫化。

根据硫的来源，湿法硫化又分为原料油(或选定的馏分油)中含硫化合物的硫化及硫化油外加硫化剂的硫化。

(1) 原料油中含硫化合物的硫化

这是早期采用的一种催化剂硫化方法，是利用加氢原料油中所含一定量的硫，在氢气存在下与催化剂接触时，其所含硫化物为催化剂所吸附后，在一定温度下分解生成H_2S，然后与催化剂上的金属氧化物反应而进行硫化。这种硫化方法虽然简单，但由于原料油中的硫化物比外加硫化剂(如二硫化碳、二甲基二硫化物)的分解温度高，因而硫化温度升高。操作不当，存在催化剂的金属氧化态被还原成低价态金属氧化物的危险(如MoO_3变为MoO_2)，从而难以再与H_2S反应。

(2) 硫化油外加硫化剂的硫化

硫化油是指用于催化剂湿法硫化的馏分油，其馏分范围一般应接近或略轻于加氢原料油，以直馏煤油馏分应用最多。硫化油中不应含有大量烯烃，以防止硫化时在催化剂上发生聚合结焦，影响催化剂活性。硫化油一般也不希望含有较多氮化物(氮含量应小于$100\mu g/g$)，因为氮化物生焦的倾向更大。为取得较好的硫化效果，所选用的硫化油干点不宜过高(不大于300℃)。外加硫化剂中使用最多的是二硫化碳及二甲基二硫化物。

加氢催化剂湿法硫化的典型操作步骤如下[114]：

① 在确认催化剂干燥脱水合格后，建立氢气全量循环，在升温速度为15~20℃/h的条

件下，将反应器入口温度升至 150~160℃，温度过高会引起金属在硫化前发生还原。

②　按等于或小于设计体积空速向反应系统进硫化油，并根据反应器中催化剂装填量、循环氢流量、催化剂理论需硫量及硫化时间等工艺参数，确定起始注硫量。在匀速注入硫化剂后，于 150℃ 恒温润湿催化剂 4h。

③　待反应器催化剂床层温度稳定后，以 10~15℃/h 升温速度将反应器入口温度升至 230℃，恒温 8h。在此升温期间，硫化氢为穿透催化剂床层，要注意定时分析硫化 氢浓度，控制催化剂床层温升不超过 25℃，如温升大于 25℃，则应适当降低注硫速度。循环氢中硫化氢浓度应每小时分析一次，此期间循环氢中硫化氢浓度应控制在 0.1%~0.5%(体积)。

④　230℃ 恒温硫化结束后，调整注硫速度，使循环氢中硫化氢浓度达到 0.5%~1.0%(体积)，同时以 10~15℃/h 升温速度将反应器入口温度升至 290℃，恒温硫化 6~8h。

⑤　290℃ 恒温硫化结束后，调整循环氢中硫化氢浓度为 10%~2.0%(体积)，也按 10~15℃/h 升温速度将反应器温度升至 320℃，恒温硫化一段时间，停止注硫。这时，如硫化剂的注入量已达到催化剂硫化理论需硫量的 100%~120%，反应器出入口气体的硫化氢浓度相同，催化剂床层无明显温升，高压分离器里水量又无明显增多时，则可认为催化剂硫化结束。

⑥　320℃ 硫化结束后，维持循环氢中硫化氢浓度在 1.0%(体积)以上，将硫化油继续循环 2h，然后以 10℃/h 的降温速度将反应器入口温度降至 220~230℃，退硫化油，引入直馏柴油运转 72h，然后逐渐换进原料油，转入正常生产。

硫化结束后，可以通过实际出水量与理论生成水量的比较来判断硫化过程的进行程度，因此需要对催化剂的生成水量进行计量，但因生成水量的计量可能存在误差，因而不能作为硫化终点的判定标准。

3. 催化剂上硫率

衡量催化剂硫化的最主要标志是催化剂上硫率。一般来说上硫率(质量分数)达 7%~8% 就可认为硫化完成。由于催化剂的金属组分含量不同，与其结合的硫量也会不同，高金属含量的催化剂上硫率可能会超过 8%，但根据经验，上硫率达到 8% 就相当不错了。

催化剂硫化过程中，所注入的硫主要消耗于以下几个方面：①取代催化剂上氧元素所消耗的硫；②系统可能泄漏一部分硫；③高压分离器酸性水中溶解的硫；④残留于反应系统中的硫。所以，计算催化剂的上硫率时，先按下式计算出上硫量：

上硫量 = 注入硫化剂量 × 硫化剂分子中的硫含量 − 硫损失 − 酸气和酸水中的硫量

$$(8-12)$$

求出上硫量后，上硫率则可按下式计算：

$$上硫率 = \frac{催化剂上硫量}{催化剂装填量} \times 100\% \tag{8-13}$$

4. 影响催化剂硫化的主要因素[115]

催化剂硫化过程的时间一般较长。在硫化过程中存在着硫化与氢还原的竞争反应。如果催化剂的金属组分被氢还原则难以再被硫化，金属组分也就难以转化为具有高活性和稳定性的硫化态，所以，硫化过程各参数的控制至关重要。

在催化剂硫化过程中，影响最终催化剂性能的因素是初始注硫化剂时床层的温度、硫化反应最终温度和压力，对于湿法硫化还与硫化剂携带油性质有关。其他如气剂比、注硫速度及时间等操作条件，只是影响硫化反应速度及硫化完全程度。而其中注硫速度主要是从安全角度考虑，以免发生超温事故。

（1）初始注硫温度的影响

如上所述，低价位的金属氧化物难以硫化，为了避免高温氢气将催化剂中的活性金属还原为低价位金属或单质金属，应保证催化剂床层足够低的温度。不同催化剂厂商对初始注硫温度看法不一，尚无统一的见解。但是温度低对于催化剂的伤害小则是共同认可的，一般是根据所采用的硫化剂性质来确定初始注硫温度。如二硫化碳硫化剂的注硫温度一般不超过175℃；二甲基二硫化物的注硫温度不超过195℃。

（2）硫化温度的影响

在预湿过程以后，随着温度的升高，催化剂上硫率逐渐提高，当温度升高至一定程度时，催化剂上硫率又会开始下降。选择最终硫化温度主要考虑两个方面：一是保证上硫率，达到较高的整体硫化效果；二是保证多组分金属中每一种金属组分的硫化效果。因此，在保证相对高的硫化效果，又能缩短硫化时间的情况下，综合决定合适的硫化温度。

（3）硫化压力的影响

催化剂的上硫率及催化剂活性与硫化压力有较大关系。通常，硫化压力越高，催化剂的上硫率及催化活性也越高。对于湿法硫化，装置的操作压力一般就是硫化压力，否则，催化剂硫化速度将会明显减小，催化剂硫化效果会受到影响，并会延误生产开工时间。在实际硫化过程中，高的硫化压力也即有高的氢分压，这样会有利于抑制积炭的生成，从而有利于催化剂活性的发挥。反之，在较低压力下硫化时，随着硫化温度的提高，催化剂的脱硫、脱氮活性会下降。

（4）硫化剂的影响

通常，含硫量较高的硫化物都可用作硫化剂，如硫化氢、二硫化碳、二甲基硫醚、二甲基二硫化物、乙基硫醇、甲基硫醇及二乙基硫等。而在催化剂硫化时，要求在硫化氢穿透反应器前，床层最高点温度应控制在230℃以下，目的是防止催化剂上的活性金属氧化物被氢气还原成低价位的金属氧化物甚至成为单质金属，造成催化剂严重失活。加氢装置硫化时，一般选用二硫化碳及二甲基二硫化物作为硫化剂。而在新催化剂硫化时，又以选用二甲基二硫化物作硫化剂最多。其原因有：一是二甲基二硫化物的沸点高、蒸气压较低，因而具有许多实际好处。二甲基硫醚通常也被认为是安全的硫化剂，但它的沸点低、蒸气压高，在空气中的浓度过大，抵消了它的优点。此外，人体吸入二甲基二硫化物的危险性也比二甲基硫醚低。硫化氢及甲基硫醇是有毒化学品，二硫化碳易燃。二是二甲基二硫化物的分解温度低，且分解后只产生少量不饱和烃，不会造成积炭，而乙基硫醇、二乙基硫及长碳链含硫化合物则会产生积炭。至于二硫化碳的分解温度也很低，但大量二硫化碳进入系统后分解为硫化氢而吸附在催化剂表面上，而此时催化剂的硫化过程尚未大量进行，因而会造成大量硫化氢在催化剂上积聚。随着温度升高，硫化还原反应急剧加快，由于硫化过程为放热反应，操作不当很容易造成催化剂床层超温事故。

（5）硫化油的影响

如上所述，对于以氧化铝、无定形硅铝及含硅氧化铝为载体的加氢处理催化剂，大多采用湿法硫化技术。这时所选用的硫化油性质对硫化效果会产生一定影响。轻硫化油在反应温度下容易汽化，使反应器催化剂床层硫化状态更易均匀，而且轻硫化油的组成简单，易生成积炭的重质成分含量低；高馏分的硫化油，重质成分含量高，不利于催化剂硫化，对催化剂的活性有一定影响。因而从可操作性考虑，多数加氢装置采用直馏喷气燃料作为硫化油能满足硫化要求。

此外，催化剂在器内硫化过程中，硫化氢的浓度控制十分重要，一般催化剂厂商都会提供相应硫化各个阶段的硫化氢浓度数据。

8-2-4　器外硫化法

如上所述，器内硫化是将催化剂装入反应器后再进行硫化处理，也是目前许多加氢催化剂生产厂家所采用的催化剂硫化方法。但器内硫化法存在着一系列问题，如使用的硫化剂有毒有害，会危及操作人员健康并污染环境；装置需要仅在开工时使用的昂贵硫化设施，硫化过程复杂，开工时间漫长；需耗费大量硫化油，后续处理麻烦；开工时装置在高硫化氢浓度下反复升降温有安全及环保隐患；催化剂装填及反应器内构件安装等因素会影响硫化效果等。器外预硫化作为一种改进方法可以克服上述问题，成为加氢催化剂预硫化技术的发展潮流。

器外硫化法是将新鲜或再生的氧化态催化剂在加氢反应器外进行预硫化处理，即采用特殊的工艺方法，将硫化剂（单质硫、有机多硫化物、硫+烃类）充填到催化剂的孔隙中，或以某种硫氧化物的形态结合在催化剂的活性金属组分上，制备成预硫化催化剂的形式。

预硫化催化剂装入反应器后，在加氢装置中用氢气（干法）或用氢气和油（湿法）进行循环升温。在一定温度下，通过催化剂所携带的硫化剂或硫氧化物分解释放出的硫化氢使催化剂硫化，并伴有不同程度的放热及水的生成。

1. 硫化剂及硫化方法

器外硫化技术所采用的硫化剂有颗粒状固体硫化剂、多硫化物硫化剂及单质硫等，但使用较多的是单质硫硫化剂，下面为其开发应用示例。

早期用单质硫硫化时，是在 110～130℃下先使单质硫进入催化剂孔隙中，然后将处理过的催化剂装入加氢反应器内，通入氢气在 200～600℃活化。用这种方法进行催化剂预硫化，虽然比器内硫化设备简单，但硫化反应温度范围较窄，易造成催化剂床层温度陡升。而且孔道内的单质硫的体积会在热处理及活化过程中膨胀，所以催化剂的破碎率较高。加氢装置开工时，单质硫因升华而易流失，催化剂也不易硫化完全，流失的硫凝结在装置下游管线上后，还会使管线堵塞，造成停产事故。

作为克服单质硫预硫化的缺点，采用高沸点油和至少一种烃类溶剂浸渍已用单质硫处理过的催化剂，或者先将单质硫与高沸点油和至少一种烃类溶剂混合，继而浸渍催化剂，最后在惰性气氛和 121～232℃条件下加热处理。这时，烃类溶剂和高沸点油可促使单质硫进入催化剂孔道内。因而后续工序中通入氢气活化时硫损失减少，催化剂活性提高。加入的烃还可在硫化放热阶段起到热量储存作用，使温升显著减少，但催化剂颗粒的破碎及硫的保留度不高等问题依然存在。

作为另一种改进方法是先用升华或熔化的方法使单质硫进入催化剂孔道中，然后用液态烯烃浸渍并在 150℃以上加热处理，或先使催化剂与单质硫和液态烯烃接触，然后将混合物加热至 150℃以上。这样处理时，仍存在催化剂破碎率较高的缺点。为此，在惰性气氛下，先将烯烃与单质硫和一种或几种橡胶硫化常用有机助剂混合，于 150～190℃反应 0.5～5h，获得硫化烯烃，继而用含硫化烯烃的溶液浸渍已引入单质硫的催化剂，最后在 150～300℃反应 2~5h，制得预硫化催化剂 A。其特点是硫的保留度提高，但催化剂的破碎率仍然较高。

　　进一步研究考察发现，硫化剂中含有单质硫时，催化剂的硫保留度会进一步提高，因为硫化后会在催化剂中形成固硫作用很强的交联网状结构硫化物，将含硫化烯烃的溶液与单质硫混合，于 140~200℃下加热 0.5~10h，浸渍催化剂后，再在 150~250℃下加热 2~5h，最后通入氢气缓慢升温活化，获得预硫化催化剂 B。以上制得的 A、B 预硫化剂的性能比较如表 8-4 所示[116]。

表 8-4　不同预硫化方法的催化剂性能

项　目	催化剂 A	催化剂 B	项　目	催化剂 A	催化剂 B
硫保留度/%	89.2	91.4	脱氮率/%		
破碎率/%	3.0	0.3			
脱硫率/%			反应温度 330℃	54.7	61.6
反应温度 330℃	89.1	94.6	反应温度 350℃	56.1	63.2
反应温度 350℃	90.0	95.5			

　　上述硫保留度是指在一定压力及温度等条件下，在一定时间内使原料油和氢气通过催化剂床层，所显现出的器外预硫化催化剂上硫化物的保留程度（也称持硫率）。它代表着器外预硫化催化剂的硫化效果。从表 8-4 看出，采用催化剂 B 的预留化方法，硫保留度及加氢活性提高，而催化剂破碎率则下降。

　　通常，为了表示加氢催化剂中金属氧化物上的氧原子被硫原子取代的程度，以硫化度 a 来表示：

$$a = \frac{W_E}{W_S} \times 100\% \tag{8-14}$$

式中　W_E——实际取代所消耗的硫；

　　　　W_S——理论取代所消耗的硫。

　　催化剂的硫化度与催化剂的金属含量有关，如 Ni-Mo 双金属组分催化剂的 $W_S = W_S^{(Ni)} + W_S^{(Mo)}$。制备过程中，浸渍溶液的浓度是影响硫化度的主要因素。一般情况下，适当提高催化剂的硫化度有利于提高催化剂的加氢活性。也就是说，催化剂的活性金属利用率越高，则催化剂硫化得越充分，活性也越好。在一些催化剂反应性能对比试验中验证表明，器外预硫化催化的加氢活性优于器内硫化催化剂。

　　2. 器外硫化技术的特点

　　器外硫化技术在国外发展较快且日趋完善，有逐步取代器内硫化的趋势。国内对加氢催化剂器外硫化技术的研究起步虽较晚，但进展很快，不少研究成果已应用于工业生产。与器内硫化技术相比，具有投资少、装填简便、开工时间短、预硫化充分、安全清洁等特点。表 8-5 示出了器外硫化技术与器内硫化技术的比较[117]。

表 8-5　器外硫化法与器内硫化法的操作比较

器　外　硫　化　法	器　内　硫　化　法
①预硫化催化剂含有适量的硫，开工过程中现场不需要再准备催化剂硫化所需的化学品，有利于人身安全及保护环境，并节省设备投资	①由于使用有毒有害的硫化剂，对企业带来安全生产隐患，并会对设备及装置产生腐蚀

器 外 硫 化 法	器 内 硫 化 法
②器外预硫化催化剂的活化对设备的损害较小	②需要反复升降温操作，因热胀冷缩而容易导致高温高压设备泄漏
③硫化好的催化剂形成过渡态金属硫氧化物，不会发生高温氢气还原的问题	③需缓慢升温以避免活性金属被热氢还原，因为一旦被氢还原就很难再硫化，从而使催化剂活性下降
④由于原位反应，可靠性好，硫化更充分，装置使用的全部催化剂都得到预硫化处理，提高了活性金属利用率及活性	④需要使用硫化设施及硫化剂，硫化效果受催化剂内、外扩散等因素影响
⑤开工简便，开工条件相对宽松，在操作压力偏低、物流不均匀时，仍能达到较好的硫化效果	⑤开工操作繁琐，设备故障、流体分布等因素会导致硫化不完全，降低催化剂活性
⑥应用于催化剂撇头和部分换剂操作，更能体现开工简便的特点	⑥无此特点

加氢催化剂采用器外硫化技术时，由于提高了催化剂的硫化效果，从而提高了催化剂的加氢脱硫及加氢脱氮活性。表 8-6 示出了器外硫化催化剂与器内硫化催化剂的催化活性对比。活性对比试验采用密度 0.8804g/L，终馏点 390℃，硫含量 13800μg/g，氮含量 647μg/g 的原料油。从表中看出，器外硫化催化剂的脱硫率及脱氮率明显优于器内硫化催化剂[118]。

表 8-6　器外硫化催化剂与器内硫化催化剂的加氢活性对比

项　目	器内硫化催化剂	器外硫化催化剂	项　目	器内硫化催化剂	器外硫化催化剂
反应压力/MPa	3.4	3.4	体积空速/h^{-1}	2.5	2.5
反应温度/℃	350	350	脱硫率/%	89.2	90.8
氢油体积比	350	350	脱氮率/%	75.1	78.6

第9章 催化剂的使用和装填

9-1 催化剂生产企业的类型

石油化工的发展在很大程度上是依赖于催化剂的开发及更新换代。除了炼油、石油化工、高分子化工及其他化工过程耗用大量催化剂外，近来，在能源利用、三废治理、汽车尾气净化等方面，催化剂也起着越来越重要的作用。无论是催化剂的品种或产量都发展迅速，使催化剂工业已从附属地位变为独立的工业部门。

催化剂的开发和生产涉及多种学科的专门知识，以前由于分析测试技术的限制，使催化剂的制备理论发展较慢，在很长一段时期内催化剂的制造技术一直看成是一种捉摸不透的技巧，催化剂生产厂犹如一种矿物加工厂，而随着先进测试技术的开发和应用，以科学理论指导催化剂的生产及使用，已受到普遍的重视，催化剂的生产及使用技术也逐渐由"技巧"水平提高到科学水平。

在20世纪40年代初期，国外大部分催化剂是由使用催化剂的工厂自己生产的，到40年代后期，欧美等工业发达国家逐渐开始形成独立的催化剂生产企业。在80年代以前，我国炼油及石油化工过程用催化剂大多依靠进口。随着我国炼油及石油化工的发展，先后成立了许多催化剂研究机构及催化剂生产厂，目前，许多催化剂，如催化裂化、催化重整、加氢精制、合成甲醇、合成氨等许多催化剂都已大量生产及国产化。用户可根据需要在市场上购买，但也有一些催化剂是某些研究机构为一些专有的化工过程所专门开发的。通常，催化剂的生产企业大致可分为以下几类：

（1）大型石油或石油化工企业兼营催化剂生产和销售业务

中国石油、中国石化等大型企业都拥有专业的催化剂研究机构及科研队伍，除进行催化应用研究外也进行某些基础理论研究。这些大型企业的催化剂分公司除生产本公司需要的各类催化剂外，还垄断着某些研究机构发明的工艺过程中应用的催化剂的专业生产技术并经营生产和销售业务。

例如，中国石化石油化工科学研究院从20世纪80年代开始就进行催化裂化催化剂的开发，如ZRP分子筛、抗钒催化剂、MOY分子筛等都已进行工业应用，还相应开发了重油转化、降烯烃、多产低烯烃、多产柴油等多种工艺技术相配套的系列催化裂化催化剂；中国石化催化剂北京奥达分公司是我国聚烯烃催化剂生产量最大的企业，同时生产和销售聚乙烯及聚丙烯催化剂；中国石油石油化工研究院兰州化工研究中心也从80年代开发出具有重油转化能力强的LB系列原位晶化型催化裂化催化剂。目前，由中国石化、中国石油组织开发和生产的各种类型催化剂，已大量用于国内各炼油及石油化工企业。

（2）专营催化剂生产和销售的企业

这类企业都有各自的专业特色，拥有生产某些类型催化剂的专门技术，其技术来源有来自某些高等院校或省市级科研机构的科研成果转让或共同开发，也有少部分是企业自身研发的成果。这些企业一般都有能生产多种牌号催化剂的生产线，生产具有较大灵活性，可根据用户需要，调整生产单元，生产某种特定的产品，如辽宁海泰科技发展公司、沈阳三聚凯特催化剂公司、山东公泉化工公司等，它们都设有多种催化剂生产线，可根据用户需要，生产和销售各种类型的加氢催化剂、脱砷剂、脱氯剂、脱硫剂等。

目前，我国这类催化剂生产企业很多，生产规模有大有小，一般都是根据自身的专业特色及用户关系生产某些类别的催化剂。

（3）在产销催化剂同时兼营催化剂加工或工业放大的企业

这类企业通常有少量催化剂及载体、干燥剂等产品的生产及销售业务。由于建有为催化剂试生产及工业放大的多种设备，如沉淀、中和、过滤、干燥、活化、焙烧等催化剂加工装置，其生产能力虽然不大，但具有较大通用性和灵活性，可为一些科研机构及高等院校的催化剂小试科研成果进行工业放大或批量试生产提供方便。这对于已有实验室成果而缺少催化剂放大设备或资金的用户提供很大的便利，而且这些企业有使用多种类型催化剂设备的技术及经验，有利于解决催化剂放大时产生的工程问题，提高催化剂工业放大的成功几率。例如，江苏省姜堰市化工助剂总厂。长期为科研机构及高等院校的实验室成果进行催化剂工业放大及试生产业务。

（4）专营催化剂载体生产及销售的企业

催化剂的品种及数量很多，无论是炼油、石油化工或精细化工使用的固体催化剂，都需要使用载体，载体的性能对催化剂的活性、选择性、使用寿命及降低生产成本等都有很大影响。载体在整个催化剂的研制开发中，往往又是费时及技术难度较大的一个环节。载体种类很多，常用的有氧化铝、活性炭、分子筛、硅胶、硅藻土、二氧化钛等，而以氧化铝载体使用最广，其生产品种也最多。由于载体使用对象的复杂性，无论是炼油、石化或环保等催化剂生产企业都无法全部囊括该行业全部载体的研制及生产，一些催化剂厂大都从事与本部门所使用催化剂有关的一些载体进行研制或生产，或是外购催化剂载体的原粉，进行成型、干燥、活化、焙烧等加工处理，制得所需要物化性能的载体。

目前，我国有许多生产氧化铝、活性炭、硅胶等产品的企业，但所生产的产品大量用作干燥剂、吸附剂及其他化工用途。随着我国催化剂品种及用量不断扩大，催化剂研制及生产企业，为了缩短开发周期，大多采用外购催化剂载体或载体原料，而不是自己生产催化剂载体，因此，逐渐出现一些有各自的产品及技术特色，拥有生产某一类催化剂载体专门技术的企业，这些企业既销售自己的载体产品，也兼有"客户催化"业务，即按客户要求订制或委托开发某种催化剂载体。例如，江苏省姜堰市奥特催化剂载体研究所，生产并销售环状、轮状、齿球形等异形催化剂载体，并可为客户研制各种物化性能及形状的氧化铝载体。

9-2 催化剂的使用性质

催化剂是一种科技含量很高的产品，它与只要符合规格就有市场的其他规模生产的化工产品不同，它必须在实际操作的条件下，长时间运转中能保持优异性能才有工业应用价值。虽然催化剂的用量在化工产品生产成本中所占比例并不大，但催化剂的性能优劣，不但对生产效率及目的产品质量产生很大影响，而且反应过程的有效操作在很大程度上也取决于催化剂的使用情况。有时，只要使反应转化率提高或降低1%，就会对产品产值产生巨大影响。

因此，作为催化剂生产商，将催化剂作为商品提供给用户时，其所生产的催化剂必须具有以下特性。

（1）满足用户对催化剂性能的要求

工业催化剂最基本的使用性能是有高的活性和选择性、较长的使用寿命、有合理的流体力学特性。

催化剂活性或称催化活性，是指反应条件下，单位时间内，单位催化剂体积（或质量）促进反应物转化为某种产物的能力，是判别催化剂效能高低的指标。催化剂活性越高，促进原料转化的能力越强，在相同的反应时间内取得的产品越多。但在实际工业催化反应过程中，除主反应外，常伴有某种程度的副反应发生。这就希望一种催化剂在一定反应条件下只对其中某个反应起加速作用，减少副反应的发生，催化剂对这类复杂反应有选择性地发生催化作用的性能就称为催化剂的选择性。工业催化剂的选择性总是小于100%。所以，由于催化反应的复杂性，一种工业催化剂往往难以做到既有高催化活性，又有高选择性；在催化剂的活性和选择性不能同时满足时，就应根据工业生产过程的要求综合考虑。如果反应原料昂贵或产物与副产物的分离困难时，最好选择高选择性催化剂；反之，如果所用原料价廉且反应物与产物易于分离，宜选择高活性（即高转化率）的催化剂。

工业催化剂的使用寿命是指在给定正常操作条件下，催化剂能满足规定指标所经历的时间（单程寿命）；或者每次活性下降后经再生而又恢复到许可活性水平的累计时间，可用年、月、日或小时数来计量。工业上则常用单位催化剂（每吨、每千克或每立方米）生产出多少吨（或千克）产品；或用其倒数，即单位产品消耗多少数量的催化剂来表示催化剂的寿命。通常，催化剂的使用寿命可以表示其稳定的程度，也就是说，催化剂需要具有良好的热稳定性、机械稳定性、结构稳定性和抗中毒性，保证在实际生产中长期稳定地运转。

合理的流体力学特性，是从化学工程观点要求催化剂具有最佳的颗粒形状和适当的颗粒强度，催化剂的外观形状和机械强度也会显著影响催化剂的使用性能。早期的催化剂不注意外观形状，仅将大块物质破碎，经筛分出粒度不均、形状不规则的颗粒使用。因形状不定，使用时气流分布很不均匀，催化反应受到影响。而筛出的小颗粒及细粉无法利用而被抛弃，也造成很大浪费。随着对催化剂使用性能的要求不断提高及催化剂成型技术的迅速发展，催化剂的尺寸形状逐渐与使用性能相一致，各种形状的催化剂相继出现，由早期的无定形、球形为主发展到圆柱形、片形、环形、三叶草形、齿球形、蜂窝形、菊花形等。在工业反应器中，对于移动床或者流化床反应器，为了减少催化剂摩擦和磨损，使用小球形或微球形的催化剂较适宜。而对于流化床反应器，除要求是微球状外，还要求催化剂达到良好流化的粒度分布。在固定床反应器中，圆柱形、球形、环形、片状及其他异型催化剂都可以使用，但它们的尺寸大小和颗粒形状对流体流过床层的压力降有不同的影响，床层的压力降不能太小，否则会造成床层的流体不均匀分布。床层压力过大会造成压缩气流或者循环气的消耗，所以，床层压力降应保证反应流体穿过床层时呈均匀分布为宜。对于给定的同一当量直径的各种形状催化剂其对反应床层产生的相对压力降，大致有以下顺序：

环状＜小球形＜粒状＜条形＜破碎状

催化剂颗粒形状也与其表面积有一定关系，而催化剂的活性常与表面积关系很大。所以，在催化剂机械强度和床层压力降允许时，应尽量提高催化剂的表面积。

（2）具有良好的制备重复性

固体催化剂制备时涉及的原材料很多，如各种酸、碱、盐、金属氧化物、金属硫化物及某些天然原料等，涉及的操作单元有溶解、熔融、沉淀、胶凝、过滤、洗涤、干燥、成型、浸渍、离子交换、活化、还原、焙烧等。由于涉及的制备条件很多，在生产中因为原料改变或操作控制条件的细小变化都会引起产品性质的很大变化，所以，催化剂制备的重复性问题，在实验室制备或工业放大制备中要引起高度重视。在工业生产中，为了达到良好的制备重复性，必须严格制定原料规格及验收规则，严格控制过程条件，并确立必要的分析检测项目，使成品催化剂性能稳定在一定的范围内。由于固体催化剂制备方法及工艺较多，有时采用几种技术路线都可能达到同样的产品性能要求，这时应尽量选择操作可变性较大的制备工艺，使生产控制更容易一些。

一般来说，炼油催化剂的吨位数都较小，而石油化工及精细化工催化剂生产的吨位相对较小，但产品的品种都较多，为了迎合品种多、灵活性的生产特点，一些催化剂生产厂常把各类生产设备装配成几条生产线，将使用相同单元操作的某些催化剂按所需的生产周期长短安排于同一生产线上生产，这样既可以提高设备利用率、降低生产成本，又可以提高催化剂制备的质量和重复性。

有些催化剂更新换代较快，为了使产品在技术经济上能与市场上的同类产品竞争，催化剂生产商还必须经常了解催化剂的市场动态、用户实际使用效果，与催化剂用户的生产及供销部门保持密切联系。

9-3　催化剂市场和催化剂订购

催化剂品种很多，用途各异。催化剂市场大致可分为炼油、化工及环保三大领域。近年来，随着催化剂工业的发展，催化剂市场涉及的范围已从传统的炼油、化工和环保三大领域逐渐扩大到废催化剂回收及生物催化剂。

炼油催化剂最大的市场是催化裂化催化剂，它最早采用天然白土作催化剂，以后发展为合成硅酸铝催化剂，最近则以分子筛催化剂为主。根据对催化裂化产品分布、质量和清洁性的要求不同，还开发出许多不同类型的催化裂化催化剂。其他炼油催化剂还有加氢裂化催化剂、重整催化剂、加氢精制催化剂、异构化催化剂及烷基化催化剂等。

化工催化剂主要包括聚合催化剂(如聚烯烃催化剂、合成橡胶催化剂等)、氧化催化剂(包括二氧化硫氧化制硫酸、氨氧化制硝酸、乙烯及丙烯氧化制环氧乙烷和环氧丙烷、苯及萘氧化制顺酐和苯酐、甲醇氧化制甲醛、丙烯氨氧化制丙烯腈、乙烯氯化制二氯乙烷再热裂解成氯乙烯等工艺所用催化剂)、合成气制造用催化剂(包括制氢、制氨、合成甲醇、甲烷化等催化剂)、加氢催化剂(包括油脂及脂肪酸加氢催化剂、丁二烯加氢催化剂、$C_2 \sim C_5$ 选择加氢催化剂等)、脱氢催化剂(包括乙苯脱氢制苯乙烯催化剂、丁烷或丁烯脱氢制丁二烯催化剂、异丁烷或异戊烷脱氢催化剂等)、有机合成催化剂(包括医药、香料、农药、橡胶助剂等精细化学品合成用催化剂)。

环保催化剂可分为工业环保及汽车尾气处理用两类。工业环保催化剂包括燃煤电厂及锅炉烟道气处理催化剂，硝酸厂尾气处理催化剂，由石油化工、制药、印染、印刷、油漆、木材干燥等各行业排放的挥发性有机物处理催化剂，废水湿式氧化处理催化剂，大气或废水中含卤素化合物处理催化剂等。

在 20 世纪 80 年代至 20 世纪末，国外炼油、化工及环保催化剂基本上处于三足鼎立的状态。以后，由于环境保护的呼声日益增高和各国环保法规的日益严厉，使环保催化剂的市场份额逐渐超过炼油及化工催化剂，几乎达到 40%。在环保催化剂中又以汽车尾气处理用催化剂的市场份额远大于工业环保催化剂。至于全世界或在我国，每年要消费多少催化剂是很难估计的，一方面是由于催化剂的使用或更换存在一定保密性，另一方面对催化剂的使用范围也无统一区分。例如，炼油用的烷基化催化剂是硫酸和氢氟酸，将它们用作催化剂时，无需专门加工，但它们只是一般的通用化学品。另外，各个国家的工业发展水平不同，使用催化剂的品种及数量也会有较大差异。

由于催化剂的特殊性，用户在催化剂装填、开车方案等方面常需催化剂生产者进行指导，而有些催化剂供应商还能根据用户在目的产物分布、降低装置能耗及清洁生产等方面的需求，为用户提供系统解决方案和全程服务。所以，催化剂用户多数是直接向催化剂生产商或供应商订购催化剂，而随着催化剂市场化的发展，某些通用的工业催化剂也可通过中间商进行订购。

当催化剂用户因开发某种产品或因本厂工艺需要向催化剂生产商或供应商订购催化剂时，应对催化剂的用途及基本性质有以下了解。

（1）用途

主要指催化剂作用于什么反应体系，采用哪些原料，生产什么产品。如以乙烯氧氯化制二氯乙烷工艺为例，其主要反应式为：

$$C_2H_4 + HCl + O_2 \xrightarrow{\text{催化剂}} C_2H_4Cl_2$$

反应所得二氯乙烷经热裂解生成氯乙烯。它是制造聚氯乙烯（PVC）的主要原料。

乙烯氧氯化制二氯乙烷所用催化剂是以铜为主要活性组分的固体催化剂，但对反应所用原材料及所用反应器不同，催化剂的组成及使用条件也是不同的。在上述反应时，当反应原料 O_2 采用空气时，称为空气法乙烯氧氯化制二氯乙烷工艺；如原料氧采用纯氧时，称为氧气法乙烯氧氯化制二氯乙烷工艺。这两种工艺所用的催化剂性质和反应操作条件是不同的。如果上述反应所使用的反应器为固定床反应器时，则称为固定床工艺，所使用的催化剂为圆柱形颗粒状铜催化剂；而当所使用的反应器为流化床反应器，则又称为流化床工艺，所使用的催化剂为微球状铜催化剂。即使是都用于流化床反应器的铜催化剂，它又可分为采用浸渍法制备的低铜含量催化剂及采用共沉淀法制备的高铜含量催化剂。这两种催化剂所采用的反应操作条件也是不同的。所以，工业上有许多采用催化剂实现的反应，虽然生产的目的产品是相同的，但由于采用原料不同，所使用的反应器类型有区别，因而所用催化剂可能有差别，有的甚至完全不同。

（2）商品性状

催化剂的商品性状是其化学组成及结构状态的反映，它包括催化剂的主要组成、物理性状、使用条件及使用效能等。

工业催化剂大多数是由多种组分混合而成的混合物，按各种组分所起的作用大致分为活性组分（或主催化剂）、助催化剂及载体等三类。活性组分是对某一反应起主要催化作用的物质。有的催化剂的活性组分不止一个。例如，乙烯氧化制环氧乙烷的银催化剂，其活性组分银是单一物质。而丙烯氨氧化制丙烯酸的钼-铋催化剂，活性组分是氧化钼和氧化铋两种物质。助催化剂在催化剂中的加入量较少（一般不大于催化剂总量的 10%），但它能改善催化剂的活性、选择性，有的还能提高催化剂的抗毒性、热稳定性等。载体是负载型固体催化剂所特有的组分，其主要功能是分散活性组分，作为活性组分的基质，使活性组分保持大的表面积，并且有适当的外形尺寸和机械强度。一般载体在催化剂中的含量远大于助催化剂。由于保密的原因，多数商品催化剂，厂家在表示其催化剂的主要组成时不会显示助催化剂的名称或其含量，但对所用活性组分及载体一般是会标明的，对其含量通常也只表示某一比例范围。

描述催化剂物理性状的指标很多，而且对不同用途的催化剂有不同的标示方法。这些指标有外观形状、粒度、粒度分布、物相、比表面积、孔体积、堆密度、真密度、孔结构、孔径分布、平均孔径等。物理性状对催化剂的使用性能有很大影响。在诸多指标中，按性状不同可分为两类：一类是微观性状，如孔径分布、平均孔径及物相等，它主要是在催化剂研发及考察反应机理时需要了解的某些指标；另一类是宏观性状，如外观形状、粒度大小、堆密度、孔体积、比表面积等，是与固体催化剂宏观组织构造相关的指标，也是工业催化剂在使用、销售时应标示的一些性状。例如，根据催化反应条件及所用反应器类型不同，所用催化剂外观形状及粒度大小也有很大差别。固定床反应器常采用 3~10mm 的条状、片状或球状催化剂；流化床反应器常采用 20~150μm 的微球形催化剂；移动床反应器常采用直径为 2~4mm 的球形催化剂；悬浮床反应器常采用在流体中易悬浮流动的微米级颗粒催化剂。又如，堆密度是计算反应器催化剂装填量的重要数据，也是计算催化剂价格的基准；通过对比表面积的测定可以了解催化剂的烧结、中毒、失活等方面的信息。

催化剂的使用条件随所采用的反应工艺而异。固体催化剂的基本使用条件有：催化剂装填要求、预处理方法，首次开工前的准备、开工步骤及开工初期调整，正常操作条件（包括反应温度、反应压力、空速、原料分子比等参数的控制），操作异常判断及处理，停车及催化剂再生方法，催化剂的补加、卸出及更换等。

有些催化剂在使用前要经过进一步的预处理，使其物理、化学性质发生变化，达到具有催化活性的状态，这种预处理过程又称为活化。通常是用户在将催化剂装到反应器后，按规定的活化条件进行活化。但也有某些催化剂是由催化剂生产商先经预活化处理后，再销售给用户，以有利于保证催化剂使用质量和缩短活化作业所需的时间。

由于装置检修或由某种原因需要中断生产时，为了使恢复生产后，催化剂仍能保持活性，应按指定的方法停工或更换催化剂。有些催化剂在失活后还可再生，这时需要有明确的再生方法。催化剂再生对于延长催化剂寿命、降低生产成本是一种重要手段，但催化剂能否再生要根据催化剂失活原因来决定，如果催化剂已受到毒物的永久中毒或结构毒化，就难以再进行再生。

催化剂的使用效能一般指原料的转化率、生成目的产物的选择性、生成主要副产物的选择性等。这些指标表明该催化剂的催化性能。催化剂的使用效能与操作条件密切相关，故应同时指明获得最佳效能时所用的操作条件。如能同时列出在使用范围内的动力学方程及动力学参数，则更有利于反应装置设计及操作过程控制。

工业催化剂都有一定的使用期限，这是因为催化剂在使用过程中会逐渐失活。使用期限是指在经济效益允许的限度内，催化剂所能使用的最长时间，多数以年或月计。有些催化剂在活性下降时，可用提高反应温度的方法来弥补，这时应标明其允许的最大温升。不同催化剂的使用期限各不相同，寿命长的可用十几年，寿命短的甚至只能用十几天。

工业催化剂，在使用过程中通常有随时间变化的寿命曲线。将催化剂的活性变化分为初始高活性期、稳定期、衰化期等三个阶段。一种新鲜催化剂，最好的活性并不是在开始使用时达到，而是有一个活性不稳定阶段。如活化后的催化剂活性很高，经使用一段时间后，活性开始下降，这个活化过程和初始活性先升高而后下降的过程称为催化剂的初始高活性期（或称成熟期）。继续使用时，活性达到最大值并趋于稳定，在相当长时间内保持不变，只要维持最佳的工艺操作条件，就可使催化反应按着基本不变的状态下进行。这个阶段就是寿命曲线中的稳定期，这一阶段也代表催化剂的寿命及催化剂的主要使用阶段。随着催化剂使用时间增长，因受到反应介质或毒物的影响，或因过热使催化剂结构或组成发生变化等原因，导致催化剂活性显著下降，必须再生或更换才能继续生产时，这个阶段就是寿命曲线的衰化期（或称失活期）。

显然，催化剂使用寿命越长越好，也即处于寿命曲线中的稳定期的时间要长，使用寿命短，就需要频繁更换催化剂或停产拆装设备，影响生产连续性，降低经济效益。影响催化剂使用寿命的影响因素很多，但作为一个好的催化剂，应具有以下基本操作性能：①有良好的化学稳定性，在催化剂工作状态下能保持稳定的化学组成和化合状态；②有良好的热稳定性，即在反应条件下，不会因受热而破坏其物理化学状态，在一定的温度或压力变化范围内，能保持良好的结构稳定性；③有良好的机械稳定性，具有足够的机械强度，能承受住催化剂装填时产生的冲击和碰撞，能承受催化剂自身质量、压力降等所产生的外应力；④对毒物及各种杂质有良好的抗毒性或耐毒稳定性。

以上对催化剂的商品性状作了简要说明，并将其归纳于表9-1中。通常，由催化剂生产商或供应商所提供的催化剂使用说明书中，应对这些性状有全面的说明，但由于某些催化剂的特殊性或其他原因，催化剂生产商不一定都会作全面的说明。因此，作为催化剂使用者或订购者，应对催化剂的化学组成、物理形状、使用条件及使用效能等相关项目有所基本了解。

表9-1 固体催化剂商品性状

名　　称	相　关　内　容
化学组成	活性组分名称及含量、载体名称及含量
物理形状	外观形状、颗粒尺寸、粒度分布、堆密度（紧堆、松堆）、真密度、比表面积、孔体积、孔径大小及孔径分布、平均孔径
使用条件	反应器类型、装填要求、预处理方法、首次开工前准备、开工步骤、正常操作条件（反应温度、反应压力、空速、原料分子比等）、停车方法及催化剂再生等
使用效能	原料转化率、目的产物选择性、主要副产物选择性、使用期限、化学稳定性、机械稳定性（机械强度、抗压及耐磨强度）、热稳定性、抗中毒性、动力学方程等

9-4 催化剂包装及装填

9-4-1 催化剂的包装、贮存及运输

催化剂生产最后的环节是产品包装。按规定生产工艺制得的催化剂，经质量检测部门分析测试合格后，可进行产品包装。出具的产品质量合格证包括催化剂牌号、生产批次，生产

日期、每桶催化剂净重、质检人员及催化剂生产厂等。为了防止催化剂受潮和吸附有害气体，多数固体催化剂是以单层或双层塑料袋包扎好，外包装采用涂有保护漆的铁桶或镀锌桶，也可以采用坚硬的纸板桶，每桶质量可为 30~150kg 不等。如一次销售量很大时，可用 200L 大桶或用吨袋包装。对于有特殊要求的催化剂，则可采用专门设计制造的容器包装，如聚乙烯催化剂采用的包装罐为密闭金属压力容器。不论采用何种包装方式，包装容器应注明催化剂牌号、生产批次、件数、储运注意事项及安全注意事项、生产日期、生产厂家等。

催化剂是吸附性很强的物质，包装好的催化剂，在储存时还要求防潮、防污染。不同催化剂的储存期是不同的。例如，二氧化硫接触氧化用钒催化剂，在储存期间不与空气接触时可保存数年，性能不发生变化；但若在保管时吸湿受潮，催化剂的颜色就会发生变化。未受潮的新鲜钒催化剂应是淡黄色或深黄色的；如催化剂变为绿色，则是催化剂接触空气而受潮了。因此钒催化剂很容易与还原性物质作用，还原成四价钒而发生变色。又如氨合成催化剂，储存期最好不超过 6 个月，并要做好密封及防污染工作，如有空气漏入包装桶中，空气中的水汽和硫会与催化剂发生作用，使钾盐析出而呈白色物质。有些催化剂如只发生某些颜色变化，而无发生严重结块或析出物质时，经适当温度下烘干处理，催化剂仍可使用。而像氨合成催化剂那样已产生组分析出时，最好不再使用，因为催化剂的活性及选择性已受到影响。

催化剂的运输可以采用汽车、火车、船等多种形式，以快速简捷、安全和经济为原则，但在运输过程中，应尽量轻轻搬运，严禁碰砸摔滚。即使是金属桶包装，其内衬塑料袋会在摔滚时发生破裂，使催化剂受损或受潮。人工搬运时应使用运桶手拉车，装卸大桶时，最好使用升降叉车或小型移动吊车搬运。

9-4-2　催化剂装填

催化剂装填是在生产装置现场将催化剂装填到工业反应器中的过程。它有三种装填形式：①在新反应器（或是空置的反应器）中装填催化剂；②催化剂经反应器内再生后卸出并重新装填；③反应器撇头后补充催化剂。其中第一种装填形式是所有催化剂在工业应用中必须经历的过程。

催化剂装填看似简单，而装填质量好坏会直接影响到催化剂效能的发挥和日后长达数年的正常操作，装填质量不好，不但会缩短催化剂运转周期，还会影响工厂的经济效益。特别是随着工业反应器的大型化及复杂化，催化剂的装填技术也在升级换代。例如，炼油厂的有些加氢反应器直径已接近 5m，高度达 30m，催化剂装填量达到 $1000m^3$。又如，烃类蒸汽转化反应发生在数十至数百根结构相同的转化管内，每根炉管就是一个催化反应器，因此要求每根炉管催化剂同质量、同体积和同装填高度，显然，对这些反应器中的催化剂装填，要求催化剂装填快、装得均匀、磨损小，是需要采用水平很高的装填技术。

催化剂装填的基本原则和要求是"紧密性"及"均匀性"，保证床层断面上的压力降均匀，在装填时，尽管都力争达到理想装填效果，而实际上会有多种因素影响装填质量。例如，装入同数量催化剂时，由于敲震程度不同，催化剂颗粒松紧度不同，便造成压力降不同；装填时操作不当，造成催化剂破碎，会使床层高度降低、压力降增大；装填时催化剂有架桥或颗粒效应，会使气流短路或沟流，这时床层偏高，但压力降偏小；有时虽然装入相同质量的催化剂，但由于催化剂实际堆密度的差异，相同质量催化剂装填时的床层高度可能不同，所产生的压力降也会不同。

由于固定床反应器大小及结构形式不同，催化剂颗粒大小、机械强度及外观形状存在差异，用户应该根据实际情况，选择合适的装填方法，以达到催化剂装填的最佳化。

1. 装填前准备

催化剂装填是十分严谨的技术工作，同时又是一项十分繁琐的工作，必须予以足够重视，并做好装填前的准备工作。

① 对所用反应器内壁及内构件进行检查，包括肉眼和仪器检查，确认器壁光滑无锈蚀、构件质量完好，并清除掉可能存在的油污等杂物。

② 将催化剂运至现场，核对催化剂的型号及数量，检查催化剂是否受潮，如发现受潮则需按技术要求进行适当干燥处理。

③ 准备专用工具，不同反应器类型及不同品种的催化剂，需要使用许多专用工具，这些工具包括催化剂计量筒、磅秤、手电筒、卷尺、漏斗、帆布袋、尼龙绳、筛子、叉车、卷扬机、木槌或震荡器等装填调整工具、测压力降设备等。

④ 认真拟订详细的催化剂装填方案，标出装填高度和重量的对应值，对有些催化剂还要求在装填前先进行装填密度试验，以算出装填高度，催化剂装填应尽可能避免在阴雨天进行。

⑤ 催化剂过筛。新出厂的催化剂一般都已经过严格过筛，粒度大小是符合技术要求的。但由于运输过程中受到各种冲击，会产生一定量的细粉。因此，如发现催化剂细粉过多，应采用简单的过筛方法筛掉细粉，如将催化剂通过由适当大小网眼制成的倾斜溜槽，或在催化剂倒入料斗时，用压缩空气喷嘴吹走细粉。如果催化剂装填量不大，也可使用简单的人工过筛，一般不再采用振动筛来过筛，因为过度振动会造成催化剂更多破碎及损失。而对于在装置大修后重新装填已使用过的旧催化剂时，应经过筛删出碎屑，而且装填时应尽可能原位回装，也即防止把在较高温度使用过的催化剂回装到较低温度区域使用。因为高温区用过的催化剂，其比表面积及孔体积会变小，催化活性会变差，回装在低温区使用会影响催化剂效能。

2. 普通装填法

它因采用很长的帆布袋作为将催化剂从反应器顶部向床层料位输送的管子而又被称为布袋装填法，也是 20 世纪 70 年代前固定床反应器装填催化剂的标准方法。可适用于多种外形催化剂如球形、圆柱形、条形、齿球形及环形等催化剂的装填。普通装填法常采用加料斗方式，加料斗架于反应器人孔外部，被装填的催化剂通过帆布袋送到反应器下部。操作时先通过加料斗把布袋装满催化剂，然后慢慢提升布袋，使催化剂有控制地流到反应器中，并慢慢移动布袋使催化剂装填在不同部位。装好一层催化剂后，将布袋缩短一段，再按前法加入其他催化剂，直至将催化剂按要求装填量装入反应器为止。为便于控制装填方位，也可用金属舌片管替代帆布袋进行装填。另一种与上述装填原理类似的方法称作绳斗法。斗的底部有一活动开口，上部设有双绳控制装置，一根绳子吊起料斗，另一根绳子控制下部开口。当料斗装满催化剂后，吊绳向下移动使料斗下落到反应器底部，然后放松另一根绳子放开活动开口，催化剂则从斗中流到反应器，反复操作直至装完催化剂。对于大型反应器的催化剂装填，也可人工将一小桶或一塑料袋催化剂逐一递进反应器内，再小心倒出并分散均匀。催化剂装填完后，在催化剂床层顶部要安放一层瓷球类惰性物质或安放固定栅条，以防止高速气流引起的催化剂移动。

　　普通装填法的装填费用少、成本低，适用于许多颗粒状催化剂的装填。但它在装填条形催化剂时，在床层中不会处于稳定的水平状态，而是呈各种水平或垂直状态的堆积，形成不规则的乱堆状态，不仅会产生催化剂架桥，而且在催化剂颗粒之间形成一些无用的空隙。在实际反应操作中可能出现床层坍塌现象，发生催化剂床层收缩和密度变大，这样不仅使反应器容积不能得到充分利用，还会产生温度热点，缩短生产运转周期，影响产品质量。

　　3. 密相装填法

　　又称定向装填法。这是 20 世纪 70 年代以后开始应用的一种催化剂装填新方法。它是通过带推动力的机构或布料器将催化剂沿反应器径向喷洒，使催化剂颗粒以毛羽状自由均匀地降落到反应器床层表面，降落过程不受其他颗粒阻挡，避免发生架桥成拱。控制催化剂颗粒下落速度可使其趋于均匀的径向分布，并保持床层水平，从而使非球形颗粒呈水平排列，显著减少颗粒间的空隙。密相装填方法用于条状催化剂装填时更有特点，采用这种方法可将条状催化剂在反应器内沿半径方向呈放射性地规整排列，而且小条呈水平状态，从而避免架桥和提高催化剂装填密度。在同一反应器体积内，密相装填法可比普通装填法多装填 10% ~ 25%（质量）的催化剂。密相装填法不仅可使催化剂在反应器纵向、径向的装填密度均匀，而且由于装填量增大，因而可提高反应器加工能力，避免热点产生，延长反应运转周期及提高产品质量。

　　目前，国外有许多公司开发出专有的催化剂密相装填技术，国内也有一些研究机构推出密相装填设备并投入工业应用。各种催化剂装填机在设计上大多相似，主要由料筒、驱动装置及布料器等组成，其工作原理也基本相同，不同之处主要在于从装填机中推出催化剂颗粒的方式不同。有些是采用机械动力将催化剂从装填机中推出去，有些则是采用空气或氮气的压力作为推动力。操作时，先将料筒送进延伸到反应器内的中心立管中，催化剂向下通过立管再由横向通过环形空间或间隙进入床层中。环形空间或间隙的高度可通过调节立管和安装在立管底部的扁平导向板或锥体之间的间距而变化。机械动力推进与气力推进的区别在于催化剂颗粒分布到反应器床层上的方式不同。采用动力推进系统时，是由风动电机转动颗粒布料器进行分布，动力系统通过推动刮板、转动叶片或胶条将催化剂颗粒从装填机送到反应器床层中。其装填速度和水平距离可由风动电机所设定的转速进行调控。在采用气力推进系统时，空气或氮气被引入位于导向板上部装填立管中心的喷射器中，再由外部控制的喷射器水平径向小孔通过环形间隙喷射出去。由于催化剂颗粒离开装填机的径向速度只能携带其达到反应器壁的部分行程，只有少量催化剂颗粒具有足够的能量可达到反应器壁。而且喷射催化剂的空气速度会比催化剂行进速度快，空气到达反应器壁后回弹，还可起着缓冲催化剂下落的作用。因而大多数催化剂下落到催化剂床层表面时，不会对催化剂造成破坏。一般来说，对用细长布袋装填时有足够机械强度及抗磨性的催化剂，采用密相装填法装填催化剂不会存在强度问题。

　　由于催化剂人工装填不仅工作效率低、消耗人力物力，而且含有毒组分的催化剂还会对装填人员的健康产生危害，因此，一些公司开发出多种专用催化剂装填机及自动装填机。

　　例如，顺酐生产采用列管式反应器，国内最大的反应器列管多达 33000 根，大多数为 14000 根列管的 1×10^4 t/a 的反应器。如以人工装填催化剂，一台生产能力为 1×10^4 t/a 的反应器，40 人参加装填，也需要一周甚至更长时间才能完工，而采用顺酐反应器装填机时，对于相同产量的列管式反应器来说，使用 6 台装填机，20 人左右，在 2 ~ 3 天就可完成催化剂装填工作。该装填机由料斗、下料管、异流管、调节阀、振动器和底盘等组成。其中，振动器固定于底盘上且与之连接，料斗和下料管通过导流管连接。用它装填顺酐催化剂时，不仅装填质量优于人工装填，而且可加快装填速度，减少催化剂损失和对人体健康的损害。

其他专用催化剂装填机还有甲醛反应器装填机、环氧乙烷银催化剂装填机、转化炉反应管装填机及其他用途装填机。

一种自动化水平更高的全自动催化剂装填机，包括架设在反应器列管（或炉管）上方的行车导轨及行走机架，机架上装有催化剂上料斗和位于上料斗下方的称量料斗；上料斗放料口设置一个由可编程逻辑控制器（PLC）控制开闭的阀门，称量料斗的放料口设置一个由 PLC 控制开闭的放料阀。称量料斗上设置称重传感器，对送入称量料斗内的催化剂进行称重。称重传感器再将称量的数据传送至 PLC，由 PLC 控制驱动系统驱动机架在导轨上按设定轨迹行走，使行走的每一步均依次到达一根列管处。这种全自动催化剂装填机可实现催化剂自动称料、料斗自动行走、自动定位、自动向列管装填催化剂，并能按预先设定的催化剂装填量，对列管进行定位及定量装填，还可向多根管束同时装填催化剂，装填效率高，装填质量好。

4. 分级装填法

又称催化剂的级配技术，是为解决单一催化剂及保护剂不能满足使用性能而发展的一种催化剂装填方法。它适用于组分十分复杂的某些原料进行催化加工处理。例如，渣油是原油中最重的部分，含有大量胶质、沥青质和各种稠环烃类，原油中的硫、氮、重金属以及盐分等杂质也大量集中在渣油中，渣油加氢处理是有效地利用石油资源，满足市场对轻质油和中间馏分油增长需要的重要手段之一。对渣油进行加氢处理，催化剂需具有加氢脱硫（HDS）、加氢脱氮（HDN）、加氢脱金属（HDM）、加氢脱残炭（HDCR）及加氢裂化等功能。但目前还未（或难以）开发出一种具有综合功能的单一品种催化剂，因此在实际生产中，根据所加工渣油性质、操作条件及对产品质量要求，将具有不同功能的渣油加氢催化剂匹配使用。也即将不同形状、不同尺寸、不同加氢功能的催化剂（或保护剂）装填在反应器床层的不同位置，以根据不同床层位置的反应物种及浓度、反应条件等的不同，发挥各自的作用，从而获得较好的加氢处理效果，延长装置的运转周期。

采用分级装填技术需要使用多种加氢催化剂及保护剂。因此，既要使每种催化剂充分发挥其功能，又不使其他催化剂的作用很差，需要认真确定级配方案或分级方案。常用的方法有筛选法及动力学模型法。

筛选法是确定级配方案的常规方法，它是根据催化剂使用经验先提出多种可以采用的级配方案，然后在实际装置上对各种方案进行评价。再依据评价结果的数据，选用较优的级配方案作为工业实施方案。这种方案的主要缺点是需要大量评价筛选工作，既费时又消耗人力，而且所选的级配方案不一定是最佳级配方案。

动力学模型法是从加氢反应表观动力学方程出发，提出不同类型催化剂分级装填的优化方案。例如，针对渣油加氢催化剂的级配方案，可运用中试装置对不同功能催化剂的渣油加氢处理动力学，按催化剂分段及合同装填建立动力学模型研究，并采用合理方法求解动力学参数；再通过实测数据分别对分段和合用模型的数据进行验证。根据动力学模型对渣油加氢处理催化剂的多种性能指标进行模拟计算，预测出实际工况下各种催化剂的失活时间。结果发现，各种催化剂的使用寿命依次为：加氢脱金属剂<加氢脱硫剂<加氢脱残炭剂<加氢脱氮

剂。也即各种催化剂并不是达到同步失活，可对现有催化剂进行分级装填，以达到性能优化。

显然，确立合适的催化剂级配方案是一件十分细微的工作，需要认真对待。在渣油加氢催化剂的级配方法上又可分为常规级配和反向级配两种类型。

（1）常规级配

这种级配方法包括加氢催化剂的类型级配、尺寸大小及形状级配、催化活性级配等。例如，在渣油加氢反应器中，催化剂级配装填的原则为：①催化剂类型级配顺序为：保护剂/HDM/HDS/HDN；②催化剂尺寸：沿反应物流方向，在反应器内由上到下尺寸逐渐减小；③催化剂孔径：在反应器内，孔径由上到下逐渐减小；④催化剂活性：在反应器内活性由上到下逐渐增大。对于不同功能的催化剂（如 HDM、HDN）和保护剂（如瓷球、氧化铝球）可以是一种，也可以是多种。总之，使反应器床层中的催化剂物理和化学性质保持平稳过渡。反应时能使重质或劣质原料油先后与保护剂床层、加氢脱金属剂床层、加氢脱硫剂床层及加氢脱氮剂床层接触。试验表明，采用分级装填的催化剂体系的催化剂寿命能比普通催化剂提高50%左右，但催化剂级配比例及级配顺序的好坏对催化剂体系性能的发挥和均衡失活有显著影响。例如，催化剂颗粒尺寸过渡不好，会引起过渡界面阻力增大，易导致结焦。

（2）反向级配

在上述常规级配中，沿着反应器物流方向，催化剂的活性逐渐增大、孔径逐渐减小，是标准的先脱金属、最后脱氮的加氢处理过程。这种催化剂装填方法主要适用于普通劣质渣油的加工，而用于高含氮量渣油加工则会有害倾向。由于保护剂和脱金属剂几乎没有脱氮活性，当高氮含量的渣油经过脱硫剂床层时，渣油中的含氮杂质将会吸附在脱硫剂的配性（H^+）中心上，引起渣油中沥青质或胶质发生聚合反应，导致与脱金属剂相邻的脱硫催化剂顶部床层快速失活，积炭逐渐后移，最终使催化剂失活，而且随着加氢反应进行及氢纯度的降低，反应温度会逐渐升高。如采用常规级配装填，则会促进渣油缩合生焦反应加快，催化剂床层热点快速形成，反应收率下降，产品性质恶化。反向级配就是为了克服上述缺点而采用的一种催化剂分级装填方法。

反向装填的特点是反应器中采用沿反应物流方向催化剂活性逐渐下降的原则，改变HDS、HDN 床层的级配，并在床层之间设一个过渡催化剂床层，使每个催化剂床层的温升趋于平稳。例如，进行高氮含量渣油加氢处理时，反应器床层分为保护剂及 HDM、HDS、HDN 反应区，但将 HDS 反应区和 HDN 反应器各分为两个或两个以上床层，且在两个床层之间增设一个混合过渡床层。但在 HDN 反应区采用反向级配方式装填催化剂，即对 HDN 反应区分为 2~5 催化剂床层，其中下游催化剂所装填的 HDN 催化剂的活性稍低于相邻上游HDN 催化剂，且催化剂孔径稍大于后者。各床层的催化剂装填量可根据渣油性质而定。采用这种级配装填技术可以有效控制 HDN 催化剂的温升，降低床层积炭速度，延长催化剂的使用寿命。

第 10 章　催化剂失活与防止

10-1　工业催化剂的使用寿命

生物在良好的环境中可以健康地活着，而当处于恶劣环境中时，不仅会变得病弱，甚至很快死亡。工业催化剂使用时大多处于十分恶劣的环境中。以汽车尾气净化催化剂的使用为例，汽车尾气中的有害成分主要有燃料不完全燃烧产生的一氧化碳（CO）、未燃烧的碳氧化合物（HC）和氮氧化物（NO_x），还有硫的氧化物、铅的化合物、黑色烟尘微粒和油雾等。作为尾气净化催化剂，除了能将尾气中的三类有害气体（CO、HC 和 NO_x）同时除去以达标排放外，还应使催化剂具有以下特性：①催化剂必须在极短的时间内具有极高的转化效率，并能适应经常处于大幅度波动的废气流量、组成及温度变化工况；②催化剂应在室温~800℃甚至更高的温度下具有较高的催化活性；③催化剂应同时在高空速（120000~150000h^{-1}）和低空速（3000~6000h^{-1}）的条件下保持高的转化率；④催化剂应具有合适的孔结构和较高的抗破碎强度，既能减少汽车尾气的阻力，又能在汽车行驶的振动和忽冷忽热工况下，防止催化剂颗粒发生磨耗、粉化。其他许多工业催化剂也常常在氧化、还原气氛或高温高压等恶劣条件下工作，所以，工业催化剂都存在一定的使用寿命。

工业催化剂的使用寿命长短也是用户十分关心的问题。所谓催化剂的寿命是指催化剂耐用的时间，催化剂在使用过程中，由于温度、压力和各种化学物质的作用，催化剂的组成、结构逐渐发生变化，从而引起催化活性及选择性产生恶化。对于某种催化剂而言，"耐用"的含义是相对的，它受着技术经济指标的制约。因为随着活性、选择性、机械性能等催化性能的恶化，会造成反应原料单耗增大、产品中不纯物增多、催化剂粉化致反应床层压力降增高，这样必然会相应增高产品精制、提纯和动力消耗等费用。因此，催化剂性能恶化，原料费用和操作费用都会随着上升，如果上升的费用大于或等于更换催化剂的价格和所需费用，则催化剂达到了耐用的终期。

催化剂使用到更换的时间可用寿命曲线来表示（参见图1-15）。曲线中的阶段Ⅰ是高活性不稳定期；阶段Ⅱ是稳定期，工业催化剂通常在此阶段中使用；阶段Ⅲ是衰化期或终末期，催化活性逐渐降低直至活性完全丧失。由于各种催化剂的组分不同，使用条件及工况也相差很大，所以，不同催化剂的使用寿命也各不相同。作为参考，表10-1示出了一些工业催化剂的使用寿命。

表 10-1　一些工业催化剂的使用寿命

反应	催化剂	操作条件		寿命/a
		温度/℃	压力/MPa	
合成氨 $N_2 + 3H_2 \Longrightarrow 2NH_3$	$Fe\text{-}K_2O\text{-}Al_2O_3$	450~550	20.3~50.7	5~10
碳二加氢（前加氢）$C_2H_2 + H_2 \longrightarrow C_2H_4$	Pd/Al_2O_3	30~100	3.0	5~10

续表

反应	催化剂	操作条件		寿命/a
		温度/℃	压力/MPa	
氯化氢中乙炔加氢 $C_2H_2+H_2 \longrightarrow C_2H_4$	Pd/Al_2O_3	$123\sim175$	$0.4\sim0.5$	$5\sim6$
二氧化硫氧化 $2SO_2+O_2 \longrightarrow 2SO_3$	$V_2O_5 K_2SO_4/$硅藻土	$420\sim500$	常压	$5\sim10$
甲烷化 $CO/CO_2+H_2 \Longrightarrow CH_4+H_2O$	Ni/Al_2O_3	$250\sim350$	3.0	$5\sim10$
甲醇合成(低压法)$CO+2H_2 \Longrightarrow CH_3OH$	$Cu-Zn-Al$	$230\sim275$	$5\sim10$	$2\sim8$
乙烯氧化制环氧乙烷 $C_2H_4+\frac{1}{2}O_2 \longrightarrow H_2C\underset{O}{\overset{\diagdown\diagup}{}}CH_2$	Ag/Al_2O_3	$220\sim270$	$2\sim2.2$	$1\sim4$
乙烯氧氯化制二氯乙烷 $2C_2H_4+4HCl+O_2 \longrightarrow 2C_2H_4Cl_2+2H_2O$	$CaCl_2/Al_2O_3$(固定床)	250	0.7	$5\sim7$
乙炔法合成氯乙烯 $C_2H_2+HCl \longrightarrow CH_2CHCl$	$Hg/$活性炭	180	常压	$1\sim3$
苯氧化制顺酐 $C_6H_6+O_2 \longrightarrow C_4H_2O_3$	$V_2O_5-MoO_3/Al_2O_3$	$350\sim370$	常压	$1\sim2$
氨氧化制硝酸 $2NH_3+\frac{5}{2}O_2 \longrightarrow 2NO+3H_2O$	Pt 合金网	$800\sim900$	$1\sim10$	$0.1\sim0.5$
甲醇胺化制甲胺 $CH_3OH+NH_3 \longrightarrow CH_3NH_2$	丝光沸石$-Al_2O_3$	400	$2\sim4$	>0.5
一氧化碳低温变换 $CO+H_2O \longrightarrow CO_2+H_2$	$Cu-Zn-Al$	$200\sim250$	3	$2\sim6$
一氧化碳高温变换 $CO+H_2O \longrightarrow CO_2+H_2$	$Fe_3O_4-CrO_2$	$350\sim500$	3	$2\sim4$
天然气蒸汽转化 $CH_4+H_2O \longrightarrow CO+3H_2$	Ni/Al_2O_3 或 $Ni/Ca-Al$	$500\sim850$	3	$2\sim4$
乙烯氧化制乙酸乙烯酯 $C_2H_4+O_2 \longrightarrow C_4H_6O_2$	$Pd-Au/SiO_2$	$140\sim180$	$0.6\sim0.8$	$2\sim3$

10-2 催化剂寿命预测方法

在催化剂开发过程中，催化剂使用寿命也是研究者十分关心的技术指标。对于催化剂的活性、选择性等指标，通常可通过小型反应器进行考核评价，在较短的时间内获得高精度的结果。可是要确定催化剂的寿命，则需要在实验室甚至模型试验或中试装置上，模拟工业操作条件进行三班倒或长时间的评价测定。所以，测定催化剂寿命是一种既困难又耗费人力、物力、时间的工作。尽管如此，在最终确定一种催化剂是否具有工业应用价值时，必须进行寿命试验，特别对于一种新开发的催化剂更是如此。所以，如何缩短催化剂寿命试验的考察时间和如何延长催化剂使用寿命都是催化剂研究者所致力探索的问题。

目前，考察催化剂寿命的主要方法有寿命试验及加速失活试验法。

1. 催化剂寿命试验

催化剂寿命试验通常包含以下几个阶段：

① 对于在实验室已获得满意的活性、选择性的新鲜催化剂与反应一定时间的催化剂进行仔细对比，考察催化剂的物理形态、比表面积、孔容、孔分布、元素组成、积炭现象等方面的变化；利用差热分析、X 光衍射、电子显微镜等仪器分析及测定，仔细考察催化剂使用后所发生的物理及化学变化，判断会引起催化剂性能恶化的主要原因。

② 根据引起催化剂性能恶化的原因，采取相应的对策。如去除混入反应原料中的杂质，改进反应器传热、传质工况，改变工艺操作条件，改变催化剂制备工艺及成型条件等等，使

催化剂具有抗恶化性能。

③ 依据能维持催化剂最佳性能的工艺条件(包括再生条件),采用实验室小反应器进行长时间稳定试验,如连续运转考核 1000h 或更长些,认真记录反应温度、压力、空速、反应器床层压降等参数,并定时分析原料及产物的组成。由此可绘制出催化剂性能及反应操作条件随反应时间变化的各类曲线,以判别催化剂是否失活或失活条件,最终绘制出数百小时或更长时间的催化剂寿命曲线。

④ 对于稳定性要求较高的催化剂,或是实验室寿命试验的数据还难以预测工业催化剂的寿命时,则需在中间试验或模型试验装置上再进行寿命试验。中试寿命试验所用催化剂的装填量介于实验室寿命试验与工业生产装置之间,而催化反应的原料则应与工业生产装置所用原料相一致,所用催化剂必须是已经过实验室寿命试验并具备制备质量重复性的催化剂。

近来,国内正广泛采用工业装置侧线或工业列管反应器中的单管进行催化剂中试寿命试验,从考察催化剂寿命考虑,其结果与中试寿命考察相近。但它与耗时耗资的中间试验相比较,此法简便而又经济。

侧线试验是在现有的工业装置上,以小口径侧线引出少量工艺气体至侧线反应器进行催化剂考核,从反应器出来的气体再返回至工业装置主流工艺气体中继续使用。例如,对于烃类蒸汽转化工业反应器,可在数百根转化管中选用一根管装填需考核的催化剂,在工业操作条件下对工业化的催化剂进行考察对比,如反应正常,在连续运转数月或更长时间下,对实验数据进行整理,绘制出寿命曲线。显然,工业侧线试验实用、简便,但工业装置与中试的目的有所不同,其获取的试验数据并不一定完全满足中间试验的要求,因此,也不是所有催化剂的中试寿命试验都可用工业侧线试验来代替。

2. 催化剂加速失活试验法

无论是实验室、中试或工业侧线进行催化剂寿命试验,都是十分费时、费力的工作,因此,为了加快催化剂开发进度,提出了预测催化剂寿命的方法——加速试验法。由于催化剂是在复杂的环境中工作,引起催化剂性能恶化的原因很多,所以,催化剂加速失活试验法的实质是:在认真分析引起催化剂性能恶化原因的基础上,提出其中的主要影响因素并加以强化,把催化剂在苛刻的条件下进行加速失活试验,从而缩短催化剂寿命试验的时间。例如,催化剂在焙烧、还原等过程中,由于高温会使催化剂的结构形态及化学组成发生变化,这时就可通过热天平、差热分析等作为快速预测催化剂性能恶化的手段;又如,由于催化剂受热因半熔而引起催化剂性能恶化,可通过选择加热温度、加热时间及介质气氛等耐热性试验对催化剂寿命进行预测;对于催化剂因结炭引起细孔堵塞而造成催化剂活性下降的情况,可采用细长的固定床填充反应器,测定反应前后压力降的变化进行催化剂的寿命预测。

对于反应机理比较明确的催化反应及所用催化剂,也可以从了解反应机理着手,制定寿命加速试验方案。下面以烃类蒸汽转化反应为例进行说明。

烃类蒸汽转化是为了最大限度地提取烃类原料和水中所含的氧,主要用于制取氨和醇类的合成气、工业氢气及冶金还原气等。高级烃经蒸汽转化的反应式为:

$$C_nH_m + nH_2O \longrightarrow nCO + \left(n + \frac{m}{2}\right)H_2 \tag{10-1}$$

所用催化剂为含活性金属 Ni 的负载型催化剂。可以看出，在发生 C_nH_n 转化时，必然会产生 C—C 键的断裂，并伴有脱氢和加氢反应，结果生成了低碳数的烃和 H_2，也同时产生了新生态的 C。而 C 与水蒸气反应就生成了 CO 和 H_2，同时还会发生积炭和消炭等过程。所以，烃类蒸汽转化过程实际上先是一个裂解过程，然后是二次产物进一步反应，最终生成 CO、CO_2、H_2 和残余的 CH_4 而达到平衡。也就是说，反应发生时 C_nH_m 吸附于活性金属 Ni 表面上，继而发生催化裂解，裂解产物进一步脱氢或加氢，其反应式如下：

$$Ni\cdots C_nH_m \longrightarrow C+H+CH_x+C_2H_g+\cdots C_5H_g \qquad (10-2)$$

$$CH_4 \underset{+H}{\overset{-H}{\rightleftharpoons}} CH_x \underset{+H}{\overset{-H}{\rightleftharpoons}} CH_{x-1} \underset{+H}{\overset{-H}{\rightleftharpoons}} CH_{x-2} \underset{+H}{\overset{-H}{\rightleftharpoons}} C \qquad (10-3)$$

$$C+H_2O \longrightarrow CO+H_2 \qquad (10-4)$$

$$CO+H_2O \longrightarrow CO_2+H_2 \qquad (10-5)$$

$$CH_x \longrightarrow 聚合炭（炭析出） \qquad (10-6)$$

从上述反应机理可以看出，催化剂上烃的中间生成物 CH_x 的结构对反应活性和使用寿命有重要影响；也即 CH_x 中的 x 值越小，炭-Ni 结合力越强，反应活性低，容易发生结炭；反之，x 值越大，则反应性越高，不易发生结炭。这样，如何测得 CH_x 中的 x 值就成为催化剂寿命加速试验法的关键所在。依据 Ni 催化剂在有 H_2 存在时，烃类会生以下反应：

$$C_2H_6 \longrightarrow CH_x \longrightarrow CH_y+CH_z \overset{H_2}{\longrightarrow} CH_4 \qquad (10-7)$$

于是所利用的实验方法是：先由 Ni 催化剂吸附烃类气体，然后抽去气相中残留的烃类，接着引入重氢分子（D），催化剂上的 CH_x 便与 D 反应生成 CH_4，从所生成的甲烷中 D 的分布就可得出催化剂上 CH_x 的 x 值。由此可快速测知催化剂的失活情况。显然，这种加速失活试验法是在正确判断催化反应机理的基础上进行的，如果对反应机理判断有错误，或者对影响寿命的主要因素识别不正确，也就会得到错误的结论。

10-3　催化剂失活

10-3-1　催化剂失活因素

催化剂在生产运转过程中，由于其物理化学性质的变化，催化剂的活性、选择性逐渐降低，至不能满足产品质量或生产要求时，认为催化剂已经失活，如果通过再生能使催化剂性能得到完全或部分恢复时，称为可逆性失活。例如，催化剂不太严重结炭引起的失活，可通过烧炭再生恢复部分或大部分活性。如无法通过再生而恢复活性时，则称为不可逆性失活，如催化剂因热烧结引起的催化剂永久性失活就是其中一个例子。

所有催化剂都不可能无限期使用，由于每种催化剂所处的操作环境、气氛、反应原理及杂质含量等不同，所引起催化剂失活原因也有所不同。对于一些催化剂使用过程中发生的失活现象及引起失活的原因，已有许多文献报道。按作用机理分析，引起固体催化剂失活的因素大致可分为：催化剂因积炭、结焦、堵塞引起的失活，催化剂受毒物中毒引起的失活，催化剂因烧结等热作用引起的失活，催化剂因活性组分流失或结构变化引起的失活等四种类型。而随着现代分析测试仪器的发展，一些表征手段已用于探究催化剂失活所引起的变化，表 10-2 是其中的一些应用例子。

表 10-2　催化剂失活变化及其表征手段

失活类型	表征手段	失活引起的变化
积碳失活	程序升温氧化(TPO)	焦炭燃烧产生氧化物，积炭引起反应性能变化
	程序升温分析技术(TPD)	催化剂表面酸性变化
	程序升温表面反应技术(TPSR)	催化剂活性中心变化
	N₂ 吸附测催化剂总表面积	总表面积发生变化
	N₂ 毛细血管冷凝测孔隙率	孔隙率发生变化
	扫描电子显微镜	焦炭形貌
	X 射线衍射	沉积炭的晶形、分散状态
	在线热重分析	催化剂质量增加
	电子探针	焦炭径向分布测定
	俄歇电子能谱	区分焦炭有序或无序结构
	化学吸附法	金属分散度下降、自由表面积下降
	气孔率测定	催化剂表面的无机物沉积
中毒失活	化学吸附法	反应物的化学吸附性下降
	化学吸附与程序升温技术	催化剂表面活性基团数下降
	程序升温还原(TPM)	催化剂供氧活性数变化
	原位红外光谱技术	吸附行为变化
	X 射线光电子能谱(XPS)	催化剂表面存在外来离子
	催化剂活性测定	活性及选择性下降
	紫外光谱技术	表面吸附性能变化
	程序升温脱附	催化剂吸附-脱附图形发生变化
烧结失活	N₂ 吸附测总表面积	总表面积下降
	气孔率测定	气孔率发生变化
	扫描探针显微镜(SPM)	表面形貌变化，烧结现象观察
	X 射线衍射	结晶度变化，晶粒尺寸变大
	四氯化碳法测定孔容	孔容下降
	压汞法测定孔径分布	孔径分布变化
活性组分流失失活	差热分析	活性组分组成分析
	热重分析	蒸发损失
	化学分析	金属组分流失
	电子能谱法	活性组分及价态变化
	红外光谱法	表面组成变化
	透射电子显微镜	催化剂物相及晶粒大小变化
	电子探针显微分析	活性组分浓度分布变化

10-3-2　催化剂积炭失活

积炭是催化剂在使用过程中表面逐渐形成含炭沉积物的过程。炭沉积是由于催化体系中底物分子经脱氢-聚合而形成难挥发的高聚物，它们再进一步脱氢而形成氢含量很低的类焦物质，故又称为结焦。积炭会堵塞催化剂细孔孔道，覆盖催化剂表面活性中心及酸中心而致催化剂失活，也是催化反应体系中引起催化剂活性衰减的重要原因。

在许多烃类转化反应中，反应物分子、反应中间物及反应产物都有可能成为生炭的母体。由于烃类转化反应是一个包含多个平行和串联反应的复杂反应体系，结炭反应也是这种体系所发生的一种副反应。结炭也是一个动态过程，伴随着消炭而形成一种结炭和消炭的平衡。当结炭速度高于消炭速度时，炭就会在催化剂上发生沉淀而成为积炭，所以，积炭是打破结炭和消炭平衡所产生的结果。如在烃类蒸汽转化制氢、催化裂化、催化重整、烷基化、异构化等涉及烃类的反应中，催化剂积炭是一种不可避免的现象。积炭严重时，表现为反应器床层压差增大，催化剂性能恶化，甚至会使装置出现事故。

1. 积炭形成方式

积炭是复杂的物理化学过程，按其形成方式不同，可分为非催化积炭和催化积炭两种类型。

（1）非催化积炭

这是烃类分子按自由基聚合反应或缩合反应机理进行气相结炭而生成烟炱（气相中形成的碳素的统称）的过程，或是在非催化表面上生成炭质物的焦油和固体炭质物的过程。它还包含烃类原料中的残炭（如沥青质、胶质、多环芳烃等）直接沉积在催化剂表面上。生成的焦油中既有液体物质，又有固体物质，它们是烃类在热裂化中凝聚缩合的高分子化合物，主要是一些高沸点的多环芳烃，有的还含有 S、N、O 等杂原子。非催化生成的表面炭质物，是在无催化活性表面上形成的一种焦炭，也是气相生成的烟炱或焦油类产物的延展。无论是随反应原料加入或由气相反应所生成的高分子中间物，都会凝集在反应器内的各个表面上。而这些无催化表面起着收纳凝固焦油和烟炱的作用，还促进这些物质进一步浓缩，甚至发生一些非催化反应。气相结炭一般是在较高温度下发生的，所以，降低反应温度或控制气相焦油的生成有利于减少非催化积炭的形成。

（2）催化积炭

这是在催化反应进行时，在催化剂活性中心上发生主催化反应的同时，由于同时发生副反应时所生成的炭。由反应物生成的炭称为平行积炭，而由生成物形成的炭称为连串积炭。在多数情况下，催化积炭是由于催化剂表面上发生的反应物或反应中间体的破坏性缩聚反应所引起的。

积炭形成机理有多种。一种机理认为：在烃类转化反应中，积炭可能是由于氢的重新分配和脱氢所生成的不饱和中间产物，经无规则聚合和缩合的连串反应所形成。这些反应都是在催化剂活性表面上进行，具有自由基的特性，并经过不断的环化和脱氢，形成环状化合物并相互连接在一起。积炭本身为一些高分子缩合物，包括沥青质、胶质及碳化物等。

另一种催化积炭机理认为：在烃类转化反应中，烃类分子接近催化剂活性中心时会发生催化裂解，生成炭和轻质烃。而生成炭的一部分会在烃裂解的瞬间立刻形成石墨状结构；接踵而来的反应分子又在活性中心上裂解时，仿佛抬高了早先所生成的石墨粒子，并使其筑成邻接活性中心的底面。这样的构筑之所以发生是由于裂解产生的部分烃分子进入到石墨的晶体结构中，而部分烃分子则进入气相中，结果，在活性中心上，会发生结构有序的增长并形成树脂状晶体，这种积炭沉积物受到反应介质和温度的长期作用，使树枝状晶体逐渐结合成一个连续的整体。按照这种积炭机理认为，只有当积炭活性中心的大小达到一定的临界值时，才可能形成树脂状晶体。这种临界值应该大于石墨晶体结构的晶格大小，甚至大若干倍，才能使树枝状晶体稳定生长。

与上述气相积炭相比较，催化积炭对催化剂使用性能的影响更大，它也是导致催化剂失活的重要因素之一。尽管催化反应不同，催化剂种类有别，催化积炭的机理和途径、积炭速率和组成各有不同，但无论是哪种催化剂，随着积炭量的增加，催化剂的孔容、比表面积、表面酸性及活性中心数都会相应下降。积炭速度越快，催化剂的使用周期也就越短。

2. 积炭影响因素

（1）反应原料的影响

在催化反应中，所用原料不纯，残炭含量高（即沥青质和多环芳烃含量高），以及不饱和烃含量大等，都是导致催化剂积炭的因素。渣油加氢是最典型的例子。渣油中的烃组分和非烃组分十分复杂，还含有一定数量的大分子沥青质，渣油中的金属存在于沥青质之中，在沥青质加氢裂解和脱金属过程中，生成的焦炭及金属硫化物会在催化剂表面上形成沉积。所以，渣油加氢催化剂失活一般经历三个不同阶段：在使用初期，由于催化剂表面上单分子金属沉积或炭沉积而引起快速减活；在中期，催化剂上的积炭或金属沉积并未使催化剂的活性中心显著减少，因而催化剂处于较慢的失活阶段；在运转后期，由于催化剂上产生大量积炭及金属沉积，使活性中心显著减少，催化剂迅速失去活性，这时就需要进一步提高床层反应温度，而温度升高又加剧了加氢转化反应，结果更加速了炭沉积，最终完全堵塞了催化剂的孔口。而催化剂之间也会发生金属沉积，直至床层空隙被完全堵塞，使加氢反应无法继续进行，催化剂也完全失活。

又如，积炭是高级烃转化过程常见且危害最大的事故，表现为床层压差增大。虽然引起积炭的原因有多种，但原料净化不好，重质烃大量进入高温段会引起严重积炭。在许多催化反应中，原料中所含的烃类会经缩聚或氢转移反应而生成炭或焦油状物质沉积在催化剂上，导致催化剂减活或失活，这也是很多催化反应对原料要求净化严格的原因之一。

在烃类蒸汽转化过程中，不同烃类的结炭速度不同，在同样的温度、压力等操作条件下同碳数的烃类结炭速度不同，依次是：烯烃>芳香烃>环烷烃>烷烃，同族烃类的结炭倾向是随相对分子质量的增大而增加。

（2）反应条件的影响

催化剂反应的条件有反应速度、压力、空速、原料气配比等，不同催化反应会选用不同催化剂及不同反应条件，但每一种催化剂都有一种适宜的工况条件，在偏离最佳工况下操作时，不但会影响催化剂效力，也会造成积炭发生。

例如，在轻油蒸汽转化过程中，影响反应的操作条件有温度、压力、空速及水碳比（H_2O/C）等。由于该反应在高于烃类分解温度下进行，又采用酸性或金属催化剂，烃类裂解反应必然会发生，因此结炭反应是不可避免的。但在合理的设计工艺条件及正常操作下，结炭不会大量发生。如果反应操作条件波动较大，则会加剧结炭发生。如系统压力波动会引起反应瞬时空速增大，出口残余甲烷升高，催化剂结炭就会增加。而床层温度升高也会因出口残余甲烷增加而引起结炭，与反应压力及温度相比，水碳比则是轻油转化过程中最敏感的工艺参数，实际操作时水碳比一般控制在 3.5~5。水碳比适当提高可以催化剂的结炭，降低床层出口的残余甲烷量，有利于转化反应进行。在采用重质石脑油作转化原料时，亦适当提高水碳比，以减少积炭。然而水碳比的提高相应增加了操作能耗，所以，对于某种工艺装置有合适的水碳比，操作时水碳比非正常的波动会引起催化剂积炭，严重时会引起床层阻力急增，被迫更换催化剂。

又如，在催化重整过程中，反应温度、反应时间、反应压力、空速及氢油比等操作条件变化都会对催化剂的积炭速率产生明显影响。提高反应温度有利于芳烃的生成和产品辛烷值的提高，而温度过高会加速加氢裂化等副反应的发生，高温下不饱和产物增多，而不饱和产物是产生结炭的前驱物，因此，高温会加速催化剂的积炭，而且积炭可以发生在催化剂的不同位置，并形成分布。

所以，在加氢、脱氢、氧化、异构化、卤化等有机物转化反应中，由于容易副产高分子物质，在反应温度、压力、空速等反应条件变化时，不仅会使主反应速率发生变化，也会加速高分子副产物的产生速率，从而导致积炭速率增加。

（3）催化剂组成和结构的影响

工业固体催化剂大多是由活性组分、助催化剂和载体组成的。活性组分是在反应过程中起催化活性的原子、离子或化合物；助催化剂是用来提高催化剂活性、选择性或热稳定性的一类物质；载体是负载活性组分并具有足够机械速度和比表面积的多孔性化合物。在多相催化反应中，催化剂的活性组分、助催化剂、载体，以及催化剂的宏观结构（孔容、比表面积、孔径大小及分布、孔隙率）和表面酸碱性质等都会对积炭速率产生影响。

金属 Pt 是重整催化剂的主活性组分，使用时发现，在金属 Pt 分散度相同的状况下，催化剂的 Pt 含量提高，催化剂的积炭量会相应增加，这是因为在 Pt 催化剂上存在脱氢反应生成烯烃，烯烃在酸性位又发生聚合反应，聚合产物沉积在催化表面上，并进一步脱氢而转化为含碳量高的积炭。为了提高重整催化剂的选择性和稳定性，常加入铼、锡、铱、铅等助催化剂。加入这些助剂能改变催化剂的积炭性质及积炭速率。例如，Pt-Sn 催化剂有很强的抗积炭能力，这是因为 Sn 的加入可破坏大 Pt 簇的形成，并使积炭前驱物发生气化，从而降低积炭速率。对比 Pt/Al_2O_3、$Pt-Ir/Al_2O_3$、$Pt-Re/Al_2O_3$ 三种催化剂上的积炭情况，结果如表 10-3 所示。可以看出，与不添加助剂的 Pt/Al_2O_3 催化剂相比较，加入 Ir 或 Re 后，催化剂上的积炭量明显减少，而石墨炭所占比例增大。

表 10-3　不同重整催化剂的积炭状况

催化剂	积炭/%	石墨炭/%	可萃取炭/%
Pt/Al_2O_3	1.18	72	28
$Pt-Ir/Al_2O_3$	0.92	75	25
$Pt-Re/Al_2O_3$	0.85	78	22

重整催化剂的积炭大部分发生在载体上，而载体上的积炭主要与载体的酸性有关。载体酸性按 Al_2O_3、TiO_2、SiO_2、MgO 的顺序依次降低，在同样反应条件下，用相应载体制取的催化剂上的积炭量也依次减少。当载体都为 Al_2O_3 时，但如 Al_2O_3 的比表面积及氯含量不同时，催化剂的积炭速率也有不同，而且以氯含量对积炭速率的影响更大。

又如，为了提高烃类蒸汽转化制氢催化剂的抗积炭性能，可在催化剂中引入碱金属氧化物助剂和碱土金属氧化物载体，这是因为载体的酸性是烃类催化裂解及生炭的因素。从防止积炭的角度考虑，使用碱性载体可以减少裂解反应的发生，碱金属的存在可以使 H_2O 和 CO_2 对碳的气化反应速度显著提高。K_2O 就是一种良好的消炭催化剂。由 K_2O 形成的低浓度钾碱，在催化剂表面上移动，可以中和其上的酸性中心，从而减少大分子烃裂解积炭。而且在高压蒸汽存在下，它又表现为一种"气态碱"，可以抑制烃类在催化剂颗粒空间的均相热裂解积炭。

催化剂孔结构及孔径大小对积炭速率的影响，尤以沸石分子筛最为常见。沸石分子筛是通过硅氧四面体和铝氧四面体形成的三维骨架结构，它含有的细孔通道和笼结构可以让一些阳离子和小分子在表面发生吸附和脱附。而当所含笼的尺寸比通道孔口尺寸大时就会导致晶体内部积炭。以 X 型和 Y 型分子筛为例，它们的骨架中存在着大于晶孔的笼，能允许体积较大的过渡态分子形成，而这些大直径过渡态分子有可能聚集在笼内而形成积炭。此外，笼内的较大的自由空间有利于像多环芳烃之类的大分子的生成，而这些化合物又难以从孔径较小的孔道中扩散出去，从而进一步反应而导致积炭。对于 ZSM-5 沸石分子筛，是孔径介于小孔沸石和大孔沸石的中孔沸石，其骨架结构中不存在大于孔道的笼，也就限制了大的缩合分子的形成，积炭倾向自然也会减少，所以，ZSM-5 沸石分子筛的抗积炭性能较好。

此外，沸石分子筛的晶粒大小对积炭性能也有影响。同样是 ZSM-5 沸石分子筛，小晶粒 ZSM-5 的积炭速率要比大晶粒 ZSM-5 慢得多，这是因为前者的孔道长度很短，扩散阻力较小，反应物质和产物分子容易从孔道中扩散出去，孔内也就不易积炭；反之，后者的孔道长度较长，分子扩散阻力增大，分子间发生缩合而成为大分子的趋势加强，也就导致积炭速率加快。

10-3-3 催化剂中毒失活

1. 催化剂中毒类型

所谓催化剂中毒是指催化剂的活性及选择性因受某些有害物质的影响而明显下降甚至完全消失的现象。这些有害物质就称为毒物。催化剂中毒时，少量毒物吸附在催化剂表面的活性中心上，形成了强烈的吸附键，将活性中心封锁，使反应物与催化活性中心隔断，或者是与活性中心起化学反应变为别的物质，使催化剂性质发生变化。根据毒物在活性中心上的牢固程度和作用状态不同，催化剂中毒可分为以下几种类型。

（1）可逆性中毒

又称暂时性中毒。毒物吸附在活性中心上时，生成的化学键强度较弱，可以通过适当的处理除去毒物，使催化剂丧失的活性恢复，或者至少能使部分活性得到恢复。如在合成氨反应过程中，水蒸气和氧等会使氨合成的铁催化剂因氧化而失活，但在氢、氮气氛中能为氢所还原，催化剂仍能恢复活性。又如，烃类蒸汽转化反应时，原料中的 H_2S 使催化剂中毒是暂时性中毒。

（2）不可逆中毒

又称永久性中毒。毒物与活性组分相互作用，在活性中心位置形成了稳定的化合物，或造成催化剂结构破坏，难以用一般的处理方法将毒物除去，也即不能用再生的方法使催化剂活性恢复。如合成氨的铁催化剂吸附硫、砷、磷等化合物后就很难将这些毒物去除，从而会造成永久性中毒；在一氧化碳变换反应中，氯会破坏 Cr-Zn-Al 系催化剂的结构，从而引起催化剂不可逆中毒。催化剂发生永久性中毒时也可能伴有暂时性中毒现象，当暂时性中毒的长期积累就可能转变成永久性中毒，也即催化剂中毒有一个累积过程，或是分阶段进行，中毒程度由小逐渐增大，在初始阶段会失去部分活性，直至最终使催化剂完全失活。

（3）选择性中毒

一种催化剂中毒之后可能失去对某一反应的催化能力，但对别的反应仍具有催化活性，这种现象就称为选择性中毒。发生选择性中毒的原因是因为催化剂可能同时具有几种活性中心，除了对某一反应存在活性中心外，还可能存在其他活性中心，这也是催化剂表面的不均匀性所造成的。在催化过程中，选择性中毒也有可利用之处。例如，在某些新鲜催化剂使用初期，可用选择性中毒来抑制过高的主催化反应的活性，以避免副反应过激导致催化剂发生烧结或积炭。乙烯氧化制环氧乙烷催化剂一般采用 $\alpha\text{-}Al_2O_3$ 作载体，活性组分为 Ag。银催化剂的作用是使乙烯选择性氧化为环氧乙烷，但实际反应中乙烯不可避免地发生深度氧化生成 CO_2 和 H_2O。CO_2 的存在会破坏反应系统的稳定性。如果在反应原料中加入微量的二氯乙烷，以毒化银催化剂上促进副反应的活性中心，就可抑制 CO_2 的生成，并提高产品环氧乙烷的收率。又如，在 Pd 催化剂存在下，苯酰氯在沸腾的甲苯溶液中进行加氢反应时，会发生如下串联反应：

$$C_6H_5COCl \longrightarrow C_6H_5CHO \longrightarrow C_6H_5CH_2OH \longrightarrow C_6H_5CH_3$$

反应生产物一般是甲苯，且反应难以停留在中间过程，但如使用少量喹啉使 Pd 催化剂发生选择性中毒，就可使反应停留在某个中间产物阶段，如获得高产率的苯甲醛。也即采用选择性中毒的方法来调节催化剂对相关反应的选择性。

2. 催化剂中毒模型

催化剂大多是多孔性物质，具有发达的细孔结构和较大的比表面积，也具有很强的吸附能力，毒物可随反应物通过扩散、吸附等方式与催化剂接触。根据毒物在催化剂上分布状态不同，提出了以下几种中毒模型。

（1）孔口中毒

当毒物在催化剂颗粒表面上的沉积速率大于其在颗粒内的扩散速率时，由于毒物强烈地吸附在颗粒表面上，且沉积速率较快，以至于毒物一接触催化剂表面就发生沉积，可使孔口处表面形成一个失活区。而在催化剂内部，由于没有毒物分子，催化剂是清洁的，其活性与新鲜催化剂相同。

（2）壳层中毒

当毒物在催化剂颗粒表面的吸附速度很快，但颗粒的内扩散阻力很大时，颗粒外层就先中毒失活，其中毒失活范围大于孔口中毒，在催化剂表面会形成中毒壳层，而壳内的中心部分仍保持新鲜催化剂的清洁模式。随着催化剂使用时间的增加，失活区的壳层厚度也逐渐增加，但失活区与活性区之间有清晰的界限，只是这两个区的大小会随时间而变化，失活区不断扩大，活性区不断缩小。

（3）均匀中毒

当毒物在催化剂活性位上的吸附速率小于在催化剂微孔中的内扩散速率时，毒物会在整个催化剂颗粒内部呈均匀分布，从而使内表面的活性呈均匀下降而引起均匀中毒，如果催化剂颗粒内孔很大，颗粒的内扩散阻力很小时，发生均匀中毒时，其活性下降速率会与毒物浓度成正比，是一种非选择性中毒过程。反之，当孔很小，内扩散阻力很大时，活性下降速率并不与毒物浓度成正比。

当然，以上只是一种假设模型，实际上，催化剂中毒过程中十分复杂的，它与毒物种类及性质、催化剂组成及结构、反应温度、气氛、毒物分压等多种因素有关。

3. 催化剂毒物

所谓催化剂毒物，通常是指很低浓度便能导致催化作用失去效能的物质。对于不同类型的催化剂，能引起中毒的物质也是不同的。毒物种类很多，大致可以分为以下一些类型。

（1）非金属元素及其化合物毒物

从元素周期表看，能引起催化剂中毒的非金属元素都属于主族元素，如第 V 族的 N、P、As 等，第 Ⅵ 族的 O、S、Se、Te，第 Ⅶ 族的 F、Cl、Br、I 等，其中 As、S、P 是最常见的毒物，由这些非金属元素生成的具有毒物作用的非金属元素化合物有 H_2S、NH_3、PH_3、RSH、CS_2、NaF、NaI、$CHCl_3$、C_2H_5Br、C_6H_5Cl、KI、H_2O 及 SO_4^{2-} 等。

并非上述非金属元素及其化合物都是催化剂的毒物，而是根据状况及使用条件有所不同，有的可能是毒物，有的则可能是催化剂的助剂或促进剂。例如，H_2O 对固体酸有毒害作用，但对使用钌催化剂的加氢反应，水则起到促进作用。又如，硫化氢和硫酸盐都含有硫元素，但硫化氢能使 Ni 催化剂中毒，而硫酸盐并不会使 Ni 催化剂中毒。这是由于在这两种化合物中硫的电子结构不同，在硫化氢中的硫原子含有孤对电子(也即硫化氢分子中的 S 原子上含有未成对的电子)，而在硫酸盐中的硫原子则是形成氧化屏蔽结构。

作为参考，表 10-4 示出了毒性型化合物及非毒性型非金属化合物的电子结构。从表中看出，对催化剂有毒物质都含有孤对电子。它们经氧化反应后都转化为具有完全的共用电子八隅体(也即不再含有孤对电子)，因而成为非毒性型化合物，对这一类毒物引起催化剂中毒，是毒物中孤对电子向催化剂金属中的 d 轨道填充有关。所以，采用适当的氧化剂将其氢化后就可使催化剂活性恢复。如吡啶加氢反应时，由于产物哌啶会牢固地吸附在 Pt 催化剂表面，使吡啶加氢反应速率变慢。如在吡啶水溶液中加入适量酸，就可使加氢速度提高多倍。这是因为将产物哌啶转化为哌啶离子后，不再含有孤对电子而变成非毒性物质，也就提高了加氢反应速率。

表 10-4　毒性型及非毒性型化合物的电子结构

	毒性型化合物	非毒性型化合物
O 元素	:C : O	O : C : O
N 元素	H : N : H H	H : N : H H
	HC—CH HC　CH :N:	HC—CH C　CH :N: H
P 元素	H H : P : H	$\left[\begin{array}{c} O \\ O : P : O \\ O \end{array}\right]^{2-}$

续表

	毒性型化合物	非毒性型化合物
As 元素	H : As : H （H below）	$\begin{bmatrix} O \\ O : As : O \\ O \end{bmatrix}^{2-}$
Se 元素	H : Se : H	$\begin{bmatrix} O \\ O : Se : O \\ O \end{bmatrix}^{2-}$
S 元素	$\begin{bmatrix} O \\ O : S : O \\ O \end{bmatrix}^{2-}$ （亚硫酸根）	$\begin{bmatrix} O \\ O : S : O \\ O \end{bmatrix}^{2-}$ （硫酸根）
	H : S̈ : C : S̈ : H（H above and below C） （二巯基甲烷）	O H O HO : S : C : S : OH O H O （甲烷二磺酸）
	:S: HC CH ‖ HC — CH （噻吩）	O ·· O : S : H₂C CH₂ | | H₂C — CH₂ （环丁砜）
	H ·· C : S : HC C CH ‖ ‖ HC C CH C （苯并噻吩）	H₂ O··O C : S : H₂C CH CH₂ | | H₂C CH — CH₂ C H₂ （二氧化全氢苯并噻吩）
	H C HC CH ‖ ‖ HC CH C : S : H （苯硫酚）	H C HC CH ‖ ‖ HC CH C O : S : O O H （苯磺酸）
	H : S̈ : H	$\begin{bmatrix} O \\ O : S : O \\ O \end{bmatrix}^{2-}$
Te 元素	H : Te : H	$\begin{bmatrix} O \\ O : Te : O \\ O \end{bmatrix}^{2-}$

应该讲，将非金属元素及其化合物分为毒性型及非毒性型也是相对的，这是因为它们在不同催化反应或对不同催化剂会产生不同的作用，如硫酸盐不会使 Ni 催化剂中毒；但硫酸盐在含有氢气的环境中，在一定温度下会经亚硫酸盐转化成硫化物或硫化氢，从而引起催化剂中毒。例如，在催化重整反应中，床层含有硫酸盐时不但会抑制催化剂的酸性和金属功能，还会加快催化剂失活速率，其原因就是硫酸盐被部分还原为硫化氢而使金属过硫化所致。

在一些催化反应中，当原料中含有硫、氮、水等非金属及其化合物毒物时，即使在允许的指标范围内，随着反应运转时间的延长，毒物的积累，也会使催化剂活性下降。所以，毒物对催化剂的有效毒性一般与以下两种因素有关：一是被吸附毒物的每个原子或分子所覆盖的催化剂活性部位原子或集团的数量，即覆盖因子 s；二是毒物分子在催化剂活性表面上的平均停留时间，即吸附寿命因子 t。因此毒物的有效毒性可表示为这两者的函数式：

$$有效毒性＝\delta(s,\ t) \tag{10-8}$$

在上式中，覆盖因子 s 与毒物分子的性质、结构、浓度等因素有关；吸附寿命因子 t 主要取决于毒性元素的性质、分子结构及吸附键强弱等因素。由于毒物的吸附寿命一般会比反应分子的吸附寿命要长，所以即使毒物的浓度很低，经一定时间累积也会导致催化剂失活。

（2）非金属及其化合物的毒化作用

催化剂的毒物作用是十分独特的，它们之间很少有共同性质，对某一反应抑制催化剂活性的物质，对另一反应催化剂的毒性作用可能完全不同，所以很难求出催化剂中毒时毒物作用的定量关系。在考察分析诸多催化反应的催化剂中毒现象的基础上，可把毒物的毒化作用归结为以下几个方面。

① 毒物的结构效应。毒物的毒性与毒物的电子结构、几何构型及分子大小等因素有关。如上述有毒非金属及其化合物都拥有孤对电子，可以通过它们的 s 轨道和 p 轨道与催化剂金属的 d 轨道结合成键，因而催化剂活性下降。而这种作用又取决于毒物分子中有多少电子对会成键，以及它们是否被配位所屏蔽。如以硫元素及硫化物为例，其毒性降低的顺序为 H_2S、SO_3^{2-}、SO_4^{2-}。从其结构看，H_2S 有两个孤对电子，SO_3^{2-} 只有一个孤对电子，SO_4^{2-} 则没有孤对电子，也就没有毒性；从分子大小看，毒性随相对分子质量增大而增大，如硫化氢＜二硫化碳＜噻吩＜半胱氨酸；此外，硫化物的碳键增加毒性也随之增大。对于两个终端各有一个硫原子的化合物，其毒性会小于终端只有一个硫原子的化合物，产生这一现象原因可用毒物分子的覆盖面积来解释。一般情况下，毒物分子能随机覆盖的最大表面积大致等于以碳链长度为半径的圆面积，毒物分子量增大，链长加大，从而使覆盖面积增多，故毒害作用也随之扩大；如果毒物分子两端各有一个硫原子时，当毒物吸附在活性位表面时，其分子的两端会同时形成吸附键，碳链的自由转动就会受到限制，可能覆盖面积也会减少，所以其毒性会小于终端只有一个硫原子的化合物。

② 毒物的浓度效应。能引起催化剂中毒的毒物含量，常存在某一浓度界限，而这种界限因催化剂种类、催化反应及反应条件的不同而有所不同。例如，在氨合成熔铁催化剂吸硫 0.63% 就可引起完全失活；在烃类蒸汽转化反应中，H_2S 能使镍催化剂的活性 Ni 变成非活性 Ni_3S_2，使催化剂活性下降甚至失活，对于含 15% 镍的催化剂在 775℃，仅含 0.005% 的硫时已显示出中毒；当硫达到 0.15% 时，镍表面硫的覆盖率达到 44%，催化剂相对活性就只剩下 20%。砷对催化剂的中毒表现与硫中毒相似，但一旦砷中毒就必须更换催化剂，所以砷中毒是永久性中毒，当催化剂的砷含量达到 $0.5\mu g/g$ 的浓度时，镍催化剂就会产生失活。

又如，H₂O 分子是使重整催化剂酸性功能减弱而失活的毒物。重整原料中水含量的高低对催化剂失活快慢有显著影响，以正庚烷为原料转化甲苯的反应，在反应温度 510℃，催化剂的失活速度在原料油中水含量为 $100\mu g/g$ 时，要比水含量为 $15\mu g/g$ 时快 5 倍。

③ 毒物的温度效应。毒物效应还与反应温度、反应压力、毒物分压、气氛等操作条件有关。一般来说，反应压力越高，毒物的中毒越明显，这是因为毒物的真实浓度随压力升高而增大；在气体或水溶液中，如果毒物的分压很低，毒物作用只进行到某种程度就会停止；同样是 Pt/Al_2O_3 催化剂，它在氧化性气氛及还原性气氛中使用，受毒物的中毒效应是不同的。在这些反应条件的影响中，则以温度的影响更为突出。

在不同温度下，毒物与催化剂活性位的作用可能是不同的。以不可逆中毒来说，在不同温度下，毒物与活性位的作用有着不同的作用。如硫化物毒物对一般金属催化剂的毒害存在三种温度范围。当温度低于 100℃ 时，硫的价电子层存在的自由电子对是产生毒性的原因，这种自由电子对可与过渡金属催化剂中的 d 电子形成配价键而毒化活性中心。H₂S 对 Pt 的中毒就属于这一类型。对于没有自由电子对的硫酸在低温对加氢反应就没有毒性。在温度高于 100℃，如在 200～300℃ 时，无论是硫化物的结构如何，都会具有毒性，这是因为在高温下，各种结构的硫化物都能与一些金属发生反应。而且在温度高于 800℃ 时，硫与活性位原子的化学键不再是稳固的，中毒作用则变为可逆性，即中毒后的催化剂可以通过蒸汽再生等方法恢复活性。

温度效应在许多工业催化剂的中毒现象中都能出现。例如，在烃类蒸汽转化反应中，硫中毒的发生与床层温度有关，在转化炉出口温度为 800℃ 时，原料中的硫含量大约在 $5\mu g/g$ 才会引起 Ni 催化剂中毒；而在床层入口温度为 500℃ 时，$0.01\mu g/g$ 的硫就会引起 Ni 催化剂中毒。这是因为硫中毒的过程是一种放热吸附过程，温度低时有利于硫的吸附反应，反应会引起催化剂中毒。

④ 毒物的酸碱效应。烃类分子在催化重整过程中，是交替地在催化剂的金属活性中心及酸性中心上进行反应。其中催化剂的酸性功能一般是由载有卤素组分的载体提供，即在 Al_2O_3 表面上相邻近的—OH 在焙烧过程中形成氧桥，通过极化作用而产生酸性，如下所示：

$$\overset{\displaystyle O}{\underset{\displaystyle O}{-Al \diamond Al-}} \longrightarrow \overset{\displaystyle O^-}{\underset{\displaystyle O}{Al^+ \diamond Al^-}}$$

一些分子筛催化剂及硅酸铝催化剂等也含有类似的酸性功能。当反应原料中含有氨、含氮有机化合物及碱金属化合物等碱性毒物时，它们就会与酸性中心作用，而使催化剂失活。目前的重整催化剂几乎都是全氯型的，因此凡是能与氯元素结合或使其流失的物质，均为酸性中心毒物，如 H₂O、NH₃ 等。水可能造成催化剂上氯流失，NH₃ 可与催化剂上氯生成 NH₄Cl。这也是重整原料油中含 N 过高造成催化剂失活的原因。另外，工业上也采用碱来毒化处理催化剂上过强的酸性中心，以达到催化剂活性整体的平衡。

实际上，由于不同催化剂对毒物的敏感性是不同的，而且反应条件苛刻性也存在差别，所以，在不同催化剂反应中，引起催化剂中毒的物种也有差别。作为参考，表 10-5 示出了一些工业催化剂的非金属及其化合物毒物。

表 10-5　一些工业催化剂的毒物

催化反应	主要活性组分	非金属及其化合物毒物
合成氨	Fe	O_2、H_2O、CO、PH_3、C_2H_2、硫化物
合成甲醇	Zr–Cr、Cu–Zn–Cr、Zn–Mo–Al 等	H_2S、Cl_2、Br_2、CS_2、P 及 As 化合物
丙烯氨氧化制丙烯腈	P、Mo、Bi、Sb 等	硫化物、水
一氧化碳低温变换	Cu–Cr–Zn	硫、硫化物、氯化物、氨
一氧化碳中温变换	Fe–Cr	硫、砷、磷、氯化物
甲烷化	Ni	硫、砷、卤素
有机化合物加氢	Ni–Cr、Al–Ni、Al–Cr–Ni	H_2S、SO_2、CO、噻吩、砷化物
烃类蒸汽转化	Ni	硫、砷、磷、卤素、硫化物
苯氧化	V_2O_5	砷化物、氟化物
烃类裂解	$SiO_2–Al_2O_3$	氟化物、有机碱、吡啶、喹啉
加氢裂化	Mo、Ni、W、Co	S、NH_3、H_2O、Se、Te、磷化物
催化重整	$Pt–Re/Al_2O_3$	硫化物、砷化物、水、氯、氨、含氮有机物
乙烯氧化制环氧乙烷	Ag	硫化物、卤化物、砷化物
乙烯氧氯化制二氯乙烷	Cu	乙炔、硫化物
乙烯气相氧化制乙酸乙烯酯	Pd	氯、氨、硫、乙炔
甲苯歧化	丝光沸石	水、硫化氢、2，3-二氧化茚
二甲苯异构化	$Pt–Al_2O_3$	硫、氮、氨、氯化物、水
烃类芳构化	Cr_2O_3/Al_2O_3	H_2O
羰基合成	Co	硫
甲酸分解	Pd	砷化物
汽车尾气转化	Pt/Al_2O_3	Fe、Cr、Cu

　　烃类蒸汽转化制氢工艺包含有机硫加氢、氧化锌脱硫、烃类蒸汽转化、高温变换、低温变换及甲烷化等多个工序，每个工序使用不同的催化剂。表 10-6 示出了制氢工艺各工序所用催化剂的主要毒物及其危害状态。

表 10-6　制氢工艺各工序所用催化剂的毒物及其危害状态

催化反应	催化剂活性组分	毒物及其危害状态
有机硫加氢转化	Co–Mo、Ni–Mo、Ni–Co–Mo	NH_3 可引起暂时性中毒。NH_3 具有碱性，能吸附在 Co–Mo 催化剂的酸性中心，从而影响有机硫在酸性位上的吸附。 砷化物可引起永久性中毒。砷能被 Co–Mo 催化剂吸附，当催化剂中砷的平均浓度达到 0.3%~0.8% 时，将发生穿透，引起下游催化剂进一步中毒；催化剂中砷含量达到 1000μg/g 时，催化剂活性损失达 5.5%~8.3%；砷含量达到 0.3%~0.8% 时，催化剂活性损失 15.5%~66.4%。 C 可造成半永久性中毒，可经再生使催化剂复活
脱硫	ZnO	氯能和 ZnO 反应生成熔点仅为 285℃ 的 $ZnCl_2$，熔融后会覆盖在脱硫剂表面，阻止 H_2S 进入脱硫剂表面，使其硫容明显下降

催化反应	催化剂活性组分	毒物及其危害状态
烃类蒸汽转化	Ni	硫化物是 Ni 催化剂的主要毒物，可引起暂时性中毒，它与催化剂上暴露的 Ni 原子发生化学吸附，破坏催化剂的活性，砷化物可引起 Ni 催化剂永久性中毒，当砷含量达 $50\mu g/g$ 时，催化剂活性明显下降。砷化物还能被转化炉管吸收，随后缓慢释放，甚至会对下一批装填的催化剂造成危害。 氯能引起催化剂暂时性中毒，但再生较难。但大量的氯进入会与催化剂活性组分形成低熔点或易挥发的表面化合物，破坏催化剂结构，引起催化剂烧结而永久性失活
（高）中温变换	Fe、Cr	S、P、Si 等的影响较小，原料中 S 含量达 0.1% 时才会使 Fe_3O_4 转化为 FeS，使催化剂活性稍有下降至 70%~80%。 Cl 能使高温变换催化剂表面生成 $FeCl_3$，$FeCl_3$ 在高于 300℃ 下升华成气态而逸出，并会迁移到下游，使低温变换催化剂中毒。
低温变换	Cu、Zn	硫化物能与催化剂活性表面的 Cu 晶粒发生反应，从而影响催化活性。 Cl 与催化剂中的 Cu、ZnO 组分作用生成 $Cu \cdot Cl_4(OH)_{10}$ 及 $ZnCl_2 \cdot 4Zn(OH)_2$ 等低熔点并有挥发性的表面化合物，使 ZnO 失去间隔体的作用，Cu 微晶迅速长大破坏了催化剂结构，使催化剂活性快速下降。生成的氯化物易溶于水，在床层中迁移时会毒害更多的催化剂，Cl 含量为 0.01%~0.03% 时，催化剂活性下降至50%；当氯含量含 0.57% 时，催化剂完全失活。 NH_3、H_2O 能与 Cu 微晶生成铜氨络合物，使催化剂中毒与侵蚀
甲烷化	Ni	硫化物能使催化剂永久性中毒。操作温度低时，Ni 一旦与 H_2S 生成 Ni_2S_3 后，即使除去 H_2S，也无法被氢气还原为活性 Ni，催化剂吸硫达 0.15%~0.2% 时，活性丧失 50%；吸硫达到 0.5% 时，催化剂完全失活。 砷化物可引起催化剂永久性中毒，催化剂砷含量达 0.1%~0.5% 时，基本丧失活性。 氯的中毒作用是硫的 5~10 倍，催化剂中氯含量为 0.5% 时，活性下降 14%。而且氯的中毒作用在甲烷化反应中是全床层性的。 CO 在操作温度为 150℃ 时，会与活性 Ni 反应生成 $Ni(CO)_4$。这是挥发性毒物，可引起催化剂中毒失活及造成 Ni 的流失

（3）金属元素及其化合物毒物

金属及其化合物大量用来制造各种类型的催化剂，所以，会引起催化剂中毒的金属元素及其化合物相对较少，其毒害作用也不如非金属元素及其化合物那样严重。从考察各种金属化合物为载体的负载型 Pt（或 Pd）催化剂时发现，能用作载体的只有少数几种金属元素。这是因为 Pb、Hg、Cd、Fe、Bi、Sn、Cu、Zn 等催化剂有毒性作用。但碱金属及碱土金属及其化合物不仅对催化剂无毒化作用，而且有时还有提高催化剂选择性的作用。因此，一些研究者把金属元素的外层电子结构与对催化剂的毒化作用进行了关联，得到表 10-7 所示结果，并且在用 Pt 催化剂进行过氧化氢分解反应时，验证了这种中毒现象。

从表中看出，对 Pt（或 Pd）有毒性的金属中，d 轨道全部被占用或者每个 d 轨道中只有一个电子被占用。反之，如果 d 轨道完全是空的，则该金属是无毒性的。无毒性金属中既有相对原子质量大的（如锆、钡、铈、钍等），也有相对分子质量小的（如锂、钾、钠）。有毒化作用的金属毒性也各不相同，毒性较强的金属是汞、镉、铅等，尤以汞的毒性最强。但上表的表述只适用于 Pt、Pd 等铂族催化剂，而不适用于 Fe、Ni、Cu 等催化剂。如 Cu 能受 Hg

的毒害作用，而 Fe 及 Ni 很难受 Hg 的毒化作用。

表 10-7　金属离子的毒性

金属离子				外层轨道的电子排布								对 Pt(或 Pd)的毒性
Li+	Be²⁺			无 d 层								无毒
Na+	Mg²⁺	Al³⁺		无内 d 层								无毒
K+	Ca²⁺			3d	○	○	○	○	○	4S	○	无毒
Rb+	Sr²⁺	Zr⁴⁺		4d	○	○	○	○	○	5S	○	无毒
Cs+	Ba²⁺	La³⁺		5d	○	○	○	○	○	6S	○	无毒
		Ga³⁺										
		Th⁴⁺		6d	○	○	○	○	○	7S	○	无毒
Cu+	Zn²⁺			3d	⊙	⊙	⊙	⊙	⊙	4S	○	有毒
Cu²⁺				3d	⊙	⊙	⊙	⊙	⊙	4S	○	有毒
				4d	⊙	⊙	⊙	⊙	⊙	5S	○	有毒
Ag+	Cd²⁺	In³⁺		4d	⊙	⊙	⊙	⊙	⊙	5S	⊙	有毒
Au+	Hg²⁺	Sn²⁺		5d	⊙	⊙	⊙	⊙	⊙	6S	○	有毒
	Hg+			5d	⊙	⊙	⊙	⊙	⊙	6S	○	有毒
	Tl+	Pb²⁺	Bi²⁺	5d	⊙	⊙	⊙	⊙	⊙	6S	⊙	有毒
Mn²⁺				3d	⊙	⊙	⊙	⊙	⊙	4S	○	有毒
Fe²⁺				3d	⊙	⊙	⊙	⊙	⊙	4S	○	有毒
Co²				3d	⊙	⊙	⊙	⊙	⊙	4S	○	有毒
Ni²⁺				3d	⊙	⊙	⊙	⊙	⊙	4S	○	有毒
Cr²⁺				3d	⊙	⊙	⊙	⊙	⊙	4S	○	无毒
Cr³⁺				3d	⊙	⊙	⊙	⊙	⊙	4S	○	无毒

　　对于以金属氧化物为活性组分的催化剂，在氧化反应过程中，催化剂的氧化-还原循环也常涉及电子转移过程。任何会对催化剂活性位离子价态具有稳定作用的物质，都会妨碍它的氧化-还原循环，这些物质也就可能是金属氧化物的毒物。而且根据毒物和催化剂的氧化-还原电位的相对大小，可以估测金属离子的毒性。一般说来，对金属催化剂的毒物，也会对金属氧化物催化剂也有毒化作用。但毒物对负载型金属催化剂的毒害作用通常会大于金属氧化物的毒性。

　　此外，金属及其化合物使 Pt(或 Pd)中毒的另一个因素是存在液态水，如果是气态的水，即使在高温下也不会产生毒化作用，在有液态水时，最能发挥其毒作用的温度是 50~100℃，如 Pd/硅藻土催化剂中有微量金属 Hg 或 Pb 时，在 200~300℃时不发生中毒，但如存在液态水时，在 50~80℃时催化剂就会发生中毒。根据这一倾向，在 70~80℃下，用金属盐的水溶液处理 Pt 或 Pd 催化剂，可使这种催化剂发生部分中毒，而且调节金属盐的浓度(或分压)可控制 Pt(或 Pd)催化剂的中毒程度，以对某种产品有选择性。

　　(4) 金属元素及其化合物的毒害作用

　　① 催化裂化催化剂的中毒失活。催化裂化催化剂随生产工艺不同而有多种类型，但所

用催化剂的主要活性组分为沸石分子筛、天然硅铝及合成硅铝等。从原料油带来的金属及其化合物有重金属(如 Fe、Ni、V、Cu 等)、碱金属及碱土金属化合物(如 Na、Ca、Mg 等)。一些重金属常以络合物的形式存在于原料油中。在催化裂化反应中,一些有毒物质会析出或吸附在催化剂活性位上,引起催化剂中毒失活。其失活程度既随金属种类而异,也随金属毒物的积累数量增多而增加。一般属于不可逆的永久性中毒。

在上述金属及其化合物中以 Ni 和 V 对催化裂化催化剂的毒害较为严重,这两种金属均以络合物形式与吡咯的氮原子络合构成卟啉类化合物,存在于高沸点减压渣油的胶质和沥青质中组分中,不同产地的原油,这两种金属化合物的含量也是不同的。Ni 和 V 对沸石催化剂和裂化反应选择性的影响是不同的(表 10-8)。在催化剂裂化过程中,Ni 和 V 的有机金属化合物通过在催化剂基质上吸附、分解,使 V、Ni 原子留在催化剂表面及活性位上,有的生成低熔点氧化物,破坏沸石分子筛的晶体结构;有的起催化脱氢作用,改变了催化裂化产品的选择性。从表 10-8 看出,Ni 对反应的选择性影响比 V 为大,但 V 对活性的影响远比 Ni 大。V 有许多化合物,对沸石分子筛的作用是 V^{4+} 和 V^{5+} 的混合物,而主要以八面体 V_2O_4 和四方锥型 V_2O_5 物种存在。V_2O_5 能与稀土沸石 REY 反应生成熔点为 $540\sim640℃$ 的无定形 $REVO_4$,从而夺去沸石中的氧原子,破坏沸石的晶格,当有 Na_2O 存在时会促进这种反应。

表 10-8　Ni 和 V 对催化剂的作用比较

项目	Ni	V	项目	Ni	V
对沸石分子筛的损害	无	有	生氢因素	大	小
对催化剂选择性的影响	较大	较小	生炭因素	大	较大

在有水蒸气存在时,V_2O_5 会先生成钒酸 $VO(OH)_3$,其结构与正磷酸相似,在高温时可以挥发,当与沸石分子筛作用时,靠其酸性可将沸石破坏。此外,V_2O_5 的熔点为 675℃,在高温下会熔化成液体,因而能方便地流到催化剂表面,堵塞其细孔,中和酸性中心,并可能使催化剂微球发生黏结,影响流态化操作。所以,V 对催化剂的沸石可能存在两种类型:一种是对沸石的破坏,是不可逆的永久性中毒;另一种是堵塞了沸石的细孔及酸性中心,是可逆性的暂时中毒。

Ni 对沸石材料的破坏主要是以六配位的铝酸镍($NiAl_2O_4$)和 NiO 物种存在。它们以分散态存在于富硅载体上。无论是铝酸镍或氧化镍,其毒性表现为强烈的催化脱氢作用,它们会使裂化反应的选择性变差,而增加氢和催化炭的产率。

Ni 和 V 对沸石催化剂性能的影响是独立的,但综合效果并不是两者的简单加和,其因果关系还是比较复杂的。作为例子,表 10-9 示出了 V 和 Ni 在单独存在状态下与复合状态下的污染状况对比。从表中可以看出,这种影响还是十分复杂的,但总的结果是,随着 Ni、V 含量增加,催化剂活性随之迅速下降。

表 10-9　V、Ni 不同存在状态下的污染对比

金属污染水平	○(基准态)	含 0.33%Ni	含 0.67%V	(N+V)为 1%
732℃ 下水热老化后的结晶度	84	84	38	38
微反活性/%	80	82	61	61
焦氢率/%	0.014	0.274	0.109	0.244
产焦率/%	3.3	5.8	1.9	2.5

除 V、Ni 金属外，催化剂制备过程中残留的碱金属和原料油中携带的碱金属和碱土金属、有机铁化合物等，对催化裂化催化剂有不同程度的毒害作用。碱金属和碱土金属在以离子态存在时，可以吸附在催化剂的酸性中心上起中和作用，从而破坏催化剂的活性；它们也可与沸石发生离子交换，破坏沸石的结构，钠作为氧化物的溶剂，可降低催化剂结构的熔点，在正常的再生温度下足以使污染部位熔化，把沸石和氧化铝一起破坏。在热环境下，碱金属和碱土金属使催化剂活性下降的顺序为：

$$Na = K > Ca = Mg > Ba$$

由渣油带入的含铁有机物，或由原料油中的环烷酸腐蚀设备所产生的有机铁化合物，在催化反应过程中会不断地沉积到催化剂表面，形成突起的结节；而当含量进一步增多时，会在催化剂表面形成玻璃相，影响反应物分子扩散，使催化剂失活。

② 对其他催化剂的毒害作用。重整催化剂是由金属组分和酸性组分组成的双功能催化剂。对重整催化剂有毒害的金属有 Fe、Pb、Hg、Cu、Zn 等，它们有部分是来自原料直馏石脑油，也有来自设备腐蚀带来的金属毒物，Fe 是最常见的腐蚀物。这些金属会吸附在活性金属 Pt 上，与 Pt 结合成稳定的化合物，造成催化剂失活，严重时可能造成不可逆中毒。Pt 也是其他加氢反应常用的催化剂，在反应原料中带入 Fe、Pb、Sn、Hg、Cu、Cd、Mn 等金属或金属离子时，也会引起 Pt 催化剂中毒。

合成氨用的铁催化剂是由氧化铁和促进剂经一起熔融而制得，所用促进剂有 Al、Ca、Mg、Si 及 V 等的氧化物。而 Pb、Sn、Bi 等重金属则是铁催化剂的毒物，Cu、Zn 也有毒害作用。它们会影响催化剂的活性及稳定性，所以在制备催化剂时，对这些毒物的含量有严格要求。

高压法合成甲醇常使用 Zn-Cr 催化剂。在甲醇合成过程中，Zn-Cr 催化剂的总使用寿命不长，一般为一年左右，而且催化剂失活后不能再生。使催化剂中毒的原因主要是由于存在羰基铁及硫化物等毒物所致。其中羰基铁的生成与设备和管道被羰基腐蚀有关。产生的羰基铁会在催化剂表面上分解，形成高分散的铁，并能诱发生成甲烷的副反应，同时产生大量热。此外，碱金属存在也会引起 Zn-Cr 催化剂失活，碱金属能促进高级醇的生成，使 Zn-Cr 催化剂的选择性下降。

10-3-4 催化剂因烧结引起的热失活

烧结是指硅酸盐、金属等粉状或颗粒物料经加热至一定温度范围而固结成团块的过程。对固体催化剂而言，是指在熔点以下长时间受热，其微晶尺寸逐渐增大、比表面积减少，或是原生颗粒长大成聚集体的过程，有时也称作热熔结。而热失活是指催化剂在高温下长期运转时，各组分之间会发生固相反应（如负载的活性组分与助催化剂或载体之间的反应），或者发生相变和相分离，从而引起催化剂活性和选择性下降的现象。因此，烧结和热失活之间有时难以严格区分，往往因烧结引起催化剂变化之中也含有热失活的因素在内。

催化剂因烧结引起的失活是一些工业催化剂，特别是负载型金属催化剂失活的主要原因，烧结不仅影响催化剂的活性，也影响其选择性，而且烧结往往不具有可逆性，所引起的催化剂失活会是永久性失活。而且催化剂的烧结不仅发生在反应运行过程中，在催化剂生产过程的焙烧阶段、还原及活化阶段以及再生过程都会发生。

1. 烧结引起的孔结构变化

催化剂的活性及选择性主要取决于化学组成，但催化剂的孔结构、比表面积及活性组分在载体上的分散状态对催化性能也有很大影响。无论是用浸渍法还是沉淀法制的固体催化剂，大多数都是有发达微孔的多孔性物质。它们在一定温度下运行时，特别是长期处于高温下操作时，其孔结构参数，如孔体积、孔隙率、孔径、孔径分布及比表面积等都会发生改变，而且在高温下这些参数还会发生不可逆的改变，只是其变化的快慢程度会因受热状态及催化剂本身性质的不同而有所差别而已。对于金属负载型催化剂，发生烧结时先是载体的微孔结构发生变化，随着受温度升高和受热时间加长，微孔烧结变大，致使催化剂的平均孔径增大，总孔隙率下降。而且烧结发生时，微晶之间产生黏附，使相邻微晶互相搭接，由微小颗粒黏附成较大颗粒，从而使孔容减少，比表面积下降。在烧结较严重时，金属微晶还会因部分载体微孔结构的崩塌而陷入氧化物载体中，处于被载体包埋状态，分散状态恶劣。金属微晶被包埋越深，暴露的表面积也就越小，对于需要有酸性中心的催化剂，发生这种包埋现象时，也会使部分酸性中心损失，从而也影响催化剂的活性及选择性。

2. 烧结引起的晶体结构变化

固体催化剂有多种类型：有的是由纳米级微晶组成的微米级细粉；有的是由细粉加工制成的不同形状的颗粒物质；还有的是将活性组分分散在载体上所制得的负载型催化剂。不论是哪种类型催化剂，在进行催化反应时，反应物分子被吸附在催化剂细孔表面，使分子内部的结合力削弱，从而发生解离，如图 10-1 所示。其中一部分发生键断裂（解离吸附）后，在反应物分子间进行替换组合，然后作为产物分子解离。这一过程反复地进行，以至反应正常进行，而进行这种作用的场所就是催化剂活性中心。通常认为，用各种方法制备的催化剂，大多存在位错、扭折、缺陷等晶格不完整性，在这些晶格不完整部位附近的原子由于有较高的能量，容易形成催化剂的活性中心，在催化剂受热烧结时，容易使不稳定表面消失，或是产生新的介稳表面，并在过程中发生晶型转变或晶体结构变化、发生结晶长大及结构稳定化，使晶体不完整性减少，造成催化剂活性位或活性中心显著减少，严重时则会丧失活性。

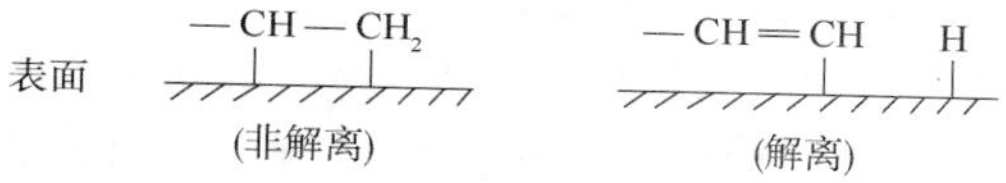

图 10-1　解离吸附与非解离吸附

上述因烧结引起的现象，在一种催化剂上也可以同时发生。例如，对于重整催化剂 Pt/Al$_2$O$_3$ 来说，烧结可分为金属烧结和载体烧结，在 Pt 金属活性位上，催化活性中心的损失主要是由于金属颗粒长大、聚结等引起晶体结构变化所引起；在载体活性位上，高温导致载体孔结构改变、比表面积减少、酸性中心降低等原因所引起。有时，金属烧结是可逆的，金属晶粒的聚结长大可再恢复，如 Pt 可以通过氯气氧化再分散等方法使其恢复活性。

3. 影响烧结的主要因素

影响催化剂发生烧结的因素很多，如活性组分的性质及含量、助催化剂特性，金属组分与载体的相互作用、反应操作温度及气氛、杂质含量等。其中最重要的影响因素是温度。

（1）温度

固体加热时，晶格开始明显移动的温度称作塔曼（Tammann）温度，它一般是处在固体熔点（绝对温度）的 2/3 处的温度。当固体受热温度在塔曼温度以上时，就表明为烧结，结晶黏结长大。所以，对金属催化剂而言，它在熔点以下操作就有可能出现烧结现象。通常以塔曼温度来确定相应金属负载型催化剂的最高允许操作温度。因为温度大于塔曼温度后，由于晶粒的扩散阻力减少，运动加剧，使晶粒易于黏结聚集，从而加快烧结发生。表 10-10

示出了一些工业催化剂常用金属活性组分的熔点，由此可推算出不同金属负载型催化剂的起始烧结温度是不同的。显然，金属的熔点越低，越易引起烧结。从表 10-10 看出，Cu 的熔点是 1083℃，但实际上负载 Cu 的催化剂，在 170℃ 左右就开始烧结了。所以，有的研究者认为，金属的起始烧结温度，应为金属熔点的 1/7~1/4。

表 10-10　常用金属组分的熔点

金属	熔点/℃	金属	熔点/℃
Ag	960.5	Pt	1772
Au	1064.85	Cr	1837~1877
Cu	1083	V	1890~1917
Co	1495	Rh	1966
Fe	1535	Ir	2455
Pd	1552	Re	3180
Ti	1725	W	3390~3430

对于固体氧化物，其烧结状态与金属烧结有所不同，一些氧化物如 Al_2O_3、SiO_2、TiO_2、MgO 等具有较高的熔点，除了也单独用作催化剂外，大量用来作催化剂载体，用于负载金属活性组分。这类氧化物的烧结机理主要是扩散和迁移机制。当晶体温度 $T(K)$ 与其熔点 T_m 处于不同比值时，发生晶格迁移及扩散的状况如下：

当 T/T_m 为 0.24~0.40 时，固体表面晶格发生迁移：

当 T/T_m 为 0.40~0.60 时，产生体内晶体扩散；

当 T/T_m 为 0.60 以上时，晶粒黏结长大。

在固体表面晶格发生迁移阶段，表面原子、离子或分子移动活跃，表面构造变化剧烈，可产生新的介稳态表面；在体内扩散阶段，晶型发生转变，晶格缺陷及位错有的消失，有的又新产生；温度再升高时，结晶长大，排列整齐，结构趋向稳定化。

对于比表面积较大的氧化物载体，它们在高温下的烧结过程大致为：小晶粒之间先通过搭桥互相连接——搭桥处形成封闭的孔隙——封闭的孔逐渐消失形成大晶粒。比表面积也就随之减少。

（2）气氛

一般情况下，金属在氧化性气氛下的烧结速度会大于还原性气氛下的烧结速度。在含氧气氛下，易挥发的金属氧化物的形成会促进烧结进程。但金属氧化物与载体之间的强相互作用会有利于金属氧化物在载体上的铺展及再分散，从而也可延缓烧结进程。一些负载型金属催化剂在氧化性气氛下烧结速度较慢的原因可能也是由于后者的因素所致。

在水蒸气气氛下，金属原子或金属化合物在载体表面上的迁移力会加快。因此，水蒸气气氛会加速金属的烧结速度，并会加速氧化物载体的重结晶和结构变化。

金属催化剂还原时，采用不同种类气体还原，所得效果是不同的，即使是同一种还原气体，适宜的还原气浓度也是不同的。这是因为采用不同的还原方法，会引起催化剂产生不同的表面结构变化。在还原气氛下，负载金属的热稳定性大致有以下规律：

$$Re>Os>Ir>Ru>Rh>Pt>Co>Ni>Fe>Pd>Au>Cu>Ag$$

（3）助催化剂

为了减少或避免催化剂在高温下发生烧结，常在一些催化剂制备过程中加入适量结构性助催化剂，其作用是增大催化剂表面积，提高活性金属分散性，防止活性组分的晶粒长大烧结。如氨合成铁催化剂中加入了助催化剂氧化铝后，除了能增加比表面积，防止 α-Fe 晶粒长大外，它还与 Fe_3O_4 生成 $FeAl_2O_4$ 簇，插到 α-Fe 的晶格中，引起后者无序分布，既增加催化剂活性，又可提高对杂质的防毒性能。

（4）金属载体相互作用

它是指负载型催化剂上金属活性组分与载体组分之间的相互作用，有弱、中、强之分，难还原的金属氧化物载体（如 Al_2O_3、SiO_2 等）只有弱的金属载体相互作用；沸石分子筛载体有中等的金属载体相互作用；易还原的金属氧化物载体（如 TiO_2、V_2O_5、CeO、ZrO_2 等）在高温还原时与所载金属组分有强的相互作用，所以，由于金属和载体的相互作用不同，使同一种金属在不同载体上的热稳定性不同，产生的烧结状态也有所差异。例如。Pt、Pd 在不同载体上的热稳定性顺序如下：

$$Pt/Al_2O_3 > Pd/SiO_2 > Pt/SiO_2 > Pd/Al_2O_3 > Pt/TiO_2 > Pd/C$$

（5）其他因素

一般认为，催化剂中金属组分含量增多，会加快烧结速度。含杂质或毒物时也会加剧催化剂的烧结。此外，有些元素，如 S、F、Cl 等存在于催化剂时，它们有促进金属表面原子迁移的作用，也可能促进金属晶粒的烧结过程。

10-3-5 因形状结构变化及活性组分流失引起的失活

1. 因形状结构变化引起的失活

所谓形状结构变化是指催化剂在搬运、装填及使用过程中，由于各种因素引起催化剂外形、颗粒大小、机械强度及活性组分分布状态等发生的变化，这些变化也是引起催化剂减活或失活的一种因素。引起这些变化的原因大致有以下一些。

① 催化剂搬运过程中的严重冲击、装填时下落距离过高、颗粒与反应器壁或内构件的摩擦，或者细粉过多未经筛分就装填使用，导致反应器床层压降过高或因沟流等原因造成催化剂使用性能恶化。

② 固体催化剂在成型时，往往需要加入各种黏结剂及助挤剂等助剂，使催化剂便于成型并具有适当的机械强度，如果所用助剂选择不当，或者在使用过程中因分解、挥发等原因，造成催化剂粉碎或磨损。

③ 用沉淀法制造催化剂时，由于沉淀操作或沉淀剂选择不当，催化剂在使用时引起活性组分与载体组分发生相分离而降低催化活性。

④ 反应操作过程中，由于升温、降温过快，或者反应激烈，反应热不能及时排除，以及停电等事故引起催化剂受急冷急热，或局部过热等因素，造成催化剂强度下降、活性组分降落，导致催化活性下降。

⑤ 在催化反应过程中，由聚合或缩聚等副反应所生成的高分子物质，或是由送风机带来的润滑油雾及粉尘等附着在催化剂表面时，会给催化剂活性带来严重损害。

2. 因活性组分流失引起的失活

催化剂在长期运行中，尤其是在承受高温及氧化还原等作用，其活性组分会产生不同程度的流失。例如，对失活的一氧化碳高温变换催化剂进行分析检测后发现，废催化剂的活性组分中，Fe 和 Cr 的质量分数正分别从新鲜催化剂的 13.4% 和 3.6% 下降至 10% 和 2.6% 左右。催化剂使用过程中引起活性组分的原因比较复杂，大致有以下一些情况。

（1）升华

升华是一种物质从固态气化成为气态而不形成液态的现象。通常，金属的蒸发温度较高，大多在 1000℃ 以上，要比一般反应温度要高得多，所以，引起催化剂上金属组分的流失不会是金属蒸发损失，而是通过生成易挥发的物质或因升华而随反应气流带走而引起的。例如，苯氧化制顺丁烯二酸酐的 V_2O_5-MoO_3 催化剂中的 MoO_3 的损失，苯氧化制苯酐的 V_2O_5-K_2SO_4-SiO_2 催化剂中 SO_2 的流失，丙烯催化氧化制丙烯醛的 SeO_2-CuO 催化剂中 Se 的损失，都是因升华而造成的。又如乙炔法合成乙酸乙烯酯的乙酸锌/活性炭催化剂的失活，是由于乙酸锌从催化剂表面挥发并被反应混合物气流带走而造成的。

有些金属活性组分，本身在反应条件下并无升华性，但由于氧化还原等作用，也会产生升华性。例如，烯烃氧化用催化剂 TeO_2，本身在烯烃氧化条件下并无升华性，但在氧化反应过程中由于发生氧化还原反应：

$$TeO_2 \underset{+O_2}{\overset{-O_2}{\rightleftharpoons}} Te$$

生成的 Te 即使在低温下仍有一定的蒸气压，因而 Te 容易升华而损失。

MoO_3 是选择氧化反应常用的催化剂活性组分之一，但由于它在反应过程中有升华，从而会降低催化剂的选择性。氧化钼的升华常发生在高温区，但在低温区又会沉积下来，从而又会增加催化剂床层的阻力。

（2）固相反应

一些金属活性组分在高温下与载体组分发生固相反应，使催化剂活性位下降，导致催化剂活性及选择性下降。如使用 Ni、Cu 等金属的加氢催化剂，在高温下会与 Al_2O_3 载体发生固相反应生成铝酸镍、铝酸铜等化合物，从而使金属活性组分减少。此外，催化剂生产或由载体带入的微量 Fe、碱金属、碱土金属等杂质，在高温下这些金属组分会从载体内部迁移到催化剂表面，与金属活性组分发生固相反应，导致催化剂活性位下降。

（3）其他反应

反应物、产物或原料中带入的杂质都有可能与金属活性组分反应生成新化合物而导致活性组分流失。例如，对于硫酸生产中用于 SO_2 氧化的 V_2O_5 催化剂，如果反应气流中含有氧化砷时，就会与 V_2O_5 反应生成 $V_2O_5 \cdot As_2O_3$ 络合物，使 V_2O_5 流失而失活。又如，对于用氨还原 NO_x 的废气净化用 CuO-Al_2O_3 催化剂，如废气中含 SO_2 时，SO_2 会氧化生成 SO_3，后者会与 CuO 反应生成 $CuSO_4$，与 Al_2O_3 反应生成 $Al_2(SO_4)_3$，从而使催化剂活性位减少而引起失活。

重整催化剂中的氯起着调节催化剂表面酸性等作用，因此，氯含量的高低会直接影响催化剂的活性、选择性及稳定性。在重整反应过程中，催化剂比表面积下降、催化剂烧结及积炭等都会引起催化剂氯含量下降；而另一重要原因是反应原料中的含氮化合物在重整反应器中分解放出的氮气会与载体上的氯反应生成氯化铵，从而引起氯的流失。但由氯含量降低而导致催化剂的失活是可逆的，可以通过及时补充氯使催化剂恢复活性。

10-4　催化剂活性衰减的防治

催化剂的种类很多，制备方法及使用条件各异，因此引起催化剂使用时活性衰减的因素十分复杂。只有认真对待每一个使用环节，才能得到良好的效果。

1. 正确选择适用的催化剂

催化剂按应用目的而有多种类型，而对某一种具体型号的催化剂而言，都有其一定的针对性。因此，用户在选用催化剂时应根据具体生产工艺条件、所用反应器类型及目的产品，正确选用相匹配的催化剂。例如，有机硫加氢转化催化剂有多种类型，但采用的活性金属不同、负载的载体不同，其使用性能有较大差别：如 Co-Mo 催化剂适于加氢脱硫；Ni-Mo 催化剂有更强的分解有机氮化物和抗重金属沉积的能力，适用于加氢脱氮和脱砷；Ni-Co-Mo 催化剂对有机硫转化、烯烃饱和有较优良性能；Cu-Mo 催化剂对 CS_2 转化率达 90% 以上，但对脱噻吩效果较差。如果采用不适当催化剂，不仅有机硫转化效果差，而且催化剂容易失活。

石油炼厂在选择与加氢裂化催化剂相匹配的加氢精制催化剂时，应根据生产原料的性质特点，选用加氢脱硫、加氢脱金属、加氢脱氮等哪一类品种。如果选用不好，不但会影响加氢裂化目的产品的收率，而且也会影响加氢裂化催化剂的使用寿命。

2. 合理使用催化剂

如上所述，催化剂在搬运、装填、开停车及升温过程中，操作不当，都会影响催化剂正常功能。生产中要注意防止停电停水。特别对长期连续操作的气相催化反应，即使短时停电停水，也会影响催化剂活性。

3. 除去原料中的有害杂质及催化剂毒物

催化反应的原料通常要有一定纯度，不纯原料所带入杂质会引起副反应，导致催化剂选择性下降；除了考虑纯度外，更需要注意是否含有催化剂毒物。毒物除来自反应原料外，也来自包装及运输工具、容器等。应该保证反应系统中催化剂毒物含量低于允许水平。

工业上为减少杂质及毒物对催化剂的有害影响，常采用以下方法：①对反应原料进行精制或净化处理，使杂质含量在允许范围之内；②使用保护反应器及保护剂，以便在反应原料进入到反应器之前，通过保护剂有选择地除去催化剂毒物。

4. 除去润滑油及粉尘

在气相催化反应中，使用气体的场合很多，生产中常使用鼓风机、循环泵、压缩机进行送气。用于这类机器的润滑油常会变成烟雾状物质混入原料气中，这些雾状物会黏附在催化剂表面，使催化剂活性下降，而且因吸附润滑油而失活的催化剂，在多数场合是难以用溶剂洗涤来恢复其活性。所以，使用对于油雾敏感的催化剂时，应对原料气通过溶剂洗涤、活性炭吸附等方法除去润滑油雾状物，以减轻对催化剂的毒害。

在润滑剂中，润滑脂对催化剂的影响更严重，所以许多用于催化反应的输气机不能用润滑脂润滑，而是使用对催化剂无毒害作用的水溶性物质（如甘油、一缩二乙二醇等）作润滑剂，或者使用无油润滑的设备。

粉尘进入反应器中不但会附着在催化剂表面，而且粉尘也常含有催化剂毒物。粉尘不仅会使催化剂活性下降，而且增加床层压力降，影响反应正常进行。因此，无论在反应前或反应结束时通入空气，都应先对空气进行除尘处理。

5. 降低积炭速率

在烃类催化反应中，积炭过程与主反应有着内在联系，只要主催化反应发生就必定会形成积炭，饱和烃杂质和不饱和中间产物的存在都会导致积炭。催化剂酸性太强，裂化深度过大，或孔径过细而延长了产物的停留时间都会增加积炭程度，因此，积炭所造成的催化剂失活是无法通过原料提纯或使用保护催化剂来加以消除的。催化反应和催化剂不同，积炭的机理和积炭速率，以及积炭量都会有所不同。但不论使用何种催化剂，随着积炭量增加，催化剂的孔容、比表面积、表面酸度等都会下降。为了使反应继续正常进行，必须对催化剂进行再生。显然，积炭越快，催化剂使用周期就越短，再生也就越频繁，导致设备利用率降低、能源消耗增大、产品成本增加。

制备抗积炭性能强的催化剂是减少积炭最有效的措施，如采用酸强度适宜、晶粒小、孔径特殊的催化剂就是一个方面，其他也可采用适当的措施、选择合理的反应器类型及操作条件来降低积炭速率。例如，在反应原料中加入惰性溶剂作稀释剂；在聚合反应中加入阻聚剂；用碱来毒化催化剂上能引起积炭的酸中心；用热处理方法消除催化剂过细的孔；在临氢条件下操作，以抑制积炭的脱氢作用；在某些催化反应中，使用适当的气体作为反应原料载气，以缩短反应物分子与催化剂表面的接触时间，降低积炭倾向等。实际上，对于不同的反应，降低积炭速率的措施是各不相同的。例如对于催化重整反应，减少重整催化剂积炭的措施有：①不使用原料油干点过高或重整指数过低的原料；②不使用硫含量高的原料；③避免操作强度过高，保持合理的苛刻度；④保持系统压力和 H_2/HC 摩尔比稳定，防止系统压力突然下降；⑤保持系统的氯/水平衡，避免氯超高造成催化剂酸性过强。

6. 防止发生烧结

防止催化剂烧结，也即防止催化剂在反应中过热。因此，可以采取操作气氛及温度条件缓和化的方法来实现。如用 N_2O、H_2O、H_2 等气体稀释的方法使原料分压降低，改进反应器撤热方法以防止反应热蓄积。此外，在单金属催化剂中引入其他金属元素可以改善催化剂的烧结特性。例如在 CuO 中引入 ZnO，可以改善 CuO 高温下的烧结性能；将金属组分分散负载在载体上也可以改善催化剂烧结特性。

7. 进行催化剂再生

如果找不到防止催化剂失活的有效方法，对改进催化剂配方及制备方法也缺乏信心时，在经济合理的前提下，不妨可以考虑催化剂再生的方法。再生虽是一种消极方法，但也广泛用于处理许多工业催化剂，以延长催化剂的使用寿命。

第 11 章　催化剂再生及贵金属回收

11-1　催化剂再生的决定因素

所谓催化剂再生是指通过适当处理使失活催化剂恢复活性、选择性的一种操作过程，是延长催化剂使用寿命的一种重要手段。

催化剂种类很多、用途各异，不同催化剂的失活原因及失活状态也差别很大。当一种催化剂的活性、选择性不能满足生产要求时，是采用更换新鲜催化剂，还是通过再生后再重新使用，主要决定于以下因素。

（1）经济因素

催化剂再生技术的出现，目的就是为了延长催化剂使用寿命和提高催化剂装置的经济效益，降低生产成本。由于催化剂失活后就直接更换新鲜催化剂，不仅要花费催化剂昂贵的费用，而且新催化剂的装填及升温活化处理在工业上都有严格的技术要求及时间进程，会直接影响工业装置的经济效益。所以，如果更换一炉新鲜催化剂的综合费用高于再生一炉失活催化剂的费用，则用户会考虑催化剂的再生问题。

（2）再生难易程度

决定失活催化剂是否再生的另一重要因素是催化剂的失活状态及再生的难易程度。催化剂失活有可逆性失活和不可逆性失活，如积炭、结焦等失活是可逆性失活，可通过再生恢复活性；而烧结引起的失活是不可逆性失活，难以再生或根本无法再生。即使是昂贵的贵金属催化剂，发生不可逆性失活时也无法进行再生。而对于价格比较低廉的催化剂，只要是发生可逆性的暂时中毒，如能采用成本不高的再生方法处理，也可考虑再生后再使用。

但是，即使催化剂失活是可逆性的，是可以进行再生的，但因再生过程都是在一定温度及气氛下进行，毕竟也会损害催化剂的活性或选择性。所以，一般工业催化剂再生的规律是每再生一次其催化活性都会比原有活性有所下降，再生后催化剂的操作温度会明显高于再生前的。而且失活催化剂也不可能频繁地无数次进行再生，到催化剂活性降至一定程度还是需要更换新的。

另外，一些工业催化剂的再生方法及经验已十分成熟，但对再生操作还是要十分严格的。尤其是在氧化烧炭的再生操作中，如稍不注意，烧炭温度偏高，使得原本是暂时失去的催化活性得不到恢复，反而导致催化剂成为永久性失活。

（3）工艺需要

有些工业催化过程的催化剂再生系统是与生产系统直接相连接的，也就是说，如不进行催化剂连续再生，也就很难使工艺实现工业化。如流化催化裂化、连续催化重整、丁烷脱氢制丁烯等反应过程，其催化反应器与再生器紧密相连，失活催化剂再生本身就属于生产工艺的一部分。再如，催化裂化装置的核心是反应再生系统，该系统由反应部分和再生部分组成，反应和再生过程是连续进行的。一次催化剂的再生周期只不过几秒钟，而且积炭失活催化剂再生时释放出的热量还可以供给催化反应所需的热量。催化裂化催化剂不仅再生吨位很大，而且它必须在连续循环的再生中才能发挥催化性能，反应和再生是工艺不可分割的。

在催化重整发展过程中，催化剂连续再生重整装置的工业化，标志着催化重整工艺过程的操作条件向着更苛刻方向发展，催化剂的反应性能和再生性能也进入一个崭新的阶段。连续再生催化重整工艺过程由多个反应和再生器组成，催化剂可以连续地从一个反应器的下部进入到后一个反应器的上部，并从最后一个反应器下部提升到再生器内再生，再生后催化剂再返回到第一反应器。这种连续反应再生工艺，能使装置在高苛刻条件下操作，压力和氢油比较低，产品收率高，而且运转周期长。

（4）环保因素

目前，全世界每年产生的废催化剂约为 1000kt 左右，为制造这些催化剂要耗用大量贵金属、有色金属及氧化物。在早期废催化剂产生量较少时，一些国家采用废弃填埋的方式来处理废催化剂。而随着金属资源的减少和各国环保法规的日益严格等因素，都要求对废催化剂进行再生、重复利用及回收。

日本早在 1970 年就颁布有关法律，确认废催化剂对环境产生的污染。1974 年成立废催化剂回收利用协会，主要由催化剂制造厂及专业回收厂进行废催化剂回收、再生工作。美国环保署也颁布类似的法规，在 20 世纪 80 年代已将废加氢精制催化剂列为有害物，不允许直接倾倒。初期重点放在废贵金属催化剂再生及回收方面，以后由于环保法规限制，逐渐将回收利用扩大到低值及赔本的废催化剂回收方面。随着汽车尾气净化处理用催化剂的广泛使用，每年要耗用大量铂族金属，因而对废贵金属催化剂的再生利用越来越受重视。

脱氯剂、脱硫剂的价格虽然比较低廉，但通过对废脱氯剂、脱硫剂的再生，不仅可以回收硫黄及一些普通金属，也有利于资源再利用及环境保护。

11-2　催化剂再生方法

11-2-1　催化剂一般再生方法

催化剂种类繁多，用途各异，在不同催化反应过程中引起催化剂活性下降的原因有不同主次之分。所以要根据催化剂结构特性、反应条件，结合实际工况，了解引起催化剂失活的主要原因，有目的选用再生方法。例如，有些催化剂在使用过程中产生组分蒸发损失而影响催化活性，如果能经常补充蒸发损失的活性组分，就能使催化反应正常运转。如丙烯氧化制丙烯醛用 $SeO_2 \cdot CuO$ 催化剂，只要补充微量的 Se 就可长久保持催化剂活性。如果失活是由于催化剂积炭或因副反应生成的树枝状物覆盖表面所引起，只要通过再生，可完全或部分地恢复催化剂初始活性。所以，催化剂再生方法多种多样，可视催化剂的不同而不同，依据催化剂失活原因及再生处理目的不同，所采用的方式及工艺方法也有所区别。表 11-1 示出了工业固体催化剂的一般再生方法。显然，根据废催化剂的再生目的，可以采用多种工艺方法。其中以氧化烧炭法、洗涤法、补充组分法等再生工艺使用较为普遍，而根据所采用再生方式不同，又可分为器内再生法及器外再生法。

表 11-1　工业固体催化剂的一般再生方法

再生目的	再生方法
清除表面粉尘、杂质、油污	吹扫法、抽吸法、气提法
清除表面沉积的金属及盐类	水洗、酸洗、碱洗、溶剂萃取、络合法等
清除硫污染	氧化脱硫、高温热氯脱硫
清除积炭	氧化烧炭
除去毒物	解吸法、还原再生、氧化再生
表面更新	氯化更新、酸碱处理
补充有效组分	浸渍法、喷浸法、沉淀法
恢复机械强度	补加有效成分重新成型

目前，炼油厂是催化剂最大的用户，也是废催化剂产生最多的企业。一般，加氢处理催化剂、加氢裂化催化剂及催化重整催化剂可以再生两次或多次。再生后的催化剂，如果是采用一般技术再生的，通常都"逐级降格"使用，即降低其使用苛刻度，将其用于加工金属等杂质含量低的原料，或用作保护剂。例如，原先用于减压瓦斯油加氢处理的催化剂，再生后改用作馏分油加氢处理催化剂，最后则可用作处理石脑油或将其用作保护反应器的催化剂。在反应器催化剂"撇头"后，也可将再生后催化剂用作补充催化剂。

所以，炼油厂的再生催化剂，按其活性恢复程度不同，可以采用以下处理方式：①在原装置上再次使用；②在同一炼油厂的其他加氢装置上再使用；③在同一公司内其他炼油厂的加氢装置上再使用；④在同一再生工厂其他用户的加氢装置上使用；⑤出售给催化剂再生企业；⑥出售给废催化剂回收企业回收金属及其他有用成分。如再生后催化剂的活性恢复率不足 75%，常将其作回收金属处理或废弃。

11-2-2　器内再生与器外再生

1. 器内再生法

又称在线再生法或原位再生法。这是指失活催化剂在催化反应器中不卸出，直接采用含氧气体介质再生的方法。按再生时所用惰性气体(热载体)不同又可分为水蒸气-空气再生和氧气-空气循环再生两种方法。

我国在 20 世纪 60~70 年代建设的加氢装置，普遍采用水蒸气-空气一次通过反应器，烧焦氧化尾气直接排放的再生方法。这种方法流程简单、操作方便，适合于小型加氢处理装置。但因使用水蒸气作热载体介质，在再生操作的升温、降温、流程切换等工程中，需特别注意防止冷凝水带入催化剂床层，或是在催化剂床层中发生蒸汽冷凝现象。此外，在催化剂烧焦时，尾气就近排放，其噪声、SO_2、CO_2、水汽等对装置的污染也十分严重。由于再生过程使用大量水蒸气，在再生的高温下会促进活性金属聚集、损害载体孔结构、导致催化剂活性下降，所以，采用这种再生方法，催化剂的活性恢复率一般在 85%~90% 之间。

氮气-空气再生是用加热的循环氮气代替水蒸气，消除了水蒸气-空气再生中的许多不利因素。特别是克服了大量水蒸气接触催化剂而导致的催化剂老化作用，提高了再生后催化剂的活性，而且再生能耗低、几乎无污染。但再生成本高，必须使氮气循环，要有庞大的酸性气体脱除设备，故工艺流程复杂，操作条件苛刻。

催化剂经器内再生后，还必须将剂卸出，除去瓷球等非催化剂部分，将催化剂过筛除去粉末，再重新装入催化反应器中，按照新鲜催化剂的开工程序进行投产。

根据工厂多年再生经验，器内再生法主要存在以下缺点：

① 生产装置因再生需要的停工时间较长，5 天至 5 周不等，严重影响生产。

② 再生条件难以严格控制，催化剂易产生局部过热或结焦。特别当催化床层装填不良时，会产生气体沟流，产生烧焦不完全。

③ 由于沉积物较多或催化剂粉化严重，在卸出催化剂过筛后需补充少量新鲜催化剂。

④ 再生后活性恢复率低，而且再生时产生有害气体(SO_2、SO_3)及含硫、含盐污水，如处理不当，会严重腐蚀设备和污染环境。

虽然器内再生法的劳动力和能耗开支少，直接费用低，但生产装置停产带来的经济损失及再生效果稍差对工厂的影响往往难以估量。因此，随着催化剂再生技术的发展，一些催化剂的器内再生法逐渐被器外再生法所替代。

2. 器外再生法

又称离线再生法。它是将待再生的失活催化剂从催化反应器中卸出，运送到专门的催化剂工厂进行再生。

器外再生最初是将已过筛的废催化剂装入固定床反应器中进行烧焦再生，但这种方法对有些类别催化剂的再生效果不太好，以后改进为采用间接加热的回转炉进行再生。这种工艺能适用于大多数催化剂再生，但缺点是转炉会增大催化剂的磨损。随后出现了传送带连续烧焦再生技术。它是将废催化剂从受槽中送出，经过筛除去粉末及不合格颗粒后送至连续运转的传送带上，废催化剂呈薄层均匀平铺在不锈钢多孔链带（或网带）上，经炉膛中一系列分段加热，仔细控制料层厚度、链带移动速度、烧焦温度及空气或热载体用量进行烧焦再生。再生后的催化剂在冷却段冷却后，过筛装桶，再运回使用厂家。

与器内再生法相比较，器外再生法具有以下优点：

① 生产装置停工时间短。在反应器将欲再生催化剂卸出后，可立即加入新鲜的或已再生好的催化剂进行装置开车。一般停车数天，即可恢复正常生产，提高经济效益。

② 再生条件控制精确。器内再生时，对再生前后催化剂无法取得有代表性的分析样品，也就难以作出正确检测和评价。而器外再生可预先采集催化剂样品，测定其比表面积、孔容、机械强度及 C、S 含量。根据相关分析和测定结果，确定待再生催化剂是否需要进行预处理（如脱油），提出器外再生的工艺条件，从而可准确控制再生操作工况。

③ 再生效果好。器外再生不仅可以能优化再生条件并得到严格控制，而且在再生前可对废催化剂进行筛分，去除细粉、瓷球等杂质，所以催化剂活性恢复率高。例如，Mo-Ni 加氢催化剂器内再生的活性恢复率为 75%~80%，而器外再生的活性恢复率为 95%~98%；Mo-Co 加氢催化剂器内再生的活性恢复率为 80%~85%，而器外再生的活性恢复率为 95%~98%；加氢裂化催化剂器内再生的活性恢复率为 75%~80%，而器外再生的活性恢复率为 90%~95%。此外，在器外再生时，大量的气体物流通过催化剂薄层，不仅能有效控制再生温度，并可显著缩短催化剂暴露在 SO_2、H_2S 气氛的时间，所以，再生催化剂的质量有保证。

④ 有利于减少环境污染、设备腐蚀。器外再生过程产生的含硫烟气、含硫及含盐污水由专门催化剂再生厂建设专用设施处理。

⑤ 可省去用户就地过筛等麻烦。由于再生催化剂已经过筛处理，可避免催化剂床层结块堵塞现象发生。

器外再生法虽然有诸多优点，但也必须认真对待。催化剂再生厂在对废催化剂进行再生前，要对待再生催化剂的固含量、灼烧减量、比表面积、C 含量、S 含量、机械强度、条状催化剂的长度以及 Fe、Na、As、V 的含量等进行认真检测，以根据这些检测数据提供再生催化剂的规格质量保证书及确定最佳再生工艺条件。

11-2-3　氧化烧炭法

1. 烧炭过程中的主要反应

氧化烧炭法是固体催化剂积炭失活后常用的一种再生方法，再生可在线进行（器内再生）或离线进行（器外再生）。所用再生介质（热载体）可以是水蒸气-空气或氮气-空气等。

催化剂表面的积炭并不是纯元素碳，而是一种混合物，也很难实际测定出这类混合物真正的元素组成，只能用平均元素组分来表示，一般可用 CH_x—CH_y 来表示，除 C、H 元素外，积炭中还含有 S、N、O、Fe 等元素。

烧炭再生过程是一种氧化反应，可能发生的反应有：

$$C+O_2 = CO_2$$
$$2C+O_2 = 2CO$$
$$4H+O_2 = 2H_2O$$
$$S+O_2 = SO_2$$
$$N+O_2 = NO_2$$
$$C+H_2O = CO+N_2$$

积炭上的可燃组分是碳元素，烧炭温度是 450~700℃。在开始阶段烧炭是以自身氧化脱氢的行式进行的，烧炭速度与积炭组成有关，积炭中的 H/C 比会随烧炭过程的进行而下降。也即易燃烧碳是由无定形富含氢部分组成，而难燃炭则是呈类石墨结构的高缩聚物。

在氧化烧炭过程中，所含的积硫也同时燃烧，而且炭和硫的相对氧化速度并不相同，硫氧化燃烧的速度比碳氧化燃烧速度要快。而且烧掉的硫并不是全属于积炭中所含的硫。如 Mo-Co 加氢精制催化剂在使用前需经硫化处理，活性组分转化成 MoS_2 和 Mo_9S_8，在烧炭时则会伴随有金属硫化物的氧化，这也是这类催化剂在烧炭后还需重新进行硫化的原因。

由于烧炭是在氧化气氛下进行，如催化剂使用状态下活性组分是以氧化物形式存在，再生时其价态不变；如催化反应时金属氧化物呈低价状态，则再生时被氧化成高价态；如催化反应时活性组分呈金属态，烧炭再生后将被氧化成金属氧化物。此外，烧炭氧化时所生成的活性组分氧化物，在一定条件下也可能与载体相互作用生成不具催化活性的物质。如氧化铝负载镍催化剂在烧炭时，Ni 与 Al_2O_3 作用可能生成 $NiAl_2O_4$ 尖晶石。这是因为 Ni 在高温下易氧化生成 NiO，并与 Al_2O_3 形成尖晶石结构。Ni-Mo/Al_2O_3 催化剂，除形成 $NiAl_2O_4$ 外，在 600℃ 以上还会产生 MoO_3，从而也使催化剂再生后性能变差。烧炭时 S 被氧化成 SO_2，但催化剂某些活性组分能促使 SO_2 进一步氧化成 SO_3，再转化成硫酸，硫酸与 Al_2O_3 载体作用可生成 $Al_2(SO_4)_3$，并会聚积在催化剂表面上影响再生催化剂的性能。

2. 影响烧炭效果的主要因素

催化剂烧炭再生的主要目的是烧去积炭，清除聚集在催化剂孔口内外的焦炭，恢复催化剂的孔容及催化活性，在再生过程中，氧向焦炭的扩散和 CO、CO_2、SO_2 等氧化产物从孔内向孔外扩散。积炭的烧除程度与多种因素有关，如积炭程度、焦炭结构、催化剂孔结构、比表面积、氧化气体组成、再生温度及再生方式等。其中主要影响因素如下所述。

（1）再生温度

催化剂上的焦炭通常在450℃就可以燃烧。再生温度越高，燃烧速度越快。一般控制温度在450~700℃之间。温度过高，容易引起CO在气相中燃烧，甚至使催化剂表面呈红热状态，导致颗粒内部超温，使催化剂孔结构发生变化，孔容及比表面积下降，出现烧结。而高温下水蒸气的存在还会加速烧结的发生，有时还会使催化剂颗粒破碎。所以，实际再生温度应根据催化剂积炭状况及稳定性来选择。

例如，催化重整催化剂的积炭分为铂金属上的积炭和载体氧化铝上的积炭。这两部分积炭的含量和性质存在一定差别。铂金属上的积炭相对于氧化铝上的积炭量要少，而且H/C比较高。根据这一区别，为防止催化剂再生时发生烧结，将烧炭分为三个阶段进行，以严格控制烧炭温度，实现稳定燃烧。由于铂催化剂的性质和积炭富氢的原因，第一阶段烧炭的入口控制温度为400℃，主要是烧掉铂金属上的积炭和部分氧化铝上的积炭；第一阶段烧炭结束后，第二阶段的入口控制温度为440℃，主要是烧掉氧化铝载体上H/C比较低的积炭，在烧炭过程中连续通入氮气，以降低循环气中CO、CO_2、SO_2等的浓度，并保证烧炭安全；在第三阶段，将入口温度升到480~500℃，同时提高系统氧含量（5%~10%）以烧去残炭。这时因催化剂上的残炭已很少，不会发生剧烈燃烧而超温。当烧炭出入口温度相同或出入口氧浓度不变时，表明积炭已基本烧完。采用分阶段烧炭可以避免或减少发生烧结，提高催化剂活性恢复率。

（2）再生压力

通常，氧含量或氧分压与烧炭速度有较大关系，氧分压越高，烧炭速度越快。氧分压与氧浓度和再生压力有关，等于二者的乘积。再生介质是空气时，氧浓度是入口空气和出口烟气中氧含量的对数平均值。入口氧含量即空气中的氧浓度，出口烟气氧含量是一个操作变量。系统氧含量越高，烧炭反应越剧烈，过高时易引起二次燃烧，在床层温升过大时应将系统氧含量减低；但氧含量过低，则燃烧不完全，也易发生炭堆积现象。

在控制相同氧浓度的情况下，提高再生压力实际上提高了氧分压，可以加快烧炭速度，缩短烧炭时间。但在这时要加大再生气循环量，以及时将所产生的热量带出，减少床层温升和催化剂上金属的聚集。但提高再生压力往往受到设备的限制。因此，过去大多采用低压再生法，烧炭时间较长。近来，也开始采用高压、高循环气量的再生方法，可比低压再生法显著缩短烧炭时间。

（3）积炭量

催化剂的积炭量对烧炭速度有很大影响，在400℃下烧炭时，初期由于催化剂上积炭量最高，烧炭反应速度也最高。随着烧炭时间的延续，催化剂上的积炭逐渐被烧掉，烧炭速度也逐渐下降。根据不同温度下的大量试验表明，烧炭速度与积炭量成正比关系。

（4）补氧方式

长期以来，烧炭操作通常是以补空气的方式向烧炭系统补氧，近年来已有企业采用纯氧再生而不用空气。用纯氧再生不仅比较可靠，由于采用高压、高循环气速，可以缩短烧炭时间。而且用纯氧再生的催化剂比用空气再生的催化剂更干燥一些，从而可节约干燥时间并减少水的不良作用。

（5）其他因素

附着在催化剂上的微量金属会对烧炭速度产生影响，如加氢精制催化剂附着的原料油中所含的金属会对烧炭速度产生影响。在烧炭初始阶段，Cu、Cr、Mo、V 等能大幅度加速烧炭进程，而 Co、Fe、Ni 等影响较小。但大部分金属在后阶段都使烧炭速度下降。各种金属对烧炭速度的影响顺序依次为：

$$Cr>V>Li>Mo=Cu=Na>Fe>Co=Ni>Be=Mg=Ca=Sr>K>Cs>Pb$$

此外，在烧炭时，烃和氢也会消耗氧。因而，系统中烃和氢的总量也有一定控制指标。

（6）再生方式

催化剂再生方式有器内再生及器外再生，如前所述，器外烧炭再生时，催化剂活性损失少，再生催化剂质量有保证。

11-2-4　洗涤法

催化剂失活除积炭及烧结外，中毒也是一个重要因素。在用作催化剂活性组分的各种金属中，以过渡金属 Fe、Co、Ni、Os、Ir、Pt、Rh、Ru、Pd 以及ⅠB族的 Cu、Ag、Au 等最易中毒。一些工业催化剂的毒物可参见表 10-5。

对于那些催化剂表面因金属盐类、有机物及某些杂质覆盖所引起的失活，可采用洗涤法将表面沉积物洗去进行催化剂再生。根据催化剂表面吸附的毒物或沉积物性质不同，可以采用水洗、酸洗、碱洗、有机溶剂萃取洗涤、超临界流体二氧化碳洗涤等方法，洗涤时还可以使用超声波来强化洗涤效果。

如果催化剂表面吸附的物质并没有形成强烈的化学吸附，则可采用简单的水洗即可以使催化剂的活性得到恢复，否则需要以酸洗、碱洗或溶剂（如煤油、芳烃油等进行洗涤再生）。例如，使用 TiO_2 催化剂对八甲基硅氧烷气体进行光催化降解时，经 5 次间歇式反应，催化剂就完全失活。经 X 射线光电子能谱（XPS）表征结果，确认催化剂表面沉积的 SiO_x，是引起催化剂失活的原因。通过稀碱液洗涤可以完全除去催化剂表面的 SiO_x。但碱洗涤的 pH 值小于 11 时，SiO_x 的洗除效果不强。即使采用搅拌，也未能将 SiO_x 完全除去。而在碱洗液的 pH 值大于 12 时，经 20min 处理，就可将催化剂表面的 SiO_x 全部去除。经用原子力显微镜观察再生后的催化剂，发现催化剂表面形态与未经 NaOH 处理的催化剂表面形态相比没有发生变化，用碱洗再生后的催化剂其活性基本恢复。如果催化剂表面是因吸附 HCO^{3-} 而失活，则可用稀 HCl 溶液进行再生。

氨氧化制硝酸用铂网催化剂是用于氨与氧气反应生成 NO 的反应。工业标准网状催化剂是用 $\phi0.06mm$ 或 $\phi0.08mm$ 铂合金丝织成不同直径的圆形或六边形网。按压力不同，氨氧化工艺有常压法、中压法（0.3～0.5MPa）及高压法（0.7～1.0MPa）等，不同工艺的氨氧化效率有所不同。催化剂的毒物有 S、P、AS、乙炔、铁及油脂等。一般运转几个月就需对催化剂进行再生，如常压法 4～8 月再生一次；低压法是 3～4 月再生一次；高压法是 2～3 月再生一次。再生的方法是先停炉卸下铂网催化剂，卷在不锈钢管上，先用脱离子水冲洗网上附着的机械杂质，然后在 70～80℃下，用 15%～18% 的盐酸泡 1～2h，再用脱离子水冲洗干净后用氢焰活化。

又如，由活性炭负载 Pt 或 Pd 等贵金属催化剂，在活性衰减后，可先用 250～300℃ 热水洗涤后，再用 4%～8% 的稀 NaOH 溶液洗涤再生。

11-2-5　吹扫法

对于一般性粉尘、焦灰及杂质覆盖催化剂表面活性位时，可以用吹扫法在线加以吹除。所用吹扫气可以是高压氮气、蒸汽、过热蒸汽等。不是化学吸附的一般性毒物，也可采用在线操作用吹扫法清除。

11-2-6　碾磨法

这是一种除去催化剂外表面沾着的固体物质，或是除去沉积在催化剂颗粒外表面的金属的一种方法。例如，用碾磨法可以方便地除去废催化剂上由于 H_2S 与卟啉的非催化剂反应所形成的 V 和 Ni 的硫化物。又如将有金属沉积的废催化剂与 $\alpha-Al_2O_3$ 粉在水中混合一起进行碾磨，干燥后将催化剂与 $\alpha-Al_2O_3$ 筛分分离，就可观察到表面金属（如 Fe、Ca 等）的脱除，这种方法能用于渣油加氢处理催化剂外表面沉积的金属的脱除。虽然催化剂孔内沉积的金属也可用此法去除，但碾磨时间较长，而且还会影响催化剂的颗粒大小及机械性能。

11-2-7　复活处理-再利用工艺

废催化剂的再生复活和重新再用，在很大程度上是决定于催化剂失活原因。多数因积炭失活的催化剂，可以通过烧炭再生后再用，而且可重复几次，直至烧炭因比表面积下降而使催化剂活性下到一定程度为止。因烧结、相变化等引起的失活一般难以再生复活，而需重新更换。炼油厂用渣油加氢催化剂的失活是因结焦和原料油中的重金属沉积而使活性表面结垢，采用水蒸气-空气或氮气-空气再生难以完全恢复活性。这是因为积炭可以全部烧掉，但金属沉积物仍会残留在催化剂上，而且金属沉积物一般会集中在催化剂颗粒的外表面而堵塞附近孔口。所以，这类废催化剂一般难以再生及重复利用。

渣油加氢是有效利用渣油和炼油厂零排放的有效手段。渣油加氢催化剂的作用是在一定反应条件下最大限度地脱除渣油中的金属、硫化物、氮化物、沥青质，生产少量轻质产品，重质部分用作催化裂化原料或用作低硫燃料油。渣油加氢催化剂的用量很大，通常使用一年左右就因失活而需要更换而使用新催化剂。

失活的废渣油加氢催化剂如采用简单的填埋处理，难以符合环保要求。而先经预处理再填埋处置也因费用太高，也让炼油厂难以接受。为了解决这一困惑，已有研究机构开发出废渣油加氢催化剂的复活处理-再利用工艺。该工艺如图 11-1 所示，其基本过程包括废催化剂脱油、干燥、过筛、机械分离、浸析金属、烧炭等。该工艺的关键部分是采用有机溶剂将沉积在催化剂表面或孔口的金属浸析（或萃取）出来，以使催化剂活性得以恢复。所用有机溶剂有草酸、乙酸、乳酸、丙二酸、乙醇酸、邻苯二甲酸和柠檬酸等，而以使用草酸、丙二酸及乙酸的效果最好。

作为参考，表 11-2 示出了新鲜加氢催化剂与失活催化剂的物性比较，表 11-3 示出了新鲜加氢催化剂、失活催化剂及复活再生后催化剂的一些性质比较。从表 11-2 看出，失活加氢催化剂中含有大量 Ni、V、Fe 等重金属及 S。而从表 11-3 可以看出，复活再生催化剂的加氢脱硫活性有显著提高，活性恢复率分别为 61%、59%、97% 不等。

采用上述催化剂复活工艺，使催化剂活性能显著恢复的主要因素有：①通过萃取和烧炭除去催化剂中的金属沉积物及积炭，使催化剂的孔容和比表面积得到明显恢复；②在浸析过程中，催化剂中的金属 Mo、Co、Ni、V 等在催化剂表面发生，再分散和重组，产生部分有活性相结构的 Co-Mo-S、Ni-Mo-S 等，而残留在催化剂中的 V，经再分散后也具有一定加氢脱硫作用；③采用复合处理剂（草酸+双氧水）复活的催化剂，其加氢脱硫活性恢复率较高的原因,是由于双氧水能将废催化剂中的金属硫化物氧化成相应的氧化物之故。

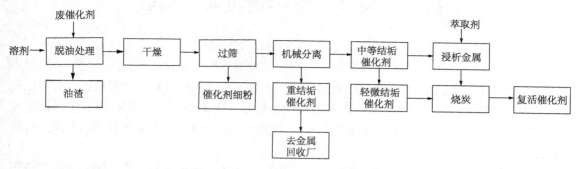

图 11-1　废渣油加氢催化剂复活工艺

表 11-2　新鲜加氢催化剂和失活催化剂的物性比较

性质	新鲜加氢催化剂	失活催化剂
比表面积/(m²/g)	240	52
孔容/(mL/g)	0.48	0.12
装填密度/(kg/L)	0.73	1.18
Mo/%	8.80	5.40
Co/%	3.20	1.90
Ni/%	0	3.07
V/%	0	14.9
Fe/%	0	8.00
S/%	0	5.30
C/%	0	15.0

表 11-3　复活再生催化剂的活性恢复率

催化剂	所用处理剂	比表面积/(m²/g)	孔容/(mL/g)	加氢脱硫活性	
				活性/%	活性恢复率/%
新鲜加氢催化剂		240	0.4	61	100
失活催化剂		52	0.12	17	28
复活处理催化剂(1)	草酸	180	0.42	37	61
复活处理催化剂(2)	草酸+双氧水	197	0.46	59	97
复活处理催化剂(3)	草酸+双氧水	181	0.43	36	59

注:表中所示处理剂是指在浸析金属过程中所使用的萃取剂。

虽然,上述失活催化剂的复活再用处理工艺较一般烧炭再生等工艺要复杂得多,而且处理时还需使用大量溶剂,也存在一定的安全隐患,但由于渣油加氢催化剂在炼油厂的装剂量很大,随着催化剂价格的增长,以及废催化剂回收金属和填埋处理费用的加大,从经济及环保效益考虑,如何增加废催化剂利用次数,或复活后降级使用都是具有较大意义的。

11-3 废催化剂中贵金属的回收

11-3-1 概述

近年来，由于石油化工的快速发展和污染控制方面使用的催化剂数量快速增长，同时也由于催化剂平均使用寿命相对来说较短的原因，造成了废催化剂的数量大幅度上升。显然有些催化剂可以再生 2~3 次或多次，但再生后的活性多少会有些损失，而有的催化剂根本就不能再生。因此，从金属资源、环境保护及经济效益等角度考虑，废催化剂中的金属回收是势在必行的。

催化剂生产要消耗大量金属，所有金属分为普通金属、稀有金属及贵金属三大类。普通金属铁、铝的蕴藏量丰富，不成为资源缺乏问题。催化剂生产常用的稀有金属有钼、镍、钒、钴、铬、钨、铍、钛、锂等，它们大量用作催化剂活性组分，也大量用于制造合金及其他化学品。这些金属一般产量都较大，对废金属或废催化剂的回收企业较多，回收方法也比较成熟，这里不作详细介绍。

贵金属一般指金、银、铂、钯、铑、铱、锇和钌共 8 种金属。除金和银以外的 6 种金属称为铂族金属(又称稀有贵金属)或铂族元素。铂族金属中，钌、铑、钯又称为轻铂族金属；锇、铱、铂称为重铂族金属。黄金和白银是国家金融的基础，各国对黄金、白银都严加控制，而铂族金属由于熔点高、抗氧化、化学稳性好，已大量用于汽车尾气净化催化剂及许多石油化工催化剂。据称，汽车催化转化器消耗世界约 35% 的铂和 90% 的铑。我国属于铂族金属稀少国家，铂族金属中很大一部分要依赖进口。随着我国工业的加速发展，铂族金属的战略地位越来越高，甚至要超过黄金和白银，因为铂族金属在工业上的应用价值比黄金和白银要高。因此除了要合理利用贵金属资源外，对贵金属二次资源(指矿产资源以外的各种再生资源)的回收利用具有十分重要的意义和经济价值。下面主要对贵金属二次资源中的一类——废催化剂中贵金属的回收进行简单介绍，所述各种回收方法也适用于一般稀有金属的回收。

11-3-2 贵金属催化剂的应用领域

贵金属催化剂主要分为两大类，即合金网催化剂和负载型催化剂。合金网催化剂主要用于氨氧化法制硝酸工艺中，如 Pt、Rh 网、PtPdRh 网及 PtPdRh 稀土合金网等。负载型贵金属催化剂的品种较多，所用载体材料有 Al_2O_3、SiO_2、活性炭、分子筛、氧化镁、多孔陶瓷及高分子聚合物等。起催化作用的主要活性组分是铂、钯、铑、钌及银等元素，可以是一元金属，也可以是二元或多元贵金属，制得的催化剂形状有球形、条形、蜂窝状及粉末等。负载型贵金属催化剂主要用于汽车及内燃机废气净化、催化重整、催化加氢、碳一化学、精细有机合成等领域。作为参考，表 11-4 示出了以贵金属作催化剂的一些应用领域。

表 11-4 贵金属催化剂应用领域

催化剂	汽车尾气转化	催化重整	加氢	脱氢	氧化	氨氧化	甲醇合成	乙酸合成	聚合	异构化	羰基化	加氢甲酰化	燃料电池
铂	△	△	△	△	△	△							△
钯	△		△	△	△				△	△	△		△

续表

催化剂	汽车尾气转化	催化重整	加氢	脱氢	氧化	氨氧化	甲醇合成	乙酸合成	聚合	异构化	羰基化	加氢甲酰化	燃料电池
铑	△	△	△		△		△		△	△	△	△	
钌		△	△		△	△				△	△	△	
铱		△	△									△	△	
锇			△	△									
金					△								△
银					△								△

11-3-3　废贵金属催化剂的一般回收方法

1. 原料调查及取样分析

首先要了解清楚所要回收处理的废催化剂的型号、活性组分含量及种类、载体类型、使用寿命及操作工况、失活状况及回收数量等，特别是调查清楚废催化剂的贵金属含量及组成、所使用的载体种类、废催化剂的表面吸附物（如水分、油或有机物等）及毒物等情况，要有利于下一步选择回收方法。

对于负载型废贵金属催化剂的取样可采用以下几种方法。

（1）机械化取样法

此法适用于大批量失活催化剂的取样。废催化剂以吨级为单位，称量后送入大型粉碎机粉碎后送入筛分机经三级过筛，按粒度大小分为粗、中、细料三类。根据废催化剂中贵金属含量，分别按 5% 的比例缩分、磨细和取样，磨细程度为 100~120 目。然后将收取的样品分成两份，一份烘干测定含水率并按分析要求预处理和测定贵金属含量，另一份作为副样保存。此法可获得代表性较好的试样。

（2）定位排空取样法

对于桶装的废催化剂，可先在桶上部铲取 1kg 废催化剂，然后将废催化剂铲出去，直至到桶的中部时再铲取约 1kg，最后至桶底再铲取 1kg。然后将共约 3kg 样品以堆锥和四分后，取约 0.7kg 的样品磨细至 120 目，再置于瓶中加瓷球混匀，取得样品密封备用。

（3）管枪取样法

此法也适用于桶装废催化剂取样。其管枪制法及取样方法如下：

① 管式取样枪制法。使用两种尺寸规格的薄壁钢管，内管直径为 2.5cm，管壁按废催化剂的尺寸大小和装催化剂铁桶的高度铣成一槽形（为保证内管强度，可在内管的不同高度三方开槽）。枪头为长约 3cm 的锥形。将内管套在可转动的外管后即制成管枪，整个枪长约 2m。

② 取样方法。将管式取样枪使劲插入桶装催化剂内，直至由顶部插至桶底为止。然后分段拔出外套管，每拔出一段外管，就转动并振击内管，使取样部位的废催化剂进入管槽中，待催化剂颗粒像盛装物料的方式一样落入内管后，用力下压外套管，拔出取样管枪。然后再转动套管，使内管中所取样品流出。采用这种方法，每桶废催化剂取 5 个部位，一个取样点位于桶的中心，另 4 个取样点位于铁桶构成同心圆时的四等分的圆周上。将上述方法取得的样品以堆锥和四分后缩减至 1kg 左右，置于磨样机中研磨至 120~200 目后，装入含有

不同直径瓷球(约30粒)的3000mL厚壁玻璃瓶中,滚动混匀30min,即可用作分析样品。

对已取好的废催化剂样品,在进行贵金属含量分析以前,先需对废料试样进行溶解。由于负载型贵金属催化剂所用载体不同,失效催化剂表面吸附的有机杂质及积炭状况不同,所采用的溶解方式也有所不同。常用溶解方法有以下几种:

(1)混合酸分解法

系根据废催化剂样品性质,可使用不同类型及比例的混合酸进行分解。常用的是盐酸硝酸混合酸。对以活性炭为载体的Pt或Pd催化剂,可用硝酸-高氯酸发烟除炭后,再加盐酸将其转化为Pt或Pd的氯化物。也可将样品于500~700℃下焙烧除炭后,再用还原剂(甲酸、水合肼)于低温下加热焙烧而转化成氧化铂、氧化钯后,用盐酸-硝酸混合酸溶解。对于废催化剂中的有机杂质可用发烟硫酸使有机物炭化,用双氧化除尽炭,然后用盐酸-硝酸混合酸溶解。

(2)碱熔融法

是用过氧化钠或过氧化钠-氢氧化钠混合熔剂于镍坩埚(或高铝坩埚)和马弗炉中在700~800℃下熔融试样,然后用水浸取、盐酸酸化。对以活性炭为载体的贵金属催化剂,可于500~700℃焙烧除尽炭,然后再用碱溶融。

(3)加压消解法

是用王水-或王水-氟化氢、盐酸-双氧水混合酸于聚四氟乙烯消化罐和烘箱中在150℃下对样品进行消解。

上述三种方法中,以方法(1)应用最普通,但以方法(3)操作简便、分解完全。对于含钌的废催化剂,方法(2)是较为适用的方法。

对废催化剂样品中的铂族元素的测定方法,如采用常规新催化剂的组分分析法进行分析就不太适用,最简便而快捷的方法是光度法。这是因为光度法可利用试剂的选择性,方法的专属性,反应速度、温度、酸度的差异,简单的萃取分离技术(如液-液萃取、液固萃取、固相萃取等),以及光度计的新功能等手段来提高测定的选择性和分析速度。许多光度法分析技术都涉及对铂、钯、铑、锇、钌、铱等铂族金属的测定。这些方法有分光光度法、流动注射光度法、萃取光度法、动力学催化光度法、固相光度法、树脂相光度法、石蜡相光度法、荧光光度法、固相萃取光度法及共振光散射荧光光度法等。同时,使用了各类显色剂,如卟啉类、噻唑偶氮类、三苯甲烷类、氨基硫脲类、若丹宁类等。

此外,原子吸收光谱法也是测定负载型铂族催化剂中铂族金属含量的有效方法,而且多数测定无须分离手续,但所用各种类型载体会给测定准确性带来许多挑战。大量共存的Al、Si、Mg等基体干扰也是需要解决的难题。

2. 常规回收方法

废贵金属催化剂因其回收所加工的产品不同,回收方法也有所不同。其回收方法与废催化剂的组成、种类及所用载体的不同而有所差别。一般来说,单组分的催化剂比多组分的易于回收;无载体的催化剂要比有载体的易于回收,而且载体性质稳定的催化剂比载体性质不稳定的易于进行活性金属与载体的分离;废催化剂表面吸附物量少而单一的比表面吸附物量多而复杂的易于回收;废催化剂的外观形状(如球、条、片、三叶草形等)对金属的回收率影响不大,但在湿法回收过程中,金属的浸出速率除与溶剂浓度有关外,还与废催化剂与溶剂的接触表面有关。因此,为了提高金属组分的回收率,常需将规则或不规则形状的催化剂进行粉碎处理，以提高溶剂和被浸组分的接触面积。对废贵金属催化剂的常规回收处理方法大致有火法及湿法两类方法。

（1）火法

是将废贵金属催化剂与还原剂、助熔剂等一起放入高温炉（如电弧炉、回转炉等）中进行加热熔炼，使贵金属组分经还原熔融成金属或合金状回收，以作为合金原料，而载体则与助熔剂形成炉渣排出，有时还加入一些铁之类的贱金属作为捕集剂共同进行熔炼。火法由于没有水参与反应，故又称为干法。用火法回收铂族贵金属时可分为氯化挥发法及高温熔炼和金属捕集法。

① 氯化挥发法。它是用氯气及含氯气体高温处理废铂催化剂，使铂选择性地生成可挥发的氯化物。处理温度在 900℃ 以上时，铂的挥发率超过 95%。如采用羰基氯化物挥发，可使铂的氯化温度降至 500℃ 以下。所得氯化物再用氯化物配合剂、碱液、水或吸收剂吸收，吸附进入气相的铂化合物，再进一步回收。

② 高温熔炼和金属捕集法。它是将废催化剂与助熔剂（常使用 CaO）在 1500℃ 以上的高温炉中进行熔炼，然后将熔融的贵金属炉渣与某一熔融金属（称为捕集剂）相混，铂即溶解并积聚在其中。常用的捕集剂有铁、铜、镍、钴等金属。捕集剂的选择依据主要是它在液相时与铂的互溶度、熔化温度及铂金属在炉渣中的损失等。

火法回收废贵金属催化剂的方法本身并不十分复杂，但设备要求很高，能耗较大，也存在废催化剂释出气体 SO_2 等处理问题，故应用较少，不如湿法应用普遍。如此法能与有色金属熔炼联合使用进行综合回收，具有现实意义。

（2）湿法

是指利用酸、碱、盐等溶剂，通过氧化、还原、中和、水解、络合等化学作用，对废金属催化剂中的金属组分进行分离和提取的过程。其工艺步骤较多，包括焙烧、粉碎、浸取、沉淀、净化分离、溶剂萃取、树脂吸附、离子交换、富集提纯等。与火法相比较，贵金属回收率较高。对于废贵金属催化剂一般都采用湿法回收，有时也与火法联合使用，以提高贵金属回收率。

对于负载型贵金属催化剂，采用湿法回收贵金属时，又可分为以下几种类型。

① 溶解载体法。这是将一种无机酸（如 H_2SO_4、HCl）或碱（如 NaOH）与载体（如 Al_2O_3）在高温下作用，使载体溶解，铂留在不溶渣中，然后经氯化浸出而回收铂。对于积炭较严重的废催化剂，在用溶剂溶解前，应先经烧炭处理。

② 溶解活性组分法。是用含有一种或多种氧化剂（如 NaOCl、$NaClO_3$、Cl_2、H_2O_2、HNO_3 等）的 6mol/L HCl 溶液浸取催化剂，活性组分铂成为可溶的 $PtCl_6^{2-}$ 进入溶液；也可将废催化剂在 300~500℃ 下通氯处理，然后用盐酸浸出铂。浸出液中的铂，可用溶剂萃取或金属还原剂置换，以及用树脂吸附方法等富集后，再进一步分离提纯铂。

采用这种方法处理时，最好能使载体少溶或不发生溶解。这时可将 γ-Al_2O_3 载体先处理成难溶的 α-Al_2O_3，即将废催化剂先在 1000℃ 下焙烧 1~2h，就可将载体转化为难溶的 α-Al_2O_3，然后再用含氯化剂的盐酸溶剂浸取铂。但要注意的是，如焙烧温度控制不当，会引起铂金属颗粒及载体烧结，从而影响铂的回收率。

③ 全溶法。这是不将废催化剂活性组分与载体分离处理的方法。即在氧化剂存在下，用一种酸或两种酸混合，同时溶解活性组分和载体，然后从溶液中提取铂。根据载体形式不同，

可采用盐酸全溶、硫酸全溶、混酸全溶等不同方法，但要选择好适用的氧化剂及萃取工艺。

3. 湿法回收的关键技术

湿法是从废贵金属催化剂中回收贵金属的主要方法，但在回收过程中涉及多种工业步骤。其中影响贵金属回收率和产品质量的最重要的关键技术，是废催化剂中贵金属组分的溶解技术及从溶液中分离出该组分的技术（也称精炼技术）。

（1）溶解技术

在湿法回收废贵金属催化剂时，一般要先将贵金属组分、载体或其他物质溶解，即使用化学溶剂将它们转化为可溶性物质，以便进行下一步的分离与提纯。由于贵金属的化学稳定性高，它们几乎都不溶于能腐蚀贱金属的介质中。因此，对废贵金属催化剂的溶解是湿法回收技术常遇到的难题。

固态物质在溶液中的溶解可分为简单溶解过程和化学溶解过程。前者是物料中的可溶组分溶解于液体的过程，过程中并不产生新的物质；后者是固态物质在溶液中发生化学反应生成新的物质后而溶于溶液中。废贵金属催化剂的溶解属于化学溶解过程。可用于贵金属溶解的常用溶剂如表 11-5 所示。溶剂的选择应遵循热力学上可行、反应速度快、经济合理、腐蚀性小、对欲溶解组分的选择性好等原则进行，对废贵金属催化剂的溶解有以下一些方法。

表 11-5　常用贵金属溶剂

类别	常用溶剂
气体	氯气、氟化氢
酸类	盐酸、硫酸、硝酸、氢氟酸、亚硫酸、氯酸、王水
碱类	氢氧化钠、氢氧化钾、碳酸钠、氨水、硫化钠、过氧化钠、过氧化钾、氰化钠等
盐类	氯化钠、氯化铁、次氯酸钠、硫代硫酸钠、硫酸铁、硫酸氢钾、焦硫酸钾等

① 王水溶解法。王水是由一体积浓硝酸和三体积浓盐酸混合而成的溶液。金不溶于任何单一的酸、碱和盐的水溶液中。在有氧化剂存在时，金可溶于 HCl、NaCN、SC(NH$_2$)$_2$ 的溶液中，生成配合物，但金的最主要溶剂为王水。银可溶于硝酸、浓硫酸溶液中，在有氧气存在时，也能溶于氰化物溶液中，HNO$_3$ 是银的主要溶剂。铂的溶解反应与金有些相似，但铂比金难溶解，铂的主要溶剂也为王水。钯能用于硝酸及王水中。铑和铱不溶于任何酸、碱或王水溶液中，但铑能溶于熔融的 NaHSO$_4$ 中，然后溶于水。铱能溶于熔融的 NaOH-Na$_2$O$_2$ 或 KNO$_3$-KOH 中，然后溶于王水。

② 水溶液氯化法。它是采用 HCl/Cl$_2$、HCl/H$_2$O$_2$、HCl/NaClO$_3$ 等为溶剂的溶解方法，其中又以采用 HCl/Cl$_2$ 来溶解贵金属的方法更为常用。此法的实质是加大氯气的供给量，提高溶液的氧化电势，依靠氯气的氧化作用和新产生的次氯酸使贵金属溶解，其溶解能力与王水相当。用此法替代王水溶解，可减少有害氮氧化物气体的排放。浸出介质可用水、氯化钠溶液、稀盐酸、稀硫酸等。选用 HCl/Cl$_2$ 体系时，贵金属的氯化溶解率与被氯化物的性质有关，一般钯、铂、金的氯化率都较高，而焙烧过的铑、铱、锇、钌的氯化率较低。

③ 碱溶法。这是一种溶解载体法。是用一种碱（如 NaOH）与载体作用并使其溶解，贵金属留在不溶渣中，然后氯化浸出回收。如用碱溶解 Al$_2$O$_3$ 载体回收贵金属的原理与拜尔法生产氧化铝的工艺相类似。其过程是将废贵金属催化剂与氢氧化钠溶液在加压及一定温度下反应，使 Al$_2$O$_3$ 转变成 NaAlO$_2$ 溶液，经水稀释后，铂不与 NaOH 反应留在固体残渣中，再

将残渣氯化浸出而回收铂。

④ 酸溶法。这也是一种溶解载体法，是用一种酸(硫酸、盐酸)与载体作用并使其溶解，贵金属留在不溶渣中，然后氯化浸出回收。硫酸和盐酸都能与 Al_2O_3 作用，使其溶解后转入溶液中。硫酸的沸点比盐酸高，可以在较高温度及常压下进行，操作条件好。而且硫酸溶解 Al_2O_3 的能力强，所以应用较多。但用硫酸溶解 Al_2O_3 时，如条件控制不当，容易形成胶体，导致无法使固液分离，给贵金属回收带来困难。

（2）影响溶解速度的主要因素

在上述溶解法中，溶解工程是由溶液与固体物质组成的多相反应过程。它与气固相的多相反应相似，大致分为如下几个步骤：①溶剂分子向废催化剂固体表面扩散；②溶剂分子被吸附在固体表面上；③被吸附溶剂与废催化剂中可溶性组分发生化学作用，生成可溶性化合物；④生成的可溶性化合物在固体表面解吸；⑤可溶性化合物向溶液中扩散。

由于废贵金属催化剂的溶解属于化学溶解过程，反应是在固相表面上进行，因而使得固相与液相界面附近的溶剂浓度、反应生成物浓度与溶液内部不同。对于溶剂来说，在固液相界面处，由于反应使溶剂不断消耗，该处的浓度最低，甚至会达到零。如果没有新的溶剂不断扩散进来，反应就难以继续进行。对于反应生成物来说，在固液相界面处，其浓度不断增加，当达到饱和时，溶解作用也就停止。如要使溶解过程持续进行，就应使反应生成物不断向外部扩散。

上述溶解过程的五个步骤大致可分为扩散过程和化学反应过程两个过程。通常，扩散过程进行得很慢。由于溶解速度主要决定于溶解过程中速度最慢的步骤，所以扩散是决定性因素，也成为限制步骤。由此认为，影响溶解速度最主要的因素有：被溶物质的性质与状态、溶剂浓度、操作温度、反应生成物从饱和层中向外的扩散速度、搅拌条件等。这些因素与溶解速度的关系可用下式表示：

$$V = D \times F \frac{C_h - C_p}{\delta} \tag{11-1}$$

式中　　V——在单位时间内进行反应的物质量，也即溶解速度；

　　　　D——扩散系数；

　　　　F——固体的表面积；

　　　　δ——固体表面饱和溶液层(又称扩散层)的厚度；

　　　　C_h——固体表面饱和溶液层中反应生成物的浓度，即饱和浓度；

　　　　C_p——整个溶液中生成物的浓度。

从上式可知，溶解速度与表面积 F 成正比，如相界面表面积越大，固液接触也就越好，因此在废催化剂溶解前先进行粉碎时，既可以增加溶解反应时接触的界面面积，又可增大金属晶格的缺陷，从而提高溶解速度。

扩散系数 D 与溶剂性质、操作温度及固体粒子大小等性质有关。通常，扩散系数正比于过程进行的热力学温度。当溶液温度提高时，扩散系数变大，溶解速度提高。此外，温度提高还能促进分子活化和降低溶液黏度，也有利于溶解过程进行。但温度过高，也会造成溶解反应过快，并有气体产生，会造成贵金属的损失。

固体表面饱和溶液层的厚度 δ 是溶解过程的主要阻力，搅拌或物料搅动可以使厚度 δ

(也即扩散层厚度)变薄,因而可以加速溶解过程进行。如溶解反应有气体产物生成时,也能使扩散层破坏,从而加速反应进行。

溶剂浓度对固体的溶解速度影响很大,提高溶剂浓度不仅可增加化学反应速度,而且也能提高溶剂向固体表面的扩散速度。这是因为在溶解反应进行时,紧靠固体表面处的溶剂浓度会变得很低,如整个溶液中的溶剂浓度很高,就有利于溶剂向固体表面扩散,有利于溶解过程加速进行。但也要注意,溶剂浓度过高,会使不该溶解的物质也发生溶解,从而使反应生成物中的杂质含量增多。

在溶解过程中,溶液的质量与固体物质质量之比称为液固比。如液固比太小,即液体量太少,会使溶质很快接近饱和浓度,不利于溶解过程进行;当使用的溶剂为一定量时,如液固比太大,即溶液量太多,会使相应的溶剂浓度降低,也不利于溶解反应进行。而且液固比太大,也会增加溶解、沉淀及过滤设备的体积或数量,在经济上不利。所以,液固比的值一般是通过试验来确定其最佳值,通常为 1:1 至 4:1 不等。

(3)精炼技术

在对废贵金属催化剂进行湿法回收时,由于其中的多数贵金属能用王水、$HCl+H_2O_2$、$HCl+Cl_2$、$NaClO_3+HCl$ 等溶解,使贵金属转入溶液,因此多数贵金属组分从溶液中析出都是在氯化物介质中进行。这种从溶有一种或多种贵金属的溶液中将它们分离出来的过程也称为精炼。常用的处理方法有结晶、置换、沉淀、离子交换、溶剂萃取等。

① 结晶法。结晶是从溶剂中回收其中有用金属组分的一种常用方法。它是利用不同组分溶解度的差别,通过结晶先后从同一种溶液分离出不同金属组分。例如,用结晶的方法可从铂族金属溶液中分离出钯。在无氧化剂存在的条件下,钯在氯配酸溶液中是以 H_2PdCl_4 的形式存在,经浓缩蒸干时,H_2PdCl_4 按下式分解:

$$H_2PdCl_4 \rightleftharpoons PdCl_2+2HCl$$

分解生成的 $PdCl_2$ 结晶不溶于冷浓硝酸;而其他铂族金属则会溶解,由此可将 $PdCl_2$ 与其他铂族金属分离。

② 置换法。这是用一种金属将溶液中的另一种金属沉淀出来的方法。也称作金属置换沉淀。

从热力学上讲,任何金属 M 均可被更负电性的金属从溶液中置换出来:

$$M_1^{2+} + M_2 \rightleftharpoons M_1 + M_2^{2+} \tag{11-2}$$

置换反应可视作原电池作用:阳极部分的金属失去电子溶入溶液,而阴极部分的金属离子得到电子从溶液中析出。反应为:

$$阳极反应:M_2-ne \longrightarrow M_2^{n+}$$
$$阴极反应:M_1^{n+}+ne \longrightarrow M_1$$

在有过量的置换金属存在时,反应(11-2)将进行到两种金属的电化学可逆电势相等为止。由于铜、锌、镁等金属的活动性比贵金属强,它们的电势值小于贵金属的电势值,因此,可用铜粉、锌粉、镁粉等,从含铂族金属的氯化物溶液中将铂族金属置换沉淀出来。一般来说,金属置换剂的选择,既要依据其在电势序中的位置,也要根据工艺过程的特点及是否会对溶液产生污染。

③ 沉淀法。这是利用生成沉淀的化学反应进行分离的一种方法。如利用生成氢氧化物、

硫化物、氯化物、硫酸盐、磷酸盐等的沉淀分离法。从溶解载体后得到的含铂渣或从含铂溶液中分离提纯铂的沉淀分离法有氯化铵沉淀法、水解法及硫化钠沉淀法等。

氯化铵沉淀法是将载体溶解法得到的含铂渣，经高温焙烧，用盐酸和氧化剂浸出铂，浸出液控制铂含量为 50g/L 左右，加入固体氯化铵，不断搅拌，便生成蛋黄色的氯铂酸铵沉淀，其反应式为：

$$H_2PtCl_6 + 2NH_4Cl \Longrightarrow (NH_4)_2PtCl_4 + 2HCl$$

此法一般适用于铂含量浓度较高（最好在 50~100g/L）的溶液，如铂浓度太低，则分离效果不好，氯铂酸铵沉淀不完全且容易被污染。所以，对于溶解活性组分法或全溶法得到的含铂溶液，因铂含量低不能直接加氯化铵络合，而需先还原铂，将得到的粗铂溶解后再用氯化铵进行络合。

通常，经沉淀法所得到的粗氯铂酸铵不纯，可将其烘干焙烧为海绵铂后重新溶解、再经氯化铵沉淀，反复操作可制得纯海绵铂。

水解法是向酸性介质中铂族金属氯配离子溶液中加入碱液，在碱性介质中，铂呈可溶性的羟基铂酸钠 $Na_2Pt(OH)_6$ 留在溶液中，而其他杂质金属均水解生成氢氧化物沉淀，达到可分离的目的。如果加入氧化剂（氯气、溴酸钠、双氧水等）可使得溶液中某些杂质氧化成更易水解的高价状态，从而彻底从中分离出去。滤去沉淀后的滤液再加入氯化铵络合铂，最后将氯铂酸铵沉淀物过滤，经干燥、焙烧分解，可得到海绵铂，其反应为：

$$3(NH_4)_2PtCl_6 \Longrightarrow 3Pt + 16HCl + 2NH_4Cl + 2N_2$$

在水解作业中，经常采用"载体"水解的工艺。所谓载体水解，就是在氧化作业前的料液调整到 pH=1 后，加入浓度为 10% 的 $FeCl_3$ 溶液，按每 1000g Pt 加入 2~3g $FeCl_3$。当将料液 pH 调整为 8~9 时，$FeCl_3$ 即按下式水解、

$$FeCl_3 + 3H_2O \Longrightarrow Fe(OH)_3 \downarrow + 3HCl$$

生成的 $Fe(OH)_3$ 为大体积的絮状沉淀，能吸附漂浮在溶液中的水解沉淀颗粒和各种难于沉淀的胶体颗粒使其与之一起共沉淀，从而可进一步提高铂的分离效果。由于 Fe 因全部水解生成沉淀，故不会造成料液被铁离子所污染。

硫化物沉淀法是通过从溶液中析出难溶的硫化物沉淀物来达到分离的目的。生成金属硫化物是贵金属的共性，其中 Pd 最易生成，在室温下用 H_2S 即可沉出。Ir 最难硫化，即使煮沸也很难定量沉淀，其溶解度顺序为：

$$Ir_2S_3 > Rh_2S_3 > PtS_2 > Ru_2S_3 > OsS_2 > PdS$$

硫化物沉淀法的原理就是用硫化剂（硫化钠、硫化氢等）在溶液中使贵金属与杂质金属都生成硫化物沉淀析出，然后用盐酸或控制电势水溶液，氯化溶解杂质金属硫化物，从而实现贵金属分离，其中以 Pd 的分离效果最好，Pt 次之，Rh、Ir 则难于生成硫化物沉淀。

④离子交换法。这是利用离子交换树脂与浸出液中离子发生交换反应而分离和富集贵金属的一种方法。离子交换树脂是一类网状的高分子聚合物，根据活性基团作用方式不同，分为阳离子交换树脂、阴离子交换树脂及螯合树脂等。阳离子交换树脂是一类含有 H^+ 活性交换基团，如强酸性的磺酸基（—SO_3H）、弱酸型的羧基（—COOH）或酚羟基（—OH）的树脂；阴离子交换树脂通常含有碱性基团，如强碱型季铵基 [—$N(CH_3)_3Cl$]、弱碱型的胺基（—NH_2）等；螯合树脂则含有特殊的可与金属离子形成螯合物的活性基团，如胺羧基 [—$N(CH_2COOH)_2$] 的树脂等。

离子交换操作分为吸附及解吸两个步骤，吸附操作是将浸出液以一定的流速通过交换

柱，使混合金属离子吸附在交换柱中。当交换柱被浸出液中的金属离子所饱和时，从交换柱流出液中的金属离子与进入交换柱溶液中的离子浓度基本不变时，应停止吸附操作，转入解吸操作。即采用与活性交换基团具有更强交换能力的溶剂（洗脱剂）进行洗脱解吸，洗脱液再用于提取贵金属。

通常，铂在浸出液中是以氯配阴离子形式存在，因此采用阴离子交换树脂进行交换更为有效。例如，将含氯铂酸及其盐类的溶液用聚酰胺树脂吸附铂，然后用2%左右的盐酸甲醇溶液进行洗脱，就可得到高浓度的氯铂酸溶液，再用氯化铵沉淀铂，以进一步分离铂。也可将上述溶液调节至 pH=9 时，流过吡啶类螯合树脂，铂以离子状态吸附在树脂上，再用碱液洗脱而分离出铂。

由于一般离子交换树脂存在吸附选择性差的缺点，因而有的研究者将对贵金属有选择性分离的液态萃取剂进行固化，加工成萃淋树脂，它既具有萃取剂选择性分离效果好的优点，又具备离子交换树脂操作简便的特点，外观呈球珠状，可从低浓度的铂浸出液或铂精炼过程中产生的母液中回收铂。这种树脂能从盐酸介质中有效地吸附铂，然后用 NaOH 稀溶液进行洗脱解吸。

⑤ 溶剂萃取法。又称液–液萃取法，是指原先溶于水相的被萃取物与有机溶剂接触后，通过物理或化学作用，部分或几乎全部转入有机相的过程。这是一种从溶液中分离、富集、提取有用物质的有效方法。它利用溶质在两种不相混溶的液相之间的不同分配来达到分离和富集的目的。上述置换法、沉淀法等分离贵金属是一类传统经典方法，存在着工艺流程长、试剂消耗大、劳动强度大及贵金属分离效率低等缺点；而溶剂萃取法分离贵金属，具有工艺简化、反应速度快、试剂消耗少、选择性强、分离和富集效果好、产品的纯度高及易实现自动化操作优点。

溶剂萃取法分离富集贵金属通常分为萃取、洗涤、反萃取三个主要步骤。

a. 萃取。将含有被萃取物（也即溶质）的水溶液（废贵金属催化剂的氯化浸出液）与萃取剂在混合器中充分接触，使萃取剂与被萃取物作用，两液相因密度差异而分成两层，一层是以萃取剂为主的有机相，并溶有较多的溶质（被萃取物），称为萃取相，萃取相分离溶剂后称为萃取液；另一层是以原溶剂（即水）为主，还含有少量未被萃取出的少量（溶质），称为萃余相，萃余相分离溶剂后称为萃余液。

b. 萃洗。又称洗涤。是指把夹带在有机相中的少量杂质洗到水相的过程。所用的水溶液称作洗涤液。在废贵金属催化剂回收时，常使用稀 HCl 溶液作洗涤液。

c. 反萃取。是利用合适的水相溶液，破坏有机相中萃取络合物的结构，使它从疏水性转为亲水性，从而使被萃取物从有机相转移到水相中去的过程。草酸、Na_2CO_3、NaOH 等稀水溶液都可用作反萃取剂。

在溶剂萃取中，萃取剂的选择是过程的关键，它直接影响萃取操作能否进行，以及萃取产品的质量、收率和经济效益。选用贵金属萃取应注意的事项有：对贵金属萃取的选择性好，而且萃取容量较大；在水相的溶解度应相对小，易于与水分离；易于反萃，再生性能好；表面张力适当，表面张力大，分离快，但分离程度差，影响两相接触，表面张力小时，液体易乳化，影响分离效率；化学稳定性好，不易水解，耐酸、耐碱；价格便宜，来源充足，无毒或低毒，使用安全。

可用于萃取铂的萃取剂主要为磷类、胺类及硫类，磷类萃取剂有磷酸三丁酯、三辛基氧膦、三烷基氧膦、烷基磷酸二烷基酯等；胺类萃取剂有三正辛胺、季铵盐、三烷基胺等；硫类萃取剂有石油亚砜、二正辛基亚砜、二异辛基亚砜等。

用于选择性萃取钯的萃取剂主要为含硫萃取剂，如二正辛基硫醚、二正己基硫醚、二异戊基硫醚、亚砜及石油亚砜等。

11-3-4　废贵金属催化剂回收示例

废贵金属催化剂回收的经济效益虽然很高，但由于废催化剂中贵金属含量较少，加上回收工艺复杂，涉及的工序及设备较多，所以，如果回收技术采用不当，不但会使回收的贵金属纯度较差，而且还会造成贵金属的损失。在进行回收工作时，应根据催化剂的性质及失活状况，对国内外现有的回收工艺进行认真调查分析，并选择可行的工艺进行小试验。根据试验所得贵金属的收率及纯度，从工艺流程、技术方案及所选用设备，对回收方法作业作出正确评价，并从处理量、回收率、产品纯度、能耗及三废处理等方面作出技术经济评估，确认其回收可行性。

通常，在实际回收处理时，还需对废催化剂进行干燥、焙烧、粉碎等预处理，以除去废催化剂吸附的水分、有机物及其他杂质，有利于回收工艺的顺利进行。贵金属催化剂种类很多，应用范围很广，对失活催化剂的再生及回收利用方法也很多，下面是从废催化剂回收贵金属的一些例子。

1. 火法回收

火法回收一般利用高温炉将废贵金属催化剂与还原剂、助熔剂等一起加热熔融，使贵金属经还原熔融成金属或合金回收，以作为合金或合金原料，而载体成分则与助熔剂形成炉渣排出。图 11-2 为典型的废贵金属催化剂火法回收工艺。国外对汽车尾气转化催化剂的传统回收处理方法是采用火法。图 11-3 是其中一种火法回收工艺过程示例。

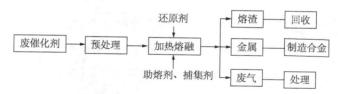

图 11-2　典型的废贵金属催化剂火法回收工艺过程

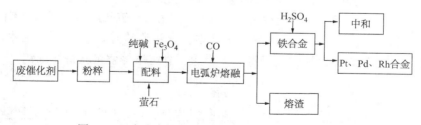

图 11-3　废汽车尾气转化催化剂火法回收工艺过程

商用汽车尾气净化催化剂是在堇青石（$2MgO \cdot 2Al_2O_3 \cdot 5SiO_2$）蜂窝状载体上用 Al_2O_3 及 CeO_2 等作涂层，再通过浸渍载上 Pt-Pd-Rh 等贵金属组分而制成，可同时脱除 CO、NO_x 及碳氢化合物。每个催化转化器的平均贵金属含量为 1.4～2.0g 左右。每辆汽车所安装的催化转化器的重量不到 2kg。进行火法回收时，先将一定量的废催化剂破碎成细颗粒，与助熔剂（纯碱、萤石、石灰等）及捕集剂（Fe_3O_4）一起加入电弧炉中，然后通入 CO 进行高温熔融，操作温度 1550~1750℃。在高温下，Fe_3O_4 先被 CO 还原成 FeO，最后还原成金属铁，并与熔融的贵金属形成铁合金。生成的炉渣与铁合金的密度相差较大可极易分离。含贵金属的铁合金再置于溶铁炉内用硫酸处理将铁浸出，经过滤除去含铁滤液，滤渣即为 Pt-Pd-Rh 的浓集物，可用于制造合金或进一步处理。

显然，对于含有两种或两种以上贵金属的废催化剂，采用火法回收技术难以单独回收每种贵金属组分。如要进一步提纯出每种贵金属，需要对用火法回收所得的贵金属合金再用湿法回收技术处理，才能达到分离提纯每种贵金属的目的。所以，对于含有 Pt、Pd、Rh 的废汽车尾气转化催化剂，应采用火法与湿法相结合的方法来回收贵金属。

2. 湿法回收

湿法是从废贵金属催化剂回收贵金属的主要方法。其中组分溶解及贵金属精炼是影响湿法回收率及产品纯度的主要因素。由于所采用的工艺及所使用的试剂不同，湿法回收方法也很多，下面只是其中一些示例。

（1）置换法

它是用一种贱金属将溶液中的贵金属沉淀出来，再将其分离的过程。图 11-4 示出了用铜粉置换法回收贵金属铂的工艺过程。处理时先将废铂催化剂在高温下焙烧 数小时，然后用盐酸浸铂，接着再用铜粉将酸解液中的铂以铂粉形式置换出来，置换可达到初步提纯和铂富集的目的。所用铜粉最好是溶液中还原制得的活性铜粉，置换温度 55~60℃，溶液酸度 1.5~1.9mol/L，置换时间约 2h。置换过程的化学反应为：

$$2Cu+H_2PtCl_6 \longrightarrow Pt\downarrow +2CuCl_2+2HCl$$

将置换得到的粗铂再经氯化浸铂、氯化铵沉铂及焙烧等过程，可制得高纯海绵铂。

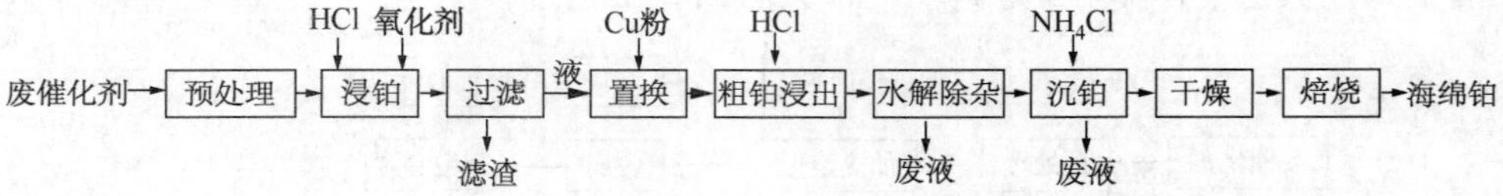

图 11-4 铜粉置换法回收铂的工艺过程

（2）沉淀法

此法是从负载型废铂催化剂中回收铂金属的传统方法。其工艺过程如图 11-5 所示。将经焙烧、粉碎的废铂催化剂先用硫酸处理，使载体氧化铝与硫酸反应生成硫酸铝，而铂不与硫酸反应。经过滤后，硫酸铝等杂质留在滤液中，含铂滤渣经焙烧后再用王水浸铂、赶出 NO_2，然后加入固体氯化铵沉淀铂，经过滤、干燥、真空焙烧就可获得海绵铂。

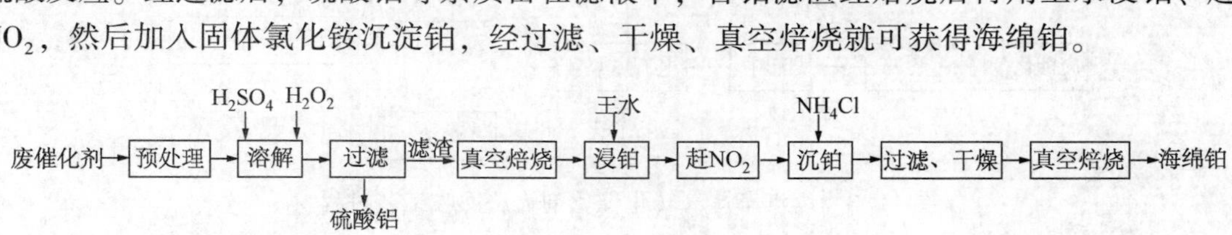

图 11-5 沉淀法回收铂的工艺过程

氯化铵沉淀铂的化学反应为：

$$H_2PtCl_6+2NH_4Cl \longrightarrow (NH_4)_2PtCl_6\downarrow +2HCl$$

此法主要适用于铂含量较高，也即铂离子浓度较高的溶液，如铂浓度过低，则氯铂酸的沉淀不完全且容易被污染。而且在进行氯化铵沉淀铂以前，应将其进行适当氧化，以保证 Pt 能以 Pt(Ⅳ)形式存在。

（3）离子交换法

此法及后续发展起来的萃淋树脂，可以分离得到纯度较高的产品，而且由于树脂来源容易，设备和操作简单，工作场所和卫生条件较好，因此在废催化剂回收贵金属中得到广泛应用。图 11-6 示出了用离子交换法由废 Pt-Re 重整催化剂回收 Pt、Re 金属的工艺过程。

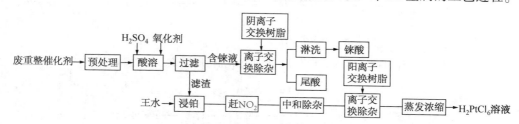

图 11-6　离子交换法从废重整催化剂回收 Pt、Re 的工艺过程

将经预处理的含 Pt、Re 的废重整催化剂先用硫酸溶解，酸溶液经过滤后，Re 及 Pt 分别留在溶液及滤渣中，含 Re 的滤液用强碱性阴离子交换树脂吸附除杂，得到铼酸溶液；滤渣经王水浸铂、赶 NO_2、中和后，用强酸性阳离子交换树脂交换除去杂质离子，经蒸发浓缩可得到氯铂酸溶液。

用离子交换法分离提纯贵金属时，应根据所要除去的杂质离子的性质，选择适用的离子交换树脂品种。

（4）溶剂萃取法

此法是指分离物质的水溶液与互不混溶的有机溶剂接触，借助于萃取剂的作用，使一种或几种组分进入有机相，而另一些组分留在水相，从而达到分离目的。由于溶剂萃取法具有处理容量大、反应速度快、分离效果好等优点，已成为从废催化剂中分离提纯贵金属的一种重要方法。由于萃取法是利用被分离的金属元素在两个互不相混的液相中分配时分配系数的不同来进行分离的，在分配系数相差不大时，必须使水相与有机相多次接触，才能得到纯产品。这种把若干个萃取器串联起来，使有机相与水相多次接触，从而显著提高分离效率的萃取工艺称作串级萃取。串级萃取按有机相与水相流动方式的不同，又可分为错流萃取、逆流萃取、部分回流萃取及批式操作全回流萃取等多种类型。图 11-7 示出了用溶剂萃取法由废 Pt-Sn 重整催化剂回收铂金属的工艺过程。

先将废重整催化剂（含 Pt 0.443%、Sn 0.31%、氯 1%、碳 5%）经 500~700℃焙烧 3~4h，焙烧渣磨细后，再在双氧水存在下用浓盐酸溶解并过滤，得到含铂 0.4432g/L、含铝 50g/L 的滤液。然后用二异辛基亚砜-磺化煤油萃取。萃取物用 4mol HCl 洗涤后，再用 0.1mol/L HCl 反萃取。萃余液含铂 0.0019g/L，铂的萃取率为 99.96%，反萃取铂后的有机相用 15%酒石酸洗涤铂后，再用水洗涤后回用。含铂萃取液在 60℃下用 5%水合肼还原后制取海绵铂。

（5）王水浸出法

钯是优良的加氢、脱氢催化剂，也用于氧化、歧化、裂化、聚合及不对称反应中。钯催化剂的常用载体是活性炭及氧化铝。图 11-8 示出了采用王水浸出法从废钯催化剂回收钯的工艺过程，其操作过程大致如下。

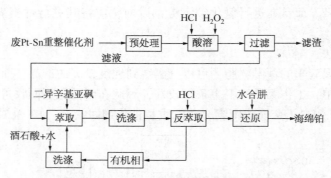

图 11-7　溶剂萃取法从废重整催化剂回收铂的工艺过程

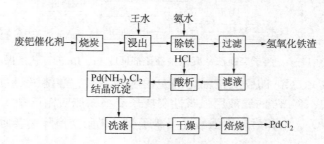

图 11-8　王水浸出法回收钯的工艺过程

① 烧炭。废钯催化剂一般含炭 93%~95%，用王水浸出钯时，因炭是还原剂，也会与王水反应。为减少王水用量，先需高温烧炭，在烧炭同时，还可将废钯催化剂上的有机物及油污烧掉。经烧炭处理后所得钯渣中，钯含量≥80%，铁约 15%，其他金属铜、锌、镍等约含 5%。

② 王水浸出，浸出条件为：浓盐酸质量为钯渣质量的 9 倍，浓硝酸的质量为钯渣质量的 3 倍，加热反应温度为 70~80℃，并不断搅拌，直至钯渣不再溶解为止。钯的浸出反应为：

$$Pd+HNO_3+3HCl \longrightarrow PdCl_2+NOCl+2H_2O$$

③ 除铁。在碱性条件下，亚钯盐能溶于氨水形成可溶性的 $[Pd(NH_3)_4]^{2+}$，Cu^{2+}、Zn^{2+}、Ni^{2+} 也能与氨形成相应的络合离子，但 Fe^{3+} 不能与氨形成络合离子，故可将 Fe 以 $Fe(OH)_3$ 沉淀物的形式除去。氨水除 Fe 反应条件为：氨水过量，控制 pH 值 8.5~9，温度 70~75℃。除 Fe 后的溶液中 Fe^{3+} 含量≤0.01g/L。

④ 酸析。氨水除铁后经过滤所得滤液中仍含有 Cu、Zn、Ni 等杂质离子，需加稀盐酸进行酸析，由于 $[Pd(NH_3)_4]^{2+}$ 遇盐酸时生成黄色 $Pd(NH_3)_2Cl_2$ 结晶沉淀，而铜、锌、镍等其他离子与盐酸反应生成的相应盐酸盐不发生沉淀，因而经过滤可将它们除去。酸析反应为：

$$Pd(NH_3)_4Cl_2+2HCl \longrightarrow Pd(NH_3)_2Cl_2\downarrow +2NH_4Cl$$

⑤ 焙烧。将酸析后过滤所得黄色沉淀物经洗涤、干燥后于 550℃ 下焙烧除氨，即可制得 $PdCl_2$ 粉状物，$PdCl_2 > 99\%$。

（6）全萃取法回收汽车尾气转化催化剂中的铂、铑、钯

汽车污染控制的措施可分为机内净化和机外控制两类技术。其中利用催化反应技术，在汽车排气尾管安装催化转化器是最有效的机外尾气净化方法。催化转化器的核心部分是催化剂，它决定着催化转化器的主要性能指标，催化剂主要由载体、活性组分及多孔涂层构成。

使用最广的载体是蜂窝状的堇青石，多孔涂层材料是氧化铝。活性组分是催化剂的关键组分，常用的活性组分有铂、铑、钯等贵金属以及铈、镧、镨、钕等稀土元素和铜、铁、铬、锰、钴等贱金属，国际上商业催化剂中的主要成分是贵金属。不同的贵金属有着不同的催化特性。例如，铑是三效催化剂中控制氮氧化物的主要成分，能有效地解离 NO 分子，而且铑对一氧化碳的氧化及碳氢化合物的重整反应也有重要作用；铂在三效催化剂中的主要贡献是转化一氧化碳和碳氢化合物；钯的作用与铂相似。由于铑、铂、钯的协同作用，可同时脱除汽车尾气中的一氧化碳、碳氢化合物及氮氧化物。

随着汽车工业的发展及环保法规的日益严格，汽车尾气催化转化器的需求量迅速增加，由于这类转化器的催化剂中含有铂、铑、钯等贵金属成分，对其进行回收，不仅有很高的经济价值，对于缺乏贵金属资源的我国也是十分重要的。因此，早在 1998 年，我国原国家计委将从废汽车催化器中回收铂、钯、铑的项目立为国家重点工业性试验项目。该项目试验的工艺过程如图 11-9 所示。先将汽车尾气转化的废催化剂粉碎后，用硫酸、氯酸钠浸出贵金属，浸出液过滤后用锌置换沉淀贵金属，置换渣用 NaOH 浸出除硅，用盐酸洗涤除碱，用盐酸-双氧水溶解贵金属。溶解液即为用溶剂萃取法分离 Pt、Pd、Rh 的料液。此料液经化学定量分析：Pt 0.02g/L、Pd 5.85g/L、Rh 1.63g/L。其他含有 Ag、Fe、Cu、Pb、Zn、Ti、Al 等金属。将料液先用二烃基硫醚或石油亚砜萃取分离 Pd，萃余液用磷酸三丁酯萃取分离 Pt，最终萃余液主要为 Rh。Pd、Pt、Rh 分别进行精炼后，全工艺 Pt、Pd、Rh 的总收率分别达到 98.5%、100%、95%。对料液的传统分离处理方法有氯化铵沉淀法、水解法等，但这些方法存在着工艺流程长、金属互含严重及贵金属收率低等缺点。采用溶剂全萃取法则有分离效率好、贵金属直收率高、劳动强度低、可实现自动化操作等优点。

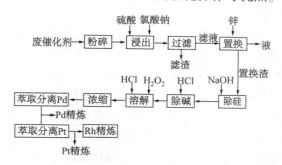

图 11-9 全萃取法回收废催化剂中的 Pt、Pd、Rh 工艺过程

第12章　工业环境治理催化剂及其应用

12-1　环境催化及环境催化剂

随着工业发展，由各类工业所排放的大量废气、废水及废渣严重破坏了人类生存的环境。为了保护环境和可持续发展，许多国家都通过行政规划、立法等手段，采取跨学科的综合措施和各种技术手段来防止"三废"对环境的污染和破坏。因此，环境催化这一概念也应运而生。

所谓环境催化是环境化学的组成部分。而环境化学是环境科学的分支学科，主要应用化学的基本原理及方法，研究有害化学物质在环境介质中的存在状态、化学特性、化学转化过程及其变化规律与化学效应的科学。它是以化学物质在环境中出现而引起的环境问题为研究对象，以解决环境问题为目标。环境催化则是应用化学反应及催化原理来预防及控制环境的污染问题。其主要内容有：一是研究并开发环境友好的催化工艺及相关的催化剂，如采用无公害的化学品催化生产工艺、洁净能源的催化生产工艺，以及使用无公害的催化剂等；二是研制及开发治理废气、废水、废渣污染的催化技术及相应的催化剂。环境催化的核心是催化剂技术，也即能以直接或间接的方式方法处理有毒有害物质，使之无害化或减量化，以保护环境和消除环境污染的环境催化剂的开发及应用。

环境催化剂按用途可分为汽车尾气净化催化剂及工业环境催化剂两大类。汽车尾气净化催化剂也包括柴油机车尾气净化催化剂及摩托车等各种车用尾气净化催化剂；工业环境催化剂包括挥发性有机化合物催化燃烧催化剂、燃煤发电厂及工业锅炉烟气脱硫及脱硝催化剂、硝酸厂尾气及催化剂焙烧烟气处理催化剂、废水湿式氧化处理催化剂以及发展很快的光催化剂等。在国外，据称汽车尾气净化催化剂的产量及销售量已超过炼油及石油化工催化剂。工业环保催化剂的销售额比例较小，但增长率很高，尤其是烟气脱硝催化剂的增长速度较快。但随着人们对环境保护意识的提高，环保催化剂的范畴也在扩大。广义上，凡能改善环境污染的催化剂，如室内空气净化催化剂、工业原料及产品脱硫、脱砷、脱氯等催化剂也都属于环保催化剂。下面主要介绍社会及企业较为关心的一些催化剂应用情况。

12-2　烟气脱硫技术及所用催化剂

12-2-1　烟气脱硫方法

二氧化硫为无色有刺激性的气体，易溶于水，在催化剂(如大气颗粒物中的 Fe、Mn 等金属离子)的作用下，易氧化成三氧化硫，遇水可变成硫酸，对环境起酸化作用，是造成酸雨污染的主要污染物，也是危害最严重的大气污染物之一。二氧化硫污染不仅对人体健康造成损害，也会对农作物产生危害。所以，世界各国都把大气中的二氧化硫浓度作为衡量大气污染程度的一项重要指标。

　　大气中的二氧化硫主要来源于自然界和人为活动。自然界中主要是含硫物质的燃烧过程，特别是火山爆发；人为活动包括化石燃料燃烧（发电厂、钢铁厂、炼油厂及化工厂的燃煤、燃油炉产生的烟气）、有色金属冶炼过程（如铜、铅、锌、镁等有色金属的主要原料硫化精矿冶炼产生的烟气）、其他工业生产及化工原料的生产过程（如硫酸生产及烧结产生的烟气）、垃圾焚烧及含硫催化剂处理产生的烟气等。

　　为了控制排入大气中的二氧化硫，早在 19 世纪人们就开始进行有关烟气脱硫技术的研究，但直到 20 世纪 60 年代才开始大规模开展这类技术的应用。目前，烟气脱硫仍是世界上唯一大规模商业化应用的脱硫方法，是控制二氧化硫排放和酸雨污染的最为有效的技术手段。

　　全世界烟气脱硫工艺有 200 多种，行之有效的脱硫技术也有数十种。烟气脱硫技术按脱硫剂的形态分为湿法（是采用液态吸收剂洗涤烟气以吸收所含 SO_2 的脱硫方法）、干法（是采用粉状或粒状的吸收剂、吸附剂或催化剂来脱除烟气中 SO_2 的脱硫方法）及半干法（是指脱硫剂在湿状态下脱硫，在干状态下处理脱硫产物，或者是在干状态下脱硫，在湿状态下再生的烟气脱硫方法）等三类；按照烟气脱硫后的生成物是否回收，将脱硫技术分为抛弃法和回收法；按烟气净化的原理，将烟气脱硫分为吸收法、吸附法和催化转化等。目前，在实际中应用最广、工艺应用最多的脱硫方法是湿法烟气脱硫。而属于干法脱硫的催化转化法是较为廉价的烟气脱硫方法，干式催化烟气脱硫技术又可分为催化氧化法及催化还原法两类。

12-2-2　干式催化氧化脱硫技术及所用催化剂

　　1. 干式催化氧化脱硫的基本原理

　　干式催化氧化脱硫，又称气相催化氧化脱硫，它是在催化剂作用下将烟气中的 SO_2 氧化为 SO_3，然后生成副产品硫酸，在常温下，SO_2 和 O_2 很难发生反应，甚至在 800℃的高温下也难以觉察到反应的进行，在 800℃时的平衡转化率不到 20%，缺乏实用意义。所以，必须在有催化剂存在下，才能使二氧化硫氧化反应得以进行。例如，以 V_2O_5 为催化剂时，SO_2 在钒催化剂作用下的氧化反应为：

$$SO_2 + \frac{1}{2}O_2 \xrightarrow{V_2O_5} SO_3 + Q$$

这是一个放热的可逆反应，当反应达到动态平衡时。其平衡常数 K_p 可用下式表示：

$$\lg K_p = \frac{5134}{T} - 4.951 \tag{12-1}$$

也即平衡常数 K_p 随反应温度 T 升高而下降。当反应达到动态平衡时，平衡常数 K_p 与反应物和反应产物的浓度之间存在以下关系：

$$K_p = \frac{[SO_3]}{[SO_2][O_2]^{\frac{1}{2}}} \tag{12-2}$$

如把氧化为 SO_3 的 SO_2 量与氧化的 SO_2 量之比称为 SO_2 的转化率 x，反应达到平衡时的 SO_2 转化率称为平衡转化率 x_T。当 SO_2 的起始浓度为 a（体积分数），O_2 的起始浓度为 b（体积分数）时，则存在以下关系：

$$x_T = \frac{K_p}{K_p + \sqrt{\dfrac{100 - 0.5ax_T}{p(b - 0.5ax_T)}}} \tag{12-3}$$

式中，p 为混合气体的总压力。

由上式可知，平衡转化率与混合气体的总压力、混合气体的起始浓度有关。在常压下，SO_2 的氧化反应可得到较高的转化率，因此，氧化反应常在常压下操作。常压下平衡转化率 x_T 主要与温度和气体组成有关。显然，SO_2 氧化反应的温度越低，平衡转化率就越大，但反应温度如低到催化剂能够促使 SO_2 氧化的最低温度（即起燃温度）以下时，催化剂便不起催化作用。如钒催化剂的起燃温度为 $400\sim420℃$，实际操作中，反应温度选择在钒催化剂的活性温度（$400\sim600℃$）的范围内。

2. 干式催化氧化烟气脱硫工艺

干式催化氧化烟气脱硫工艺如图 12-1 所示。锅炉烟气经高温电除尘器除尘后送入催化反应器，反应器内设置若干层催化剂（如 V_2O_5 催化剂），使烟气中 80%~90% 的 SO_2 被催化氧化成 SO_3。从反应器排出的烟气经节能器、空气预热器的冷却后，经吸收塔冷凝成硫酸，可制得浓度为 80%~90% 的硫酸。冷凝过程中形成的酸雾由除雾器除去。影响 SO_2 催化氧化转化率的操作因素有反应温度、压力、空速及 SO_2 浓度（在反应过程中应及时将所生成的 SO_3 从反应体系中取出）。该工艺主要用于处理硫酸尾气、炼油厂尾气及电厂锅炉烟气等。

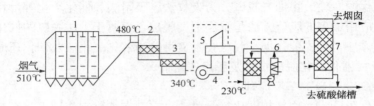

图 12-1　干式催化氧化脱硫工艺

1—除尘器；2—反应器；3—节能器；4—风机；5—空气预热器；6—吸收塔；7—除雾器

3. 干式催化氧化烟气脱硫催化剂

（1）以 V_2O_5 为活性组分的钒催化剂

在接触法生产硫酸过程中，是在钒催化剂作用下使 SO_2 与空气发生氧化反应生成 SO_3，然后再用稀硫酸吸收 SO_3 而制成浓硫酸。这种以 V_2O_5 为主要活性组分的钒催化剂也适用于脱除烟气中的 SO_2。只是烟气的组成有杂质，而且含尘量高，因而对催化剂的性能要求更为苛刻而已。

① 钒催化剂的脱硫机理。二氧化硫氧化用的钒催化剂大都是以 V_2O_5 为活性组分，以碱金属硫酸盐（如 K_2SO_4）为助催化剂，以硅藻土为催化剂载体，是一种负载型固体催化剂。V 催化剂的催化作用是由于 V 的价态在 4 价和 5 价之间变化，因此有人对 SO_2 的催化氧化提出以下机理：即先由 V_2O_5 对 SO_2 进行化学吸附，生成 SO_3 和 V_2O_4：

$$SO_2 + V_2O_5 \longrightarrow SO_3 + V_2O_4$$

接着，O_2 也化学吸附到 V_2O_5 催化剂表面，使 V_2O_4 氧化，又重新变为 V_2O_5：

$$\frac{1}{2}O_2 + V_2O_4 \longrightarrow V_2O_5$$

以上这种机理是依据钒催化剂为固体催化剂提出的。但实际操作条件下，反应温度高于 400℃。在这种高温下，活性组分 V_2O_5 和碱金属硫酸盐是以熔融的液相负载在硅藻土（SiO_2）上，因此是一种负载型液相催化剂，上述反应机理也就不适用。

因此，一些研究者认为，在实际脱硫反应温度（400～600℃）的条件下，V_2O_5 与助催化剂是以双钒形式的配合物存在：

$$
\left[
\begin{array}{c}
\quad O \quad\quad O \\
\quad \| \quad\quad\; \| \\
-V-O-V- \\
\; | \quad\quad\quad | \\
KO_3SO \;\; KO_3SO
\end{array}
\right]
$$

起催化作用的是熔融态的碱金属硫代钒酸盐（$K_2O \cdot 2SO_3 \cdot V_2O_5$），其熔点约为 430℃，在使用有效的助催化剂（如 K_2SO_4）时，可使 $V=\!=\!O$ 键减弱，增大 V_2O_5 的催化活性。

由于起催化作用的是呈液相的低共熔融混合物，因此按液相反应机理，SO_2 的催化氧化反应也包括两个主要步骤：首先为 SO_2 在钒酸盐熔融体表面的化学吸附和 5 价钒还原成 4 价钒；然后是熔融液相中的 4 价钒氧化为 5 价钒。其中，4 价钒的氧化是反应控制步骤。总反应过程可简化为：

$$
V_2O_5 + SO_2 \rightleftharpoons V_2O_5 \cdot SO_2 \rightleftharpoons V_2O_4 \cdot SO_3 \xrightarrow{+O} V_2O_5 + SO_3
$$

② 钒催化剂的制备。钒催化剂的制备分为载体制备及催化剂制备两部分。载体是以含 SiO_2 为 70% 左右的天然硅藻土原矿为原料，先用一定温度的热水对硅藻土进行水洗后，再用硫酸处理除去硅藻土中的 Fe_2O_3、CaO、MgO、Al_2O_3 等杂质。经过滤、洗涤、干燥，使其中水分小于 15% 后备用。

钒催化剂的活性组分为 V_2O_5，助催化剂为 K_2SO_4。制备时，先将原料 V_2O_5 和 KOH 按配比用水溶解，经沉淀滤去 $Fe(OH)_3$ 杂质后，加入适量浓硫酸进行中和反应，所得反应产物即为 V_2O_5 与 K_2SO_4 的混合浆液。将此浆液与已制得的精制硅藻土经混碾、挤条、干燥、高温焙烧即制得钒催化剂成品。制备过程如图 12-2 所示。

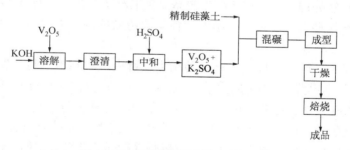

图 12-2　钒催化剂的制备工艺过程

（2）活性炭脱硫剂

活性炭是一类经活化、有活性的微晶非石墨形的碳，具有发达的细孔结构和巨大的内表面积，并具有良好的耐热性、耐酸碱性。活性炭干法烟气脱硫是以活性炭或是负载了活性组分的活性炭作为脱硫吸附剂用于脱除烟气中的硫氧化物。其脱除 SO_2 的途径主要有两种：一是活性炭作为吸附剂将 SO_2 物理吸附在微孔内；二是活性炭充当催化剂，将 SO_2、H_2O 和 O_2 催化氧化成硫酸储存在其微孔内。脱硫过程往往是吸附和催化氧化交替进行。

① 活性炭的脱硫机理。活性炭脱硫是吸附过程和催化转换的动力学过程，其脱硫机理大致如下：

$$
SO_2 \xrightarrow{\;C\;} SO_2^*
$$

$$O_2 \xrightarrow{\ C\ } 2O^*$$

$$H_2O \xrightarrow{\ C\ } H_2O^*$$

$$SO_2^* + O^* \xrightarrow{\ C\ } SO_3^*$$

$$SO_3^* + H_2O^* \xrightarrow{\ C\ } H_2SO_4^*$$

$$H_2SO_4^* + nH_2O^* \xrightarrow{\ C\ } (H_2SO_4 \cdot nH_2O)^*$$

（上标 * 表示吸附态）

　　O_2 和 SO_2 先被活性炭表面活性位吸附，SO_2 被氧化成 SO_3，然后再与 H_2O 反应生成 H_2SO_4。生成的 H_2SO_4 迁移至活性炭微孔内储存，释放出的活性吸附位继续吸附 SO_2。吸附饱和的活性炭则需要通过再生以释放硫的储存位。再生的方法有加热再生法和水洗再生法。活性炭经再生可以获得硫酸、液体 SO_2、单质硫等产品，因此，采用活性炭脱硫既可以控制 SO_2 的排放，还可回收硫资源。

　　② 活性炭脱硫技术的特点。活性炭烟气脱硫技术开发于 20 世纪 60 年代，90 年代后在一些工业发达国家开始推广应用。该技术主要特点有：

　　a. 活性炭烟气脱硫技术脱硫效率高，最高可达 90%，而且可以同时脱除烟气中的氮氧化物、重金属和有机污染物等，具有脱除多种污染物的净化功能。

　　b. 活性炭脱硫过程不消耗水，属于干法脱硫，有利于水资源严重缺乏地区采用该技术。

　　c. 活性炭脱硫剂可以煤为原料生产，我国是世界上最大的煤炭生产国，具有生产活性炭的优质煤炭资源，原料来源广泛，可显著降低活性炭烟气脱硫成本。

　　d. 环保性能好，不对环境产生二次污染，也不产生水污染及固体废物污染。

　　e. 脱除的 SO_2 经处理可加工成多种硫产品及化工产品，有良好的经济技术性。

　　③ 影响活性炭脱硫效率的因素。影响活性炭脱硫效率的因素较多，其中主要影响因素有以下一些：

　　a. 活性炭类型的影响。活性炭材料品种很多，可由多种材料制得。普通活性炭吸附容量低、吸附速度慢、处理能力小。用化学纤维、沥青纤维等纤维原料经炭化、活化制得的活性炭纤维，由于微孔发达、比表面积大、孔径分布窄、有较多适于吸附 SO_2 的表面官能团，因而也可用于烟气脱硫。但由于工业锅炉烟气量大，用于脱硫反应器的体积大，因此要求活性炭不仅要脱硫性能好，而且要求强度好、抗氧化性能强，并可多次循环使用，因此工业上大多是以煤基活性炭作烟气脱硫剂。

　　b. 温度的影响。活性炭烟气脱硫的第一步是 SO_2 的吸附，但吸附量会受到温度影响，随着温度升高，吸附量会下降。在实际操作中，由于所使用的活性炭性能及工艺条件不同，实际操作的吸附温度也有低温（20~100℃）、中温（100~160℃）及高温（>160℃）吸附等。

　　c. 烟气含氧量和水分的影响。烟气中氧和水的存在，可使 SO_2 经催化氧化生成 SO_3，然后由水吸收生成硫酸。一般烟气中含氧量为 5%~10%，能满足脱硫反应的要求。SO_2 脱硫率一般随烟气含水量的增加而提高，这是因为烟气中水分子产生的 OH 对 SO_2 的氧化有作用。但水蒸气的浓度会影响活性炭表面生成的稀硫酸的浓度。

　　d. 空速的影响。在一定温度下，活性炭脱硫剂在吸附 SO_2 过程中，对空速都有一定的要求，空速过高会使脱硫效率下降。

④ 活性炭脱硫剂的制法。用于烟气脱硫的活性炭也称为活性焦，是一种低比表面积、高强度的煤质活性炭。比表面积 $150 \sim 400 m^2/g$，堆密度 $600 \sim 700 g/L$，SO_2 吸附量 $40 \sim 180 mg/g$，燃点 $>350℃$。它具有发达的孔隙结构，其孔隙中大孔、中孔、微孔并存的结构缺点，使其具有广谱吸附性，对烟气中的多种有害物质，如 SO_2、NO_x、二噁英、吡喃、挥发性有机物及重金属等都有良好的吸附性。

活性焦的简要制备过程如图 12-3 所示。将原料褐煤粉碎过筛后，用硫酸溶液浸泡、烘干、炭化、加入黏结剂（如煤焦油）、金属氧化物（用作活性组分）等，再经捏合、成型、干燥、活化而制得成品。如捏合时不加入金属氧化物，则为纯活性焦。

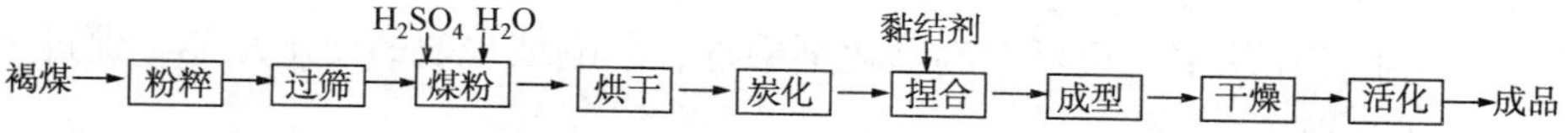

图 12-3　活性焦制备工艺过程

（3）以沸石为载体的铁系催化剂

以氧化铁为活性组分、天然或合成沸石为载体的负载型铁系催化剂，也可用于烟气脱硫。该催化剂可由 $Fe(NO_3)_3$ 浸渍载体后，经干燥、焙烧而制得，也可由沸石经 Fe^{3+} 交换后制得。所用载体为改性天然丝光沸石、MCM 类大孔沸石分子筛。铁系催化剂的脱硫原理是先由多孔性沸石吸附烟气中的 SO_2，尔后由催化剂上的 Fe^{3+} 对 SO_2 发生催化氧化而加以除去。失活后的催化剂可用水洗涤再生。国内对这种烟气脱硫技术还处于试验阶段。

12-2-3　干式催化还原脱硫技术

烟气干式催化还原脱硫技术，是指在催化剂作用下，由还原剂直接将烟气中的 SO_2 还原为单质硫的方法。这既是一种传统的还原方法，也是在烟气脱硫中不断应用开发的技术。这一技术的特点是：①还原剂来源方便，烟气中所含多种还原性气体，如 H_2、CO、CH_4 及许多烃类都是 SO_2 的很好还原剂；②工艺简单，是一步完成的干法过程，不产生废液或废渣；③催化还原反应最终产品为固态硫，因而运输及再利用方便。

催化还原脱硫法的工艺过程如图 12-4 所示。将经电除尘的烟气先预热至 $250 \sim 300℃$。由于所用燃料及燃烧状况不同，烟气所含 CO、H_2 的浓度也有差异，而且产生的 SO_2 浓度也会不同，因而要根据 SO_2 含量及烟气中 CO、H_2 的浓度，调节并补充适量还原剂，所补充的还原剂可以是 CO、H_2、H_2S、CH_4 等。催化还原反应温度为 $400℃$。所用还原剂不同，脱除 SO_2 的催化还原反应机理不同，所使用的催化剂也有所区别。

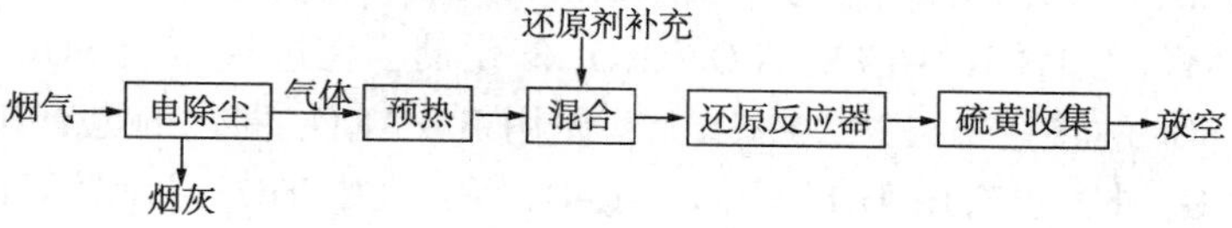

图 12-4　干式催化还原脱硫工艺过程

1. 以 CO 为还原剂的脱硫原理

在以 CO 作还原剂，将烟气中 SO_2 直接催化还原为单质硫的主要反应如下：

$$2CO+SO_2 \xrightarrow{\text{催化剂}} 2CO_2+\frac{1}{n}S_n$$

$$CO+\frac{1}{n}S_n \longrightarrow COS$$

$$2COS+SO_n \longrightarrow 2CO_2+\frac{3}{n}S_n$$

其中，$n \geqslant 2$。在高温下，通过反应产生的气态硫（主要是 S_2）可与 CO 作用生成羰基硫（COS），COS 可再与 SO_2 反应生成 S。因 COS 是一种毒性比 CO 更大的气体，因此反应应尽量减少 COS 的生成。

此外，烟气中存在的水汽也可引起催化剂中毒，影响催化剂的使用性能，促进下述反应发生：

$$CO+H_2O \longrightarrow H_2+CO_2$$
$$COS+H_2O \longrightarrow H_2S+CO_2$$
$$H_2+[S] \longrightarrow H_2S$$
$$\frac{3}{n}S_n+2H_2O \longrightarrow 2H_2S+SO_2$$

少量氧气的存在，也会影响催化剂的活性及选择性。氧气还会促进氧化反应，抑制还原反应。因此，利用 CO 催化还原脱硫技术是否具有工业意义，关键是在于研发具有抗 O_2、H_2O 中毒的催化剂。目前开发研究的催化剂有负载型金属催化剂、复合金属氧化物催化剂、金属硫化物催化剂、钙钛矿型（$CaTiO_3$）复合氧化物催化剂、金红石型复合氧化物催化剂、萤石型复合氧化物催化剂等，所用催化剂载体主要为 γ-Al_2O_3。

2. 以 H_2 为还原剂的脱硫原理

使用 H_2 作还原剂时，如在经硫化的 Co-Mo/Al_2O_3 催化剂上，SO_2 被 H_2 还原的反应过程大致为：

金属硫化物表面：$SO_2+3H_2 \longrightarrow H_2S+2H_2O$

Al_2O_3 表面：$SO_2+2H_3S \longrightarrow 3S+2H_2O$

总反应：$SO_2+2H_2 \longrightarrow S+2H_2O$

当进气中 H_2：$SO_2=3$（体积比），反应温度为 300℃ 时，单质硫的产率可大于 80%，而且催化剂经结合有 10% 的 H_2S 气体预硫化后会有较高的活性、稳定性及抗水蒸气中毒的能力。

能用于氢还原法的催化剂品种较多，如 Fe、N、Co、Ru 等负载于 γ-Al_2O_3 上的催化剂都有一定的催化活性。如含 Ni 16% 的 NiO/Al_2O_3 催化剂，在进气 H_2：$SO_2=2$，反应温度为 320℃ 的条件下，SO_2 的转化率可达 90% 以上。使用 Ru/Al_2O_3 催化剂也有相近的催化活性，所用载体除 γ-Al_2O_3 外，也有用 TiO_2、SiO_2、CeO_2 等，其中 TiO_2 显示较好的使用效果。

用氢气还原法脱硫虽然过程简单，许多废气中也含有一定量的 H_2，但 H_2 的补充，无论在储存、运输等方面都不太方便，可操作性差，影响其工业化应用。

3. 以 CH_4 为还原剂的脱硫方法

甲烷是无色无臭可燃气体，化学性质相当稳定，与强酸、强碱、强氧化剂、强还原剂等均不发生反应，但在催化剂存在下也可发生氧化、热解等反应。用 CH_4 催化还原 SO_2 的总反应为：

$$CH_4+2SO_2 \xrightarrow{\text{催化剂}} 2S+CO_2+2H_2O$$

按热力学分析，上述反应的混合产物中，除 S、CO_2、H_2O 外，还存在 H_2S、COS 及未反应的 CH_4、SO_2 等。研究开发的催化剂有 MoS_2/Al_2O_3、Co_3O_4/Al_2O_3 及萤石型催化剂等。但反应温度均较高(>600℃)，SO_2 脱除率不太高，仍处于研究开发中。

12-3　烟气脱硝技术及所用催化剂

12-3-1　烟气脱硝方法

引起大气污染的另一种重要污染物是氮氧化物。氮氧化物是氮的氧化物的总称，为 1~5 价的氧化物，主要有 N_2O、NO、NO_2、N_2O_3、N_2O_4、N_2O_5 等六种氧化物。除 NO_2 外，其他氮氧化物均极不稳定，遇光、湿或热变成 NO_2 及 NO，NO 又变成 NO_2。在大气中，除 NO_2 较稳定、NO 稍稳定外，其他氮氧化物都不稳定，且浓度很低，因此通常所说的氮氧化物主要是指 NO_2 和 NO 的混合物，并用 NO_x 来表示。

工业锅炉排出的烟气，催化剂焙烧产生的尾气，机动车、飞机、轮船排出的废气中，均含有大量的 NO_x。进入大气中的 NO_x 和挥发性有机物达到一定浓度后，在太阳光照射下，经过一系列复杂的光化学氧化反应，生成含有臭氧、过氧乙酰硝酸酯、丙烯醛及甲醛等醛类、硝酸酯类等化合物的"光化学烟雾"。光化学烟雾是一类强刺激性的淡蓝色烟雾，会刺激人的眼、鼻、气管和肺等器官，使人出现眼红流泪、咳嗽、头晕恶心等症状。光化学烟雾还会腐蚀建筑物和衣物，使农作物减产，并使大气能见度降低。

由于 NO_x 的水溶性和反应性较差，治理比较困难，技术要求高，迄今为止，世界各国开发的控制 NO_x 的技术种类较多，主要有：①改革燃烧方式和生产工艺，如采用低 NO_x 燃烧技术；②采用高烟囱扩散稀释；③烟气脱硝。

采用低 NO_x 燃烧技术降低燃煤锅炉的 NO_x 排放量，也是一种比较经济的技术措施。但在一般情况下，低 NO_x 燃烧技术只能降低 NO_x 排放值的 50% 左右，随着环境保护法规日益严格，国内外对 NO_x 排放的限制越来越严格，因此要进一步降低 NO_x 的排放，必须采用烟气脱硝技术，也即烟气脱硝仍是控制 NO_x 污染的主要方法。

烟气脱硝技术是对燃烧后的烟气中的 NO_x 进行治理、净化处理的方法。按其作用原理，可分为催化还原、吸收和吸附三类。按照工作介质的不同，可分为干法和湿法两类，如图 12-5 所示。

干法烟气脱硝可分为催化还原、吸附法、等离子体法等技术，在应用上，目前干法烟气脱硝占有主要地位。其原因是：与 SO_2 相比，NO_x 缺乏化学活性，难以被水溶液吸收；NO_x 经还原后成为无毒的 N_2 和 O_2，脱硝的副产品便于处理。湿法与干法相比，主要缺点是装置较复杂庞大，排水要处理，设备会受腐蚀，副产品处理难度较大，

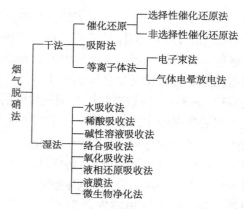

图 12-5　烟气脱硝法分类

能耗相对较高等。

催化还原法是利用还原剂 CO、H_2、CH_4、NH_3 等，在一定温度和催化剂的作用下将 NO_x 还原为 N_2 的方法。在 NO_x 还原过程中，根据还原剂是否与 O_2 反应，催化还原又可分为非选择性还原和选择性还原。如果还原剂在与 NO 发生反应的同时还与 O_2 发生反应，这种还原过程称为非选择性还原；如果还原剂在催化剂的作用下，只与 NO 发生还原反应（或者与 O_2 的反应很少），这种反应过程称为选择性催化还原。

非选择性催化还原法是在一定的温度下，在 Pt、Pd 等贵金属催化剂作用下，废气中的 NO_x 和 NO 被还原剂（H_2、CO、CH_4）还原为 N_2，同时还原剂还与废气中的 O_2 发生反应生成 N_2O 和 CO_2，并放出大量的热。该法还原剂使用量大，需使用贵金属催化剂，还需要热回收装置，投资大，运行费用高，使用极少。

选择性催化还原法通常用 NH_3 作还原剂，在 Pt 或非贵金属催化剂的作用下，在较低温度下，NH_3 有选择地将废气中的 NO_x 还原为 N_2，但基本上不与 O_2 发生反应，从而避免了非选择性催化还原法的一些技术问题。不仅使用的催化剂易得，选择余地大，而且还原剂的起燃温度低、床温低，有利于延长催化剂寿命。该技术成熟，可用于硝酸生产、硝化过程、金属表面的硝酸处理，也可用于工业锅炉、窑炉、化工厂、冶炼厂及催化剂制造等的烟气脱硝工程，可使 NO_x 脱除率达 90% 以上。该技术既能单独使用，也能与其他 NO_x 控制技术联合使用。

12-3-2　选择性催化还原烟气脱硝的化学原理

选择性催化还原是在氧气和多相催化剂存在的条件下，用还原剂将烟气中的 NO_x 还原为无害的氮气和水的工艺。工业烟气脱硝的还原剂主要用氨，是将液氨或氨水由蒸发器蒸发后喷入系统中，在催化剂的作用下，氨气将烟气中的 NO_x 还原为 N_2 和 H_2O。由于燃烧过程中 NO_x 的 95% 以上是 NO，其化学反应为：

$$4NO+4NH_3+O_2 \xrightarrow{\text{催化剂}} 4N_2+6H_2O$$

$$6NO+4NH_3 \xrightarrow{\text{催化剂}} 5N_2+6H_2O$$

在燃烧过程中也产生少量 NO_2，其化学反应为：

$$6NO_2+8NH_3 \xrightarrow{\text{催化剂}} 7N_2+12H_2O$$

$$2NO_2+4NH_3+O_2 \xrightarrow{\text{催化剂}} 3N_2+6H_2O$$

主要反应是 NO 和 NH_3 的反应。在没有催化剂存在下，NO 与 NH_3 的反应须在 900～1100℃ 下进行；使用催化剂可使反应温度降低至 300～450℃ 下进行。在有过量 O_2 存在，NH_3 与 NO 摩尔比为 1 时，脱硝效率可达到 90%。

12-3-3　选择性催化还原烟气脱硝的工艺过程

用选择性催化还原法净化一般含 NO_x 废气的工艺过程如图 12-6 所示。含 NO_x 的废气经除尘、干燥后进行预热，然后和净化的 NH_3 以一定比例混合后进入装有催化剂的反应器内反应。反应后的气体经分离除去催化剂粉尘，用膨胀器回收能量后排空。如果氨气来源于液氨时，则需先将液氨在蒸发器内蒸发为氨气后再使用。该工艺应根据所处理的废气性质及处理量不同，选择适用的催化剂和工艺条件。如使用贵金属类催化剂时，反应温度一般为 220～270℃；使用非贵金属类催化剂时，反应温度为 250～300℃。如要求有较高的净化效率时，应选用较小的空速和加入较多的还原剂。工业上制备 NH_3 的脱硝还原剂主要有液氨、氨水及尿素 3 种，不同还原剂在一次投资、运行费和危险性等方面有较大差异，如表 12-1 所示。

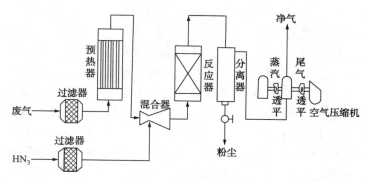

图 12-6　选择性催化还原法净化一般含 NO_x 废气的工艺流程

表 12-1　液氨、氨水、尿素综合使用条件对比

项目	液氨	氨水	尿素
储存设备的安全防护	国际及法规要求	需要	不需要
设备初期投资	较低	高	高
储存条件	高压	低压	常压、干燥
储存方式	压力容器（液态）	压力容器（液态）	料仓（固体颗粒）
NH_3 浓度	99.6% 以上	20%~30%	需水解或热解
还原剂费用	较高	较低	稍高
运输费用	低	高	低
还原剂运输路线	可能规定路线	可能规定路线	无
运输费用	单价高、总量低	单价便宜、总量高	单价便宜、总量高
卸料操作人员	需特殊培训，持证上岗	需特殊培训，持证上岗	一般

12-3-4　选择性催化还原烟气脱硝催化剂

1. 催化剂的主要类型

选择性催化还原反应主要在催化剂作用下进行，因此选择合适的催化剂是脱硝技术获得成功应用的关键。可用于 NO_x 催化还原或催化分解的催化剂种类较多，根据其所使用的活性组分的不同，可分为以下几类。

（1）金属氧化物催化剂

这类催化剂主要是 V_2O_5、WO_3、MoO_3、CuO、Cr_2O_3 等金属氧化物负载在 Al_2O_3、TiO_2、SiO_2、$Al_2O_3-SiO_2$ 等载体上制成，其中又以 V_2O_5 为最重要的活性组分，具有较高的脱硝率。

早在 20 世纪 60 年代就已发现，在选择性催化还原反应中 V 是一种活性元素。使用 V_2O_5 作催化剂的优点在于：表面呈酸性，容易将碱性的 NH_3 捕捉到催化剂表面进行反应；其特定的氧化能力利于将 NH_3 和 NO_x 转化为 N_2 和 H_2O；抗中毒能力强；工作温度低，为 350~450℃；适用于富氧环境。

以 V_2O_5 为活性组分的催化剂，常使用锐钛矿型 TiO_2 作为催化剂载体，其主要原因是：①一般烟气中会含有 SO_2、O_2，SO_2 与 O_2 反应生成的 SO_3 能与金属氧化物生成金属硫化物，在选择性催化还原反应条件下，TiO_2 不易发生硫化反应。而且 TiO_2 的硫化反应具有可逆性，与其他金属氧化物(如 Al_2O_3、ZrO_2)相比，TiO_2 的硫化反应产物的稳定性最差。因此，TiO_2 为载体的催化剂在选择催化还原反应中仅部分表面会被硫化，而且这种硫化还会增强催化剂的活性。②与其他载体相比，V_2O_5 负载在 Ti 的表面表现出更高的活性和稳定性。因此，锐钛矿型 TiO_2 是一种有活性的载体，能够增强催化剂的抗硫化性能，甚至在硫化后有增强催化剂活性的作用。这就是商用 V_2O_5 催化剂太多负载于 TiO_2 上的原因。此外，为提高 V_2O_5/Al_2O_3 催化剂的反应活性，常加入 WO_3、MoO_3 作助催化剂。它们可以减少催化剂因烧结而损失比表面积，而且还能抑制烟气中 SO_2 被氧化为 SO_3。因此，$V_2O_5-WO_3/Al_2O_3$ 或 $V_2O_5-MoO_3/Al_2O_3$ 催化剂的活性和选择性均优于 V_2O_5/Al_2O_3 催化剂。工业用催化剂中 V_2O_5 含量为 0.3%~1.5%，助催化剂中 WO_3 的用量较大，约 10%。

（2）贵金属的催化剂

典型的贵金属催化剂是 Pt 或 Pd 作活性组分，以 Al_2O_3 为载体。Pt 优于 Pd，一般用量为 0.2%~1.0%。反应温度在 175~290℃ 之间，属于低温催化剂。20 世纪 70 年代，贵金属催化剂最先被用于选择性催化还原脱硝系统。这类催化剂还原 NO_x 的活性好，如含 0.5%Pt 的催化剂在 190~290℃ 时，NO_x 转化率可达 90% 以上，但选择性不太高，NH_3 容易直接被空气中的氧氧化。由于这些原因，传统的选择性催化还原系统中，贵金属催化剂大多被金属氧化物催化剂所替代。

（3）碳基催化剂

活性炭(或活性焦)用于烟气同时脱硫脱硝的技术已在一些国家得到开发和应用。活性炭发达的孔结构和大的比表面积，使其具有广谱吸附性，能对烟气中多种有害物质(如 SO_2、NO_x、二噁英、呋喃、重金属、挥发性有机物等)同时进行脱除净化，是一种优良的固体吸附剂。它在选择性催化还原技术中可用作催化剂。在低温(90~200℃)和 NH_3、CO 和 H_2 的存在下能选择还原 NO_x，将 NO_x 分解为无害的氮和水。因此，活性炭在固定源 NO_x 的治理中有较高的价值，而且其来源丰富，容易再生。但只用活性炭作催化剂时其活性较低，实际应用时，不仅需经过活化处理，而且应负载一些金属活性组分以改善其催化性能。

（4）钙钛矿型复合氧化物催化剂

钙钛矿是组成为 $CaTiO_3$ 的天然矿物，合成的钙钛矿型氧化物其结构式为 ABO_3。其中 A 是低电荷的大阳离子，可以是 Ca^{2+}、Ba^{2+}、Rb^+、La^{3+}、Pr^{3+}、Nb^{3+} 等；B 是高电荷的小阳离子，可以是 Ti^{3+}、V^{3+}、Cr^{3+}、Co^{3+}、Ni^{3+}、Mn^{4+}、W^{6+} 等。在 A 为稀土元素、B 为过渡金属元素组成的氧化物催化剂，以 CO 为还原剂时，可催化还原 NO_x。而由活性高的贵金属与稳定性好的钙钛矿型氧化物组合而成的催化剂，既可用于烟气脱硝处理，也可用于汽车尾气净化处理。

2. 催化剂的几何外形及结构特性

烟气脱硝催化剂大多采用浸渍法制造，即将活性组分及助催化剂按配比调制成溶液后，再浸渍成型好的载体，经干燥、焙烧制成成品催化剂。催化剂外观形状有球形、圆柱形、环形等，这类形状的催化剂大多用于燃烧天然气的锅炉烟气脱硝，所用反应器是固定式填充床。而用于燃油或燃煤锅炉的烟气脱硝时，催化剂会受到烟道气中颗粒物(如飞灰)的摩擦作用。因此，所用催化剂最好具有平行流道的几何形状，使烟气能直接通过开口的通道，并平行接触催化剂表面，气体中的颗粒物可被气流带走，而 NO_x 靠紊流迁移和扩散，到达催化剂表面。

平行通道式催化剂有蜂窝式，平板式及波纹式 3 种类型，这 3 种催化剂的结构性能如表 12-2 所示。其中以蜂窝式催化剂使用较广，它不仅机械强度好，而且容易清理。如断面尺寸为 150mm×150mm，长度为 400~1000mm 的蜂窝式催化剂，可用于几个单元叠合成一个组合体装入反应器中。

表 12-2　3 种类型催化剂的结构性能比较

项目	催化剂类型		
	蜂窝式	平板式	波纹板式
结构型式	蜂窝网眼形	折板型	波纹板
加工工艺	陶瓷挤压成型，整体材料均匀，均有活性	用网状金属做载体，表面涂有活性组分	用纤维做载体，表面涂有活性组分
比表面积	大	小	中
同等烟气条件下需要体积	小	大	大
压力损失	一般	小	小
抗中毒、失活性能	相同	相同	相同
高灰分烟气适应性	一般	强	强
操作性能	不能叠放	可以叠放	可以叠放
抗磨损性	相同	相同	相同
抗堵塞性	一般	强	强
抗腐蚀性	相同	相同	相同
对烟温的适应性	290~420℃	290~420℃	290~420℃

12-4　含挥发性有机物的废气治理技术及催化剂

12-4-1　有机废气治理方法

挥发性有机物一般是指常温下饱和蒸气压大于 133.32Pa 或沸点在 50~250℃ 且常温下可以蒸气的形式存在于空气中的有机化合物。大气中约有数百种挥发性有机物，主要有 C_5 ~ C_{14} 的烷烃、烯烃、萜烯、苯及苯系物、氯代烃、氯代芳烃，以及低相对分子质量的酮、酯、醇、醛等。其来源有些是天然排放的（如树木排放的异戊二烯、萜烯，海洋排放的二甲基硫等），但多数是来自人为排放的。室外空气中的挥发性有机物主要来自石油化工、有机化工、涂料工业生产排放的废气，化石燃料利用及燃烧过程中排出的气体，机动车尾气；室内空气中的挥发性有机物主要来自建筑装饰、装修材料及油漆、胶合板、层压板等释放的苯、甲苯、甲醛、乙醛等。含有挥发性有机物的废气常称为有机废气。

挥发性有机物的危害主要表现在：①大多数挥发性有机物有毒，部分有神经毒性、肾毒性、肝毒性及致癌性。如氯乙烯、苯、甲醛、多环芳烃都是致癌性物质。挥发性有机物对眼、鼻、咽喉及皮肤有刺激作用，会引起头痛、头晕、神经衰弱等症状。②在阳光照射下，大气中的挥发性有机物、氮氧化物会与氧化剂发生光化学反应，生成光化学烟雾，会危害人们的身体健康，且危害植物的生长。③有的挥发性有机物，如卤烃类气体还会破坏大气臭氧层。

挥发性有机物种类很多，治理这类有机废气的方法也很多。如表 12-3 所示。与诸多处理方法相比较，催化燃烧法有以下特点：①适用范围广，即使氧的浓度很低，也能对废气完全氧化，净化率高，最高净化率可达 99%~100%。对高浓度有机废气，处理后也能排放达标。②节省能源，催化燃烧法比直接燃烧法所需温度低得多，而且还可通过热交换器回收热量，节省工艺能耗。③可针对排放废气的不同，采用不同形式的催化燃烧工艺。④很少再产生 NO_x、SO_2 等二级污染。⑤可连续操作，操作安全性高。

表 12-3　有机废气治理方法

项目	技术特点	适用范围
吸附法	是采用吸附剂(如活性炭)吸附气相中的挥发性有机物，从而达到气体净化目的。吸附过程常采用两个吸附器，一个吸附，另一个吸附再生，经吸附后的气体直接排出系统。此法投资大、运转费用高	适用于回收有价值的低浓度有机废气，可实现有机废气的资源化
吸收法	是采用低挥发或不挥发溶剂对挥发性有机物进行吸收，然后利用挥发性有机物与吸收剂的物理性质差异，将二者分离，如采用二乙二醇醚吸收剂吸收苯类气体。常用吸收设备是填料塔。吸收效率取决于吸收剂性能及吸收设备的结构特征	适用于浓度高、温度较低和压力较高的挥发性有机物废气的净化
直接燃烧法	是直接用火焰把废气中的可燃组分作燃料烧掉。燃烧温度为 1100℃左右。直接燃烧的设备有燃烧炉、窑，或用某种装置将废气引入锅炉作为燃料气进行燃烧，燃烧产物为 CO_2、N_2 和 H_2O	适用于净化含可燃有害组分浓度较高的废气或用于净化有害组分燃烧时热值较高的废气。不适合处理低浓度废气
热力燃烧法	是在废气中挥发性有机物浓度低时，添加燃料以帮助其燃烧的方法。被净化的气体不是作为燃料，而是作为提供氧气的辅燃气体。操作温度为 540~580℃，可在专用燃烧装置中进行，也可在普通燃烧炉中进行	有机废气中挥发性有机物浓度较低的场合
催化燃烧法	是使用催化剂，使废气中有机物在较低温度(200~400℃)下完全氧化分解的方法。是一种无火焰燃烧，安全性高，辅助燃料费用低，二次污染物 NO_x 生成量小，燃烧设备体积小	适用于各种浓度的有机废气净化，尤适合于废气连续排放的场合
冷凝法	是利用挥发性有机物在不同温度和压力下具有不同饱和蒸气压这一性质，采用降低系统温度或提高压力的方法，使蒸气态的污染物从气相中分离。净化所需设备简单，回收物质纯度高	适用于处理高浓度有机废气，或作为吸附净化的预处理，以减轻后续净化装置的操作负担
生物法	是利用微生物对污染物有较高、较快适应能力的特点，用污染物对微生物进行驯化。使微生物以挥发性有机物为碳源和能源，将其降解，转化为无害的 CO_2、H_2O 等	又可分为生物洗涤法、生物滴滤法、生物过滤法等，各有其适用性及特点

12-4-2　催化燃烧的基本原理

用催化燃烧法处理有机废气是通过催化剂的作用，使挥发性有机物发生催化燃烧氧化反应，生成 CO_2 和 H_2O，其反应式为：

$$C_nH_m+\left(n+\frac{m}{4}\right)O_2 \xrightarrow{\text{加热}} nCO_2+\frac{m}{2}H_2O+Q$$

式中，n、m 为整数，Q 为放出的热量。

和一般气固催化反应相同，发生催化燃烧氧化反应需经历以下步骤：①反应分子（C_nH_m、O_2）由气相扩散到固体催化剂表面；②通过细孔由外表面向内表面扩散；③至少有一种反应物被催化剂的活性位吸附；④被活化的吸附物与另一物理吸附物或另一种反应物发生化学反应；⑤反应生成物 CO_2、H_2O 从催化剂表面上脱附，并通过细孔向外表面扩散；⑥由外表面向气相扩散，上述①、②、⑥为传质过程，③、④、⑤为表面反应过程。

燃烧反应，氧是重要因素，O_2 分子在催化剂表面上活化时可生成自由基式的 O^-、O_2^- 等物种，它们是亲电性的，主要进攻反应物中电荷密度较大的部位（如不饱和键），在完全氧化反应中起着重要作用。

对于上述氧化反应，如果是不使用催化剂的直接燃烧氧化反应，在 $4000h^{-1}$ 的空速下，发生上述反应需要将温度维持在 $600\sim800℃$；如果使用催化剂的催化燃烧氧化，反应在 $300℃$ 下就能进行。

12-4-3　催化燃烧法治理有机废气的工艺组成

对于所排放的有机废气组成及状态不同，可以采用不同形式的催化燃烧工艺。但不论采用哪种工艺流程，都由以下工艺单元所组成。

① 废气预处理。为避免催化剂中毒和引起催化剂床层堵塞。进入催化燃烧装置的气体先要经过预处理，除去废气中的粉尘、液滴及催化剂毒物。

② 预热装置。用于催化反应的催化剂都有一个催化活性温度，对催化燃烧而言就是催化剂起燃温度。因此，进入催化剂床层的气体温度必须达到起燃温度才能进行催化燃烧。对于低于起燃温度的气体必须进行预热。预热方式可以采用电加热也可采用烟道气加热。预热装置包括废气预热和催化剂燃烧器预热。

③ 催化燃烧装置。一般采用固定床催化反应器。反应器的设计及加工应便于装卸催化剂及操作维修方便。废气处理量大时，一般采用分建式流程，即预热器、换热器、反应器等分别设置；如废气处理量较小时，一般采用组合式流程，即将预热、换热、反应等部分组合安装在同一设备中，也即所谓的催化燃烧炉。

此外，在处理含硫、氯、氮等有机化合物时，也要根据需要在催化反应器后设置辅助脱硫、脱氯、脱氮工序，以保证排气达标。

④ 热量回收装置。催化燃烧会放出大量热量，应设有废热回收利用装置。

12-4-4　催化燃烧法治理有机废气催化剂

催化燃烧是一种强氧化反应，催化氧化反应的催化剂主要有过渡族的金属、过渡金属的氧化物及盐类（如钒酸盐、铬酸盐、铝酸盐等）。应用最多的金属催化剂有 Pt、Pd、V、Ni、Ag、Cu 等，常用的氧化物有 V_2O_5、NiO、MoO_3、MnO_2 等。用催化燃烧法治理有机废气的催化剂大致可分为三类。

1. 贵金属催化剂

对于催化氧化反应，贵金属的催化活性顺序大致为：Ru>Rh>Pd>Ir>Pt。但用于催化燃烧的催化剂主要是 Pd 和 Pt，其他金属或因挥发性大，或因资源稀少而较少应用。贵金属的催化活性是由于它们对 H—H、O—O、C—H 及 O—H 等键有很强的活化能力。而且 Pt—O、Pd—O 键的结合力较弱，[O] 容易释出，在反应中 O_2 在催化剂上会被活化形成 $Pt—O^*$ 或 $Pt—O—O^*$ 的吸附态，从而具有很高氧化活性。Pt 与 Pd 对不同反应物表现出不同的催化活性。对 CO、CH_4 及烯烃的氧化能力，Pd 优于 Pt；对芳烃的氧化能力，二者则相当；对 C_3 以上的直链烷烃的氧化能力，Pt 则优于 Pd。

贵金属催化剂不但具有低温高活性和起燃温度低的特点，而且使用寿命长，不易中毒，适用对象宽，它能使烃、醛、酮、酸等有机废气及 CO 在较低温度下完全氧化为 CO_2 和 H_2O。

贵金属催化剂大多是负载型催化剂，常用浸渍法负载在载体上制得。载体是这类催化剂的重要组成部分，其作用是：一是为负载贵金属活性组分提供场所，提高贵金属的分散性和利用率；二是降低活性组分的烧结活性，提高热稳定性和催化活性。

所用载体大致分为两类：一类是活性载体，如 $\gamma\text{-}Al_2O_3$、沸石分子筛、硅胶及天然沸石等。贵金属活性成分可直接负载在这类载体上。这类载体的比表面积都较大，可使贵金属呈高分散状态，载体不仅对活性组分起着支撑作用，还具有载体效应，提高催化活性。但由于 Pd、Pt 等金属在载体上呈高分散状态，因而在高温（如 800℃）容易发生烧结使催化剂失活；另一类是惰性载体（也称基体），如镍铬合金、堇青石陶瓷、氧化锆陶瓷等。这类材料的比表面积小，热膨胀系数小，使用温度高（>1200℃）。贵金属活性组分需要以涂层方式负载在这类载体上。常用的涂层材料是 $\gamma\text{-}Al_2O_3$，作用是增大基体材料的表面积和提高与活性组分之间的结合力及协同效应。这类载体的应用不如活性载体更为普遍。

贵金属催化剂或所用载体可以制成各种几何外形，如球形、圆柱形、管状、板状、蜂窝状及丝网状等，可根据不同场合的需要选用。作为参考，表 12-4 示出了以 0.2%Pt 为活性组分、以 $\gamma\text{-}Al_2O_3$ 为载体所制得的 Pt/Al_2O_3 催化剂，对一些挥发性有机物的催化燃烧特性。可以看出，使用 Pt 催化剂，可将挥发性有机物净化至 $1mL/m^3$ 以下。如操作环境不存在会使催化剂发生中毒的毒物时，催化剂使用寿命可长达 2~3 年。

表 12-4　一些挥发性有机物在 Pt/Al_2O_3 催化剂上的燃烧特性[①]

有机物	起燃温度/℃	操作温度/℃	有机物进口浓度/（mL/m^3）	有机物出口浓度/（mL/m^3）
甲醇	室温	200	740	<1
甲醛	室温	200	370	<1
丙烯醛	95~115	180	450	<1
甲乙酮	100~110	250	330	<1
乙硫醇	125~135	350	480	<1
苯	130~135	270	330	<1
二甲苯	130~135	260	240	<1
苯酚	140~150	300	340	<1
三甲胺	170~180	300	250	<1
乙酸	190~195	350	450	<1
乙酸乙酯	195~205	350	310	<1

① 空速：2000~4000h^{-1}。

2. 非贵金属催化剂

可用于挥发性有机物催化燃烧的非贵金属催化剂又可分为过渡金属氧化物催化剂及复合金属氧化物催化剂两种类型。

（1）过渡金属氧化物催化剂

这类催化剂是由过渡金属如 Cu、Mn、Fe、Ni、Co 等的氧化物负载在 TiO_2、Al_2O_3 等载体上制得，如由 CuO_x、MnO_x、CoO_x、NiO_x、FeO_x 等作为活性组分负载在 TiO_2、沸石分子筛、$\gamma\text{-}Al_2O_3$ 等载体上所制得的催化剂对一些挥发性有机物都有一定的氧化活性。其活性顺序大致为：$Co_3O_4 > Cr_2O_3 > MnO_2 > CuO > NiO > MoO_3 > TiO_2$。但单组分金属氧化物催化剂的催化燃烧活性较低，实际应用中，常使用多组分金属氧化物催化剂，如 $MnO_2\text{-}CuO/Al_2O_3$、$CuO\text{-}MnO_2\text{-}Fe_3O_4/Al_2O_3$ 催化剂。

（2）钙钛矿型及尖晶石型复合氧化物催化剂

钙钛矿（$CaTiO_3$）型复合氧化物常以 ABO_3 表示，是一类特殊类型的金属氧化物。其结构中一般 A 为四面体型结构，B 为八面体型结构，由 A 和 B 形成的交替立体结构，使之易于取代而产生晶体缺陷，成为活性中心位，表面晶格氧构成高活性的氧化中心，从而促进深度氧化反应。这类复合氧化物常见的有 $LaMnO_3$、$BaCuO_3$、$LaCoO_3$ 等。这类氧化物用于催化氧化时，其催化活性优于单一氧化物。如对甲烷的完全燃烧反应温度为 700℃，其性能接近于贵金属催化剂。含有稀土元素的复合氧化物的性能更好。

尖晶石型复合氧化物是一种含有两种阳离子的氧化物，其化学组成可以用通式 AB_2O_4 表示。式中 A 为 Mg^{2+}、Mn^{2+}、Ni^{2+}、Co^{2+}、Cu^{2+}、Zn^{2+}、Fe^{2+} 等二价金属离子；B 为 Al^{3+}、Cr^{3+}、Fe^{3+}、Ga^{3+}、V^{3+} 等三价阳离子。用于挥发性有机物催化燃烧复合氧化物体系有 Cu-Cr-O、Cu-Mn-O、Co-Cr-O、Mn-C-O 等，即以 Cu、Cr、Mn、Co 为主要活性组分。这类复合氧化物有较好的低温氧化活性，如在低温下也可将烃类完全氧化。其中以 $CuMn_2O_4$ 尖晶石型催化剂的研究较多，它对芳烃的催化活性尤为出色，在 260℃ 的较低温度下就可使甲苯完全燃烧，而甲苯在贵金属催化剂上的燃烧温度需要 650℃。

3. 金属氧化物与贵金属复合的催化剂

为了利用贵金属催化剂催化活性高、使用寿命长的优点，又克服其价格高、资源少的缺点，故又开发出金属氧化物与少量贵金属复合的催化剂。例如在 ABO_3 型复合氧化物中添加微量 Pt 可提高催化剂的抗硫性能；在 $LaMnO_3$ 型氧化物负载微量 Pd 的蜂窝型催化剂及催化活性及稳定性不低于 0.5% Pd 的金属蜂窝形催化剂；在 $Pd/\gamma\text{-}Al_2O_3$ 催化剂中添加 Sm_2O_3 后可显著降低 CO 氧化的反应温度。例如，以 V_2O_5 及 Pt 为活性组分，以丝光沸石为载体的金属氧化物与贵金属复合的催化剂可采用图 12-7 所示过程制备，制得的 $V_2O_5\text{-}Pt/$沸石催化剂可用于含硫挥发性有机物的催化燃烧处理。

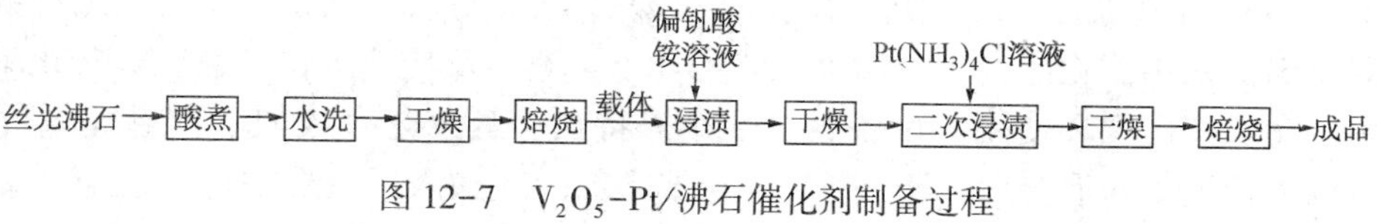

图 12-7　$V_2O_5\text{-}Pt/$沸石催化剂制备过程

12-5　氯化氢废气的催化治理

12-5-1　氯化氢废气的净化方法

氯化氢在常温下为无色有刺激性气体，比空气重，能与空气中的水蒸气形成烟雾，因此氯化氢在空气中能发烟。氯化氢对环境、设备都具有强腐蚀性，也会腐蚀皮肤、黏膜，对人体健康有极大危害。氯化氢的水溶液称为盐酸，是基本化工原料，广泛用于化工、冶金、制药、食品、电镀、塑料等行业。氯化氢废气主要来源于氯碱、有机氯农药、氯的含氧化物、聚氨酯、聚氯乙烯、盐酸、漂白粉等的生产和使用氯的场所等。

净化氯化氢废气的主要方法有吸附法、碱吸收法、水吸收法及冷凝法等。

用固体吸附剂吸附氯化氢废气可获得深度净化，但吸附剂容量有限，而且吸附剂再生比较困难，应用受限；碱液吸收法是用碱液（或废碱液、石灰乳）来中和吸收 HCl，但又会生成难处理的含盐废水，而且碱液吸收产物缺少回收价值；冷凝法是根据 HCl 蒸气压随温度迅速下降的原理，采用冷凝的方法将废气冷却回收利用 HCl，但此法很难除尽 HCl 气体，一般作为处理高浓度 HCl 气体的第一道净化工艺，与其他方法配合使用；水吸收法是基于 HCl 气体易溶于水，采用水直接吸收氯化氢气体（1 体积的水能溶解 450 体积的氯化氢）。水吸收含氯化氢废气有制取盐酸和作废水排放两类，前者适用于氯化氢浓度较高的情况，后者适用于氯化氢浓度较低的情况。

以上几种氯化氢废气净化方法，基本上属于物理转化法，而氯化氢催化氧化法处理氯化氢废气则是一种化学转化法，或称是催化转化法。它是在催化剂存在下，使 HCl 气体与 O_2 反应生成 Cl_2 和 H_2O，生成的 Cl_2 又返送到以 Cl_2 为生产原料的工业。例如，以光气为原料生产聚氨酯树脂的工业，一些生产氯的氧化物的工业，它们大量使用 Cl_2 作原料，而生产过程又会产生或排放大量 HCl 气体。采用氯化氢催化氧化法处理 HCl 废气，不仅可以除去含氯废气中的 HCl，而且反应生成的 Cl_2 又可用作生产原料，是一种资源化处理氯化氢废气的方法。

12-5-2　氯化氢催化氧化反应机理

氯化氢催化氧化反应是基于是 100 多年前提出的迪肯（Deacon）反应机理：

$$4HCl+O_2 \xrightarrow{CuCl_2} 2Cl_2+H_2O$$

即氯化氢在氯化铜催化剂作用下与氧气反应生成 Cl_2 和 H_2O。该反应需在 400~670℃ 下进行。而在 400℃ 时催化剂中的 $CuCl_2$ 便开始以相当大的速率气化，致使催化剂的活性下降，氯化氢的转化率降低，并且在反应中设备会受腐蚀，致使这一方法未得到工业上大规模应用。

20 世纪 60 年代以后，改良的迪肯法产生了谢尔（Shell）法。该方法使用含氯化铜的复合氯化物催化剂，采用流化床，反应温度 330~340℃，具有反应速度快、氯化氢转化率高、催化剂使用寿命长并可循环使用、设备腐蚀性小等特点。其工艺大致如下：空气（氧源）与氯化氢气体以体积比 1.6 混合后，于 365℃ 下与催化剂一起加入反应器中进行反应。氯化氢经催化氧化生成氯气和水。氯化氢转化率可达 77%。废水中大部分有机物经燃烧变成 CO_2 和水蒸气，并由反应器排出。反应器尾气组成（质量分数）为：HCl 13.5%、Cl_2 37%、O_2

3.0%、N_2 3.7%、H_2O 9.5%。该组成气体经干燥后的组成（质量分数）：Cl_2 48%、O_2 4%、N_2 48%，再用四氯化碳对其中的氯气进行吸收并解吸处理，在 1.03MPa 及 35℃ 的液化氯气，可得含氯为 99.97% 的氯气。未转化为氯气的氯化氢可经盐酸吸收塔用水吸收后制成 30% 浓度的工业盐酸。该工艺如以纯氧作氧源时，氯气的得率会增加。反应可以采用流化床或固定床。

虽然以后对氯化氢催化氧化用催化剂的制备作了不少改进，但是对反应条件下的催化剂活性组分、活性相和反应机理等方面的细节还了解得不够清楚，甚至还存在争论。一些学者认为，迪肯反应是在催化剂的熔融体内进行，氯化氢的氧化过程是在具有不同活性中心的熔盐的表面进行，反应速度与熔融催化剂中 Cu^{2+} 的浓度有一种复杂的依赖关系。由于氧化反应在气相发生，因而必须由熔融盐表面逸出的氯原子引发，为此认为氯化氢催化氧化可能存在两种不同的机理，即在高温时以气相链式反应机理为主，在低温时以表面反应为主。

12-5-3　氯化氢催化氧化催化剂

1. 不同载体及助催化剂的选择

氯化氢催化氧化使用的是固体催化剂，其活性组分主要是 $CuCl_2$，可以负载在 Al_2O_3、SiO_2、TiO_2 等载体上。用差热分析方法考察 $CuCl_2$ 与载体间的相互作用时发现，$CuCl_2$ 与 Al_2O_3、TiO_2 载体间有相互作用，既能提高 Cu^{2+} 的稳定性，也能增加 $CuCl_2$ 的分散度，而 $CuCl_2$ 与 SiO_2 之间几乎没有相互作用。用顺磁共振法考察也发现，Cu 含量低时，Cu^{2+} 与 Al_2O_3 之间有明显的相互作用，而与 SiO_2 则无相互作用。一般常用的载体是 γ-Al_2O_3。

助催化剂对氯化氢催化氧化反应的活性和稳定性都有显著影响。所用助剂主要是一些金属氯化物，如 KCl、$MgCl_2$、$LaCl_3$、$CeCl_3$ 等。如在 $CuCl_2/Al_2O_3$、$CuCl_2/SiO_2$ 催化剂中，分别加入等量的助催化剂 KCl，并使它们具有较高的 K/Cu 比。结果发现，两种催化剂的活性和稳定性都有一定提高。这是因为较高的 K/Cu 比能促使 KCl-$CuCl_2$ 的熔融温度降低，从而加速了催化剂表面的氯原子逸出速度，促进催化反应。这一现象在 Al_2O_3 载体上更为明显。加入稀土金属氯化物，如 $LaCl_3$ 对含有 KCl-$CuCl_2$ 的催化剂的活性及稳定性都有促进作用。但 $CuCl_2$-KCl-$LaCl_3/Al_2O_3$ 的制备方法对催化剂的性能有较大影响。同时使用 KCl 和 $LaCl_3$ 两种助催化剂时，其效果比单独使用它们两个中任何一个时要好。这是因为 $CuCl_2$、KCl、$LaCl_3$ 的三组分之间存在着某种协同效应。此外，所用载体 Al_2O_3 的比表面积、孔容及细孔分布等指标对催化剂活性及选择性都有一定影响。

2. 单组分催化剂

又称单铜催化剂，其活性组分只有 $CuCl_2$，载体 γ-Al_2O_3。这种催化剂的活性与铜含量有直接关系，铜含量为 5%~6% 时，氯化氢的转化率为最高。如再提高铜含量，对催化剂的活性则会产生不良影响，而且副反应也会增加。这种催化剂的缺点是活性组分氯化铜在反应条件下容易挥发，因活性组分的流失致使催化剂活性下降。反应温度越高，氯化铜的挥发越快，催化剂的活性下降也越迅速。此外，单组分催化剂对氯化氢的转化率也较差。

3. 双组分催化剂

由于 $CuCl_2/\gamma$-Al_2O_3 单组分催化剂的热稳定性较差，使用寿命有限，又开发出添加碱金属或碱土金属氯化物（如 KCl、$MgCl_2$ 等）作为第二组分或助催化剂。它们的加入能与氯化铜形成不易挥发的复盐，成为低熔混合物，从而抑制活性组分氯化铜的流失，提高了催化剂的使稳定性。第二组分除碱金属或碱土金属外，也可使用稀土金属氯化物。双组分催化剂的催化活性及选择性比单组分催化剂有明显改善，使用寿命更长，但第二组分的加入量和加入方式对催化剂性能有明显影响。

4. 多组分催化剂

为了改进氯化氢催化氧化的反应性能，特别在寻求能在较高温度下操作，具有较高活性的催化剂，近来在开发新催化剂上，主要集中于多组分催化剂的研制。也即在 $CuCl_2/\gamma-Al_2O_3$ 催化剂基础上，同时添加碱金属（或碱土金属）氯化物及稀土金属氯化物。这种催化剂有较高的氯化氢转化率和较好的热稳定性，使用寿命也较长。反应温度可在 400℃ 左右。在这种操作条件下，氯化铜很少挥发损失，对氯的选择性也高。除了主要使用碱金属及稀土金属氯化物，也有少数研究者使用其他组分来制造多组分催化剂，以提高对氯化氢的转化率。

5. 催化剂制法

氯化氢催化氧化用催化剂可采用液相浸渍法和共沉淀法制造，以浸渍法的应用更为广泛，但用共沉淀法制得的催化剂，其铜含量可比用浸渍法制取时高。载体大多为 $\gamma-Al_2O_3$。

在用浸渍法制造催化剂时需注意以下几点：

① 浸渍应在恒定条件下进行，以恒定的浴浓度进行浸渍，浸渍过程应恒温并不断进行搅拌。浸渍结束后及时进行干燥。

② 氧化铝载体状态不同，活性组分在颗粒内的分布状态也不同。当使用干载体时，浸渍溶液会很快移向载体，活性组分被吸附的量也较多；而使用湿载体时，浸渍溶液只能借助于扩散进入颗粒的孔隙内，液体的穿透深度会比干载体小。

③ 对于双组分或多组分催化剂，活性组分负载在载体上，可以采用一步法完成，也可采用多步骤浸渍。不同浸渍过程可能会造成活性组分在载体孔隙内分布状态的不同，从而引起催化剂使用性能的差别。

用浸渍法制备催化剂是一种较为简单的工艺，但浸渍过程涉及多种影响因素，如溶液浓度、浸渍时间、浸渍温度、浸渍方式、载体状态、浸渍平衡特性、干燥方式等都会对催化剂的质量产生影响。这也就是为什么采用相同的配方及浸渍过程，但制得的催化剂活性都有很大差异的原因。

12-6　二噁英的催化治理

12-6-1　二噁英的性质及来源

二噁英是一类多氯代氧杂三环芳香烃化合物的简称。可分为两类：多氯代二苯并二噁英（简称 PCDDs）和多氯代二苯并呋喃（简称 PCDFs）。二噁英类的结构式如下：

中间环 5、10 位为氧原子，其余 1-4、6-9 各位可以为氢原子，也可被卤族原子或有机基团取代。由于卤素氯原子取代位置不同，使得二噁英种类很多，其中 PCDDs 有 75 种，PCDFs 有 135 种。所有二噁英化合物都为固体，有高的熔点及沸点，蒸气压很小，大多不溶于水及有机溶剂，但易溶于油脂，易被吸附于土壤及空气的飞尘上，在环境中很难降解，半衰期长达 9 年。

二噁英有剧毒。不同同系物的毒性有很大差异，其中毒性最强的是 2，3，7，8-四氯二苯并二噁英，其毒性相当于氰化钾的 1000 倍。

环境中二噁英的来源有炼钢厂和金属冶炼等生产过程，农药、氯酚、对氯苯等含氯化工产品生产过程、制革及纸浆氯漂白等生产过程、含铅汽车尾气等。但二噁英燃烧气体主要来源于城市垃圾的燃烧过程，约占大气中二噁英总量的 40% 左右。

有人认为，在有氯和金属存在的条件下有机物燃烧均会产生二噁英。二噁英的形成途径可以有：①垃圾中本身含有的二噁英在燃烧过程中释放；②在垃圾干燥和焚烧初期，由于供氧不足，形成二噁英前驱物，这些前驱物通过其他反应进一步形成二噁英；③二噁英的前驱物在烟尘飞灰中的金属催化作用下和废气中的 O_2、Cl 等反应形成二噁英。

由于以二噁英为代表的各种燃烧气体普遍存在于自然环境中，对人体具有致癌性、致畸性及生殖毒性，严重危害人们的身体健康，抑制被称为"地球上毒性最强物质"的二噁英类燃烧气体的排放，已成为国内外大气污染控制的一项刻不容缓的任务，而且如何安全、高效地治理二噁英类有机污染物的排放也是一个世界性的难题。

12-6-2 二噁英的净化处理技术

二噁英的工业净化处理技术很多，大致可分为二噁英捕集技术和二噁英分解技术两大类，其分类如图 12-8 所示。

1. 二噁英的捕集技术

捕集技术主要有过滤除尘、电除尘及活性炭吸附技术等。过滤除尘和电除尘对于去除亚微米粒子的效率相对较高。不同结构的二噁英化合物，其蒸气压不同，当温度相对较低时，多数二噁英是呈固态形式存在，故容易捕集。但电除尘的进口温度在 300℃ 左右，是垃圾焚烧时二噁英最易产生的温度，对二噁英的捕集不利，所以，电除尘

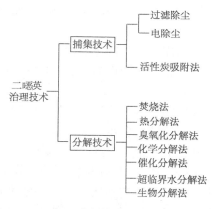

图 12-8 二噁英治理技术

的效果不如袋式除尘器的过滤除尘。袋除尘一般能达到 95% 以上的二噁英脱除率。

国外还使用一种袋式催化过滤器，它是用耐热氟氯聚合物纤维编织制成，再浸上能分解二噁英的 TiO_2 催化剂，该催化剂能在约 200℃ 时分解二噁英。使用这种催化过滤器，能将垃圾焚烧炉废气所含的二噁英含量降低到 $0.1\mu g/m^3$。

活性炭吸附技术是通过吸附剂活性炭来脱除二噁英类物质。处理温度一般为 150 ~ 180℃。此法吸附去除效果好，但吸附剂再生困难，活性炭投资费用较大。

2. 二噁英的分解技术

二噁英在不同环境中可采用不同的分解处理技术，大致有如下一些方法。

（1）焚烧法

焚烧法是一种无害化工艺技术。将垃圾分类并高温下燃烧，使可燃物经高温氧化、热解转变为 CO_2 和 H_2O，垃圾体积可减少 80% ~ 90% 或更高些。在焚烧过程中要控制焚烧炉内二噁英的生成，炉温一般要达到 1000℃ 以上，并延长气体在高温区的停留时间（大于 2s），使

二噁英分解，达到去除的目的，排气还需进行过滤、洗涤、吸附等处理。如果焚烧过程控制不好，垃圾燃烧不充分，排气处理不彻底，焚烧之后产生重金属和烟气二次污染，特别是二噁英污染如得不到解决，那么焚烧反而是有害的技术。

（2）热分解法

这是在缺氧条件下对二噁英进行热分解，然后再经加氢（或脱氯）达到稳定的方法。例如，将污染物放入密闭容器中加热，使二噁英等有机物蒸发成气体，再将气体在无氧的氢气氛中加热到850℃以上，在催化剂作用下还原分解脱氯，有机物则分解为氯化氢、甲烷、一氧化碳、二氧化碳、氢气、苯等。这种方法虽然不会再生成二噁英，但排气组成复杂，处理净化困难，一般只适用于小型处理装置。

（3）超临界水分解法

超临界水是介于气液之间的一种既非气态又非液态的物质。它只有在水的温度和压力超过临界点时才能存在。根据有机物在超临界水中不同的溶解性和分解性，使二噁英分解。是一种高温高压处理二噁英的技术，设备投资大，技术要求高。

（4）生物分解法

是将二噁英作为土壤、淤泥中微生物的营养源，以达到生物降解毒物的目的。它主要适用于土壤、污泥及一些固体废物中二噁英的原位降解。

（5）催化分解法

这是在催化剂及催化因子（如紫外光、γ射线等）的作用下，将有毒物质分解或降解为低毒或无毒小分子化合物的方法。用于二噁英净化处理的催化分解法又可分为非光解催化法及光催化分解法。

由上可知，对二噁英的净化处理有多种技术，其中有些技术，如过滤、吸附、洗涤等方法已在工业上使用多年，而有些技术则多数处于开发阶段，还缺少大规模工业应用。由于二噁英类分子中有相对稳定的芳香环，在环境中具有稳定性、亲脂性、热稳定性，同时耐酸、碱、氧化剂和还原剂，彻底净化难度较大。所以，虽然处理方法较多，但还没有哪种方法能获得完全满意的结果。从目前看，催化分解法是一种较为成熟的终端技术，生物分解法也有很大发展前景。下面主要介绍催化分解法在二噁英净化处理中的应用情况。

12-6-3 非光解催化法治理二噁英

非光解催化法是一种选择性催化还原技术，该技术最初主要用于控制电站锅炉、工业锅炉等的NO_x排放，是在氧气和固体催化剂存在下用还原剂将烟气中的NO还原为无害的氮气和水的工艺。后来发现，该工艺技术也可以用来分解二噁英污染物。采用这一方法用于去除垃圾焚烧烟气中二噁英的试验工艺过程如图12-9所示。其所用催化剂分为金属氧化物催化剂和贵金属催化剂两类。金属氧化物催化剂主要是V_2O_5、WO_3、MoO_3、CuO、Cr_2O_3等，其中又以V_2O_5为最重要的活性组分；贵金属催化剂是以Pt或Pd作活性组分。所用载体可以是Al_2O_3、Si-Al及TiO_2。由于催化分解催化剂所用载体应含有酸性，而TiO_2不仅在其表面有较强的L酸中心，而且采用不同制备方法或引入不同添加剂还可调变TiO_2的表面酸性。所以，采用非光解催化法治理二噁英所用催化剂，常使用TiO_2为载体。

TiO_2为多晶型化合物，有板钛型、锐钛型及金红石型三种晶型。板钛型极不稳定。锐钛型在常温下是稳定的，既存在于自然界的矿物中，又可用人工方法制得，在高温下可转化为金红石型。金红石型是最稳定的结晶形态，在自然界中存在不多，多为人工合成，用作催

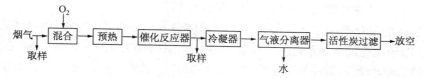

图 12-9　二噁英催化分解试验工艺过程

化剂载体的主要是锐钛型。但用作催化剂载体的 TiO_2，要求有较高的比表面积。商品 TiO_2 由于比表面积很小（约为 $10m^2/g$），大多用作涂料，用作催化剂载体的 TiO_2 大多为超细 TiO_2，常通过沉淀法、溶胶凝胶法制取。

治理二噁英的非光解催化剂一般是用浸渍法制造。即先将选用的 Pt、Pd、W、V 等金属活性组分先配制成浸渍溶液，然后浸渍预先制好的载体，再经干燥、焙烧制得。作为示例，表 12-5 示出了用贵金属 Pt 及非贵金属 V、W 制得的催化剂，在一定温度及空速下的二噁英分解率。

表 12-5　不同催化剂的二噁英分解率

催化剂	反应温度/℃	空速/h^{-1}	二噁英浓度/（ng/Nm^3）		分解率/%
			进口	出口	
V_2O_5-WO_3/TiO_2	260~300	6000~8000	0.32	0.015	95.3
Pt/SiO_2-Al_2O_3	220	3000	0.25	0.01	96.0

12-6-4　光催化分解法治理二噁英

1. 光催化分解原理

所谓光催化是指在外部光场作用下的催化作用，是在光和催化剂同时作用下发生的化学反应。光催化分解则是光和催化剂同时作用下发生的分解反应，是反应物直接吸收紫外线或通过紫外线（或 γ 射线）使催化剂活化后将有害物催化分解为无害物质。它一般要经过激发活化、能量传递、配位络合、电子传递等过程，并可分为均相光催化分解和多相光催化分解两种类型。

均相光催化的催化剂是可溶性金属，如双核铑配合物、双核锰配合物、双核钌配合物等，反应在均相溶液中进行。首先是金属配合物分子吸收光子，使最高占据轨道（HOMO）的电子跃迁到最低空轨道（LUMO），生成激发态的电子和空穴，它们和溶液中的不同物种进行反应。例如，催化剂双吡啶钌配合物 $Ru(bipy)_3^{2+}$（bipy 代表双吡啶）能在光的作用将水分解。它的吸收光谱的峰值为 450nm，与日光的光谱峰接近，吸收的光子可以把 Ru 原子外层的一个电子激发到较高的能级，并被包围在配合物外层的双吡啶基团的离域电子云所捕获，使配合物进入激发态。当它与水分子相遇时，就可将水分解，其反应为：

$$Ru(bipy)_3^{2+} + H_2O \longrightarrow Ru(bipy)_3^{2+} + \frac{1}{2}H_2 + OH^-$$

　（激发态）　　　　　　　　　（激发态）

$$Ru(bipy)_3^{2+} + OH^- \longrightarrow Ru(bipy)_3^{2+} + \frac{1}{4}O_2 + \frac{1}{2}H_2O$$

　（激发态）

催化剂 Ru(bipy)$_3^{2+}$ 又恢复原状，可以再发生催化作用。

多相光催化的催化剂是半导体催化剂。半导体是导电性介于导体和非导体之间的物质。其禁带(禁止电子填充的区域)宽度为 0.2~3eV，电阻率约为 10^{-5}~$10\Omega \cdot cm$ 之间。其导电性会随着杂质含量和外界条件的变化而改变，根据导电原因不同，可分为 n 型半导体(靠电子导电)、p 型半导体(靠空穴导电)和本征半导体(由电子和空穴同时产生导电性)。金属氧化物和金属硫化物有很多是半导体。属于 p 型半导体的有 ZnO、CuO、BaO、CaO、CeO、TiO_2、SnO_2、V_2O_5、WO_3、Fe_2O_3、MoO_3、Sb_2O_3 等；属于 p 型半导体的有 NiO、CoO、MnO、WO_2、Cu_2O、FeO、Cr_2O_3、Bi_2O_3 等；属于本征半导体的有 Fe_3O_4。以半导体材料制备的催化剂称为半导体催化剂。

多相光催化是在半导体固体催化剂上进行的，当半导体吸收能量等于或大于其禁带宽度的光子，把价带的电子激发到导带(没有被电子充满的能带)，由于固-气或固-液界面半导体能带弯曲造成的电位差，驱使光生的高能量电子 e^- 和空穴 h^+ 转移到固体颗粒表面的不同活性位上，导致不同吸附物种发生氧化或还原反应。

研究较多的半导体光催化剂有 TiO_2、ZnO、CdS、WO_3、SnO_2 等，而 TiO_2 由于光化学稳定性高、耐光腐蚀，并具有较深的价带能级，可使一些吸热的化学反应在被光辐射的 TiO_2 表面得到实现和加速。因此，TiO_2 的光催化活性最强，是最常用的光催化剂。当 TiO_2 吸收光辐照的光子能量后，其价带上的一个电子跃迁到导带，价带保留一个空缺成为空穴，带正电荷。跃迁电子和电空穴都极不稳定，可以攻击周围介质，使其氧化或还原，由于 TiO_2 的光吸收阈值为 387.5nm，只有紫外光的能量(波长 380nm)才会被激发，产生的电子-空穴对迁移至 TiO_2 表面，分别进行还原(电子)、氧化(空穴)反应。这样，每一个 TiO_2 可视为是一个小型化学电池，表面由许多阳极和阴极活性基组成，可将电子或空穴传递给吸附于其表面的分子或离子，进行还原或氧化反应；在产生的电极反应中，阳极传递空穴产生 O_2 分子或羟基自由基，具有强氧化作用；阴极传递电子产生 H_2O_2 或超氧(O^{2-})，也具有很强的氧化能力，由此产生超强氧化能力的物种，可以分解有害的有机物或污染物，其表示如下：

$$激发 \qquad TiO_2 \xrightarrow{\text{光}} e^- + h^+$$
$$阳极 \qquad 2H_2O + 4h^+ \longrightarrow 4H^+ + O_2$$
$$H_2O + h^+ \longrightarrow \cdot OH + H^+$$
$$阴极 \qquad O_2 + 2e^- + 2H^+ \longrightarrow H_2O_2$$
$$O_2 + 2e^- \longrightarrow O^{2-}$$

式中，e^- 表示高能量电子，h^+ 表示空穴。

所以，在多相光催化作用中，半导体固体催化剂(如 TiO_2)的主要作用是吸收具有合适能量的光子来连续不断地产生可迁移的电子和空穴，同时，为这些电子和空穴与反应物种的接触提供一个中间体或途径。而电子和空穴在完成催化作用后又重新结合，该固体催化剂仍然是化学不变的。

2. 光催化反应器

光催化反应器是光催化分解反应进行的场所，反应器的设计、制作对光催化技术的应用具有十分重要作用，需要考虑的主要因素有以下一些。

（1）光源种类

光源是光催化反应器的核心部件之一，可分为人工光源和自然光源两种。采用光源不同，所匹配的反应器结构也会有所不同。人工光源一般为紫外光源或可见光光源，用电驱动，紫外光是波长为 100～400nm 的电磁波，按波长不同将紫外光分为长波紫外光（紫外线 A，320～400nm）、中波紫外光（紫外线 B，275～320nm）短波紫外光（紫外线 C，200～275nm）及真空紫外光（100～200nm）；自然光源为太阳光，但太阳光中可见光部分不到 5%，为了充分利用太阳光，在设计太阳光催化反应器时，如何利用好太阳光十分重要。

在光催化反应器设计中，光源的种类、位置以及与催化床层形成的配合是一件十分细致而又复杂的工作，既要使光能传播到所有催化剂的表面以及提高光的利用率，还要考虑到在反应器中，气-固间有良好的接触，以提高传质性能。目前，光催化技术中大多采用人工光源（中压及低压汞灯等）。从理论上讲，光强越高，所提供的光子越多，光催化氧化分解污染物的能力越大。可是当光强增大到一定程度后，其催化氧化降解效率反而会下降。其原因是随着光强增大，会产生更多的电子-空穴对，但固体催化剂内部的电场却会变弱，从而不利于电子和空穴的传递，反而影响催化氧化效率。此外，由于光催化剂在不同波长光作用下的光响应性能也不同，在选择光源时需要注意。如果光源的功率较高，发热量大，则需要采取散热措施。

（2）反应器类型

用于半导体光催化过程的光催化反应器也是一类多相催化反应器，它与传统反应器的最大差别在于设计时需确立辐射能量衡算式以确定反应器内的辐射能量分布。影响反应器内辐射能量分布的主要因素有反应器的结构形状、反应器光学厚度、光源与反应器间的相等位置、辐射波长、反应器的混合特性等，因此，要根据辐射源情况及使用目的来设计和选用反应器。

光催化反应器类型较多，按所用辐射源不同，分为人工光源和太阳光源两种；按使用目的不同，可分为以反应机理研究为目的反应器和以实用为目的反应器；而按催化剂在反应器的存在状态不同，可分为悬浮床、固定床及流化床反应器。

以研究光催化反应机理为目的反应器，主要考察光催化剂的布置形式、反应体系的传质能力以及光源的辐射利用对光催化效率的影响。这类反应器有光纤光催化反应器、环管式反应器等。

光纤光催化反应器是将催化剂负载于光纤的外表面，然后按一定密集度分散于反应器内，紫外光从光纤一端导入，经在光纤内发生折射，激发光纤表面的催化剂进行催化反应；环管式光反应器是将光源置于反应器中央，光催化剂可以负载于反应器内壁，或是负载于其他载体上；悬浮上光催化反应器所用催化剂为起微细或纳米级粉末，催化剂直接分散于溶液中成为悬浆体，所用光源一般为人工光源。这些光催化反应器一般用于研究光催化反应机理，缺少实用性。流化床光催化反应器所用催化剂颗粒要比悬浮床大一些，反应过程中催化剂呈流体状翻动，传质性能好，但流化床光催化反应器的设计与操作都十分复杂，催化剂磨损较大，实用化难度很大。所以，目前以实用化为目的光催化反应器，主要是以人工光源为辐射源的固定床光催化反应器。

固定床所用光催化剂有负载型、薄膜型和填充型。负载型光催化剂是将粉状 TiO_2 通过黏结剂负载于某种载体上，或是通过固定化技术将 TiO_2 负载于载体上。常用载体有玻璃类

（如玻璃片、玻璃球、玻璃纤维布等）、金属类（如不锈钢）、吸附剂类（如硅胶、活性炭、沸石等）、阳离子交换剂类（如黏土、全氟磺酸薄膜等）、陶瓷类（如氧化铝陶瓷片、蜂窝陶瓷、陶瓷纸、硅铝陶瓷空心微珠等）、高分子聚合物（如聚乙烯膜、聚乙烯吡咯烷酮等）。所用载体一般要求有较高的比表面积，以有利于增加反应面积，而且有良好的机械强度及耐腐蚀性，不损害催化剂的活性。薄膜型光催化剂是将 TiO_2 制成薄膜，然后负载于某种载体上。填充型光催化剂是将具有适当粒度的光催化剂填充在反应器中，如可以将球状 TiO_2 催化剂填充在管式反应器中，管内装有紫外光灯，从而进行光催化反应。

3. TiO_2 光催化剂的尺寸效应

自从 1972 年科学家发现 TiO_2 的单晶进行光催化反应，可以使水分解成氢和氧以后，光催化材料的开发及应用取得很大进度，以 TiO_2 为载体的光催化技术已成功应用于气体污染物的分解、废水处理、自清洁表面及抗菌等多个领域，所研究的光催化材料除 TiO_2 外，还有 ZnO、CdS、SnO_2、ZrO_2、MoO_3、WO_3、Fe_2O_3、V_2O_5 等。这些半导体氧化物都有一定的光催化降解有机物的活性，但因其中的大多数易发生化学或光化学腐蚀，有些还有毒。TiO_2 化学性质稳定，常温下几乎不溶于水和稀酸，不与空气中 CO_2、SO_2、O_2 等反应，具有生物惰性且无毒、价格便宜，而且 TiO_2 具有合适的半导体禁带宽带（3.0eV 左右），可以用 385nm 以下的光源激发活化，光催化效率高，通过改性还可能直接利用太阳能来驱动光催化反应。因此，TiO_2 成为目前研究及应用最广泛的一种光催化材料及光催化剂。

通过对 TiO_2、ZnO、CdS 等半导体催化剂的光催化特性研究发现，减少半导体光催化剂的颗粒尺寸可以显著提高其光催化效率。也即具有纳米尺寸的粒子其光催化活性优于相应的体相材料或颗粒状材料。其原因有：①当半导体粒子的粒径小到某一临界值（一般为 10nm 左右）时，量子尺寸效应变得显著，电荷载体就会显示出量子行为，表现在价带和导带变为分立能级，能隙变宽，价带电位变得更正，导带电位变得更负，从而增加了光生电子-空穴的氧化-还原能力，提高了光催化有机物的活性。②对于半导体纳米粒子而言，其粒径通常小于空间电荷层的厚度。根据计算表明，在粒径为 $1\mu m$ 的 TiO_2 粒子中，电子从内部扩散到表面的时间约为 100ns，而在粒径为 10nm 的微粒中，电子从内部扩散到表面的时间只有 10ps，由此可见，纳米半导体粒子的光致电荷分离的效率是极高的。电子和空穴的俘获过程是很快的，如在 TiO_2 胶体粒子中，电子的俘获在 30ns 内完成，空穴的俘获在 250ns 内完成。这也意味着粒子半径越小，光催化作用也就越快。③纳米半导体的粒子尺寸很小，处于表面的原子很多，比表面积很大，这就显著提高了光催化剂吸附有机污染物的能力，从而提高了光催化分解有机物的能力。在光催化反应中，反应物吸附在催化剂的表面是光催化反应的前置步骤，通过对纳米半导体进行掺杂、表面修饰、敏化及在表面沉积金属或金属氧化物可以显著提高光催化效能。

4. TiO_2 光催化剂的制法

（1）纳米 TiO_2 的制法

粉体的超微细加工有物理法及化学法两类方法。物理法加工也即超细粉碎加工，虽然这类加工设备及技术已较为成熟，但粉碎过程容易带入杂质，而且制造粒径为 $1\mu m$ 以下的超细粉体也存在较大难度。化学法是通过原子、离子形成核后再逐步成长为微粒子，容易制得 $1\mu m$ 以下的超微粒子。化学法又分为气相法及液相法，是目前制备纳米级 TiO_2 的主要方法，图 12-10 示出了气相法及液相法制备纳米 TiO_2 所采用的各种方法。

气相法是利用 $TiCl_4$、钛醇盐等气态物质在固体表面进行化学反应，生成固态 TiO_2 沉积物的技术。这类方法制备的纳米 TiO_2 纯度高、分散性好、团聚小，而且制备时反应速度快，能实现连续化生产；与气相法相比较，液相法可以精确控制化学组成，也容易控制粉体粒子的形状和质量，表面活性高，而且制造设备简单，生产成本低，是目前实验室和工业上最为广泛使用的方法。其中，如沉淀法、溶胶－凝胶法、水热合成法、微乳液法等制备原理及方法，在本书第 4 章"固体催化剂的制备方法"中已有详细叙述，并示出了制备纳米 TiO₂ 的实例可供参考，这里不再详述。

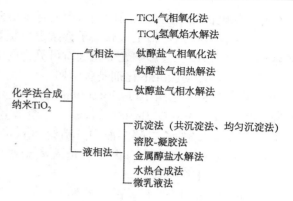

图 12-10　纳米 TiO_2 制备方法

（2）TiO_2 光催化剂的改性

纳米 TiO_2 的粒径小、表面原子所占比例高，所以有很高的比表面积及表面活性。也正是由于这些特性，使纳米 TiO_2 很不稳定，有高的表面能，容易发生相互作用而产生团聚，从而降低其比表面积及催化活性。而且纳米 TiO_2 与表面能低的基体亲和性差，二者在相互混合时不能相溶，会存在相分离现象。此外，因 TiO_2 是一种宽带隙半导体，它只能吸收紫外光，太阳的利用率很低。作为催化剂，还存在较低的光量子效率、较慢的反应速率及催化剂容易失活等缺陷，因此，采用表面改性的方法来改变 TiO_2 的表面性质及光的吸收能力，提高其催化活性及选择吸附性。改性的方法较多，有贵金属沉积、离子掺杂、复合半导体、表面还原处理、光敏化、固体超强酸修饰等方法。其中以贵金属沉积、离子掺杂的方法应用较多。

①贵金属沉积。这是通过贵金属或其氧化物在气相中的化学反应对纳米 TiO_2 表面进行包覆，并通过化学键合形成均匀而致密的薄膜包覆层。所用贵金属及其氧化物包括 Pt、Pd、Ag、Au、Ir、Ru、Rh 等贵金属及其氧化物，其中又以 Pt、Pd 的应用较多，改性效果较好。贵金属修饰 TiO_2，通过改变体系中的电子分布，影响 TiO_2 的表面性质，从而改善其光催化效能，其最大特点是可提高对有机物的光催化选择性。

②离子掺杂。所谓掺杂是在基质材料中添加少量其他杂质而生成杂质缺陷的方法，是制造半导体及光学材料的一种关键技术。掺杂量通常是基质的万分之几或更少，但对基质性质的影响很大。掺入的杂质种类及数量、以及掺杂工艺对产品的性能有重要影响。掺杂可以和生长晶体或制备粉末时同时进行，单晶掺杂也可用扩散法或离子注入法进行。

离子掺杂是采用特定的方法将离子引入到 TiO_2 晶格内部，使在其晶格中引入新电荷，改变晶格类型，从而影响电子－空穴的运动状态，或改变 TiO_2 的能带结构，提高其光催化效能。过渡金属离子、稀土金属离子以及无机官能团离子都可作为掺杂离子来修饰 TiO_2 光催化剂。通过掺杂过渡金属离子可以提高 TiO_2 光催化效率的原因可能是因为过渡元素金属存在多个化合价，在 TiO_2 晶格中掺杂少量这类金属离子后引起以下变化：①掺杂可以形成捕获中心，价态高于 Ti^{4+} 的金属离子捕获电子，低于 Ti^{4+} 的金属离子捕获空穴，抑制 e^-/h^+ 复合；②掺杂可以形成掺杂能级，使能量较小的光子能激发掺杂能级上捕获的电子和空穴；③掺杂可以在其表面产生晶格缺陷或改变其结晶度，有利于形成更多的 Ti^{3+} 氧化中心；④掺杂可产生光生电子－空穴的浅势捕获阱，延长电子与空穴的复合时间，从而延长了电子和空穴的寿命。已见报道的掺杂过渡金属离子主要有 Fe^{3+}、Co^{2+}、Cr^{3+}、Ni^{3+}、Re^{5+}、Mo^{5+}、W^{6+}、Ru^{3+} 等，它们的掺杂量存在一个最佳值，掺杂最佳厚度为 2nm。因为掺杂量多少会影响 TiO_2

表面的空间电荷层厚度，从而影响入射光透入的深度。

与此类似，适当用稀土金属离子掺杂也可提高 TiO_2 的光催化活性，甚至 N、S、C、卤素等非金属的掺杂也会影响光催化剂对可见光的响应性。

（3）Pt/TiO_2 薄膜光催化剂制备示例

① 载体制备。选用 100mm×100mm 的薄钛片或钛网作为光催化剂的载体。将钛片用水洗净晾干后，先用 0.3mol/L 的 Na_2CO_3 溶液煮沸 20min 以除去油污，取出后用脱离子水洗净后，再放入 8% 乙二醇溶液中煮沸约 40min，进行表面活化处理，至钛表面光泽完全消失并呈灰色麻面时取出，再用大量脱离子水洗净晾干后，放入无水乙醇中保存，以用作 TiO_2 薄膜催化剂载体。

② TiO_2 溶液制备。以钛酸丁酯为前体，乙酰丙酮为抑制剂，正丙醇为溶剂，采用本书第 4 章 4-5-4 节所示方法制得 TiO_2 溶胶备用。以此溶胶作为 TiO_2 薄膜的涂覆液。

③ TiO_2 薄膜的制备。将①制得的载体浸入由②制得的 TiO_2 溶胶中，采用浸渍提拉法制膜。控制提拉速度（如每分钟均匀提拉 0.5cm），取出后经自然晾干再放入马弗炉中于 400℃下焙烧 2h，随后冷却至室温，如此反复三次进行浸渍提拉及焙烧，最后一次焙烧温度为 480℃。多次浸渍提拉是为了得到光催化反应所需的负载量，焙烧是为了去除凝胶膜中的有机物，实现催化剂固定晶化。这样就可制得有一定厚度的 TiO_2/Ti 催化剂。

④ Pt 金属溶胶的制备。在 1000mL 脱离子水中加入 1.3g 聚乙烯醇，加热至 100℃左右制成聚乙烯醇溶液，冷却至室温后，将一定浓度的 H_2PtCl_6 溶液滴加到聚乙烯醇溶液中，配制 $[PtCl_4]^-$ 浓度为 $3×10^{-4}$ mol/L 的氯铂酸溶液待用；再在使用时临时配制浓度为 0.07mol/L 的 $NaBH_4$ 溶液。混合操作时，先将氯铂酸溶液置于冰浴中，并在超声波及机械搅拌的共同作用下，按 $NaBH_4$ 与 $[PtCl_4]^-$ 的摩尔比为（6～8）:1 的比例，将 $NaBH_4$ 迅速加入至氯铂酸溶液中。这时氯铂酸溶液会迅速变色，表明 Pt 金属离子已被还原成 Pt 金属纳米粒子，制成 Pt 金属溶胶。

⑤ Pt/TiO_2 薄膜光催化制备。将由③制得的 TiO_2/Ti 片浸泡于④制得的 Pt 金属溶胶中，继续保持溶胶温度为 0℃左右，调节溶胶的 pH 值为 4～6 的条件下浸渍 TiO_2/Ti 片一定时间。取出后经自然晾干，再用热水洗氯 2～3 次，干燥后在 350℃下焙烧 2h，即制得由贵金属修饰的 Pt/TiO_2 薄膜光催化剂。用类似方法也可制取 W/TiO_2、Mn/TiO_2、Pd/TiO_2 等薄膜光催化剂，它们对催化分解二噁英、含氯有机废气都有较好光催化活性。此外，这类催化剂还有分解烟气中氮氧化物的作用，作为参考，图 12-11 示出了制造贵金属 Pt 修饰的 TiO_2 薄膜光催化分解催化剂的工艺过程。用 Pd、Au、Ag、Rh 等其他贵金属及过渡金属修饰的 TiO_2 光催化分解催化剂可用类

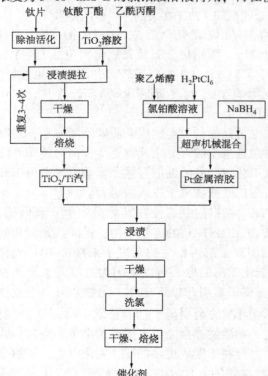

图 12-11　Pt/TiO_2 薄膜光催化剂制备工艺过程

似的方法制造。采用图 12-11 的制备工艺，利用溶胶-凝胶法也可制造纳米级分子筛薄膜催化剂。

12-7　工业废水湿式催化氧化催化剂

12-7-1　工业废水处理方法

工业废水是指工业生产过程中排出的废水、污水及废液的总称，其成分十分复杂。按受污染程度不同，工业废水分为生产废水及生产污水两类；按生产过程中所使用的原料及产品成分，工业废水可分为含无机物的废水、主要含有机物的废水、含大量有机物及无机物的综合废水。由于工业废水的来源各异、组成十分复杂，所以涉及废水处理的技术及方法十分广泛，有物理法、化学法、物理化学法及生物法等，表 12-6 简要示出了工业废水处理方法和分类。在诸多单元工艺中，化学氧化法(也称为湿式氧化)是向废水中投加氧化剂(如氧、臭氧、过氧化氢、高锰酸钾、液氯、二氧化氯等)，将废水中的有毒、有害物质氧化成无毒或毒性很小的物质。废水中的有机物及还原性无机离子(如 CN^-、S^{2-}、Mn^{2+}、Fe^{2+} 等)都可通过氧化法消除其危害。此法特别适用于工业废水中含有难以生物降解的有机物以及能引起色度、臭味的物质的处理，如氰化物、酚、丹宁、农药等。根据所用氧化剂不同，化学氧化法可分为空气氧化法、氯氧化法、臭氧氧化法及光氧化法等。

表 12-6　工业废水处理方法和分类

基本方法	基本原理	单元工艺	去除对象
物理法	物理及机械性分离过程	均和调节、沉淀、过滤、离心分离、隔油、气浮、蒸发、结晶、磁分离	水量均衡、悬浮物、沉淀物、纤维、纸浆、铁屑、晶体、乳化油、弱磁性细颗粒等
物理化学法	物理化学的分离过程、传质法	吸附、离子交换、萃取、电渗析、膜分离、汽提、吹脱	溶解性气体、溶解性挥发性物质、溶解性物质、可离解物质等，如 H_2S、CO_2、一元酚、汞、盐类物质
化学法	加入化学物质与废水中有害物质发生化学反应的转化过程	混凝、中和、化学沉淀、化学氧化、化学还原、分解	胶体、油类、酸、碱、重金属离子、溶解性有害物、还原性有机物、有机氯化物
生物法	利用微生物对废水中的有机物进行氧化、分解	活性污泥法、生物膜法、氧化塘、厌氧消化、稳定塘等	胶状和溶解性有机物

自从 20 世纪 50 年代发明的工业废水湿式氧化技术以来，工业应用表明，它是一种处理高浓度、难降解废水的好方法。此法是以空气或纯氧为氧化剂，在 $150 \sim 350 ℃$、$0.5 \sim 20 MPa$ 的条件下，将有机污染物氧化成无机物或小分子有机物的一种单元工艺。技术成熟，最终产物为 CO_2 和 H_2O，对水中酚的去除率为 99.8% 以上，硫的去除率为 99.9% 以上，氰的去除率为 65% 以上，化学需氧量(COD)的去除率为 60%~95%。但湿式氧化工艺要求在较高的温度和压力下进行，对反应器材质要求也较高，工艺投资大，废水停留时间也较长，对某些难氧化有机物的反应条件苛刻，使其在经济上和技术上都存在较大困难，推广和应用受到限制。因此，从 70 年代以来，人们开始寻找合适的氧化催化剂，以改善过程的反应条件来降

低温度和操作压力。湿式催化氧化技术的出现，使工业废水的氧化处理可在温和条件下进行，废水停留处理时间更短，氧化效率更高，还可降低对设备的腐蚀，减少生产成本。

12-7-2　湿式催化氧化催化剂

废水湿式催化氧化是在催化剂作用下，于液相在一定温度及压力下，利用分子氧（空气或纯氧）等氧化剂对废水中有机物进行深度氧化，使其最终转化成 CO_2 和 H_2O，有机氮转变成氮气，有机磷和有机硫转变或相应的 PO_4^{3-} 和 SO_4^{2-}，以降低废水中 COD 和其他有害物质的含量，从而达到废水排放标准的一种工艺技术。该工艺特别适用于处理高浓度、难降解的有机废水，如印染、石油化工、农药、焦化、造纸纸浆等工业废水。工艺所采用的反应条件为 $150\sim250℃$、$2\sim9MPa$，随催化剂所用种类及性能而有所不同。所用催化剂可分为均相催化剂及多相催化剂；而多相催化剂又可分为非贵金属催化剂、贵金属催化剂及光催化剂等类型。

1. 均相湿式氧化催化剂

（1）芬顿（Fenton）试剂

是指 Fe^{2+} 和 H_2O_2 配制的酸性氧化溶液。1894 年，法国科学家 Fenton 首先发现该试剂具有强氧化作用。该试剂作为强氧化剂已具有 100 多年历史，广泛用于精细化工、医药及环境污染治理等方面，是最常用和效果较为理想的均相湿式氧化催化剂，可用于处理苯酚及烷基苯等有机废水，使用温度一般为 $100\sim120℃$。芬顿试剂催化氧化有机物的机理是自由基机理，是通过下面反应生成 HO· 自由基将有机物氧化为最简单的 H_2O 和 CO_2 分子：

$$Fe^{2+}+H_2O_2 \longrightarrow Fe^{3+}+OH^-+HO·$$

而 pH 值的控制是关键，在中性和碱性环境中，Fe^{2+} 不能催化 H_2O_2 产生自由基 HO·。光照可以显著促进芬顿体系中有机物的降解速度。Fe^{3+} 和 H_2O_2 的酸性水溶液称为类芬顿试剂，该试剂也可催化有机物的降解，但其降解速率比芬顿试剂要低。此外，Fe^{2+}、Fe^{3+} 都有一定絮凝作用，可以去除废水中的 COD。

（2）可溶性过渡金属盐类

$CuSO_4$、$CuCl_2$、$Cu(NO_3)_2$、$FeSO_4$、$MnSO_4$、$Ni(NO_3)_2$ 等过渡金属盐也可以作湿式氧化均相催化剂。通常低价盐的催化活性低于高价盐，其中又以铜盐的活性较高。在早期，多采用 $CuSO_4$、$Cu(NO_3)_2$、$CuCl_2$ 等可溶性铜盐作催化剂，采用均相催化氧化的方法来处理含酚、表面活性剂、有机聚合物及纸浆黑液等有机废水，例如，在低于 $60℃$ 和 $0.1MPa$ 氧分压的条件下，用 $CuCl_2$ 作催化剂来处理含酚废水既迅速、又经济；用铜盐作催化剂处理含乙烯、乙二醇及表面活性剂的工业废水也有较好处理效果。铜盐催化剂还可通过三种方法来强化铜离子的催化作用：①加入 H_2O_2 以生成 HO· 自由基；②加入氨或铜铵络合物以提高铜盐的稳定性和催化活性；③加入 Fe 或其他金属离子以提高其活性。

均相湿式氧化催化剂具有催化活性高、选择性好的特点，但催化剂的分离回收困难，运行成本高，而且处理后，铜离子等重金属离子仍留在水中而被排放掉，存在二次污染的问题，还需增加后处理过程。

2. 多相湿式氧化催化剂

（1）非贵金属湿式氧化催化剂

非贵金属湿式氧化催化剂的活性组分为 Cu、Mn、Fe、Co、Ni、Sn、V、W、Cr 等元素的一种金属或金属氧化物。也可由多种金属、金属氧化物或复合氧化物作为催化剂活性组分。它又可分为有载体和无载体形式。为了提高活性组分的分散度和比表面积，多数采用有载体的形式。可使用的载体有 Al_2O_3、SiO_2、TiO_2、ZrO_2、活性炭、$SiO_2-Al_2O_3$、TiO_2-ZrO_2、$ZnO-TiO_2$ 等，其中又以 $\gamma-Al_2O_3$、TiO_2 及活性炭使用较多，CeO_2 也是良好的催化剂载体。

在各种金属中，以负载 Cu 的多相湿式氧化催化剂的活性最好，Mn 次之。由 $Cu(NO_3)_2$、$CuSO_4$ 等溶液浸渍多孔 $\gamma-Al_2O_3$ 载体后，再经高温焙烧制得的 $CuO/\gamma-Al_2O_3$ 催化剂是一类有高催化活性的催化剂，加入 Mn、Fe 等金属离子能促进 Cu 的催化作用。例如，采用多相湿式催化氧化方法处理 COD_{Cr} 为 40g/L、总氮为 2.5g/L、悬浮固体为 10g/L 的化工废水，在 240℃、4.9MPa 压力、水空间流速为 1L/h 的条件下，COD_{Cr}、总氮和氨氮的去除率可分别达到 99.9%、99.2% 和 99.9%；当处理 COD_{Cr} 为 25g/L、TOC 为 11g/L 的醛类化工废水时，在 250℃、7.0MPa 压力、$O_2/COD_{Cr}=1.05$、水空间流速为 2L/h 的条件下，处理效率可达 99% 以上。失活的催化剂可用稀碱、稀酸或其他水溶液浸泡再生。

在多相催化剂上，工业废水的湿式氧化机理可以这样来理解。废水的湿式催化氧化是在较高温度、压力下进行气液固三相系催化反应。多相催化剂是以固态形式存在。而在高温高压下，水及作为氧化剂的氧气的物理性质都发生很大变化，在室温至 100℃ 的范围内，氧化水中的溶解度随温度升高而降低，但到温度超过 150℃ 后，氧在水中的溶解度随温度的升高反而增大，而且溶解度远大于室温下的溶解度。同时氧化水中的扩散系数也随温度的升高而增大，因此，在多相催化剂上的湿式催化氧化过程是：①废水中的溶解氧被多孔催化剂活性位吸附；②废水中的 COD 成分，在催化剂已吸附氧的活性位上被吸附；③在催化剂的活性位上，吸附的 COD 成分被吸附的氧气氧化；④反应生成物 CO_2、N_2 和 H_2O 等在催化剂上脱附，这样反复进行吸附-脱附催化反应。

多相湿式氧化催化剂由于和水分离方便，能有效控制催化剂组分的流失及二次污染问题，并可使氧化处理流程简化，降低生产运行成本。

（2）贵金属湿式氧化催化剂

贵金属湿式氧化催化剂是以贵金属为活性组分负载在载体上制得，所用贵金属可以是 Pd、Pt、Ru、Ag、Ir 等，其中以使用 Pd 为最多，所使用的载体有 Al_2O_3、TiO_2 及活性炭等，其中又以活性炭使用较多。与非贵金属催化剂相比较，贵金属催化剂对有机废水的处理，不仅催化活性高，而且使用寿命也长，但其价格也较高。活性炭由于具有发达的微孔结构和巨大的内表面积，并具有良好的耐热性、耐酸性、耐碱性，外观形状有球状、圆柱状、板状、蜂窝状等形状，故常用作贵金属湿式氧化催化剂的载体。下面主要介绍以 Pd 为活性组分，以活性炭为载体的 Pd/C 催化剂的制备方法。

①Pd/C 催化剂的一般制备工艺。Pd/C 催化剂的简要制备工艺如图 12-12 所示。选用具有合适比表面积、孔容的活性炭，经酸处理、氧化处理等预处理方法改善活性炭的表面性质后作为载体配用。用作活性组分的钯盐有硝酸钯、氯化钯、乙酸钯及溴化钯等，常用的是氯化钯和硝酸钯。

Pd/C 催化剂的制备大致经历以下几个阶段：首先，将氯化钯溶解在盐酸中，氯化钯转变

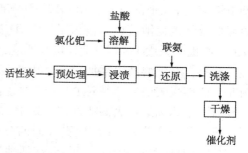

图 12-12　Pd/C 催化剂的简要制备过程

成氯钯酸：

$$PdCl_2+2HCl \longrightarrow H_2PdCl_4$$

然后，调节溶液的 pH 值，用碳酸氢钠中和氯铂酸，使其转变成氯铂酸钠：

$$H_2PdCl_4+2NaHCO_3 \longrightarrow NaPdCl_4+CO_2+H_2O$$

接着是浸渍活性炭载体，即在碱性介质中，将氯钯酸钠转变成氢氧化钯，并负载在活性炭上：

$$Na_2PdCl_4+2NaOH \longrightarrow Pd(OH)_2+4NaCl$$

最后用联氨还原得到催化剂所需要的活性组分：

$$2Pd(OH)_2+NH_2NH_2 \longrightarrow 2Pd+N_2+4H_2O$$

经洗涤、干燥后就制得 Pd/C 催化剂。下面就制备过程的主要影响因素加以说明。

② 活性炭的预处理。活性炭品种很多，其原料来源分为植物类和矿物类。其中椰壳、核桃、锯屑等植物类原料可制得微孔发达、比表面积很高的活性炭。例如，椰壳类活性炭具有高的吸附容量和大的微孔体积，并具有较高的机械强度，可选用比表面积为 1000～1600m²/g、孔容为 0.6mL/g、细孔直径为 2～4nm 的椰壳炭作 Pd/C 催化剂的载体。而直接使用市购活性炭作载体会影响催化剂的活性，在用前应通过以下预处理改善活性炭的表面性质，从而提高所制得催化剂的性能。这些预处理包括：a. 酸处理。用 1%～3% 的稀盐酸或 0.1～2mol/L 的硝酸对活性炭进行洗涤，降低活性炭的灰分含量，并除去碱土金属及重金属杂质，有利于提高活性炭的吸附性能。b. 氧化处理。用双氧水和次氯酸钠溶液作氧化剂对活性炭进行氧化处理，可将活性炭中的杂质进行选择性氧化而除去，还可破坏活性炭表面上的还原基团，增加活性炭表面的—COO—（羧基）基团，从而能防止 Pd 吸附时被直接还原，有效抑制 Pd 晶粒度增大，促进 Pd 在活性炭表面的均匀分布。c. 热处理。对活性炭在 300～1200℃ 及真空下进行热处理，可使其部分石墨化、提高机械强度、除去少量有机杂质，并可将活性炭的比表面积、孔容调节至要求的范围内。

由上看出，活性炭的预处理是制备 Pd/C 催化剂的重要环节之一，通过预处理可以改变活性炭的表面性质，有利于 Pd 金属在活性炭上的分布，从而提高催化剂的活性及选择性。

③ 活性组分浸渍。在用浸渍法制备多相催化剂时，不能用活性组分本身制成的溶液进行浸渍，而是用活性组分的易溶盐配成浸渍溶液，所用的活性组分化合物必须易溶于水或某种溶剂，这样在经焙烧时易分解成所需的活性成分，或在还原后变成金属活性组分。在 Pd/C 催化剂制备时，一般不直接将氯化钯溶液浸渍在活性炭载体上，这是因为活性炭表面的还原基团极易把离子钯还原成金属钯，从而降低钯的分散度而使催化剂活性下降。这时可采用调节钯溶液 pH 值的方法，使 Pd 均匀分布在活性炭的外表面。即加入碱金属的碳酸盐、碳酸氢盐及氢氧化钠等调节溶液的 pH 值（如 4.5～6.5），使在适当 pH 值范围内形成 PdO·H_2O，有助于减缓 Pd 晶粒度的增长速度，有利于在活性炭表面呈均匀分布。

此外，在钯溶液中添加适量氧化剂（如过硫酸钠、高氯酸、双氧水等）也能防止浸渍吸附时，活性炭表面还原基对 Pd 离子的直接还原，阻止 Pd 晶粒度长大，提高 Pd 的分散度；在浸渍液中添加适量表面活性剂，如十二烷基聚氧乙烯醚磷混合酯及其盐的阴离子表面活性剂，可以起到调节 Pd 在活性炭表面的分布及分散性能的作用。一般认为，Pd/C 催化剂中 Pd 含量应为 0.3%～2.0%，而 Pd 在活性炭表面最好具有"蛋白"型分布，即 Pd 最好分布在活性炭表面 20～400μm 的深度内。使用碳酸钠调节浸渍液的 pH 值，加入适量阴离子表面活性剂，可使 $\frac{1}{2}$ 左右的 Pd 分布在活性炭表面至深度为 30μm 的表面，其余部分的 Pd 分布在深度为 20~300μm 的内层。

④ 催化剂还原。活性炭浸渍氯化钯溶液后，需对其还原处理后催化剂才具有活性。氢气、联氨、羟胺等均可用作还原剂。用氢气还原时，应先对催化剂进行洗涤及干燥处理，在氮气保护下升温至 200~250℃，再通氢气还原 2~3h 后，在氮气保护下冷却至室温后出料；用联氨还原时，无需对催化剂进行洗涤及干燥，可直接用联氨进行还原，还原温度 50~150℃，还原剂为钯负载量的 2~8 倍，还原时间 2~5h。还原后金属钯以高分散的微细颗粒均匀分散在活性炭表面，并呈现最佳的催化活性。还原后的催化剂经洗涤洗去残留的阴离子，再经干燥处理即制得 Pd/C 催化剂成品，对工业废水具有良好的湿式催化氧化性能。

（3）光催化剂

近年来，多相光催化技术已广泛应用于环境保护领域，它除了用于有机废气光催化分解及室内空气净化外，也用于废水有机污染物的光催化分解，其中 TiO_2 光催化剂具有稳定、无毒、催化效率高、无二次污染等特点，而且可以无条件地矿化各种有机污染物，越来越受到人们的重视。有人也采用环氧树脂将 TiO_2 粉末黏附在木屑表面，制成漂浮于水面的 TiO_2 光催化剂来处理含油废水。但粉末状催化剂不仅存在着分离和回收困难等问题，而且当废水中存在高价阳离子，催化剂容易团聚，也容易发中毒，实际应用较少。因此，TiO_2 固定化催化剂的开发及应用受到关注。

活性炭、活性炭纤维、膨胀石墨等轻质碳材料都具有发达的微孔结构、比表面积大及良好的选择吸附性等特点，可以负载微细物质。活性炭不仅可以富集目标污染物，还可抑制水蒸气和其他组分对光催化分解的影响。因此，活性炭是一种优先采用的载体，将 TiO_2 光催化剂负载在活性炭载体上，制成一定形状的复合光催化剂 TiO_2/C，应用于有机废水的光催化分解处理。负载型 TiO_2/C 可以有效地解决粉末状 TiO_2 光催化剂的凝聚及分离回收难的问题，但其前提是 TiO_2 在活性炭上应有一定的负载强度，不易被废水流动及催化剂相互间的摩擦而剥落。

① TiO_2/C 光催化剂制法

a. 活性炭预处理。选用 100g 椰壳制活性炭，先后用稀盐酸及脱离子水洗涤、除油后于 120℃ 恒温脱水 10h，降温后备用。

b. TiO_2 溶胶制备。取 200mL 乙醇，在不断搅拌下加入 100mL Ti$(OC_4H_9)_4$，搅匀后再继续加入乙酰丙酮 15mL，加完后继续搅拌 20min 待用；另外取 50mL 乙醇、5mL 硝酸与 30mL 脱离子水混合，在不断搅拌下将此溶液慢慢加入上述 Ti$(OC_4H_9)_4$ 溶液中，加完后继续搅拌 20~30min，即可制得黄色 TiO_2 溶胶。

c. 活性炭浸渍。在搅拌的条件下，将经预处理的活性炭浸入由步骤 b 制得的 TiO_2 溶胶中，浸渍时间为 1~2h。然后取出在室温下老化 8~10h，再经 80℃ 真空恒温干燥 12~20h。根据 TiO_2 负载量的需要，干燥后的活性炭可按上述步骤进行二次或多次浸渍，以得到不同的 TiO_2 负载量。

d. 焙烧。将干燥好的材料放入马弗炉中于 400~500℃ 下焙烧 4h，即制得负载型 TiO_2/C 光催化剂。TiO_2 具有锐钛矿相的结构。

TiO_2/C 催化剂的大致制备过程如图 12-13 所示。

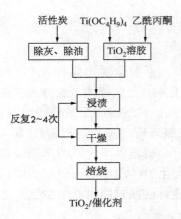

活性炭　Ti(OC₄H₉)₄　乙酰丙酮

图 12-13　TiO₂/C 光催化剂的
制备过程

② 废水光催化试验。含酚废水的光催化降解反应在圆柱形玻璃反应器中进行，使用 300W 中压汞灯作光源。Pd/C 催化剂用量为 4g/L，苯酚溶液浓度为 25mg/L。光源距离液面 15cm，反应器下方有磁力搅拌，可使溶液浓度和温度保持一致，在连续光照 3h 的条件下进行催化降解试验。结果表明，当 TiO_2 在活性炭上的负载量分别为 1.06%、19.8%、28.9%、46.5%、61.2%、72.6% 时，苯酚的降解率分别为 20.1%、35.6%、59.9%、98.6%；87.8%、53.8%。可以看出，随着活性炭上 TiO_2 的负载量增加，光降解率上升，当 TiO_2 负载量达到 46.5% 时，光降解率最高，达到 98.6%；TiO_2 负载量继续增加时，光降解率反而呈下降趋势，这是因为 TiO_2 在起光催化作用的同时，也对光线产生遮蔽作用，使部分 TiO_2 失去催化作用从而影响光解效率。

此外，也对未负载 TiO_2 的活性炭进行同样光照试验，发现纯活性炭对苯酚有强吸附性及一定降解能力。

12-7-3　湿式催化氧化的工艺过程

为了充分发挥湿式催化氧化处理工业废水的作用，并使其在经济上可行，一般适用于处理高浓度有机废水及废液，如处理 COD_{Cr}（重铬酸盐需氧量）为 30~300g/L 的高浓度有机废水。在处理过程中，废水中的 S 被氧化成 SO_4^{2-}、氮被氧化成 NO_3^-，不会形成 SO_x 和 NO_x，因此几乎不会产生二次污染，是一种清洁的废水处理工艺。图 12-14 示出了使用非贵金属或贵金属的多相催化剂进行废水催化氧化处理的工艺流程。

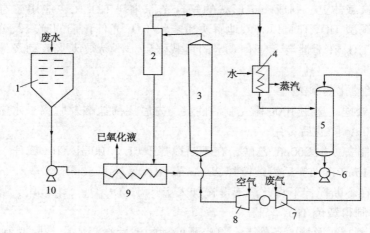

图 12-14　湿式催化氧化工艺流程
1—水储罐；2、5—分离器；3—催化反应器；4—再沸器；
6—循环泵；7—透平泵；8—压缩机；9—热交换器；10—加压泵

废水用加压泵送入热交换器，与反应后的高温氧化水换热，使废水温度到达接近于反应温度时进入催化反应器，同时用压缩机将反应所需的空气（氧源）也送入催化反应器中。在催化反应器内，废水中的有机物在催化剂作用下与空气中的氧发生氧化反应，在高温下将废水中的有机物氧化成 CO_2 和 H_2O，或氧化成低级有机酸等中间产物。反应后的气液混合物经分离器分离，液相经热交换器预热进水以回收热量。高温尾气先通过再沸器产生蒸汽或经热交换器预热进水，其冷凝水由第二分离器分离后通过循环泵再送入催化反应器，分离后的高压尾气可用于产生机械能，以达到能量的逐级利用。

影响湿式催化氧化的主要因素有：

（1）反应温度

温度是湿式氧化工艺的重要因素，温度升高有利于降低水的黏度，提高氧气在水中的传质速率。因而，温度越高，反应速度越快，反应进行也更彻底。但温度过高会增加能耗，所以通过使用催化剂可以降低反应温度，一般将温度控制在 150~250℃。

（2）反应压力

压力不是氧化反应的直接影响因素，但为了保持反应在液相中进行，反应压力必须与温度相匹配，即要高于该温度下的饱和蒸汽压。此外，为保证液相中的高溶解氧浓度，气相中的氧分压也必须保持在适当的范围内。一般将反应压力控制在 2~9MPa。

（3）催化剂

在湿式催化氧化反应时，使用的催化剂不仅要求提高废水 COD 成分的氧化率，而且在高温高压的热水条件下，具有耐久性，即具有寿命长的特点。催化剂的形状，一般采用颗粒状、球状、环状及蜂窝状等。催化剂形状的选择，主要决定于废水中的悬浮固体的多少，悬浮固体少的废水采用球状或圆柱状的催化剂；对于悬浮固体多的废水，采用蜂窝状催化剂。蜂窝槽孔径，一般为 2~20mm 的细孔径。

（4）废水性质

废水中有机物成分会直接影响湿式催化氧化工艺的进行。有机物的氧化与其电荷特性和空间结构有关。一般来说，有机物中氧所占的比例越少，其可氧化性也越大。即有机物中碳所占的比例越多，越容易被氧化。因此，脂肪族和卤代脂肪族化合物、甲苯等芳烃、氰化物等容易被氧化，而氯苯和多氯联苯等不含非卤代基团的卤代芳香族化合物则难以被氧化。

参 考 文 献

[1] 朱洪法，刘丽芝编著. 石油化工催化剂基础知识. 北京：中国石化出版，2021.

[2] 今中利信著. 触媒反应. 东京：培风馆，1995.

[3] 多羅间公雄. 触媒物性论. 东京：地人书馆，1986.

[4] 山中龙雄著. 解煤化学の进步. 东京：化学工业社，1992.

[5] 朱洪法编著. 催化剂载体制备及应用技术. 北京：石油工业出版社，2014.

[6] M Lpva. Chem. Engng, 1967, 64(2)：213-268.

[7] Jonnson M F, W E Kreger. Ind. Eng. Chem. , 1987, 49：283.

[8] Weisz P B, E W, Swegler. J. Phys. Chem. 1985, 59：283.

[9] Pernicone N, Ferrero F. Appl Catal A：General, 2003, 251(1)：121-129.

[10] Dowden D A. Chem. Eng. Progr. Symp. , 1967, 63：73.

[11] Dowden D A. La Chemical Industria, 1973, 55：639.

[12] Trimm D L. Design of Industrial Catalysts. New York：Amsterdam-Oxford, 1980.

[13] 庆伊富长. 触媒反应速度论. 东京：地人书馆，1986.

[14] Stevenson D P. J. Chem. Phys. , 1985, 53：203.

[15] Trapnell B M W. Proc. Roy. Soc. , 1977, A243：375.

[16] Moyes R B, Squire R C. J. Catal. , 1981, 32：335.

[17] Volkenshtein F F. The Electron Theory of Catalysis on Semiconductors. Pergamont Oxford, 1983.

[18] Schlafer H L, Glieman G. 配位场理论基本原理. 曾成，王国雄等译. 南京：江苏科技出版社，1982.

[19] Dzisko V A. Kinetcs and Catalysis, 1990, 8：207.

[20] 尹元根主编. 多相催化的研究方法. 北京：化学工业出版社，1988.

[21] 吉林大学化学系《催化作用基础》编写组编. 催化作用基础. 北京：科学出版社，1980.

[22] 荻野義定. 触媒调制および试验法. 东京：地人书馆，1986.

[23] 王福生，程文才，张式. 催化学报，1981, 2(4)：282.

[24] 抚顺石油三厂催化剂中试试验组. 石油化工，1982, 16(9)：628.

[25] 徐立英，朱毅，朱云仙等. 石油化工，2001, 30(9)：681.

[26] 孙桂大，闫富山主编. 石油化工催化作用导论. 北京：中国石化出版社，2000.

[27] 袁怡庭，毛连生. 石油化工，1998, 27(6)：433.

[28] 顾永万，董守安，王仕兴等. 贵金属，2003, 24(2)：11.

[29] Ma G, Yan W F, et al. Phys Chem, 1999, 26(1)：5215.

[30] 朱洪法主编. 催化剂手册. 北京：石油工业出版社，2020.

[31] 刘光华主编. 稀土材料与应用技术. 北京：化学工业出版社，2005.

[32] 日本粉体工业协会编. 造粒便览. 东京：オーム社，1985.

[33] 廖克俭，戴跃玲，丛玉风编著. 石油化工分析. 北京：化学工业出版社，2005.

[34] 韩崇仁主编. 加氢裂化工艺与工程. 北京：中国石化出版社，2001.

[35] Zeng Z T, Mc Creedy T, Townshend. Analytical Chemical Acta, 1999, 401(1-2)：237.

[36] Taher MnA, Pari B K. Analytical Letters, 2001, 24(2)：403.

[37] 王尚弟，孙俊全. 催化剂工程导论. 北京：化学工业出版社，2001.

[38] 朱洪法，余江逢，刘棣生. 流化床氧气法烃类氧氯化反应催化剂及其制法. 中国. 1114594A [P]. 1996.

[39] 朱洪法，王红霞等. 纯氧法乙烯氧氯化制二氯乙烷的催化剂及其制法：中国，1280880A[P]，2001.

[40] 新山浩雄. 触媒(日). 1982, 24(1)：3.

［41］陈信华. 石油化工，1992，21(8)：557.

［42］Weisz P B, et al. Tranas. Faraday soc., 1963, 63：1801~1815.

［43］Ferelonov V B. Prep. of Catal. д. P. 233, Elsevier Scientific, Amsterdam, 1979.

［44］Delmon B, Grange P, et al. Preparation of Catalyst. New York：Elesevier Scientific Publ. Co., Amsterdam, 1989.

［45］Brenner J, Burwell R L. J. Catal., 1998, 62：353.

［46］古尾谷逸生，触媒调制化学. 东京：講谈社サイエソティフィク，1990.

［47］金松寿等编著. 有机催化. 上海：上海科技出版社，1986.

［48］Ueda Kenji et al. US 5169820［P］, 1992.

［49］Yanqin Wang, Rechel A. Caruso. J. Mater. Chem., 2002, 12：1442.

［50］Yogendra Singh, Jalie R, et al. Aerosol Socience, 2002, 33：1309.

［51］黄剑锋编. 溶胶-凝胶原理与技术. 北京：化学工业出版社，2005.

［52］王德宪，郭利娅. 玻璃，2002，(5)：17.

［53］和田健二，新行内和夫. 表面技术，1999，50(8)：1368.

［54］浓钟，王果庭编著. 胶体与表面化学. 北京：化学工业出版社，1997.

［55］刘海涛，杨郦，张树军等编著. 无机材料合成. 北京：化学工业出版社，2003.

［56］祖庸，李晓娥，卫志贤. 西北大学学报，1998，28(1)：554.

［57］Yu J G, Zhao X J, Materiali Research Bulletin, 2001, 36：97.

［58］Yang G X, Zhuang H R. Nanostructured Materials, 1996, 7(6)：675.

［59］钱庭宝. 离子交换剂应用技术. 天津：天津科学技术出版社，1984.

［60］王方编译. 离子交换技术. 北京：北京科技出版社，1990.

［61］何炳林，黄文强. 离子交换与吸附树脂. 上海：上海科技教育出版社，1995.

［62］中国科学院大连化学物理研究所分子筛组编著. 沸石分子筛. 北京：科学出版社，1978.

［63］张怀彬. 精细石油化工，1984，2：10.

［64］施尔畏，夏长泰，王步国，仲维卓. 无机材料学报，1996，11(2)：193.

［65］Laudise R A, Kobl E D. J. Cryst. Growth, 1980, 50：404.

［66］仲维卓. 人工晶体. 北京：科学出版社，1994.

［67］金钦汉. 微波化学. 北京：科学出版社，1999.

［68］杨华明著. 无机功能材料. 北京：化学工业出版社，2007.

［69］Blandamer M J, Batler A R, Chem Soc Rev., 1991, 20：1~47.

［70］Chu P, Dwyer F G, Vartuli J C，［P］US：4778666. 1988.

［71］陈吉祥，张继炎. 石油化工，2000，29(11)：876.

［72］赵杉林，张扬健，孙桂大. 石油化工，1999，28(3)：139.

［73］毛丽秋，郭金福，矫庆泽. 吉林大学自然科学学报. 1995，(1)：90.

［74］戎晶芳. 石油化工，1981，10(5)：310.

［75］尾崎萃. 田丸谦三编集. 元素别触媒便览. 东京：地人书馆，1968.

［76］刘化章著. 氨合成催化剂. 北京：化学工业出版社，2007.

［77］Prince L M. Microemulsions, Theory and Paractice. New York：Academic Press, 1977.

［78］Hoar T P, Schalman J H. Nature, 1943, 152：102.

［79］Schulman J H, Stoeckenius W. J. Phys. Chem., 1959, 63：1677.

［80］崔正刚，殷福珊编. 微乳化技术及应用. 北京：化学工业出版社，1999.

［81］Robbins M L. Micellization, Solubilization and Microemulsion. New York：Plenum Perss, 1977.

［82］赵科良，李侃社. 工业催化，2008，16(8)：26.

［83］津津雄文. 粉体と工业，1995，5(2)：29.

[84] 日本粉体工业协会编.造粒便览.东京:オーム社,1975.

[85] 盖国胜.超细粉体技术.北京:化学工业出版社,2004.

[86] 李凤生.超细粉体技术.北京:国防工业出版社,2000.

[87] 卢寿慈.粉体加工技术.北京:中国轻工业出版社,1999.

[88] 陆厚根.粉体技术导论.上海:同济大学出版社,1998.

[89] 陶珍东,郑少华主编.粉体工程与设备.北京:化学工业出版社,2008.

[90] 李凤生,姜炜,付廷明,杨毅编著.药物粉体技术.北京:化学工业出版社,2007.

[91] 田志鸿,周键,吕庐峰.石油炼制与化工,2009,40(10):59.

[92] 朱洪法编.催化剂成型.北京:中国石化出版社,1992.

[93] Jiratova K, et al., Int. Chem. Eng., 1983, 23(1):67.

[94] 板下摄等.实用粉粒体プロゼスと技术(别册化学工业),1997,21(2):7.

[95] 王桂茹,韩翠英,王祥生,辽宁化工,1990,(2):6.

[96] 朱洪法,朱玉霞主编.工业助剂手册.北京:金盾出版社,2007.

[97] 康小洪,宋安篱.石油炼制与化工,1997,28(1):44.

[98] 小沼和彦.石油学会志(日),1984,27(4):348.

[99] 范家巧,王建洲.天然气化工,1997,22(6):44.

[100] 石油化工科学研究院等.三叶形催化剂成型孔板的研制和工业应用.1984年加氢技术专业年会报告.

[101] 邵潜,龙军,贺振富等编著.规整结构催化剂及其反应器.北京:化学工业出版社,2005.

[102] 石亚华,杜秀珍.石油化工,1987,16(3):231.

[103] B. E. 利奇主编.朱洪法译.工业应用催化.北京:烃加工出版社,1990.

[104] 郭宜枯,王喜忠编.喷雾干燥.北京:化学工业出版社,1983.

[105] 刘广文编著.喷雾干燥实用技术大全.北京:中国轻工业出版社,2001.

[106] 刘化章,胡樟能,蒋祖荣等.工业催化,1995,(1):31.

[107] 丁章云.实用新型专利.专利号ZL200620075329.5.

[108] 黄剑锋编.溶胶-凝胶原理与技术.北京:化学工业出版社,2005.

[109] 栾伟玲,高濂,郭景坤.无机材料学报,1992,12(6):835.

[110] 金翠霞.石油化工,1982,11(10):661.

[111] 李晨,曹发海,应卫勇,房鼎业.工业催化,2008,16(11):17.

[112] 王奎铃,储伟,何川华等.石油化工,2001,30(9):686.

[113] 陈宜良,郭土岭,程爱珠.石油化工,1994,23(5):290.

[114] 李建卫,黄星亮.石油化工,2001,30(9):673.

[115] 徐承恩主编.催化重整工艺与工程.北京:中国石化出版社,2006.

[116] 韩崇仁主编.加氢裂化工艺与工程.北京:中国石化出版社,2001.

[117] 丁伯强,王鉴,董群等.石化技术与应用,2005,23(1):56.

[118] 高玉兰,方向晨.加氢技术论文集,2008:587.

[119] 朱洪法,刘丽芝编著.炼油及石油化工三剂手册.北京:中国石化出版社,2015.

[120] 朱洪法编著.工业脱硫脱硝技术问答.北京:石油工业出版社,2020.

[121] 王宗贤,石斌等译.未来炼厂.北京:石油工业出版社,2016.

[122] 余建民编著.贵金属萃取化学.北京:化学工业出版社,2003.

[123] 张彭义,贾瑛著.光催化材料.北京:化学工业出版社,2016.

[124] 李立清,宋剑飞编著.废气控制与净化技术.北京:化学工业出版社,2014.

[125] 朱洪法编著.催化剂生产与应用技术问答.北京:中国石化出版社,2016.